I g e l

—

Handbuch

des

Dampflokomotivbaues

Handbuch

des

Dampflokomotivbaues

von

Dr. Martin Igel

a. o. Professor an der Technischen Hochschule zu Berlin

Mit 550 Textabbildungen und X Tafeln

BERLIN W

Verlag von M. Krayn

1923.

Vorwort.

Bei Bearbeitung des vorliegenden Buches ging mein Bestreben dahin, in nur kurzen Umrissen möglichst alles Wesentliche in bezug auf Berechnung, bauliche Einzelheiten und neueste Ausführungen von Dampflokomotiven zu bringen.

Bei der Behandlung des umfangreichen Stoffes kam mir meine 15 jährige Lehrtätigkeit an der Technischen Hochschule zustatten, die es mir ermöglichte, den jungen Lokomotivbauer in die praktischen Grundbegriffe der Lokomotive einzuweihen, sowie durch meine Beziehungen zur Praxis den Fachleuten des Eisenbahnwesens über das wichtige und umfangreiche Gebiet des neueren Dampflokomotivbaues Auskunft zu geben. Insbesondere dürften die reichhaltigen Angaben in den Tafeln betreffs ausgeführter Lokomotiven neuester Bauart dem langjährigen Konstrukteur als gutes Hilfsmittel bei Aufstellung von Entwürfen dienen.

Allen Firmen, sowie den Eisenbahnbehörden des In- und Auslandes, die mir so wichtige und umfangreiche Unterlagen freundlichst haben zukommen lassen, möchte ich hiermit meinen besten Dank sagen.

Bei der Herstellung dieses Buches haben mich, neben anderen Fachleuten, vor allem Herr Dipl.-Ing. Morgenroth und Herr Ing. Reder in dankenswerter Weise unterstützt. Insbesondere bei der Herstellung der Zahlentafeln war mir Herr cand. ing. Keller sehr behilflich.

Gern werde ich jeden auf den vorliegenden Gegenstand bezugnehmenden Ratschlag von Fachgenossen entgegennehmen und ihn in der Folge berücksichtigen.

Dezember 1922.

Igel.

Inhaltsverzeichnis.

Einführung in den Dampflokomotivbau.

Lokomotivberechnungen.

Bauliche Einzelheiten.

Ausgeführte Lokomotiven und Tender.

Einführung in den Dampflokomotivbau.

A. Geschichtliche Entwicklung.

Den Gedanken, den Dampfwagen auf Schienen zu setzen, hatte zum ersten Male der englische Ingenieur Trevithick im Jahre 1803. Seine Maschinen zeigten sich jedoch infolge ungenügender Leistung des Kessels und geringer Widerstandskraft der Schienen als nicht brauchbar. Die von Trevithick angewandten glatten Räder erzielten auf den Schienen nicht die genügende Reibung zur Beförderung größerer Lasten infolge zu leichten Lokomotivgewichtes. Dies war die Veranlassung zur irrtümlichen Meinung, daß man besondere Vorrichtungen zur Reibungserhöhung nötig hätte. Infolgedessen baute im Jahre 1812 Murray nach Patenten Blankinshop's für eine Bahn in England eine Lokomotive, bei der ein von der Maschine getriebenes Zahnrad in eine neben der Schiene liegende Zahnstange eingriff. Diese Maschine kann als die Urform der späteren Zahnradlokomotiven betrachtet werden.

William und Edward Chapman benutzten 1812 eine zwischen den Schienen liegende Kette, die um eine von der Maschine angetriebene Trommel geschlungen war. Brunton baute 1813 eine Lokomotive, deren Maschine ein paar mechanische Beine in Bewegung setzte, die sich auf dem Boden stützten und die Lokomotive fortschoben. Hedley nahm im gleichen Jahre die Versuche mittels glatter Triebräder wieder auf. Er baute zunächst einen zweiachsigen Wagen, dessen Räder sich mittels Zahnradantriebes von Hand in Drehung setzen ließen. Den Versuchswagen rüstete er mit gußeisernem Kessel und einer einzylindrigen Dampfmaschine aus. Er erzielte jedoch nicht den gewünschten Erfolg, da der Kessel nicht genügend leistungsfähig war. Mit seinem Werkmeister Waters entwarf er, ebenfalls noch 1813 eine neue Maschine. Von der Trevithick'schen Bauart war beibehalten das im Kessel umkehrende Flammrohr, die Einführung des Auspuffdampfes in den Schornstein zur Erzielung besseren Luftzuges und der Einbau der Dampfzylinder in den aus Eisenblech hergestellten Kessel. Neu war bei Hedley die Anwendung der Watt'schen Dampfmaschine als Hochdruckmaschine auf den beiden Kessellängsseiten, die durch nach oben treibende Kolben je einen Balancier in Bewegung setzten und durch Schubstangen und zwei im rechten Winkel verstellte Kurbeln eine Achse unter dem Kessel in Umdrehung setzten. Von dieser Achse aus wurden mit Hilfe von Zahnrädern die zwei Lokomotiv-Triebachsen angetrieben. Dies war die erste leistungsfähige Reibungslokomotive. Wegen des starken Geräusches des auspuffenden Dampfes nannte man sie „Puffing Billy" (Abb. 1). Durch Einlassen des Auspuffdampfes in einen Schalldämpfer wurde der Lärm später vermindert. Die Maschine konnte 10 beladene Kohlenwagen mit 8 km/st Geschwindigkeit befördern. Die Heizfläche betrug 7,0, die Rostfläche 0,5 qm. Sie stand bis zum Jahre 1862 im Dienst.

In Berlin stellte 1816 die Königl. Gießerei eine Dampflokomotive für die Kohlengruben in Gleiwitz nach Blankinshop's Muster her. Doch konnte sie bei ihrer Ankunft auf der Zeche nicht verwendet werden, weil die Spurweite nicht paßte.

Abb. 1. Lokomotive „Puffing Billy".

Während alle vorgenannten Lokomotiven nur zum Lastentransport in Bergwerken dienten, wurde die erste öffentliche Eisenbahn für Personenbetrieb im Jahre 1825 in England errichtet. Bei der hierfür von Stephenson gebauten Lokomotive „Locomotion" waren die Räder zum ersten Male durch Kuppelstangen miteinander verbunden. 1826 bis 1830 wurde zwischen Liverpool und Manchester durch George Stephenson eine Bahn erbaut. Zum Befahren dieser Bahnstrecke wurde für die beste Lokomotive ein Preis von 500 £ ausgesetzt. Die Bedingungen waren: die Lokomotive sollte imstande sein, bei 8 t Eigengewicht einen Wagenzug von 20 t mit einer Geschwindigkeit von 10 englischen Meilen (18 km) stündlich bei einem Höchstdampfdruck von 50 Pfund/Quadratzoll (3,5 at) zu befördern Die Lokomotive mußte auf Federn und 6 Rädern ruhen. Bei einem Eigengewicht von 4,5 t und weniger brauchte die Maschine nur 4 Räder zu haben. Vier Lokomotiven bewarben sich um den Preis, wobei „The Rocket" (die Rakete) in Abb. 2 von G. Stephenson den Preis durch ihre Leistungsfähigkeit errang, die die gestellten Bedingungen beträchtlich übertraf. Seine Lokomotive erreichte eine für damalige Zeit hohe Geschwindigkeit von 29 englischen Meilen (52 km) stündlich. Hauptsächlich der Kesselanlage verdankte „The Rocket" ihren Erfolg. Der Kessel und die Triebmaschine, die anfangs durch zwei schräg liegende Zylinder die Triebräder unmittelbar bewegte, wurden vorbildlich für alle später und bis auf die heutige Zeit gebauten Lokomotiven.

Nach dem Siege der „Rocket" nahm der Lokomotivbau unter Führung von Robert Stephenson, dem Sohne von George Stephenson, einen raschen Aufschwung. Insbesondere war es die

Abb. 2. Lokomotive „The Rocket".

Steuerung der Maschine zum Vor- und Rückwärtsfahren, die nunmehr wesentlich verbessert wurde. Im Jahre 1833 war man nach unendlichen Mühen und zahllosen Mißerfolgen so weit gekommen, ein den Anforderungen entsprechendes Modell zu schaffen in der sogenannten „Patentlokomotive". Nach ihrem Vorbilde haben Stephenson und nach ihm die meisten damaligen Lokomotivfabriken in England, Frankreich, Deutschland und Belgien bis zum Jahre 1840 Lokomotiven für alle Zwecke gebaut. Hierbei wurde zwar streng an der Gesamtanordnung, wie sie Stephenson gegeben hatte, festgehalten, dabei aber unentwegt an der Weiterentwicklung der Einzelteile, namentlich der Steuerung, weitergearbeitet.

Die Lokomotivbauer aller damaligen Industrieländer machten aus der Lokomotive nach und nach eine brauchbare Zugmaschine. Angeregt durch die Ausfuhr der englischen Lokomotiven nach Amerika, Belgien, Frankreich und Deutschland, entstanden in diesen Ländern

Lokomotivbauanstalten. Anfänglich wurden hier die englischen Modelle getreu nachgebaut, bald darauf jedoch den Verkehrs- und Werkstättenverhältnissen der einzelnen Länder entsprechende verwendet, so daß schon in den 40er Jahren der Lokomotivbau in den einzelnen Industrieländern nationale Eigentümlichkeiten zeigte.

Am 7. Dezember 1835 wurde die erste deutsche Eisenbahn zwischen Fürth und Nürnberg eröffnet. Zwei Jahre, nachdem auf dieser Bahn die von Stephenson erbaute Lokomotive „Der Adler" (Abb. 3), eine vorbildliche Vertreterin der alten Stephenson'schen Normalbauart in Betrieb genommen war, konnte von der Maschinenbaugesellschaft Übigau bei Dresden die erste in Deutschland gebaute Lokomotive, die „Saxonia" für die 1837 eröffnete Leipzig-Dresdener Eisenbahn in Dienst gestellt werden. Ebenfalls aus dem Jahre 1837 stammt die besonders in Deutschland bekannte Bauart „Sharp", wie

Abb. 3. Lokomotive „Der Adler".

sie z. B. für die damals breitspurige badische Staatsbahn (Spurweite 1600 mm) 1840 bis 1845 von Sharp, dann aber auch von J. J. Meyer in Mühlhausen und von Keßler in Karlsruhe geliefert wurde.

Im Jahre 1841 baute Borsig die erste Lokomotive nach amerikanischem Vorbild für die Berlin-Anhalter Bahn. Zu Grunde gelegt wurde von ihm das Modell der Firma Norris, Philadelphia, das er jedoch nicht einfach nachbaute, sondern mit verschiedenen Verbesserungen versah. An Hand dieser Erfahrungen entstand für die Berlin-Anhalter Bahn die von Borsig gebaute Lokomotive „Beuth" (Abb. 4). Noch 1841 folgte Maffei in München mit seiner Lokomotive „Der Münchener" für die München-Augsburger Bahn.

Anfangs benutzte man dieselben Lokomotiven zur Beförderung von Personen- und Güterzügen. Im Jahre 1850 wurde in Österreich ein Preis von 20000 Dukaten auf die beste Lokomotive ausgesetzt, die imstande war, eine Zuglast von 125 t über den Semmering mit Steigungen von 1 : 40 und sehr starken Krümmungen zu befördern. Den ersten Preis erhielt hierbei die „B a v a r i a" von M a f f e i in München. 1851 wurden in Deutschland die ersten eigentlichen Schnellzuglokomotiven in Dienst gestellt.

Eine vorbildliche norddeutsche Schnellzuglokomotive der 50 er und 60 er Jahre zeigt Abb. 5, gebaut 1858 von B o r s i g für die Leipzig-Dresdener Eisenbahn. Die Achsanordnung 1 A 1 ist in Deutschland bis 1875, in England bis in die 90 er Jahre hinein gebaut worden. Äußerlich fällt das Fehlen des Führerstandes und der kuppelförmige Stehkessel auf; ferner der zylindrische Dom mit der jener Zeit vorbildlichen Bekrönung und der schön verzierte Dampfdommantel. Das am Dom sitzende Sicherheitsventil zeigt die Hebelübertragung von Meggenhofen. Ende der 60 er Jahre wurden die Anforderungen an

Abb. 4. Lokomotive „Beuth".

die Zugkraft der Personenzuglokomotiven immer größer. Man ersetzte die hintere Laufachse der 1 A 1-Lokomotive durch eine Kuppelachse und erhielt so die Bauart 1B. In dieser Zeit war in Norddeutschland die Bauart mit Innenrahmen gebräuchlich, während in Süddeutschland der Außenrahmen überwog.

Als Güterzuglokomotiven dienten seit Mitte der 40 er Jahre 1B-Lokomotiven mit überhängendem Stehkessel (Abb. 6); sie sind bis in die 70 er Jahre gebaut worden. Der lange Kessel bot gute Brennstoffausnutzung, die Achsanordnung sicherte ein verhältnismäßig hohes Reibungsgewicht. Dagegen wurde der Gang durch die überhängenden Massen verschlechtert. In Mittel- und Süddeutschland ist diese Bauart zum Personenzugdienst benutzt worden. Eine andere $^2/_3$-gekuppelte Güterzuglokomotive war die Bauart B1, die sich in Nordostdeutschland, besonders auf der Ostbahn und der Oberschlesischen Bahn großer Beliebtheit erfreut hat. Sie hatte durchhängende und gestützte Feuerkiste und ruhigen Lauf bei geringeren Fahrgeschwindigkeiten und ist auch für Personenzugdienst benutzt worden. Maschinen dieser Bauart sind in Deutschland von 1856 bis in die 90 er Jahre gebaut worden.

Eine der verbreitetsten Lokomotiven ist die C-Güterzuglokomotive gewesen; sie ist von 1843 bis 1907 beschafft worden. Die ersten C-Lokomotiven waren in Deutschland von Stephenson 1843 bis 1846 gebaute Innenzylinderlokomotiven. Sie waren bestimmt für die Strecke Vienenburg-Harzburg der braunschweigischen Staatsbahn (Abb. 7). Erst seit Ende der 50 er Jahre wird die C-Lokomotive in größeren Mengen beschafft.

Eine Rückkehr zur einfachsten Bauform stellt die B-Lokomotive mit Schlepptender dar; sie ist seit Mitte der 60 er Jahre gern gebaut worden und wurde als Personen-, Güter-, Nebenbahn- und Verschiebe-

Abb. 5. 1A1-Schnellzuglokomotive für die Leipzig-Dresdener Eisenbahn.

lokomotive in über 250 Stück in Deutschland in Betrieb genommen. Die oldenburgische Staatsbahn hat von 1867 bis 1894 — neben zweiachsigen Tenderlokomotiven — nur Lokomotiven dieser Bauart für jeden Dienst besessen. Sie waren, nach der Krauß-Bauart, mit Kastenrahmen, ohne Dampfdom und bei hoher Leistungsfähigkeit möglichst einfach und leicht. Der zweiachsige Tender, ebenfalls mit Kastenrahmen, hatte einen hohen Wagenkasten mit Dach für die Aufnahme von Torf, der damals in Oldenburg, wie auch in Bayern und Westfalen vielfach zur Lokomotivfeuerung benutzt wurde (Abb. 8).

Seit Mitte der 60 er Jahre hatte man für Verschiebedienst und Nebenbahnverkehr Tenderlokomotiven eingeführt. Bald hatten sich hierfür brauchbare Bauformen herausgebildet. Besonders gern wurden damals alte Personen- und Güterzuglokomotiven zu Tenderlokomotiven umgebaut. K r a u ß in München baute seit 1867 besonders leichte

Tenderlokomotiven für alle Zwecke. Vor ihm hatte namentlich die Maschinenbaugesellschaft Karlsruhe mehrfach leichte schmalspurige Tenderlokomotiven für Industriebahnen gebaut. Mitte der 70er Jahre wurde die erste deutsche Schmalspurbahn für den öffentlichen Verkehr in Deutschland erbaut (Ocholt—Westerstede in Oldenburg), 1875 wurde die erste Dampfstraßenbahn in Deutschland eröffnet mit Lokomotiven von Merryweather in England (Cassel—Wilhelmshöhe 1875 bis 1898). Ihnen folgten bald Lokomotiven von Henschel (schräge Innenzylinder), Krauß (Kastenrahmen, wagerechte Außenzylinder), Winterthur, Hohenzollern u. a. nach. Für leichten Verkehr auf Hauptbahnen und für Kleinbahnen bauten Roven und Thomas um 1880 Dampfwagen, Krauß, Egestorff und Hohenzollern Kleinbahnlokomotiven. Kurz vorher waren von den preußischen Staatsbahnen Normalien aufgestellt worden, nach denen (seit 1877) Personen- und Güterzuglokomotiven gebaut wurden (Abb. 9).

Abb. 6. 1B-Güterzuglokomotive.

Hauptsächlich die Verkehrssteigerung und die Einführung vierachsiger Personenwagen zwangen um 1890 vierachsige Lokomotiven einzuführen. Vierachsige Lokomotiven der Bauarten 2 B für Personenzüge, D für Güterzüge waren in Deutschland schon lange bekannt gewesen. Norris hatte seit 1846 verschiedene 2 B-Lokomotiven für deutsche Bahnen gebaut. Württemberg hatte 1846 bis 1865 fast nur 2 B-Lokomotiven für Personen- und Güterzüge beschafft (Abb. 10); Baden baute von 1861 bis 1900 alle Schnellzuglokomotiven nach dieser Bauart. Für Güterzüge führte Preußen 1893 D-Lokomotiven ein; für leichtere Züge wurde neben den alten C-Lokomotiven eine 1C-Bauart beschafft, die auch für schnellere Fahrt geeignet war.

Als Berglokomotive beschaffte Preußen und Baden in den 90er Jahren B+B-Malletlokomotiven. Württemberg baute krümmungsbewegliche E-Lokomotiven der Bauart Klose.

Gleichzeitig mit den vierzylindrigen Malletlokomotiven erschienen die ersten vierzylindrigen Verbund-Schnellzuglokomotiven, hauptsächlich für Gebirgsstrecken, 1894 zuerst für Baden von der Elsässischen Maschinenfabrik Grafenstaden gebaut. Die Lokomotivfabrik Krauß machte 1895 bis 1900 beachtenswerte Versuche mit Vorspannachsen mit zwei Stück 2A1-Lokomotiven für die Pfalzbahn (Abb. 11). 1898 folgten die ersten Versuche mit Heißdampflokomotiven von Borsig und Vulkan auf den preußischen Staatseisenbahnen. Damit begann ein ganz neuer Zeitabschnitt im deutschen Lokomotivbau. Die Überhitzerbauarten der Schmidt'schen Heißdampfgesellschaft haben sich in den letzten 20 Jahren in allen Ländern der Erde und für Lokomotiven jeder Art eingebürgert.

Mit der konstruktiven Ausgestaltung der einzelnen Bauarten als Schnell-, Personen-, Güterzug- und Verschiebelokomotiven, als Straßenbahn-, Kleinbahn- und Baulokomotiven ging vor sich die Ver-

Abb. 7. C-Güterzuglokomotive für die braunschweigische Bahn.

vollkommnung der Lokomotivmaschine in wirtschaftlicher und technischer Beziehung. Mit Recht wurden die ersten Lokomotiven „Kohlenfresser" genannt, da sie als Volldruckmaschinen gebaut waren und die Dampfdehnung nicht ausnutzten. Bereits im Jahre 1839 wandte Clapeyron die Ausdehnung des Dampfes an und erreichte damit einen geringeren Dampf- und Kohlenverbrauch. Mallet gelang es 1867, brauchbare Verbundlokomotiven zu bauen, und zwar waren es B1-Verbund-Tenderlokomotiven, von Schneider (Creuzot) geliefert, für die Bahn Bayonne—Biarritz (Abb. 12). Zunächst zögernd, dann schneller folgten die meisten Bahnverwaltungen im Bau von Verbundlokomotiven. In Deutschland hat sich vor allen v. Borries um die Verbundlokomotive Verdienste erworben. Die Anwendung des Heißdampfes seit der Jahrhundertwende brachte eine weitere Verminderung des Brennstoff- und Wasserverbrauches. Während die „Rocket" bei voller Belastung und 50 km/st Geschwindigkeit 16 PS leistete und für 1 PS an Kohle 25 kg verbrauchte, benötigte eine Heißdampf-Verbundlokomotive bei 100 km/st Geschwindigkeit und 1200 entwickelten Pferdekräften stündlich 1000 kg bester Kohle, oder für 1 PS 0,8 kg Kohle. Ferner hat auch noch besonders die Ausnutzung der im Abdampf enthaltenen Wärme für die Speisewasser-Vorwärmung in den letzten zehn Jahren zur Steigerung der Leistungsfähigkeit und Wirtschaftlichkeit der Dampflokomotive beigetragen.

Von Interesse sind auch die Gewichte der Lokomotiven. Die „Rocket" wog ohne Tender 4,25 t, der Tender mit Vorräten 3,2 t, also im ganzen 7,45 t, wogegen z. B. eine bayerische 2C1-Vierzylinder-Heißdampf-Verbund-Schnellzuglokomotive 88 t, der Tender 54 t, das Ganze also 142 t wiegt. Die Leistungsfähigkeit der Lokomotiven hat erheblich im Laufe der Jahre zugenommen, hingegen nicht in gleichem Maße ihre Fahrgeschwindigkeit. Während die „Rocket" einen Zug von 20 t mit 36 km/st in der Ebene beförderte, kann die eben erwähnte bayerische Schnellzuglokomotive einen Zug von 400 t mit 115 bis 120 km/st Geschwindigkeit auf gerader Strecke ziehen. Die Belastung hat also

Abb. 8. B-Personenzuglokomotive für die oldenburgische Bahn.

um das Zwanzigfache, die Geschwindigkeit dagegen nur um das Dreifache zugenommen.

Man hat behauptet, die Dampflokomotive habe in Europa die Höhe ihrer Entwicklung, d. h. in der Hauptsache die Grenze ihrer Leistungsfähigkeit erreicht, dagegen könne die elektrische Lokomotive für Leistungen bemessen werden, die im Dampfbetrieb nicht mehr möglich sind. Daß dies nicht zutrifft,[1]) folgt daraus, daß Amerika Dampflokomotiven baut, welche zweifache Stärke der stärksten europäischen Dampflokomotiven besitzen. Die folgende Zusammenstellung 1 bringt einen Vergleich schwerster deutscher und schwerer amerikanischer Dampflokomotiven. Die hier angeführten amerikanischen besitzen mehr als die doppelte Leistungsfähigkeit der stärksten preußischen Dampflokomotiven. Sogar der neuesten sächsischen 1D1 ist die amerikanische 2D1-Bauart [2]) noch um rund 25% an Leistungsfähigkeit überlegen.

[1]) Vgl. Metzeltin, Hanomag-Nachrichten, Juni/Juli 1919.

[2]) Amerikanische Mallet-Lokomotiven blieben hier unberücksichtigt.

Allerdings ist es möglich, elektrische Lokomotiven zu bauen, welche weit leistungsfähiger sind als die Dampflokomotiven unserer Zeit, also solche bis zu 4000 PS. Doch kommen so hohe Leistungen in Deutschland nur selten in Frage; höchstens für gebirgige Strecken, wie in Thüringen, Schlesien und Süddeutschland. Auch wären Lokomotiven von so hoher Leistungsfähigkeit bei den bei der preußischen Staatsbahn eingeführten Kuppelungen [1]) gar nicht ausnutzbar.

Zusammenstellung 1.

Leistungsfähigkeit schwerster deutscher und schwerer amerikanischer Dampflokomotiven.

Hauptabmessungen	Schnellzuglokomotiven			Güterzuglokomotiven	
	Preuß. Staatsb. 2C-Drilling S_{10}^2	Sächs. Staatsb. 1D1-Vierzyl. Verbund	Chicago-Rock-Island-Pacific 2D1-Zwilling	Preuß. Staatsb. 1E-Drilling (Einheitsl.) G_{12}	Baltimore- u. Ohio-Bahn 1E1-Zwilling
Zylinderdurchm. d . mm	3×500	2×480 2×720	2×711	3×570	2×762
Kolbenhub s . . . mm	630	630	711	660	813
Triebraddurchm. D . mm	1980	1905	1752	1400	1475
Dampfüberdruck at kg/qcm	14	15	13	14	14
Rostfläche R . . . . qm	2,8	4,5	5,8	3,9	8,2
Heizfläche (einschl. Überhitzer) H . . . qm	215	301	471	263	641
Reibungsgewicht Gr . . t	51	69	102	80	153
Dienstgewicht (betriebsfähig) GL . . . . . . t	80	100	151	93	184
Annahmen:					
B : R [2]) . . . kg/st-qm	500	500	500	350	350
B . . . . kg st	1400	2250	2900	1365	2870
B : Ni [3]) . . kg/st-PS	1,15	1,1	1,15	1,15	1,15
Ni . . . . PS	**1217**	**2046**	**2522**	**1187**	**2496**

[1]) Seit 1914 werden neue Lokomotiven und Wagen mit Kupplungen versehen, die für eine Zugkraft von 22 000 kg bestimmt sind.

[2]) stdl. Kohlenverbrauch B in kg auf 1 qm Rostfläche.

[3]) günstigster Wert, d. h. Kleinstwert.

B. Statistische Angaben.

1. Für die preußisch-hessischen Staatsbahnen im Rechnungsjahr 1918 [1]) (d. h. am 31. März 1919).

Lokomotiv-Fuhrpark:

28 762 Dampflokomotiven,
35 elektrische Lokomotiven,
4 Dampftriebwagen,
383 elektrische Triebwagen, und zwar 54 einfache, 311 Doppel- und 18 dreiteilige Wagen.

Auf 10 km Betriebslänge kommen davon 7,23 Lokomotiven und Triebwagen; auf 1 Million Wagenachskilometer kommen davon 1,40 Lokomotiven und Triebwagen. Das Anwachsen des Dampflokomotiv-Fuhrparkes vom Jahre 1902 bis zum Jahre 1918 zeigt die Schaulinie in Abb. 13.

Im Jahresdurchschnitt standen im Rechnungsjahr 1918 zur Verfügung, unter Berücksichtigung der leihweise abgegebenen eigenen Fahrzeuge einerseits und der in den eigenen Fuhrpark aufgenommenen fremden Fahrzeuge andererseits 28 360 Lokomotiven und Triebwagen.

Von dem Gesamtwert des Fuhrparkes (5 257 692 517 M.) kamen

auf Dampflokomotiven . . .	2 165 999 652 M.	(auf 1 Lokom. 75 308 M.)
„ elektrische Lokomotiven	7 872 795 „	(„ 1 „ 224 937 „)
„ Dampftriebwagen . . .	136 600 „	(„ 1 Wagen 34 150 „)
„ einf. elektr. Triebwagen .	2 377 698 „	(„ 1 „ 44 031 „)
„ zweiteilige elektr. Triebw.	29 010 440 „	(„ 1 „ 93 281 „)
„ dreiteilige „ „	2 676 309 „	(„ 1 „ 148 684 „)

Beschafft wurden im Betriebsjahr 1788 Dampflokomotiven und 8 Triebwagen.

Die Leistungen eigener und fremder Lokomotiven und Triebwagen auf den eigenen Betriebsstrecken waren:

	1916	1917	1918
Nutzkilometer	486 640 875	451 464 987	383 212 391
davon im Vorspann- und Verschiebedienst	16 088 540	14 420 015	12 708 067
Leerfahrtkilometer	57 820 406	56 888 796	53 972 240
Verschiebedienst . . Stunden	27 282 363	29 207 603	28 866 085
Dienst beim Vorheizen der Personenzüge, beim Reinigen der Viehwagen und beim Wasserpumpen . . . . Stunden	2 213 828	1 932 868	1 630 541
Bereitschaftdienst	5 315 512	5 296 612	5 067 531
Ruhe bei unterhaltenem Feuer Stunden	20 840 337	22 985 412	21 915 648

[1]) Archiv für Eisenbahnwesen, Jahrgang 1920, S. 1220 usw.

	1916	1917	1918
Lokomotivkilometer zur Berechnung der Kosten für die Unterhaltung und Erneuerung des Oberbaues, wobei 1 Stunde Verschiebedienst mit 10 km in Ansatz gebracht ist:			
a) im ganzen	817 284 911	800 429 813	725 845 481
b) auf 1 km durchschnittlicher Betriebslänge	20 306	19 864	17 986

Die Leistungen der im eigenen Betrieb befindlichen Lokomotiven auf eigenen und fremden Betriebsstrecken, sowie auf Neubaustrecken waren:

	1916	1917	1918
Nutzkilometer	748 748 352	452 556 286	384 804 929
durchschnittlich auf eine Lokomotive oder einen Triebwagen	23 076	19 961	15 585
Leerfahrtkilometer	57 937 189	56 976 745	54 081 244
Verschiebedienst . . Stunden	27 476 247	29 397 004	29 038 524
Dienst beim Vorheizen der Personenzüge, beim Reinigen der Viehwagen und beim Wasserpumpen . . . . . Stunden	2 220 319	1 936 975	1 632 466
Bereitschaftdienst und Ruhe bei unterhaltenem Feuer ... Stunden	26 238 425	28 372 250	5 074 568
Lokomotivkilometer:			
a) zur Berechnung der Unterhaltungskosten der Lokomotiven und Triebwagen, wobei 1 Stunde Verschiebe- und sonstiger Stationsdienst = 10 km gerechnet ist . .	842 651 201	822 872 821	745 596 073
b) zur Berechnung der Kosten der Züge, wobei 1 Stunde Verschiebe- und sonstiger Stationsdienst = 5 und 1 Std. Bereitschaftdienst = 2 km gerechnet wurde	746 645 221	722 947 426	646 346 711

2. Für die Eisenbahnen des Deutschen Reiches im Rechnungsjahr 1919[1]) (d. h. am 31. März 1920).

Die Leistungen eigener und fremder Lokomotiven und Triebwagen auf den eigenen Betriebsstrecken waren:

[1]) Archiv für Eisenbahnwesen, Jahrgang 1921, S. 938 usw.

	1917	1918	1919
Zugkilometer in:			
Schnellzügen . . . . Millionen	49,3	32,2	18,0
Eilzügen . . . . . „	8,3	1,7	0,7
Personenzügen . . . . „	264,5	234,0	186,1
Güterzügen . . . . „	274,1	230,4	197,8
Arbeits- und sonstigen Zügen . . . . . „	4,9	4,0	3,4
im ganzen „	601,1	502,3	406,0
Kilometer im Vorspann- und Verschiebedienst „	27,0	22,8	19,8
im ganzen Nutzkilometer „	628,1	525,1	424,8
davon: von eigenen Lokomotiven . . „	618,5	518,9	420,7
von fremden Lokomotiven . . . . „	9,6	6,2	4,1
Leerfahrtkilometer . . „	74,4	67,2	54,8
Verschiebedienststunden „	38,2	36,1	33,8
Bereitschaftdienststunden „	7,9	6,6	4,9
Sonstige Stationsdienststunden . . . . . . „	2,3	1,8	1,4
Lokomotivkilometer bezüglich der Unterhaltung und Erneuerung des Oberbaues:			
im ganzen . . . . . Millionen	1 084,4	952,9	817,3
auf 1 km durchschnittlicher Betriebslänge	17 293	15 708	13 214

Die Leistungen der im eigenen Betrieb befindlichen Lokomotiven auf eigenen und fremden Betriebsstrecken, sowie auf Neubaustrecken waren:

	1917	1918	1919
Nutzkilometer . . . . Millionen	629,1	526,2	424,7
durchschnittlich auf eine Lokomotive	20 460	16 592	12 487
Leerfahrtkilometer . . Millionen	74,4	67,2	54,9
Verschiebedienststunden „	38,4	36,2	33,8
Bereitschaftdienststunden „	7,9	6,6	4,9
Sonstige Stationsdienststunden . . . . . . „	2,3	1,8	1,4
Lokomotivkilometer bezüglich der Unterhaltung der Lokomotiven:			
im ganzen . . . . . Millionen	1 110,9	973,6	831,5
durchschnittlich auf eine Lokomotive	36 127	30 697	24 450
Lokomotivkilometer bezüglich der Kosten der Züge . Millionen	923,1	796,7	665,3

3. Verschiedenes über Herstellungs-Zeit und -Preis.

Seit Mitte der 40er Jahre des vorigen Jahrhunderts stieg die Leistungsfähigkeit der deutschen Lokomotivindustrie um das Zehnfache. Während in einem Monat vor etwa 75 Jahren 3 Lokomotiven fertiggestellt wurden, man also für eine Lokomotive fast neun Arbeitstage gebrauchte, kann heutzutage bei regelmäßiger Arbeit der Monatsdurchschnitt etwa 32 Lokomotiven sein, d. h. es beträgt für eine Lokomotive die Anzahl der Arbeitstage rd. 0,8.

Die Beschaffungspreise einiger Heißdampflokomotiven (einschließlich Tender) der preußisch-hessischen Staatsbahn waren in Friedenszeit:

Beschaffungsjahr	Bauart [1])	Beschaffungspreis (etwa) Mark	Anzahl der am 31. 3. 1917 vorhandenen Lokomotiven Stück
1906	G_8	73 700	999
1914	$G_8{}^1$	89 400	2737
1914	G_{10}	91 750	568
1916	[2]) $G_{12}{}^1$	147 000	19
1914	T_{12}	64 500	912
1914	T_{14}	85 900	294
1914	T_{16}	77 700	725
1914	T_{18}	101 100	106
1914	P_8	92 600	1347
1913/14 . . .	S_6	82 800	584
1914	S_{10}	113 700	202
1914	$S_{10}{}^1$	117 500	237
1914	$S_{10}{}^2$	110 600	124

Alle diese Preise gelten für „Goldmark"; sie sind der Geldentwertung entsprechend heute wesentlich höher. Im Februar 1922 rechnete man die Beschaffungskosten von 1 kg Lokomotivgewicht etwa zu 54 M.

An Kohlen[3]) zum Bau einer Lokomotive sind nötig — einschließlich des Kohlenverbrauchs für Eisenerzeugung, für Beförderung und Verladung von Roh- und Halbstoffen und Fertigerzeugnissen — für eine moderne Güterzuglokomotive insgesamt etwa 305 t oder rd. das 3,75 fache des Lokomotiv-Dienstgewichtes. Man erkennt hieraus die Lokomotiv-Mehrherstellungskosten allein in Abhängigkeit von dem Mehrkohlenpreise. Eine Kohlenpreissteigerung von nur 10 M./t bewirkt bereits eine Lokomotivpreissteigerung von $10 \times 305 = 3050$ M.

[1]) Vgl. S. 26.

[2]) Die G_{12}-Einheits-Güterzuglokomotive wurde zuerst 1917 beschafft.

[3]) Früher war der Kohlenpreis 10 bis 12 M./t; im Februar 1922 war er rd. 775 M./t.

4. Lokomotivbauanstalten.[1])

I. Europäische Länder.

a) Deutschland.

Allgemeine Elektrizitäts-Gesellschaft, Berlin-Hennigsdorf (1918)[2]).
A. Borsig, Berlin-Tegel (1841).
Maschinenfabrik Eßlingen, Eßlingen (1846).
Lokomotivfabrik Hagans, Erfurt (angekauft von R. Wolf, Magdeburg-Buckau).
Hannoversche Maschinenbau-A.-G. vorm. G. Egestorff (Hanomag), Hannover-Linden (1846).

Abb. 9. 1B-Zwilling-Personenzuglokomotive für die preußische Staatsbahn.

Sächsische Maschinenfabrik vorm. R. Hartmann, A.-G., Chemnitz (1848).
Henschel & Sohn, Cassel (1848).
Hohenzollern, A.-G. für Lokomotivbau, Düsseldorf-Grafenberg.
Maschinenbau-Anstalt Humboldt, Köln-Kalk (1897).
Maschinenfabrik Heilbronn, Heilbronn.
Arn. Jung, Lokomotivfabrik, Jungenthal bei Kirchen a. d. Sieg (1885).
Maschinenbaugesellschaft Karlsruhe, Karlsruhe i. Baden (1842).
Lokomotivfabrik Krauß & Comp., A.-G., München (1867).

---

[1]) Nur für Dampflokomotiven wurden die hauptsächlichsten Firmen zusammengestellt.

[2]) Jahreszahl in Klammern bedeutet die Einführung des Lokomotivbaues.

Friedr. Krupp A.-G., Essen (1919).
Linke-Hofmann-Werke, Breslauer A.-G. für Eisenbahn-Wagenbau und Maschinenbau-Anstalt Breslau, Breslau (1861).
J. A. Maffei, Lokomotiv- und Maschinenfabrik, München (1841).
Orenstein & Koppel, Arthur Koppel A.-G., Berlin-Drewitz (1898).
Rheinmetall, Rheinische Metallwaren-Maschinenfabrik Düsseldorf (1920).
F. Schichau, Maschinen- und Lokomotivfabrik, Elbing (1860).
Berliner Maschinenbau-A.-G., vorm. L. Schwartzkopff, Berlin-Wildau (1867).
Union-Gießerei, Lokomotivfabrik und Maschinenbauanstalt, Königsberg (1855).

Abb. 10. 2B-Personenzuglokomotive der württembergischen Bahn.

Stettiner Maschinenbau-A.-G. Vulcan, Stettin-Bredow (1858).

b) Belgien.

John Cockerill, Seraing bei Lüttich (1835).
Zimmermann, Hanrez & Co., Monceau sur Sambre (1857).
Soc. An. de St. Léonard, Lüttich (1840).
Soc. An. Franco-Belge, La Croyère.
Soc. An. des Ateliers du Thiriau, La Croyère (1900).
Les Ateliers Métallurgiques, Tubize.
Les Ateliers Detombay, Marcinelle bei Charleroi.
Société An. des Ateliers de Construction de Boussu, Boussu (1889).
Soc. An. des Ateliers de Construction, J. J. Gilain, Tirlemont.
Soc. An. de la Hestre.
Soc. An. des Ateliers de Gilly.

Soc. An. des Ateliers de Construction de la Bienne, Bouffioulx bei Châtelineau (1902).
Leuvens'sche Metallwerke, Löwen.
Soc. An. des Ateliers de Construction de la Meuse, Sclessin bei Lüttich.
Soc. An. des Forges, Usines & Fonderies, Haine-St. Pierre (1846).
Soc. „Energie", Marcinelle bei Charleroi (1900).
Soc. An. des Usines Métallurgiques du Hainaut, Couillet.
Gebrüder Carels, Gent (1866).
Ateliers de Construction du Grand Hornu, Mons (1857 od. 1867).

c) England.

Sir W. G. Armstrong, Withworth & Co., Ltd., Newcastle upon Tyne.
The Avonside Engine Co. Ltd., Bristol.
W. G. Bagnall, Ltd., Stafford.

Abb. 11. 2A1-Lokomotive mit Vorspannachse für die Pfalzbahn.

Andrew Barclay, Sons & Co., Ltd., Caledonia Works, Kilmarnock.
William Beardmore & Co., Ltd., Parkhead Steel Works, Glasgow.
Beyer, Peacock & Co., Manchester.
Dick, Kerr & Co.
T. Green & Son, Southfield Iron Works, Leeds.
R. & W. Hawtorn, Leslie & Co., Forth Banks Loc. Works, Newcastle upon Tyne.
Hudswell, Clarke & Co., Railway Foundry Works, Leeds.
The Hunslet-Engine Co., Ltd., Leeds.
The Kilmarnock Engineering Co., Ltd., Britannia Engineering Works, Kilmarnock, N. B.
Kerr, Stuart & Co., London, EC.
Kitson & Co., Airedale Foundry, Leeds.
Manning Wardle & Co., Ltd., Leeds.
Nasmyth, Wilson & Co., Ltd., Bridgewater Foundry, Patrikoft near Manchester.

North British Locomotive Co. Ltd., Hyde Park Works, Queen's Park Works, Atlas Works, Glasgow etc.
Peckett & Sons, Atlas Works, Bristol.
Robert Stephenson & Co., Darlington.
The Vulkan Foundry Ltd., Newton-le-Willowa, Lancshire.
Yorkshire Engine Co., Sheeffield.

Bahnwerkstätten, die Lokomotiven bauen:

Caledonian Ry., St. Rollox.
Great Central Ry., Gorton.
Great Eastern Ry., Stratford.
Great Northern Ry., Doncaster.
Great Northern Ry. of Irland, Belfast.

Abb. 12. Erste Verbundlokomotive der Welt.

Great Western Ry., Swindon.
Lancashire & Yorkshire Ry., Horwich.
London, Brighton & South Coast Ry., Brighton.
London & North Western Ry., Crewe.
London & South Western Ry., Eastleigh.
Midland Ry., Derby.
North Eastern Ry., Gateshead.
North British Ry., Cowlairs.
South Eastern Ry., Ashford.
North Staffordshire Ry., Stoke.

d) Frankreich.

Société Française de Constructions Mécaniques, Anciens Etablissements Cail, Denain (Nord) (1846).

Schneider & Cie., Le Creusot (1838).
Compagnie de Fives-Lille pour Constructions Mécaniques & Entreprises, Fives-Lille (1849).
Soc. Alsacienne de Constructions Mécaniques, Belfort (1881) und Grafen staden (1838).
Soc. de Construction des Batignolles, Paris (1847).
Soc. Franco-Belge de Materiel de Chemins de Fer, Raisnus (1890).
Soc. An. des Ateliers de Construction du Nord de la France et Nicaisse et Delcuve, Blanc-Misseron (1912).
Soc. An. des Ateliers et Chantiers de La Loire, St. Nazaire bei Nantes (1912).
Ateliers de Constructions Mécaniques La Courneuve, Corpet, Louvet & Cie., La Courneuve bei Paris (1855) (Tenderlok.).
Soc. Nouvelle des Etablissements Decauville Aìné, Paris (1880), (Kleinlok.).
Ateliers de Construction du Pont de Flandre, Weidknecht Frères & Cie., Paris.
Etablissements Pinguely, Lyon (1880) (Kleinlok.).

Bahnwerkstätten:

Chemins de fer du Nord, La Chapelle, Hellemes (1856).
Chemins de fer de l'Est, Epernay (1856).
Chemins de fer de Paris—Lyon—Méditerrannée, Nimes, Paris, Oullins und Arles (1855).
Chemins de fer de Ouest, Batignolles, Sottéville (1856).

e) Italien.

Societa Ansaldo-Armstrong & Co., Sampierdarena bei Genua.
A. Borsig, Mailand.
Ernesto Breda, Mailand.
Officine Meccanice, vorm. Miani-Silvestri, Mailand-Neapel.
Construzioni Meccanice, Saronno.

f) Norwegen.

Hamar Eissengießerei, Mjösensee.
Thunes Mekaniske Verkstad, Kristiania.
Nylands Mekaniske Verkstad, Kristiania.

g) Ehemaliges **Österreich-Ungarisches Gebiet.**

Maschinenfabrik der Österreich-Ung. Staats-E.-B.-Ges., Wien.
A.-G. der Lokomotivfabrik vorm. G. Sigl, Wiener-Neustadt.
Wiener Lokomotiv-Fabriks-A.-G., Wien-Floridsdorf.
Lokomotivfabrik Krauß & Comp., Linz (jetzt Österreichische Verkehrsanstalten).
Erste Böhmisch-Mährische Maschinenfabrik, Prag-Lieben.
Maschinenfabrik der Kgl. Ungarischen Staatsbahnen, Budapest (1873).
Skoda-Werke, Pilsen.

h) Ehemaliges **Russisches Gebiet.**

Kolomna-Maschinenfabrik-Gesellschaft, Golutwin bei Kolomna (1868).
Russische Lokomotiv- u. Maschinenbau-Gesellschaft in Charkow (1895).
Aktien-Gesellschaft Sormovo, Nishny-Sormovo (1898).
Poutiloff-Maschinenbau-Gesellschaft, St. Petersburg (1894).
Newsky-Schiffbau- u. Maschinenbau-Gesellschaft, St. Petersburg (1870).
Russische Maschinenbau-Gesellschaft Hartmann, Lugansk (1896).
Brjansk-Maschinenbau-Gesellschaft für Schienenwalz-Eisenwerke und Maschinenbau, Brjansk (1892).
Kramator'sche Fabrik, Kramatorskaja.
Tammersfors Lime och Jeru Manufaktur A. B., Tammersfors (Finnland).
Wotkin'sche Maschinenfabrik (früher Kam'sche M.-F.), Kuschura (Perm), (1872).

i) Schweden.

Motala verkstads nya aktiebolag, Motala.
Nydquist & Holm, Trollhättan,
Nya aktiebolaget Atlas, Stockholm.
Stora Koppa'rbergs Bergslags Aktiebolag, Vagn- och maskinfabriken, Falun.
Ljunggrens verkstads aktiebolag, Kristianstad.
Helsingborgs mekaniska verkstad, Helsingborg.

k) Schweiz.

Schweizerische Lokomotiv- und Maschinenfabrik, Winterthur.
Brown-Boveri & Co., Baden (Schweiz), (elektr. Lok.).
Maschinenfabrik Oerlikon, Oerlikon bei Zürich (elektr. Lok.).

l) Spanien.

La Maquinista Terrestre y Marítima, S. A. Barcelona (1888).
Sdad. Española de Construcciones, Babcock & Wilcox, Bilbao-Sestao (1920).

II. Außereuropäische Länder.

a) Australien.

Bahnwerkstätten:

Clyde Engineering Co., Clyde bei Sidney (1907).
Toowoomba Foundry Co., St. Peters bei Sidney (1914) und Toowoomba (Queensland) (1912).
Phönix Foundry Co., Ltd., Ballarat (Victoria) (1872).
Thompson & Co., Ltd., Castlemaine (Viktoria) (1913).

Evans, Anderson, Phelan & Co., Brisbane (Queensland) (1889).
Phoenix Engineering Co., Ipswich bei Brisbane (Queensland) (1890).
Walker, Ltd., Maryborough (Queensland) (1897).
A. and G. Price, Thames-Grahamstown, Neuseeland (1905).
Queensland Government Rys., Ipswich (1904).
Victoria Government Rys., Newport (1899).
New South Wales Gov. Rys., Eveleigh (1908).
South Australia Gov. Rys., Islington (1908).
Neuseeland Staats-Bahnen, Christchurch, Addington, Petone (1900).

b) Japan.

Kasawaki Werftgesellschaft, Kobe.
Kisha Seizo Kabushiki Kaisha, Osaka.

c) Indien.

Bombay, Baroda & Central Indian Ry., Ajmer.

d) Nord-Amerika.

American Locomotive Co., New York City.

Werkstätten:

Schenectady-Works, Schenectady, NY (1853).
Brooks-Works, Dunkirk, NY.
Richmond-Works, Richmond, Va. (1866).
Rogers-Works, Paterson, NJ. (1835).
Pittsburg-Works, Alleghany, Pa. (1865).
Cooke-Works, Paterson NJ.
Rhode Island-Works, Providence, RJ.
Dickson-Works, Scrauton, Pa.
Manchester-Works, Manchester, NH.
Montreal-Works, Montreal, Canada.

The Baldwin Locomotive Works, Philadelphia, Pa. (1832).
Davenport Locomotive Works, Davenport (Kleinlok.).
The Lima Locomotive Corporation, Ohio (1870).
Porter Locomotives, Wonham, Sanger & Bates (Inc.), Pittsburg.
Vulcan Locomotives (Wilkesbarre).

Bahnwerkstätten:

Atchison-Topeka und Santa Fé-Ry., Topeka.
Chicago, Milwaukee und St. Paul-Ry., West Milwaukee.
New York Central und Hudson-Ry., West-Albany.
Pennsylvania-Rd., Altoona, Juniata.
Canadian Pacific-Ry., Angus.

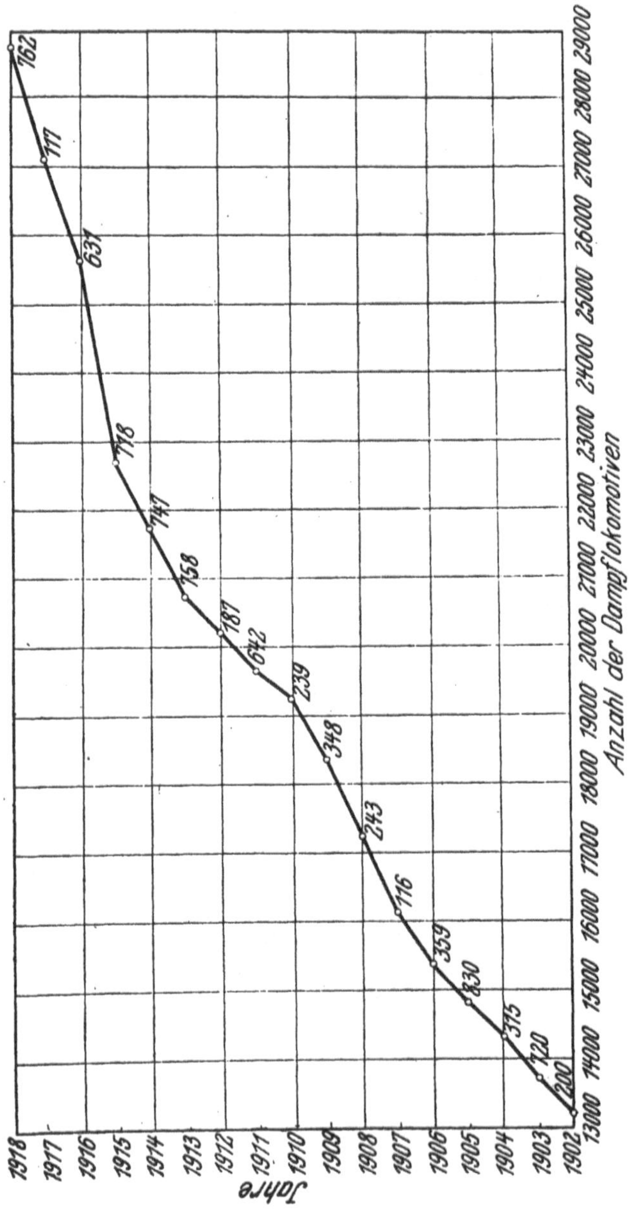

Abb. 13. Dampflokomotivpark der preußisch-hessischen Staatsbahn vom Jahre 1902 bis 1918

C. Einteilung, Benennung und Bezeichnung der Bauarten.

Die Einteilung, Benennung und Bezeichnung ergibt sich aus der Verwendungsart. Eine ganz genaue Unterteilung ist nur schwer möglich, weil meist das Bestreben darauf gerichtet ist, größere Triebräder zu verwenden, und weil, hauptsächlich bei den neueren Lokomotiven, infolge langen Achsstandes und guten Massenausgleiches sich höhere Umdrehungszahlen der Triebräder als früher mit der Betriebssicherheit vereinbaren lassen. Infolgedessen kann häufig die gleiche Lokomotivbauart mehreren verschiedenen Zwecken dienen. Allgemein unterscheidet man auf Hauptbahnen: Lokomotiven für Schnell- und Eilzüge, für Personenzüge, für Güterzüge und für den Verschiebedienst; auf Nebenbahnen: Lokomotiven für Personen- und für Güterzüge, außerdem noch für Zahn-, Klein-, Straßen-, Förder- und Werkbahnen.

Die Bezeichnung der Bauart erfolgt gewöhnlich nach der Anzahl der Achsen; hierfür sind verschiedene Bezeichnungsarten gebräuchlich.

Es gibt folgende Bezeichnungen der Lokomotiv-Bauarten:

I. Alte deutsche Bezeichnung (durch gemeinen Bruch); der Nenner gibt die Zahl der Lokomotivachsen überhaupt, der Zähler die Zahl der Trieb- und Kuppelachsen an.
II. Alte amerikanische Bezeichnung (durch Kennworte).
III. Vorschlag nach „Jung" 1906.
IV. Neue amerikanische Bezeichnung nach „Whyte" 1907; Zahl und Anordnung der Räder werden durch drei mit Bindestrich nebeneinander gesetzte arabische Ziffern, fehlende Laufachsen durch eine beigesetzte Null gekennzeichnet.
V. Bezeichnung nach dem „Organ" 1907.
VI. Neue deutsche Bezeichnung nach „V. D. E. V." 1908.

Außerdem gibt es folgende weitere Ausbildung der Bezeichnungsweisen:

VII. nach dem „Organ" 1911,
VIII. nach „Steffan",
IX. nach der „Amerikanischen Lokomotivgesellschaft",
X. nach „Baldwin" (Amerika).

Die Bezeichnungen I bis VI zeigt Zusammenstellung 2 auf den Seiten 24 bis 27.

Zusammen-

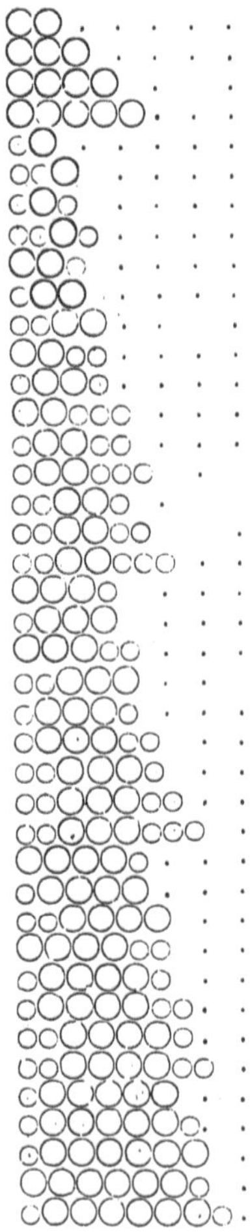

Achsanordnung (← vorn)	I Bezeichnung durch den Bruch	II Amerikanische Kennworte
	2/2	4 wheel switcher
	3/3	6 " "
	4/4	8 " "
	5/5	10 " "
	1/2	Single
	1/3	Single
	1/3	Single
	1/4	Single
	2/3	4 coupled & trailing
	2/3	4 coupled
	2/4	American
	2/4	Forney 4 coupled
	2/4	Columbia
	2/5	Forney 4 coupled
	2/5	6 coupled double ender
	2/6	4 " " "
	2/5	Atlantic
	2/6	4 coupled double ender
	2/7	4 " " "
	3/4	6 coupled & trailing
	3/4	Mogul
	3/5	Forney 6 coupled
	3/5	10 wheel
	3/5	Prairie
	3/6	Adriatic[1]
	3/6	Pacific
	3/7	Baltic[1]
	3/8	6 coupled double ender
	4/5	8 coupled & trailing
	4/5	Consolidation
	4/6	Mastodon
	4/6	—
	4/6	Mikado
	4/7	8 coupled double ender
	4/7	Mountain
	4/8	—
	5/6	Decapod
	5/7	Santa Fé
	6/7	—
	6/7	—
	6/8	Javanic[1]

[1]) Nicht amerikanische Bezeichnungen, sondern nur den amerikanischen nachgebildet.

stellung 2.

III	IV	V	VI
„Jung" 1906	„Whyte" 1907	„Organ" 1907	„V. D. E. V."[1] 1908
II	0—4—0	0. B. 0.	B
III	0—6—0	0. C. 0.	C
IV	0—8—0	0. D. 0.	D
V	0—10—0	0. E. 0.	E
1 I	2—2—0	1. A. 0.	1 A
1 III	4—2—0	2. A. 0.	2 A
1 I 1	2—2—2	1. A. 1.	1 A 1
2 I 1	4—2—2	2. A. 1.	2 A 1
II 1	0—4—2	0. B. 1.	B 1
1 II	2—4—0	1. B. 0.	1 B
2 II	4—4—0	2 B. 0.	2 B
II 2	0—4—4	0. B. 2.	B 2
1 II 1	2—4—2	1. B. 1.	1 B 1
II 3	0—4—6	0. B. 3	B 3
1 II 2	2—4—4	1. B. 2.	1 B 2
1 II 3	2—4—6	1. B. 3.	1 B 3
2 II 1	4—4—2	2. B. 1.	2 B 1
2 II 2	4—4—4	2. B. 2.	2 B 2
2 II 3	4—4—6	2. B. 3	2 B 3
III 1	0—6—2	0. C 1	C 1
1 III	2—6—0	1. C. 0.	1 C
III 2	0—6—4	0. C. 2.	C 2
2 III	4—6—0	2. C. 0.	2 C
1 III 1	2—6—2	1. C. 1.	1 C 1
1 III 2	2—6—4	1. C. 2.	1 C 2
2 III 1	4—6—2	2. C. 1.	2 C 1
2 III 2	4—6—4	2. C. 2.	2 C 2
2 III 3	4—6—6	2. C. 3.	2 C 3
1 IV 1	0—8—2	0. D. 1.	D 1
1 IV	2—8—0	1. D. 0.	1 D
2 IV	4—8—0	2. D. 0.	2 D
IV 2	0—8—4	0 D. 2.	D 2
1 IV 1	2—8—2	1. D. 1.	1 D 1
1 IV 2	2—8—4	1. D. 2.	1 D 2
2 IV 1	4—8—2	2. D. 1.	2 D 1
2 IV 2	4—8—4	2. D. 2.	2 D 2
1 V	2—10—0	1. E. 0.	1 E
1 V 1	2—10—2	1. E. 1.	1 E 1
1 VI	2—12—0	1 F. 0.	1 F
VI 1	0—12—2	0. F. 1.	F 1
1 VI 1	2—12—2	1 F. 1.	1 F 1

[1]) Verein deutscher Eisenbahnverwaltungen.

Zusammen-

Achs-Anordnung	I Bezeichnung durch den Bruch	II Amerikanische Kennworte
← vorn 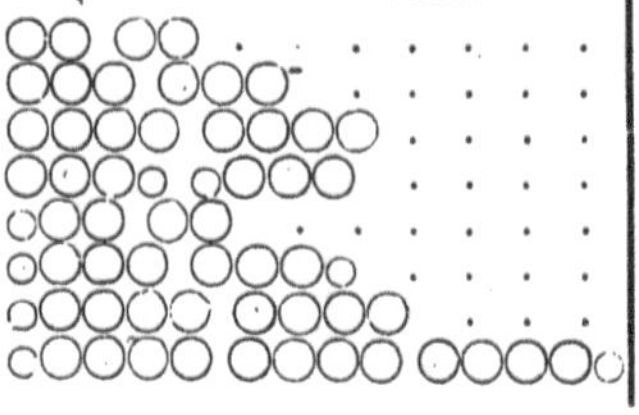	$^2/_2 + ^2/_2$	Articulated
	$^3/_3 + ^3/_3$	"
	$^4/_4 + ^4/_4$	"
	$^3/_4 + ^3/_4$	"
	$^2/_3 + ^2/_2$	"
	$^3/_4 + ^3/_4$	"
	$^4/_5 + ^4/_4$	"
	$^4/_5 + ^4/_4 + ^4/_5$	Centiped

Bezeichnungsweise VI[1]) ist am gebräuchlichsten; die Laufachsen werden hierbei durch arabische Ziffern, die Anzahl der gekuppelten Achsen durch große lateinische Buchstaben bezeichnet, wobei für eine Triebachse A, für zwei gekuppelte Achsen B usw. zu setzen ist. Nicht vorhandene Laufachsen werden nicht bezeichnet. Die Bezeichnung der einzelnen Achsgruppen beginnt am vorderen Ende der Lokomotive und wird von links nach rechts ohne Bindestriche geschrieben. Sind in einem Rahmengestell mehrere voneinander unabhängige Triebwerke gelagert, so werden diese je durch besondere, der Anzahl der zusammengekuppelten Triebachsen entsprechende Buchstaben bezeichnet, die nebeneinander zu reihen sind. Bei Lokomotiven mit Triebgestellen (Doppellokomotiven) sind die Einzelbezeichnungen der beiden Gestelle durch + Zeichen zu verbinden.

Seit dem Jahre 1903 werden bei der preußischen Staatsbahn die Lokomotiven folgendermaßen eingeteilt:[2])

1. Schnellzuglokomotiven mit Tender: Gattungszeichen S;
2. Personenzuglokomotiven mit Tender: Gattungszeichen P;
3. Güterzuglokomotiven mit Tender: Gattungszeichen G;
4. Tenderlokomotiven: Gattungszeichen T.

Unter die Gruppe 1 fallen alle Lokomotiven mit Triebrädern von mehr als 1880 mm Raddurchmesser und von solcher Bauart, daß sie für schnellfahrende Züge Verwendung finden können. Zur Gruppe 2 werden die übrigen für den Personenzugdienst geeigneten Lokomotiven mit Tender gerechnet. Die Tenderlokomotiven werden nicht unterschieden in solche für den Personen- und Güterzugdienst, weil die verschiedenen Tenderlokomotivbauarten nicht immer genügend hervortretende Einzelheiten aufweisen, die eine solche Unterscheidung, wie bei Lokomotiven mit besonderem Tender rechtfertigen. Ferner läßt ihr wechselndes Verwendungsgebiet diese Unterscheidung nicht als zweckmäßig erscheinen, da viele dieser Bauarten sowohl im Personen- als auch im Güterzugdienst benutzt werden.

[1]) Glasers Annalen, 1908, Bd. 63, S. 269.
[2]) Glasers Annalen, 1911, Bd. 69, S. 257.

stellung 2 (Fortsetzung).

III	IV	V	VI
„Jung" 1906	„Whyte" 1907	„Organ" 1907	„V.D.E.V." 1908
II — II	0-4-0 + 0-4-0	0. B. 0. + 0. B. 0.	B + B
III — III	0-6-0 + 0-6-0	0. C. 0. + 0. C. 0.	C + C
IV — IV	0-8-0 + 0-8-0	0. D. 0. + 0. D. 0.	D + D
III 1 — 1 III	0-6-2 + 2-6-0	0. C. 1. + 1. C. 0.	C 1 + 1 C
1 II — II	2-4-0 + 0-4-0	1. B. 0. + 0. B. 0.	1 B + B
1 III — III 1	2-6-0 + 0-6-2	1. C. 0. + 0. C. 1.	1 C + C 1
1 IV — IV	2-8-0 + 0-8-0	1. D. 0. + 0. D. 0.	1 D + D
1IV — IV — IV1	2-8-0 + 0-8-0 + 0-8-2	1. D. 0. + D. + 0. D. 1.	1D + D + D1

Als Zeichen für die Klassenbenennung in den einzelnen Gruppen wählte man bei den preußisch-hessischen Staatseisenbahnen in den einzelnen Gruppen Zahlen, und zwar derart, daß die Zahl 3 für alle Gruppen eine normale Lokomotive mittlerer Leistungsfähigkeit bedeutet, während ältere schwächere Lokomotiven die Zahlen unter 3 und leistungfähigere höhere Zahlen, steigend mit ihrer Leistungsfähigkeit erhalten. Die Heißdampflokomotiven werden durch gerade Zahlen, die ihnen in der Bauart des Untergestells gleichen oder ähnlichen Lokomotiven durch die niedrigen ungeraden Zahlen gekennzeichnet.

Die bisherige einheitliche Bezeichnung einzelner Lokomotivgattungen bei anderen deutschen Eisenbahnverwaltungen zeigt folgende Zusammenstellung 3.

Zusammenstellung 3.

Name der Eisenb.-Verw.	Bezeichnung der Lokomotiven	Bemerkungen
Bayerische Staatseisenbahnen	Es erhalten alle Schnellzuglokomotiven das Gattungszeichen S, die Personenzuglokomotiven das Zeichen P, die Güterzuglokomotiven das Zeichen G und die Verschiebelokomotiven das Zeichen R. Die Tenderlokomotiven, ausschließlich der Verschiebelokomotiven, erhalten das Nebengattungszeichen t, also St, Pt und Gt, dem bei regelspurigen Lokomotiven der Lokalbahnen der Buchstabe L, bei schmalspurigen der Buchstabe s beigefügt wird. Zahnradlokomotiven werden außerdem durch den	Die Bezeichnung „Heißdampf" oder „Sattdampf" wird an den Lokomotiven selbst nicht angeschrieben; doch steht zur Erwägung, ob dafür nicht künftig dem Gattungszeichen noch ein Buchstabe angefügt wird, falls sich ein Bedürfnis für eine Unterschei-

Zusammenstellung 3. (Fortsetzung.)

Name der Eisenb.-Verw.	Bezeichnung der Lokomotiven	Bemerkungen
Bayerische Staatseisenbahnen	Buchstaben z gekennzeichnet. Am Schlusse des Gattungszeichens wird das Kupplungsverhältnis $\frac{\text{Zahl der gekuppelten Achsen}}{\text{Gezamtzahl der Lokomotivachsen}}$ in Bruchform in arabischen Zahlen beigesetzt. Es bedeutet demnach z. B.: S $^3/_6$ = $^3/_6$ gek. Schnellzuglokomotive mit Schlepptender, Pt $^2/_5$ = $^2/_5$ gek. Personenzugtenderlokomotive, Gt 2 × $^4/_4$ = 2 × $^4/_4$ gek. Güterzugtenderlokomotive Bauart Mallet, Pts $^3/_4$ = $^3/_4$ gek. schmalspurige Personenzugtenderlokomotive, Ptz L $^3/_4$ = $^3/_4$ gek. regelspurige Personenzugtenderlokomotive für Lokalbahnen mit Zahnradbetrieb.	dung herausstellen sollte.
Württembergische Staatseisenbahnen	Die Bezeichnung der württembergischen Lokomotivgattungen durch große lateinische Buchstaben ist bereits bei Beginn des Eisenbahnbetriebes eingeführt und seither in fortlaufender Entwicklung weiter gebildet worden. Einen Rückschluß auf die Bauart oder Leistung der Lokomotiven lassen diese Gattungszeichen im allgemeinen nicht zu. Bei sonst gleicher Bauart sind die Lokomotiven mit Verbundwirkung durch c (z. B. Fc) und die Lokomotiven mit Heißdampf durch h (z. B. Hh) gekennzeichnet. Bei den durchweg mit T bezeichneten Tenderlokomotiven ist die Unterscheidungsziffer, wenigstens teilweise, der Achsenzahl entsprechend gewählt worden (T 3, T 4, T 5). Zur Unterscheidung von zwar gleichachsigen, aber in der Bauart wesentlich verschiedenen Tenderlokomotiven mußte aber neuerdings hiervon abgewichen werden. Die Bezeichnung T 9 ist dem preußischen Lokomotivpark entnommen, da die betreffende Lokomotive nach Bauart und	

Zusammenstellung 3. (Fortsetzung.)

Name der Eisenb.-Verw.	Bezeichnung der Lokomotiven	Bemerkungen
Württembergische Staatseisenbahnen	Leistung vollständig der preußischen T 9-Lokomotive entspricht. Für die Bewertung als Schnellzug- oder Personenzuglokomotive ist die größte zulässige Geschwindigkeit maßgebend, wobei Lokomotiven mit 90 km und mehr Geschwindigkeit als Schnellzuglokomotiven bezeichnet werden.	
Sächsische Staatseisenbahnen	1. Lokomotiven mit gleichen Achsanordnungen erhalten gleiche römische Zahlen, z. B. 2 C - Lokomotive = XII. 2. Es gelten als S-Lokomotiven solche mit 1800 mm Laufkreisdurchmesser und darüber als P-Lokomotiven solche mit 1500 mm Laufkreisdurchmesser und darüber als G-Lokomotiven solche mit 1200 mm Laufkreisdurchmesser und darüber. 3. S- und P-Lokomotiven mit gleichen Achsanordnungen werden durch Beisetzen einer 1 und 2 gekennzeichnet, z. B. XII H 1 - Lokomotiven = 2CS-Heißdampflokomotiven und XII H 2-Lokomotiven = 2CP-Heißdampflokomotiven. 4. H bezeichnet Heißdampf, V Verbundwirkung, T Tenderlokomotiven. 5. Die römischen Zahlen I, II, III, IV u. s. f. werden nach der Reihenfolge so verwendet, daß im allgemeinen für S- und P-Lokomotiven gerade Zahlen, für G-Lokomotiven ungerade Zahlen angenommen werden.	Unter Voraussetzung genauer Kenntnis dieser Regeln lassen die Bezeichnungen einen Rückschluß auf Bauart zu.
Badische Staatseisenbahnen	Die Bezeichnungsweise der Lokomotivgattungen durch römische Zahlen und beigefügte kleine lateinische Buchstaben läßt ohne nähere Erläuterung	

Zusammenstellung 3. (Fortsetzung.)

Name der Eisenb.-Verw.	Bezeichnung der Lokomotiven	Bemerkungen
Badische Staats-eisen-bahnen	weder die Bauart noch die Leistungen der Lokomotiven erkennen. Sie fußt noch auf dem Herkommen, bei den badischen Staatseisenbahnen gewisse Lokomotivarten in Klassen I bis X zusammenzufassen und innerhalb der einzelnen Klassen die Verschiedenheit der Lokomotiven durch beigefügte Buchstaben a bis z zum Ausdruck zu bringen. So umfaßt beispielsweise die Klasse II die älteren, heute allerdings nur noch als Personenzuglokomotiven dienenden 2 B - Lokomotivgattungen II a und II b, sowie die neueren Schnellzugslokomotiven mit Schlepptender: 2 B - Lokomotivgattung II c und 2 B 1 - Lokomotivgattung II d; die Klasse IV die ausgesprochenen Personenzuglokomotiven verschiedener Achsanordnungen, wie 1 B - Lokomotivgattung IV c, 2 C - Lokomotivgattung IV e, 2 C 1 - Lokomotivgattung IV f, 1 C 1 - Lokomotivgattung IV g, 2C1-Lokomotivgattung IV h; die Klasse VI die Personenzugtenderlokomotiven mit 1 C und 1 C 1-Achsanordnung; die Klassen VII und VIII die ausgesprochenen Güterzuglokomotiven mit Schlepptendern in den Achsanordnungen C, D, B + B, 1 D usw., und zwar Klasse VII die Lokomotiven mit 3, Klasse VIII die mit 4 Triebachsen.	
Olden-burgische Eisen-bahnen	Grundsätze für die Einteilung der Lokomotiven in Schnellzug-, Personenzug- und Güterzuglokomotiven bestehen zurzeit nicht. Die Lokomotiven tragen vielfach Namen statt Zahlen.	

Bezeichnungsweise des „Organ"[1]; für Achsfolge und Kupplungsart wird die vom V. D. E. V. eingeführte Bezeichnungsweise angewendet. Die Zahl der Zylinder wird durch eine römische Zahl angegeben. Bei den zwei in Betracht kommenden Dampfzuständen wird Sattdampf mit t und Heißdampf mit T bezeichnet. Γ bedeutet einstufige Dehnung (Zwillings-

[1]) Organ f. d. Fortschritte des Eisenbahnwesens, 1911, S. 115.

wirkung) und F zweistufige Dehnung (Verbundwirkung). Schnellzuglokomotiven werden mit S, Personenzuglokomotiven mit P und Güterzuglokomotiven mit G bezeichnet. Ob es sich um eine Tenderlokomotive oder um eine Lokomotive mit Schlepptender handelt, wird meist ohne besonderen Ausdruck selbstverständlich entschieden, so daß diese Frage bei der Bezeichnungsweise nicht berücksichtigt zu werden braucht. In den wenigen Fällen, in denen die Eigenschaft als Tenderlokomotive besonders hervorzuheben ist, geschieht dies durch Ausschreiben des Wortes.

Hiernach werden folgende Schreibweisen für beispielsweise gewählte Lokomotiven angewendet: Sattdampf-Zwillingslokomotive mit Laufachse, zwei Kuppelachsen und Schlepptender für Personenzüge: 1 B. II. t. Γ. P-Lokomotive; fünffach gekuppelte Heißdampf-Zwillingslokomotive mit Laufachse vorn und hinten, mit Schlepptender für Güterzüge: 1 E 1. II. T. Γ. G-Lokomotive; Vierzylinder-Verbund-Heißdampf-Schnellzuglokomotive mit Drehgestell vorn, drei Kuppelachsen, Laufachse hinten und Schlepptender: 2 C 1. IV. T. F. S-Lokomotive; Sattdampf-Gelenklokomotive für Güterzüge mit zweistufiger Verbundwirkung in vier Zylindern, zwei Sätzen von je drei gekuppelten Achsen mit Laufachse vorn und hinten ohne Schlepptender: 1 C + C 1. IV. t. F. G-Tenderlokomotive.

Bezeichnungsweise nach „Steffan"[1]. Bisher blieb unberücksichtigt die Art der Achsen (ob Trieb- oder Kuppelachsen, ob einzelne Laufachsen oder Drehgestelle) und die Art der Seitenverschiebung. Steffan lehnt sich teilweise an „von Littrow" an. Wenn L = Laufachse, T = Triebachse, K = Kuppelachse, ⌒ kreisförmig einstellbare Achse, + feste Kuppel- oder Triebachse, — Kuppel- oder Triebachse mit seitlicher Verschiebbarkeit, ○ spurkranzlose Räder, ⊥ schmälerer Spurkranz, ⏞ Drehgestell mit festem Drehzapfen, ⏞ Drehgestell mit verschiebbarem Drehzapfen, ● steife Laufachse, so kann die 4/5 oder Consolidation oder 1 IV oder 2-8-0 oder 1. D. O. oder 1 D-Bauart, also eine Lokomotive von der Achsanordnung L K K T K z. B. folgende verschiedenen Achsbilder (1 bis 3) haben:

1. ⌒ + — + — (Österreich) Anordnung nach „Helmholtz und Gölsdorf".

2. ⌒ + ○ ○ + (Amerika) Anordnung der Pennsylvania-Bahn.

3. $\overbrace{⌒ + —}$ + — (Bayern) „Krauß-Helmholtz"-Drehgestell.

Ferner kann dabei durch Zahlen in Millimetern angegeben werden.
das Maß des Seitenspieles der Achsen nach jeder Richtung: z. B. $\frac{K}{26}$
das Maß der Spurkranz-Abdrehung: z. B. $\frac{\perp}{10}$
der Drehgestell-Ausschlag: z. B. $\overset{35}{\overbrace{LL}}$
die kreisförmig einstellbare Achse: z. B. $\underset{20}{\overset{\frown}{K}}$.

Das vollständige Bild für 1. würde also z. B. sein: $\underset{23}{\overset{-}{L}}\ \overset{+}{K}\ \underset{21}{\overset{—}{K}}\ \overset{+}{T}\ \underset{21}{\overset{—}{K}}$

Bezeichnungsweise der „Amerikanischen Lokomotiv-Gesellschaft". Sie beruht auf der Darstellung der Radzahl durch Ziffern. So würde z. B. eine Lokomotive Bauart „Mogul" als

[1]) Lokomotive, 1909, S. 30.

260-Bauart bezeichnet werden. Das Gesamtgewicht wird in 1000 englischen Pfund ausgedrückt. Eine 2 B 1 - Maschine im Gewichte von 176 000 englischen Pfund würde als eine 442-176-Lokomotive gekennzeichnet werden. Ist die Lokomotive eine Verbundmaschine, so tritt der Buchstabe C (Compound) an Stelle des Bindestriches, z. B. 442 C 176. Ist die Lokomotive eine Tenderlokomotive und nicht eine Maschine mit Schlepptender, so wird der Buchstabe T an Stelle des Bindestriches gesetzt. Eine 1 C 2 - Tendermaschine im Gewicht von 214 000 englischen Pfund würde die Bezeichnung 264 T 214 erhalten.

Bezeichnungsweise der „Baldwin-Lokomotivwerke". Sie verwenden Zahlen und Buchstaben, um die Anzahl der Räder verschiedener Gattung und den Zylinderdurchmesser zu bezeichnen. Eine Lokomotive mit einer Triebachse erhält die Bezeichnung B, eine mit zwei Triebachsen C, eine mit drei D usw. Der Buchstabe A bezeichnet eine besondere Bauart schnellaufender Lokomotiven mit einer Triebachse und ferner auch eine kleine Lokomotivbauart, die für den Zahnraddienst Verwendung findet. Bei Gelenklokomotiven wird ein Buchstabe verwendet, um die Anzahl der Triebachsen in jedem Gestell zu bezeichnen. Eine Ziffer wird vorgesetzt, um die Gesamtzahl der Räder unter der Lokomotive zu bezeichnen, und ein Buchstabe gibt die Zahl der Triebachsen an. Der Durchmesser des Zylinders wird hinter dem ersten Bindestrich durch eine Zahl dargestellt, die dadurch gefunden wird, daß die Zahl 3 von dem Durchmesser des Zylinders in Zoll abgezogen und der Rest mit 2 multipliziert wird. Ein 18"-Zylinder wird also mit der Zahl 30 bezeichnet, so daß eine 1 C-(Mogul)-Lokomotive mit 18"-Zylindern die Bezeichnung 8-30-D erhält. Umgekehrt kann man den Zylinderdurchmesser dadurch erhalten, daß man die Klassenbezeichnung der Zylinder durch 2 dividiert und dem Ergebnis 3 hinzufügt. Erhalten beide Enden der Lokomotive Drehgestelle, so wird der Bruch $^1/_4$ hinter die Zylinderbezeichnung gesetzt; befindet sich hinten an der Maschine ein Drehgestell, dagegen vorn keins, so wird der Bruch $^1/_3$ hinter die Zylinderbezeichnung geschrieben. So würde z. B. eine 1 D 1-(Mikado)-Lokomotive mit 18"-Zylindern die Bezeichnung 12-30-$^1/_4$ E erhalten und eine B 2-(Forney)-Lokomotive die Bezeichnung 8-30-$^1/_3$ C.

Bei Verbundlokomotiven wird der Bezeichnung eine Zahl zugesetzt, die den Durchmesser jedes Zylinders bezeichnet, und zwar in Form eines Bruches, wobei die den Durchmesser des Hochdruckzylinders bezeichnende Zahl über diejenige des Niederdruckzylinders gesetzt wird. So bedeutet z. B. 10-$\frac{22}{42}$ D 100 eine Verbundlokomotive mit insgesamt fünf Achsen mit Hochdruckzylindern von 14" Durchmesser und Niederdruckzylindern von 24" Durchmesser mit drei Triebachsen. Die Zahl 100 am Ende der Bezeichnung bedeutet, daß diese Maschine die 100 ste Lokomotive ihrer Klasse ist. Diese letztere, die Klassennummer der Lokomotive bezeichnende Zahl, wird für alle Lokomotiven verwendet.

Seit Bestehen der deutschen Reichsbahn sind letzthin (April 1921) neue Vorschläge für die Gattungsbezeichnung der Lokomotiven gemacht worden, wonach außer der Verwendungsart (S P G T R) auch die Zahl der gekuppelten Radsätze und die Leistungsfähigkeit (Heizfläche) zu beachten ist.

Lokomotivberechnungen.

A. Bewegungswiderstände.

Der bei der Zugbewegung von der Lokomotive zu überwindende Widerstand setzt sich bei gleichförmiger Fahrgeschwindigkeit zusammen aus dem Lauf-, Steigungs- und Krümmungswiderstand; man bezieht ihn in kg/t auf das Zuggewicht. Will man den Zug auf eine bestimmte Fahrgeschwindigkeit bringen, so muß die Lokomotive außerdem noch eine Arbeitsleistung verrichten, die gleich ist der erlangten lebendigen Kraft des Zuges.

1. Allgemeines.

Von den Bewegungswiderständen aus wird auf die erforderliche Zugkraft geschlossen.

In Abb. 14 greift die Zugkraft Z_e von außen an (gestrichelte Linie für Z_e am Puffer), also Lokomotive wird als Wagen gerechnet, d. h. ohne die maschinellen, inneren Widerstände. Dieselbe Zugkraft Z_e wird auch durch die Maschine an den Triebrädern auf den Schienen erweckt (ausgezogene Linie für Z_e auf der Schiene). Z_e wird hervorgerufen durch die Dampfkraft in den Arbeitszylindern. Auf dem Wege vom Zylinder zum Triebrad treten Verluste auf. Wären diese Verluste gleich 0, so entstände eine indizierte Zugkraft Z_i. Tatsächlich treten aber Verluste auf, so daß $Z_e < Z_i$. Vorläufig sei $Z_e = \eta \cdot Z_i$, worin $\eta \cong 0{,}9$ der Wirkungsgrad des Triebwerks.

Wenn W_{gz} = Gesamt-Bewegungswiderstand eines ganzen Zuges einschließlich Lokomotive und Tender („Zugwiderstand" genannt), so ist im Beharrungszustand — d. h. wenn keine Beschleunigung oder Verzögerung stattfindet — $Z_e^{kg} = W_{gz}^{kg}$. Zugwiderstand W_{gz}^{kg} soll formelmäßig festgelegt werden. Hat man W_{gz} gefunden, so kennt man auch Z_e.

2. Verschiedene Arten von Widerständen.

$$W^{kg} = w^{kg/t} \cdot G^{t}$$

W_{gz}^{kg} bzw. $w_{gz}^{kg/t}$ setzt sich zusammen aus:

I. Laufwiderstand, in der graden und wagerechten Strecke — W_l bzw. w_l

II. Krümmungswiderstand — W_k bzw. w_k

III. Steigungswiderstand — W_s bzw. w_s;

folglich kann sein: $w_{gz} = w_l + w_k + w_s$.

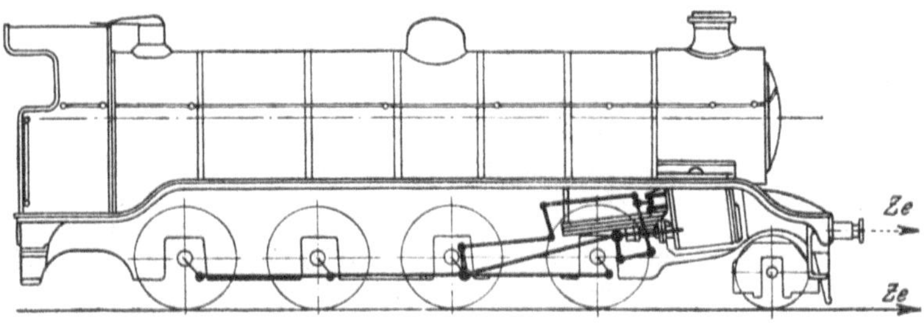

Abb. 14. Angriff der Zugkraft Ze.

I. Laufwiderstand besteht aus:

a) Reibungswiderstand;

gleitende Reibung (Reibung der Achsschenkel in den Lagern und Maschinenreibung),

rollende Reibung (Reibung der Räder auf den Schienen).

b) Stoßwiderstand;

infolge Unebenheiten des Gleises und wegen der Gleislücken.

c) Luftwiderstand;

alle Formeln setzen in ihrer Grundform ruhende Luft in der Atmosphäre voraus, also kein Gegenwind und kein starker Seitenwind.

Häufig wird der Gesamt-Bewegungswiderstand getrennt in den der Lokomotive (einschließlich Tender) und den der Wagen:

$$W_{gz}^{kg} = W_L^{kg\,1)} + W_w^{kg}$$

[1]) Lokomotive zunächst immer als Wagen angesehen, also ohne Maschinerie.

II. Krümmungswiderstand; ist der Widerstand in Bahnkrümmungen R^m

a) Röcklsche Formel; R = Halbmesser der Bahnkrümmung in m.

$$w_k^{kg/t} = \frac{650}{R^m - 55} \text{ bei } R \geqq 300^m \text{ für Hauptbahnen}$$

$$\text{"} = \frac{500}{R - 30} \text{ " } R < 300^m \text{ " regelsp. Nebenbahnen}$$

$$\text{"} = \frac{400}{R - 20} \text{ für Nebenbahnen (1000 mm Spur)}$$

$$\text{"} = \frac{300}{R - 10} \text{ " " (750 mm ")}$$

$$\text{"} = \frac{200}{R - 5} \text{ " " (600 mm ")}$$

Abb. 15 zeigt die Krümmungswiderstände w_k, die sich in Abhängigkeit von R aus diesen fünf Formeln ergeben (Schaulinie a bis e). Die Formeln können nur annähernd richtig sein; denn es kommt auf Achsstand und Art der Achsen an, d. h. ob feste oder Lenkachsen (z. B. Drehgestelle) vorhanden sind.

b) Franksche Formel berücksichtigt den Achsstand in m.

$$w_k^{kg/t} = \frac{d^m}{R^m} \cdot \left(180 - \frac{1000 \cdot d^m}{R^m}\right) \text{ für Personenzüge,}$$

$$\text{"} = \frac{d}{R} \cdot \left(180 - \frac{2000 \cdot d}{R}\right) \text{ " Güterzüge.}$$

Bei vierachsigen Drehgestellwagen ist d der Achsstand des Drehgestelles (nicht derjenige vom Zapfen des einen Drehgestelles bis zu dem des zweiten). Zwischen festen Achsen und Lenkachsen wird kein Unterschiel gemacht. Für Lokomotiven benutzt Frank die Formel von Röckl.

III. Steigungswiderstand (Abb. 16/17).

Der Bewegung eines Fahrzeuges setzt sich beim Befahren einer schiefen Ebene (Steigung) eine Kraft entgegen von der Größe $G^t \cdot \sin \alpha$; der Schienendruck ist $G^t \cdot \cos \alpha$ (Abb. 16). Dieser Widerstand bei einer Steigung, in kg bezeichnet, heißt: $W_s^{kg} = 1000 \cdot G^t \cdot \sin \alpha$. Da Steigungswinkel α sehr klein, so kann mit genügender Genauigkeit $\sin \alpha = \operatorname{tg} \alpha$ gesetzt werden, und man erhält dann $W_s^{kg} = 1000 \cdot G^t \cdot \operatorname{tg} \alpha$. Es ist nun $\operatorname{tg} \alpha = \frac{1}{n}$, oder, wenn die Steigung in mm eingeführt und diese Größe mit s bezeichnet wird, $\operatorname{tg} \alpha = \frac{1}{n} = \frac{s^{mm}}{1000}$; n ist also die Länge,

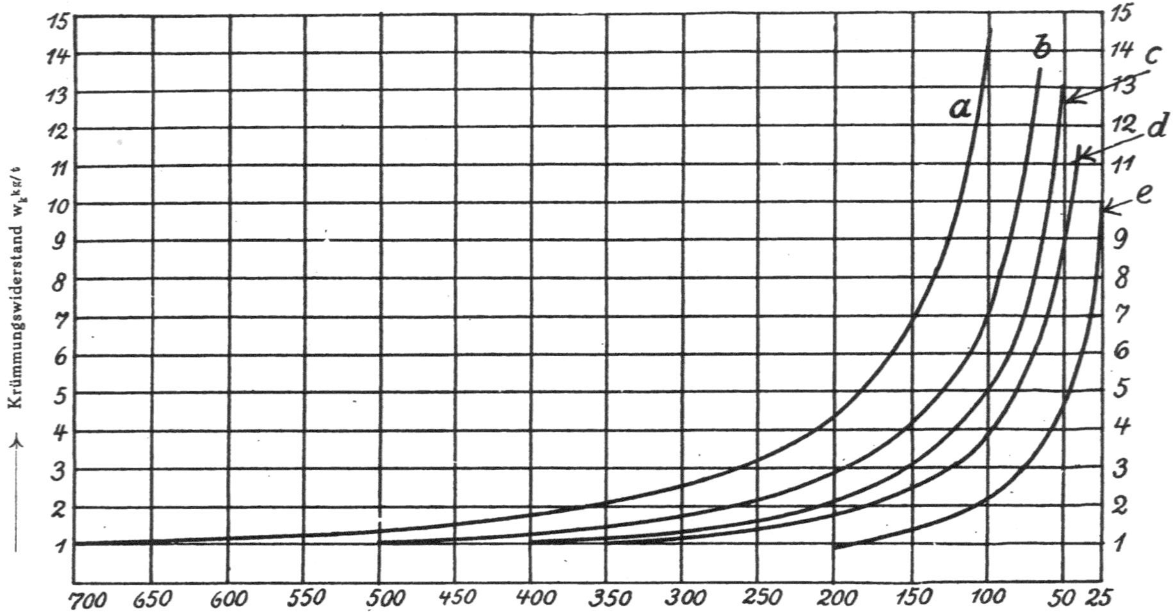

Schaulinie	a	$W_k = 650 : (R - 55)$	f. Hauptbahnen	($R \geqq 300$ m)	
"	b	" $= 500 : (R - 30)$	f. Nebenbahnen	(1435 mm Spur)	
"	c	" $= 400 : (R - 20)$	"	"	(1000 " ")
"	d	" $= 300 : (R - 10)$	"	"	(750 " ")
"	e	" $= 200 : (R - 5)$	"	"	(600 " ")

Abb. 15. Krümmungswiderstand $w_k^{kg/t}$ für verschiedene Krümmungshalbmesser R^m (nach Röckl)

auf die der Höhenunterschied gerade 1 beträgt. Somit erhält man $W_s^{kg} = \frac{1000 \cdot G^t \cdot s^{mm}}{1000} = G^t \cdot s^{mm}$. Es ist also der Steigungswiderstand pro Tonne Zuggewicht $w_s^{kg/t} = s$, d. h. pro Tonne Zuggewicht erhält man soviel kg Widerstand als die Steigung (in mm gemessen) pro Meter beträgt (Abb. 17). s wird bei Steigung positiv als Fahrwiderstand, bei Gefälle negativ als Triebkraft eingesetzt.

Außerdem gibt es noch folgende zusätzliche Widerstandsarten, die nicht im Beharrungszustand auftreten:

a) Beschleunigungs- oder Anfahrwiderstand W_a^{kg} bzw. $w_a^{kg/t}$. Der Widerstand tritt in der Regel auf beim Anfahren; sein Gegensatz ist der

b) Verzögerungswiderstand W_z^{kg} bzw. $w_z^{kg/t}$ beim Bremsen.

a) und b) werden gemeinsam mit w_p bezeichnet. Für beide gilt:

$$W_p^{kg} = \pm \left(\frac{G^t}{g} \cdot 1000\right) \cdot p^{m/sek^2}$$

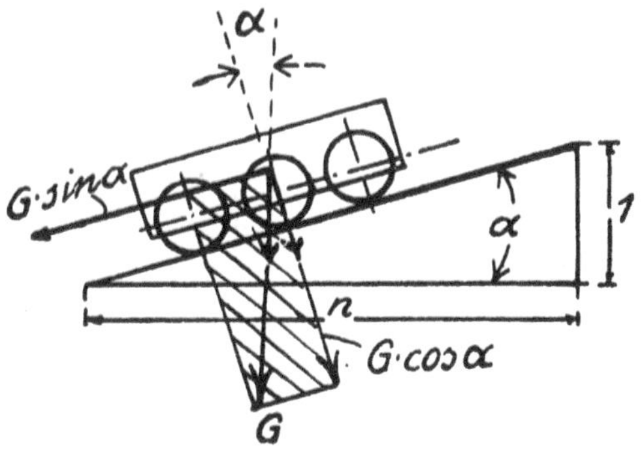

Abb. 16. Steigungswiderstand.

worin G = Fahrzeuggewicht in t,
g = Erdbeschleunigung in m/sek²,
p = größte Anfahr- bzw. Verzögerungs-Beschleunigung in m/sek² (p_a bzw. p_z)

$$\text{oder } w_p^{kg/t} = \pm \frac{1000}{g} \cdot p$$

z. B. Stadtbahnzug hat Gesamtgewicht (Tenderlokomotive + Wagen) von

$$\left.\begin{aligned} G_{gz} &= 350 \text{ t} \\ g &= 10 \text{ m/sek}^2 \\ ^{1)}\ p_a &= 0{,}2 \text{ m/sek}^2 \end{aligned}\right\} W_p = \frac{350 \cdot 1000}{10} \cdot 0{,}2 = 7000 \text{ kg}$$

Beim Anfahren ist die „Beschleunigungsarbeit A" bis zur Erreichung der Geschwindigkeit V für 1 t Zuggewicht:

$$A^{kg\,m/t} = \frac{1000}{2 \cdot g} \cdot \left(\frac{1000 \cdot V}{60 \cdot 60}\right)^2 \cong 4 \cdot V^2$$

[1]) Vgl. S. 55.

Will man den Zug auf eine Weglänge von l^m auf die Geschwindigkeit V bringen, so braucht man hierfür eine zusätzliche Zugkraft von $Z_p^{kg} = 1000\ G^t \cdot \left(\frac{4\ V^2}{l^m}\right)$. Für die Weglängen $l = 500$ (I), 1000 (II), 1500 (III) und 2000 m (IV) sind die hiernach errechneten Werte für w_p in Abhängigkeit von Fahrgeschwindigkeit V aus den in Abb. 18 eingetragenen Schaulinien I bis IV abzulesen.

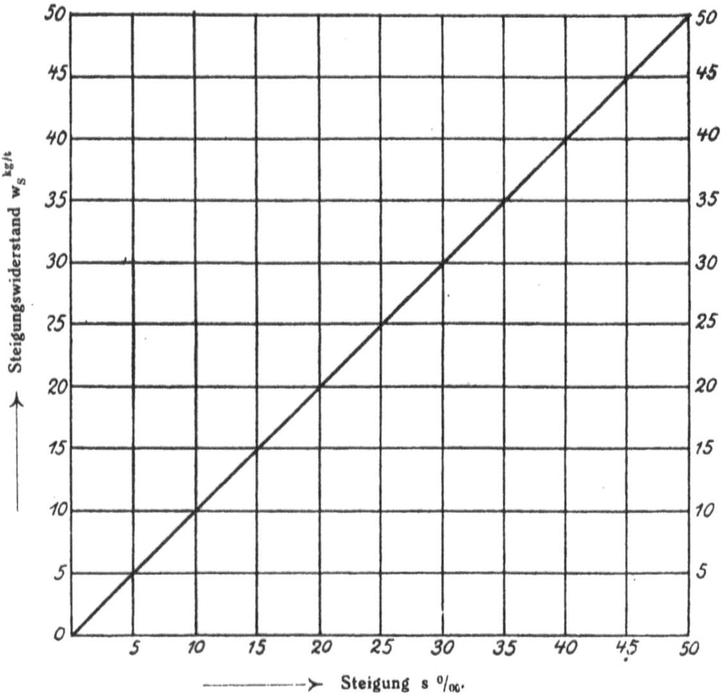

Abb. 17. Steigungswiderstand $w_s^{kg/t}$ für verschiedene Steigungen.

3. Widerstandsformeln in der geraden wagerechten Strecke.

I. Clark, älteste Widerstandsformel:

$$W^{kg} = (G_L + G_w)^t \cdot \left(2{,}4 + \frac{V^2}{1000}\right).$$ Hierin ist

G_L = Gewicht von Lokomotive nebst Tender in t
G_w = " der Wagen in t
V = Fahrgeschwindigkeit in km/st

oder $$w^{kg/t} = 2{,}4 + \frac{V^2}{1000}$$

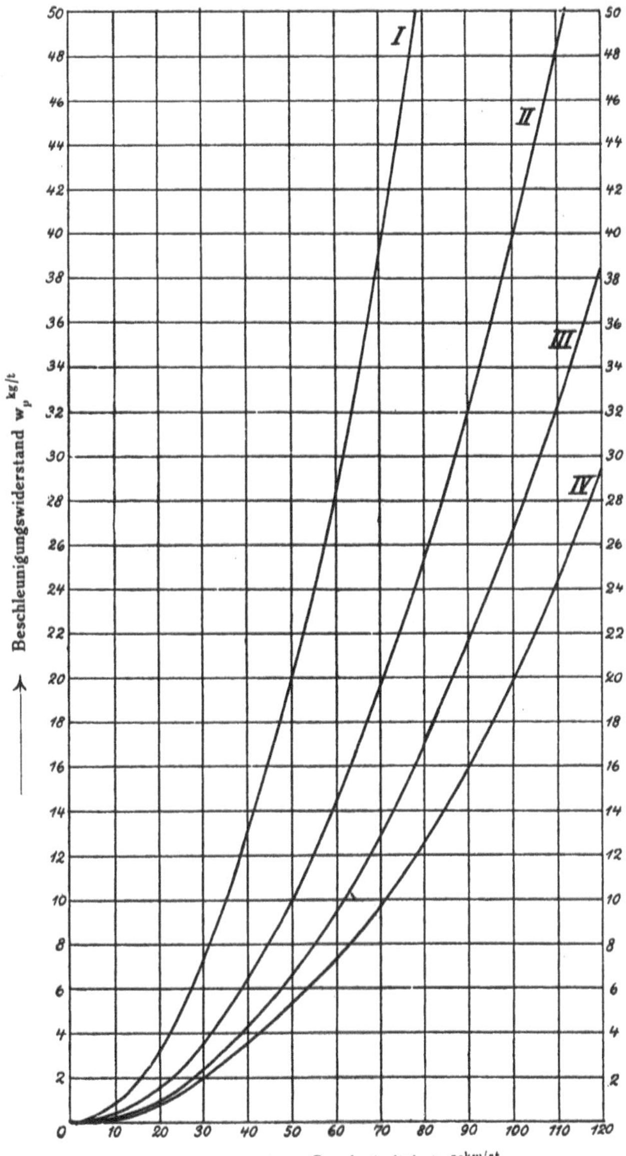

Schaulinie I . . . l = 500 m Schaulinie III . . . l = 1500 m
" II . . . l = 1000 m " IV . . . l = 2000 m

Abb. 18. Beschleunigungswiderstand $w_p^{kg/t}$ für verschiedene V nach 500, 1000, 1500 und 2000 m Anfahrweg l.

Die Clark'sche Formel gab ziemlich richtige Werte, solange die Geschwindigkeiten der Fahrzeuge noch klein waren. Als sie größer wurden, erkannte man, daß das zweite Glied mit V^2 zu große Werte ergab. Daher stellte aus Versuchen heraus die E. D. Erfurt die sogenannte „Erfurter Formel" auf.

II. Erfurter Formel:

$$w^{kg/t} = 2{,}4 + \frac{V^2}{1300}$$

In Formel I und II ist der Reibungswiderstand bei Lokomotiven und Wagen derselbe, was tatsächlich nicht zutrifft. Später erkannte man richtiger, daß der Zugwiderstand auf $1 : \infty$ in einer Geraden nicht eine Funktion des Gewichtes allein sein kann, sondern eine Funktion des Gewichtes und der dem Wind entgegenstehenden Flächen (Windäquivalentflächen), daß also der Luftwiderstand von der Zusammensetzung des Zuges abhängt. Am vordersten Fahrzeug ist er am stärksten, geringer bei den über das vorhergehende Fahrzeug hervorragenden Querschnittsflächen der Wagen, und am kleinsten an den nicht vorstehenden Endflächen jedes Wagens. Man kann den Luftwiderstand herabmindern durch schneidenförmige Ausbildung der Flächen am vorderen und hinteren Zugende; ferner durch Verkleinerung der Abstände zwischen den einzelnen Fahrzeugen. Bei langen Wagen ist der Einfluß des Windes am kleinsten, und er läßt sich bedeutend verkleinern durch Verbindung der Wagen mittels Faltenbälgen.

III. Frank.

Er hat zur Berücksichtigung der vorerwähnten Einflüsse und der verschiedenen Zugzusammensetzungen an Stelle der wirklichen Lokomotivquerflächen und Wagenquerflächen, zwecks Feststellung des Luftwiderstandes, Rechnungsflächen eingeführt und nach angestellten Ablaufversuchen mit einzelnen Lokomotiven und ganzen Zügen die folgenden Formeln aufgestellt:

für Lokomotiven $w_l^{kg/t} = 2{,}5 + 0{,}0142 \cdot \left(\frac{V}{10}\right)^2 + 0{,}54 \cdot 1{,}1 \cdot \frac{F_L}{G_L} \cdot \left(\frac{V}{10}\right)^2$

für Wagen . . . . $w_w^{kg/t} = 2{,}5 + 0{,}0142 \cdot \left(\frac{V}{10}\right)^2 + 0{,}54 \cdot \frac{2 + n \cdot f_w}{n \cdot q} \cdot \left(\frac{V}{10}\right)^2$

Hierin bedeuten:

F_L die Größe der Lokomotiv-Querprojektion in Quadratmeter, $F_L = 10$ qm bei großen, regelspurigen Lokomotiven;

1,1 einen Beiwert, um die verschiedenen, hintereinanderliegenden Flächen zu berücksichtigen, die zur Vergrößerung des Windwiderstandes beitragen;

1,1 F_L die Rechnungsfläche (Windäquivalentfläche) zur Berechnung des Luftwiderstandes der Lokomotive in qm;

f_w die mittlere Windäquivalentfläche eines Wagens; sie ist
0,56 für jeden Personen- und bedeckten Güterwagen,
1,62 für jeden offenen leeren Güterwagen,
0,32 für jeden offenen beladenen Güterwagen,

0,76 ein Mittelwert für jeden Güterwagenzug, bestehend
aus n/2 gedeckten Wagen,
„ n/4 offenen leeren Wagen,
„ n/4 offenen beladenen Wagen;

n die Wagenzahl;

2 die Querfläche des ersten der Lokomotive folgenden Wagens in qm;

q das mittlere Gewicht eines Wagens in t.

Für den ganzen Zug wird

$$W_{gz} = W_L + W_w \text{ oder } W_{gz}^{kg} = (G_L + G_w)^t \cdot \left[2{,}5 + 0{,}0142 \cdot \left(\frac{V}{10}\right)^2\right]$$
$$+ 0{,}54 \cdot 1{,}1 \cdot F_L^{qm} \cdot \left(\frac{V}{10}\right)^2 + 0{,}54 \cdot (2 + n \cdot f_w)^{qm} \cdot \left(\frac{V}{10}\right)^2$$

Die Formel gilt für alle Züge, ausgenommen für D-Züge (Wagen mit Faltenbälgen) und für Züge mit Kurzkuppelungen, weil Frank mit solchen Zügen keine Versuche gemacht hat. Beispiele für einen Abteilwagenzug, bestehend aus 10 Abteilwagen und für einen „mittleren" Güterwagenzug sind in den Zusammenstellungen 4 und 5 durchgerechnet.

Im Aufbau muß man die Frank'sche Formel als richtig ansehen; höchstens könnten Änderungen in folgender Weise notwendig werden. Da bei Frank der Reibungswiderstand für Lokomotiven und Wagen jedesmal der gleiche, nämlich 2,5 kg/t, er aber bei Lokomotiven höher sein muß als bei Wagen, empfiehlt es sich, den nach Frank errechneten Lokomotivwiderstand nachträglich nach einem der beiden folgenden Grundsätze zu vergrößern:

a) Man denke sich, W_L gelte für zweigekuppelte Lokomotiven; für dreigekuppelte Lokomotiven mache man einen Zuschlag von 0,5 kg/t Lokomotivgewicht, entsprechend für mehr Kuppelachsen. Wenn also für Zweikuppler der Reibungswiderstand 2,5 kg/t war, so ist er

für	Dreikuppler	3,0 kg/t,
„	Vierkuppler	3,5 „
„	Fünfkuppler	4,0 „

b) $Z_i = \frac{Z_e}{\eta}$. Man kann Z_e belassen, wie es sich aus der Widerstandsformel ergeben hatte und erhält daraus Z_i, indem zu setzen ist

$\eta = 0{,}93$	bei	1	Kuppelachse,
$\eta = 0{,}90$	„	2	Kuppelachsen,
$\eta = 0{,}87$	„	3	„
$\eta = 0{,}85$	„	4	„
$\eta = 0{,}82$	„	5	„

IV. Schnellbahn-Studiengesellschaft.

Berücksichtigt — im Gegensatz zu Frank — verschieden große Reibungswiderstände bei Lokomotiven und Wagen. Die „Studiengesellschaft für elektrische Schnellbahnen" stellte in den Jahren 1902 bis

Zusammenstellung 4.

Widerstandsberechnung nach „Frank" für „Abteil-Wagenzug".

Zugzusammensetzung:

10 Abteilwagen zu je q = 40 t Gewicht[1])

Wagengewicht	$G_w = 40 \times 10 =$	400 t
Lok.- und Tendergewicht	$G_L =$	120 t
Gesamt-Zuggewicht	$G_{gz} =$	**520 t**

$f_w = 0{,}56$ qm; $F_L = 10$ qm.

$$W_L + W_w = G_L \cdot \left[2{,}5 + 0{,}0142 \cdot \left(\frac{V}{10}\right)^2\right] + 0{,}54 \cdot 1{,}1 \cdot F_L \cdot \left(\frac{V}{10}\right)^2$$

$$+ G_w \cdot \left[2{,}5 + 0{,}0142 \cdot \left(\frac{V}{10}\right)^2\right] + 0{,}54 \cdot (2 + n \cdot f_w) \cdot \left(\frac{V}{10}\right)^2$$

$$= 520 \left[2{,}5 + 0{,}0142 \cdot \left(\frac{V}{10}\right)^2\right] + 0{,}54 \cdot 18{,}6 \cdot \left(\frac{V}{10}\right)^2$$

$$\mathbf{W_{gz}} = 1300 + 17{,}428 \cdot \left(\frac{V}{10}\right)^2 = \mathbf{1300 + \frac{V^2}{5{,}73}}$$

Steigungen		Widerstände W in kg bei V in km/st bzw. v in m/sek											
		V = 10 v = 2,77	20 5,55	30 8,33	40 11,11	50 13,85	60 16,66	70 19,44	80 22,22	90 25,0	100 27,77	110 30,55	120 33,33
1 : ∞		1 320	1 370	1 460	1 580	1 735	1 930	2 155	2 420	2 720	3 045	3 420	3 830
1 : 500	2 ‰	2 360	2 410	2 500	2 620	2 775	2 970	3 195	3 460	3 760	4 085	4 460	4 870
1 : 400	2,5 ‰	2 620	2 670	2 760	2 880	3 035	3 230	3 455	3 720	4 020	4 345	4 720	5 130
1 : 300	3,33 %	3 055	3 105	3 195	3 315	3 470	3 665	3 890	4 155	4 455	4 780	5 155	5 565
1 : 250	4 ‰	3 400	3 450	3 540	3 660	3 855	4 010	4 235	4 500	4 800	5 125	5 500	5 910
1 : 200	5 ‰	3 920	3 970	4 060	4 180	4 335	4 530	4 755	5 020	5 320	5 645	6 020	6 430
1 : 150	6,66 ‰	4 785	4 835	4 925	5 045	5 200	5 395	5 620	5 885	6 185	6 510	6 885	7 295
1 : 125	8 ‰	5 480	5 530	5 620	5 740	5 835	6 090	6 315	6 580	6 880	7 205	7 580	7 990
1 : 100	10 ‰	6 520	6 570	6 660	6 780	6 935	7 130	7 355	7 620	7 920	8 245	8 620	9 030
1 : 60	16,66 ‰	10 020	10 070	10 160	10 280	10 435	10 630	10 855	11 120	11 420	11 745	12 120	12 530
1 : 40	25 ‰	14 320	14 370	14 460	14 580	14 735	14 930	15 155	15 420	15 720	16 045	16 420	16 830

[1]) Das eigentliche Gewicht ist etwas niedriger, aber auf **40 t** abgerundet der leichteren Rechnung wegen.

Zusammenstellung 5.

Widerstandsberechnung nach „Frank" für „Güterzug".

Zugzusammensetzung:

30 Wagen gedeckt
15 „ offen leer
15 „ offen beladen

60 = Wagenanzahl

$f_w = 0{,}76$ qm; $F_L = 10$ qm

Mittleres Gewicht eines Wagens $q = 20$ t

Wagengewicht	$G_w = 60 \times 20 =$	1200 t
Lok.- und Tendergewicht	$G_L =$	120 t
Gesamt-Zuggewicht	$\mathbf{G_{gz}} =$	**1320 t**

$$W_L + W_w = G_L \cdot \left[2{,}5 + 0{,}0142 \cdot \left(\frac{V}{10}\right)^2\right] + 0{,}54 \cdot 1{,}1 \cdot F_L \cdot \left(\frac{V}{10}\right)^2$$

$$+ G_w \cdot \left[2{,}5 + 0{,}0142 \cdot \left(\frac{V}{10}\right)^2\right] + 0{,}54 \cdot (2 + n \cdot f_w) \cdot \left(\frac{V}{10}\right)^2$$

$$= 1320 \cdot \left[2{,}5 + 0{,}0142 \cdot \left(\frac{V}{10}\right)^2\right] + 0{,}54 \cdot (11 + 2 + 60 \cdot 0{,}76) \cdot \left(\frac{V}{10}\right)^2$$

$$\mathbf{W_{gz}} = 3300 + 50{,}388 \cdot \left(\frac{V}{10}\right)^2 = 3300 + \frac{V^2}{1{,}98}$$

Steigungen		Widerstände W in kg bei V in km/st bzw. v in m/sek					
		V = 10 v = 2,77	20 5,55	30 8,33	40 11,11	50 13,85	60 16,66
1 : ∞		3 351	3 502	3 754	4 108	4 562	5 118
1 : 500	2 ‰	5 991	6 142	6 394	6 748	7 202	7 758
1 : 400	2,5 ‰	6 651	6 802	7 054	7 408	7 862	8 418
1 : 300	3,33 ‰	7 747	7 898	8 150	8 504	8 958	9 514
1 : 250	4 ‰	8 631	8 782	9 034	9 388	9 842	10 398
1 : 200	5 ‰	9 951	10 102	10 354	10 708	11 162	11 718
1 : 150	6,66 ‰	12 142	12 293	12 545	12 899	13 353	13 909
1 : 125	8 ‰	13 911	14 062	14 314	14 668	15 122	15 678
1 : 100	10 ‰	16 551	16 702	16 954	17 308	17 762	18 318
1 : 60	16,66 ‰	25 342	29 902	30 154	30 508	30 962	31 518
1 : 40	25 ‰	36 351	36 502	36 754	37 108	37 562	38 118

1906 Schnellbahnversuche auf der Strecke Berlin-Zossen an, woraus die folgende Widerstandsformel entstand. Sie ist besonders geeignet für D-Züge, weil Versuche mit solchen zugrunde liegen.

$$W_{gz}^{kg} = W_L^{kg} + W_w^{kg} = G_L^{t} \cdot (4 + 0{,}027 \cdot V) + 0{,}0052\, V^2 \cdot F_L^{qm}$$
$$+ G_w^{t} \cdot (1{,}3 + 0{,}0067 \cdot V) + 0{,}0052\, V^2 \cdot \Sigma f_w^{qm}$$

Hierin bedeuten: $F_L \cong 10$ qm bei großen, regelspurigen Lokomotiven die Größe der Lokomotiv-Querprojektion,
" $\cong 7{,}5$ qm bei zugeschärfter Rauchkammertür,
$f_w = 1$ qm für jeden D-Wagen,
" $= 2$ qm für jeden Abteilwagen.

In den Zusammenstellungen 6 und 7 sind Beispiele für einen Abteilwagen- und einen D-Zug durchgerechnet.

Für „Schnellbahn-Motorwagen" gilt die Formel:

$W^{kg} = G^{t} \cdot (1{,}8 + 0{,}0067 \cdot V) + 0{,}0052 \cdot V^2 \cdot F^{qm}$, worin $F = 7{,}5$ qm.

V. Vereinfachte Widerstandsformeln.

Widerstand nur als Funktion des Gewichtes, nicht auch als Funktion der dem Wind entgegenstehenden Flächen.

$w_{gz}^{kg/t} \cong 2{,}5 + \frac{V^2}{4000}$ D-Wagen, vollbeladene offene Güterwagen,

" $\cong 2{,}5 + \frac{V^2}{3500}$ vierachsige Abteilwagen,

" $\cong 2{,}5 + \frac{V^2}{2500}$ zwei- oder dreiachsige Abteilwagen, bedeckte Güterwagen,

" $\cong 2{,}5 + \frac{V^2}{2000}$ Güterzug, bestehend aus:
$^1/_2$ gedeckte Wagen, wenigstens halbbeladen,
$^1/_4$ offene leere Wagen,
$^1/_4$ offene beladene Wagen,

" $\cong 2{,}5 + \frac{V^2}{1000}$ offene leere Wagen,

$w_l^{kg/t} \cong 2{,}5 + \frac{V^2}{1500}$ Lokomotive (nebst Tender) ohne Widerstand des Triebwerkes, also wenn dieselbe „kalt gezogen" mit ausgehängtem Triebwerk.

Als Hilfstabelle zum Ausrechnen der Widerstände nach den „vereinfachten Widerstandsformeln" dient die Zusammenstellung 8. Die Widerstände sind dort für ein Gesamtzuggewicht von 1000 t errechnet. Für leichtere bzw. schwerere Zuggewichte lassen sich die Fahrwiderstände hieraus leicht ermitteln.

VI. Sanzin[1]).

Gibt den Lokomotiv- und Tenderwiderstand nur für Lokomotiven unter Dampf. Sanzin trennt das Gewicht L_1 auf den Lokomotiv- und Tenderlaufachsen von dem Gewicht L_2 auf den Lokomotivkuppelachsen.

$$W_i^{kg} = 0{,}006 \cdot F \cdot V^2 + L_1^{t} \cdot (1{,}8 + 0{,}015 \cdot V) + L_2^{t} \cdot \left(a + \frac{0{,}1075}{D^m} \cdot V\right)$$

[1]) Z. V. D. I. 1907, S. 1699; Organ 1907, S. 69.

Zusammenstellung 6.

Widerstandsberechnung nach „Studiengesellschaft“ für „Abteil-Wagenzug“.

Zugzusammensetzung:

10 Abteilwagen zu je q = 40 t Gewicht[1]

Wagengewicht	$G_w = 40 \times 10 =$	400 t
Lok.- und Tendergewicht	$G_L =$	120 t
Gesamt-Zuggewicht	$G_{gz} =$	**520 t**

$f = 2$ qm; $\Sigma\,(f) = 20$
$F = 10$ qm

$$W_L + W_w = G_L \cdot (4 + 0{,}025 \cdot V) + 0{,}0052 \cdot V^2 \cdot F + G_w \cdot (1{,}3 + 0{,}0067 \cdot V) + 0{,}0052 \cdot V^2 \cdot \Sigma\,(f)$$
$$= 120 \cdot (4 + 0{,}027 \cdot V) + 0{,}052 \cdot V^2 + 400 \cdot (1{,}3 + 0{,}0067 \cdot V) + 0{,}104 \cdot V^2$$
$$\mathbf{W_{gz} = 1000 + 5{,}92 \cdot V + 0{,}156 \cdot V^2}$$

Steigungen		Widerstände W in kg bei V in km/st bzw. v in m/sek											
		V = 10 v = 2,77	20 5,55	30 8,33	40 11,11	50 13,85	60 16,66	70 19,44	80 22,22	90 25,0	100 27,77	110 30,55	120 33,33
1 : ∞		1 075	1 185	1 320	1 490	1 685	1 920	2 175	2 475	2 780	3 152	3 540	3 960
1 : 500	2 ‰	2 115	2 225	2 360	1 530	2 725	2 960	3 215	3 515	3 820	4 192	4 580	5 000
1 : 400	2,5 ‰	2 375	1 485	2 620	2 790	2 985	3 220	3 475	3 775	4 080	4 452	4 840	5 260
1 : 300	3,33 ‰	2 810	2 920	3 055	3 225	3 420	3 655	3 910	4 210	4 515	4 887	5 275	5 695
1 : 250	4 ‰	3 155	3 265	3 400	3 570	3 765	4 000	4 255	4 555	4 860	5 232	5 620	6 040
1 : 200	5 ‰	3 675	3 785	3 920	4 090	4 285	4 520	4 775	5 075	5 380	5 752	6 140	6 560
1 : 150	6,66 ‰	4 535	4 650	4 785	4 955	5 450	5 385	5 640	5 940	6 245	6 617	7 005	7 425
1 : 125	8 ‰	5 235	5 345	5 480	5 650	5 845	6 080	6 335	6 635	6 940	7 312	7 700	8 120
1 : 100	10 ‰	6 275	6 385	6 520	6 690	6 885	7 120	7 375	7 675	7 980	8 352	8 740	9 160
1 : 60	16,66 ‰	9 775	9 885	10 020	10 490	10 385	10 620	10 875	11 175	11 480	11 852	12 240	12 660
1 : 40	25 ‰	14 075	14 185	14 320	14 490	14 685	14 920	15 175	15 475	15 780	16 152	16 540	16 960

[1]) Das eigentliche Gewicht ist etwas niedriger, aber auf 40 t abgerundet der leichteren Rechnung wegen.

Zusammenstellung 7.

Widerstandsberechnung nach „Studiengesellschaft" für „D-Wagenzug".

Zugzusammensetzung:

7 vierachsige D-Wagen zu je $q = 40$ t Gewicht
4 sechsachsige „ „ „ „ $q = 50$ t „
Wagengewicht $G_w = (7 \cdot 40) + (4 \cdot 50) = 480$ t
Lok.- u. Tendergewicht $G_L = 130$ t
Gesamt-Zuggewicht $G_{gz} = 610$ t

$f = 1$ qm; $\Sigma(f) = 11$
$F = 10$ qm

$$W_L + W_w = G_L \cdot (4 + 0{,}027 \cdot V) + 0{,}0052 \cdot V^2 F + G_w \cdot (1{,}3 + 0{,}0067 \cdot V) + 0{,}0052 \cdot V^2 \Sigma(f)$$
$$= 130 \cdot (4 + 0{,}027 \cdot V) + 0{,}052 \cdot V^2 + 480 \cdot (1{,}3 + 0{,}0067 \cdot V) + 0{,}0572 \cdot V^2$$

$$\mathbf{W_{gz} = 1144 + 6{,}726 \cdot V + 0{,}1092 \cdot V^2}$$

Steigungen		Widerstände W in kg bei V in km/st bzw. v in m/sek											
		V = 10 v = 2,77	20 5,55	30 8,33	40 11,11	50 13,85	60 16,66	70 19,44	80 22,22	90 25,0	100 27,77	110 30,55	120 33,33
1 : ∞		1 220	1 320	1 445	1 590	1 755	1 940	2 150	2 380	2 635	2 910	3 205	3 535
1 : 500	2 ‰	2 500	2 600	2 725	2 870	3 035	3 220	3 430	3 660	3 915	4 190	4 485	4 815
1 : 400	2,5 ‰	2 745	2 845	2 970	3 115	3 280	3 465	3 675	3 905	4 155	4 435	4 830	5 060
1 : 300	3,33 ‰	3 250	3 350	3 475	3 620	3 785	3 970	4 180	4 410	4 665	4 940	5 235	5 565
1 : 250	4 ‰	3 660	3 760	3 885	4 030	4 195	4 380	4 590	4 820	5 075	5 350	5 645	5 975
1 : 200	5 ‰	4 270	4 370	4 495	4 640	4 805	4 990	5 200	5 430	5 685	5 960	6 255	6 584
1 : 150	6,66 ‰	5 290	5 390	5 515	5 660	5 825	6 010	6 220	6 450	6 705	6 980	7 275	7 600
1 : 125	8 ‰	6 100	6 200	6 325	6 470	6 635	6 820	7 030	7 260	7 515	7 790	8 085	8 415
1 : 100	10 ‰	7 320	7 420	7 545	7 690	7 855	8 040	8 250	8 480	8 735	9 010	9 305	9 635
1 : 60	16,66 ‰	11 385	11 485	11 610	11 755	11 920	12 105	12 315	12 545	12 800	13 075	13 370	13 700
1 : 40	25 ‰	16 470	16 550	16 695	16 840	17 005	17 190	17 400	17 630	17 885	18 160	18 455	18 785

Hierin bedeuten:

L_1 das Gewicht auf den Lokomotiv- und Tenderlaufachsen in t,
L_2 das Gewicht auf den gekuppelten Achsen in t,
D den Kuppelraddurchmesser in m,
F die Windäquivalentfläche $\cong$ 8 bis 9 qm,
a = 5,5 für Zweikuppler,
a = 7,0 „ Dreikuppler,
a = 8,0 „ Vierkuppler,
a = 8,8 „ Fünfkuppler.

VII. Strahl[1]).

Nur für Lokomotiven unter Dampf und für Dauerleistungen, also bei Anstrengung bis zur Grenze der Verdampfungsfähigkeit.

$$w_i^{kg/t} = 2{,}5 + 0{,}067 \cdot \left(\frac{V}{10}\right)^2 + \left[a + 0{,}116 \cdot \frac{V}{D^m}\right] \cdot \left(\frac{G_r}{G_{L+T}}\right)^t$$

Hierin bedeuten:

D den Kuppelraddurchmesser in m,
G_r das Lokomotivgewicht auf den gekuppelten Achsen in t,
G_{L+T} das betriebsfähige Gesamtgewicht von Lokomotive nebst Tender in t,
a = 2,5 für Zweikuppler,
a = 4,0 „ Dreikuppler,
a = 5,5 „ Vierkuppler,
a = 7,0 „ Fünfkuppler.

Tafel I[2]) zeigt eine Übersicht älterer und neuerer Widerstandsformeln, ihre Formen und Benutzungsarten nebst Literaturangaben. In Abb. 19 sind die für einen bestimmten D-Zug nach verschiedenen Widerstandsformeln errechneten Gesamtwiderstände vergleichsweise aufgetragen.

4. Widerstände für Schmalspurlokomotiven.

$w_{gz}^{kg/t} = w_l^{kg/t} + w_s^{kg/t} + w_k^{kg/t}$ = Lauf-, Steigungs- und Krümmungswiderstand.

Der Luftwiderstand (sonst ein Bestandteil von w_l) wird bei den vorkommenden geringen Geschwindigkeiten vernachlässigt.

$$w_l = 2{,}4 + \frac{V^2}{1000} \text{ (nach „Clark")}; \quad w_s = s\,^0/_{00};$$

$$w_k = \frac{400}{R^m - 20} \text{ für } 1000^{mm} \text{ Spur},$$

$$w_k = \frac{300}{R^m - 10} \text{ für } 750^{mm} \text{ Spur},$$

$$w_k = \frac{200}{R^m - 5} \text{ für } 600^{mm} \text{ Spur und weniger.}$$

---

[1]) Anstrengung der Dampflokomotiven, Strahl, S. 30.
[2]) Vgl. Anhang.

Zusammenstellung 8.

Fahrwiderstände W^{kg} für Gesamt-Zuggewicht $G_{gz} = 1000$ t,

errechnet nach den **„vereinfachten Widerstandsformeln"** $w_{gz}^{kg/t} = 2{,}5 + \frac{V^2}{x}$

Steigung	x	Fahrwiderstände W in kg für V in km/st										
		10	20	30	40	50	60	70	80	90	100	110
1 : ∞	1 500	2 570	2 770	3 100	3 570	4 170	4 900	5 770	6 770	7 900	9 170	10 570
	2 000	2 550	2 700	2 950	3 300	3 750	4 300	4 950	5 700	6 550	7 500	8 550
	2 500	2 540	2 660	2 860	3 140	3 500	3 940	4 460	5 060	5 740	6 500	7 340
	3 000	2 535	2 635	2 800	3 035	3 335	3 700	4 135	4 635	5 200	5 835	6 535
	3 500	2 530	2 615	2 755	2 955	3 215	3 530	3 900	4 330	4 815	5 355	5 955
	4 000	2 525	2 600	2 725	2 900	3 125	3 400	3 750	4 100	4 525	5 000	5 525
1 : 500	1 500	4 570	4 770	5 100	5 570	6 170	6 900	7 770	8 770	9 900	11 170	12 570
	2 000	4 550	4 700	4 950	5 300	5 750	6 300	6 950	7 700	8 550	9 500	10 550
	2 500	4 540	4 660	4 860	5 140	5 500	5 940	6 460	7 060	7 740	8 500	9 340
	3 000	4 535	4 635	4 800	5 035	5 335	5 700	6 135	6 635	7 200	7 835	8 535
	3 500	4 530	4 615	4 755	4 955	5 215	5 530	5 900	6 330	6 815	7 355	7 955
	4 000	4 525	4 600	4 725	4 900	5 125	5 400	5 750	6 100	6 525	7 000	7 525
1 : 400	1 500	5 070	5 270	5 600	6 070	6 670	7 400	8 270	9 270	10 400	11 670	13 070
	2 000	5 050	5 200	5 450	5 800	6 250	6 800	7 450	8 200	9 050	10 000	11 050
	2 500	5 040	5 160	5 360	5 640	6 000	6 440	6 960	7 560	8 240	9 000	9 840
	3 000	5 035	5 135	5 300	5 535	5 835	6 200	6 635	7 135	7 700	8 335	9 035
	3 500	5 030	5 115	5 255	5 455	5 715	6 030	6 400	6 830	7 315	7 855	8 455
	4 000	5 025	5 100	5 225	5 400	5 625	5 900	6 250	6 600	7 025	7 500	8 025
1 : 300	1 500	5 900	6 100	6 435	6 900	7 510	8 235	9 100	10 100	11 235	12 500	13 900
	2 000	5 885	6 035	6 285	6 635	7 085	7 635	8 285	9 035	9 885	10 835	11 885
	2 500	5 875	5 995	6 195	6 475	6 835	7 275	7 795	8 395	9 075	9 835	10 675
	3 000	5 870	5 970	6 135	6 370	6 670	7 035	7 440	7 940	8 535	9 170	9 870
	3 500	5 865	5 950	6 090	6 290	6 550	6 865	7 235	7 665	8 150	8 690	9 290
	4 000	5 860	5 935	6 060	6 235	6 460	6 735	7 055	7 435	7 860	8 335	8 860

1 : 200	1 500	7 570	7 770	8 100	8 570	9 170	9 900	10 770	11 770	12 900	14 170	15 570
	2 000	7 550	7 700	7 950	8 300	8 750	9 300	9 950	10 700	11 550	12 500	13 550
	2 500	7 540	7 660	7 860	8 140	8 500	8 940	9 460	10 060	10 740	11 500	12 340
	3 000	7 535	7 635	7 800	8 035	8 335	8 700	9 135	9 635	10 200	10 835	11 535
	3 500	7 530	7 615	7 755	7 955	8 215	8 530	8 900	9 330	9 815	10 355	10 955
	4 000	7 525	7 600	7 725	7 900	8 125	8 400	8 750	9 100	9 525	10 000	10 525
1 : 150	1 500	9 235	9 435	9 770	10 230	10 830	11 570	12 430	13 430	14 570	15 730	17 230
	2 000	9 220	9 370	9 620	9 970	10 420	10 970	11 620	12 370	13 220	14 170	15 220
	2 500	9 210	9 330	9 530	9 810	10 170	10 610	11 130	11 730	12 410	13 170	14 010
	3 000	9 200	9 300	9 470	9 700	10 000	10 370	10 800	11 200	11 870	12 400	13 200
	3 500	9 195	9 280	9 420	9 620	9 880	10 195	10 565	10 995	11 480	12 020	12 620
	4 000	9 190	9 265	9 390	9 565	9 790	10 065	10 415	10 765	11 190	11 665	12 190
1 : 100	1 500	12 570	12 770	13 100	13 570	14 170	14 900	15 770	16 770	17 900	19 170	20 570
	2 000	12 550	12 700	12 950	13 300	13 750	14 300	14 950	15 700	16 550	17 500	18 550
	2 500	12 540	12 660	12 860	13 140	13 500	13 940	14 460	15 060	15 740	16 500	17 340
	3 000	12 535	12 635	12 800	13 035	13 335	13 700	14 135	14 635	15 200	15 835	16 535
	3 500	12 530	12 615	12 755	12 955	13 215	13 530	13 900	14 330	14 815	15 355	15 955
	4 000	12 525	12 600	12 725	12 900	13 125	13 400	13 750	14 100	14 525	15 000	15 525
1 : 60	1 500	19 270	19 470	19 800	20 270	20 870	21 600	22 470	23 470	24 600	25 870	27 267
	2 000	19 220	19 370	19 620	19 970	20 420	20 970	21 620	22 370	23 220	24 170	25 220
	2 500	19 210	19 330	19 530	19 810	20 170	20 610	21 130	21 730	22 410	23 170	24 010
	3 000	19 200	19 300	19 470	19 700	20 000	20 370	20 800	21 200	21 870	22 400	23 200
	3 500	19 195	19 280	19 420	19 620	19 880	20 195	20 565	20 995	21 480	22 020	22 620
	4 000	19 190	19 265	19 390	19 565	19 790	20 065	20 415	20 765	21 190	21 665	22 190
1 : 40	1 500	27 570	27 770	28 100	28 570	29 170	29 900	30 770	31 770	32 900	34 170	35 570
	2 000	27 550	27 700	27 950	28 300	28 750	29 300	29 950	30 700	31 550	32 500	33 550
	2 500	27 540	27 660	27 860	28 140	28 500	28 940	29 460	30 060	30 740	31 500	32 340
	3 000	27 535	27 635	27 800	28 035	28 335	28 700	29 135	29 635	30 200	30 835	31 535
	3 500	27 530	27 615	27 755	27 955	28 215	28 530	28 900	29 330	29 815	30 355	30 955
	4 000	27 525	27 600	27 725	27 900	28 125	28 400	28 750	29 100	29 525	30 000	30 525

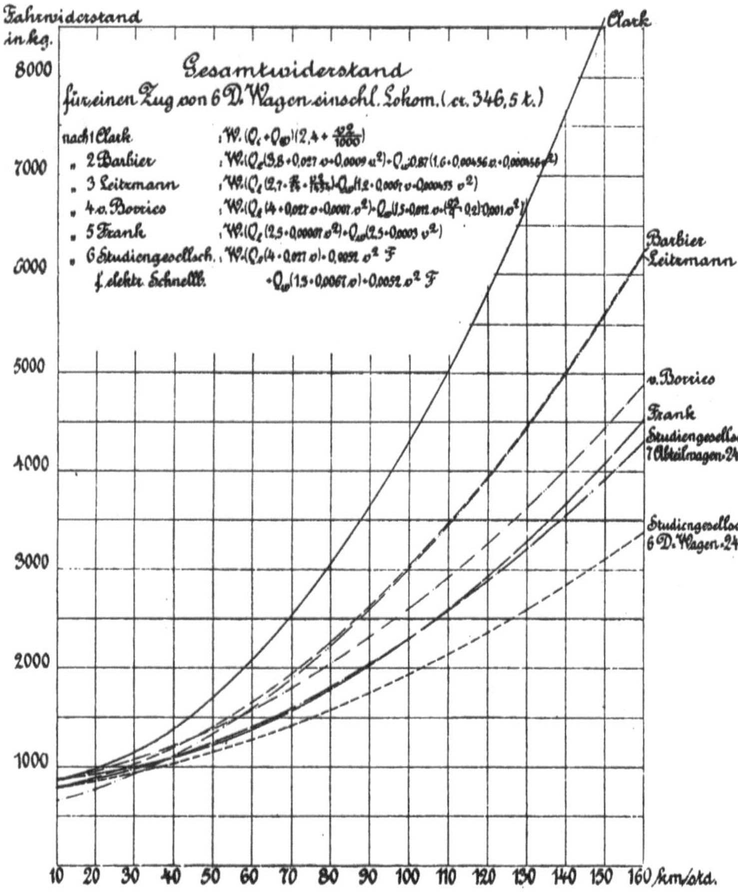

Abb. 19. Laufwiderstand für bestimmten Zug, berechnet nach verschiedenen Widerstandsformeln.

Für Schmalspur fehlt es an Versuchen. Man rechnet häufig nach folgender Tabelle: [1])

Spur mm	Wagen w_w	Lokomotiven w_l	Krümmung w_k
1000	$2{,}6 + 0{,}0003 \cdot V^2$	$2{,}7 \cdot \sqrt{a} + 0{,}0015 \cdot V^2$	$400 : (R - 20)$
750	$2{,}7 + 0{,}0002 \cdot V^2$	$2{,}8 \cdot \sqrt{a} + 0{,}001 \cdot V^2$	$350 : (R - 10)$
600	$2{,}8 + 0{,}0002 \cdot V^2$	$2{,}9 \cdot \sqrt{a} + 0{,}0008 \cdot V^2$	$200 : (R - 5)$

Hierin ist $a = 3$ für schwere Güterzuglokomotiven,
$a = 2$ für Personenzuglokomotiven.

[1]) Vgl. Hütte, 22. Aufl., Bd. III, S. 718.

5. Anwendung der Widerstandsformeln.

I. Bei Lokomotivversuchen, wenn deren Zweck ist, einerseits genau Zugkraft und Leistungen (Z und N), anderseits den Verbrauch an Dampf und Kohlen hierfür ($\mathfrak{D}/_{N\text{-st}}$ und $B/_{N\text{-st}}$) möglichst genau festzustellen. In diesem Falle müssen genaue Widerstandsformeln, mit Berücksichtigung der Windflächen, für den betreffenden Versuchszug geeignet, genommen werden. Bei Vorhandensein eines Meßwagens im Versuchszug lassen sich nachträglich die gemessenen Kräfte mit den aus den Widerstandsformeln berechneten vergleichen.

II. Für die Konstruktion einer Lokomotive, wenn das Leistungsprogramm (Geschwindigkeit, Steigung, Zuglast) gegeben ist.

III. Zur Berechnung der „Schleppleistungen"[1]) einer vorhandenen Lokomotive.

Es ist dies eine Aufgabe, die der Betrieb stellt. Es sollen für vorhandene Lokomotiven, d. h. Lokomotivgattungen, die „Belastungen" festgesetzt werden, die von diesen Lokomotiven auf bestimmten Strecken (also nach dem Strecken-Längsprofil) mit bestimmten Geschwindigkeiten gefahren werden können. Hierfür ist es nicht vorteilhaft, Widerstandsformeln zu benutzen, die Windflächen enthalten. Das Zuggewicht soll ja erst gesucht werden, und daher kann über die Windflächen (Zugzusammensetzung) nicht vorher schon etwas gesagt werden. Es ist also wichtig, vereinfachte Widerstandsformeln zu benutzen, die den Widerstand nur vom Gewicht abhängig feststellen lassen. Solche vereinfachten Formeln können nicht allgemein, sondern nur für bestimmte Zugarten einigermaßen genau festgestellt werden. Nachher steht es frei, mit Hilfe der genaueren Formeln nachzuprüfen. Selbstverständlich spielen hierbei auch die vorher gemachten Betriebserfahrungen eine Rolle. Denn aus dem Betrieb ist bekannt, welche Lasten zwischen zwei Haltestellen von bestimmten Lokomotivbauarten befördert werden können.

---

[1]) Vgl. S. 94.

B. Erforderliche Angaben zum Lokomotiventwurf.

Man geht vom „Betriebsprogramm", d h. von bestimmten vorgeschriebenen Strecken-, Belastungs- und Geschwindigkeitsverhältnissen aus. Hiernach lassen sich berechnen die erforderliche Zugkraft Z, das Reibungs- bzw. Dienstgewicht G_r bzw. G_L, sowie die Hauptabmessungen des Kessels (Heizfläche H und Rostfläche R) und des Triebwerkes (Durchmesser d und Hub s der Dampfzylinder, Durchmesser D der Kuppelräder).

Sind die Hauptabmessungen berechnet, mit ähnlichen guten Ausführungsarten verglichen und sodann berichtigt, so wird Rost- und Heizfläche des Kessels zeichnerisch verwirklicht und werden in Hand damit die wichtigsten Abmessungen des Kessels, seine Gesamtlänge und sein Durchmesser festgelegt. Darauf bestimmt man die Achsanordnung, d. h. den zur Aufnahme des Kessels und etwaiger Materialvorräte (nur bei Tenderlokomotiven) notwendigen Gesamtachsstand und die Gruppierung der Kuppel-, Trieb- und Laufachsen innerhalb des gefundenen Gesamtachsstandes. Hierbei ist Rücksicht zu nehmen auf die Vorschriften, die das Betriebsprogramm im einzelnen Falle gibt; z. B. ist für guten Lauf in den kleinsten vorkommenden Streckenkrümmungen bei der Auswahl und Anordnung der Achsen innerhalb des gewählten Achsstandes zu sorgen. Bewährte Ausführungen dienen hierbei wiederum als vorbildlich.

Sodann wird Rahmen, Triebwerk, Steuerung und möglichenfalls vorkommende Drehgestelle oder Schleppachsen ausführlicher durchgebildet. Endlich ist auch noch, nach Fertigstellung des Entwurfes, eine Gewichtsberechnung der Einzelteile der Lokomotive erforderlich, aus der genau hervorgehen muß, ob die vorgeschriebenen Achsbelastungen eingehalten wurden.

Bei der Lokomotivberechnung sind folgende Vorschriften zu berücksichtigen:

1. Höchstgeschwindigkeit[1]), mit der die Lokomotive fahren darf; V_{gr} in km/st bzw. n_{gr} in der Minute, d. i. höchstzulässige Drehzahl der Triebräder in der Minute.

V_{gr} ist in der Regel auf einem Schild im Führerhaus angeschrieben. Der Triebraddurchmesser darf bei neuen Radreifen nur so groß gewählt werden, daß die minutlichen Drehzahlen in der Zusammenstellung 10 bei der größten zulässigen Fahrgeschwindigkeit nicht überschritten werden. Es muß ein enger Zusammenhang bestehen zwischen V, D und n; denn es ist stets $V = D\pi n$ (ohne Bezeichnung) oder

$$V_{gr}^{km/st} = \frac{D^m \cdot \pi \cdot n_{gr}^{minute} \cdot 60}{1000},$$

---

[1]) B. O. § 66; T. V. § 102.

Verschiedene Einwände sind gegen Zusammenstellung 10 zu machen. Bezüglich der Lage der Zylinder ist es nicht gleichgültig, ob alle außen oder innen, oder ob zwei außen und einer oder zwei innen sitzen. Auch fehlt bei „zwei Zylinder außen und einer innen" die Angabe des Kurbelwinkels: vermutlich ist der von 120° gemeint. Ferner scheint in Spalte 2 die Drehzahl n = 320 zu hoch, n = 280 bis 300 wäre besser. In Spalte 9 ist wohl die Drehzahl von 200 gegen 260 in Spalte 8 zu niedrig, wenn man beispielsweise eine D- mit einer 1 C-Lokomotive vergleicht; denn, daß eine oder zwei Achsen gegen Spalte 8 mehr gekuppelt sind, bedingt nicht ein Sinken von n = 260 auf 200. Auch fehlen in den T. V. die 1 F-Lokomotiven. Für die 1 F-Vierzylinder-Heißdampf-Verbundlokomotiven der österreichischen Staatsbahnen z. B. wird bei D = 1,45 m und V_{gr} = 60 km/st die größte Drehzahl n_{gr} = 220, wobei der Lauf noch sehr ruhig ist.

Die im Führerhaus angeschriebenen höchsten Geschwindigkeiten und Drehzahlen für einige Lokomotivarten der preußisch-hessischen Staatsbahnen, die gemäß den T. V. zulässigen n_{gr} und die mit diesen aus D und der Bestimmungsgleichung errechneten V_{gr} enthält Zusammenstellung 9. Die Personenzuglokomotive in Reihe 9 und die Güterzuglokomotive in Reihe 14 laufen also schneller als dies nach T. V. zulässig ist. Die Angaben der Zusammenstellung 10 sind demnach teilweise änderungsbedürftig.

Zusammenstellung 9.

V_{gr} im Führerhause bei den preußisch-hessischen Staatsbahnen.

1	2	3	4	5	6	7
Nummer	Bauart	D	angeschrieben		zulässig nach T. V.	
		m	V_{gr} km/st	n_{gr}	V_{gr} km/st	n_{gr}
1	2B -Heißd.-2 Zyl. Zwill. S-Lok. S_6	2,10	110	278	127	320
2	2B 1-Sattd. -4 „ Verb. „ „ S_7	1,98	100	268	134	360
3	2B 1- „ -4 „ „ „ „ S_9	1,98	110	295	134	360
4	2C -Heißd.-Vierling „ „ S_{10}	1,98	110	295	134	360
5	2C - „ -4 Zyl. Verb. „ „ S_{10}^1	1,98	110	295	134	360
6	2C - „ -Drilling „ „ S_{10}^2	1,98	110	295	119	320
7	1C -Heißd.-2 Zyl. Zwill. P-Lok. P_6	1,60	75÷90	249÷299	84	280
8	2C - „ -2 „ „ „ „ P_8	1,75	100	303	106	320
9	1D 1- „ -Drilling „ „ P_{10}	1,75	120	364	106	320
10	D -Heißd.-2 Zyl. Zwill. G-Lok. G_8	1,35	50	196	51	200
11	1D - „ -Drilling „ „ G_8^3	1,40	65	246	68	260
12	D -Sattd. -2 Zyl. Zwill. „ „ G_9	1,25	45	191	47	200
13	E -Heißd.-2 „ „ „ „ G_{10}	1,40	60	227	61	230
14	1E - „ -Drilling „ „ G_{12}	1,40	65	246	60	230

Zusammen-

Höchste Umdrehungszahlen n_{gr} der

Mindestens eine Achse unter oder hinter der Feuerbüchse und mit Laufachse, **hinteres** Dreh- oder Deichselgestell

1	2	3	4	5	6	7
Zylinder außen oder zwei Zylinder außen und ein Zylinder innen	Lokomotive mit vorderem Drehgestell			Lokomotive mit vorderer Laufachse oder vorderem Deichselgestell		
	freier Triebachse od. 2 gek. Achsen od. 3 gek. Achsen	4 gek. Achsen	5 gek. Achsen	freier Triebachse od. 2 gek. Achsen od. 3 gek. Achsen	4 gek. Achsen	5 gek. Achsen
n	320	260	230	280	260	230

13	14	15	16	17
Zylinder innen oder je zwei Zylinder innen und außen mit gegenläufigem Triebwerk	wie 2	wie 3 und 4	wie 5	wie 6 und 7
n =	360	280	310	280

Anmerkung: Für Lokomotiven, die zur beliebigen Verwendung in beiden räder zulässig, die der Radfolge in der betreffenden Fahr-

Je nach Art des Dienstes kommt die zulässige Höchstgeschwindigkeit mehr oder weniger oft vor. Daß V_{gr} und n_{gr} für die Berechnung der Triebräder ausschlaggebend sind, zeigt die Beziehung: $\pi \cdot D \cdot n_{gr} \cdot 60 = V_{gr} \cdot 1000$ zur Bestimmung von D aus den bekannten größten Werten von V und n. Man nimmt n möglichst hoch, aber nicht so hoch an, daß Störungen entstehen. Hohes V_{gr} bedingt hohes n, sonst treten Schwierigkeiten wegen zu großer für D errechneter Werte ein; Lokomotiven für hohes V_{gr} müssen ihrer Bauart nach hohe n vertragen. Wenn beispielsweise n nur 200 sein dürfte, so wäre bei $V_{gr} = 100$ bzw. 120, $D = 2{,}65$ m bzw. 3,19 m.

Unabhängig von der Bauart der Lokomotive sind je nach Art der zu betreibenden Strecken für Hauptbahnen nach der B. O. nur bestimmte, in den Abbildungen 20 und 21 angegebene Höchstgeschwindigkeiten zulässig.

stellung 10.

Lokomotiven nach den Bauarten.

oder ohne **hintere**		Feuerbüchse überhängend		
8	9	10	11	12
Lok. ohne vordere Laufachse		Lokomotive mit beliebiger Lage der Zylinder und		
mit freier Triebachse oder 2 gek. Achsen oder 3 gek. Achsen	mit 4 gek. Achsen oder 5 gek. Achsen	2 oder 3 gek. Achsen u. mit vord. Laufachse vord. Dreh- od. Deichselgestell	2 oder 3 gek. Achsen u. ohne vord. Laufachse vord. Dreh- od. Deichselgestell	4 oder 5 gek. Achsen mit u. ohne vord. Laufachsen
260	200	240	220	180

18	19	20
wie 8	wie 9	Lokomotive mit Triebdrehgestellen, mit oder ohne überhängende Feuerbüchse und mit beliebiger Lage der Zylinder
280	250	200

Fahrrichtungen bestimmt sind, ist jeweils jene Umdrehungszahl der Triebrichtung entspricht.

2. Größte Anfahrbeschleunigung, $p_{a\text{-}gr}$ in m/sek².

Die Anfahrbeschleunigung darf zwecks leichter Handhabung des Zuges nicht zu klein werden; sie ist besonders im Ortsverkehr wichtig. Eine gewisse Größe p_a ist nötig, um die verlangte Höchstzahl von Zügen in einer Stunde fahren zu können. Ist beispielsweise ein Zug mit Lokomotive 350 t schwer, so wird die durch die Anfahrbeschleunigung bedingte Zugkraft bei

$p_a = 0{,}2\,\text{m/sek}^2$: Z_p kg $= 350 \cdot 1000 \cdot 0{,}2 : g = 7\,000$ kg,
$p_a = 0{,}3\,\text{m/sek}^2$: Z_p „ $= 350 \cdot 1000 \cdot 0{,}3 : g = 10\,500$ „

für $g = 10\,\text{m/sek}^2$. p_a ist

bei Güterzuglokomotiven . . . . $= 0{,}04$ bis $0{,}05\,\text{m/sek}^2$
„ Personen- und Schnellzug-Lokomotiven $= 0{,}06$ „ $0{,}07\,\text{m/sek}^2$
„ Stadtbahnlokomotiven . . . . $= 0{,}15$ „ $0{,}30\,\text{m/sek}^2$

je nach der verlangten kürzesten Zugfolge. Kurze Abstände der Haltestellen bedingen hohes p_a; bei Verschiebelokomotiven ist $p_a = 0,1$, bis 0,2 m/sek².

3. Kleinster Krümmungshalbmesser, R_{kl} in m der vorliegenden Strecke.

R_{kl} wirkt auf die Lokomotivbauart (Krümmungsbeweglichkeit). R_{kl} gibt ferner Veranlassung, die in die Rechnung eingestellte erforderliche Zugkraft zu vergrößern (Krümmungswiderstand). Berechnung erfolgt nach Röckl[1]).

4. Höchster zulässiger Raddruck.[2])

Er beträgt nach der B. O. für stillstehende Lokomotiven bei den preußisch-hessischen Staatsbahnen im allgemeinen höchstens 7 t, bei Lokomotiven mit Gegengewichten und Drehgestellen oder einstellbaren Achsen nach den T. V. 7,5 t, auf Strecken mit hinreichender

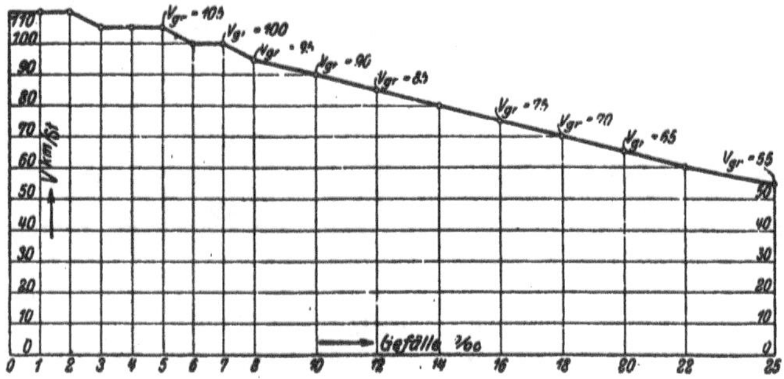

Abb. 20. Zulässige Höchstgeschwindigkeiten im Gefälle.

Stärke des Oberbaues und der Brücken 8 t. Für andere Länder gelten andere Vorschriften. Die Gattung S_{10}^{1} hat bei den preußisch-hessischen Statsbahnen mit 8,7 t den höchsten Triebraddruck.

In England sind bis rd. 10 t Raddruck ausgeführt, in den Vereinigten Staaten von Amerika bis 15,3 t.

5. Beschränkung der größten erreichbaren Zugkraft[3]) Z_{gr} durch die Wagenkupplung. Schraubenspindelkupplung des V. D. E. V.:

Durchmesser der Schraubenspindel zuweilen außen 42 mm, im Kern 33 mm. Diese Kupplung genügt nur für 12 000 kg Zugkraft. Teilweise hat man bereits den Kerndurchmesser der Spindel auf 42 mm erhöht, so daß die Kupplung für Zugkräfte bis 22 000 kg ausreicht. Als Baustoffestigkeit ist zu wählen: 45 bis 50 kg/qmm für 33 mm und 35 bis 40 kg/qmm für 42 mm Kerndurchmesser der Spindel.

[1]) Vgl. S. 35.
[2]) B. O. §§ 16, 29 und Anlage B; T. V. § 64.
[3]) T. V. Blatt VIII.

6. Fester Achsstand der Lokomotiven[1]); hängt von R_{kl} ab. Er richtet sich nach beistehender Zusammenstellung:

R m	Achsstand m	R m	Achsstand m
180	3,2	300	4,1
210	3,5	400	4,8
250	3,8	500	5,4

7. Umgrenzungslinie der festen Teile[2]).

Die voll ausgezogene Umgrenzungslinie in Abb. 22 ist bei Festlegung aller Breiten- und Höhenabmessungen bei Lokomotiven für Haupt- und vollspurige Nebenbahnen maßgebend (nicht die „Umgrenzung des lichten Raumes").

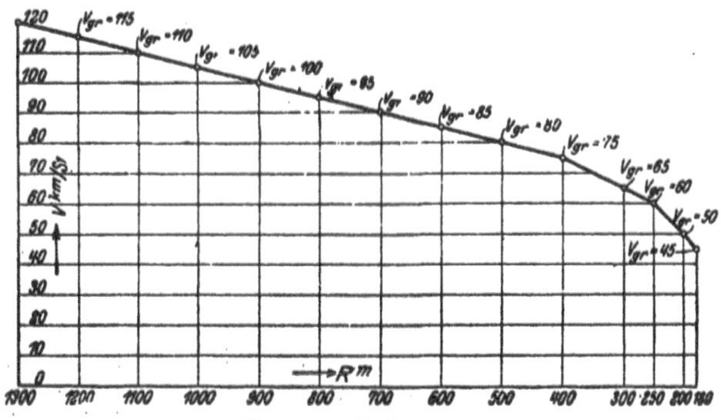

Abb. 21. Zulässige Höchstgeschwindigkeiten in Krümmungen.

Für Haupt- und vollspurige Nebenbahnen.

Nach T. V. § 86 (Abb. 22) gilt:

a) Die festen Teile der Lokomotiven dürfen bei Mittelstellung im geraden Gleise höchstens die mit —— Linien gezeichnete Umgrenzung erreichen.

b) Lokomotivschornsteine dürfen über die obersten Linien der Umgrenzung nach a bis zu der mit —×—×— Linien gezeichneten Umgrenzung hinausragen. Es empfiehlt sich, sie dann so einzurichten, daß sie auf die Umgrenzung nach a eingeschränkt werden können. Signalscheiben und Signallaternen dürfen bis zu der mit —o—o— Linien gezeichneten Umgrenzung reichen.

[1]) T. V. § 87.
[2]) B. O. § 28; T. V. § 86; gültig für deutsche Bahnen.

c) Unter 100 mm über S. O. dürfen selbst bei kleinster noch zulässiger Stärke der Radreifen, abgesehen von den Rädern, nur die

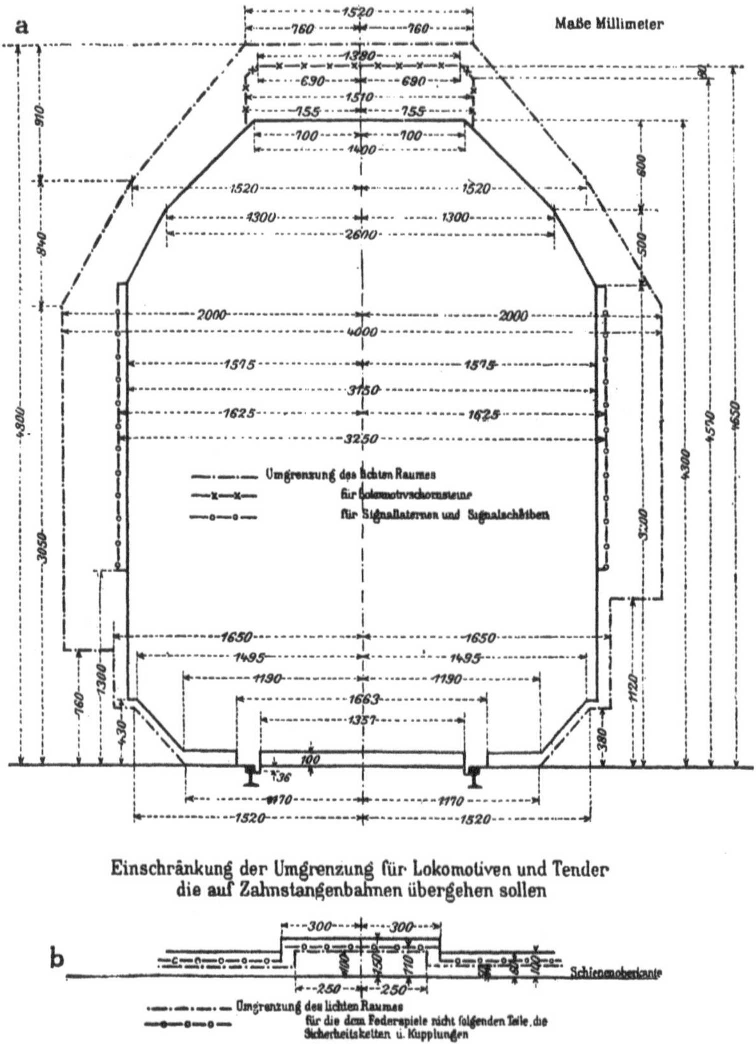

Abb. 22. Umgrenzung für regelspurige Lokomotiven und Tender auf deutschen Bahnen.

Gegengewichte der Räder, die Bahnräumer, Bremsklötze, Sandstreuer, Sicherheitsketten, Kupplungen und die beweglichen, dem Federspiele nicht folgenden Lokomotivteile herabreichen, und zwar die durch die Radreifen gedeckten Teile bis auf 50 mm, die übrigen vorbezeichneten Teile bis auf 60 mm über S. O. Für Lokomotiven, die auf Zahnstangen übergehen sollen, ist die untere Umgrenzung nach den in Abb. 22 b angegebenen Linien einzuschränken.

Sehr ähnlich sind die in B. O. § 28 angegebenen Bestimmungen.

Für Lokalbahnen.

Für Lokomotiven und Tender regelspuriger Lokalbahnen gilt nach T. V. § 86: Bei schmalspurigen Bahnen muß die Umgrenzungslinie von 100 mm bis 1 m über S. O. überall einen Abstand von 30 mm von 1 m Höhe an einen Abstand von 100 mm von der Umgrenzung des lichten Raumes haben. Bei reinen Zahnradbahnen dürfen die Zähne

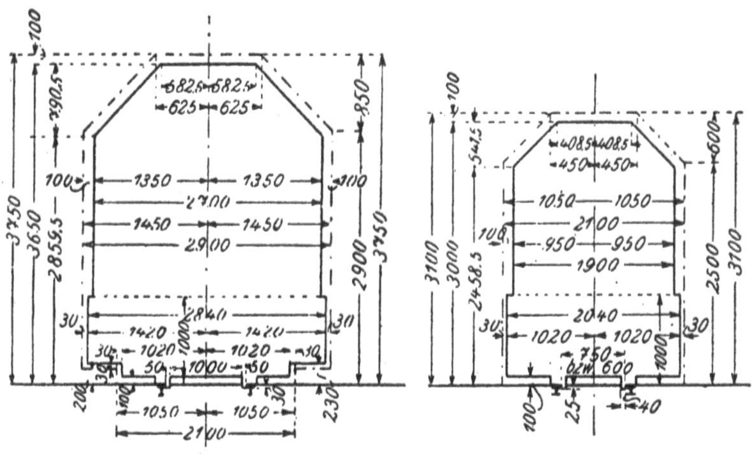

Für 1000 mm Spur. Für 750 und 600 mm Spur.

—·—·—·— Umgrenzung des lichten Raumes.

Abb. 23. Umgrenzung von Schmalspurlokomotiven.

der Zahnräder auch unter S. O., bei gemischten Zahnradbahnen dagegen nur bis 15 mm über S. O. herabreichen. Umgrenzung von Lokomotiven mit 1000, 750 und 600 mm Spur zeigt Abb. 23.

8. Spurweite[1]).

Im geraden Gleise (zwischen den Fahrkanten 14 mm unter Schienenoberkante gemessen) bei Hauptbahnen und vollspurigen Neben- und Lokalbahnen in Deutschland 1,435 m (entstanden aus 4' $8^1/_2$"), bei schmalspurigen Nebenbahnen 1,00 m oder 0,75 m; bei Lokalbahnen ist auch 0,60 m zulässig. Abweichungen bis 10 mm über und 3 mm unter 1,435 m sind als Folge des Betriebes zulässig.

Spurweiten in anderen Ländern. Außer dem Gebiet des V. D. E. V. ist Vollspur vorwiegend in der Schweiz, Italien, Frankreich, England, Dänemark, Schweden, Balkanhalbinsel, Polen, Anatolische

[1]) B. O. § 9; T. V. § 2.

Bahn, China, Ägypten, Australien, Nord-Amerika. Größere Spurweiten sind in Rußland (1,524 m = 5'); Irland, Brasilien, Australien (1,600 m = 5' 3"); Spanien, Portugal, Chile, Argentinien, Ostindien (1,676 m = 5' 6"). Schmalere Spurweiten sind in Norwegen, Japan, Java, Kapland, Südaustralien (1,067 = 3' 6", alte englische Kapspur), französische Kolonien, Hedjaz-Bahn (1050 mm); Meterspur in der ganzen Welt verbreitet.

9. Länge der ohne Erneuerung der Vorräte zu durchfahrenden Strecke (nur für Tenderlokomotiven und Tender), d. h. Abstand der vorhandenen Wasser-[1]) und Kohlenstationen.

Wasser- und Kohlenverbrauch von Lokomotiven

a) in bezug auf die Streckenlänge (für 1 km);

Wasserverbrauch 0,1 bis 0,15 cbm/km (kleiner bei Personen- und Schnellzug-, größer bei Güterzuglokomotiven) + 10 bis 15 % Zuschlag für Verluste beim Speisen, für Heizung, Luftpumpe usw.

Kohlenverbrauch im Mittel 15 kg/km bei Personen- und Schnellzuglokomotiven und 20 kg/km bei Güterzuglokomotiven.

b) in bezug auf 1 PSi-st (stündlicher Dampf- und Kohlenverbrauch für 1 PSi), vgl. Seite 73 bis 77.

10. Art des zu verfeuernden Brennstoffes. Wesentlich hierbei ist:

a) Sein Heizwert; hierdurch wird die Verdampfungsziffer [2]) und die Größe der Rostfläche beeinflußt.

Die Heizwerte für 1 kg Brennstoff in WE sind etwa:

h = 7 975 Westfälischer Anthrazit,
h = 7 750 Steinkohlenbriketts,
h = 7 650 Westfälische Steinkohle (Ruhrkohle),
h = 7 100 Saar-, schlesische und sächsische Kohle,
h = 7 000 Gaskoks,
h = 6 500 Belgische Grußkohle,
h = 5 200 Bayerische Molassekohle (Braunkohle),
h = 4 800 Braunkohlenbriketts,
h = 3 600 Sächsische Braunkohle,
h = 3 800 Torf,
h = 4 100 Holz,
h = 10 500 Masut } flüssige Brennstoffe,
h = 11 000 Petroleum }
h = 7 890 Waleskohle }
h = 7 270 Newcastle-Kohle } englische Kohlen.
h = 6 940 Schottische Kohle }

Holz wird vielfach in Nord-Schweden verfeuert. Verheizt werden etwa 1 m lange Scheite aus trockenem Kiefern- oder Birkenholz. 1 t guter Steinkohle entspricht etwa 2 t Holz. Nachteile sind: großer Funkenauswurf; große Anstrengung für das Heizerpersonal, weil der Heizwert des Holzes geringer als der der Steinkohle.

---

[1]) Glasers Annalen 1914, Bd. 75, S. 60.
[2]) Vgl. S. 77/78.

T o r f f e u e r u n g. Nordische Länder verwenden Holz und Torf gemischt: $^1/_3$ Holz und $^2/_3$ Torf bis zu $^1/_2$ Holz. Zu unterscheiden ist der gute Preßtorf vom minderwertigen normalen Stichtorf. Brennstoffverbrauch liegt zwischen 5,2 und 6,4 kg/PS-st.

Argentinien heizte z. B. aus Kohlenmangel während des Krieges mit Mais und Weizen.

b) Die Art seiner Flammenbildung, d. h. ob der Brennstoff kurz- oder langflammig. Hierdurch wird die Tiefe des Feuerraumes beeinflußt.

C. Berechnung regelspuriger Dampflokomotiven.

1. Allgemeines.

Bezeichnungsweisen für die Lokomotivberechnung.

B e z e i c h n u n g e n.

Geschwindigkeit	V km/st, v m/sek
Beschleunigung	p m/sek^2
Umdrehungszahl	n i. d. min.
Halbmesser der Gleisbogen	R m
Widerstand für die Einheit der Last	w kg/t
Widerstand des Zuges	W kg
Druck	p at
Mittlere Zahl an WE zur Erhöhung der Wärme von 1 kg Dampf um 1° C	c WE/kg°
Wärmegrad	t°C
Heizwert	h WE
Wärmeinhalt von 1 kg Dampf	i'' WE/kg
Verdampfungsziffer { Sattdampf	z kg/kg
Verdampfungsziffer { Heißdampf	z' kg/kg
Rauminhalt von 1 kg Dampf	𝔳 cbm/kg
Kolbenhub	s m
Durchmesser der Zylinder	d cm
Gewicht	G t
Druck der Triebachsen auf die Schienen	P t
Rostfläche	R qm
Heizfläche	H qm
Zugkraft	Z kg
Leistung	N PS
Kohlenverbrauch	B kg/st
Dampfverbrauch	𝔇 kg/st
Durchmesser der Triebräder	D m
Hub-Inhalt der Auspuffzylinder	J l
Grad der Ausnutzung	α

Wert der Reibung zwischen Rad und Schiene	μ
Wirkliche Füllung	ε %
Wirkungsgrad	η
Rostanstrengung	ϱ kg/st-qm = B:R
Verbrauch an Kohle für die Einheit der Leistung	β kg/PS-st = B:N
„ „ Dampf „ „ „ „ „	δ kg/PS-st = $\mathfrak{D}$:N

Fußzeiger.

Lokomotive	L	Mittel	m
Wagen	w	Meistgebraucht	mg
Zug	z	Hochdruck	h
Beschleunigung	p	Niederdruck	n
Anfahrt	a	Feuerung	f
Wirklich (effektiv)	e	Kessel	k
Aus Kolbendruck (indiziert)	i	Heizfläche	c
Günstigst	g	Überhitzung	ü
Ganz	gz	Wasserverdampfend	w
Größt	gr	Reibung	r
Kleinst	kl	Krümmung	k

Die zur Lösung gestellten Aufgaben im Lokomotivbau beschäftigen sich entweder mit der Bestimmung der Leistungsfähigkeit einer vorhandenen Lokomotive in verschiedenen „Arbeitslagen"[1]) oder mit dem Entwerfen einer neuen Lokomotive von noch nicht bekannten Abmessungen für bestimmte vorgeschriebene Verhältnisse. Hiernach unterscheidet man gewöhnlich zwei Grundaufgaben für den Bau und die Berechnung der Leistungen von Lokomotiven.

Erste Grundaufgabe.

Eine bestimmte Lokomotive ist vorhanden; welche Lasten können auf einer Steigung oder auf verschiedenen Steigungen mit einer oder verschiedenen Geschwindigkeiten von ihr befördert werden, d. h. wie groß sind die „Schleppleistungen"[2]) der Lokomotive?

Das Gewicht einer Schnellzuglokomotive mit Tender sei $G_L = 110$ t. Die Last von 10 vierachsigen Abteilwagen zu je 40 t, d. h. $G_w = 400$ t, soll auf $1:\infty$ mit $V = 100$ km/st ($v = 27{,}77$ m/sek) im Beharrungszustand gefahren werden. Dann ist die Zugkraft am Radumfang der Lokomotive $Z_e^{kg} = (G_L + G_w)\,t \cdot w_{gz}^{kg/t} = 3000$ kg[3]) und die Leistung am Radumfang $N_e = (Z \cdot v) : 75$ oder $N_e = (Z \cdot V) : 270 = 1110$ PS.

Die Aufstellung der Leistungstafeln, Schleppleistungen, ist eine Aufgabe, die der Betrieb stellt. Für vorhandene Lokomotivgattungen sollen „Belastungen" festgesetzt werden, die sie auf bestimmten Strecken mit bestimmten Geschwindigkeiten fahren können. Da das Zuggewicht gesucht werden soll, so sind „vereinfachte Formeln" vorteilhaft, die den Widerstand nach dem Zuggewicht messen.

Zweite Grundaufgabe.

Eine bestimmte Strecke, Fahrgeschwindigkeit, Zuglast und Zugart sind gegeben; welche Lokomotiv-Bauart ist vorteilhaft, wie groß sind ihre Hauptabmessungen?

---

[1]) Vgl. S. 86. [2]) Vgl. S. 94.

[3]) w_{gz} wurde nach „Frank" errechnet.

Meistens ist in der Aufgabe bereits bestimmt, ob eine S-, P-, G- oder Tender-Lokomotive verwendet werden soll, wie groß der Raddruck sein darf, ob Sattdampf oder Heißdampf zu verwenden ist, ob es sich um einfache oder doppelte Dehnung handelt.

Zu ermittelnde Hauptverhältnisse sind: Reibungsgewicht, Zahl der gekuppelten Achsen; Durchmesser der Triebräder; Kolbenhub und Durchmesser der Zylinder; Kessel-, Rost- und Heizfläche.

2. Berechnung des Reibungsgewichtes G_r^t; Feststellung der Zahl der gekuppelten Achsen.

Mit G_r^t wird das Reibungsgewicht (Adhäsionsgewicht), also der Teil des Lokomotivgewichtes bezeichnet, der nur auf den gekuppelten Achsen ruht; mit G_L^t das Lokomotiv-Dienstgewicht auf allen Achsen. Somit ist $G_L \geqq G_r$; $G_L = G_r$, wenn sämtliche Lokomotivachsen gekuppelt sind. G_r berechnet sich aus der größten Zugkraft, die verlangt wird, aus Z_{gr}; $Z_{gr}^{kg} = \mu \cdot G_r^{kg}$ oder $Z_{gr}^{kg} = (1000\,\mu) \cdot G_r^t$; also $G_r^{kg} = (1 : \mu) \cdot Z_{gr}^{kg}$. μ ist die Reibungsziffer zwischen Rad und Schiene, ist demnach nicht zu verwechseln mit α der Ausnutzungsziffer ($\alpha \leqq \mu$).[1] $\mu = {}^1/_4$ bis ${}^1/_{10}$ oder 250 bis 100 kg/t, und zwar gilt $\mu = {}^1/_4$ bei sandigen und $\mu = {}^1/_{10}$ bei feuchten, fettigen Schienen. Die Reibungsziffer ist also stark abhängig vom Zustand der Flächen von Rad und Schiene; sie bezieht sich nur auf den Zustand der Ruhe, und sobald ein Schleudern eintritt, sinkt der Wert μ herunter.

Es kommt darauf an, die größte Zugkraft Z_{gr} zu kennen. Aber es ist zu beachten, daß Z_{gr} nicht immer ohne weiteres aus der Leistungsdarlegung hervorgeht, nämlich dann nicht, wenn die verlangten Schlepplasten sich nur auf $1 : \infty$ oder nur auf geringe Steigungen beziehen.

Für die Berechnung von G_r soll folgende Regel gelten: Wenn sich aus der gegebenen Leistungsdarlegung durch Angabe einer großen zu befahrenden Steigung nicht eine höhere Zugkraft ergibt, so muß zur Berechnung von G_r eine Zugkraft Z_{gr} zugrunde gelegt werden, die beim Anfahren auf $1 : \infty$ berechnet wird aus $Z_{gr} = G_{gz}^t \cdot 2{,}5 + (G_{gz}^t \cdot 1000 : g) \cdot p_a$, worin p_a die Anfahrbeschleunigung auf $1 : \infty$ bedeutet. Ist G_r aus $G_r^t = \frac{1}{\mu} \cdot Z_{gr}^{kg} : 1000$ gefunden, so erfolgt die Verteilung von G_r^t auf die einzelnen Triebachsen. Die Bestimmung der Anzahl der Reibungsachsen (Kuppelachsen) aus dem berechneten G_r geschieht aus der Formel $G_r^t = n \cdot P$, worin n die Anzahl der Kuppelachsen und P ihr zulässiger höchster Achsdruck ist. Bei der Festsetzung von P bei vorhandenen Bahnen spielt auch die vorkommende größte Fahrgeschwindigkeit eine Rolle.

Bei Tenderlokomotiven wird mit G_r das Reibungsgewicht bei vollen Vorräten bezeichnet. Während des Betriebes nimmt aber — gemäß dem Kohlen- und Wasserverbrauch — dieses Reibungs-

[1]) Vgl. S. 71.

gewicht z. B. bis auf G_r' ab. Es müssen also Bestimmungen getroffen werden über $G_{r\text{-}kl} = G_r'$ bei Tenderlokomotiven ohne Vorräte, aber mit Wasser im Kessel, Kohle auf dem Rost und Führer nebst Heizer auf dem Stand. Es ist im Mittel bei Tenderlokomotiven $G_r' = 0{,}8\ G_r$. Dieser Wert ist abhängig von der Größe der Vorräte und von dem Verhältnis der Kuppel- und Laufachsen, ändert sich aber nicht sehr viel.

Zusammenstellung 11 zeigt in ihrer letzten Spalte das Verhältnis $G_r' : G_r$ für einige ausgeführte preuß. Tenderlokomotiven. Es schwankt zwischen 0,81 und 0,88 [1]).

Zusammenstellung 11.

Tenderlokomotiven der preußischen Staatseisenbahnen bezüglich der Abnahme des Reibungsgewichtes von G_r auf $G_{r'}$ bei Kohlen- und Wasserabnahme.

	1	2	3	4	5	6	7	8	9
		Gewichte							
			betriebsfähig mit allen Vorräten		mitgeführte Vorräte		betriebsfähig ohne Vorräte		
Laufende Nummer	Bauarten der Tenderlokomotiven	Leergewichte	Dienstgew. G_L	Reibungsgew. G_r	Wasser	Kohlen	Dienstgew. G_L	Reibungsgew. G_r'	$\frac{G_r'}{G_r}$
		t	t	t	cbm	t	t	t	
1	C-Sattd.-Zwill.-Lok. T_3	24,7	32,3	32,3	4	1,0	27,3	27,3	0,846
2	2 B- „ „ „ T_5	43,9	56,2	32,0	6	2,0	48,2	26	0,813
3	1 Bl- „ „ „ T_5	41,5	53,1	31,4	5,5	1,6	46,0	27	0,860
4	C- „ „ „ T_7	31,0	41,9	41,9	5	2,0	34,9	34,9	0,833
5	C-Heißd.- „ „ T_8	35,8	45,7	45,7	5	1,4	39,3	39,3	0,860
6	2 C- „ „ „ T_{10}	60,0	75,7	46,3	7,5	2,5	65,7	40	0,864
7	1 C- „ „ „ T_{12}	49,8	62,9	48,7	7	2,5	53,4	42	0,862
8	D-Sattd.- „ „ T_{13}	48,5	62,7	62,7	7	2,5	53,2	53,2	0,848
9	E- „ „ „ T_{15}	58,7	71,1	71,1	6	2,0	63,1	63,1	0,887
10	E-Heißd.- „ „ T_{16}	58,9	73,8	73,8	7	2,0	64,8	64,8	0,878

Anmerkung: 1 cbm Wasser wiegt etwa 1 t. — Die Werte für $G_{r'}$ in den Reihen 2, 3, 6 und 7 der Spalte 8 sind geschätzt. — Die Gewichte in den Spalten 2 bis 4 schwanken bei den verschiedenen Ausführungen ein und derselben Bauart.

[1]) Für die T_{18}-Bauart ergibt sich allerdings $G_r' : G_r = 0{,}645$.

Die beiden Hauptforderungen: Verwirklichung einer größten Zugkraft Z_{gr} (hieraus G_r) und einer größten Leistung $N_{gr} = (Z \cdot V) : 270$ (hieraus Kesselgröße) sind streng auseinanderzuhalten. Ist das verlangte N_{gr} groß, so wird der Kessel schwer und damit die ganze Lokomotive. Ist daneben nun das verlangte Z_{gr} mäßig klein, so braucht das ganze Lokomotivgewicht G_L nicht als Reibungsgewicht ausgenutzt zu werden; es ist dann $G_r^t < G_L^t$. Ein Teil des Gewichtes G_L, nämlich $G_L - G_r$, wird dann auf die Laufachsen gelegt. Es hätte keinen Zweck, noch hierfür Kuppelachsen zu nehmen.

3. Bestimmung des Triebraddurchmessers D.

Zur Berechnung des Triebraddurchmessers D dient nur V_{gr}; jedes andere in der Aufgabe angegebene oder daraus errechnete V kommt gar nicht für die Bemessung des Triebraddurchmessers in Betracht. Bei zahlenmäßiger Bestimmung von D richte man sich:

I. nach der Zusammenstellung 10: „Höchste Umdrehungszahlen der Lokomotiven nach den Bauarten",
II. nach Faustformeln,
III. nach ausgeführten Lokomotiven.

D läßt sich nicht genau auf Millimeter berechnen; es soll so groß sein, daß bei V_{gr} eine gewisse höchste Umdrehungszahl (n_{gr} in der Minute) nicht überschritten wird. Wie groß n_{gr} für verschiedene Bauarten werden darf, ergibt sich aus Zusammenstellung 10[1]).

Hierin liegt n zwischen 180 und 360 Umdrehungen in der Minute; n darf aber natürlich auch kleiner als 180 sein, und man könnte besser sagen: $n < 180$ bei ungünstiger, $n \leq 360$ bei günstiger Bauart. $\pi \cdot D^m \cdot n_{gr} \cdot 60 = V_{gr}$ km/st $\cdot$ 1000 ist die Bestimmungsgleichung für D, wenn n_{gr} nach der Bauart (Zusammenstellung 10) und V_{gr} aus der Aufgabe bekannt sind. Um die Beziehung zwischen n, V und D zahlenmäßig in allen etwa vorkommenden Fällen klarzulegen, ist Zusammenstellung 12 aufgestellt worden mit Hilfe der Gleichung $n = \frac{V \text{ km/st} \cdot 1000}{60 \cdot \pi \cdot D^m}$. Da nur minutliche Umdrehungszahlen von 180 bis 360 erlaubt sind, so hat allein der durch Fettdruck hervorgehobene Teil der Zusammenstellung 12 zweckdienliche Bedeutung.

Wie groß bei bestimmten Geschwindigkeiten für die nach der Bauart zulässigen größten minutlichen Umdrehungszahlen (T. V. § 102) der Triebraddurchmesser wird, zeigt Abb. 24. Man kann hieraus also für eine bestimmte Bauart (n gegeben) bei verlangter Höchstgeschwindigkeit den erforderlichen Triebraddurchmesser ablesen.

Als Erfahrungswerte zur zahlenmäßigen Berechnung von D dient:

$D^{mm} = 800 + 12$ (V_{gr} km/st) bei $n = 180 \div 240$, also wenn nach der Bauart der Lokomotiven ein kleines n zulässig ist,
$D^{mm} = 800 + 11$ (V_{gr} km/st) bei $n = 240 \div 320$, also wenn nach der Bauart der Lokomotiven ein mittleres und hohes n zulässig ist,
$D^{mm} = 800 + 10$ (V_{gr} km/st) bei $n = 320 \div 360$, also wenn nach der Bauart der Lokomotiven ein sehr hohes n zulässig ist.

[1]) Vgl. Bemerkungen hierzu auf S. 53.

Zusammenstellung 12.

Umdrehungszahlen n in der Minute, berechnet aus $n = \frac{V_{gr} \cdot 1000}{60 \cdot \pi \cdot D}$

Dm	V km/st												
	10	20	30	40	50	60	70	80	90	100	110	120	130
1,0	53	106	159	**212**	**265**	**318**	371	424	477	530	583	636	690
1,1	48	96	144	**192**	**240**	**288**	**336**	384	432	480	528	576	624
1,2	44	88	132	176	**220**	**264**	**308**	**352**	396	440	484	528	572
1,3	41	82	123	164	**205**	**246**	**287**	**328**	369	410	451	492	533
1,4	38	76	114	152	**190**	**228**	**266**	**304**	**342**	380	418	456	494
1,5	35	70	105	140	175	**210**	**245**	**280**	**315**	**350**	385	420	455
1,6	33	66	99	132	165	**198**	**231**	**264**	**297**	**330**	363	396	429
1,7	31	62	93	124	155	**186**	**217**	**248**	**279**	**310**	**341**	372	403
1,8	29	58	87	116	145	174	**203**	**232**	**261**	**290**	**319**	**348**	377
1,9	28	56	84	112	140	168	**196**	**224**	**252**	**280**	**308**	**336**	364
2,0	26,5	53	79,5	106	132,5	159	**185,5**	**212**	**238,5**	**265**	**291,5**	**318**	**345**
2,1	25	50	75	100	125	150	175	**200**	**225**	**250**	**275**	**300**	**325**
2,2	24	48	72	96	120	144	168	**192**	**216**	**240**	**264**	**288**	**312**

Ein anderer Erfahrungswert zur Berechnung von D ist:
$D^{mm} = 210 \cdot \sqrt{V}$ km/st, worin V die im Zugbetrieb am häufigsten vorkommende Geschwindigkeit ist. Diese Formel ergibt:

V km/st . . . =	40	50	60	70	80	90	100	110	120
Dmm . . . . =	1328	1485	1628	1758	1880	1993	2100	2202	2300
n in der Minute =	160	179	196	211	226	240	253	265	277

Die Formel sollte aber so sein, daß V_{gr} eingesetzt wird. Ferner berücksichtigt die Formel die Bauart nicht, die für gleiches V ein verschiedenes n zuläßt.

Der Vergleich bei der Bestimmung des Triebraddurchmessers mit ähnlich ausgeführten Lokomotiven, von denen Betriebsergebnisse bezüglich Verhaltens bei hohen Geschwindigkeiten vorliegen, ist immer zweckmäßig. Es zeigt sich oft im Betrieb, daß die V_{gr} änderungsbedürftig sind: bald müssen sie erniedrigt werden, bald lassen sie aber auch eine Erhöhung zu. So wird z. B. die im Führerhaus angeschriebene Geschwindigkeit der Bauarten P_8, P_{10} und G_{12} im Betrieb für zu hoch erachtet.[1])

Falls Laufräder vorhanden, so wähle man ihren Durchmesser zu 0,85 bis 1,25 m.

[1]) Vgl. Zusammenstellung 9, S. 53, Reihen 7, 9 und 14.

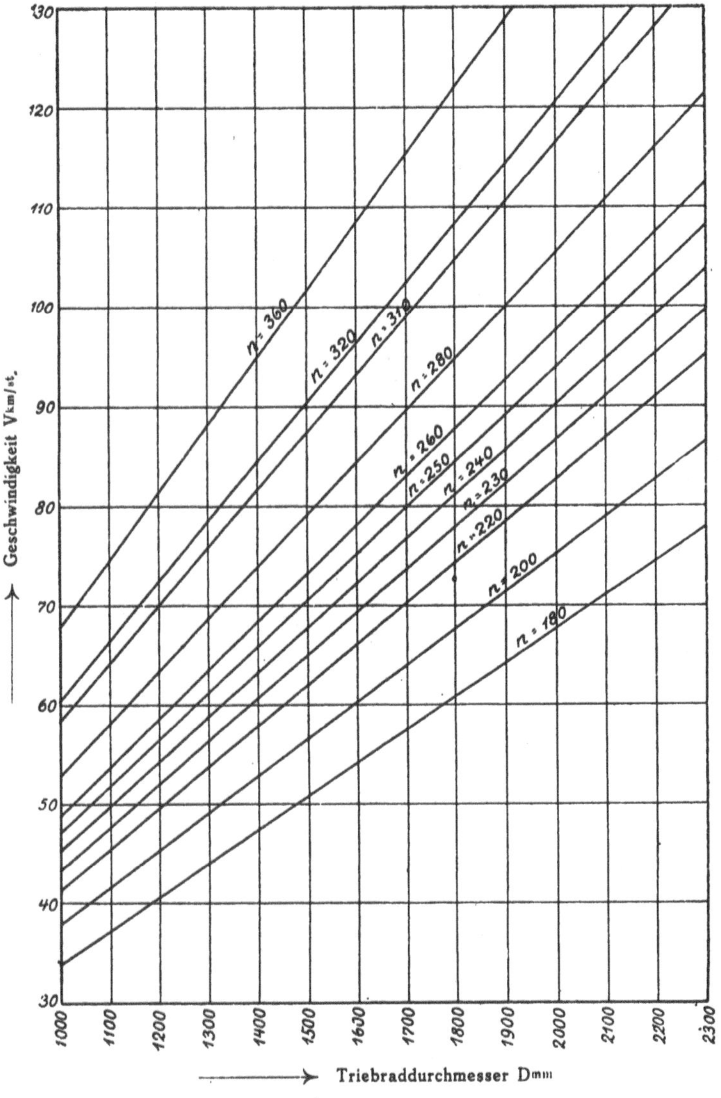

Abb. 24. Triebraddurchmesser D in Abhängigkeit von V (hier V_{gr}) bei bestimmtem n_{gr}.

4. Berechnung der Dampfzylinder.

Zu berechnen ist der Zylinderdurchmesser (d Durchmesser bei einstufiger Dehnung, d_n Durchmesser des Niederdruckzylinders bei zweistufiger Dehnung) und der Kolbenhub s.

Bei der Berechnung der Dampfzylinder handelt es sich darum, von dem Zylinderinhalt auszugehen, der für die Aufnahme des Dampfes zur Verfügung stehen muß. Hierzu wird die mittlere oder meistgebrauchte effektive Zugkraft am Triebrad in Kraftrichtung von der Schiene auf die Lokomotive während einer Umdrehung Z_{emg} eingeführt. Es bestehen folgende Arbeitsgleichungen:

$$Z_{emg}\,\text{kg} \cdot \pi \cdot D^m = \left(d^2 \cdot \frac{\pi}{4}\right) \cdot (\eta \cdot p_{mig}\,\text{kg/cm}^2) \cdot 4 \cdot s^m \text{ für 2 Zylinder}$$

einstufige Dehnung (Zwilling),

$$Z_{emg}\,\text{kg} \cdot \pi \cdot D^m = \left(d^2 \cdot \frac{\pi}{4}\right) \cdot (\eta \cdot p_{mig}\,\text{kg/cm}^2) \cdot 6 \cdot s^m \text{ für 3 Zylinder}$$

einstufige Dehnung (Drilling),

$$Z_{emg}\,\text{kg} \cdot \pi \cdot D^m = \left(d^2 \cdot \frac{\pi}{4}\right) \cdot (\eta \cdot p_{mig}\,\text{kg/cm}^2) \cdot 8 \cdot s^m \text{ für 4 Zylinder}$$

einstufige Dehnung (Vierling),

$$Z_{emg}\,\text{kg} \cdot \pi \cdot D^m = \left(d_n^2 \cdot \frac{\pi}{4}\right) \cdot (\eta \cdot p_{mig}\,\text{kg/cm}^2) \cdot 2 \cdot s^m \text{ für 2 Zylinder}$$

zweistufige Dehnung (2 Zylinder-Verbund),

$$Z_{emg}\,\text{kg} \cdot \pi \cdot D^m = \left(d_n^2 \cdot \frac{\pi}{4}\right) \cdot (\eta \cdot p_{mig}\,\text{kg/cm}^2) \cdot 4 \cdot s^m \text{ für 4 Zylinder}$$

zweistufige Dehnung (4 Zylinder-Verbund).

Triebraddurchmesser D wird aus V_{gr} bestimmt; der mechanische Wirkungsgrad η sei 0,9.

Der mittlere Dampfdrück im Zylinder p_{mi} (indizierter) ist verschieden groß, je nach der Füllung. Ist ε_g die günstigste[1]) Füllung, d. h. die Füllung des kleinsten Dampfverbrauches, so ist p_{mig} der mittlere indizierte Dampfdruck bei dem Diagramm günstigster Dampfausnutzung; er ist etwa 4,0 kg/cm² und stellt sich bei den üblichen Kesseldrücken auf

$p_{mig} = 3{,}4$ bis 3,6 für überhitzten Dampf, zweistufige Dehnung (bezogen auf Niederdruckzylinder),
$p_{mig} = 3{,}6$ bis 3,8 für überhitzten Dampf, einstufige Dehnung,
$p_{mig} = 3{,}8$ bis 4,0 für Sattdampf, zweistufige Dehnung (bezogen auf Niederdruckzylinder),
$p_{mig} = 4{,}0$ bis 4,2 für Sattdampf, einstufige Dehnung.

p_{mi} wird bei Lokomotiven mit zweistufiger Dehnung (ebenso wie der Zylinderdurchmesser d_n in den Arbeitsgleichungen) auf den Niederdruckzylinder bezogen. Bei der größten Füllung ε_{gr} ergibt sich $p_{mi\text{-}gr}$. Dieser

---

[1]) $\varepsilon_g = 20 \div 25\,\%$ für einstufige Dehnung,
$\varepsilon_g = 15 \div 20\,\%$, bezogen auf den Niederdr.-Zyl. } f. zweistufige
$\varepsilon\ = 30 \div 40\,\%$, „ „ „ Hochdr.- „ } Dehnung.

Wert sollte bei jeder Lokomotive festgestellt werden, besonders bei Lokomotiven mit zweistufiger Dehnung. Bei diesen fällt $p_{mi\text{-}gr}$ — bezogen auf den Niederdruckzylinder — um so kleiner aus, je kleiner der Hochdruck- zum Niederdruckzylinder ist.

Kolbenhub s wird gewählt und dann in die Arbeitsgleichung eingesetzt. Er wird für Lokomotiven auf Hauptbahnen ausgeführt zu:

$s^{mm} = 550 \div 600 \div 630 \div 650$ (700) bei Personen- und Schnellzuglokomotiven,
$s^{mm} = 600 \div 630 \div 650 \div 700$ (800) bei Güterzuglokomotiven,
$s^{mm} = 450$ bei Lokomotiven auf Fabrikhöfen.

Die „Eisenbahntechnik der Gegenwart" schlägt für den Hub als Erfahrungswerte vor:

$s^{mm} = 0{,}3\,D^{mm} \div 0{,}4\,D^{mm}$ für Personen- und Schnellzuglokomotiven mit Tender,
$s^{mm} = 0{,}33\,D^{mm} \div 0{,}43\,D^{mm}$ für Personen- und Schnellzug-Tenderlokomotiven,
$s^{mm} = 0{,}45\,D^{mm} \div 0{,}55\,D^{mm}$ für Güterzug- und kleinere Lokomotiven.

Die kleineren Werte wähle man bei großem D, die größeren bei kleinem D; doch liefern diese Formeln nur bedingt richtige Werte.

Je größer der Zylinderinhalt, um so mehr ist man geneigt, ein größeres s zu nehmen, um nicht ein zu großes d zu bekommen, weil Zylinder mit großem d schwer unterzubringen sind. Bei Regelspur muß sein: $s^{cm} < D^{cm} - 46^{cm}$, damit die Stangenköpfe innerhalb der Umgrenzungslinie des lichten Raumes liegen.

Je höher Umdrehungszahl n, um so kleiner ist s zu wählen; denn Kolbenbeschleunigung wächst proportional mit r $\left(= \frac{s}{2}\right)$, was die Massendrücke ungünstig beeinflußt.

$$\frac{s}{d} \text{ verhältnismäßig groß, } \cong \underbrace{1{,}2}_{\text{Heißd.}} \div \underbrace{1{,}3 \div 1{,}4}_{\text{Sattd.}}, \text{ bei kleinem n}$$

(also bei G. L.)

$$\frac{s}{d} \text{ verhältnismäßig klein, } \cong \underbrace{1{,}0}_{\text{Heißd.}} \div \underbrace{1{,}1 \div 1{,}2}_{\text{Sattd.}}, \text{ bei hohem n}$$

(also bei P. und S. L.)

$$\frac{r}{l} = \frac{\text{Kurbelhalbmesser (d. h. halber Hub)}}{\text{Triebstangenlänge}} \cong \frac{1}{7} \div \frac{1}{8}.$$

Wenn $\frac{r}{l}$ zu groß, so treten folgende Nachteile ein: Kreuzkopfdruck zu hoch, so daß sich einmal die Reibung auf den Gleitbahnen erhöht, dann auch die Achsbelastungen verschoben werden; Füllungen vorn und hinten ungleich; Kolbenbeschleunigungen werden vorn und hinten zu ungleich, also auch die Massendrücke, also ungleichmäßiges Tangentialdruckdiagramm.

Beispiele für die Zylinderberechnung.

Zur Beförderung von 10 D-Wagen zu je 40 t ($G_w = 400$ t) mittels Lokomotive nebst Tender von $G_L = 110$ t (also gesamtes Zuggewicht $G_{gz} = 400 + 110 = 510$ t) mit $V = 100$ km/st auf $1 : \infty$ ist nötig eine

Zugkraft $Z_e = 2550$ kg, wobei $w^{kg/t} = 2{,}5 + (V^2 : 4000)$ war. Angenommen $Z_e = 2550$ kg sei die meistvorkommende Zugkraft im Fahrdienst der Lokomotive, also $Z_{emg} = 2550$, und es sei $D = 1980$ mm und $s = 600$ mm, so ist bei einer 2 Zylinder-Sattdampflokomotive mit einstufiger Dehnung $2550 \cdot \pi \cdot 1{,}98 = \left(\frac{\pi\, d^2}{4}\right) cm \cdot 0{,}9 \cdot p_{mig} \cdot 4 \cdot 0{,}6$ und für $p_{mig} = 4{,}1$ im Mittel $d = 478$ mm $\cong 480$ mm. Bei einer 2 Zylinder-Sattdampflokomotive mit zweistufiger Dehnung ist $2550 \cdot \pi \cdot 1{,}98 = \left(\frac{\pi\, d_n^2}{5}\right) cm \cdot 0{,}9 \cdot p_{mig} \cdot 2 \cdot 0{,}6$ und für $p_{mig} = 3{,}9$ im Mittel $d_n = 693$ mm. Den Hochdruckzylinder macht man etwa $d_h = 0{,}73 \div 0{,}67\, d_n$.[1]) Im vorliegenden Beispiel würde also zu wählen sein in den Grenzen zwischen $d_h = 465$ und 506 mm.

Erstes Zugkraftkennzeichen[2]) C_1 und zweites Zugkraftkennzeichen C_2.

Sie stehen in unmittelbarer Beziehung zur Zylinderberechnung. Die Arbeitsgleichung $Z_e^{kg} \cdot \pi \cdot D^m = \left(\frac{\pi\, d^2}{4}\right)^{cm} \cdot (\eta \cdot p_{mi}) \cdot 4 \cdot s^m$ (oder 2s, oder 6s, oder 8s)[3]) läßt sich allgemein folgendermaßen schreiben:

$Z \cdot \pi \cdot D^{dm} = 100 \cdot \left(\frac{\pi\, d^2}{4}\right)^{dm} \cdot 4\, s^{dm} \cdot p_{me}$ (für 2 Zylinder einstufige Dehnung), oder

$$Z \cdot \pi \cdot D^{dm} = 200 \cdot \frac{\pi\, d^{2\,dm} \cdot 2\, s^{dm}}{4} \cdot p_{me}, \text{ oder}$$

$$Z \cdot \pi \cdot D^{dm} = 200 \cdot J^l \cdot p_{me} = 200 \cdot J^l \cdot (\eta \cdot p_{mi}),$$

worin $J = \frac{\pi\, d^{2\,dm} \cdot 2\, s^{dm}}{4}$ der Hubinhalt in Litern sämtlicher vorhandenen Auspuffzylinder, also auch des Auspuffzylinders (Niederdruckzylinder) bei 2 Zylindern mit zweistufiger Dehnung, oder der Auspuffzylinder bei einstufiger Dehnung oder bei mehrfacher Dehnung mit mehr als einem Niederdruckzylinder. Hieraus ergibt sich

$$Z_e = (200 \cdot J^{dm^3}) : (\pi \cdot D^{dm}) \cdot (\eta \cdot p_{mi}).$$

$C_1 = (200 \cdot J) : (\pi \cdot D)$ heißt das „erste Zugkraftkennzeichen". Es geht über

in $C_1 = \frac{2}{2} \cdot \frac{d^{cm} \cdot s^{cm}}{D^{cm}}$ für 2 Zylinder-Lokomotiven mit einstufiger Dehnung, oder $C_1 = \frac{d^2 \cdot s}{D}$;

in $C_1 = \frac{1}{2} \cdot \frac{d_n^{2\,cm} \cdot s^{cm}}{D^{cm}}$ für 2 Zylinder-Lokomotiven mit zweistufiger Dehnung, oder $C_1 = \frac{1}{2} \cdot \frac{d_n^2 \cdot s}{D}$;

in $C_1 = \frac{2}{2} \cdot \frac{d_n^{2\,cm} \cdot s^{cm}}{D^{cm}}$ für 4 Zylinder-Lokomotiven mit zweistufiger Dehnung, oder $C_1 = \frac{d_n^2 \cdot s}{D}$;

---

[1]) Entstanden aus $\frac{\pi\, d_n^2}{4} = (1{,}9 \div 2{,}2) \cdot \frac{\pi\, d_h^2}{4}$.

[2]) Glasers Annalen, Februar 1911, S. 77; Organ 1918, S. 134.

[3]) Vgl. S. 68.

in $C_1 = \frac{3}{2} \cdot \frac{d^{2\,cm} \cdot s^{cm}}{D^{cm}}$ für 3 Zylinder-Lokomotiven mit einstufiger Dehnung, oder $C_1 = {}^3/_2 \cdot \frac{d^2 \cdot s}{D}$;

in $C_1 = \frac{4}{2} \cdot \frac{d^{2\,cm} \cdot s^{cm}}{D^{cm}}$ für 4 Zylinder-Lokomotiven mit einstufiger Dehnung, oder $C_1 = 2 \cdot \frac{d^2 \cdot s}{D}$.

Bei allen diesen Formeln ist vorausgesetzt, daß die gleichartigen Zylinder unter sich gleich groß sind; andernfalls ist J zu berechnen aus der allgemeinen Formel $C_1 = (200 \cdot J) : (\pi \cdot D)$ und dieses in gewollter Weise nach Querschnitt und Hub der Zylinder zu zerlegen. Es ist also $Z_e = C_1 \cdot p_{me}$.

C_1 wird aus den bekannten Abmessungen d, s und D einer Lokomotive errechnet und ist diejenige Zahl, welche, mit dem jeweiligen p_{mi} bzw. $p_{me} = \eta \cdot p_{mi}$ vervielfältigt, die indizierte bzw. die effektive Zugkraft ergibt. Das zweite Zugkraftkennzeichen $C_2 = C_1 : G_r{}^t$ ist diejenige Zahl, welche, mit dem jeweiligen p_{me} vervielfältigt, angibt, wieviel effektive Zugkraft hierbei auf 1 t Reibungsgewicht am Triebradumfang ausgeübt wird.

Die effektive Zugkraft Z_e setzt man auch in unmittelbare Beziehung zum Reibungsgewicht und nennt $\alpha = \frac{Z_e{}^{kg}}{(1000 \cdot G_r{}^t)\ kg}$ den Ausnutzungsgrad des Reibungsgewichts bei der jeweiligen Zugkraft Z_e; also $Z_e{}^{kg} = 1000 \cdot \alpha \cdot G_r{}^t$. Hieraus und aus $Z_e{}^{kg} = C_1 \cdot p_{me}$ folgt $1000 \cdot \alpha \cdot G_r{}^t = C_1 \cdot p_{me}$, und hieraus $C_1 : G_r{}^t = C_2 = (1000 \cdot \alpha) : p_{me}$. Als Bedingung für α gilt $\alpha \leq \mu$, d. h. Ausnutzungsgrad α kann niemals größer sein als der Reibungskoeffizient, oder die jeweilige effektive Zugkraft kann niemals größer sein als die Reibungszugkraft $Z_r = 1000 \cdot \mu\, G_r{}^t$.

In Zusammenstellung 13 sind mit Hilfe der Zugkraftkennzeichen Zylinderdurchmesser-Berechnungen durchgeführt worden, und zwar für eine Lokomotive von $G_r = 32$ t, $D = 1280$ mm und $s = 600$ mm. Die meistgebrauchten Zugkräfte am Triebrad sind demnach: für $\alpha = 0{,}08$, $0{,}09$, $0{,}10$ und $0{,}11$ (Spalte 1), da $Z_{emg}\ kg = 1000 \cdot \alpha \cdot G_r{}^t$, für $G_r = 32$ t: $Z_{emg} = 2560$, 2880, 3200 und 3520 kg (Spalte 2). Aus $Z_{emg} = C_1 \cdot \mu \cdot p_{mi}$ ergibt sich für den mechanischen Wirkungsgrad $\eta = 0{,}9$ und die verschiedenen für p_{mi} einzusetzenden Werte (Spalte 3) das erste Zugkraftkennzeichen C_1 in Spalte 5 der Zusammenstellung 13. C_2 wird aus $C_1 : G_r$ bestimmt (Spalte 6). Die Zylinderdurchmesser in Spalte 7 bis 16 sind aus $C_1 = \frac{Z_{emg}}{p_{mi}}$ für die jeweilig vorkommenden mittleren Drücke, Dampfdehnungen, Zylinderanzahlen und Dampfarten errechnet worden.

Auch die Zusammenstellung 14 kann benutzt werden zur Berechnung der Zylinderdurchmesser einer zu entwerfenden Lokomotive. Sind als bekannt oder vorher berechnet anzunehmen: G_r, $\alpha = Z_{emg} : G_r$, p_{emg}, D und s, so ergibt sich aus α (Spalte 1) und p_{emg} ein Wert $C_2 = (1000 \cdot \alpha) : (\eta \cdot p_{mi})$ und hieraus ein Wert $C_1 = C_2 \cdot G_r$. Der Zahlenwert für C_1 wird eingesetzt in $C_1 = (200 \cdot J^l) : (\pi \cdot D^{dm})$, um den

Gesamtinhalt der Auspuffzylinder zu berechnen, aus dem die Wahl des Hubes s der Zylinderdurchmesser d bzw. d_n sich ergibt. Statt der allgemeinen Formel $C_1 = (200 \cdot J^l) : (\pi \cdot D^{dm})$ können die vordem angegebenen Gleichungen je nach Bauart der Lokomotive gesetzt werden.

Zusammenstellung 13.

Berechnung von Zylinderdurchmessern, wenn $G_r = 32$ t, D = 1280 mm, s = 600 mm.

	1	2	3	4	5	6	7	8	9	10	11	12	13	14	15	16
							Sattdampf					Heißdampf				
Lfd. Nr.	Ausnutzungsgrad	Z_e^{mg} kg $= 1000 \cdot \alpha \cdot G_r^t$	p_{mi}	$p_{me} = \eta \cdot p_{mi}$ bei $\eta = 0,9$	Zugkraftkennzeichen		Zwilling	Drilling	Vierling	2 Zyl.-Verb.	4 Zyl.-Verb.	Zwilling	Drilling	Vierling	2 Zyl.-Verb.	4 Zyl.-Verb.
	α				C_1	C_2	d	d	d	d_n	d_n	d	d	d	d_n	d_n
1			3,4	3,06	835,2	26,1	—	—	—	—	—	—	—	—	743	525
2			3,6	3,24	790,4	24,7	—	—	—	—	—	511	417	361	722	511
3	0,08	2560	3,8	3,42	748,8	23,4	—	—	—	703	497	497	406	351	—	—
4			4,0	3,60	710,4	22,2	484	395	343	684	484	—	—	—	—	—
5			4,2	3,78	678,4	21,2	473	387	334	—	—	—	—	—	—	—
6			3,4	3,06	940,8	29,4	—	—	—	—	—	—	—	—	788	557
7			3,6	3,24	889,6	27,8	—	—	—	—	—	542	442	383	766	542
8	0,09	2880	3,8	3,42	841,6	26,3	—	—	—	746	527	528	430	373	—	—
9			4,0	3,60	800,0	25,0	514	420	363	727	514	—	—	—	—	—
10			4,2	3,78	761,6	23,8	502	410	355	—	—	—	—	—	—	—
11			3,4	3,06	1046,4	32,7	—	—	—	—	—	—	—	—	831	587
12			3,6	3,24	988,8	30,9	—	—	—	—	—	571	466	404	807	571
13	0,10	3200	3,8	3,42	937,6	29,3	—	—	—	786	556	556	454	393	—	—
14			4,0	3,60	889,6	27,8	542	442	383	766	542	—	—	—	—	—
15			4,2	3,78	848,0	26,5	528	431	374	—	—	—	—	—	—	—
16			3,4	3,06	1148,8	35,9	—	—	—	—	—	—	—	—	865	616
17			3,6	3,24	1088,0	34,0	—	—	—	—	—	599	488	423	840	599
18	0,11	3520	3,8	3,42	1030,4	32,2	—	—	—	824	583	583	476	412	—	—
19			4,0	3,60	979,2	30,6	568	463	402	803	568	—	—	—	—	—
20			4,2	3,78	931,2	29,1	554	452	392	—	—	—	—	—	—	—

Zusammenstellung 14.

Berechnung von Zylinderdurchmessern aus C_2, wenn α, G_r, D und s bekannt sind.

Lfd. Nr.	1	2	3	4	5	6	7	8	9	10	11
	p_{mi} =		3,6	3,7	3,8	3,9	4,0	4,1	4,2	4,3	4,4
	$p_{mi} \cdot \eta = p_{me}$ =		3,24	3,33	3,42	3,51	3,60	3,69	3,78	3,87	3,96
	α	$Z_{emg} = 1000 \cdot \alpha \cdot G_r{}^t$	Werte des zweiten Zugkraftkennzeichens $C_2 = \frac{1000 \cdot \alpha}{\eta \cdot p_{mi}}$								
1	$0{,}05 = \frac{1}{20}$	$50 \cdot G_r$	15,4	15,0	14,6	14,2	13,9	13,6	13,2	12,9	12,6
2	$0{,}06 = \frac{1}{16{,}7}$	$60 \cdot G_r$	18,5	18,0	17,6	17,1	16,7	16,3	15,9	15,5	15,2
3	$0{,}07 = \frac{1}{14{,}3}$	$70 \cdot G_r$	21,6	21,0	20,5	20,0	19,5	19,0	18,5	18,1	17,7
4	$0{,}08 = \frac{1}{12{,}5}$	$80 \cdot G_r$	24,7	24,1	23,4	22,8	22,2	21,7	21,2	20,7	20,2
5	$0{,}09 = \frac{1}{11{,}1}$	$90 \cdot G_r$	27,8	27,0	26,3	25,6	25,0	24,4	23,8	23,3	22,7
6	$0{,}10 = \frac{1}{10}$	$100 \cdot G_r$	30,9	30,0	29,2	28,5	27,8	27,1	26,5	25,8	25,3
7	$0{,}11 = \frac{1}{9{,}1}$	$110 \cdot G_r$	34,0	33,1	32,2	31,4	30,6	29,9	29,1	28,5	27,8
8	$0{,}12 = \frac{1}{8{,}3}$	$120 \cdot G_r$	37,1	36,0	35,1	34,2	33,4	32,5	31,8	31,0	30,3

5. **Berechnung des Kessels** (Rost- und Heizfläche).

Um die Größe des Kessels zu berechnen, stellt man die „Widerstand- und Leistungtafeln" auf, die sich nach den Vorschriften der Leistungen für den Entwurf der Lokomotive ergeben. Zusammenstellung 15 gibt eine solche für einen aus 10 D-Wagen zu je 40 t bestehenden Zug mit 110 t schwerer Lokomotive (einschl. Tender).

Die Bestimmung der Rostfläche R und der Heizfläche H muß von der größten Dampfmenge $\mathfrak{D}$ ausgehen, die der Kessel dauernd erzeugen soll. Zu ihrer Bestimmung muß N_{gr}, die größte Dauerleistung der Lokomotive und der stündliche Dampfverbrauch für 1 PS_i bekannt sein. Für die Berechnung des Kessels wird also die Leistung gewählt, bei der W · V am größten ist:

$$(W \cdot V)_{gr} : 270 = (Z \cdot V)_{gr} : 270 = N_{egr}, \quad N_{igr} = N_{egr} : \eta.$$

Z_x sei die Zugkraft, bei der Z · V am größten ist; zu Z_x gehöre V_x. Die Zugkraft am Kolben ist Z_{ix}, die am Radumfange Z_{ex}.

Dampfverbrauch $\delta_i = \mathfrak{D} : N_i$, $\delta_e = \mathfrak{D} : N_e$, und der größte Dampfverbrauch in der Stunde $\mathfrak{D} = \delta_i \cdot N_{igr}$. δ_i hängt ab: von der Füllung ε, demnach von der Art der Schaulinie des Dampfdruckes oder p_m; von der Umdrehungszahl n, da bei kleinen Geschwindigkeiten die Verluste durch Niederschlag, bei großen die durch Drosseln größer sind; von der Art und der Spannung des Dampfes; von der

Zusammenstellung 15.

Tafel der Widerstände und Leistungen.

10 D-Wagen zu je q = 40 t
$G_W = 40 \times 10 = 400$ t
$G_L =$ 110 t
$G_{gz} =$ 510 t
$f = 1$ qm, $F = 10$ qm, $\Sigma(f) = 10$ qm.
$N_e = (W_{gz} \cdot V : 270)$ PS

Die Gleichung der Studiengesellschaft ist:

$$W_{gz} = G_L (4 + 0{,}027 \cdot V) + 0{,}0052 \cdot V^2 \cdot F + G_W (1{,}3 + 0{,}0067 \cdot V) + 0{,}0052 \cdot V^2 \cdot \Sigma(f)$$
$$= 110 (4 + 0{,}027 \cdot V) + 0{,}052 \cdot V^2 + 400 (1{,}3 + 0{,}0067 \cdot V) + 0{,}052 \cdot V^2$$
$$= 960 + 5{,}65 \cdot V + 0{,}104 \cdot V^2$$
$$w_{gz} = W_{gz} : G_{gz} = 1{,}88 + 0{,}011 \cdot V^2 + 0{,}000204 \cdot V^2.$$

1	2	3	4	5	6	7	8	9	10	11	12	13	14	15
L.Nr.	V =	10	20	30	40	50	60	70	80	90	100	110	120	Steigungen
1	W_{gz} kg	1030	1120	1230	1360	1510	1680	1860	2080	2310	2560	2830	3130	1 : ∞
	N_e	38	83	135	204	280	373	482	610	770	948	1150	1390	
2	W_{gz} kg	2050	2140	2250	2380	2530	2700	2880	3100	3330	3580	3850	4150	2 ‰
	N_e	76	158	247	357	469	600	747	919	1110	1325	1570	1845	
3	W_{gz} kg	2310	2400	2510	2640	2790	2960	3140	3360	3590	3840	4110	4410	2,5 ‰
	N_e	85	178	276	396	516	658	814	996	1196	1423	1675	1960	
4	W_{gz} kg	2730	2820	2930	3060	3210	3380	3560	3780	4010	4260	4536	4830	3,33 ‰
	N_e	101	209	322	459	610	744	926	1134	1323	1575	1858	2125	
5	W_{gz} kg	3070	3160	3270	3400	3550	3720	3900	4120	4350	4600	4870	5170	4 ‰
	N_e	114	234	360	510	674	818	1014	1236	1435	1702	1996	2275	
6	W_{gz} kg	3580	3670	3780	3910	4060	4230	4410	4630	4860	5110	5380	5680	5 ‰
	N_e	133	272	416	586	752	940	1144	1372	1620	1894	2190	2528	
7	W_{gz} kg	4430	4520	4630	4760	4900	5070	5260	5470	5710	5960	6240	6530	6,67 ‰
	N_e	164	335	509	714	907	1127	1364	1621	1903	2207	2542	2900	
8	W_{gz} kg	5110	5200	5310	5440	5590	5760	5940	6160	6390	6640	6910	7210	8 ‰
	N_e	189	385	584	816	1062	1267	1545	1848	2110	2456	2833	3172	
9	W_{gz} kg	6130	6220	6330	6460	6610	6780	6960	7180	7410	7660	7930	8230	10 ‰
	N_e	227	460	696	969	1224	1506	1803	2130	2470	2840	3230	3658	

Güte der Ausführung der Lokomotive; von der Art der Dehnung des Dampfes.

Der günstigste Wert von $\mathfrak{D} : N_i$ wird erzielt bei einem $p_{mi} \cong 4$ at, und zwar bei $\varepsilon = 20$ bis 25 % für einstufige Dehnung und $\varepsilon = 15$ bis 20 % für zweistufige Dehnung auf Niederdruck, 30 bis 40 % auf Hochdruck bezogen. $p_{migr} \cong 8$ at ist nur bei einstufiger Dehnung möglich, wobei $\varepsilon_{gr} = 70$ bis 80 %; bei zweistufiger Dehnung ist p_{migr} kleiner. δ_{ikl} gilt etwa bei $Z_i = 4\,C_1$. Wenn also $Z_{ix} = 4\,C_1$ wäre, so dürfte für $N_{igr} = (Z_{ix} \cdot V)_{gr} : 270$ der Wert $\delta_{ig} = \delta_{ikl}$ zugrunde gelegt werden, um den größten stündlichen Dampfverbrauch zu bestimmen. Sonst ist ein Zwischenwert nach Abb. 25 zwischen δ_{ikl} und $1{,}3 \cdot \delta_{ikl}$ einzusetzen. Die „Arbeitslage", in der im Betriebe N_{igr} auftritt, hat meist noch ein $\delta_{ig} = \delta_{ikl}$, fast stets bei P- und S-, seltener bei G-Lokomotiven; bei letzteren tritt N_{igr} gewöhnlich auf Steigungen ein, wo wegen großer Zugkraft δ_i nicht δ_{ikl} sein kann.

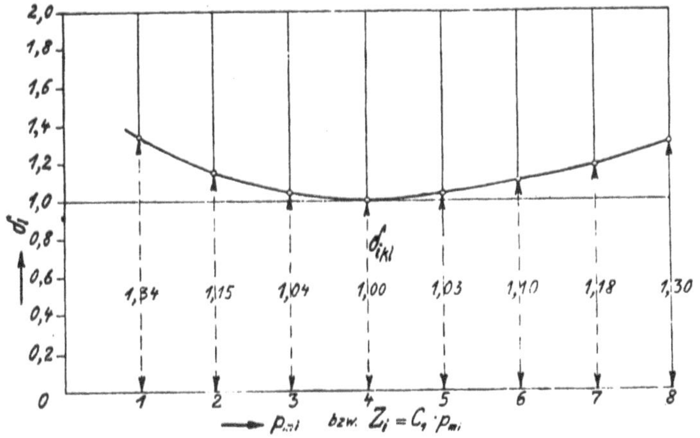

Abb. 25. Dampfverbrauch δ_i bei verschiedenen mittleren Drücken p_{mi}.

Die wirklichen Werte für δ_i bei günstigster Füllung an der Kesselleistungsgrenze — $\delta_{ig} = \delta_{ikl}$ — sind in Zusammenstellung 16 (Spalte 11) angegeben. Hiernach ist δ_{ikl} am größten bei Sattdampflokomotiven mit einstufiger Dehnung und niedrigem Kesseldruck, am kleinsten bei Lokomotiven mit zweistufiger Dehnung, hohem Kesseldruck und hohem Überhitzungsgrad. Bei zu großer Nässe des Sattdampfes oder bei schlechtem Zustand oder zu geringer Anstrengung der Lokomotive verlieren die angegebenen Verbrauchszahlen ihre Gültigkeit. Die für δ_i in Zusammenstellung 16 angegebenen Zahlengrößen gelten nur für die günstigste Dampfausnutzung, d. h. bei günstigster Füllung ε, bei dem „wirtschaftlich besten" V. Bei anderen Werten von ε und V steigt δ_i. Ist z. B. eine Sattdampfmaschine mit einstufiger Dehnung zu entwerfen, die bei $p_k = 13$ at abs $N_{igr} = 1000$ PS stündlich leisten soll, so ist der Dampfverbrauch für 1 PSi/st bei bester Dampfausnutzung (nach Zusammenstellung 16, Reihe 3, Spalte 11) $\delta_{ig} = 11{,}2$ kg und der gesamte stündliche Dampfverbrauch für die Lokomotive $\mathfrak{D} = 11{,}2 \cdot 1000 = 11\,200$ kg.

Zusammenstellung 16.

Zahlenwerte für z, z′, δ_{ig} und β_{ig} bei Lokomotiven mit gesättigtem und überhitztem Dampf.

1	2	3	4	5	6	7	8	9	10	11	12
Laufende Nr.	Art und Ausnutzung des Dampfes	Abs. Kesseldruck p_k kg/qcm	Wärmegrade t_s bzw. $t_ü$ °C	Rauminhalt von 1 kg Dampf $\mathfrak{v}$ cbm/kg	Gewicht von 1 cbm Dampf $\gamma = \frac{1}{\mathfrak{v}}$ kg	Wärmeinhalt i'' in 1 kg des Dampfes WE	Wärmeinhalt $i'' \cdot \frac{1}{\mathfrak{v}}$ in 1 m³ des Dampfes WE	Mittlere spezif. Wärme c_{pm} WE	Verdampf.-ziffer z bzw. z′	$\mathfrak{D}/N_i = \delta_{ig}$ kg/PSi	$B/N_i = \beta_{ig}$ kg/PSi
1	Sattdampf, einstufige Dehnung	11	183,1	0,1822	5,489	667,1	3661	0,64	7,02	12,5	1,78
2		12	186,9	0,1678	5,960	668,1	3983	0,66	7,01	11,9	1,70
3		13	190,6	0,1557	6,425	668,9	4291	0,68	7,00	11,2	1,60
4		14	194,0	0,1452	6,889	669,7	4614	0,70	6,99	10,7	1,53
5		15	197,2	0,1360	7,352	670,5	4930	0,72	6,98	10,2	1,46
6	Sattdampf, zweistufige Dehnung	13	190,6	0,1557	6,425	668,9	4291	0,68	7,00	9,6	1,37
7		15	197,2	0,1360	7,352	670,5	4930	0,72	6,98	9,2	1,32
8	Überhitzter Dampf, einstufige Dehnung	13	300	0,2019	4,955	729,1	3610	0,55	6,42	7,4	1,15
9			325	0,2118	4,721	741,2	3491	0,54	6,32	7,0	1,11
10			350	0,2216	4,513	753,4	3400	0,53	6,22	6,7	1,08
11		15	300	0,1743	5,735	727,4	4175	0,56	6,44	7,2	1,12
12			325	0,1830	5,465	740,3	4046	0,55	6,32	6,85	1,08
13			350	0,1916	5,220	750,5	3930	0,53	6,23	6,55	1,05
14	Überhitzter Dampf, zweistufige Dehnung	15	300	0,1743	5,735	727,4	4175	0,56	6,44	7,0	1,09
15			325	0,1830	5,465	740,3	4046	0,55	6,32	6,7	1,06
16			350	0,1916	5,220	750,5	3930	0,53	6,22	6,4	1,03

Anmerkungen zur Zusammenstellung 16.

Zu Spalte 2 und 3: Die Größen sind angenommen.

Zu Spalte 4: t_s = Wärmestufe des gesättigten Dampfes; Hütte 1915, XXII, I. S. 417,
$t_ü$ = Wärmestufe des überhitzten Dampfes; angenommen.

Zu Spalte 5: 𝔳 für gesättigten Dampf aus Hütte 1915, XXII, I. S. 416,
𝔳 für überhitzten Dampf nach Callendar

$$\mathfrak{v} - \mathfrak{v}' = \frac{R \cdot T}{P} - C \cdot \left(\frac{273}{T}\right)^n; \text{ darin ist:}$$

𝔳' = Inhalt des flüssigen Wassers, aus dem 1 kg Dampf entstanden ist = 0,001 cbm/kg,
R = Gas-Festwert = 47,06
T = Wärmestufe über 273° = (t_s + 273), ($t_ü$ + 273),
P = Druck in kg/qm,
C = 0,075,
n = 10 : 3.

Zu Spalte 6: γ = 1 : 𝔳 aus Hütte 1915, XXII, I. S. 416 für gesättigten Dampf,
γ = 1 : 𝔳 errechnet aus Spalte 5 für überhitzten Dampf.

Zu Spalte 7: i'' für gesättigten Dampf aus Hütte 1915, XXII, I. S. 417,
i'' für überhitzten Dampf aus $i'' = t_s + c_{pm} (t_ü - t_s)$.

Zu Spalte 8: i'' : 𝔳 errechnet aus Spalten 6 und 7.

Zu Spalte 9: c_{pm} bei unveränderlichem Drucke; bei überhitztem Dampfe für die Wärmegrade zwischen t_s und $t_ü$; nach Z. V. D. I. 1907, I. S. 127.

Zu Spalte 10: Als Verdampfungsziffer wurde z = 7,0 bei Sattdampf für p_k = 13 at angenommen.[1]) Für andere Wärmegrade und Dampfdrücke steht die Verdampfungsziffer im umgekehrten Verhältnis zum Wärmeinhalte in Spalte 7; beispielsweise für Sattdampf von 12 at ist z = 668,9 · 7 : 668,1 = 7,01 oder für überhitzten Dampf von 13 at und 350° ist z' = 668,9 · 7 : 753,4 = 6,22.

Zu Spalte 11: Aus Versuchsreihen wurden Mittelwerte für δ_i gefunden und dann δ_{ig} nach besonderen Erwägungen gewählt.

Zu Spalte 12: Errechnet aus Spalten 10 und 11 nach $\beta_{ig} = \delta_{ig} : z$ und $\delta_{ig} : z'$.

Stündlicher Kohlenverbrauch B kg/st.

B kg/st = 𝔇 kg/st : z, worin die Verdampfungsziffer z als bekannt gilt. Ist z (Wärmeinhalt in 1 kg Kohle: Wärmeinhalt in 1 kg Dampf) die Verdampfungsziffer bei Sattdampf und z' die Verdampfungsziffer bei überhitztem Dampf von 300 bis 350° C, so ist z' ≌ 0,9 z. 1 kg Kohle hat einen Wärmeinhalt von (h · η_k) WE, worin h der Heizwert der betreffenden Kohle und η_k der Wirkungsgrad des Lokomotivkessels ist.

Der Wirkungsgrad des Lokomotivkessels ist $\eta_k = \eta_f \cdot \eta_c$. Darin ist: η_f Wirkungsgrad der Feuerung = 0,8 bis 0,9 und η_c Wirkungsgrad der Heizfläche = 0,6 bis 0,75. Wirkungsgrad des Kessels η_k = 0,48 bis 0,675,

[1]) Genauere Berechnung vgl. unten.

also $\eta_{kgr} \cong 0{,}65$. 1 kg Dampf hat für gesättigten und überhitzten Dampf die in Zusammenstellung 16 (Spalte 7) angegebenen Wärmeinhalte.

Soll z. B. die Verdampfungsziffer z für Sattdampf von 13 at Kesseldruck berechnet werden, wenn Ruhrkohle verbrannt wird, so ergibt sich hierfür: $z = (7650 \cdot 0{,}65) : 668{,}9 = 7{,}4$. Annähernd ist dann $z' = 0{,}9 \cdot 7{,}4 = 6{,}66$ bis 6,7 zwischen $t_ü = 300$ und 350^0. Im Mittel nimmt man der Einfachheit halber, ohne zu rechnen, für Sattdampf an, daß $z = 7$ bis 7,5 bei westfälischer Steinkohle von 7500 bis 8000 WE Heizwert und nicht zu viel Wasser, $z = 6{,}5$ bis 7,0 bei Saarkohle und schlesischer Kohle von 7000 bis 7500 WE Heizwert und nicht zu viel Wasser. Somit ist zur Erzeugung von 11 200 kg Sattdampf von 13 at Kesseldruck eine gesamte Kohlenmenge (westfälische) nötig von $11\,200 : 7{,}4 = 1514$ kg/st.

Mit dem geringsten Verbrauch $\beta_{ig} = B : N_i$ an Kohle für die Einheit der Leistung kann man aus dem bekannten N_{igr} den Verbrauch B kg/st $= \beta_{ig} \cdot N_{igr}$ errechnen. Werte für β_{ig} sind in Zusammenstellung 16, Spalte 12 für verschiedene Arten von Dampf und der Ausnutzung bei bestimmten Kesseldrücken aus der Beziehung $\delta_{ig} : z$ oder $\delta_{ig} : z'$ errechnet. Für $N_{igr} = 1000$ PS würde sich beispielsweise bei einer Zweizylinder-Sattdampflokomotive mit einfacher Dehnung bei 13 at Kesseldruck $B = 1000 \cdot 1{,}6 = 1600$ kg/st ergeben.

Auf 1 qm Rostfläche einer P- oder S-Lokomotive werden etwa $\varrho = 400$ bis 600, einer Tender- und G-Lokomotive $\varrho = 300$ bis 400 kg/qm stündlich, je nach Art der Kohle verbrannt. Für eine S-Lokomotive mit $B = 1500$ kg/st Verbrauch an Kohlen erhält also die Rostfläche R die bei verschiedenen Rostanstrengungen ermittelten folgenden Größen:

$\varrho^{kg/qm\text{-}st} =$	400	450	500	550	600
$R = (B : \varrho)$ qm	3,75	3,33	3,0	2,73	2,5

Für G-Lokomotive mit $B = 800$ kg/st gilt die Zahlenreihe:

$\varrho^{kg/qm\text{-}st} =$	300	350	400
$R = (B : \varrho)$ qm	2,67	2,28	2,0

Bei Heißdampflokomotiven dienen etwa 10 % der Rostfläche zur Überhitzung: $R_ü = 0{,}1\, R_{gz}$, $R_w = 0{,}9\, R_{gz}$. $R_ü$ und R_w müssen bei Berechnung der Heizflächen für Heißdampfmaschinen eingeführt werden, weil $H_{gz} = H_ü + H_w$ ist.

Bei G-Lokomotiven läßt man geringere Verbrennung zu, um den Kessel zu schonen, wobei auch sein Wirkungsgrad verbessert wird, Das Reibungsgewicht, das bei G-Lokomotiven hoch sein muß, gestattet so große Kessel, daß sie nicht zu hoch beansprucht zu werden brauchen. Die Leistung der G-Lokomotiven muß auf Steigungen viel mehr erhöht werden, als die der P-Lokomotiven; man muß also auf Steigungen viel mehr Kohlen verbrennen können, der Rost darf demnach auf der Wagerechten nicht schon mit dem Höchstwerte von ϱ beansprucht werden.

Ein Güterzug von $G_{gz} = 1000$ t fahre auf $1 : \infty$ mit $V = 40$, auf 5 ‰ Steigung mit 25 km/st, ein Personenzug von $G_{gz} = 350$ t auf $1 : \infty$ mit $V = 75$, auf 5 ‰ Steigung mit 50 km/st; welche Leistungen werden in diesen Fällen verlangt?

Wird für beide Zugarten die vereinfachte Gleichung $w_{gz}^{kg/t} = 2{,}5 + (V^2 : 2000)$ benutzt, so ist:

auf $1:\infty$:

$Z = 1000\ (2{,}5 + 40^2 : 2000) = 3300$ kg und $N = (3300 \cdot 40) : 270 = 490$ PS für den Güterzug,

$Z = 350\ (2{,}5 + 75^2 : 2000) = 1860$ kg und $N = (1860 \cdot 75) : 270 = 516$ PS für den Personenzug;

auf 5 ‰ Steigung:

$Z = 1000\ (5 + 2{,}5 + 25^2 : 2000) = 7810$ kg und $N = (7810 \cdot 25) : 270 = 798$ PS für den Güterzug,

$Z = 350\ (5 + 2{,}5 + 50^2 : 2000) = 3063$ kg und $N = (3063 \cdot 50) : 270 = 567$ PS für den Personenzug.

Der Unterschied der Leistungen ist also für die G-Lokomotive viel größer (308 PS) als für P-Lokomotive (51 PS).

Die feuerberührte Heizfläche kann man nach dem für bestimmte Bauarten annähernd unveränderlichen Verhältnis H : R, oder nach dem davon abhängigen Verhältnisse $\mathfrak{D} : H$ und $N_{igr} : H$ bestimmen. Bei der Annahme von ϱ kg/qm-st = 400 bis 500 wählt man für deutsche Steinkohle H : R = 50 bis 70 für P- und S-Lokomotiven und Sattdampf, $H_w : R_w = 50$ bis 60 für P- und S-Lokomotiven und Heißdampf; für G-Lokomotiven bei $\varrho = 300$ bis 400 kg/qm stündlich H : R = 60 bis 70 bei Sattdampf und $H_w : R_w = 60$ bis 70 bei Heißdampf.

Ist z. B. für eine Sattdampf-P-Lokomotive R = 3,0 qm, so ist die Heizfläche H = (50 bis 60) · 3,0 = 150 bis 180 qm; gilt dieselbe Rostfläche für eine G-Lokomotive, so ist H = (60 bis 70) · 3,0 = 180 bis 210 qm. Bei einer Heißdampf-P-Lokomotive mit $R_{gz} = 3{,}0$ qm ist $R_w = 0{,}9 \cdot 3{,}0 = 2{,}7$ qm, also, da $H_w : R_w = 50$ bis 60, $H_w = (50$ bis $60) \cdot 2{,}7 = 135$ bis 162 qm. Die Überhitzer-Heizfläche $H_ü$ ist in der Regel[1]) etwa 30 % von H_w, daher $H_ü = (135$ bis $162) \cdot 0{,}33 = 44{,}55$ bis 53,46 qm.

Gewöhnlich soll bei Lokomotiven durch 1 qm Heizfläche 60 bis 65 kg Dampf erzeugt werden. $\mathfrak{D} : H$ ist $= (\varrho \cdot z) : (H : R)$ und $N : H = (\varrho \cdot z) : (\delta_i \cdot H : R)$. Die in den beiden Gleichungen vorkommenden Werte sind nach früheren Erklärungen zu wählen, also $\mathfrak{D} : H$ und $N : H$ zu berechnen. Aus $N : H$ ergibt sich die Heizfläche H nach $N_{igr} : (N : H)$. Wäre z. B. für eine Sattdampf-P-Lokomotive einfacher Dehnung mit $p_k = 13$ at und 900 PS Höchstleistung bei $\varrho = 450$, $z = 7{,}0$ und $H : R = 50$, $\delta_i = 11{,}2$ kg, so würde $N : H = (450 \cdot 7) : (11{,}2 \cdot 50) = 5{,}62$ sein und $H = 900 : 5{,}62 = 160$ qm.

6. Berechnungsbeispiel.

Aufgabe: Eine Lokomotive, die mit Tender 110 t wiegt, soll einen Wagenzug aus zehn vierachsigen D-Wagen von je 40 t, also $G_w = 400$ t, $G_{gz} = 510$ t auf $1:\infty$ mit $V = 90$ km/st bei bester Ausnutzung des Dampfes an der Grenze der Leistung des Kessels befördern. Die zulässige Höchstgeschwindigkeit sei $V_{gr} = 110$ km/st. Die Lokomotive soll nach vier Arten der Ausnutzung des Dampfes, nämlich als Sattdampfmaschine mit ein- und zweistufiger Dehnung, sowie als Heißdampfmaschine mit ein- und zweistufiger Dehnung, jedesmal mit zwei Zylindern ausgeführt, durchgerechnet werden. Die bei 90 km/st zu leistende Zugkraft am Triebrade beträgt nach der „Studiengesellschaft" $Z_e = 2310$ kg[2]),

[1]) Bei Schmidt'schem Großrohrüberhitzer.

[2]) Vgl. Zusammenstellung 15, Reihe 1, Spalte 11, auf S. 74.

$Z_i = Z_e + Z_1$,[1]) worin Z_1 der Kraftverbrauch für das Triebwerk $\cong$ 250 kg, also $Z_i \cong 2310 + 250 \cong 2560$ kg. $N_e = 2310 \cdot 90 : 270 = 770$ PS und $N_i = 2560 \cdot 90 : 270 = 853$ PS.

I. Reibungsgewicht G_r und Zahl der Kuppelachsen.

Der zulässige Raddruck der Kuppelachsen sei 8,0 t; die Lokomotive allein wiegt für $N_e = 770$ PS, je nach Art und Ausnutzung des Dampfes 50 bis 60 t. Hierfür sind vier Achsen erforderlich; um genügend Zugkraft für das Anfahren auf Steigungen zu haben, werden zwei Kuppelachsen gewählt. Demnach ist das Reibungsgewicht $G_r = 32$ t und die Reibungszugkraft $Z_r = \mu \cdot 32000$ kg $= 6400$, 5330 und 4560 kg bei $\mu = 200$, 167 und 143 kg/t. Bei $\mu_m = 167$ wird $p_a = (5330 - 2{,}5 \cdot 510) \cdot g : (1000 \cdot 510) = 0{,}0795$ m/sek². Daß Z_r wirklich erreicht wird, setzt genügend große Werte des ersten Zugkraftkennzeichens C_1 und des größten mittleren Dampfdruckes $p_{mi\text{-}gr}$ voraus; dann muß $Z_{gr} \leq C_1 \cdot p_{mi\text{-}gr}$ sein.

II. Triebraddurchmesser D.

Als die zulässige Umdrehungszahl beeinflussende Bauart wird die mit vorderem Drehgestell, zwei äußeren Zylindern ohne überhängende Feuerkiste gewählt, bei der $n = 320$ zulässig ist; dies ergibt $D = 1{,}989$ m für $V = 120$ und $D = 1{,}824$ m für $V = 110$.

Nach Erfahrungwerten ist $D = 0{,}8 + 0{,}011 \cdot V_{gr}$ für $n = 240$ bis 320 oder $D = 0{,}21 \sqrt{V_{mg}}$. Die beiden Angaben liefern $D = 2{,}01$ für $V_{gr} = 110$ und $D = 1{,}992$ für $V_{mg} = 90$; gewählt ist $D = 1{,}980$. Die Stärke der Reifen ist 75 mm, also der Durchmesser der Felgen 1,83 m.

III. Dampfzylinder.

Anwendung von zwei Zylindern bei den vier (a bis d) Dampf- und Dehnungsarten.

IV. Dampf-

---

a) Sattdampf, einstufige Dehnung.

Kesseldruck $p_k = 13$ at abs

Meist vorkommende Höchstleistung	853 PSi
6% Zuschlag für höhere Leistungen	+ 51 „
	$\cong$ 904 PSi

𝔇/N_i Dampfverbrauch für die Leistungseinheit

1 PSi/st kostet an Dampf bei günstiger Füllung	11,2 kg	
904 „ kosten „ „ „ „ „	10125 „	(Arbeitsdampf)
5% Zuschlag für Heizung und Luftpumpe	+ 506 „	(Heizdampf)
Gesamtdampfverbrauch 𝔇 =	10631 kg/st	

𝔇/B Verdampfungsziffer

1 kg Kohle erzeugt 7,0 kg Sattdampf

Gesamtkohlenverbrauch $B = \frac{10631}{7{,}0} = 1519$ kg/st

---

[1]) Vgl. S. 98.

Der Kolbenhub sei $s = 0{,}6^m$, die Zugkraft $Z_{e\,mg} = 2310$ bzw. $Z_{i\,mg} = 2560$ kg[1]).

a) Sattdampf, einstufige Dehnung.

Annahme: $p_{mi} = 4{,}0$ bis $4{,}2$ at

$Z_{i\,mg} \cdot D = d^2 \cdot p_{mi} \cdot s$, also $d = 46$ bis $44{,}8$ cm.

$J = 46^2 \cdot \pi \cdot 0{,}6 : 20 = 199$ bis $J = 44{,}8^2 \cdot \pi \cdot 0{,}6 : 20 = 188$

$C_1 = (20 \cdot 199) : (\pi \cdot 1{,}98) = 641$ bis $C_1 = (20 \cdot 188) : (\pi \cdot 1{,}98) = 608$

$C_2 = 641 : 32 = 20{,}0$ bis $C_2 = 608 : 32 = 19{,}0$

b) Sattdampf, zweistufige Dehnung[2])

Annahme: $p_{mi} = 3{,}8$ bis $4{,}0$ at

$Z_{i\,mg} \cdot D = d_n^2 \cdot p_{mi} \cdot 0{,}5 \cdot s$, also $d_n = 66{,}7$ bis 65 cm.

$J = 66{,}7^2 \cdot \pi \cdot 0{,}6 : 20 = 419$ bis $J = 65^2 \cdot \pi \cdot 0{,}6 : 20 = 398$

$C_1 = 0{,}5 \cdot (20 \cdot 419) : (\pi \cdot 1{,}98) = 678$

bis $C_1 = 0{,}5 \cdot (20 \cdot 398) : (\pi \cdot 1{,}98) = 640$

$C_2 = 678 : 32 = 21{,}1$ bis $C_2 = 640 : 32 = 20{,}0$

c) Heißdampf, einstufige Dehnung.

Annahme: $p_{mi} = 3{,}6$ bis $3{,}8$ at

$Z_{i\,mg} \cdot D = d^2 \cdot p_{mi} \cdot s$, also $d = 48{,}5$ bis $47{,}1$ cm.

$J = 48{,}5^2 \cdot \pi \cdot 0{,}6 : 20 = 221$ bis $J = 47{,}1^2 \cdot \pi \cdot 0{,}6 : 20 = 209$

$C_1 = (20 \cdot 221) : (\pi \cdot 1{,}98) = 710$ bis $C_1 = (20 \cdot 209) : (\pi \cdot 1{,}98) = 671$

$C_2 = 710 : 32 = 22{,}2$ bis $C_2 = 671 : 32 = 21{,}0$

d) Heißdampf, zweistufige Dehnung[2]).

Annahme: $p_{mi} = 3{,}4$ bis $3{,}6$ at

$Z_{i\,mg} \cdot D = d_n^2 \cdot p_{mi} \cdot 0{,}5 \cdot s$, also $d_n = 70{,}5$ bis $68{,}5$ cm.

$J = 70{,}5^2 \cdot \pi \cdot 0{,}6 : 20 = 468$ bis $J = 68{,}5^2 \cdot \pi \cdot 0{,}6 : 20 = 442$

$C_1 = 0{,}5 \cdot (20 \cdot 468) : (\pi \cdot 1{,}98) = 753$

bis $C_1 = 0{,}5 \cdot (20 \cdot 442) : (\pi \cdot 1{,}98) = 711$

$C_2 = 753 : 32 = 23{,}5$ bis $C_2 = 711 : 32 = 22{,}2$

kessel.

b) Sattdampf, zweistufige Dehnung.

Kesseldruck $p_k = 15$ at abs

Meist vorkommende Höchstleistung	853	PSi
6 % Zuschlag für höhere Leistungen	+ 51	„
	≅ 904	PSi

$\mathfrak{D}/N_i$ Dampfverbrauch für die Leistungseinheit

1 PSi/st kostet an Dampf bei günstigster Füllung 9,2 kg

904 „ kosten „ „ „ „ „ 8317 „ (Arbeitsdampf)

Zuschlag für Heizung und Luftpumpe + 506 „ (Heizdampf)

Gesamtdampfverbrauch $\mathfrak{D} = 8823$ kg/st

$\mathfrak{D}, B$ Verdampfungsziffer

1 kg Kohle erzeugt 7,0 kg Sattdampf

Gesamtkohlenverbrauch $B = \frac{8823}{7{,}0} = 1260$ kg/st

[1]) Wie S. 80 berechnet. [2]) $d_h = (0{,}73$ bis $0{,}67) \cdot d_n$, vgl. S. 70.

B/R Rostanstrengung (Brenngeschwindigkeit)

$$B/R = 500; \quad R = \frac{1519}{500} = 3{,}04 \text{ m}^2 \text{ **Rostfläche**}$$

H/R Bei H/R = 50 ist die **Heizfläche** H = 50 . 3,04 = 152 m²
„ H/R = 60 „ „ „ H = 60 . 3,04 = 183 m²

---

c) Heißdampf, einstufige Dehnung.

Kesseldruck p_k = 13 at abs

Meist vorkommende Höchstleistung	853 PSi
6 % Zuschlag für höhere Leistungen	+ 51 „
	≅ 904 PSi

𝔇/Ni Dampfverbrauch für die Leistungseinheit

1 PSi/st kostet an Dampf bei günstigster Füllung 7,0 kg ($t_ü$ = 325° C)
904 „ kosten „ „ „ „ „ 6328 „ (Arbeitsdampf)
Zuschlag für Heizung und Luftpumpe + 506 „ (Heizdampf)

Gesamtdampfverbrauch 𝔇 = 6834 kg/st

𝔇/B Verdampfungsziffer

1 kg Kohle erzeugt 6,32 kg Heißdampf von $t_ü$ = 325° C
1 „ „ „ 7,0 „ Sattdampf (Heizdampf)

Für den Arbeitsdampf (Heißdampf) $= \frac{6328}{6{,}32} =$ 1002 kg/st Kohle
„ „ Heizdampf (Sattdampf) $= \frac{506}{7{,}0} =$ 72 „ „

Gesamtkohlenverbrauch B = 1074 kg/st

B/R Rostanstrengung (Brenngeschwindigkeit)

B/R = 500; $R = \frac{1074}{500} = 2{,}15 \text{ m}^2$ **Rostfläche** (für die gesamte Dampfmenge)
etwa $^1/_{10}$ dient zur Überhitzung: $R_ü$ = 0,215 m²
„ $^9/_{10}$ „ „ Wasserverdampfung: R_w = 1,935 „

H/R	bei H_w/R_w = 50	bei H_w/R_w = 60
Wasserverdampfende Heizfläche H_w =	50 · 1,935 = 97 m²	60 · 1,935 = 116 m²
Überhitzerheizfläche $H_ü$ ≅ 30 % H_w =	29 „	35 „
Gesamtheizfläche $H_{gz} = H_w + H_ü$ =	126 m²	151 m²

D. Berechnung schmalspuriger Dampflokomotiven.

Beziehung zwischen Triebachslast und Zugkraft hängt vor allem von den Witterungsverhältnissen ab.

Reibung zwischen Triebrad und Schiene μ:

1. auf Flachlandstrecken mit schwachen Krümmungen
$\mu = {}^1/_5 \div {}^1/_6$, d. h. etwa 200 ÷ 165 kg/t für P-Lokomotiven
$\mu = {}^1/_6 \div {}^1/_7$, d. h. etwa 165 ÷ 140 kg/t für gemischte Lokomotiven;

B/R Rostanstrengung (Brenngeschwindigkeit)

$B/R = 500;\ R = \frac{1250}{500} = 2{,}52\ m^2$ **Rostfläche**

H/R Bei $H/R = 50$ ist die **Heizfläche** $H = 50 \cdot 2{,}52 = 126\ m^2$
" $H/R = 60$ " " " $H = 60 \cdot 2{,}52 = 151\ m^2$

---

d) Heißdampf, zweistufige Dehnung.

Kesseldruck $p_k = 15$ at abs

Meist vorkommende Höchstleistung	853 PS i
6 % Zuschlag für höhere Leistungen	+ 51 "
	≅ 904 PSi

$\mathfrak{D}/N_i$ Dampfverbrauch für die Leistungseinheit

1 PSi/st kostet an Dampf bei günstigster Füllung 6,8 kg ($t_ü = 325°$ C)
904 " kosten " " " " " 6057 " (Arbeitsdampf)
Zuschlag für Heizung und Luftpumpe + 506 " (Heizdampf)
Gesamtdampfverbrauch $\mathfrak{D} = 6563$ kg/st

$\mathfrak{D}/B$ Verdampfungsziffer

1 kg Kohle erzeugt 6,32 kg Heißdampf von $t_ü = 325°$ C
1 " " " 7,0 " Sattdampf (Heizdampf)

Für den Arbeitsdampf (Heißdampf) $= \frac{6057}{6{,}32} = 958$ kg/st Kohle
" " Heizdampf (Sattdampf) $= \frac{506}{7{,}0} = 72$ " "
Gesamtkohlenverbrauch $B = 1030$ kg/st

B/R Rostanstrengung (Brenngeschwindigkeit)

$B/R = 500;\ R = \frac{1030}{500} = 2{,}06\ m^2$ **Rostfläche** (für die gesamte Dampfmenge)
etwa $^1/_{10}$ dient zur Überhitzung: $R_ü = 0{,}206\ m^2$
" $^9/_{10}$ " " Wasserverdampfung: $R_w = 1{,}854$ "

H/R	bei $H_w/R_w = 50$	bei $H_w/R_w = 60$
Wasserverdampfende Heizfläche $H_w =$	$50 \cdot 1{,}854 = 93\ m^2$	$60 \cdot 1{,}854 = 111\ m^2$
Ueberhitzerheizfläche $H_ü \cong 30\,\%\ H_w =$	28 "	33 "
Gesamtheizfläche $H_{gz} = H_w + H_ü =$	$121\ m^2$	$144\ m^2$

---

2. auf Hügellandstrecken mit starken Krümmungen

$\mu \leqq {}^1/_7$, d. h. etwa 140 kg/t in der Regel
$\mu \leqq {}^1/_8$, d. h. 125 kg/t unter ungünstigen Verhältnissen.

Triebraddurchmesser D^{mm}, abhängig von $V_{gr}^{km/st}$

$D^{mm} = s^{mm} \pm 0{,}1 \cdot s^{mm}$, worin
s = Spurweite
\+ gilt für leichtere Züge
— " " schwerere "

Ausgeführt wird der Triebraddurchmesser:

$D > 1000^{mm}$ (bis zu 1600^{mm}) bei P-Lokomotiven von $s = 1000$ und 1067^{mm} Spur,
$D = 700$ bis 1000^{mm} bei Tenderlokomotiven beliebiger Spur,
D bis 450^{mm} herab bei Förderbahnen.

Widerstände vgl. S. 47.

Leistung am Radumfang

$$N_e^{PS} = \frac{Z_e^{kg} \cdot V^{km/st}}{270} = \frac{w_{gz}^{kg/t} \cdot G^t \cdot V^{km/st}}{270}$$

$w_{gz}^{kg/t}$ = gesamter Widerstand

G^t = Zuggewicht einschl. Lokomotive

Heizfläche : Rostfläche (H:R).

Richtet sich nach der gewünschten Leistung und dem verwendeten Brennstoff.

$$\frac{H}{R} = 45 \text{ bis } 60 \text{ (ausnahmsweise bis 40)}.$$

Leistungsfähigkeit auf 1 qm Heizfläche $\left(\frac{Ni}{H}\right)$

$$\frac{Ni}{H} = 3 \text{ bis } 4{,}5 \text{ PS/qm}$$

Heizfläche: Kuppelachslast, abhängig von Bauart und Verwendungszweck. Um so größer, je größer die Fahrgeschwindigkeit im Verhältnis zur verlangten Zugkraft.

$\frac{P}{2}$ = Raddruck

ΣP = Kuppelachslast (Lokomotiv-Reibungsgewicht)

$\frac{H}{\Sigma P} \leq 4{,}5$ qm/t bei P-Lokomotiven

$\frac{H}{\Sigma P} = 1{,}8$ bis $2{,}4$ qm/t bei Tenderlokomotiven mit gemischtem Dienst.

Zylinderabmessungen (Durchmesser d, Kolbenhub s)

$$d^{cm} = \sqrt{\frac{Z^{kg} \cdot D^{mm}}{p_1^{kg/qcm} \cdot s^{mm}}}. \text{ Hierin ist}$$

p_1 = Nutzdampfdruck = 0,5 vom Kesseldruck für Z_{gr}
= 0,65 vom Kesseldruck für Z_{mg}

$s = 0{,}45 \cdot D$ bis $0{,}55 \cdot D$

s um so kleiner, je kleiner D, damit zwischen Stangenkopf und Schiene genügend Raum (gesetzlich vorgeschrieben) bleibt.

Kohlen- und Wasserkasten; bezüglich der Größe in erster Linie abhängig von der verlangten Lokomotivleistung.

Außerdem abhängig:

von der Strecken-Beschaffenheit,
von der Lokomotiv-Bauart,
von der zulässigen Achsbelastung,

Beim Unterbringen der erforderlichen Vorratsräume ist darauf zu achten, daß sich die Abnahme des Gewichtes an Wasser und Kohle einigermaßen gleichmäßig auf die Kuppelachsen verteilt.

Berechnungsbeispiel.

Aufgabe: Eine Lokomotive zu entwerfen, die imstande ist, auf einer 60 km langen 1 m - spurigen Bahnstrecke mit andauernden Steigungen von 25 ‰ und häufigen Krümmungen von 120 m Halbmesser zu befördern:

1) Güterzüge von 100 t Last mit 15 km/st Geschwindigkeit auf den Höchststeigungen
2) gemischte Züge von 60 t Last mit 35 km/st auf diesen Steigungen und in der Ebene mit 45 km/st Geschwindigkeit

Zulässiger Raddruck $\frac{P}{2} = 6\,000$ kg (12 t Achsdruck).

Für die gewünschten Zugleistungen ist eine Lokomotive mit 3 gekuppelten Achsen erforderlich. Folglich wäre das Lokomotiv-Dienstgewicht $2 \times 3 \times 6000 = 36000$ kg $= 36$ t.

Es ist zu 1):

$$W_{gz}^{kg} = (100 + 36) \cdot \left(2{,}4 + \frac{15^2}{1000} + 25 + \frac{400}{120-20}\right) = 4300 \text{ kg}.$$

Da $\mu = {}^1/_7 \cong 140$ kg/t, so darf das Reibungsgewicht nicht kleiner sein als $\frac{4300}{140} = 30{,}7$ t.

Da der Oberbau bis zu 12 t Achsdruck zuläßt, so sind $\frac{30{,}7}{12} = 2{,}56$, d. h. Lokomotiven mit drei Kuppelachsen zur Erfüllung der Leistung unter 1) erforderlich.

Es ist zu 2):

Da die Lokomotive gleichzeitig zur Beförderung gemischter Züge mit größerer Geschwindigkeit — V = 45 km/st in der Ebene — bestimmt ist, da ferner die Entfernung zweier Wasser- und Kohlenstationen voneinander es notwendig macht, daß größere Vorräte während der Fahrt mitgeschleppt werden, so ist eine Laufachse vorzusehen. Durch sie wird erreicht: ein Tragen der Gewichtsmassen, hinreichende Krümmungsläufigkeit bei Verschiebbarkeit der Achse und ruhigerer Gang, verhältnismäßig großer Gesamt-Achsstand bei geringem festem Achsstand.

Der Dampfdruck soll 12 at betragen.

Triebraddurchmesser $D^{mm} = 1000 + 0{,}1 \cdot 1000 = 1100$ mm

Kolbenhub $s^{mm} = 0{,}5\,D^{mm} = 550$ mm

Zylinderdurchmesser (für einstufige Dehnung)

$$d^{cm} = \sqrt{\frac{4300 \cdot 1100}{0{,}5 \cdot 12 \cdot 550}} \cong 40 \text{ cm}$$

Leistung $N_e^{PS} \frac{4300 \cdot 15}{270} \cong 240$ PS

Diese Leistung ist zu erhöhen, da sie auch bei z. B. 20 km/st Geschwindigkeit dauernd ausgeübt werden soll, auf

$$N_e = \frac{4300 \cdot 20}{270} \cong 320\ PS_e$$

$$N_i = \frac{N_e}{\eta} = \frac{N_e}{0{,}9} \cong 355\ PS_i$$

Heizfläche:

Gewählt $\frac{N_i}{H} \cong 4{,}2$ PS/qm, so daß $H = \frac{355}{4{,}2} = 84$ qm.

Rostfläche: $\frac{H}{R} = 50,\quad R = \frac{84}{50} = 1{,}7$ qm.

Da die Lokomotive als Tenderlokomotive entworfen wird, so ist für Unterbringung von Wasser- und Kohlenvorräten auf der Maschine Sorge zu tragen. Hierfür werden zugrunde gelegt:

Wasserverbrauch 35 kg/tkm } bei guter westfälischer Steinkohle
Kohlenverbrauch 4,3 kg/tkm } von etwa $7^1/_2$ facher Verdampfung.
Wasserstationsentfernung 20 km voneinander; Kohle wird an den Endpunkten der Bahnlinie eingenommen.

Folglich müssen mitgeführt werden:

an Wasser $\frac{Z^{kg}}{1000} \cdot 20 \cdot 35 = 3010$ kg mindestens

an Kohlen $\frac{Z^{kg}}{1000} \cdot 60 \cdot 4{,}8 = 1110$ kg mindestens.

Da am Ende der Fahrt nicht der ganze Wasser- und Kohlenvorrat erschöpft sein darf, so wird ausgeführt:

Inhalt der Wasserkästen . . . 3,5 cbm
Fassungsraum der Kohlenkästen 1,2 t[1]).

E. Arbeitslagen von Dampflokomotiven.[2])

Bei jeder Veränderung — z. B. bzgl. der Verbrennung im Kessel, der Füllung in den Zylindern oder der Geschwindigkeit während der Fahrt — ändert sich die Arbeitsentwicklung, oder verschiebt sich die sogen. „Arbeitslage". der Lokomotive.

Zur Festsetzung der Arbeitslagen einer bestimmten Lokomotive muß man kennen: I) die Werte der Leistungen N_i, II) die Werte der Zylinderdrücke p_{mi} und der Zugkräfte Z_i, III) die Werte des Dampfverbrauchs δ_i für die $PS_{i\text{-}st}$.

I. Werte der Leistungen $N_i^{PS} = (Z_i \cdot V) : 270 = (p_{mi} \cdot C_1) \cdot (V : 270)$.

Zunächst soll $N_{i\text{-}gr}$ einer vorhandenen Lokomotive bei V' und ε_g bestimmt werden, sodann die N_i-Schaulinie für alle etwa vorkommenden Fahrgeschwindigkeiten. V' ist die „wirtschaftlich beste" Fahrgeschwindigkeit,[3]) d. h. die Fahrgeschwindigkeit, bei der mit einem

[1]) 1 t Kohlen erfordern einen Raum von etwa 1,25 cbm.
[2]) Gl. Ann. 1918, Bd. 82, S. 123. [3]) Organ 1915, S. 116.

Diagramm günstigster Dampfausnutzung die Kesselleistungsgrenze erreicht wird, bei der also die größte erzeugte Dampfmenge durch die Maschine bei bestem Wirkungsgrad verzehrt wird. Ist ε die Skalafüllung in % des Kolbenhubes, so ist ε_g die wirtschaftlich beste (günstigste) Füllung, bei der der Dampfverbrauch für die Leistungseinheit den Kleinstwert hat. Das erste[1]) Zugkraftkennzeichen C_1 für eine vorhandene Maschine ergibt sich aus der Arbeitsgleichung und läßt sich allgemein schreiben: $C_1 = (200 \cdot J) : (\pi \cdot D^{dm})$, worin J der Hubinhalt in Litern sämtlicher vorhandener Auspuffzylinder; C_1 geht über in die Werte auf Seite 70. Es ist also für irgend eine bestimmte Dampflokomotive stets das gleiche, da Zylinderdurchmesser d, Hub s, und Triebraddurchmesser D als bekannt gegeben sind.

Der mittlere Dampfdruck im Zylinder p_{mi} ist, wenn $\varepsilon = \varepsilon_g$, d. h. wenn die Füllung die des kleinsten Dampfverbrauches ist, $p_{mi} = p_{mig}$; er hat bei den üblichen Kesseldrücken die auf Seite 68 angegebene Größe.

Bei mittelguter deutscher Kohle vom Heizwert h = 7000 bis 7500, einem Kesseldruck von $p_k^{at\ abs}$ und mittelgutem Zustand des Kessels so daß die Verdampfungsziffer z für Sattdampf und z' für überhitzten Dampf die in Zusammenstellung 17 Spalte 4 angegebenen Zahlengrößen haben, können für β_{ig} — den günstigsten Kohlenverbrauch für 1 $PS_{i\text{-}st}$ — die Werte in Spalte 5[2]) der Zusammenstellung 17 genommen werden. Hieraus wird bei einer Rostanstrengung (Brenngeschwindigkeit) von B/R = 500 (als Grundzahl):

$N_{i\text{-}gr}$ = B/R: β = 312 PS/qm b. Sattd. einst. Deh. p_k = 13 at abs
= 365 „ „ „ zweist. „ „ = 13 „
= 379 „ „ „ „ „ „ = 15 „
= 450 „ „ übh. D. einst. „ „ = 13 „ $t_ü$ = 325° C
= 472 „ „ „ „ zweist. „ „ = 15 „ „ = 325 „

Zusammenstellung 17.

Laufende Nr.	1 Art und Ausnutzung des Dampfes	2 Absoluter Kesseldruck p_k kg/qcm	3 Wärmegrade[3]) t_s bzw. $t_ü$ °C	4 [4]) Verdampfungsziffer z bzw. z'	5 [4]) Kohlenverbrauch $\beta_{ig} = B/N_i$ kg/PS_i
1	Sattdampf, einstuf. Deh.	13	t_s = 190,6	z = 7,00	1,60
2	„ zweist. „	13	„ = 190,6	„ = 7,00	1,37
3	„ „ „	15	„ = 197,2	„ = 6,98	1,32
4	Übh. Dampf, einst. „	13	$t_ü$ = 325	z' = 6,32	1,11
5	„ „ zweist. „	15	„ = 325	„ = 6,32	1,06

[1]) Vgl. S. 70.
[2]) Für Zusammenstellung 16 errechnet und hier übernommen.
[3]) Hütte 1915, I, S. 417.
[4]) Vgl. auch Zusammenstellung 16.

Es wird z. B. $N_{i\text{-}gr}$ für verschiedene S-Lokomotiven der preuß. Staatsbahnen bei einer Rostanstrengung von 500

S_6-Lok. bei $R = 2{,}29\ m^2$ u. $\beta = 1{,}11$ kg/PS_i d. h. 450 PS_i/m^2 . . . . 1030 PS

S_7-Lok. bei $R = 2{,}71\ m^2$ u. $\beta = 1{,}32$ kg/PS_i d. h. 379 PS_i/m^2 . . . . 1025 „

S_9-Lok. bei $R = 4{,}0\ m^2$ u. $\beta = 1{,}32$ kg/PS_i d. h. 379 PS_i/m^2 . . . . 1515 „

S_{10} Vierling-Lok. bei $R = 2{,}82\ m^2$ und $\beta = 1{,}11$ kg/PS_i d. h. 450 PS_i/m^2 . . . . . 1270 „

S_{10} Verb.-Lok. bei $R = 3{,}12\ m^2$ u. $\beta = 1{,}06$ kg/PS_i d. h. 472 PS_i/m^2 . . . . 1471 „

S_{10} Drill.-Lok. bei $R = 2{,}82\ m^2$ u. $\beta = 1{,}11$ kg/PS_i d. h. 450 PS_i/m^2 . . . . 1269 „

Zwecks Bestimmung der N_i-Schaulinie für alle Fahrgeschwindigkeiten gilt folgendes: Die Verhältniszahlen der Abb. 27 sind berechnet[1]) und mit den Ergebnissen vieler Leistungsversuchsfahrten mit Lokomotiven in Einklang gebracht. Sie setzen ungefähr gleich große Dampferzeugung i. d. St. für alle Geschwindigkeiten voraus. Bei V' wurde die Verhältniszahl für N_i gleich 1,000 gesetzt. Von V' abwärts fällt der Wert von N_i mangels genügender Dehnung des Dampfes, von V' aufwärts wegen Drosselung des Dampfes beim Ein- und Austritt in und aus den Zylindern und wegen relativ größerer innerer Wärmeverluste in den Zylindern, zufolge der notwendigen kleinen Füllungen.

Die ausgezogene Linie *def* in Abb. 26 stellt die mittlere Höchstleistung des Kessels dar; bei größerer oder geringerer Dampferzeugung verschiebt sie sich nach oben oder unten, etwa bis zu den punktierten Linien. Kesselleistungsgrenze *def* liegt also bei einer Lokomotive nicht unabänderlich fest, sondern ist sehr von der Güte des Brennstoffes und dem Wirkungsgrad des Kessels abhängig. In den Mitten der einzelnen, die jeweilige Arbeitslage darstellenden Vierecke in Abb. 26 seien Senkrechte errichtet gedacht, auf denen die durch Versuch gefundenen Werte von N_i aus Abb. 27 aufgetragen sind. Es seien somit die für die N_i-Schaulinie angegebenen Größen (Abb. 27) z. B. die Höhen der Ordinaten auf Linie *def*. Ein Verfolg der Linie *def* unterhalb $V = 0{,}4$ V' ist nicht erforderlich, da hierbei die Zugkraft am Triebrad Z_e gewöhnlich schon die Reibungsgrenze, d. h. den Wert Z_r erreicht hat.

Die Reihen absoluter Fahrgeschwindigkeiten sind — je nach Vorkommen eines bestimmten V' — für einige etwa zutreffende Größen von V' errechnet und in der Zusammenstellung 18 unterhalb Abb. 27 eingetragen. Hat z. B. eine Lokomotive ein V' = 80 km/st, so wird, wenn $N_{i\text{-}gr} = 1000$ PS, $N_{i\text{-}gr} = 0{,}860 \cdot 1000 = 860$ PS bei V = 48 km/st. V' läßt sich bestimmen aus $N_{i\text{-}gr} = (Z' \cdot V') : 270$ durch Einsetzen von $Z' = C_1 \cdot p_{mig}$. Ist z. B. für die S_{10}-Vierling das erste Zugkraftkennzeichen $C_1 = 1177$ und $p_{mig} = 3{,}7$, so wird $z' = 1177 \cdot 3{,}7 = 4355$ kg und $V' = (270 \cdot 1270) : 4355 = 78{,}8$ km/st, da $N_{i\text{-}gr} = 1270$ PS[2]) war. Für

[1]) Organ 1915, S. 118.

[2]) Vgl. oben.

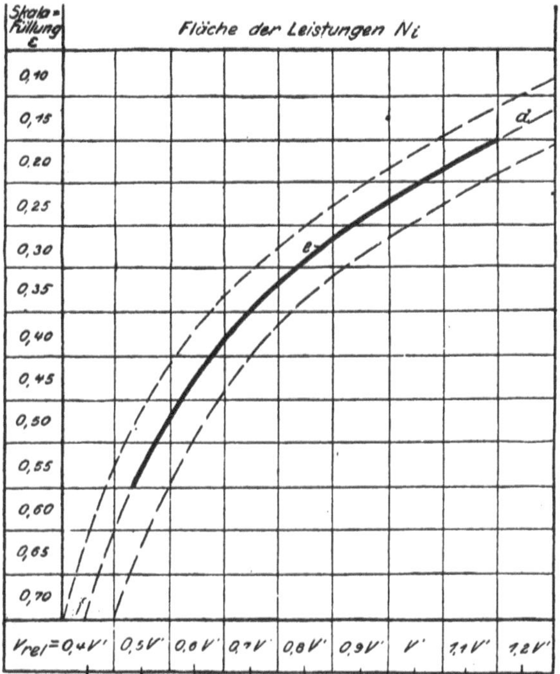

Abb. 26

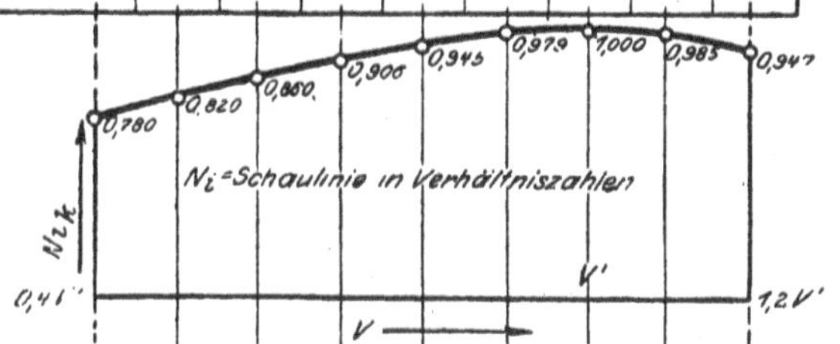

Abb. 27

	V_{rel} = 0,4 V'	0,5 V'	0,6 V'	0,7 V'	0,8 V'	0,9 V'	V'	1,1 V'	1,2 V'
V_{abs}	14	17.5	21	24,5	28	31,5	35	38,6	42
	16	20	24	28	32	36	40	44	48
	18	22,5	27	31,5	36	40,5	45	49,5	54
	20	25	30	35	40	45	50	55	60
	24	30	36	42	48	54	60	66	72
	28	35	42	49	56	63	70	77	84
	32	40	48	56	64	72	80	88	96
	36	45	54	63	72	81	90	99	108
	40	50	60	70	80	90	100	110	120
	44	55	66	77	88	99	110	121	132
	48	60	72	84	96	108	120	132	144

Zus. 18.

verschiedene S-Lokomotiven der preuß. Staatsbahnen sind die wirtschaftlich besten Fahrgeschwindigkeiten V' in der vorher angegebenen Weise berechnet und aus Zusammenstellung 19 Spalte 6 ersichtlich.

Zusammenstellung 19.

Laufende Nr.	1	2	3	4	5	6
	Bauart der Lokomotive	Höchstleistung $N_{i\text{-}gr}$	Zugkraft-Kennzeichen C_1	Zylinderdruck p_{mig} kg/qcm	Zugkraft $Z' = C_1 \cdot p_{mig}$ kg	Fahrgeschwindigkeit $V' = 270 \cdot \frac{N_{i\text{-}gr}}{Z'}$ km/st
1	S_3	829	701	3,9	2734	81,9
2	S_6	1030	908	3,7	3504	79,3
3	S_7	1025	950	3,9	3705	74,6
4	S_9	1515	1019	3,9	3975	84,2
5	S_{10}-Vierling	1270	1177	3,7	4355	78,8
6	S_{10}-Verbund	1471	1240	3,5	4341	91,5
7	S_{10}-Drilling	1269	1193	3,7	4414	77,6

II. Werte von p_{mi} und $Z_i = p_{mi} \cdot C_1$.

Wird zunächst davon abgesehen, dass ε_g in geringem Maße auch abhängig ist von V, so liegt bei einstufiger Dehnung ε_g zwischen 0,2 und 0,25; bei zweistufiger Dehnung zwischen 0,15 und 0,2 bezogen auf den Niederdruckzyl. (bei 0,3 bis 0,4 bezogen auf den Hochdruckzyl.). Die Werte der mittleren Dampfdrücke p_{mi} seien im Zylinder durch Versuche ermittelt gedacht und als Senkrechte in der Mitte eines jeden Vierecks der Abb. 28 aufgetragen, so daß die Fläche der p_{mi} bzw. Z_i entsteht; denn da $Z = p \cdot C_1$ und C_1 eine Konstante bei einer bestimmten Lokomotive, so ist Z unmittelbar proportional p, also die Verhältniswerte von Z auch diejenigen von p. Sie seien bei V' gleich 1,000 gesetzt. Die Zugkräfte an der Kesselleitungsgrenze werden die größten Kesselzugkräfte Z_{ik} genannt, im Gegensatz zu irgend einer anderen Maschinenzugkraft $Z_i = p_{mi} \cdot C_1$ oder zur Reibungszugkraft Z_r.

Die Werte von p_{mi} an der Kesselleistungsgrenze bei der betreffenden Geschwindigkeit V in Abb. 29 liegen auf der Schaulinie *def*, die in Abb. 28 nur andeutungsweise verzeichnet ist. Die Art des Verlaufes dieser Linie bei dem gewählten Maßstab für V und ε geht aus einer einfachen Überlegung hervor. Die erzeugte größte Dampfmenge i. d. St. im Beharrungszustand kann wieder bei jeder Geschwindigkeit zwischen V = 0,4 V' und V = 1,2 V' als gleichbleibend angesehen werden. Für $\varepsilon_g = 0,2$ gilt etwa die Abb. 30. Es wächst p_{mi} bei 0,4 V' auf 1,2 bis 1,3 p_{mi}. Diese Größen von p_{mi} sind auf der Geraden *hg* aufgetragen.

Zugkraft Z_{ik} bei V', also die zu $N_{i\text{-}gr}$ gehörige Zugkraft, kann man einfach aus $Z_{ik} = p_{mig} \cdot C_1$ berechnen, weil Größen für p_{mig} bekannt sind. Da auch bei anderen Geschwindigkeiten Werte für p_{mi} in der Zusammenstellung 20 (unterhalb Abb. 29) gegeben, so kennt man, immer aus $Z_i = p_{mi} \cdot C_1$, auch Zugkräfte bei anderen Fahr-

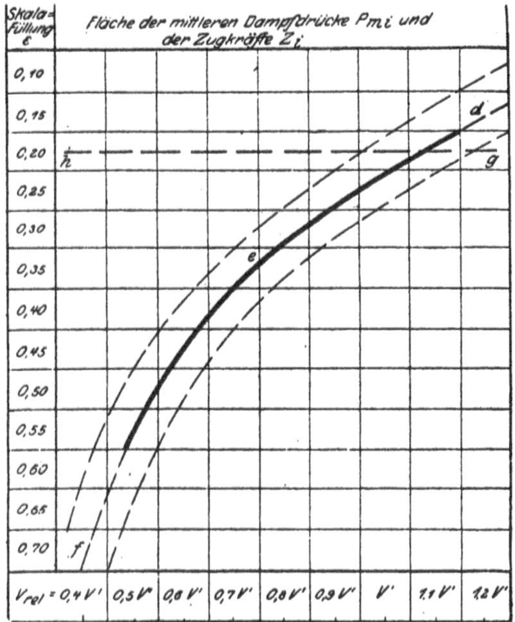

Abb. 28.

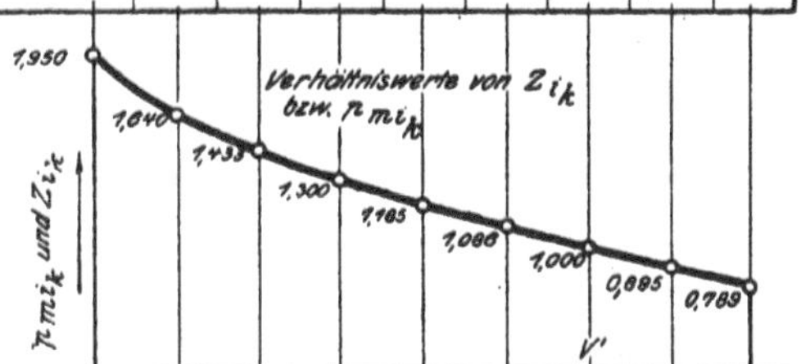

Abb. 29.

	6,63	5,64	4,87	4,42	4,03	3,69	3,4	3,04	8,68
	7,02	5,90	5,16	4,68	4,27	3,91	3,6	3,22	2,84
	7,41	6,23	5,45	4,94	4,50	4,13	3,8	3,40	3,00
	7,80	6,56	5,73	5,20	4,74	4,34	4,0	3,58	3,16
	8,19	6,89	6,02	5,46	4,98	4,60	4,2	3,76	3,31
vH	50 ÷ 60	45 ÷ 50	40 ÷ 45	35 ÷ 40	30 ÷ 35	25 ÷ 30	20 ÷ 25	ε bei einstufiger Dehnung	

Zus. 20.

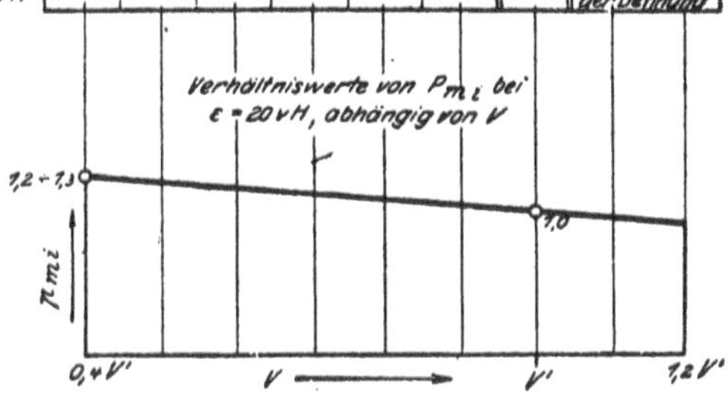

Abb. 30.

geschwindigkeiten. Oder man bestimmt die Z_i-Schaulinie für alle Geschwindigkeiten mit Hilfe der Verhältniszahlen für Z_i in Abb. 29, wenn Z_{ik} bei V' bekannt ist. Hat z. B. Z_{ik} bei V' eine Größe von 4000 kg, worin V = 90 km/st, so wird bei 0,7 V', also bei 63 km/st, $Z_i = 1{,}300 \cdot 4000 = 5200$ kg.

III. Werte des Dampfverbrauches $\delta_i = \mathfrak{D}_{kg/st} : N^{PS}_{i\text{-}st}$ in Abhängigkeit von ε und V (Umdrehungszahl).

Wovon der Dampfverbrauch $\delta_i^{kg/PS}$ einer Lokomotive abhängig ist, wurde bereits auf S. 73 erwähnt.

Bei den üblichen Kesseldrücken p_k = 13 bis 15 at liegt je nach Dehnungsart der günstigste Füllungsgrad ε_g zwischen 0,15 und 0,25. Mit wachsendem V steigt ε_g etwas an. Um die Fläche des Dampfverbrauchs δ_i einer gegebenen Lokomotive durch Versuch zu ermitteln, werden für alle Geschwindigkeitslagen die Füllungen ε stufenweise gesteigert bis zur Kesselleistungsgrenze *def*, und die für alle ε sich ergebenden Werte δ_i als Senkrechte in der Mitte der betreffenden Vierecke der Abb. 31 aufgetragen. Diejenige Füllung ε, wo bei dem betr. V ein Kleinstwert δ_{ig} entsteht, wird als günstigster Füllungsgrad ε_g besonders vermerkt und im Grundriß der Fläche mit g bezeichnet.

Es ist angenommen, daß die Verbindung der Punkte g die gerade Linie *ac* ergebe, und daß in *M* das Minimum aller Kleinstwerte δ_{ig} liege. Bei welcher Geschwindigkeit *M* liegt, hängt in erster Linie ab von den Drosselverlusten des Dampfes beim Eintritt und Austritt in und aus dem Zylinder. Je größer diese, um so mehr rückt *M* nach links. Der Schnittpunkt von *ac* mit *def* sei *b* genannt; die Geschwindigkeit hier ist V', die tunlichst gleich sein soll der im Betrieb meistgebrauchten Fahrgeschwindigkeit. Zu beachten ist aber, daß *b* sich verschieben kann, nämlich bei größerer oder geringerer Dampferzeugung i. d. St. als normal, indem dann die Linie der Kesselleistungsgrenze *def* sich nach unten oder oben verschiebt, bis etwa in die punktierten Lagen. V' ist also kein genauer Festwert einer Lokomotive, sondern hängt von der stündlich erzeugten Dampfmenge ab.

Angenäherte absolute Werte von δ_{ik} bei V' und an der Kesselleistungsgrenze (also im Punkt *b*, wo $\delta_{ik} = \delta_{ig}$) sind in Zusammenstellung 16 Spalte 11 angegeben. In Abb. 32a sind die Verhältniszahlen von δ_i an der Kesselleistungsgrenze (δ_{ik}) verzeichnet; $\delta_{ik} = 1{,}000$ bei V'. Sie ergeben sich aus $\delta_i = \mathfrak{D} : N_i$, worin $\mathfrak{D}$ der Dampfverbrauch immer der gleiche; also δ_i ist umgekehrt proportional N_i.

Da die N_{ik}-Schaulinie bekannt, so ist $\delta_{ik} = 1 : N_{ik}$. Man denke sich diese Größen für δ_{ik} in den Mitten der Vierecke von Abb. 31 als Höhen der Ordinaten räumlich auf Linie *def* aufgetragen. In Abb. 32b sind für alle V zum Vergleich mit δ_{ik} auch die angenäherten Werte δ_{ig} für ε_g verzeichnet. δ_{ig} wächst unterhalb *M* wegen der kleineren Umdrehungszahlen und größeren Lässigkeits- und inneren Wärmeverluste; es wächst oberhalb *M* wegen grösserer Drosselverluste. δ_{ig} sind auf der Fläche des Dampfverbrauchs in Abb. 31 die Ordinaten auf der Linie ac. Es ist hier z. B. angenommen, daß *M* bei 0,8 V' liege.

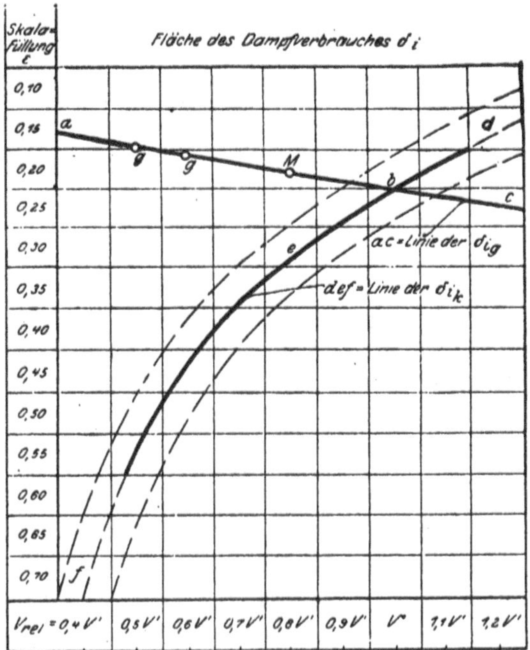
Skala-Füllung ε
Fläche des Dampfverbrauches σ_i
0,10
0,15
0,20
0,25
0,30
0,35
0,40
0,45
0,50
0,55
0,60
0,65
0,70
a
g
g
M
b
c
d
e
f
ac = Linie der σ_ig
def = Linie der σ_ik
V_rel = 0,4 V'
0,5 V'
0,6 V'
0,7 V'
0,8 V'
0,9 V'
V'
1,1 V'
1,2 V'

Abb. 31.

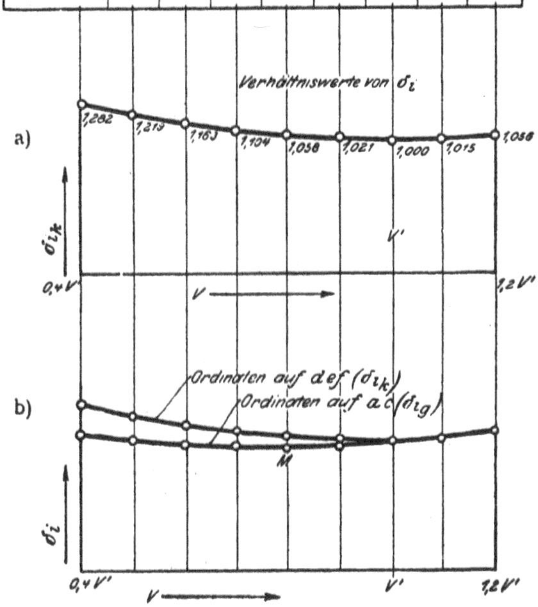
Verhältniswerte von σ_i
a)
1,282
1,219
1,163
1,104
1,058
1,021
1,000
1,015
1,056
σ_ik
V'
0,4 V'
1,2 V'
V
b)
Ordinaten auf def (σ_ik)
Ordinaten auf ac (σ_ig)
M
σ_i
0,4 V'
V'
1,2 V'
V

Abb. 32.

Um die Punkte *b* und *M* herum ist der Unterschied in den Werten δ_i nur gering. Die Werte δ_{ig} auf *ac* und die Lage von *ac* im Grundriß sind unabhängig von der stündlich erzeugten Dampfmenge. *ac* hat bei ein und derselben Lokomotive eine feste Lage.

F. Schlepplasten von Dampflokomotiven.

„Schleppleistungen", „Schlepplasten" oder „Belastungstafeln" einer Lokomotive bei einer bestimmten Fahrgeschwindigkeit auf einer nach ihren Steigungsverhältnissen festgelegten Strecke sind diejenigen angehängten Wagenlasten, welche die betreffende Maschine auf dieser Strecke mit der bestimmten Geschwindigkeit zu schleppen vermag.

Die Belastungstafeln[1]) einiger S-, P-, G- und Tender-Lokomotiven der preußischen Staatsbahn sind in Zusammenstellung 21 wiedergegeben. Beim Einbau eines Vorwärmers, soweit dies nicht (wie bei der S_{10}^2, G_8^1 und G_{12}) berücksichtigt ist, können die hier angegebenen Schlepplasten um rund 10% erhöht werden.

Berechnung der Schleppleistungen der preußischen G_8^1-Lokomotive (ohne Vorwärmer).

Gegeben:

$G_L = 67{,}9$ t $\qquad R = 2{,}63$ qm

$G_T = 44{,}5$ t $\qquad d = 600$ mm

$G_{L+T} = 112{,}4$ t $\qquad s = 660$ mm

$G_r = 67{,}9$ t $\qquad D = 1350$ mm

Angenommen: $B/R = 450$ kg/st, $\beta_{ig} = 1{,}1$ kg $\quad [t_{\ddot{u}} = 300^0]$.

Folglich wird: $C_1 = \frac{d^2 \cdot s}{D} = 1760$

$$B = (B/R) \cdot R \cong 1190 \text{ kg}$$

$$N_i = \frac{1190}{1{,}1} \cong 1085 \text{ PS}$$

$$Z_i = C_1 \cdot p_{mi} \cong 1760 \cdot 3{,}6 \cong 6300 \text{ kg}$$

$$N_i = \frac{Z_i \cdot V'}{270}; \quad V' = \frac{270 \cdot 1085}{6300} = 46{,}5 \text{ km/st.}$$

Gewählt sei **V' = 46 km/st**, woraus sich ergibt $Z_i = \frac{270 \cdot 1085}{46}$ oder **$Z_{i\text{-}mg} = 6370$ kg.**

Die „Verhältniszahlen" für die Zugkräfte in Abhängigkeit von der Fahrgeschwindigkeit (bei Fahrt an der Kesselleistungsgrenze und demselben Dampfverbrauch bei allen Geschwindigkeiten) sind[2]):

---

[1]) Zusammengestellt nach „Merkbuch für die Fahrzeuge der preußisch-hessischen Staatseisenbahnverwaltung"; Ausgabe 1915, Neudruck 1919.

[2]) Vgl. Abb. 29.

0,789	bei 120 %	von V',	d. h. bei	V = 55,2 km/st,	so daß	Z_i = 5020 kg
0,895	„ 110 %	„ V',	„	V = 50,6 km/st,	„	Z_i = 5700 kg
1,000	„ **100 %**	„ **V'**,	„	**V = 46,0 km/st**,	„	**Z_i = 6370 kg**
1,086	„ 90 %	„ V',	„	V = 41,4 km/st,	„	Z_i = 6920 kg
1,185	„ 80 %	„ V',	„	V = 36,8 km/st,	„	Z_i = 7550 kg
1,300	„ 70 %	„ V',	„	V = 32,2 km/st,	„	Z_i = 8280 kg
1,433	„ 60 %	„ V',	„	V = 27,6 km/st,	„	Z_i = 9130 kg
1,640	„ 50 %	„ V',	„	V = 23,0 km/st,	„	Z_i = 10450 kg
1,950	„ 40 %	„ V',	„	V = 18,4 km/st,	„	Z_i = 12430 kg

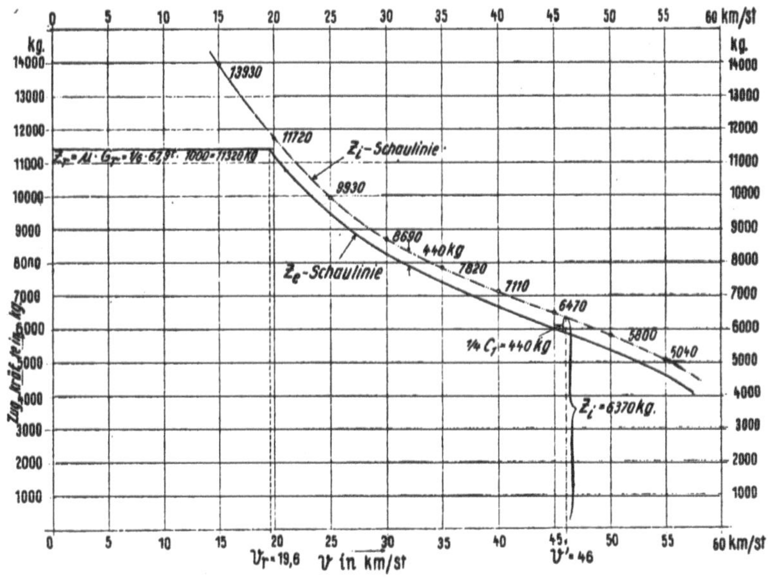

Abb. 33. Schaulinien für die Zugkräfte der preuß. $G_8{}^1$-Lokomotive bei verschiedenen Geschwindigkeiten an der Grenze der Kesselleistung.

Die so berechneten Zahlengrößen von Z_i werden in einer Schaulinie vereinigt (Abb. 33). Sodann liest man aus dieser Z_i - Linie Zahlenwerte für Z_i von 5 zu 5 km stündlicher Geschwindigkeit ab. Es ergeben sich dann folgende „abgelesene Werte" für Z_i:

bei	V = 15 km/st	wird	Z_i = 13 930 kg
„	V = 20 km/st	„	Z_i = 11 720 kg
„	V = 25 km/st	„	Z_i = 9 930 kg
„	V = 30 km/st	„	Z_i = 8 690 kg
„	V = 35 km/st	„	Z_i = 7 820 kg
„	V = 40 km/st	„	Z_i = 7 110 kg
„	V = 45 km/st	„	Z_i = 6 470 kg
„	V = 50 km/st	„	Z_i = 5 800 kg
„	V = 55 km/st	„	Z_i = 5 040 kg

Zusammenstellung 21. **Belastungstafeln von Lokomotiven**

Schnellzuglokomotiven

Steigung	Gattung	Wagengewicht in t bei Vkm/st 50	60	70	80	90	100
1 : ∞	S_6	1160	880	710	545	440	330
	S_7	1020	775	610	465	325	270
	S_9	1140	1010	910	715	555	430
	S_{10}	1345	1040	825	630	495	365
	S_{10}^1	1598	1366	994	782	603	467
	[1]) S_{10}^2	1730	1400	970	850	650	485
1 : 1000	S_6	850	680	540	425	340	265
	S_7	740	580	460	360	280	215
	S_9	820	760	695	550	435	335
	S_{10}	995	780	590	485	385	280
	S_{10}^1	1215	977	782	620	584	282
	S_{10}^2	1340	1080	840	670	525	390
1 : 500	S_6	670	535	425	340	275	215
	S_7	580	485	365	290	220	170
	S_9	640	595	550	440	350	270
	S_{10}	780	620	495	385	305	225
	S_{10}^1	969	790	637	510	399	314
	S_{10}^2	1070	865	680	550	430	320
1 : 400	S_6	605	485	390	305	250	190
	S_7	520	435	330	260	200	155
	S_9	570	530	495	400	315	250
	S_{10}	705	555	450	350	280	205
	S_{10}^1	880	714	574	467	365	280
	S_{10}^2	960	790	600	500	400	290
1 : 300	S_6	520	415	335	265	215	165
	S_7	440	350	270	220	170	130
	S_9	490	455	425	345	270	215
	S_{10}	595	475	390	300	245	180
	S_{10}^1	773	631	510	412	331	255
	S_{10}^2	830	680	540	420	345	250
1 : 200	S_6	390	315	255	200	160	125
	S_7	330	270	210	165	125	95
	S_9	335	340	320	260	205	160
	S_{10}	460	360	295	230	180	130
	S_{10}^1	586	478	385	314	246	190
	S_{10}^2	650	525	415	345	260	190
1 : 150	S_6	310	250	200	155	130	110
	S_7	255	210	155	125	95	65
	S_9	275	265	255	200	155	125
	S_{10}	355	285	230	180	135	100
	S_{10}^1	467	382	306	246	195	147
	S_{10}^2	510	430	330	265	205	150

Personenzuglokomotiven

Steigung	Gattung	Wagengewicht in t bei Vkm/st 40	50	60	70	80	90
1 : ∞	P_4^2	885	660	490	355	255	155
	P_6	1565	1175	885	665	480	325
	P_7	1090	820	600	450	325	215
	P_8	1800	1385	1070	830	630	455
1 : 1000	P_4^2	650	495	370	270	200	120
	P_6	1150	885	680	525	385	265
	P_7	800	605	455	345	255	165
	P_8	1310	1030	810	640	490	355
1 : 500	P_4^2	495	380	290	215	155	95
	P_6	905	705	550	420	310	215
	P_7	625	475	355	270	205	130
	P_8	1030	810	640	510	395	285
1 : 400	P_4^2	445	345	265	195	140	80
	P_6	805	640	500	380	270	195
	P_7	560	430	325	245	185	115
	P_8	925	730	580	460	355	260
1 : 300	P_4^2	380	300	225	165	120	70
	P_6	700	545	430	335	255	175
	P_7	475	365	275	215	160	100
	P_8	790	625	495	400	305	220
1 : 200	P_4^2	285	220	165	120	85	45
	P_6	535	415	300	260	185	130
	P_7	355	240	210	155	110	70
	P_8	605	475	380	300	325	165
1 : 150	P_4^2	220	170	130	90	60	25
	P_6	425	335	265	205	150	100
	P_7	280	225	160	120	85	45
	P_8	480	380	300	240	185	130

[1]) Mit Vorwärmer.

der preußischen Staatsbahn. Zusammenstellung 21.

Güterzuglokomotiven

Gattung	Wagengewicht in t bei $V^{km/st}$ 15	20	30	40	50	60
G_8	4000	3745	2530	1795	1205	—
[1]) G_8^1	4650	4200	2900	2000	1380	—
G_{10}	4820	4080	2760	1950	1300	—
[2]) G_{12}	5180	5000	4480	3486	2200	1410
G_8	2865	2710	1880	1360	935	—
G_8^1	3300	3050	2140	1530	1070	—
G_{10}	3455	2960	2040	1470	1010	—
G_{12}	3715	3610	3315	2356	1710	1130
G_8	2225	2115	1485	1085	760	—
G_8^1	2600	2480	1680	1230	870	—
G_{10}	2680	2305	1610	1175	820	—
G_{12}	2880	2810	2612	1885	1390	940
G_8	1995	1905	1340	985	695	—
G_8^1	2320	2160	1520	1120	800	—
G_{10}	2410	2035	1460	1065	745	—
G_{12}	2385	2535	2355	1710	1270	860
G_8	1715	1640	1160	855	605	—
G_8^1	2000	1840	1300	970	690	—
G_{10}	2065	1785	1260	925	650	—
G_{12}	2225	2160	2040	1482	1110	830
G_8	1310	1255	895	660	470	—
G_8^1	1550	1420	1000	750	540	—
G_{10}	1580	1370	975	715	505	—
G_{12}	1700	1670	1577	1160	870	600
G_8	1055	1015	725	535	380	—
G_8^1	1230	1140	810	600	430	—
G_{10}	1275	1105	785	575	405	—
G_{12}	1360	1340	1278	940	700	500

Tenderlokomotiven

Gattung	Wagengewicht in t bei $V^{km/st}$ 15	20	30	45	60	75	90
T_{10}	—	—	—	1260	770	440	—
T_{12}	—	—	—	1070	630	350	—
T_{14}	4400	4110	2780	1390	850	—	—
T_{16}	4480	3700	2450	1325	—	—	—
T_{18}	—	—	—	1600	1045	665	400
T_{10}	—	—	—	940	595	350	—
T_{12}	—	—	—	800	495	270	—
T_{14}	3150	2980	2060	1035	655	–	—
T_{16}	3200	2680	1840	985	—	—	—
T_{18}	—	—	—	1200	800	530	325
T_{10}	—	—	—	750	475	285	—
T_{12}	—	—	—	640	395	220	—
T_{14}	2440	2320	1630	825	535	—	—
T_{16}	2500	2100	1460	785	—	—	—
T_{18}	—	—	—	915	640	425	265
T_{10}	—	—	—	680	435	260	—
T_{12}	—	—	—	580	360	205	—
T_{14}	2190	2090	1470	750	480	—	—
T_{16}	2250	1860	1320	715	—	—	—
T_{18}	—	—	—	850	580	390	245
T_{10}	—	—	—	590	365	220	—
T_{12}	—	–	—	495	315	175	—
T_{14}	1860	1790	1270	650	400	—	—
T_{16}	2030	1630	1140	615	—	—	—
T_{18}	—	—	—	730	510	340	215
T_{10}	—	—	—	450	290	170	—
T_{12}	—	—	—	385	240	130	—
T_{14}	1440	1380	980	495	320	—	—
T_{16}	1480	1250	885	475	—	—	—
T_{18}	—	—	—	560	390	265	165
T_{10}	—	—	—	365	235	135	—
T_{12}	—	—	—	305	190	100	—
T_{14}	1160	1110	790	400	260	—	—
T_{16}	1190	1050	715	380	—	—	—
T_{18}	—	—	—	450	315	215	130

[1]) Mit Vorwärmer. [2]) Einheits-Lokomotive mit Vorwärmer.

Zusammenstellung 21 (Fortsetzung.) **Belastungstafeln von Lokomotiven**

Steigung	Schnellzuglokomotiven: Gattung	Wagengewicht in t bei $V^{km/st}$ 50	60	70	80	90	100	Personenzuglokomotiven: Gattung	Wagengewicht in t bei $V^{km/st}$ 40	50	60	70	80	90
1:100	S_6	215	165	130	100	75	55	P_4^2	145	110	80	50	30	—
	S_7	170	130	100	75	50	30							
	S_9	180	170	160	120	95	65	P_6	300	230	185	135	100	60
	S_{10}	240	190	155	110	85	55	P_7	190	140	100	70	45	—
	S_{10}^1	323	306	207	163	123	90							
	S_{10}^2	360	280	220	170	130	90	P_8	330	260	205	155	120	75
1:60	S_6	110	85	60	45	25	—	P_4^2	70	45	30	—	—	—
	S_7	80	60	40	—	—	—							
	S_9	80	75	70	45	30	—	P_6	170	130	95	70	45	—
	S_{10}	130	90	70	45	25	—	P_7	100	65	40	20	—	—
	S_{10}^1	172	132	98	70	45	—							
	S_{10}^2	190	145	105	75	48	—	P_8	185	140	110	75	50	20
1:40	S_6	55	35	20	—	—	—	P_4^2	30	—	—	—	—	—
	S_7	35	—	—	—	—	—							
	S_9	20	—	—	—	—	—	P_6	100	70	45	25	—	—
	S_{10}	60	35	20	—	—	—	P_7	40	20	—	—	—	—
	S_{10}^1	89	62	38	—	—	—							
	S_{10}^2	105	65	35	—	—	—	P_8	100	70	45	25	—	—

Unter Berücksichtigung des Kraftverbrauchs im Triebwerk erhält man Z_e aus Z_i, indem man setzt

$$Z_e^{kg} = Z_i^{kg} \simeq {}^1/_4\, C_1, \text{ also } Z_e^{kg} = Z_i^{kg} - \frac{1760}{4} = Z_i^{kg} - 440 \text{ kg}.$$

Somit wird: bei $V = 15$ km/st $Z_e = 13\,490$ kg
" $V = 20$ km/st $Z_e = 11\,280$ kg
" $V = 25$ km/st $Z_e = 9\,490$ kg
" $V = 30$ km/st $Z_e = 8\,250$ kg
" $V = 35$ km/st $Z_e = 7\,380$ kg
" $V = 40$ km/st $Z_e = 6\,670$ kg
" $V = 45$ km/st $Z_e = 6\,030$ kg
" $V = 50$ km/st $Z_e = 5\,360$ kg
" $V = 55$ km/st $Z_e = 4\,600$ kg

Die Z_e-Linie trage man unterhalb der Z_i-Linie in Abb. 33 auf.

Da das Reibungsgewicht der betriebsfähigen Lokomotive $G_r = 67{,}9$ t und bei der Reibung zwischen Rad und Schiene $u \cong {}^1/_6$ die größte mögliche Zugkraft am Umfang der Triebräder erreicht werden soll, so ist die Reibungszugkraft $Z_r \cong 11\,320$ kg $= Z_e$ bei der Geschwindigkeit V_r von 19.6 km/st (abgelesen aus Abb. 33). Von der höchsten bis zu dieser Geschwindigkeit hing die Zugkraft von der Kesselleistung ab; von hier an ist sie durch das Reibungsgewicht begrenzt. Bei 19,6 km/st sind Kessel und nutzbare Reibung voll ausgenutzt. Während die effektive

der preußischen Staatsbahn. Zusammenstellung 21. (Fortsetzung.)

Güterzuglokomotiven						
Gattung	Wagengewicht in t bei $V^{km/st}$					
	15	20	30	40	50	60
G_8	755	730	520	380	270	—
G_8^1	670	810	580	420	300	–
G_{10}	960	790	560	410	285	—
G_{12}	960	930	920	670	500	345
G_8	465	445	310	225	155	–
G_8^1	530	390	340	240	160	—
G_{10}	565	485	335	240	160	—
G_{12}	580	580	560	400	295	200
G_8	300	285	195	135	85	—
G_8^1	340	310	210	140	90	—
G_{10}	360	340	205	140	85	—
G_{12}	370	368	355	245	170	105

Tenderlokomotiven							
Gattung	Wagengewicht in t bei $V^{km/st}$						
	15	20	30	45	60	75	90
T_{10}	—	—	—	255	160	85	—
T_{12}	—	—	—	220	130	70	—
T_{14}	830	800	570	280	175	—	—
T_{16}	865	735	520	270	—	—	—
T_{18}	—	—	—	315	215	140	80
T_{10}	—	—	—	150	85	45	—
T_{12}	—	—	—	130	60	30	—
T_{14}	510	485	340	165	95	—	—
T_{16}	540	450	315	160	—	—	—
T_{18}	—	—	—	180	120	70	—
T_{10}	—	—	—	85	45	—	—
T_{12}	—	—	—	70	35	—	—
T_{14}	330	310	210	95	50	—	—
T_{16}	350	295	200	95	—	—	—
T_{18}	—	—	—	110	60	—	—

Zugkraft von 55 bis 19,6 km/st schnell von 4600 bis 11 320 kg zunimmt, steigt sie unter 19,6 km/st nur noch so wenig an, daß sie für alle Geschwindigkeiten unter 19,6 km/st gleich 11 320 kg gesetzt werden kann.

Für die Zugkraft am Tenderzughaken $Z_z^{kg} = Z_e^{kg} - W_{L+T}^{kg}$ ist Z_e aus dem folgenden zu entnehmen, worin die von V abhängige Zahlenreihe für Z_e eingetragen ist:

$V^{km/st} = 5$	10	15	20	25	30	35	40	45	50	55
$Z_e^{kg} = 11\,320$	11320	11320	11280	9490	8250	7380	6670	6030	5360	4600

$W_{L+T}^{kg} = G_{L+T}^{t} \cdot \left(2{,}5 + \frac{V^2}{1500} + n\right)$ nach der „abgekürzten Widerstandsformel", worin $G_{L+T}^{t} \cong 112^{t}$. Aus der Zugkraft am Tenderzughaken Z_z können die Wagengewichte G_w^t für die einzelnen Steigungen n ‰ gefunden werden aus der Gleichung $G_w^t = \frac{Z_z^{kg}}{w_w^{kg/t}}$. Hierin ist $w_w^{kg/t}$

auf ebener gerader Strecke aus der „abgekürzten Widerstandsformel" für einen sogenannten „mittleren Güterwagenzug" $w_w^{kg/t} = 2{,}5 + \frac{V^2}{2500}$. Die Werte von w_{L+T} und w_w liefert die folgende Zahlenreihe:

Vkm/st = 5	10	15	20	25	30	35	40	45	50	55
w_{L+T} kg/t = 2,52	2,57	2,65	2,77	2,92	3,10	3,32	3,57	3,85	4,17	4,52
w_w kg/t = 2,50	2,54	2,59	2,66	2,75	2,86	2,99	3,14	3,31	3,50	3,71

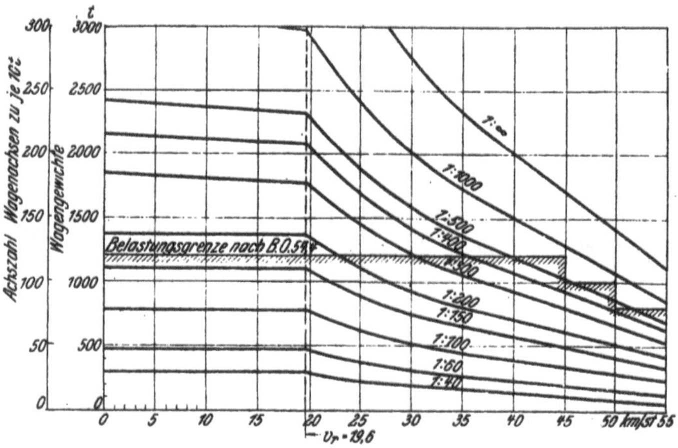

Abb. 34. Schlepplasten der D-H. G-Lokomotive Gattung G_8^1.

Die Berechnung von Z_z geht aus Zusammenstellung 22 hervor. Der weitere Rechnungsgang für die Bestimmung der Schlepplasten G_w ist aus Zusammenstellung 23 ersichtlich.

Abb. 34 zeigt die auf vorstehende Weise errechneten Schlepplasten für die G_8^1-Lokomotive in zeichnerischer Darstellung. Jede Schaulinie daselbst gibt die zusammengehörenden Wagenlasten und Geschwindigkeiten für eine bestimmte Steigung an. Auf der Steigung n = 5‰ können nach Abb. 34 bei 30 km/st Geschwindigkeit 935 t, bei 40 km/st 702 t, bei 50 km/st nur noch 510 t befördert werden. Zieht man in Abb. 34 die einer Wagenzuglast entsprechende Wagerechte, so ergeben deren Schnitte mit den Schaulinien die Fahrgeschwindigkeiten, mit denen die Last auf einer bestimmten Steigung befördert werden kann; so können 900 t auf der Steigung n = 2‰ mit 48,5 km/st auf n = 5‰ mit 31,0 km/st befördert werden.

Zusammenstellung 22. **Berechnung der Zugkraft am Tenderzughaken Z_z^{kg}.**

km/st		5			10			15			20		
Z_e^{kg}		11 320			11 320			11 320			11 280		
Steigung auf	‰	w_l kg/t	$G_L \times w_l = W_L$ in kg	$Z_e - W_L = Z_z$ in kg	w_l kg/t	W_L kg	Z_z kg	w_l kg/t	W_L kg	Z_z kg	w_l kg/t	W_L kg	Z_z kg
1 : 40	25	27,52	3 080	8 240	27,57	3 090	8 230	27,65	3 100	8 220	27,77	3120	8 160
1 : 60	16,66	19,18	2 150	9 170	19,23	2 160	9 160	19,31	2 165	9 155	19,43	2175	9 105
1 : 100	10	12,52	1 405	9 915	12,57	1 410	9 910	12,65	1 420	9 900	12,77	1430	9 850
1 : 150	6,66	9,18	1 030	10 290	9,23	1 035	10 285	9,31	1 040	10 280	9,43	1055	10 225
1 : 200	5	7,52	842	10 478	7,57	848	10 472	7,65	858	10 462	7,77	870	10 410
1 : 300	3,33	5,85	656	10 664	5,90	662	10 658	5,98	670	10 650	6,10	684	10 596
1 : 400	2,5	5,02	562	10 758	5,07	568	10 752	5,15	577	10 743	5,27	590	10 690
1 : 500	2	4,52	506	10 814	4,57	512	10 808	4,65	522	10 798	4,77	535	10 745
1 : 1000	1	3,52	394	10 926	3,57	400	10 920	3,65	409	10 911	3,77	422	10 858
1 : ∞	0	2,52	282	11 038	2,57	288	11 032	2,65	297	11 023	2,77	310	10 970

km/st	25			30			35			40			45			50			55		
Z_e^{kg}	9 490			8 250			7 380			6 670			6 030			5 360			4 600		
Steigung	w_l kg/t	W_L kg	Z_z kg	w_l kg/t	W_L kg	Z_z kg	w_l kg/t	W_L kg	Z_z kg	w_l kg/t	W_L kg	Z_z kg	w_l kg/t	W_L kg	Z_z kg	w_l kg/t	W_L kg	Z_z kg	w_l kg/t	W_L kg	Z_z kg
1 : 40	27,92	3130	6360	28,10	3150	5100	28,32	3170	4210	28,57	3200	3470	28,85	3230	2800	29,17	3270	2090	29,52	3310	1290
1 : 60	19,58	2190	7300	19,76	2215	6035	19,98	2240	5140	20,23	2260	4410	20,51	2300	3730	20,83	2335	3025	21,18	2370	2230
1 : 100	12,92	1450	8040	13,10	1470	6780	13,32	1490	5890	13,57	1515	5155	13,85	1550	4480	14,17	1590	3770	14,52	1630	2970
1 : 150	9,58	1075	8415	9,76	1090	7160	9,98	1120	6260	10,23	1140	5530	10,51	1180	4850	10,83	1215	4145	11,18	1250	3350
1 : 200	7,92	888	8602	8,10	908	7342	8,32	932	6448	8,57	954	5716	8,85	992	5038	9,17	1025	4335	9,52	1065	3535
1 : 300	6,25	700	8790	6,43	720	7530	6,65	745	6635	6,90	767	5903	7,18	805	5225	7,50	840	4520	7,85	880	3720
1 : 400	5,42	636	8854	5,60	628	7622	5,82	652	6728	6,07	674	5996	6,35	712	5318	6,67	748	4612	7,02	784	3816
1 : 500	4,92	552	8938	5,10	572	7678	5,32	596	6784	5,57	617	6053	5,85	655	5375	6,17	692	4668	6,52	731	3869
1 : 1000	3,92	439	9051	4,10	454	7791	4,32	485	6895	4,57	506	6164	4,85	544	5486	5,17	580	4780	5,52	619	3981
1 : ∞	2,92	327	9163	3,10	347	7903	3,32	372	7008	3,57	393	6277	3,85	431	5599	4,17	467	4893	4,52	506	4094

Zusammenstellung 23. **Berechnung der Schlepplasten G_w in Tonnen.**

km/st	5			10			15			20			25		
Steigung	Z_z kg	w_w kg/t	G_w t	Z_z kg	w_w kg/t	G_w t	Z_z kg	w_w kg/t	G_w t	Z_z kg	w_w kg/t	G_w t	Z_z kg	w_w kg/t	G_w t
1 : 40	8 240	27,50	300	8 230	27,54	299	8 220	27,59	298	8 160	27,66	295	6360	27,75	229
1 : 60	9 170	19,16	478	9 160	19,20	477	9 155	19,25	476	9 105	19,32	472	7300	19,41	376
1 : 100	9 915	12,50	790	9 910	12,54	789	9 900	12,59	787	9 850	12,66	778	8040	12,75	630
1 : 150	10 290	9,16	1120	10 285	9,20	1118	10 280	9,25	1110	10 225	9,32	1100	8415	9,41	895
1 : 200	10 478	7,50	1390	10 472	7,54	1388	10 462	7,59	1378	10 410	7,66	1360	8602	7,75	1110
1 : 300	10 664	5,83	1830	10 658	5,87	1820	10 650	5,92	1800	10 596	5,99	1770	8790	6,08	1440
1 : 400	10 758	5,00	2150	10 752	5,04	2140	10 743	5,09	2115	10 690	5,16	2070	8854	5,25	1690
1 : 500	10 814	4,50	2400	10 808	4,54	2390	10 798	4,59	2350	10 745	4,66	2310	8938	4,75	1880
1 : 1000	10 926	3,50	3120	10 920	3,54	3090	10 911	3,59	3050	10 858	3,66	2970	9051	3,75	2410
1 : ∞	11 038	2,50	4400	11 032	2,54	4350	11 023	2,59	4260	10 970	2,66	4130	9163	2,75	3330

km	30			35			40			45			50			55		
Steigung	Z_z kg	w_w kg/t	G_w t	Z_z kg	w_w kg/t	G_w t	Z_z kg	w_w kg/t	G_w t	Z_z kg	w_w kg/t	G_w t	Z_z kg	w_w kg/t	G_w t	Z_z kg	w_w kg/t	G_w t
1 : 40	5100	27,86	183	4210	27,99	150	3470	28,14	123	2800	28,31	99	2090	28,50	74	1290	28,71	45
1 : 60	6035	19,52	309	5140	19,65	262	4410	19,80	223	3730	19,97	187	3025	20,16	150	2230	20,37	110
1 : 100	6780	12,86	527	5890	12,99	454	5155	13,14	392	4480	13,31	337	3770	13,50	279	2970	13,71	234
1 : 150	7160	9,52	753	6260	9,65	650	5530	9,80	565	4850	9,97	486	4145	10,16	408	3350	10,37	323
1 : 200	7342	7,86	935	6448	7,99	807	5716	8,14	702	5038	8,31	606	4335	8,50	510	3535	8,71	406
1 : 300	7530	6,19	1220	6635	6,32	1050	5903	6,47	915	5225	6,64	787	4520	6,83	660	3720	7,04	528
1 : 400	7622	5,36	1420	6728	5,49	1225	5996	5,64	1060	5318	5,81	917	4612	6,00	767	3816	6,21	615
1 : 500	7678	4,86	1580	6784	4,99	1360	6053	5,14	1175	5375	5,31	1010	4668	5,50	850	3869	5,71	678
1 : 1000	7791	3,86	2020	6895	3,99	1730	6164	4,14	1490	5486	4,31	1270	4780	4,50	1065	3981	4,71	845
1 : ∞	7903	2,86	2760	7008	2,99	2340	6277	3,14	2000	5599	3,31	1690	4893	3,50	1400	4094	3,71	1100

Die Betriebssicherheit begrenzt die Zugstärke und Geschwindigkeit; nach B. O. § 54,4 [1]) dürfen Güterzüge bis 45 km/st höchstens 120 Wagenachsen, von 46 bis 50 km/st höchstens 100, von 51 bis 55 km/st höchstens 80 und von 56 bis 60 km/st höchstens 60 Wagenachsen enthalten. Auf Bahnen mit günstigen Neigungs- und Krümmungsverhältnissen und ausreichenden Bahnhofanlagen kann die Landesaufsichtsbehörde für Güterzüge mit Geschwindigkeiten bis zu 45 km/st 150 Wagenachsen zulassen. Beträgt der Achsdruck für jeden Güterwagen rd. 10 t (im Mittel geschätzt), so kommen hier nur die Teile der Schaulinien unter der gestrichelten Begrenzung in Abb. 34 in Betracht. Die vorgeschriebene Höchstgeschwindigkeit für die $G_8{}^1$-Lokomotive, nämlich 55 km/st, wird hier nicht überschritten.

Bauliche Einzelheiten.

A. Kessel und Zubehör.

Der Lokomotivkessel besteht im wesentlichen aus drei Teilen: Hinterkessel, Langkessel und Rauchkammer.

1. Hinterkessel.

a) Allgemeines.

Er besteht aus einem inneren Teil, der Feuerbüchse, und aus einem äußeren, dem Stehkessel.

Feuerbüchse; meist aus drei Blechen zusammengesetzt: aus Mantelblech (Decken- und Seitenwände gewöhnlich aus einem Stück), Vorderwand und Rückwand. Die Feuerbüchse besteht fast durchweg in Europa aus Kupfer [2]), in Nordamerika nur aus weichem Flußeisen. Kupfer wird durch die Heizgase nicht so stark angegriffen wie Flußeisen und leitet die Wärme besser als letzteres. Die kupfernen Wandstärken sind für das Mantelblech und für die Rückwand etwa 10 bis 20 mm, für die Vorderwand (Rohrwand) etwa 25 bis 30 mm. Der untere Teil der Vorderwand (mit dem Stiefelknecht verankert) ist schwächer ausgebildet und hat nur Stärken wie Mantelblech und

[1]) Ebendort befinden sich auch Zugstärkenbegrenzungen für Personenzüge. Für alle Zuggattungen spielen auch die größten zulässigen Geschwindigkeiten in Gefällen und in Krümmungen eine Rolle (B. O. § 66, 3 und 4). Vgl. Abb. 20 und 21 auf S. 56/57.

[2]) Flußeiserne Büchsen wurden aus Billigkeitsgründen und aus Mangel an Kupfer bei uns während des Krieges ausgeführt, haben sich aber nicht bewährt.

Rückwand; ebenso der zum Vernieten mit dem Mantelblech umgebördelte Rand. Die Verbindung der Rückwand mit dem Mantelblech geschieht durch Vernieten des umgebördelten Randes durch eiserne Nieten in meist einreihiger Überlappung. Die Abrundungshalbmesser der Decken-Seitenkanten sind etwa 200 mm, die der übrigen Kanten etwa 50 mm. Die innere Feuerbüchsdecke ist bei für starke Steigungen bestimmte Lokomotiven vorn etwas höher gebaut, damit mindestens noch 100 mm Wasser über der inneren Feuerbüchsdecke stehen.

Abb. 35.

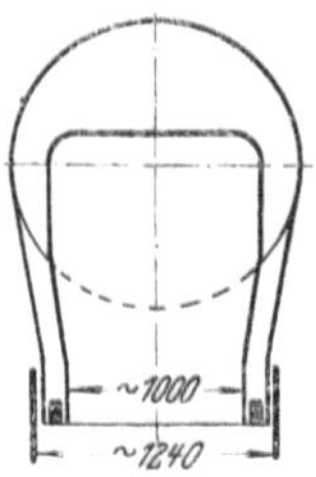

Abb. 36.

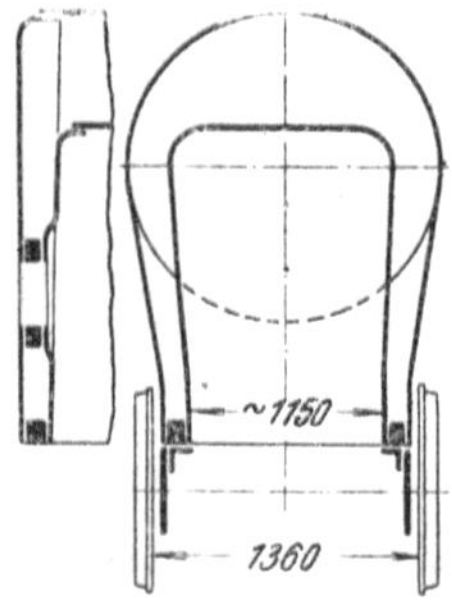

Abb. 37.

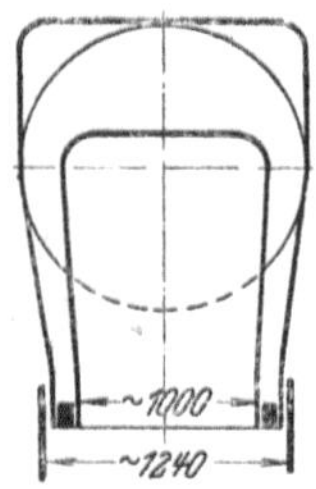

Abb. 38.

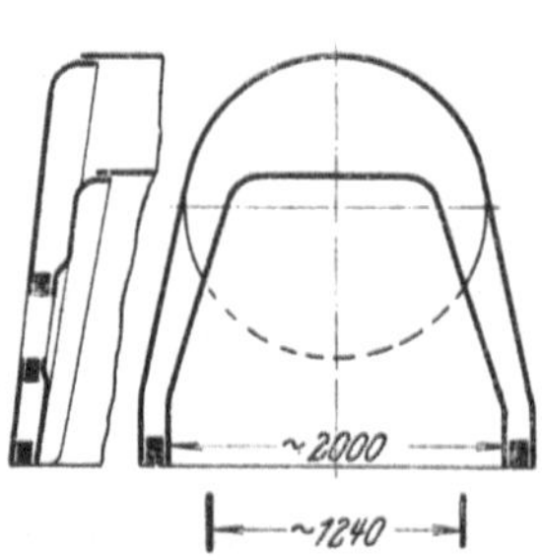

Abb. 39.

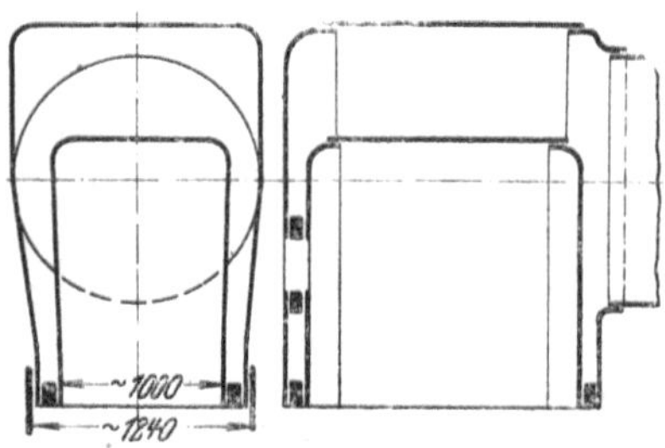

Abb. 35 bis 39. Hinterkesselformen.

Stehkessel; besteht gewöhnlich aus drei Hauptteilen: aus Vorderwand, Hinterwand (Kessel-Stirnwand) und Mantel (in der Regel Decke und Seitenwände); letzterer ist häufig auch aus drei Blechen, bei kleineren Kesseln und Bauart „Belpaire" jedoch aus einem Stück. Der Stehkessel ist aus Eisenblechen, von denen die zum Mantel verwendeten seitlich etwa 15 bis 16 mm und in der Decke etwa 18 bis 22 mm stark sein müssen, wegen besseren Verschraubens und Dichthaltens der Deckenanker. Die Hinterwand, die das Feuerloch aufnimmt, hat die gleiche Wandstärke wie die Mantel-Seitenwände. Der Abrundungshalbmesser der Kanten ist wenigstens 50 mm. Der Stehkessel wird mit dem Langkessel durch die „Stiefelknechtplatte" verbunden. Sie wird aus einem oder aus zwei Teilen hergestellt.

b) Verschiedene Formen.

Man unterscheidet folgende Arten von Hinterkesseln:

I. Nach Form des Bodenringes:

a) schmale, zwischen den Innenrahmenblechen liegende; 1,0 bis 1,02 m breit (Abb. 35);

b) schmale, bis an die Räder (aber noch zwischen den Rädern), auf den Innenrahmenblechen liegende; etwa 1,15 m breit (Abb. 36);

c) breite [1], über die Rahmenbleche und Räder hinausreichende; etwa 2,0 m breit (Abb. 38); Bauart „Wootten" bis etwa 2,8 m breit (Abb. 40 a);

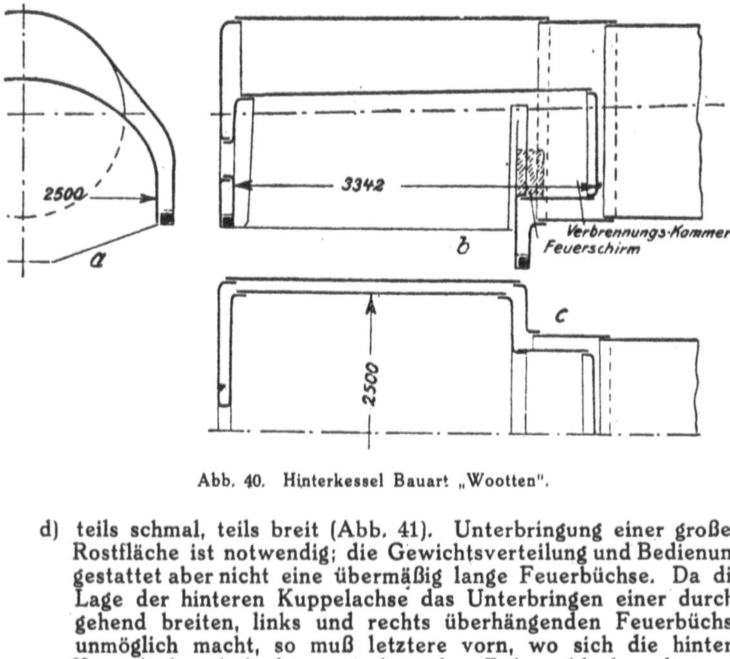

Abb. 40. Hinterkessel Bauart „Wootten".

d) teils schmal, teils breit (Abb. 41). Unterbringung einer großen Rostfläche ist notwendig; die Gewichtsverteilung und Bedienung gestattet aber nicht eine übermäßig lange Feuerbüchse. Da die Lage der hinteren Kuppelachse das Unterbringen einer durchgehend breiten, links und rechts überhängenden Feuerbüchse unmöglich macht, so muß letztere vorn, wo sich die hintere Kuppelachse befindet, zwischen den Rahmenblechen liegend, schmal, und — um die große Rostfläche zu verwirklichen — nach hinten zu sich allmählich „trapezförmig" erweiternd, an ihrem hinteren Teile breit, seitlich überhängend, ausgebildet werden.

[1]) Für 1 qm Rostfläche ergibt sich hierbei ein geringeres Kesselgewicht als bei schmalerem Rost.

II. Nach Form des Hinterkesselmantels:

a) glatte (Abb. 35 bis 38); die Decke wird einfach durch Fortsetzung der oberen Hälfte des Langkessels gebildet;

b) überhöhte (Bauart „Belpaire") (Abb. 39); um den Raum zum Ansammeln des Dampfes zu vergrößern;

c) hinten abgeschrägte; meist wegen Gewichtsersparnis (Abb. 38, Längsschnitt);

d) sonstige besondere Formen zur Erreichung bestimmter Zwecke, und zwar u. a.: Wasserrohrfeuerbüchsen Bauart „Brotan"[1]) und „Stroomann"[2]); Wellrohrfeuerbüchsen Bauart „Lenz" und

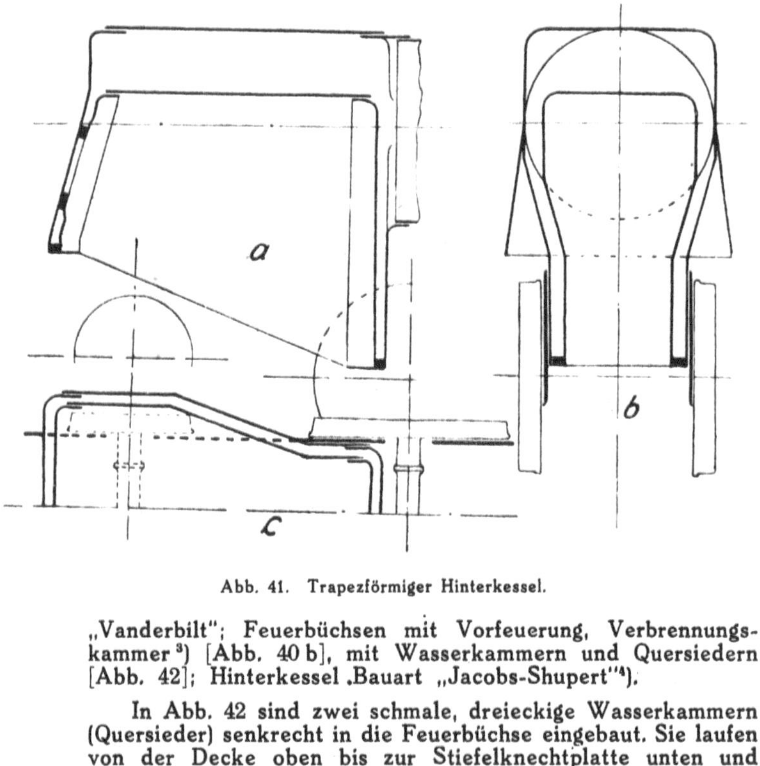

Abb. 41. Trapezförmiger Hinterkessel.

„Vanderbilt"; Feuerbüchsen mit Vorfeuerung, Verbrennungskammer[3]) [Abb. 40 b], mit Wasserkammern und Quersiedern [Abb. 42]; Hinterkessel Bauart „Jacobs-Shupert"[4]).

In Abb. 42 sind zwei schmale, dreieckige Wasserkammern (Quersieder) senkrecht in die Feuerbüchse eingebaut. Sie laufen von der Decke oben bis zur Stiefelknechtplatte unten und tragen den Feuerschirm. Durch den lebhaften Wasserumlauf wird Ansetzen von Schlamm und Kesselstein in den Kammern vermieden.

III. Nach Vorhandensein von Stehbolzen:

a) Hinterkessel mit Stehbolzen;

b) Hinterkessel ohne Stehbolzen (z. B. „Jacobs-Shupert").

---

[1]) Vgl. S. 155 [2]) Vgl. S. 152. [3]) Vgl. S. 158. [4]) Vgl. S. 159.

c) Blechstärkenberechnung (Abb. 43/44).

Bezeichnungsweisen in den nachstehenden Formeln:

a und b = Rechteckseiten bzgl. der Bolzen- bzw. Ankerteilung in mm,
d_1 und d_2 = Entfernung der Bolzen- bzw. Ankerteilung in mm,
s = Blechstärke in mm,
p = Kesselüberdruck in kg/qcm,
c = 0,017 bei Wänden, in welche die Bolzen oder Anker eingeschraubt und vernietet sind, und die von den Gasen und vom Wasser berührt werden,

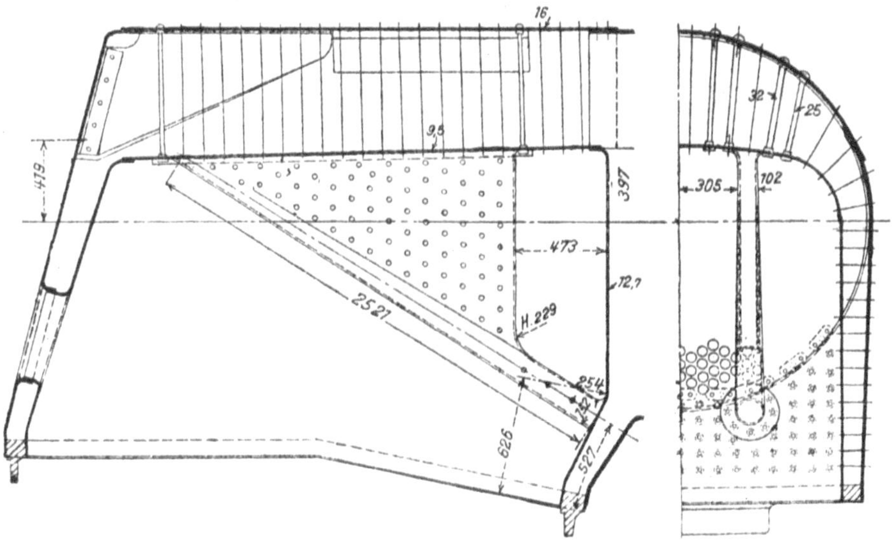

Abb. 42. Feuerbüchse mit Wasserkammern.

c = 0,015, wenn solche Wände nicht von den Gasen berührt werden,
c = 0,0155 bei Wänden, in welche die Bolzen oder Anker eingeschraubt und außen mit Muttern oder gedrehten Köpfen versehen sind, und die von den Gasen und vom Wasser berührt werden,
k_z = Zugfestigkeit des Baustoffes in kg/qmm,
für Schweißeisen: 33 kg/qmm,
für Flußeisen: 36 bis 44 kg/qmm,
für Kupfer: 22 kg/qmm bis zu 120 °C; bei höheren Temperaturen nimmt die Zugfestigkeit um je 100 kg/qcm für jede 20 °C ab,
d_i und d_a = innerer und äußerer Rohrdurchmesser des Siederohres an der Einwalzstelle in mm,
D = innerer Durchmesser der Feuerkiste in mm,
w = Weite der Feuerbüchse in mm,

t = Entfernung der Siederohre voneinander in mm, von Mitte zu Mitte gemessen,

z = Mindestfestigkeit der Längsnaht zur Zugfestigkeit des Bleches $\cong 0{,}75\ k_z$,

x = Sicherheitsgrad gegen Zerreißen, und zwar ist

$x = 4{,}75$ bei überlappten oder einseitig gelaschten, handgenieteten Nähten,

$x = 4{,}5$ bei überlappten oder einseitig gelaschten, maschinengenieteten Nähten und bei geschweißten Nähten,

$x = 4{,}25$ bei doppeltgelaschten, handgenieteten Nähten,

$x = 4{,}0$ bei doppeltgelaschten, maschinengenieteten Nähten.

Innere Feuerbüchswände (Mantelblech und Rückwand).

1. wenn aus Flußeisen:

bei rechteckiger Bolzen- und Ankerteilung

$$s^{mm} = c \cdot \sqrt{p \cdot (a^2 + b^2)}$$

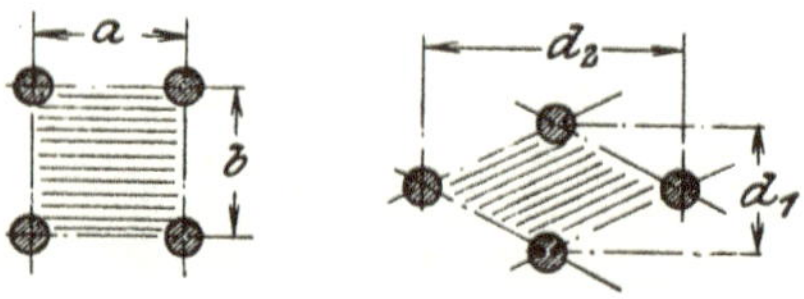

Abb. 43/44. Bolzen- bzw. Ankerteilung.

bei unregelmäßig verteilter Verankerung

$$s^{mm} = c \cdot \frac{1}{2} \cdot (d_1 + d_2) \cdot \sqrt{p}$$

z. B. bei $p = 13$, $a = 90$ mm, $b = 100$ mm wird für $c = 0{,}017$

$$s = 0{,}017 \cdot \sqrt{13 \cdot (90^2 + 100^2)} = 8{,}2\ \text{mm}.$$

Obwohl die Rechnung einen kleinen Wert ergibt, macht man mit Rücksicht auf Kümpeln, Stehbolzengewinde und Abrostung $s \cong 13$ mm (meist 15 mm).

2. wenn aus Kupfer:

bei rechteckiger Bolzen- und Ankerteilung

$$s^{mm} = 5{,}83 \cdot c \cdot \sqrt{\frac{p}{k_z} \cdot (a^2 + b^2)}$$

bei unregelmäßig verteilter Verankerung

$$s^{mm} = 5{,}83 \cdot c \cdot \frac{d_1 + d_2}{2} \cdot \sqrt{\frac{p}{k_z}}$$

z. B. bei $p = 13$, $a = 90$ mm, $b = 100$ mm wird für $c = 0{,}017$ und $k_z \cong 12$ kg/qmm (mit Rücksicht auf die Temperatur)

$$s = 5{,}83 \cdot 0{,}017 \cdot \sqrt{\frac{13}{12} \cdot (90^2 + 100^2)} \cong 19{,}4\ \text{mm}.$$

Innere Feuerbüchs-Rohrwand (Vorderwand)

1. wenn aus Flußeisen:

$$s^{mm} = 5 + \frac{d_a}{8} \text{ im Minimum.}$$

2. wenn aus Kupfer:

$$s^{mm} = \frac{p \cdot w \cdot t}{1900 \cdot (t - d_i)} \text{ im Minimum.}$$

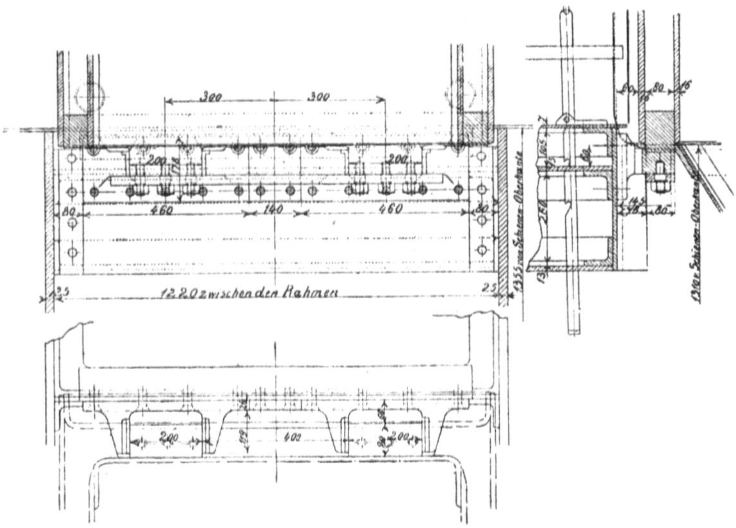

Abb. 45. Schlingerstück am Bodenring.

Äußerer eiserner Stehkessel

a) bei ebenen Wandungen:

$$s^{mm} = c \cdot \sqrt{p \cdot (a^2 + b^2)} \text{ bzw. } s^{mm} = c \cdot \frac{1}{2} \cdot (d_1 + d_2) \cdot \sqrt{p}$$

b) bei zylindrischen Wandungen:

$$s^{mm} = D \cdot \frac{p \cdot x}{200 \cdot k_z \cdot z} + 1$$

z. B. bei $p = 13$, $D = 1600$ mm wird für $x = 4{,}0$, $z = 0{,}75$, $k_z \cong 37$ kg/qmm

$$s = \frac{1600 \cdot 13 \cdot 4{,}0}{200 \cdot 37 \cdot 0{,}75} + 1 \cong 16 \text{ mm}$$

bei gebogenen Wandungen:

etwas stärker auszuführen als es sich aus a) ergeben würde,
etwas schwächer auszuführen als es sich aus b) ergeben würde.

d) Bodenring.

Er verbindet Stehkessel (außen) und Feuerbüchse (innen) im unteren Teil miteinander. Seine Breite ist etwa 60 bis 90, seine Höhe etwa 70 bis 100 mm. Breite möglichst groß, um guten Wasserumlauf zu erhalten. Als Baustoff diente früher allgemein Schmiedeeisen; Barren wurden ausgeschmiedet und dann zusammen angeschweißt. Heute wird meistens Flußeisen als Baustoff benutzt. Als Nietung waren in der Regel zwei gegeneinander versetzte Nietreihen in Gebrauch. Wenn an den Ecken für Nietköpfe kein Platz ist, so werden von außen Nietschrauben zwischen die Niete gesetzt. Zwecks Vermeidung von Undichtigkeiten an den Ecken hat der Bodenring häufig nach unten verlängerte Ecklappen und eine dritte, enggeteilte Nietreihe für die Außenwand. Neuerdings kommen meist einreihige Nieten in Verbindung mit Ecklappen vor.

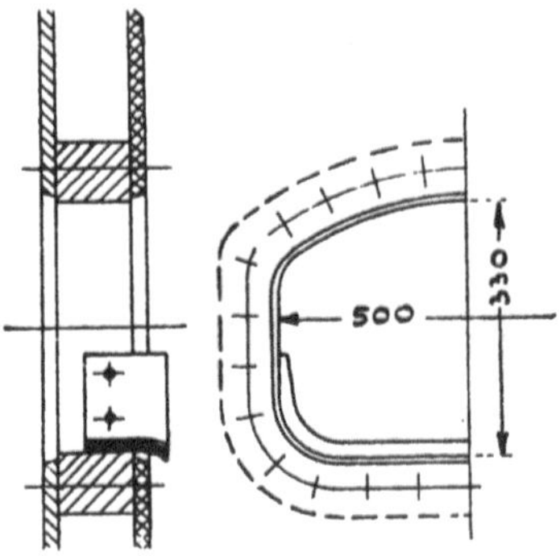

Abb. 46. Schüröffnung.

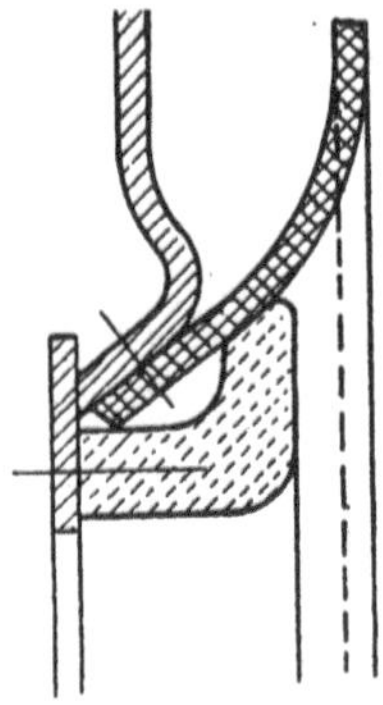

Abb. 47. Schüröffnung Bauart „Webb".

Reicht der Bodenring über den Rahmen, so wird er auch herangezogen als Feuerbüchsträger, als Schlingerstück (wenn im hinteren Teile des Kessels Seitenstöße aufgenommen werden sollen), zum Tragen von Rost und Kipprostträgern. Bei einzelnen preußischen Lokomotiven der Gattung G_8 befindet sich solch ein am Bodenring angeschweißtes doppeltes Schlingerstück in Gestalt zweier Lappen (Abb. 45).

e) Feuertür.

Baustoff ist starkes Eisenblech, Gußeisen, Stahlformguß oder Schmiedeisen. Die Öffnungen sind kreisrund (seltener), länglich rund oder rechteckig (Ecken abgerundet); sie sind 280 bis 330 mm hoch und 370 bis 450 mm breit. Die Schüröffnungen sind entweder geschmiedete Rahmen der betreffenden Formen und werden dann zwischen Stehkessel- und Feuerbüchs-Rückwand genietet (Abb, 46), oder die beiden eben genannten Rückwände werden unmittelbar verbunden. Letztere Ausführung verlangt sehr genaue Arbeit. Bei schlechtem Wasser bilden sich (z. B. bei Bauart „Webb" in Abb. 47)

Kesselsteinansätze in den spitz zulaufenden und schwer zugänglichen Ecken; daher schlechte Haltbarkeit der Nietnaht (Waschluken anordnen).

Die Türen werden als Dreh- oder Klapp- (Abb. 48) und als Schiebetüren (Abb. 49) gebaut. Erstere sind entweder um eine senkrechte Achse nach außen oder um eine wagerechte nach außen bzw. innen drehbar. Die Schiebetüren sind meist zweiteilig; ihr Vorteil gegenüber den Klapptüren ist, daß sie weniger Raum einnehmen, daß

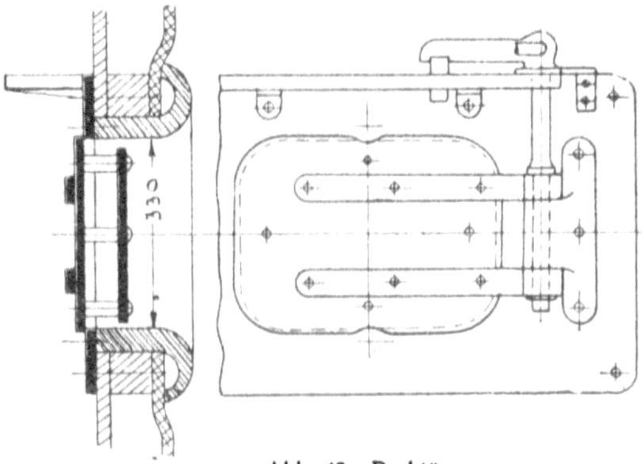

Abb. 48. Drehtür.

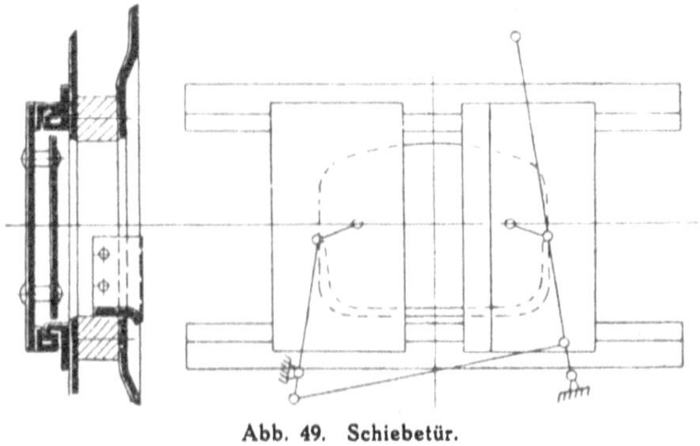

Abb. 49. Schiebetür.

sie ein schnelleres Bedienen gestatten und daß man mit ihnen leicht verschiedene Öffnungen geben kann. Ein Nachteil der Schiebetüren ist, daß sie nicht recht dicht halten. Englische Bahnen haben nur Klapptüren, die drehbar nach außen oder innen um eine obere oder untere wagerechte Achse sind. Bei einem Aufschlagen der Tür nach innen kann die kalte Luft nicht unmittelbar an die Rohre kommen. Die zweiteilige Schiebetür in Abb. 50 [1]) wird mittels zweier Hebel betätigt. Bei Betätigung des rechten Hebels öffnet sie das Schürloch auf 350 mm

[1]) Hanomag-Nachrichten, 1917, S. 35.

Breite von rechts und bei Betätigung des linken auf 350 mm von links. Will man den Rost von Schlacke befreien, so wird durch Bedienung beider Hebel das Schürloch auf seine vollständige Breite geöffnet. Bei Feuerbüchsen mittlerer Breite (etwa bis 5,6 m) ist ein Feuerloch mit dreiteiliger Klapptür am zweckmäßigsten. Für breite Feuerbüchsen hat man zwei getrennte Türen (leichtere Handhabung, abwechselnde Beschickung) oder nur eine große mittlere Schüröffnung.

f) Feuergewölbe.

Angeordnet im vordersten Teil der Feuerbüchse unterhalb der untersten Rohrreihe. Sein Baustoff besteht aus mehreren großen Schamottesteinen oder aus feuerfesten Steinen (billiger und besser auswechselbar). Das Feuergewölbe dient als Wärmespeicher beim Öffnen der Tür und erzielt dadurch geringere Rußbildung; ferner bewirkt es bessere und gleichmäßigere Zerteilung der Heizgase in der Feuerbüchse und ist zugleich Schutz für die untersten Rohre gegen die

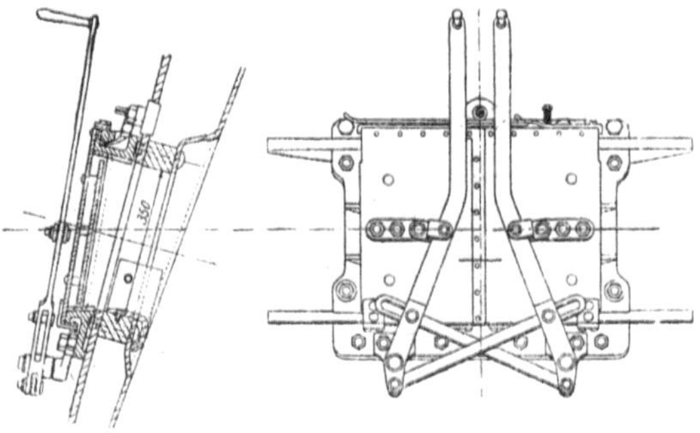

Abb. 50. Schiebetür, betätigt durch zwei Hebel.

Stichflamme. Zwecks Befestigung stützt sich das Feuergewölbe auf ein an den Seitenwänden angeordnetes Widerlager aus Eisen. Durch keilförmige Fügung stützen die beiden außenliegenden Steine den inneren ohne Bindemittel (Abb. 51). Neuerdings werden zur Befestigung der Feuergewölbe verlängerte Stehbolzen mit Muttern benutzt; denn die vordem zu gleichem Zwecke angewendeten Bolzen wurden öfters während der Fahrt beschädigt. Um zu verhindern, daß sich in den Langlöchern der Feuerschirmträger Asche und Schlacke festsetzt, werden diese Löcher nach außen versenkt.

Bei den 1F-G-Lokomotiven der württembergischen Staatsbahnen mit eisernen Feuerbüchsen stützt sich das Feuergewölbe (Abb. 52), umgekehrt liegend (also mit Wölbung nach oben), auf vier, durch die Feuerbüchse sich erstreckende Rohre. Guter Wasserumlauf wird durch die Rohre erzielt. Diese sind schwach S-förmig gekrümmt, damit sie bei Wärmeänderungen nachgeben können. Von der Feuerkiste aus werden die Rohre mit zurückgedrehten Verschraubungen eingeführt und dann diese nebst Gegenmuttern festgezogen. Die Schamottesteine konnten ein wenig von den Seitenwänden abgerückt werden, wodurch man nach Möglichkeit Wärmestauungen und Stichflammenwirkungen vermied.

Die Vereinigten Staaten verwenden sehr tiefe, ebenfalls nach oben gewölbte, auf Wasserröhren ruhende Feuerschirme. Doch sind hier die Rohre in die Rückwand der Feuerbüchse und in die Rohrwand eingeschweißt; beim Vorhandensein einer Verbrennungskammer in diese statt in die Rohrwand.

g) Rost.

Erforderlich für den Rost sind: hinreichende Auflagerfläche, genügend freier Durchgang für die eintretende Verbrennungsluft, leichte Reinigung der Spalten, leichte Beseitigung der Schlacken, leichte Aus-

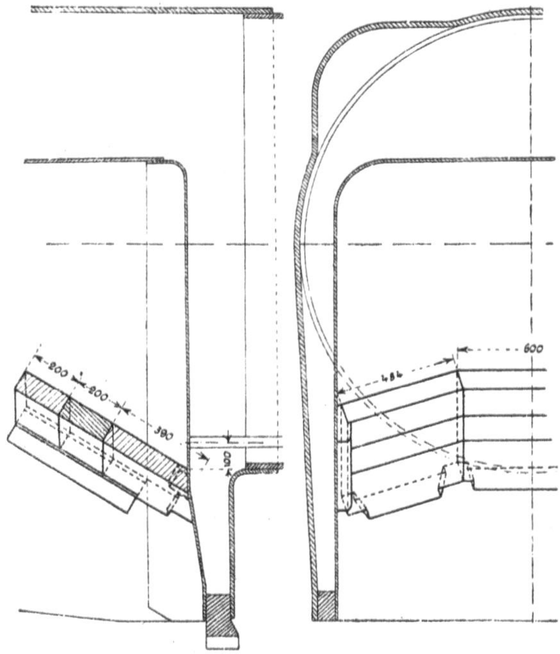

Abb. 51. Feuergewölbe.

wechslung der Stäbe, Dauerhaftigkeit gegen Verbrennen und Verbiegen der Stäbe.

Als Bauarten kommen in Betracht: einfache Roste, Kipproste, Schüttelroste (in Nordamerika für Durchfahren großer Strecken, Bauart „Franklin"), Wasserroste (wegen hoher Wärme und flüssiger Schlacke), Treppenroste (auf französischen Bahnen, haben sich nicht bewährt).

Rostlänge im Höchstfall 3 m, Rostbreite nicht viel über 1 m (bei Feuerbüchsen zwischen den Rahmen). Bei Rostflächen von mehr als 3 qm geht man zu breiten Rosten über. Liegt der Hinterkessel nicht zwischen, sondern auf dem Rahmen, aber noch zwischen den Rädern so wird der Rost auf etwa 1,1 m verbreitert. Noch breiter wird der Rost bei breiten Hinterkesseln über den Achsen. Für die zukünftigen Einheitslokomotiven der Deutschen Reichsbahn sollen nur zwei Rostbreiten vorgesehen werden: etwa 1560 mm und etwa 1060 mm, je nach dem der Rost über oder zwischen den Rädern liegt.

Baustoff der Stäbe: Gußeisen oder Walzeisen. Stabform und Stabentfernung: sog. einfache oder doppelte Roststäbe. Die Spaltenweiten der Roststäbe richten sich nach der Korngröße und nach dem Backen des Brennstoffes, nach der Dünnflüssigkeit der Schlacke (Schlackenbildung) und nach den Luftzugverhältnissen. Die Luftspalten sind für oberschlesische Kohle mit 10 bis 12 mm, für westfälische Kohle mit 13 bis 15 mm zu bemessen. Dabei ist anzustreben, daß das Verhältnis der freien zur ganzen bzw. zur bedeckten Rostfläche ($R_f : R_{gz}$) möglichst groß wird (R_f = 40 bis 50 % von R_{gz}). Demzufolge kommen für 10 bis 15 mm Spaltenweiten Roststäbe von 9 bis 13 mm Stärke in

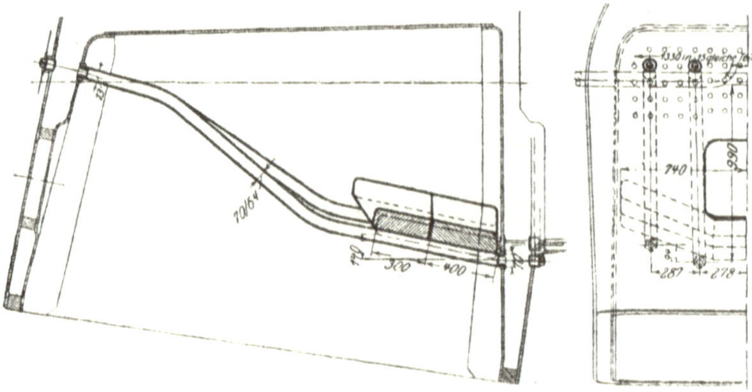

Abb. 52. Feuergewölbe der württembergischen 1F-Lokomotive.

Betracht. Man nimmt gewöhnlich für oberschlesische Kohle 10 mm Spaltweite bei 10 mm Stabbreite, für westfälische Kohle 13 mm Spaltweite bei 11 mm Stabbreite.

Da zur Verbrennung der Kohle auf dem Rost Luft (Sauerstoff) nötig, so spielt die Luftzufuhr zu der zu verbrennenden Kohle eine Rolle. Theoretisch (d. h. bei gleichmäßiger Verbrennung aller Kohle) braucht 1 kg Kohle zu seiner vollkommenen Verbrennung etwa 11 kg oder $\frac{11}{1,2} \cong$ 9 cbm Luft. In Wirklichkeit rechnet man als erforderliche Luftmenge für die Verbrennung von 1 kg Kohle 15 bis 16 kg, d. h. etwa 13,3 cbm im ungünstigsten Falle. Nimmt man z. B. eine stündliche Verbrennung an von 500 kg/qm, so werden hierfür an Luft stündlich verbraucht $500 \times 13,3 = 6650$ cbm oder 1,85 cbm/sek. Bei R_f = 40% von R_{gz} wird dann die Geschwindigkeit, mit der die Luft durch die Rostspalten zieht, $1,85 \times 2,5 \cong 4,6$ m/sek. Allgemein rechnet man mit 4 bis 6 m/sek Luftgeschwindigkeit.

Eine Verminderung der Schlackenbildung, besonders bei schlechter Kohle, läßt sich durch die Einführung des aus dem Vorwärmer entweichenden überschüssigen Dampfes mittels Dampfbrause in den Aschkasten erreichen, da hierdurch eine vorzügliche Kühlung der Roststäbe bewirkt wird. Diese Wirkungsweise zeigt der Rost Bau-

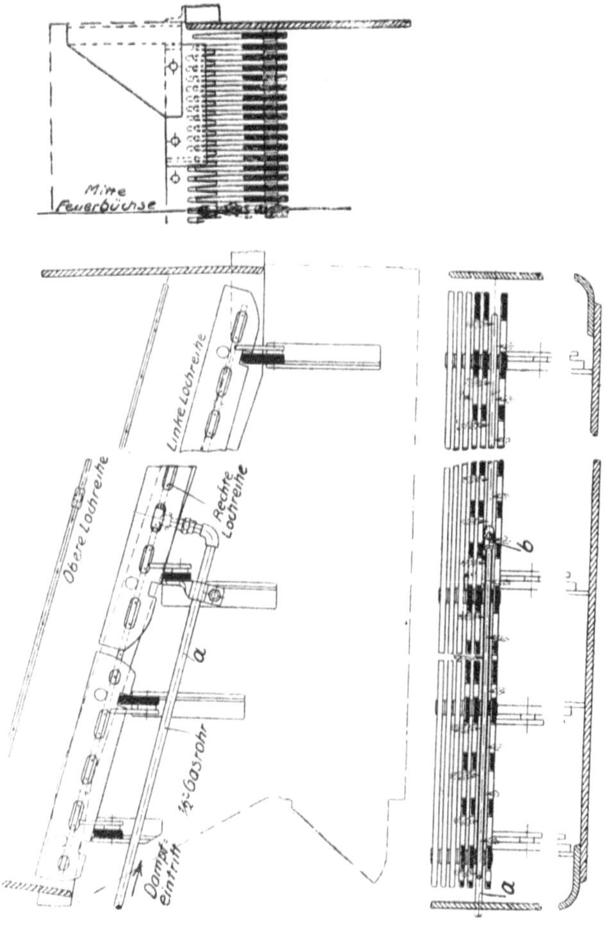

Abb. 53. Rost Bauart „Menner".

art „Menner" (Abb. 53). Die hier verwendete Roststabanordnung mit aufeinanderlaufenden seitlichen Durchbrüchen und einem längs laufenden Dampfbrausenrohr mit — den Durchbrüchen entsprechenden — seitlichen und mehreren nach oben gerichteten Austrittsöffnungen wird seit etwa 10 Jahren bei den württembergischen Staatsbahnen benutzt. Die Dampfzuleitung erfolgt durch das Rohr a bis zur Einmündung b. Von dort führt je eine Längsbrause links und rechts vom Rost zwischen den Roststäben und parallel zu diesen liegend hindurch. Ihre Austrittsöffnungen münden ein in die Durchbrüche der Roststäbe und lassen den Dampf über die ganze Rostbreite durchstreichen.

Wegen erforderlicher Auswechselung benutzt man bei ein und derselben Eisenbahnverwaltung möglichst gleichgebildete Roststäbe. Die z. Z. bei den wichtigsten Lokomotiven der preußischen Staatsbahn zur Ausführung kommenden Roststabanordnungen sind in Abb. 54 und der zugehörigen Zusammenstellung 24 dargestellt. Nach unten muß die Stärke der Stäbe abnehmen, um gutes Abfallen der Asche zu er-

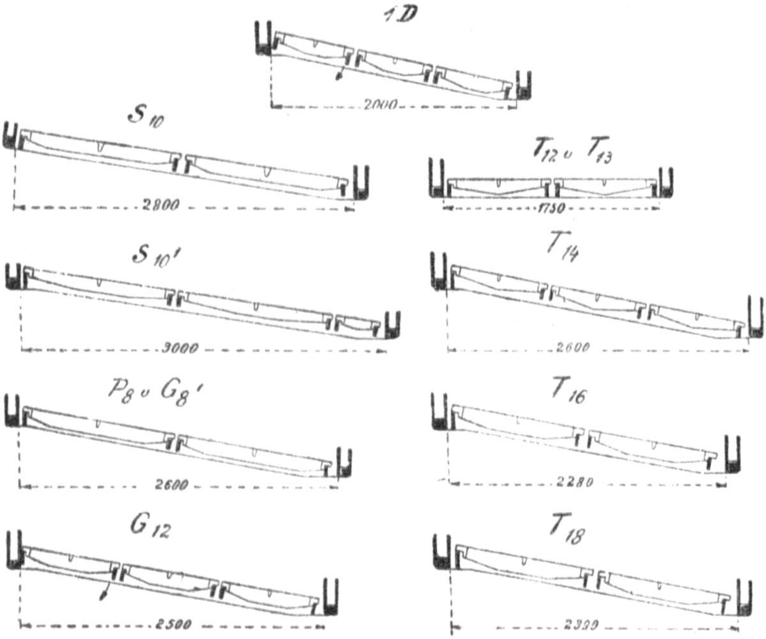

Abb. 54. Roststabanordnung preußischer Lokomotiven.

möglichen und ein besseres Abschlacken des Rostes während des Betriebes zu gewährleisten. Die Höhe der Stäbe ist etwa 80 mm, ihre Breite 10 bis 12 mm und die Breitenabnahme nach unten 7 mm. Abstandstücke sind zwischen den Stäben anzuordnen, um seitliches Verschieben derselben während der Fahrt und beim Abschlacken zu verhindern. Der Rost wird wagerecht oder geneigt (besser beschickbar und heizbar, besonders bei großer Länge und wenn die Achsen unter dem Hinterkessel liegen) angeordnet. Eigenartig ist die Ausbildung der Roststäbe in Abb. 55, ausgeführt für E-Lokomotiven der Luxemburgischen Prinz Heinrich-Bahn. Für die Feuerung wird auf dieser Bahn sehr leichte belgische Staubkohle verwendet.

Zusammenstellung 24.

a) 1 m Roststab als Regelstab angenommen.

Lfde. Nr.	Bezeichnung	Ganze Rostlänge	Anzahl der Roststäbe von 1000 mm Länge	Länge des Paßstückes (rd.)	Bemerkungen
1	1 D	2000	2*)	—	*) oder bei Kipprost 2 Roststäbe von 600 mm und 1 Roststab von 800 mm, also dieselben Modelle wie 2 und 4.
2	S_{10}	2800	2	800	
3	S_{10}^1	3000	3	—	
4	P_8 und G_8^1	2600	2	600**)	**) können zum Kipprost verwendet werden.
5	G_{12}	2500	2	500**)	
6	T_{12} und T_{13}	1750	1	750	
7	T_{14}	2600	2	600	wie bei 4.
8	T_{16}	2280	2***)	280	***) oder besser 3 Roststäbe von 750 mm Länge; Paßstück fällt dann fort.
9	T_{18}	2390	2	390	

b) 750 mm Roststab als Regelstab angenommen.

Lfde. Nr.	Bezeichnung	Ganze Rostlänge	Anzahl der Roststäbe von 750 mm Länge	Länge des Paßstückes (rd.)	Bemerkungen
1	1 D	2000	2	500	
2	S_{10}	2800	3	550*)	*) oder auch 500 und Platte von 50 mm.
3	S_{10}^1	3000	4	—	
4	P_8 und G_8^1	2600	3	350	
5	G_{12}	2500	3**)	250	**) oder besser 2 Regelstäbe und 2 Roststäbe von 500 mm (Kipprost).
6	T_{12} und T_{13}	1750	2***)	250	***) oder besser 1 Regelstab und 2 Roststäbe, je 500 mm lang
7	T_{14}	2600	3	350	
8	T_{16}	2280	3	—	Platte von 30 mm.
9	T_{18}	2390	3	—	Platte von 140 mm.

Bemerkung: Die Maße geben nur die Teilung an; die wirklichen Roststablängen sind mit Rücksicht auf die Spielräume noch festzusetzen.

Bei kurzen Feuerbüchsen (bis 1,5 m) ist nur ein Roststab in der Länge notwendig; sonst Unterteilung. Der Schüttelrost ermöglicht durch Hebelbewegung eine Schlackenbefreiung des Rostes. Beim Kipprost ist nur ein Teil des Rostes — bis zum Fallwinkel der Kohlen von rund 60° — umkippbar und wird vom Führerstand aus durch Schraubenspindel und Hebel betätigt. Umkippbar ist der vordere oder mittlere Teil des Rostes. Der Kipprost in Abb. 56 liegt auf Längsmitte des Rostes, damit in seiner gesenkten Lage die Schlacken möglichst ungehindert in den vordersten, geräumigsten Teil des Aschkastens gelangen können. Seine Einstellung erfolgt mittels Handrades vom Führerstand aus. Die Anbringung des Kipprostes im vorderen Teil des Rostes (1D1-Lokomotive der sächsischen Staatsbahnen) zeigt Abb. 57.

h) Aschkasten.

Er dient zum Schutze der Bahnstrecke (Holzschwellen) gegen die vom Rost herabfallenden glühenden Aschen- und Kohlenteile, sowie zur Regelung der Luftzufuhr. Der Aschkasten muß entfernt werden können, ohne den Kessel abzuheben. Die Form richtet sich nach der Lage der Achsen zum Hinterkessel, sowie nach Höhenlage und Ge-

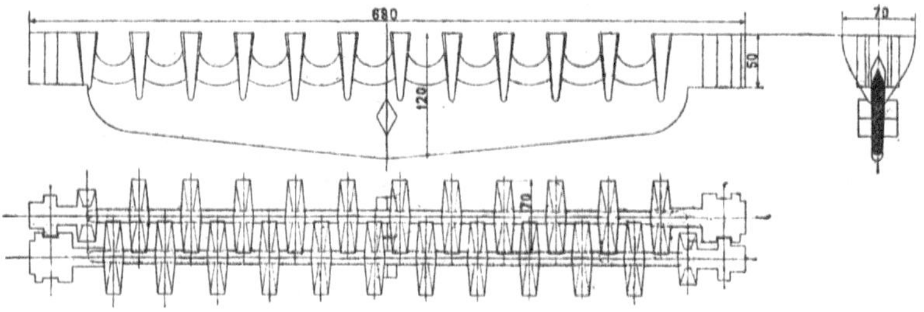

Abb. 55. Roststab für Staubkohlenfeuerung.

staltung der Feuerbüchse (Abb. 58 und 59). Bei Barrenrahmen oder sehr breitem Hinterkessel werden mehrteilige Aschkästen um den Rahmen gelegt (Abb. 60). Gewöhnlich führt man den Aschkasten zwei- oder mehrteilig aus; sein oberer Teil ist ein in sich abgeschlossener Kasten, sein unterer nimmt die beweglichen Klappen auf. Manchmal wegen leichteren Zusammenbaues Teilung senkrecht in der Mitte. An die Kesselspeiseleitung ist zweckmäßig eine Spritzleitung zum Löschen der glühenden Asche im Kasten angeschlossen; die Spritzleitung ist hergestellt aus Gasrohr mit feinen Bohrungen. Auf den schwedischen Bahnen gegen Brandgefahr bei Holzfeuerung stets Wasserspülung. Baustoff des Aschkastens: Eisenblech von 5 bis 8 mm Stärke; der Boden wird stärker ausgeführt wegen Durchrostens und Durchbrennens.

Aschkasten möglichst geräumig mit großen Öffnungen für die Luftzuführung (Luftklappen). Vorn hat er stets, hinten meistens solche Klappen. Bei breiten Rosten, wo der Aschkasten dreiteilig ausgeführt wird, befinden sich zweckmäßig Luftzuführungen auch an den Seitentaschen. Unten verschließt man die Klappen durch Siebe (wegen Funken). Im Boden liegt eine Öffnung, um nach Entfernung der Roststäbe in die Feuerbüchse hineinsteigen zu können, falls die Feuertür dafür zu klein ist. Zwecks Öffnens sind die Klappen hochzuziehen; bei umgekehrter Handhabungsvorrichtung könnte beim unbeabsichtigten Öffnen (durch Herunterfallen des Klappenzuges) ein Unglück eintreten (z. B. im Winter, wo Schnee liegt). Die vordere Klappe soll etwa $^1/_6$, die hintere etwa $^1/_8$ der gesamten Rostfläche freigeben. Der Aschkasten der deutschen G_{12}-Lokomotive (Abb. 61) hat besonders große Bodenklappen, die in geschlossener Lage von durchgesteckten Rundeisen gehalten werden. Die Bodenklappen im vorderen Aschkastenteil werden außerdem durch Hebelwerk mittels beweglicher Klauen geschlossen.

Hat der Aschkasten auch seitliche vordere Luftklappen, wie bei der preußischen S_9 (Abb. 60), so werden diese gleichzeitig mit der zwischen den Rahmen liegenden Klappe bewegt. Querschnittsverhält-

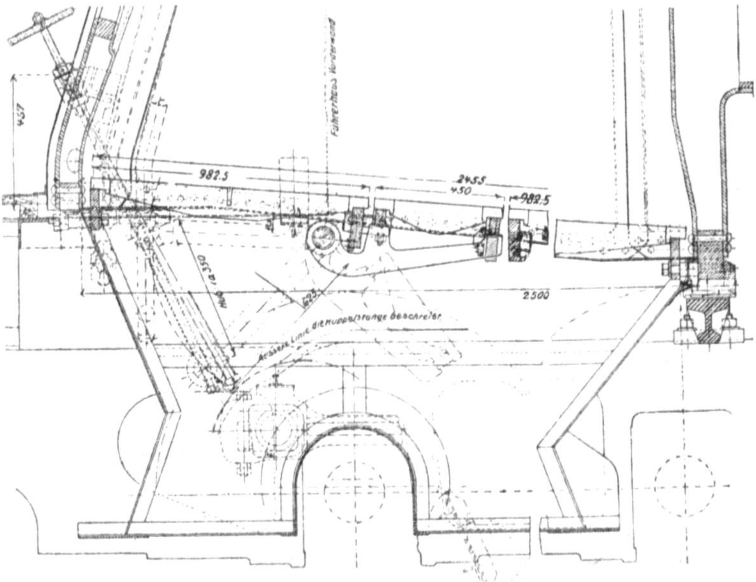

Abb. 56. Kipprost, in der Mitte umkippbar.

nisse und Lufteintrittsöffnungen sind hier bei 15 mm breiten Roststäben und $12^1/_4$ mm breiten Spalten bei einer gesamten Rostfläche von $R_{gz} = 4{,}0$ qm und einer freien Rostfläche von $R_f = 1{,}44$ qm, da der Querschnitt für den Lufteintritt in den Aschkasten $F = 0{,}5$ qm: $F : R_{gz} = 1 : 8$ und $F : R_f = 1 : 2{,}88$[1]. Setzt man voraus, daß während einer etwa viereinhalbstündigen Fahrzeit auf der S_9 stündlich rd. 400 kg Kohlen auf 1 qm Rostfläche verbrannt werden und daß diese 5% Asche enthalten, so ergibt sich eine Aschenmenge von 360 kg, die bei 0,6 spezifischem Gewicht einem Raum von 600 l entepricht. Da der Aschkasten bis 200 mm Höhe, d. h. bis zur Luftklappen-Unterkante 900 l faßt, so ist er sehr reichlich bemessen, zumal sich die Asche nach hinten bedeutend höher lagern kann.

[1] Z. V. D. I. 1909, S. 646.

i) Verankerungen.

Sie sind im Kessel nötig, sobald Flächen vorhanden sind, die nicht kugel- oder zylinderförmig sind. Ebene unverankerte Wände werden sich infolge des großen inneren Überdruckes leicht ausbeulen. Man unterscheidet nach Form der Anker: Barrenanker, Plattenanker, Stangen- oder Rohranker, Stehbolzen, Winkel- bzw.

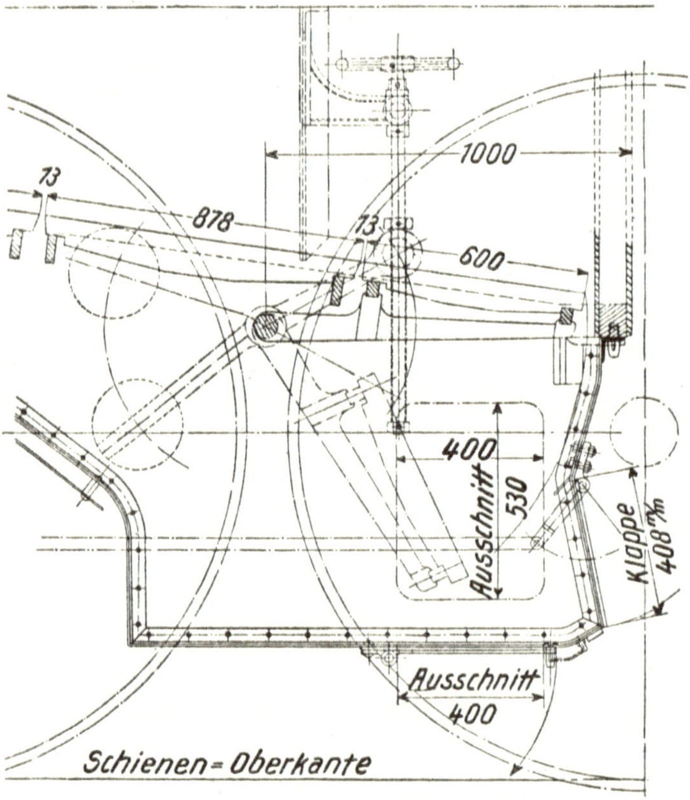

Abb. 57. Kipprost, im vorderen Teil umkippbar.

T-Eisen; nach Lage der Anker: Decken-, Seiten-, Längs-, Quer- und Rohrwandanker.

Barrenanker sind barrenförmige Anker, die über die ganze Länge (Längsbarrenanker) oder Breite der Feuerbüchse (Querbarrenanker) gehen. Sie werden fast nur noch in England verwendet. Ihr Nachteil ist, daß sich der Spielraum zwischen Anker und äußerer Feuerbüchse voll Kesselstein setzt, so daß die Feuerkisten sehr schwer werden und die Anker den Wasserumlauf stören.

Deckenanker (Verankerungen der Feuerbüchsdecke) sind kurze Bügelanker (Tragbügel) oder gewöhnliche Deckenanker[1]). Erstere sitzen an einem Ende auf der Feuerbüchsrohrwand auf, werden am anderen Ende von einem festen Anker getragen und dienen einer kurzen, fest zwischen sie gespannten Deckenankerschraube als Stütze (Abb. 62). Die beiden vordersten Ankerreihen sind oft beweglich als kurze Bügelanker ausgebildet, wodurch Ausdehnung der Feuerbüchse ohne schädliche Beanspruchung der Rohrwand ermöglicht wird. Gewöhnliche Deckenanker dienen zur Verbindung der beiden Feuerbüchsdecken. Sie sind aus Rundeisen, haben einen Schaftdurchmesser von 26 bis 30 mm und gestatten bei vollem Kesseldruck eine Höchstbeanspruchung von 4 bis 5 kg/qmm. Ihre Teilung ist selten

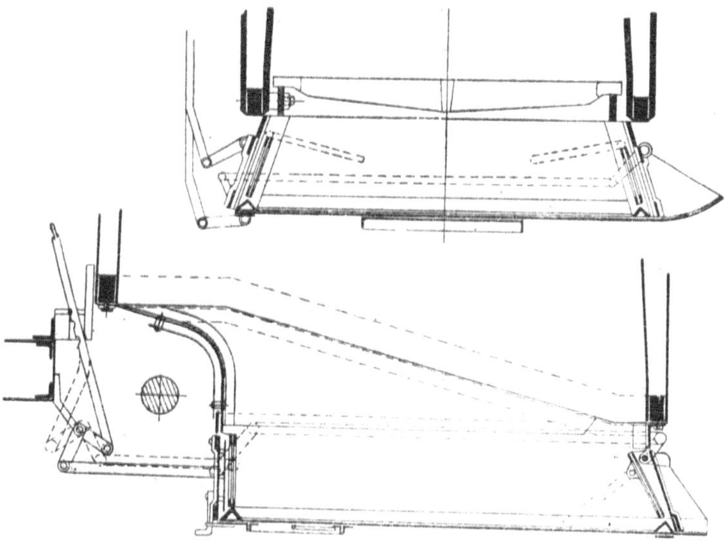

Abb 58/59. Aschkasten-Formen.

mehr als 100 bis 110 mm im Quadrat über die ganze kupferne Feuerbüchsdecke hin. Im Stehkesselmantel sind die Deckenanker eingeschraubt und manchmal vernietet, oder das überragende Ende des Ankers wird abgeschnitten. In der Feuerbüchse werden die Anker nur eingeschraubt; bei flußeisernen Feuerbüchsen werden häufig noch Kupferscheiben im Feuerraum zwischen Muttern und Feuerbüchsdecke gelegt. Durch Schrägstellung der Anker erreicht man bei runden Feuerbüchsdecken eine Vergrößerung der tragenden Gewindeflächen. Werden Deckenanker in verstärkter Kesselwand angebracht, so werden, um gutes Dichthalten der Anker in der Wand zu erzielen, Verstärkungslaschen aufgelegt, und die überragenden Ankerenden

[1]) Vgl. das später bei „Stehbolzen" Gesagte. Die Bezeichnung „Deckenanker" ist die gebräuchliche, daher hier angewendet.

werden dann gleichlaufend mit der Außenfläche der Decke abgeschnitten. Bei Öffnungen in Feuerbüchsdecken (für Stutzen) werden die Anker daselbst verlängert und mit den Stutzen verbunden. Für die vorderen Ankerreihen benutzt man zuweilen bewegliche Deckenanker, damit beim Strecken der Rohrwand infolge der Wärmeausdehnung der Biegewinkel an dem darüberliegenden Teil der Decke und am Rohrwandflansch verkleinert wird und Anbrüche an diesen Teilen vermieden werden.

Plattenanker (Blechanker) bestehen in der Hauptsache aus größeren Blechen mit Winkel- bzw. T-Eisen. Sie dienen zur wage-

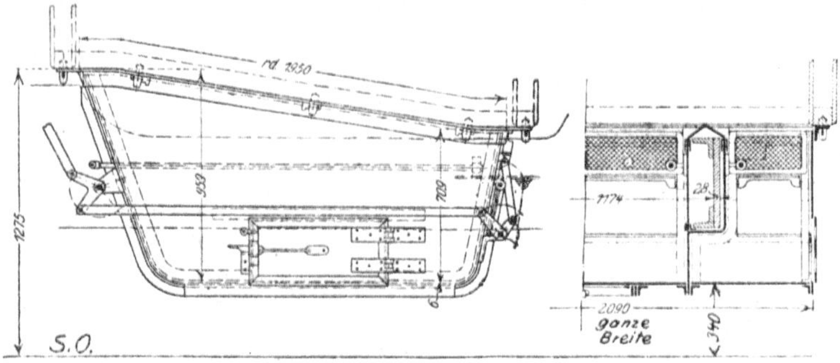

Abb. 60. Mehrteiliger Aschkasten.

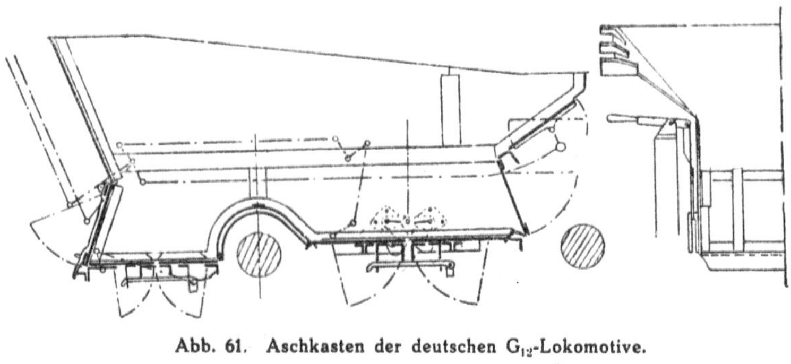

Abb. 61. Aschkasten der deutschen G_{12}-Lokomotive.

rechten Versteifung der Stehkesselrückwand (Abb. 63) bzw. der Rauchkammerrohrwand gegen den Steh- bzw. Langkessel. Man nennt sie auch Versteifungsanker, Hosenanker, Hosenblechanker.

Stangen- oder Rohranker (Quer- und Längsanker). Bei den Längsankern werden kurze und lange ausgeführt. In letzterem Falle gehen sie von der Stehkesselrückwand zur vorderen Rohrwand, oder sie liegen zwischen beiden Rohrwänden und sind volle Stangen oder Rohre. Bei großen Feuerbüchsen ordnet man die Längsanker strahlenförmig an; sie sind durch Augen und Bolzen mit den an der Rückwand angenieteten Winkelstücken verbunden.

Selten werden sie mittels angeschweißter Füße an den hinteren Teil des Rundkessels angeschlossen.

R o h r w a n d a n k e r, mit Stiftschrauben (auch Bodenanker, Längsanker genannt); möglichst lang zu machen, um die Bewegungen der Rohrwand ohne Gefährdung der Verbindung zuzulassen. Meistens sind 6 bis 9 Bodenanker in einem Lokomotivkessel vorhanden. Ihr Abstand voneinander beträgt 120 bis 170 mm. Man benutzt den Rohrwandanker zur Verbindung zwischen der Rohrwand unterhalb der Heizrohre und dem unteren Umfange des Langkessels. An einem Ende ist er am Langkessel angenietet, am anderen mit kurzen Stiftschrauben oder mit längeren angebohrten Schrauben (ähnlich dem Stehbolzen) mit der Rohrwand verbunden.

S t e h b o l z e n; bezeichnet alle aus Rundstäben mit Gewinde an den Enden versehenen Verankerungen zwischen Stehkessel und Feuerbüchse, gleichviel, ob sie wagerecht, senkrecht oder schräg angeordnet

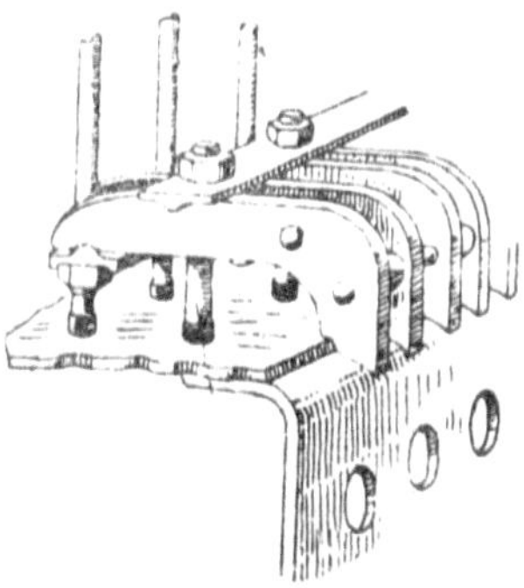

Abb. 62. Bügelanker.

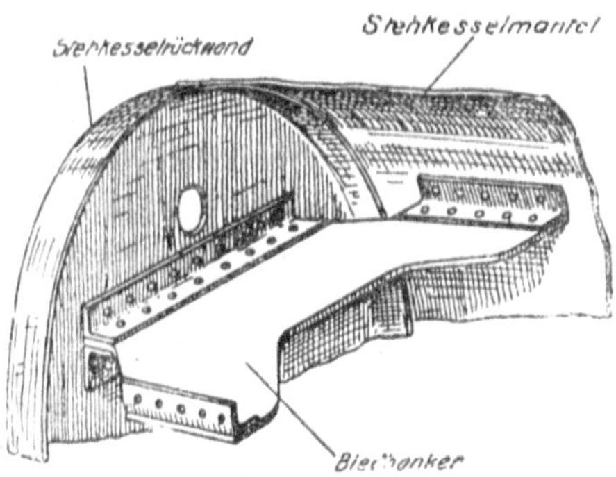

Abb. 63. Plattenanker.

sind. Man unterscheidet Seitenstehbolzen (meist kurzweg Stehbolzen genannt) und Deckenstehbolzen (bisher fälschlich Deckenanker genannt). Ihre Herstellung geschieht aus vollgewalzten oder zur Ersparung des Anbohrens aus hohlgewalzten Stäben. Als Baustoff für Seitenstehbolzen dient in der Regel Kupfer, seltener Flußeisen oder Schweißeisen (stets in Amerika). Deckenstehbolzen werden immer aus Flußeisen ausgeführt. Die oberen etwa sechs Reihen, also die nicht in der Feuerzone gelegenen, sind häufig aus Mangankupfer, da dieser Baustoff höhere Festigkeit besitzt und sich stärker auf Biegung beanspruchen läßt als gewöhnliches Stehbolzenkupfer. Mangankupfer unterliegt dem Abbrennen mehr als Stehbolzenkupfer (Hüttenkupfer) und ist deshalb auszuschließen für die bis 500 mm über dem Rost und die nahe der hinteren Abgrenzung des Feuerschirmes gelegenen Feuerbüchsteile. Manchmal werden allerdings alle Stehbolzen aus Manganbronze hergestellt; doch brennen dann in der Feuerzone die Köpfe leicht ab. Als Beanspruchung nehme man für Kupferstehbolzen:

Temperatur =	0°	100°	200°	300°	450°	480° C
Festigkeit =	23,1	21,9	18,5	15,3	8	0 kg/qcm

Bei Eisenstehbolzen ist zulässig für Flußeisen eine Festigkeit von 34 bis 41 kg/qcm und eine Dehnung von 25 %, für Schweißeisen eine Festigkeit von 32 bis 40 kg/qcm und eine Dehnung von 20 %.

Gewöhnlich ist der Stehbolzendurchmesser für Kupfer im Gewinde 26 bis 30 mm (Eisen nur 23 mm), im Kern oder Schaft 21 bis 24 mm. Bei der Deutschen Reichsbahn ist der Stehbolzendurchmesser 21/26 mm. Meist verjüngt (kegelförmig), unter einer Neigung 1 : 200 werden die Stehbolzen eingeführt, da sie so von außen leichter einzubohren sind und eine bessere Abdichtung erreichbar ist. An beiden Enden sind sie angebohrt (wenn nicht hohlgewalzt), um ein Brechen der Bolzen durch Wasseraustritt zu bemerken. Im mittleren Teil wird das Gewinde weggedreht, um das Ansetzen von Kesselstein eher zu verhüten. Wird die Bohrung ganz durchgeführt, so bekommt man eine geringe Zuführung von Frischluft in den Feuerraum und damit eine Verringerung der Rauchentwicklung. Solche Stehbolzen werden außen zugehämmert. Zylindrische, hohlgewalzte Kupferstehbolzen werden bei den neuen Heißdampfkesseln der preußischen Staatsbahnen verwendet. Teilung der Stehbolzen 80 bis 115 mm; sie nimmt ab mit wachsendem Betriebsdruck. Die Deutsche Reichsbahn schreibt eine Stehbolzenteilung vor von nicht mehr als 90 mm.

B e w e g l i c h e S t e h b o l z e n werden angewendet, um größere Nachgiebigkeit zu erzielen. Man erreicht z. B. eine Beweglichkeit, indem man den Stehbolzen mit einer besonderen, in den Feuerbüchsmantel eingeschraubten Büchse künstlich verlängert. Manchmal ruht der Bolzen mit einer an der Auflagestelle kugelförmig gestalteten Mutter beweglich auf der Verlängerungsmutter. Ein dichter Abschluß nach außen wird durch eine übergeschraubte Kappe erzielt (Bauarten „Nixon" und „Busse"). Um die Biegungsfähigkeit durch besondere Formgebung zu erhöhen, können die Bolzen durch Aufschlitzen in eine Anzahl gleichlaufender Stäbe zerlegt werden (Bauart „Stone")

2. Langkessel. (Rundkessel.)

a) Allgemeines.

Innerer mittlerer Durchmesser in Europa 1600 bis 2000 mm. In den V. St. v. A. sind Durchmesser ausgeführt worden von 2590 mm für die D+D-Bauart der Baltimore- und Ohiobahn, sowie von 2750 mm für die 1D+D+D1-Gelenklokomotive der Eriebahn.

Baustoff des Langkessels ist Flußeisen von k_z = 36 bis 44 kg/qmm und mindestens 25 % Dehnung; im Ausland häufig k_z = 40 bis 50 kg/qmm, Dehnung mindestens 20 %. Breite der Bleche 1,6 bis 3,0 m. Langkessel, statt aus den früher üblichen drei, häufig nur aus zwei längeren Ringen (Kessel der Bauart P_8) oder aus einem Ring (Kessel der Lokomotive für Halberstadt-Blankenburg). Die Bleche sind mit der Walzrichtung senkrecht zur Kesselachse zu legen. Stärke der Bleche 14 bis 20 mm.

Rundnähte (Quernähte) teils überlappt (teleskopartig), mit zweireihig versetzter Überlappungsnietung, teils mit aufgelegten Ringen gelascht und stumpf gegeneinander gestoßen. Dadurch entsteht der Vorteil, daß alle Kesselschüsse denselben Durchmesser haben, daß die Übergriffsstellen der Bleche fortfallen (weniger Kesselanfressungen) und daß man eine große verdampfende Wasseroberfläche und einen größeren Dampfraum erhält. Längsnähte sind doppelt gelascht, seltener geschweißt (weniger Gewicht wegen Fortfallens der Laschen, aber teuerer) oder nahtlos gewalzt (nach Erhardt).

Länge des Langkessels (zwischen Feuerbüchs- und Rauchkammerrohrwand gemessen) hängt mit der Heizrohrlänge zusammen. Sie ist im allgemeinen 4 bis 5 m, erreicht aber bei neuen vielachsigen Lokomotiven in Europa 6,0 m, in den V. St. v. A. sogar 8,5 m.

Dampfspannungen bei einstufiger Dehnung in der Regel 12 bis 14 at, bei zweistufiger Dehnung bis 16 at.

Wenn s = Blechstärke in mm, D = größter innerer Kesseldurchmesser in mm, p = größter Kesseldruck in kg/qcm, k_z = Zugfestigkeit des Baustoffes (Flußeisen) = 36 bis 44 kg/qmm, z = Mindestfestigkeit der Längsnaht zur Zugfestigkeit des Bleches ≅ 0,75 k_z und x die Größe, wie auf S. 108 angegeben, so ist $s^{mm} = D \cdot \frac{p \cdot x}{200 \cdot k_z \cdot z} + 1$.
Wenn z. B. D = 1600, p = 13, so wird bei x = 4,0 und k_z = 37 kg/qmm Blechstärke s ≅ 16mm.

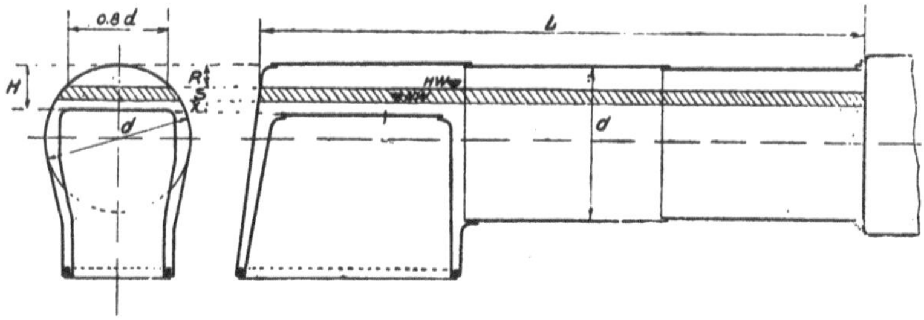

Abb. 64/65. Kessellage bzgl. Speiseraum, Dampfraum und Verdampfungsoberfläche.

b) Langkessellage.

I. Bezogen auf den Hinterkessel.

α) Speiseraum und Dampfraum (Abb. 64).

X = Abgrenzung des niedrigsten Wasserstandes über der höchsten wasserbedeckten Stelle der Feuerbüchse; S = Abgrenzung des Speiseraumes im Langkesselquerschnitt; R = Abgrenzung des Dampfraumes im Langkesselquerschnitt; d = innerer Kesseldurchmesser.

X ist nach T. V. § 93,2 mindestens 100 mm. S ist möglichst groß auszuführen; gewöhnlich wird S = 120 bis 180 mm. Je größer S, um so größer ist der Wärmespeicher (also viel Dampf). R darf bei dem höchsten Wasserstand (HW) nicht zu klein sein, damit der Dampf nicht zu naß ist. Bei überhöhten Stehkesseln („Belpaire" oder konischer Schuß) wird R im Langkessel gerechnet. Bei Kesseln ohne Dampfdom ist R = d/5 bis d/6, bei Kesseln mit Dampfdom d/6 bis d/7. Hiernach ergibt sich bei d = 1,3 bis 1,8 m ein H = 450 bis 550 mm. Ist z. B. d = 1,8 m, so ist R ≅ d/6 = 300mm und H = R + S + X = 300 + 150 + 100 = 550 mm.

β) Verdampfungsoberfläche O (Abb. 65).

Ausgeführt wird O ≅ 8 bis 10 qm. Zwecks Berechnung ist zu setzen: Verdampfungsoberfläche O ≅ 0,8 d + L, worin d der innere mittlere Kesseldurchmesser und L die gesamte Kessellänge, gemessen im Kessel auf NW bis zur vorderen Rohrwand.

Beispiel: Für den Lokomotivkessel der P_8 ist O = 9,5 qm, Wasserinhalt im Kessel 6,5 cbm und Dampfraum im Kessel 2,44 cbm. Bei $\mathfrak{D}/H_w = 55$ kg ist $\mathfrak{D} = 146{,}28 \times 55 = 8045$ kg/st, da $H_w = 146{,}28$ qm. Es ist also $\frac{\mathfrak{D}}{O} = \frac{8045}{9{,}5} \cong 846$ kg/qm stündlich, d. h. 1 qm Verdampfungsoberfläche erzeugt in 1 Stunde 846 kg Dampf, also in 1 Sekunde 0,235 kg. Da das spezifische Volumen des Dampfes von 13 at $\mathfrak{v} = 0{,}15565$, so kommen aus 1 qm Verdampfungsoberfläche in 1 Sekunde

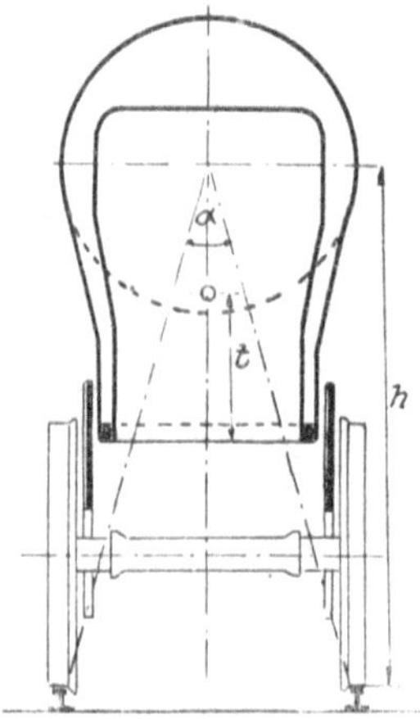

Abb. 66. Kessellage bzgl. Schienen-Oberkante

$0{,}235 \times 0{,}15565 = 0{,}0366$ cbm = 36,6 Liter Dampf. Das Dampfgewicht von 2,44 cbm Dampf von 13 at ist $2{,}44 \times 6{,}425 = 15{,}677$ kg. Danach ist der Dampfinhalt des Kessels verzehrt nach $15{,}677 : (9{,}5 \times 0{,}235) \cong 7{,}0$ Sek.; der Wasserinhalt des Kessels ist verdampft in $6{,}5 : 8{,}045 \cong 0{,}808$ Stunden ≅ 48,5 Minuten.

II. Bezogen auf Schienen-Oberkante.

Zur Bestimmung der Höhenlage dient zunächst das Maß t (Abb. 66). Es darf nicht zu klein sein, damit die Heizrohre nicht zu dicht über dem Feuer liegen. Höhe h ist bei regelspurigen Lokomotiven von Kesselmitte bis S. O. gewöhnlich 2,7 bis 3,0 m, d. h Winkel $\alpha \cong 29^{0}\,40'$ bis $26^{0}\,50'$. Dieser Winkel α ist etwa auch bei Maschinen anderer Spurweiten zugrunde zu legen. Da aber die Umdrehungszahl bei Schmalspurlokomotiven geringer ist als bei regelspurigen, so kann Höhe h bei Schmalspurlokomotiven relativ auch größer angenommen und dann Winkel α kleiner als eben angegeben gewählt werden.

Man mache h möglichst groß; denn nach dem Pendelgesetz macht ein kürzeres Pendel in der Zeiteinheit schnellere Schwingungen (wirkt bei Lokomotiven schädlich) als ein längeres. Ferner wird durch ein größeres h — gegenüber einem kleineren — eher vermieden, daß die Außenschiene stark in Krümmungen belastet wird und so ein Entgleisen der Lokomotive stattfindet. Ausgeführte Kesselhöhen h bei regelspurigen Lokomotiven sind:

α) Lokomotiven der preußischen Staatsbahn

h = 2,7 m bei der G_8^1, h = 2,75 m bei der S_6, h = 2,8 m bei der S_{10}^2, h = 3,0 m bei der G_{12};

β) Lokomotiven anderer Bahnen

h = 2,925 m 1C1-Heißd. Zw. für die Orientalische Bahn (Hanomag),
h = 2,95 m 1D1-4 Zyl. Heißd. Verb. für Sachsen (Hartmann),
h = 3,0 m 1F-4 Zyl. Heißd. Verb. für Württemberg (Eßlingen);
h = 3,2 m 2C-Heißd. Zw. für die Moskau-Kasan-Bahn, 1524 mm Spur (Kolomna);
h = 3,023 m 2C1-Heißd. Zw. für die Pennsylvania-Bahn,
h = 3,22 m 1D+D+D1-6 Zyl. Heißd. Verb. für die Eriebahn.

c) Heizrohre.

Heizrohre dienen zum Unterbringen des größten Teiles der Heizfläche. Sie sind in Deutschland glatt und aus Flußeisen hergestellt, meist nahtlos geschweißt (bisweilen mit kupfernen Vorschuhen). Messingrohre sind gewöhnlich in England und Italien gebräuchlich; sie sind schwerer und teuerer als Eisenrohre, leiten aber die Wärme besser. In Frankreich und Italien verwendet man vielfach innen gerippte Rohre (Serve-Rohre).

Folgende Heizrohr a r t e n werden angewendet:[1]) dünne und g l a t t w a n d i g e Rohre, 2 und 2½ mm Wandstärke, d_i/d_a = 39/44, 40/44, 40/45, 41/46, 43/48, 45/50, 46/50, 47/52, 50/55; S e r v e - Rippenrohre, 2½ mm Wandstärke, d_i/d_a = 45/50, 50/55, 55/60, 60/65, 65/70, 70/75; g e w e l l t e Rohre, 2,75 bis 3,75 mm Wandstärke, d_i/d_a bis 68,5/76; dickwandige A n k e r r o h r e (bei größeren Kesseln), 5 bis 8 mm Wandstärke, d_i/d_a = 34/50, und zwar werden 4 bis 6 Stück in die Siederohrbündel eingezogen, um Ausbeulungen der Rohrwände zu vermeiden.

R o h r a n z a h l n etwa 150 bis 280; doch hat man auch bis 500 (V. St. v. A.). $n = \frac{H_{gz} - H_d}{d_i \cdot \pi \cdot l}$, worin H_{gz} die gesamte wasserverdampfende feuerberührte Heizfläche, H_d die Heizfläche in der Feuerbüchse. Bei gleicher Rohrlänge gibt kleineres d_a und größeres n eine größere Heizfläche als größeres d_a und kleineres n. Die Stegstärken in der Feuerbüchsrohrwand zwischen den Rohren sind 16 bis 18 (23) mm; sie sind um so größer, je schwächer die Rohrwand ist.

R o h r l ä n g e $l \cong 100\, d_i$.

Bei Rohrlänge	l bis	4,5 m	ist	d_a	höchstens	46 mm
„	„	l etwa	5,0 m	„	„	„	50 mm
„	„	l „	6,0 m	„	„	„	57 mm
„	„	l bis	7,0 m	„	„	„	63 mm

[1]) d_i = innerer, d_a = äußerer Rohrdurchmesser.

l muß gewählt werden mit Rücksicht auf die nach der Achsanordnung beabsichtigte Gesamt-Kessellänge und mit Rücksicht auf die gute Ausnutzung der Heizgase. In der Regel ist l = 4 bis 5 m. Die neueren vielachsigen Lokomotiven haben Rohrlängen bis 6,0 m, die in den V. St. v. A. bis 8,5 m. Sehr lange Rohre werden durch eine Zwischenwand zur Vermeidung zu starken Durchhanges abgestützt. Denn durch das Schwingen beim Fahren werden die Einwalzstellen frei durchhängender Rohre undicht. Enge, lange Rohre verstopfen sich leicht und erschweren die Reinigung. Bei sehr langen Rohren ist vorn die Abkühlung der Gase zu groß, daher sind allzu lange Rohre (über 6 m) unvorteilhaft.

Serve-Rohre (Abb. 67) bieten eine bessere Wärmeausnutzung; allerdings ist besserer Brennstoff als bei glatten gewöhnlichen

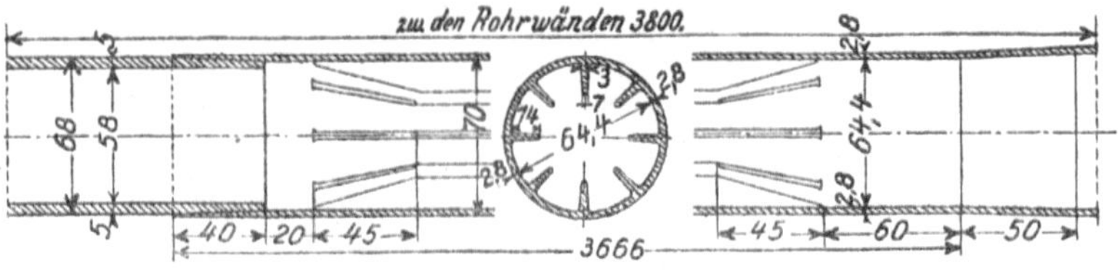

Abb. 67. Serverohr.

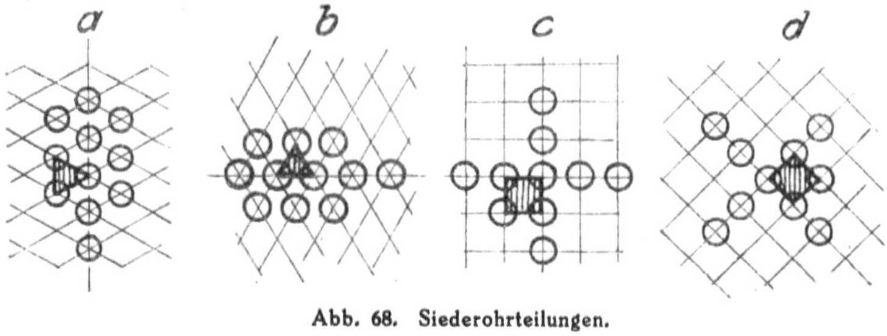

Abb. 68. Siederohrteilungen.

Heizrohren notwendig. Sie leiden auch nicht so sehr durch Erschütterung als gewöhnliche Rohre, weil sie sehr steif sind. Das gewellte Heizrohr[1]) hat geringeres Gewicht und weniger Steifigkeit als das gewöhnliche Rohr. Es besitzt schraubenförmig um die Rohre laufende Wellen, wodurch seine Heizfläche vergrößert wird. Infolge Drehbewegung der Rauchgase findet in ihm eine gute Wärmeausnutzung statt. Beide Bauarten haben den Nachteil, daß sich Flugasche ansetzt; außerdem sind sie schwerer zu reinigen. Die Rauchrohre rechnen zur wasserverdampfenden Heizfläche. Ihr Durchmesser ist bei der deutschen Reichsbahn gewöhnlich 106/124 mm.

Die Siederohrteilung t_r ist allgemein eine gleichseitige Dreiecksteilung mit senkrecht angeordneten Rohrreihen (Abb. 68 a und Abb. 69); seltener eine gleichseitige Dreiecksteilung mit wagerecht angeordneten Rohrreihen (Abb. 68 b) oder eine quadratische Teilung

[1]) In Schweden vielfach eingeführt.

Zusammenstellung 25.

Mittlerer innerer Kesseldurchmesser d^{mm}

bei gegebener Rohranzahl n und angenommener Rohrteilung t_r^{mm}.

$t_r = 60$

n	d
94	950
96	950
106	1000
110	1000
114	1062
116	1072
122	1072
134	1100
136	1140
148	1177
150	1098
158	1140
170	1210
174	1148
176	1200
176	1250

$t_r = 61$

n	d
181	1222
197	1280

$t_r = 61$

n	d
198	1290
203	1328
240	1400

$t_r = 62$

n	d
101	978
111	1050
118	1048
132	1100
132	1108
134	1100
138	1126
138	1140
146	1144
159	1250
165	1222
167	1250
171	1242
171	1250
180	1260

$t_r = 62$

n	d
184	1320
185	1280
186	1320
190	1300
195	1290
198	1292
200	1320
207	1326
217	1372
218	1350
219	1400
225	1500
226	1400
240	1400
256	1420

$t_r = 66$

n	d
119	1078
186	1400
218	1500
283	1577

$t_r = 67$

n	d
103	1100
112	1100
124	1136
133	1180
134	1180
136	1180
150	1200
161	1290
217	1530
218	1500
221	1532
222	1530
224	1530
235	1600
253	1574

$t_r = 69$

n	d
150	1360
184	1400
238	1574

(Abb. 68 c und d). Mit Hilfe von Zusammenstellung 25 [1]) kann man den mittleren inneren Durchmesser d des Langkessels bestimmen, wenn die Anzahl der Siederohre n gegeben und die Rohrteilung t_r angenommen ist. Sämtliche dort eingetragenen Werte sind Ausführungen entnommen.

Befestigung der Rohre [2]) in der hinteren Rohrwand. Sicherung gegen Verschieben auf der Wasserseite durch eine „Brust" (Höhe 2 mm bei Heizrohren, 3 mm bei Rauchrohren) und durch einen Bördel auf der Feuerseite. Durch das Vorhandensein der Brust wird ein leichteres Einziehen der Rohre erzielt. Übergang in die normale Rohrweite, z. B. bei Rauchrohren durch zylindrische Verengung (Abb. 70a) oder mittels eines kurzen zylindrischen und eines etwa 100 mm langen kegelförmigen Zwischenstückes bei Heiz- und Rauchrohren (Abb. 70c u. b). Bei der kegelförmigen Verengung wird die sehr erwünschte Vergrößerung des Wasserraumes zwischen den Heizrohren in unmittelbarer Nähe der Rohrwand erreicht.

[1]) Nach Lotter, S. 131.

[2]) Ausführungsarten bei den preußischen Staatsbahnen.

d) Dampfdom.

Sein Zweck ist die Erzielung möglichst trockenen Dampfes, sowie die Vergrößerung des Dampfraumes. Man will einen Raum schaffen, wo man, weit vom Wasserspiegel entfernt, den Dampf entnehmen kann. Wenn nicht Belastungsverhältnisse es anders verlangen, ist der Dom möglichst auf dem hinteren Ende des Langkessels anzubringen. Durchmesser des Domes etwa 600 bis 750 (900) mm; Höhe so groß, wie sie der Umgrenzungsraum für die feststehenden Lokomotivteile zuläßt. Dominhalt J ist das 2- bis 4 fache des Zylinderinhaltes (Zwillingswirkung) bzw. des Niederdruckzylinderinhaltes (Verbundwirkung). Dominhalt möglichst groß, um möglichst trockenen Dampf zu erhalten. Der Kesselausschnitt für den Dom wird versteift durch einen aufgenieteten Ring vom halben Querschnitt des herausgeschnittenen Stückes oder durch Unternieten eines Blechkranzes von Kesselblechstärke unter dem Fuß des Domes.

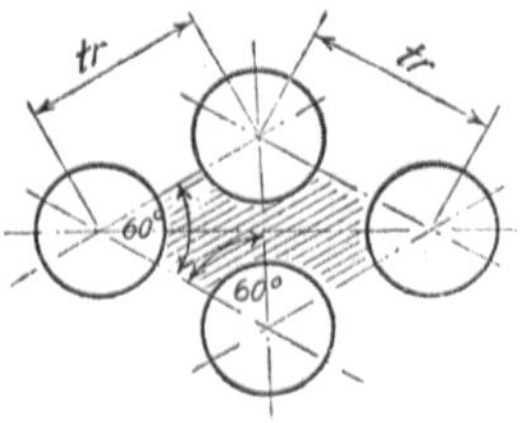

Abb. 69. Siederohranordnung in gleichseitiger Dreieckteilung mit senkrecht angeordneten Rohrreihen.

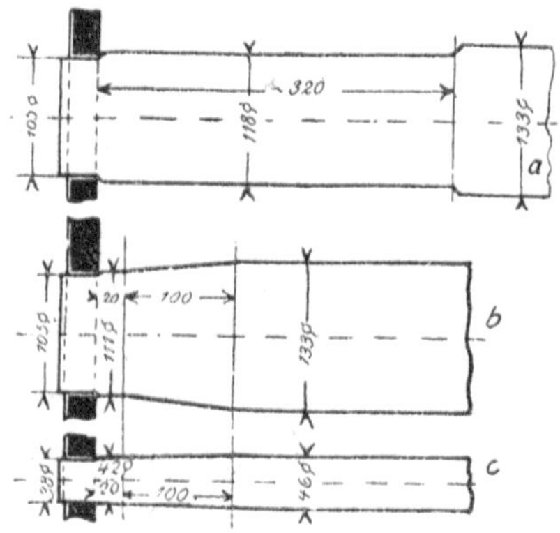

Abb. 70. Rohrbefestigungen.

Außer dem Regler befindet sich im Dom ein Sprühblech oder eine Haube zum Abscheiden des vom Kesseldampf mitgerissenen Wassers; ferner zuweilen ein Dampfreiniger. Früher bestanden die Wasserabscheider nur aus einer gelochten Blechplatte oder aus zwei übereinander gestülpten Zylindern, von denen der äußere oben geschlossen ist. Bei dem Wasserabscheider (Entwässerungskappe) in Abb. 71 [1]) sammeln sich die durch Umlenkung des Dampfes ausgeschiedenen Wasserteile in Wasserfangrinnen, aus denen sie ungestört durch den Dampfstrom ablaufen können. Die Rinnen können in einfachster Weise angenietet oder angelötet werden. Um den Abfluß zu erleichtern, ist es zweckmäßig, den ganzen Wasserabscheider etwas schräg nach hinten zu stellen, und zwar genügt eine Schrägstellung um etwa 5 bis 10 mm, damit auf wagerechten Strecken das Wasser sicher abfließen kann.

[1]) D. R. G.-M. 332 065 der Hanomag.

e) Regler.

Seine Lage ist meistens möglichst hoch im Dom. Schmiervorrichtung oben auf dem Dom. Organe zum Reglerabschluß sind Schieber oder Ventile; beide Arten sind stets entlastet. Vorteil der Ventile gegenüber Schieber ist, daß keine Ölung nötig, daß geringere Arbeit beim Öffnen, daß die Herstellung und Bearbeitung (nur Drehbank) billiger und daß vollständige Entlastung des Öffnungsorgans stattfindet (dadurch leichte Beweglichkeit und Bedienung).

Ventilregler gingen von Amerika aus. Man baut — gegenüber den früheren einfachen Sitzventilen — meist nur Doppelsitzventile z. B. Bauarten „Strnad", „Zara", „Schmidt und Wagner". Schwierig dabei ist, guten Dampfabschluß der Regler zu erhalten und die Dampfentnahme zu regeln, da einem ganz geringen Ventilhube ein großer Öffnungsquerschnitt entspricht (plötzliche

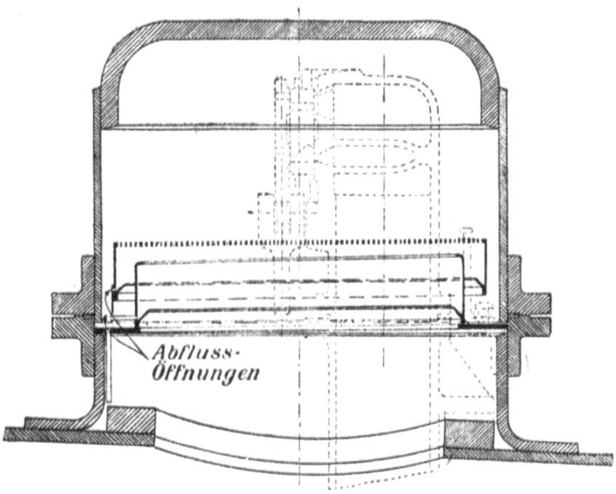

Abb. 71. Wasserabscheider.

Öffnung für Dampfeintritt). Größter Querschnitt [1]) etwa 0,04 bis 0,08 des Zylinderquerschnittes. Bei voller Fahrt Dampfgeschwindigkeit im Regler nicht größer als 60 bis 80 m/sek, wonach die Regler-Durchgangsfläche und der Rohrleitungsdurchmesser zu bestimmen sind. Hub des Reglerventils 60 bis 80 mm; Durchmesser des Dampfknierohres 80, 100, 120 mm bei Kleinbahnlokomotiven, 100, 120, 140, 150 mm (bis 210 mm in Amerika) bei regelspurigen Lokomotiven.

Ventilregler Bauart „Zara" (Abb. 72). Findet Verwendung hauptsächlich in Italien, Frankreich, Schweiz, Österreich und Japan. Das Hauptventil a besitzt einen Entlastungskolben, der jedoch einen etwas kleineren Durchmesser hat als seine zylindrische Führung im Kopfe des Reglers. In drei aufeinanderfolgenden, voneinander ab-

[1]) Langrod, Glasers Annalen 1906, Januar, S. 3.

gegrenzten Abschnitten erfolgt die Entnahme des Dampfes. Zunächst wird das auf dem Hauptventil a sitzende Entlastungsventil b angehoben; der einströmende Dampf bleibt teilweise in der Entlastungskammer c unterhalb des Kolbens und entlastet das Hauptventil a, während der andere Teil nach dem Standrohr d übertritt; hierbei nimmt er durch den Ringspalt zwischen dem Entlastungskolben und seiner Führung, sowie durch die Entwässerungsöffnung der Entlastungskammer seinen Weg zum Standrohr d. Sodann beginnt das Anheben des nun entlasteten Hauptventiles a, wobei infolge der Ventilgestaltung nur eine kleine Öffnung mit veränderlichem Querschnitt freigegeben wird. Dann erst hebt sich das Hauptventil a vollständig.

Ventilregler „Schwedische Bauart" (Abb. 73). In das Reglergehäuse ist ein Ventilkolben eingesetzt, der oben in einem einsitzigen Hauptventil endigt und unten den eigentlichen, mit Dichtungsring versehenen Kolben trägt. Letzterer ist hohl und oben durch ein

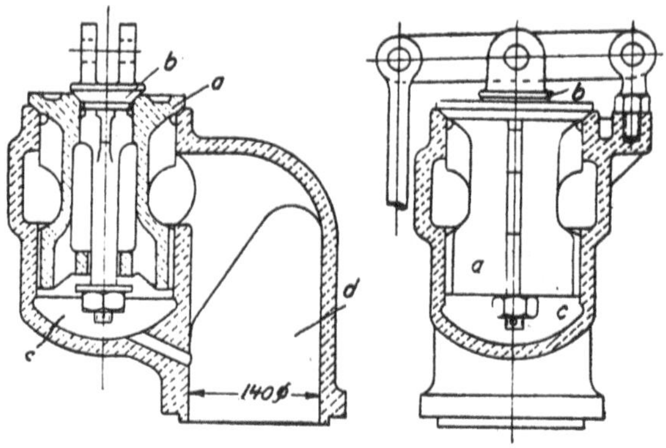

Abb. 72. Ventilregler Bauart „Zara".

kleines Entlastungsventil geschlossen. Sowohl Ventilkolben als auch Entlastungsventil sind durch Bolzen an einer Stange befestigt. Letztere ist wiederum durch einen Hebel mit der Reglerstange verbunden. Der Bolzen hat einen kleinen Spielraum in der Bohrung des Auges am Ventilhals. Hierdurch wird erreicht, daß beim Öffnen des Reglers das Entlastungsventil zuerst angehoben wird. Damit strömt Dampf durch den Kanal des Ventilkolbens unter den Kolben, so daß über dem Hauptventil und unter dem Kolben der gleiche Druck herrscht. Es ist also der ganze Ventilkolben entlastet. Bei weiterer Betätigung des Reglers kann nunmehr das Hauptventil geöffnet werden. Beim Schließen des Reglers schließt sich zuerst auch wieder das Entlastungsventil, dann erst wird der Ventilkolben niedergedrückt, bis das Hauptventil dicht schließt. Der auf dem Entlastungsventil ruhende äußere Dampfdruck wirkt hierbei ebenfalls entlastend. Der in der Bohrung des Kolbens und unter demselben befindliche Dampf kann dadurch abströmen, daß beim Senken des Ventilkolbens der Dichtungsring hochgehoben wird, wobei eine 2,5 mm breite Öffnung entsteht. Hierdurch kann der Dampf in das Reglergehäuse und weiter nach den Zylindern abströmen.

Ventilregler Bauart „Schmidt und Wagner", angewandt bei allen Lokomotiven der preußischen Staatseisenbahnen. Man unterscheidet allgemein drei verschiedene Bauarten: eine ältere, die nicht mehr ausgeführt wird, eine neuere verbesserte Ausführungsform (seit Sommer 1915), die heute in den Lokomotiven der preußischen Staatseisenbahnen größtenteils eingebaut wird, und eine neueste aus dem Jahre 1920.

Wird beim Öffnen des Reglers das Entlastungsventil von seinem Sitz im Hauptventil so weit abgehoben, daß die Dampfausströmung aus der Entlastungskammer durch den Ringspalt zwischen dem Konus und seiner zylindrischen Führung größer ist als die Zuströmung durch die Deckelbohrung aus dem Kessel nach dem Entlastungsraum, so entsteht auf der oberen Seite des Entlastungskolbens ein Unterdruck.

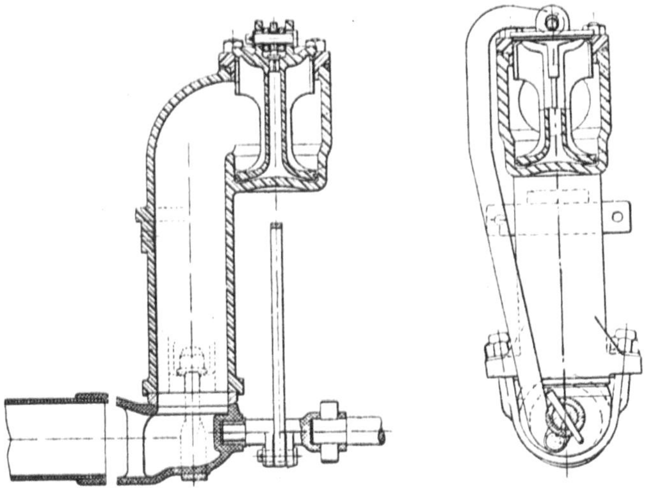

Abb. 73. Ventilregler „Schwedische Bauart".

Infolgedessen hebt der auf der unteren Seite vorhandene Überdruck das Hauptventil vom Sitz ab und verkleinert dadurch den vom Konus vorher freigelegten Ringspalt für den Ausfluß des Dampfes aus der Entlastungskammer so weit, bis der Frischdampfzufluß in die Entlastungskammer und der Ausfluß einander gleich sind. In dieser Lage des Hauptventils sind dann alle auf dasselbe zur Wirkung kommenden Kräfte ausgeglichen, und es verharrt in dieser Gleichgewichtslage, so lange es nicht durch eine weitere Bewegung des Hilfsventils gestört wird. Wird letzteres mehr geöffnet, so folgt das Hauptventil dieser Bewegung ebenso sicher, als wenn es mechanisch fest mit der Spindel verbunden wäre.

Neuere Ausführungsform (Abb. 74). Unterscheidet sich von der älteren nur durch die Gehäuseform. Nach Abheben des Domdeckels können die arbeitenden Teile des Reglers untersucht werden, ohne ihn vom Dampf-Einströmrohr loszuschrauben.

Die Bewegungsrichtung des Rohrschiebers B ist umgekehrt gegenüber der älteren Bauart; demgemäß ändert sich auch die Dampfzuführung. Die neuere Ausbildung des Reglers bedeutet gegenüber der älteren eine ganz bedeutende Raumersparnis. Der Dom, der durch die ältere Bauart etwas verbaut wurde, ist hier ebenso zugänglich, wie bei jedem Flachschieberregler. Ferner wird bei der neuen Ausbildung die Untersuchung erleichtert und der Rohrschieber

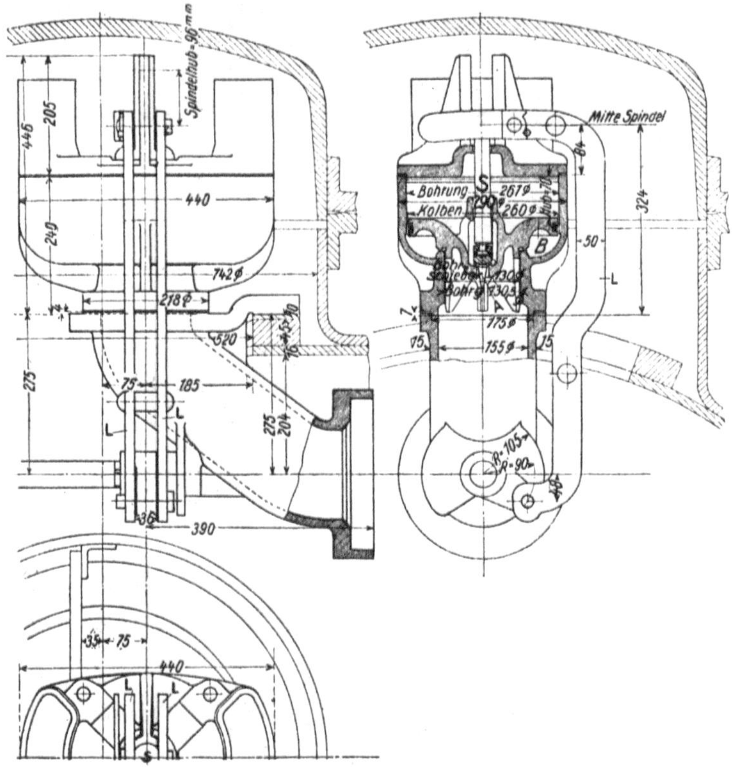

Abb. 74. Ventilregler Bauart „Schmidt und Wagner".

durch Eigengewicht auf Schließen (früher auf Öffnen) beeinflußt. Die Verbindung von Hilfsventil A und Spindel S geschieht auf die Weise, daß das mit einer T-förmigen Einfräsung versehene Hilfsventil A in die Spindel S eingehakt ist. Dadurch kann sich das Hilfsventil (bei der älteren Anordnung verschraubt) nicht von der Spindel lösen, wodurch sonst der Regler zum Schließen gebracht wurde und sich nicht mehr öffnen konnte. Durch den Laschenbügel L steht das Hilfsventil A mit der Reglerwelle in Verbindung. Um die erforderliche Verstellbarkeit in der Verbindung zwischen Spindel S und Laschenbügel L mit der Reglerwelle zu erreichen; so daß bei geschlossenem

Regler zwischen Reglerhandhebel für den Führer und dem Ausschlagknaggen (wie bei dem älteren Regler) am Gleitbügel ein Spielraum von 5 mm vorhanden ist, hat, zwecks einfacheren Einbaues, Laschenbügel L verschiedene Umstecklöcher für den Bolzen zur Verbindung der Reglerspindel S mit dem Laschenbügel L.

Die Neueste Ausführungsform[1]) sitzt in der Überhitzerkammer, und zwar in der Heißdampfkammer. Auf diese Weise sind die Überhitzerrohre ständig mit Dampf gefüllt, so daß beim Öffnen des Reglers sofort jederzeit mit Heißdampf gefahren werden kann und ferner die Hilfspumpen mit Heißdampf betrieben werden können.

3. Rauchkammer.

a) Allgemeines.

Ihr Durchmesser wird (wegen guter Verbindung der Rauchkammer mit dem Langkessel) etwas größer gewählt als der des vordersten Kesselschusses. Ist die Rauchkammer nicht verkleidet, so macht man (wegen besseren Aussehens) ihren äußeren Durchmesser gleich dem der Langkesselverkleidung. Die in den vordersten Kesselschuß eingebaute Rohrwand ist gewöhnlich mit Flansch nach der Rauchkammer zu gerichtet. Bei Heißdampflokomotiven mit Schmidt'schem Überhitzer und bei Lokomotiven englischer Bauart wird die Rohrwand in der Regel vorgesetzt und durch einen Winkelring mit dem Langkessel verbunden. Wenn die Rauchkammer einteilig und ohne eine Innenlasche, so ist die Blechstärke 10 bis 15 mm; das untere Blech ist bei zweiteiliger Rauchkammer 12 bis 18 mm; bei Barrenrahmen hat man Blechstärken bis zu 23 mm.

Zweck der Rauchkammer (Abb. 75, für englische Bauart) ist die Erzeugung des zur Verbrennung nötigen Vakuums, die Zusammenführung der Rauchgase, das Ansammeln der Lösche, die Unterbringung der verschiedenen Rohre (Blasrohr, Ein- und Ausströmrohre, Überhitzer) und des Funkenfängers. Hiernach ist die Größe der Rauchkammer bemessen. Ihre Länge war früher nur 0,6 bis 0,8 m, ist aber heute größer, sogar bis zu 3,3 m. Mit zunehmender Rauchkammergröße wird die Gleichmäßigkeit des Vakuums erhöht und der Funkenflug vermindert. Auch ist die Rauchkammergröße abhängig von der Zylinderlage, besonders bei Vierzylindermaschinen. Vorderer Abschluß der Rauchkammer durch ein Stirnblech, das mittels Winkelring mit dem Mantel verbunden und nach außen umgebördelt ist. Es dient als Auflager für die Rauchkammertür. Am Boden befindet sich meist ein Aschfalltrichter; zum Löschen dient ein besonderes Spritzrohr vorn über der Tür. Letztere muß so groß sein, daß alle Rohre leicht eingebracht werden können.

b) Ein- und Ausströmrohre.

Baustoff der Einströmrohre nur Flußeisen, in Amerika Gußeisen; Kupfer würde zu leicht durch Dampf zusammengedrückt, durch den hoch überhitzten Dampf bei Heißdampflokomotiven zerstört werden. Die Einströmrohre beginnen am Kopf des Reglers, haben etwa 6 mm Wandstärke und eine lichte Weite von 100 bis 160 mm, so daß die Dampfgeschwindigkeit in ihnen höchstens 50 bis 70 m/sek beträgt. Sie teilen sich in der Rauchkammer durch das Kreuzrohr

---

[1]) Seine Bewährung ist noch nicht festgestellt.

(bei Zwillinglokomotiven) oder durch ein gewöhnliches Knierohr (bei Verbundlokomotiven). Bei Heißdampf findet die Dampfentnahme aus dem Überhitzerkasten statt. Bei Zwillinganordnung haben die beiden Einströmrohre in der Rauchkammer etwa 90 bis 150 mm Durchmesser; bei Verbundanordnung haben die Überströmrohre (gleichzeitig Verbinder) eine Weite von etwa 140 bis 170 mm. Möglichst große Krümmungshalbmesser der Rohre sind notwendig, damit

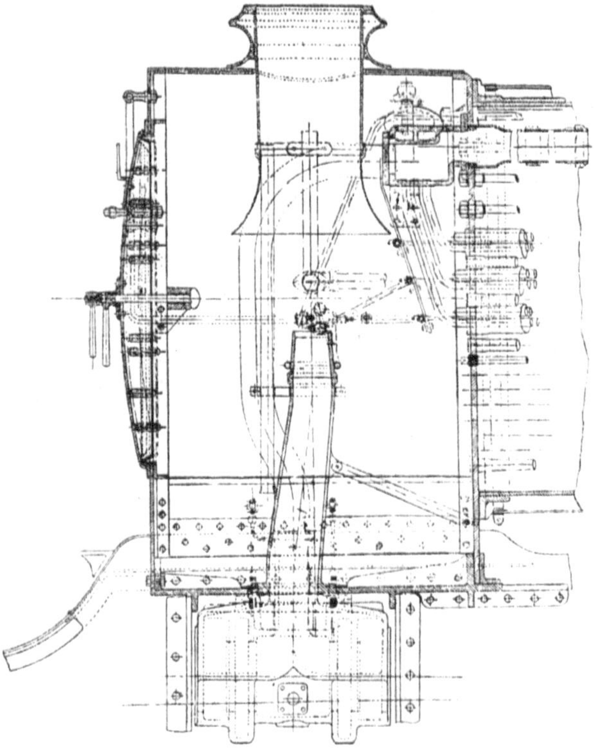

Abb. 75. Rauchkammer einer englischen Lokomotive.

die Rohrverbindungen bei den hohen Wärmegraden dicht halten und kein zu großer Druckverlust auf dem Wege zum Schieberkasten eintritt.

Baustoff der Ausströmrohre ebenfalls Flußeisen. Sie haben bei 4 bis 5 mm Wandstärke eine lichte Weite von etwa 130 bis 200 mm. Knierohr und Kreuzrohr sind gewöhnlich aus Gußeisen. Werden Ausströmrohre als Standrohr ausgebildet (mit elliptischem Querschnitt, um möglichst wenig Heiz- bzw. Rauchrohre zu verdecken), so werden sie aus Gußeisen hergestellt. Bei den durch die Rauchkammer durchgehenden Röhren empfehlen die preußischen Staatsbahnen eine Abdichtung mit Kupferstulpen oder ein Anlöten (nicht Schweißen) von Schutzhülsen.

c) Funkenfänger.

In § 97 der T. V. heißt es: „Wenn die Beschaffenheit des Heizstoffes es erfordert, sind die Lokomotiven mit einer Vorrichtung zu versehen, die den Auswurf glühender Kohle aus dem Schornstein zu verhüten bestimmt ist". Man beurteilt die Notwendigkeit des Funkenfängers nach der Feuergefährlichkeit für die Nachbarschaft, nach der Art des Brennstoffes und nach der des Betriebes. Der Funkenfänger kann in der Rauchkammer, im Schornstein oder im Kopf oben am Schornstein liegen. Man führt ihn aus als Sieb oder Flechtwerk, man setzt ihn aus Stangen zusammen, aus gelochten Blechplatten, oder man baut ihn als Ablenkvorrichtung (Lenkplatten). Hiernach sind

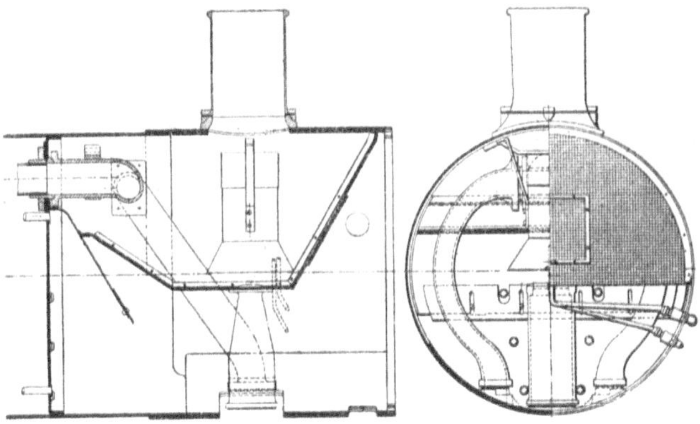

Abb. 76. Amerikanischer Funkenfänger.

etwa folgende Ausführungen bekannt: Adelsberger, Holzapfel, Prüßmann, Krauß, Lehmann, Orenstein & Koppel, Struve, Vulkan, Bauart „Breslau", Amerikanische Bauarten (Diaphragma oder Ablenkungsplatte) in Abb. 76.

Als Konstruktionsgründe gelten: der Funkenfänger muß wirksam sein (dies hängt ab von der Größe der Bohrung oder der Siebe); der Luftzug darf nicht zu stark beeinträchtigt werden (indem der Durchgangsquerschnitt des Funkenfängers nicht zu klein gemacht wird); leichte Reinigung bei Verstopfung der Löcher muß möglich sein durch Schütteln oder Abnehmen des Funkenfängers; der Funkenfänger muß beim Anheizen teilweise herausnehmbar sein; möglichste Abhängigkeit des Durchgangsquerschnittes von den Füllungen ist notwendig (kleinere Querschnitte bei größeren Füllungen).

Bei der Deutschen Reichsbahn sollen künftig nur noch angewendet werden: verbesserte Korbfunkenfänger Bauart „Holzapfel" bei tiefliegendem (Abb. 77) und Korbfunkenfänger Bauart „Breslau" bei hochliegendem Blasrohr (Abb. 78).

Die Bauart des Funkenfängers für Holz einer norwegischen Lokomotive[1]) (Abb. 79) ist die alte amerikanische[2]), und ihre Wirksamkeit beruht auf der Fliehkraft. Der Dampfstrahl stößt mit den Abgasen und den Funken gegen einen mit schneckenförmigen Schaufeln versehenen, auf den eigentlichen Schornstein aufgesetzten kegelförmigen Schirm, wird zerteilt und erhält durch die Schaufeln eine schnelle kreisende Bewegung innerhalb der in gleicher Höhe angebrachten trommelartigen Erweiterung des Schornsteines. Die größeren Stücke Holzkohle werden schon beim Anprallen an den Schirm und die Schaufeln zerschlagen, die bleibenden Reste dann durch das Entlanggleiten an den Schornsteinwänden weiter zerkleinert, so daß sie schließlich mit dem Dampfstrom fast staubförmig aus dem Schornstein entweichen. Ähnlich in Bauart und Wirkungsweise ist der in Österreich und Ungarn viel gebräuchliche Funkenfänger, Bauart „Rihosek".

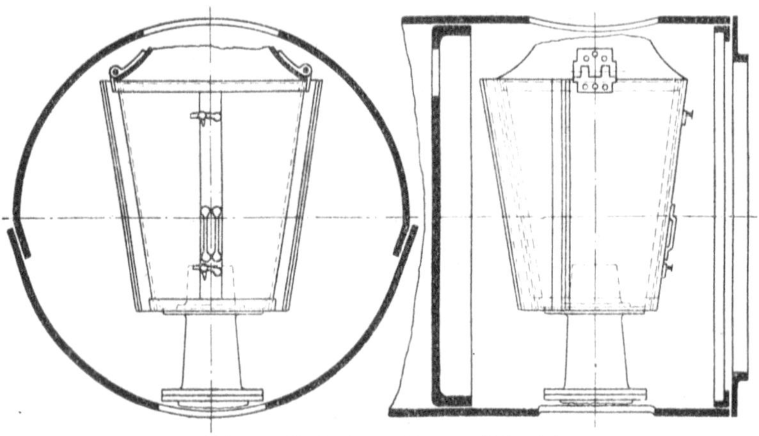

Abb. 77. Funkenfänger Bauart „Holzapfel".

d) Blasrohr und Schornstein.[3])

Baustoff des eigentlichen Blasrohrkopfes ist Gußeisen. Das Blasrohr ist die Mündung der Ausströmrohre. Die Energie des austretenden Dampfens bewirkt ein Vakuum in der Rauchkammer (50 bis 150 mm WS.) und befördert die Verbrennungsgase mit einer gewissen Geschwindigkeit ($c_s = 40$ bis 60 m/sek) aus dem Schornstein heraus. Form des Blasrohres gewöhnlich kegelförmig mit einer Neigung 1 : 10. Standort genau in der Achse des Schornsteines. Höhenlage[4]) der Blasrohrmündung gewöhnlich etwas über der obersten Rohr-

[1]) Organ, 1919, S. 78.

[2]) Ähnliche Funkenfänger werden von den Baldwin-Lokomotivwerken, Philadelphia, gebaut (Bauart „Rushton").

[3]) Über Blasrohr- und Schornsteinberechnung vgl. Strahl, Organ 1911, S. 321; Z. V. D. I. 1913, S. 1739 und Garbe, II. Auflage, S. 63.

[4]) Vgl. Zus. 26, S. 143.

reihe. Namentlich bei kurzen Schornsteinen befindet sich zum Ausbreiten des Dampfstrahles über der Blasrohröffnung ein meist dreieckiger eiserner Quersteg. Er wird in die Blasrohrmündung eingelassen oder eingeschraubt, um mit nur einer Blasrohrhaube verschiedenen Betriebsverhältnissen (je nach Einsetzen verschieden breiter Querstege) genügen zu können.

Man unterscheidet folgende Bauarten bezüglich der Ausströmöffnung: konstant bleibende Ausströmöffnung (konische oder zylindrische Form, mit oder ohne Steg); veränderliche Einströmöffnung („Froschmaul", Abb. 80, besonders in Frankreich, Düsenblasrohre, Abb. 81); teilweise Ablenkung des Auspuffdampfes für andere Zwecke (zum Vorwärmen des Speisewassers, für Zugheizung, zwecks Verminderung des Vakuums und des damit verbundenen Funkenfluges); mehrfache Ausströmöffnung; Bauarten mit Einsaugung von Gasen auch von außen. Durch die mittels Handrad und Spindel vom Führer aus verstell-

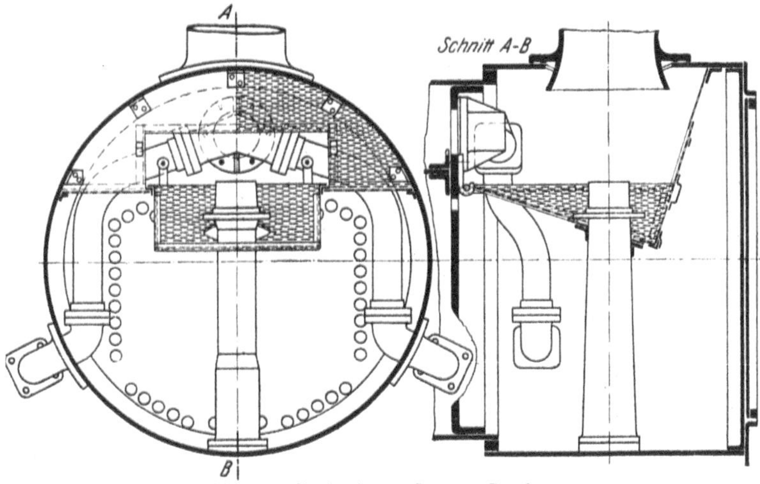

Abb. 78. Funkenfänger Bauart „Breslau".

baren Düsenblasrohre kann die Feueranfachung nach Bedarf geregelt und, besonders auf starken Steigungen, wo bei verhältnismäßig kleiner Geschwindigkeit große Leistungen verlangt werden, die Kesselleistung etwas erhöht werden.

Die **Berechnung** von Blasrohrquerschnitten wird angenähert in folgender Weise ausgeführt:

$\mathfrak{D}$ = im Kessel erzeugte Dampfmenge in kg/sek,
R = gesamte Rostfläche in qm,
$\mathfrak{v}$ = spezifisches Volumen in cbm/kg,
f_r = Summe aller Siederohr- und Rauchrohrquerschnitte in qm,
f_b = lichter Blasrohrquerschnitt an der Austrittstelle in qm,
d_b = lichter Blasrohrdurchmesser an der Austrittstelle bei kreisförmigem Austrittsquerschnitt in m,
c_b = Dampfgeschwindigkeit im Endquerschnitt des Blasrohres in m/sek.

I. nach „Meyer"[1]) (Erfahrungsformeln)

für zylindrischen Schornstein $f_b = \frac{1}{32} \cdot f_r = \frac{0{,}03125 \cdot R}{R/f_r}$

für konischen Schornstein $f_b = \frac{1}{23} \cdot f_r = \frac{0{,}04348 \cdot R}{R/f_r}$

$$R/f_r \cong 6 \text{ bis } 8$$

II. nach „von Borries"[2]) (Erfahrungsformeln)

für Sattdampf $d_b = 0{,}156 \cdot \sqrt{\frac{f_r \cdot R}{f_r + 0{,}3 \cdot R}}$ bzw. $f_b = 0{,}0191 \cdot \frac{R}{1 + 0{,}3 \cdot R/f_r}$

für Heißdampf $d_b = 0{,}115 \cdot \sqrt{\frac{f_r \cdot R}{f_r + 0{,}1 \cdot R}}$ bzw. $f_b = 0{,}01037 \cdot \frac{R}{1 + 0{,}1 \cdot R/f_r}$

$$R/f_r \cong 6 \text{ bis } 8$$

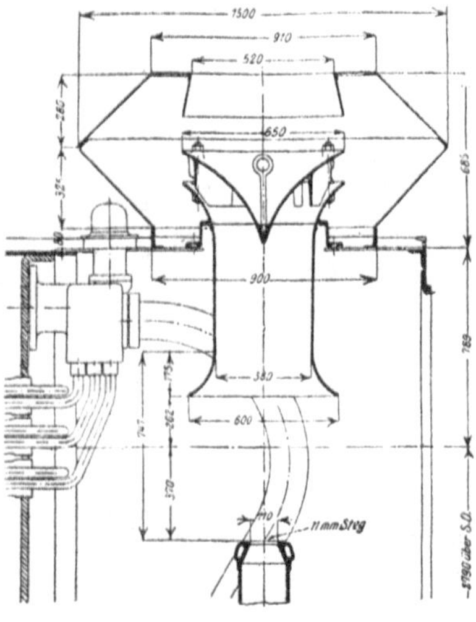

Abb. 79. Funkenfänger für Holzfeuerung.

III. nach „Obergethmann"

$$f_b \cdot c_b = \mathfrak{D} \cdot \mathfrak{v}, \quad f_b = \frac{\mathfrak{D} \cdot \mathfrak{v}}{c_b}$$

$$c_b = 280 \text{ bis } 320 \text{ m/sek}$$

Spannung des Auspuffdampfes in $f_b \cong 1$ at abs.[3]) also $\mathfrak{v} = 1{,}722$. Für 1 kg Dampf in der Sekunde ist $f_b = \frac{1{,}722}{c_b}$

[1]) Meyer 1883, Bd. I, S. 38.

[2]) E. T. 1912, Teil 1, S. 331.

[3]) Bei den größten im Betrieb vorkommenden Dauerleistungen der Lokomotive.

Beispiel: Bei B/R = 500 kg/st werden auf 1 qm Rostfläche bei einer Verdampfungsziffer von 7,0 an Dampf $\frac{7 \cdot 500}{60 \cdot 60} = 0{,}972$ kg/sek erzeugt. Hat dieser Dampf in $\mathfrak{f}_b$ eine Spannung von 1 at, wofür (bei trocken gesättigtem Dampf) $\mathfrak{v} = 1{,}722$, so ist für 1 qm Rostfläche $\mathfrak{f}_b = \frac{1{,}722 \cdot 0{,}972}{c_b} = \frac{1{,}6738}{c_b}$.

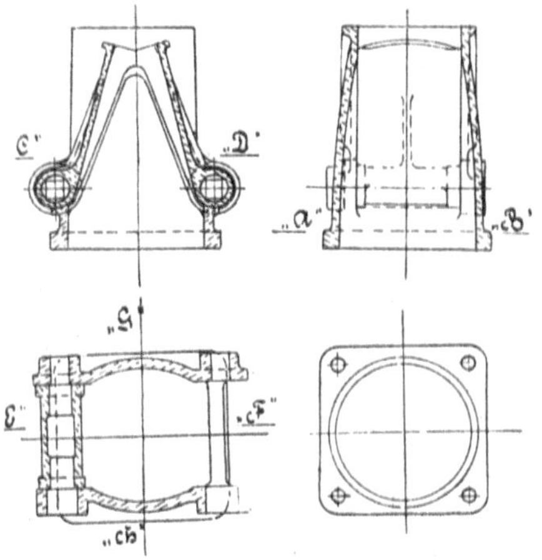

Abb. 80. Froschmaul.

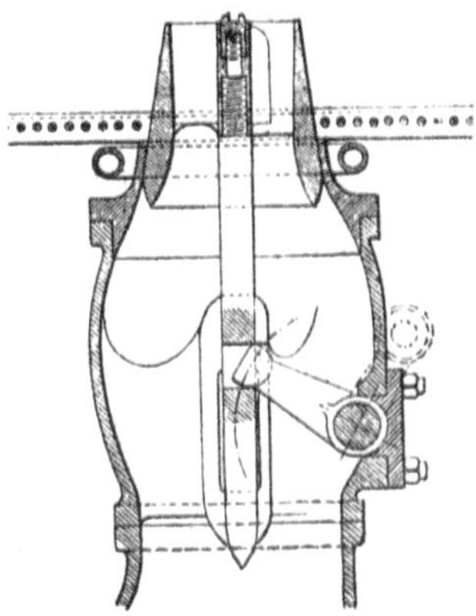

Abb. 81. Düsenblasrohr.

Berechnung von Blasrohrquerschnitten $\mathfrak{f}_b$ in qcm.

a) für 1 qm Rostfläche R

$R/_{fr}$	nach „Meyer"		nach „von Borries"		nach „Obergethmann"	
	konischer Schornstein	zylindr. Schornstein	Sattdampf	Heißdampf		
	$\mathfrak{f}_b$qcm	$\mathfrak{f}_b$qcm	$\mathfrak{f}_b$qcm	$\mathfrak{f}_b$qcm	c_bm/sek	$\mathfrak{f}_b$ qcm
6	72,5	52,1	68,2	64,8	280	59,8
7	62,0	44,6	61,6	61,1	300	55,8
8	54,4	39,1	56,2	57,7	320	52,3

b) für 1 kg Dampf $\mathfrak{D}$ in der Sekunde nach „Obergethmann"

c_bm/sek	=	280	290	300	310	320
$\mathfrak{f}_b$qcm	=	61.5	59,4	57,4	55,5	53,8

Bei Anwendung von engeren Querstegen an der Blasrohrmündung wird der berechnete Blasrohrdurchmesser d_b vergrößert auf $d_{b'} = 1{,}06\, d_b$.

Zylindrische Schornsteine sind meist aus Eisenblech von 4 bis 8 mm, konische aus Gußeisen von 8 bis 12 mm Stärke. Die konische Form ist günstiger als die zylindrische. Schornsteinabmessungen und Höhenlagen sind zunächst nach Abb. 82 zu wählen. Wenn d_s = lichter Schornsteindurchmesser an der Austrittstelle bei kreisförmigem Austrittsquerschnitt in m, h = Entfernung von Blasrohr- bis Schornstein-Oberkante in m, so ist

h = 14d_b und d_s = 3,8d_b bei senkrechtem Standrohr

h = 13d_b und d_s = 4,2d_b bei kurzem Kreuzrohr und stark gekrümmtem Ausströmrohr.

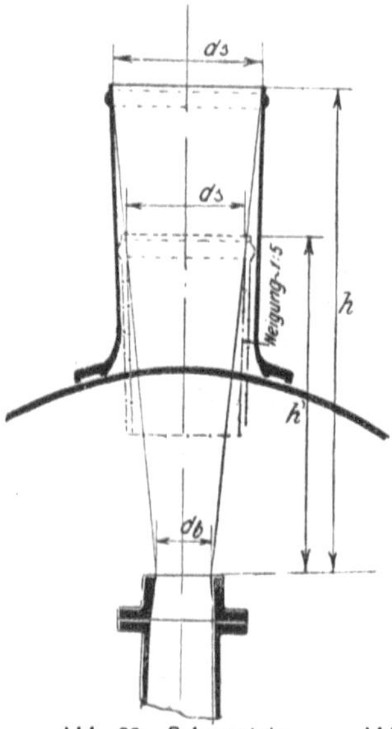

Abb. 82. Schornstein.

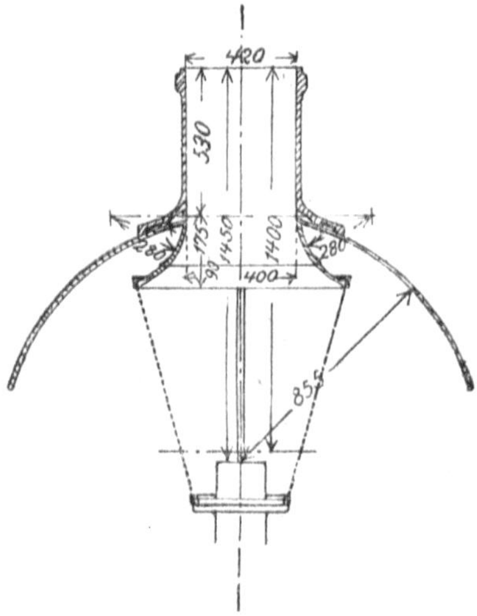

Abb. 83. Schornstein- und Blasrohr-Durchmesser der S_{10}'.

Muß aus Gründen des Profiles der Schornstein niedriger gemacht werden, so geschieht dies nach Abb. 82 auf folgende Weise: Man bildet einen Kegelstumpf durch entsprechende Verbindung der ursprünglich berechneten Schornstein- und Blasrohr-Oberkanten. Die Höhe h' richtet sich nach dem Profil. Der Konus des Schornstein-Kegelstumpfes muß, um gutes Vakuum zu bekommen, etwa $^1/_5$ bis $^1/_{5,6}$ groß sein. Hierdurch erhält man die Umrisse des neuen Schornsteines. Da der Schornstein niedriger geworden ist, so muß auch Blasrohrdurchmesser d_b um etwa 25 % auf d_b' nachträglich verkleinert werden, so daß also $d_b' = d_b - \frac{1}{4} \cdot \frac{h - h'}{h}$ wird.

Zur Beschränkung von Funkenauswurf und Rauchbelästigung im Tunnel (in Frankreich üblich) können drehbare Abschlußdeckel oben auf dem Schornstein angebracht werden. Außerdem verringern diese Deckel ein Auskühlen des Kessels bei längerem Stillstand der Lokomotive.

Bei Versuchsarten mit der S_{10}^1-Lokomotive der preußischen Staatsbahnen wurden die in Abb. 83 angegebenen Blasrohr- und Schornsteinverhältnisse [1]) festgestellt. Das Blasrohr bekam einen lichten Durchmesser von 145 mm unter Anwendung eines Quersteges von 8 mm Breite für oberschlesische oder 13 mm Breite für westfälische Kohle. Bei einer Verjüngung des Schornsteins von 1 : 25 ergab sich bei 530 mm Schornsteinlänge von der engsten Stelle (hier 400 mm Durchm.) bis zur Mündung ein Schornsteindurchmesser im Austrittsquerschnitt von $400 + \frac{530}{25} \cong 421$ mm; ausgeführt 420 mm.

Die Abmessungen der Blasrohre und der kleinsten lichten Schornsteindurchmesser sind für einige Lokomotiven der preuß. Staatsbahnen aus Zusammenstellung 26 ersichtlich. Es sind Erfahrungswerte, die sich im Betrieb ergeben haben.

Zusammenstellung 26.

Blasrohr- und Schornstein-Abmessungen.

Lokomotiv-Gattung	Blasrohrmündung		Größte Blasrohr-Stegbreite mm	Kleinster lichter Schornstein-durchm. mm
	Durchmesser mm	Abstand von Kesselmitte mm		
S_6	135	0	13	390
S_7-Grafenstaden	150	130 nach oben	0	370
S_7-Hannover	150	240 „ unten	21	425
S_9	160	225 „ „	21	455
S_{10} (alt)	130	85 „ oben	13	390
S_{10} (neu)	140	100 „ unten	13	420
S_{10}^1 (alt)	140	175 „ „	8	420
S_{10}^2	140	100 „ oben	13	420
P_8 (alt)	130	85 „ „	13	390
P_8 (neu)	135	100 „ unten	13	420
G_8 (alt)	130	70 „ oben	13	350
G_8 (neu)	140	70 „ „	13	390
G_8^1	140 (130)[2])	100 „ „	13	410
G_8^2	(130)	220 „ unten	13	400
G_8^3	(120)	220 „ „	13	400
G_{10}	140	100 „ „	13	420
G_{12} (neu)	(135)	220 „ „	13	400
T_{10}	130	130 „ oben	13	350
T_{12} (alt)	130 (120)	158 „ „	13	380
T_{12} (neu)	(125)	258 „ „	13	380
T_{14}	140	125 „ unten	13	400
T_{16} (alt)	130	20 „ oben	18	350
T_{16} (neu)	130	60 „ „	13	370
T_{16} (verstärkt)	135	125 „ „	13	410
T_{18} (alt)	135	55 „ unten	10	385
T_{18} (neu)	(130)	20 „ oben	10	385

[1]) Garbe, II. Aufl., S. 575.

[2]) Die eingeklammerten Zahlen gelten für Lokomotiven mit Vorwärmern.

4. Ausgeführte Kessel.

a) Heizrohrkessel.

I. Kessel der P_8-Lokomotive der preußischen Staatsbahnen (Abb. 84). Kommt in ähnlicher Ausführung bei den meisten neueren Heißdampflokomotiven der preußischen Staatsbahn vor.

Dampfüberdruck	12 kg/qcm
Wasserinhalt, bei 150 mm Wasserstand über Feuerbüchsdecke gemessen	6,50 cbm
Dampfraum, bei 150 mm Wasserstand über Feuerbüchsdecke gemessen	2,65 cbm
Verdampfungsoberfläche	9,50 qm
Rostfläche ($R_{gz} = R_w + R_ü = 2{,}358 + 0{,}262$)	2,62 qm
Heizfläche in der Feuerbüchse, feuerberührt	14,35 qm
Heizfläche in den Heiz- und Rauchrohren, feuerberührt	131,93 qm
$H_w =$	146,28 qm
Heizfläche im Überhitzer ($H_ü$)	58,9 qm
Anzahl der Rauchrohre von 125/133 mm Durchmesser	26 Stück
Anzahl der Siederohre von 45/50 mm Durchmesser	123 Stück
Heizrohrlänge (gleich Langkessellänge) zwischen den Rohrwänden	4700 mm
Kesseldurchmesser, lichte Weite des Langkessels[1]	1600 mm
Dom-Durchmesser, lichte Weite	740 mm
Rauchkammerdurchmesser, lichte Weite	1870 mm
Rauchkammerlänge	1800 mm
Verhältniswerte $H_w : R_w \cong$	62,0
Verhältniswerte $H_ü \cong$	24,8% von H_w

Blechstärken:

Langkessel	16 mm
Rauchkammer	15 mm
Rauchkammer-Rohrwand	26 mm
Stehkessel-Decke	20 mm
Stehkessel-Seitenwände	16 mm
Stehkessel-Rückwand	16 mm
Stehkessel-Vorderwand (Stiefelknecht)	16 mm
Feuerbüchs-Mantel	16 mm
Feuerbüchs-Rückwand	16 mm
Feuerbüchs-Rohrwand, oberer Teil	26 mm
Feuerbüchs-Rohrwand, unterer Teil	16 mm

Bevor die Stiefelknechtplatte mit dem Langkessel verbunden ist, wird die schmale Feuerbüchse von vorn eingebracht. Zur Bildung der Schüröffnung (Rechteckform) wird ein schmiedeeiserner Ring zwischen Stehkessel- und Feuerbüchs-Rückwand genietet. Der Langkessel ist zweischüssig, der Stehkesselmantel dreiteilig. 26 Rauchrohre in vier wagerechten Reihen (Schmidt-Großrohrüberhitzer). 123 Siederohre neben und zwischen den Rauchrohren. Der Reglerdom sitzt auf

[1]) Hinterer Schuß.

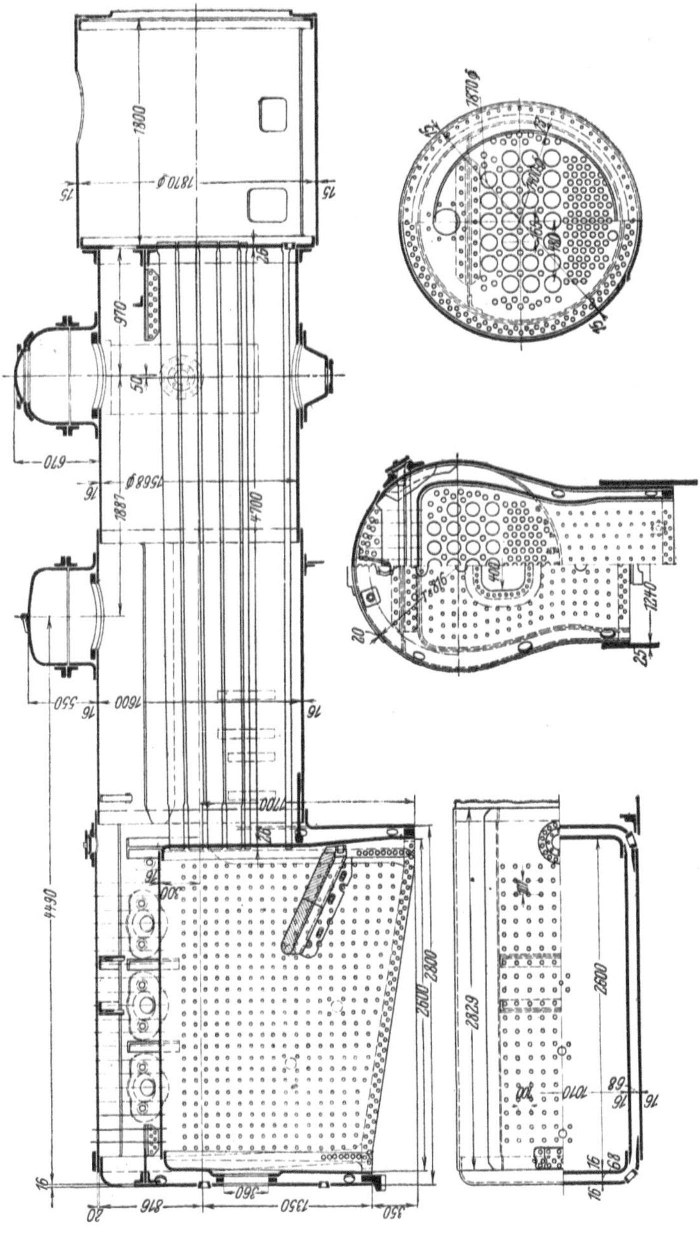

Abb. 84. Kessel der preußischen P_8-Lokomotive.

dem hinteren Kesselschuß, auf dem vorderen der Speisedom von gleichem Durchmesser zur Aufnahme des Schlammabscheiders. Unterhalb des Speisedoms am gleichen Kesselschuß unten entgegengesetzt zum Dom ist ein Schlammsammler angeordnet.

Nietungen. Die Rundnähte (Quernähte) der zwei Langkesselschüsse haben zweireihige versetzte Überlappungsnietung, die Längsnähte Doppellaschennietung. Der Bodenring von 68 mm Breite verbindet durch zwei gegeneinander versetzte Nietreihen Stehkessel und Feuerbüchse. Verbindung der vorderen Rohrwand mit dem Langkessel durch einen Winkelring und durch doppelte Nietreihe an beiden Schenkeln des Winkels.

Verankerungen bzw. Versteifungen. Feuerbüchs-Seiten-, -Vorder- und -Hinterwände sind mit den entsprechenden Wänden des Stehkessels verbunden durch zylindrische, hohle, kupferne Stehbolzen (Seitenstehbolzen) von 26 mm Gewinde mit 10 Gang auf 1", die am äußeren Ende beim Anstauchen geschlossen werden. Feuerbüchsdecke mit Stehkesseldecke verbunden durch flußeiserne Deckenstehbolzen von 26 mm Durchmesser mit Köpfen außen, und mit aufgeschraubten Muttern an der Feuerseite. Statt der vordersten Deckenstehbolzen zehn kurze Bügelanker (Tragbügel).

Zum Verhindern von Anbrüchen in den oberen Gewinden der Deckenstehbolzen in den seitlichen Längsreihen beim Ausdehnen der Decke sind etwa über Feuerbüchsmitte zwei senkrechte Querversteifungen vorgesehen. Versteifung des Stehkesselmantels durch jederseits drei aufgesetzte Verstärkungsbleche, durch sieben wagerechte kräftige Stangen-Queranker und durch Blechanker. Verbindung des Langkessels mit der Feuerbüchs-Rohrwand durch neun Rohrwandanker. Wagerechte Versteifung des oberen Teiles der vorderen Rohrwand gegen den Langkessel, sowie der Stehkesselrückwand oberhalb der Feuerbüchsdecke gegen Stehkesselmantel durch Blechanker.

Reinigungs- und Entleerungsvorrichtungen. Große Luken: jederseits zwei Stück am Stehkesselmantel oberhalb der Feuerbüchsdecke; ein Stück oben am Vorderende von Mitte Stehkesselmantel; jederseits ein Stück für die Ablenkbleche des Speisewasserreinigers etwas oberhalb Mitte Langkessel-Vorderschuß. Kleine Luken: vier Stück an den vier tiefgelegenen Ecken des Stehkesselmantels dicht oberhalb Bodenring; jederseits ein Stück unterhalb der tiefsten Siederohrreihe in der Stiefelknechtplatte in Höhe der Feuerbüchsdecke in der Stehkesselrückwand und etwas unterhalb der Türunterkante in der Stehkesselrückwand, immer an den Umbiegungen der Bleche. Schraubenpfropfen: ein Stück in Rauchkammer-Rohrwand unterhalb der tiefsten Rohrreihe und jederseits drei Stück auf dem unteren Teil des Stehkesselmantels.

II. Hinterkessel der im Jahre 1920 von Borsig gebauten 1E1-Heißd.-Zw.-Tenderlok. für die Halberstadt-Blankenburger Eisenbahngesellschaft (Abb. 85). Er ist außen 2080 mm breit, ragt also über Rahmenbleche und Räder hinaus. Der einteilige Stehkesselmantel wird durch Fortsetzung der oberen Hälfte des Langkessels gebildet. Die Rückwand ist geneigt.

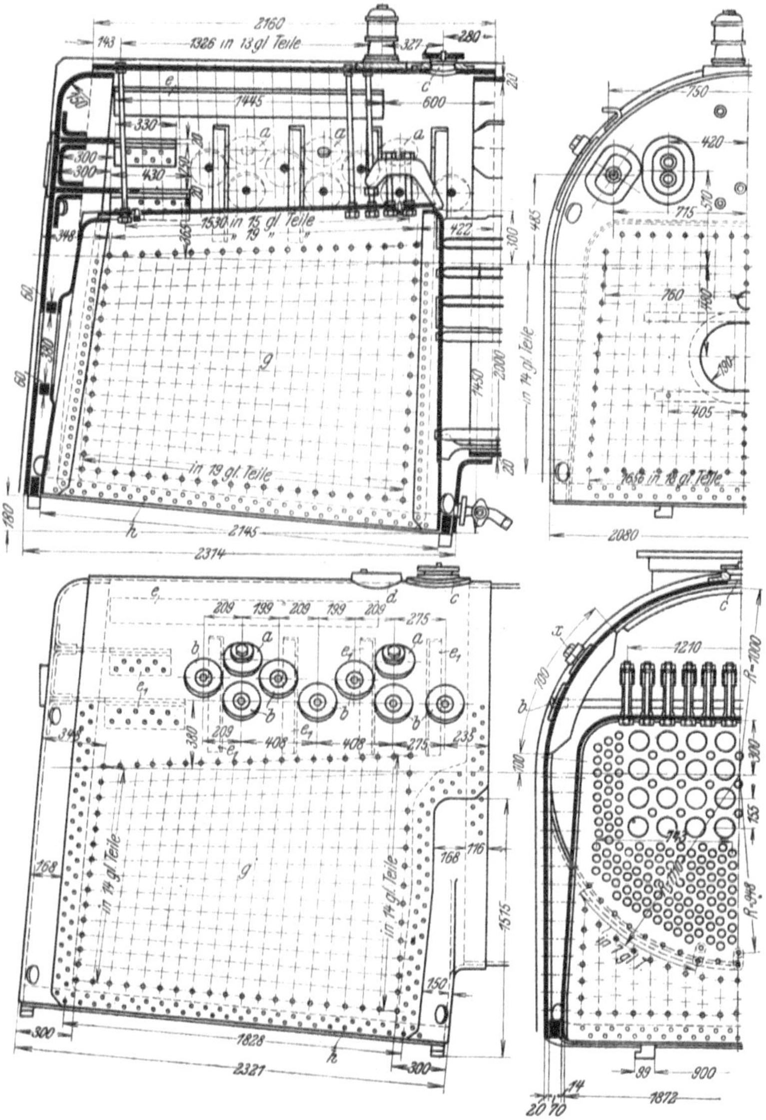

Abb. 85. Hinterkessel der 1E1-Heißdampf-Zwilling-Tenderlokomotive für die Halberstadt-Blankenburger Eisenb.-Ges. (Borsig).

Dampfüberdruck	14 kg/qcm
Wasserinhalt des Kessels, bei 150 mm Wasserstand über Feuerbüchsdecke gemessen	7,69 cbm
Dampfraum des Kessels, bei 150 mm Wasserstand über Feuerbüchsdecke gemessen	3,9 cbm
Verdampfungsoberfläche	10,0 qm
Rostfläche ($R_{gz} = R_w + R_ü = 3{,}564 + 0{,}396$)	3,96 qm
Heizfläche in der Feuerbüchse (feuerberührt)	13,62 qm
„ „ den Heiz- und Rauchrohren (feuerberührt)	167,24 qm
$H_w =$	180,86 qm
Heizfläche im Überhitzer (Hü)	54,14 qm
Verhältniswerte $H_w : R_w \cong$	50,7
Verhältniswerte $H_ü \cong$	33,4 % von H_w

Blechstärken:

Stehkessel-Mantel	20 mm
Stehkessel-Rückwand	18 mm
Stehkessel-Vorderwand (Stiefelknecht)	18 mm
Feuerbüchs-Mantel	14 mm
Feuerbüchs-Rückwand	14 mm
Feuerbüchs-Rohrwand	25 mm

Der zugehörige Langkessel mit 3700 mm Rohrlänge zwischen den Rohrwänden ist nur einschüssig und mit 2,0 m innerem Durchmesser außergewöhnlich weit. Das Langkesselblech ist 20 mm, die Rauchkammer-Rohrwand 25 mm stark.

Versteifung der Feuerbüchsdecke durch Deckenstehbolzen. Die ersten drei Reihen sind kurze Bügelanker. Der Stehkesselmantel ist teils durch jederseits aufgesetzte Verstärkungsbleche (e), teils durch Verstärkungswinkel (e_1) versteift; ferner durch sieben wagerecht angeordnete Queranker (b). Die Stehkesselrückwand ist oberhalb der Feuerbüchsdecke gegen den Stehkesselmantel durch Blechanker versteift.

Abb. 86 zeigt das Stehkesselmantelblech in gestrecktem Zustande. In a sitzen die großen Waschluken (links eine, rechts zwei); in b greifen die Queranker an (sieben Stück); c ist die Reinigungs- und Füllöffnung für den vorderen Teil des Hinterkessels, auf d sitzen die beiden Sicherheitsventile; e sind Verstärkungsbleche und e_1 die Nietlöcher zur Befestigung von Versteifungswinkeln; in f greifen die Deckenanker an; g sind die Stehbolzen- und h die Nietlöcher.

III. Kessel der 1 C 1-Heißd.-Zw.-S-Lok. für die orientalischen Eisenbahnen (Abb. 87), gebaut von Hanomag[1]. Zweischüssiger Rundkessel von 1460 mm lichtem Durchmesser bei 15 mm Blechstärke, dessen hinterer Schuß gegen den Stehkessel zu um 82 mm im Durchmesser konisch erweitert ist. Unterkante des hinteren Schusses wagerecht. Diese „wagon-top"-Form bringt genügende Überhöhung der runden Stehkesseldecke gegen die flache Feuerbüchsdecke mit sich. Vorn beträgt der Zwischenraum zwischen der Decke des Stehkessels und der Feuerbüchse 508 mm und erhöht sich nach rückwärts, infolge Neigung der Feuerbüchsdecke, auf 543 mm. Hiermit ist auch eine gewünschte Vergrößerung des Dampfraumes verbunden. Die beiden Kesselschüsse sind stumpf gegeneinander gesetzt

[1]) Hanomag-Nachrichten, Mai 1917

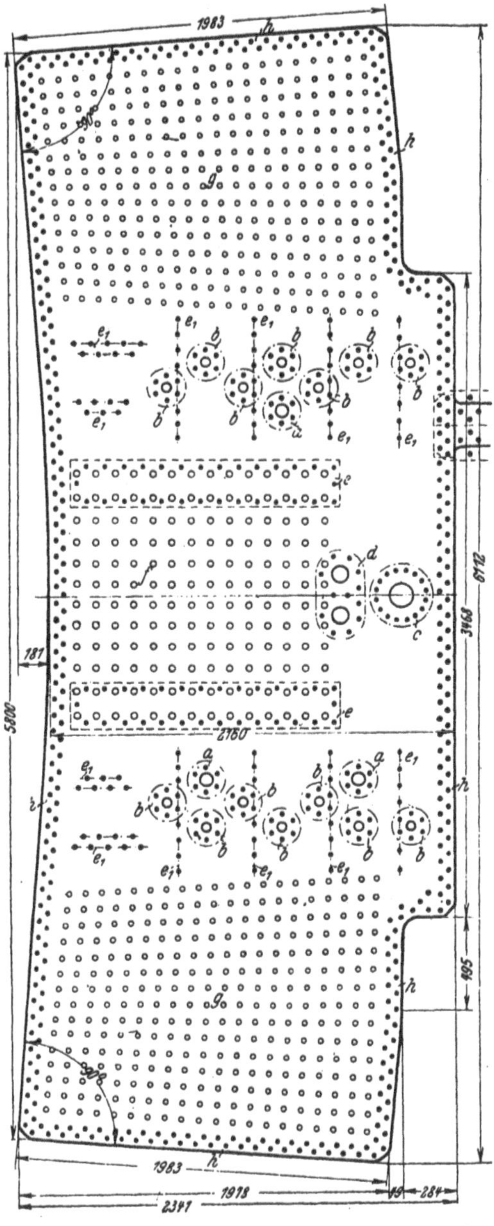

Abb. 86. Abgewickeltes Mantelblech des Stehkessels in Abb. 85.

und mittels innerer Rundlasche bei vierreihiger Vernietung verbunden. Die Längsnähte der Kesselschüsse haben schmälere äußere und breitere Innenlaschen bei ebenfalls vierreihiger Vernietung. Am Rauchkammerende ist die vordere Längsnaht auf etwa 300 mm Länge verschweißt.

Die breite Feuerbüchse liegt über dem Rahmen. Das Feuerloch hat rechteckige Form von 360/400 mm. In der Feuerbüchse ist ein Feuergewölbe von 600 mm Länge, das aus einzelnen Steinen aufgebaut wird und unmittelbar auf den in den Feuerbüchsseitenwänden angebrachten Kloben mittels der langen, seitlichen Kämpfersteine aufruht. Die geräumige Rauchkammer ist an den Rundkessel mittels Schmiedeeisenringes von nur 35 mm Stärke angeschlossen, so daß sie mit dem Kesselverschalungsblech bündig verläuft, was das Aussehen des ganzen Kessels günstig beeinflußt.

Um noch genügende Tiefe der Stiefelknechtplatte zu erzielen, ohne sie hierbei zu stark neigen zu müssen, und mit Rücksicht auf die breite Feuerbüchse, mußte der Kessel möglichst hoch gelegt werden, und zwar liegt die Mitte 2925 mm über S. O. Die Krebstiefe beträgt hierbei 614 mm. Der Bodenring hat an allen vier Ecken heruntergezogene äußere, 25 mm starke Lappen. Hierdurch wird die Anfertigung der Feuerbüchse verteuert; es besteht jedoch der Vorteil einer gleichmäßigeren Verteilung der Ecknieten und die Anwendung von Eckschrauben, und das sonst so häufig vorkommende Lecken dieser Ecken wird vermieden.

Rohrlänge zwischen den Rohrwänden 4600 mm. Die in zwei wagerechten Reihen angeordneten 21 Stück nahtlos gezogenen Rauchrohre von 119/127 mm Durchmesser sind am hinteren Ende auf 500 mm Länge als Wellrohre nach Bauart „Pogany-Lahmann" ausgebildet. Die Überhitzerrohre von 28/36 mm Durchmesser reichen bis 550 mm vor die Feuerbüchsrohrwand und sind dort mit aufgeschraubten Stahlgußkappen versehen. Unter und zwischen den Rauchrohren befinden sich 126 flußeiserne Siederohre von 45/50 mm Durchmesser, die am Feuerbüchsende kupferne, 105mm lange, 4½ mm starke Vorschuhe besitzen.

Verankerung der Hinterkesselbleche durch kupferne Stehbolzen und flußeiserne Deckenstehbolzen. Die beiden vordersten Reihen der letzteren sind an schmiedeeisernen Bügeln aufgehängt. Um beiderseits für die beiden äußeren, seitlichen Reihen der Deckenstehbolzen genügende Gewindefleischstärke in dem gewölbten Stehkesselmantel zu erzielen, wurden äußere Beilaglaschen von 13 mm Stärke vorgesehen. Die übrige Verankerung ist gleichfalls die sonst übliche.

In den Grundzügen fast übereinstimmend mit diesem Kessel ist der in Abb. 88, ebenfalls von Hanomag gebaute, der 1 C 1 - Heißd.-Zw.-S-Lok. für die oldenburgische Staatsbahn.

IV. Englischer Kessel der 1917 gebauten 2 B - Heißd.-S-Lok. für die Hochland-Bahn (Abb. 89). Kennzeichnend ist die tiefe Feuerbüchse mit Belpairedecke und das Feuergewölbe. Die beiden ersten Deckenankerreihen sind beweglich an einen Träger aufgehängt. Die Versteifung der über den runden Kesselschuß ragenden Ecken erfolgt durch je einen Längsanker. Die Feuerbüchse besteht aus Kupfer. Der geneigte Kipp-

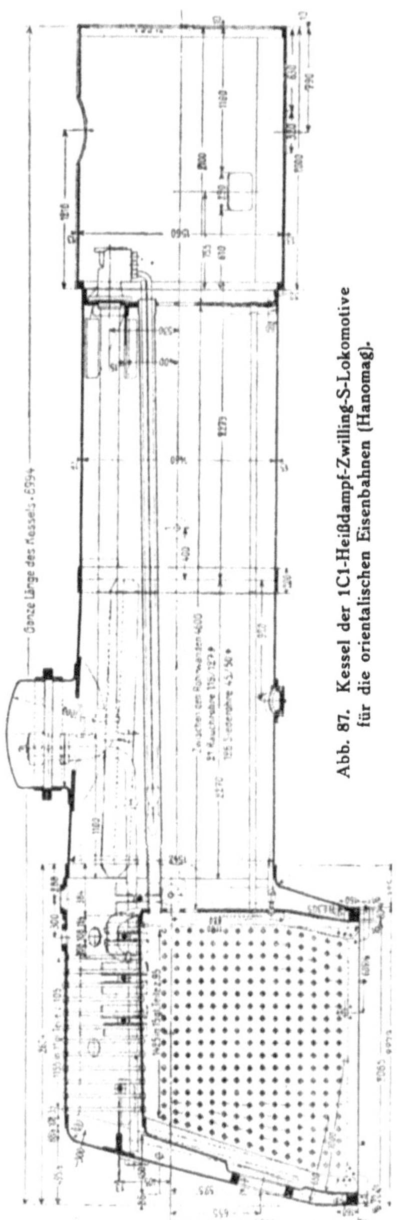

Abb. 87. Kessel der 1C1-Heißdampf-Zwilling-S-Lokomotive für die orientalischen Eisenbahnen (Hanomag).

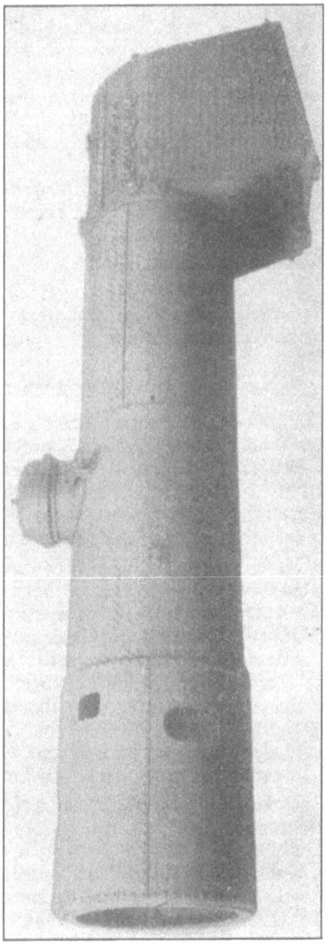

Abb. 88. Kessel der 1C1-Heißdampf-Zwilling-S-Lokomotive für die oldenburgische Staatsbahn (Hanomag).

rost von 2,1 qm Fläche ist 1867 mm lang. Die vorderste Roststabreihe ist kippbar. Eine einteilige Stiefelknechtplatte verbindet Stehkessel mit Langkessel. Letzterer besteht aus zwei teleskopartig ineinander geschobenen Schüssen, von denen der hintere 1465 mm, der vordere 1437 mm Durchmesser außen mißt. Im Langkessel liegen 118 Stück nahtlos gezogene flußeiserne Siederohre von 51 mm und 21 Rauchrohre von 127 mm äußerem Durchmesser. Längsversteifungen des Kessels bilden mehrere im Dampfraum liegende, mit Spannschrauben versehene Längsanker. Die vordere Rohrwand ist, wie in England allgemein üblich, mittels Winkelring mit dem ersten Langkesselschuß verbunden. In der erweiterten Rauchkammer ist der Sammelkasten nebst Dampfdüsen eines Robinsonüberhitzers untergebracht. Abschluß nach unten durch eine gußeiserne Rahmenquerverbindung zwischen den außen liegenden Zylindern. Bei Innenzylindern bildet das Zylindergußstück selbst den Rauchkammerboden. Die wasserberührten Heizflächen sind:

in den Siederohren	65,31 qm
in den Rauchrohren	29,08 qm
in der Feuerbüchse	11,52 qm
gesamte wasserberührte wasserverdampfende Heizfläche	105,91 qm
Überhitzerheizfläche	16,72 qm

b) Wasserrohrkessel.

I. Stroomann-Kessel der G_8^1-Lokomotive der preußischen Staatsbahnen, gebaut von Orenstein & Koppel (Abb. 90). Es ist ein Lokomotiv-Wasserrohrkessel mit Wellrohrfeuerbüchse (ähnlich „Lenz" und „Vanderbilt"); die kupferne Feuerbüchse mit den zahlreichen Stehbolzen, sowie die Rohrwand mit den leicht undicht werdenden Siederohren fällt also fort.

Der hintere Teil besteht aus einem Zylinderkessel von 1950 mm Durchmesser und 21 mm Blechstärke mit zwei gewölbten Böden, in denen ein gewelltes Flammrohr von 1200 mm lichter Weite eingebaut ist. Die Verbindung des Flammrohres mit den beiden Böden geschieht durch besondere Übergangsstücke, die rückwärts durch Nieten beiderseits verbunden, jedoch vorn teilweise aufgeschweißt sind. Versteifung der beiden gewölbten Böden durch zwei durchgehende Längsanker, vorn außerdem durch zwölf besondere Stehbolzen zwischen Flammrohrboden und Kesselwand. Die äußere größte Länge des Kessels beträgt etwa 4600 mm. Der Rost hat 3 qm Fläche.

Der anschließende Wasserrohrkessel besitzt eine vordere geneigte, vollkommen geschweißte 22 mm starke Wasserkammer; sie ist durch zahlreiche Stehbolzen versteift. Die rückwärtige Wand wird durch den Zylinderkessel selbst gebildet, dessen Wand ebenfalls geneigt ist. Die dadurch bedingte, bei Wasserrohren erforderliche Neigung ergibt zusammen mit dem durch Ablenkungsplatten hervorgerufenen Richtungswechsel der Feuergase das Aufsteigen des Dampfes und erzielt somit auch den notwendigen Wasserumlauf. In den unteren, durch Schamottesteine vor der Stichflamme geschützten Rohren erfolgt die Zuströmung des Wassers. Die im Mittel etwa 3350 mm Länge erreichenden 111 Stück flußeisernen Wasserrohre haben 82,5/89 mm Durchmesser. Die vordere Wasserkammer hat unten ein Mannloch und trägt außen die ent-

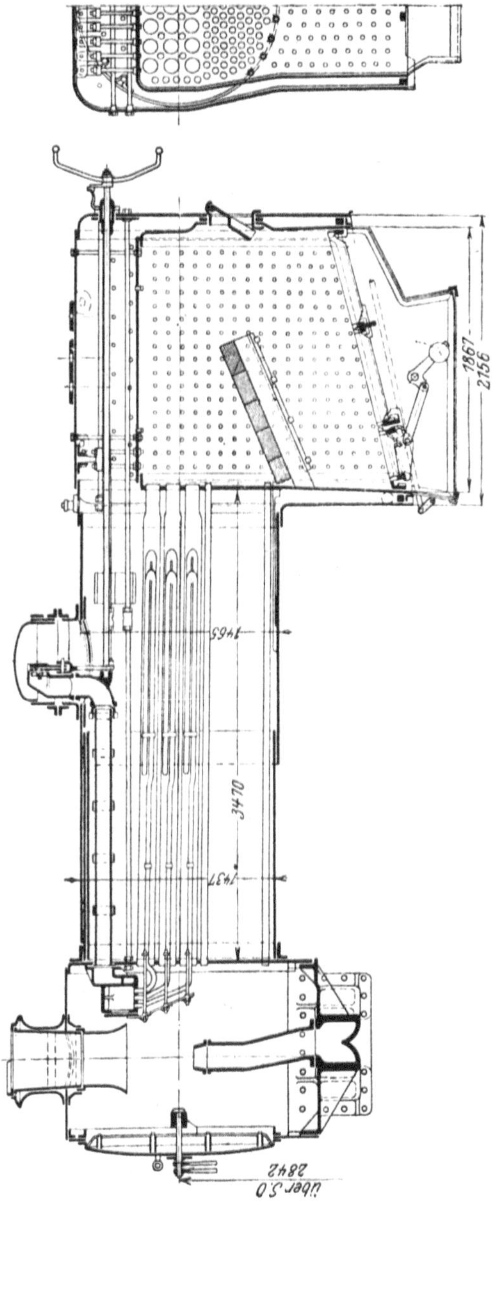

Abb. 89. Englischer Kessel der 2B-Heißdampf-Zwilling-S-Lokomotive für die Hochland-Bahn.

sprechenden Rohrverschlüsse. Der große Flammrohrkessel besitzt unten Ablaßhahn und Reinigungsöffnung, oben schräg außen ein Mannloch. Die vordere Wasserkammer ist wagerecht in zwei ungleiche Teile geteilt, zwischen denen einerseits die Führungsplatten des

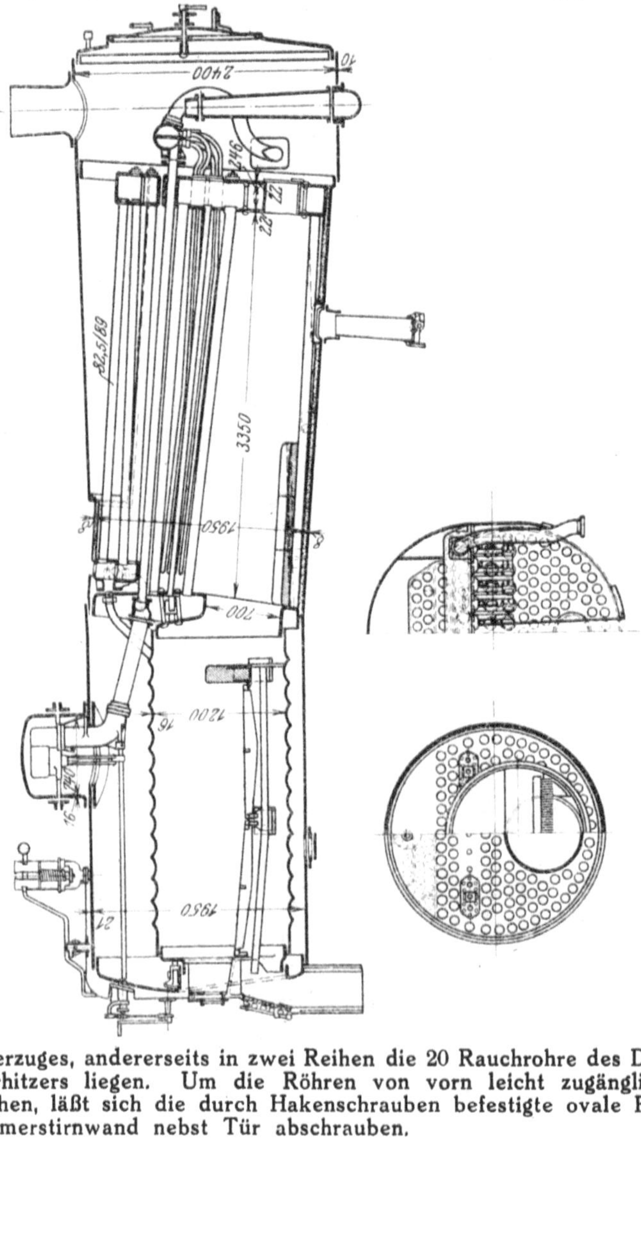

Abb. 90. Stroomannkessel der preußischen G_4^1-Lokomotive.

Feuerzuges, andererseits in zwei Reihen die 20 Rauchrohre des Dampfüberhitzers liegen. Um die Röhren von vorn leicht zugänglich zu machen, läßt sich die durch Hakenschrauben befestigte ovale Rauchkammerstirnwand nebst Tür abschrauben.

Abb. 91 zeigt die Ausführung des Stroomannkessels von Orenstein & Koppel bei der G_8-Bauart.

II. Brotan-Kessel, entworfen von dem Werkstättenvorsteher der österreichischen Staatsbahnen Brotan. Der alte

Abb. 91. Stroomannkessel der preußischen G_8-Lokomotive.

Brotankessel bestand aus einem walzenförmigen Ober- und Unterkessel, die durch Rohrstutzen miteinander verbunden waren. Der Unterkessel ist ein gewöhnlicher Heizröhrenkessel, während der Oberkessel als Dampfsammler dient, der sich über die ganze Länge des Langkessels und der Feuerbüchse erstreckt. Die Stehkesselwandungen bilden dicht nebeneinanderstehende nahtlose Mannesmann-

Stahlrohre, die unten in ein hohles Stahlguß-Grundrohr und oben, gewölbeartig zusammenschließend, in den unteren Teil des Dampfsammlers eingewalzt sind. Bei der neueren Bauart des Brotankessels wird der Oberkessel ersetzt durch einen Zylinderkessel mit großem Durchmesser und rückwärts anschließendem konischen Kesselschuß. An den von Heizrohren durchzogenen Zylinderkessel schließt rückwärts die Wasserrohrfeuerbüchse an (Abb. 93).

Vorteile dieses Hinterkessels gegenüber anderen üblichen sind in der Hauptsache folgende: die Stehbolzen, Deckenschrauben, Nietung, Verankerung und Versteifung fallen gegenüber den gewöhnlichen Lokomotivfeuerbüchsen fort, und damit auch die bei letzteren entstehenden Formänderungen, Schäden und letzten Endes die Explosionsgefahren. Die Wasserröhren beim Brotankessel lassen sich leicht auswaschen; insbesondere wird eine gründlichere Reinigung bei kesselsteinbildendem Wasser durch leichtere Zugänglichkeit der inneren Rohrwandungen mit Reinigungswerkzeugen ermöglicht. Ferner wird die direkte Heizfläche der Feuerbüchse um etwa 50 % vergrößert und die Ausnutzung der Heizgase bei gleicher Rostfläche gesteigert.

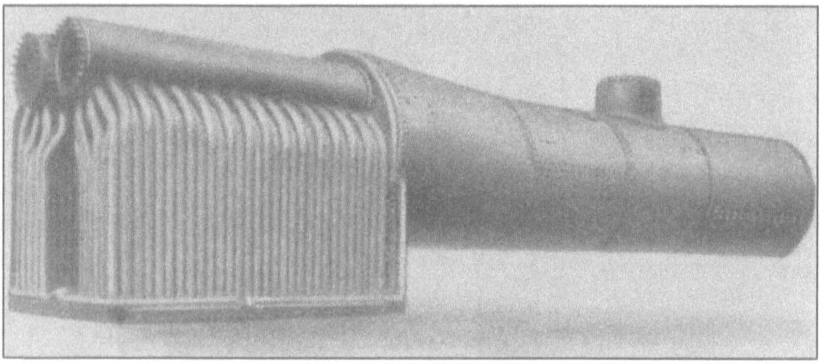

Abb. 92. Brotankessel der ungarischen 1C+C-Heißdampf-Malletlokomotive.

Abb. 92 zeigt den Brotankessel für die 1C+C-Vierzyl.-Heißd.-Gebirgslokomotive der ungarischen Staatsbahnen. Der im Langkessel und den Wasserröhren der Feuerbüchse entwickelte Dampf wird in zwei besondere, über der Feuerbüchse gelagerte kreisrunde Dampfsammler geleitet.

Die Heizfläche des hier dargestellten Kessels von 15 at ist größer als die anderer europäischer Lokomotiven. Die Mitte des aus drei Schüssen bestehenden Kessels liegt 3,12 m über S.O. Der mittlere kleinste zylindrische Kesselschuß hat bei 19 mm Blechstärke einen inneren Durchmesser von 1,75 m, der dahinter anschließende kegelige einen größten Durchmesser von 2 m bei 20 mm Blechstärke. Die Quernähte des Langkessels haben zweiteilige Überlappungsnietung, seine Längsnähte sechsfache Nietung mit ungleicher Breite der doppelten Laschen. Die kupferne Feuerbüchsrohrwand ist

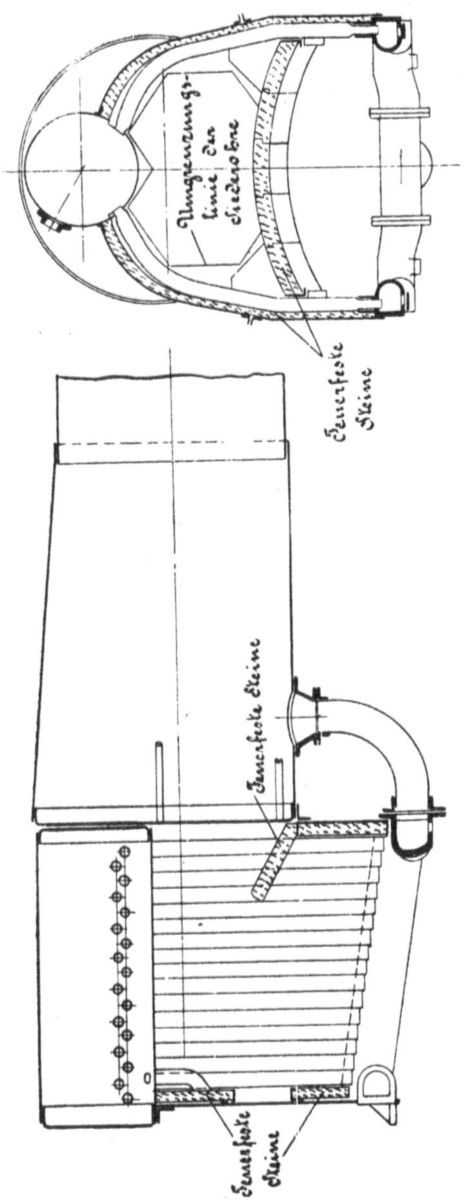

Abb. 93. Brotankessel.

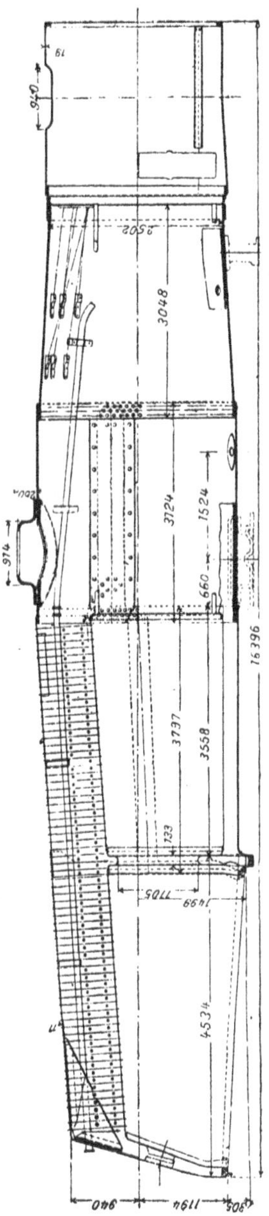

Abb. 94. Amerikanischer Kessel der 1D+D-Heißdampf-Vierling-G-Lokomotive für die Pennsylvania-Bahn.

30 mm, die vordere eiserne Rohrwand 28 mm stark. Die etwa 2,89 m lange Rauchkammer ist aus zwei Mantelblechen zusammengesetzt.

Die Feuerbüchse ist zwischen den Schutzblechen 3,1 m lang und 2,02 m breit. Die Seitenwände der Feuerbüchse bilden je 29 Stück 5 mm starke nahtlose Wasserrohre aus Flußeisen von 85/95 mm Durchmesser; sie enden in zwei getrennten Vorköpfen von je 600 mm Weite, die rückwärts durch einen Stutzen verbunden sind. Um besser dicht zu halten, sind die Vorköpfe auf etwa 1/2 m Länge in den Langkessel vorgeschoben und in ihm durch starke Winkel gestützt. Außerdem sind noch zwei wagerechte Siederohre von 100/110 mm Durchmesser zwischen den zwei Vorköpfen eingebaut, zwecks Erzielung eines besseren Abschlusses der Feuergase nach oben. Die Rückwände der Feuerbüchse bilden an jeder Seite sechs Wasserrohre; vorn an der Stiefelknechtplatte besteht der Abschluß aus einer feuerfesten Masse. Ein Kipprost ist in der Feuerbüchse eingebaut.

Der Großrohrüberhitzer nach Schmidt hat 36 Überhitzerrohre von 125/135 mm Durchmesser, die in vier Reihen zu je neun Stück untergebracht sind. Die Überhitzerheizfläche ist fast 80 qm. Außerdem sind 180 Siederohre von 47/52 mm Durchmesser vorhanden. Zwischen der vorderen und hinteren Kesselwand beträgt die Länge dieser Siederohre 5,6 m.

c) Amerikanische Kessel.

Große Kessel aus zwei bis drei Schüssen infolge der verlangten großen Leistungen. Ursprünglich breite Feuerbüchsen, wodurch die Rostfläche beliebig breit gemacht werden konnte. Man führt Rostflächen aus von 5,5 bis 6,5 qm bei Fettkohle [1]) bzw. bis 11,3 qm bei Magerkohle für starke Mallet-Lokomotiven. Doch werden solche großen Rostflächen in letzter Zeit nur noch ausnahmsweise gebaut. Meist findet man bei P- und G-Lokomotiven einen Rost von R = 5 bis 6 qm Fläche. Bereits von 4 bis 5 qm an bei Überschreiten von 1,6 m Rostbreite ist Beschicken des Rostes von Hand schwierig; deshalb selbsttätige Rostbeschickung.

Meist runde gewöhnliche Feuerbüchse; seltener ist die eckige Belpaire-Feuerbüchse (heute noch bei der Pennsylvania-Bahn). Um großen Feuerbüchsinhalt zu gewinnen, wird eine Verbrennungskammer angewendet: es ist dies eine Verlängerung der Feuerbüchse nach vorn in den hintersten Kesselschuß, wodurch auch die Entfernung zwischen den Rohrwänden verkürzt wird. Heizfläche der Feuerbüchse und Verbrennungskammer etwa gleich vierfacher Rostfläche. Besonderer Wert wird gelegt auf freien Wasserumlauf; daher breite Bodenringe (vorn 125 mm, hinten und seitlich 100 bis 125 mm).

Statt Rauchverbrennungseinrichtungen werden in der Regel sehr tiefe Feuergewölbe eingebaut. Diese werden getragen von Wasserrohren, die von dem unteren Teil der Feuerbüchs-Rohrwand bis zum oberen Teil der Hinterwand gehen. Luken zum Reinigen dieser Wasserrohre sind ihren Öffnungen gegenüber im Stehkesselmantel angebracht.

---

[1]) Verbrennung auf 1 qm Rost etwa 580 kg/qm stündlich bei Fettkohle.

Die innere Feuerbüchse wird aus Flußeisen genietet, neuerdings auch geschweißt. Die Kessel-Rückwand ist stets nach vorn geflanscht. Verankerung meist nur durch Stehbolzen, vielfach Versteifung der Feuerbüchs-Hinterwand und -Rückwand durch Blechanker oder durch an den Kesselschüssen angreifende bewegliche Rundanker. Der Dom ist häufig aus einem Stück gepreßt.

Abb. 94[1]) zeigt den ungewöhnlich großen Kessel (mit Belpaire-Stehkessel) der 1 D + D - Heißdampf-Vierling-G-Lokomotive der Pennsylvania-Bahn. Der Langkessel hat zwei Schüsse aus 33,5 mm starken Blechen. Der erste Schuß ist kegelförmig, der andere walzenförmig und hat im oberen Teil die zum Anschluß des Belpaire-Stehkessels nötige Anflanschung. Die Verbrennungskammer ist 3550 mm tief und besteht aus vier Teilen: einem unteren 19 mm starken mit Flansch zum Anschluß an den Grundring, zwei ebenso starken Seitenblechen und der 11 mm starken Belpaire-Decke. Da die Feuerbüchse mit der Verbrennungskammer 7849 mm lang ist, mußte zwischen beide ein besonderes Dehnglied eingeschaltet werden.

Dampfüberdruck	14,4	kg/qcm
Kesseldurchmesser (außen vorn an d. Rauchk.)	2435	mm
Feuerbüchs-Länge	4267	mm
Feuerbüchs-Weite	2438	mm
Länge v. Feuerbüchse mit Verbrennungskammer	7849	mm
Heizrohranzahl	137	bzw. 284
Heizrohrlänge	5791	mm
Heizrohrdurchmesser (außen)	57	bzw. 83 mm
Heizfläche der Feuerbüchse	49,33	qm
Heizfläche der Heizrohre	568,99	qm
Heizfläche des Überhitzers	291,38	qm
Rostfläche	10,4	qm

Jacobs-Shupert-Hinterkessel. Man wollte die der gewöhnlichen Feuerkiste anhaftenden Mängel vermeiden, die im wesentlichen in der Art der Versteifung der flachen Wände durch Stehbolzen begründet liegen, die Haltbarkeit erhöhen, die Unterhaltungskosten herabsetzen und den Wirkungsgrad der Feuerung verbessern. Der Jacobs-Shupert-Hinterkessel (Abb. 95) läßt die Grundform des alten Lokomotivkessels unverändert. In manchen Fällen können daher vorhandene Lokomotivkessel mit dieser Feuerbüchse ausgerüstet werden, ohne daß besonders umfangreiche Veränderungsarbeiten an den übrigen Teilen der Lokomotive erforderlich sind.

Die innere Feuerbüchse (Abb. 96) besteht aus einer Anzahl U-förmig gebogener Stahlringe A, die bei fast allen Entwürfen für amerikanische Lokomotiven 244,5 mm breit sind und eine Blechstärke von 11,1 mm besitzen. Der Querschnitt der Ringe hat annähernd die Form einer halben Ellipse. Senkrecht zur großen Achse schließen sich Flansche an, die der Wasserseite des Kessels zugewendet sind. Die Anzahl der Ringe A wird durch die gewünschte Länge der Rostfläche bestimmt. Aus ähnlich geformten, mit Flanschen versehenen Ringen B, deren Querschnitt sich nach der Außenseite des Kessels hin wölbt, besteht der äußere Feuerbüchsmantel. Die Ringe sind 12,7 mm stark. An Stelle der seitlichen Stehbolzen und Deckenanker sind zwischen die Flanschen der inneren und der entsprechenden äußeren Ringe 9,5 mm

[1]) Organ 1920, 15. September, Tafel 26.

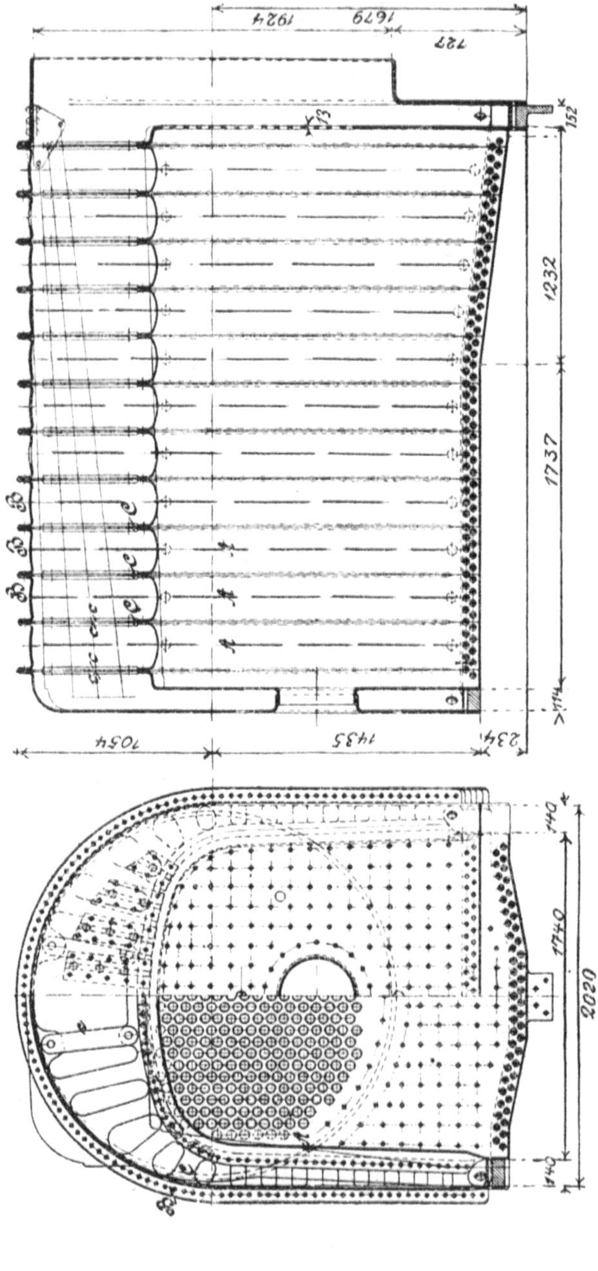

Abb. 95. Jacobs-Shupert-Hinterkessel.

starke Stehbleche C genietet. Letztere sind bogenförmig und haben zahlreiche Aussparungen, damit die Wasserbewegung in wagerechter Richtung möglichst wenig behindert wird. Über der Feuerbüchsdecke ist ein geräumiger Ausschnitt angebracht, in den ein Mann vom Langkessel aus hineinkriechen und die einzelnen Ringe, soweit sie die Decke der Feuerbüchse bilden, besichtigen und reinigen kann. Durch den Ausschnitt werden die Stehbleche beträchtlich geschwächt. Damit genügende Festigkeit gewahrt bleibt, sind an diesen Stellen abnehmbare Flacheisenanker (c in Abb. 95) eingezogen. Über dem Bodenring sind bogenförmige Ausschnitte, die einen freien Wasserdurchfluß gewähren. Alle Niete, welche die Stehbleche C mit den Ringen des Hinterkessels verbinden, liegen im Wasserraum des Kessels.

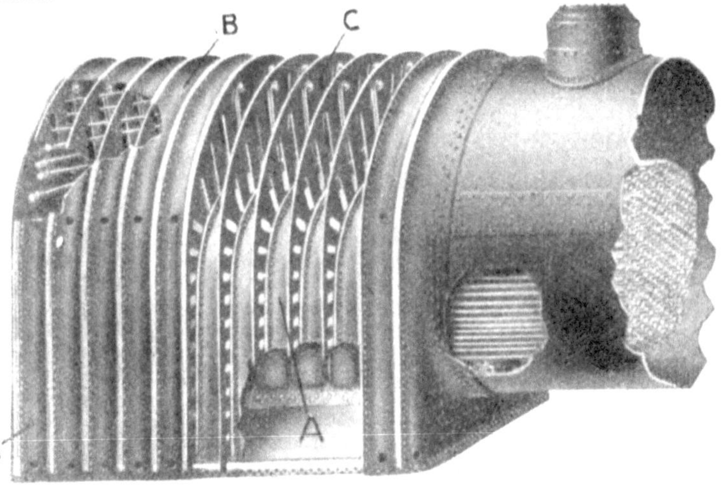

Abb. 96. Jacobs-Shupert-Hinterkessel.

Die Verbindung zwischen den U-förmig gebogenen Ringen A der Feuerbüchse und dem Bodenring geschieht auf folgende Weise: die Flansche der Ringe werden in geringer Entfernung über dem Bodenring abgeschnitten, die Ringe selbst an diesen Stellen flach geschmiedet, unterhalb des Stehbleches stumpf gegeneinander gestoßen und durch Schweißung miteinander verbunden. Die Nietteilung des Bodenringes ist so gewählt, daß durch jede Schweißfuge ein Niet hindurchgeht und letzterer auch von der Schweißfuge der äußeren Ringe aufgenommen wird. Jeder Außenring besitzt auf jeder Seite zwei Reinigungsöffnungen. Die eine Öffnung befindet sich in geringer Entfernung über dem Bodenring, die andere etwa in Höhe der Feuerkistendecke.

Die 14,3 mm starke Rückwand des Kesselmantels und die Stiefelknechtplatte sind mit Flanschen zum Anschluß an den ersten und letzten Ring des äußeren Feuerkistenmantels versehen und weisen im übrigen die üblichen Formen auf. Ihre Versteifung erfolgt durch

Stehbolzen. Im oberen Teil der Kesselrückwand sind Kloben angenietet, an denen Zuganker aus Rundeisen befestigt werden. Die Kloben zur Aufnahme des anderen Endes werden am Rundkessel befestigt. Rückwand und Stiefelknechtplatte besitzen in der Rundung der unteren Ecken Reinigungsöffnungen. Mehrere solcher Öffnungen sind außerdem noch über die Rückwand verteilt. Feuerbüchsrück- und Rohrwand bestehen aus besonderen Platten, die oben und an den Seiten gekümpelt und mit Flanschen zum Anschluß an die zunächst liegenden Stehbleche versehen sind. Ihre Stärken betragen 9,5 und 12,7 mm.

5. Besondere Feuerungsarten.

a) **Rauchverzehrende Feuerungen** (Rauchverbrenner).

Ihr Zweck soll einmal sein möglichste Beseitigung der Rauchbildung und damit die Vermeidung von Beschwerden über Rauchbelästigung, außerdem die bessere Ausnutzung der Kohle und deren bessere wirtschaftliche Verwendung. Zur Vermeidung der Rauchbildung muß stets für genügende und richtige Luftzufuhr gesorgt werden. Ferner ist Bedingung, daß die zugeführten Luftmengen mit den Verbrennungsgasen an solchen Stellen der Feuerung gemischt werden, wo die Temperaturen zur Entzündung des Gemisches ausreichen.

Je höher das Vakuum der Feuerkiste, das bei Lokomotiven dauernd schwankt, um so größer sind die Geschwindigkeiten der Gase in dem Feuerungsraum und den anschließenden Siederohren, um so schneller geht die Entgasung der Kohle vor sich, und darum muß um soviel mehr Luft zur vollständigen Verbrennung in derselben Zeit bei höherem Vakuum in die Feuerkiste eingeführt werden als bei geringerem. Die durch die Roste angesaugte Luftmenge reicht nicht allein aus zur rauchfreien Verbrennung; ein Teil der Verbrennungsluft muß deshalb in die Feuerkiste als Oberluft eingeleitet werden. Wird die eingeführte Oberluftmenge abhängig gemacht von der Höhe des in der Feuerkiste herrschenden Vakuums, so ist sie dadurch gleichzeitig der Kohlenmenge angepaßt. Denn das Vakuum in der Feuerkiste hängt ab von der Auspuffstärke, und der Auspuff seinerseits wiederum von der zeitweiligen Lokomotivbeanspruchung.

Beim Halten der Lokomotive, d. h. bei geschlossenem Regler, fällt die Anfachung des Feuers durch den Abdampf fort, und es ist dann für eine rauchfreie Verbrennung erforderlich, daß durch ein selbsttätiges schwaches Anstellen des Hilfsbläsers ein geringes Vakuum in der Feuerkiste erhalten bleibt, während zugleich eine geringe Menge Oberluft genügt. Wird aber bei längerem Aufenthalt auf Haltestellen nachgefeuert oder geschürt, so ist es erforderlich, die Wirkung des Hilfsbläsers zu verstärken und zu gleicher Zeit größere Mengen Oberluft einzuführen.

Rauchverbrenner Bauart „M a r c o t t y" mit Kipptür (Abb. 97 u. 98). Die Kipptür a hat seitliche Luftkanäle b für die Oberluft, die unten durch Drosselklappen c verschlossen sind. Die Klappen sind so ausbalanziert, daß sie sich durch das Vakuum heben und so den Luftzutritt regeln. Zunahme der Verschlackung bedingt erhöhte Luftzuführung infolge des entstehenden höheren Vakuums. Zur Vorwärmung der Luft und zur Verhütung, daß Kohlenstücke beim Beschicken des Rostes in die Luftkanäle fallen, sind die Eintrittsöffnungen nach dem Feuerraum durch Rippen d (Lamellen) abgeschlossen. Der Dampfschleier wird durch zwei Düsen e gebildet, von denen jede fünf bis sechs Bohrungen enthält. Er muß geneigt sein, um ein zu weites Hochreißen der Dampfstrahlen zu verhindern. Letztere haben den Zweck, die durch die Kanäle eingeführte Oberluft mit den Rauchgasen zu vermischen und eine Abkühlung der Rohrwand zu verhüten. Die Düsen e werden mit Hilfe der daran befindlichen Spindeln in hohle Stehbolzen eingeführt, können also herausgenommen werden.

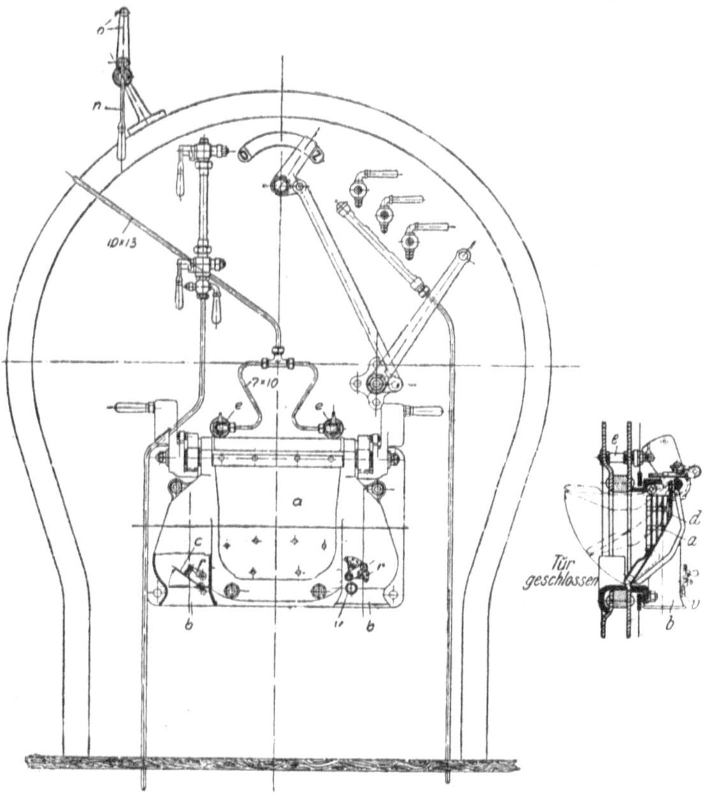

Abb. 97. Rauchverbrenner Bauart „Marcotty" (Türansicht).

Zur Regelung der Zugverhältnisse dient das selbsttätige Absperr- und Bläserventil F, das am Dom angebracht oder mit diesem durch ein Rohr verbunden ist. Das Ventil steht mit seinem größeren Kolben durch eine Rohrleitung l mit dem Schieberkasten des Hochdruckzylinders in Verbindung, so daß es während der Fahrt der Lokomotive den Hilfsbläser geschlossen hält. Wird dagegen der Regler geschlossen, so öffnet sich der Umsteuerkolben, weil kein Gegendruck

11*

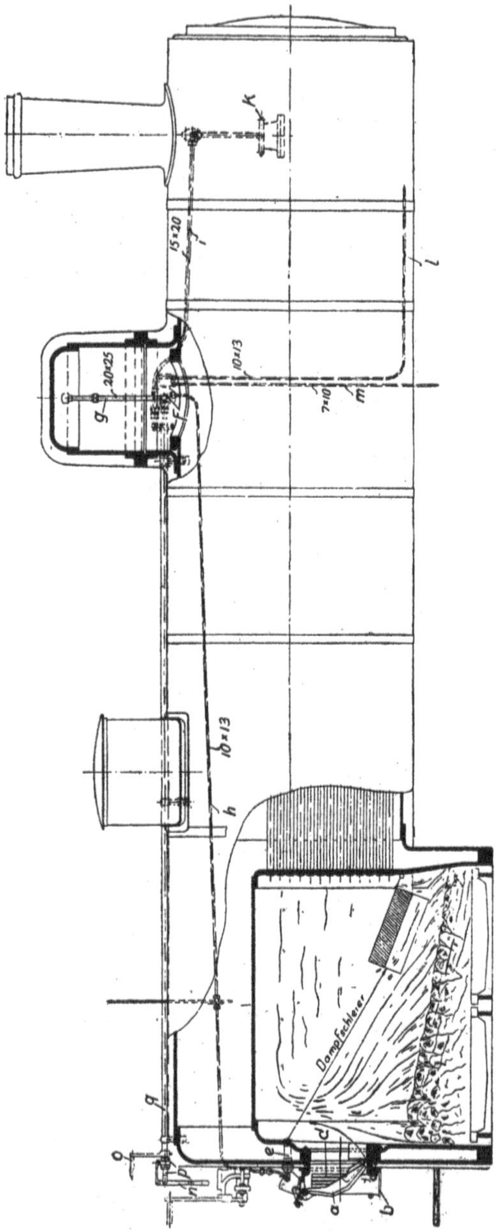

Abb. 98. Rauchverbrenner Bauart „Marcotty", mit Kipptür (Längsschnitt).

vom Schieberkasten her vorhanden ist, und der Dampf gelangt nach Anheben des Rückschlagventils durch den Umlaufkanal zum Bläser. Leitung m dient zur Entlüftung, Leitung h führt zu den Düsen.

Andere Rauchverbrenner-Bauarten sind die von „Marek" (Österr. Staatsbahn), „Staby" (gebaut von Körting) und „Langer-Marcotty". Bei der preußischen Staatsbahn wird nur die Bauart „Marcotty mit Kipptür" angewendet.

Auf die Dauer haben die Rauchverbrenner nicht das gehalten, was man erwartet hat. Es wurde deshalb bei den preußischen Staatsbahnen nur die Kipptür mit der Oberluftzuführung beibehalten.

b) Feuerungen mit selbsttätiger Beschickung.

Man unterscheidet selbsttätige Beschickung mit flüssigem und mit festem Brennstoff.

I. Feuerung mit flüssigem Brennstoff [1]) (Ölfeuerung).

Kommt als reine Ölfeuerung oder als Zusatzfeuerung zur Anwendung. Hierfür werden sehr hochwertige Brennstoffe von 8000 bis 11000 WE benutzt. Ölfeuerung ist besonders in den Ländern zu finden, wo Heizöl in natürlichem Zustande vorkommt, wie z. B. in Galizien, Süd-Rußland, Rumänien, Japan, Indien und Amerika. Sonst ist diese Feuerungsart auch in solchen Gebieten in Gebrauch, wo Strecken liegen mit vielen und langen Tunnels (Arlbergbahn). Flüssige Heizstoffe neben Kohlenfeuerung dienen als Zusatzfeuerung, um eine ganz besonders hohe Kesselleistung auf schwierigen Streckenverhältnissen vorübergehend zu erreichen (engl. Große Ostbahn, französische Ostbahn); ferner, um Rauchbelästigung oder Gefährdung der Umgegend durch Funkenflug zu vermeiden.

Als flüssige Heizstoffe werden Teeröl oder die Rückstände der Erdölerzeugung verwendet, die etwa 40 % des Rohöles betragen. Infolge Verschiedenheit der Zerstäuber und Zusammensetzung der Ölrückstände sind die Zahlenangaben über die Verdampfungsfähigkeit der flüssigen Heizstoffe verschieden. Für die Ölrückstände bei den rumänischen Staatsbahnen ist der Heizwert z. B. etwa 10500 WE. Verglichen mit Cardiff-Kohle wurde dort gefunden, daß die Wärmewirkung von 1 t Rückständen etwa der von 1,33 t Kohle entspricht. Aus englischen [2]) Versuchen ergaben sich folgende Verdampfungsziffern, bezogen auf 100° C: für schweres pennsylvanisches Rohöl 21,48, für leichtes kaukasisches Rohöl 22,79, für schweres kaukasisches Rohöl 20,85, für Erdölrückstände 20,53. Die Nutzleistung flüssigen Heizstoffes sinkt durch den Dampf, der erforderlich ist, um das Öl zu zerstäuben und dünnflüssig zu machen.

Lokomotiv-Ölfeuerungseinrichtungen bestehen aus den Ölbehältern, den Verteilungsleitungen, den Reglungsorganen und den Zerstäubern (Brennern). Nach Anordnung der Brenner bezüglich ihrer Lage zum Hinterkessel unterscheidet man folgende vier Bauarten: Brenner in der Feuertüröffnung (am meisten verbreitet, Bauart „Dragu"), Brenner in der Feuertürwand (in besonderen, meist unter-

[1]) Vgl. Sußmann: „Ölfeuerung für Lokomotiven", Springer, Berlin 1912.

[2]) Engineering 1897, S. 745.

halb vom Feuerloch eingesetzten Hülsen, Bauart „S u ß m a n n“), Brenner unterhalb der Stehkesselrückwand (Amerika) und Brenner unterhalb der Rohrwand. Bei gemischter Heizung legt man die Brenner gewöhnlich unter oder neben die Feuertür; bei reiner Ölheizung meist in eine Platte, die gleichzeitig statt einer Türöffnung den Hinterkessel fest verschließt. Die Neigung des Brenners ist hauptsächlich abhängig von der Form der Feuerbüchse, von der des zerstäubten

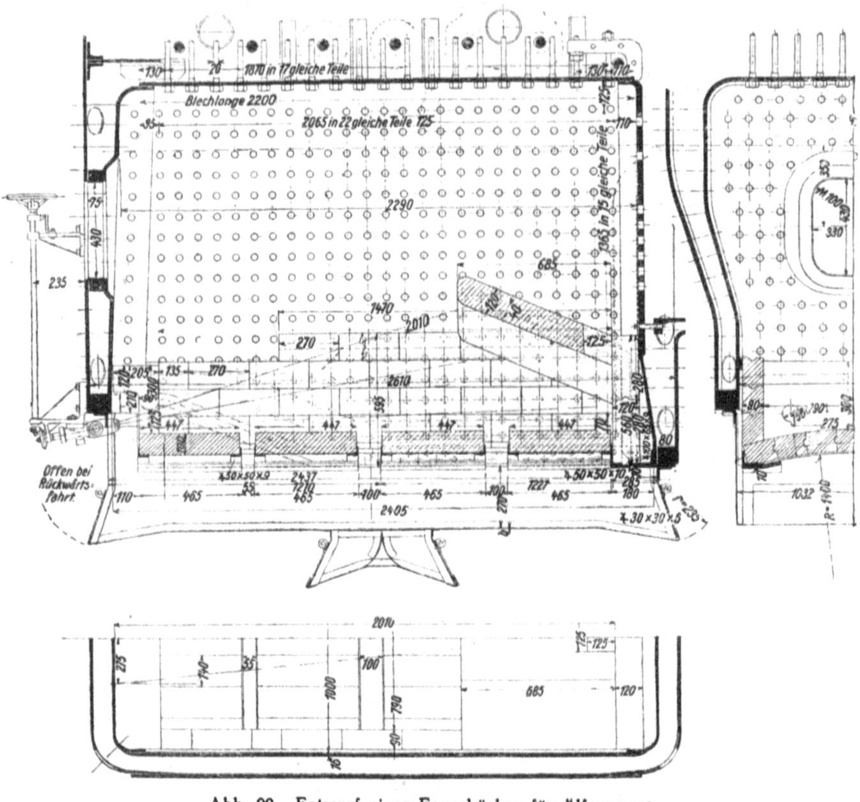

Abb. 99. Entwurf einer Feuerbüchse für Ölfeuerung.

Strahles, sowie von der Anzahl und Stärke der Brenner. Die Zerstäubung des Brennstoffes wird dadurch erreicht, daß man den im Zufluß zusammenhängenden Ölteilchen gleichzeitig hohe Geschwindigkeit, sowie voneinander abweichende verschiedene Richtungen erteilt.

Nach S u ß m a n n arbeiten die Brenner nach drei Verfahren, die wiederum miteinander vereinigt werden können. Er bezeichnet diese drei Gattungen als Druck-, Turbinen- und Dampfbrenner. Bei den Druckbrennern wird der Brennstoff selbst unter Druck gesetzt und in den Verbrennungsraum geschleudert. Die Turbinenbrenner werden kaum praktisch angewendet. Die Dampfbrenner arbeiten mit Dampf oder Luft als Zerstäubungsmittel; sie sind am meisten verbreitet. Es gibt fünf Grundbauarten von Dampfbrennern[1]: Topfbrenner, Saugbrenner, Kammerbrenner, Injektorbrenner und Wurfbrenner. Am häufigsten kommt der Injektorbrenner vor. Von diesen fünf Grundformen ergibt jede entsprechend ihrer Mündungsformen wiederum vier Abarten. Man unterscheidet folgende Mündungsformen: Runde Bohrungen, flache Schlitze, Kreisringe in wagerechter und in senkrechter Lage. Übereinstimmend hiermit ist die Gestalt der Brennerflamme rund, flach, fächerförmig oder ringförmig-konzentrisch.

In dem Entwurf (Abb. 99) für eine 1D1-Stadtbahnlokomotive sind die beiden etwas geneigten Ölbrenner in Entfernung von je

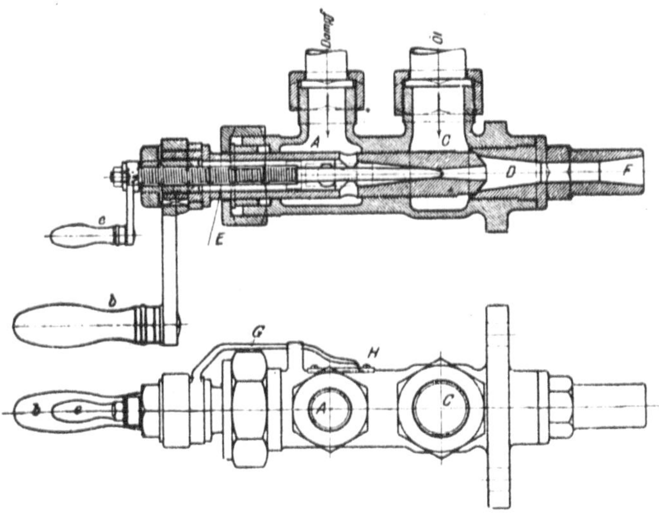

Abb. 100. Brenner Bauart „Dragu".

275 mm von Kessel-Längsmitte unterhalb der Rückwand des Stehkessels angeordnet. Mittels senkrechter Spindel wird der Ölzufluß vom Führerstand aus geregelt. Die Feuerkiste ist ringsum mit Schamottesteinen ausgemauert.

Erwähnenswert sind folgende mit Dampf als Zerstäubungsmittel arbeitende Lokomotivbrennerbauarten: 1. Regelung und Abstellung der Öl- und Dampfzuführung vor dem Brenner; Bauart „Holden", englische Große Ostbahn und Arlbergbahn; 2. Regelung und Abstellung der Öl- und Dampfzuführung innerhalb des Brenners; Bauarten „Urquhart" in Rußland, „Dragu" und „Cosmovici" in Rumänien, „Sußmann" auf Versuchslokomotiven der preußischen Staatsbahnen, sowie die Bauarten „Sheedy", „Booth", „von Boden-Ingles" an amerikanischen Lokomotiven.

[1]) Report of the U. S. Naval „Liquid Fuel", Board usw., G. M. Melville, Washington, 1904.

Brenner Bauart „Dragu" (Abb. 100). Der Austrittsquerschnitt der Öldüse und der der Dampfdüse sind innerhalb des Brenners regelbar. Flüssiger Heizstoff wird zugleich mit Dampf eingeblasen. Bei C tritt das Öl, bei A der Dampf ein und gelangt durch Löcher in das Innere der Dampfdüse, wo seine Menge durch eine Spindel E am Handgriff e geregelt wird. Mittels Handgriffes b läßt sich der Ölzutritt von C nach dem Mischraum D durch Verstellung der Dampfdüse (durch Vorwärts- oder Zurückschrauben eines nadelförmigen Stiftes beim Drehen des Handgriffes b) mehr oder weniger versperren. Hat der Dampf die engste Stelle an der Spitze des nadelförmigen Stiftes durchlaufen, so dehnt er sich aus; gleichzeitig nimmt der Dampfdruck ab und die Geschwindigkeit zu, und der Dampf mischt sich im Mischraum D mit dem von C angesaugten Heizstoff. Hierauf tritt das Dampf- und Ölgemisch bei F in die Feuer-

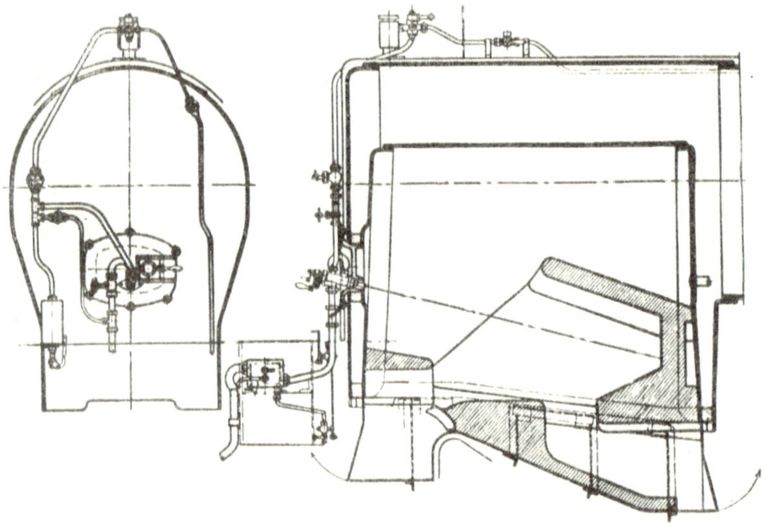

Abb. 101. Feuerbüchse mit Dragu-Brenner.

büchse über. Durch Zeiger G wird an der Teilung H die Düsenstellung außen kenntlich gemacht.

Abb. 101 zeigt die Ausstattung des Hinterkessels einer rumänischen 1C-Lokomotive für Ölfeuerung unter Anwendung des Dragubrenners[1]). Der Brenner sitzt in der Feuertüröffnung. Als Aschkasten ist der der früheren Kohlenfeuerung beibehalten worden; er wurde derart versteift, daß er das Gewicht einer starken Schamotteausmauerung tragen konnte. Die Aschkastenklappen sind wie früher geblieben. Zur Verhütung des unmittelbaren Zuflusses kalter Luft an die Flamme und besonders an die stark erhitzten Wände der Feuerbüchse, bilden die Schamottesteine von der vorderen und hinteren Aschklappe aus einen besonderen

[1]) Glasers Annalen 1910, 1. Juli, S. 13.

Kanal zur Vorwärmung der Verbrennungsluft. Die Schamotteausmauerung dient als Wärmespeicher und als Ersatz für die sonst auf dem Rost befindliche glühende Kohlenmenge, damit beim Abstellen der Brenner das schnelle Sinken des Kesseldruckes vermieden wird. Ferner bewirkt die Schamotteausmauerung eine innige Mischung der Heizgase mit der Luft.

Brenner Bauart „Holden"[1]. Rohrförmiger Brenner (Vereinigung von Injektor- und Wurfbrenner), dessen Anordnung (hier zwei Stück) an einer Lokomotive der englischen Großen Ostbahn Abb. 102 zeigt. Durch Rohr a wird das Öl eingespritzt und durch Rohr b vorgewärmt. Rohr c dient zum Lufteinblasen, d zur Düsenreinigung und e für den Zufluß des Öls. Die Mündung jedes der beiden Brenner hat eine derartige Form, daß sich zwei Flammenstrahlenbündel bilden; das eine von ihnen hat eine Richtung geradeaus, das andere hat eine schräge Richtung und überschneidet sich mit dem schrägen Flammenbündel des anderen Brenners.

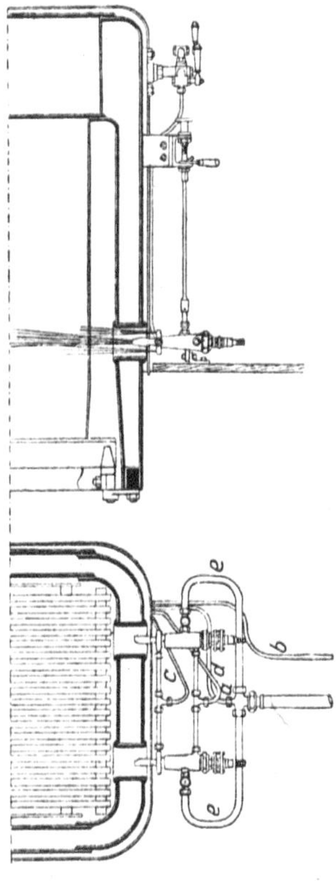

Abb. 102. Brenner Bauart „Holden".

Brenner Bauart Sußmann (Abb. 103). Einfacher Flachschlitzbrenner mit breiten, rechteckigen Kanälen ohne bewegliche Teile, der sich in kurzer Zeit zwecks Reinigung durch einen anderen, vorrätig zu haltenden Brenner ersetzen läßt. Von den beiden Kanälen im Gehäuse des Brenners ist der obere a für Öl, der untere b für Dampf bestimmt. Als Brennermündung ist eine Platte c auf dem Brennerkörper d aufgeschliffen und aufgeschraubt. Durch Formgebung der Platte c läßt sich erreichen, daß je nach Brennerlage in der Feuerkiste das Flammengemisch in gewünschter Richtung (nach oben, nach unten oder seitlich) austritt. Der Brenner wurde versuchsweise mit gutem Erfolg an Schnellzuglokomotiven der preußischen Staatsbahnen für Zusatzfeuerung und reine Ölfeuerung angebracht (Abb. 105).[2] Von zwei Flachschlitzbrennern ist immer je einer in besonderen, unterhalb vom Feuerloch zu beiden Seiten eingeschraubten Düsen in der Feuertürwand angeordnet. Die Flamme kann schräg in Richtung des Rostes unter das Feuergewölbe schlagen; jedoch findet ein seitliches Berühren der Flamme mit der Feuer-

[1]) Organ 1912, S. 221, Abb. 4.
[2]) Glasers Annalen 1910, 1. Juli, S. 14.

büchswand (vgl. Grundriß) nicht statt. Das Feuergewölbe ist an seinem unteren Ende mit erweiterten Durchbrechungen versehen, um die Flamme größtenteils zur Rohrwand gelangen zu lassen.

Amerikanischer Flachschlitzbrenner von „S h e e d y", wie er für reine Ölfeuerung bei der Süd-Pacificbahn benutzt wird, in Abb. 104 a. Bei a tritt das Öl ein, bei b die Luft und bei c der Dampf. Vorn an der Spitze der Dampfdüse befindet sich ein feiner Schlitz d, durch den der Dampf austritt. Bei e verläßt das Gemisch den Brenner. Bei den Brennern (Abb. 105 b) „v o n B o d e n - I n g l e s" tropft das Öl zunächst auf eine Platte und wird von dort aus durch einen Dampfstrahl mitgerissen.

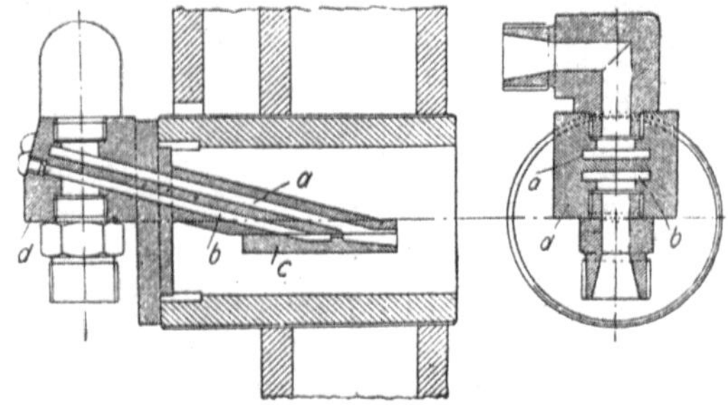

Abb. 103. Brenner Bauart „Sußmann".

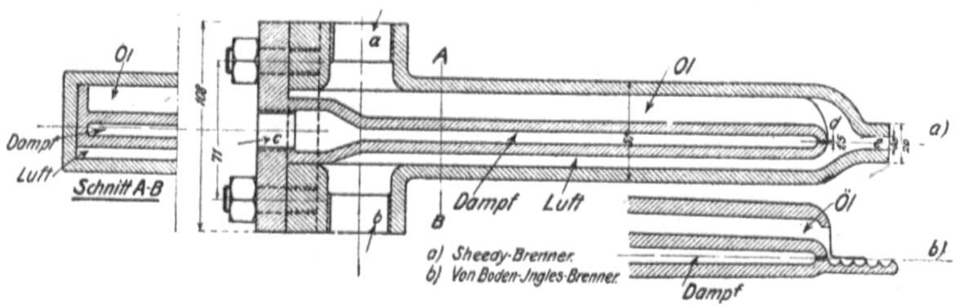

Abb. 104. Amerikanische Brenner.

Nach S u ß m a n n weist die Zusatzölfeuerung u. a. folgende Vorteile[1]) für Lokomotiven auf:

1. Die Kesselleistung kann durch Teeröl-Zusatzfeuerung dauernd um 15 bis 20 % erhöht werden, und zwar bis an die Grenze der Zylinderleistung und ohne Mehrbeanspruchung des Heizers;
2. dadurch ist eine höhere Belastung der Lokomotiven zulässig, die bei den meisten Lokomotivbauarten bis an die Grenze der Maschinen- bzw. Schleppleistung gesteigert werden kann;
3. Störungen infolge Dampf- und Wassermangel, infolge schlechter Kohle, Verschlacken der Roste, Verlegung der Rohre werden verhindert, sofern die Zusatzfeuerung in gut arbeitendem Zustande erhalten wird;

[1]) Glasers Annalen 1911, 1. April, S. 130.

4. infolge Verringerung der Schlackenbildung und des Verlegens der Rohre und der Rauchkammer durch Zunder und Flugasche fallen Zwischenreinigungen fort; es sind kürzere Wendezeiten möglich, somit höhere kilometrische Leistungen, bessere Ausnutzung der Lokomotiven (besonders Güterzuglokomotiven) und Durchfahren längerer Strecken ohne Lokomotivwechsel (Schnellzuglokomotiven);
5. Qualm wird eingeschränkt und kann auf Bahnhöfen und bei Durchfahrt von Tunnels durch geeignete Behandlung des Feuers ganz vermieden werden;

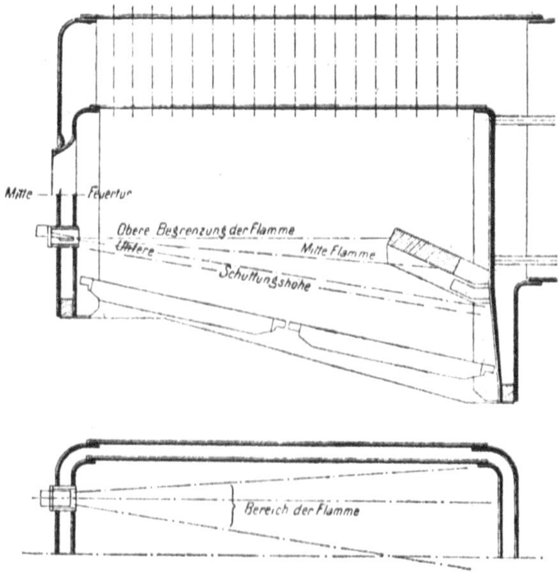

Abb. 105. Feuerbüchse mit Sußmann-Brenner.

6. Beschädigungen der Feuerkiste und der Feuerlochumgrenzung durch hohes Feuer werden vermieden, eine größere Schonung der ganzen Feuerkiste ist zu erwarten, der Rost bleibt gut erhalten;
7. der Einbau der Zusatzfeuerung läßt sich im allgemeinen einfach und mit verhältnismäßig niedrigen Kosten durchführen;
8. die gesamten Brennstoffkosten stellen sich im Durchschnitt nicht wesentlich höher als bei reiner Kohlenfeuerung, ausgenommen für die unmittelbare Nachbarschaft der Kohlenbezirke.

II. Feuerung mit festem Brennstoff (mechanische Rostbeschicker).

Fast nur bei amerikanischen Lokomotiven mit großen Rostflächen in Gebrauch. Unter anderem sind Bauarten von Victor, Hayden, Strouse, Crosby, Kincaid, Hanna, Crawford, Barnum, Elvin und Street bekannt geworden.

Auf Rostflächen von 6 bis 8,5 qm, wie sie auf amerikanischen Bahnen wiederholt vorkommen, werden bei einer stündlichen Verbrennung von 350 kg/qm an Kohlen 2,1 bis 3,0 t stündlich verfeuert. Da von einem Heizer etwa 10 kg Kohle mit einem Schaufelwurf in die Feuerbüchse geworfen werden können, so bedarf es seinerseits rund 200 bis 300 Würfe stündlich; d. h. bei einer Rostbeschickung von jedesmal fünf Schaufelwürfen hintereinander müßte bei den großen amerikanischen Rosten alle 1 bis $1^1/_2$ Minuten von dem einen Heizer mit der Schaufel bekohlt werden (bei uns nur in Abständen von etwa 4 Minuten), um die 2,1 bis 3,0 t in der einen Stunde zu verfeuern.

Bei selbsttätiger Beschickung verbrauchen die Lokomotiven 10 bis 40 % mehr Kohlen als bei Bedienung der Feuerung von Hand,

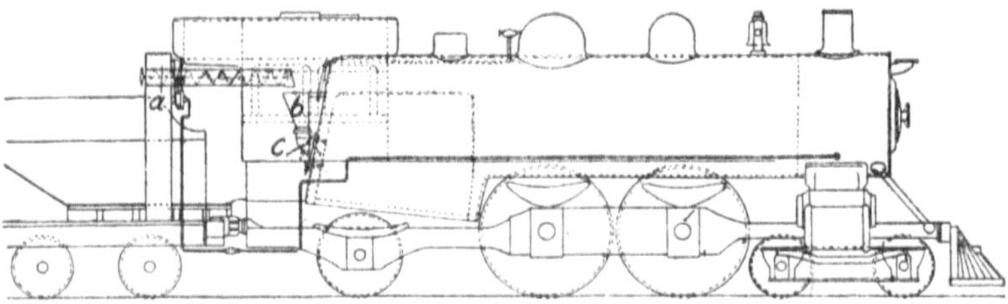

Abb. 106. Rostbeschicker Bauart „Hayden".

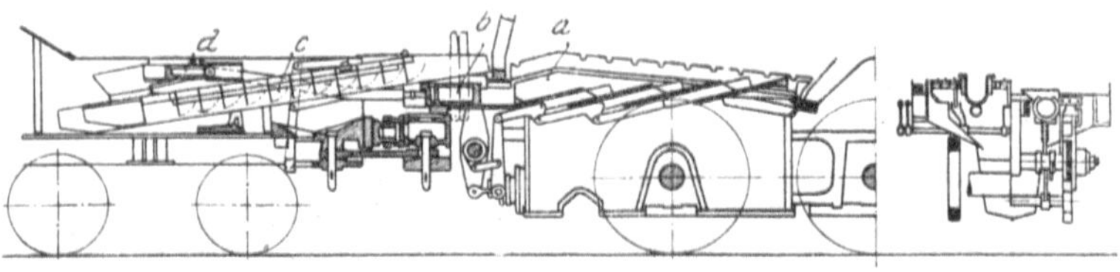

Abb. 107. Rostbeschicker Bauart „Crawford".

doch wird dieser Mehrverbrauch durch höhere Leistung wieder ausgeglichen; namentlich ist die beförderte Zuglast größer. Der Mehrverbrauch hängt zum Teil auch damit zusammen, daß bei der handbedienten Feuerung die Leistungsfähigkeit des Heizers erschöpft war, während die Lokomotive sehr wohl eine größere Kohlenmenge zu verzehren imstande wäre, die ihr aber nur auf mechanischem Wege zugeführt werden kann.

Nach einem Anfang 1920 erschienenen Bericht sind in den Vereinigten Staaten 3717 Lokomotiven mit mechanischen Rostbeschickern ausgestattet. Fünf verschiedene Bauarten werden angewendet, von denen allerdings eine noch nicht über den Versuchsbetrieb hinaus gediehen ist. Die übrigen Lokomotiven mit selbsttätiger Beschickung des Rostes verteilen sich mit 1522, 1294, 731 und 169 Stück auf die vier anderen Bauarten. Nahezu die Hälfte der selbsttätig beschickten Lokomotiven sind 1D1-gekuppelt, 854 sind

Malletmaschinen. Die meisten von ihnen sind schwere Güterzug- und Gebirgslokomotiven; nur 58 Personenzuglokomotiven mit drei Triebachsen befinden sich unter den mit Rostbeschickern ausgerüsteten amerikanischen Lokomotiven.

Bauart „Hayden" (Abb. 106). In einem mechanisch angetriebenen Becherwerk a wird die von Hand zerkleinerte Kohle vom Tender aus ununterbrochen durch eine endlose Förderkette zu einer etwa 80 kg Kohle fassenden Tasche b an der Hinterwand der Lokomotiv-Feuerbüchse geleitet. Diese Tasche ist notwendig als Zwischenglied zwischen der von der Förderschnecke ununterbrochen zugeführten und der von dem Verteilungsschieber zwischen Tasche b und Trichter c in Pausen in die Feuerbüchse eingebrachten Kohle. Der

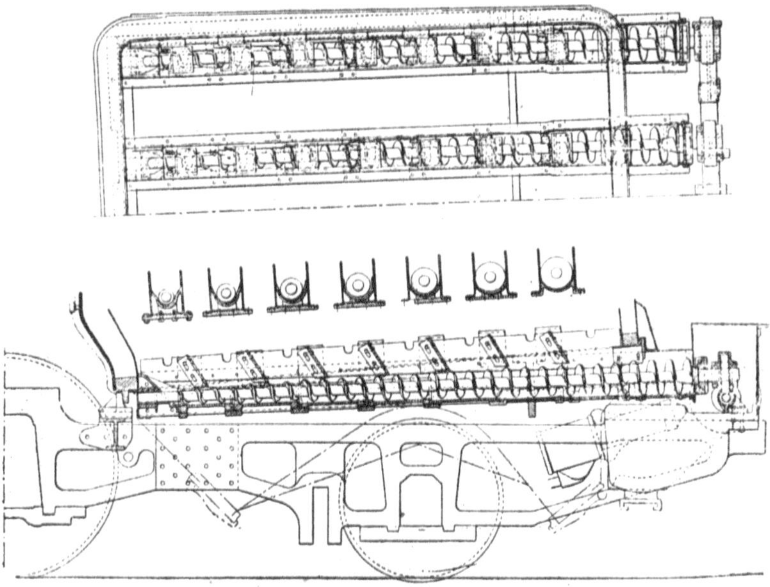

Abb. 108. Rostbeschicker Bauart „Barnum".

etwa 5 kg Kohle fassende Verteilungsschieber ist eigentlich der bewegliche Boden der Tasche. Durch Drehung wird er abwechselnd gefüllt und gibt seinen Inhalt an den Trichter c in regelmäßigen Pausen ab. Dieser Trichter durchbricht die Feuertür schräg und läßt die Kohle auf eine wagerechte Platte innerhalb der Feuerbüchse in Höhe der Türunterkante gelangen. Unmittelbar dahinter liegen 5 strahlenförmig angeordnete Dampfdüsen mit selbsttätiger Steuerung. Mittels der Düsen wird der vor ihnen liegende Brennstoff in die Feuerbüchse geblasen.

Bauart „Crawford" (Abb. 107). Unterschubfeuerung (Kohle wird von unten an die Brennschicht nachgedrückt) bestehend aus zwei Trögen a unterhalb des Bodenringes, deren Seitenwände den als Schüttelrost ausgebildeten Rost etwas überragen und die nach vorn zu abgeflacht sind. Die Kohlen werden in diese Tröge durch einen unter dem Bodenring vor- und rückwärtsgehenden Zubringerkolben b hineingedrückt und sodann vermittels dreier kleiner Kolben im unteren Teil der Tröge über deren ganze Länge verteilt. Durch Stangen sind die kleinen Kolben gelenkartig untereinander verbunden. Sie werden durch eine Querwelle bewegt, die durch einen Dampfzylinder links seitlich von der Lokomotive in schwingende Bewegung gebracht wird. Die Kohle wird dem Zubringerkolben b durch die Förderrinne c zugeführt. Zur vorherigen Zerkleinerung der Kohlenstücke dient ein Kohlenbrecher d unterhalb der Kohleneinfallöffnung auf dem Tender. Der Kolben

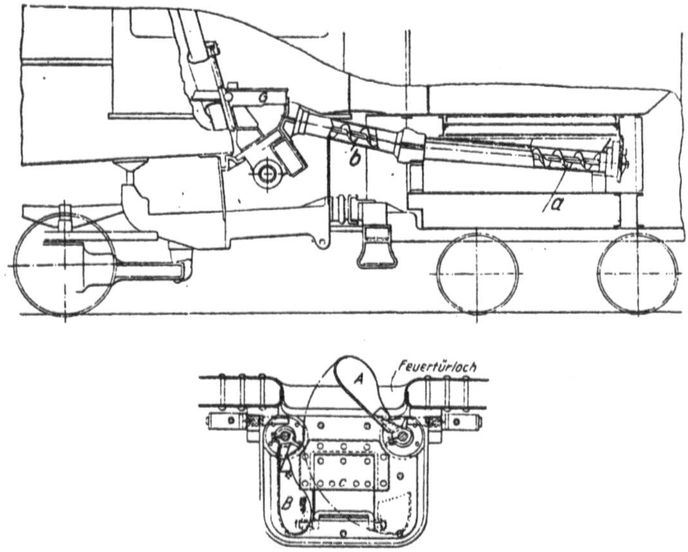

Abb. 109. Rostbeschicker Bauart „Elvin".

dieses Kohlenbrechers wird gleichfalls von der Querwelle durch Hebel angetrieben. Nach ihrer Zerkleinerung fällt die Kohle in die Rinne c; über ihr wird ein Rahmen mit herunterhängenden Fingern bewegt. Letztere gleiten bei ihrem Rückwärtsgang über die Kohle hinweg, fassen jedoch beim Vorwärtsgang in die Kohle und befördern sie schubweise nach der Feueröffnung zu. Aus der Rinne gelangt die Kohle aus zwei Öffnungen vor die beiden Zubringerkolben b und kommt von dort aus auf die bekannte Art unter den Rost.

Bauart „Barnum" (Abb. 108). Unterschubfeuerung mit vier Förderschnecken in der Längsrichtung der Feuerbüchse. Die Förderschnecken werden von einer Querwelle aus angetrieben, die ihrerseits wieder ihren Antrieb von zwei an der Rahmenaußenseite untergebrachten Dampfmaschinen beiderseits erhält. Zwischen den vier Trögen der Förderschnecke liegen fünf Felder des Kipprostes. Jedes

Feld wird zur Hälfte von einer gemeinsamen Zugstange aus durch einen Aufsteckhebel bewegt. Die schrägen Abstreifbleche können in Schraubenschlitzen leicht verstellt werden; ebenso die Förderrinnen, um die jeweilige günstigste Lage für jede Kohlengattung erproben zu können. Die Zerkleinerung der Kohle besorgt eine Brechmaschine am Tender, die von einer Dampfmaschine angetrieben wird. Letztere treibt auch einen Gurtförderer, der die Kohle zu den vier Trögen der Förderschnecke bringt.

Bauart „Elvin"[1]) (Abb. 109). Durch einen Gitterrost im Boden des Tenders fällt die Kohle auf eine Förderschnecke a, die nach vorn etwas ansteigt. Eine zweite Förderschnecke b, die mit ersterer durch ein Kugelgelenk verbunden ist, stellt die Verbindung zwischen Lokomotive und Tender her. Durch ein Gelenk am anderen Ende wird Förderschnecke b an das Gehäuse G der Beschickungsvorrichtung auf der Lokomotive angeschlossen. In diesem Gehäuse, das unterhalb der Feuertür der Lokomotive

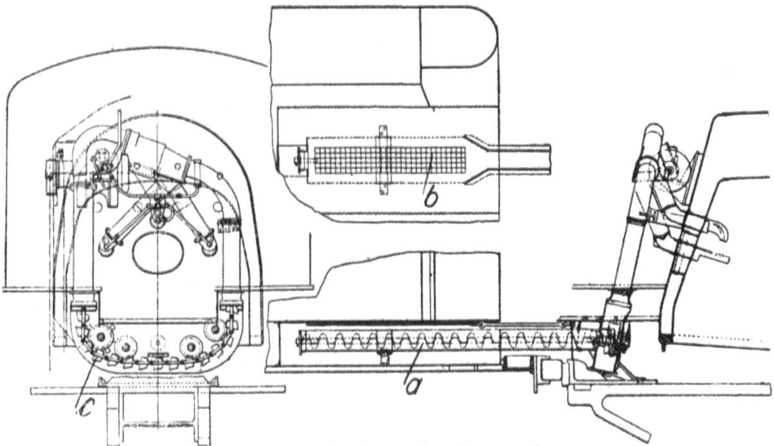

Abb. 110. Rostbeschicker Bauart „Street".

sitzt, ist die eigentliche Rostbeschickungsvorrichtung eingeschlossen. Eine kleine Dampfmaschine dient zu ihrem Antrieb. Durch einen Schlitten werden die mit den Förderschnecken vom Tender her unter dem Führerstand herangeschafften Kohlen auf eine unten im Feuerloch liegende Schürplatte gehoben. Die Kohle kommt nunmehr auf zwei um senkrechte Zapfen sich drehende, an jeder Seite der Tür sitzende flügelförmige Schaufeln (Löffel) A und B, mittels derer — bei ihrer Schwingung nach innen — die Kohlenstücke (von beiden Löffeln abwechselnd) auf den Rost gestreut werden. Durch Geschwindigkeitsregelung der Schaufeln läßt sich die Leistung des Rostbeschickers ändern. Gewöhnlich werden in einer Minute 34 Schaufeln mit Kohle auf den Rost geworfen. Antrieb der Förder-

[1]) Railway Age 1919, Januar, S. 200; Organ 1919, Tafel 42.

schnecke am hinteren Ende durch Gelenkwellen und Vorgelege vom Hauptgetriebe aus.

Bauart „S t r e e t“ [1]) (Abb. 110 u. 111). Die Hauptbestandteile des Rostbeschickers sind: eine in einem Stahltrog des Tenders laufende,

Abb. 111. Rostbeschicker Bauart „Street“ auf einer amerikanischen Lokomotive.

als Stahlschraube ausgebildete Förderschnecke a, welche die durch das ständig hin- und herbewegte Sieb b vom Tender hindurchfallenden Kohlen zur Lokomotive schafft; ferner eine vollständig umkleidete

[1]) Railway Age Gazette 1912, September, S. 469.

Becherkette c, welche die Kohle in die Höhe hebt, eine Regelvorrichtung zur Bestimmung der zu verfeuernden Kohlenmenge und eine Verteilungsvorrichtung zum guten Verteilen des Brennstoffes auf dem Rost. Eine Dampfmaschine zum Antrieb der ganzen Vorrichtung sitzt auf der Hinterkessel-Rückwand.

Zu Ergebnissen aus Versuchsfahrten[1]) wurden in Amerika 1D1-Heißdampf-Zwilling-Güterzuglokomotiven benutzt, die einen Wagenzug von 42 bis 64 Wagen mit einer Geschwindigkeit von 25 bis 48 km/st zu ziehen hatten. Ein Teil der Versuchslokomotiven wurde mit dem Rostbeschicker „Street" versehen, ein anderer Teil wurde bei den Probefahrten von Hand bedient. Man erhielt dabei folgende Ergebnisse:

	Beschickung	
	nach Street	von Hand
Durchschnittlicher Dampfüberdruck . at	11,79	12,07
Kohlenverbrauch . . . . kg/tkm	0,0199	0,0171
Kohle für die Einheit d. Rostfläche kg/qm-st	196,9	167,9
Verdampfungsziffer, berechnet für gesättigten Dampf von 1 at	7,6	9.49
Verdampftes Wasser, berechnet für gesättigten Dampf von 1 at für 1 qm Heizfläche . . . . kg/qm-st	23,29	24,87

III. Feuerung mit Staubkohle

Die hierzu benutzte Kohle darf höchstens 30 % Asche enthalten. Ist sie getrocknet, sodann zu Staub zermahlen (höchstens 10 % Feuchtigkeit), so kann sie, wenn die Wärme geringer als 65° C, in geschlossenen Vorratsbehältern aufgehoben werden. Bis 5 t/min können in den vollständig geschlossenen Kohlenbehälter auf dem Tender aus den etwa 5 m über S. O. befindlichen Vorratsbehältern durch ein Füllrohr (ohne Berührung mit der Außenluft) eingelassen werden.

Der Vorgang bei der Lokomotivbeschickung (Abb. 112) ist folgender. Förderschnecke B auf dem Tenderboden schafft den Kohlenstaub zur Mischdüse C. Das Staub- und Luftgemisch geht durch Rohr D zum Brenner E unten an der Feuerkiste. Bis zu fünf Brenner in einer Reihe sind bisher an einer Lokomotive angeordnet worden, von denen 250 bis 1500 kg/st Kohlenstaub verarbeitet werden kann. Frische Luft wird nach Bedarf zugelassen, indem Klappe H durch Hebel I vom Führerstand aus eingestellt wird. Die Flamme zwischen den beiden Feuerbrücken J und K hat eine Temperatur von 1400 bis 1600°. Durch mehrere Seitenöffnungen L tritt außerdem Frischluft ein, wodurch eine vollständige Verbrennung erzielt wird. Der Verbrennungsvorgang läßt sich durch Schauloch M in der Feuer-

[1]) Organ 1914, 15. Januar, S. 35.

tür übersehen. In ihrem untersten Teil ist die Feuerbüchse zum Schutz der Bleche vorn und hinten vollständig mit feuerfesten Steinen ausgekleidet. Die am Feuerschirm K und an den Steinwänden in den Aschkasten herunterlaufende flüssige Schlacke erstarrt daselbst und bildet eine feste, leicht entfernbare Masse. Antrieb der Gebläse und der Förderschnecke durch Dampfturbinen, deren Abdampf in den Hilfsbläser geleitet wird.

6. Verbesserung des Speisewassers.

Reines und weiches zur Lokomotivkesselspeisung bestimmtes Wasser soll höchstens 6 bis 7 deutsche Härtegrade besitzen. Um dies zu erreichen, sind Vorrichtungen zur Abscheidung des Kesselsteines nach Erwärmung des Wassers an den Lokomotiven anzubringen, d. s.

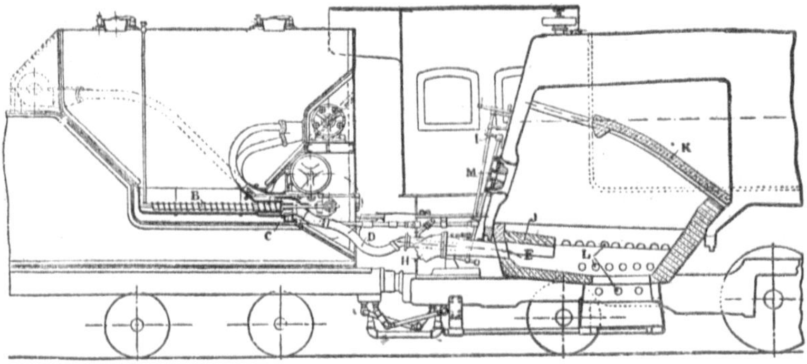

Abb. 112. Feuerung mit Staubkohle.

„Speisewasserreiniger" oder „Schlammabscheider". Ferner wird das Speisewasser verbessert, indem man ihm durch Vorwärmung im „Speisewasservorwärmer" eine möglichst hohe Temperatur gibt. Vorteile hierdurch sind in der Hauptsache Schonung des Kessels, Verbesserung des Kessel-Wirkungsgrades, Einschränkung der zeitraubenden Kesselauswaschungen.

a) Speisewasserreiniger (Schlammabscheider).

Vor seinem Eintritt in den Kessel wird das Speisewasser durch Frischdampf auf mindestens 150 bis 160° in einem besonderen Behälter erwärmt, so daß an geeigneten Flächen die Kesselsteinbildner abgeschieden werden können, so weit sie sich durch Erwärmung in den unlöslichen Zustand überführen lassen. Besonders wird also durch solche Vorrichtungen im Wasser löslicher doppeltkohlensaurer Kalk in den unlöslichen einfachkohlensauren Kalk umgewandelt und dessen Ausscheidung bewirkt. Die Abscheidebehälter sind entweder außerhalb des Kessels oder innerhalb desselben im Dampfraum des Kessels angeordnet.

Bewährte Speisewasserreiniger sind u. a. die Bauarten: Gölsdorf, Metzeltin, Retjö, Knorr, Eisenbahn-Zentralamt, Jung, Schmidt & Wagner.

Schlammabscheider Bauart „Metzeltin" (Abb. 113), gebaut von Hanomag. Im vorderen Teil des Kessels ist eine Zwischenwand a gezogen, in welche die Siederohre nur leicht eingewalzt sind. Wand b oberhalb der Rohre trägt nach hinten zu ein Winkeleisen c, dessen nach unten gerichteter Flansch unterhalb von b einen Luftsack bildet. Das Wasser wird bei d unterhalb eines Ablenkbleches e nach unten zu in die vordere Kammer eingeleitet, erwärmt sich beim Hochsteigen an den Siederohren, wobei die Ausscheidung der Kesselsteinbildner vor sich geht, und gelangt schließlich über den Überlauf in der Zwischenwand a in den Kessel. Der

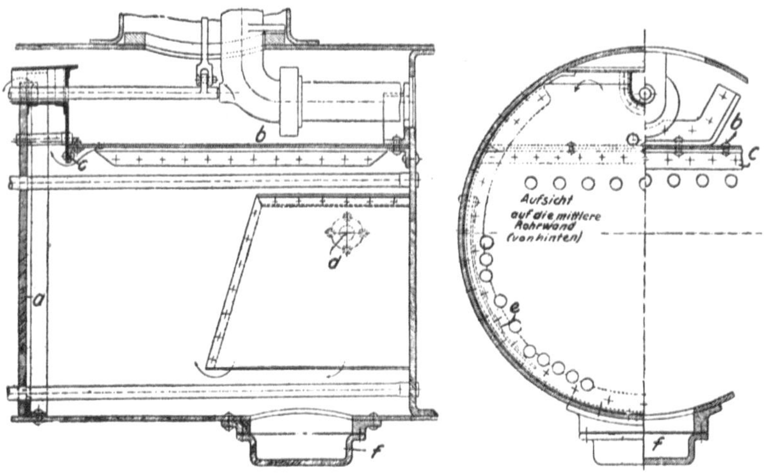

Abb. 113. Schlammabscheider Bauart „Metzeltin".

Luftsack unter dem Blech b soll den unnötigen Niederschlag des Kesseldampfes über der Kammer vermindern. Für die Aufnahme des sich bildenden Schlammes ist ein Schlammsammler f unten am Langkessel vorgesehen.

Speisewasserreiniger der ungarischen Staatsbahn Bauart „Pecz-Retjö" (Abb. 114). Er sitzt oben auf dem Kessel unmittelbar hinter dem Dampfdom. Der Reiniger besteht in der Hauptsache aus dem Reinigungskessel a, der durch Stutzen b mit dem Dampfraum des Lokomotivkessels verbunden ist. Um die kesselsteinbildenden Salze durch Erhitzen des Speisewassers zu fällen, muß letzteres im Kreislauf geführt werden, was auf folgende Weise erreicht wird.

Die an dem Deckel f befestigten Zellen c bilden mit den Rohr-Zwischenstücken e, welche abwechselnd die Zellen c oben und unten verbinden, einen Weg für den Kreislauf des Speisewassers. Außer den Zellen c sitzt am Deckel f auch der Ablaßhahn g für den Schlammfänger d. Die Zellen c sind durch längliche Schlitze mit Schlammfänger d verbunden, so daß sich die bei Erhitzung aus dem durch die Zellen fließenden Wasser ausgefällten

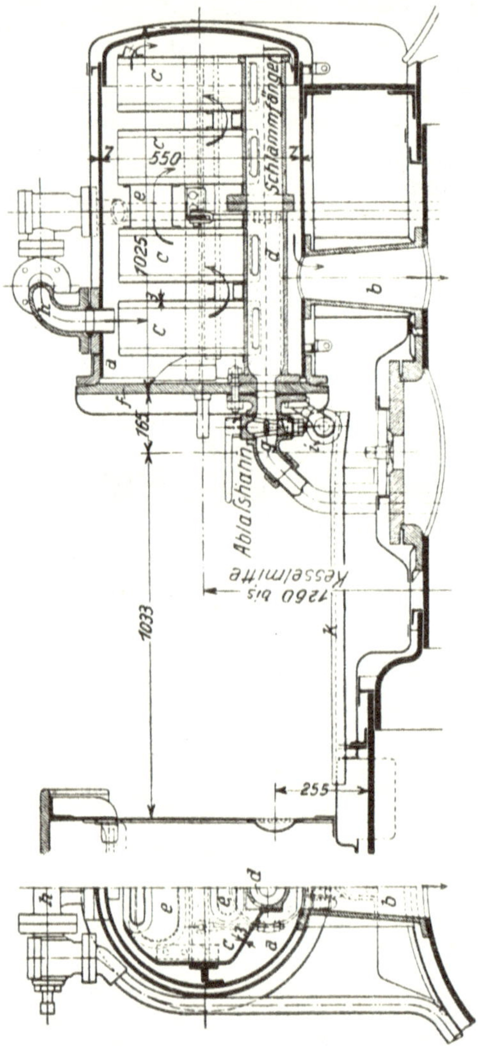

Abb. 114. Speisewasserreiniger Bauart „Pecz-Retjö"

Schlammteile hier ablagern können. Durch zeitweises Öffnen des Ablaßhahnes g werden die Ablagerungen aus dem Schlammfänger entfernt.

Das durch Speisekopf h über der ersten Zelle von oben einmündende Wasser muß den mittels der Pfeile angegebenen Weg durch die Zellen und Rohrstücke nehmen und wird dabei von dem Kesseldampf stark erwärmt, der durch Stutzen b in den Reinigungskessel a strömt. Bei der letzen Zelle c fließt das Wasser oben durch einen Überlauf in den Reinigungskessel a und von dort durch den Verbindungsstutzen b in den Lokomotivkessel. Die auf der Schiene k laufende Rolle i dient zum leichteren Herausziehen des Deckels f

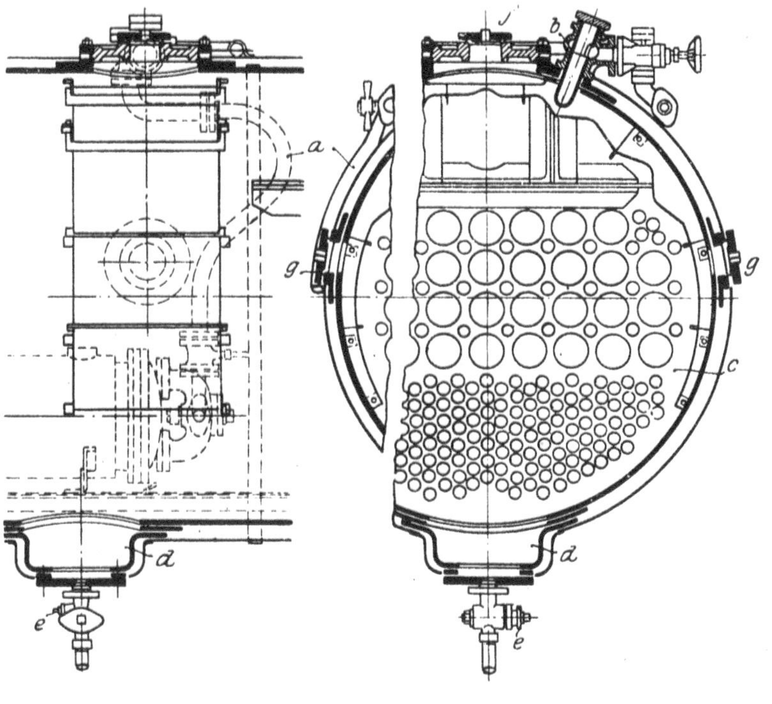

Abb. 115. Schlammabscheider Bauart „Eisenbahn-Zentralamt"

mit den Zellen c zwecks Reinigung von Kesselstein. Neuerdings werden fast 2 m lange Speisewasserreiniger derselben Bauart oben auf den Lokomotiven der ungarischen Staatsbahn angebracht.

Schlammabscheider Bauart „Eisenbahn - Zentralamt" (Abb. 115). Die Einrichtung ist im vorderen Teil des Langkessels untergebracht. Die von den Strahlpumpen bzw. der Vorwärmerpumpe kommenden Druckleitungen a sind je mit einem Kesselspeiseventil üblicher Bauart versehen und münden in ein Gehäuse, dessen Einsatz als Streudüse b gestaltet und somit geeignet ist, das unter Druck eintretende Speisewasser in möglichst feiner Verteilung in den Dampfraum des Kessels zu bringen. Unterhalb der Streudüsen b ist das Rohrbündel des Kessels mit einem seitlich geschlossenen Blechmantel c umgeben, um das aus den Streudüsen kommende Speisewasser vom Regler abzuhalten, um es auf dem oberen gewellten Teil des Mantelbleches in ausgiebige Berührung mit dem Dampf zu bringen und um den im Wasserraum des Kessels noch schlammartig abgeschiedenen Kesselstein in den unteren Teil des Langkessels zu führen. An dieser unteren Ablagerstelle des Schlammes hat der Langkessel einen Schlammsack d, auf dessen Deckel ein Hahn e befestigt ist, der ein häufiges Ausblasen des Schlammtopfes ermöglicht. Die beiden Gehäuse der Streudüsen b sind über dem Scheitel des Langkessels durch eine Leitung mit Absperrventil verbunden, so daß bei Benutzung irgend einer Speisevorrichtung das Speisewasser in beide Streudüsen geleitet werden kann. Andererseits ermöglicht diese Einrichtung gegebenenfalls eine einseitige Außerbetriebsetzung der Speisevorrichtungen. Auf dem Scheitel des Langkessels ist zwischen den beiden Streudüsen ein Mannloch f vorgesehen, mittels dessen die im Kessel gelegenen Teile des Schlammabscheiders für die Besichtigung zugänglich zu machen sind. Die Beseitigung des abgeschiedenen Kesselsteines geschieht unter Benutzung der auf dem Mannlochdeckel gelegenen großen Waschluke und der beiderseits am Langkessel etwa in Höhe der Kesselmitte vorgesehenen beiden Waschluken g. Nach Beseitigung des Kesselsteines ist ein gründliches Abspülen der gesamten Einrichtungen vorzunehmen. Erfahrungsgmäß belegen sich die unteren Teile der Streudüsen auf der Außenseite stark mit Kesselstein, so daß es geboten ist, bei jedem Auswaschen auch die Streudüsen zu säubern.

Schlammabscheider Bauart „S c h m i d t & W a g n e r" (Abb. 116). Das von der Speisepumpe und dem Injektor geförderte Wasser wird im Innern des Domes aus der wagerecht gelagerten Speiseleitung 1 durch das im Dampfraum senkrecht angeordnete Rohr 2 gegen die Domdecke zu geleitet. Die Ausmündung des Rohres 2 wird durch das federbelastete Ventil 3 geschlossen, dessen Dichtungsfläche so angeordnet ist, daß der mit annähernd 3 at Überdruck austretende kegelartige Wassermantel in den punktiert gezeichneten Strahlen gegen den Prallkörper 4 auf den Mannlochdeckel treffen muß. Zum Tragen des Gewichtes des Speiserohres und der Gradiervorrichtungen sind im Domunterteil [1]) die beiden durch den Dom hindurchgehenden U-Träger 5 und die beiden quer zu ihnen liegenden, mit ihnen vernieteten Winkelbleche 6 auf den an der Domwand angenieteten Auflagerkloben 7 abnehmbar gelagert. Dieses so hergestellte kreuzförmige Lager ist durch eine aus drei Teilen 8, 9 und 8 bestehende Platte abgedeckt, die mit Kaminen 10 für den Dampfdurchlaß versehen, und deren Durchmesser so gewählt ist, daß für den Wasserdurchlaß noch ein genügend breiter Ringspalt zwischen ihrem Rande und der inneren Domwand verbleibt. Weiter oberhalb [2]) ist eine zweite Platte 11 angeordnet, die in der Domfuge und auf dem Speiserohr 1 gelagert ist. Auch diese Platte 11 ist wieder mit Dampfkaminen 10 und mit Wasserdurchlässen 12 versehen und trägt außerdem die Stahlbürsten 13.

[1]) Vgl. untere Plattenschicht bei „a" in Abb. 116.
[2]) Vgl. obere Plattenschicht bei „b" in Abb. 116.

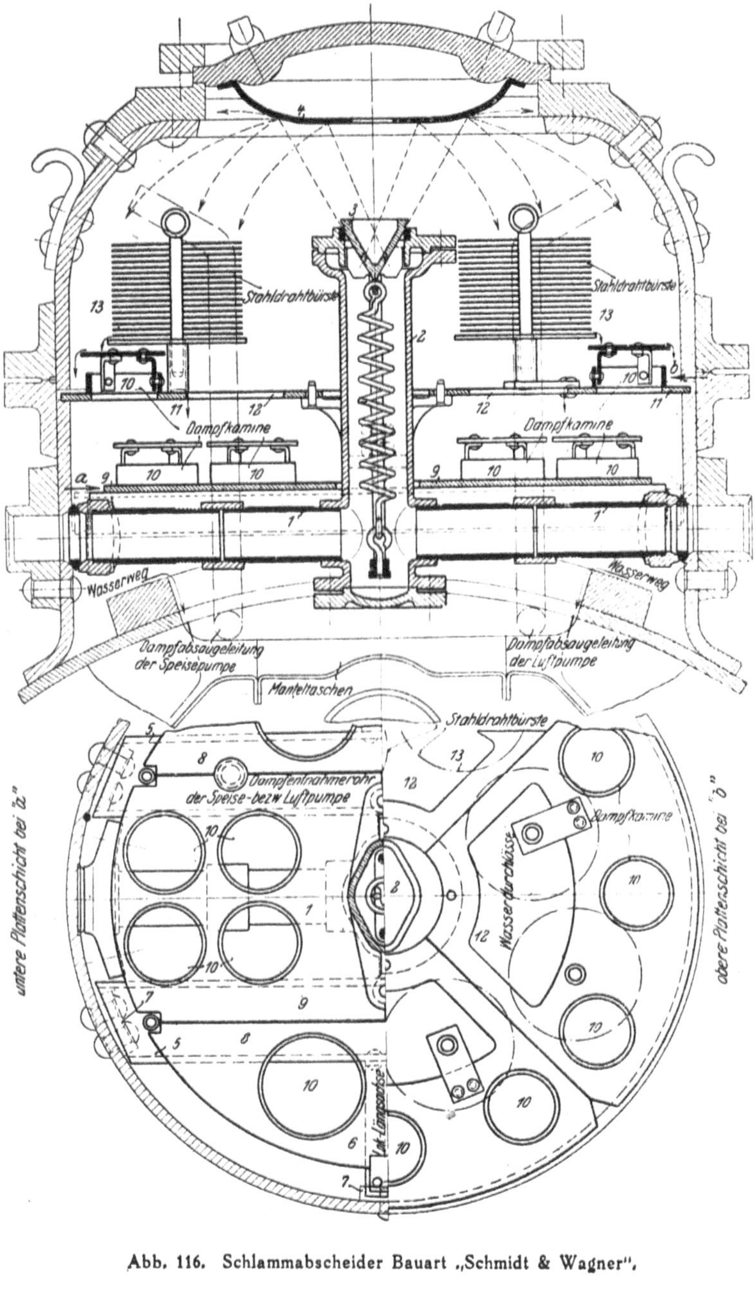

Abb. 116. Schlammabscheider Bauart „Schmidt & Wagner".

Bei den Speisungen fällt das an den Prallkörper 4 in Nebelform aufgeschossene und dann fast gleichmäßig über den ganzen Dampfquerschnitt verteilte Wasser nacheinander auf die Stahldrahtbürsten 13 und auf die obere Platte 11. Auf dieser bis an die Wasserdurchlaßöffnungen entlangfließend, fällt es auf die untere Plattenschicht und muß hier an deren äußeren Rand entlangfließen, um dort in die Winkelräume hinabzufallen, welche die Domwand mit dem Kesselmantel bildet. Auf diesen Winkelräumen fällt das Wasser endlich in die Kesselmanteltaschen, die es gegen den Kesselboden zu leiten.

Alle Teile sind so eingerichtet und bemessen, daß sie ohne Lösen einer Schraube durch das Mannloch ein- und ausgebracht werden können. Für die Entfernung der Gase aus dem Dom, welches auch für die Erzielung eines guten Wirkungsgrades des Reinigers unbedingt erforderlich ist, wird ein Rohr im Dominnern angeordnet, das im oberen Drittel ausmündet und dazu bestimmt ist, der Speise- und der Luftpumpe das Treibmittel zuzuführen, nachdem es zuvor in einem Überhitzerelement getrocknet wurde.

b) Vorwärmer.

I. Vorteile des Vorwärmers.

Die Wärmewirtschaftlichkeit ist eine bessere. Denn man gewinnt einen Teil der sonst im Abdampf oder in den Abgasen ungenutzt verlorengehenden Wärme zum Vorwärmen des Speisewassers. Man spart also die Menge Kohle, die nötig wäre, das Speisewasser auf 190° zu erwärmen. Versuche haben beim Vorwärmereinbau 13—15% Ersparnis an Kohle ergeben.

Die Unterhaltungskosten der Lokomotiven nehmen ab, da der Kessel infolge geringerer Temperaturunterschiede mehr geschont wird. Denn bei Anwendung von Vorwärmung brauchen weniger Wärmeeinheiten durch die Heizflächen hindurch übertragen zu werden. Dampf von der üblichen Kesselspannung von 13 at abs hat eine Temperatur von etwa 190°. Die Temperatur des Wassers im Wasserkasten steigt selten über 10 bis 15° C; im Winter sinkt sie sogar fast bis auf den Gefrierpunkt, und es besteht infolgedessen die Gefahr, daß die Speiseleitung zwischen Lokomotive und Tender einfriert. Allerdings wird mit solchen niedrigen Wassertemperaturen meist nicht gespeist, da das Wasser bereits in der Dampfstrahlpumpe, der üblichen Speisevorrichtung für Lokomotiven, um etwa 40 bis 50° erwärmt wird. Aber Temperaturschwankungen zwischen 50 und 190° sind immerhin noch im Kessel zu treffen, wodurch sich der Kesselbaustoff ungleich ausdehnt, die Rohre und Kesselschüsse infolgedessen undicht werden und zu lecken beginnen. Bei Vorwärmung des Speisewassers auf 100 bis 130° herrscht nur ein Unterschied von etwa 60 bis 90° — im Vergleich zu 140° vorher — zwischen den heißesten und kältesten Stellen des Kessels, so daß die Gefahr des Kesselundichtwerdens bedeutend gesunken ist. Auch durch die später erwähnte geringere Rostanstrengung bei Anwendung von Vorwärmern wird der Kessel geschont.

Bei Vorwärmung des Wassers scheiden sich die mineralischen Lösungsstoffe bereits vor seinem Eintritt in den Kessel teilweise als Schlamm im Vorwärmer aus, so daß die Absonderungen (in der

Hauptsache Kesselstein) weniger schädlich wirken. Rostbildung oder Anfressungen im Kessel treten in bedeutend geringerem Maße auf. Infolgedessen ist der Kesselwirkungsgrad gut, und da das Reinigen des Kessels kürzere Zeit in Anspruch nimmt, so ist die Lokomotive mit kürzeren Unterbrechungen dienstbereit.

Infolge der verringerten Blasrohrwirkung ziehen bei Abdampfvorwärmern die Heizgase gleichmäßiger durch die Siederohre, wodurch die Heizfläche besser ausgenutzt wird. Hierdurch verursacht, tritt eine Abnahme des Unterdruckes in der Feuerbüchse und der Rostbeanspruchung ein. Da aber die Leistung trotz der verminderten Rostbeanspruchung bei Vorwärmung dieselbe bleibt, ist dies ein Vorteil in bezug auf eine vollständigere Verbrennung des Brennstoffes.

Betriebstechnische Vorteile liegen auch in der geringeren Inanspruchnahme des Heizers; denn er braucht, um eine gleiche Lokomotivleistung zu erzielen, den Rost nicht so oft zu beschicken, da ja bei Vorhandensein von Vorwärmern die gleiche Lokomotivleistung mit einer geringeren Kohlenmenge erzielt wird. Ferner fällt bei den neueren Vorwärmern die Bedienung der Dampfstrahlpumpe fort, weil zur Wasserförderung in den Kessel ohne Unterbrechung arbeitende Speisewasserpumpen benutzt werden.

Selbst in vorhandenen Lokomotiven kann der Vorwärmer auf ziemlich einfache Art mit verhältnismäßig geringen Kosten eingebaut werden; vor allem beim Einbau in Sattdampflokomotiven kann er vermöge seiner Leistungserhöhung bis zu einem gewissen Grade den Überhitzer ersetzen. Die Anwendung der Überhitzung und Vorwärmung im Eisenbahnbetrieb ist natürlich am wirtschaftlichsten. Während eine Heißdampflokomotive mit einfacher Dehnung ohne Speisewasservorwärmung höchstens 17 % an Kohle erspart, beträgt die Brennstoffersparnis bei Anwendung eines Vorwärmers bei Heißdampflokomotiven etwa 26 %.

II. Grundsätze der Vorwärmer-Bauweise.

Man unterscheidet Abdampf- und Rauchgasvorwärmer. Erstere müssen den ihnen zugeführten Abdampf vollständig niederschlagen und die dabei frei werdende Wärme möglichst ohne Verlust an das Speisewasser abgeben. Für dauernd gleichmäßige Speisung des Kessels durch den Vorwärmer ist zu sorgen. Gleichmäßige Temperatur im Vorwärmer ist erwünscht. Der Schlamm muß sich an einer toten Stelle absetzen können, damit er nicht mit in den Kessel gerissen wird. Da die Heizfläche des Vorwärmers nur ein geringer Teil von der Kesselheizfläche ist, so wird der Wirkungsgrad der Vorwärmerheizfläche bei Schlammbelag schnell abnehmen, und es ist deshalb beim Bau des Vorwärmers für seine gute Reinigung (Ausspülen) zu sorgen.

Auf leichten Einbau und gute Auswechselbarkeit von Vorwärmerteilen ist zu achten, falls eine eingehende Reinigung des Vorwärmers nötig und seine Abnahme notwendig; man vermeidet dadurch das Ausdembetriebziehen der teueren Lokomotive, während die Beschaffung eines neuen Vorwärmers oder eines Teiles desselben bedeutend geringere Kosten hervorruft. Vorzuziehen sind von diesem Standpunkt aus Vorwärmerbauarten, in denen das Wasser durch wagerechte Rohre fließt, im Gegensatz zu Bauarten mit geneigten Rohranordnungen; ferner sind weite Rohre besser als enge, um schnelle Verstopfung zu vermeiden und bessere Reinigung zu erzielen. Wenn auch Kalk zunächst als Schlamm ausfällt, so könnte er doch nach und nach festere Formen annehmen oder sonst Störungen verursachen, falls die Rohre nicht ab und zu gereinigt werden. Allerdings sind außer weitrohrigen auch sehr engrohrige Bauarten verschiedentlich erfolgreich verwendet worden.

III. Allgemeine Anordnung und Einbau von Vorwärmern.

Bei den meisten Vorwärmern wird mit Dampf- oder Tauch-Kolbenpumpen gespeist. Überschreitet die Temperatur des Speisewassers bei seinem Eintritt in den Wasserspeiseapparat 40° C nicht oder befindet sich der Vorwärmer zwischen Wasserspeisevorrichtung und Kesselspeisekopf, so kann mit Strahlpumpen gespeist werden. Bei Ansaugetemperaturen von mehr als 40° C versagen die gewöhnlichen Strahlpumpen, es werden dann Dampfpumpen zur Speisung gebraucht. Sie benötigen 1 kg Dampf (bei den üblichen Kesseldrücken) zur Förderung von 100 bis 150 kg Wasser, während die Strahlpumpe, bei gleichem Dampfverbrauch, nur etwa 15 kg zu fördern vermag. Außerdem läßt sich der Abdampf der Dampfpumpe noch für die Vorwärmung brauchbar machen.

Weitere Vorteile der Dampfpumpen sind, daß ihre Fördermenge in großen Grenzen verändert werden kann. Die Wasserspeisung geschieht mit ihr ständig, und das heiße Wasser vermindert bei seinem Eintritt in den Lokomotivkessel die Temperatur und Spannung in ihm beinahe gar nicht. Die Pumpen sind bei den einzelnen Vorwärmerbauarten vor oder hinter denselben angeordnet. Falls die Pumpe das kalte Wasser durch den Vorwärmer drückt, läßt sich jede übliche Bauart als Speisepumpe verwenden. Am liebsten legt man den Vorwärmer zwischen Kessel und Pumpe, d. h. in die Druckleitung, um den vollen Nutzen der Vorwärmung zu bekommen. Verlegung des Vorwärmers in die Saugleitung würde die Vorwärmung auf einen verhältnismäßig niedrigen Temperaturgrad beschränken, da die Saugwirkung der Pumpe gesichert werden muß. Das Einfrieren der Saugleitung, wenn die Lokomotive bei Frostwetter außerhalb des Lokomotivschuppens aufgestellt werden muß, ist zu vermeiden. Deshalb sind die Rohre der Vorwärmeranlage möglichst nahe an den Kessel zu legen.

Der Einbau des Vorwärmers hängt ab von räumlichen Verhältnissen und von den für die einzelnen Bahnen gültigen Betriebsregeln.[1]) Die Speisepumpe steht in Deutschland meistens auf der linken Kesselseite, da Bedienung derselben dem Heizer übertragen und dieser seinen Stand auf der linken Lokomotivseite hat; auch ist dies durch die übliche Rechtslage der Bremsluftpumpe begründet (umgekehrt z. B. in Baden). Bei den preußischen Staatseisenbahnen geschieht der Einbau des Vorwärmers auf folgende Arten:

---

[1]) Die Vereinigten Staaten von Amerika legen z. B. den Vorwärmer auch unter den Tender in dessen Längsachse.

Vorwärmer liegend quer zur Lokomotivachse, zwischen den Rahmenblechen;

Vorwärmer liegend oben auf dem Kessel, zwischen Dom und Sandkasten;

Vorwärmer liegend auf dem Trittbrett vorn vor der Rauchkammer;

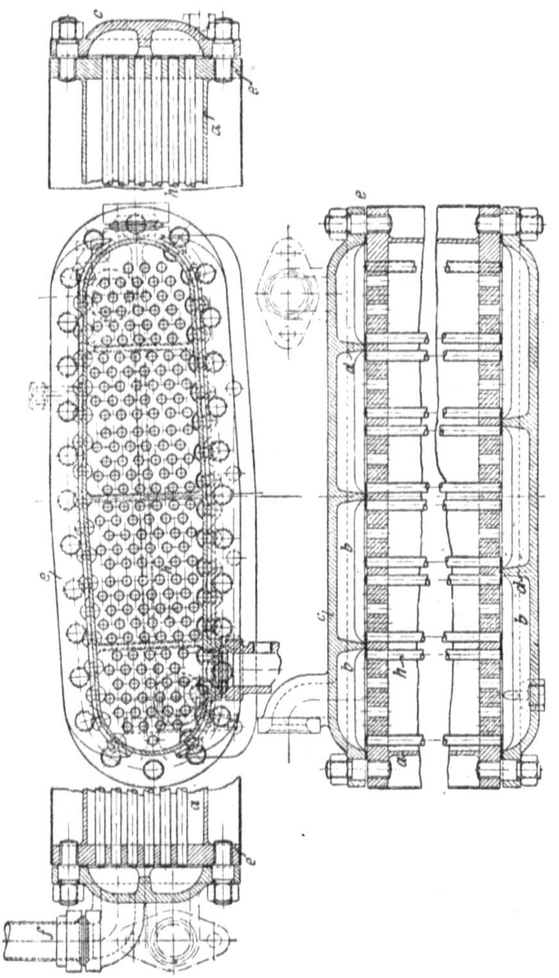

Abb. 117. Vorwärmer Bauart „Schichau".

Vorwärmer liegend seitlich auf dem Umlaufblech (gebräuchlichste Anordnung).

Bei der neuen österreichischen 1E-Heißd. Zw. G-Lok. ist der Vorwärmer stehend zwischen den Rahmenblechen angeordnet.

IV. Deutsche Vorwärmerbauarten.

Sie beruhen fast alle auf der Oberflächenkondensation des Abdampfes, wobei nur die Dampfwärme zurückgewonnen wird. Vorwärmungen durch den Abdampf wurden bereits im Jahre 1852 bei den hannoverschen Staatseisenbahnen angewendet. Bei der Kondensationsanlage von Kirchweger erwärmte ein Teil des Abdampfes das Wasser im Tender bis zur Siedehitze, wodurch Kohle- und Wasserersparnis eintrat. Hierbei ergab sich aus verschiedenen Versuchen eine Kohlenersparnis von 19 bis 31%. Mit einer anderen, einfacheren, der Rohrbeckschen Einrichtung wurden Versuche zur Erwärmung des Tenderwassers gemacht, bei der gleichfalls der Auspuffdampf benutzt wurde.

Trotz der augenscheinlichen Vorteile wurde damals die Speisewasservorwärmung bei Lokomotiven nicht eingeführt, da durch die Dampfstrahlpumpe eine einfache, ebenfalls vorwärmende Einrichtung gegeben war, welche die umständlichen, damals üblichen

Abb. 118. Vorwärmer Bauart „Schichau".

langhübigen Pumpen ersetzte. So geriet die Vorwärmung nach und nach in Vergessenheit, bis der alte Gedanke in den letzten 10 Jahren wieder aufgenommen wurde, um die großen Anforderungen zu bewältigen, die an die Leistungsfähigkeit und Wirtschaftlichkeit der Lokomotiven gestellt wurden.

Seit 1912 sind u. a. die bekanntesten Abdampf-Vorwärmerbauarten in Deutschland: Atlaswerke (Bremen), Schichau (Elbing), Vulkan (Stettin) und Knorr (Berlin-Lichtenberg). Alle von ihnen enthalten ein Röhrensystem aus Messing-, Kupfer- oder Eisenröhren, das vom Kesselspeisewasser in mehrfachen Durchgängen durchzogen und außen durch den Abdampf erhitzt wird.

Abdampfvorwärmer Bauart „Schichau"; Zweikammer-Vorwärmer (Abb. 117 u. 118). Rohre h sind aus Messing, Rohrwände e aus Flußeisen. An letztere ist Mantel a unmittelbar angeschweißt. Kaltes Speisewasser wird an der linken Vorwärmerseite mittels einer Wasserpumpe durch Rohr f eingeführt, durchzieht die Rohre mehrmals in Schlangenwindungen, genötigt durch die Rippen d in den Deckeln c der Wasserkammern, und tritt am vorderen Ende der linken Wasserkammer aus dem Vorwärmer. Abb. 119 zeigt die Einrichtung von Pumpe und Vorwärmer an der verstärkten

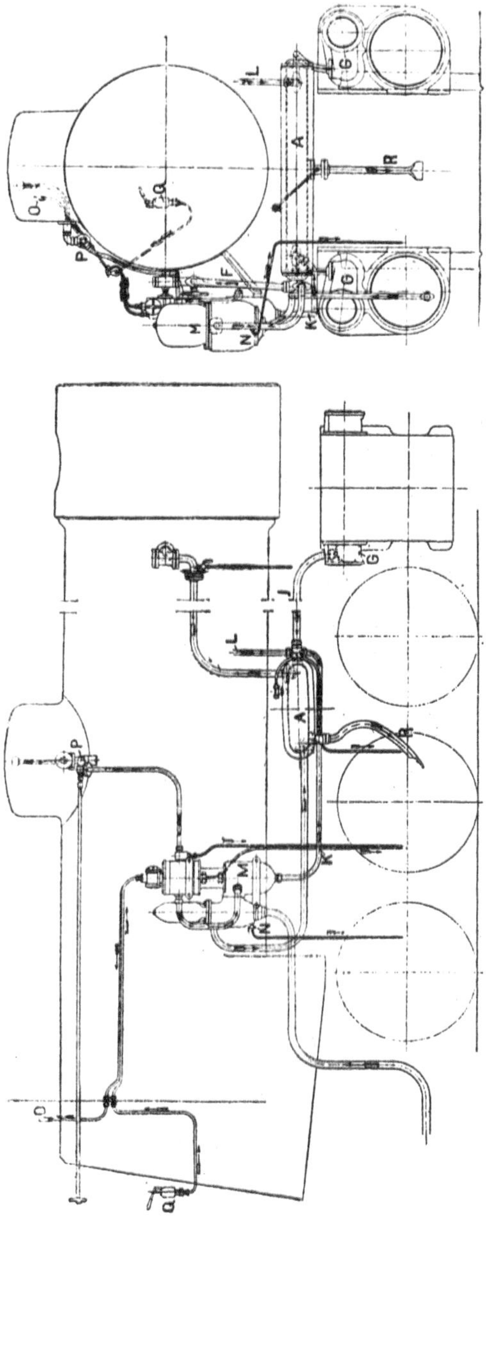

Abb. 119. Schichau-Vorwärmer an der preußischen $G_8{}^1$-Lokomotive.

D-Heißdampf-Güterzuglokomotive. Vorwärmer A liegt unter dem Langkessel. Der Lokomotivzylinder-Abdampf wird bei G entnommen und geht durch Rohr J in den Vorwärmer A. Das Speisewasser gelangt mittels der Knorr-Pumpe M, zu deren Antrieb Dampf bei P entnommen wird, in Pfeilrichtung in den Vorwärmer A. Bei Q wird die Dampfpumpe in Tätigkeit gesetzt. Rohr F leitet das vorgewärmte Speisewasser zum Speisekopf am Kessel N; K und R sind Schlabberrohre zum Abfluß des Niederschlagwassers.

Abdampfvorwärmer Bauart „V u l k a n"; Einkammer-Vorwärmer (Abb. 120 u. 121). Er besitzt nach der U-Form gruppenartig, verschiedenen Halbmessern entsprechend gebogene Rohre. Die Anlage arbeitet nach dem Gegenstromprinzip, da sich die Richtung des Abdampfes im Vorwärmer durch Trennungswände im Mantel mehrmals ändert. Während aber der Gegenstrom bei Rauchgasvorwärmern von großem Vorteil ist, werden hier bedeutendere Vorteile bei Führung des Abdampfes im Gegenstrom nicht erzielt, da selbst bei Heißdampflokomotiven nur Abdampftemperaturen von kaum mehr als 150° C vorkommen. Auch ist das Ineinanderliegen der Rohre nicht vorteilhaft; die einzelnen Rohre z. B. bei Undichtigkeit auszuwechseln, bereitet

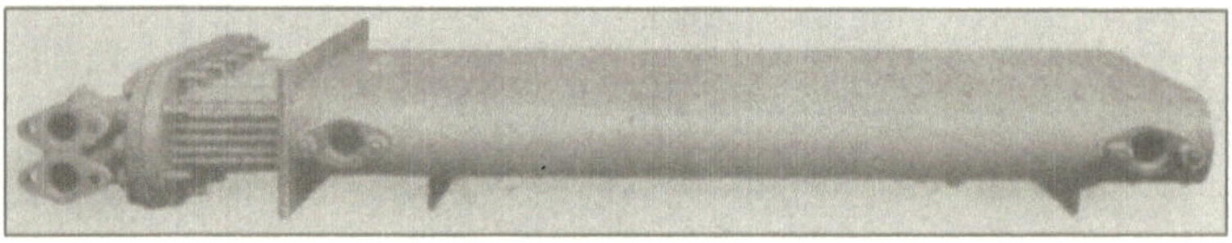

Abb. 120. Vorwärmer Bauart „Vulkan".

Schwierigkeiten, und es lassen sich nur schwer alle die verschieden gekrümmten Ersatzrohre vorrätig halten.

Abdampfvorwärmer Bauart „K n o r r"; Ein- oder Zweikammer-Vorwärmer (Abb. 122 bis 124). Er besitzt ein ausziehbares Röhrenbündel zur Untersuchung und Prüfung der Rohre. Letztere sind gruppenweise hintereinander- oder parallel- und hintereinandergeschaltet.

Man baut den Vorwärmer mit verschieden großen Heizflächen in zwei Ausführungsformen: mit g e b o g e n e n R o h r e n und e i n e r W a s s e r k a m m e r (Abb. 122 u. 123) oder mit g e r a d e n R o h r e n und z w e i W a s s e r k a m m e r n (Abb. 124). Als Regelgrößen werden gebaut: Vorwärmer mit gebogenen Rohren von 13,6 und mit geraden Rohren von 13,4 qm Heizfläche für Vollbahn-, von 9,2, rd. 4,5 und 2,5 qm Heizfläche für Neben- und Kleinbahnlokomotiven. Auch bei dem Vorwärmer mit U-förmig gebogenen Rohren sind die einzelnen Rohrelemente unter sich auswechselbar, da die U-förmigen Biegungen nach gleichem Krümmungshalbmesser hergestellt sind. Auch können sich bei dem Vorwärmer mit gebogenen Rohren alle Rohre ungehindert für sich ausdehnen, da sie mit beiden Enden in ein und derselben Rohrwand eingewalzt und in der Nähe der U-förmigen Biegung in einer Stützplatte frei gelagert sind. Der Vorwärmer mit geraden Rohren hat demgegenüber den Vorzug, daß seine Rohre leichter von etwaigen Kesselsteinablagerungen gereinigt werden können. Bei beiden Bauarten kommen nur nahtlos gezogene Messingrohre zur Verwendung, da eiserne Rohre, auch verzinkt, nur geringe Lebensdauer besitzen. Die

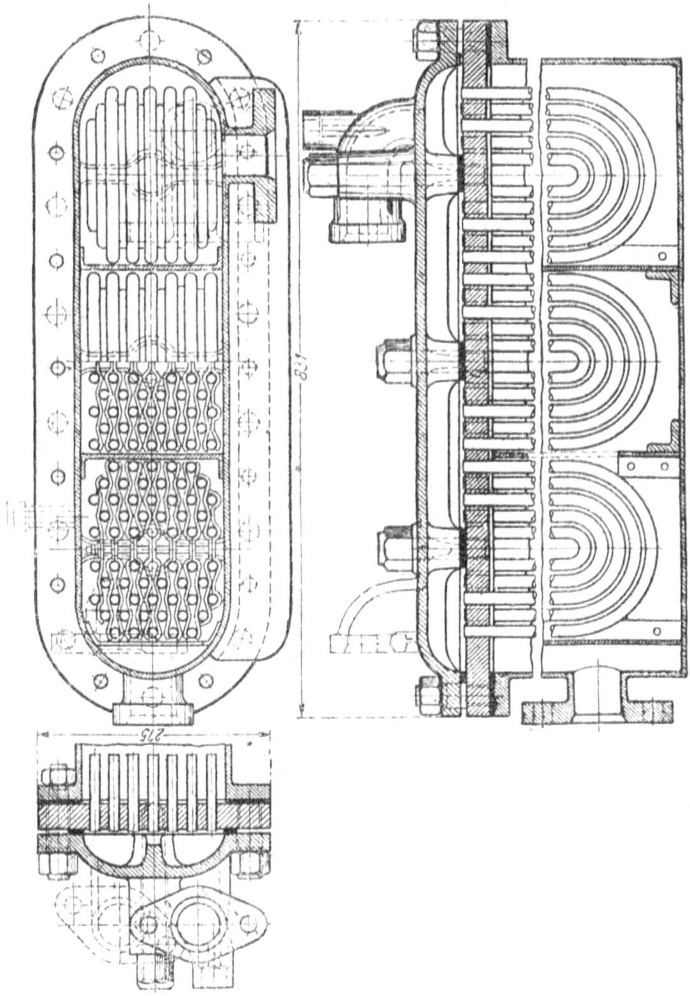

Abb. 121. Vorwärmer Bauart „Vulkan".

lichte Weite der gebogenen Rohre beträgt 13 mm, die der geraden 19 mm, die Wandstärke in beiden Fällen 1,5 mm.

Ein Vorwärmer-Umschalthahn am Wasserkammerdeckel dient dazu, die Kolbenpumpe als Kesselspeisevorrichtung auch dann betriebs-

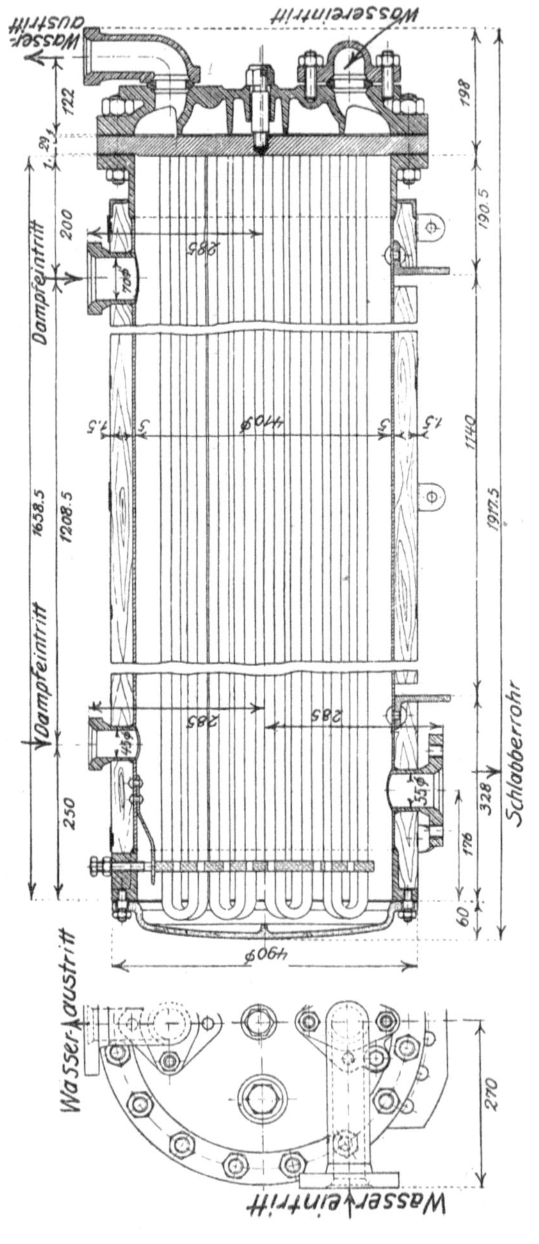

Abb. 122. Einkammer-Vorwärmer Bauart „Knorr“.

fähig zu erhalten, wenn der Vorwärmer schadhaft geworden ist und daher ausgeschaltet werden muß. Ferner wird der Hahn dazu benutzt, eine gleichmäßigere Verteilung der Kesselsteinablagerung im Vorwärmer-Rohrbündel zu ermöglichen und damit die Schädlichkeit der Ausscheidungen selbst zu vermindern. In Verbindung mit einem Sicherheitsspeisekopf kann der Umschalthahn auch zum Auswaschen des Vorwärmers und auf diese Weise zur Reinigung des Rohrbündels

Abb. 123. Einkammer-Vorwärmer Bauart „Knorr" (Röhrensystem teilweise herausgezogen).

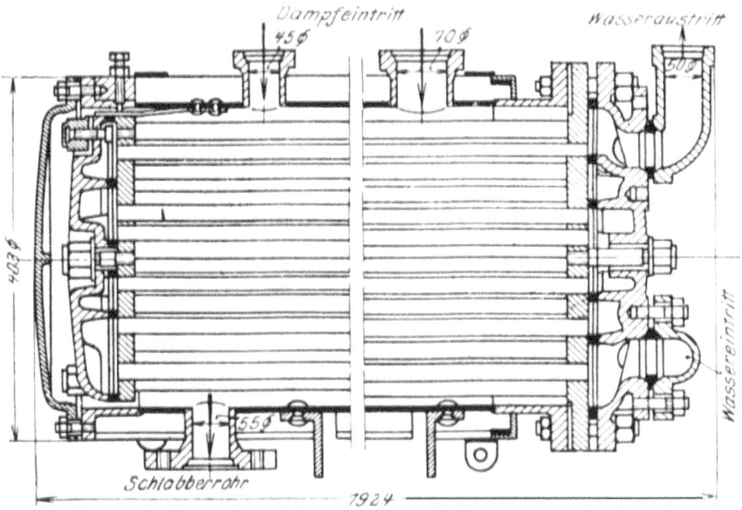

Abb. 124. Zweikammer-Vorwärmer Bauart „Knorr".

von den ausgefällten Kesselsteinbildnern benutzt werden. Es ist ein Vierweghahn mit zwei geraden und zwei gekrümmten Stutzen zum unmittelbaren Anschluß an den Wasserkammerdeckel des Vorwärmers. oder der Hahn hat vier gerade Anschlußstutzen und einen besonderen Fuß zum Einbau in die Druckleitung an beliebiger Stelle der Lokomotive.

Abdampfvorwärmer Bauart „W ü r t t e m b e r g"; Zweikammer-Vorwärmer (Abb. 125). Mit geraden weiten Flußeisenrohren aus-

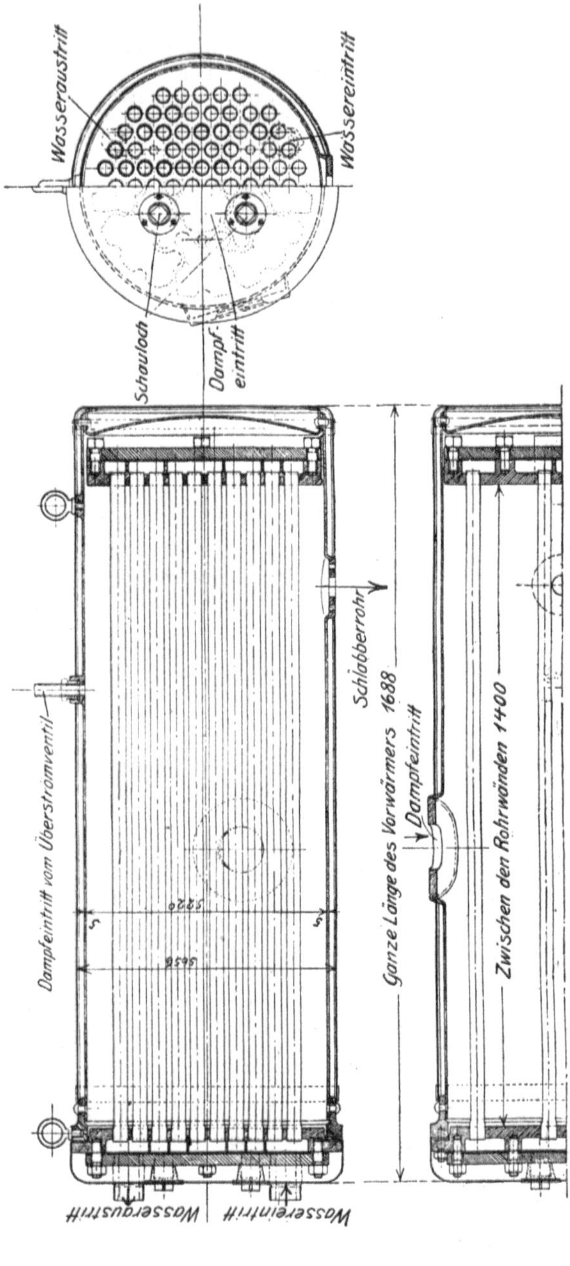
Wasseraustritt
Wassereintritt
Schauloch
Dampf-
eintritt
Schlabberrohr
Dampfeintritt vom Überströmventil
Ganze Länge des Vorwärmers 1688
Dampfeintritt
Zwischen den Rohrwänden 1400
Wasseraustritt
Wassereintritt

gerüstet, um Kesselstein leichter entfernen zu können. Das ganze Röhrensystem ist ausziehbar. Kaltes Wasser durchzieht die Rohre mehrmals in Schlangenwindungen, genötigt durch die Trennungsrippen auf den Rohrwänden. Durch die Rippen werden die Wasserkammern unterteilt. Eine der beiden Wasserkammern (mit Ein- und Austritt für das Wasser) ist mit dem Außengehäuse fest verbunden, während die andere am vorderen Ende des Rohrbündels frei beweglich im

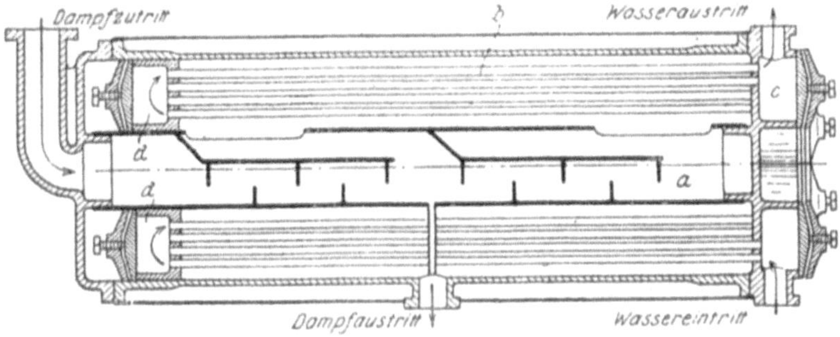

Abb. 126. Abdämpfvorwärmer Bauart „Werle" der Lokomotivfabrik Jung.

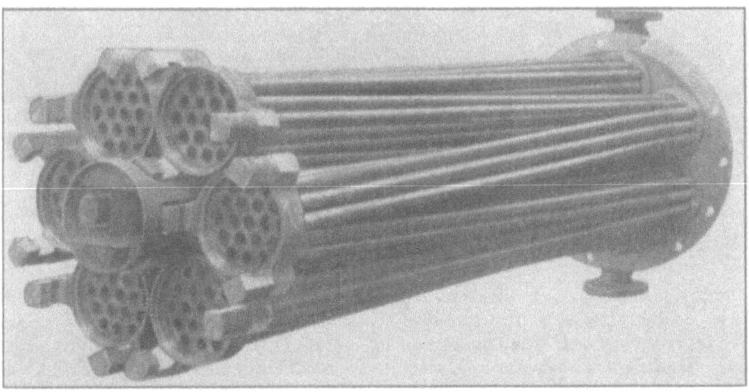

Abb. 127. Abdämpfvorwärmer Bauart „Werle" der Lokomotivfabrik Jung.

Gehäuse liegt. Durch Schaulöcher, die durch Waschbolzen verschlossen sind, kann ohne Abnehmen der Deckel die Beschaffenheit der Rohre jederzeit geprüft werden. Eine Umstellvorrichtung tritt selbsttätig in Kraft, um beim Ausbleiben des Abdampfes in den Vorwärmer Frischdampf einzulassen. Die hier dargestellte Ausführung hat 93 Stück flußeiserne Rohre von 29/32 mm Durchmesser, einen Durchgangsquerschnitt von 19,8 qcm und eine dampfberührte Heizfläche von 13 qm.

Abdampfvorwärmer Bauart „W e r l e" (Lokomotivfabrik J u n g) (Abb. 126 u. 127). In einem runden Dampfgehäuse sind um ein mittleres

Dampfverteilungsrohr a sechs Wasserrohrbündel b im Kreise gelagert. Diese Bündel aus Messing verbinden sechs zu einem Kopfstück c vereinigte runde Wasserkammern der einen Seite durch Hin- und Rückleitungen in ununterbrochenem Strome wechselseitig mit sechs voneinander getrennten runden Kammern d der anderen Seite, die so im Gehäuse gelagert sind, daß sich jedes Rohrbündel für sich frei ausdehnen kann. Das Speisewasser verteilt sich aus der unteren Mittelkammer in zwei Strömen nach rechts und links und gelangt in je sechsfacher Hin- und Rückleitung sehr weitgehend unterteilt zur oberen Mittelkammer. Der Vorwärmer zeichnet sich durch einfache, als Drehkörper ausgebildete Bauteile aus. Die Rohrbündel sind leicht zur Reinigung herauszuziehen. Rippen im mittleren Dampfverteilungsrohr a sollen eine Entölung des Dampfes herbeiführen. Der Vorwärmer ist mit einem Umschalter ausgerüstet, wodurch die Speisevorrichtung die Vorwärmerrohre kräftig ausspült.

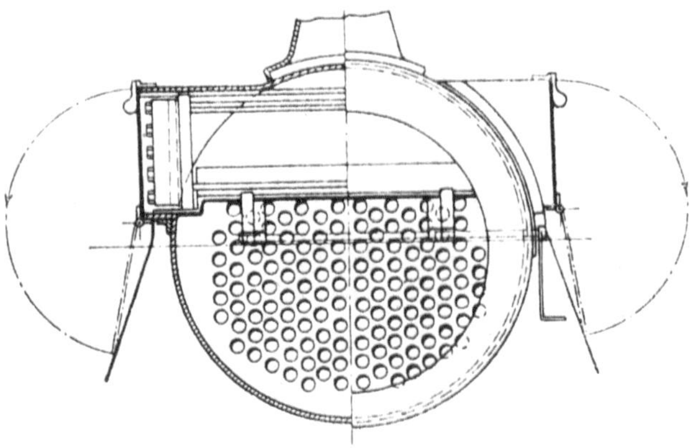

Abb. 128. Abgasvorwärmer Bauart „Werle" der Lokomotivfabrik Jung.

Abgasvorwärmer Bauart „Werle" (Lokomotivfabrik Jung) (Abb. 128). In der Rauchkammer sind quer zur Kesselachse sechs Wasserrohrbündel aus Messing so gelagert, daß die Zugänglichkeit der Siederohre gewahrt bleibt. Diese Bündel verbinden in zwei Gruppen vier voneinander getrennte Wasserkammern der einen Seite in sechsfacher Hin- und Rückleitung wechselseitig mit vier Kammern der anderen Seite. Die einzelnen Rohrbündel können sich unabhängig voneinander frei ausdehnen. Das Speisewasser tritt oben vorn ein und durchströmt weitgehend unterteilt und auf verhältnismäßig langem Wege den Vorwärmer. Die Heizgase werden durch Ablenkbleche gezwungen, die Rohre von allen Seiten zu bespülen. Eine besondere Klappe gibt beim Anheizen einen unmittelbaren Weg ins Freie. Drehklappen am Außenkasten und Deckel an den Wasserkammern ermöglichen eine leichte Reinigung und Auswechselung der Rohre. Der freie Durchgangsquerschnitt zwischen den Vorwärmerrohren entspricht der Summe der freien Heizrohrquerschnitte, so daß die Feueranfachung nicht beeinträchtigt wird. Er übt im Gegenteil eine ausgleichende Wirkung auf die Zugstärke in den oberen und unteren Siederohrreihen aus. Infolge der Zerteilung der Heizgase wirkt der Vorwärmer gleichzeitig als Funkenfänger. Zusammen mit einem Abdampfvorwärmer kann er das Speisewasser auf 130 bis 140° C bringen. Ein Umschalter zum Ausspülen des Vorwärmers ist vorgesehen.

V. Ausländische Vorwärmerbauarten.

a) Englische Bauarten.

Bauart „Threvithick", Direktor der Ägyptischen Staatsbahnen. Viele Versuche mit seinen Vorwärmern[1]) liegen vor. Auf Grund derselben wurde eine Vereinigung von Abdampf- und Abgasvorwärmung angebracht an einer 2B-P.L. für die Ägyptischen Staatsbahnen (Abb. 129c). Die Lokomotive hatte 4 Vorwärmer: einen senkrecht stehenden (Abb. 129a) in der Saugleitung der Speisepumpe (Pumpen-Abdampfvorwärmer), zwei wagerecht liegende (Abb. 129b) seitlich neben der Rauchkammer beiderseits zwischen Außen- und Innenrahmen (Maschinen - Abdampfvorwärmer) und einen (vgl. Abb. 129c) in der Rauchkammer (Abgasvorwärmer).

Das Speisewasser wird zunächst durch den Abdampfvorwärmer geleitet, woselbst der Pumpenabdampf niedergeschlagen wird. Das hier um etwa 8° C angewärmte Wasser wird sodann durch eine Speisepumpe angesaugt, durch Abdampfvorwärmer II auf der rechten Lokomotivseite gedrückt, und von dort weiter, quer hinweg über die Innenzylinder, durch Abdampfvorwärmer III auf der linken Lokomotivseite. Durch eine Lenkplatte in II wird das Speisewasser einmal hin- und hergeführt, während es III nur einmal durchfließt. In II hat das Wasser eine weitere Temperaturerhöhung erhalten; III verläßt es mit etwa 100° C bei 105° Abdampftemperatur. Von III aus wird das Wasser noch in den durch die Heizgase beheizten Abgasvorwärmer IV geleitet, der sich als Ringraum mit 3 Reihen Heizrohren dem Rauchkammermantel anpaßt, und gelangt, auf rund 135° erwärmt, in den Lokomotivkessel. Eine Kohlenersparnis von 20,6 % für 1 km und eine Wasserersparnis für 1 cbm verdampftes Wasser von 19,7 % ergaben sich bei Versuchsfahrten.

Bauart „Weir" (Abb. 130); der Dampfraum des Abdampfvorwärmers wird gebildet von einem Zylinder a mit Stutzen b und c für den Eintritt des Maschinen- und des Pumpenabdampfes, sowie mit einer Nocke d für den Abfluß des Niederschlagwassers. Die beiden Rohrplatten e sind durch Schrauben an dem zylindrischen Vorwärmermantel befestigt. Die außen vom Dampf, innen vom Wasser bespülten Kupferrohre werden in die Rohrwände e eingewalzt. Die beiden Deckel f sind innen mit Rippen versehen, durch die das Wasser gezwungen wird, zweimal den Vorwärmer zu durchfließen. Der Wasserraum des Vorwärmers steht unter Kesseldruck. Speisung durch Dampfpumpen eigener Bauart. Die Speisewassertemperatur beträgt eatw 100° C; die Kohlenersparnis infolge Vorwärmung ist mit 12 bis 14% angegeben. Versuchsweise bei preußischen D-Güterzuglokomotiven angebracht.

Bauart „Drummond"; Abdampfvorwärmer unterhalb des Tenders. Vorwärmung des Wassers durch Überleiten eines Teiles

[1]) Vgl. Sauer, Z. V. D. I. 1007, S. 11 und Schneider, Z. V. D. I. 1913, S. 738 usw.

des Abdampfes aus den Zylindern in den Tender-Wasserkasten auf etwa 82°. Obgleich ein Teil der dem Vorwärmer zugeführten Wärme wieder an die Außenluft abgegeben wird, steht der Vorwärmer in Gebrauch bei englischen Tenderlokomotiven.

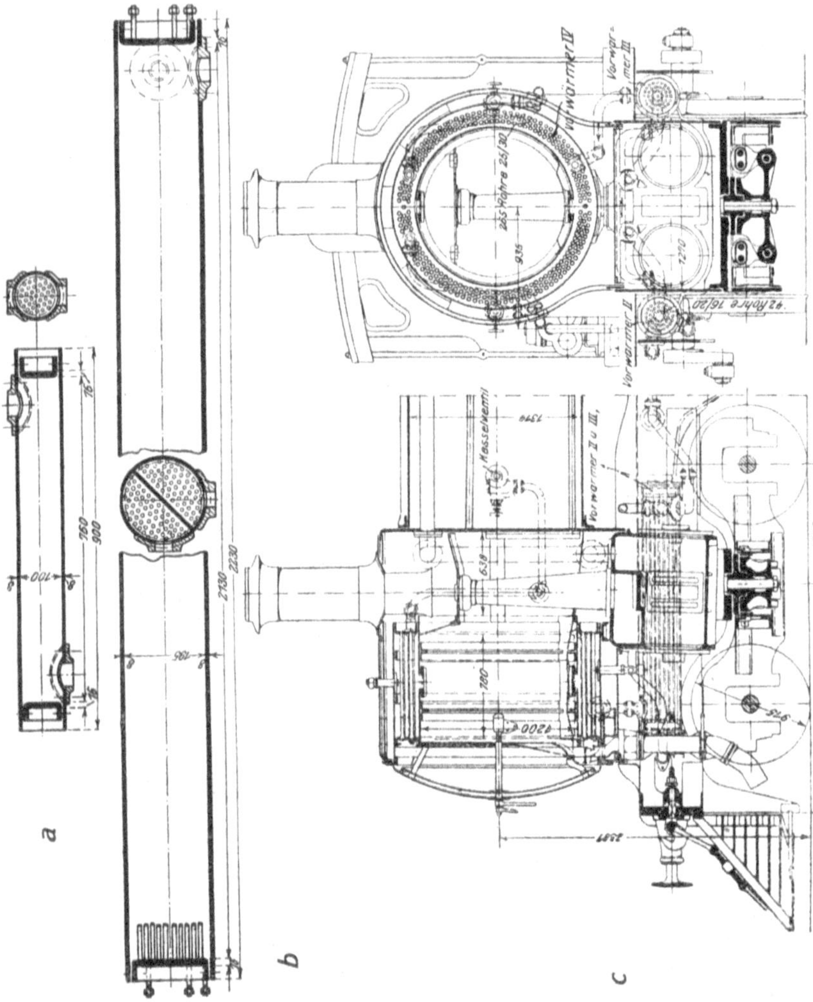

Abb. 129. Vereinigter Abdampf- und Abgasvorwärmer Bauart „Threvithick".

β) Französische Bauart.

Bauart „Caille-Potonié"; Abdampfvorwärmer u. a. an französischen, rumänischen und amerikanischen Lokomotiven. Es ist ein kastenförmiger länglicher Vorwärmer mit einem Röhrenbündel aus Kupferröhren von 18/20 mm Durchmesser. Die

Rohre werden außen vom Wasser, innen vom Dampf bespült. Das Wasser wird durch den Vorwärmer hindurchgesaugt; er steht also nur unter schwachem Überdruck (rd. 0,5 at). Speisung mit Dampfpumpe eigener Bauart (früher einfache, später Doppelpumpe), die für die Förderung heißen Wassers in den Lokomotivkessel besonders

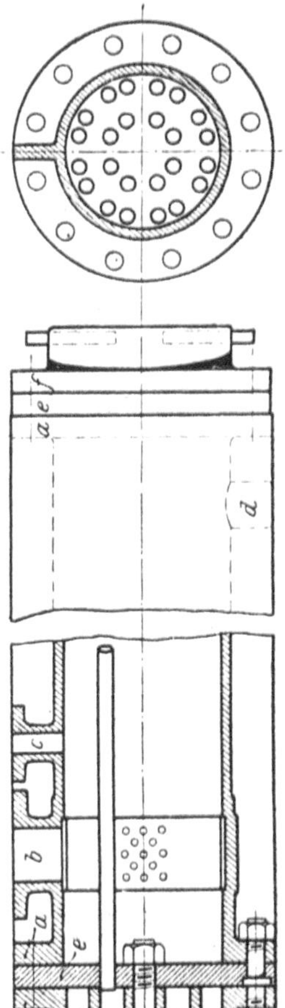

Abb. 130. Vorwärmer Bauart „Weir".

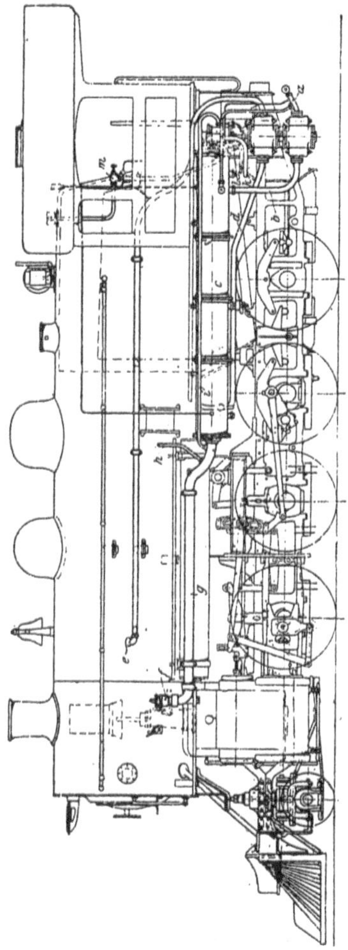

Abb. 131. Vorwärmer Bauart „Caille-Potonié".

durchgebildet ist. Da heißes Wasser schwer anzusaugen ist, müssen Pumpe und Vorwärmer tiefer als der Tender-Wasserbehälter liegen; infolgedessen fließt das angewärmte Wasser der Pumpe unmittelbar zu.

Abb. 131 zeigt einen C a i l l e - P o t o n i é - V o r w ä r m e r c von 30 qm Heizfläche mit Doppelpumpe an einer amerikanischen

1D-Lokomotive. Der Pumpe auf der rechten Lokomotivseite hinten unterhalb des Führerhauses wird mittels Absperrventil m der Betriebsdampf vom Kessel zugeführt. Ein Teil des Maschinenabdampfes (dem Blasrohr entnommen) gelangt, unter Einschaltung des Druckreglers f durch Leitung g in den Vorwärmer. In diese Leitung g münden auch ein die Abdampfleitungen h bzw. i der Westinghouse-Brems- bzw. Dampfspeisepumpe. Das kalte Speisewasser tritt vom Tender her durch Leitung a in die Niederdruckstufe der Pumpe und gelangt mit geringem Überdruck durch Leitung b in den Vorwärmer c. Es verläßt ihn durch Rohr d, um in der Hochdruckstufe der Pumpe auf den Kesseldruck gebracht zu werden. Bei e gelangt das Wasser in den Kessel. Leitungen k und l führen den überschüssigen Abdampf bzw. das Niederschlagwasser aus dem Vorwärmer ab. Bei Versuchsfahrten auf französischen und rumänischen Bahnen ergaben sich Kohlenersparnisse von 16 bis 17 %.

γ) Amerikanische Bauarten.

Bauart „Baldwin-Lokomotivwerke"[1]; Abgasvorwärmer, besonders für große Mallet-Lokomotiven. Vorwärmer steht unter vollem Kesseldruck. Speisevorrichtung (Dampfstrahlpumpe) zwischen Wasserbehälter und Vorwärmer. Der runde Vorwärmer liegt wagerecht im Kessel unmittelbar hinter der Rauchkammer. Durch zwei Rohrwände wird er vorn und hinten begrenzt, in denen die manchmal 2,75 m langen wagerechten Rohre aus Eisen von 57 mm Durchmesser eingewalzt sind. Der Vorwärmer ist ganz mit Wasser gefüllt; der Dampf bestreicht die Röhren innen. Das von den Strahlpumpen kommende Wasser tritt unten in den Vorwärmer ein und verläßt ihn oben, um durch eine kurze Rohrleitung in den Kessel zu fließen. Ein in der Achse des Vorwärmers liegendes weites Rauchrohr nimmt das Hoch- und Niederdruckzylinder verbindende Dampfrohr auf. Durch die durchziehenden Rauchgase wird der Zwischendampf getrocknet. Im Vorwärmer wird das Speisewasser auf 120° C vorgewärmt; mit etwa 240° C verlassen die Rauchgase den Schornstein. Vorwärmerheizfläche bei einer von den Baldwinwerken ausgeführten 1D + D1-Malletlokomotive 157 qm.

Bauart „Gaines"; Vereinigung von Abdampf- und Abgasvorwärmung. Zu jeder Lokomotive gehören zwei Abdampfvorwärmer nach Abb. 132 a (je einer außerhalb auf der linken bzw. rechten Lokomotivseite liegend) und ein Abgasvorwärmer nach Abb. 132 b aus zwei gebogenen Röhrenbündeln (je eines innerhalb der Rauchkammer links bzw. rechts stehend). Die Speisevorrichtung (Dampfpumpe) liegt zwischen Wasserkasten und Vorwärmer. Vom Tender tritt das Wasser in die Saugleitung der Pumpe auf der linken Maschinenseite und wird von dort in den linken Abdampfvorwärmer gedrückt, tritt sodann in einen gleichen Abdampfvorwärmer auf der rechten Maschinenseite, gelangt durch eine Leitung daselbst in den Abgasvorwärmer in der Rauchkammer und von dort zum Speisekopf im Lokomotivkessel. Der Abdampfvorwärmer (Abb. 132 a) besteht im wesentlichen aus einem $9^{1}/_{2}$ mm starken Blechmantel mit aufgenieteten Flanschen, aus

[1]) Vgl. Schneider, Z. V. D. I. 1913, S. 736, Abb. 8.

den zwei Rohrwänden und aus Stahlgußvorlagen an der Ein- und Austrittsseite. Der Vorwärmer steht unter vollem Kesseldruck. Lenkbleche a in den Kammern der Vorlagen führen den Dampf, so daß er dreimal eine Gruppe gerader eiserner Röhren von 32 mm Durchmesser durchstreicht. 69 qm wasserberührte Heizfläche hat der hier dargestellte Vorwärmer. Der Abdampf der Luft- und Speisepumpen, sowie ein Teil des Maschinenabdampfes dienen zur Vorwärmung. Der Abgasvorwärmer (Abb. 132 b) [1]) besteht im wesentlichen aus zwei gebogenen Röhrengruppen und zweimal zwei Stahlgußvorlagen. Das

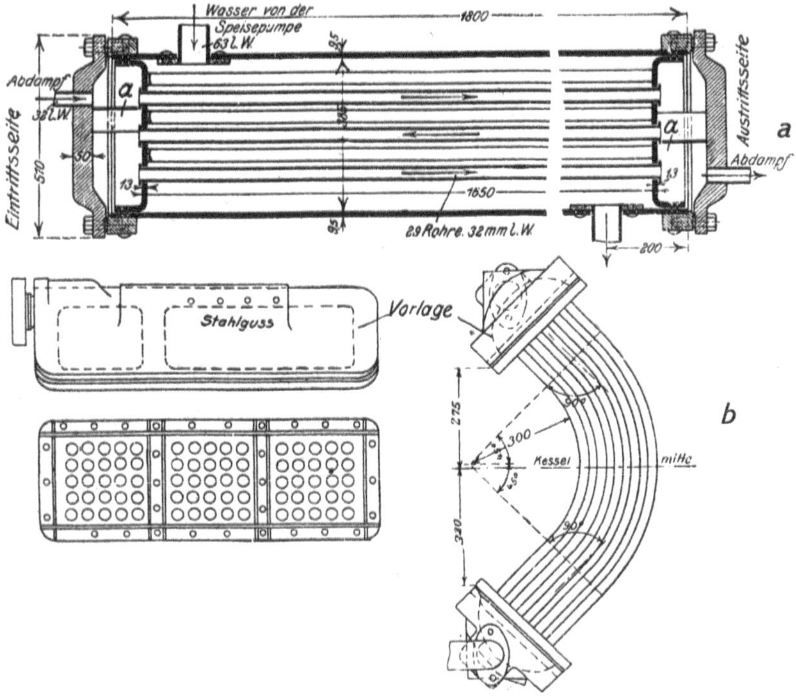

Abb. 132. Abdampf- und Abgasvorwärmer Bauart „Gaines".

Wasser durchfließt die beiden Rohrgruppen nacheinander. Äußere Heizfläche jeder Gruppe hier 8,4 qm.

Bei der 1D+D+D1-Malletlokomotive der Eriebahn liegt der Abdampfvorwärmer in Gestalt eines langen, walzenförmigen Körpers von 508 mm Durchmesser unterhalb des Tenders in seiner Mittelachse. Der Vorwärmer faßt 31 Rohre von 57 mm Durchmesser und je 7,3 m Länge. Der Abdampf der hinteren Niederdruckzylinder, die zum Tenderantrieb dienen, strömt zunächst durch diesen Vor-

[1]) Hier eine Hälfte dargestellt, d. h. eine Röhrengruppe.

wärmer von rd. 40 qm Heizfläche und entweicht sodann hinten durch ein nach oben führendes Standrohr ins Freie. Das vorzuwärmende Speisewasser umspült die Vorwärmerrohre von außen; es fließt hinten dem Vorwärmer zu und wird vorn von den Speisepumpen angesaugt.

Amerikanischer „Einspritzvorwärmer" (Abb. 133); seit 1918 bei der Pennsylvaniabahn in Gebrauch.[1]) Er steht unmittelbar neben der Speisepumpe an der Lokomotivaußenseite.

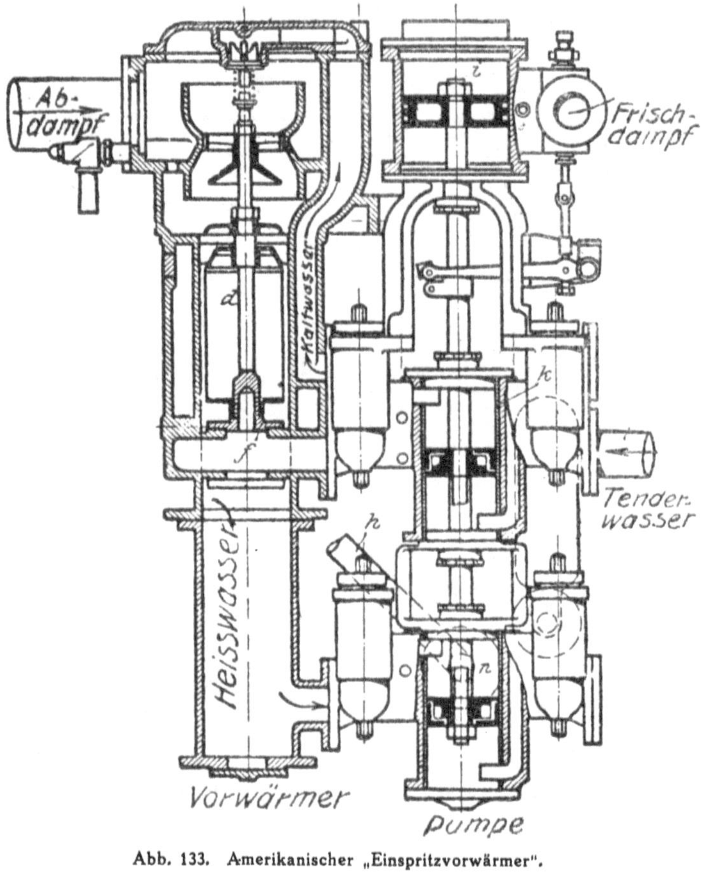

Abb. 133. Amerikanischer „Einspritzvorwärmer".

Die Pumpe (rechts) besteht aus drei Zylindern: aus dem Dampfzylinder i, in den Frischdampf vom Führerstand aus geleitet wird und aus zwei Zylindern zum Wasserfördern, nämlich dem oberen Kaltwasserzylinder k zur Förderung des Wassers aus dem Tender in den Vorwärmer und aus dem unteren Heißwasserzylinder n zur För-

[1]) Z. V. D. I., 31. Juli 1920, S. 598.

derung des Wassers aus dem Vorwärmer in den Kessel. Der Abdampf strömt ein durch ein Rohr von 150 mm Durchmesser und tritt nach Durchlaufen eines Absperr-Rückschlagventiles und eines Ölabscheiders in den Vorwärmer. Ebendort wird durch ein Rückschlagventil unter dem Vorwärmerdeckel das kalte Speisewasser vom Tender eingespritzt. Das Gemisch schlägt sich nach unten nieder und wird nach Absaugen durch den Heißwasserzylinder n in der Speiseleitung h in den Lokomotivkessel gedrückt. Der Abdampf

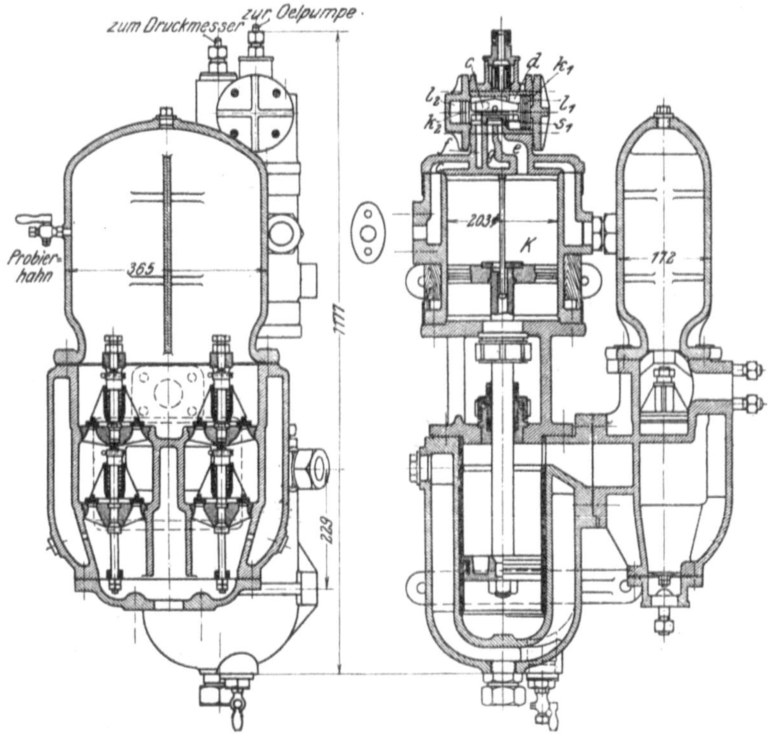

Abb. 134. Speisewasserpumpe Bauart „Knorr".

der Speisepumpe geht in die Auspuffleitung. Versagt die Heißwasserpumpe, so tritt vermöge des Schwimmers d im Vorwärmer das geförderte Kaltwasser in die Saugleitung zurück, wodurch ein Überfluten der Abdampfleitung vermieden wird.

VI. Speisewasserpumpen.

α) Deutsche Bauart „Knorr" (Abb. 134).

Schwungradlose, einstufige, doppelwirkende, stehende Dampfkolbenpumpe. Allen ihren Ausführungsgrößen ist gemeinsam: die Vereinigung der beiden federbelasteten Saug- und Druckventilsätze aus Rotguß in einem seitlich am Pumpenzylinder angebrachten Ventilkasten und die Anordnung eines den Pumpenzylinder ganz oder teilweise umgebenden Heizmantels, der mit dem Abdampf des Dampfzylinders der Pumpe gespeist wird. Da das Abdampfrohr der Pumpe in den Vorwärmer oder den Auspuffraum der Lokomotivmaschine geführt wird, so ist selbst dann, wenn die Speisewasserpumpe nicht arbeitet, der Pumpenzylinder von Dampf umgeben, weil der sich niederschlagende Dampf durch solchen aus dem Vorwärmer oder Auspuffraum ersetzt wird. Mit dem Schutze gegen Einfrieren wird auf diese Weise zugleich der Beginn der Vorwärmung des Speisewassers schon im Pumpenzylinder erreicht. Je nach dem Pumpeneinbau (linke oder rechte Kesselseite) wird der Ventilkasten rechts oder links am Pumpenzylinder angeordnet, so daß er bei Vorwärtsfahrt gut gegen den Luftzug geschützt ist. Regelbauart ist die Rechtslage des Ventilkastens, entsprechend dem Pumpeneinbau links vom Kessel.

Die vier üblichen Ausführungsgrößen sind: Pumpe für 250 l/min (vgl. Abb 134), für 120 l/min, für 60 l/min und für 25 l/min Leistung. Die Leistungen verstehen sich für 50 Doppelhübe in der Minute; doch kann die Leistung bei allen Pumpen durch Herunterregeln der Hubzahl bis auf etwa einen Doppelhub in der Minute in den weitesten Grenzen verändert werden.

Die Dampfsteuerung wirkt mittelbar. Sie ist gekennzeichnet durch zwei Steuerungsorgane, einen Hauptschieber, der den Dampf-Ein- und -Austritt in bzw. aus dem Dampfzylinder regelt, und einen unmittelbar vom Dampfkolben betätigten Umsteuerungsschieber, der seinerseits die Steuerbewegungen des Hauptschiebers überwacht. Die Steuerung ist in dem oberen Deckel des Dampfzylinders untergebracht, der Hauptschieber in wagerechter Lage, der Umsteuerungsschieber senkrecht in der Achse der beiden Zylinder. Der Hauptschieber ist ein mit einem Differentialkolbensatz k_1, k_2 verbundener Flachschieber s_1, der Umsteuerungsschieber ein Rundschieber. Im Betrieb steht der Raum d zwischen den beiden Kolben k_1 und k_2 durch den Dampfeintrittskanal c ständig unter Kesseldruck, der Raum l_2 ständig unter Atmosphärendruck, der Raum l_1 dagegen wird durch Vermittlung des Umsteuerungsschiebers abwechselnd mit Frischdampf gefüllt oder mit der Außenluft verbunden. Der im ersteren Falle sich ergebende Überdruck wirft den Differentialkolbensatz mit dem Flachschieber s_1 in die linke (vgl. Abb. 134) bzw. rechte Endstellung, in der der obere Zylinderraum durch den Kanal e mit Frischdampf beaufschlagt, der untere durch die Kanäle f und g entlüftet wird. Der Dampfkolben K geht abwärts. Im anderen Falle ist der Überdruck nach rechts bzw. links gerichtet; der Hauptschieber nimmt die aus der Abbildung ersichtliche Endstellung ein, der Kesseldampf strömt durch f unter den Arbeitskolben K, der verbrauchte Dampf durch e und g ins Freie, der Kolben K geht aufwärts. Die wechselweise Beaufschlagung des Raumes l_1 mit Frischdampf und Außenluft vermittelt der Umsteuerungsschieber. Seine Bewegung erfolgt durch Anschläge, die gegen das Hubende des Kolbens K in Wirksamkeit treten. Die Arbeitsweise der Pumpen ist die übliche der doppeltwirkenden Wasserpumpen.

Im Betrieb wird infolge des in der Druckleitung herrschenden hohen Kesseldruckes die in dem Windkessel eingeschlossene Druckluft allmählich vom Wasser verbraucht und muß daher von Zeit zu Zeit ergänzt werden. Hierzu dient der Schnüffelhahn in der Wand der Saugventilkammer, der zu diesem Zweck zu öffnen und 1 bis 2 Minuten lang (je nach dem Inhalt des Windkessels) geöffnet zu halten ist.

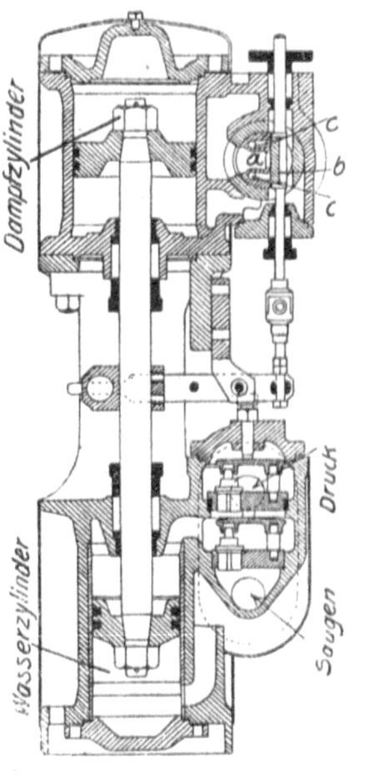

Abb. 135. Speisewasserpumpe Bauart „Weir".

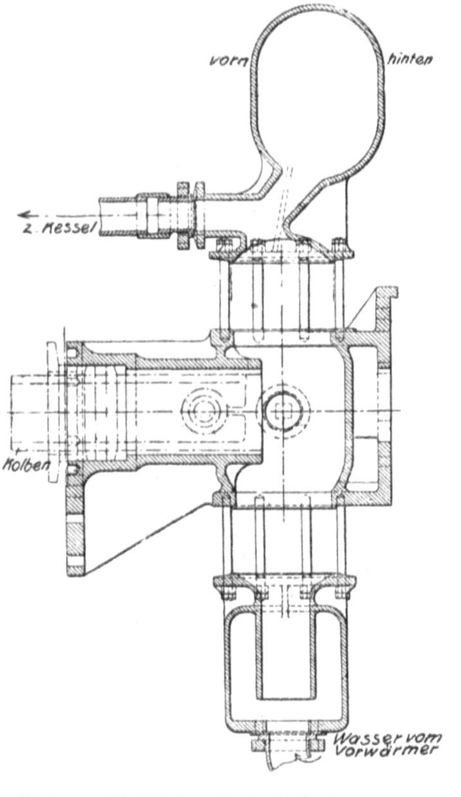

Abb. 136. Amerikanische Speisewasserpumpe.

β) Englische Bauart „Weir" (Abb. 135).

Die Pumpe besteht aus einem oberen Dampf- und einem unteren Wasserzylinder. Beide Kolben sitzen auf gemeinsamer Kolbenstange. Die Steuerung des Dampfzylinders erfolgt durch einen halbrunden Hauptschieber a, dessen runde Seite dem Zylinder zugewandt ist. Auf seiner flachen Seite bewegt sich, durch Gelenke von der Kolbenstange angetrieben, ein flacher Hilfsschieber b. Dieser läßt durch Kanäle c den Dampf wechselseitig vor beide Stirnseiten des Hauptschiebers treten, wodurch letzterer in seiner Längsachse bewegt wird und abwechselnd Dampf in den oberen oder unteren Einströmkanal treten läßt. Die Regelung der Dampfzuführung geschieht durch ein Ventil im Führerstand. Zum Ingangsetzen der Pumpe in jeder Stellung ist an ihr ein Hilfsventil angebracht. Die Förderung der Pumpe, die in weiten Grenzen eingestellt werden kann, muß vom Lokomotivführer jeweilig der verdampften Wassermenge angepaßt werden. Die Pumpe wird in fünf verschiedenen Größen von 38 bis 240 l/min hergestellt. Ihr Standort kann sein im Führerhaus (Lankashire- und Yorkshire-Bahn) oder auf dem Rahmen (z. B. Mittellandbahn).

γ) Französische Bauart „Caille".

Die Pumpe wird liegend oder stehend — in Verbindung mit dem Caille-Potonié-Vorwärmer — ausgeführt, und zwar als einfache Pumpe, als sogenannte „Pompe mixte" und als Doppelpumpe. Die „Pompe mixte" gestattet[1]), heißes Wasser ohne Rücksicht auf die gegenseitigen

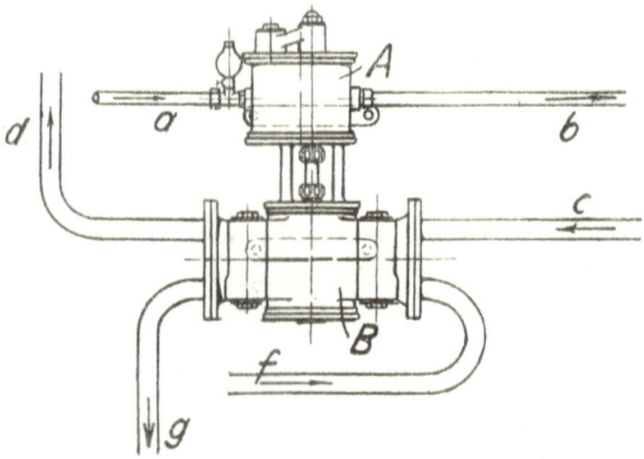

Abb. 137. Speisewasserpumpe Bauart „Caille".

Wasserstände im Tender oder im Vorwärmer zu speisen. Es sind zwei genau zu gleicher Zeit arbeitende Pumpen, d. h. Druckzeit der einen und Saugzeit der anderen Pumpe finden immer zu gleicher Zeit statt. Die eine der beiden Pumpen liegt zwischen Tender und Vorwärmer, die andere zwischen letzterem und Kesselspeiseventil.

Beide Pumpen zu einem Körper als Doppelpumpe vereinigt zeigt Abb. 137. Oben Dampfzylinder A, unten Pumpenzylinder B. An A ist die Frischdampfleitung a und die Rohrleitung b für den Pumpenabdampf angeschlossen; an B die Saugleitung f für das kalte Tenderwasser, die Leitung g, das kalte Wasser in den Vorwärmer zu drücken, sowie die Heißwasserleitung c vom Vorwärmer her und die Druckleitung d für das vorgewärmte Wasser zum Speisekopf am Kessel.

δ) Amerikanische Bauart (Abb. 136).

Einfachwirkende Kolbenpumpe mit einem Tauchkolben von 178 mm Durchmesser, vom Kreuzkopf angetrieben. Zwei solcher

[1]) Organ 1914, 1. Juni, S. 196.

Pumpen sind bei der 1D + D + D1-Malletlokomotive der Eriebahn an jeder Kesselseite angeordnet. Sie werden an den Gleitbahnträgern des Hochdruckgestelles befestigt und von den Kreuzköpfen der Hochdruckzylinder durch einen Umsetzhebel angetrieben, der den Hub der Pumpen auf 254 mm herabsetzt. Regelung des Wasserzuflusses zur Pumpe durch ein Ventil im Führerhaus.

VII. Vorwärmer-Theorie.

α) Bestimmung der Wärmeersparnis bei Anwendung eines Vorwärmers.

Soll das Tenderwasser von 15° auf 100° erwärmt werden, so ist die Wärmeersparnis bei Vorwärmeranwendung folgende:

1. bei Sattdampf,

   1 kg Sattdampf von 13 at abs enthält rund 669 WE; somit ist die aus dem Abdampf zurückgewonnene Wärme $\frac{100-15}{669} \cdot 100 = 12{,}7\,\%$ der in 1 kg Dampf enthaltenen oder $\frac{100-15}{669-15} \cdot 100 \cong 13\,\%$ der 1 kg Dampf zugeführten Wärmemenge.

2. bei Heißdampf,

   1 kg Heißdampf von 13 at abs und 350° Überhitzungstemperatur enthält rd. 753 WE; somit ist die aus dem Abdampf zurückgewonnene Wärme $\frac{100-15}{753} \cdot 100 = 11{,}3\,\%$ bzw. $\frac{100-15}{753-15} \cdot 100 = 11{,}5\,\%$ der in 1 kg enthaltenen bzw. 1 kg zugeführten Wärmemenge.

β) Bestimmung, um wieviel Grad das Speisewasser durch den Abdampf der Knorr-Wasser- und Knorr Luftpumpe vorgewärmt wird

Ausgeführt werden in der Regel bei der Knorr-Speisewasserpumpe

Dampfpumpenzyl.-Durchm. = 203 mm (250 l/min Leistung)
Wasserpumpenzyl.-Durchm. = 140 mm

Bei 80 % Gütegrad der Pumpe und bei den angegebenen Pumpenabmessungen ergibt sich für die Förderung von 1000 Liter Wasser ein Dampfverbrauch der Pumpe von $\frac{100}{80} \cdot \frac{203^2}{140^2} = 2{,}62$ cbm. Bei 5 % Wassergehalt (d. h. 95 % Dampf und 5 % Wasser) und 10 at abs Druck wiegt 1 cbm Dampf der Pumpe 5,3 kg und der gesamte Dampf $2{,}62 \cdot 5{,}3 = 13{,}85$ kg.

Der Wärmeinhalt dieses Dampfgemisches ist

$$(1-0{,}05) \cdot 13{,}85 \cdot 666 + (1-0{,}95) \cdot 13{,}85 \cdot 179 = 8900 \text{ WE}.$$

Mit dem Niederschlagwasser gehen $100 \cdot 13{,}85 = 1385$ WE verloren. Es verbleiben $8900 - 1385 = 7515$ WE, wodurch 1000 Liter Speisewasser von 15° um $\frac{7515}{1000} \cong 7°$ erwärmt werden.

γ) Bestimmung der Abdampfmenge, die dem Vorwärmer zugeführt werden muß, um 1 kg Wasser von $15 + 7 = 22^0$ auf 100^0 vorzuwärmen.

Der Wärmeinhalt i'' von 1 kg überhitztem Abdampf von 100^0 und 1 at abs Druck ist

$i'' = 594{,}7 + 0{,}477 \cdot t - J^{1)} \cdot p = 594{,}7 + 0{,}477 \cdot 100 - 2{,}66 \cdot 1 = 645$ WE.

Bei Verdichtung des Dampfes zu Wasser von 100^0 erhält man $645 - 100 = 545$ WE, d. h. 1 kg Abdampf von 1 at abs vermag im Vorwärmer 545 WE an das Speisewasser abzugeben; also 1 kg Abdampf erwärmt $\frac{545}{100-22} = 7$ kg vorgewärmtes Wasser auf 100^0, so daß etwa $^1/_7$ des Abdampfes dem Vorwärmer zugeführt und somit dem Blasrohr entzogen werden muß. Um den gleichen Unterdruck in der Rauchkammer zu erhalten, wäre also das Blasrohr enger zu machen. Indessen hat es sich gezeigt, daß bei den Sattdampflokomotiven nach Einbau der Vorwärmeranlage die Dampferzeugung auch ohne Verengung des Blasrohres ausreichend bleibt, während bei den Heißdampflokomotiven die Lichtweite des Blasrohres um etwa 5% zu verringern ist, um eine willige Dampferzeugung zu sichern und den sachgemäßen Betrieb der Vorwärmeranlage zu ermöglichen.

δ) Bestimmung der Vorwärmer-Heizfläche.

Wärmeübergang zwischen Vorwärmer-Heizfläche, Dampf und Wasser:

$$Q^{WE} = k \cdot F \cdot \tau$$

Hierin ist

F = Vorwärmer-Heizfläche in qm,
Q = stündlich übergehende Wärmemenge in WE,
τ = mittlerer Temperaturunterschied zwischen Dampf- und Wasserwärme in ^{0} Celsius,
k = Wärme-Durchgangszahl

τ folgt aus[2]) $\tau = \frac{(t_1' - t_2') - (t_1'' - t_2'')}{\ln \frac{t_1' - t_2'}{t_1'' - t_2''}}$, worin

t_1' = Temperatur des Abdampfes beim Eintritt in den Vorwärmer,
t_1'' = Temperatur des Abdampfes beim Austritt aus dem Vorwärmer,
t_2' = Temperatur des Wassers beim Eintritt in den Vorwärmer,
t_2'' = Temperatur des Wassers beim Austritt aus dem Vorwärmer.

Im vorliegenden Fall kann $t_1' = t_1''$ gesetzt werden, so daß

$\tau = \frac{t_2'' - t_2'}{\ln \frac{t_1' - t_2'}{t_1' - t_2''}}$, und für $t_1' = 100^0$, $t_2' = 15^0$ und $t_2'' = 85^0$

$$\tau = \frac{85 - 15}{\ln \frac{100 - 15}{100 - 85}} = \frac{70}{\ln \frac{85}{15}} = 40{,}3^0$$

k folgt aus

$k = \frac{k_0}{1 + k_0 \cdot \frac{d}{l}}$, worin

[1]) J ist eine Hilfsgröße; vgl. Hütte, 22. Aufl., I, S. 420.
[2]) Vgl. Hütte, 22. Aufl., I, S. 388.

$k_o = 1700 \sqrt[3]{w}$, wenn w die Geschwindigkeit des Wassers in den Vorwärmerrohren (Formel gültig für w zwischen 0,05 und 2,0 m/sek)
d = Rohrwandstärke in m,
l = Wärmeleitzahl der Wand in WE,
l = 56 für Eisen,
l = 50 bis 100 für Messing,
l = 320 für Kupfer.

Wenn angenommen wird
w = 1,0 m/sek, so daß $k_o = 1700$
Messingrohre von 13/16 mm Durchmesser, so daß d = 0,0015 m
Wärmeleitzahl im Mittel l = 75 WE, dann wird

$$k = \frac{1700}{1 + 1700 \cdot \frac{0{,}0015}{75}} = 1644$$

Somit wird $F^{qm} = \frac{Q}{1644 \times 40{,}3} = \frac{Q^{WE}}{66253}$

Wenn H_w^{qm} die wasserverdampfende Kesselheizfläche bei Heißdampflokomotiven und $\frac{\mathfrak{D}}{H_w} \cong 60$ kg die stündliche Dampferzeugung auf 1 qm von H_w, so sind die an das Speisewasser im Vorwärmer übergegangenen Wärmeeinheiten

$$Q = \mathfrak{D} \cdot H_w \cdot (85-15) = 60 \cdot 70\, H_w = 4200 \cdot H_w, \text{ so daß}$$

Vorwärmerheizfläche $F^{qm} = \frac{4200 \cdot H_w}{66\,253} = 0{,}063 \cdot H_w$.

Berücksichtigt man Schlammbelag im Vorwärmer, wodurch der Wirkungsgrad von F schnell sinkt, so ist zu dem berechneten F noch ein Zuschlag zu machen von 10 bis 20 %, so daß

Vorwärmerheizfläche $F^{qm} = \mathbf{0{,}069}$ **bis** $\mathbf{0{,}076}\ H_w^{qm}$, d. h. die Vorwärmerheizfläche wird **6,9 bis 7,6** % der wasserverdampfenden Kesselheizfläche.

Ist z. B. die indizierte stündliche Dauerleistung einer Lokomotive 1500 PS_i und der Dampfverbrauch für 1 $PS_{i\text{-}st}$ etwa 7,0 kg, so werden stündlich an Wasser verbraucht 10500 kg. Diese 10500 kg/st werden im Vorwärmer von 15 auf 100° erwärmt. Somit ist die hierzu verbrauchte stündliche Wärmemenge $Q^{WE} = 10\,500 \cdot 85 = 892\,500$, und es wird

$$F = \frac{Q}{66\,253} = \frac{892\,500}{66\,253} = 13{,}5 \text{ qm.}$$

7. Verbesserung des Dampfes.

Die nachteiligen Wirkungen unreinen nassen Dampfes sind bei der Dampflokomotive besonders groß. Die hohe Beanspruchung des Dampfkessels, schlechtes Speisewasser, die Erschütterungen der Lokomotive beim Fahren u. a. begünstigen die Entstehung nassen und unreinen Dampfes, während die Betriebssicherheit, vor allem die Verhütung der gefürchteten Wasserschläge, reinen, trockenen Dampf erfordert. Die bisher üblichen dampfreinigenden Vorrichtungen (Wasserabscheider) werden meist nach äußerst einfachen und Jahrzehnte alten Bauweisen hergestellt und erfüllen ihren Zweck nur sehr unvollkommen, so daß man oft auf ihre Anwendung ganz verzichtet.

Da bei der Dampferzeugung mehr als ein Viertel der Kohlenwärme nötig ist, um zunächst das Wasser auf die Dampftemperatur zu er-

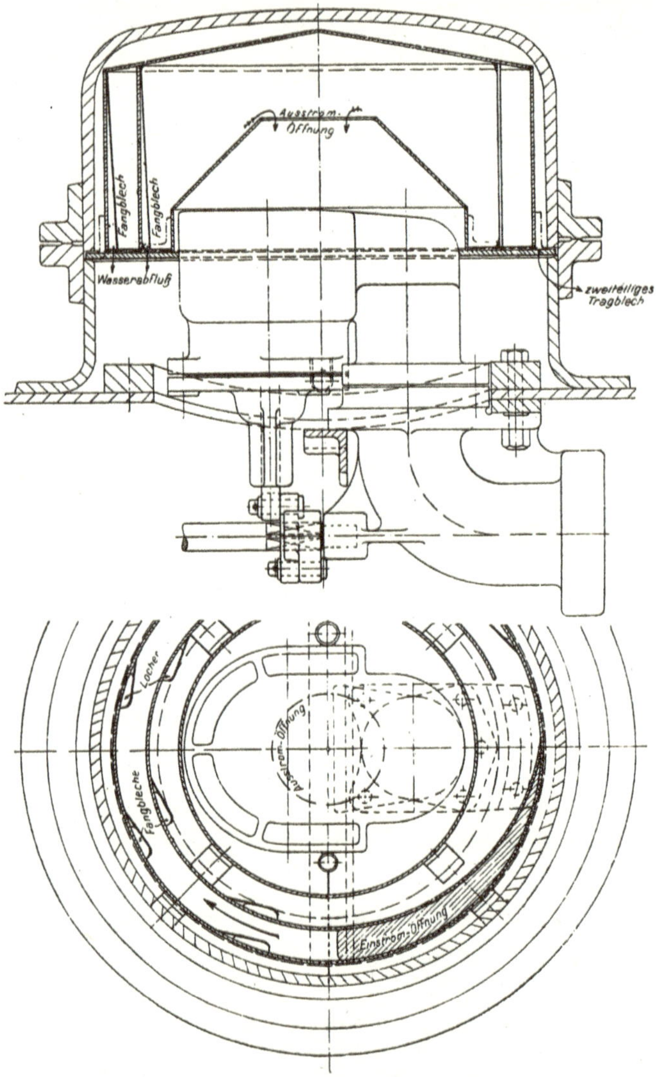

Abb. 138. Wasserabscheider Bauart „Mees".

hitzen, so ergeben sich durch einen sicher wirkenden Wasserabscheider unter Umständen wesentliche Kohlenersparnisse, die von dem durch die Betriebsverhältnisse hervorgerufenen Grad des Wasserüberreißens abhängig sind. Ferner ermöglicht eine solche Einrichtung eine Steigerung der größten Leistung der Lokomotive, die oft durch zu hohen Wassergehalt des Dampfes vorzeitig begrenzt wird. Schließlich wird auch die im Lokomotivbetrieb so wichtige Betriebssicherheit erhöht.

Wasserabscheider Bauart „M e e s" (Abb. 138). Hierbei wird die Fliehkraft des Wassers ausgenutzt. Die Wirkungsweise [1]) ist folgende: Der Dampf tritt am Anfang eines runden Behälters ein und wird so durch einen kreis- oder schraubenförmigen Kanal geführt, daß er im Behälter bis zu seinem Austritt in der Mitte umherkreist. In bestimmten Zwischenräumen hat die Scheidewand des Kanals Fangbleche. Letztere verlaufen schräg von oben nach unten und sind an die Kanalwand unter einem spitzen Winkel angeschlossen. Nach unten werden die Fangbleche breiter und umfassen die Abschlußöffnungen im Boden des Wasserabscheiders mit ihrem unteren Ende. Infolge der lebendigen Kraft im Gemisch und infolge des Überdruckes, der sich gegenüber dem Raume unter dem Boden des Abscheiders durch die Fliehkraft bildet, kommen die weggeschleuderten Wasserteilchen jedesmal hinter die Fangbleche, von dort aus zu den entsprechenden Abflußöffnungen im Boden und sodann aus dem Wasserabscheider zurück in den Lokomotivkessel. Beim Einbau des Reglers ist darauf zu achten, daß für den Dampfumlauf im Dom genügend freier Raum vorhanden ist.

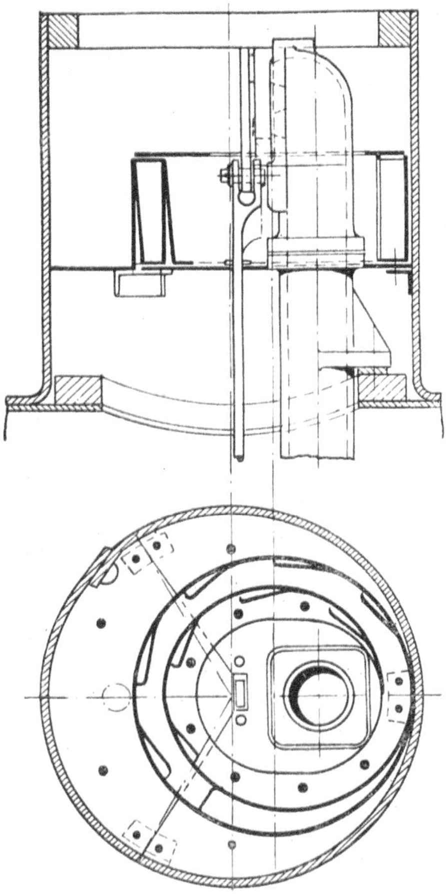
Abb. 139. Wasserabscheider Bauart „Jung".

Wasserabscheider Bauart „J u n g" [2]) (Abb. 139). Die Fliehkraft eines rasch kreisenden Dampfstromes wird zur Ausscheidung

[1]) Organ, 1920, 1. März, S. 70.
[2]) Jung in Jungenthal, bei Kirchen a. Sieg.

der Verunreinigungen benutzt. Die Vorrichtung kann meistens ohne bauliche Veränderung nachträglich in vorhandenen Lokomotiven angebracht werden. Sie umschließt unmittelbar den Reglerkopf, also die Dampfentnahmestelle, damit dieser nur wirklich reiner Dampf zugeführt wird. Übergerissenes Kesselwasser und Kesselschlamm werden vorher durch die Vorrichtung abgeschieden, und zwar dadurch, daß der Dampfstrom gezwungen wird, mittels eines spiralförmigen Leitkanals eine sehr rasche kreisende Bewegung auszuführen. Hierbei werden die flüssigen und festen Beimengungen an die Wandungen des Abscheiders geschleudert, die mit eigenartig geformten Fangblechen versehen sind. Diese lenken vermöge ihrer Form die aufgefangenen Wasser- und Schlammteile schräg nach unten ab und führen sie durch Bodenöffnungen in den Kessel zurück, was infolge der Fliehkraftwirkung mit großer Geschwindigkeit geschieht. Letzterer Umstand ist für den Lokomotivbetrieb wichtig, da hierdurch auch die gelegentlich auftretenden großen Wassermengen sicher bewältigt werden können. Auf diese Weise werden Wasserschläge verhütet, deren Gefährlichkeit durch die Einführung der Heißdampflokomotiven erhöhte Bedeutung erhalten hat.

8. Überhitzer-Bauarten.

a) Vorteile des Heißdampfes.

Die wirtschaftlichen Vorteile bei Verwendung von Heißdampf lassen sich im wesentlichen zurückführen auf die Vermeidung der Niederschlagverluste und auf das größere spezifische Volumen des Heißdampfes. Daraus ergibt sich Dampf-, Wasser- und Kohlenersparnis gegenüber gleichartigem Dampfbetrieb, bzw. Vergrößerung der Zugleistung bei gleicher Kesselgröße und gleichem Kohlenverbrauch. Ersparnis an Wasser gleich der an Dampf; sie ist größer bei Maschinen mit einfacher als bei solchen mit doppelter Dehnung, und zwar bei einfacher Dehnung etwa bis zu 33%, bei doppelter etwa bis zu 26%, im Vergleich mit Sattdampfmaschinen gleicher Bauart, Größe und Leistung und unter Voraussetzung voller Fahrt. Etwa ein Drittel geringer als Wasserersparnis ist Kohlenersparnis, da ein Teil der auf dem Rost erzeugten Wärme zur Überhitzung des Sattdampfes verwendet wird; sie beträgt bei einfacher Dehnung 20 bis 26%, bei doppelter 12 bis 18%.

Mit Erhöhung der Dampftemperatur wächst die Ersparnis, und es ist deswegen ratsam, zwecks Erzielung eines möglichst wirtschaftlichen Betriebes hohe Überhitzung anzuwenden. Erfahrungsgemäß geben im Lokomotivbetrieb unter gewöhnlichen Verhältnissen je 5 bis 6° Überhitzung etwa 1% Dampfersparnis. Als oberste Grenze der Dampftemperatur gilt 400°. Hauptsächlich hängt die Überhitzungshöhe von dem Feuchtigkeitsgehalt des in den Überhitzer tretenden Dampfes ab. Daher ist es ratsam, zwecks Erhöhung der Wirtschaftlichkeit eine solche Kesselbauart zu wählen und derartige Vorkehrungen zu treffen, daß möglichst trockener Dampf entsteht und in den Überhitzer gelangt.

Der Kohlenverbrauch einer Heißdampf-Zwillinglokomotive für eine an den Triebrädern geleistete Pferdekraftstunde[1]) ist bei 13 at abs

[1]) Vgl. Seite 76.

Kesseldruck und 350° Überhitzungstemperatur 1,08 kg, vorausgesetzt, daß der Arbeitsdampf in günstigster Weise ausgenutzt wird. Der angeführte Verbrauchsatz steigt, wenn dies nicht geschieht, wenn z. B. der Dampf auf seinem Wege zu den Zylindern zu viel an Spannung durch Drosselung einbüßt oder wenn, wie dies zur Erreichung sehr hoher Zugkräfte auf Steigungen und beim Anfahren vorübergehend nötig wird, mit großen Füllungen gefahren werden muß, die das Maß der wirtschaftlich besten Füllungen erheblich überschreiten. Schon hierdurch kann der Verbrauchsatz vorübergehend bis zu 30% steigen. Rechnet man weitere 5% hinzu für Verlustkohle, d. h. für Kohle, die verbrannt ist ohne Leistung von Arbeit als Gegenwert, wie z. B. beim Anheizen, durch mitgerissene Kohle usw., so ergibt sich ein Kohlenverbrauchsatz von rd. 1,34 kg für eine an den Triebrädern geleistete Pferdekraftstunde.

Jede kohlenersparende Einrichtung bei Lokomotiven ist zugleich ein Mittel, ihre Leistung zu erhöhen. Wird angenommen, eine Sattdampflokomotive zweistufiger Dehnung mit einem Dienstgewicht von 55 t und einer Rostfläche von 2,3 qm leistet 800 Nutzpferdestärken an den Triebrädern (Maschinenleistung) und verbraucht hierfür 1168 kg Kohle stündlich, so benötigt eine Heißdampflokomotive einstufiger Dehnung vom gleichen Gewicht und gleicher Rostfläche für dieselbe Leistung bei 350° Dampftemperatur etwa 20% weniger, also nur 935 kg Kohle stündlich. Die Sattdampflokomotive verbrennt hierbei auf 1 qm Rostfläche etwa 508 kg Kohle in der Stunde, die Heißdampflokomotive dagegen nur 406 kg. Angenommen, diese Verbrennungsgeschwindigkeit stelle bei einer bestimmten Kohlenart die Höchstgrenze dar, so würde die Heißdampflokomotive bei der gleichen Verbrennungsgeschwindigkeit, also bei demselben gesamten Kohlenverbrauch von 1168 kg stündlich, statt 800, mindestens $800 \times 508 : 406 \cong 1000$ Nutzpferdestärken, also 25% mehr leisten. Auf 1 t Lokomotivgewicht entfällt im ersten Fall eine Leistung von $800 : 55 = 14{,}5$ und im zweiten eine solche von $1000 : 55 = 18{,}2$ Nutzpferdestärken.

In noch höherem Maße als nach ihren Maschinenleistungen in Pferdestärken wachsen die Schleppleistungen bei Anwendung von Heißdampf. Es hängt dies damit zusammen, daß beide miteinander zu vergleichende Lokomotiven zu ihrer eigenen Fortbewegung dieselbe Leistung beanspruchen, so daß der Überschuß der stärkeren Maschinenleistung in vollem Betrag allein der Erhöhung der Schleppleistung zugute kommt.

b) Rauchröhrenüberhitzer Bauart „Schmidt".[1])

Angewendet bei den meisten Bahnverwaltungen der Erde, manchmal in etwas abgeänderter Bauform.

I. Großrohrüberhitzer.

Im oberen Teil des Langkessels befinden sich 3 bis 4 Reihen Rauchrohre von 118 bis etwa 135 mm lichtem Durchmesser, die an den

[1]) Baurat Dr. Ing. ehrenh. Wilhelm Schmidt, Begründer der Schmidt'schen Heißdampfgesellschaft in Cassel-Wilhelmshöhe.

nach der Feuerbüchswand gerichteten Enden etwas eingezogen und in beide Rohrwände durch Aufwalzen eingedichtet sind. In jedem dieser Rauchrohre liegt eine Überhitzereinheit aus zwei U-Rohren, durch eine Schleife in der Rauchkammer zu einem einzigen Rohrstrang vereinigt. Der Dampf wird somit in solchem Überhitzerelement zweimal hin- und zurückgeführt (Abb. 141). Die Überhitzerrohre bestehen aus nahtlos gezogenen Stahlröhren von 28/35, 30/38 oder 32/40 mm Durchmesser; die in den Rauchröhren liegenden Umkehrenden sind durch Schweißung hergestellt. Die beiden Rohrenden jedes Überhitzerelementes sind in der Rauchkammer nach dem Sammelkasten zu abgebogen und in einen gemeinsamen Flansch eingewalzt, der durch eine Schraube in der Mitte des Flansches am Dampfsammelkasten befestigt wird. Anschluß der Überhitzerrohre an den Dampfsammelkasten von vorn (senkrechter Flansch) mittels wagerecht angebrachter Stiftschrauben nach Abb. 140 oder von unten (wagerechter Flansch) mittels senkrechter Stiftschrauben nach Abb. 141. Der Dampfsammelkasten (aus bestem Zylindergußeisen) hat entsprechend ausgebildete Kammern für Satt- und Heißdampf; sie sind so geformt und mit den Enden der Überhitzerrohre verbunden, daß der Sattdampf vom Regler aus gleichmäßig verteilt alle Überhitzerelemente durchströmen muß, um zu den Schieberkästen zu gelangen. Zum Teil gehen die Feuergase durch die kleinen, gewöhnlichen Heizröhren nach der Rauchkammer, zum Teil durch die weiten Röhren, wobei sie die Überhitzerrohre umspülen und ihre Wärme an das Kesselwasser und an den Dampf abgeben.

Der über die Rauchkammerrohrwand herausragende Teil der Überhitzerrohre wird gegen die Rauchkammer abgeschlossen durch einen Blechkasten, der an der Rohrwand befestigt ist. Zur Regelung des Überhitzungsgrades sind in die Vorderwand des Blechkastens zuweilen Klappen eingebaut, durch die der Austritt der Gase in die Rauchkammer erschwert oder vollkommen verhindert werden kann. Diese Klappen werden durch ihr Eigengewicht (durch Gegengewichte oder Federn) während Reglerschlusses geschlossen gehalten. Die Klappen öffnen sich selbsttätig durch eine Vorrichtung (Automat) bei Öffnung des Reglers, da dann Dampf vom Schieberkasten in den Automaten strömt. Mittels Handrades kann der Führer den Grad der Klappenöffnung unabhängig vom Automaten einstellen und auf diese Weise die Überhitzungstemperatur regeln. Die Klappen müssen sich so weit öffnen, daß die Rohre zur Reinigung frei zugänglich sind.

Früher waren gußeiserne Reglerklappen schräg übereinander angeordnet (nach Abb. 141), jetzt kreisförmig gewölbte Fächerklappen aus Blech (nach Abb. 140). Die Klappen in Abb. 140 bestehen aus zwei fächerartig gestalteten, gewölbten Plattenteilen, die in geschlossener Stellung nebeneinander liegen. Mittels eines gegen Rückstoß mit Luftpufferung versehenen Hilfsantriebes A wird der Hebel h und die Welle w in Bewegung gesetzt, so daß der untere, auf dieser Welle aufgekeilte Klappenteil u mitgenommen wird. Der Durchgang der Heizgase kann nach und nach bis zur Hälfte freigegeben werden. Nach weiterer Drehung der Welle stößt die Klappe mit ihrem oberen Rande gegen die Kante des oberen Klappenteiles o, der auf der Welle lose sitzt und nimmt diesen so lange mit, bis die Heizgase frei hindurchtreten können. Durch die Verbindung der Klappen mit

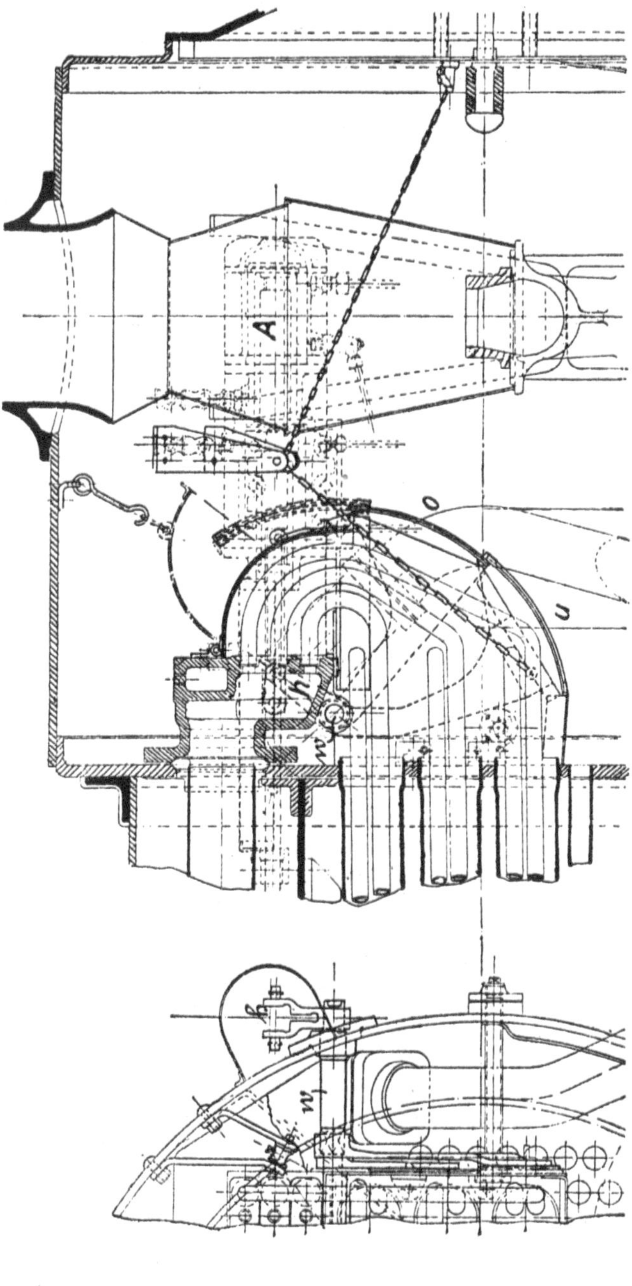

Abb. 140. Großrohrüberhitzer Bauart „Schmidt“ (mit senkrechtem Flansch).

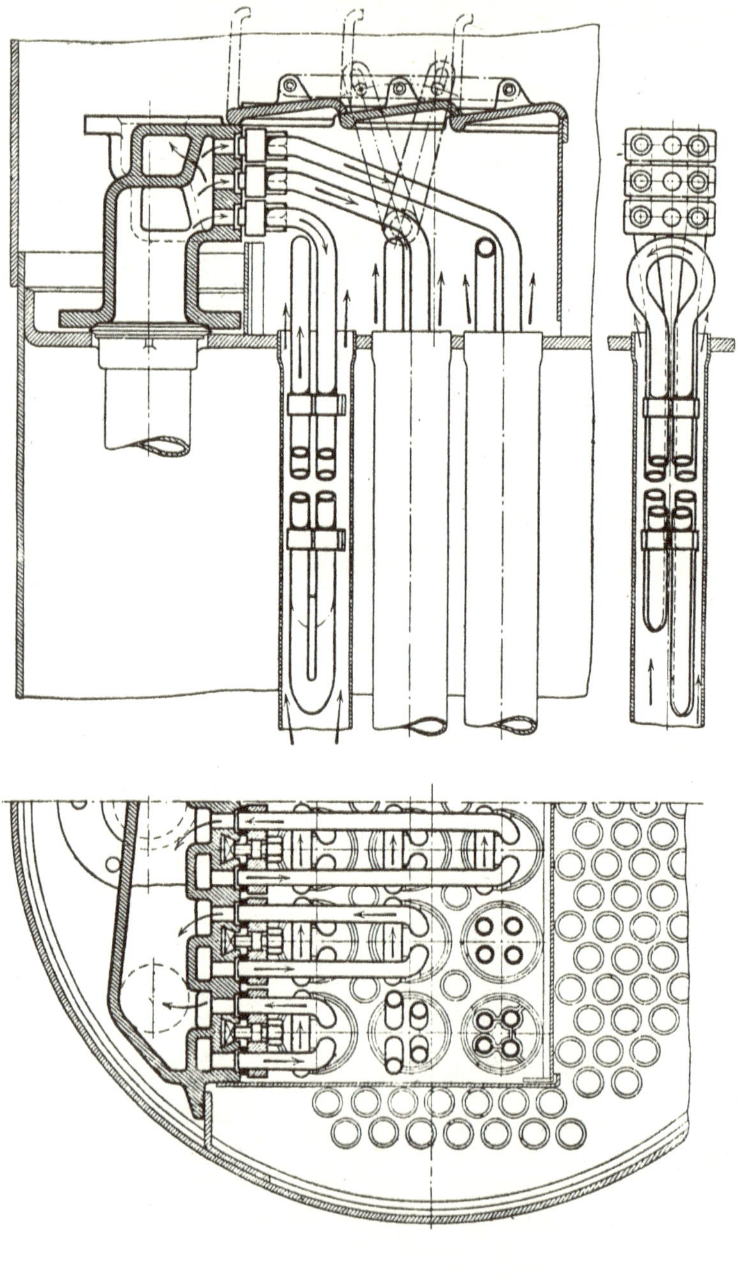

Abb. 141. Großrohrüberhitzer Bauart „Schmidt" (mit wagerechtem Flansch).

der Rauchkammertür mittels der Kette werden beim Öffnen der Tür die Klappen hochgezogen.

Besonders bei kleineren Maschinen wird auch der Automat weggelassen; die Regelung der Klappen erfolgt dann nur von Hand. Einige Eisenbahnverwaltungen [1]) lassen bei Lokomotiven, die für bestimmte Betriebsverhältnisse oder für besonders geeignete Gelände bestimmt sind, die Klappen weg, nachdem durch Versuche festgestellt wurde, daß sich ein Nachteil, insbesondere Ausglühen der Überhitzerelemente nicht gezeigt hat.

D a m p f g e s c h w i n d i g k e i t w im Überhitzer. Man versteht darunter entweder die Geschwindigkeit w_s des Sattdampfes beim Eintritt aus dem Kesseldom in den Überhitzerkasten oder die Geschwin-

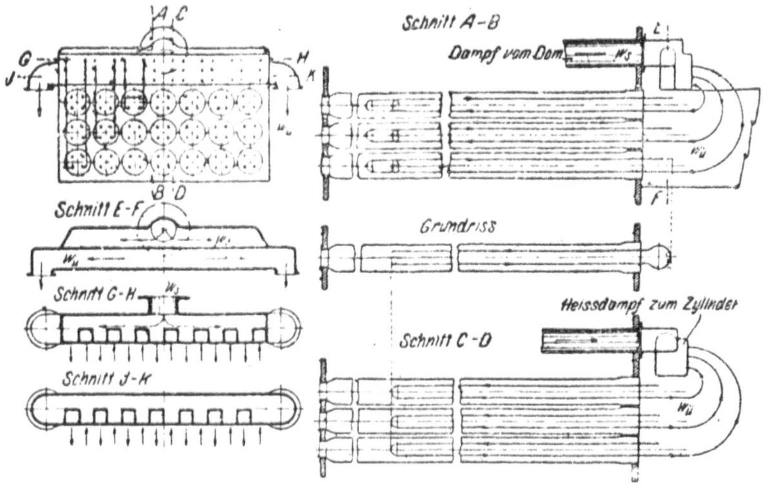

Abb. 142. Dampfgeschwindigkeiten im Schmidt'schen Großrohrüberhitzer.

digkeit $w_ü$ des überhitzten Dampfes im Überhitzer und beim Austritt aus diesem in die Zylinder (Abb. 142). Allgemein ist

$$w^{m/sek} = \frac{\mathfrak{D} \cdot \mathfrak{v}}{60 \cdot 60 \cdot \mathfrak{f}_r}$$

worin $\mathfrak{D}$ die stündliche Dampferzeugung des Kessels in kg bei normaler Beanspruchung (immer Heißdampf als erzeugter Dampf angenommen), $\mathfrak{v}$ das spezifische Volumen des Dampfes in cbm/kg, $\mathfrak{f}_r$ der gesamte Strömungsquerschnitt für den Dampf im Überhitzer in qm. $\mathfrak{f}_r$ wird durch die Anzahl der Rauchröhren n und den Durchmesser der Überhitzerröhren des in die betreffende Lokomotive eingebauten Überhitzers bestimmt. $\mathfrak{f}_r^{qcm} = n \cdot \mathfrak{f}_{r_1}^{qcm}$, worin $\mathfrak{f}_{r_1} = d^2 \cdot \pi/4$ der Strömungsquerschnitt eines Überhitzerrohres vom inneren Durchmesser d^{cm}.

[1]) Bei den preußischen Staatsbahnen bereits an mehreren Gattungen durchgeführt, aber neuerdings wieder fallengelassen.

Für die S_6-Lokomotive, bei der $\mathfrak{D} \cong 7250$ kg und $f_r = 148,4$ qcm, wird $w^{m/sek} = \frac{7250}{60 \cdot 60 \cdot 0,01484} \cdot \mathfrak{v}^{cbm/kg} \cong 135,8\ \mathfrak{v}$. Beim Eintritt aus dem Kesseldom in den Überhitzerkasten ist die Geschwindigkeit des Sattdampfes $w_s = 135,8 \cdot 0,1557 = 21,2$ m/sek, da $\mathfrak{v} = 0,1557$ cbm/kg für Sattdampf von $p_k = 13$ at abs; die Geschwindigkeit des überhitzten Dampfes bei seinem Austritt in die Zylinder ist

$$\text{bei } t_{ü} = 300^0 \quad w_{ü} = 135,8 \cdot 0,2019 = 27,4 \text{ m/sek}$$ [1]

$$\text{bei } t_{ü} = 325^0 \quad w_{ü} = 135,8 \cdot 0,2118 = 28,8 \text{ m/sek}$$

$$\text{bei } t_{ü} = 350^0 \quad w_{ü} = 135,8 \cdot 0,2216 = 30,1 \text{ m/sek}$$

D u r c h g a n g s z e i t e n t^{sek} des Dampfes durch den Überhitzer: $t^{sek} = s^m : w_m{}^{m/sek}$. s ist die Länge der Überhitzerröhren innerhalb der Rauchröhren, $w_m = (w_s + w_{ü}) \cdot \frac{1}{2}$ die mittlere Geschwindigkeit. $w_{ü}$ ist vom Grad der Überhitzung abhängig und wird, wie auch w_s, auf die vorher angegebene Weise berechnet. Für die S_6-Lokomotive wird

$$t^{sek} = 15,0 : [(21,2 + 27,4) \cdot \tfrac{1}{2}] = 0,617 \text{ bei } t_{ü} = 300^0 \text{ C}$$

$$t^{sek} = 15,0 : [(21,2 + 28,8) \cdot \tfrac{1}{2}] = 0,600 \text{ bei } t_{ü} = 325^0 \text{ C}$$

$$t^{sek} = 15,0 : [(21,2 + 30,1) \cdot \tfrac{1}{2}] = 0,585 \text{ bei } t_{ü} = 350^0 \text{ C.}$$

Bei allen drei Überhitzungsgraden ist also die Durchflußzeit des Dampfes fast die gleiche.

II. K l e i n r o h r ü b e r h i t z e r, auch „Überhitzer für v o l l e B e s e t z u n g" genannt.

Geeignet für Klein- und Nebenbahnbetrieb, sowie bei Vollbahnlokomotiven besonders für Verschiebelokomotiven und für solche Maschinen, die vielfach nach Durchfahren kurzer Strecken halten müssen (Stadtbahnlokomotiven). Denn nach so kurzen Zeiten zwischen Öffnen und Schließen des Reglers kann der Dampf bei der verhältnismäßig kleinen Überhitzerheizfläche des Großrohrüberhitzers nicht auf die gewünschte hohe Temperatur des Heißdampfes gebracht werden; der Nutzen des stark überhitzten Dampfes fällt also hierbei teilweise fort.

Bei dem Kleinrohrüberhitzer ist die Heizfläche des Überhitzers verhältnismäßig größer (etwa 50 % der wasserverdampfenden Sattdampfheizfläche);[2] ein kurzes Aufhalten des Reglers genügt schon, um auf die gewünschte hohe Dampftemperatur zu kommen, also eine gute Wirkung des überhitzten Dampfes zu erzielen. Die gesamten Heizgase läßt der Kleinrohrüberhitzer an der Überhitzung des Dampfes teilnehmen. Er unterscheidet sich im wesentlichen dadurch von dem Großrohrüberhitzer, daß die Regelklappen und der Automat in Wegfall kommen, daß alle Rauchrohre des Kessels den gleichen oder fast gleichen Durchmesser (44/48 bis 64/70 mm) erhalten und alle oder nahezu alle Rauchrohre mit nur einem Überhitzer-U-Rohr von geringem Durchmesser (11/16 bis 20/25 mm) besetzt werden.

Die nahtlos gezogenen flußeisernen Überhitzerrohre, deren Umkehrstellen durch Schweißen hergestellt sind, werden mit ihren abgebogenen Enden gruppenweise durch Z w i s c h e n k a m m e r n oder

---

[1]) Vgl. Zus. 16, Spalte 5, Reihe 8 bis 10, auf S. 76.

[2]) Etwa nur 30% der wasserverdampfenden Sattdampfheizfläche beim Großrohrüberhitzer.

Zwischenflanschen in der Rauchkammer zu Überhitzerelementen vereinigt. In jeder Zwischenkammer werden einige Rohrmündungen der Dampfeintrittsseite eines jeden Überhitzerelementes zu einer Eintrittsöffnung, und einige Rohrmündungen der Dampfaustrittsseite zu einer Austrittsöffnung vereinigt. Hierdurch wird die Zahl der Verschraubungen so stark vermindert, daß sie leicht zugänglich angeordnet und gegen ganz einfach geformte Sammelkammern abgedichtet werden können.

Entweder bestehen die Zwischenkammern aus einem kurzen Rohrstück, das an einem Ende zugestaucht und verschweißt und am anderen mit einer eisernen Linse oder sonst einem Dichtungsring gegen die Sammelkammer abgedichtet ist (Abb. 143 a), oder sie bestehen nur aus einem einfachen Flansch (Abb. 143 b), bei dem auch die Rohrmündungen für den Ein- und Austritt des Dampfes zu je einer Eintritts- bzw. Austrittsöffnung vereinigt sind. Auf der einen Seite des Flansches münden die Überhitzerrohre ein, und die einzelnen Dampfströme werden durch Hohlräume in dem Flansch zu einem

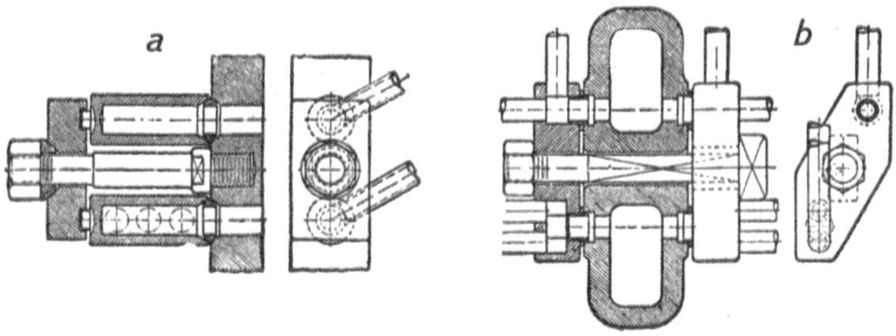

Abb. 143. Anordnung der Zwischenkammern beim Schmidt'schen Kleinrohrüberhitzer.

gemeinsamen Dampfstrom auf der Gegenseite des Flansches vereinigt. Jedes Überhitzerelement hat einen Flansch als Zwischenkammer, und je zwei gegenüberliegende Elemente werden durch eine gemeinsame Schraube befestigt. Befestigung der Rohrenden in den Zwischenkammern durch Schweißen oder Löten.

A n o r d n u n g d e r S a m m e l k a m m e r n je nach den Platzverhältnissen in der Rauchkammer in verschiedenster Weise. Es ist ratsam, eine möglichst große Rauchkammer vorzusehen und die Rauchrohre von der hinteren nach der vorderen Rohrwand zu seitlich auseinanderlaufen zu lassen, so daß eine in der Mitte vor der Rauchkammerrohrwand, parallel zum Blasrohr angeordnete senkrechte Überhitzerkammer keine Rauchrohre verdeckt.

A n o r d n u n g 1: Nur eine Sattdampf- und Heißdampfkammer in der Mitte (Abb. 144). Bei kleinen Kesseln angewendet. Vorn liegt der Heißdampf-, hinten der Sattdampfraum. Je zwei einander gegenüberliegende Zwischenflansche werden durch einen gemeinsamen Schraubenbolzen auf dem Dampfsammler befestigt.

A n o r d n u n g 2: Eine Sattdampfkammer in der Mitte und je eine Heißdampfkammer an den Seiten der Rauchkammer (Abb. 145). Bei größeren Kesseln angewendet.

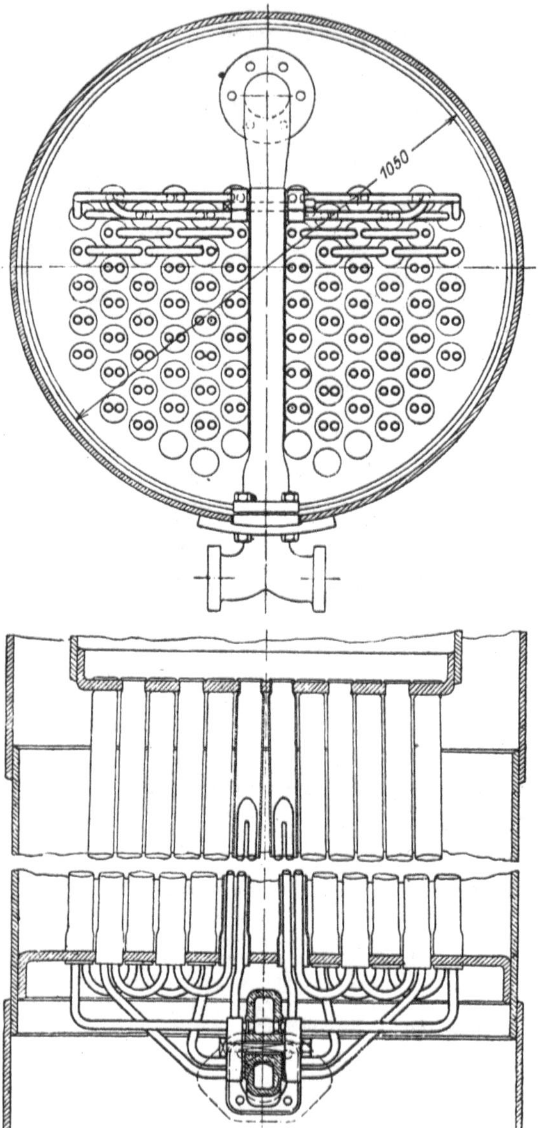

Abb. 144. Anordnung der Sammelkammern in der Mitte (Schmidt-Kleinrohrüberhitzer).

A n o r d n u n g 3: Eine Sattdampfkammer auf der einen und eine Heißdampfkammer auf der anderen Seite (Abb. 146). Die Dampfzuführung vom Überhitzer zu den Zylindern muß dann einseitig erfolgen, eine Anordnung, die manchmal Schwierigkeiten mit sich bringen kann, die jedoch bei Verschiebelokomotiven besonders vorteilhaft ist, wenn der Regler zwischen dem Überhitzer und den Zylindern angeordnet werden soll. Man kann nämlich dann den Dampfinhalt zwischen Regler und Schieber möglichst gering halten und dadurch das Hin- und Herfahren der Lokomotive erleichtern. In

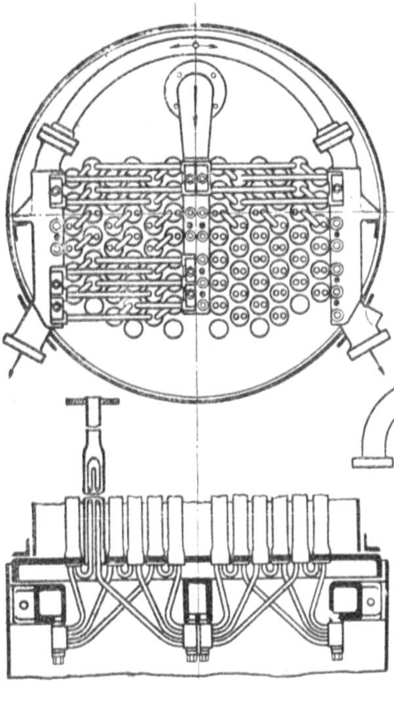

Abb. 145. Anordnung der Sammelkammern in der Mitte und seitlich (Schmidt-Kleinrohrüberhitzer).

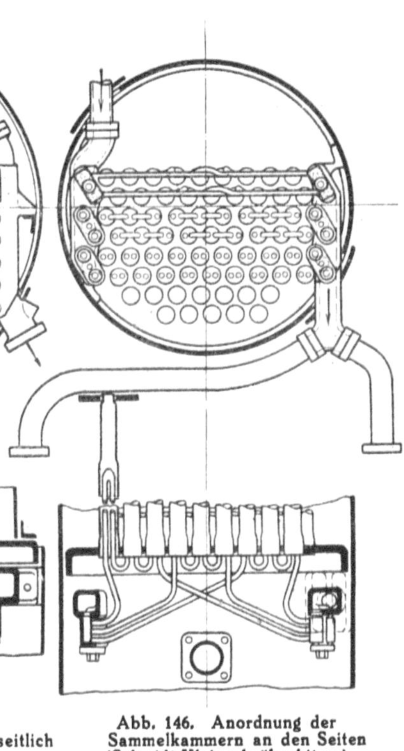

Abb. 146. Anordnung der Sammelkammern an den Seiten (Schmidt-Kleinrohrüberhitzer).

diesem Falle braucht man zwischen Kessel und Überhitzer nur ein gewöhnliches Absperrventil, das nur bei Außerdienststellung der Lokomotive oder bei Ausbesserungsarbeiten am Überhitzer zu schließen ist.

A n o r d n u n g 4: Gebräuchlichste Anordnung (Abb. 147). Oben wagerecht liegende Sammelkammern (sogenannte Stufenkammern). Aus der Sattdampfkammer b tritt der Dampf in verschiedene Verteilungskammern a und geht dann durch die Rohrelemente c in die Heißdampfkammer. In jedem Rauchrohr liegen Überhitzerrohre; also ein Element in zwei senkrecht übereinander angeordneten Rauchrohren. Die Verteilungskammern werden durch eine einzige Schraube und den Flansch d (ähnlich dem Großrohrüberhitzer) festgehalten. Die Rohrelemente sind bis auf die Abbiegungen in der Rauchkammer einander gleich.

III. Mittelrohrüberhitzer.

Zum Unterschied vom Großrohrüberhitzer mit Rauchrohren von 125 mm und vom Kleinrohrüberhitzer mit Rauchrohren von 70 mm l. Durchmesser hat er solche von 100 mm l. Durchmesser. Während beim Großrohrüberhitzer in jedem Rauchrohr e i n Doppel-U-Rohr mit zweimaliger Hin- und Rückführung des Dampfes angeordnet ist, sind hier in jedem Rauchrohr z w e i einfache U-Rohre mit n u r e i n m a l i g e r Hin- und Rückführung des Dampfes vorhanden (Abb. 148).

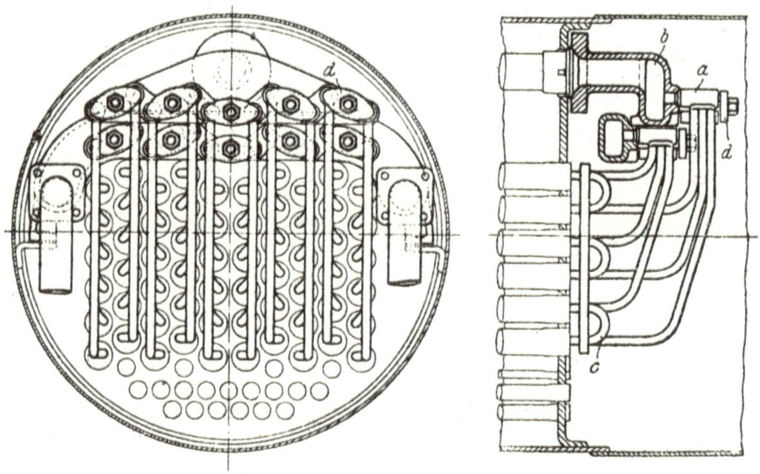

Abb. 147. Anordnung einer oberen gemeinsamen Sammelkammer (Schmidt-Kleinrohrüberhitzer).

Hierdurch sollen folgende Vorteile erzielt werden:

1. Der Dampfweg wird nur halb so lang und deshalb die Abdrosselung geringer; außerdem wird der Dampfquerschnitt größer und dadurch eine weitere Verringerung der Abdrosselung erreicht.

2. Infolge der kleineren Überhitzerrohre werden die Rauchrohre kleiner, die Elemente leichter, und ihre geschlossene Anordnung trägt zur Schonung der Rohrwand bei.

3. Die kleineren Überhitzerrohre können eine verhältnismäßig dickere Wandstärke erhalten und finden im Rauchrohr mehr Platz, so daß ihre Umkehrenden durch einfaches Biegen hergestellt werden können. Aufgeschraubte oder geschweißte Kappen sind deshalb nicht erforderlich.

Die beiden Sattdampfenden der in einem Rauchrohr angeordneten U-Rohre vereinigen sich in der Rauchkammer zu einem Rohrstrang, ebenso auch die beiden Heißdampfenden, aber nicht erst in der Rauchkammer, sondern schon innerhalb des Rauchrohres etwa 1 m vor Eintritt in die Rauchkammer. Dadurch wird eine hohe Überhitzung bei gleichzeitig guter Ausnutzung der Feuergase erreicht, indem die Feuergase zuletzt auf zwei Sattdampfrohre und nur auf ein Heißdampfrohr treffen. Die vier in der Rauchkammer übereinander liegenden abgebogenen Enden für Dampf-

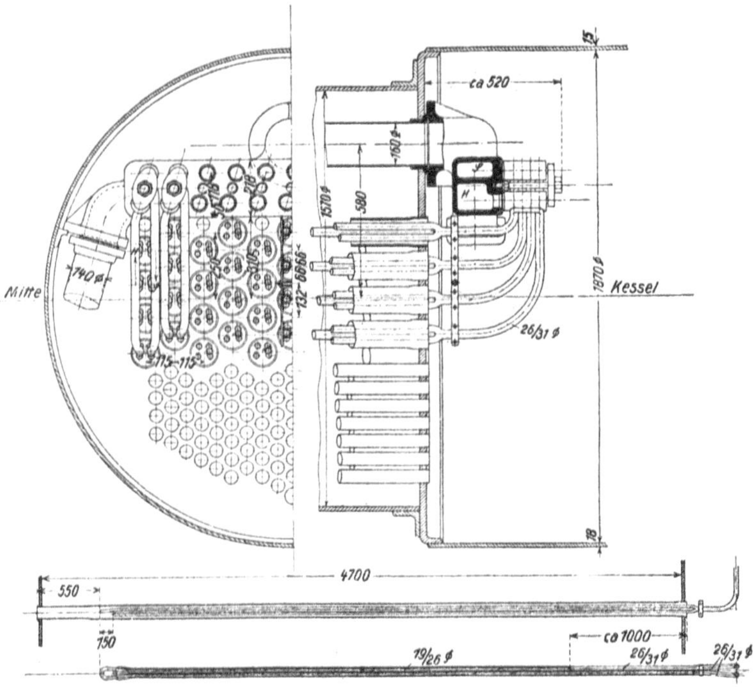

Abb. 148. Mittelrohrüberhitzer Bauart „Schmidt".

eintritt sowohl als für Dampfaustritt einer jeden senkrechten Rauchrohrreihe sind in gemeinschaftlicher Zwischenkammer eingeschweißt, die von vorn gegen die obere, in der Rauchkammer angeordnete Sammelkammer angeschraubt ist. Die Zahl der Schrauben und Abdichtungen ist nicht halb so groß, wie beim Großrohrüberhitzer und die Zugänglichkeit eine weit bessere. Die Sammelkammer ist einfacher.

In Abb. 149 ist zum Vergleich die Rohrteilung für alle drei Schmidt'schen Überhitzerbauten für denselben Kessel (1,55 m Durchmesser) dargestellt und die Unterschiede aus einer Vergleichstabelle, Zusammenstellung 27, ersichtlich. Besonders auffallend ist der große

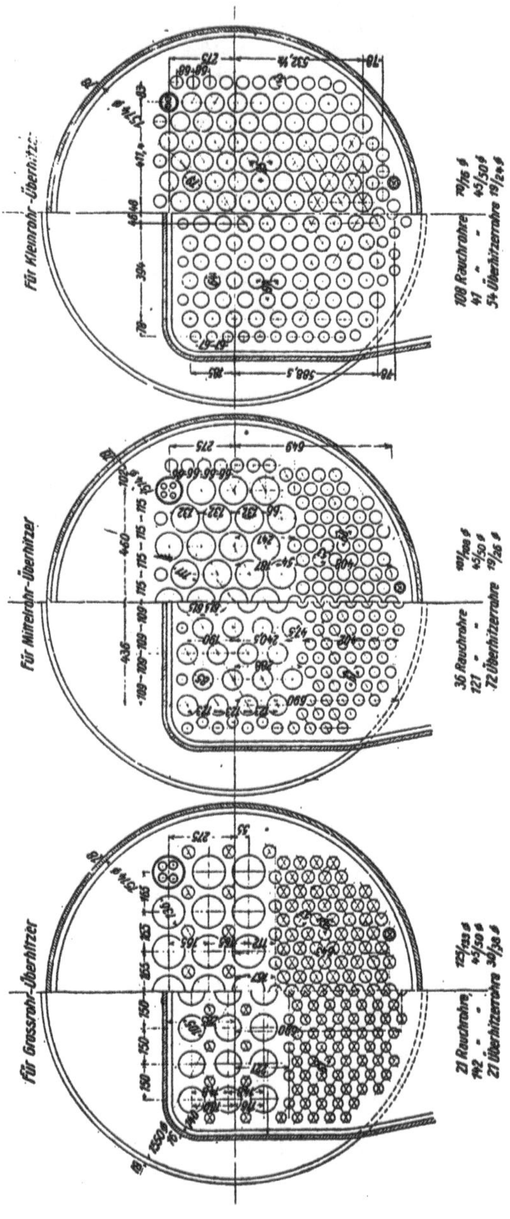

Abb. 149. Rohrteilungen bei gleichem Kesseldurchmesser für die drei Schmidt'schen Überhitzerbauarten.

Dampfquerschnitt im Mittelrohrüberhitzer. Entsprechend der um fast 18% größeren Überhitzerheizfläche (43,5 gegen 37,1 qm) dürfte auch die Überhitzung um ebensoviel größer werden als beim Großrohrüberhitzer.

c) Sonderbauarten im Ausland.

I. England (sämtlich Rauchröhrenüberhitzer).

Churchward - Überhitzer (Abb. 150). Der gußeiserne Dampfsammelkasten in der Rauchkammer hat eine obere Kammer S für Sattdampf, eine untere H für Heißdampf. An die obere schließt

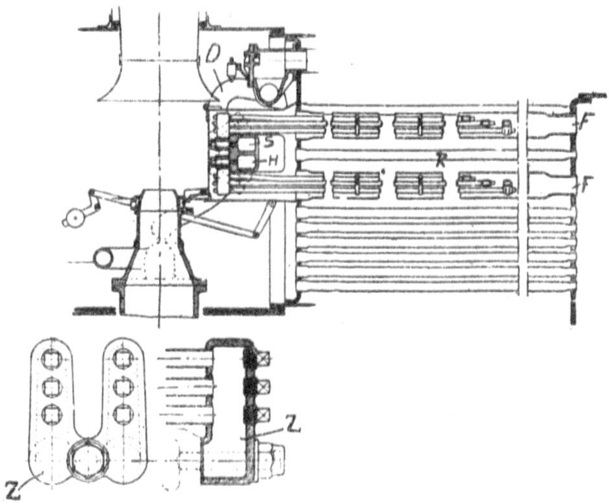

Zusammenstellung 27.

Bezeichnung	Groß-rohr-über-hitzer	Mittel-rohr-über-hitzer	Klein-rohr-über-hitzer
Anzahl der Rauchrohre . . . Stück	21	36	108
Durchmesser der Rauchrohre . . mm	45/50	45/50	45/50
Anzahl der Überhitzerrohre . . Stück	21	121	54
Durchmesser der Überhitzerrohre. mm	30/38	19/26	19/24
Kesselheizfläche (feuerberührt) . . qm	132,6	133,5	137,7
Überhitzerheizfläche (feuerberührt) qm	37,1	43,5	60,2*)
Gesamtheizfläche (feuerberührt) . qm	169,7	177,0	197,9
Überhitzerheizfl. in % d. Gesamtheizfl. %	21,85	24,6	30,4
Freier Gasquerschnitt . . . . qcm	3882	4024	3832
Gasquerschnitt im Überhitzer . . %	41,8	52,5	83
Dampfquerschnitt im Überhitzer . qcm	148,4	203	153

*) Nur innerhalb der Rauchrohre gerechnet.

Hauptdampfrohr D vom Kessel an, an die untere die Einströmrohre zu den Zylindern. Der Dampfsammler liegt wagerecht vor einer Heizrohrreihe R zwischen den beiden Rauchrohrreihen F. In jedem Rauchrohr befinden sich drei U-förmige Überhitzerelemente (sechs Überhitzerrohre); sie sind an der Feuerbüchse an ihren Enden durch drei Stahlgußkappen verbunden, an der Rauchkammer in gußeiserne, hufeisenförmige, zweischenklige Zwischensammelkammern Z eingewalzt, die mit dem Dampfsammelkasten verschraubt sind. In dem einen Schenkel (Seite für den Dampfeintritt) der Zwischen-

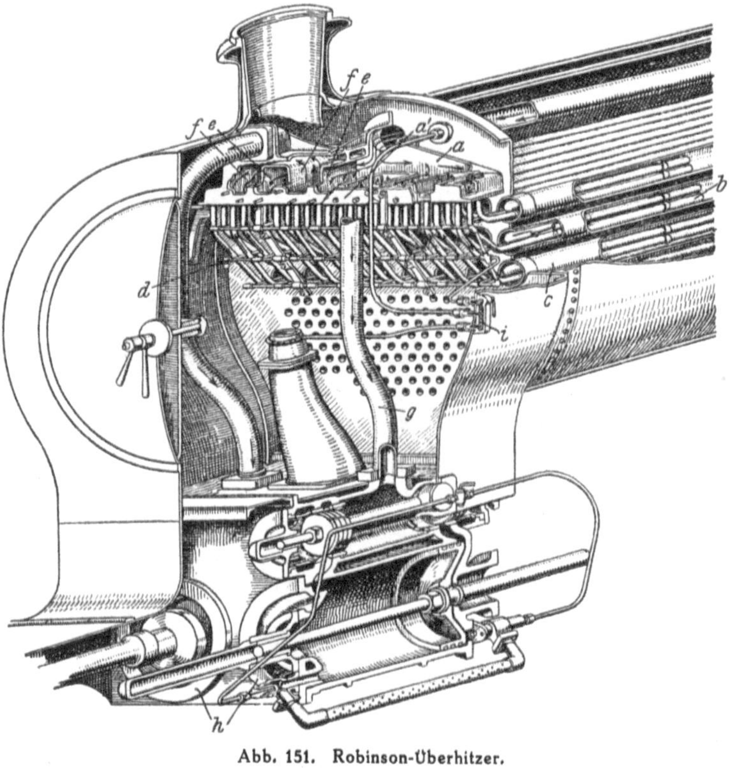

Abb. 151. Robinson-Überhitzer.

kammern Z sind die drei Sattdampfenden der zu einem Rauchrohr gehörigen Überhitzerelemente eingewalzt, in dem anderen (Seite für den Dampfaustritt) die drei Heißdampfenden. Der Überhitzer ist von einem Blechmantel in der Rauchkammer umschlossen; vorn ist er zwecks Reinigung, unten zur Regelung durch eine Klappe verschlossen. Letztere wird beim Einströmen von Dampf in die Sattdampfkammer selbsttätig geöffnet.

Robinson-Überhitzer (Abb. 151); ist in England und seinen Kolonien nächst dem Schmidt-Überhitzer der verbreitetste. Er besteht in der

Hauptsache aus dem Dampfsammelkasten a, sowie aus den Überhitzerschlangen b, die mit a verbunden sind und in den Rauchröhren c liegen. Sammelkasten a wird vorn durch ein bis drei flußeiserne Flanschen a' dampfdicht verschlossen. Der Dampf tritt vom Regler in die Sattdampfkammer e, von hier in die Überhitzerschlangen b (eines in jedem Rauchrohr), sodann in die Heißdampfkammern f und strömt von dort durch die Rohre g in die Zylinder h. Die Pfeile in Abb. 151 geben die Dampfrichtung an. Jede Schlange b besteht aus vier nahtlos gezogenen Stahlrohren, entsprechend durch Kappen oder verschweißte Enden verbunden. Die zwei Röhren jeder Schlange sind unmittelbar in den Sammelkasten (im Gegensatz zu „Schmidt") fest eingewalzt. Von der Feuerbüchsrohrwand sind die Überhitzerschlangen rund 500 mm entfernt. Sie können leicht ohne Beschädigung des Sammelkastens ausgewechselt werden. Äußerer Durchmesser der Rauchrohre gewöhnlich 127 bis 140 mm. Rauchrohre an der Feuerbüchse eingezogen, an der Rauchkammer aufgeweitet und in üblicher Weise in beiden Rohrwänden

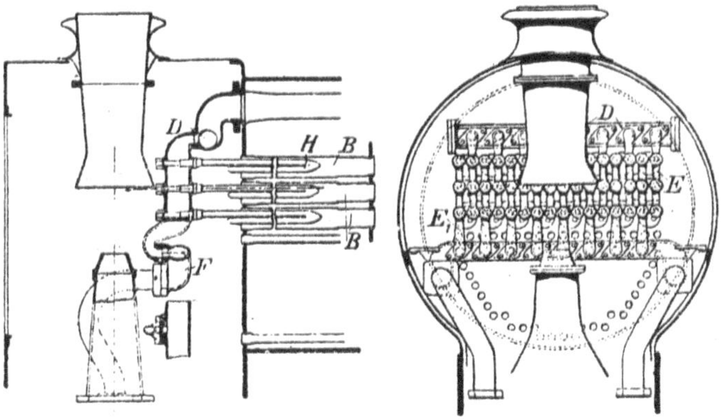

Abb. 152. Eastleigh-Überhitzer.

eingewalzt. Statt Verschlußklappen sind kleine Bläser d vor jedem Rauchrohr angeordnet und mit dem Hilfsbläser derart verbunden, daß sie mit diesem gleichzeitig abgestellt werden. Durch diese Bläser wird der Durchzug der Feuergase durch die Rauchrohre verhindert. Die außerhalb der Rauchkammer angebrachte Vorrichtung i dient dazu, die Bläser unabhängig vom Hilfsbläser an- und abzustellen.

E a s t l e i g h - Überhitzer (Abb. 152); London- und Süd-West-Bahn. Jedes Rauchrohr B enthält eine vierfache Überhitzerschlange H. Aus dem Dom gelangt der Sattdampf in den Sammelkasten D. Getrennt davon wird der Heißdampf im Sammelkasten F aufgefangen und von dort in die Schieberkästen geführt. Senkrechte schmale Hohlkörper E und E_1, deren Querschnitt eiförmige Gestalt hat, wodurch den abziehenden Rauchgasen möglichst wenig Widerstand entgegengesetzt wird, sind abwechselnd mit den beiden Sammelkästen D und F verbunden. Die Enden der Überhitzerrohre einer senkrechten Reihe münden abwechselnd in diese Hohlkörper E und E_1.

Gresley-Überhitzer (Abb. 153); Große Nordbahn. Getrennte Sammelkästen für Satt- und Heißdampf. Die beiden flachen Kästen liegen über und unter den Rauchrohrmündungen von der Rohrwand ziemlich weit entfernt und sind auf Winkeln in der Rauchkammer befestigt. In diesen Kästen sind die Überhitzerrohre in einer Reihe nebeneinander eingewalzt. Die Rauchrohre können verhältnismäßig eng sein, da nur zwei Überhitzerrohre in einem Rauchrohr liegen. Von der Sattdampfkammer geht der Dampf durch zwei Überhitzer-Rohrschlangen zur Heißdampfkammer.

II. Frankreich.

Caskaden-Überhitzer; Französische Ostbahn. Vereinigung von Frischdampfüberhitzer und Verbinderdampftrockner in einem Gußstück. Der Überhitzer (Abb. 154) besteht aus 3 × 7 = 21 großen Rauchrohren (125/133 mm Durchmesser), von denen jedes eine Überhitzerschlange enthält. Eine solche Schlange besteht ihrerseits wieder

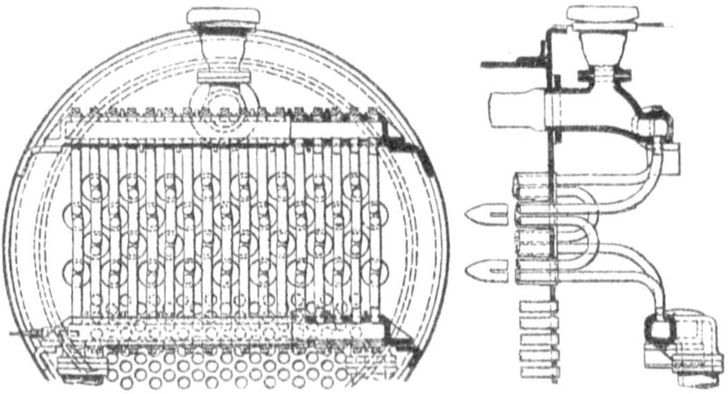

Abb. 153. Gresley-Überhitzer.

aus einem äußeren Rohr (66/76 mm) mit äußeren Längsrippen, das bis auf 600 mm an die Feuerbüchsrohrwand heranreicht, an diesem Ende mit einer eiförmigen Spitze verschlossen ist, und aus einem hineingeschobenen inneren glatten Rohr (42/47 mm), durch das der Sattdampf von vorn eingeführt wird. Hinten wendet sich der Sattdampf zurück und gelangt durch den Ringquerschnitt von 9,5 mm Breite zwischen dem innersten Rohr und dem Rippenrohr wieder nach vorn zum Sammelraum für den überhitzten Dampf, von wo er den Zylindern zuströmt. Das innere Rohr enthält außen einen schraubenförmig aufgelöteten Blechstreifen, so daß der durchströmende Dampf unter inniger Berührung mit der Heizfläche sich durch den Ringraum hindurchwinden muß. Von den vorhandenen 21 Überhitzerschlangen dienen 10 Stück, und zwar von den beiden unteren Reihen die mittleren fünf zur Überhitzung des Hochdruckdampfes (Einheiten für den Frischdampf-Überhitzer) und die anderen zur Überhitzung des Verbinderdampfes.

M e s t r e - Überhitzer (Abb. 155); Französische Ostbahn. Jedes Überhitzerglied wird gebildet aus einem mittleren geraden Rohr (36/44 mm), und aus neun Rohren (13/20 mm), die alle in einem Rauchrohr (140/150 mm) gelagert sind. Die neun Rohre sind, in regelmäßigen Abständen voneinander, schlangenförmig um das Mittelrohr herumgeführt. Jedes dieser neun Rohre ist an der Feuerbüchse so durch Schweißung mit dem Mittelrohr verbunden, daß die Verbindungsstellen versetzt zu einander liegen. An der Rauchkammer sind die neun Rohre eines Gliedes mit einem auf eine Jochplatte geschraubten Ringe verlötet oder durch Einwalzen verbunden. Das Mittelrohr geht durch die Jochplatte bis zur Seitenwand des Jochstückes und ist dort ebenfalls eingewalzt. Es strömt also der vom Kessel kommende Sattdampf vom Dampfsammler durch das Jochstück zunächst in das

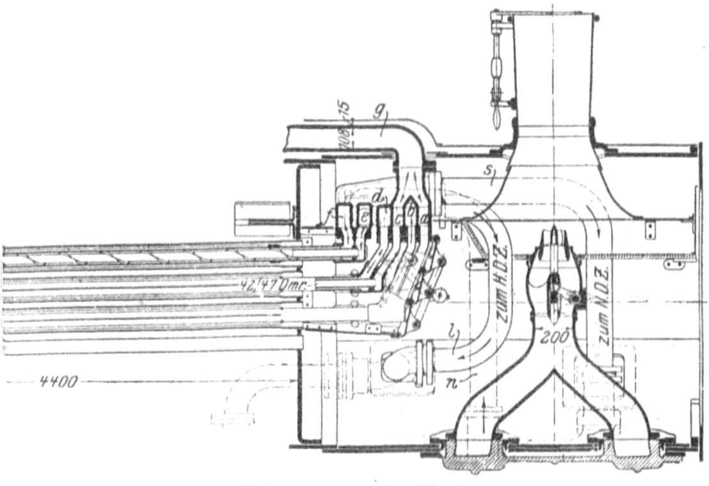

Abb. 154. Caskaden-Überhitzer.

Mittelrohr, sodann durch die schlangenförmig um diese herumgeführten kleineren Rohre in die Zylinder.

III. N o r d a m e r i k a.

Zahlreiche Bauarten, die heute keine große Bedeutung mehr haben, teilweise nur Verbinderüberhitzer, u. a. die Bauarten B a l d - w i n, J a c o b s, A t c h i s o n - T o p e k a, V a u c l a i n.

V a u g h a n - H o r s e y; kanadische Pacific-Bahn. Die Grundform ist die des Schmidt-Überhitzers; nur in der Form der Sammelkästen und in der Befestigung der Überhitzerrohre an diese weicht er von Schmidt ab. Sattdampf- und Heißdampfkammer sind voneinander getrennt. Ihre fingerartigen Verlängerungen greifen ineinander. Die obere

Kammer (Sattdampfkasten) ist mit dem Hauptdampfrohr im oberen Kesselteil verbunden, von wo aus der Dampf durch die Verlängerungen des Dampfsammlers und durch U-förmige Überhitzerrohre von 24 mm l. Durchm. (je zwei in einem Rauchrohr von 125 mm l. Durchm.) in die entsprechenden Verlängerungen der Heißdampfkammer nach unten strömt. Durch zwei untere Anschlußflansche an der Heißdampfkammer wird der Heißdampf in dic Zylinder weitergeleitet.

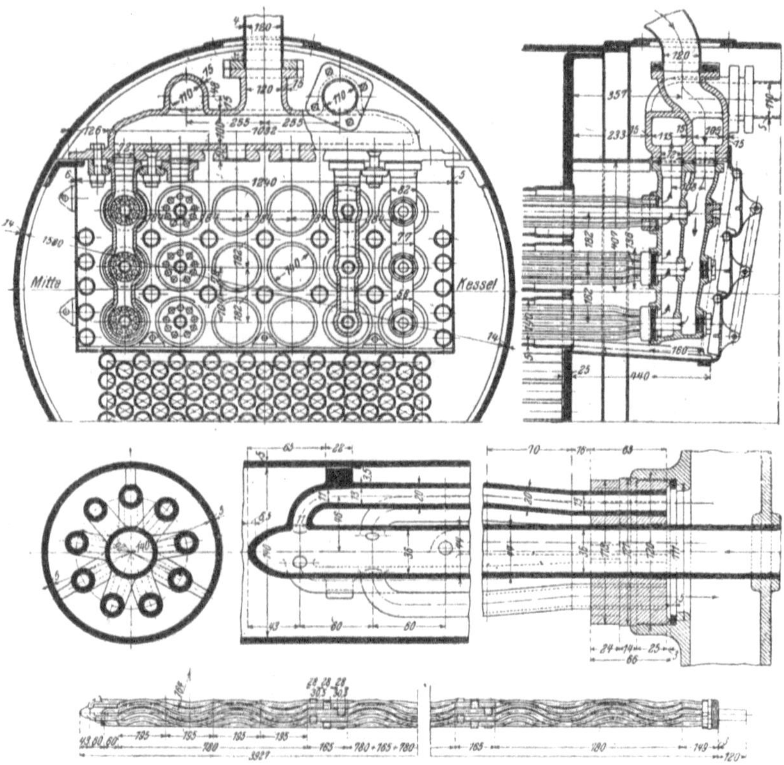

Abb. 155. Mestre-Überhitzer.

Young - Überhitzer (Abb. 156). Er hat einen trommelförmigen Dampfsammelkasten aus Stahlblech, der vor der Rauchkammer-Rohrwand liegt. In dem Kasten werden durch eine eingeschweißte, durch Mannloch verschlossene senkrechte Wand zwei Abteilungen gebildet, von denen die eine den Sattdampf, die andere den Heißdampf aufnimmt. Das eine Ende jeder Überhitzereinheit ist mit der einen, das andere mit der anderen Abteilung durch Einwalzen verbunden.

Der Sammelkasten trägt vorn einen Kopf mit Flanschen zum Anschluß der nach den Schieberkästen führenden Frischdampfrohre. Der Sammelkasten, wie der in der Rauchkammer liegende Teil der Überhitzerrohre sind mit einem mit einer Klappe versehenen Stahlblechmantel umgeben. Mittels der Klappe wird der Durchfluß der Heizgase durch die Rauchrohre geregelt und damit auch der Überhitzungsgrad. Beim Schließen des Reglers schließt ein Gegengewicht die Klappe, beim Öffnen desselben öffnet sie der Dampf.

Emerson-Überhitzer; an schweren Gelenklokomotiven der Großen Nordbahn, sowie der Chicago-, Burlington- und Quincy-Bahn. Die Dampfeinströmrohre liegen rechts und links in der Rauchkammer und sind zu Dampfsammelkästen ausgebildet. Zu beiden Seiten dieser Kästen liegen je ein oder zwei Rauchrohrreihen. Jedes Rauchrohr

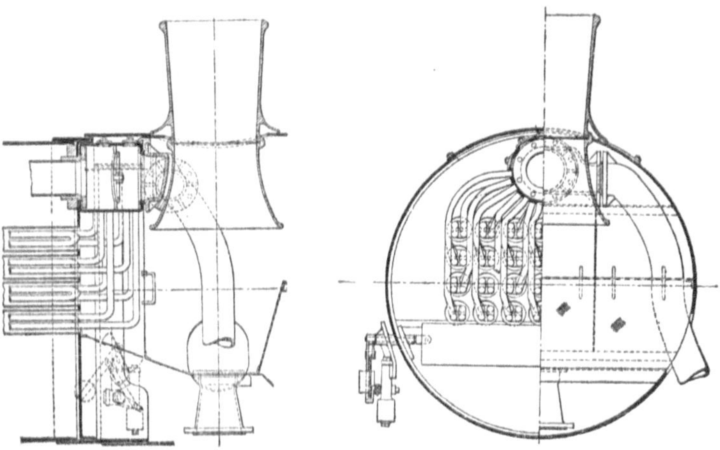

Abb. 156. Young-Überhitzer.

enthält (ähnlich „Schmidt") eine Überhitzerschlange. Reglerklappe und Stellvorrichtung sind nicht vorhanden.

Schenectady-Cole-Überhitzer. Bekannt sind drei Ausführungsarten: mit Field-Rohren (in Amerika aufgegeben), mit U-Rohren, mit seitlichen Dampfsammelkästen.

Ausführung mit U-Rohren. In jedem Rauchrohr sind zwei Überhitzereinheiten untergebracht. Die Dampfsammelkästen sind vielteilig (herunterhängende Teilsammelkästen), weshalb viele Dichtungen erforderlich, die Überhitzereinheiten unübersichtlich und Reinigung schwierig.

Ausführung mit seitlichen Dampfsammelkästen (Abb. 157). In jedem Rauchrohr nur eine Überhitzereinheit, ähnlich dem Schmidt-Überhitzer mit seitlichen Sammelkästen; im wesentlichen von diesem nur dadurch unterschieden, daß die beiden seitlichen Kästen an der Rauchkammerwand befestigt, während sie bei

Schmidt frei in der Rauchkammer angeordnet sind. Jedes Rauchrohr von 133 mm äußerem Durchm. enthält eine vierfache Schlange nahtlos gezogener Überhitzerröhren von 38 mm äußerem Durchm. Untereinander sind die Überhitzerrohre an den hinteren Enden durch Kappen verbunden; die vorderen Enden sind in der Wagerechten gekrümmt, um die seitlich angebrachten Sammelkästen zu erreichen. Diese Krümmung ermöglicht das Ausdehnen der Überhitzerrohre bei Temperaturwechsel, da diese durch die Kappen an ihren Enden unverschiebbar miteinander verbunden sind. Ein- und Ausströmöffnung jeder Gruppe sind in einem Flansch befestigt. Befestigung zwischen Flansch und Sammelkasten derart, daß jede Gruppe allein für sich herausgenommen werden kann. Regelung des Rauchgasdurchganges durch die Überhitzerrohre mittels Selbstschalter.

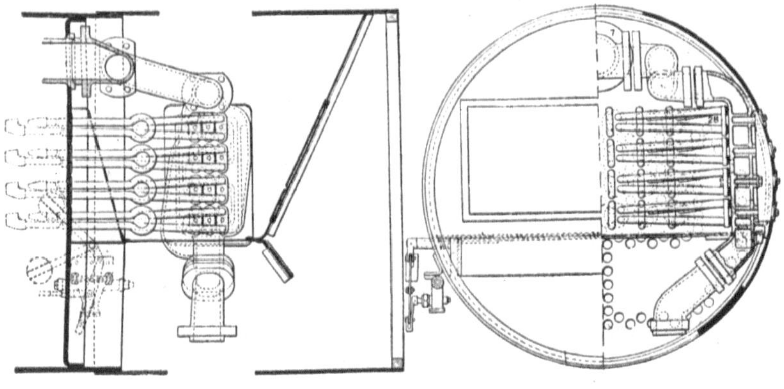

Abb. 157. Schenectady-Cole-Überhitzer.

Bei einer Abart dieses Überhitzers ist jede Rohrschlange nur einmal hin- und hergeführt, und es befinden sich zwei solcher Schlangen in einem Rauchrohre.

IV. Sonstige Länder.

In Rußland sind ebenfalls einige Sonderbauarten von Überhitzern bekanntgeworden, wie z. B. die Bauarten von Notkin, Farmakowski und Neumayer. Ferner ist in Holland ein Abgasüberhitzer in der Rauchkammer, Bauart Verloop, ausgeführt worden.

9. Kesselauflagerung.

Es ist die Verbindung zwischen Kessel und Rahmen. Sie muß vorn an der Rauchkammer fest sein, muß aber am Hinterkessel, trotz innigster Verbindung mit dem Rahmen, bei der Erwärmung des Kessels ein Gleiten auf dem Rahmen zulassen. Außerdem wird durch die Kesselauflagerung das Kesselgewicht teilweise auf den

Rahmen übertragen und ein Abheben des Kessels bei Entgleisungen verhindert.

Bestimmung der Kesselausdehnung im Betrieb infolge höherer Temperaturen der Kesselbleche gegenüber der Außenluft: wenn β der Ausdehnungskoeffizient des Kesselbaustoffes bei Erwärmung um 1° C, so ist $1000\ \beta = 0{,}012$ mm. Bei 300° Kessel-Innentemperatur und 6 m Kessellänge (von Ende Rauchkammerträger bis Mitte Hinterkesselträger) beträgt die Ausdehnung $\frac{0{,}012 \times 6000}{\frac{1000}{300}} = 21{,}6^{mm}$.

Unterstützungsstellen können liegen:

a) vorn; dann werden gewöhnlich Rahmen, Zylinder und Kessel miteinander verbunden (Rauchkammerträger);

b) zwischen Rauchkammer und Hinterkessel; sogen. Zwischenträger, die gleichzeitig als Rahmenversteifung dienen;

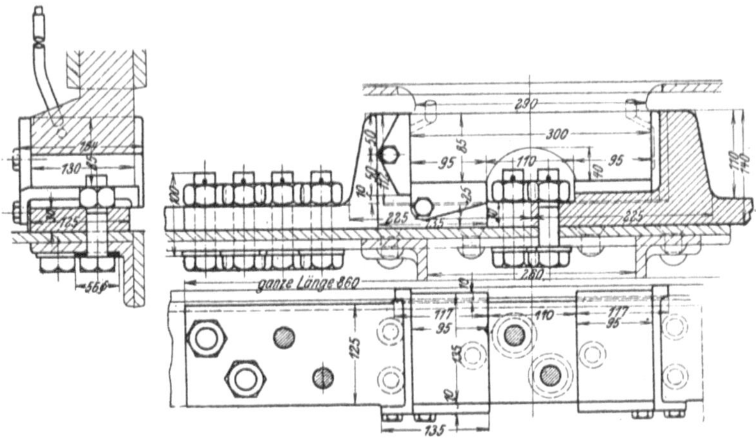

Abb. 158. Schlingerstück.

c) hinten; zur Verbindung zwischen Hinterkessel und Blechrahmen, seitliche Stehkesselträger (auch Gleitlager oder Feuerbüchsträger genannt) und Schlingerstück zur Entlastung der Feuerbüchsträger gegen Seitenverschiebung.

Abb. 158 zeigt die Regelbauart eines Schlingerstückes bei Lokomotiven der preußischen Staatseisenbahnen. Ein am hinteren Querteil des Bodenringes angebrachter breiter Fuß wird auf und zwischen gut geölten Gleitlagern geführt. Auch sind Schlingerstücke mit Abfederung und mit nachstellbaren, keilförmigen Beilagen gebaut worden. Im allgemeinen genügen jedoch einfache, leicht zugängliche Schlingerkloben mit vergrößerter Auflagerfläche (bis zu 200 qcm Größe) ohne Abfederung der Stellkeile.

Bei der seitlichen Auflagerung des hinteren Kesselendes in Abb. 159, die das Abheben des Hinterkessels vom Rahmen verhindern und gleichzeitig zur Aufnahme der Seitenstöße dienen soll, müssen die Gleitlager ausreichende Beweglichkeit der Feuerbüchse in der Längsrichtung zulassen. Möglichst große Auflagerung durch Verbreiterung der Gleitstücke und gute Schmierung der sich aufeinander verschiebenden Teile ist notwendig, um häufig eintretendes Fressen zu verhindern. Durch das hier dargestellte Gleitlager kann auch eine

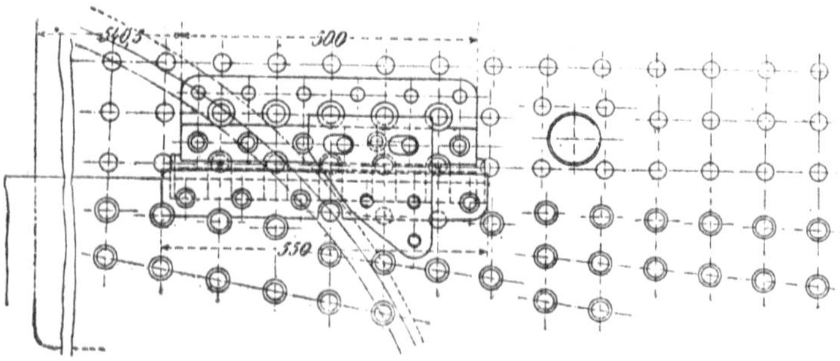

Abb. 159. Seitlicher Stehkesselträger.

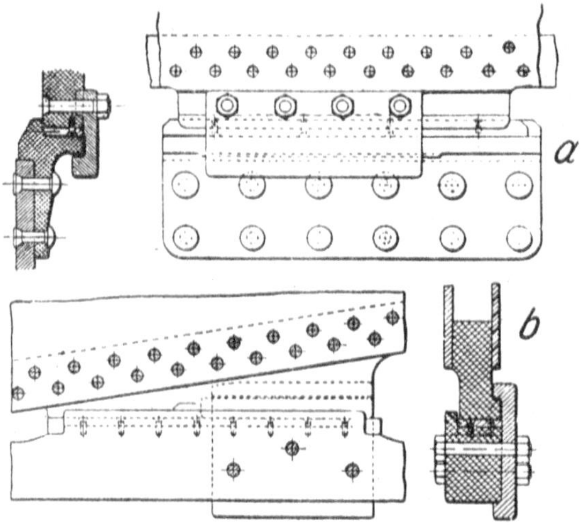

Abb. 160. Seitliche Gleitlager schwedischer Lokomotiven.

Entlastung der Schlingerstücke bewirkt werden. Abb. 161 zeigt die seitliche Auflagerung im Querschnitt. Die Ausführung seitlicher Gleitlager an schwedischen Lokomotiven mit Blech- bzw. mit Barrenrahmen zeigen die Abb. 160 a bzw. 160 b.

Während schmale lange Feuerbüchsen nur seitliche, am Rahmen befestigte Kesselstützen erfordern, werden breite Feuerbüchsen derart gelagert, daß — außer den am Rahmen angebrachten Gleit- und Schlingerstücken am vorderen Teil des Bodenringes — der hintere

Teil des Bodenringes mit dem Rahmen durch ein Pendelblech (Abb. 162) verbunden ist. Das hier dargestellte Pendelblech unter dem Langkessel und an der Stehkesselrückwand ist 15 mm stark ausgeführt und im federnden Teil auf 8 mm verschwächt. Pendelbleche finden meist Verwendung bei Barrenrahmen. Bei Blechrahmen werden

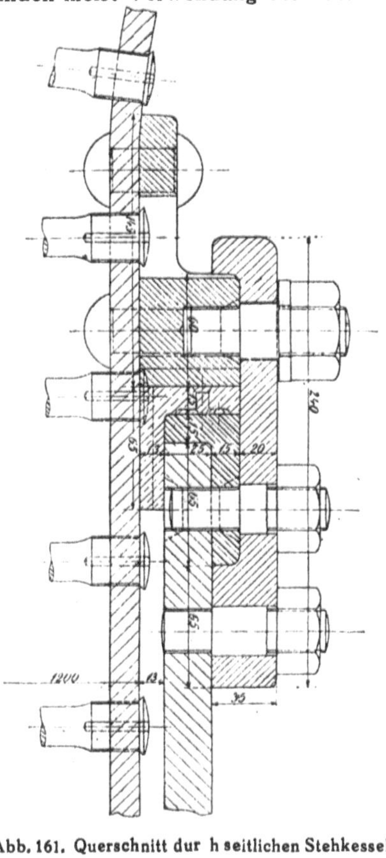

Abb. 161. Querschnitt dur h seitlichen Stehkesselträger.

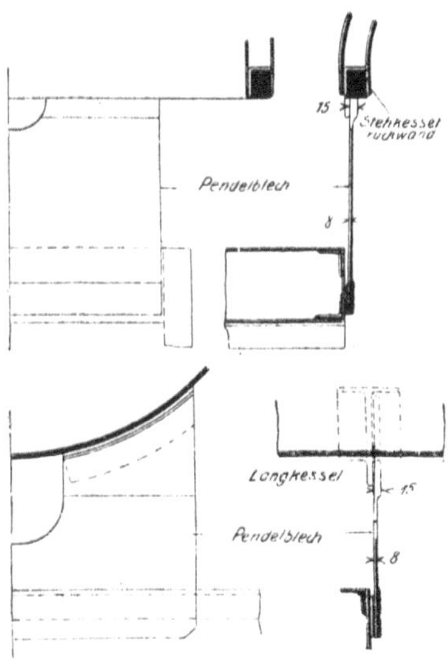

Abb. 162. Pendelblech.

die mit Winkeleisen versteiften Querverbindungen bis zum Kesselbauch hochgezogen; sie tragen Paßstücke, auf denen der Kessel ruht.

In Österreich werden als seitliche Stehkesselträger zuweilen Pendelstützen nach Abb. 163 angewendet.

10. Kesselausrüstung.

Nach B. O. § 36 müssen folgende Kesselausrüstungsteile an Lokomotiven vorhanden sein: ein Speiseventil, das bei Abstellung der Speisevorrichtung durch den Druck des Kesselwassers geschlossen wird; zwei voneinander unabhängige Vorrichtungen zur Speisung, wovon jede für sich imstande ist, dem Kessel während der Fahrt die erforderliche Wassermenge zuzuführen, und wovon eine auch beim Stillstand der Lokomotive arbeiten kann; ein Wasserstandsglas und eine zweite, mit dem Kessel in gesonderter Verbindung stehende Vorrichtung zur Erkennung des Wasserstandes; Marken des festgesetzten niedrigsten Wasserstandes am Wasserstandsglas und an der Kesselwandung, die mindestens 100 mm über dem höchsten wasserbenetzten Punkte der Feuerbüchse (Feuerbüchsdecke) liegen müssen; zwei Sicherheitsventile, wovon mindestens das eine so eingerichtet ist, daß seine Belastung nicht über das bestimmte Maß gesteigert werden kann; ein Druckmesser, der den Dampfdruck fortwährend anzeigt und auf dessen Zifferblatt die festgesetzte höchste Dampfspannung durch eine unverstellbare, gut erkennbare Marke bezeichnet ist; eine Vorrichtung zum Anschluß eines Prüfungsdruckmessers; ein metallenes Fabrikschild,[1]) worauf die festgesetzte höchste Dampfspannung, der Name der Baufirma, die Fabriknummer und das Jahr der Herstellung angegeben und das so am Kessel zu befestigen ist, daß es auch nach der Ummantelung sichtbar bleibt; eine Dampfpfeife oder eine andere zur Erteilung hörbarer Signale geeignete Vorrichtung von ähnlicher Wirksamkeit.

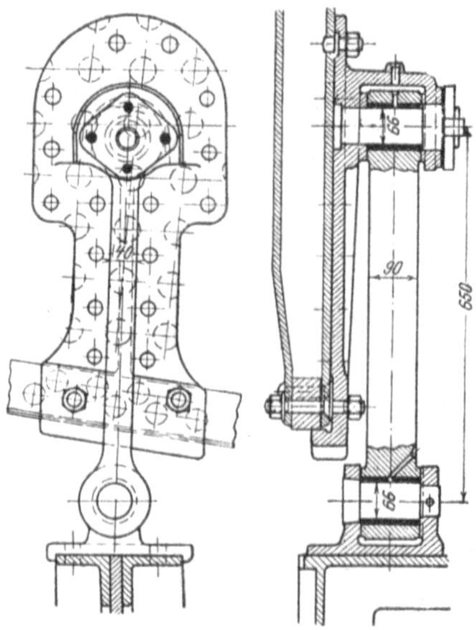

Abb. 163. Pendelstütze.

Speisevorrichtungen.[2]) Saugende Strahlpumpen an beliebiger Stelle über dem tiefsten Stand des Speisewasservorrates (Bauarten „Sellers", „Friedmann", „Strube"), nichtsaugende (Bauarten „Friedmann", „Schau", „Körting"), oder selbsttätig anziehende (restarting) unter dem tiefsten Speisewasserspiegel (Bauarten „Sellers", „Gresham", „Schäffer & Budenberg", „Friedmann", „Körting"). Ihre

[1]) Bei der Deutschen Reichsbahn wird außerdem demnächst ein Schild für die Gattungsbezeichnung angebracht. Dasselbe enthält die Verwendungsart (S P G T) und eine nähere Bezeichnung durch zwei Ziffern, deren eine die Zahl der gekuppelten Radsätze, deren andere die Leistungsfähigkeit (Heizfläche) kenntlich macht. Im ganzen erhalten die Lokomotiven an der Führerhausseitenwand dann 5 Schilder, wozu Gattungs-, Nummer- und Firmenschild gehören.

[2]) Vgl. auch unter „Vorwärmer", S. 203.

Leistung muß für 1 qm Heizfläche rund 1 l/min betragen. Meist münden die Speiserohre vorn in den Kessel; der Abschluß erfolgt durch Rückschlag- und außerdem noch durch Absperrventile. Gewöhnlich schließt man an das Speiserohr einen Kohlennäßhahn und einen Schlauchverschraubungsstutzen für Feuerlöschzwecke an. Die Dampfstrahlpumpen können zu gleicher Zeit zur Leitung des Kesseldampfes zum Wasserkasten dienen. Bei Lokomotiven mit Vorwärmern verwendet man statt der einen Strahlpumpe eine Kolbenpumpe.

Wasserstandanzeiger. Zwei Wasserstandsgläser oder nur eines und außerdem zwei, manchmal drei Prüfhähne. Für Bahnen mit stärkeren Neigungen müssen am Wasserstandsglas mehrere, mit den Bahnneigungen übereinstimmende Marken angebracht werden. Den unteren Teil, den sichtbaren des Glases, legt man in Höhe des niedrigsten Wasserstandes; der mittlere Wasserstand liegt etwa 180 mm, der höchste etwa 206 mm oberhalb der Feuerbüchsdecke. Die Prüfhähne (8 bis 10 mm l. Weite) müssen 25 bzw. 375 mm über Feuerbüchsdecke liegen. Gewöhnlich benutzt man selbsttätige Absperrvorrichtungen (Kugeln oder ähnliche Vorrichtungen), die bei Zerbrechen des Glases in Tätigkeit treten können. Beide Prüfhähne sind möglichst derart zu verbinden, daß sie beim Springen der Gläser zu gleicher Zeit geschlossen werden können. Eine gläserne Kappe (auch Drahtgitter) schützt das Personal beim Zerspringen des Glases. Je nach dem der Regler geöffnet oder geschlossen ist unterscheidet man scheinbaren und wirklichen Wasserstand.

Sicherheitsventile. Sie dürfen bei nicht beabsichtigter Entlastung nicht weggeschleudert werden; die Belastung muß eine senkrechte Bewegung von 3 mm zulassen. Angewendet wird eine unmittelbar wirkende oder eine Hebelbelastung; bei Hebelbelastung werden gewöhnlich Federn, seltener auch Gewichte angewendet. Gebräuchlich ist die Zusammenlegung beider Ventile. Die Größe der Sicherheitsventile ist vorteilhaft so zu wählen, daß die freie Durchlaßöffnung etwa 1 : 12 500 der gesamten Heizfläche beträgt. Die Drucksteigerung soll höchstens $^1/_{10}$ des zulässigen Dampfdruckes betragen.

Statt der bei den preußischen Staatseisenbahnen bis jetzt meist benutzten Ramsbottom-Sicherheitsventile sind große Lokomotivkessel häufig mit Pop-Ventilen, Bauart „Coale" (Abb. 164), ausgerüstet. Sie haben in Amerika weitgehendste Verbreitung gefunden und zeichnen sich vor den Ramsbottom-Ventilen hauptsächlich dadurch aus, daß die abzublasende Dampfmenge bis zum Wiederaufsetzen des Ventiles und der Unterdruck beim Schließen des Ventiles leicht geregelt werden können. Infolgedessen läßt sich beim Pop-Ventil die Drucksteigerung in wesentlich kleineren Grenzen halten als bei dem Ventil nach Ramsbottom. Der Ventilschluß des Pop-Ventiles erfolgt bereits bei 0,1 bis 0,2 at unter dem zulässigen Kesseldruck.

Öfters angewendet wird auch das Sicherheitsventil Bauart „Maihak" (Abb. 165). Ein Schalldämpfer an ihm erleichtert die Verständigung zwischen Führer und Heizer beim Abblasen des Ventiles. Ferner wird die beim Ventilschluß schädliche Wirkung der Zusatzfläche bei ihm beseitigt, die sich bei den bisherigen Hochhubventilen noch vorfindet und ihre Ursache darin hat, daß das Ventil beim Sinken des

Kesseldruckes auf die normale Höhe nicht schließt, vielmehr erst dann, wenn das Produkt aus dem verringerten Kesseldruck und der vergrößerten Querschnittsfläche des Ventilkegels der Spannung der Feder entspricht. Das Maihak-Ventil ermöglicht, durch Druck auf den Stellhebel das Ventil zu lüften und durch Zug an dem Stellhebel das gelüftete Ventil auf den Sitz zu bringen. Die für das Schließen des Ventils vorgesehene Einrichtung wirkt derart, daß ein Zug an dem Stellhebel das Hilfsventil b auf seinen Sitz bringt, damit den Hohlraum über dem Hauptventil abschließt und dem durch die Bohrung a in diesen Hohlraum eintretenden Dampf ermöglicht, das Hauptventil auf seinen Sitz zu drücken.

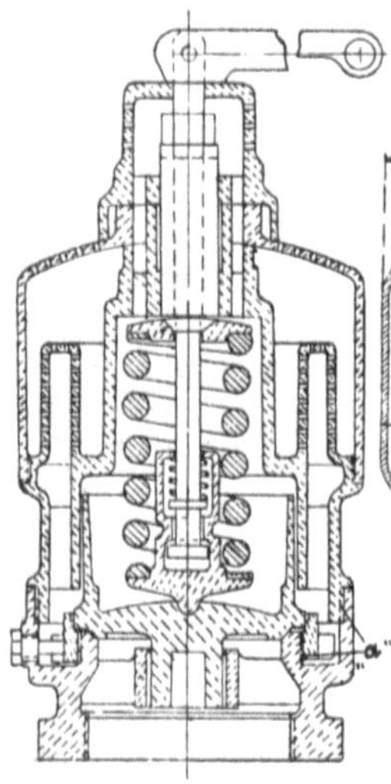

Abb. 164. Sicherheitsventil Bauart „Coale".

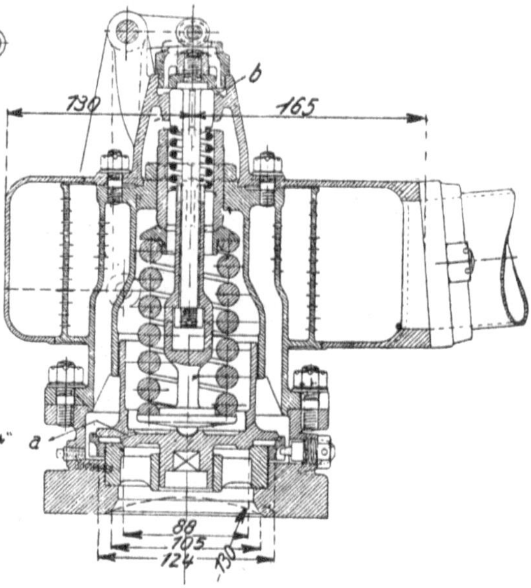

Abb. 165. Sicherheitsventil Bauart „Maihak".

Hörbares Signal. Es soll eine Pfeife mit Doppelton sein, und zwar wird der leisere Ton z. B. für Verschiebezwecke verwendet. Sind auf Neben- und Lokalbahnen unbewachte Wegübergänge vorhanden, so ist auf der Lokomotive eine Läutevorrichtung (Dampfläutewerke Bauarten „Latowsky", „Höltken & Dunkel", „Hofmann") anzubringen.

Außer dem Fabrikschild ist ferner notwendig an der Lokomotive die „Angabe der größten zulässigen Fahrgeschwindigkeit" nach Maßgabe der Lokomotivbauart, sowie die „Angabe der Eigentumsverwaltung, die Bezeichnung, Name oder Ordnungsnummer der Maschine".

Ferner sind auf dem Führerstand des Kessels, und zwar teils am Dampfentnahmekopf, teils am sogen. Hilfsdom angeschlossen: Heiz- und Reduzier-Ventile, Bremsventil, Ventil für die Schmierpumpen und Stutzen für die Dampfentnahme zum Ausblasen der Heizrohre. Falls Luftdruckbremse vorhanden, geschieht die Rohrreinigung durch Preßluft; dann muß ein Anschluß der Reinigungsvorrichtung an die Leitung des Hauptluftbehälters erfolgen. Das Dampfreduzierventil bringt den höher gespannten Kesseldampf auf den in der Heizleitung notwendigen Druck von 4 at.

Sonst rechnet man noch zu den Kesselausrüstungsteilen u. a. Entleerungsvorrichtungen, (Feuerbüchs-Ablaßhahn), Wasch- und Reinigungsluken, Hilfsbläser, Anschlüsse zu Wasserhebevorrichtungen, Schmierpumpen und Kesselbekleidung.

Entleerungsvorrichtung; am unteren Teil der Feuerbüchse. Um die schädliche Anhäufung im Kessel mit Salzen zu vermindern und das Festbrennen des sich bildenden Schlammes an den Heizflächen zu verhindern, muß öfters ein Teil des Kesselwassers abgelassen werden. Deshalb am tiefsten Punkte des Kessels Hähne oder Ventile, und zwar entweder je einer auf jeder Seite oder nur einer in

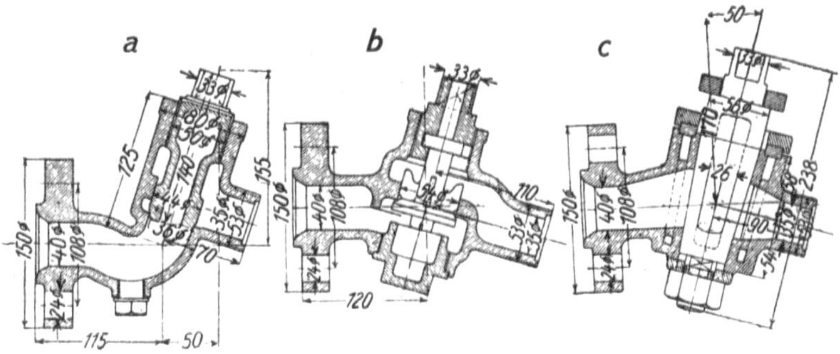

Abb. 166. Entleerungsvorrichtungen.

der Vorderwand. Sie erhalten rundes Gewinde (preußische Normalien: 52,5 mm Kerndurchmesser, 8 Gänge auf 30 mm) zum Anschrauben des Füllschlauches. Zur Vermeidung des Festfressens der Hahnküken wird das Hahngehäuse geheizt, so daß die sich berührenden Oberflächen dieselbe Temperatur haben. Abb. 166 a zeigt ein Absperrventil Bauart der „Reichseisenbahnen", Abb. 166 b ein Absperrventil Bauart „Strube" und Abb. 166 c den Absperrhahn mit heizbarem Gehäuse Bauart „Schäffer & Budenberg". Im Ausland liegen auch Schlammhähne in Nähe des mittleren Wasserstandes, um Schlamm von der Oberfläche abzulassen.

Wasch- und Reinigungsluken an der tiefsten Stelle des Langkessels, ferner im Stehkesselmantel in Höhe der Feuerbüchsdecke, sowie in den tiefsten Punkten der vorderen und hinteren Feuerbüchsecken und der Rauchkammerrohrwand; zuweilen über den seitlichen Kesselauflagern und in den Umbügen der Türwand in halber Höhe der Feuerbüchse; manchmal liegen auch kleine Mannlöcher unten im Langkessel. Unmittelbar über dem Bodenring oder in diesem sitzen auch Reinigungsschrauben (eingeschraubte Waschpfropfen), falls der Aschkasten der Zugänglichkeit dieser Pfropfen nicht im Wege steht. Entleerungsvorrichtung, Wasch- und Reinigungsöffnungen (Zahlen 1 bis 8) an einem Hinterkessel zeigt Abb. 167.

Zur Verhinderung des Glühens der inneren Feuerbüchsdecke und der sich daraus ergebenden Kesselexplosion müssen Schmelzpfropfen in der inneren Feuerbüchsdecke angebracht werden, die durchschmelzen und dadurch Dampf- und Feuerraum miteinander verbinden, wenn zu wenig Wasser über der inneren Feuerbüchse steht, wodurch die Bedienungsmannschaft auf den Schaden aufmerksam wird.

Der Hilfsbläser wird allgemein als Ventil ausgeführt. Seine Leitung (etwa 13 mm l. Durchmesser) liegt ringförmig mit einer größeren Anzahl 3 mm weiter Löcher um den Blasrohrkopf.

Zum Schutze gegen Abkühlung (Wärmeschutzmantel) ist der Kessel außen mit Eisenblechen von 1 bis 1,5 mm Stärke in 30 bis

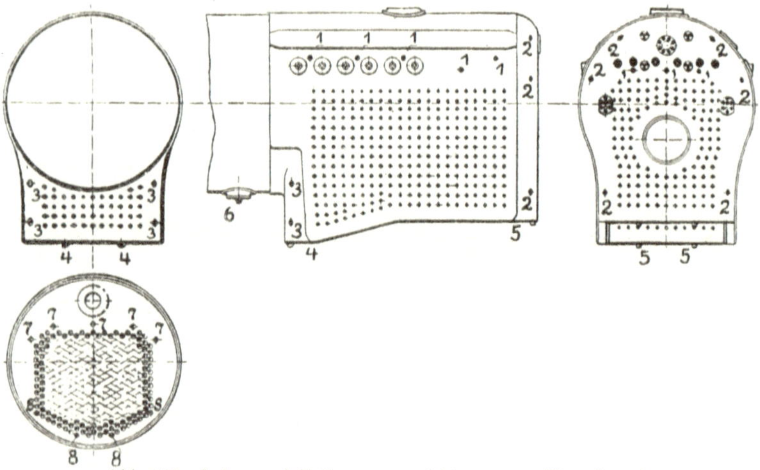

Abb. 167. Luken und Entleerungsvorrichtungen am Hinterkessel.

40 mm Abstand vom Kessel bekleidet. Durch Zugbänder von (50 × 2) mm Querschnitt werden die einzelnen Bleche zusammengehalten. Kleine runde Ausschnitte liegen gegenüber den Anbohrungen der Stehbolzen. Der Zwischenraum zwischen Kessel und Bekleidung wird durch Wärmeschutzmassen ausgefüllt, wie Holz, Filz, Magnesia oder Asbestmatrazen von rd. 25 mm Stärke. Der Durchmesser der Kesselverkleidung, die möglichst auf der ganzen Kessellänge im oberen Teil ohne Auskröpfungen durchgehen soll, ist etwa 80 mm größer als der äußere Langkesseldurchmesser.

11. Führerstand.

Seiten- und Vorderwand, bei Tenderlokomotiven auch die Rückwand aus 3 bis 4 mm starkem Blech. Dach aus 2 bis 3 mm starkem Blech oder aus 25 mm dicken Brettern, die mit 1 mm starkem Blech bekleidet sind. Die hinteren Dachstützen sind gewöhnlich aus Gasrohr. Vorder- und Seitenwände sind durch flache hölzerne Andreaskreuze versteift. Das Dach trägt Lüftungsklappen oder einen Lüftungsaufsatz zum Absaugen der Wärme vom Führerstand. Zur Milderung von Stößen ist der Bodenbelag, auf dem die Bedienungsmannschaft steht, manchmal abgefedert. Die seitlichen Türen sollen rd. $^1/_2$ m breit sein.

Zwei Gesichtspunkte sind bei dem Ausbau des Führerhauses zu berücksichtigen: im Sommer muß die Bedienungsmannschaft vor großer Hitze, im Winter vor großer Kälte geschützt werden. Nach Messungen auf österreichischen Bahnen vom August 1914 beträgt die Temperatur, der die Bedienungsmannschaft auf dem Führerstande ausgesetzt ist, (bei mittleren Verhältnissen bezüglich der Außentemperatur[1])) etwa 30 bis 35 °C. Um bei Lokomotivfahrten im Sommer die Mannschaft vor der brennenden Sonne zu schützen, hat die preußische Staatseisenbahn das Führerhausdach soweit verlängert, daß es 1020 mm über die hintere Kante der Seitenwand hinausragt. Zum Schutze gegen

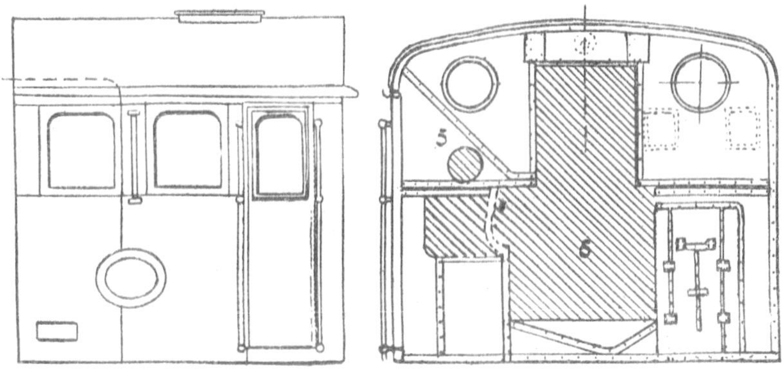

Abb. 168. Geschlossenes Führerhaus.

Kälte werden bei Schlepptenderlokomotiven zwischen Lokomotive und Tender Rückwände an das Schutzhaus oder halbhohe Türen angebracht. Vielfach hat man in nördlichen Ländern den Tender mit einer Schutzwand und einem nach vorn gerichteten Dach versehen, so daß die Bedienungsmannschaft in fast von allen Seiten geschlossenem Raum tätig ist. Auch für tropische Länder ist diese Bauart empfehlenswert, da hierdurch Führer und Heizer vor Sonnenglut und starken Regengüssen geschützt werden. Außerdem dienen Schiebeblenden an den Seitenfenstern zum Schutze gegen Tropenregen und Sonnenstrahlen.

Abb. 168 zeigt ein Führerhaus, das zum Schutze der Bedienungsmannschaft völlig geschlossen ist. Die Öffnungen in den Seitenwänden können durch Schiebefenster geschlossen werden. Innen ist das Führerhaus teilweise mit Holz verschalt. Die schraffierten Flächen,

[1]) Etwa + 25 ° C Lufttemperatur.

Abb 169. Führerhaus der preußischen $G_N{}^1$-Lokomotive.

A	Kesseldruckmesser	a	Zug für Zylinderhähne
B	Heizungsdruckmesser	b	Führerbremsventil
C	Deckenlampe	c	Steuerspindel
D	Zug für Lüftungsklappen	d	Schild für Vgr
E	Druckmesser für Speisepumpe	e	Zug für Pfeife
F	Heizungsventil	f	Dampfstrahlpumpe
G	Anstellventil für Speisepumpe	g	Druckmesser f. Brems-Hauptluftleitung
H	Zug für Rauchverminderer	h	Brems-Druckmesser
I	Zug für Bläser-Näßhahn	i	Druckmesser f. Brems-Hauptluftbehälter
K	Schmierpumpe für Speisepumpe	k	Pyrometer
L	Überhitzerklappenregelung	l	Druckmesser für Schieberkasten
M	Zug für Rauchkammer-Spritzhahn	m	Dampfabsperrventil für Strahlpumpe
N	Schmierpumpe für Zylinder und Schieber	n	Prüfhähne
O	Vorderer Aschkasten-Klappenzug	o	Untersuchungsschild
P	Hinterer " "	p	Reinigungsluken
Q	Heizersitz	q	Schmierpumpe für Brems-Luftpumpe
R	Führersitz	r	Preßluft-Sandstreuer
S	Werkzeugschrank	s	Kesselschild
T	Umschaltventil für Heizleitung	t	Marcotty-Dampfstreudüsen
U	Ventil für Bremsluftpumpen-Antrieb	u	Marcotty-Feuertür
V	Stellhahn für Umlauf	v	Tritt
W	Ölpumpen-Antrieb	w	Wasserstandsglas
X	Steuerbock	x	Reglerhebel
Y	Anschluß für Signalleine	y	Schild für Überhitzer
Z	Spritzschlauch	z	Hahn für Spritzschlauch

5 bzw. 6 sind Öffnungen in der Hinterwand zur Betätigung der Tenderbremse bzw. zum Kohlenschaufeln.

Auf gute leichte Zugänglichkeit sämtlicher vom Führerstand aus zu bedienender Vorrichtungen ist zu achten. Vorderwand des Führerhauses rd. 400 bis 600 mm von Hinterkessel-Rückwand entfernt, um die Ausrüstungsteile auf dem Kessel innerhalb des Führerstandes unterbringen zu können. Der Dampf zur Inbetriebsetzung der Ausrüstungsteile wird gewöhnlich einem Dampfentnahmestutzen oben am Kessel entnommen. An Ausrüstungsteilen sind die unter der Abb. 169 angegebenen gewöhnlich im Führerhaus vorhanden. Betreffs der Anbringung der Druckmesser ist eine Trennung zwischen den Bremsdruckmessern und den übrigen empfehlenswert. Erstere werden häufig, gruppenweise zusammengefaßt, an dem verlängerten Halter für die

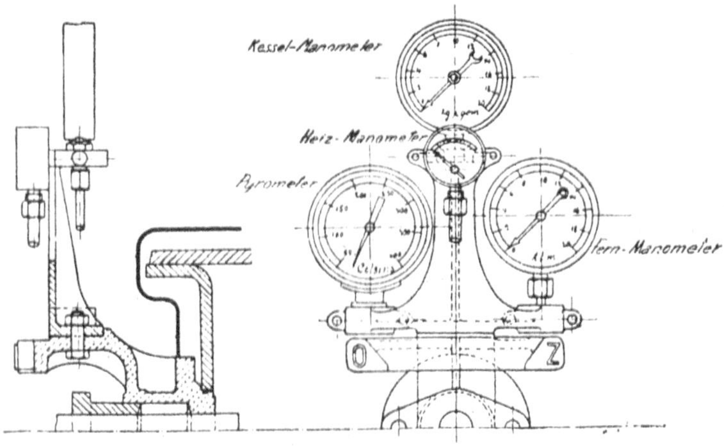

Abb. 170. Anordnung der Druckmesser

Dampfstrahlpumpen auf der rechten Seite des Führerstandes, die übrigen Druckmesser an einer auf der Reglerstopfbüchse aufgesetzten Stütze angeordnet, wie hier in Abb. 170.

Abb. 171 stellt dar den 3080 mm breiten Führerstand der von Maffei für Baden gebauten 2C1-4Zyl. H. V. S-Lok.

Einen Teil des Führerstandes nebst Dampfentnahmestutzen an der deutschen 1E-Einheits-Güterzuglokomotive zeigt Abb. 172. Hier hat eine Verlegung des Dampfentnahmestutzens v o r das Führerhaus stattgefunden, mit gemeinsamem Absperrventil und Lagerung der Dampfventile für die Vorwärmerpumpe und für die Luftpumpe in handlicher Höhe. Diese Verlegung vor das Führerhaus ist nicht allein deshalb vorgenommen worden, um die Zugänglichkeit der angeschlossenen Teile zu verbessern, sondern hat auch den wesentlichen Zweck, stark beheizte Teile aus dem Führerhaus zu entfernen und Belästigung der Bedienungsmannschaft durch die von diesen Teilen ausgehende strahlende Wärme (besonders im heißen Sommer) zu verhüten.

B. Laufwerk.

Zu der Lokomotivmaschine gehört Laufwerk und Triebwerk. Zu dem Laufwerk rechnet man im allgemeinen Rahmengestell, sowie Federn, Gehänge und Ausgleichhebel, Achsen und Achsbüchsen.

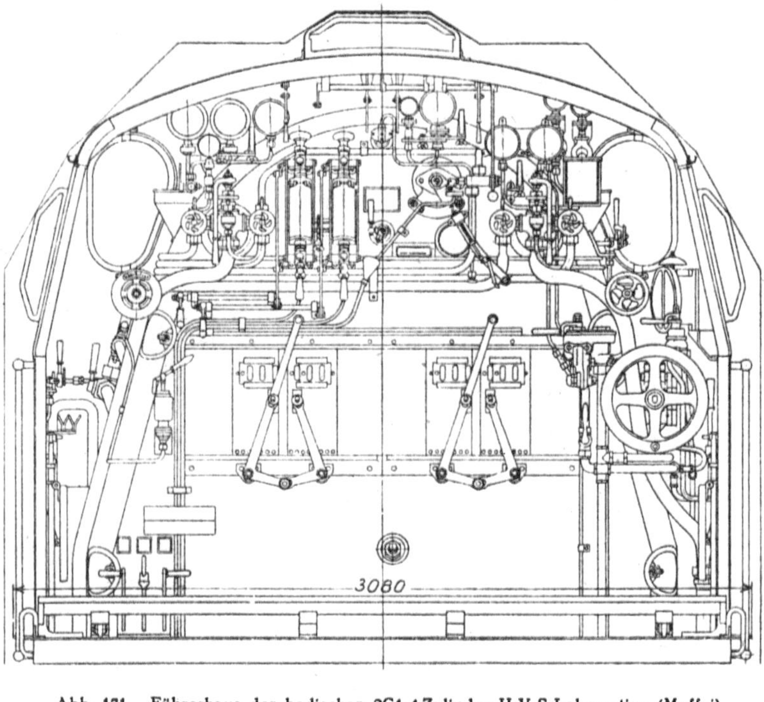

Abb. 171. Führerhaus der badischen 2C1-4 Zylinder-H-V-S-Lokomotive (Maffei).

1. Rahmen.

Er dient dazu, Achsen, Achslager, Drehgestelle usw. in ihrer Lage festzuhalten, Kessel, Zylinder, Triebwerk usw. zu tragen.

Man unterscheidet folgende Rahmenarten:

I. Nach dem Zweck: Hauptrahmen (zur Verbindung zwischen Kessel, Zylinder und Achsen) und Nebenrahmen (Gestelle, Drehgestelle); letztere sind nötig wegen Krümmungsläufigkeit.

II. Nach Baustoff und Herstellung: Blech-, Barren-, Kastenrahmen, vereinigte Blech- und Barrenrahmen.

III. Nach der Bauart: einfache Rahmen (je ein Blech links und rechts), Doppelrahmen (aus Doppelblechen), Rahmen aus drei Rahmenblechen (Mittelblech dient als Lagerunterstützung für ein Mittellager der Kropfachse).

IV. Nach Lage zu den Rädern: Außen- und Innenrahmen: letztere sind leichter, billiger in der Herstellung wegen Wegfalls der Kurbeln und besser zu versteifen als Außenrahmen.

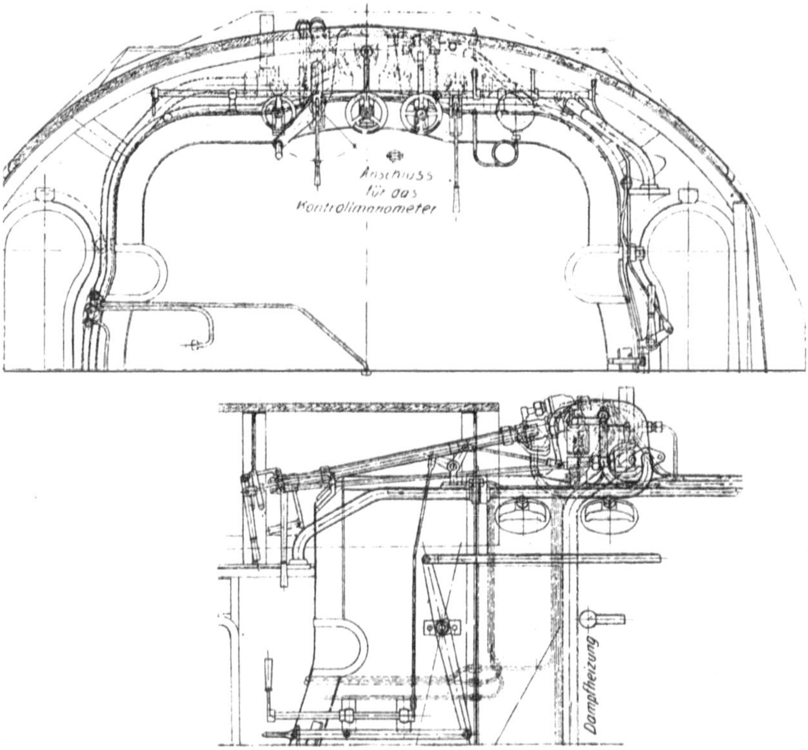

Abb. 172. Dampfentnahmestutzen der deutschen G_{12}-Einheitslokomotive.

a) Bauarten.

Blechrahmen (Abb. 173). Wird in der Regel bei europäischen Lokomotiven angewendet. Seine Form ergibt sich aus der Achsanordnung. Rücksicht ist zu nehmen auf die Anbringung der Zylinder, der Ausgleichhebel usw. Vorn und hinten wird der Rahmen durch die Pufferbohlen abgeschlossen.

Der Rahmen besteht meist aus einfachen, seltener aus mehrfachen Blechen. Bei einfachem Blechrahmen ist die Blechstärke (je

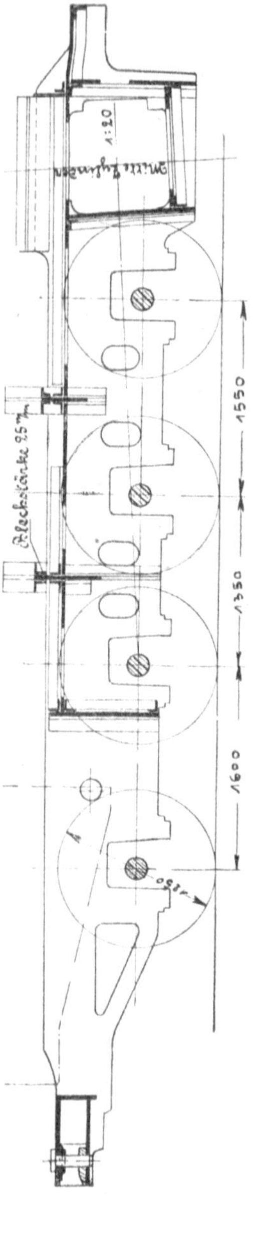

Abb. 173. Blechrahmen.

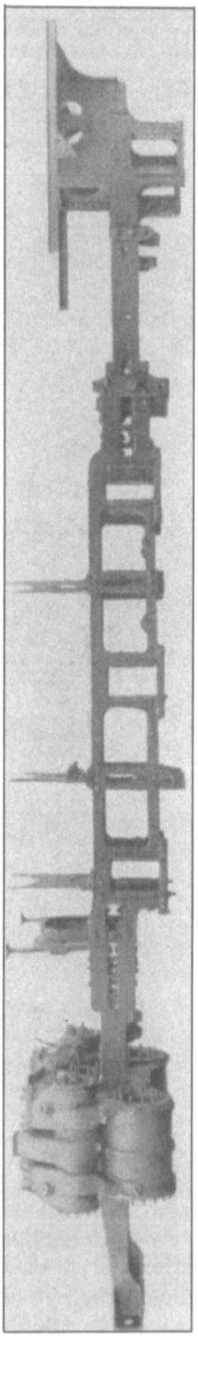

Abb. 174. Barrenrahmen einer 2C1-S-Lokomotive (Maffei)

nach beabsichtigtem Gewicht) 18 bis 40 mm (gewöhnlich 20 bis 35 mm bei Vollbahn-, 10 bis 20 mm bei Kleinbahnlokomotiven); bei Doppelrahmen verwendet man 8 bis 12 mm starke Bleche in etwa 50 mm lichtem Abstand. Bei Vierzylinderlokomotiven, die Kropfachsen erfordern, wird bisweilen in der Mitte, zwecks Aufnahme eines Mittellagers für die Kropfachse noch ein Rahmenblech angeordnet, so daß ein dreifacher Rahmen entsteht.

Baustoff ist Flußeisen von k_z = 34 bis 41 kg/qmm und mindestens 25 % Dehnung. Lichter Abstand der Rahmenplatten bei Innenrahmen etwa gleich der Spurweite abzüglich (a + 2 × Rahmenstärke) mm, wobei a etwa 95 mm bei 600 mm, 110 bis 120 mm bei 900 mm und 145 bis 155 mm bei 1435 mm Spurweite ist.

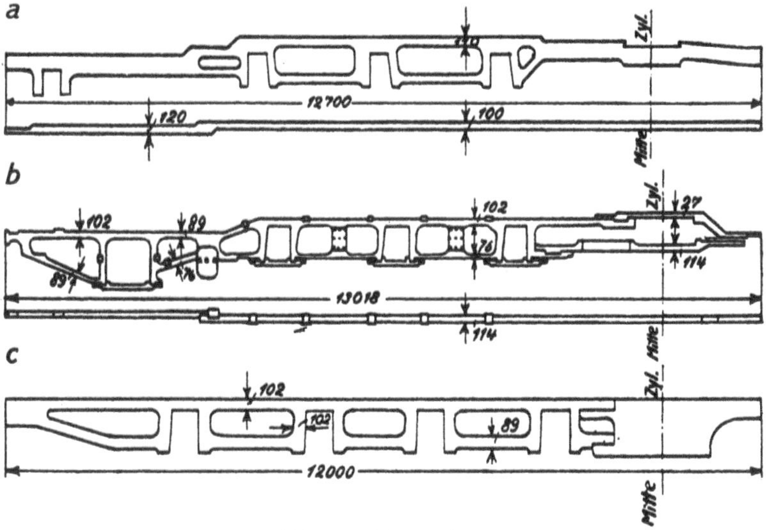

Abb. 175. Barrenrahmen.

Man verwendet am besten zu Blechrahmen völlig ebene Bleche, ohne Auskröpfungen, da sich sonst leicht Verdrehungsspannungen in den Blechen im Betrieb ergeben. An den Achslagerausschnitten, wo geringer Rahmenquerschnitt vorhanden ist, sind Verstärkungsbleche anzunieten. Hierbei ist zu beachten, daß über dem Achslager und unter ihm wegen des Federspiels 30 bis 40 mm Spielraum sein soll. Zur Gewichtsersparnis Ausschnitte im Rahmenblech, wobei scharfe Übergänge, die zu Anrissen Veranlassung geben könnten, vermieden werden müssen. Zwecks Zugänglichkeit der Kesselluken sind im Rahmen Aussparungen anzubringen.

Zur Verbindung und Versteifung der beiden Rahmenbleche gegeneinander Quer- und Längsversteifungen aus Stahlformguß, aus Preßblechen oder aus Blechen mit Winkeln. Sie sind in erster Linie zwischen den Zylindern erforderlich und dort als Kästen ausgebildet. Senkrechte Versteifungen liegen zwischen den Gleitbahnträgern, die den senkrechten Druck der Kreuzköpfe, sowie die Steuerungskräfte aufnehmen sollen, und zuweilen vor und hinter der Feuerbüchse. Zur Aufnahme der infolge ungleichen Arbeitens der Dampfzylinder auftretenden Kräfte sind wagerechte Querversteifungen zwischen den seitlichen Rahmenblechen anzubringen. Diese Versteifungsbleche dienen gleichzeitig zur Aufnahme von Querkräften, wie sie z. B. in Krümmungen auftreten. Eine wirksame Querversteifung bilden auch die Pufferbohlen, die zur Aufnahme der Zug- und Stoßvorrichtungen dienen.

Barrenrahmen (Abb. 175). Meistens in Amerika angewendet, neuerdings auch in Europa. Man unterscheidet: Einfache Barrenrahmen (a), Doppelbarrenrahmen (b) und Barrenrahmen, bei denen der vordere Teil als blechförmiger Rahmen ausgebildet ist (c), also eine Vereinigung von Blech- und Barrenrahmen. In Amerika werden Barrenrahmen aus Stahlformguß mit 0,25% Vanadiumzusatz hergestellt; in Deutschland schneidet man mittels des autogenen Schneidverfahrens

Abb 176. Kastenrahmen nach „Krauß".

die Barrenrahmen aus Walzblechen von etwa 100 bis 120 mm Stärke aus. Abb. 174 zeigt den Barrenrahmen einer von Maffei gebauten Schnellzuglokomotive. Mittels autogenen Schneidverfahrens ausgeschnittene Barrenrahmen haben besonders hohe Festigkeit gegenüber den Stahlgußrahmen, bei denen schlechte Gußstellen und Gußspannungen Brüche veranlassen können.

Kastenrahmen, nach „Krauß" (Abb. 177). Er wird nur bei kleineren und mittleren Tenderlokomotiven angewendet. Man bildet ihn gleichzeitig als Wasserkasten aus. Bei großer Steifigkeit in allen Richtungen besitzt der Kastenrahmen ein sehr geringes Gewicht. Die Rahmenplatten werden ausgeführt in Blechstärken von 8 bis 15 mm (seltener bis 20 mm); seine sonstigen Bleche sind 6 bis 10 mm stark. Für die Lokomotivachsen sind im Kasten entsprechende Ausschnitte. Zwischen den einzelnen, nicht in Verbindung stehenden Wasserkästen befinden sich Überlaufrohre (Rohrkrümmer) zwecks vollständiger Entleerung der einzelnen Teile. Abb. 176 zeigt den Krauß'schen Kastenrahmen für eine C-Tenderlokomotive mit drei untereinander verbundenen Speisewasserbehältern.

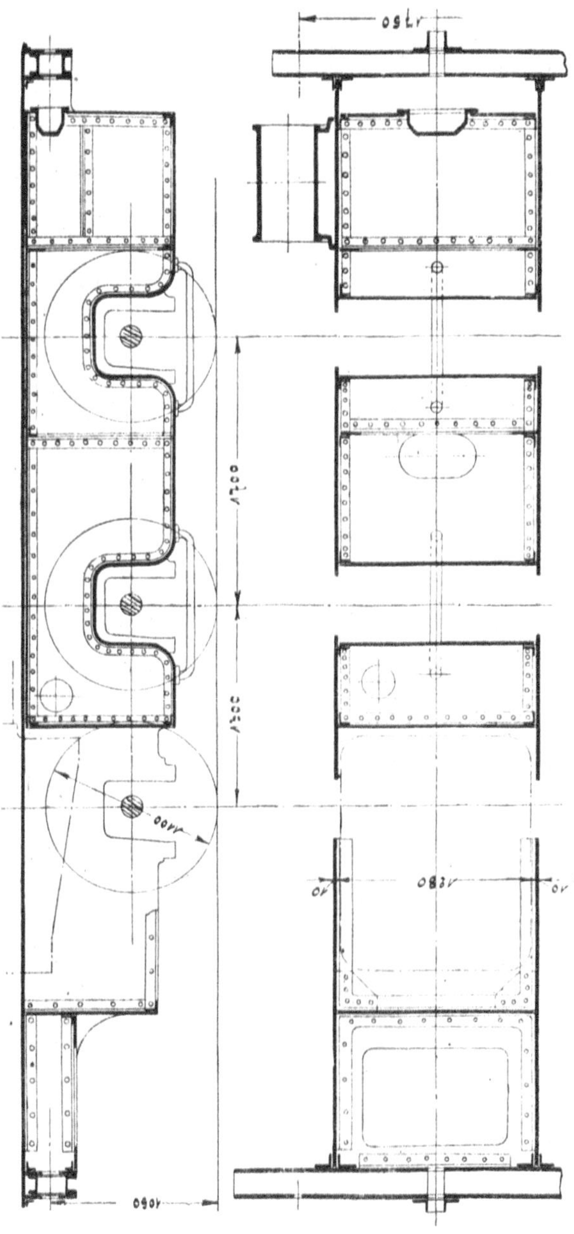

Abb. 177 Kastenrahmen nach „Krauß“

Vereinigter Blech- und Barrenrahmen (Abb. 178); besonders bei Vierzylinderlokomotiven. Der Rahmen ist aus einem hinteren Blech- und einem vorderen Barrenrahmen zusammengesetzt, wodurch der Vorteil entsteht, daß die inneren Triebwerksteile leichter zugänglich sind. Ein weiterer Vorzug z. B. bei Drei- oder Vierzylinderlokomotiven besteht darin, daß das Gießen der Zylinder aus einem Stück möglich ist, was wegen des leichten Einbaues der verschiedenen Dampfkanäle bauliche Vereinfachung der Zylindergußstücke zuläßt. Der 100 mm breite Barrenrahmen in Abb. 178 ist mit dem 25 mm starken Blechrahmen mittels zweier L-Eisen beiderseits durch Schraubenbolzen verbunden. Die vorderen Enden der unteren Befestigungswinkel sind als Anschläge für das Drehgestell abwärtsgezogen. Bei den innen angeordneten Niederdruckzylindern ist der Barrenrahmen wegen des großen Durchmessers dieser Zylinder nach außen abgekröpft.

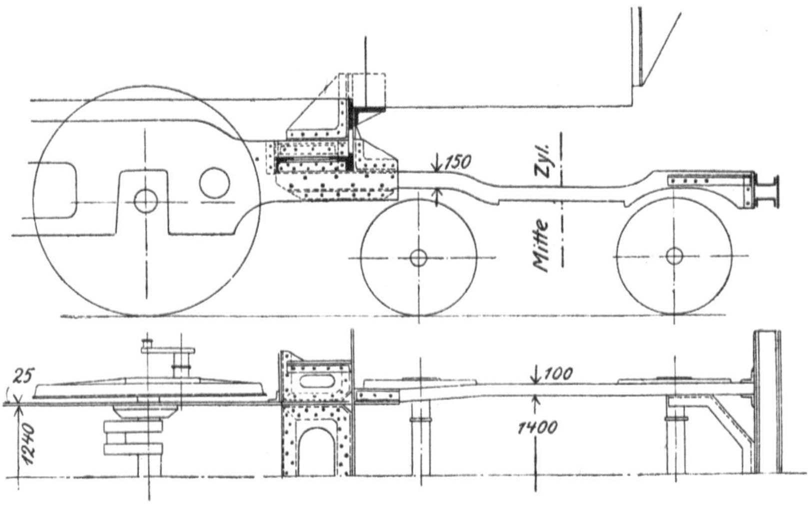

Abb. 178. Vereinigter Blech- und Barrenrahmen.

Drehgestellrahmen wird als Blechrahmen (18 bis 25 mm stark) oder als Barrenrahmen (etwa 60 × 75 mm) ausgeführt. Lastübertragung entweder unmittelbar durch lange Federn auf die Achsbüchsen des Drehgestelles oder durch das Drehgestell hindurch. Gute Versteifung ist notwendig. Anordnung derart, daß nur Drehbewegung um einen kugelförmigen Zapfen oder Drehbewegung nebst seitlichem Ausschlag erfolgt. Bei Seitenausschlag muß eine Rückstellvorrichtung durch Federn oder durch Eigengewicht vermittels Wiegen, Schraubenfedern u. dgl. vorhanden sein.

b) Beanspruchung des Rahmens im Betrieb.

I. Längsspannungen infolge Dampfkraft, Zugkraft, Pufferdruck, infolge Trägheitskräften, die das Mitnehmen des Kessels bei beschleunigter oder verzögerter Bewegung der Lokomotive hervorrufen, infolge der Reibung des sich ausdehnenden Kessels auf den hinteren Kesselstützen, weshalb gute Schmierung der Auflagerfläche erforderlich.

II. Senkrechte Kräfte infolge der Belastung durch den Kessel usw., durch das Eigengewicht, durch den Druck der Federstützen.

III. Seitliche Drücke der Achslager gegen die Führungen bei Fahrt durch Krümmungen, sowie bei Schlinger- und Drehbewegungen der Lokomotive.

Infolge der fortwährend sich ändernden Beanspruchungen ist eine genaue Berechnung des Rahmens unmöglich. Es ist zweckmäßig, den Kessel mit dem Rahmen derart zu verbinden, daß er zum Tragen mit herangezogen wird und dadurch den Rahmen infolge seines großen Widerstandsmomentes entlastet.

Beanspruchung durch den Dampfdruck. Dampfdruck K (Abb. 179) erzeugt auf den rechten Kolben und den

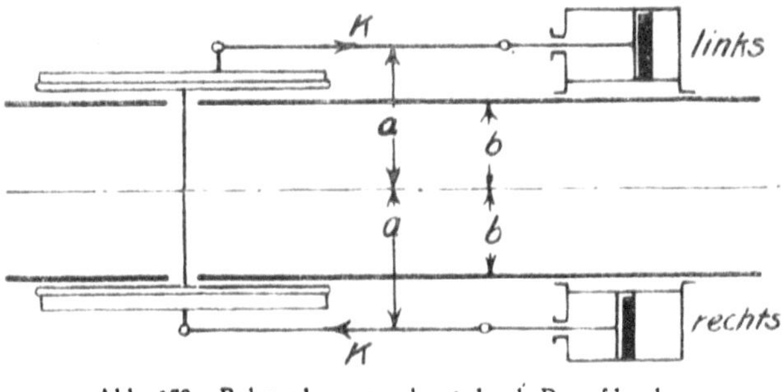

Abb. 179. Rahmenbeanspruchung durch Dampfdruck.

vorderen Deckel im rechten Rahmen bei Außenzylindern eine Zugspannung $S_1 = K \cdot \frac{a+b}{2b}$, auf den linken eine Druckspannung $S_2 = K \cdot \frac{a-b}{2b}$. Bei gewissen Kurbelstellungen und Füllungen werden in beiden Rahmenblechen die Spannungen vertauscht. Es treten als größte Spannungen auf $S_1 + S_2 = K \cdot \frac{a}{b}$, und zwar während einer Triebradumdrehung abwechselnd als Druck- und Zugspannungen. Ist z. B. Zylinderdurchmesser d = 550 mm und p = 12 at, so wird K = 28 500 kg, und bei a = 1020, b = 620 wird $K \cdot \frac{a}{b} = 46\,900$ kg. Die Kraft tritt in der Zylindermitte auf, der gefährliche Querschnitt verläuft an den schwächsten Stellen des Rahmens, den Achslagerausschnitten. Deshalb sind diese Stellen besonders stark zu machen, indem man die Achslagerführung oben geschlossen ausbildet und unten mit dem Achsgabelsteg verbindet.

Zur Ermittelung der Rahmenspannungen, Achslagerführung und Steg rechne man mit gleichförmig verteilter Spannung. Die zulässige Baustoffspannung aus dem Dampfdruck soll 350 bis 400 kg/qcm nicht überschreiten. Die Hauptsache ist ein gut eingepaßter Steg, der besser am Rahmen, nicht an der erst angeschraubten Achslagerführung sitzen soll. Der Steg soll einen Querschnitt erhalten, der mindestens ein Fünftel des Rahmenquerschnitts beträgt.

Beanspruchung beim Anheben des Rahmens, wenn z. B. Achsen ausgewechselt werden. Anheben geschieht in der Weise, daß vorn und hinten Querträger unter die Rahmenenden gesteckt werden; das ganze Gewicht des Kessels belastet den Rahmen dann an der Rauchkammer und am hinteren Kesselträger. Obwohl der Kessel an der Rauchkammer fest mit dem Rahmen verschraubt ist, wird man der größeren Sicherheit wegen doch so rechnen, als ob er nur, wie hinten, lose aufliegt. Die Biegungsmomente lassen sich durch die gegebenen Belastungen (Kessel, Zylinder) aus dem Kräfteplan bestimmen, wobei das Eigengewicht des Rahmens als gleichmäßig verteilte Last anzunehmen ist. Aus den Momenten können dann die gefährlichen Querschnitte über den Achslagerausschnitten berechnet werden; die zulässige Biegungsbeanspruchung ist 500 bis 600 kg/qcm

Der Rahmen wird sich bei dieser Beanspruchung in der Mitte nach unten durchbiegen. Kesselstützen, die das Durchbiegen des Rahmens nach oben verhindern sollen, haben beim Anheben keinen Zweck, da sie sich abheben; eine bessere Versteifung geben Zugbänder, die um den Kessel herumgelegt werden und ihn dadurch von den Biegungsmomenten entlasten. Denselben Vorteil gewähren auch fest mit dem Kessel verbundene Kesselträger, die sich bei der Ausdehnung des Kessels durchbiegen, sogen. „Pendelbleche" (vgl. Abb. 162) aus etwa 8 mm starkem Blech.

2. Tragfedern und Ausgleichhebel.

Unter Zwischenschaltung von Tragfedern wird das Lokomotivgewicht auf die Radsätze übertragen. Es sind gewöhnlich Blattfedern zwischen den Achslagern und dem Rahmengestell, seltener Wickelfedern, da diese die Schwingungen weniger dämpfen.

Baustoff für die Blattfedern ist sogn. Federstahl (Flachstahl) oder Krupp'scher Spezialstahl. Je nach Raddurchmesser und Fahrgeschwindigkeit der Lokomotive beträgt die Länge der Blattfeder 750 bis 1200 mm und mehr (in Belgien bis 1500 mm); die Breite 80 bis 130 mm, in der Regel 90 mm bei Lauf- und 100 bis 120 mm bei Trieb- und Kuppelachsen; die Stärke 8 bis 13 mm. Bei Kleinbahnlokomotiven finden sich Federabmessungen von (65×7) mm oder (75×10) mm.

Für Berechnung der Blattfeder gilt $P \cdot l = \frac{n \cdot b \cdot h^2}{6} k_b$. Somit ist die erforderliche Federblattzahl $n = \frac{6 P \cdot l}{b h^2 \cdot k_b}$. Federdurchbiegung (Federspiel) bei ruhender Last bei Vollbahnen 30 bis 45 mm, bei Nebenbahnen 20 bis 35 mm, Pfeilhöhe in unbelastetem Zustande 55 bis 75 mm oder 0 mm. Genau berechnet sich die Durchbiegung f^{mm} aus $f = \frac{P}{EJ} \cdot \frac{l^3}{2} = \frac{6\,l^3}{b\,h^3} \cdot \frac{P}{E} = \frac{l^2}{h} \cdot \frac{k_b}{E}$, P ist die halbe Federbelastung in kg, E der Elastizitätsmodul = 20 000 bis

30 000 kg/qmm, $J = \frac{b\,h^3}{12}$ (für Federblatt von Rechteck-Querschnitt) bei b mm Federbreite und h mm Federstärke, l die halbe Federlänge zwischen Aufhängepunkt bis Federbund in mm, k_b die zulässige Biegungsbeanspruchung in kg/qmm. k_b bei ruhender Last 50 kg/qmm für gewöhnlichen Federstahl und 60 kg/qmm für Krupp'schen Spezialstahl.

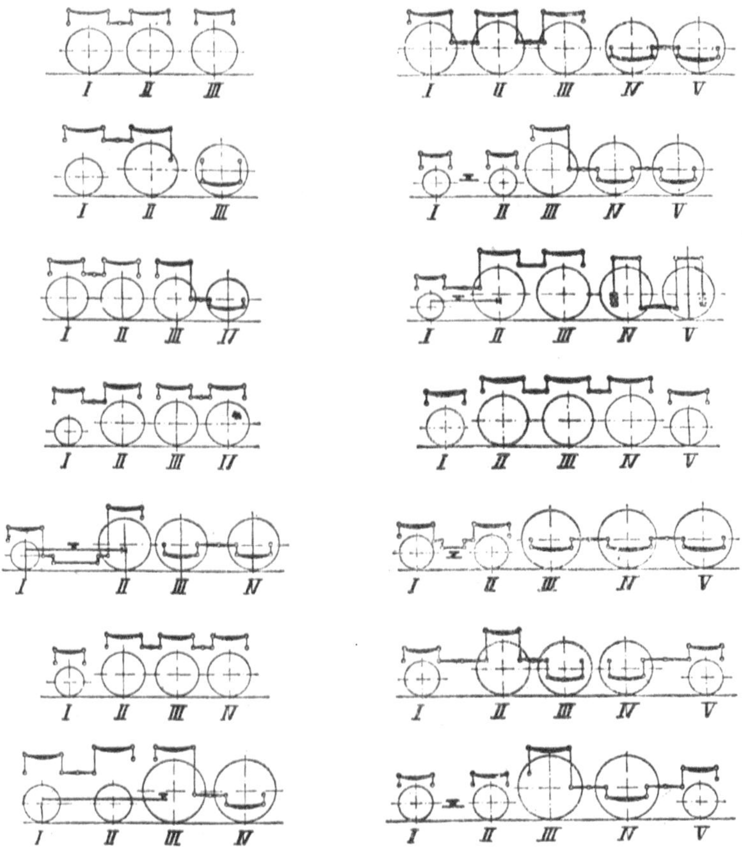

Abb. 180. Federanordnungen.

Wegen besserer Elastizität sind dünne breite Federlagen vorzuziehen. Außer der Durchbiegung f bei ruhender Last kommt noch die durch Stöße verursachte in Frage. Im ganzen darf die Biegungsbeanspruchung nicht größer sein als 80 kg/qmm.

Preußisch normal ist 950 mm Länge in gestrecktem Zustande, (90 × 13) mm Querschnitt, 10 mm Pfeilhöhe. Gewicht einer Feder bei 11 Lagen (ausschließlich des 100 mm starken Federbundes) 61,9 kg.

Die Federblätter werden durch den Federbund zusammengehalten, der sich mittels Federstütze auf dem Achslagergehäuse abstützt oder daran aufgehängt ist. Die als Federspannschrauben ausgebildeten Federgehänge (2 bis 2,5 kg/qmm Beanspruchung) stellen die Verbindung her mit dem abgefederten Teil der Lokomotive. Ist die Anwendung der Feder in der Ebene der Achsbüchsen wegen Platzmangels nicht möglich, so empfiehlt sich der Einbau eines Querträgers und Abstützung der Federn auf den auskragenden Enden des Trägers.

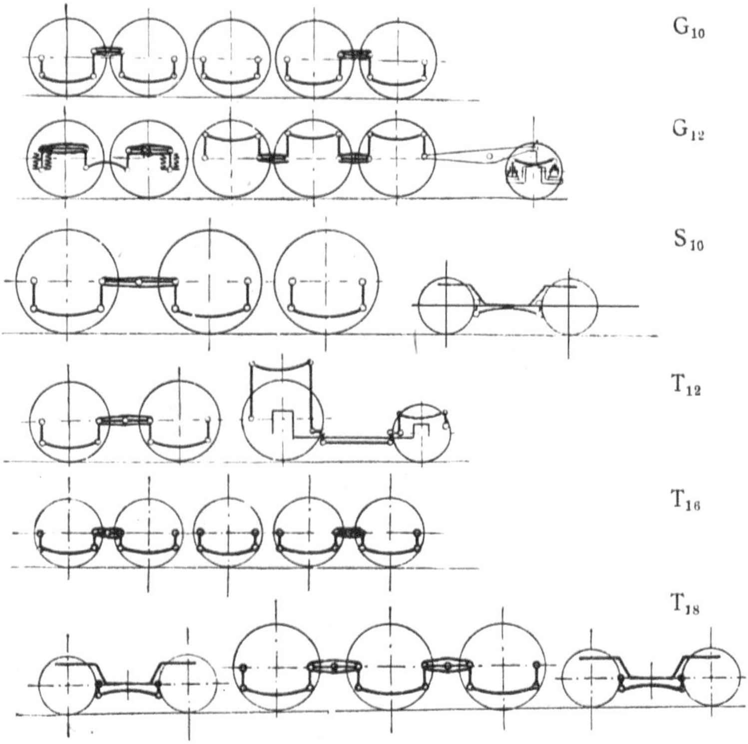

Abb. 181. Federanordnung preußischer Lokomotiven.

Zur Erzielung gleicher Achsbelastungen (Ausgleich von Stößen) bei gekuppelten Achsen werden die Federn mittels drehbar am Rahmen befestigter Ausgleichhebel (Abb. 180) miteinander verbunden. Sie bestehen aus Flußeisenguß, Flußeisen oder zwei Blechen, die durch Abstandhalter verbunden sind. Biegungsbeanspruchung höchstens 12 kg/qmm. Ist die Anordnung von Ausgleichhebeln nicht möglich wegen Platzmangels oder zu großen Gewichtes, so läßt sich der Ausgleich durch Winkelhebel und Zugstangen ermöglichen. Die Verbindung zwischen Ausgleichhebel und Feder wird durch nachstellbare

Federstützen bewirkt. Bei amerikanischen Lokomotiven wird von der Nachstellung abgesehen; die Auflagerung erfolgt dort auf Schneiden. Bisweilen wird die Lage der Ausgleichhebel und Federn miteinander vertauscht. Man erreicht dadurch bei niedrigen Federn und tief liegender Feuerbüchse eine gut zugängliche Federung.

Mit der Abfederung hängt die Verteilung der Lokomotivgesamtlast auf die einzelnen Räder zusammen. Achsen, die auf jeder Seite eine Einzelfeder haben (selbständige Achse), geben für jede Lokomotivseite einen Stützpunkt. Jede durch Ausgleichhebel verbundene Federgruppe gilt als e i n Unterstützungspunkt. Ein Querausgleichhebel gibt e i n e n Punkt in der Lokomotivlängsachse. Kommen keine Querausgleichhebel zur Anwendung, so ist die linke und rechte Lokomotivseite getrennt für sich zu betrachten.

In Abb. 183 sind die beiden Federn der ersten und zweiten Achse auf einer Seite durch Längsausgleichhebel miteinander, die

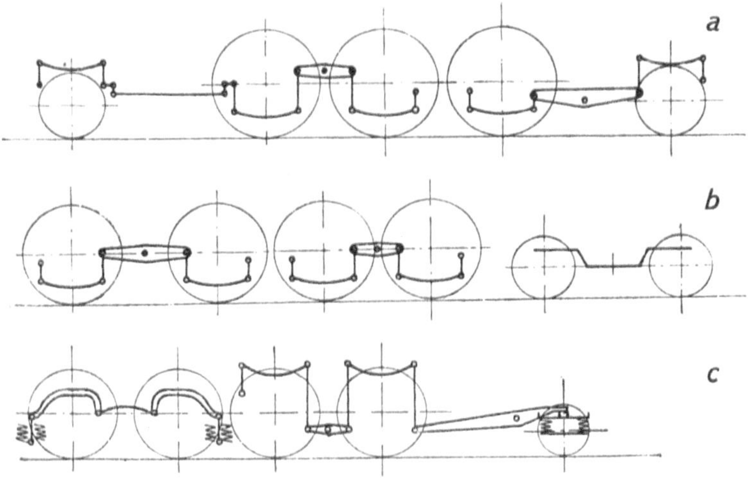

Abb. 182. Federanordnung ausländischer Lokomotiven. a) 1C1-Orientalische Eisenbahnen. b) 2D-Spanische M.Z.A.-Bahn c) 1D-Pennsylvania-Bahn

Federn der letzten Achse beiderseits durch einen Querausgleichhebel verbunden, der in der Mitte belastet ist. Es ist also eine Unterstützung in drei Punkten. Sie hat den Vorteil, daß, wenn einmal die Achsdrücke I, II und III gleichgemacht sind, sie auch gleichbleiben, wenn z. B. Punkt III gesenkt wird. Wird bei mehrfacher Unterstützung, z. B. bei vierfacher (T_{12} in Abb. 181) ein Punkt gesenkt, so tritt an dieser Stelle eine Entlastung ein. Die Lokomotive Bauart G_{12} (Abb. 181) hat ebenfalls Unterstützung in drei Punkten. Die Tragfedern der vorderen drei gekuppelten Achsen liegen oberhalb der Achsbüchsen und sind durch Längsausgleichhebel miteinander verbunden; ferner ist zwischen der Laufachse und der ersten Kuppelachse ein quer und ein längs gelagerter Ausgleichhebel eingeschaltet. Zwischen den beiden hinteren Kuppelachsen liegt auf jeder Seite eine Blattfeder; außerdem sind an jedem Ende der sich auf dem Achslagergehäuse abstützenden Ausgleichbügel zwei in Pfannen sitzende Wickelfedern eingebaut.

Abb. 182 zeigt einige ausländische Lokomotiven bezüglich ihrer Federanordnung.

3. Achslager und Führungen.

a) Achslager.

Sie bestehen aus: Achslagergehäuse (Flußeisenguß 37 bis 44 kg/qmm Festigkeit, 20% Dehnung), Lagerschalen (Rotguß mit Weißmetallspiegel) und Unterkasten (Gußeisen 18 bis 24 kg/qmm Festigkeit).

Es gibt Achslager mit obenliegender und mit untenliegender Abfederung. Das Gehäuse verschiebt sich senkrecht in den Führungen

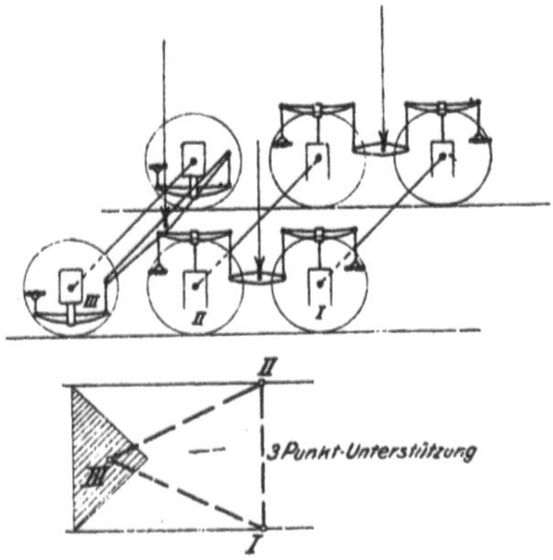

Abb 183. Dreipunkt-Unterstützung.

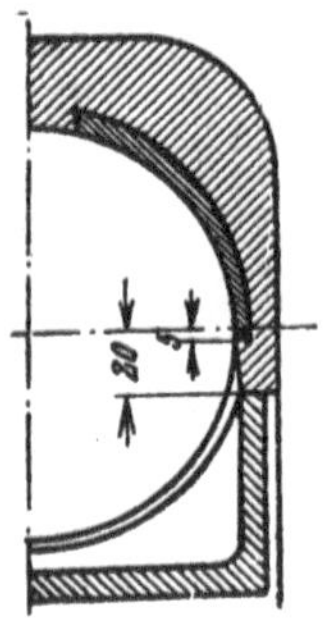

Abb. 184. Achslager mit verlängertem Weißmetallspiegel.

mit 40 mm Federspiel bei Regelspur. Die Lagerschale besteht aus Rotguß von 85 % Cu, 9 % Sn und 6 % Zn mit Weißmetallspiegel aus einer Legierung, die durch Zusammenschmelzen von 1 kg Cu mit 2 kg Sb und 6 kg Sn entsteht. Während des Krieges hat die sog. „Ahlener Legierung", bestehend aus 78 % Pb, 8 % Sn, 2 % Cu und 12% Sb zufriedenstellende Ergebnisse geliefert. Neuerdings kommt vielfach sog. „Lurgimetall" zur Verwendung. Es besteht aus 96% Pb, 2 bis $3^1/_2$% Ba, etwas Na und etwa 0,5% Ca.

Der Unterkasten nimmt Öl und die Schmierpolster auf, die durch Federn von unten gegen die Achsschenkel gedrückt werden. Der Unterkasten soll leicht abnehmbar sein. Gegen Eindringen von Staub sind halbe Filzringe in die Nuten des Unterkastens eingelegt. Das Achslager mit untenliegender Abfederung unterscheidet sich von dem mit obenliegender nur durch die Ausbildung des unteren Gehäuseteiles. Die Lagerschalen umfassen meist bloß die obere Hälfte des Schenkelumfanges. Laufachslager tragen sogar nur auf $^1/_4$ bis $^1/_3$ des Umfanges, um Heißlaufen zu vermeiden.

b) Achslagerführungen.

Sie bestehen aus dem gleichen Baustoff, wie die Achslagergehäuse und müssen gut mit dem Rahmen verschraubt sein, da sie auch zur Verstärkung des durch den Lagerkastenausschnitt geschwächten Rahmens dienen. In der Regel ist die hintere Führungsbacke als Achslager-Stellkeil nachstellbar angeordnet. Die beiden Achslagerführungen werden unten durch den Achsgabelsteg verbunden, der bei belasteter Feder 30 mm von Unterkante Lagerkasten entfernt sein muß. Gegen diesen Steg stützt sich die Achslager-Stellkeilschraube,

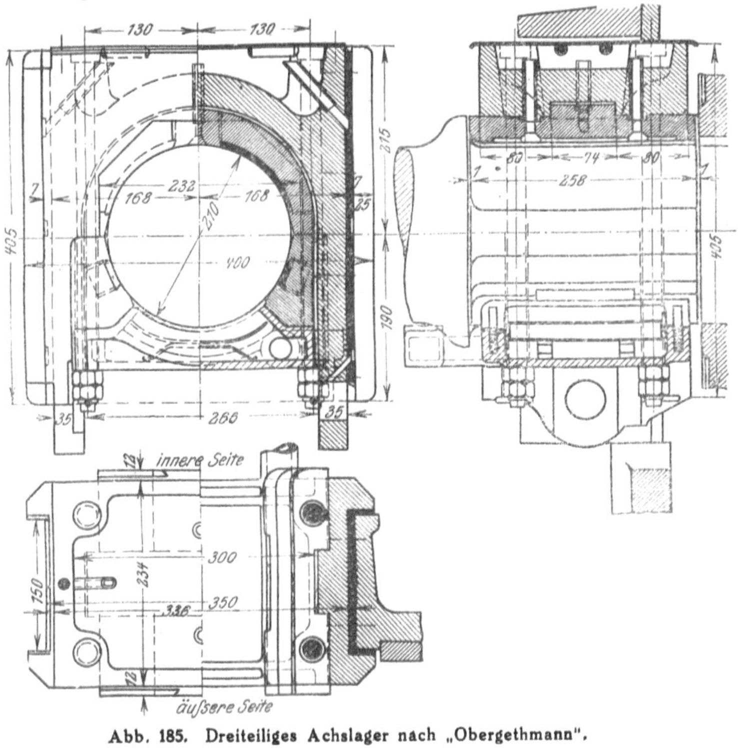

Abb. 185. Dreiteiliges Achslager nach „Obergethmann".

die als besonderes Stück in den Keil eingelassen ist, um Brüche zu vermeiden. Vielfach verwendet man abgeschrägte Führungsleisten oder gelenkige Beiplatten, die ein Schrägstellen der Achse gegen den Rahmen gestatten.

c) Achslagerdrücke.

Bei einer Untersuchung [1]) an einer 2B-Heißd.-S-Lok. war für V = 28 km/st der größte wagerechte Achslagerdruck 14,3 t für jedes

[1]) Vgl. Garbe, II. Aufl., S. 345.

Kuppelachslager. Bei einem Schenkel von 210 mm Durchm. und 260 mm Länge ergibt dies einen größten spezifischen Flächendruck in wagerechter Richtung von 52,5 kg/qcm. Daher schlug Obergethmann dreiteilige Lager nach Abb. 185 vor, bei denen die Lagerschalen rd. $^3/_4$ des Schenkels umfassen, wobei sich der spezifische Flächendruck auf 32,5 kg/qcm stellt. Zur Umgehung der Dreiteilung wird auch ein vergrößertes Breitspiegellager verwendet, bei dem die Lagerschale mit dem Weißmetallspiegel seitlich über die Achsmitte (nach Abb. 184) heruntergeführt wird. Die spezifischen Flächendrücke in senkrechter Richtung würden z. B. bei 17,5 t Achsdruck und einem Gewicht des Radsatzes nebst den dazugehörigen zwei halben Kuppelstangen von 3 t betragen:

$$\frac{17500 - 300}{2} : 21 \times 26 \cong 13{,}3 \text{ kg/qcm},$$

unter Voraussetzung der oben angegebenen Achsschenkelmaße. Sie betragen also nur rd. $^1/_4$ bis $^1/_3$ des wagerechten spezifischen Flächendruckes.

4. Gewichtsberechnung und Lastverteilung auf die Achsen.

Durch die Gewichtsberechnung wird etwa festgestellt:

a) Leergewicht,
b) Dienstgewicht,
c) Lastverteilung auf die Achsen.

Leergewicht = Gewicht der leeren Lokomotive, ohne Kohlen auf dem Rost, ohne Wasser im Kessel, ohne Sand im Kasten, ohne Bedienungsmannschaft auf dem Führerstand, ohne Vorräte bei Tenderlokomotiven.

Dienstgewicht = Leergewicht nebst Wasser im Kessel (beim mittleren Wasserstand), Brennstoff auf dem Rost, Sand im Kasten, Mannschaft, Ausrüstung (Laternen, Signalscheiben, Werkzeuge usw.) nebst Wasser- und Kohlenvorräten bei Tenderlokomotiven.

Zur Gewichtsberechnung dient ein rechnerisches und ein graphisches Verfahren.

a) Rechnerisches Verfahren.

Die Achsdrücke werden aus den Gewichten der einzelnen Teile bestimmt, indem man die Gewichte $G_1\ G_2\ G_3 \ldots\ldots G_n$ mit ihren Hebelarmen $g_1\ g_2\ g_3 \ldots\ldots g_n$ von einer beliebigen Momentenlinie (meist in die Ebene der hinteren Pufferstoßfläche verlegt) multipliziert und aus der Beziehung[1]) $M = \Sigma G \cdot g = G_1 g_1 + G_2 g_2 + G_3 g_3 + \ldots\ldots + G_n g_n$ die gewünschten Achsdrücke $G_1\ G_2\ G_3 \ldots\ldots G_n$ findet, wenn $g_1\ g_2\ g_3 \ldots\ldots g_n$ die Abstände von $G_1\ G_2\ G_3 \ldots\ldots G_n$ von der Momentenlinie sind.

[1]) M ist das vom Dienstgewicht der Lokomotive erzeugte Gesamtmoment.

Man teilt die Lokomotivgewichte ein:

I. in die „ungefederten Teile", d. h. die direkten oder toten Lasten. Es sind alle Teile, die nach Lösen der Stege beim Heben der Lokomotive noch auf den Achsbüchsen ruhen.

II. in die „abgefederten Teile", d. h. die indirekten Lasten. Es sind alle mit dem Rahmen fest verbundene Teile.

Ungefederte Teile sind:

Radsätze, Achsbüchsen, Tragfedern mit Bund, $^3/_5$ der Trieb- und Schwingenstangen, Anteil der Kuppelstangen.

Abgefederte Teile sind:

Kessel, grobe und feine Kesselausrüstungsteile, Regler und Rohre, Zylinder und Triebwerk, Steuerung, Rahmen und Zubehör, Führerhaus und Umlauf, Bekleidung und Schilder, Wasser- und Kohlenkasten (nur bei Tenderlokomotiven), Züge, Bremse, Dampfheizung, Gaseinrichtung, Ausrüstung, Vorräte und Besatzung, Spachtel und Farbe.

Beispiel: Gewichtsberechnung der E-Heißd.-G-Lok. der preuß. Staatsbahnen.

Zulässiger Achsdruck 14 000 kg

I. Gewichte (teils errechnet, teils durch Wiegen bestimmt).

α) Nicht abgefederte Lasten

I. Kuppelachse	2 692 kg
II. Kuppelachse	2 839 „
III. Triebachse	4 202 „
IV. Kuppelachse	2 839 „
V. Kuppelachse	2 692 „
Zusammen	15 264 kg

β) Abgefederte Lasten

	Gewichte	Momente[1])
Kessel	17 111 kg	78 311 250 mkg
Grobe Kesselausrüstungsteile . . .	2 828 „	12 085 050 „
Überhitzer	2 143 „	15 126 200 „
Regler und Ausströmrohr	693 „	5 097 450 „
Feine Kesselausrüstungsteile	761 „	2 094 550 „
Rahmen	13 013 „	74 258 150 „
Triebwerk	6 360 „	55 945 600 „
Schutzdach mit Bekleidung . . .	2 455 „	7 083 350 „
Bremse	1 010 „	4 680 400 „
Westinghouse Bremse	1 146 „	4 516 800 „
Dampfheizung.	129 „	593 600 „
Anstrich	250 „	125 000 „
Füllung	6 980 „	33 772 000 „
Zusammen	54 879 kg	293 689 400 mkg

[1]) Momente in bezug auf die Ebene der hinteren Pufferstoßfläche.

Somit sind für die betriebsfähige Lokomotive:

Nichtabgefedertes Gewicht . . .	15 264 kg
Abgefedertes Gewicht	54 879 kg
Gesamtgewicht (betriebsfähig)	70 143 kg
Vorräte und Besatzung	— 6 980 kg
Leergewicht	63 163 kg

II. Lastverteilung der betriebsfähigen Lokomotive (Abb. 186).

Federlänge $l = 950$ mm. Folglich Länge des Ausgleichhebels $l_1 = a + b = 1500 - 950 = 550$ mm, wenn a und b die beiden Ausgleichshebel-Teillängen vom Drehpunkt aus gerechnet, und wenn der Abstand je zweier nebeneinander liegender Kuppelräder 1500 mm.

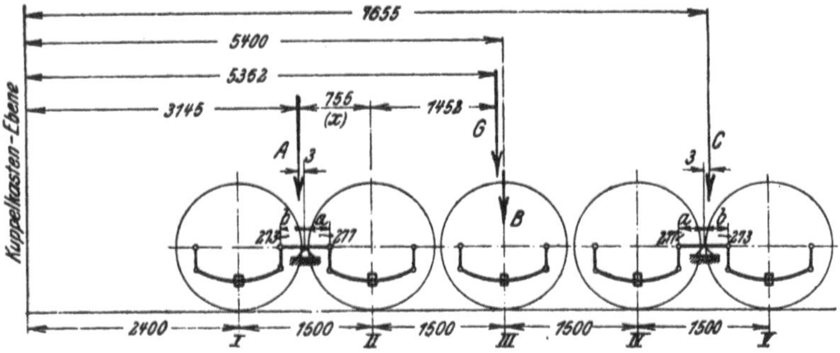

Abb. 186. Lastverteilung der preußischen G_{10}-Lokomotive.

Sollen auf Achse I im Dienst 14 000 kg lasten, so ist die abgefederte Last 14 000 — 2 692 = 11 308 kg;

sollen auf Achse II im Dienst 14 000 kg lasten, so ist die abgefederte Last 14 000 — 2 839 = 11 161 kg.

Somit ist $\frac{11\,308}{11\,161} = \frac{a}{b}$, d. h. aus den beiden Gleichungen für a + b und für $\frac{a}{b}$ ergibt sich:

$$b = 273 \text{ mm}, \quad a = 277 \text{ mm}.$$

Ferner ist $x = \frac{1500 \times 277}{273 + 277} = 755$ mm, oder der ideelle Stützpunkt des Ausgleichhebels liegt für den hinteren Ausgleichhebel $755 - \left(\frac{l}{2} + a\right) = 3$ mm hinter, für den vorderen 3 mm vor dem Drehpunkte des Ausgleichhebels. Der Schwerpunkt des in den Federn hängenden Teiles der Lokomotive liegt von der Bezugsebene entfernt:

$$\frac{293\,689\,400}{54\,879} = 5352 \text{ mm}.$$

Mithin ist $A \cdot 3145 + B \cdot 5400 + C \cdot 7655 = G \cdot 5352 = 293\,689\,400$.

Die abgefederte Last der Triebachse III ist

$$P_3 = 14\,000 - 4202 = \mathbf{9798\ kg};\ \text{demnach:}$$

$A \cdot 3145 + 9798 \cdot 5400 + C \cdot 7655 = 293\,689\,400$
$A \cdot 3145 + C \cdot 7655 = 293\,689\,400 - 52\,909\,200 = 240\,780\,200$
$A + B + C = G = 54\,879$ kg
$A + C = G - B = 54\,879 - 9798 = 45\,081$ kg
$C = 45\,081 - A$
$A \cdot 3145 + (45\,081 - A) \cdot 7655 = 240\,780\,200$
$A \cdot 3145 + 345\,095\,055 - 7655 \cdot A = 240\,780\,200$
$A = 104\,314\,855 : 4510 = 23\,130$ kg
$C = 45\,081 - 23\,130 = 21\,951$ kg

Diese verteilen sich, wenn $P_1 \ldots P_5$ die abgefederten Lasten bedeuten:

$(23\,130 - P_2) \cdot 273 = P_2 \cdot 277$
$P_2 = \mathbf{11\,480}$ **kg**
$P_1 = 23\,130 - 11\,480 = \mathbf{11650}$ **kg**
$(21\,951 - P_5) \cdot 277 = P_5 \cdot 273$
$P_5 = \mathbf{11\,055}$ **kg**
$P_4 = 21\,951 - 11\,055 = \mathbf{10896}$ **kg**

α) Lastverteilung (Dienstgewicht) berechnet:

	I	II	III	IV	V
abgefederte Lasten	11 650 kg	11 480 kg	9 798 kg	10 896 kg	11 055 kg
nicht abgefed. Lasten	2 692 „	2 839 „	4 202 „	2 839 „	2 692 „
zusammen	14 342 kg	14 319 kg	14 000 kg	13 735 kg	13 747 kg

= 70 143 kg

β) Lastverteilung durch Wiegen festgestellt:

	I	II	III	IV	V	
Leergewicht	12 415	12 660	13 450	13 315	13 280	= 65 120 kg
Dienstgewicht	14 145	14 250	14 505	14 235	14 600	= 71 735 kg

b) Graphisches Verfahren.

Die einzelnen Gewichte werden im Kräftemaßstab aneinander angetragen. Von den Endpunkten der Gewichte werden nach einem beliebigen, außerhalb der so erhaltenen Linie gelegenen Punkte Strahlen gezogen. Sodann zieht man Parallele zu diesen Verbindungslinien, bis sie sich mit den Verlängerungen der Gewichte schneiden. Die Parallelen ergeben das Seileck. Durch den Schnittpunkt der verlängerten äußersten Seillinien erhält man so die Schwerpunktslage.

Bei Ausführung tut man gut, nicht alle Gewichte der Lokomotive auf einmal zu einem Seileck zu vereinigen, sondern erst nach Auffindung gruppenweise gefundener sog. „Teilkräfte" aus diesen die „Gesamtkräfte" zu bilden. Damit beim Verbrauch von Wasser und Kohle bei Tenderlokomotiven eine möglichst gleichmäßige Lastverteilung stattfindet, sollen bei diesen Maschinengattungen die Vorräte, wenn irgend möglich, mit dem Gesamtschwerpunkt zusammenfallen.

c) Schwerpunkts- und Gewichstangaben von Lokomotivteilen.

I. Kessel.

Schwerpunkt des Kessels mit Wasser:

Etwa in Mitte zwischen Rauchkammer-Rohrwand und Hinterkessel-Rückwand (Abb. 187).

Kesselgewicht abhängig von der Heizfläche (Hw + Hü): Ohne grobe und feine Ausrüstungsteile.

Größe der Heizfläche	Feuerbüchsdecke	
	rund	flach (Belpaire)
	Kesselgewicht Gk in kg 10 qm Heizfläche	
bis rd. 50 qm Heizfläche (12 at) . .	900 kg/10 qm	1000 kg/10 qm
„ „ 100 „ „ (12 „) . .	880 „	950 „
„ „ 150 „ „ (14 „) . .	860 „	920 „
„ „ 200 „ „ (14 „) . .	840 „	880 „

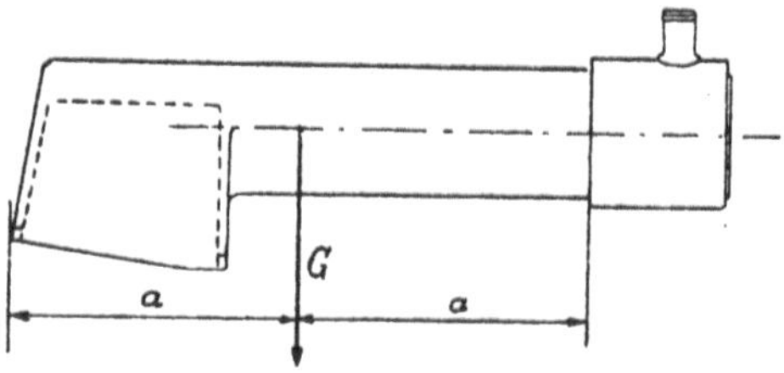

Abb. 187. Kesselschwerpunkt.

Überschlägiges Kesselgewicht G_k in kg in Anlehnung an Kramár.[1])

Es setzt sich zusammen aus den Gewichten

G_1 des Stehkessels mit Feuerbüchse und Verankerungen
G_2 des Langkessels ohne Rohre
G_3 der Rauchkammer
G_4 der Rauchkammer-Rohrwand
G_5 des Domes

so daß $G_k = G_1 + G_2 + G_3 + G_4 + G_5$. Hierin ist zu setzen

$G_1 = 250 + 435{,}6 \cdot H_f$

$G_2 = 0{,}0255 \cdot p \cdot H_r \cdot (8{,}33 - 0{,}016\ H_r)\ \sqrt{H_r}$

$G_3 = 29{,}5 \sqrt{H_r}$

$G_4 = 0{,}2\ (12{,}1\ H_r - 37{,}2 \sqrt{H_r})$

$G_5 \cong 300-600$

worin H_f = wasserberührte Heizfläche der Feuerbüchse = feuerberührte Heizfläche der Feuerbüchse + 3% in qm.

H_r = wasserberührte Heizfläche der Heizrohre = feuerberührte Heizfläche der Heizrohre + 10% + Überhitzerheizfläche in qm

p = größter Kesseldruck in kg/qcm.

[1]) Organ 1906, S. 12.

Kesselgewichte von Lokomotiven der Reichseisenbahn; Gewichte für vollständige Kessel mit kupferner Feuerbüchse, Heiz- und Rauchrohre, Regler, Rauchkammer, Feuertür und Überhitzer, ohne Verkleidung und sonstige Ausrüstung:

S_{10}	22 500 kg	G_8	17 700 kg	G_{10}	21 500 kg	T_{14}	19 200 kg
S_{10}^1	24 570 kg	G_8^1	20 100 kg	G_{12}	28 800 kg	T_{16}	18 000 kg
S_{10}^2	22 500 kg	G_8^2	26 500 kg	T_{10}	16 500 kg	T_{16}^1	18 000 kg
P_8	21 500 kg	G_8^3	26 500 kg	T_{12}	14 300 kg	T_{18}	19 900 kg

Kesseleinzelheiten.

	S_{10}^1	P_8	G_{10}	G_8^1
Kessel ohne Rohre	14 850	13 750	13 750	13 000
Siederohre	2 170	2 030	2 030	1 660
Rauchrohre	1 510	1 340	1 340	1 460
Überhitzereinrichtung	2 400	2 100	2 100	2 160
Regler mit Zug und Rohr	380	360	360	360
Rost	950	890	890	970
Kesselausrüstung	370	350	350	350
Rauchkammertür	470	390	390	420
Feuertür Marcotty	160	160	160	160
Schornstein	160	170	170	150
Aschkasten mit Zug	520	850	850	920

II. Rahmen.

Schwerpunkt einer Rahmenseite etwa in Rahmen-Längsmitte.

III. Radsätze.

Es betragen bei 75 mm Radreifenstärke, Regelspur, D = Raddurchm. in mm die Gewichte

eines Triebradsatzes: G = (D + 1600) kg,
bei Kropfachsen rd. 400 bis 600 kg Zuschlag.
eines Kuppelradsatzes: G = (1,4 D + 350) kg
eines Laufradsatzes: G = (1,2 D)kg

IV. Betriebslasten.

Wasser im Kessel für 1 qm-Heizfl. (bei mittlerem Wasserstand):
in kleinen Kesseln 36 bis 40 l/qm
in mittleren Kesseln 33 bis 36 l/qm
in größeren Kesseln 30 bis 33 l/qm

Kohlen auf dem Rost: für 1 qm Rost 100 bis 150 kg;
Sand im Sandkasten: 200 bis 400 kg;
Führer und Heizer: zusammen 150 kg;
Bei Tenderlokomotiven: Wasser und Kohle in den Behältern.

5. Achsen und Achsanordnungen.

a) Radsätze.

Radsätze (Triebachsen, Kuppelachsen, Laufachsen) bestehen aus Achswelle und Rädern, die mit stetig steigendem Wasserdruck auf erstere aufgepreßt werden. Der Wasserdruck soll am Ende etwa 400 bis 700 kg für jedes mm Durchmesser des Naben- und Zapfensitzes betragen. Die Speichen beider Räder müssen in einer Ebene liegen. Um beim Wiederaufpressen der Räder die richtige Kurbelstellung zu gewährleisten, wird ein Keil mit rechteckigem Querschnitt eingelegt. Zur Vermeidung von Anrissen sind Kanten des Keils und das Ende der Keilnut abgerundet. Achswellen erhalten an den Stirnflächen einen Kontrollriß von 100 mm Durchmesser.

I. Räder.

Der Radkörper, bei Speichenrädern auch Radstern genannt, ist aus Flußeisenformguß von 37 bis 44 kg/qmm Festigkeit und 20 % Dehnung in Deutschland. Vielfach wählt man Anzahl der Speichen gleich Raddurchmesser in dm oder gleich Raddurchmesser in dm + 1. Der Nabendurchmesser ist gleich dem 1,6 bis 2 fachen der Achswellenbohrung. In den Radkörpern der Trieb- und Kuppelachsen werden die Gegengewichte segment- oder sichelförmig (wenn erforderlich mit Bleiausguß) und ihnen gegenüber die Kurbelarme eingegossen. Bei Vorwärtsfahrt eilt die rechte Kurbel gegen die linke um 90° voran; Dreizylinderanordnung bedingt 120° Kurbelversetzung. Um bei großen Innenzylindern Platz für die Achslager zu gewinnen, werden die Radsterne bis zu 60 mm nach außen gesprengt.

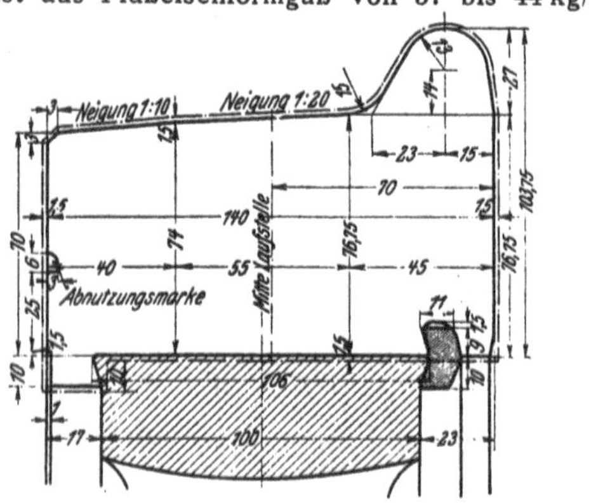

Abb. 188. Radreifenquerschnitt.

Radreifen[1]) werden in Deutschland aus Tiegelflußstahl von mindestens 70 kg/qmm Festigkeit, in Amerika auch aus Vanadiumstahl hergestellt und mit einem Schrumpfmaß von 1 mm auf 1 m innerem Durchmesser auf die Radkörper von vorn warm aufgezogen. Außer dieser, für Kleinbahnen hinreichenden Befestigungsart, wird bei Rädern regelspuriger Lokomotiven die Einlage eines schwalbenschwanzförmigen Sprengringes erforderlich oder, wie in Amerika, die Aufnietung von Segmentstücken, die in eine Nut des Reifens eingreifen, um bei Reifenbruch Lösen des Reifens oder Abfliegen einzelner Reifenstücke zu verhindern. Die Befestigung des Sprengringes erfolgt bei den harten Lokomotiv- und Tenderreifen zweckmäßig durch Niederhämmern und nicht durch Niederwalzen der Reifennase. Abb. 188 zeigt den Querschnitt eines Radreifens der

[1]) Vgl. Zusammenstellung 28.

Regelbauart. Die Umgrenzung des rohen Radreifens ist strichpunktiert. Die dreieckige Nut heißt „Abnutzungsmarke"; ihr Halbmesser ist um (25 + 1,5) mm größer als der der inneren Reifenbohrung. Die Stärke des neuen Radreifens in der Laufkreisebene gemessen beträgt 75 mm; nach T. V, § 70 soll sie beim letzten Abdrehen ≧ 30 mm sein.

Zusammenstellung 28.
Maßangaben über Radreifen von Lokomotiven für verschiedene Spurweiten.

Art der Bahnen	Spurweite mm	Radreifenbreite mm	Entfernung zwischen den Radreifen mm	Spiel im Gleis mm	Geringste zulässige Stärke der Radreifen mm
Hauptbahnen	1676	134÷140	1588	5 + 5	25
	1435	135÷140	1360	5 + 5	25
Lokalbahnen .	1435	≧ 120	1360	5 + 5	20
Kleinbahnen .	1000	≧ 110	925	4 + 4	12
	785	≧ 110	710	4 + 4	—
Feldbahnen . .	750	≧ 100	685	4 + 4	—
	700	≧ 90	640	3 + 3	—
	600	≧ 90	540	3 + 3	—

Räder eines Satzes, sowie die Räder miteinander gekuppelter Radsätze müssen gleiche Laufkreisdurchmesser erhalten. Kleinste bei Laufrädern ausgeführte Durchmesser: in Deutschland 850 mm (gebräuchlich 1000 mm), in Amerika 743 mm.

Nach B. O. § 31 und T. V. § 71 müssen sämtliche Räder innenliegende Spurkränze haben. Ihre Höhe über den 750 mm von Mitte Achse entfernt anzunehmenden Laufkreisen der Räder soll nicht weniger als 25 mm und nicht mehr als 36 mm betragen (Norm der P. St. E. V. 28 mm). Spielraum der Spurkränze im Gleis bei 1435 mm Spur nicht unter 5 + 5 = 10 mm, nicht über 25 mm bei höchstzulässiger Abnutzung. Besserer Krümmungsläufigkeit wegen ist bei drei und mehr in einem Rahmen gelagerten Achsen bis 40 mm Spiel der Mittelachse zulässig, was eine Schwächung des Spurkranzes von 15 mm erforderlich macht. Manchmal läßt man die Spurkränze in diesem Fall auch fort.

II. Achswellen.

Sie werden bei Lokomotiven aus Flußstahl von mindestens 50 kg/qmm Festigkeit, 20 % Dehnung und 0,25 bis 0,3 % C-Gehalt mit den etwa vorgesehenen Bunden aus einem Stück geschmiedet. Der Durchmesser der Nabe wird wegen der am meisten hieran vorkommenden Anbrüche 10 mm größer ausgeführt als der des Schenkels. Kropfachsen häufig aus Chromnickelstahl mit 5 % Nickelgehalt. Achswellen von Kleinbahnlokomotiven werden meist ohne Bunde und mit gleichem Naben- und Lagerdurchmesser ausgeführt.

Schenkeldurchmesser für stählerne Achswellen

bei Trieb- und Kuppelachsen $d_k = 6 \sqrt[3]{P \cdot (D + 500)}$ in mm

bei Laufachsen $d_L = 65 \sqrt[3]{P}$ in mm

worin P = gesamte ruhende Achsbelastung in t und D = Raddurchmesser in mm.

Beispiel: Bestimmung der Abmessung für Trieb- und Laufradwelle, sowie der Achslagerschenkel einer Lokomotive mit 1750 mm Triebraddurchmesser, 17 t Triebachs- und 14 t Laufachsdruck.

α) Trieb- und Kuppelachse:

Achswellendurchmesser $d_k = 6 \sqrt[3]{17\ (1750 + 500)} \cong 200$ mm.

Zur Erhaltung genauer Walzenform und völlig glatter Oberfläche ist damit zu rechnen, daß die Lagerfläche abgedreht oder nachgeschliffen

Abb. 189. Kropfachse für Vierzylinder-Verbundlokomotive.

werden muß. Damit zur Bearbeitung noch ausreichende Stärke vorhanden ist, wird der

Lagerschenkeldurchmesser d'_k um 10 mm größer ausgeführt, also hier $d'_k = 200 + 10 = 210$ mm.

Lagerschenkellänge $l_k = 1{,}2$ bis $1{,}25\ d'_k$ bietet ausreichende Größenbemessung der Lauffläche gegen Heißlaufen, also hier $l_k = 1{,}25 \cdot 210 \cong 260$ mm.

β) Laufachsen:

Achswellendurchmesser $d_L = 65 \sqrt[3]{14} \cong 160$ mm

Lagerschenkeldurchmesser $d'_L = 160 + 10 = 170$ mm

Lagerschenkellänge $l_L = 1{,}4$ bis $1{,}45\ d'_L$, also hier $l_L = 1{,}4 \cdot 170 \cong 240$ mm.

Kropfachsen lassen sich nicht genau berechnen, da die Größe der während des Betriebes auftretenden Kräftebeanspruchungen nicht zu ermitteln ist. Aus baulichen Gründen erfordern große Innenzylinder eine geringe Länge der Lagerschenkel und beschränkte Kurbelwangenabmessungen; z. B. beträgt die Schenkellänge der Kropfachsen der Vierzylinder-Verbundlokomotiven der vorm. preuß. Staatsbahnen nur 226 mm. Die Achsen dieser Maschinengattung sind mit Schrägarmen ausgeführt; sie lassen sich besser herstellen als die mit geraden Wangen und neigen weniger zu Anrissen auf der der Achse zugekehrten Seite der Zapfen und im Übergang zwischen Zapfen und Kurbelwange. Den Radsatz solch einer Kropfachse mit Schrägarmen,

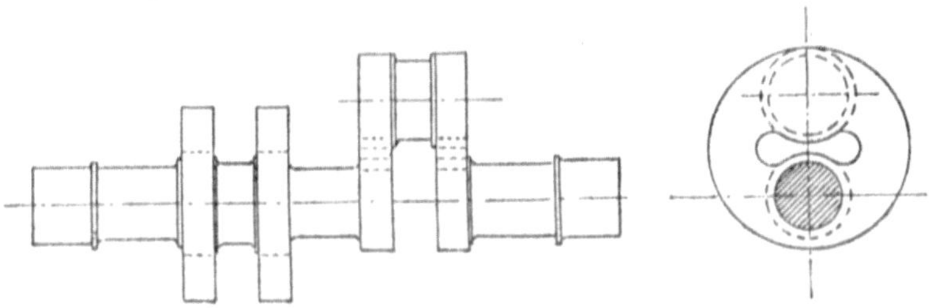

Abb. 190. Frémont-Achse.

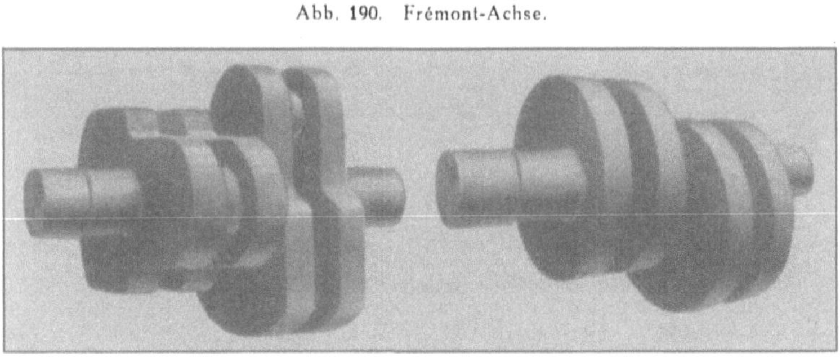

Abb. 191. Doppeltgekröpfte Achse.

und zwar den mittleren von drei gekuppelten Achsen einer von Maffei gebauten 2C1-Vierzylinder-Verbundlokomotive, wo alle vier Zylinder von dieser Achse aus angetrieben werden, zeigt Abb. 189.

Um das Auftreten von Rissen zu verhüten, werden in Frankreich nach Frémont die Kurbelwangen an den Rißstellen ausgeschnitten (Abb. 190). Die Art der Beanspruchung bei der Frémont-Achse ist günstiger als bei der Achse mit vollen Kurbelarmen. Die gefährliche Stelle am Übergang des Zapfens in die Wagerechte ist nicht mehr vorhanden und infolgedessen die Betriebssicherheit der Achse wesentlich erhöht. Doppelgekröpfte Achsen ermöglichen die Anbringung der Ausgleichgewichte in den Ebenen der Kurbelwangen, wovon Abb. 191 ein in England zur Ausführung gelangtes Beispiel bringt.

Lokomotiven mit drei Triebwerken erfordern einfach gekröpfte Achsen. Die Kropfachse der Drilling-Güterzuglokomotive, Gattung G_{12}

in Abb. 192 zeigt eine günstigere Form für die Herstellung als die Achsen mit zwei Kröpfungen. Der infolge des Mangels an Nickel verwendete Siemens-Martin-Stahl ist, nachdem er durch ein besonderes Verfahren „vergütet" wurde, als Baustoff der Kropfachsen von Drillinglokomotiven geeignet.

III. Trieb- und Kuppelzapfen.

Um ein Warmlaufen der Trieb- und Kuppelzapfen, besonders bei den hohen Kolbendrücken der Heißdampflokomotiven zu vermeiden und die Abnutzung der betreffenden Lager zu vermindern, ist neben der Wahl des Baustoffes und der sorgfältigen Herstellung die genügende Größenbemessung der Lauffläche von besonderer Wichtigkeit.

Baustoff: Tiegelflußstahl oder Chromnickelstahl. Aus Festigkeitsrücksichten sind selbst die Abmessungen der Zapfen aus Flußstahl schon ziemlich groß. So würde beispielsweise die Nachrechnung

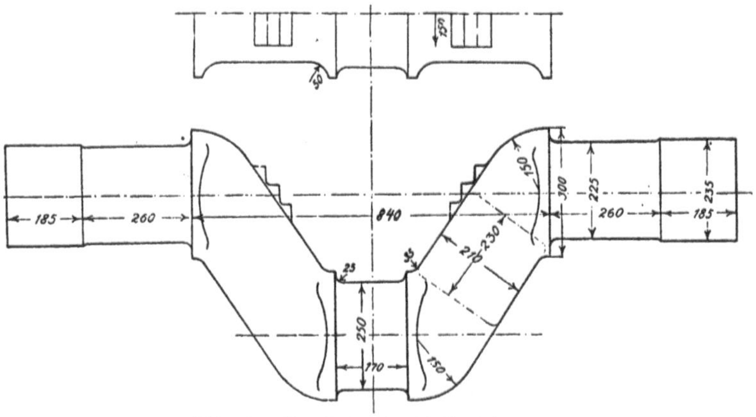

Abb 192. Kropfachse für Drillinglokomotive.

des Triebzapfens der preuß. 2C-H. P. L. auf Biegung mit 575 mm Zylinderdurchmesser, 12 at Kesseldruck, 190 mm Nabendurchmesser, (98 + 150) mm Schenkellänge, nur ein

$$k_b = \frac{\frac{57{,}5^2 \pi}{4} \cdot 12 \left(\frac{15}{2} + 9{,}8\right)}{0{,}1 \cdot 19^3} = 785 \text{ kg ergeben,}$$

während 1000 kg/qcm in diesem Falle zulässig sind.

Maßgebend für die Abmessungen der Zapfen ist:

α) die Aufnahme der hohen spezifischen Flächendrücke

$$P^{kg} : F^{qcm} = p^{kg/qcm},$$

die bei zu großer Reibung ein Fressen der Gleitflächen verursachen können,

β) die Sicherheit gegen Heißlaufen des Zapfens und Lagers, die bei Einhaltung der zulässigen Reibungsleistung vorhanden ist. Ihr entspricht das Produkt $p \cdot v^{mkg/sek}$ = spezifischer Flächendruck × Zapfenumfangsgeschwindigkeit (vgl. Zus. 29).

Zusammenstellung 29.

Lokomotivgattung	Spezifischer Flächendruck p kg/qcm		p·v mk g/sek	Zapfenlänge: Zapfendurchmesser l : d
	S	G; T	S; G; T	S; G; T
Innerer Triebzapfen	75	90	50 bis 75	0,6 bis 0,7
Äußerer Triebzapfen . .	125	150	75 bis 95	0,9
Kuppelzapfen der Triebachse	110	135	—	[1]0,65 bis 0,75
Kuppelzapfen der Kuppelachse	100	100	—	0,85

Hierbei sind harte, genau rund geschliffene und hochpolierte Zapfen, sowie Weißmetallager mit vorzüglicher Schmierung zur Bedingung gemacht. Die zur Bestimmung der Zapfenumfangsgeschwindigkeit v erforderliche sekundliche Umdrehungszahl n ergibt sich aus

$$n = 88{,}5 \cdot \frac{V^{km/st}}{D^{mm}}$$

worin V die Höchstgeschwindigkeit der Lokomotive in km/st, D der Triebraddurchmesser in mm. Zusammenstellung 30 gibt bei S-, G- und T-Lokomotiven ausgeführte Zapfenabmessungen an.

Beispiel: Bestimmung der Größenabmessungen von Trieb- und Kuppelzapfen der preußischen 2C-H. P-Lok., Gattung Ps. Triebraddurchmesser 1750 mm, Zylinderdurchmesser 575 mm, größte Dampfspannung im Zylinder 12 at, mittlerer Dampfdruck im Zylinder bei 90 km/st Fahrgeschwindigkeit 3,8 kg/qcm.

a) Triebzapfen.

Berechnung auf Pressung

Aus der größten Kolbenkraft $P = \frac{57{,}5^2 \pi}{4} \cdot 12 = 31\,160$ kg und der Annahme des zulässigen Flächendrucks von 125 kg/qcm bei S-Lokomotiven nach Zusammenstellung 29 ist die Triebzapfenfläche

$$d_T \cdot l_T = \frac{31\,160}{125} = 249 \text{ qcm}.$$

Wird $l_T = 0{,}9\ d_T$ gesetzt, so ist $0{,}9\ d_T^2 = 249$ und

Triebzapfendurchmesser $d_T = \sqrt{\frac{249}{0{,}9}} \cong 16{,}5 = 165$ mm.

Triebzapfenlänge $l_T = 165 \cdot 0{,}9 = 148{,}5 \cong 150$ mm.

Prüfung auf Heißlaufen

Bei der mittleren Kolbenkraft $P_m = \frac{57{,}5^2 \pi}{4} \cdot 3{,}8 = 9860$ kg, dem spezifischen Flächendruck $p = \frac{9860}{249} = 39{,}6$ kg/qcm und der sich bei 90 km/st Geschwindigkeit $(n = 88{,}5 \cdot \frac{90}{1750} = 4{,}55)$ ergebenden Zapfenumfangsgeschwindigkeit $v^{m/sek} = 0{,}165\,\pi \cdot 4{,}55 = 2{,}35$ m/sek ist $p \cdot v = 39{,}6 \times 2{,}35 = 93{,}0$ mgk/sek noch zulässig.

[1]) Schenkellänge hängt von der Lage der Zylinder ab.

Zusammenstellung 30. **Zapfen-**

Bahnverwaltung	Gattung	Bauart	Triebwerk	Laufachse Durchm. mm	Kesseldruck at	Schenkel der Laufachse Durchm. mm	Schenkel der Laufachse Länge mm
					Schnellzug- und		
Preußische Staatseisenbahn	S_6	2 B	550/630/2100	1000	12	160	220
	P_8	2 C	575/630/1750	1000	12	170	240
	P_{10}	1 D 1	3 × 520/660/1750	1000 1100	14	175	255
	S_{10}	2 C	4 × 430/630/1980	1000	14	170	240
	S_{10}^1	2 C	400/610/660/1980	1000	15	175	255
	S_{10}^2	2 C	3 × 500/630/1980	1000	14	170	240
Holländische Staatsbahn		2 B	530/660/2100	990	12,4	170	260
Ägyptische St.-B.		2 B 1	508/660/1980	1067 1435	12,6	190	285
Dänische St.-B.		2 C	570/670/1866	1054	12	160	250
Portugiesische Staatsbahn	Spur 1676	2 C	520/650/1546	850	12	150	200
Badische St.-B.		2 C 1	425/650 / 610/670 / 1800	990 1200	16		
Serbische St.-B.		1 C 1	4 × 410/650/1850	1050	12	170	210
Sächsische St.-B.		1 D 1	480/720/630/1905	1065 1261	15		
Madrid-Zaragossa-Kicank-Eisenb.	Spur 1676	2 D	580/660/1400	830	12		
						Güterzug-	
Preußische Staatseisenbahn	G_8	D	600/660/1350	—	12	—	—
	G_8^1	D	600/660/1350	—	14	—	—
	G_8^2	1 D	620/660/1400	1000	14	175	255
	G_8^3	1 D	3 × 520/660/1400	1000	14	175	255
	G_{10}	E	630/660/1400	—	12	—	—
	G_{12}	1 E	3 × 570/660/1400	1000	14	175	255
	G_{12}^1	1 E	3 × 560/660/1400	1 00	14	175	255

abmessungen. Zusamenstellung 30.

Schenkel der Trieb- und Kuppelachse		Triebzapfen		Kuppelzapfen der Triebachse		Kuppelzapfen der Kuppelachse		Druck auf die Laufachse	Druck auf die Triebachse
Durchm. mm	Länge mm	Durchm. mm	Länge mm	Durchm. mm	Länge mm	Durchm. mm	Länge mm	t	t
Personenzuglokomotiven.									
210	260	160	150	180	90	100	90	13	17,2
210	260	165	150	190	98	100	85	12,5	16,9
225	260	a 190 i 250	175 170	165	160	110	90	15	17
T 220 K 210	260	a 145 i 230	110 116	160	103	110	90	13,9	17,2
T 220 K 210	226 260	a 125 i 230	120 116	145	100	100	90	16	17,3
T 220 K 210	260	a 165 i 230	130 170	175	103	120	95	14,3	17,1
225	250	i 225	135			125	115	12,5	17,1
220	275	140	180	160	110	102	102	13	17,8
210	260	165	120	190	120	100	100	10,5	16
T 220 K 200	240 240	a 125 i 240	120 140			100	100	9	15
220	240	a 140 i 242	130 140	180	105	95	85	13,3	16,5
200	220	a 110 i 210	110 110	145	100	110	80	12	14,6
T 230 K 200	230 250	a 150 i 260	140 140	190	140	105	85	16	17,2
190	240	165	150	165	100	100	100	10	14,5
lokomotiven.									
190	220	165	120	165	100	100	85	—	14,3
210	220	175	130	175	100	100	85	—	17
T 225 K 215	260 260	170	180	195	130	110	90	13,4	17
T 225 K 215	260 260	a 155 i 250	160 170	190	150	110	90	16,3	17
T 210 K 190	260 210	165	150	165	100	100	80	—	14,3
T 225 K 215	260 260	a 165 i 250	160 170	150	190	110	90	13,1	16
T 225 K 215	260 260	a 165 i 240	160 150	140	180	110	90	13,9	17

Zusammenstellung 30 (Fortsetzung). **Zapfen-**

Bahnverwaltung	Gattung	Bauart	Triebwerk	Laufachse Durchm. mm	Kesseldruck at	Schenkel der Laufachse Durchm. mm	Länge mm
						Güterzug-	
Prinz-Heinrich-Bahn		E	630/650/1325	—	12	—	—
SchwedischeSt.-B.		E	700/640/1300	—	12	—	—
Siamesische St.-B.		E	530/600/1200	—	12	—	—
Nord-Brabant E. G.		1 D	520/660/1400	940	12	160	330
Portugiesische Staatsbahn . .	Spur 1676	1 D	560/630/1330	850	12	140	200
Spanische Nord-B.	1676	2 D	400/620 / 640/1500	860	16	150	250
Antofagasta-Bolivia-Eisenb.	1000	1 D	520/610/980	710	12,66	152	229
						Tender-	
Preußische Staatseisenbahn	T_8	C	500/600/1350	—	12	—	—
	T_{10}	2 C	575/630/1750	1000	12	160	220
	T_{12}	1 C	540/630/1500	1000	12	190	300
	T_{14}	1 D 1	600/660/1350	1000	12	190	300
	T_{16}	E	610/660/1350	—	12	—	—
	T_{18}	2 C 2	560 630/1650	1000	12	170	240
	T_{20}	1 E 1	700/660/1400	850	14		
Halberstadt-Blankenburg		1 E 1	700/550/1100	850	14	150	300
HolländischeSt.-B.		1 D 1	520/660/1400	915	12	160	305
						Schmalspur-	
Holländische St.-B. Java	Spur 1067	1 F 1	540/510/1102	774	12	140	280
Argentinische Staatsbahn	1000	1 D 2	520/600/1200	720	12	130	220
Breskens-Maldeghem	1000	C	340/400/970	—	12	—	—

abmessungen. Zusammenstellung 30 (Fortsetzung).

Schenkel der Trieb- und Kuppelachse Durchm. mm	Schenkel der Trieb- und Kuppelachse Länge mm	Triebzapfen Durchm. mm	Triebzapfen Länge mm	Kuppelzapfen der Triebachse Durchm. mm	Kuppelzapfen der Triebachse Länge mm	Kuppelzapfen der Kuppelachse Durchm. mm	Kuppelzapfen der Kuppelachse Länge mm	Druck auf die Laufachse t	Druck auf die Triebachse t
lokomotiven.									
200	220	165	130	180	100	110	80	—	14,7
T 212 K 200	250 250	160	152	190	114	112		—	17
155	240	165	100	165	100	100	80	—	10,1
203,2	240	150	140	170	150	100	80	10,2	14,2
190	220	140	130	170	100	100	85	9	14
200	230	a 120 i 210	140 140	140	120	100	90	10	15
190	229	140	140	165	152	114	86	10,5	14,5
lokomotiven.									
180	180	140	110	140	90	90	70	—	15,2
210	260	160	120	165	100	100	85	13,7	16,2
T 210 K 190	260 200	160	120	160	100	Kugel 130	85	15,5	17
200	240	165	120	170	100	110	80	15,6	15,8
190	210	165	150	165	100	100	80	—	16,2
210	200	165	130	165	100	110	85	14,9	15,5
220	260	200	200	200	190	110	100	15	16
220	300	185	200	195	140	110	90	12,5	15
200	230	130	130	170	160	100	80	13,5	15
lokomotiven.									
155	240	165	100	165	100	100	80	9	9,5
200	250	165	135	190	135	100	100	8,7	13,5
120	150	90	80	105	60	70	64	—	6,7

β) Kuppelzapfen.

Für die Triebachse:

Bei dem Druck von $\frac{2}{3} P = \frac{2}{3} \cdot 31\,160 = 20\,770$ kg wird die Lagerfläche $d_k \times l_k = \frac{20\,770}{110} \cong 190$ qcm. Die Zylinderlage, deren Achsen man dem Rahmen so nahe wie möglich legt, gestattet eine Länge der Zapfen l_k von 98 mm. Hiernach ist $d_k = \frac{190}{9{,}8} = 19{,}2 \cong 190$ mm.

Für die Kuppelachse:

Sie wird mit $\frac{P}{3} = \frac{31\,160}{3} = 10390$ kg beansprucht. Bei einem zulässigen spezifischen Flächendruck von 100 kg/qcm folgt die Zapfenfläche zu $l_k \times d_k = \frac{10\,390}{100} = 103{,}9$ qcm. Wird $l_k = 0{,}85\, d_k$ gesetzt, so ist

$$d_k = \sqrt{\frac{103{,}9}{0{,}85}} = 11 = 110 \text{ mm und } l_k = 0{,}85 \times 110 \cong 90 \text{ mm}.$$

Kurbelzapfen werden vielfach hohl ausgeführt. Die Gegenkurbeln der Triebzapfen zum Antrieb der Steuerung werden in die Stirnfläche des Zapfens eingelassen und mit Schrauben befestigt. Auch kann die Gegenkurbel den Bund am Zapfenende bilden, oder nach amerikanischer Ausführung auf einen Zapfenansatz an der Stirnfläche aufgeklemmt werden. Zapfen mit angeschmiedeter Gegenkurbel sind teuerer in der Herstellung und erschweren im Betrieb das Abnehmen der Trieb- und Kuppelstangen.

b) Radstand.

Den Lokomotiven ist ein um so größerer Radstand zu geben, je größer die beabsichtigte Fahrgeschwindigkeit ist.

Für Bahnen, bei denen auf freier Strecke vielfach die nachbezeichneten Krümmungen vom Halbmesser R vorkommen, wird nach T. V. § 87 empfohlen, um diese Krümmungen ohne Klemmen (d. h. ohne Überschneiden der inneren Fahrkante) durchfahren zu können, den festen Radstand r der Lokomotiven nicht größer zu wählen als

r^m =	3,2	3,5	3,8	4,1	4,8	5,4
bei R^m =	180	210	250	300	450	500

Beweglichkeit der Achsen (nach T. V. § 88).

I. Bei Lokomotiven mit größeren als den in § 87 angegebenen Radständen (Abstand der Endachsen) ist die Anwendung von Drehgestellen oder einstellbaren Achsen erforderlich.

II. Zweiachsige Drehgestelle, deren Drehpunkt zwischen den Drehgestellachsen liegt, sowie Verbindungen beweglicher Achsen von ähnlicher Wirkung werden für Lokomotiven der Schnell- und Personenzüge an erster Stelle empfohlen.

III. Ein- oder zweiachsige Deichselgestelle und nach der Bahnkrümmung einstellbare führende Laufachsen sind für Lokomotiven geeignet, die für Fahrgeschwindigkeiten bis zu 80 km/st bestimmt sind. Die seitliche Verschiebbarkeit ist so groß zu machen, daß auch in den schärfsten Krümmungen der freien Strecke die Spurkränze des folgenden festgelagerten Räderpaares an der äußeren Schiene anlaufen können.

IV. Zur Verminderung des Spurkranzdruckes an der führenden Achse drei- und mehrachsiger Lokomotiven ist den einzelnen Kuppelachsen — insbesondere derjenigen der festgelagerten, führenden Achse folgenden — eine so große seitliche Verschiebbarkeit zu geben, daß in den schärfsten Krümmungen der freien Strecke die Achsbunde der verschiebbaren Kuppelachsen keinen Seitendruck auf ihre Lager ausüben.

Schmierung der Spurkränze (vgl. auch T. V. § 89).

In krümmungsreichen Strecken wird das Schmieren der Spurkränze an den vorderen Rädern, bei Tenderlokomotiven an den vorderen und rückwärtigen Rädern während der Fahrt zur Herabminderung des Fahrwiderstandes empfohlen (Radnässer). Hierzu dient Öl (Ölkissen), Kesselwasser oder Niederschlagwasser aus der Abdampfleitung der Luftpumpe; bei Tenderlokomotiven auch Frischwasser aus dem Wasserbehälter.

c) Laufachsen.

Sie dienen zur Führung der Lokomotive in Krümmungen und müssen für V = 60 km/st bei Güterzug- und V = 80 km/st bei Personenzuglokomotiven geeignet sein. Zur Erreichung guter Krümmungseinstellung der Laufachse kann sich letztere seitlich verschieben und um einen wirklichen oder gedachten Drehpunkt ausschwingen. Rückstellung bewirken meist starke, mit 500 bis 1000 kg Anfangskraft eingesetzte Federn oder schräge Flächen oben auf den Achslagern.

Das Seitenspiel soll so groß sein, daß auch in den kleinsten Krümmungen die Spurkränze des nachfolgenden festen Radsatzes anliegen. Zu geringes Seitenspiel bewirkt in starken Krümmungen zu großen Seitendruck und führt zu Scharflaufen der Spurkränze. Größe der Seitenverschiebung 30 bis 50 (80) mm nach beiden Seiten. Allgemein errechnet sich der seitliche Ausschlag aus $s = \frac{(r + c)^2 - r^2}{2\,R}$ worin r der feste Achsstand, c der Achsstand von der verschiebbaren bis zur ersten festen Achse, R der Krümmungshalbmesser. Bezeichnet d die Entfernung zwischen Laufachse und der sich radial stellenden festen Achse der Lokomotive, d_1 die Entfernung zwischen der ersten festen und der radial stehenden festen Lokomotivachse, l die Länge des Dreharmes der Laufachse, so muß sein $l = \frac{d^2 - d_1^2}{2\,d}$, um Radialstellung der außen anlaufenden Laufachse zu ermöglichen. Gebräuchlich sind folgende Laufachsen.

Bauart „Adams" (Abb. 193).

Die Achse ist in schräggestellten Achsbuchsführungen im Hauptrahmen gelagert. Achsgehäuse sind mittels Blechverbindung oder Stahlgußgehäuse verbunden. Die Rückstellung geschieht durch Wickel- oder Blattfedern von etwa 1000 kg Spannung; auch kann die Rückstellung durch Keilflächen erfolgen. Um eine radiale Einstellung der Adamsachse zu ermöglichen, müssen Achsbuchsgehäuse und Achslagerbacken kreisförmig gekrümmt sein. Der Krümmungshalbmesser soll betragen $l = \frac{(r + c)^2 - r^2}{2\,(r + c)}$, worin r und c die vorstehenden Bedeutungen haben.

Bauart „Bissel" (Abb. 194).

Die Achse ist in einem besonderen Rahmen gelagert, der sich unter dem Hauptrahmen hinweg bewegen kann. Am hinteren Teil des Rahmens sitzt die Deichsel (Dreharm von der Länge l), die dreh-

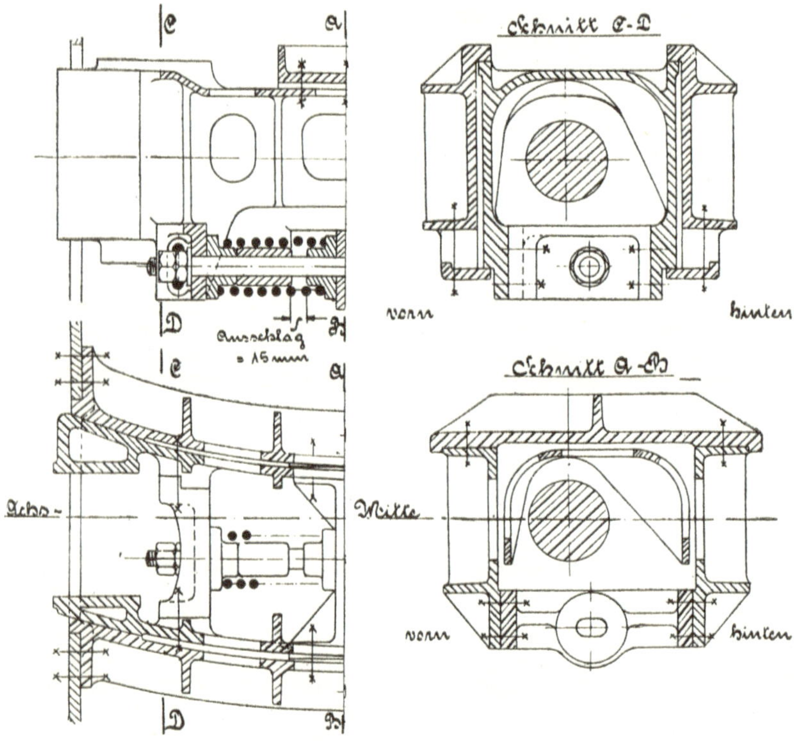

Abb. 193. Adams-Achse.

bar mit dem Hauptrahmen in Verbindung steht. Die Rückstellvorrichtung liegt über dem Laufachsgehäuse. Geeignet ist die Bisselachse für G-Lokomotiven und für P. T-Lokomotiven mit nicht zu hoher Geschwindigkeit (bis 80 km/st).

Bei der deutschen G_{12}-Bauart ist die Laufachse in einem Bissel-Gestell mit Drehzapfen, vorderen Zugstangen und Wiege gelagert. Sie wird abgefedert durch zwei Tragfedern über den Achsbüchsen, sowie durch vier Wickelfedern an den Federspannschrauben. Durch Längs- und Quer-Ausgleichhebel ist der Stützzapfen verbunden mit den Federspannschrauben der Tragfedern der ersten Kuppelachse.

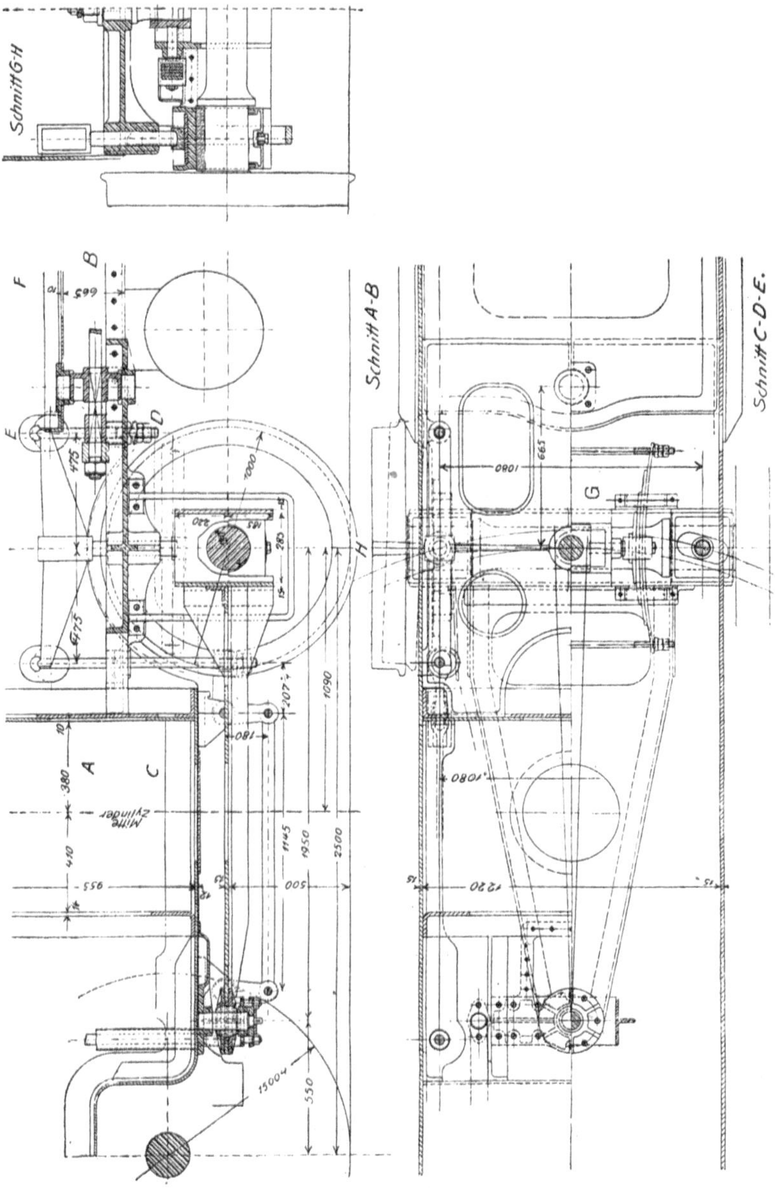

Abb. 194. Bissel-Achse.

Bauart „W e b b" (Abb. 196).

Bei der 2C1-Vierzylinder-Heißdampf-Verbund-S-Lokomotive der Ungarischen Staatsbahn schwingt der radial einstellbare Schleppradsatz um 2,65 m ideellen Halbmesser 75 mm nach jeder Seite. Die Rückstellung erfolgt durch eine oberhalb angeordnete Wickelfeder mit Kugelpfannenstützung.

Bauart „K l i e n - L i n d n e r" (Abb. 195).

Findet hauptsächlich bei Schmalspurlokomotiven Verwendung. Es ist eine innerhalb der Räder gelagerte, abgefederte Kernachse mit kugelförmiger Verstärkung in der Mitte, in die ein Zapfen eingepreßt ist, dessen vorstehende Enden mittels Gleitstücken in den Führungen der die Kernachse umgebenden zweiteiligen Hohlachse gleiten. Die Zapfenenden freilassend, umfassen zwei außen halbzylindrische Kugelschalen die Verstärkung der Kernachse. Auf diesen Kugelschalen

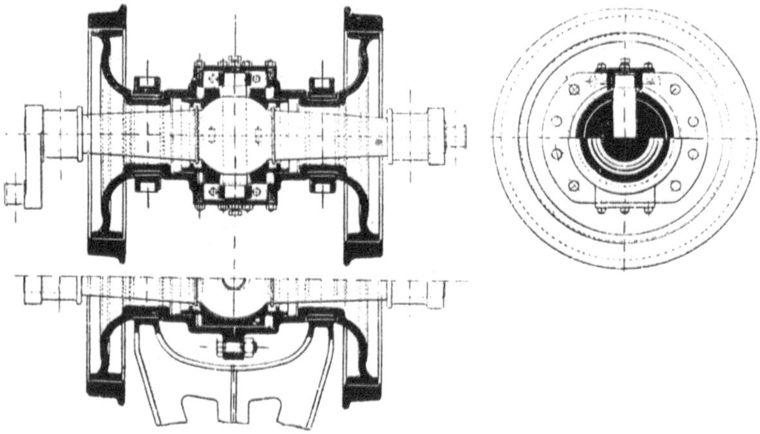

Abb. 195. Klien-Lindner-Achse.

kann sich die Hohlachse gegen die Kernachse aus der Mittellage verschieben, in die sie durch die Wirkung einer der beiden in der Hohlachse angeordneten Federn zurückgebracht wird.

d) Drehgestelle.

Sie bilden für sich ein besonderes Maschinengestell, dessen beide Achsen im Rahmen dieses Gestelles sitzen. Um einen zwischen den Achsen gelagerten Zapfen sind sie drehbar mit dem Hauptrahmen verbunden. Zweiachsige Drehgestelle bewirken die Erhöhung der Laufsicherheit der Maschine in der Geraden und in Krümmungen; sie bezwecken ferner eine Lastverteilung auf eine größere Achsanzahl und ermöglichen die Unterbringung eines großen Kessels.

Drehgestelle sollen möglichst großen Achsstand haben; gewöhnlich 2,0 bis 2,2 m bei Regelspur (Größtwert 2,7 m, Kleinstwert 1,5 m). Sie besitzen meist ein Seitenspiel s von 2 × 40 mm (bis 2 × 70 mm). Wenn die hintere Achse gerade innen anlaufen und dabei radial

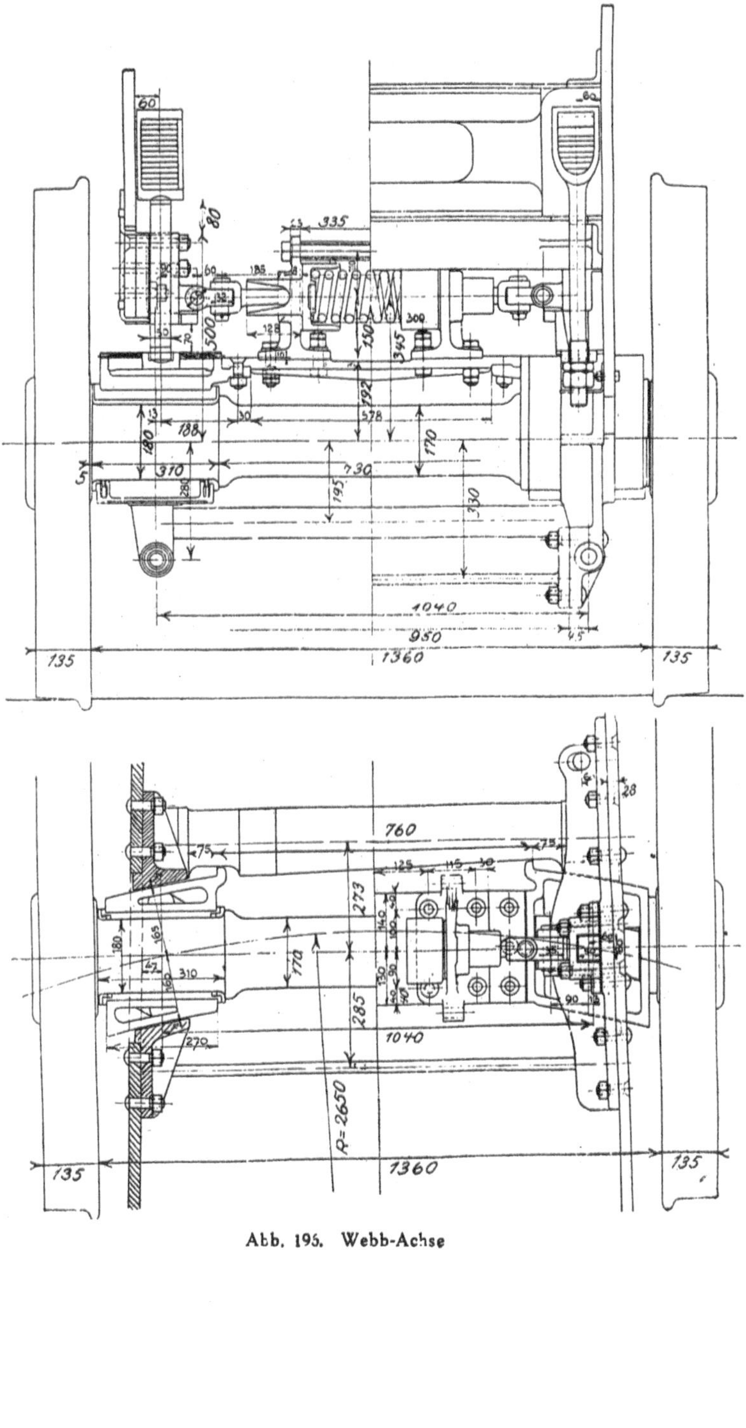

Abb. 195. Webb-Achse

stehen soll, so muß $s = \frac{a^2}{2R} - 2e$ werden, worin a die geführten Länge (von Zapfen des Drehgestelles bis zur hinteren Achse), R der Krümmungshalbmesser und e die Spurerweiterung. Der Ausschlag des Drehgestelles wird begrenzt durch Anschläge am Hauptrahmen. Drehgestellräder > 840 mm Durchmesser; in Europa gewöhnlich 1,0 bis 1,2 m Durchmesser. Als Drehgestellrahmen dienen Blechrahmen von 18 bis 25 mm oder Barrenrahmen von 60 bis 75 mm Stärke.

Die mannigfachen Drehgestellbauarten unterscheiden sich hauptsächlich in folgendem: in der Anordnung des Mittelzapfens (tragend oder führend, mit oder ohne Seitenbeweglichkeit), in der der Tragfedern, in der Art der Lokomotivunterstützung durch das Drehgestell und in der Rückstelleinrichtung in die Mittellage (durch Federn, Pendel, Keilflächen).

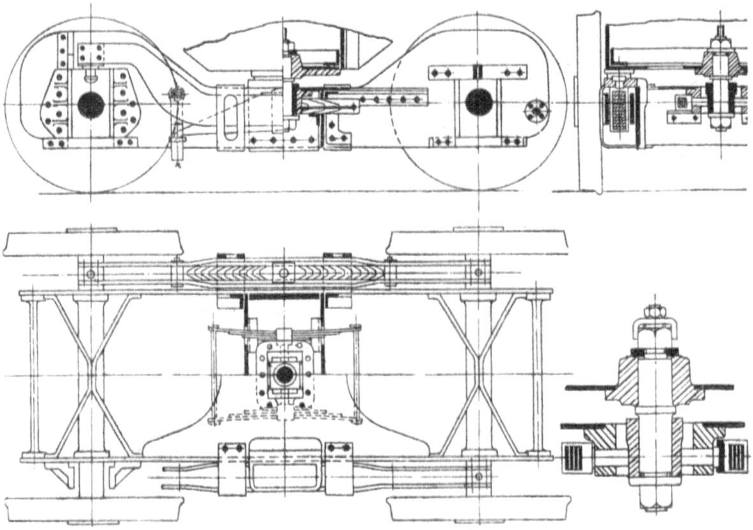

Abb. 197. Preußisches zweiachsiges Drehgestell.

Preußisches zweiachsiges Drehgestell (Abb. 197).

Der Drehzapfen, um den die Drehbewegung und der Seitenausschlag erfolgt, ist am Hauptrahmen fest gelagert, ist im Drehgestellrahmen mit einem Gleitklotz seitlich verschiebbar und liegt in der Mitte des Drehgestelles. Rückstellung erfolgt durch zwei mittels Spannstangen zu gemeinsamer Wirkung verbundene lange Blattfedern, die sich auf den Achsbüchsen abstützen. Der Hauptrahmen ruht auf seitlich angeordneten Stützlagern.

Drehgestell der 2D-Heißd.-S-Lok. der spanischen M. Z. A. - Bahn (Abb. 198).

Die Seitenbeweglichkeit wird ermöglicht durch Aufhängung nach Art einer Wiege. Die Darstellung [1]) zeigt die Kraftrückwirkung auf

[1]) Hanomag-Nachrichten, 1915, Heft 1, S. 17.

die einzelnen Aufhängebolzen und die Einstellung der Wiege selbst einmal für Mittelstellung, dann auch für einen seitlichen Höchstausschlag von 60 mm. Nach Abzug der toten Lasten erhält man für den ersteren Zustand wagerechte Kräfte von 2400 kg, die sich gegenseitig aufheben und wie die Vorspannung einer Rückstellfeder wirken. Im Augenblick des größten Ausschlages ergibt sich eine wagerechte wirksame Rückstellkraft von 3100 kg.

Krauß-Helmholtz-Drehgestell (Abb. 199 bis 203).

Stellt die zwangläufige Verbindung dar zwischen einer seitlich verschiebbaren Kuppelachse und einer radial einstellbaren, in einem

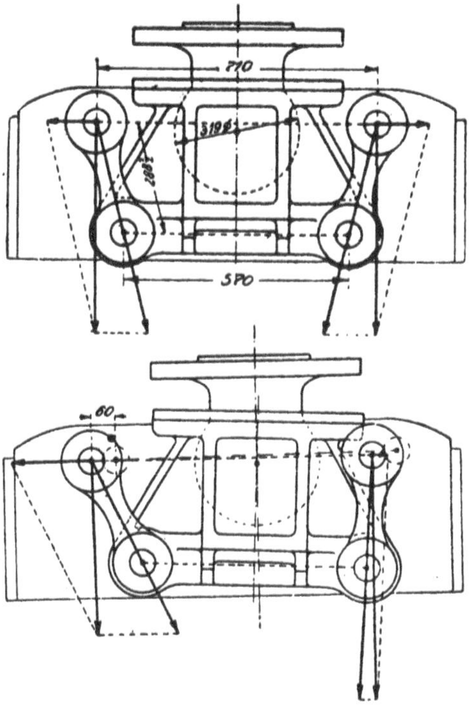

Abb. 198. Wiege für das zweiachsige Drehgestell einer spanischen Lokomotive.

Deichselgestell gelagerten Laufachse. Die Anordnung ist also kein selbständiges Drehgestell, sondern die zwangläufige Verbindung eines einachsigen Deichselgestelles mit einer zweiten, seitlich verschiebbaren Achse. Seitlicher Ausschlag $s = \frac{r \cdot c_1^2}{R}$, worin r der feste Radstand und c_1 die Entfernung des Drehzapfens von der Kuppelachse. Der Drehpunkt darf nicht zu weich gefedert und nicht zu weit rückwärts (nicht hinter Drehgestellmitte) gelagert sein. Letzteres ist notwendig, um große geführte Länge der Lokomotive und gute radiale Einstellung der Laufachse zu erhalten.

Die allgemeine Wirkungsweise ist folgende: Bei annähernder Radialstellung und gleichzeitiger Einwärtsbewegung der vor- oder nachlaufenden Endachse wird die benachbarte Kuppelachse nach auswärts bis zum Anlaufen an die Schiene verschoben, so daß beide Achsen mit den Spurkränzen der diesbezüglichen Räder die Außenschiene berühren.

Verschiedene Ausführungsformen zeigen die Abb. 199 bis 203. Sie bezwecken die völlige Beseitigung des Einseitiglaufens (einseitige Abnutzung der Laufräder bei Vorwärtsfahrt in der Geraden). Die Mittel hierzu sind: Unabhängigkeit der Winkelstellung der Laufachse von derjenigen der Deichsel innerhalb der Spielräume s (vgl. Abb. 199), sowie Sicherung der zur Fahrzeug-Längsachse genau rechtwinkligen Grundstellung" der Laufachse durch die am Hauptrahmen fest angebrachten Widerlager M, gegen die der Achslagerkörper G durch die Feder N angedrückt wird (in Abb. 200 und 202 Blattfeder, in Abb. 199 und 201 Wickelfeder).

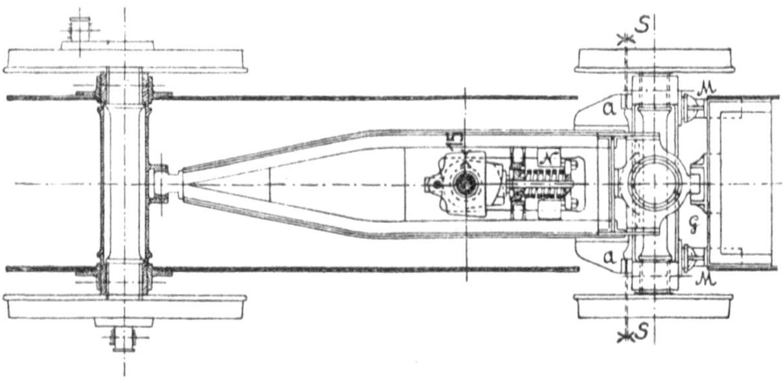

Abb. 199. Krauß-Helmholtz-Drehgestell mit Wickelfeder.

In Abb. 200 ist das Lagergehäuse G der Laufachse nicht starr (wie bei früheren Ausführungsarten des K. H. D.) mit der Deichsel verbunden, sondern durch einen Zapfen D über der Achsmitte, oder, falls für dessen körperliche Durchbildung nicht genügend Raum vorhanden ist, durch einen ideellen Drehpunkt. So kann zwar die gegenseitige Abhängigkeit in der Seitenverschiebung der Achsen gewahrt bleiben; der Laufachse sind jedoch innerhalb eines Spielraumes von 3 mm geringe wagerechte Verdrehungen gegenüber der Deichsel gestattet, und ein zwangläufiges Mitnehmen der Achse durch die Deichsel in radialer Richtung tritt erst ein, nachdem einer der Anschläge A zum Anliegen gekommen ist. In der Mittellage des Gestells und den unmittelbar benachbarten Stellungen, in denen beide Anschläge A noch frei sind, wird die zur Mittellinie des Fahrzeuges genau rechtwinklige Stellung der Laufachse durch zwei an dem Hauptrahmen H befestigte Widerlager M gesichert, gegen die das Lagergehäuse G nach vorn anliegt. Ein Andrücken gegen diese Widerlager, welches allzufreie Pendelbewegungen der Achse innerhalb der Spielräume verhindern soll, erfolgt durch die Feder N, die sich mit ihrer Mitte gegen den Dreh-

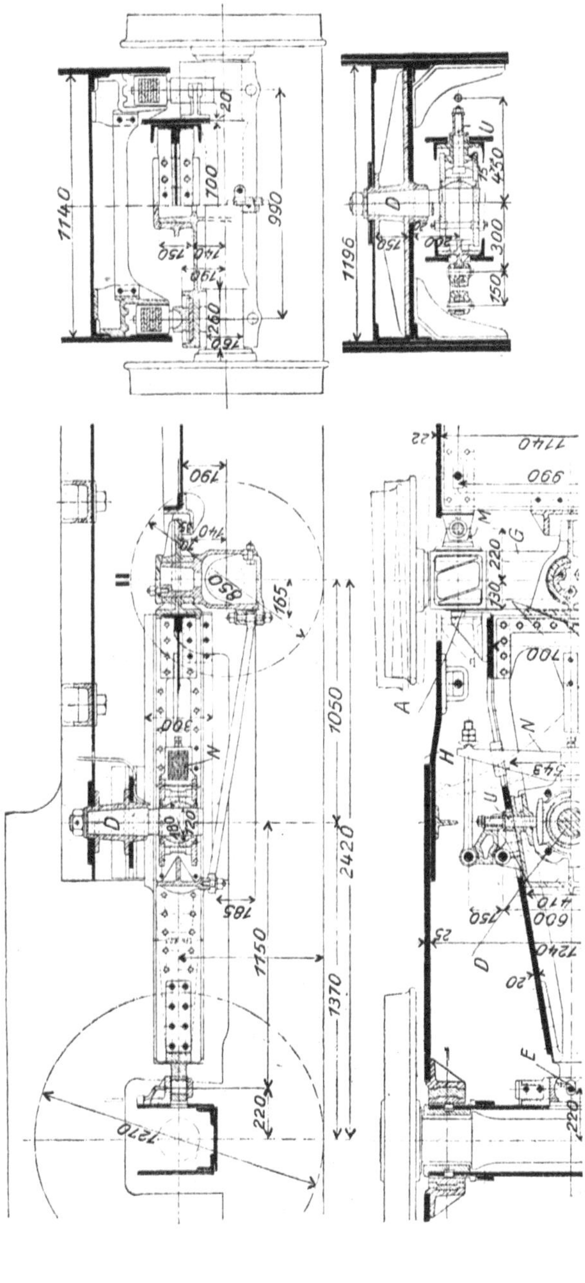

Abb. 200. Krauß-Helmholtz-Drehgestell mit Blattfeder.

zapfen D, also einen mit dem Hauptrahmen H fest verbundenen Punkt stützt und mit ihren Enden das ganze Deichselgestell einschließlich der Laufachse nach vorn zu ziehen sucht. Um diesem Zug nachgeben zu können, wird die Deichsel an den Lagern der Zapfen D und E in Schlitzen geführt, die eine Längsverschiebung gestatten. Bei größeren Verstellungen der Deichsel, wie sie nur beim Befahren von Krümmungen vorkommen, sollen die Anschläge A in Wirksamkeit treten und zwangläufiges Einstellen der Achse in radialer Richtung bewirken.

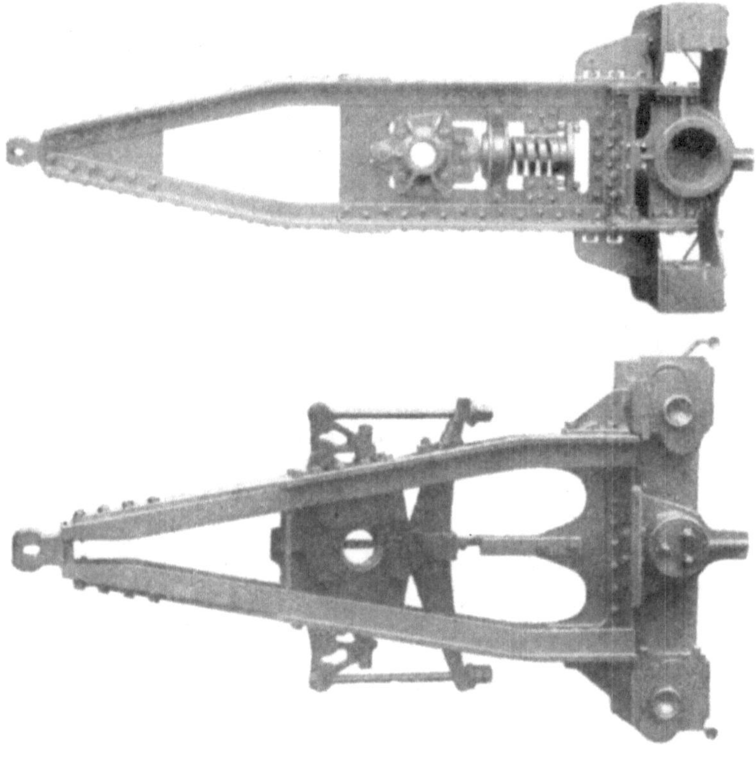

Abb. 201/202. Ausführungsformen des Krauß-Helmholtz-Drehgestells.

Das Lagergehäuse G bleibt alsdann nur mit einem der Widerlager, und zwar mit demjenigen auf der äußeren Seite der Krümmung in Berührung, während es sich von dem andern nach hinten abheben muß. Die Kraft der Feder N, die jetzt noch etwas weiter angespannt wird, sucht dabei das Gestell um das äußere Widerlager zurückzudrehen, wirkt also im Sinne einer die Wiederherstellung der Mittellage anstrebenden Rückstellvorrichtung. Um die Seitenstöße bei der Einfahrt in Krümmungen zu mildern, wird dem ganzen Gestell eine geringe Seitenverschiebung gegen den Hauptdrehzapfen D gestattet Zu diesem

Zweck ist das Lager des Zapfens D an den Stiften U quer geführt, jedoch derart, daß der oben erwähnten Längsverschiebung der Deichsel nichts im Wege steht. Die Feder N wirkt daher auf Andrücken gegen das Widerlager M, das entsprechend der Einstellung der Laufachse drehbar angeordnet ist, sowie auf Rückstellung bezüglich der radialen Verstellung der Laufachse und des seitlichen Ausweichens des Drehzapfens.

Bei dem Krauß-Drehgestell Bauart der Maschinenfabrik Kolomna (Rußland) in Abb. 203 sind besondere Vorrichtungen an den Lagerschalen der Laufachsen vorhanden, zum genauen parallelen Einstellen zu den übrigen Achsen, weil andernfalls die Spurkränze

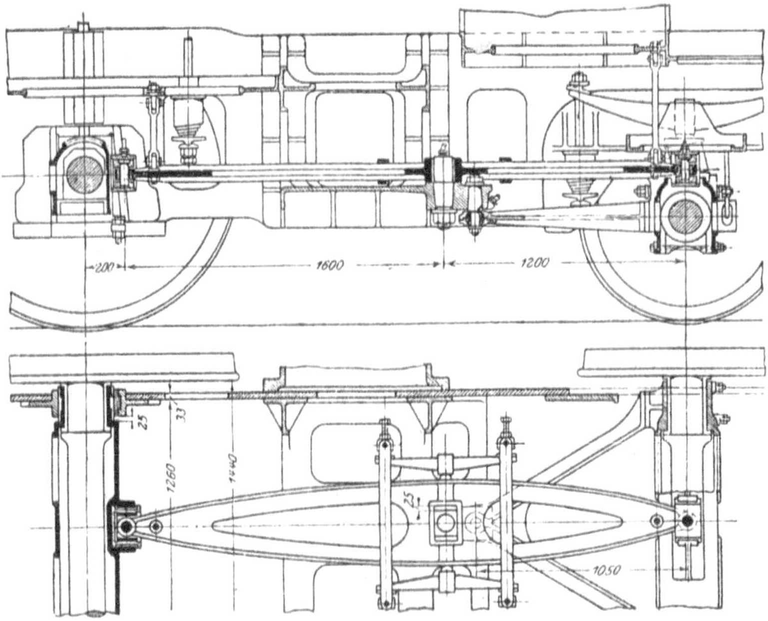

Abb. 203 Kolomna-Drehgestell.

durch einseitiges Anlaufen eines Rades bald scharf laufen würden. Am oberen Teil der Laufachsbüchse sind entsprechende Einstellschrauben. Die Bauart ermöglicht einmal die für die radiale Einstellung notwendige Deichsellänge; ferner können, unabhängig davon, durch den oberen im Rahmen aufgehängten Hebel die Seitenkräfte im besten Verhältnis verteilt werden. Der Hebel trägt an seinen Endpunkten Gleitschuhe, die in Führungen des Gehäuses gehen, das die Achslagerbüchsen miteinander verbindet.[1])

Namentlich bei Tenderlokomotiven, die in beiden Richtungen laufen, gelangt die sogen. „Schweizer Kombination" des K. H. D. zur

[1]) Nach Meineke, Z. V. D. I. 1921, S. 218.

Ausführung, d. h. das alte, mit der Laufachse fest verbundene Dreieck wird nur im mittleren Drehpunkt, unter Rückstellung in gewöhnlicher Art durch zwei gegeneinander wirkende Blattfedern seitlich verschiebbar gemacht.

Zara-Drehgestell (Abb. 204).

Meist in Italien gebräuchlich; Abart des Krauß-Helmholtz-Drehgestells. Durch ein besonderes Rahmenwerk, dessen Drehpunkt vermöge seiner Pendelaufhängung seitlich verschiebbar und mit Rück-

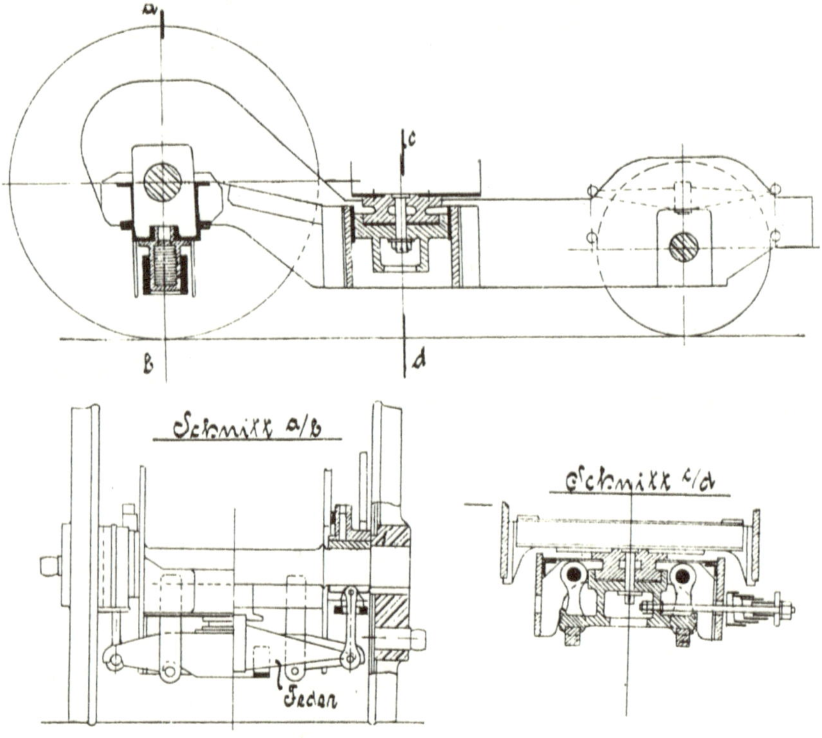

Abb. 204. Zara-Drehgestell.

stellfedern ausgestattet ist, sind die beiden im Gestell vereinigten Achsen (Lauf- und Kuppelachse) gehalten.

Flamme-Drehgestell (Abb. 205).

Umschließt die Laufachse und erste Kuppelachse, unterscheidet sich von Krauß-Helmholtz jedoch dadurch, daß der Mittelzapfen belastet und infolge der Pendelaufhängung seitlich verschiebbar ist (wie bei Zara). Durch die Verschiebbarkeit des Mittelzapfens wird der notwendige große Ausschlag der Laufachse von 2×136 mm ermöglicht. Während Zara den Mittelzapfen mit ebener Druckfläche ausbildet, hat Flamme die kuglige Form angewendet; der Abstand

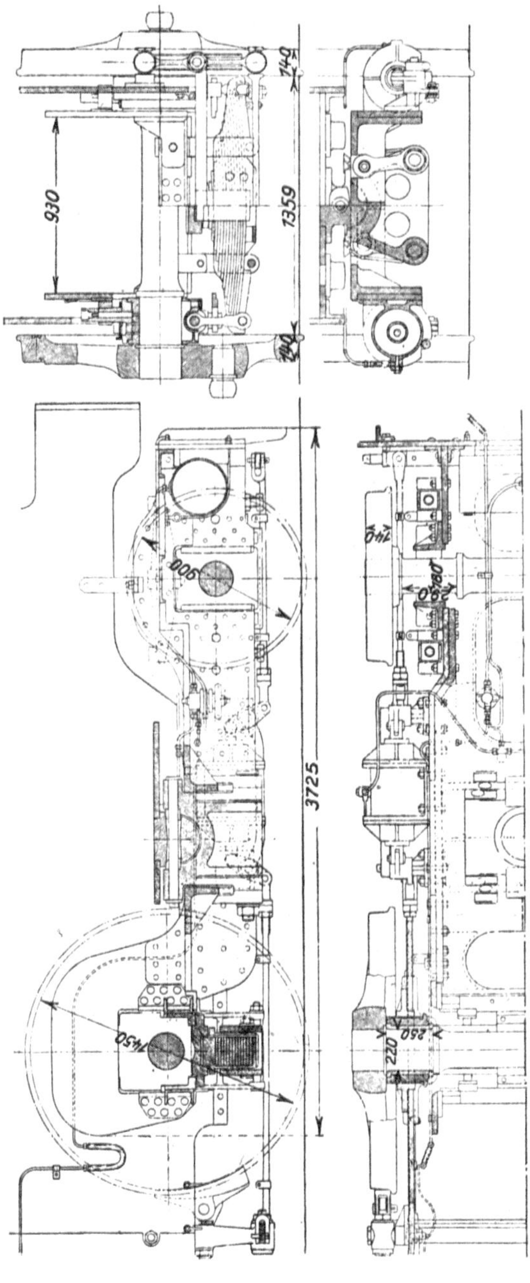

Abb. 205. Flamme-Drehgestell.

von der Laufachse beträgt im vorliegenden Beispiel 1380 mm und von der ersten Kuppelachse nur 1120 mm, um dieser größere Belastung zu geben. Die Laufachse hat zwei unabhängige Federn, während die Kuppelachse durch eine Querfeder ihre Last erhält.

Amerikanisches Drehgestell (Abb. 206).

Während bei Drehgestellen mit Federrückstellung mit zunehmendem seitlichen Ausschlag der Widerstand entsprechend der Federspannung wächst, ist bei dem amerikanischen Drehgestell eine gleichmäßige Rückstellkraft vorhanden. Die Rückstellvorrichtung besteht in folgendem: eine mit kräftigem Boden versehene Drehpfanne ruht auf zwei herzförmigen Gelenkstücken, die sich auf dem mittleren Rahmenquerstück abstützen. Die Gelenkstücke sind durch Laschen mit der Drehpfanne verbunden. Beim Drehgestellausschlag tritt Rückstellung dadurch ein, daß sich die beiden Gelenkstücke an der unteren Seite der Drehpfanne in entsprechend vorgesehenen Neigungen abwälzen.

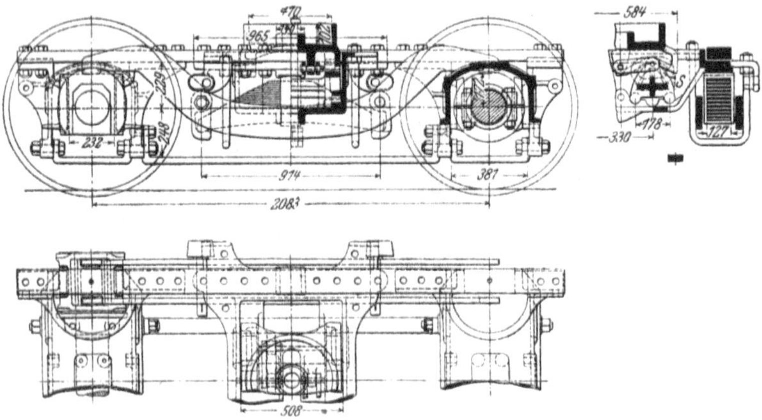

Abb. 206. Amerikanisches Drehgestell.

Dampfdrehgestelle.[1])

Sie werden ausgeführt entweder mit einem Drehpunkt zwischen den Endachsen (Bauarten Fairlie, Meyer, Du Bousquet u. dgl.), oder mit einem Drehzapfen außerhalb der Drehgestellachsen (Bauart Mallet-Rimrott).

6. Lauf der Lokomotive in Krümmungen.

a) Allgemeine Grundsätze.

Bei der Fahrt der Lokomotive in einer Krümmung will jeder Punkt derselben einen Kreis um den Krümmungsmittelpunkt M beschreiben (Abb. 207). Die Antriebskraft K des Fahrzeuges, vorwärts bewegt, wirkt in der Richtung ihrer Mittelache x—x. Der hintere Punkt S kann sich aber nicht in Richtung der Antriebskraft K fort-

[1]) Vgl. Seite 326 bis 328.

bewegen, sondern in Richtung der Tangente durch Punkt S an den Krümmungskreis, also senkrecht zum Halbmesser SM. Hieraus ergibt sich eine Radialkraft p, welche die Hinterachse der Lokomotive so lange nach innen schiebt, bis K in Richtung der Tangente fällt, d. h. bis die Hinterachse selbst radial steht.

Der in einer Krümmung voranlaufende Radsatz eines steifachsigen Fahrzeuges läuft mit seinem äußeren Rad stetig an der Außenschine an und schneidet diese unter einem Anschneidwinkel α (Abb. 212). Er ist abhängig von dem Radstand und dem Spurkranzspiel. Der Anschneidwinkel ist also derjenige Winkel, um

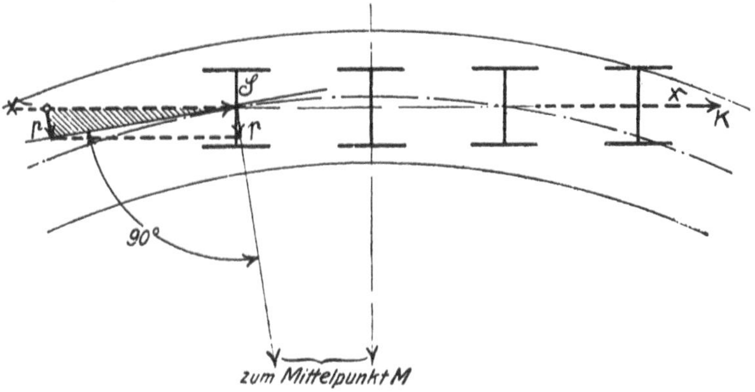

Abb. 207. Fahrzeuglauf in Krümmungen.

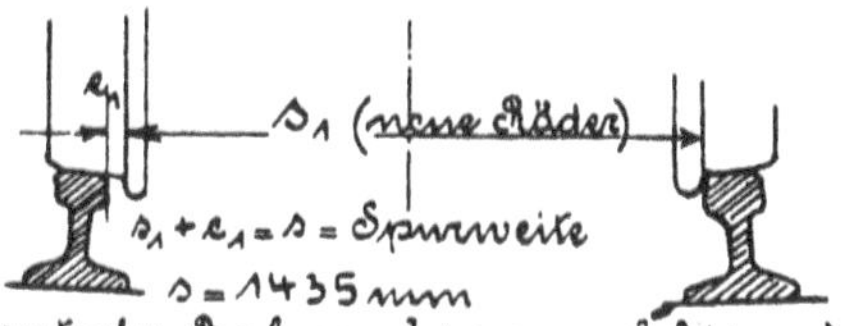

Abb. 208. Spurerweiterung

den die Verbindungslinie des Anlaufpunktes mit dem Mittelpunkt der Krümmung von der geometrischen Mittellinie der anlaufenden Achse abweicht. Der nachlaufende Radsatz gelangt in die radiale Lage, falls nicht vorheriges Anlaufen an die Innenschiene dies verhindert, und verbleibt beim Weiterlauf in der radialen Lage.

Jeder Radsatz, der mit einem Rade an einer der Fahrschienen anschneidet oder einer der Fahrschienen zustrebt, durch die Lagerung im Rahmen aber verhindert ist, bis an die Schiene zu gelangen, muß stetig seitwärts verschoben werden und hierbei die Reibung zwischen den Rädern und Schienen überwinden. Der bei dieser Verschiebung gegen die Schiene oder den Rahmen wirkende Druck ist daher die Gesamtbelastung der Schienen durch den Radsatz multipliziert mit der Reibungsziffer μ (z. B. $\mu = {}^1/_6$). Durch einfache Verschiebung von Radsätzen bis zum Anlauf an die Fahrschiene wird die unmittelbare Aufnahme des für die Verschiebung des Radsatzes erforderlichen Druckes durch die Schiene erreicht und die Verstärkung des Seitendruckes des führenden Radsatzes vermieden. Die sich ergebenden Seitendrücke und der Anschneidwinkel der führenden Räder an den Schienen bilden den Maßstab für die Krümmungsläufigkeit, sowie für die Abnutzung der Radflansche und der Schienenköpfe.

Folgende Bezeichnungen werden eingeführt:

R = Krümmungshalbmesser,

r = geführte Länge des Fahrzeuges (fester Achsstand des zweiachsigen Fahrzeuges),

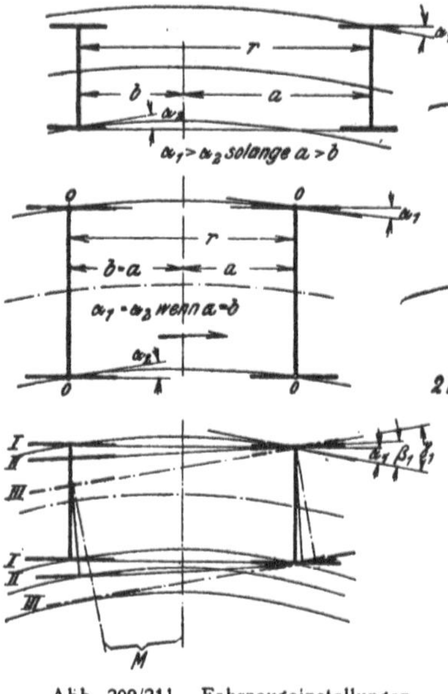

Abb. 209/211. Fahrzeugeinstellungen in Krümmungen.

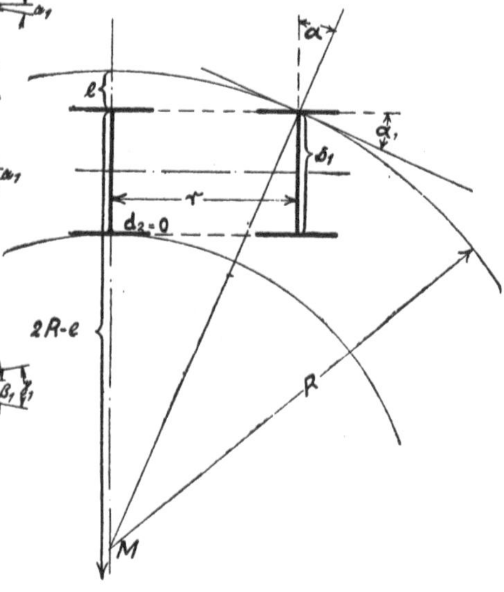

Abb 212. Geometrische Beziehungen beim Lauf in Krümmungen.

e = gesamter Spielraum zwischen Spurkranz und Schienenköpfen, oder größtmögliche Seitenverschiebbarkeit einer fest gelagerten radial verschiebbaren Achse, $e = e_1 + e_2$.

e_1 = Spielraum zwischen Rad und Schiene im geraden Gleis; nicht unter 10 mm (2×5 mm) und bei größter Abnutzung der Radreifen nicht über 25 mm,

e_2 = Spurerweiterung in Krümmungen R (d. h. die Erweiterung gegen Spurweite s nach Abb. 208, wofür bei verschiedenen R nach T. V. § 2 vorgeschrieben ist:

R bis	800,	700,	600,	500,	400,	325,	250,	200,	150,	100 m
e_2 =	3,	6,	9,	12,	15,	18,	21,	24,	27,	30 mm.

Allgemein ist $e_2 \cong 25$ mm, so daß Gesamtspiel des Spurkranzes $e \cong 30$ bis 35 mm. Bei Schmalspurbahnen ergibt sich e_2 aus nachstehenden Formeln:

Spur 1 m, für R = 80 bis 250 m, $e_2 = 240 : \sqrt{R} \leqq 25$ mm

„ 0,75 m, „ R = 50 „ 100 „ $e_2 = 140 : \sqrt{R} \leqq 20$ mm

„ 0,60 m, „ R = 30 „ 100 „ $e_2 = 100 : \sqrt{R} \leqq 18$ mm

Bei Stellung des Fahrzeuges nach Abb. 212 sind die geometrischen Beziehungen $r^2 = e \cdot (2R-e) = 2Re-e^2$. Da e gegenüber R sehr klein, so kann e^2 vernachlässigt werden, und es ergibt sich

$$r^2 \cong 2Re, \; r \cong \sqrt{2Re} \text{ oder } e \cong \frac{r^2}{2R}. \text{ Ist } r > \sqrt{2Re}$$

dann tritt die Lage nach Abb. 209 ein, so lange nicht (bei großem V) die Fliehkraft die Hinterachse ganz nach außen drängt. Abb. 210 stellt die Lage dar, wenn vorausgesetzt wird, daß e = 0 und daß der Anlaufpunkt des Radflansches mit dem Radstützpunkt o zusammenfällt. In Abb. 211 ist Lage I dieselbe Stellung, wie in Abb. 210; die beiden Lagen II und III ergeben sich aus I, wenn all-

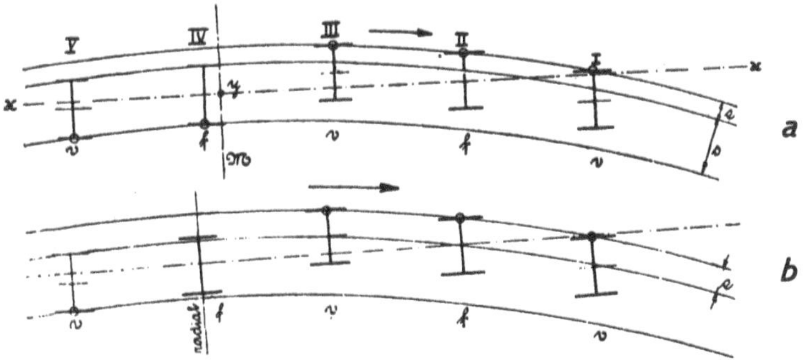

Abb. 113. Krümmungseinstellung bei Fahrzeug mit seitenverschieblicher Achse.

mähliche Spurerweiterung an der inneren Schiene gegeben wird. Die Hinterachse hat zufolge der Kraftrichtung an ihren Rädern von der Schiene aus stets die Neigung, sich radial einzustellen. In Lage III ist die radiale Einstellung, da Spurerweiterung groß genug ist, erreicht. Je größer aber die Spurerweiterung, um so größer wird der Anschneidwinkel α_1 an der Vorderachse; α_1 wächst auf β_1 und γ_1.

b) Krümmungseinstellung verschiedener Achsen.

Es bedeutet in den Abbildungen 213 bis 216:

f = feste Achse; v = seitenverschiebliche Achse; s = Spurweite in der Geraden; e = Spielraum zwischen Spurkranz und Schienenköpfen.

Seitenverschiebliche Achsen (Helmholtz-Gölsdorf), Abb. 213.

Feste Vorderachse II läuft außen an; feste Hinterachse IV will sich radial stellen (Abb. 213b). Ist der feste Radstand $> \sqrt{2Re}$

(vgl. Abb. 209), läßt also die zu geringe Spurerweiterung e diese radiale Lage nicht zu (Abb. 213b gegenüber Abb. 213a), so läuft die Hinterachse IV innen an. Schneidet das Lot MY vom Mittelpunkt M auf die Mittelachse x-x des Fahrzeugs diese in Y, so laufen alle verschiebbaren Achsen, die vor dem Punkte Y liegen, nach außen hin, und alle verschiebbaren Achsen, die hinter Y liegen, nach innen hin. Haben die Achsen genügende Seitenverschieblichkeit, so laufen die Flanschen der Räder bis an die Schienenköpfe; anderenfalls üben die Achsen einen Druck auf den Rahmen aus, der den Anlaufdruck der benachbarten anliegenden Räder beeinflußt.

Radial einstellbare Endachsen, Abb. 214.

Bei genügendem Ausschlag der Radialachsen stellen sich die festen Achsen wie unter 213 ein; eine radial einstellbare Vorderachse

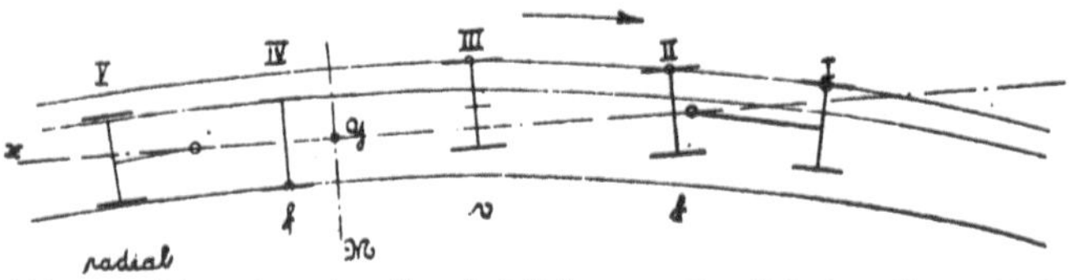

Abb. 214. Krümmungseinstellung bei Fahrzeug mit radial einstellbarer Endachse.

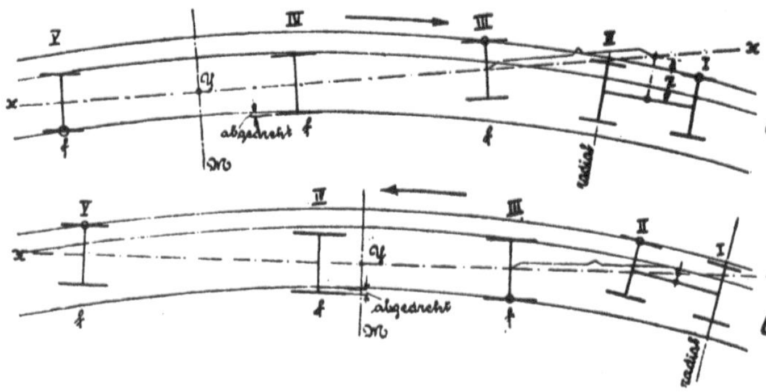

Abb. 215. Krümmungseinstellung bei Fahrzeug mit Drehgestell.

läuft außen an, eine radial einstellbare Hinterachse will als Schleppachse radial laufen.

Fahrzeuge mit Drehgestellen, Abb. 215.

Bei vorn laufenden Drehgestellen läuft die Vorderachse außen an; die Hinterachse stellt sich radial, da der Radstand des Drehgestells wohl stets kleiner ist als $\sqrt{2 R e}$. Die vordere feste Achse der Lokomotive drängt nach außen, bei genügendem Seitenspiel z des Drehzapfens läuft sie außen an. Die anderen Achsen stellen sich ein wie bei 213 und 214. Bei Rückwärtsfahrt (Abb. 215 b) läuft Achse V außen an, die feste Achse III innen. Achse II des Drehgestells läuft außen an, Achse I stellt sich radial. Achse IV muß im vorliegenden Fall abgedreht werden.

Fahrzeuge mit Drehgestellen nach „Krauß" und ähnliche mit festem Drehpunkt D, Abb. 216.

Die radial einstellbare Vorderachse I läuft außen an, die seitenverschiebliche Achse II ebenfalls, wenn diese Einstellung möglich ist, d. h. wenn die Vorderachse I nicht einen früher wirkenden Anschlag hat. Hierdurch ist die Lage des Drehpunkts D des Drehgestells bestimmt. Die anderen Achsen stellen sich so ein, daß die letzte feste Achse radial laufen will; die übrigen Achsen stellen sich nach 213, 214, 215 ein. Beim Rückwärtsgang (Abb. 216 b) läuft die feste Achse IV außen an. Die Fahrzeugachse x—x will sich so einstellen, daß das in D auf x—x errichtete Lot durch M geht, falls nicht vorher die Achsen I und II innen anlaufen. In diesem Fall trifft das Lot aus M auf die Fahrzeugmitte die Linie x—x in Y.

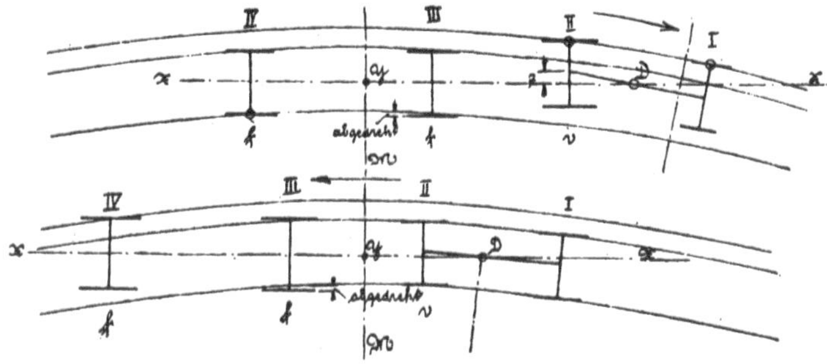

Abb. 216. Krümmungseinstellung bei Fahrzeug mit Drehgestell nach Krauß'scher oder ähnlicher Bauart.

c) Verfahren von „Roy".

I. Allgemeines.

Es dient in erster Linie zur zeichnerischen Untersuchung, ob ein Fahrzeug mit gegebenem Achsstand leicht und ohne Klemmen durch die kleinste auf der betreffenden Bahnstrecke vorkommende Gleiskrümmung hindurchkommt; ferner zur Festsetzung der nötigen Ausschläge von Lokomotivachsen und Drehgestellen. Es geht hervor aus den vorher erwähnten geometrischen Beziehungen, wonach $e = \frac{r^2}{2\,R}$

Zwecks Ermittlung der Krümmungseinstellung eines Fahreuges sind zur Erleichterung der Darstellung im Rahmen einer handlichen Zeichnung die drei Größen R, r, e in verzerrtem Maßstab (R', r', e') aufzutragen, so daß $e' = \frac{r'^2}{2\,R'}$. Da e bereits klein ist, so muß es in der Zeichnung in natürlicher Größe erscheinen, d. h. $e' = e$. Führt man das Maß der Verzerrung n ein und will man Achsstand r im Verhältnis von n verkleinern $\left(\text{also } r' = \frac{r}{n}\right)$, so wird, da $e' = \frac{r'^2}{2\,R'}$, $e = \frac{\left(\frac{r}{n}\right)^2}{\frac{2\,R}{n^2}}$, oder in Worten ausgedrückt: Zähler und Nenner der rechten Seite der Gleichung werden durch n^2 dividiert. Wird also e in natürlicher Größe, r im Maßstab 1 : n dargestellt, so ist R im Maßstab 1 : n^2 im Roy'schen Verfahren aufzutragen, um obiger Gleichung $e = \frac{r^2}{2R}$ zu genügen. Somit ergibt sich der Ausschlag irgendeiner Achse (Abweichung von Fahrzeugmittellinie) in der verzerrten Aufzeichnung in wirklicher Größe, wenn z. B. Achsstand r im Maßstab 1 : 10 und Krümmungshalbmesser R im Maßstab 1 : 100 aufgetragen wird.

Je nach dem es zeichnerisch zweckmäßig erscheint, können etwa folgende Maßstäbe bei Anwendung des Roy'schen Verfahrens vorteilhaft gewählt werden:

Maßstab-ziffer n	Wenn Abweichung der Achsen von der Fahrzeugmittellinie (Ablenkung)			
	im Maßstab 1 : 1 erscheint		im Maßstab 1 : 2 erscheint	
	Achsstand r	Kr. Halbm. R	Achsstand r	Kr. Halbm. R
8	$^1/_8$	$^1/_{64}$	$^1/_{16}$	$^1/_{128}$
10	$^1/_{10}$	$^1/_{100}$	$^1/_{20}$	$^1/_{200}$
12	$^1/_{12}$	$^1/_{144}$	$^1/_{24}$	$^1/_{288}$
15	$^1/_{15}$	$^1/_{225}$	$^1/_{30}$	$^1/_{450}$

Läßt man die Achsen (bzw. Räder) einer Lokomotive auf ihre geometrische, senkrecht zur Richtung der Achsen stehende Mittelebene zusammenschrumpfen, so kann man aus der Zeichnung ersehen, ob ein Radsatz innen oder außen anläuft, ob man die Spurkränze eines Radsatzes infolge „Zwängung" schwächer drehen (abdrehen) muß (gewöhnlich 10 bis 15 mm beiderseits), welche Seitenverschiebbarkeit parallel verschiebbare Achsen (bis 2 × 30 mm), welchen Seitenausschlag Bissel- und Adams-Achsen (bis 2 × 80 mm), welchen Ausschlag Drehgestellzapfen haben müssen (bis 2 × 40 mm, höchstens 2 × 70 mm Seitenverschieblichkeit).

II. Beispiele.

α) Krümmungseinstellung der Heißd.-Zw.-Lok. Gattung S_6 (Abb. 217).

Ausgeführt für auf Hauptbahnen vorkommende Krümmung von R = 180 m; Achsablenkungen sollen in natürlicher Größe erscheinen; Maßstabziffer n = 10, so daß Achsstand r im Maßstab 1 : 10 und Halbmesser R im Maßstab 1 : 100 aufzutragen sind. Entfernung der Fahrkanten des Gleises $e = e_1 + e_2 = (2 \times 5) + 21 = 31$ mm.

Man schlage einen Kreis 1 mit Halbmesser $R_1 = \left(\frac{180}{100}\right)^m = 1800^{mm}$, sodann zwei weitere 2 und 3 um denselben Mittelpunkt wie 1, die gegenüber Kreis 1 von 1800 mm Halbmesser jedesmal um $\frac{e_1}{2}$ (hier $\frac{10}{2} = 5$ mm) im Halbmesser größer (Kreis 2) und kleiner (Kreis 3) sind; ihre Halbmesser sind also 1800 — 5 = 1795 mm = R_3 und 1800 + 5 = 1805 mm = R_2. Hierauf schlage man um denselben Mittelpunkt einen Kreis 4, der einen um die Spurerweiterung e_2 (hier 21 mm) gegenüber Kreis 3 kleinerenHalbmesser besitzt; also R_4 = 1795 — 21 = 1774 mm.

Bei Vorwärtsfahrt läuft Achse I an Kreis 2 an; Achse II kann nicht radial laufen, da das Fahrzeug die gerade Fahrtrichtung beibehalten möchte und bei 40 mm Zapfenausschlag das Drehgestell und somit Achse II bis an Kreis 2 heranzieht. Durch die Lage des Drehzapfens ergibt sich jetzt die Richtung der Fahrzeugmitte: Achse IV drängt nach innen, muß daher bei der vorhandenen Spurerweiterung an Kreis 4 zum Anlauf kommen, während die Lage der festen Achse III durch den Achsabstand auf Fahrzeugmitte bestimmt ist. Im vorliegenden Falle kommt sie ebenfalls an Kreis 4 zur Anlage. Bei Rückwärtsfahrt ist unabhängige Einstellung der Kuppel- und Drehgestellachsen möglich, da 3,0 m bzw. 2,2 m

$$< \sqrt{2 \cdot 180 \cdot 0{,}031},$$

also kleiner als 3,4 m ist.

β) Krümmungseinstellung der 1676 mm-spurigen spanischen 2D-Vierzyl.-Heißd.-Verb.-S-L. für die M. Z. A.-Bahn, Abb. 218[1]).

Krümmungseinstellung für R = 180 m. Ungünstigste Annahme, daß keine Spurerweiterung. Die Maßstäbe sind verzerrt. Beim Ein-

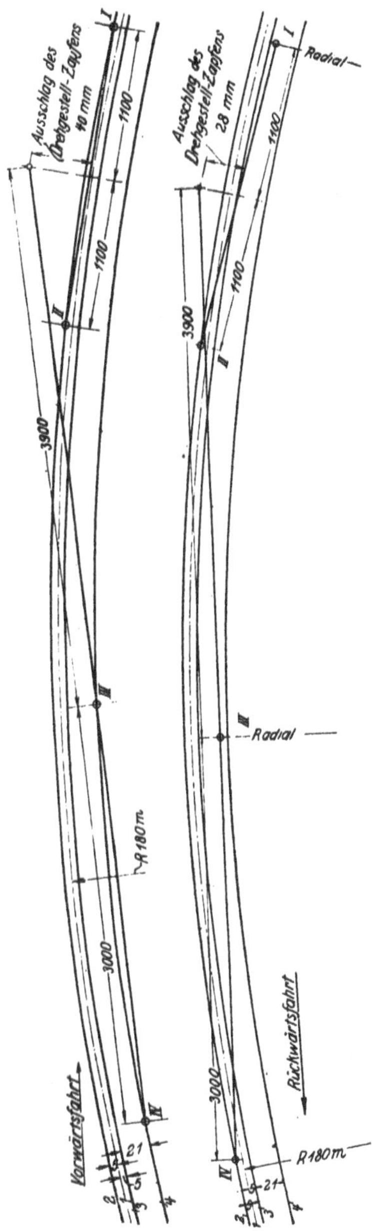

Abb 217. Krümmungseinstellung der preußischen S_6-Lokomotive.

[1]) Hanomag-Nachrichten, 1915, Heft 1.

fahren in die Gleiskrümmung kommt das vordere Drehgestell und das vorderste Kuppelrad an der Außenschiene zum Anlaufen. Die Stellung des Fahrzeuges innerhalb des Gleises wird durch das dritte Kuppelrad bestimmt, das innen anläuft und gleichzeitig mit dem zweiten, um 5 mm schwächer gedrehten Kuppelrade die Führung an der Innenschiene übernimmt. Das erforderliche Seitenspiel des vorderen Drehgestelles beträgt dabei je 60 mm, das des letzten Kuppelrades 19 mm. Ausgeführt sind 60 bzw. 20 mm Verschiebbarkeit nach beiden Seiten, so daß selbst für diesen ungünstigen Fall des Durchfahrens von Weichen ohne Spurerweiterung noch eine kleine Sicherheit vorhanden ist. Die drei anderen Kuppelräder sind fest im Rahmen gelagert.

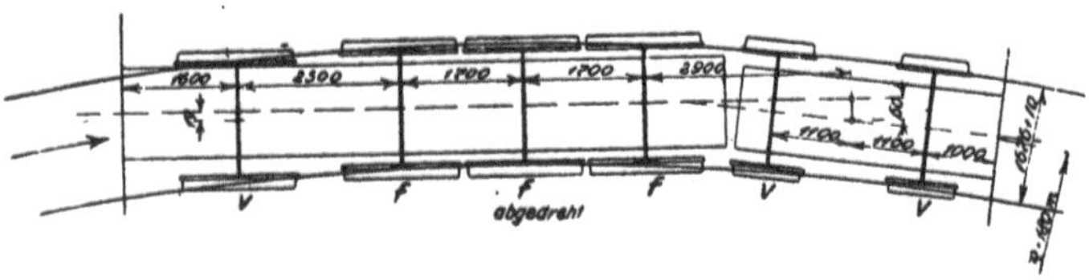

Abb. 218. Krümmungseinstellung einer spanischen 2D-S-Lokomotive.

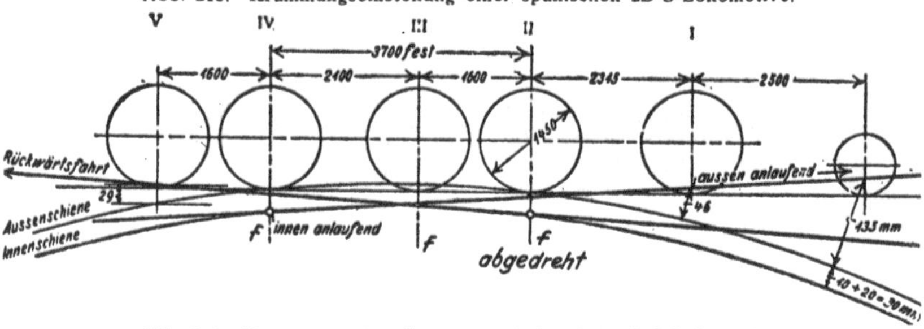

Abb. 219. Krümmungseinstellung einer belgischen 1E-G-Lokomotive.

γ) Krümmungseinstellung der belgischen 1 E - Vierling - Heißd. - G - L., Abb. 219.[1])

Krümmungseinstellung für R = 180 m. Darstellung für beide Fahrtrichtungen. Spurerweiterung in der Krümmung 20 mm (e_2). Spielraum zwischen Rad und Schiene 10 mm (e_1). Die beiden vorderen Achsen, Laufachse und erste Kuppelachse (I) sind vereinigt zu einem Flamme-Drehgestell. Bei der Vorwärtsfahrt laufen die Spurkränze der beiden vorderen Achsen an dem äußeren Schienenstrang an, unter voller Ausnutzung des Seitenspieles von 135 bzw. 46 mm. Der um 10 mm schmalere Spurkranz der Triebräder (II) kommt hierbei nicht zur Geltung. Ebenso wäre das jederseits 29 mm betragende Seitenspiel der letzten Achse (V) nicht erforderlich; doch wird dadurch das Rad von selbst zum Anliegen an die Außenschiene gebracht. Bei der Rückwärtsfahrt führt die hinterste Kuppelachse (V); ihr Seitenspiel (29 mm beiderseits) genügt nicht, auch die zweite feste Achse (III) zum Anliegen an die Außenschiene zu bringen. Die Drehgestell-Ausschläge brauchen dabei nur sehr gering zu sein.

[1]) Lokomotive 1918, S. 70.

7. Gegengewichte und Massenausgleich.

a) Allgemeine Grundsätze und Arten der Benennung.

Zur Erzielung eines ruhigen Ganges der Lokomotiven müssen die durch die umlaufenden und hin- und hergehenden Triebwerksteile bedingten „störenden Bewegungen" beseitigt werden. Durch Anbringung von Gegengewichten in den Trieb- und Kuppelrädern können die Drehmassen ganz, die hin- und hergehenden Massen teilweise ausgeglichen werden. Dieses auf jeder Seite der Lokomotive auszugleichende Gewicht setzt sich zusammen: aus dem Gewicht der an jedem Rad sich drehenden Triebwerksteile (Drehmassen) und aus dem Gewicht eines Teiles der hin- und hergehenden Massen.

Drehmassen sind: Kurbelarme und Kurbelzapfen, der am Kurbelzapfen angreifende Gewichtsanteil der Trieb- und Kuppelstangen; hin- und hergehende Massen sind: der restliche Anteil der Triebstange, Kreuzköpfe, Kolbenstangen, Kolben, Teile der Steuerung (welche die Bewegung des Kreuzkopfes mitmachen).

Nach den „Technischen Vereinbarungen" § 102, 2 müssen die umlaufenden Massen an den Trieb- und Kuppelrädern der Lokomotiven möglichst vollständig ausgeglichen werden. Von den hin- und hergehenden Massen werden zweckmäßig 15 bis 60 % ausgeglichen, und zwar um so mehr, je kleiner der Achsstand im Verhältnis zur Länge der Lokomotive ist. Bei S-Lokomotiven findet man rund 25 bis 35 %, bei G-Lokomotiven rund 40 bis 60 % ausgeglichen, und zwar darf die durch die Ausgleichgewichte an jedem Rade auftretende freie Fliehkraft (T. V., § 102, 3) 15 % des Raddruckes der Ruhe nicht überschreiten. Bei Vierzylinderlokomotiven mit zwangläufig gekuppelten, gegenläufigen Triebwerken kann von dem Ausgleich der hin- und hergehenden Massen abgesehen werden.

Die in Frage kommenden Größen (Abb. 220 bis 235) erhalten die Fußzeichen u für umdrehend, h für hin- und hergehend, v = h + u für vereinigt, r für Mittelwirkung, a für äußeres Triebwerk, i für inneres Triebwerk.

Eingeführte Ebenen sind:

x — x senkrechte Ebenen durch die Schwerpunkte der Gegengewichte mit dem Abstand 2 b für beide Seiten; sie können zunächst als mit den Laufkreisen zusammenfallend angenommen werden.

y — y Angriffsebenen der vereinigten Gewichte G_u mit dem Abstand 2 c für beide Seiten.

m — m lotrechte Ebenen durch die Mitten der Zylinder mit dem Abstand 2 c' für beide Seiten; sie sind genügend genaue Angriffsebenen für G_h.

An Längenmaßen kommen vor:

a = c — b = Abstand der Ebene y — y von der x — x-Ebene.
a' = c' — b = Abstand der Ebene m — m von der x — x-Ebene.
ϱ_1 = Halbmesser der Kurbeln.
ϱ' = Halbmesser des Schwerpunktes des Gegengewichtes am Radumfang.
r = Halbmesser der Räder.

An Gewichten treten auf:

g_1, g_2, g_3 .... die auszugleichenden Gewichte, so daß $G = \Sigma g$.
Q = ausgleichendes Gegengewicht in demselben Rade.
q = Ausgleichgewicht im Gegenrad.

b) Berechnung der Gegengewichte von Zwillinglokomotiven mit Außenzylindern (Abb. 220 bis 224).

α) Die Untersuchung für das Triebrad werde auf den Kurbelhalbmesser $\varrho_1 = 300$ mm einer 2B-Zweizylinder-Schnellzuglokomotive bezogen. (Zusammenstellung 31.)

Zusammenstellung 31.

Berechnung des am Triebrad angreifenden umlaufenden Gewichtes $G_u = \Sigma g_u = g_{u_I}$ bis $g_{u_{II}}$ und seiner Hebelarme a von der x—x-Ebene.

Lfd. Nr.	Am Triebrad angreifende Drehmassen	angreifendes Gewicht g_u kg	Abstand d. Schwerpunktes g_u von Radmitte mm	auf $\varrho_1 = 300$ mm bezogene Einzelgewichte g_u kg	Abstand a von Ebene x—x mm	Momente $g_u \times a$ kg mm
1	Kurbelarm ohne Speichenstücke . . .	61	290	$61 \cdot \frac{290}{300} = 59$	20	1 180
2	Zapfenstück im Kurbelarm ohne die darin steckenden Speichen	8	311	$8 \cdot \frac{311}{300} = 8$	20	160
3	Triebzapfen . . .	29	300	$29 \cdot \frac{300}{300} = 29$	270	7 850
4	Kuppelzapfen	17	300	$17 \cdot \frac{300}{300} = 17$	165	2 810
5	3/5 Triebstange[1]) . . .	90	300	$90 \cdot \frac{300}{300} = 90$	270	24 300
6	Anteil der Kuppelstange[2])	72	300	$72 \cdot \frac{300}{300} = 72$	165	11 900
				$G_u = 275$		48 200

Danach ist a = 48 200 : 275 = 175 mm der Abstand des ganzen angreifenden Gewichtes G_u von der Ebene x—x. Ferner ist 2 c = 1850 mm, 2 b = 1500 mm, 2c' = 2040, a' = c'—b = 270 mm

α 1) Ermittlung von Q_u und q_u (Abb. 220/221).

$$Q_u \times 2\,b = G_u\,(2\,c - a)$$
$$Q_u = 275\,(1850 - 175) : 1500 = 307 \text{ kg}$$
$$Q_u = Q_u + q_u$$
$$q_u = Q_u - G_u = 307 - 275 = 32 \text{ kg}$$

[1]) Ganzes Gewicht 150 kg
[2]) Ganzes Gewicht 120 kg

α 2) Ermittlung von Q_h und q_h (Abb. 222/223).

Versuchsweise sollen 25% der hin- und hergehenden Massen im Trieb- und Kuppelrad ausgeglichen werden; diese wiegen 390 kg.

$G_h = 390 \times 0{,}25 : 2 = 48{,}7$ kg
$Q_h \times 2\,b = G_h\,(2\,c' - a')$; $Q_h = 48{,}7\,(2040 - 270) : 1500 = 57{,}5$ kg
$Q_h = G_h + q_h$
$q_h = Q_h - G_h = 57{,}5 - 48{,}7 = 8{,}8$ kg

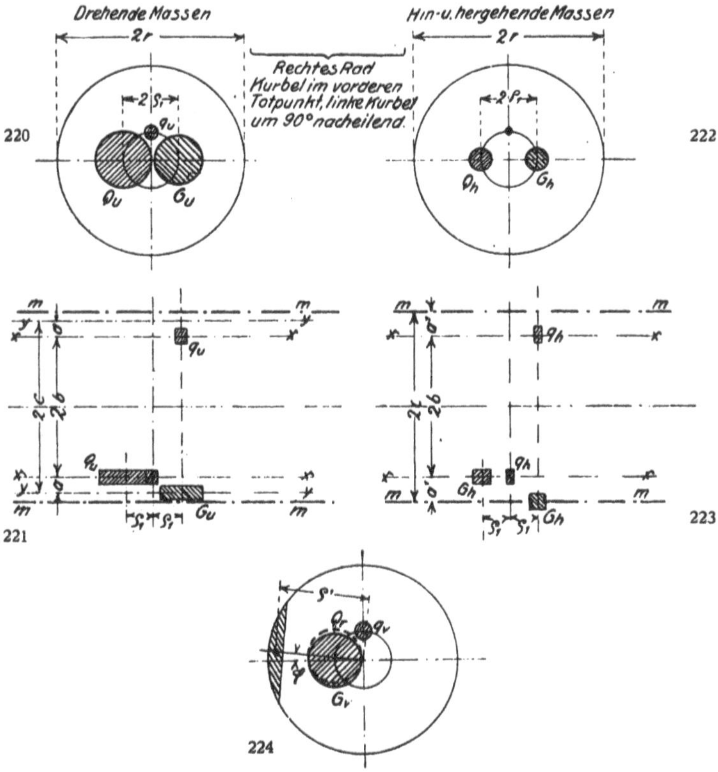

Abb. 220/224. Berechnung der Gegengewichte von Zwillinglokomotiven mit Außenzylindern.

β) Zusammenfassung von $Q_u + Q_h = Q_v$ zu einem Gegengewicht Q_r und Verlegung seines Schwerpunktes im Abstand ϱ_1 auf den Halbmesser $\varrho' = 810$ mm.

Ermitteltes Gegengewicht:

$Q_v = Q_u + Q_h = 307 + 57{,}5 = 364{,}5$ kg
$q_v = q_u + q_h = 32 + 8{,}8 = 40{,}8$ kg
$Q_r = \sqrt{Q_v^2 + q_v^2} = \sqrt{364{,}5^2 + 40{,}8^2} = 367$ kg (vgl. Abb. 224).
$Q_r' = Q_r \times \varrho_1 : \varrho' = 367 \times 300 : 810 = 136$ kg

Das Gegengewicht Q_r' ist gegen die Wagerechte durch die Radmitte um den Winkel φ versetzt anzubringen, der aus $\operatorname{tg} \varphi = q_v : Q_v = 40{,}8 : 364{,}5$ mit $\varphi = 6^0\ 25'$ folgt.

γ) Es bleibt nun zu prüfen, ob die Fliehkraft des resultierenden Ausgleichgewichts der hin- und hergehenden Massen $\sqrt{Q_h^2 + q_h^2} = \sqrt{57{,}5^2 + 8{,}8^2} = 58$ kg 15 % des ruhenden Raddruckes bei größter Geschwindigkeit der Lokomotive nicht überschreitet.

225 227 228 226 229 230 231

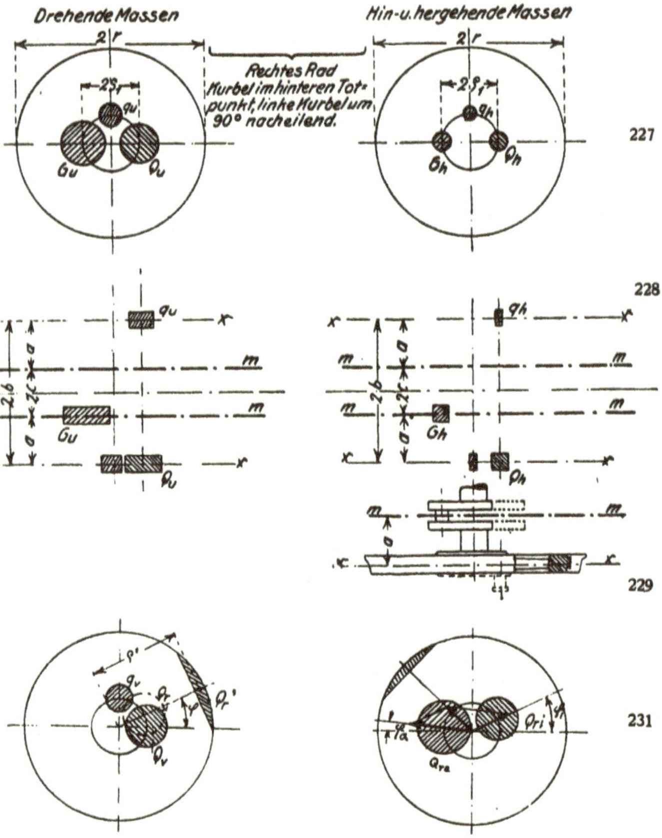

Abb. 225/231. Berechnung der Gegengewichte von Vierzylinderlokomotiven.

In 810 mm Abstand von der Radachse ergibt sich die Größe des Ausgleichgewichtes im Triebrad zu $58 \times 300 : 810 = 21{,}5$ kg und bei $n = 4{,}25$ Radumdrehungen in der Sekunde die Fliehkraft $C = M r \omega^2 = \frac{21{,}5}{9{,}81} \times 0{,}81\ (2\pi \cdot 4{,}25)^2 = 1260$ kg, die bei 8,4 t ruhendem Raddruck 15 % desselben nicht übersteigt. 25 % Gewichtsausgleich, davon die Hälfte bei den Rädern einer Seite, sind demnach richtig gewählt.

c) Berechnung der Gegengewichte von Vierzylinderlokomotiven (Abb. 225 bis 231).

Die Anteile der äußeren Triebwerkteile sind zu berechnen wie in Abschnitt b, die des inneren Triebwerkes sinngemäß nach demselben Vorgange. Die hier also allein berücksichtigten inneren umlaufenden und hin- und hergehenden Gewichte G liegen in der Ebene m—m. Zwecks günstigerer Beanspruchung der Kropfachsen würden die Gegengewichte bei diesen am richtigsten auf den verlängerten Kurbelarmen (Abb. 229, gestrichelt) statt in den Rändern anzubringen sein.

Im folgenden Beispiel sind die Gewichte G_u und G_h für das Innentriebwerk ebenso groß angenommen, wie unter b.

α) Für das Innentriebwerk einer 2B-Vierzylinderlokomotive werden die Betrachtungen zunächst auf das Triebrad mit dem Kurbelhalbmesser $\varrho_1 = 300$ mm bezogen.

G_u wird Zusammenstellung 31 mit 275 kg entnommen. Ferner sei a = 500 mm, 2 c = 500 mm, 2 b = 1500 mm.

α 1) Ermittlung von Q_u und q_u (Abb. 225/226).

$$Q_u \times 2b = G_u\ (2c + a)$$
$$Q_u = 275\ (500 + 500) : 1500 = 183 \text{ kg}$$
$$q_u = G_u - Q_u = 275 - 183 = 92 \text{ kg}$$

α 2) Ermittlung von Q_h und q_h (Abb. 227/228).

Ausgleich der $G_h = 390 \times 0{,}25 : 2 = 48{,}7$ (wie in Abschnitt b).

$$Q_h \times 2b = G_h\ (2c + a)$$
$$Q_h = 48{,}7\ (500 + 500) : 1500 = 32{,}5 \text{ kg}$$
$$q_h = G_h - Q_h = 48{,}7 - 32{,}5 = 16{,}2 \text{ kg}$$

β) Zusammenfassung von $Q_u + Q_h = Q_v$ und q_v zu einem einzigen Gegengewicht Q_r und Verlegung seines Schwerpunktes im Abstand ϱ_1 auf den Halbmesser $\varrho' = 810$ mm (Abb. 230).

$$Q_v = Q_u + Q_h = 183 + 32{,}5 = 215{,}5 \text{ kg}$$
$$q_v = q_u + q_h = 92 + 16{,}2 = 108{,}2 \text{ kg}$$
$$Q_r = \sqrt{Q_v^2 + q_v^2} = \sqrt{215{,}5^2 + 108{,}2^2} = 242 \text{ kg}$$
$$Q_r' = Q_r \cdot \varrho_1 : \varrho' = 242 \times 300 : 810 = 90 \text{ kg}$$
$$\operatorname{tg} \varphi = q_v : Q_v = 108{,}2 : 215{,}5; \quad \varphi = 26^0\ 40'$$

γ) Die Größe und Lage des für die Vierzylinderlokomotive erforderlichen Gegengewichtes erhält man durch bildliche Aufreihung der errechneten Werte für Außenzylinder nach Abschnitt b und für Innenzylinder nach Abschnitt c. Die beiden Abbildungen 224 und 230 können gedeckt verzeichnet werden, um daraus die Gegengewichte im Triebrad einer Vierzylinderlokomotive (Abb. 231) zu erhalten.

d) Berechnung der Gegengewichte von Drillinglokomotiven[1] (Abb. 232 bis 235).

Bei Dreizylinderlokomotiven mit um 120° versetzten Kurbeln und gleichen Triebwerken sind Massenkräfte, die ein Zucken der Lokomotive bedingen nicht vorhanden. Dagegen verursachen die Massen der äußeren Triebwerke größere Schlingerbewegungen als bei Zweizylinderlokomotiven, die man durch Anordnung von

[1]) Najork, Glasers Annalen 1915, Bd. 77, S. 149.

Gegengewichten zu verringern sucht. Der Einbau der Gegengewichte hat seinerseits ein geringes Zucken der Drillinglokomotiven zur Folge, wodurch jedoch ihr Gang nicht beeinflußt wird.

Die Berechnung ist im wesentlichen die gleiche, wie die der Zweizylinderlokomotiven in Abschnitt b. Ist in Abb. 232 Q_{va} das ermittelte Gegengewicht der rechten Kurbelseite, q_{va} das für den Ausgleich des Momentes aus der Verschiedenheit der Ebenen der Gestängeteile und des Gegengewichtes der linken Kurbelseite, so kommt hier noch ein drittes Gegengewicht Q_{ui} hinzu, das die Hälfte der drehenden Massen des Innentriebwerkes ausgleicht. Q_{va}, q_{va}, Q_{ui} werden nach Abb. 233 zu einem einzigen Gegengewicht Q_{r_1} vereinigt. Dabei wird Q_{r_1} zu einem Kleinstwert, wenn Q_r senkrecht auf Q_{ui} steht, was einem größeren Werte für den Ausgleich der inneren Massen $Q_{vi} = Q_{ui} + Q_{hi}$ entspricht, d. h. außer den umlaufenden wird noch ein Teil der hin- und hergehenden Triebwerksmassen aus-

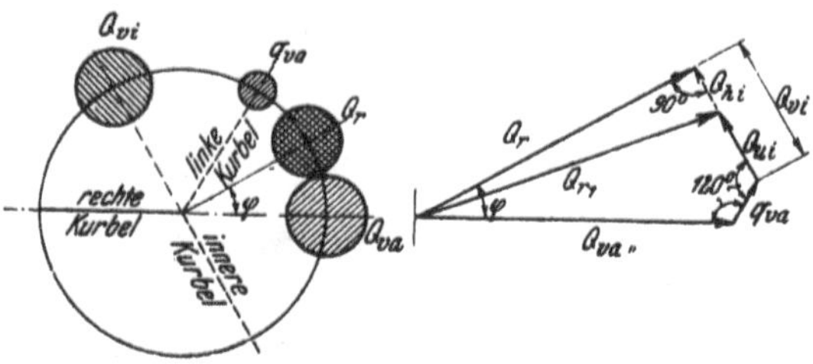

Abb. 232/233. Berechnung der Gegengewichte von Drillinglokomotiven.

Zusammenstellung 32.

Berechnung des am Triebrad angreifenden umlaufenden Gewichtes für die Teile des äußeren Triebwerkes $G_u = \Sigma g_u = g_{u_1}$ bis g_{u_6} und seiner Hebelarme a von der x — x Ebene.

Lfd. Nr.	Am Triebrad angreifende Drehmassen	angreifendes Gewicht g_u kg	Abstand d. Schwerpunktes g_u von Radmitte mm	auf $\varrho_1 = 315$ mm bezogene Einzelgewichte g_u kg	Abstand a von Ebene x — x mm	Momente $g_u \times a$ kg mm
1	Kurbelarm ohne Speichenstücke	65	305	63	20	1 260
2	Kuppel- u. Triebzapfen	40	315	40	180	7 200
3	Gegenkurbel . . .	14	180	8	380	3 040
4	Anteil der Schwingenstange	25	315	25	455	11 350
5	$^3/_5$ Triebstange .	106	315	105	265	27 800
6	Anteil d. Kuppelstange	85	315	85	150	12 750
				$G_{ua} = 326$		63 400

geglichen. Somit wird bei Verminderung des Gegengewichtes Qr und dessen schädlicher Fliehkraftwirkung eine Abnahme der Zuckkräfte erzielt.

α) Die Untersuchungen (Zusammenstellung 32) werden auf den Kurbelhalbmesser ϱ_1 = 315 mm des Triebrades einer 2C-Drilling-Schnellzuglokomotive bezogen.

Danach ist a = 63 400 : 326 = 194 mm der Abstand des vereinigten angreifenden Gewichtes G_{ua} von der Ebene x — x. Ferner ist für das äußere Triebwerk (Abb. 234) 2 c = 1890 mm, 2 b = 1500 mm, 2 c' = 2060 mm und a' = c' — b = 280 mm; für das innere Triebwerk (Abb. 226) c = 0, 2 b = 1500 mm = 2 a.

α 1) Ermittlung von Q_u und q_u.

Anteil des äußeren Triebwerkes:

$$Q_{ua} \times 2\,b = G_{ua}\,(2\,c - a)$$
$$Q_{ua} = 326\,(1890 - 194) : 1500 = 368 \text{ kg}$$
$$q_{ua} = Q_{ua} - G_{ua} = 368 - 326 = 42 \text{ kg}$$

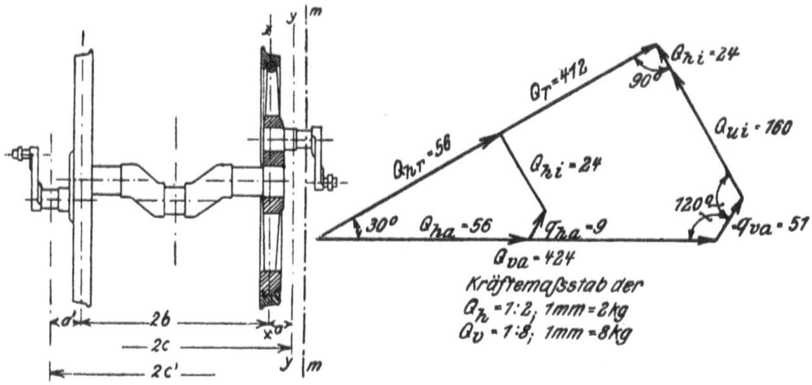

Abb. 234, 235. Berechnung der Gegengewichte von Drillinglokomotiven.

Anteil des inneren Triebwerkes:

Mit c = 0, a = b und G_{ui} = 320 kg, dem Gewichte des umlaufenden Teiles der Kröpfung in Abb. 229 wird $Q_{ui} = G_{ui} : 2 = 320 : 2 = 160$ kg.

α 2) Ermittlung von Q_h und q_h.

Etwa ein Drittel der hin- und hergehenden Massen von 425 kg sollen versuchsweise im Triebdrad und in beiden Kuppelrädern ausgeglichen werden.

Anteil des äußeren Triebwerkes:

$$G_{ha} = 425 : (3 \times 3) = 47 \text{ kg}$$
$$Q_{ha} \times 2\,b = G_{ha}\,(2\,c' - a')$$
$$Q_{ha} = 47\,(2060 - 280) : 1500 = 56 \text{ kg}$$
$$q_{ha} = Q_{ha} - G_{ha} = 56 - 47 = 9 \text{ kg}$$

β) Zusammenfassung von $Q_u + Q_h = Q_v$ und q_v außen und Q_{ui} bezw. Q_v innen zu einem Gegengewicht Q_r und Verlegung seines Schwerpunktes vom Halbmesser ϱ_1 auf ϱ' = 810 mm.

Anteil des äußeren Triebwerkes:

$$Q_{va} = Q_{ua} + Q_{ha} = 368 + 56 = 424 \text{ kg}$$

$$q_{va} = q_{ua} + q_{ha} = 42 + 9 = 51 \text{ kg}$$

Anteil des inneren Triebwerkes:

$$Q_{vi} = Q_{ui} + Q_{hi} \text{ zeigt Abb. 235.}$$

Das Krafteck der hin- und hergehenden Massen ergibt als Ausgleichgewicht $Q_{hr} = 56$ kg, das auf 810 mm Abstand von der Radachse bezogen $56 \times 315 : 810 = 21{,}8$ kg und bei $n = 4{,}25$ Umdrehungen in der Sekunde

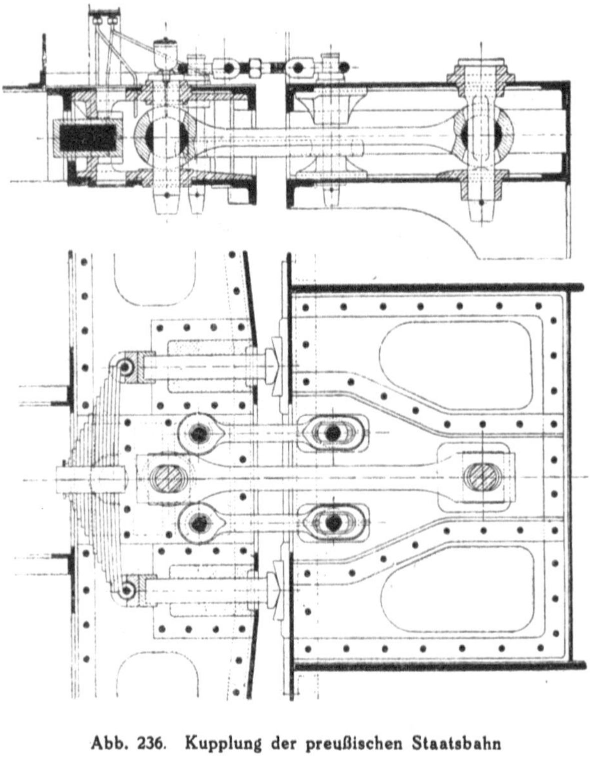

Abb. 236. Kupplung der preußischen Staatsbahn

eine freie Fliehkraft im Triebrad von $\frac{21{,}8}{9{,}81} \times 0{,}81\,(2\pi \cdot 425)^2 = 1280$ kg ergibt, was bei 8,5 t ruhendem Raddruck $8{,}5 \times \frac{15}{100} = 1{,}28 \text{ t} = 1280$ kg d. h. 15% entspricht.

Somit wäre der Ausgleich von $^1/_3$ der hin- und hergehenden äußeren Triebwerksmassen richtig gewählt. Dabei sind die äußeren und inneren umlaufenden Massen ganz ausgeglichen. Der zusätzliche Ausgleich der inneren hin- und hergehenden Triebwerksmassen von $320 \times \frac{7{,}5}{100} = 24$ kg, d. h. 7,5 % ermöglicht die Anbringung des kleinsten

Ausgleichgewichts von $Q_r = 412$ kg im Kurbelkreis. Im Abstand von 810 mm ist das Ausgleichsgewicht $412 \times 315 : 810 = 160$ kg, das unter $120 + 30 = 150^0$ der rechten Kurbel vorauseilt.

8. Kupplung zwischen Lokomotive und Tender.

In T. V. § 106 heißt es: Zur Verbindung der Lokomotive mit dem Tender ist eine Haupt- und eine Notkupplung anzuordnen, von denen die letztere erst dann in Wirksamkeit tritt, wenn sich die Hauptkupplung gelöst hat. Die Anordnung darf jedoch dem sicheren Durchfahren der Krümmungen nicht hinderlich sein.

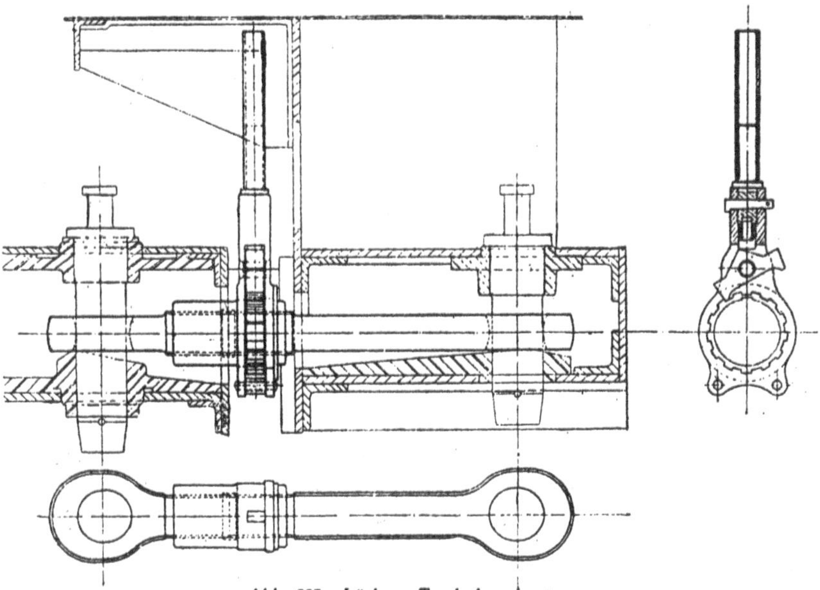

Abb. 237. Lösbare Tenderkupplung.

Durch die straffe Kupplung zwischen Lokomotive und Tender werden die durch die Dampf- und Massenkräfte hervorgerufenen Zuckbewegungen gleichzeitig auf Lokomotive und Tender übertragen und so ihre Wirkung infolge der Trägheit der größeren Masse abgeschwächt.

Abb. 236 zeigt eine Kupplung der preuß. Staatseisenbahn. Die Verbindung zwischen Lokomotive und Tender bilden ein Haupt- und zwei Notkuppeleisen, die beim Zerreißen des ersteren in Wirksamkeit treten. Die als Kardangelenke ausgebildeten Augen des Hauptkuppeleisens gewähren eine starre Verbindung zwischen Lokomotive und Tender und ermöglichen eine Bewegung nach allen Richtungen. Die Straffheit der Kupplung wird durch die Vorspannung der Stoßfeder bestimmt, die durch zwei Zapfen am Federbund mit dem

Tenderzugkasten verbunden ist. Die einheitliche Stützlänge der Stoßfedern beträgt 750 mm, die zur Erzielung der vorgeschriebenen Vorspannung von 7000 bis 8000 kg erforderliche Durchbiegung 25 mm. Gute Schmierung der Stoßpuffer und aller aufeinander gleitender Teile ist für die Unterhaltung der Kupplung unerläßlich.

Eine Kupplung, bei der eine Trennung der Lokomotive vom Tender ohne besondere Vorkehrungen vorgenommen werden kann, zeigt Abb. 237. Das Hauptkuppeleisen ist hier zweiteilig hergestellt und wird durch eine Mutter mit Rechts- und Linksgewinde bis zur sachgemäßen Anspannung der Feder gekürzt; die Notkuppeleisen sind in der bisherigen Ausführung unverändert beibehalten. Ein wesentlich

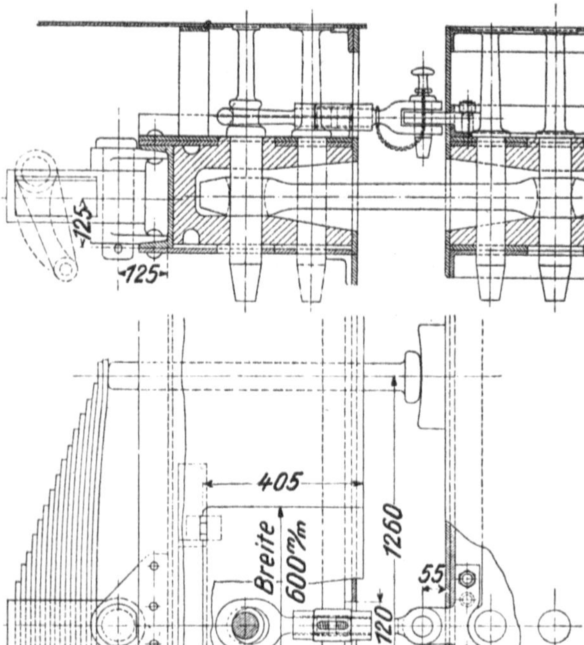

Abb. 238. Sächsische Kupplung.

leichteres Abkuppeln des Tenders, wie es z. B. besonders bei Maschinen mit großem Gesamtradstand, für Fahrten über Drehscheiben oder bei Entgleisungen notwendig ist, wird durch diese Bauart erreicht. Eine andere Einrichtung zum Kuppeln und Entkuppeln von Lokomotive und Tender, wie sie an der sächsischen Kupplung angebracht ist, zeigt Abb. 238.

Bei amerikanischen Lokomotiven ist die in Abb. 239 dargestellte Kupplung allgemein zur Einführung gekommen. Um ein festeres Anliegen der Zapfen in den Augen des Kuppeleisens zu bewirken, wird der am Tender angeordnete Stoßpuffer mittels Keils gegen die Pfanne am Lokomotivzugkasten gepreßt. Der als Segment ausgebildete Stoßpuffer ermöglicht die Senkrecht- und Querbeweglichkeit zwischen Lokomotive und Tender und läßt auch bei einigem Spiel ein Verkanten beider Fahrzeuge zu.

9. Bremsen.

a) Bauarten und Anordnungen.

Zum Hemmen eines in Bewegung befindlichen Fahrzeuges müssen besondere Bremseinrichtungen angewandt werden. Lokomotiv- bzw. Tenderbremsen werden gewöhnlich als Klotzbremsen ausgebildet. Bremsklötze aus hartem Gußeisen mit Stahlzusatz (Bremsklotz-

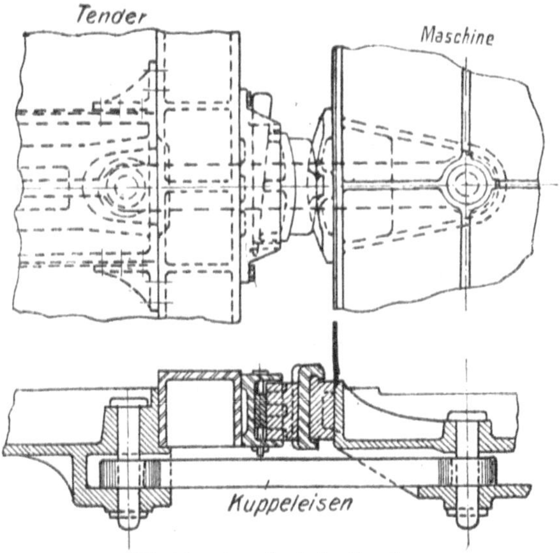

Abb, 239. Amerikanische Kupplung.

guß) pressen sich an die Radreifen an. Kraft zur Erzeugung des Bremsklotzdruckes unter Zwischenschaltung von Übersetzungen durch

Handbetrieb (Wurfhebel, Spindel),
Dampfdruck (steigerungsfähig bis zur vollen Höhe des Kesseldruckes),
Luftdruck (Westinghouse-, Knorr-, Kunze-Knorr-, Schleifer-Bremse),
Luftleere (Hardy-, Körting-Bremse).

Anordnung der Bremsklötze einseitig oder doppelseitig an jedem Radreifen. Bei einseitiger Anordnung ist Lage der Klötze vorn günstiger, da dann beim Bremsen zusätzliche Achsbelastung eintritt. Bei Lokomotiven für Vorwärts- und Rückwärtsfahrt (Tenderlokomotiven) soll daher möglichst je die Hälfte der

Klötze vor bzw. hinter den Radreifen angebracht werden. Bei doppelseitiger Klotzanordnung wird einseitige wagerechte Radreifenbelastung vermieden, wodurch die Flächenpressung zwischen Klotz und Radreifen vermindert wird. Am günstigsten ist Lagerung der Klötze in Höhe Achsmitte. Damit der Druck aller Klötze auf die Radreifen derselbe ist, müssen Ausgleichhebel mit den entsprechend gewählten Hebellängen eingeschaltet werden.

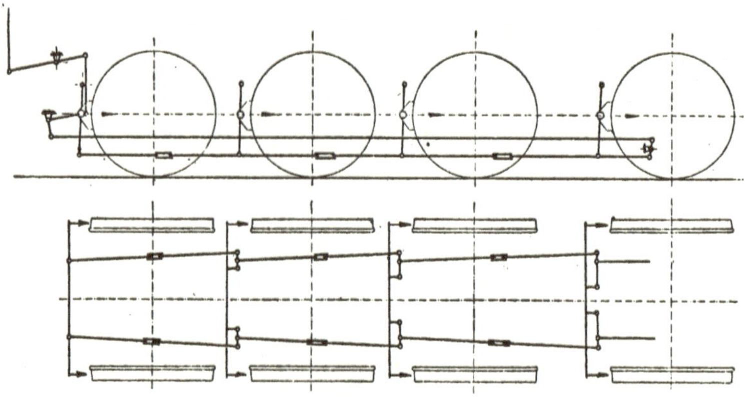

Abb. 240. Einseitige Lokomotivbremsung aller vorhandener Kuppelachsen, Klotzdruck wagerecht, mit Ausgleich.

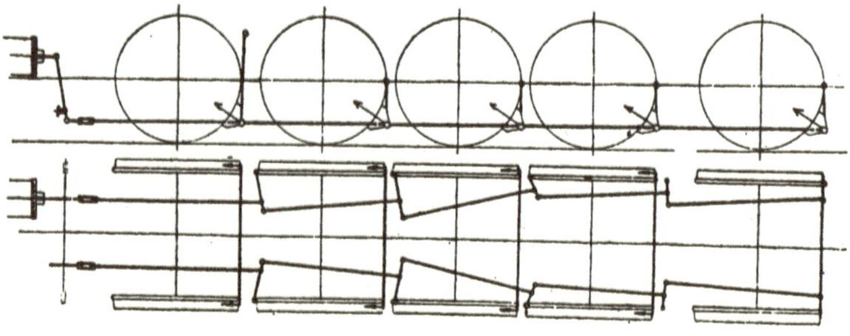

Abb. 241. Einseitige Lokomotivbremsung aller vorhandener Kuppelachsen, Klotzdruck schräg nach oben, mit Ausgleich.

Bremsanordnungen sind folgendermaßen ausgebildet:
Abb. 240: Bremse einer D-Lokomotive, bei der alle gekuppelten Räder einseitig gebremst werden und der Bremsklotzdruck in wagerechter Richtung auf die Räder übertragen wird. Bemerkenswert ist die Anordnung von zwei Umlenkhebeln zwischen Bremswelle und Bremszylinder. Ausgleich der Drücke durch Ausgleichgestänge. Nachstellmöglichkeit in allen Bremszugstangen.
Abb. 241: Bremse einer 1E-Lokomotive[1]), bei welcher der Bremsklotzdruck einseitig auf alle gekuppelten Räder übertragen

[1]) Das Laufrad ist in der Abbildung fortgelassen.

wird und schräg nach oben wirkt. Nachstellmöglichkeit nur an den unmittelbar an der Bremswelle befindlichen Zugstangen.

Abb. 242: Bremse einer E-Lokomotive, bei der nur zwei Achsen doppelseitig gebremst werden. Bremsklotzdruck schräg nach oben gerichtet. Ausgleichgestänge zum Ausgleich der Drücke, ebenso Nachstellmöglichkeit in allen Bremszugstangen. Notwendigkeit eines festen Punktes am Rahmen zur Aufhängung der letzten Zugstange.

Abb. 243: Bremse einer E-Lokomotive, bei der nur vier Achsen doppelseitig gebremst werden und jegliches Ausgleichgestänge vermieden ist. Notwendigkeit einer zweiten Bremswelle nebst voll-

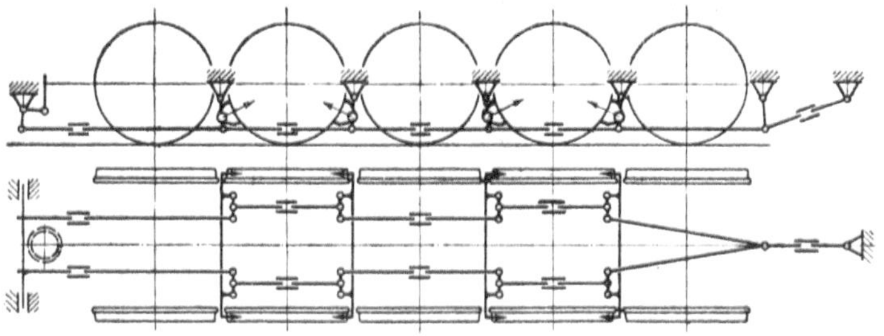

Abb. 242. Doppelseitige Lokomotivbremsung einiger vorhandener Kuppelachsen, Klotzdruck schräg nach oben, mit Ausgleich.

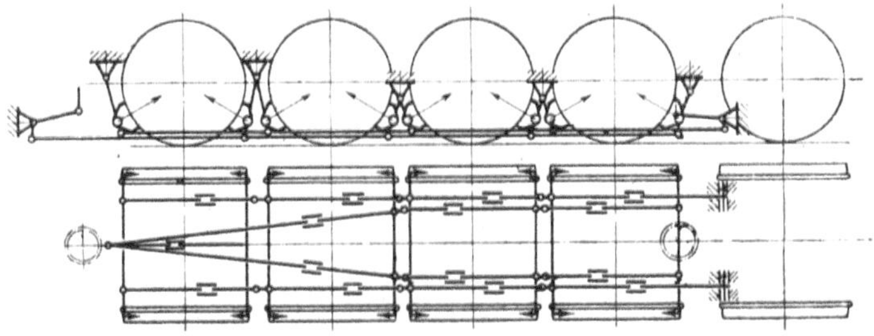

Abb. 243. Doppelseitige Lokomotivbremsung einiger vorhandener Kuppelachsen, Klotzdruck schräg nach oben, Ausgleich mit Einschränkung.

ständigem Bremsgestänge. Durch rechtzeitige Nachstellung der Zugstangen ist Ausgleich der Bremsklotzdrücke in gewissem Grade möglich.

Abb. 244: Bremse einer E-Lokomotive, bei der nur vier Achsen einseitig gebremst werden. Die Bremsklotzdrücke sind ausgeglichen. Bemerkenswert ist die einfache Bauart der Bremse durch Anordnung einer mittleren Bremszugstange.

Abb. 245: Bremse einer C-Schmalspur-Lokomotive, bei welcher der geringe zur Verfügung stehende Raum zwischen den Rahmenblechen zur Anordnung der Bremszugstange in Rahmenmitte nötigte. - Ausgleich der Bremsklotzdrücke durch Ausgleichhebel.

Abb. 246: Bremse eines vierachsigen Tenders (2 Drehgestelle), bei der alle Achsen doppelseitig gebremst sind. Die beiden Bremszylinder (ein Einkammer- und ein Zweikammerzylinder) sind im Tenderrahmen fest gelagert. Die Übertragungsgestänge sind so angeordnet, daß jeder Zylinder gleichmäßig auf die Bremse des vorderen und hinteren Drehgestelles wirkt.

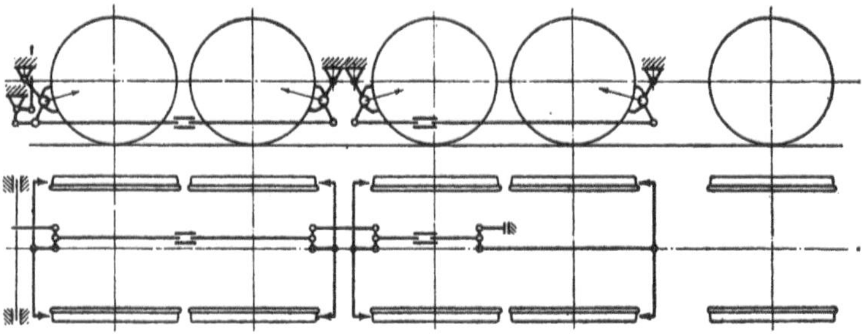

Abb. 244. Einseitige Lokomotivbremsung einiger vorhandener Kuppelachsen, Klotzdruck schräg nach oben, mit Ausgleich.

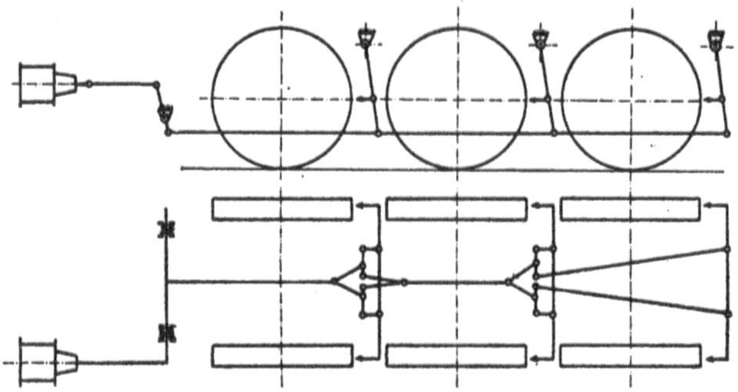

Abb. 245. Einseitige Lokomotivbremsung aller vorhandener Kuppelachsen, Klotzdruck wagerecht, mit Ausgleich.

b) Erforderliche Angaben zum Entwurf einer Bremse.

Entwurf und Berechnung müssen Hand in Hand gehen. Zweckmäßigerweise wird nach dem Verhältnis von Bremsklotzweg u zum Bremskolbenweg k_s das erforderliche Übersetzungsverhältnis gewählt. Der Abstand zwischen Bremsklotz und Radreifen in neuem Zustand soll $u = 5$ bis 7 mm, bei größter Abnutzung $u = 10$ bis 12 mm betragen.

Die zulässigen Hübe an den Kolben der Bremszylinder mit Steuerventil sind

bei senkrechter Anordnung $k_s =$ 70 bis 100 mm
bei wagerechter Anordnung $k_s =$ 110 bis 250 mm
bei Drehgestellbremsen $k_s =$ 35 bis 70 mm

Demnach ist eine Übersetzung der Kraft von Bremszylinder bis Bremsklotz möglich, wenn u = 6

bei senkrechter Anordnung etwa um das 14 fache
bei wagerechter Anordnung etwa um das 30 fache
bei Drehgestellbremsen etwa um das 8 fache.

Da die Höhe der Abbremsung im allgemeinen vorgeschrieben ist, so erhält man hieraus den vorläufig erforderlichen Bremskolbendruck.

Die Unterbringung der Bremsvorrichtung, sowie die Übersetzung des Bremsgestänges ist dem Rahmenbau anzupassen. Nach den jeweils vorliegenden Verhältnissen ist von den ermittelten Übersetzungen mehr oder weniger abzuweichen. Bei etwa vorhandener Handbremse, die durch Wurfhebel betätigt wird, soll der Ausschlag dieses Hebels beim Anziehen der Bremse nicht mehr als 150° betragen.

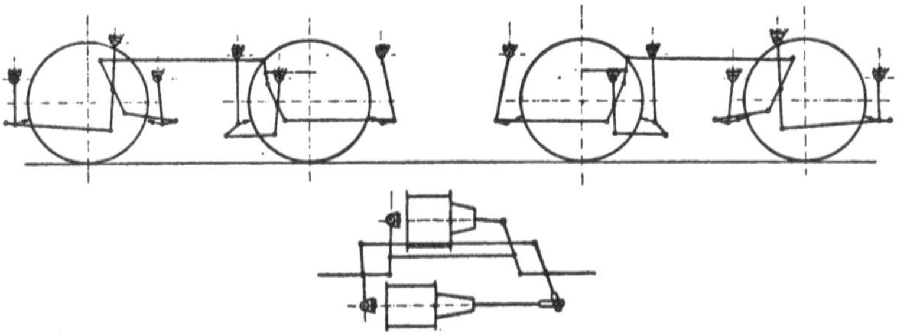

Abb. 246. Doppelseitige Tenderbremsung, Klotzdruck schräg nach oben.

c) Allgemeines über Bremsberechnung.

Es sei

G in kg das Gewicht der Lokomotive,
g in m/sek² die Erdbeschleunigung,
v in m/sek die Fahrgeschwindigkeit,
n in ‰ eine etwa vorhandene Neigung der Strecke,
s in m der Bremsweg,
W in kg der Eigenwiderstand der Lokomotive,
B in kg die wirksame Bremskraft.

Berechnung des Bremsweges s:

für ebene Strecke:

$$B \cdot s = \frac{G \cdot v^2}{2g} - W \cdot s; \text{ hieraus } s = \frac{G \cdot v^2}{2g \cdot (B + W)}$$

für Steigung:

$$B \cdot s = \frac{G \cdot v^2}{2g} - W \cdot s - \frac{G}{1000} \cdot n \cdot s; \text{ hieraus } s = \frac{G \cdot v^2}{2g \cdot \left(B + W + \frac{G \cdot n}{1000}\right)}$$

für Gefälle:

$$B \cdot s = \frac{G \cdot v^2}{2g} - W \cdot s + \frac{G}{1000} \cdot n \cdot s; \text{ hieraus } s = \frac{G \cdot v^2}{2g \cdot \left(B + W - \frac{G \cdot}{1000}\right)}$$

Unbekannt ist in diesen Gleichungen Bremsweg s und Bremskraft B.

Die Erzeugung der Bremskraft B geschieht durch Anpressen eines Bremsklotzes gegen den Radreifen mit Druck N, derart, daß bei Reibungszahl μ zwischen Bremsklotz und Rad Bremskraft $B = \mu \cdot N$ erzeugt wird. Reibungszahl μ ist nach Versuchen von Galton[1]) in hohem Maße abhängig von der Fahrgeschwindigkeit; je größer Fahrgeschwindigkeit, um so kleiner μ. Zur Erzeugung gleichmäßiger Bremskraft B muß demnach N mit abnehmender Geschwindigkeit kleiner werden.

Bei der Knorr-Luftdruckbremse beispielsweise ist der Bremsklotzdruck regelbar durch Kunzeschen Bremsdruckregler. Wird bei zulässige Schienenreibungswert, z. B. $0{,}135 \cdot P$, wobei P die Radabnehmender Geschwindigkeit Bremsklotzreibung $\mu \, . \, N$ größer als der belastung angibt, so wird eine Feder zusammengedrückt, und durch ein gesteuertes Ventil entweicht solange Luft aus dem Bremszylinder, bis die Bremsklotzreibung auf den zulässigen Wert $\mu \cdot N = 0{,}135 \cdot P$ verringert ist. Hierdurch gleichmäßiger Bremswiderstand während des ganzen Verlaufs der Bremsung. Wird die Bemskraft $\mu \cdot N >$ Reibungskraft am Radumfang $\mu' \cdot P$, wobei μ' die Reibung zwischen Rad und Schiene, so wird das Rad festgestellt und die Lokomotive rutscht. Hierdurch bedeutende Ermäßigung der Bremswirkung, da die Reibungszahl der gleitenden Reibung verhältnismäßig klein.

Für Berechnung neu zu erbauender Bremsen ist Rücksichtnahme auf veränderliche Reibungszahlen nicht erforderlich, da im allgemeinen die Höhe der Abbremsung in Prozent des Dienstgewichtes der Lokomotive vorgeschrieben ist. Die preuß. Staatseisenbahnen verlangen z. B. bei $3^1/_2$ at Druck im Bremszylinder der Luftdruckbremse Abbremsung von 65 bis 70 % des auf sämtliche gekuppelte Achsen entfallenden Gewichtes. Für Laufachsen und Drehgestelle ist der Bremsdruck 50% des auf diese entfallenden Gewichtes. Drehgestelle sind stets mit besonderem Bremszylinder auszurüsten. Für die Dampfbremse gelten Vorschriften, wie für die Luftdruckbremse, jedoch ist als Druck im Bremszylinder voller Kesseldruck anzusetzen. Bei Tenderlokomotiven ist bei Ermittlung des Bremsklotzdruckes das Gewicht mit halben Vorräten an Wasser und Kohle anzunehmen. Tender sollen mit 70% des Tendergewichtes bei halben Vorräten an Wasser und Kohle abgebremst werden, wobei als Druck im Zylinder der Druckluftbremse $p = 4$ at zu wählen ist. Bei der Kunze-Knorr-Schnellbahn-Verbundbremse kann der Bremsklotzdruck bis zu 170% des Dienstgewichtes gesteigert werden.

d) Kräfte am Bremsgehänge.

I. Einseitig wirkende Klotzbremse; Bremsdruck wagerecht gerichtet (Abb. 247).

Momentengleichung um Punkt 1:

Für Vorwärtsfahrt (in Pfeilrichtung)

$$K \cdot a - N \cdot b - \mu \cdot N \cdot c = 0; \text{ hieraus } K = \frac{N \cdot b + \mu \cdot N \cdot c}{a}$$

Für Rückwärtsfahrt

$$K \cdot a - N \cdot b + \mu \cdot N \cdot c = 0; \text{ hieraus } K = \frac{N \cdot b - \mu \cdot N \cdot c}{a}$$

Zur Erzeugung der gleichen Bremskraft ist demnach bei Vorwärtsfahrt größerer Zug am Bremsgehänge erforderlich als bei Rückwärts-

[1]) Für gußeiserne Bremsklötze auf stählernen Radreifen.

fahrt. Gleiche Bremskraft vorwärts wie rückwärts bei gleicher Zugkraft am Bremsgehänge ist nur möglich, wenn $c = 0$, d. h. wenn der Aufhängungspunkt des Bremsgehänges senkrecht zum Anpressungsdruck N angeordnet ist.

Durch Abdrehen der Radreifen wird Veränderlichkeit des Durchmessers D der Räder bedingt, womit die Bedingung $c = 0$ für die ganze Laufzeit des Radsatzes unerfüllbar.

Durch Bremsung verursachter einseitiger Lagerdruck N ergibt sich nach Abb. 247

für Vorwärtsfahrt aus $N = \frac{K \cdot a}{b + \mu \cdot c}$

für Rückwärtsfahrt aus $N = \frac{K \cdot a}{b - \mu \cdot c}$

Bei Bremsung tritt $B = \mu \cdot N$ während Vorwärtsfahrt als Rahmen*be*lastung, während Rückwärtsfahrt als Rahmen*ent*lastung auf.

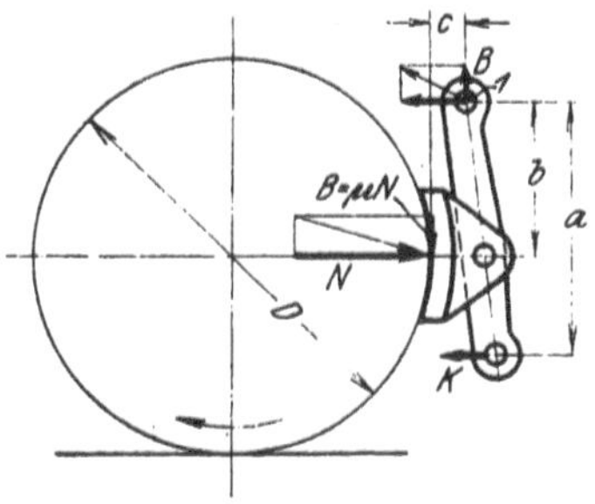

Abb. 247. Kräfte am Gehänge für einseitige Bremsung, Klotzdruck wagerecht.

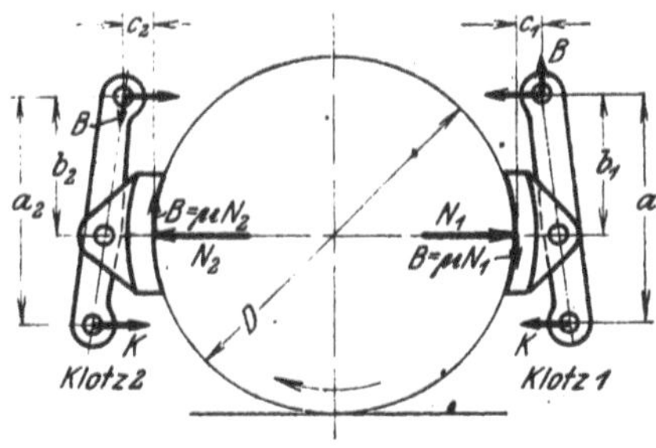

Abb. 248. Kräfte am Gehänge für doppelseitige Bremsung, Klotzdruck wagerecht.

II. Doppelseitig wirkende Klotzbremse; Bremsdruck wagerecht gerichtet (Abb. 248).

Zugkraft K ist an beiden Bremsgehängen gleich. Es wird für Vorwärtsfahrt (in Pfeilrichtung)

an Bremsklotz 1: $N_1 = \frac{K \cdot a_1}{b_1 + \mu \cdot c_1}$

an Bremsklotz 2: $N_2 = \frac{K \cdot a_2}{b_2 - \mu \cdot c_2}$

Für Rückwärtsfahrt gelten die entgegengesetzten Vorzeichen im Nenner der beiden Gleichungen. Die Bremskraft an beiden Bremsklötzen ist demnach verschieden groß. Somit ist auch bei Doppelklotzbremse nicht ausgeglichener wagerechter Druck auf die Achslager vorhanden.

III. Einseitig wirkende Klotzbremse; Bremsdruck schräg nach oben gerichtet (Abb. 249 und 250).

Der Winkel zwischen der Richtung des Bremsklotzdruckes und der Wagerechten sei α. Mit den Bezeichnungen der Abb. 249 ist

für Vorwärtsfahrt $K \cdot a = N \cdot b + \mu \cdot N \cdot c$; hieraus $K = \frac{N \cdot b + \mu \cdot N \cdot c}{a}$

für Rückwärtsfahrt $K \cdot a = N \cdot b - \mu \cdot N \cdot c$; hieraus $K = \frac{N \cdot b - \mu \cdot N \cdot c}{a}$

Zur Ermittelung der Rahmenbelastung bzw. Entlastung dient die Zerlegung der Kräfte am Bremsgehänge (nach Abb. 250);

bei Vorwärtsfahrt ist

$$N \cdot \sin\alpha + \mu \cdot N \cdot \cos\alpha = V$$
$$N \cdot \cos\alpha - \mu \cdot N \cdot \sin\alpha - K = H$$
$$\mu \cdot N \cdot \sin\alpha \cdot b' - N \cdot \cos\alpha \cdot b' - N \cdot \sin\alpha \cdot c' - \mu \cdot N \cdot \cos\alpha \cdot c' + K \cdot a = 0$$

bei Rückwärtsfahrt ist

$$N \cdot \sin\alpha - \mu \cdot N \cdot \cos\alpha = V$$
$$N \cdot \cos\alpha + \mu \cdot N \cdot \sin\alpha - K = H$$
$$\mu \cdot N \cos\alpha \cdot c' - N \cdot \cos\alpha \cdot b' \quad N \cdot \sin\alpha \cdot c' + \mu \cdot N \cdot \sin\alpha \cdot b' + K \cdot a = 0$$

Durch sinngemäße Vereinigung der Gleichungen für Vorwärts- und Rückwärtsfahrt erhält man die für die Doppelklotzbremse mit schräg angeordneten Bremsklötzen gültigen Beziehungen.

e) Untersuchung der Kraft- und Wegverhältnisse einer Doppelklotzbremse (Abb. 251 bis 253).

I) Kraftverhältnisse (Abb. 251).

Voraussetzung ist, daß Bremsklotzdruck N an allen Bremsklötzen gleich groß, daß Lokomotive im Stillstand angenommen, demnach $\mu \cdot N = 0$.

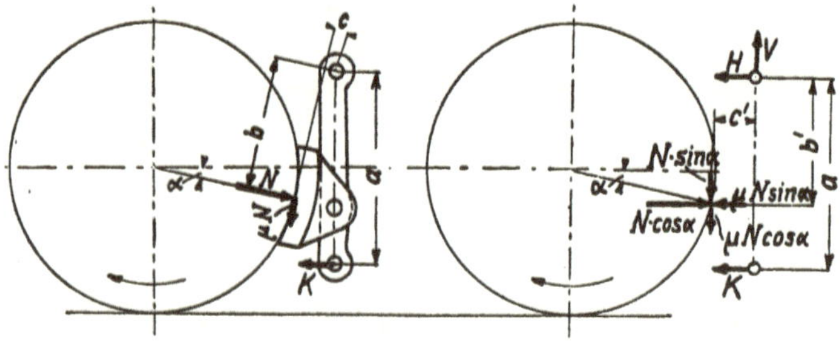

Abb. 249/250. Kräfte am Gehänge für einseitige Bremsung, Klotzdruck schräg nach oben.

Bremsgehänge I

Kräftegleichungen

$$N - H_1 - A = 0; \quad V_1 - V_{a_1} = 0$$

Momentengleichung um Punkt I

$$A\,(a + b) - N \cdot a = 0; \quad \text{hieraus } A = \frac{N \cdot a}{a + b}$$

Bremsgehänge II

Kräftegleichungen

$$H_2 - N + B = 0; \quad B \cdot tg\alpha - V_2 = 0$$

Momentengleichung um Punkt II

$$N \cdot c - B\,(c + d) = 0; \quad \text{hieraus } B = N \cdot \frac{c}{c + d}$$

Ausgleichhebel 1

Kräftegleichung

$$A - B - Z_1 = 0; \quad \text{hieraus } Z_1 = A - B; \quad V_{a_1} = B'' \cdot tg\alpha$$

Momentengleichung um Punkt 1

$$A \cdot f - B\,(e + f) = 0; \quad \text{hieraus} \quad \frac{e+f}{f} = \frac{A}{B} = \frac{N \cdot \frac{a}{a+b}}{N \cdot \frac{c}{c+d}} = \frac{a \cdot (c+d)}{c \cdot (a+b)}$$

Bremsgehänge III

Kräftegleichung

$$N - H_3 - C = 0$$

Momentengleichung um Punkt III

$$C\,(g + h) - N \cdot g = 0; \quad \text{hieraus} \quad C = \frac{N \cdot g}{g + h}$$

Bremsgehänge IV

Kräftegleichung

$$H_4 - N + D = 0$$

Momentengleichung um Punkt IV

$$N \cdot i - D\,(i + k) = 0; \quad \text{hieraus} \quad D = \frac{N \cdot i}{i + k}$$

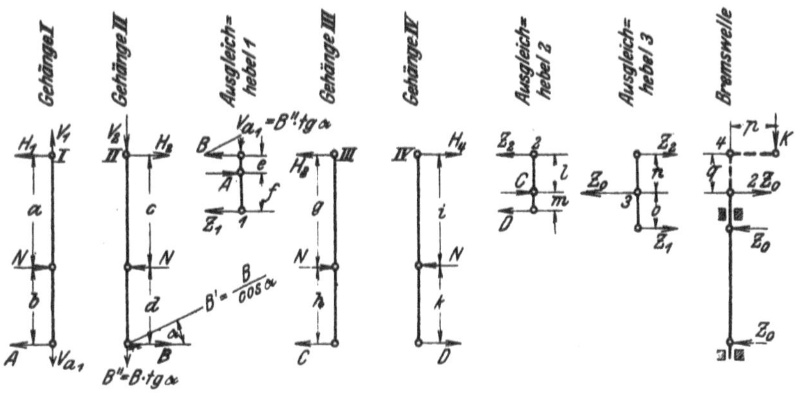

Abb. 251. Kraftverhältnisse der Bremse zu Abb. 252.

Ausgleichhebel 2

Kräftegleichung

$$C - Z_2 - D = 0; \quad \text{hieraus} \quad Z_2 = C - D$$

Momentengleichung um Punkt 2

$$D\,(l + m) - C \cdot l = 0$$

$$\frac{l+m}{l} = \frac{C}{D} = \frac{N \cdot g}{g+h} : \frac{N \cdot i}{i+k} = \frac{g}{g+h} \cdot \frac{i+k}{i}$$

Ausgleichhebel 3

Kräftegleichung

$$Z_1 + Z_2 - Z_0 = 0; \quad \text{hieraus} \quad Z_0 = Z_1 + Z_2$$

Momentengleichung um Punkt 3

$$Z_2 \cdot n = Z_1 \cdot o; \quad \text{hieraus} \quad \frac{n}{o} = \frac{Z_1}{Z_2}$$

Soll $Z_1 = Z_2$ werden, so muß sein

$$A - B = C - D \quad \text{oder}$$

$$N \cdot \frac{a}{a+b} - N \cdot \frac{c}{c+d} = N \cdot \frac{g}{g+h} - N \cdot \frac{i}{i+k}$$

Hiermit wird

$$\frac{a}{a+b} - \frac{c}{c+d} = \frac{g}{g+h} - \frac{i}{i+k}$$

An der Bremswelle findet die Vereinigung der Kräfte Z_0 von beiden Lokomotivseiten zu $2Z_0$ statt.

Momentengleichung um Punkt 4 (Bremswelle)

$K \cdot p = 2\,Z_0 \cdot q$, oder erforderlicher Bremszylinderdruck

$$K = 2\,Z_0 \cdot \frac{q}{p} = 2 \cdot (Z_1 + Z_2) \cdot \frac{q}{p}$$

$$= 2 \cdot (A - B + C - D) \cdot \frac{q}{p} = 2\,N \cdot \left(\frac{a}{a+b} - \frac{c}{c+d} + \frac{g}{g+h} - \frac{i}{i+k}\right) \cdot \frac{q}{p}$$

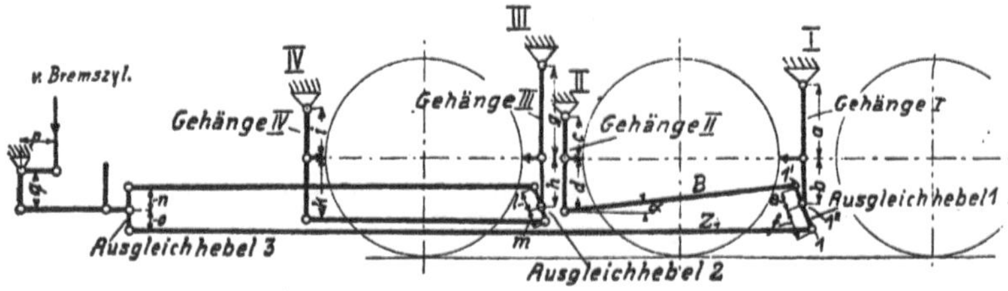

Abb. 252. Bremsung einer 1C-Tenderlokomotive (Laufachse fortgelassen).

Beispiel:

Ist das Reibungsgewicht der 1C-Tenderlokomotive[1]) in Abb. 252 mit halben Vorräten an Wasser und Kohle 42 000 kg, so sind nach Seite 312 abzubremsen

$$(0{,}65 \text{ bis } 0{,}7) \times 42\,000 \text{ kg}$$

Die gewählte Abbremsung sei $0{,}66 \times 42\,000 \cong 28\,000$ kg. Diese wird mit Hilfe einer Doppelklotzbremse verteilt auf vier Räder, so daß Druck N an jedem Bremsklotz

$$N = \frac{28\,000}{8} = 3500 \text{ kg}$$

Bremsgehänge I und II, sowie Ausgleichhebel 1:

Aus der Ausführung liegen fest die Größen

$a = 545$ mm, $b = 300$ mm, $c = 300$ mm, $e = 90$ mm, $f = 180$ mm; zu berechnen sind d und Z_1.

Berechnung von d:

$$\frac{e+f}{f} = \frac{a}{a+b} \cdot \frac{c+d}{c}$$

$$\frac{270}{180} = \frac{545}{845} \cdot \frac{300+d}{300} \qquad d = \frac{270}{180} \cdot \frac{300 \cdot 845}{545} - 300 = 398 \text{ mm}$$

---

[1]) Gezeichnet sind hier nur die beiden abgebremsten Achsen.

Berechnung von Z_1:

$$Z_1 = A - B;$$

$$A = N \cdot \frac{a}{a+b} = 3500 \cdot \frac{545}{845} = 2260 \text{ kg}$$

$$B = N \cdot \frac{c}{c+d} = 3500 \cdot \frac{300}{698} = 1505 \text{ kg}$$

$$Z_1 = 2260 - 1505 = 755 \text{ kg}$$

Bremsgehänge III und IV, sowie Ausgleichhebel 2:

Bekannt sind $h = 390$ mm, $i = 365$ mm, $k = 480$ mm, $l = 180$ mm, $m = 90$ mm; zu berechnen ist g unter Voraussetzung $Z_1 = Z_2$.

Berechnung von g:

$$\frac{a}{a+b} - \frac{c}{c+d} = \frac{g}{g+h} - \frac{i}{i+k}$$

$$\frac{545}{845} - \frac{300}{698} = \frac{g}{g+390} - \frac{365}{845}$$

$$g = 712 \text{ mm};$$

am Ausgleichhebel 3 ist hiermit

$$Z_0 = Z_2 + 755 \text{ kg}$$

Hebelarm $n = o = 135$ mm gewählt.

An der Bremswelle findet die Vereinigung statt von

$$2Z_0 = 2(Z_1 + Z_2) = 2 \cdot 1510 = 3020 \text{ kg}$$

Der Bremszylinderdurchmesser wird gewählt zu $12^1/_2'' = 31,8$ cm. Also ist der Druck auf den Bremskolben bei 3,5 at

$$K = \frac{31,8^2 \pi}{4} \cdot 3,5 = 2780 \text{ kg}$$

Hebel an Bremswelle:

Es ist $K \cdot p = 2Z_0 \cdot q$; aus der Ausführung liegt fest $q = 250$ mm. Hiermit wird

$$p = 2Z_0 \cdot \frac{q}{K} = 3020 \cdot \frac{250}{2780} = 272 \text{ mm}$$

II.) Wegverhältnisse (Abb. 253).

Die Entfernung zwischen Bremsklotz und Rad in gelöstem Zustand der Bremse sei u.

Bremsgehänge I

Der Weg an dem Bremsbalken nach Anziehen der Bremse sei x; dann ist

$$\frac{u}{x} = \frac{a}{a+b} \text{ oder } x = \frac{u \cdot (a+b)}{a}$$

Übertragung dieser Bewegung auf Zugstange Z_1 erfolgt durch Ausgleichhebel.

Punkt 1' (Angriffspunkt der Stange B am Ausgleichhebel) sei festgehalten gedacht; dann ergibt sich die wirkliche Bewegung v an Zugstange Z_1 zum Anziehen des Bremsgehänges I aus

$$\frac{x}{v} = \frac{e}{e+f}$$

Hiernach und unter Benutzung voriger Beziehung erhält man

$$v = \frac{u\,(a + b)}{a} \cdot \frac{e + f}{e}$$

Bremsgehänge II

Der Weg an dem Bremsbalken nach Anziehen der Bremse sei x; dann ist

$$\frac{u}{y} = \frac{c}{c + d} \quad \text{oder} \quad y = \frac{u \cdot (c + d)}{c}.$$

Übertragung dieser Bewegung auf Zugstange Z_1 erfolgt unter Zwischenschaltung von Stange B und Ausgleichhebel 1.

Punkt 1'' (Angriffspunkt des Bremsbalkens am Bremsgehänge I) sei festgehalten gedacht; dann ergibt sich die wirkliche Bewegung w an Zugstange Z_1 zum Anziehen des Bremsgehänges II aus

$$\frac{y}{w} = \frac{e}{f}$$

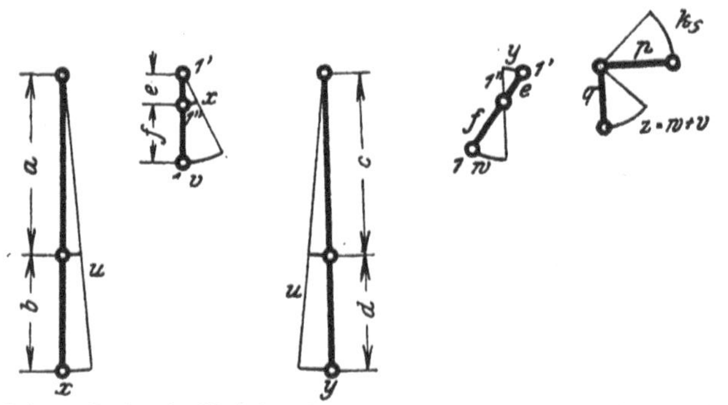

Gehänge I Ausgleichhebel 1 Gehänge II Ausgleichhebel 1 Bremswelle

Abb. 253. Wegverhältnisse der Bremse zu Abb. 252.

Hiernach und unter Benutzung der vorher für y aufgestellten Beziehung erhält man

$$w = u\,\frac{c + d}{c} \cdot \frac{f}{e}$$

Der gesamte Weg der Zugstange Z_1 zum Anziehen der Bremsklotzgehänge I und II ist demnach

$$z = v + w = u \cdot \left(\frac{a + b}{a} \cdot \frac{e + f}{e} + \frac{c + d}{c} \cdot \frac{f}{e}\right)$$

Der gleiche Weg wird beim Anziehen von Zugstange Z_2 zurückgelegt. Da beide Bewegungen parallel erfolgen, so findet keine Vergrößerung des Weges an Zugstange Z_0 statt.

Durch Hebel ist die Übersetzung an der Bremswelle $\frac{q}{p} = \frac{z}{k_s}$ worin k_s der Weg des Bremskolbens, so daß $k_s = \frac{p}{q} \cdot z$

Beispiel:

Zu ermitteln ist Weg k_s des Bremskolbens der vorher besprochenen Bremse der 1C-Lokomotive. Gegeben sind die Größen

a = 545 mm, b = 300 mm, c = 300 mm, d = 398 mm,
e = 90 mm, f = 180 mm, q = 250 mm, p = 272 mm.
Bremsklotzweg $\mu = 6$ mm.

Es wird also der Bremskolbenweg

$$k_s = \frac{p}{q} \cdot z = \frac{p}{q} \cdot u \left(\frac{a+b}{a} \cdot \frac{e+f}{e} + \frac{c+d}{c} \cdot \frac{f}{e}\right)$$

$$= \frac{272}{250} \cdot 6 \left(\frac{845}{545} \cdot \frac{270}{90} + \frac{698}{300} \cdot \frac{180}{90}\right) = 60{,}7 \text{ mm.}$$

f) Ausgeführte Beispiele.

a) Bremse der 2 C - 4 Zyl. Heißd.-Verb.-S-Lok. der preuß. Staatsbahn (Abb. 254).

Die drei gekuppelten Achsen werden einseitig gebremst. Bremsklotzdruck ist schräg nach oben gerichtet. Bemerkenswert ist die Ausbildung der Bremswelle, die an einer Rahmenquerversteifung beweglich aufgehängt ist und gleichzeitig als Angriffspunkt für die vordere Bremszugstange dient. Je nach dem Bauart „Westinghouse" oder „Knorr" angewendet wird, ergibt sich folgendes:

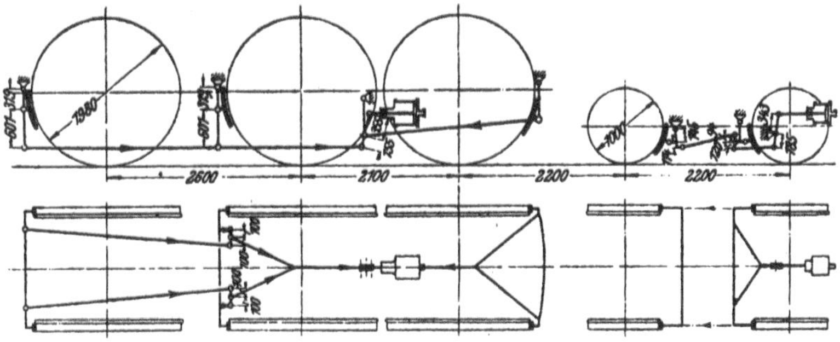

Abb. 254. Bremse der preußischen Gattung S_{10}^{1}.

Bei „Westinghouse":

Reibungsdruck der gekuppelten Achsen 51 000 kg
Hiervon sollen abgebremst werden 65 bis 70 %
Durchmesser des Bremszylinders 355 mm
Druck im Bremszylinder 3,5 at
Arbeitsdruck des Bremszylinders $K = \frac{35{,}5^2 \cdot \pi}{4} \cdot 3{,}5 = 3465$ kg

$$\text{Bremsdruck} = K \cdot \left(\frac{510}{155} + \frac{355 \cdot 100 \cdot 920}{155 \cdot 200 \cdot 319} + \frac{355 \cdot 100 \cdot 920}{155 \cdot 200 \cdot 319}\right) = 34\,270 \text{ kg}$$

Bremsprozente von $G_r \sim 67$ %

Bei „Knorr":

Reibungsdruck der gekuppelten Achsen 51 000 kg
Hiervon sollen abgebremst werden 85 bis 90 %
Durchmesser des Bremszylinders 280 mm
Druck im Bremszylinder 7 at
Arbeitsdruck des Bremszylinders $K = \frac{28^2 \cdot \pi}{4} \cdot 7 = 4310$ kg

$$\text{Bremsdruck} = K \cdot \left(\frac{510}{155} + \frac{355 \cdot 100 \cdot 920}{155 \cdot 100 \cdot 319} + \frac{355 \cdot 100 \cdot 920}{155 \cdot 200 \cdot 319}\right) = 42\,630 \text{ kg}$$

Bremsprozente von $G_r \sim 83{,}5$ %

Für die Drehgestellbremse, bei der vier Bremsklötze den Druck auf die Räder übertragen, ist

Schienendruck des Drehgestells 30 000 kg
Hiervon sollen abgebremst werden 50%
Durchmesser des Bremszylinders 254 mm
Arbeitsdruck des Bremszylinders bei 3,5 at $= \frac{25,4^2 \cdot \pi}{4} \cdot 3,5 = 1773$ kg
Bremsdruck $= \frac{1773 \cdot 343}{185} \cdot \left(\frac{214}{94} - \frac{120 \cdot 259}{94 \cdot 145}\right) = 15\,000$ kg

Somit sind 50% des Drehgestell-Schienendruckes abgebremst.

β) Bremse der 1 E-Heißd.-G-Lok., Gattung G_{12} der deutschen Reichsbahn (Abb. 255).

Sämtliche Trieb- und Kuppelräder werden einseitig gebremst. Das Bremsgestänge ist für einen Ausgleich aller Bremsklotzdrücke eingerichtet. Das Nachstellen der Bremse erfolgt mittels dreier in den Zugstangen eingeschalteter Spannschlösser.

Der Gesamtdruck der 10 Bremsklötze soll bei p = 3,5 at in den beiden Bremszylindern 70% des Reibungsgewichtes der betriebsfähigen Lokomotive betragen und mittels Zusatzbremse bei 5 at Druck auf 100% gesteigert werden.

Durchmesser der Bremszylinder 14" = 355 mm

Arbeitsdruck des Bremszylinders $K = \frac{35,5^2 \cdot \pi}{4} \cdot p$

Kraft an der Bremswelle $P = K \cdot \frac{900}{121}$

Entsprechend den Achsen V bis I sind die Kräfte

am Bremsbalken:

$$P_5 = P \cdot \frac{90}{390} \quad P_4 = P' \cdot \frac{110}{440} \quad P_3 = P_4' \cdot \frac{120}{360} \quad P_2 = P_3' \cdot \frac{510}{300} \quad P_1 = P_2'$$

in den Zugstangen:

$$P_5' = P \cdot \frac{300}{390} \quad P_4' = P_5' \cdot \frac{330}{440} \quad P_3' = P_4' \cdot \frac{240}{360} \quad P_2' = P_3' \cdot \frac{150}{300}$$

Bei Einsetzung der Werte für P' ergeben sich die Kräfte am Bremsbalken zu

$$P_5 = P \cdot \frac{90}{390} = 0,2300\ P$$

$$P_4 = P \cdot \frac{300}{390} \cdot \frac{110}{440} = 0,1925\ P$$

$$P_3 = P \cdot \frac{300}{390} \cdot \frac{330}{440} \cdot \frac{120}{360} = 0,1925\ P$$

$$P_2 = P \cdot \frac{300}{390} \cdot \frac{330}{440} \cdot \frac{240}{360} \cdot \frac{150}{300} = 0,1925\ P$$

$$P_1 = P \cdot \frac{300}{390} \cdot \frac{330}{440} \cdot \frac{240}{360} \cdot \frac{150}{300} = 0,1925\ P$$

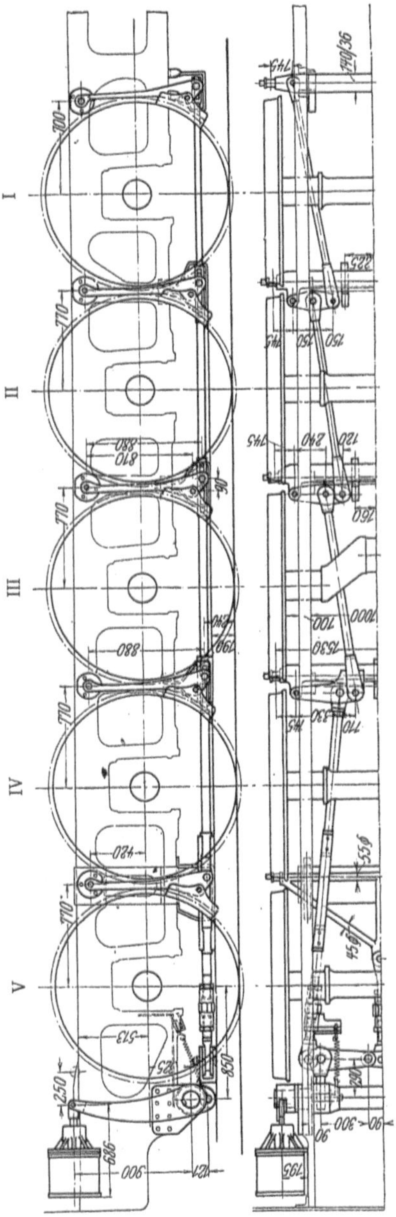

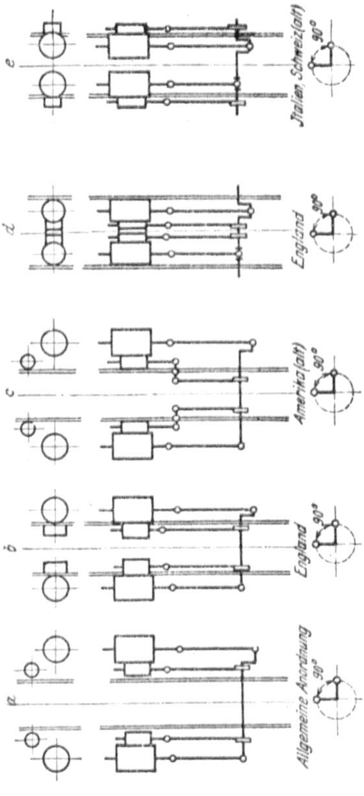

Abb. 256 Zweizylinder-Triebwerke.

Bremsklotzdruck $B = \frac{880}{810} \cdot \Sigma P_{1 \div 5} = \frac{880}{810} \cdot P$

$B = K \cdot \frac{900}{121} \cdot \frac{880}{810}$

B = 8,1 · K, d. h. das gesamte Übersetzungsverhältnis der Bremsgestänge beträgt 8,1.

	Gewöhnliche Bremsung	Zusatz-Bremsung
Druck im Bremszylinder . . . . . . at	3,5	5
Arbeitsdruck des Bremszylinders . . kg	$\frac{35,5^2 \pi}{4} \cdot 3,5$	$\frac{35,5^2 \pi}{4} \cdot 5$
Arbeitsdruck der beid. Bremszylinder kg	6930	9900
Gesamtes Übersetzungsverhältnis . . .	8,1	8,1
Gesamter Bremsklotzdruck . . . . kg	8,1 × 6930 = 56000	8,1 × 9900 = 80 000
Bremsprozente von G_r = 80000 kg . %	70	100

C. Triebwerk.

Die Triebwerke von Lokomotiven unterscheiden sich voneinander in der Hauptsache durch Anzahl und Lage der Zylinder, sowie durch die Anordnung der Steuerung.

1. Allgemeine Anordnungen.

Man kann folgende drei Hauptarten unterscheiden:

a) einfache Triebwerksanordnungen (mit zwei, drei und vier Zylindern);

b) mehrfache Triebwerksanordnungen (sogen. Gelenklokomotiven);

c) weitere Triebwerksanordnungen zur Erzielung guter Krümmungsläufigkeit.

a) Einfache Triebwerksanordnungen.

I. Triebwerke mit zwei Zylindern (Abb. 256); Kurbeln um 90° versetzt.

α) Außenzylinder:

a) Schieberkasten und Steuerung außen (allgemeine Anordnung),

b) Schieberkasten und Steuerung innen (England),

c) Schieberkasten außen, Steuerung innen (ältere amerikanische Anordnung).

β) Innenzylinder:

d) Schieberkasten und Steuerung innen (England).

e) Schieberkasten und Steuerung außen (ältere Anordnung in Italien und in der Schweiz).

Sämtliche Anordnungen gelten auch für doppelte Dampfdehnung.

II. Triebwerke mit drei Zylindern (Abb. 257/258).

α) Einstufige Dampfdehnung (Drilling); Abb. 257.

a) Alle drei Zylinder in einer Querebene treiben gemeinsam eine Kuppelachse an; drei Schieberkästen; mittlerer Schieber durch

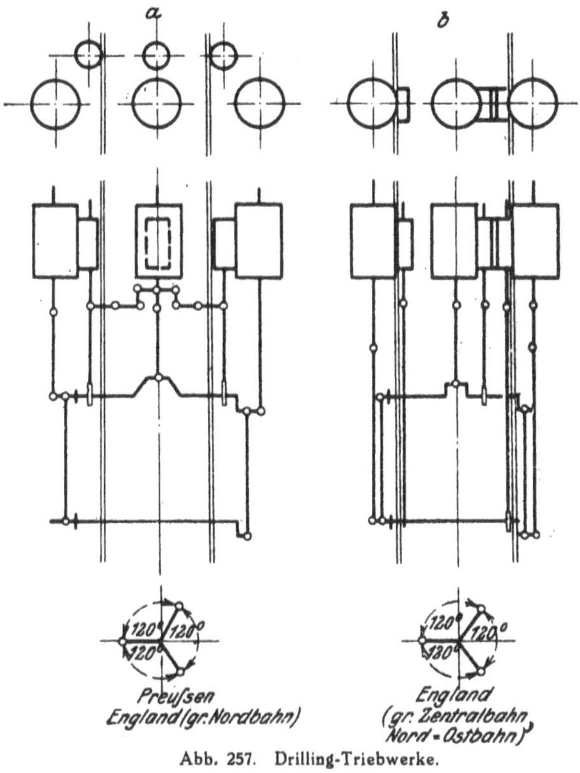

Abb. 257. Drilling-Triebwerke.

Übertragung der außenliegenden Steuerungen gesteuert; Kurbeln um 120° versetzt (Preußen, England z. B. Große Nordbahn).

b) Alle drei Zylinder in einer Querebene, von denen die beiden äußeren die hintere, der innere die vordere Kuppelachse antreibt; drei Schieberkästen innenliegend; Schieber von drei unabhängigen Steuerungen betätigt (England z. B. Große Zentralbahn und Nord-Ostbahn).

β) Doppelte Dampfdehnung (Verbund); Abb. 258.

a) Alle drei Zylinder in einer Querebene treiben gemeinsam eine Kuppelachse an; drei Schieberkästen (zwei außen, einer innen); Schieber von drei voneinander unabhängigen Steuerungen betätigt; Versetzung der beiden Niederdruckkurbeln gegeneinander 90°, zwischen der Hochdruck- und jeder der beiden Niederdruckkurbeln $\frac{360-90}{2} = 135°$ (Bauart „Klose-Weyermann", Württemberg).

b) Wie unter a), aber drei innenliegende Schieber und drei voneinander unabhängige Steuerungen; Kurbelversetzung wie unter a) (Bauart „Smith", England).

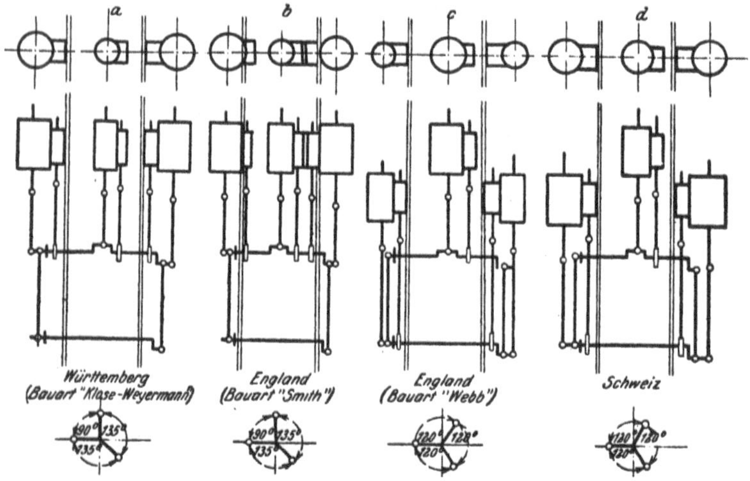

Abb. 258. Dreizylinder-Verbund-Triebwerke.

c) Zylinder liegen in verschiedenen Querebenen; zwei äußere Hochdruckzylinder treiben die hintere, der innere Niederdruckzylinder die vordere Kuppelachse an; drei Schieberkästen, von denen zwei außen und einer innen, mit voneinander unabhängigen Steuerungen; Kurbeln um 120° versetzt (Bauart „Webb", England).

d) Zylinder liegen in verschiedenen Querebenen; zwei äußere Niederdruckzylinder treiben die hintere, ein innerer Hochdruckzylinder die vordere Kuppelachse an; Schieber, Steuerungen und Kurbelversetzung wie unter c) (Bauart „Schweizerische Bundesbahn").

e) Zylinderlage und Anordnung, sowie Antriebsart wie unter d); doch keine Versetzung der beiden Niederdruckkurbeln gegeneinander; Hochdruckkurbel eilt um 90° vor (Bauart „Wittfeld").

III. Triebwerke mit vier Zylindern (Abb. 259/260).

α) Einstufige Dampfdehnung (Vierling); Abb. 259.

Kurbeln jeder Seite gegeneinander um 180° versetzt, gegen die der anderen Seite um 90°.

a) Alle vier Zylinder in einer Querebene treiben gemeinsam eine Kuppelachse an; vier Schieber, von denen die zwei inneren mittels Übertragung durch die äußeren Steuerungen mitbetätigt werden (allgemeine Anordnung, Preußen).

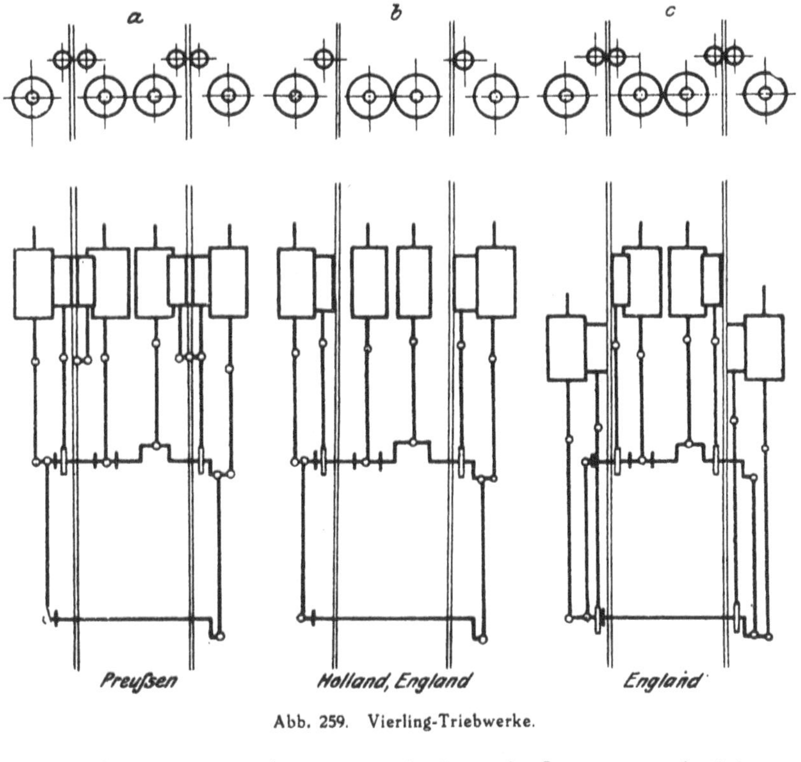

Abb. 259. Vierling-Triebwerke.

b) Wie unter a), aber zwei außenliegende Steuerungen betätigen zwei äußere Schieber, die je zwei Zylinder (Außen- und Innenzylinder einer Seite) gemeinsam steuern (Holland, England).

c) Zylinder liegen in verschiedenen Querebenen; zwei Außenzylinder treiben die hintere, zwei Innenzylinder die vordere Kuppelachse an; vier Schieber und vier voneinander unabhängige Steuerungen (England z. B. London- und Süd-West-Bahn).

β) D o p p e l t e D a m p f d e h n u n g (Verbund); Abb. 260.

a) Alle vier Zylinder in einer Querebene treiben gemeinsam eine Kuppelachse an; zwei Niederdruckzylinder außen, zwei Hochdruckzylinder innen; vier Schieber mit zwei äußeren Steuerungen, die durch Übertragung auch auf die inneren Schieber wirken (Bauarten „G ö l s d o r f" und „M a f f e i"). Eine Abart nach v. B o r r i e s besitzt für die inneren Schieber auch Voreilhebel.

b) Wie unter a), aber zwei außenliegende Schieber und Steuerungen steuern je zwei Zylinder (Außen- und Innenzylinder einer Seite) gemeinsam. (Bauarten „V a u c l a i n, W o o l f, M a f f e i").

c) Wie unter a), aber die beiden Hochdruckzylinder an der einen, die beiden Niederdruckzylinder an der anderen Seite; zwei außenliegende Schieber; jedes Kolbenpaar (für die zwei Niederdruck- und die zwei Hochdruckzylinder) wird gemeinsam durch einen Schieber und eine Steuerung gesteuert (Bauart „P l a n c h e r", Italien).

d) Zylinder liegen in verschiedenen Querebenen; zwei äußere Hochdruckzylinder treiben die hintere, zwei innere Niederdruckzylinder die vordere Kuppelachse an; vier Schieber und vier voneinander unabhängige Steuerungen, die auch unabhängig voneinander verstellt werden können (Bauart „d e G l e h n", Frankreich und „C o l e", Amerika).

e) Wie unter d), aber vier Schieber mit zwei außenliegenden Steuerungen, die mittels Übertragung auch die inneren Schieber betätigen (v e r e i n f a c h t e Bauart „d e G l e h n", Preußen).

f) Tandemanordnung; Zylinder in Hintereinanderschaltung; je ein Hochdruck- und Niederdruckzylinder hintereinander mit gemeinsamer Kolbenstange auf jeder Seite; gleichgültig, ob Hoch- oder Niederdruckzylinder vorn; ebenso die beiden inneren Schieber (vier im ganzen) einer Seite hintereinander auf gemeinsamer Stange; Innensteuerung (Bauart „W o o l f", Rußland, Ungarn, Amerika). Veraltet.

g) Zylinder in Übereinanderschaltung; je ein Hochdruck- und Niederdruckzylinder senkrecht übereinanderliegend mit gemeinsamem inneren Schieber (also zwei Schieber im ganzen); Innensteuerung (ä l t e r e Bauart „V a u c l a i n", Amerika). Veraltet.

b) Mehrfache Triebwerksanordnungen (Abb. 261 bis 265).

Antriebe mit getrenntem Triebwerk.

I. A u s f ü h r u n g s a r t e n m i t T r i e b g e s t e l l.

α) Bauart „M a l l e t - R i m r o t t" (Abb. 261): nur 1 D a m p f d r e h g e s t e l l. Vorderes Antriebgestell drehbar um einen Zapfen, hinteres fest mit dem Kessel verbunden. Zwei Hochdruckzylinder hinten außen am festen Hauptrahmen, zwei Niederdruckzylinder vorn außen am beweglichen Rahmen (Neben- oder Drehgestellrahmen); Zylinder jedesmal vor den Triebachsen; Zylinder wirken gleichlaufend; durch Gelenkrohre sind Hoch- und Niederdruckzylinder miteinander verbunden.

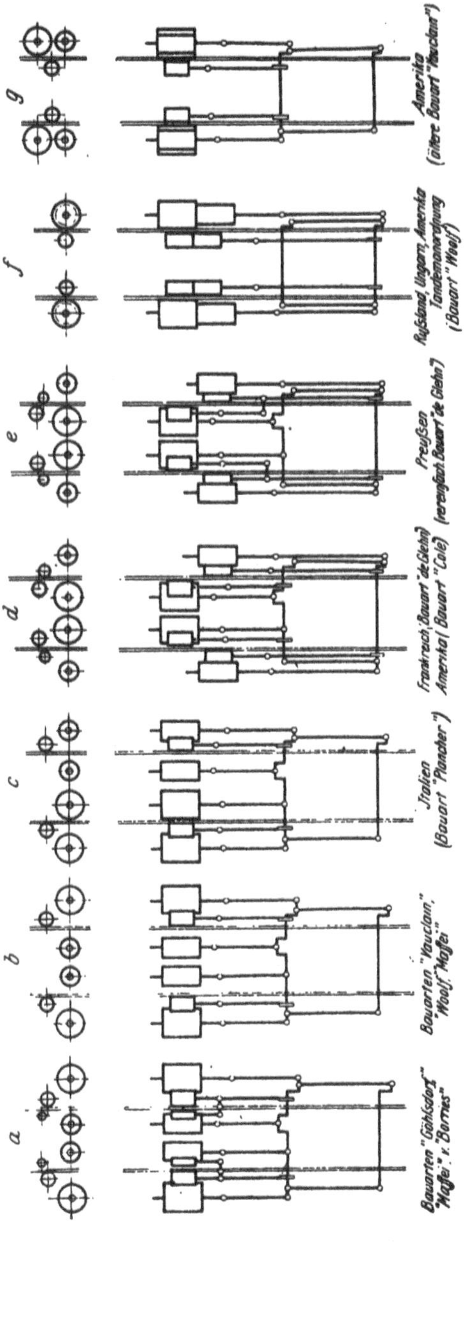

Abb. 260. Vierzylinder-Verbund-Triebwerke

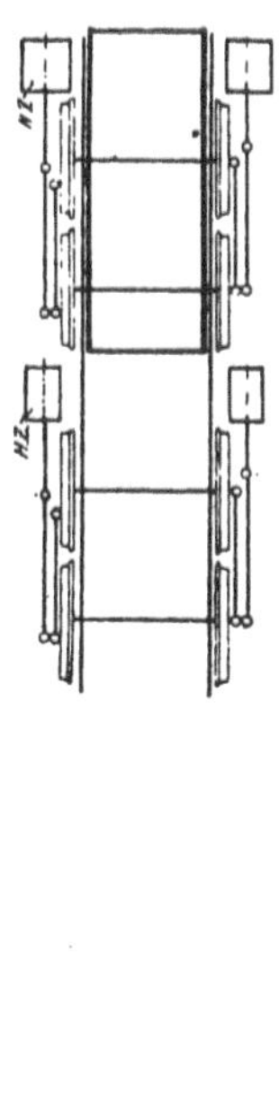

Abb. 261. Mallet-Triebwerk.

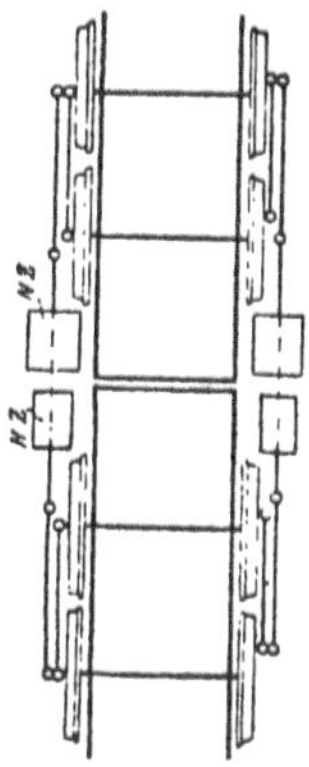

Abb. 262. Meyer-Triebwerk.

β) Bauart „M e y e r" (Abb. 262): z w e i D a m p f d r e h g e s t e l l e. Zwei um je einen Zapfen drehbare Antriebgestelle. Zwei Hochdruckzylinder außen am hinteren, zwei Niederdruckzylinder außen an dem rückwärtigen Ende des vorderen Drehgestellrahmens, d. h Zylinder „zueinander" angeordnet.

γ) Bauart „F a i r l i e" (Abb. 263): z w e i D a m p f d r e h g e s t e l l e. Zwei um je einen Zapfen drehbare Antriebgestelle; zwei Hochdruckzylinder außen am ersten, zwei Niederdruckzylinder außen am zweiten Drehgestellrahmen am entgegengesetzten Ende zweier mit der Rückseite aneinander stoßender Kessel mit gemeinsamer Feuerkiste angeordnet.

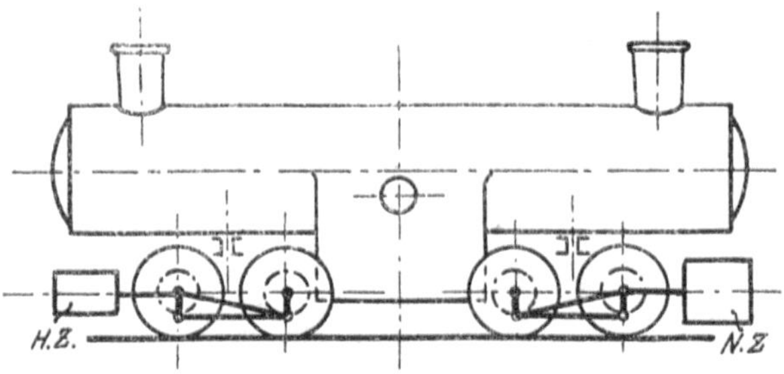

Abb. 263. Fairlie-Triebwerk.

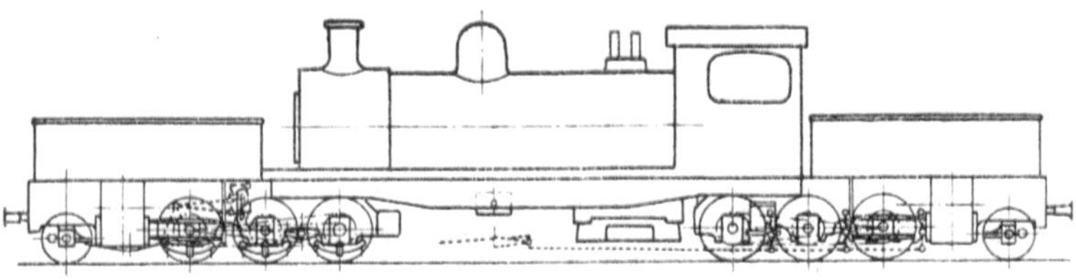

Abb. 264. Garrat-Triebwerk.

δ) Bauart „G a r r a t" (Abb. 264): z w e i D a m p f d r e h g e s t e l l e. Zwei um je einen Zapfen drehbare Antriebgestelle, die — außer dem Antrieb — noch Wasser- und Brennstoffbehälter tragen; die beiden Drehgestelle tragen zwischen sich einen weiteren Rahmen, auf dem Kessel und Führerhaus ruhen; zwei Hochdruckzylinder außen am hinteren, zwei Niederdruckzylinder außen am vorderen Drehgestellrahmen.

II. A u s f ü h r u n g s a r t e n o h n e T r i e b g e s t e l l.

α) Bauart H a g a n s : Antriebzylinder nur im Hauptrahmen. Zwei Zylinder vorn am Hauptrahmen wirken auf zwei Triebradgruppen, von denen die eine fest im Rahmen, die andere (gewöhnlich die hinteren Kuppelräder) um einen Drehpunkt zwischen den beiden Gestellen angeordnet ist. Antrieb der vorderen Radgruppe in üblicher Weise; auf die hinteren beweglichen Kuppelachsen wird die Kraft durch Zwischenhebel übertragen.

β) Vorschlag von „S a n z i n[1]); für Schnellzuglokomotiven von besonders großer Leistungsfähigkeit, um die Kupplung einer größeren Zahl von Lokomotivachsen zu vermeiden (Abb. 265).
Zwei vollständig getrennte unabhängige Triebwerke (Haupt- und Hilfstriebwerk a und b) für Anfahren und für das Befahren von Strecken mit stark wechselnden Neigungsverhältnissen.

Haupt-T.: vorn gelegen; zwei oder mehr gekuppelte Achsen, große Räder; hauptsächlich für Fahren mit hohen Geschwindigkeiten, s t ä n d i g in Verwendung.

Hilfs-T.: hinten gelegen; zwei oder mehr gekuppelte Achsen, kleinere Räder; nur für Anfahren und Befahren stärkerer Steigungen; es arbeitet nur bis zu einer bestimmten Fahrgeschwindigkeit mit Dampf (etwa 50 bis 60 km/st) und läuft bei größeren Geschwindigkeiten leer mit.

Keine Kupplung der Triebwerke. Achsen beider Triebwerke sind im Hauptrahmen gelagert, also k e i n e Triebgestelle. Jedes Triebwerk hat selbständige Umsteuerung und je einen unabhängigen Regler. Jedes Triebwerk arbeitet für sich in Zwillingwirkung; höchstens könnte für das Haupttriebwerk Verbundwirkung gewählt werden.

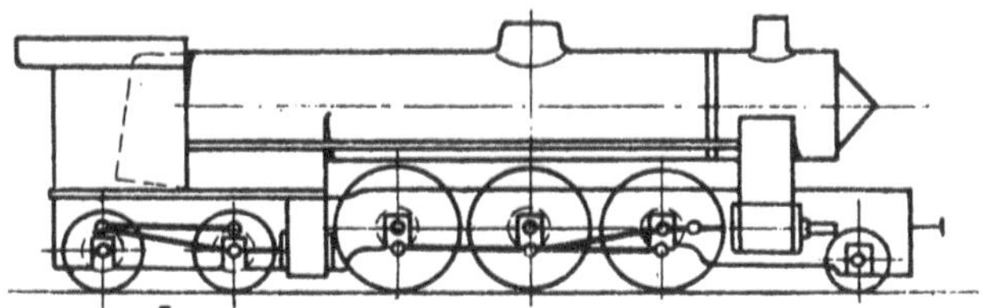

Abb. 265. Triebwerksvorschlag von „Sanzin".

c) Weitere Triebwerksanordnungen zur Erzielung guter Krümmungsläufigkeit.

Gute Krümmungsläufigkeit wird erreicht durch z w a n g l ä u f i g e E i n s t e l l u n g v o n E i n z e l a c h s e n o d e r A c h s g r u p p e n. Erwähnenswert sind u. a. folgende Anordnungen:

Einstellbare Achsen, durch Kardangelenke angetrieben (Bauart „K l i e n - L i n d n e r");
Einstellbare Achsen, durch Zahnradübertragung angetrieben (Bauarten „S h a y", „L u t t e r m ö l l e r");
Einstellbare Achsen, durch Hebelübertragung angetrieben (Bauarten „B e u g n i o t", „K l o s e");
Drehgestell, durch Hebelübertragung angetrieben (Bauart „H a g a n s");
Seitlich verschiebbare Achsen, unabhängig voneinander (Bauart „G ö l s d o r f");
Seitlich verschiebbare Achsen, durch Laufachsen gesteuert (Bauarten „K r a u ß - H e l m h o l t z", „Z a r a").

[1]) Z. V. D. I. 1919, S. 765.

Bei der Bauart Luttermöller in Abb. 266 geht die Kraftübertragung auf Endachse II von der benachbarten, durch Stangen angetriebenen Kuppelachse I aus. Letztere erhält in der Mitte eine kugelige Wulst, die zu einem Universalgelenk ausgebildet ist. Das die Wulst umschließende zweiteilige Lager besitzt einen Zahnkranz und dient als Antriebsrad, in welches das auf Kugeln laufende Zwischenrad eingreift. Das auf Endachse II aufgekeilte Rad ist mit einer

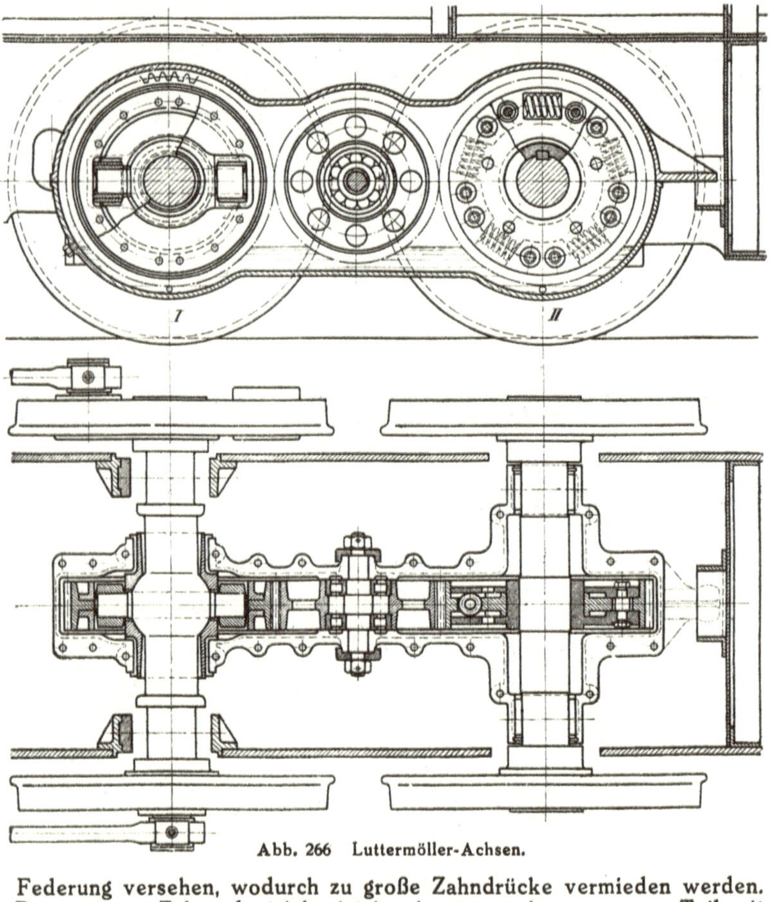

Abb. 266 Luttermöller-Achsen.

Federung versehen, wodurch zu große Zahndrücke vermieden werden. Das gesamte Zahnradgetriebe ist in einem gemeinsamen, zum Teil mit Öl angefüllten Gehäuse eingekapselt. Letzteres wird einerseits auf den halsartigen Ansätzen des auf der Kugel sitzenden Rades I, andererseits auf der Endachse durch gewöhnliche Lagerschalen getragen, die auch die Achslast aufnehmen. Das Kugelgelenk ermöglicht den Endachsen seitliche Verschiebbarkeit und radiale Einstellung beim Befahren von Krümmungen.

2. Steuerungen.

Bedingungen einer Lokomotivsteuerung sind:

richtige, d. h. der Bewegung des Kolbens entsprechende Dampfverteilung,
wirtschaftliche Dampfverteilung, d. h. der Dampfverbrauch soll bei der meist gebrauchten Zugkraft ein möglichst geringer sein,
möglichst gleiche Dampfverteilung auf Kurbel- und Deckelseite,
Umsteuerbarkeit,
ausreichende Füllungsverstellbarkeit.

Einteilung der Steuerungen:

nach Art der Lage bezüglich des Rahmens in
innen liegende Steuerungen,
außen liegende Steuerungen,
Steuerungen mit Zwischenhebel,
nach Art der Ausführungen in
Steuerungen mit zwei Hubscheiben,
Steuerungen mit einer Gegenkurbel,
Lenkersteuerungen.

Hauptteile einer Steuerung sind:

innere Steuerung (Schieber, Ventile, Hähne),
äußere Steuerung (verschiedene Steuerungen und ihre Führungen, wie Hängeeisen, Voreilhebel, Lenkerstange, Schwingenstange, Schieberschubstange, Steuerstangenhebel u. dgl., ferner Schwingen, Hubscheiben, Steuerbock und -Schraube).

a) Innere Steuerung.

I. Steuerung mit Schiebern.

α) Flachschieber.

Meist mit Trickkanal versehen. Baustoff Rotguß oder weiches Gußeisen; zuweilen Weißmetalleingüsse zur Verminderung der Abnutzung. Durch Trickkanal Verdoppelung der Einströmquerschnitte. Hauptvorteil der Flachschieber ist die Möglichkeit des Abklappens bei Wasserschlägen. Andererseits nötigt diese Schieberbauart wegen der starken Schieber- und Stopfbuchsreibung zur Ausführung sehr kräftiger Steuerungsgestänge und Bolzen.

Abb. 267 zeigt einen Trickschieber der preußischen Staatsbahn mit Weißmetalleingüssen. Zur Verminderung der starken Schieberreibung werden auf größeren Schiebern häufig Entlastungsvorrichtungen angeordnet. Die Unmöglichkeit, Flachschieber auf die Dauer dicht zu halten und die kostspieligen Wiederherstellungsarbeiten ließen schon frühzeitig den Gedanken aufkommen, Kolbenschieber zu verwenden. Aber erst mit Einführung des Heißdampfes sind die vielfachen Schwierigkeiten beseitigt worden, die sich bei Anwendung von Kolbenschiebern anfangs ergaben.

β) Kolben- oder Rohrschieber.

Sind auszuführen, wenn Überhitzungstemperatur etwa 270° C überschreitet. Es wird meist innere Einströmung angewandt. Kolbenschieber besitzen gegen innere Drucksteigerung (Wasserschlag) keine Nachgiebigkeit. Daher Notwendigkeit der Anbringung von Sicherheitsventilen an Zylindern. Ferner sind Luftsaugeventile und Druckausgleichvorrichtungen an den Zylindern vorzusehen.[1])

An den ältesten Heißdampflokomotiven wurden Kolbenschieber von 260 mm Durchmesser mit breiten federnden Dichtungsringen benutzt. Infolge des hohen Gewichts und der Reibung der federnden Ringe ging man zu ungefederten Ringen über, die in geheizten Buchsen liefen und mit doppelter Einströmung versehen waren. Ihr Durchmesser wurde nach und nach bis auf 150 mm verkleinert. Die Unmöglichkeit, die Schieber auf die Dauer vor Abnutzung zu schützen,[2]) führte zu wachsender Dampfverschwendung im Betriebe. Die preußische Staatsbahn ging daher seit 1909 dazu über, Kolbenschieber mit schmalen federnden Ringen zu verwenden.

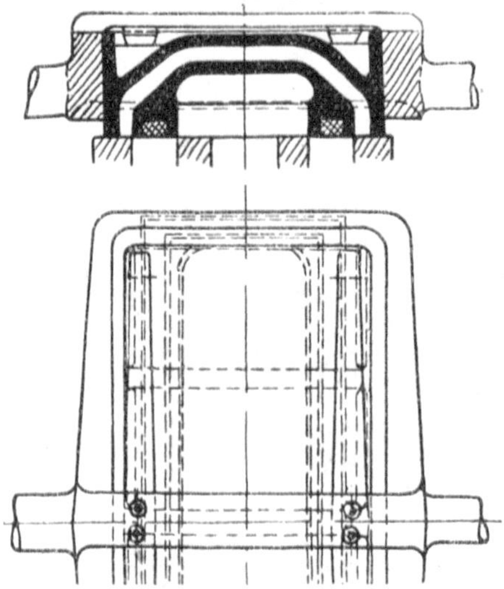

Abb. 267. Flachschieber mit Trickkanal.

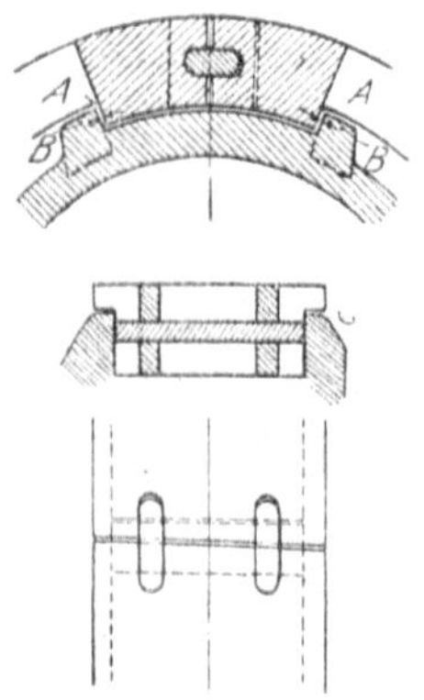

Abb. 268. Kolbenschieber Bauart „Fester".

1. Kolbenschieber mit breiten federnden Ringen. Bauart „Schmidt" mit einfacher Einströmung (Abb. 269).

Nachteile sind dadurch beseitigt, daß infolge eigenartiger Bauart ein zu starkes Anpressen und Zusammendrücken des Ringes verhindert wird. Hierzu sind hinter dem Ring mehrere dampfdichte Räume geschaffen, die durch strahlenförmig im Ring angebrachte Löcher von 5 mm Durchmesser mit dem äußeren Dampfkanal in Verbindung stehen, so daß auf beiden Seiten des Ringes der gleiche Druck vorhanden ist und der Ring durch die Federspannung allein zum besseren Dichten gegen die Wandungen gedrückt wird. Um

[1]) Diese Vorrichtungen sind an dem neuerdings bei der Reichsbahn verwendeten Koch-Schieber unnötig, weil die beiden Tellerventile in den Schieberkörpern sich bei Leerlauf selbsttätig öffnen.

[2]) Vgl. Becher, Vorschläge zur Erzielung der Entlastung von Kolbenschiebern Z. V. D. I. 1913, S. 184,

den dampfdichten Abschluß zwischen Deckel und Ring, sowie zwischen Ring und Schieberkörper zu erzielen und um zu verhindern, daß der Ring zwischen Schieberkörper und Deckel festgeklemmt wird, ist der Schieberdeckel etwas federnd ausgebildet und nur mit dem inneren Rand gegen den Schieberkörper festgeschraubt, während der äußere Rand nur durch den auf den Deckel ausgeübten Überdruck angepreßt wird. Die Lage der Ringe am

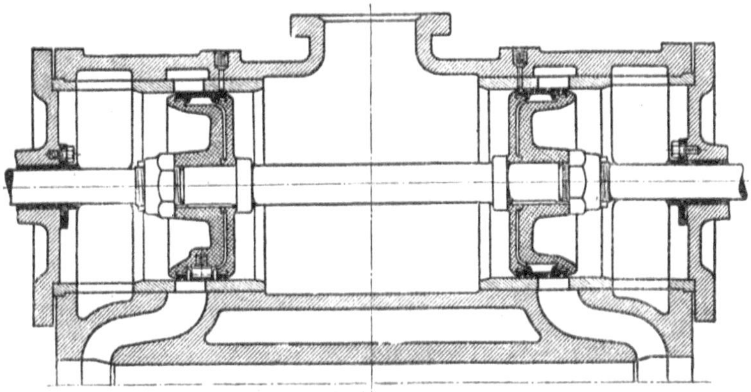

Abb. 269. Kolbenschieber mit breiten federnden Ringen Bauart „Schmidt".

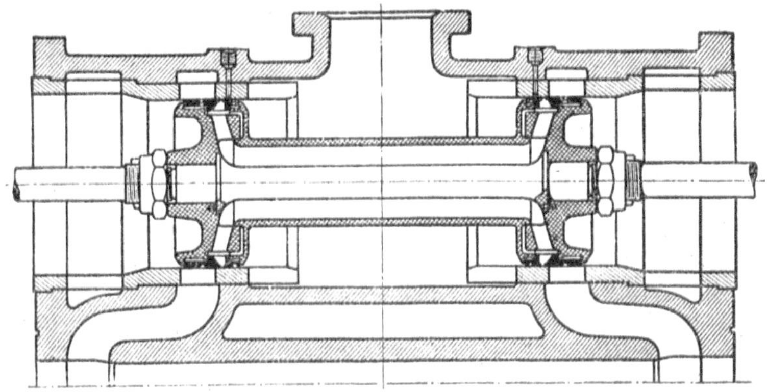

Abb. 270. Kolbenschieber mit Trickkanal Bauart „Schmidt".

Kolbenkörper ist derart festgelegt, daß die Schnittfuge immer über den breiten Steg im Kanal der Buchse hinweggleitet, so daß durch die Schnittfuge keine Undichtigkeit entstehen kann. Die äußeren Schnittfugen des Ringes werden durch besondere Verschlußstücke überdeckt, die am Schieberkörper bzw. am Deckel angebracht sind. Werden diese Verschlußstücke angeschraubt, so sichern sie gleichzeitig den Ring gegen Drehung, sind sie aber angegossen, so ist in der mittleren Schnittfuge ein Feststellstift angeordnet.

Bauart „Schmidt mit Trickkanal" (Abb. 270).

Die Anwendung des Trickkanals hat den Vorteil, daß infolge der doppelten Einströmung ein kleinerer Schieberdurchmesser bzw. bei gleichem Durchmesser eine größere Kolbengeschwindigkeit erreicht werden kann als beim Schieber mit einfacher Einströmung.

Bauart „Fester" (Abb. 268).

Ausgeführt bei Lokomotiven der sächsischen Staatsbahn, bei italienischen und bei Lokomotiven für Java. Der breite

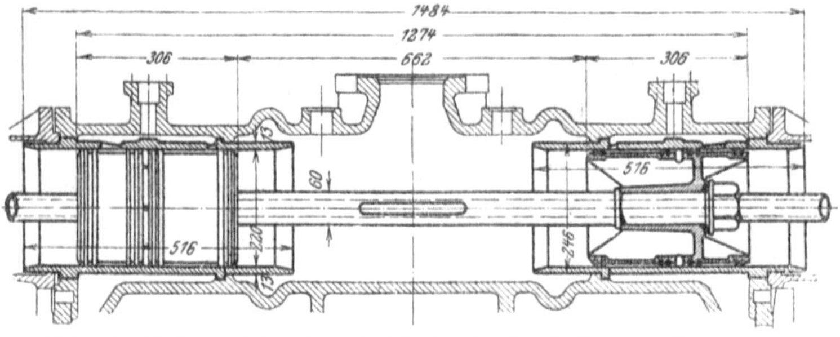

Abb. 271. Kolbenschieber Bauart „Schichau-Wolf" mit doppelter Einströmung.

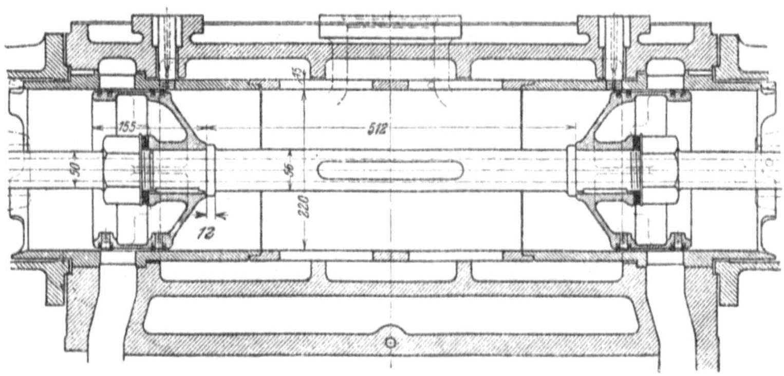

Abb. 272. Kolbenschieber Bauart „Schichau-Wolf" mit einfacher Einströmung.

federnde Dichtungsring hat ein Dichtungsschloß, das die ebene Schnittfuge durch eine Quer- und zwei Längseinlagen (Keile) verschließt. Die Ringe werden mit nur geringer Spannung eingesetzt; sind sie infolge Abnützung so weit auseinandergefedert, daß die Ansatzflächen A des Ringes gegen die Nocken B des Schieberkörpers zur Anlage gekommen sind, so hat sich erfahrungsgemäß der Schieber so eingelaufen, daß bei guter Abdichtung der Bewegungswiderstand desselben nur ganz gering ist. Die Nocken B verhüten gleichzeitig ein Verdrehen des Schieberringes. Die Einströmungskanäle der Büchsen haben schräge Verbindungstege, wodurch ein Einlaufen derselben in die Schieberringe vermieden wird.

2. Kolbenschieber mit schmalen federnden Ringen. Bauart „Schichau-Wolf" (Abb. 271/272).

Der Schieberdurchmesser ist 220 mm, die Dichtungsringe sind 6 mm breit und 8 mm hoch. Zwischen Schieberkörper und Schieberbuchse sind 0,75 mm Spiel vorgesehen. Der Schieberkörper wird durch die Schieberstange schwimmend in der Schieberbuchse gehalten. Die Tragstange ist in Führungen gelagert, die aus einem dichtenden und einem aus dem Heißdampf entfernten tragenden Teil bestehen. Zur Erzielung geringsten Gewichts ist die Schieberstange durchbohrt, während die Schieberkörper möglichst leicht gehalten sind. Die Dichtungsringe sind aus Spezialgußeisen, das vermöge einer besonderen Verarbeitung hohe Elastizität, geringe Härte und gleichmäßiges Anliegen gewährleistet. Mit Rücksicht auf die starken Temperaturschwankungen ist es zweckmäßig, die Ringe mit etwas Spiel in den Nuten einzusetzen, wodurch ein Festklemmen des Ringes beim Verziehen des Schieberkörpers oder auch durch Ölverkrustungen verhindert wird.

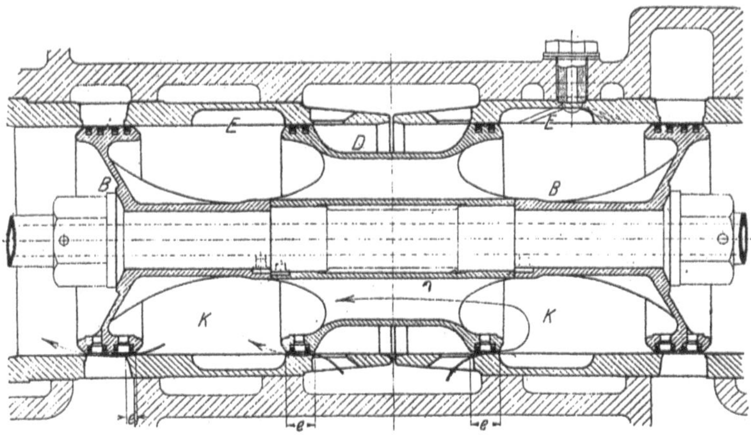

Abb. 273. Kammerschieber Bauart „Hochwald".

Ursprünglich wurden derartige Kolbenschieber nur mit doppelter Einströmung gebaut (vgl. Abb. 271). Seit dem Jahre 1913 wurden gleichartige Schieber jedoch mit einfacher Einströmung zunächst für Güterzuglokomotiven ausgeführt. Nachdem sie sich auch bei Schnellzuglokomotiven gut bewährt hatten, erhalten alle Lokomotiven der preußischen Staatsbahn seit dem Jahre 1915 den Kolbenschieber nach Abb. 272 mit schmalen federnden Dichtungsringen und einfacher Einströmung.

3. Kammerschieber Bauart „Hochwald."

Der Kammerschieber in Abb. 273 besteht aus den Köpfen B B, einer dazwischen angeordneten Muschel D und hat einen von der Muschel, den Köpfen und dem Schieberspiegel begrenzten Kammerraum K K. Die Stege der Schieberköpfe steuern mit den Innenkanten die Kammer und mit den Außenkanten den Abdampf; die Stege der Muschel steuern die Einströmung und tragen zu diesem Zwecke die Einströmdeckung e. Die Kammerdeckung e_1 ist kleiner als die Einströmdeckung e, so daß die Kammer schon vor Beginn der Einströmung, während der Verdichtung, Anschluß an den Zylinderkanal erhält. Durch diesen Eintritt der Kammer in die Dampfverteilung wird die Bildung eines zweiten Einströmspaltes ermöglicht und gleichzeitig die Verdichtung beeinflußt. Bei der Bildung des zweiten Einströmspaltes arbeiten die Einströmstege der Muschel mit Aussparungen E in der Schieberbuchse so zusammen, wie es die Pfeile in der Abb. 273 erkennen lassen. Sobald die Muschelstege beginnen, den Frischdampfkanal zu öffnen, ist der Zylinderkanal bereits weit geöffnet und der an den beiden Eröffnungskanten der Muschel eintretende Frischdampf kann ungehindert in den Zylinderkanal strömen. Die freie Weite des Zylinder-

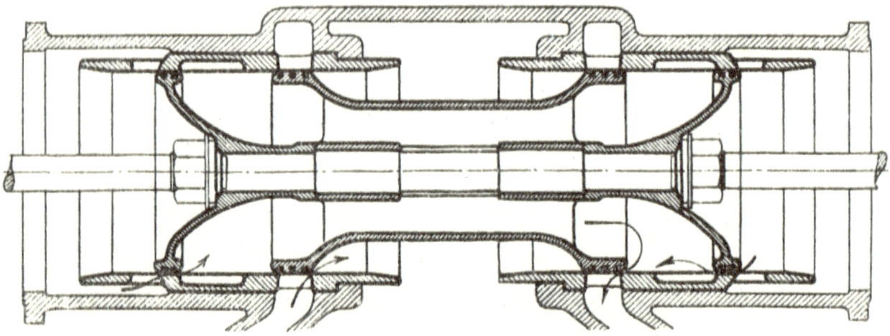

Abb. 274. Kammerschieber Bauart „Hochwald" für Niederdruckzylinder, mit äußerer Einströmung.

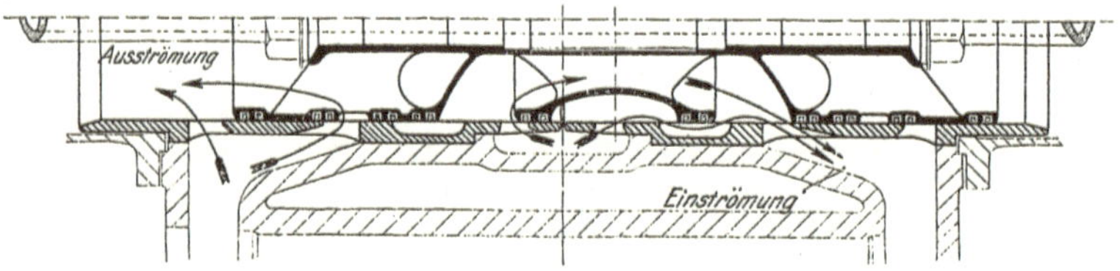

Abb. 275. Kammerschieber Bauart „Hochwald" mit doppelter Ausströmung.

kanals in der Einströmstellung des Schiebers ist hierbei gleich dem Unterschied zwischen der Einströmdeckung e und der Kammerdeckung e_1, und die doppelte Eröffnung hält deshalb solange an, bis der Schieber aus seiner Mittelstellung 2 $(e - e_1)$ hinausgegangen ist.

Einfacherer Kanalführung wegen erhält bei Verbundanordnung der Niederdruckzylinder im allgemeinen äußere Einströmung. Hierbei sind die im Kammerraum liegenden muldenförmigen Ausparungen des Schieberspiegels nach außen verlegt (Abb. 274). Sie arbeiten mit den Stegen der Schieberköpfe und nicht, wie bei der inneren Einströmung mit den Stegen der inneren Muschel zusammen.

Der Kammerschieber kann auch zur Vergrößerung des Anfahrmomentes dienen. Er hat zwei Deckungen, die der Frischdampf bestreichen muß: die eigentliche Einströmdeckung an den Muschelkanten und die zweite kleinere Deckung an den Eröffnungsstegen der Kammer. Führt man den Frischdampf mit Umgehung der inneren Muschel unmittelbar in die Kammer ein, so erhält man entsprechend der kleineren Kammerdeckung eine vergrößerte Füllung, ohne an der Steuerung selbst etwas geändert zu haben. Eine derartige Ausführung wurde u. a. bei der 2C-Heißdampf-Drilling-Schnellzuglokomotive der preußischen Staatseisenbahn angewendet.

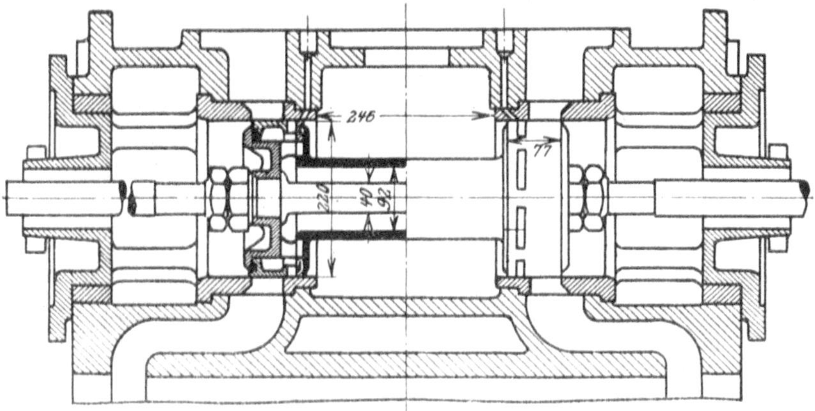

Abb. 276. Kolbenschieber Bauart „Schwedische Staatsbahn".

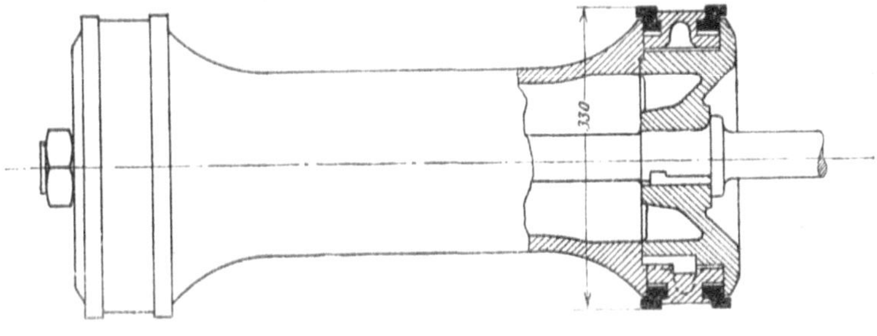

Abb. 277. Kolbenschieber amerikanische Bauart „Player".

Abb. 275 zeigt einen Hochwaldschieber mit doppelter Ausströmung, wie er bei Lokomotiven wohl nur ausnahmsweise zur Anwendung gelangt.

4. Verschiedene bemerkenswerte sonstige Schieberbauarten.

Kolbenschieber für Zwillinglokomotiven.

Bauart der schwedischen Staatsbahn (Abb. 276); mit doppelter innerer Einströmung. Jeder Schieber trägt einen breiten Ring, der mit zwei seitlichen Stahlringen versehen ist.

Bauart „Player" (Abb. 277/278); dreiteiliger Schieber mit beiderseits aufgesetzten Deckelkörpern und breiten, mehrteiligen Kolbenringen. Eine Gruppe von drei Ringen bildet den Schieberlappen, und zwar zwei äußere hochkantige (etwa nach Vauclain-Art), sowie dazwischen zurückstehend ein U-förmiger, mit den beiden ersten verzahnter breiter fester Ring. Mittels eines eingelegten Keiles wird der Ring gegen Verdrehung festgehalten. Eine unverzahnte neuere Ringform zeigt Abb. 279, wonach die drei Ringe glatt aneinander anschließen. Eine innere Verspannung ist in beiden Fällen nicht vorhanden. Höhe der Ringe 19 mm, Breite unten 15,8 und oben 12,7 mm, Spaltbreite 0,8 mm.

Bauart der belgischen Staatsbahn (Abb. 280); der Schieber hat einfache innere Einströmung. Der Kolbenring ist drei-

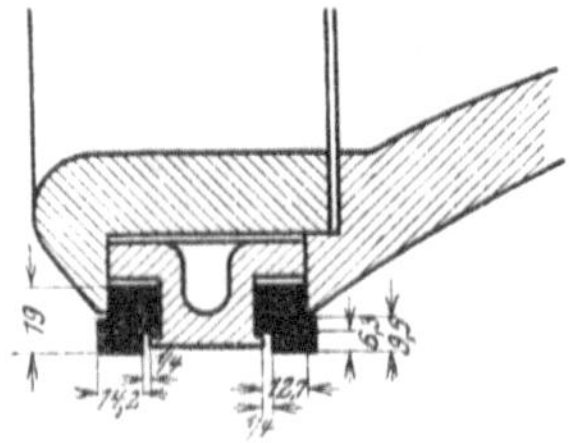

Abb. 278. Ring für Kolbenschieber Bauart „Player".

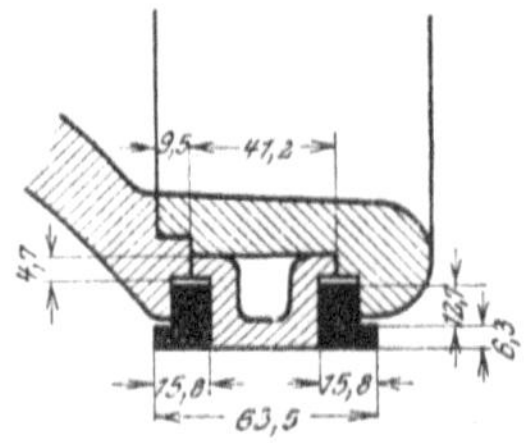

Abb. 279. Amerikanischer Kolbenschieberring.

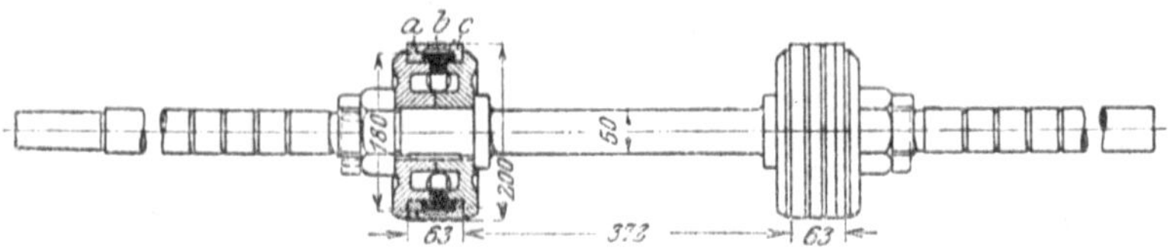

Abb. 280. Kolbenschieber Bauart „Belgische Staatsbahn".

teilig (a, b, c). Zusammenklappen desselben während der Verdichtung wird verhindert durch eine Anzahl Bohrungen auf dem Umfang des größten Ringes, die den Dampfdruck ausgleichen.

Doppelschieber für Vierlinglokomotiven.

Bauart „Maffei" (Abb. 281); zwei gewöhnliche Kolbenschieber sitzen auf einer Stange nebeneinander. Je zwei Zylinder einer Seite werden durch solch einen Doppelschieber gesteuert. Schieberdurchmesser 270 mm. Die Schieberstopfbüchsen stehen nur unter dem Druck des ausströmenden Dampfes. Die Kanäle zu den Zylindern brauchen sich nicht zu überkreuzen. Die Dampfführung ist durch Pfeile kenntlich gemacht. Abdichtung der Kolbenschieber durch Ringe an vier Stellen.

Doppelschieber für Vierzyl.-Verbundlokomotiven.

Bauart „Vauclain" (Abb. 282); es ist ein dreifacher Rohrschieber. Der innere steuert mit innerer Einströmung den Hochdruckzylinder;

der ausströmende Verbinderdampf strömt in den Hohlraum und durch die beiderseitigen äußeren Steuerkanten in den Niederdruckzylinder. Der auf den Büchsen aufliegende (also nicht entlastete) Schieberkörper besteht aus einem Stück. Er hat schmale hochkantige Kolbenringe von T-Querschnitt mit gleicher, gezahnter Stoßfuge, damit die Kanten der Ringe steuern können.

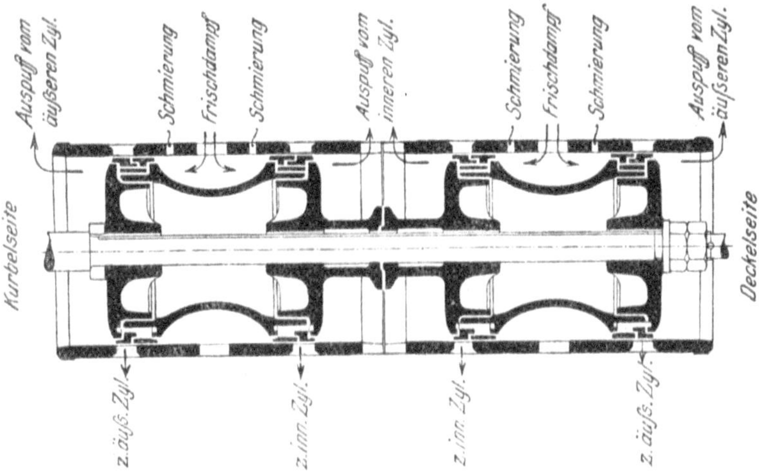

Abb. 281. Kolbenschieber Bauart „Maffei" für Vierlinglokomotiven.

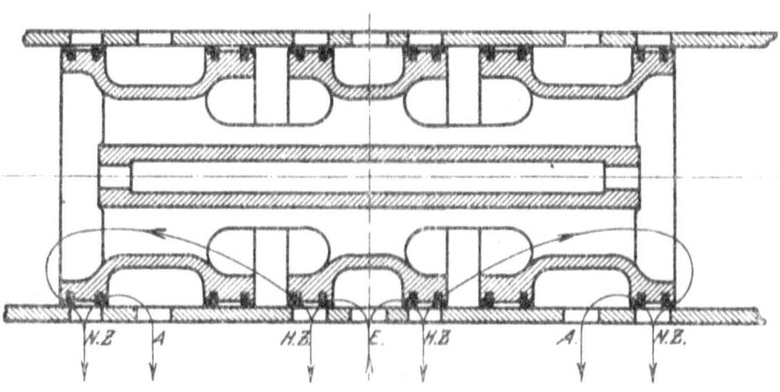

Abb. 282. Kolbenschieber Bauart „Vauclain" für Vierzylinder-Verbundlokomotiven.

Bauart „Hanomag" (Abb. 283/284); drei gewöhnliche Kolbenschieber sind auf einer Stange zusammengebaut. Der mittlere Teil steuert den Hochdruckzylinder mit innerer, die beiden Außenteile den Niederdruckzylinder mit äußerer Einströmung. Für die Steuerung des Hoch- und Niederdruckzylinders einer Seite dient also solch ein Doppelschieber. Beiderseits abwechselnd strömt der Dampf mit äußere Einströmung zum Niederdruckzylinder und entweicht hierauf durch den ringförmigen Raum der beiden Niederdruckschieber in einen in das Blasrohr führenden Verbindungskanal. Die Kolbenschieberdurchmesser sind mit 320 bzw. 440 mm ungewöhnlich groß. Entsprechend dem größeren Rauminhalt des Niederdruckdampfes haben die äußeren Niederdruckschieber größeren Durchmesser. Das gemeinsame Schiebergehäuse für die drei Rohrschieber ist länger als der Zylinder.

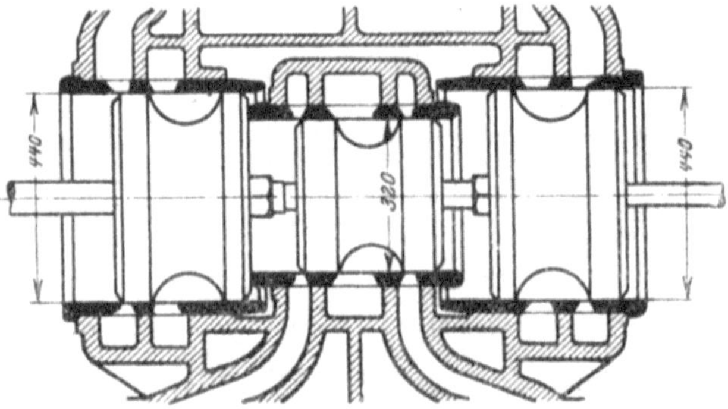

Abb. 283/284. Kolbenschieber Bauart „Hanomag" für Vierzylinder-Verbundlokomotiven.

II. Ermittlung der Hauptabmessungen von Schiebern.

Nach Graßmann[1]) mache man die Einströmdeckung bei Lokomotiven mit einfacher oder doppelter Einströmung und einfacher Ausströmung

$$e = \frac{F \cdot c}{y \cdot b}$$

Hierin ist

F die Kolbenfläche in qcm,

$c = \frac{n' s}{30}$ die mittlere Kolbengeschwindigkeit in m/sek. Es ist zu setzen n' = 0,7 n, wobei n die größte zulässige Drehzahl der Triebräder in 1 sek,

---

[1]) Graßmann, Geometrie und Maßbestimmung der Kulissensteuerungen, 1916. Springer, Berlin.

b die senkrecht zur Schieberschubrichtung gemessene Kanalbreite in cm.

$b = \beta \pi \delta$ bei Lokomotiven mit Kolbenschiebern; hierin bedeutet β den durch Stege hervorgerufenen Verengungsfaktor ($\beta = 0{,}7$ bis $0{,}75$) und δ den inneren Durchmesser der Schieberlaufbüchse ($\delta = 0{,}4$ bis $0{,}5$ d, wobei d der Zylinderdurchmesser).

y ist ein Erfahrungswert, der aus Zusammenstellung 33 zu entnehmen ist.

Kanalbreite a in Schieberschubrichtung ermittle man aus der Beziehung

$$a = \frac{F \cdot c}{w \cdot b}$$

Hierin gelten für F, c und b die eben bezeichneten Größen. w gibt die mittlere Ausströmgeschwindigkeit in m/sek an und ist aus Zusammenstellung 33 zu entnehmen.

Zusammenstellung 33.

Werte von y und w

Schieberbauart	einfache Dehnung		doppelte Dehnung			
			Hochdruckzylinder		Niederdruckzylinder	
	y	w m/sek	y	w m/sek	y	w m/sek
Sattdampf						
Muschelflachschieber mit						
einfacher Einströmung	60÷70	43÷50	48÷56	35÷40	57÷66	40÷45
doppelter Einströmung	65÷75	43÷50	53÷62	35÷40	63÷73	40÷45
Kolbenschieber mit						
einfacher Einströmung	45÷55	38÷45	40÷45	30÷36	50÷58	36÷42
doppelter Einströmung	50÷60	38÷45	—	—	—	—
Heißdampf						
Muschelflachschieber mit						
einfacher Einströmung	70÷80	50÷57	55÷65	40÷45	65÷75	43÷50
doppelter Einströmung	75÷85	50÷57	61÷72	40÷45	71÷82	43÷50
Kolbenschieber mit						
einfacher Einströmung	50÷60	45÷52	50÷55	36÷42	55÷65	42÷48
doppelter Einströmung	55÷65	45÷52	55÷65	—	—	—

Bei Lokomotiven mit einfacher Dampfdehnung hat sich als brauchbarer Wert für die Ausströmdeckung erwiesen

$$i = (0 \div 0{,}1)\, r_e$$

wenn r_e die Exzentrizität der Entwurfsfüllung ist. Diese wird, nachdem e wie oben angegeben gefunden ist, mit Hilfe von Zusammenstellung 34 ermittelt. Als Entwurfsfüllung f ist für einfache Dehnung 35% anzunehmen; der Voreinströmungswinkel ε soll bei doppelt öffnendem Einlaß 11 bis 12°, bei einfach öffnendem 15 bis 16° betragen.

Zusammenstellung 34.

Werte von r_e/e.

Füllung f	Voreinströmungswinkel ε					
35 %	11°	12°	13°	14°	15°	16°
	r_e/e = 1,3409	1,3514	1,3624	1,3735	1,3849	1,3966

Für doppelte Dehnung sind allgemein gültige Angaben bezüglich der Ausströmdeckung nicht möglich. Hier ist die Entscheidung an Hand des jeweilig zu entwerfenden Steuerungdiagrammes zu treffen (vgl. hierzu Graßmann S. 100 ff.).

Beispiel:

Der Zylinderdurchmesser einer Lokomotive mit einfacher Dampfdehnung sei 610 mm, der Kolbenhub 660 mm, der Triebraddurchmesser 1350 mm, die größte Geschwindigkeit 50 km/st, entsprechend einer größten Umdrehungszahl in der Minute von rund 200. Die Kolbenschieber sollen einfache Einströmung erhalten. Wie groß ist die Einströmdeckung, die Kanalbreite und die Ausströmdeckung zu machen?

Durchmesser des Kolbenschiebers

$$\delta = 0{,}4\ d = 0{,}4 \cdot 61 \cong 24 \text{ cm}$$

Einströmdeckung $e = \frac{F \cdot c}{y \cdot b}$

Hierin ist $F = \frac{610^2 \cdot \pi}{4} = 2920$ qcm

$$c = \frac{0{,}7 \cdot 200 \cdot 0{,}66}{30} = 3{,}08 \text{ m/sek}$$

$y \cong 55$ (vgl. Zusammenstellung 33)

$$b = 0{,}75 \cdot \pi \cdot 24 = 56{,}6 \text{ cm}$$

Also $e = \frac{2920 \cdot 3{,}08}{55 \cdot 56{,}5} \cong 2{,}9 \text{ cm} = 29$ mm

Kanalbreite $a = \frac{F \cdot c}{w \cdot b}$

Hierin ist $w \cong 45$ m/sek (vgl. Zusammenstellung 33)

Also $a = \frac{2920 \cdot 3{,}08}{45 \cdot 56{,}6} \cong 3{,}5 \text{ cm} = 35$ mm

Ausströmdeckung $i = 0{,}05 \cdot r_e$

Bei 35 % Entwurfsfüllung und 15° Voreinströmungswinkel wird nach Zusammenstellung 34.

$$\frac{r_e}{e} = 1{,}3849 \text{ oder, da } e = 29 \text{ mm}$$

$$r_e = 1{,}3849 \cdot 29 \cong 40 \text{ mm}$$

Also $i = 0{,}05 \cdot 40 = 2$ mm.

III. Steuerung mit Ventilen.

Bei Mangel an gutem Heißdampföl hat sich gezeigt, daß Kolbenschieber stark verkrusten, so daß die Ringe in den Nuten festsitzen und ihre Federkraft verlieren. Sie halten alsdann nicht mehr dicht, und hoher Dampfverbrauch ist die weitere Folge. Infolgedessen hat man sich im Lokomotivbau den Ventilsteuerungen zugewandt, die seit Jahren im ortsfesten Dampfmaschinenbau mit bestem Erfolg Verwendung finden. Neben unbedingter Betriebssicherheit, die die Ventilsteuerung auf Grund wesentlicher Verbesserungen erfahren hat, ist die Ersparnis an Zylinderöl bis zu 60% gegenüber gleichartigen Kolbenschieberlokomotiven zu nennen. Ventilmaschinen können auch mit wesentlich höheren Überhitzungen arbeiten, da eine Rücksichtnahme auf den Entflammungspunkt des Schmieröles entfällt.

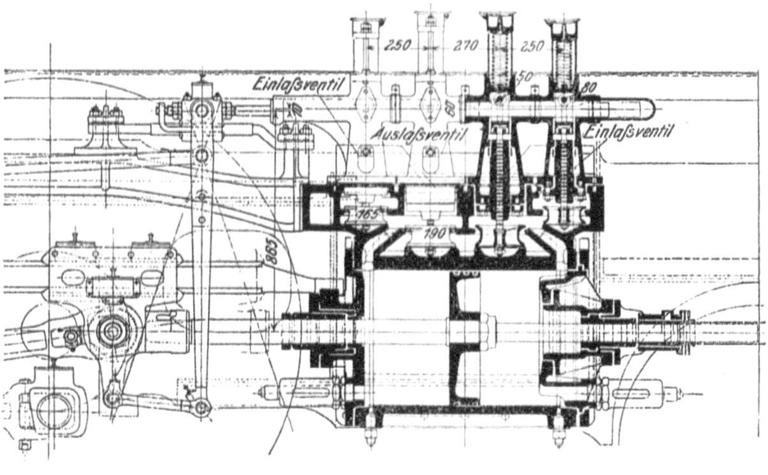

Abb. 285. Lentz-Ventilsteuerung für die oldenburgische 1C1-S-Lokomotive.

α) Lentz-Steuerung für Oldenburg.

Abb. 285 zeigt die von der Hanomag für die oldenburgische 1C1-Schnellzuglokomotive ausgeführte Lentz-Ventilsteuerung. Die Ventile für den Einlaß sind an den Enden, die für den Auslaß in der Mitte des Zylinders angeordnet. Als Baustoff findet Stahlguß oder neuerdings gepreßtes Stahlblech Anwendung. Alle Ventile, die als Doppelsitzventil ausgebildet sind, werden durch den Zylinderüberdruck auf Schließen beansprucht. Sie sind an Stahlspindeln angeschraubt, die in besonders langen Führungen mit eingesetzten Buchsen arbeiten. Die Abdichtung des Dampfes wirkt als sogenannte Labyrinthdichtung mittels eingedrehter Rillen. Die Spindeln enden in Köpfen, in denen Rollen leicht drehbar angeordnet sind. Diese laufen unmittelbar auf der Nocken- oder Hubkurvenstange, die ihren Antrieb von der äußeren Steuerung erhält. Die einzelnen Ventilköpfe sind getrennt gehalten, so daß jedes einzelne Ventil mit Führung, nachdem

Zusammen-

Steuerungsverhältnisse der 1C1-Schnellzug-

	Vorwärtsgang										
	Voreilung	Größter Weg der Hubkurvenstange	E-Ventilhub	A-Ventilhub	Springen des Schwingensteines	Prozente vom Kolbenweg während: der Dampffüllung	der Dehnung	des Dampfaustrittes: Hin	des Dampfaustrittes: Zurück	der Kompression	des Gegendampfes
vor dem Kolben	6	56	4	16	0	Steuerung auf Mitte 5½	46	48½	48	47	5
hinter	6	56	4	16		5½	47½	47	46	48½	5½
v.	6	57	5	16	0	10	49	41	55½	42	2½
h.	6	57	5	16		10½	50½	39	54½	43	2½
v.	6	59	7	16	1	19	48½	32½	64½	34½	1
h.	6	59	7	16		20	49	31	62½	36	1½
v.	6	63	9	16	4	28½	45	26½	72	27½	½
h.	6	63	9	16		31½	44½	24	69	30½	½
v.	6	68½	11½	16	7	38½	40½	21	78	21¾	¼
h.	6	68	11½	16		43	38	19	75	24¾	¼
v.	6	73½	13	16	9	48	35	17	82	18	—
h.	6	73½	13	16		52½	32½	15	79½	20½	—
v.	6	84	14	16	11	58	29	13	86	14	—
h.	6	83	14	16		62½	25½	12	84	16	—
v.	6	99½	14	16	12	68½	22	9½	90	10	—
h.	6	98	14	16		72	19½	8½	89	11	—
v.	6	122	14	16	14	79	15	6	93½	6½	—
h.	6	122	14	16		80½	14	5½	92½	7½	—

Größter Weg der Hubkurvenstange nach vorn 122 mm, nach hinten 122 mm; gesamt 244 mm.

Größter Ausschlag des Schwingensteines (einschl. Springen) nach unten 195 mm.

die Nockenstange nach vorn herausgezogen ist, ohne an der äußeren Steuerung irgend etwas zu lösen, herausgenommen werden kann. Die Federn aller Ventile sind gleich, nur unterscheiden sie sich für Ein- und Ausströmung in der Vorspannung. Zusammenstellung 35 enthält die Steuerungsergebnisse der oldenburgischen 1C1-Lokomotive.[1])

In Zusammenstellung 36 sind die Einströmungsverhältnisse der preußischen 2C-Drilling-Schnellzuglokomotive (Kolbenschieber) mit denen der oldenburgischen 1C1-Zwilling-Schnellzuglokomotive (Ventilsteuerung) verglichen. Man ersieht hieraus die Überlegenheit der Ventilsteuerung bezüglich der Dampfeintrittsquerschnitte, die sich namentlich bei sehr kleinen Füllungen zeigt.

[1]) Vgl. Hanomag-Nachrichten 1917, Heft 3, S. 45.

stellung 35.

lokomotive für Oldenburg mit Ventilsteuerung.

	Rückwärtsgang										
						Prozente vom Kolbenweg während					
	Voreilung	Größter Weg der Hubkurvenstange	E-Ventilhub	A-Ventilhub	Springen des Schwingensteines	der Dampffüllung	der Dehnung	des Dampfaustrittes Hin	des Dampfaustrittes Zurück	der Kompression	des Gegendampfes
vor dem Kolben	6	56	4	16	0	(Steuerung auf Mitte) 5	47	48	50	46	4
hinter	6	56	4	16		5½	49	45½	47	48	5
v.	6	57	5	16	3	10½	51½	38	58	40	2
h.	6	57	5	16		11	52	37	57	41	2
v.	6	59	7	16	6	20	51½	28½	67½	31½	1
h.	6	59	7	16		20½	52	27½	67	32	1
v.	6	62½	8½	16	8	30	48	22	74	25½	½
h.	6	62	8½	16		30	48	22	74	25½	½
v.	6	66	10½	16	11	40	42	18	79	20½	½
h.	6	66	10½	16		40½	42	17½	79	20½	½
v.	6	69	12	16	13	50	35½	14½	85½	14¼	¼
h.	6	70	12	16		50	35	15	82½	17½	¼
v.	6	75	13	16	15	59	29½	11½	86	14	—
h.	6	76	13	16		62½	26	11½	86	14	—
v.	6	84	14	16	24	69	21½	9½	89	11	—
h.	6	86	14	16		72	18½	9½	89	11	—
v.	6	92	14	16	32	73½	18½	8	91	9	—
h.	6	94	14	16		77	15	8	90	10	—

Größter Weg der Hubkurvenstange nach vorn 92 mm, nach hinten 94 mm; gesamt 186 mm.

Größter Ausschlag des Schwingensteines (einschl. Springen) nach oben 165 mm.

Zusammenstellung 36.

Einströmungsverhältnisse der preußischen 2C-Drilling- und der Oldenburgischen 1C1-Lokomotive.

Füllung	10 %		20 %		30 %	
	Preußen	Oldenburg	Preußen	Oldenburg	Preußen	Oldenburg
Größter Einströmungsquerschnitt . . qcm	30	50	45	70	60	90
Zylinderquerschnitt qcm	1960	2640	1960	2640	1960	2640
Verhältnis	$^1/_{65}$	$^1/_{53}$	$^1/_{44}$	$^1/_{38}$	$^1/_{33}$	$^1/_{30}$

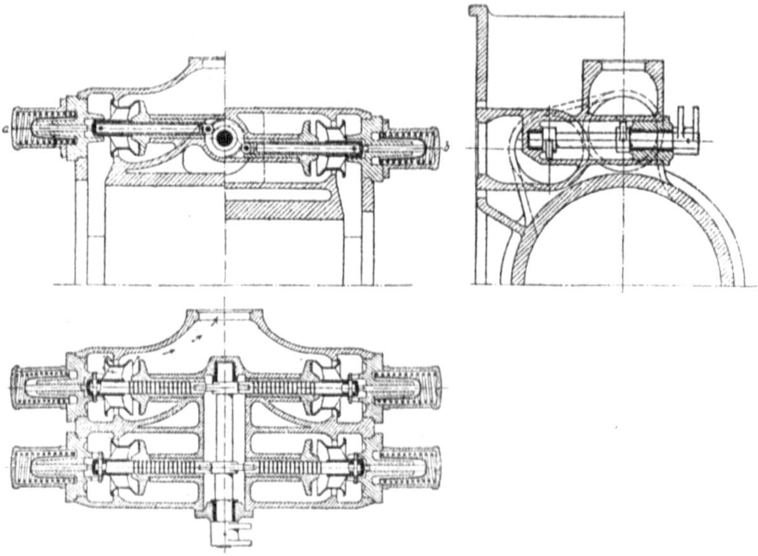

Abb. 286/287. Lentz-Ventile für eine österreichische Lokomotive.

Abb. 288. Lentz-Ventilsteuerung für eine österreichische E-G-Lokomotive.

β) Lentz-Steuerung für Österreich.

Nachdem erkannt war, daß nur ein sehr leichtes Ventil den besonderen Anforderungen des Eisenbahnbetriebes entprechen könne, wurden von Lentz für eine 1920 in Betrieb genommene E-Güterzuglokomotive der österreichischen Bundesbahnen Ventile entworfen, die durch ein Preßverfahren aus 3 mm starkem Stahlblech hergestellt wurden. Ein Einströmventil dieser Lokomotiven von 150 mm Durchmesser wog 1,3 kg, ein Ausströmventil von 170 mm Durchmesser 1,5 kg; mit Spindel und Rolle waren die entsprechenden Gewichte 2,6 und 3,2 kg. Demgegenüber war das Gewicht des Kolbenschiebers einer gleichartigen Lokomotive 143 kg. Vergleicht man die Beschleunigungskräfte bei größter Füllung (Leerfahrt mit ausgelegter Steuerung), so findet man für das Einlaßventil 13,7 kg, für

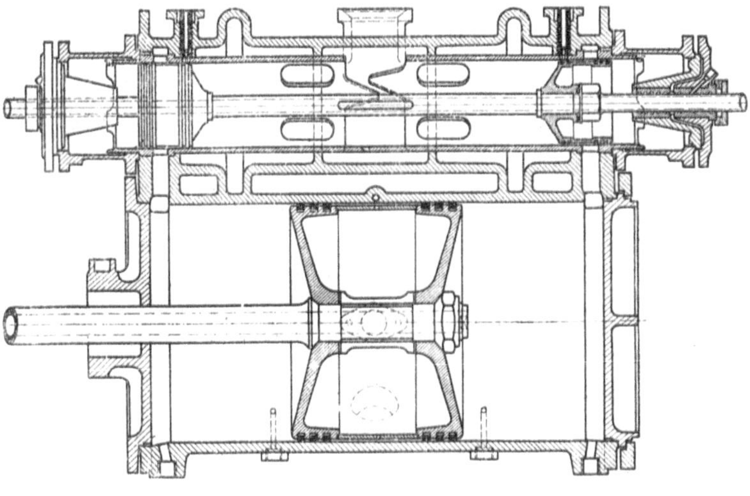

das Auslaßventil 19 kg, für den Kolbenschieber dagegen 750 kg. Bemerkenswert ist die Anordnung der Ventile. Wie die Abb. 286/287 erkennen läßt, sind die Ventile liegend angeordnet, und zwar liegt je ein Einlaß- und ein Auslaßventil nebeneinander. Der Antrieb der Ventile erfolgt durch eine Welle, auf der je zwei Schwingdaumen angeordnet sind. Die Welle wird durch einen außen aufgekeilten Hebel in Bewegung gesetzt, mit dem die Ventilzugstange (Schieberschubstange) in Verbindung steht (Abb. 288).

IV. Steuerung der Stumpf'schen Gleichstromlokomotive.

Die Gleichstromlokomotive entstand 1908 bei der Moskau-Kasan-Bahn (Kolomna) und bei der preußischen Staatsbahn (Vulkan). Ihr Vorteil liegt in der Vermeidung der Innenkondensation, da die Deckel nicht durch Abdampf gekühlt, sondern durch Kompressionswärme geheizt werden. Die Dampfersparnis wächst mit zunehmender Dehnung und abnehmender Überhitzung. Bei Füllungen bis 30% arbeitet die Gleichstromlokomotive deshalb nach vielfacher Erfahrung so sparsam, wie eine Verbundmaschine. Bei großer Füllung verschwindet der Vorzug des Gleichstroms, weil der Taupunkt nicht erreicht wird, während die hohe Kompression die Zugkraft schädlich beeinflußt. Anzustreben ist Verminderung der Kompression bei großen Füllungen. Dies geschieht am leichtesten bei Schiebersteuerung, indem eine solche Auslaßdeckung gegeben wird, daß von 40% Füllung ab die Kompression höchstens noch 60% beträgt. Abb. 289 zeigt einen Stumpf'schen Gleichstromzylinder mit Schiebersteuerung. Die früher gebräuchlichen, auf dem Zylinderumfang verteilten Auslaßschlitze und Auspuffwulst sind zur Erzielung größerer Abdampfgeschwindigkeit durch eine einzige Bohrung vom Durchm. $d = 1{,}3 \sqrt{\mathfrak{D}}$ in der Zylinderwand ersetzt. Hierin ist $\mathfrak{D}$ die größte Dampferzeugung in kg/st.

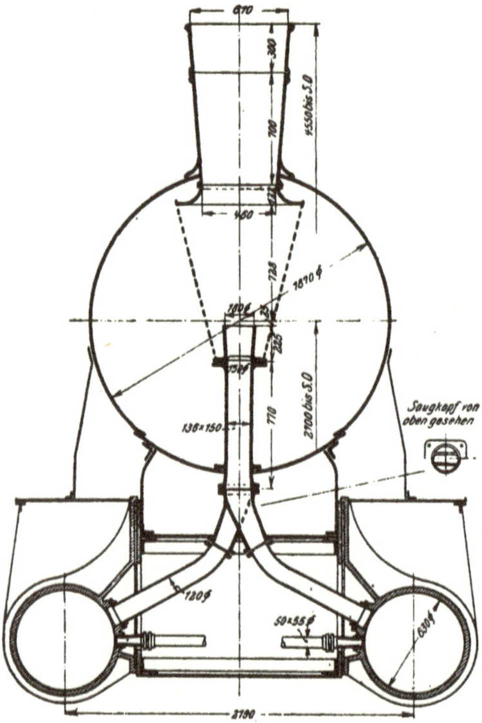

Abb 290. Führung der Auspuffleitungen bei der Stumpf'schen Gleichstromlokomotive.

Die Vorausströmung durch den Kolben wird zweckmäßig bei 75% Höchstfüllung mit 25% bemessen. Hiernach ist Kolbenlänge $l = d + s - 2 f_v$, worin d Durchmesser der Bohrung, s Kolbenhub und Vorausströmung $f_v = 0{,}25 \times s$, also $l = d + 0{,}5 \times s$. Ist z. B. $d = 120$ mm, $s = 660$ mm, so wird $l = 120 + 0{,}5 \times 660 = 450$ mm.

Zur Verwendung der Kompression sind die Auspuffleitungen nach Abb. 290 ineinander zu führen. Der Auspuff des Zylinders der einen Seite bewirkt so ein Absaugen im Zylinder der anderen Seite. Nach Versuchen mit einer G_{10}-Gleichstromlokomotive wird ein hinreichender Unterdruck erzeugt, um den schädlichen Raum bei 12 at Kesseldruck von 17 auf 12% zu vermindern.[1])

[1]) Vgl. Stumpf: „Die Gleichstrom-Dampfmaschine", II. Auflage, München 1921, Oldenbourg.

Die Dampfschläge sind nicht härter als bei gewöhnlichen Lokomotiven. Die Feueranfachung ist sehr reichlich, da die Ausströmenergie des Dampfes nicht wie sonst durch Stoß und Wirbelung auf den Auspuffwegen gebrochen wird. Blasrohr und Schornstein müssen wesentlich erweitert werden; denn der Blasrohrdruck ist 0, weil alle Pressungs- in Strömungsenergie verwandelt wird.

Der Kolben erhält keine vordere Führung. Mittlerer Tragring aus weichem Gußeisen, wie für Kolbenringe. Wandstärke 4 mm + $^1/_{80}$ Zylinderdurchmesser. Außendurchmesser 0,97 bis 0,965 des Zylinderdurchmessers. Länge der Tragfläche gleich $^1/_3$ Kolbenhub; an den Enden kegeliger Anschluß an den Durchmesser des Kolbenkörpers. Kolbenstange zur Gewichtsersparnis zweckmäßig hohl gebohrt. Drei Schmierstellen in Zylindermitte; eine oben, zwei unten unter 30° versetzt.

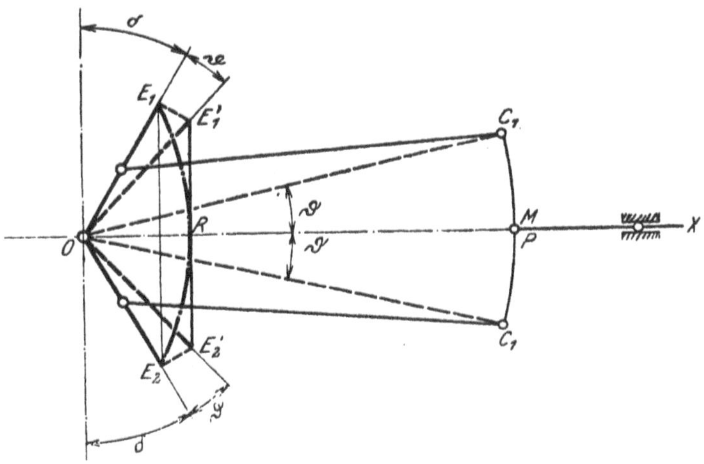

Abb. 291. Scheitellinie der Stephenson-Steuerung.

b) Äußere Steuerung,

I. Ausgeführte Steuerungen.

α) Stephenson-Steuerung (Abb. 290 bis 292).

Auf Welle O sitzen zwei Hubscheiben O E_1 und O E_2 von gleicher Größe, die unter gleichem Winkel zur Kurbel O K auf Welle O aufgekeilt sind. Von ihnen führen zwei gleich lange Schwingenstangen, die offen oder gekreuzt sein können, zu den Endpunkten C_1 und C_2 der Schwingen. Über den Schwingenstein P und die Schieberstange S wird die Bewegung der Schwingen auf den Schieber übertragen. Der Ableitungspunkt P mit seiner Führungsbahn bleibt stets in unveränderter Höhenlage. Lagenveränderung des Steines in der Schwinge und damit Verstellung der Füllung durch Heben und Senken der Schwinge. Je nach der relativen Lage des Steines P zu den Antriebspunkten C_1 und C_2 ist für den Schieberantrieb die eine oder andere Hubscheibe oder sind beide Hubscheiben gleichzeitig maßgebend. Die eine Hubscheibe allein bewirkt Vorwärtsgang, die andere Rückwärtsgang der Maschine. Führung der Schwinge in ihrem Mittelpunkt M oder in C_2 durch eine Hänge- oder Stützstange auf einem flachen Bogen. Krümmung der Schwinge stets nach einem Halbmesser gleich der Schwingenstangenlänge, gleichgültig, ob die Steuerung mit offenen oder gekreuzten Schwingenstangen ausgeführt wird.

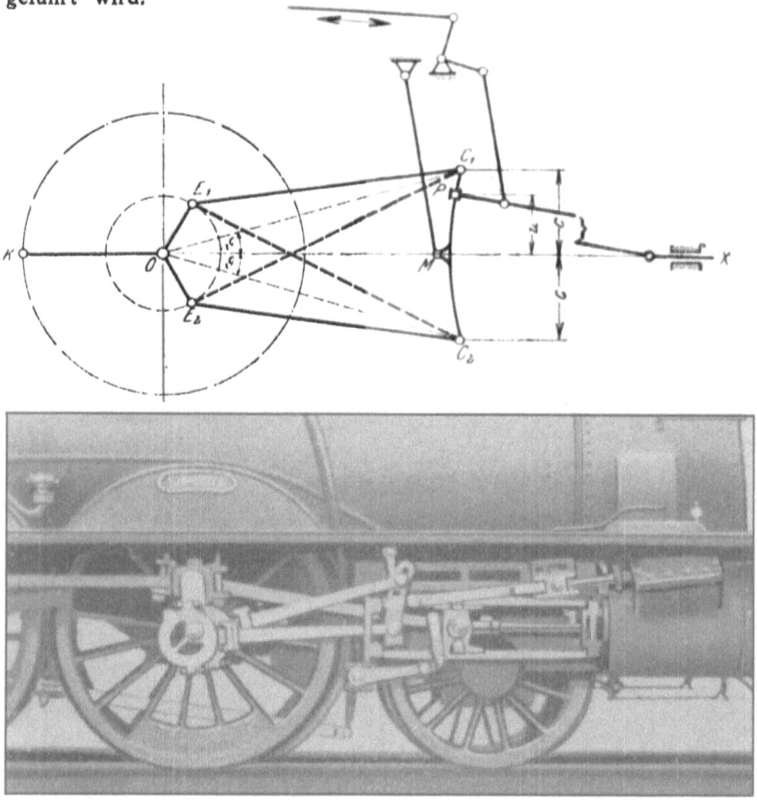

Abb. 292/293. Stephenson-Steuerung.

Die Scheitellinie ist eine Parabel mit dem Scheitel in R (Abb. 291). Bei ihrer flachen Form kann sie mit guter Annäherung durch einen durch die drei Punkte E_1, R und E_2 gehenden Kreis ersetzt werden, dessen Mittelpunkt auf O X liegt. Für die Steuerung mit offenen Schwingenstangen liegt der Krümmungsmittelpunkt der Scheitellinie über O hinaus auf der dem Schieber abgewendeten Seite. Bei einer Steuerung mit gekreuzten Stangen würde die Scheitellinie entgegengesetzt gekrümmt sein, d. h. der Krümmungsmittelpunkt würde auf der Seite des Schiebers liegen.

β) Gooch-Steuerung (Abb. 294 bis 296).

Von zwei auf Welle O unter gleichen Winkeln zur Kurbel O K aufgekeilten Hubscheiben O E_1 und O E_2 von gleicher Größe wird die Schwinge C_1C_2 angetrieben durch zwei gleich lange Schwingenstangen, die offen oder gekreuzt sein können. Von dem Schwingenstein P

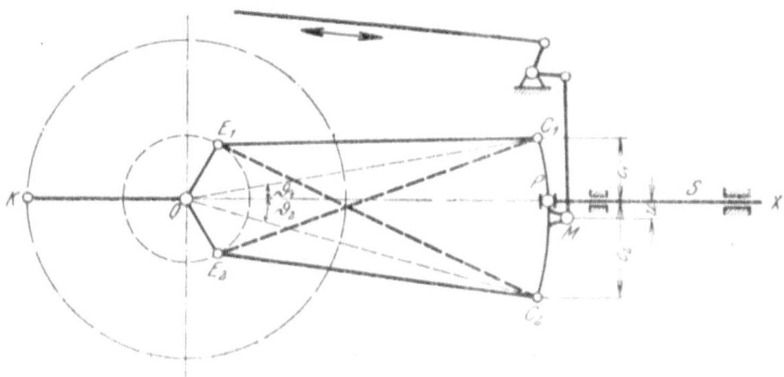

Abb. 294/295. Gooch-Steuerung.

aus wird die Bewegung der Schwinge mit Hilfe der Schieberschubstange auf den Schieber übertragen. Der geführte Punkt der Schwinge mit seiner Führungsbahn bleibt stets in unveränderter Höhenlage. Veränderung der Lage des Schwingensteines P gegenüber den beiden Schwingenantriebspunkten C_1 und C_2 durch Heben und Senken des Steines mit seiner Führungsbahn. Die eine Hubscheibe allein bewirkt Vorwärts-, die andere Rückwärtsgang der Maschine.

Je nach der relativen Lage des Steines P in der Schwinge ist die eine oder die andere Hubscheibe oder sind beide Hubscheiben gleichzeitig für den Antrieb des Schiebers maßgebend. Führung der Schwinge in ihrem Mittelpunkt M durch eine Hänge- oder Stützstange. Die

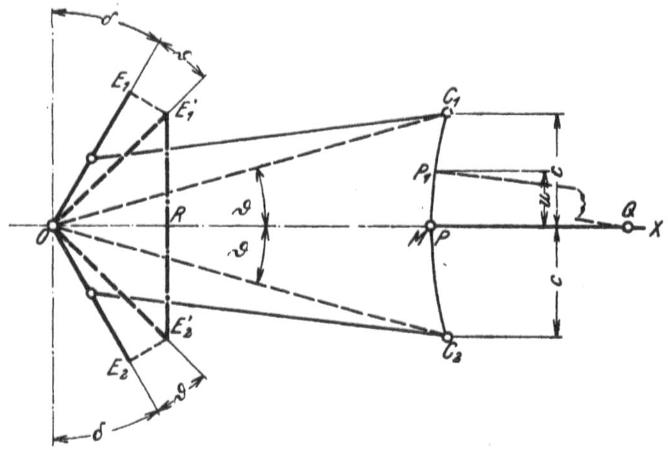

Abb. 296. Scheitellinie der Gooch-Steuerung.

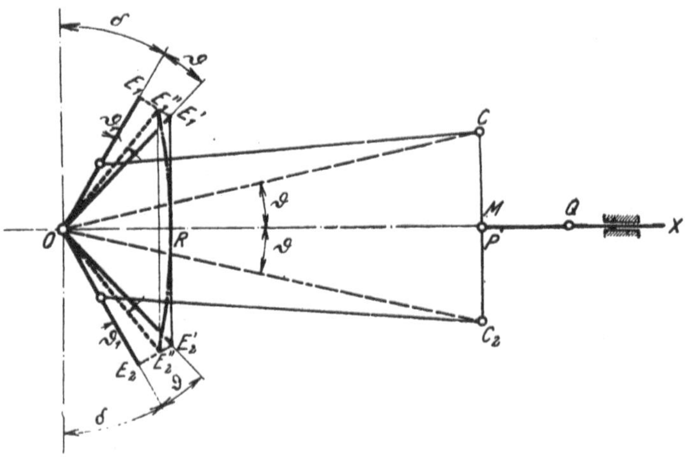

Abb. 297. Scheitellinie der Allan-Steuerung.

Schwinge ist stets nach einem Halbmesser gleich der Länge der Schieberschubstange gekrümmt.

Die Scheitellinie ist eine gerade, die bei der Grundstellung der Hubscheiben auf O X senkrecht steht und durch O X in zwei gleiche Teile geteilt wird (Abb. 296).

γ) Allan-Steuerung (Abb. 297 bis 299).

Zwei gleich große Hubscheiben OE_1 und OE_2 sind unter gleichen Voreilwinkeln auf der Welle aufgekeilt. Von ihnen führen zwei gleich lange, offene oder gekreuzte Schwingenstangen zu den Schwingenantriebspunkten C_1 und C_2. Die Schwinge ist geradlinig und wird mit ihrem Mittelpunkt M oder dem unteren Antriebspunkt C_2 durch eine Hängestange MS auf einem flachen Bogen geführt.

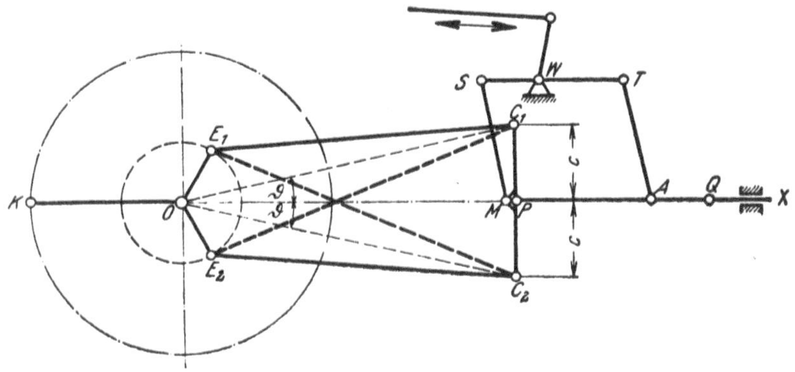

Abb. 298, 299 Allan-Steuerung.

Übertragung der Schwingenbewegung durch die Schieberschubstange PQ auf die Schieberstange und hiermit auf den Schieber. Die Schieberschubstange wird in A durch eine Hängestange AT auf einem flachen Bogen geführt. Beide Hängestangen hängen am doppelarmigen Hebel SWT, der auf der Steuerwelle W aufgekeilt ist. Lagenveränderung des Steines in der Schwinge durch gleichzeitiges Heben der Schwinge und Senken des Steines oder umgekehrt. Die eine Hubscheibe dient für den Vorwärtsgang, die andere für den Rückwärtsgang der

Maschine. Die Einwirkung der einen oder der anderen Hubscheibe oder beider Hubscheiben gleichzeitig auf die Bewegung des Schiebers ist bedingt durch die relative Lage des Steines in der Schwinge.

Die Scheitellinie ist eine Parabel mit dem Scheitel in R (Abb. 297) bei der Grundstellung der Hubscheiben. Sie ist viel schwächer gekrümmt als die Scheitellinie der Stephensonsteuerung, so daß sie hier mit noch besserer Annäherung durch einen Kreisbogen durch die drei Punkte E''_1, R und E''_2 ersetzt werden kann. Bezüglich der Lage des Krümmungsmittelpunktes bei offenen oder gekreuzten Stangen gilt das bei der Stephensonsteuerung Gesagte.

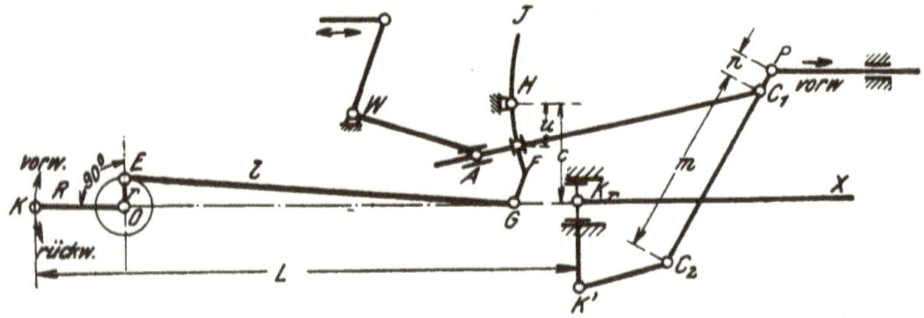

Punkt P außerhalb $C_1 C_2$, daher Außeneinströmung. Gegenkurbel voreilend für Vorwärtsgang, daher HG Schwingenteil für Vorwärtsgang bei Anwendung von Flachschieber.

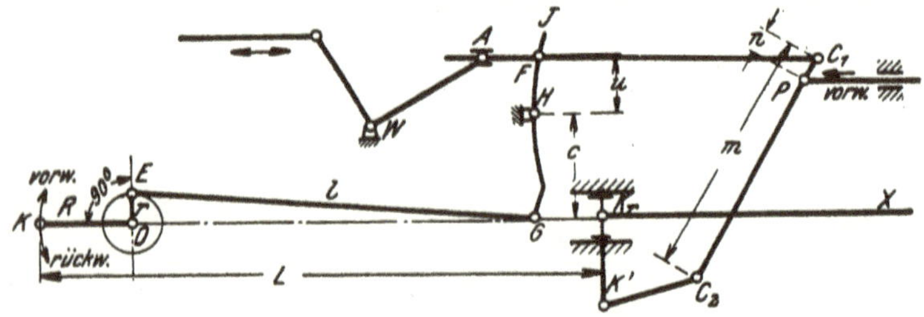

Punkt P innerhalb $C_1 C_2$, daher Inneneinströmung. Gegenkurbel voreilend für Vorwärtsgang, daher HJ Schwingenteil für Vorwärtsgang bei Anwendung von Kolbenschieber.

Abb. 300/301. Heusinger-Steuerung mit voreilender Gegenkurbel.

δ) Heusinger-Steuerung (Abb. 300 bis 309).

Gegenkurbel O E (Abb. 300 bis 303) überträgt durch die Schwingenstange E G seine Bewegung auf die in ihrem Mittelpunkt H drehbare Schwinge G H J. Übertragung der Schwingenbewegung durch die Schieberschubstange F C_1 auf den Voreilhebel $C_1 C_2$. Die zweite Bewegung wird mit Hilfe der Lenkerstange K' C_2 vom Kreuzkopf abgeleitet, so daß also der Ausschlag des Punktes C_2 gleich dem Kolbenhub ist. Statt in der Schwinge (wie bei den vorhergehenden Steuerungen) werden Gegenkurbel- und Kreuzkopfbewegung in dem Ableitungspunkt P vereinigt. Die Veränderungen in der Dampfverteilung werden bewirkt durch Veränderung der Hebelgröße H F (vgl. Abb. 300).

Für alle Füllungen vor und hinter dem Kolben gibt die Heusingersteuerung gleich große Voröffnungen. Da ferner die vom Kreuzkopf und der Gegenkurbel abgeleiteten Einzelbewegungen sich bei Lokomotiven mit nur zwei Zylindern zu einer regelmäßig verlaufenden Schieberbewegung zusammensetzen, so genügt im allgemeinen ein Prüfen der Schieber auf gleiche Voröffnung bei den am Steuerungsbock angegebenen Füllungsstufen. Es ist dann auch die

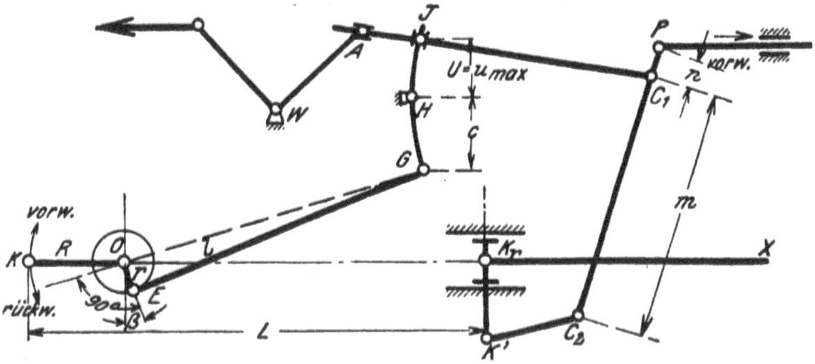

Punkt P außerhalb $C_1 C_2$, daher *Außeneinströmung*. Gegenkurbel nacheilend für Vorwärtsgang, daher HJ Schwingenteil für Vorwärtsgang bei Anwendung von *Flachschieber*.

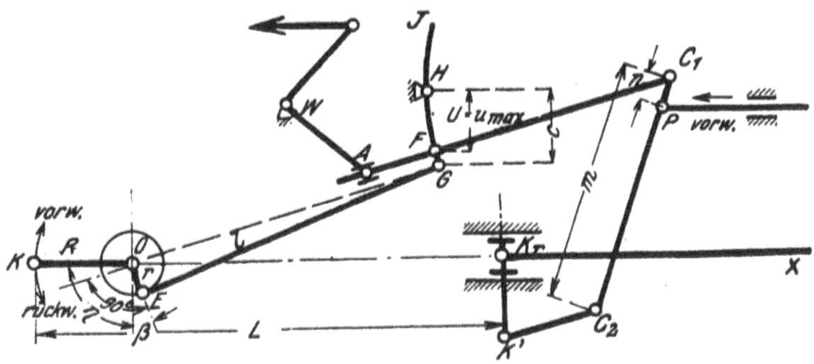

Punkt P innerhalb $C_1 C_2$, daher *Inneneinströmung*. Gegenkurbel nacheilend für Vorwärtsgang, daher HG Schwingenteil für Vorwärtsgang bei Anwendung von *Kolbenschieber*.

Abb. 302/303 Heusinger-Steuerung mit *nacheilender* Gegenkurbel.

Dampfverteilung vor und hinter dem Kolben und die Dampfverdichtung annähernd gleichmäßig. Bei Vierzylinderlokomotiven, an denen für die Innenzylinder keine gesonderte Steuerung vorgesehen ist, sondern die Schieberbewegungen vom Gestänge der Außensteuerungen abgenommen werden, sind die Voröffnungen vor und hinter dem Kolben vielfach verschieden groß für Innen- und Außenschieber; sie verändern ihre Größen bei den verschiedenen Füllungen. Diese Unregelmäßigkeiten sind darin begründet, daß die für die Kolben der Außenzylinder günstigste Schieberbewegung nicht für die Innenzylinder verwendbar ist. Die Bewegung der Außenschieber ist deshalb absichtlich unregelmäßig gestaltet, um die Fehler in der Bewegung der Innenschieber in engeren Grenzen zu halten.

Die Scheitellinie ist eine gerade, die bei der Grundstellung der Kurbel auf der Hauptgetriebeschubrichtung senkrecht steht und

Abb. 304. Heusinger-Steuerung.

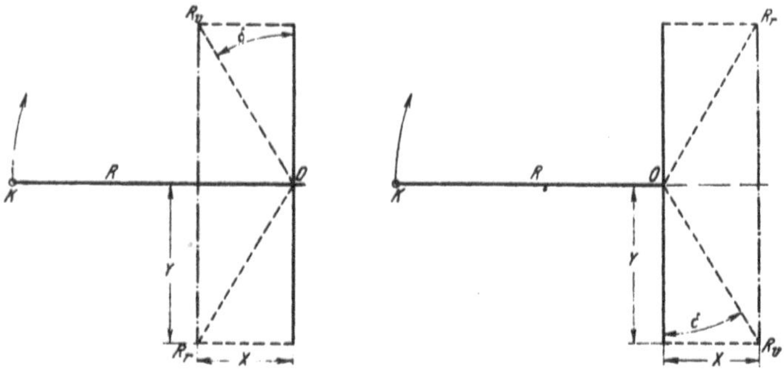

Abb. 305/306. Scheitellinie der Heusinger-Steuerung
mit innen steuernder Schieberkante. mit außen steuernder Schieberkante.

hierdurch in zwei gleiche Teile geteilt wird. Für die Konstruktion der Scheitellinie ist folgendes zu beachten. Denkt man sich Gegenkurbel O E (vgl. Abb. 300) lose drehbar auf der Welle und unter Festhaltung des Punktes C_1 in seiner Anfangslage die Kurbel aus ihrer linken Totlage um 90° gedreht, so ist der hierbei bewirkte Ausschlag des Punktes C_2 gleich dem Kurbelhalbmesser R. Die Bewegung überträgt sich auf den Ableitungspunkt P in einem um das

Hebelarmverhältnis $\frac{n}{m}$ verkleinerten Maße. Der Ausschlag des Punktes P und damit die Auslenkung des Schiebers aus seiner Mittellage ist also

$$X = R \cdot \frac{n}{m}$$

Wird nunmehr der Punkt C_2 in seiner jetzigen Lage festgehalten und die Gegenkurbel O E um den Winkel 90^0 nachgedreht, so ist der hierbei hervorgebrachte Ausschlag des Punktes C_1

$$k = r \cdot \frac{u}{c}$$

Für u = U erhält k seinen größten Wert.

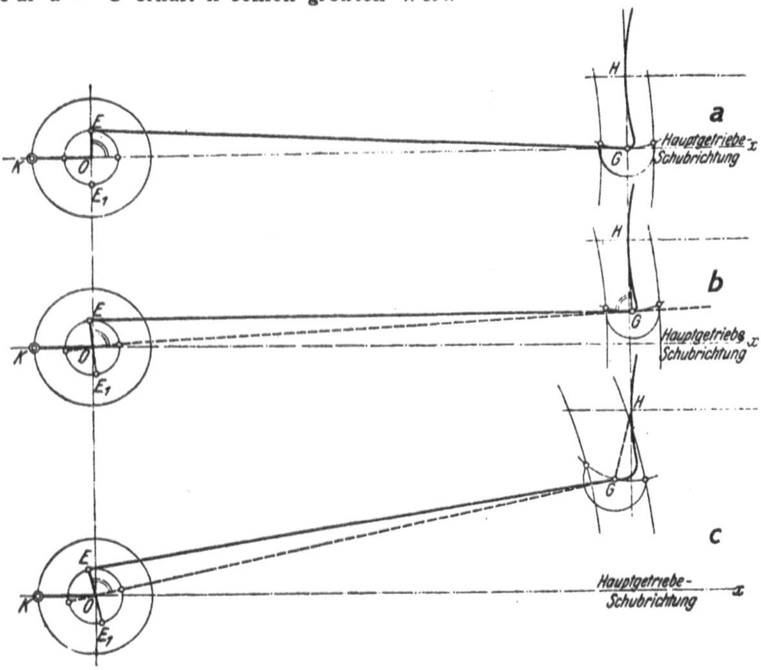

Abb. 307. Lage des Antriebspunktes G bei der Heusinger-Steuerung.

Der Ausschlag, den der Ableitungspunkt P dabei erfährt, ist um das Hebelarmverhältnis

$$\frac{m-n}{m} \text{ kleiner, also } Y = k \cdot \frac{m-n}{m} = r \cdot \frac{u}{c} \cdot \frac{m-n}{m}$$

Beide Bewegungen stehen aufeinander senkrecht und lassen sich durch das Kräfte-Parallelogramm zusammensetzen. Abb. 305 stellt die Scheitellinie einer Heusingersteuerung mit i n n e n s t e u e r n d e n, Abb. 306 mit a u ß e n s t e u e r n d e n Schieberkanten dar. Die Komponenten des Ersatzexzenters sind

$$X = R \cdot \frac{-n}{m} \qquad Y = r \cdot \frac{U}{c} \cdot \frac{m+n}{m}$$

Das Minuszeichen auf der rechten Seite der Gleichung für X besagt, daß die Komponente X entgegengesetzt der Kurbelrichtung abzutragen ist. Aus einem Vergleich der beiden Gleichungen für Y bezüglich Innen- bzw. Außen-Einströmung geht hervor, daß die Exzentrizität O E = r im zweiten Falle kleiner auszuführen ist als im ersten, um eine gleich lange Scheitellinie zu erhalten.

Die Schwinge der Heusingersteuerung ist nach einem Kreisbogen mit dem Halbmesser gleich der Länge der Schieberschubstange zu krümmen. Bei Lokomotiven mit vorzugsweise Vorwärtsgang ist wegen der Entlastung des Schwingzapfens H der untere Schwingenteil für den Vorwärtsgang zu wählen (Stein F unterhalb Zapfen H).

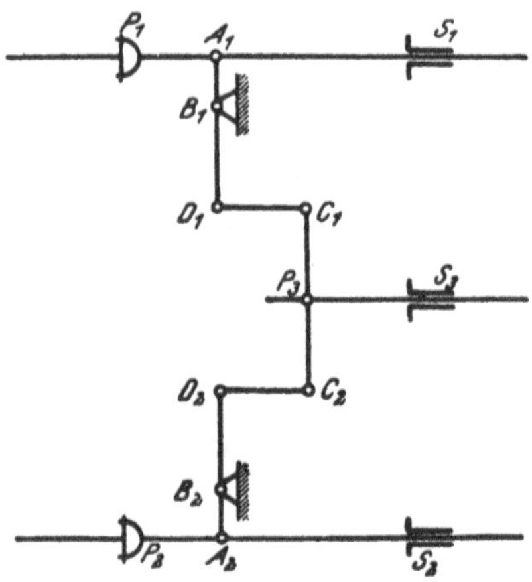

Abb. 308. Schieberbewegung für Innenzylinder der Drillinglokomotive Gattung S_{10}^2.

Der Aufkeilwinkel der Gegenkurbel läßt sich am besten durch Konstruktion ermitteln. Damit die Schwinge in beiden Totlagen der Kurbel dieselbe Lage einnimmt, muß der Antriebspunkt G (Abb. 307) auf der Senkrechten liegen, die in O auf der Verbindungslinie der gegenüberliegenden Stellungen der Gegenkurbel E und E_1 errichtet wird. Ferner ist es erforderlich, daß zur Erhaltung einer gleichmäßigen Schieberbewegung die Ausschläge der Schwinge aus

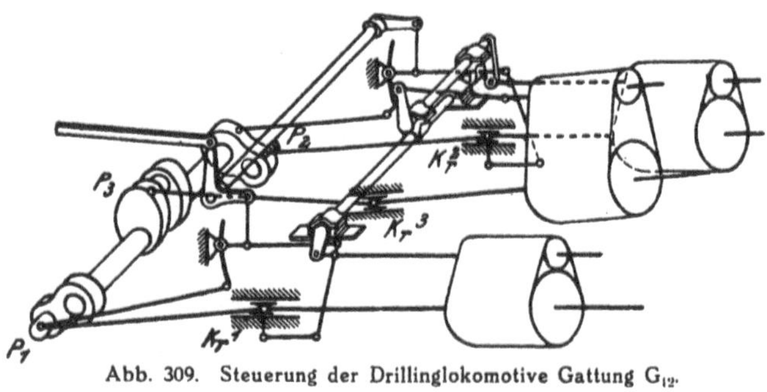

Abb. 309. Steuerung der Drillinglokomotive Gattung G_{12}.

ihrer Mittellage nach beiden Seiten gleich groß werden. Die richtige Lage des Punktes G läßt sich am besten durch Versuche ermitteln. Die drei vorkommenden Fälle: Punkt G fällt in die Hauptgetriebeschubrichtung, Linie O G berührt den Schwingungskreis von G, Linie O G schneidet den Schwingungskreis von G, sind in Abb. 307 a, b und c dargestellt. Im ersten Falle steht O E senkrecht O X, im letzten Falle ist der Winkel K O E bei gleichem Halbmesser des Schwingungskreises von G am kleinsten. Die Länge des Lenkeransatzes Kr K' und der Lenkerstange K' C_2 (vgl. Abb. 300 bis 303) ist so zu bestimmen, daß Punkt C_2 bei Mittelstellung des Kreuzkopfes in Mitte des Schwingungsbogens von C_2 liegt.

Bei den Drillinglokomotiven Gattung $S_{10}{}^2$ in Abb. 308 setzt sich die Schieberbewegung für den Innenzylinder zusammen aus den von den Schieberkreuzköpfen der Außensteuerung entnommenen Bewegungen, die durch im Rahmen drehbar gelagerte Übertragungs-

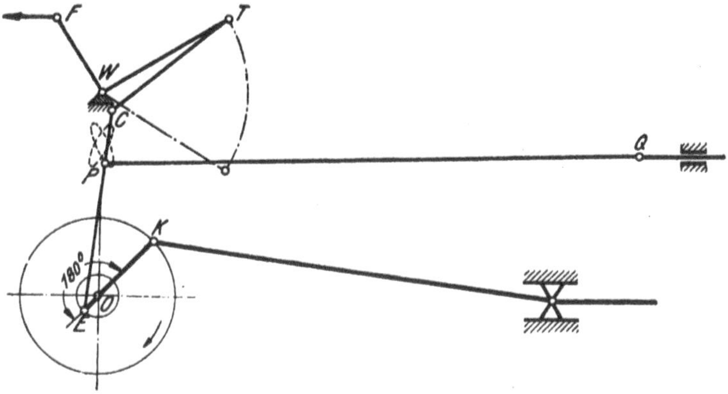

Abb. 310. Marshall-Steuerung.

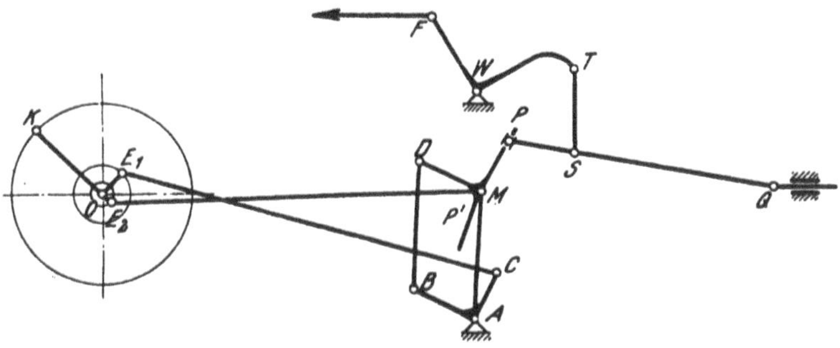

Abb. 311. Marshall-Steuerung mit zwei Hubscheiben.

hebel in Maschinenmitte zu einer Einzelbewegung vereinigt werden. Durch die beiden zweiarmigen Hebel $A_1 D_1$ und $A_2 D_2$ wird die Bewegung der beiden äußeren Schieberstangen $P_1 S_1$ und $P_2 S_2$ verdoppelt, da $A_1 B_1 = {}^1/_2 B_1 D_1$ und $A_2 B_2 = {}^1/_2 B_2 D_2$. P_3 auf dem Verbindungshebel $C_1 C_2$ beschreibt somit den gleichen Wege wie P_1 und P_2.

Abb. 309 Steuerung der Drillinglok. G_{12}. Die Bewegung des Schiebers für den mittleren Zylinder wird durch eine im Rahmen fest gelagerte Welle und eine auf dieser schwingend gelagerte Welle abgeleitet. Erstere erhält ihre Drehbewegung von $P_1 Kr^1$, letztere von $P_2 Kr^2$. Beide Außenbewegungen werden auf diese Weise zu einer gleichen, um 120° versetzten Bewegung vereinigt.

ε) Marshall-Steuerung (Abb. 310/311).

Von der auf Welle O (Abb. 310) der Kurbel O K um 180° nacheilend aufgekeilten Gegenkurbel O E geht die Lenkerstange E C aus. Ihr Endpunkt C wird durch Lenker C T auf einem flachen Kreisbogen geführt. Die Ableitung der Bewegung geschieht im Punkt P der Lenkerstange E C, die Übertragung auf den Schieber erfolgt durch Schieberschubstange P Q, die durch das Gelenk Q mit der Schieberstange verbunden ist. Die Änderung der Füllung und die Drehrichtung der Maschine wird bewirkt durch Verlegen der Neigung der Führungsbahn des Punktes C. Änderung der Neigung der Führungsbahn wird dadurch bewirkt, daß die Führungsstange im Punkt T an einen um W drehbaren Winkelhebel angelenkt ist. Drehung des Winkelhebels T W F erfolgt mittels Steuerstange vom Führerstand aus.

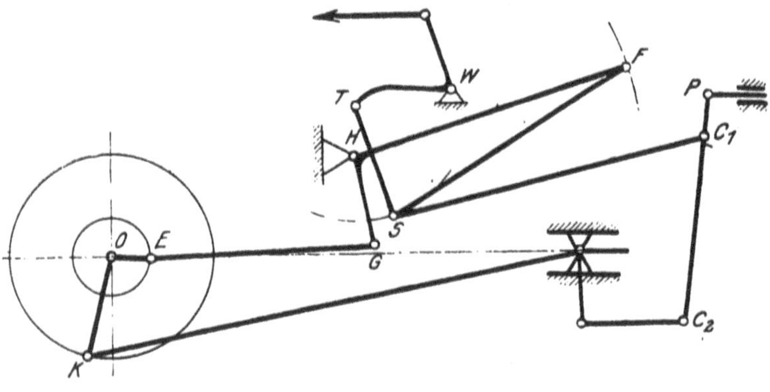

Abb. 312. Gölsdorf-Steuerung.

In England ist die Marshallsteuerung verschiedentlich mit zwei Hubscheiben ausgeführt (Abb. 311). Von der Hubscheibe O E_1 wird der um den festen Punkt A drehbare Winkelhebel C A B angetrieben. In B greift Lenker B D an, der die Schwinge P P' bewegt. Auf die Schwinge wird ferner die Bewegung der Hubscheibe O E_2 durch die Schwingenstange E_2M übertragen. Mittelpunkt M der Schwinge wird durch die Stützstange M A auf einem Bogen geführt. Die Bewegung der Schwinge wird von dem Punkt P durch die Schieberschubstange P Q auf die Schieberstange und somit auf den Schieber übertragen. Die Veränderung der Füllung und des Drehsinnes der Maschine wird bewirkt durch Verstellen des Schwingensteines in seiner Lage in bezug auf den Schwingenmittelpunkt M.

ζ) Winkelhebelsteuerung nach Gölsdorf.

Sie ähnelt der Heusingersteuerung, jedoch ist die Schwinge ersetzt durch einen in seinem Scheitel H drehbar gelagerten Winkelhebel G H F (Abb. 312). Am Punkt G des Winkelhebels greift die Schwingenstange an, während von Punkt F aus durch den Lenker F S die Bewegung des Hebels auf die Schieberschubstange S C_1 übertragen wird. Hebelarm H F und Lenker F S erfüllen die Aufgabe der Schwinge bei der Heusingersteuerung. Die zweite Bewegung des Punktes P wird vom Kreuzkopf abgeleitet. Veränderung der Füllung und des Drehsinnes der Maschine durch Veränderung der Schwingbahn des Punktes S.

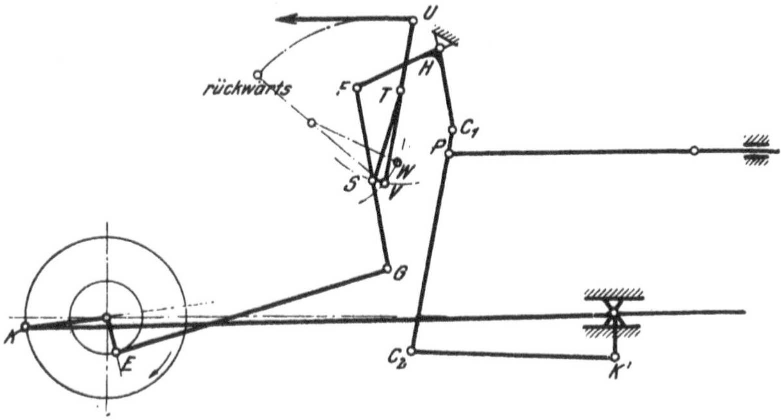

Abb. 313/314. Baker-Steuerung.

η) Baker-Steuerung (Abb. 313/314).

Sie ist in Amerika in den letzten Jahren zur Einführung gekommen und findet immer mehr Verbreitung. Das Steuergestänge ist, wie aus Abb. 314 ersichtlich, in einem Stahlgußrahmen gelagert, der an jeden Lokomotivrahmen angeschraubt werden kann. Wie bei der Heusingersteuerung wird die eine Bewegung für den Schieberweg vom Kreuzkopf abgeleitet, die zweite von einer um 90° gegen die

Kurbel versetzten Gegenkurbel. Der Kreuzkopf überträgt seine Bewegung (Abb. 313) mit Hilfe der Lenkerstange $K'C_2$ auf den Voreilhebel C_2C_1. Die Gegenkurbel wirkt durch die Lenkerstange E G und die Stange G F auf den Hebel F H C_1, der in H drehbar gelagert ist und in C_1 seine Bewegung auf den Voreilhebel C_1C_2 überträgt. Beide

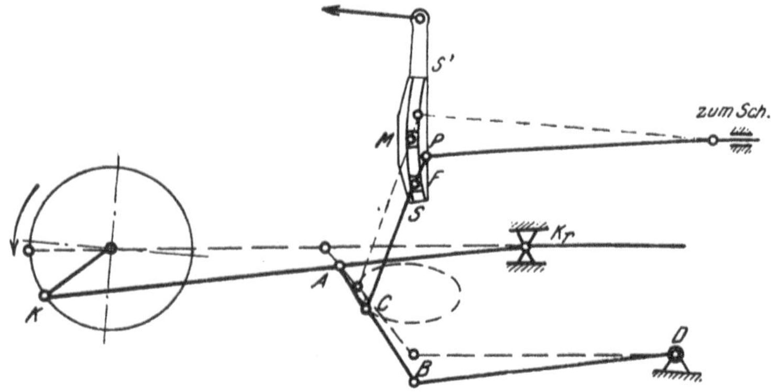

Abb. 315. Joy-Steuerung.

Abb. 316. Heusinger-Joy-Steuerung.

Bewegungen, die der Gegenkurbel und die des Kreuzkopfes werden in Punkt P zusammengesetzt und von hier aus auf den Schieber übertragen. Etwa in Mitte der Stange F G greift die Stange S T an, die an dem im Festpunkt V gelagerten Hebel V T U angelenkt ist. Die Lage dieses Hebels bestimmt die Größe der Füllung und den Drehsinn der Maschine.

ϑ) Joy-Steuerung, Klose-Steuerung (Abb. 315 bis 318).

Bei beiden ist jede Hubscheibe vermieden; die Bewegung des Schiebers wird von einem Punkt der Schubstange abgeleitet.

Im Punkt A der Triebstange K Kr (Abb. 315) greift bei Joy die Lenkerstange A B an, die mit der Lenkerstütze B D verbunden ist. Im Punkt C der Lenkerstange ist der Voreilhebel C F P angeschlossen. Die drei Stangen A B, B D und C F bilden zusammen den Ellipsenlenker. Punkt C bewegt sich auf einer ellipsenähnlichen Kurve.

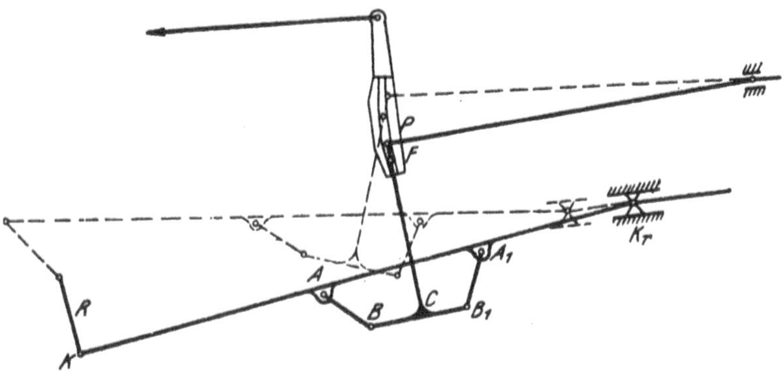

Abb. 317/318. Klose-Steuerung.

Stange C P wird in F durch die Steuersteinführung S S' in einem flachen Kreisbogen geführt. Die Steuersteinführung wird durch einen um den Punkt M drehbaren Hebel gehalten. Um Füllung und Gangart zu ändern, ist der Steuerhebel um M zu drehen, wodurch die Neigung der Steuersteinführung verändert wird.

Abb. 316 zeigt eine Heusinger-Joy-Steuerung, bei welcher der Schwingenantrieb von der Gegenkurbel durch einen Schwingenantrieb von einem Punkte der Triebstange nach Art der Joy-Steuerung e.setzt ist.

Eine Abart der Joy-Steuerung ist die Steuerung von Klose (Abb. 317/318), bei welcher der Voreilhebel B B_1 C F P mittels zweier Gelenke A A_1 und zweier Lenkerstangen A B und A_1B_1 an der Triebstange befestigt ist.

ι) Redington-Steuerung.

Abb. 319 zeigt diese englische Steuerung mit nur einer Hubscheibe. Auf der Kurbelachse ist die Hubscheibe unter 180° gegen die Kurbel versetzt aufgekeilt. Die Bewegung ersterer wird einmal von der mit dem Hubscheibenring fest verbundenen Stange A auf den an Schwinge E befestigten Arm B und hierdurch auf die Schwinge selbst übertragen; ferner wird mit Hilfe der Lenkerstange C der in P angelenkte Hebel L von der Hubscheibe angetrieben. Hebel L und Schwinge E sind durch Gelenk Q miteinander verbunden. Im Schwingenstein F werden beide Bewegungen, die von A und von L herrührende vereinigt und von hier aus durch die Schieberschubstange F O auf den Schieber übertragen.

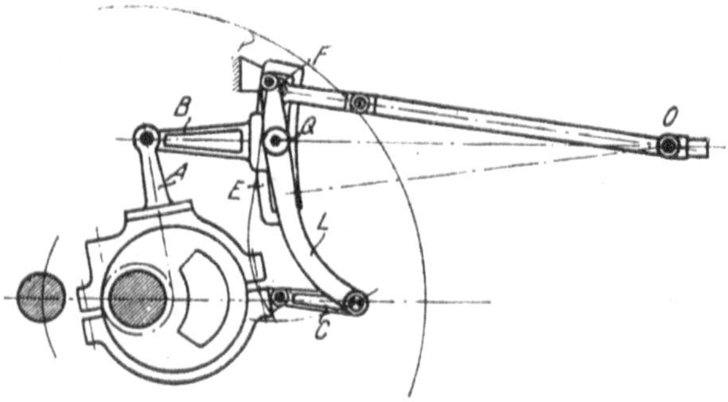

Abb. 319. Redington-Steuerung.

κ) Gresley-Steuerung.

Angewendet bei englischen Drillinglokomotiven. Die beiden Außensteuerungen werden nach Heusinger betrieben. An der vorderen Verlängerung der Schieberstange eines äußeren Kolbens ist ein ungleicharmiger wagerechter Hebel (2 : 1) angelenkt. Dessen entgegengesetztes Ende trägt die Mitte eines gleicharmigen Hebels, der einerseits an die Schieberstange des Mittelschiebers, anderseits an die des anderen Kolbens angelenkt ist. Alle drei Schieber müssen in einer Ebene liegen.

II. Entwurf einer Heusinger-Steuerung.

Der Entwurf zerfällt in zwei Teile:
in die Maßbestimmung der inneren und äußeren Steuerung.

α) Maßbestimmung der inneren Steuerung.

Erfolgte bereits in dem Abschnitt „Ermittlung der Hauptabmessungen von Schiebern" auf Seite 340.

β) Maßbestimmung der äußeren Steuerung.

Die Abmessungen können mit Hilfe der bei der Beschreibung der Heusingersteuerung angegebenen Gleichungen auf Seite 357 ermittelt werden.

Die für die größte Füllung erforderlichen Abmessungen X und Y lassen sich zeichnerisch folgendermaßen bestimmen. Man zeichne nach Abb. 320 mit dem Ersatzexzenter für die Entwurfsfüllung $r_e = r_e' \cdot \frac{e}{e'}$ den Schieberkreis und mit der Einlaßdeckung e den Deckungskreis. Alsdann trage man den zu r_e gehörigen Voreilwinkel an und fälle von dem Schnittpunkt seines freien Schenkels mit dem Schieberkreis die Senkrechte auf den wagerechten Durchmesser. Diese Senkrechte ergibt die Richtung der Scheitellinie. Ihre Größe erhält man dadurch, daß man im Abstand der größten Füllung von der linken Kurbeltotlage die Senkrechte auf den wagerechten Durchmesser errichtet. In ihrem Schnittpunkt mit dem äußeren Überdeckungskreis ziehe man an den Deckungskreis die Tangente, die auf der Scheitellinie die Größe Y abschneidet.

γ) Beispiel.

Es ist für eine E-Heißdampf-Zwilling-Güterzuglokomotive die innere und äußere Steuerung (nach „Heusinger") zu entwerfen. Bekannt seien aus dem Entwurf der Maschine:

Zylinderdurchmesser	$d =$	610 mm
Kolbenhub	$s =$	660 mm
Triebraddurchmesser	$D =$	1350 mm
Größte zulässige Geschwindigkeit .	$V_{gr} =$	50 km/st
Kesselüberdruck	$p_k =$	12 at

Entwurf der inneren Steuerung.

Es werde ein Kolbenschieber gewählt mit einfach öffnendem Einlaß und innen steuernden Schieberkanten. Für die vorliegende Lokomotive mit einem Schieberdurchmesser von 240 mm wird nach Seite 342 die Einströmdeckung 29 mm, die Kanalweite 35 mm, die Ausströmdeckung 2 mm. Mit diesen Angaben erfolgt der

Entwurf der äußeren Steuerung.

Es werde das Zeuner'sche Diagramm angewendet, wobei beim Aufzeichnen am zweckmäßigsten alle Größen in doppeltem Maßstab dargestellt werden.

Zeichne um O den Kreis mit der Einlaßdeckung e als Halbmesser (Abb. 320). Trage in O an OA den Winkel δ_e an und auf seinem freien Schenkel r_e bis P ab. Die von P auf die Kolbenweglinie gefällte Senkrechte PQ gibt die Richtung der Scheitellinie an. Nun bestimme man die zu der größten Füllung — die hier zu 76% gewählt werde — gehörige Kurbelstellung OF und lege in F an den mit e geschlagenen Kreis die Tangente, welche die Richtung der Scheitellinie in R schneidet. QR ist dann gleich der Länge der Scheitellinie bei 76% Füllung. Es ergibt sich aus der Abb. 320 abgemessen $X = 34$ mm $Y_{max}{}^* = 53{,}5$ mm. Nun ist

$$X = R' \cdot \frac{n}{m}$$

In dieser Gleichung sind X und R bekannt; m[1]) ist so groß zu nehmen, wie es mit Rücksicht auf den Mindestabstand des Voreilhebels von der Schiene möglich ist. Dies ist erforderlich, um für n ein ausführbares Maß (50 bis 125 mm) zu erhalten. Man wähle m = (1,2 bis 1,4) . s. Im vorliegenden Fall sei m = 1,4 · s = 1,4 · 660 = 924 mm; dann wird

$$n = \frac{m \cdot X}{R} = \frac{924 \cdot 34}{330} = 95 \text{ mm}$$

Der größte Ausschlag der Schwinge bei 76% Füllung ist

$$k = \frac{Y \cdot m}{m - n} \qquad k = \frac{53{,}5 \cdot 924}{924 - 95} = 59{,}6 \text{ mm} \cong 60 \text{ mm}$$

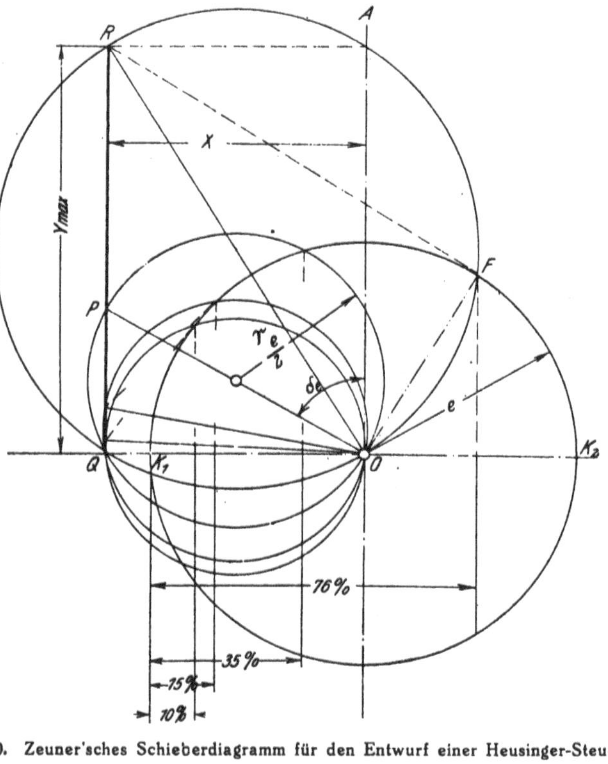

Abb. 320. Zeuner'sches Schieberdiagramm für den Entwurf einer Heusinger-Steuerung.

Die Entfernung des Schwingensteines vom Drehpunkt der Schwinge bei der größten Füllung ergibt sich aus der Beziehung

$$\frac{U}{k} = 2{,}6 \text{ bis } 3{,}2$$

---

[1]) Wegen der Benennungen vgl. Abb. 303,

Der größere Wert ist für vollkommenere Steuerungen zu wählen; kleinere Werte sind nicht zweckmäßig, da dann das Steinspringen zu stark anwächst. Es werde für die zu entwerfende Steuerung $\frac{U}{k} = 3{,}2$ gewählt; dann ergibt sich $U = 3{,}2 \cdot k = 3{,}2 \cdot 60 = 192$ mm.

Der Halbmesser der Gegenkurbel werde gewählt zu

$$r = \frac{R}{2} = \frac{330}{2} = 165 \text{ mm}$$

Somit ist für die Entfernung des Angriffspunktes der Schwingenstange vom Schwingendrehpunkt:

$$c = r \cdot \frac{U}{k} = 165 \cdot 3{,}2 = 528 \text{ mm}$$

Der senkrechte Abstand des Schwingendrehpunktes von der Zylinderachse ist aus der Gleichung

$$h = z + \sqrt{n^2 - X^2}$$

zu berechnen, worin z der Abstand der Schieberstangen- von der Kolbenstangenmitte; hier z. B. z = 600 mm. Also wird

$$h = 600 + \sqrt{95^2 - 34^2} = 689 \text{ mm.}$$

3. Steuerungs-Einzelheiten.

a) Zylinder.

I. Allgemeine Grundsätze.

Baustoff. Zylindergußeisen von $k_z = 16$ bis 26 kg/qmm Zugfestigkeit; oft geringer Stahlzusatz.

Berechnung. Durchmesser d und Kolbenhub s wie früher auf Seite 68 bis 71 angegeben. Wandstärke δ für den zylindrischen Teil errechnet sich nach Erfahrungswerten zu

$$\delta^{cm} = 0{,}015\, d^{cm} + 1{,}5 \text{ für Niederdruckzylinder}$$
$$\delta^{cm} = 0{,}025\, d^{cm} + 1{,}5 \text{ für Hochdruckzylinder.}$$

Eine stärkere Ausführung von δ ist notwendig mit Rücksicht auf späteres Ausbohren der Zylinder. Die Wandstärken sonstiger Zylinderteile sind, je nach Zylindergröße, 18 bis 25 mm. Jedoch ist es, hauptsächlich bei großen ebenen Wänden, ratsam, die vordem angenommenen Wandstärken auf Festigkeit nachzuprüfen.

Die Form der Zylinder richtet sich im allgemeinen nach Lage zum Rahmen und nach Art der Steuerung. Man unterscheidet Innen- und Außenzylinder. Bei Zweizylinderlokomotiven liegen die Zylinder meist außen. Gegenüber Innenlage ist hierbei das Triebwerk gut zugänglich und die Beanspruchung der Triebachse günstiger. Innenzylinder in England und Belgien gebräuchlich. Vorteilhaft ist der ruhige Gang hierbei; nachteilig die schwere Zugänglichkeit des Triebwerkes, die Gestaltung der Kropfachse und die Beschränkung des Zylinderdurchmessers durch das Rahmenlichtmaß. Bei Zweizylinder doppelte Dehnung liegt der Hochdruckzylinder stets rechts.

Aus baulichen Gründen können Außen- und Innenzylinder geneigt liegen (Neigung etwa bis 1 : 6), und zwar Schräglage der Außenzylinder wegen des lichten Raumes, z. B. bei kleinen Raddurchmessern zwecks Unterbringung der Zylinderhähne. Schräglage der Innenzylinder, z. B. um über eine vordere Radachse hinwegzukommen, wegen Anbringung der Gleitbahnführung über der vorderen Kuppelachse, wegen des Drehgestell-Seitenspieles u. dgl. Die Zylinderachse braucht nicht durch Triebachsmitte zu gehen, z. B. 100 mm Abweichung bei der G_{12}-Lok. Entfernung der Zylindermitten voneinander bei Außenzylindern möglichst klein; hierdurch besserer Massenausgleich und Gewichtsersparnis infolge der kleineren erforderlichen Gegengewichte. Daher verdienen, von diesem Gesichtspunkt aus, Innenzylinder den Vorzug vor Außenzylindern.

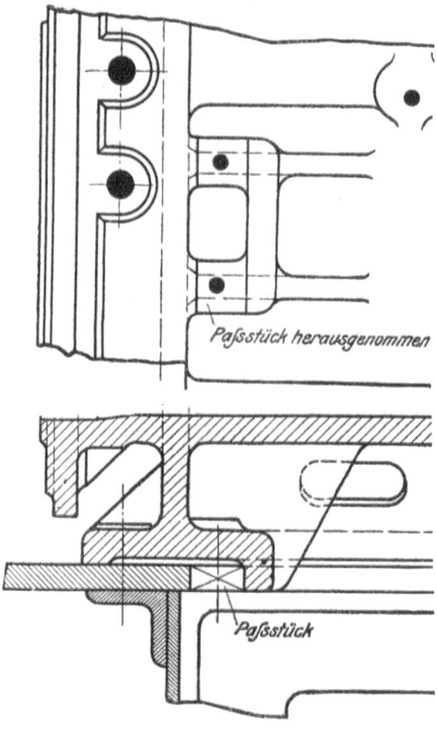

Abb. 321. Verschraubung der Paßstücke zwischen Zylindergußstück und Rahmen.

Verbindung mit dem Rahmen, indem kräftige, am Zylindergußstück angegossene Flansche über das Rahmenblech mit einer starken Leiste übergreifen (Entlastungsleiste) und dort unmittelbar aufsitzen. Zur Verbindung von Zylindergußstück und Rahmen dienen Paßschrauben. Durch das unmittelbare Aufsitzen des Flansches auf dem Rahmen wird die Beanspruchung durch das Eigengewicht des Zylindergußstückes nicht auf die Schrauben übertragen. Zur Vermeidung der Zylinder-Längsverschiebung werden Paßstücke angeordnet, die sich fest an den Rahmen legen, um die von den Kolbendrücken herrührenden Scherkräfte aufzunehmen (Abb. 321). Kräftige Lappen am Zylindergußstück können auch mit der Rahmenquerversteifung verschraubt werden. Bei amerikanischen Zwillinglokomotiven mit Barrenrahmen und bei Vierzylindermaschinen bilden die miteinander verschraubten Zylindergußstücke gleichzeitig einen Sattel für die Rauchkammerauflagerung. Die Zylindergußstücke werden von oben auf den Barren gesetzt (bei einfachen Barrenrahmen nach Abb. 322), oder die Barren können bei Doppelbarrenrahmen außerhalb über und unter dem Gußstück einer Seite hinweg oder hindurchgeführt und so mit den am Zylinderstück angegossenen kräftigen Leisten verschraubt werden (Abb. 323). Bei Vorhandensein von Drehgestellen wird gewöhnlich an das Zylindergußstück in dessen Mitte der Drehgestellzapfen mit einem Flansch von unten angeschraubt.

Mit Rücksicht auf die Austauschmöglichkeit der Zylinder werden die Anlageflächen der Zylinderverstrebung und der Zylinder an den Rahmen auf Stichmaß gearbeitet.

II. Bauliche Durchbildung.

Beim Entwurf eines Heißdampfzylinders sind folgende Gesichtspunkte zu beachten.

Bei einfacher Dehnung sind die Zylindergußstücke so zu bauen, daß sie miteinander vertauscht werden können. Größere Anhäufung von Eisenmassen bei Flanschen, Rippen, Anschlußstutzen und dgl. müssen vermieden werden, weil sonst schon beim Guß infolge ungleicher Abkühlung leicht schädliche Spannungen auftreten und im Betrieb sich die einzelnen Teile durch die Wärme verschiedenartig ausdehnen und zu Rissen Veranlassung geben könnten.

Die Wände des zylindrischen Schieberkastens sollen nach den eben aufgeführten Grundsätzen von der Zylinderwandung möglichst getrennt werden; bei der preuß. Regelbauart ist der Schieberkasten mit dem Zylinder durch keine Rippe verbunden. Da also die Einströmung möglichst unabhängig von der Ausströmung ist, werden

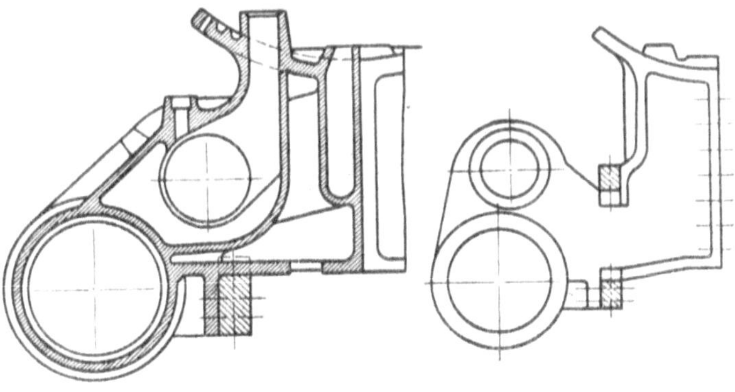

Abb. 322/323. Amerikanische Dampfzylinder für Zwillinglokomotiven.

wegen der verschiedenen Temperaturen des durchziehenden Dampfes Gußspannungen und Niederschlagverluste vermieden. Das Zylindergußstück enthält keine Kanäle für den Abdampf; der Raum hierfür wird gebildet durch ein eingewalztes Schmiedeeisenrohr und zwei angeschraubte Ausströmkästen. Abb. 324 zeigt die Ausführung für die preuß. Gattung T_{16}. Die Deckel der Ausströmkästen tragen die Führungsbüchsen für die Schieberstangen.

Entfernung zwischen Zylinder- und Schiebergehäusemitte ist so einzuschränken, daß die Dampfzuleitungen möglichst kurz.

An den Ein- und Ausströmrohren (an deren Stutzen) sollen keine scharfen Ecken und Kanten sein, um gute Dampfführung zu erzielen; auch müssen sich die Anschlüsse an diese Rohre gut herstellen lassen. Verhältnis der Einströmkanäle zum Zylinderquerschnitt $^1/_{10}$ bis $^1/_{15}$.

III. Anordnung der Ausrüstungsteile.

Zur Anbringung der hauptsächlichsten erforderlichen Ausrüstungsteile sind Warzen angegossen, und zwar für folgende Einrichtungen.

Am Zylinder (bzw. Deckel):

Für Schmierung; jeder Zylinder hat eine Schmierstelle in Hubmitte an seiner höchsten Stelle, um gleichmäßiges Verteilen des Öles zu gewährleisten.

Für Ablaßhähne oder -ventile; 10 bis 13 mm Bohrung. An den tiefsten Punkten des Zylinders auf jeder Kolbenseite zum Ablassen des Niederschlagwassers.

Für Sicherheitsventile (meist vereinigt mit dem Luftsaugeventil); zum Schutz der Zylinderdeckel gegen Wasserschläge.

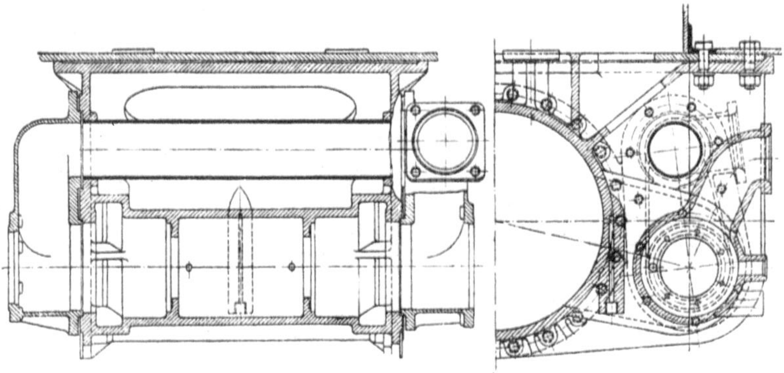

Abb. 324. Zylinder der E-Heißdampf-Zwilling-Tenderlokomotive Gattung T_{16}.

Für die Druckausgleichvorrichtung; zur Verbindung beider Zylinderseiten.

Für Indikator (25 mm Durchgangsquerschnitt) an den Zylinderdeckeln.

Am Schieberkasten:

Für Schmierung; beide Schieberkörper sind getrennt für sich zu schmieren, also zwei Ölzufuhrstellen für den Kolbenschieber einer Lokomotivseite.

Für Ferndruckmesser (bei einfacher Dehnung nur am rechten Zylinder); zur Messung der Druckschwankungen im Schieberkasten.

Für Fernpyrometer; zur Angabe der Dampftemperatur im Schieberkasten.

Für Ablaßhähne oder -ventile; an den tiefsten Punkten des Schieberkastens zum Ablassen des Niederschlagwassers.

Für Anfahrventile; nur bei doppelter Dehnung.

Schaulöcher zum Einstellen der Schieber.

IV. Schädliche Räume.

Zur Ermittelung der schädlichen Räume muß der Dampfkolben unmittelbar an die Zylinderdeckel herangeschoben werden. Grundbüchsen usw. dürfen nach innen nicht überstehen. Die vorgeschriebenen schädlichen Räume müssen im warmen Zustand vor-

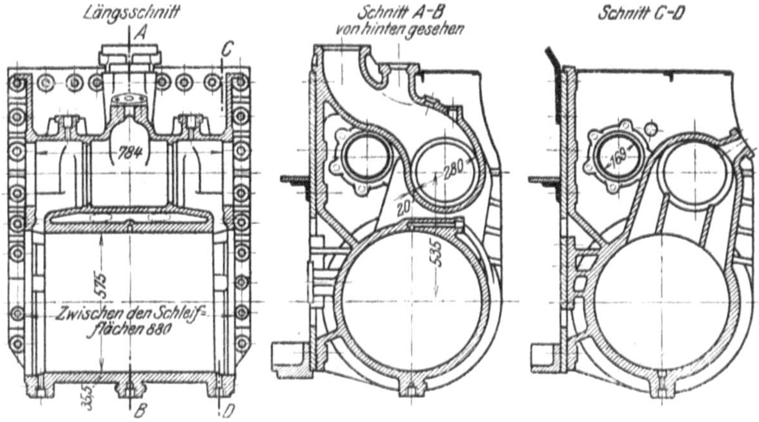

Abb. 325. Zylinder der 2C-H. P. L. Gattung P_H.

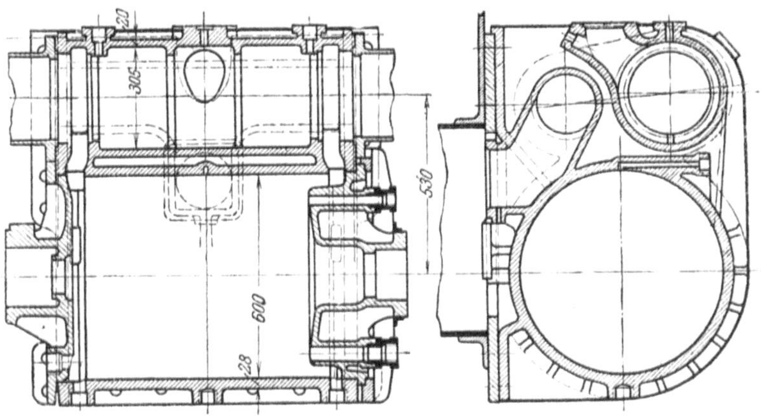

Abb. 326. Zylinder der D-H. G. L. Gattung $G_H{}^1$.

handen sein. Ihre Größe ist allgemein 8 bis 10, seltener bis 15% des Hubinhaltes (bei Niederdruckzylindern kleiner als bei Hochdruckzylindern); auf beiden Seiten meist ungleich, beeinflußt durch die Steuerungsverhältnisse.

Der schädliche Raum in den Zylindern hat stets wirtschaftliche Nachteile zur Folge, da der zum Auffüllen erforderliche Dampf nur schlecht ausgenutzt werden kann. Kleinste Leistungen müssen noch bei vollem Druck im Schieberkasten erreicht werden. Dieser Forderung kann ohne Anwendung negativer Ausströmdeckungen bei Lokomotiven mit einfacher Dampfdehnung und 12 at Kesseldruck mit einem schädlichen Raum von 12 bis 13% des Hubinhaltes ohne Schwierigkeiten entsprochen werden. Bei Lokomotiven mit 14 at Kesseldruck wird der schädliche Raum zweckmäßig geringer bemessen als bei niedrigem Druck.

Bei Heißdampflokomotiven (mit etwa 430 mm Zylinderdurchm.) lassen sich schädliche Räume von 10 bis 13% ausführen, wenn die Abstände zwischen den Kolben und Zylinderdeckeln vorn 10 mm und hinten 15 mm betragen. Der Unterschied von 15—10 = 5 mm ist wegen Verschiebung der Kolbenwege beim Nachstellen der Lager nicht zu entbehren. Bei größeren Zylindern können diese Abstände ausgiebiger bemessen werden, da der prozentuale Beitrag,

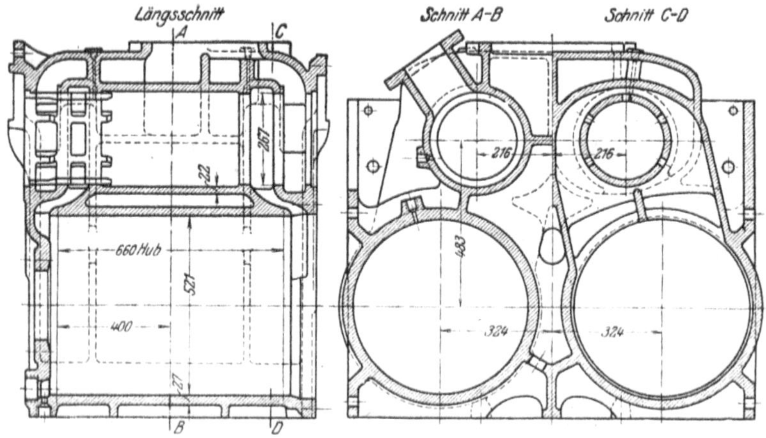

Abb. 327. Innenzylinder der 2B-H. S. L., englische Südost- und Chatam-Bahn.

den die Ringkanäle im Schiebergehäuse zum schädlichen Raum liefern, mit der Größe der Zylinder abnimmt. In Zusammenstellung 37 sind die schädlichen Räume angegeben bei einigen mit Kolbenschiebern von 220 mm Durchm. verschiedener Bauart ausgerüsteten Heißdampflokomotiven der Reichsbahn.

V. Bauarten von Heißdampfzylindern.

α) mit einstufiger Dehnung.

Zwilling-Zylinder.

In neuerer Zeit hat man den Grundsatz der preuß. Staatsbahn, den Schieberkasten möglichst frei vom Zylinder unter Fortlassung aller Verbindungsrippen auszubilden, mehr und mehr fallen lassen, nachdem sich gezeigt, daß die verschiedenartige Ausdehnung der Teile des Zylindergußstückes dieses bei weitem nicht so gefährdet, wie man anfangs angenommen hatte.

Zusammenstellung 37.

Schädliche Räume verschiedener Heißdampflokomotiven der Reichsbahn (Preußen).

Lfd. Nr.	Bauart der Lokomotive	Zylinderabmessungen		Schädlicher Raum						Schieberbauart	Einströmung
				im vorderen Zylinderende			im hinteren Zylinderende				
		Zyl.-Durchmesser mm	Kolbenhub mm	Liter	des Hubinhalts %	linearer Abstand zwischen Deckel u. Kolben mm	Liter	des Hubinhalts %	linearer Abstand zwischen Deckel u. Kolben mm		
1	2 B-H.-S.-L.	550	630	17,5	11,8	12	19,9	13,65	35	Schichau	doppelt
2	2 C-H.-S.-L. Vierling	430	630	11,01	12,35	10	11,77	13,45	28	Schichau	einfach
3	„	430	630	9,52	10,69	10	8,62	9,86	15	Hochwald	—
4	„	430	630	10,9	12,24	10	9,8	11,2	15	Schichau	doppelt
5	2 C-H.-S.-L. Drilling	500	630	12,13	9,8	10	12,09	10,1	15	Schichau	einfach
6	2 C-H.-P.-L.	575	630	20,37	12,6	13	21,83	13,7	32	Schichau	doppelt
7	2 C-H.-P.-L.	575	630	10,7	6,5	9	11,3	6,7	12	Hochwald	—
8	E-H.-G.-L.	610	660	19,3	9,6	12	19,5	9,7	32	Schichau	doppelt
9	E-H.-G.-L.	630	660	16,0	7,9	10	15,7	7,7	20	Hochwald	—
10	D-H.-G.-L.	600	660	12,92	7,0	9	12,75	7,0	15	Schichau	doppelt
11	D-H.-G.-L.	600	660	12,92	7,0	9	12,75	7,0	15	Kammersch.	—
12	1 C-H.-T.-L.	540	630	20,3	14,1	18	20,8	14,45	27	Schichau	doppelt
13	1 C-H.-T.-L.	540	630	20,3	14,1	18	20,8	14,45	27	Hochwald	—
14	E-H.-T.-L.	600	660	21,7	11,4	12	21,5	11,4	32	Schichau	doppelt
15	1 D 1-H.-T.-L.	600	660	16,22	8,8	10	16,0	8,8	18	Schichau	einfach
16	2 C 2-H.-T.-L.	560	630	16,9	11,1	10	18,1	12,1	24	Schichau	doppelt

Abb. 325 zeigt den Zylinder der 2C-H.P.L. Gattung P_8. Der Schieberkasten ist mit dem Zylinder zwar nur durch die Dampfkanäle verbunden; auch wird die Abdampfleitung noch nach der preuß. Regelbauart durch ein eingewalztes schmiedeeisernes Rohr von 169 mm l. W. gebildet. Jedoch ist das Einströmrohr an die Befestigungsplatte des Zylinders angegossen, wodurch mittelbar eine Verbindung des Schieberkastens mit der Platte hergestellt ist, die eine freie Bewegung des letzteren in dem früher angestrebten Maße nicht mehr zuläßt. In Abb. 326 ist der Zylinder der D-H.G.L. Gattung G_8^1 wiedergegeben. Hier ist das Ausströmrohr in den Dampfzylinder eingegossen. Die Ableitung des Dampfes vom Schieberkasten zum Ausströmrohr erfolgt aber noch durch die auf die Schieberkastenenden aufgeschraubten Ausströmkästen.

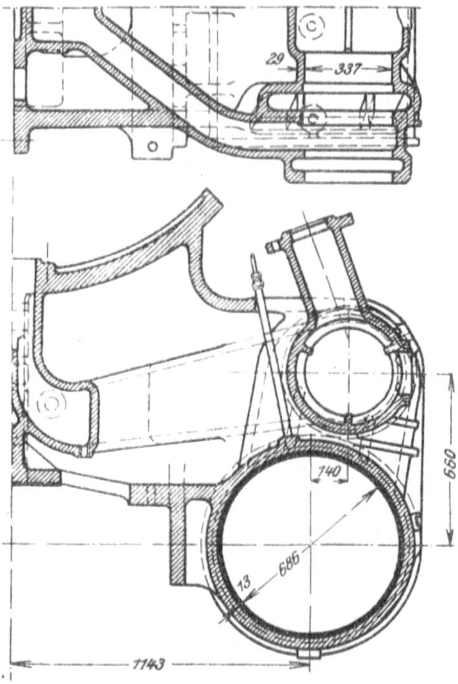

Abb. 328. Zylinder der 1D1-H. G. L., Pennsylvania-Bahn.

Abb. 327 zeigt die Innenzylinder der 2B-H. S. L. der Südost- und Chatam-Bahn, die eine starke Verrippung des Schieberkastens mit dem Zylinder erkennen läßt. In Amerika werden die Außenzylinder gleichzeitig als Rauchkammerträger ausgebildet. Abb. 328 veranschaulicht den Dampfzylinder einer amerikanischen 1D1-H. G. L. der Pennsylvania-Bahn. Der Schieberkasten ist mit dem Zylinder nur durch die Einströmkanäle verbunden. Die eingegossenen Auspuffrohre führen unter Vermeidung scharfer Krümmungen unmittelbar zum Standrohr in der Rauchkammer.

Drilling-Zylinder.

Das Zylindergußstück wird bei dieser Bauart meistens dreiteilig hergestellt. Abb. 329 gibt das Zylindergußstück wieder der 2C-H.S.L. Gattung S_{10}^2. Die drei Zylinderteile sind untereinander verschraubt und enthalten jeder einen Zylinder und den zugehörigen Schieberkasten. Bemerkenswert ist die bei dieser Bauart durch die Steuerung bedingte Lage des mittleren Schieberkastens in der Längsachse der Lokomotive, bei der das Steuergestänge weniger gut zugänglich ist. Die Außenzylinder erhalten den Frischdampf durch zwei Einströmrohre, mit denen der mittlere Schieberkasten zweiseitig durch Hosenrohre in Verbindung steht. Diese Anordnung hat den Vorteil, daß die drei Schieberkästen miteinander unmittelbar verbunden sind, wodurch Druckschwankungen während der Füllungs-

Abb. 329. Zylindergußstück der 2 C-H. S. L. Gattung S_{10}^{2}.

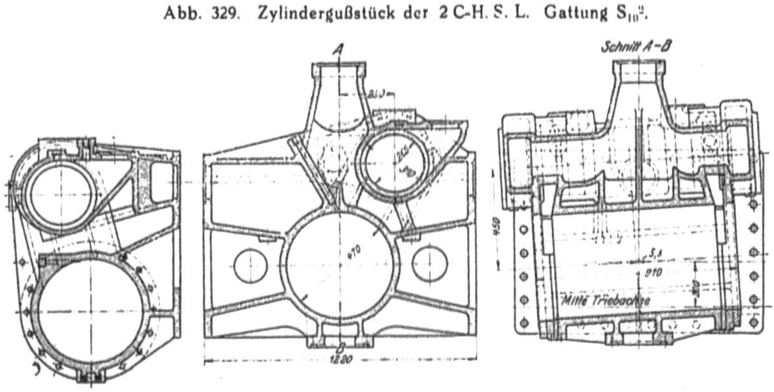

Abb. 330. Innenzylinder der 2 C-Drilling-H. S. L., dänische Staatsbahn.

zeiten vermieden werden. Zur Durchführung des vorderen Barrenrahmens sind Aussparungen vorgesehen.

Abb. 330 zeigt den Innenzylinder einer im Jahre 1921 von Borsig für die dänische Staatsbahn gebauten 2 C-Drilling-H. S. L. Der Schieberkasten ist aus der Längsachse der Lokomotive weiter nach außen verlegt. Der Antrieb des Innenschiebers erfolgt nicht mehr durch die sonst übliche Zusammenfassung der Bewegungen der Außenschieber, vielmehr ist eine vollständige dritte Steuerung zur Verwendung gekommen.

Um eine Innenhubscheibe zu vermeiden, ist auf der linken Seite der Lokomotive eine zweite Gegenkurbel zum Antrieb der inneren Schwinge vorgesehen. In einem einzigen Gußstück (einschließlich der Schieberkästen) sind die drei gleich großen Zylinder der englischen D-Drilling-H. G. L. (Nordost-Bahn) gegossen. Die linke Seite der Abb. 331 zeigt einen Schnitt durch die hinteren Dampfkanäle, die rechte durch den gemeinsamen Dampfeintrittsraum zu den Schiebern.

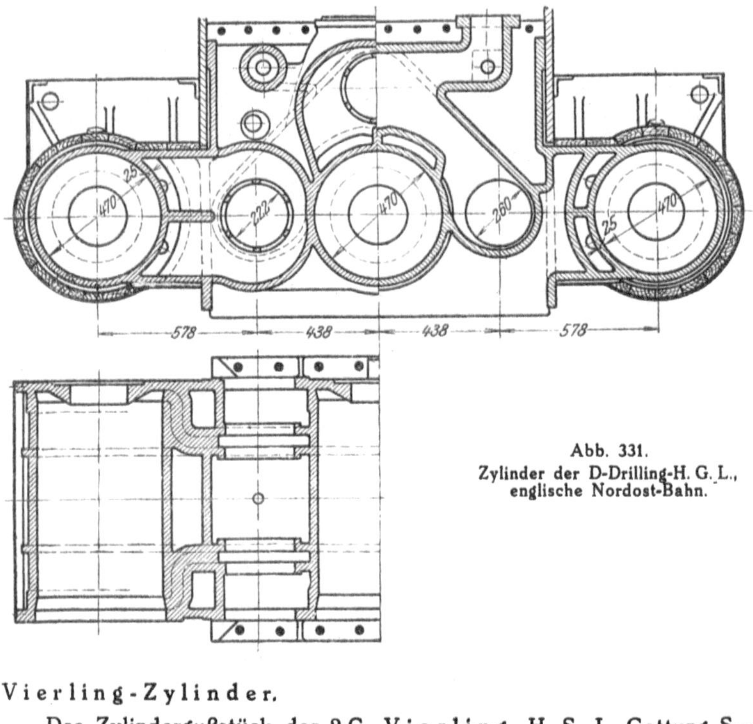

Abb. 331.
Zylinder der D-Drilling-H. G. L., englische Nordost-Bahn.

Vierling-Zylinder.

Das Zylindergußstück der 2C-Vierling-H. S. L. Gattung S_{10} zeigt Abb 332. Durch das Zylindergußstück ist, wie bei der vorher beschriebenen Drillingbauart in Abb. 329 der Barrenrahmen hindurchgeführt. Die Schieberkästen einer Seite stehen mit der Haupteinströmleitung durch ein Hosenstück in Verbindung. Die Führung der Ausströmkanäle ist deutlich zu erkennen. Während bei dieser Lokomotive je zwei Zylinder mit den zugehörigen Schieberkästen in einem Stück zusammengegossen sind, bildet die belgische Staatsbahn bei ihren Vierlinglokomotiven jeden Zylinder für sich aus. Bei der belgischen 2C1-H. S. L. liegen außerdem die Innenzylinder in einer anderen Ebene als die Außenzylinder. Abb. 334 läßt die Führung der Frisch- und Abdampfrohre bei dieser Bauart erkennen.

β) mit doppelter Dehnung.

Zweizylinder-Bauart.

Die Zweizylinder-Verbundwirkung in Verbindung mit hoch überhitztem Dampf ist nur von wenigen Eisenbahnverwaltungen eingeführt worden. In Österreich hat diese Bauart im vorigen Jahrzehnt größere

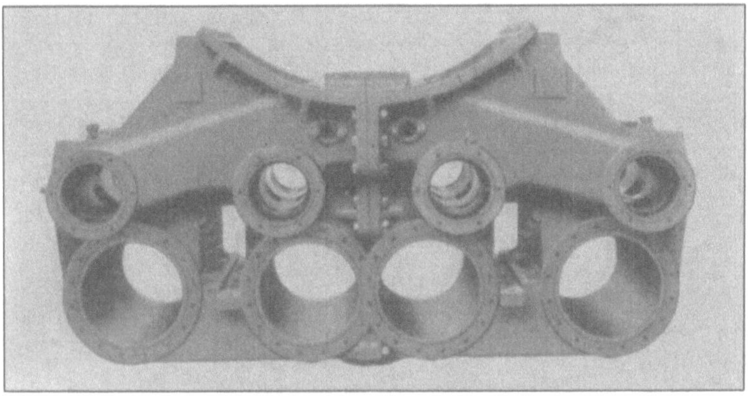

Abb. 332. Zylindergußstück der 2C-H. S. L. Gattung S_{10}.

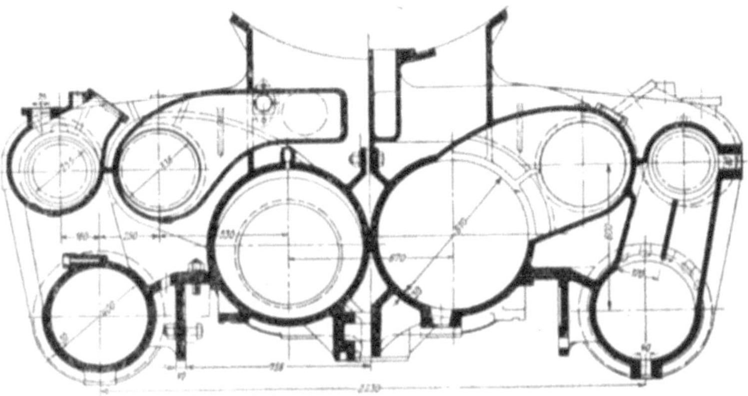

Abb. 333. Zylinder der 2C-H. S. L. Gattung S_{10}^{1}.

Bedeutung gefunden. Der Hochdruckzylinder besitzt Kolbenschieber mit äußerer Dampfeinströmung, der Niederdruckzylinder Flachschiebersteuerung.

Vierzylinder-Bauart.

Leistungsfähigere Heißdampf-Verbundlokomotiven werden ausnahmslos als Vierzylinder-Verbundlokomotiven ausgeführt. Abb. 333

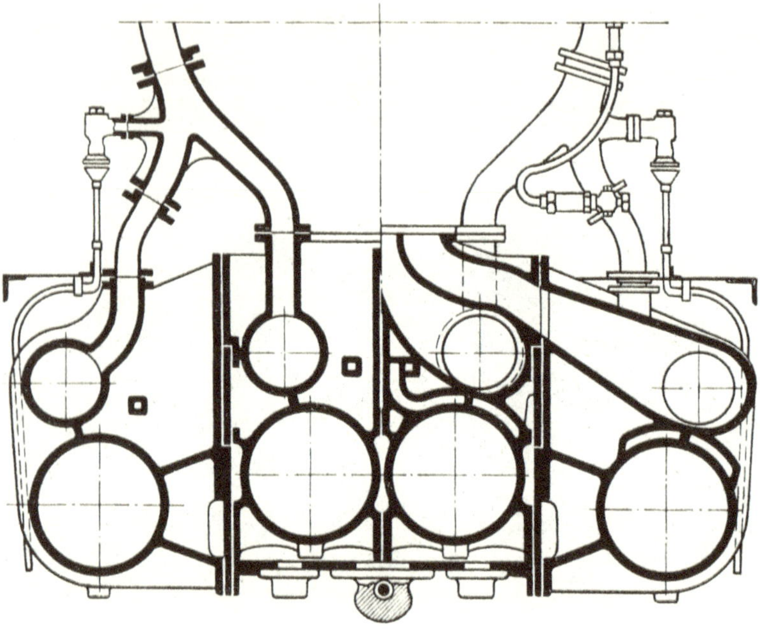

Abb. 334. Zylinder der 2C1-H. S. L., belgische Staatsbahn.

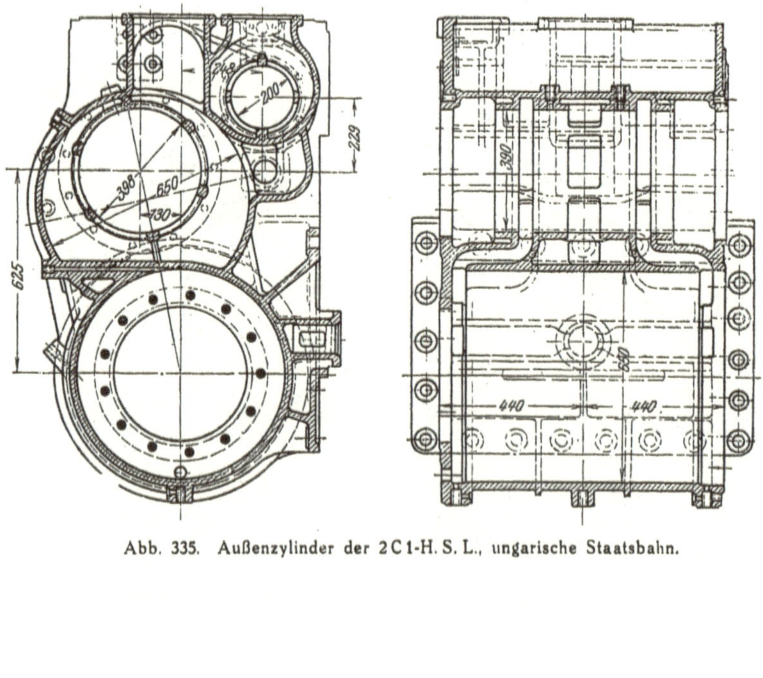

Abb. 335. Außenzylinder der 2C1-H. S. L., ungarische Staatsbahn.

zeigt die Dampfzylinder der 2 C - Vierzyl. - Verbund - H. S. L. Gattung S_{10}^1. Alle vier Zylinder liegen in einer Ebene. Je ein Hoch- und Niederdruckzylinder ist in einem Stück zusammengegossen. Bei den Hochdruckschiebern ist innere Ein- und äußere Ausströmung vorgesehen, während die Niederdruckzylinder äußere Ein- und innere Ausströmung haben. Die Führung der Dampfkanäle wird hierdurch, wie die Abbildung erkennen läßt, eine sehr einfache. Da die Innenzylinder auf die erste Achse wirken sollten, mußten sie geneigt ausgeführt werden. Als Anfahrvorrichtung dient gleichzeitig der Druckausgleich der Hochdruckzylinder. Dieser wird beim Anfahren allein in Tätigkeit gesetzt, und es strömt alsdann

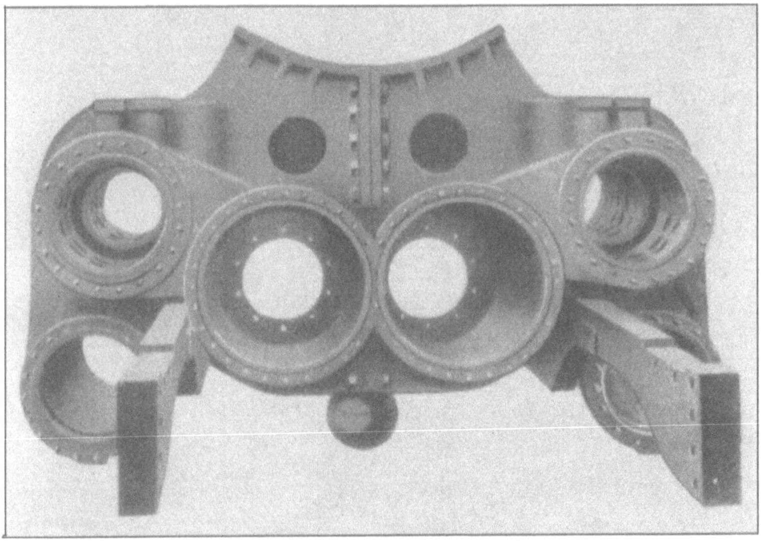

Abb. 336. Zylindergußstück der 2D-H. S. L., spanische M.Z.A.-Bahn.

der Dampf von den Hochdruckzylindern über den Hoch- und Niederdruckschieber zum Niederdruckzylinder.

Die ungarische Staatsbahn hat bei ihren 2 C 1 - Vierzylinder - Verbundlokomotiven die äußeren Niederdruckzylinder hinter den inneren Hochdruckzylindern angeordnet. Abb. 335 zeigt einen der Niederdruckzylinder, der im Gegensatz zu der sonst üblichen Ausführung ebenfalls innere Einströmung hat. In dem Zylindergußstück ist gleichzeitig die Anfahrvorrichtung untergebracht, die den Hochdruckdampf ins Freie leitet, während dem Niederdruckzylinder Frischdampf zugeführt wird.

Abb. 336 ist das zweiteilige Zylindergußstück einer von Hanomag für die spanische M. Z. A. - Bahn gebauten 2 D - Vierzylinder - Verbund - H. S. L. Unten außerhalb der vorderen Barrenrahmen sitzen die Hochdruckzylinder, darüber beiderseits die gemeinsamen Schieberkästen für Hoch- und Niederdruckzylinder derselben Maschinenseite. Zwischen den Barren liegen die beiden Niederdruckzylinder. Die zwei Teile des Gußstückes sind in

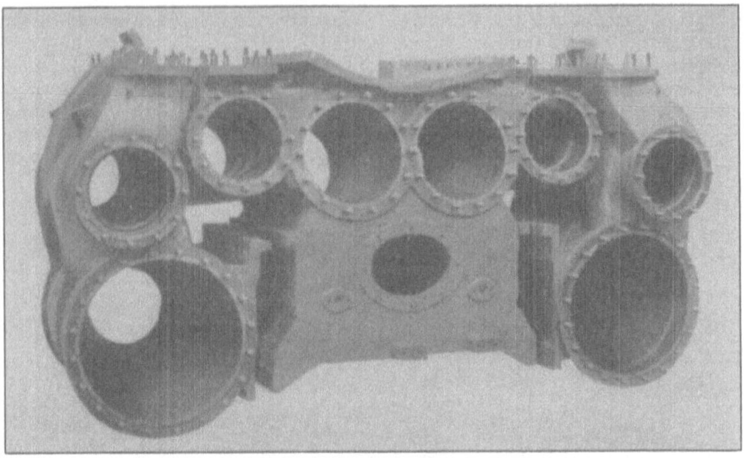

Abb. 337. Zylindergußstück der 2C1-H. S. L., bayerische Staatsbahn.

Abb. 338. Zylindergußstück Bauart „Plancher".

der Mitte verschraubt und nehmen in dem gemeinsamen Sattelstück den Kessel auf. Hoch- und Niederdruckzylinder sind in einer Querebene angeordnet. Die Steuerung für alle vier Zylinder ist gemeinsam, so daß sich ein verhältnismäßig einfaches Zylindergußstück ergibt.

Abb. 337 zeigt das dreiteilige Zylindergußstück einer von M a f f e i für Bayern gebauten 2 C 1 - V i e r z y l i n d e r - V e r b u n d - H. S. L. Die beiden innenliegenden Hochdruckzylinder bilden mit den beiden Hochdruckkolbenschieberbüchsen und dem Rauchkammersattel ein gemeinsames Gußstück und zugleich eine sehr feste Rahmenversteifung. Die beiden äußeren Gußstücke bestehen aus den Niederdruckzylindern und den zugehörigen Schieberbüchsen. Alle vier Zylinder liegen in einer Querebene, die Hochdruckzylinder innen sind 1 : 8 geneigt. Durch die außen liegende Heusingersteuerung werden die Schieber angetrieben; die Niederdruckschieber unmittelbar, die Hochdruckschieber mittels kurzer Übertragungswelle.

Nach Bauart „P l a n c h e r" (zweiteiliges Zylindergußstück in Abb. 338) sitzen zwei Hochdruckzylinder auf der einen, zwei Niederdruckzylinder auf der anderen Seite, also ein Hochdruck- und ein Niederdruckzylinder innen nebeneinander. Jedes Kolbenpaar (zwei Nieder- bzw. zwei Hochdruckzylinder) hat gemeinsame Steuerung mit nur einem Kolbenschieber, was gekreuzte Kanäle für je einen Zylinder erfordert. Beide Schieber haben gleichen Durchmesser und äußere Einströmung. Einfacher Schieber an der Hochdruck-, doppelter an der Niederdruckseite. Die Innenzylinder sind, um der dahinter liegenden Achse ausweichen zu können, um 1 : 8 geneigt. Oben links ist das Dampfzuführungsrohr sichtbar. Ausgeführt bei den italienischen Staatsbahnen.

b) Zylinder-Zubehör.

1. Z y l i n d e r d e c k e l.

Die Querschnittsform der Zylinderdeckel richtet sich nach der Gestalt der Kolben, wie Abb. 339 zeigt. Beim Entwurf der Deckel ist auch darauf zu achten, daß sie ohne Auswechslung ein Nachbohren der Zylinder um 8 bis 10 mm gestatten. Zuweilen wird der hintere Zylinderdeckel mit dem Zylinder aus einem Stück hergestellt, was eine Dichtungsfläche erspart oder diese im Durchmesser geringer ausfallen läßt. Den hinteren Zylinderdeckel einer preußischen Lokomotive zeigt Abb. 340. Er ist aus Stahlguß gefertigt und hat einen Ansatz zur Befestigung der Geradführung. In Abb. 341 ist der zugehörige vordere Zylinderdeckel dargestellt. Der äußere Ring zur Befestigung des Deckels ist aus Schweißeisen, das Stopfbüchsgehäuse aus Flußeisenguß. Der mittlere Teil besteht aus Zylinderflußeisen. Alle Dichtungen sind durch Aufschleifen der entsprechenden Teile hergestellt. Bei Zylinderdeckeln belgischer Lokomotiven ist der Fortfall der vorderen Stopfbüchse bemerkenswert; die vordere Kolbenstange wird hier durch eine gußeiserne Traghülse mit Schmiernuten in einer geschlossenen Haube geführt, wobei eine besondere Schmierung mittels Preßpumpe erforderlich ist.

Der Abstand der Zylinderdeckelschrauben soll mit Rücksicht auf gutes Dichthalten nach Möglichkeit unter 120 mm bleiben. Genaue Berechnung erfolgt auf Zug nach der höchsten Spannung im abzuschließenden Raum. Das gleiche gilt auch für die Schieberkastendeckelschrauben. Hierbei ist 1 at Spannungsabfall vom Kessel bis zum Schieberkasten nicht zu berücksichtigen. Bei der Berechnung der

Schrauben wird wegen der Vorspannung, die zur Abdichtung erforderlich ist, nur mit $k_z \leq 400$ kg/qcm gerechnet. Zur Vermeidung des Flansches ist anzustreben, die Schrauben möglichst nahe der Dichtungsfläche anzuordnen. Durch die in Abb. 341 gekennzeichnete Bauart mit äußerem schweißeisernen Ring wird erreicht, daß die Durchbiegung des Deckels zwischen den einzelnen Schrauben auf ein Kleinstmaß zurückgeführt wird.

II. Stopfbüchsen.

Die früher übliche Dichtung der Stopfbüchsen durch Hanf, Gummi oder Asbest wurde mit zunehmender Steigerung des Dampfdrucks

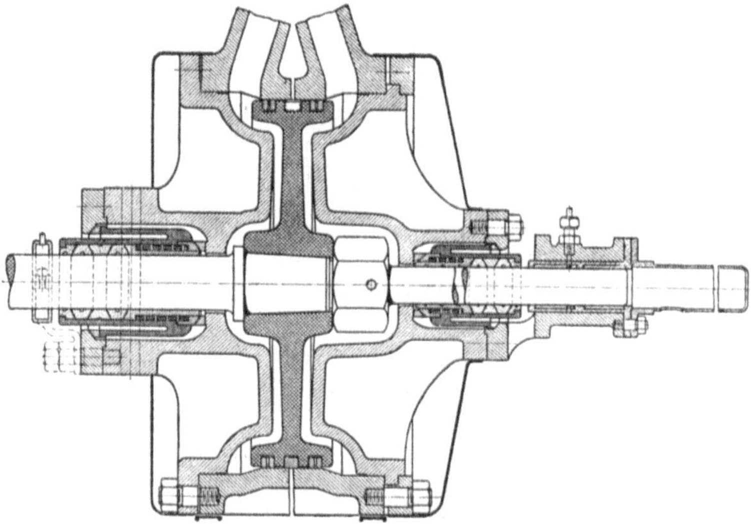

Abb. 339. Zylinderdeckel und Stopfbüchsen nach „Schmidt".

zugunsten der Metallstopfbüchse verlassen. Für Heißdampfzylinder ist nur die Metallpackung zulässig. Hierbei ist erforderlich, daß die Metallpackungsringe ohne Beeinträchtigung der Dichtheit seitlichen Bewegungen der Kolbenstange nachgeben können, wodurch ein Klemmen und damit zusätzliche Reibungswärme vermieden wird. Um die Temperatur der Metallringe nach Möglichkeit niedrig zu halten, ist die Büchse, in der die Ringe untergebracht sind, durch Luft zu kühlen. Nach diesen Grundsätzen hat Schmidt eine Stopfbüchse entworfen, die sich derart bewährt hat, daß sie mit geringfügigen Änderungen von den meisten europäischen Eisenbahnverwaltungen benutzt wird.

Abb. 342 zeigt eine vordere Kolbenstangenstopfbüchse von Schmidt. Am Grunde und am Deckel sind kugelförmige Ringe angeordnet, welche die oben geforderte Einstellung der Stopfbüchse ohne Zwängen ermöglichen. Die Hülse, die zur Aufnahme der weißmetallenen Dichtungsringe und des gußeisernen Grundringes dient, ist mit entsprechendem Hohlraum versehen, derart, daß die Hülse von der Luft umspült und somit abgekühlt wird. Eine Feder drückt die Dichtungsringe an und verhindert gleichzeitig das Mitgehen der Ringe beim Rückgang der Kolbenstange. Der Kolben wird von dem vorderen Stangenende durch eine feste Führungshülse vor der Stopfbüchse getragen, die mit einem etwa 5 mm starken Weißmetallausguß versehen ist. An der hinteren Kolbenstangenstopfbüchse (Abb. 343), versieht diese Aufgabe der Kreuzkopf. Die Einzelheiten der hinteren Stopfbüchse entsprechen vollkommen denen der vorderen.

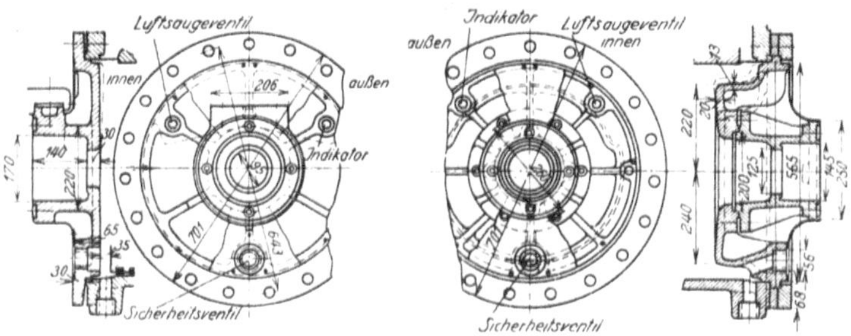

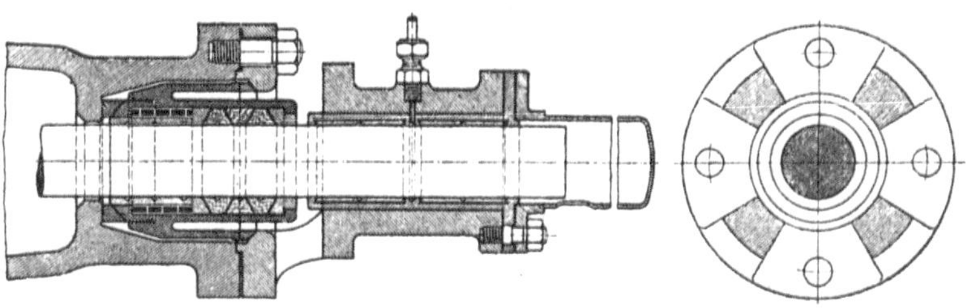

Abb. 342. Vordere Kolbenstangenstopfbüchse nach „Schmidt".

Soweit Heißdampflokomotiven Kolbenschieber mit äußerer Einströmung besitzen (beispielsweise die Hochdruckschieber der österreichischen 2 B - Verb. - H. S. L.) sind die Schieberstopfbüchsen ähnlich den Kolbenstangenstopfbüchsen. Bei einfacher Dampfdehnung und innerer Einströmung können die Stopfbüchsen in den Schieberkästen fortfallen. Es genügt hier eine einfache Labyrinthdichtung. Um eine starke Abnutzung der Büchse zu vermeiden, wird diese nach Abb. 344 in einen dichtenden und einen tragenden Teil getrennt. Der etwa durchtretende Dampf, sowie das Niederschlagwasser gelangen durch eine Bohrung ins Freie. Die eigentlichen Führungsbüchsen werden durch diese Maßnahme dauernd gut unter Öl gehalten. Auch die Kühlung der Führungsbüchse ist bei dieser Anordnung eine sehr gute.

III. Kolben.

Der Kolbenkörper wird in der Regel aus Flußstahl von kz = 50 bis 60 kg/qmm gepreßt oder gegossen. Durchmesser des Kolbens 2 bis 3 mm kleiner als der des Zylinders, Kolbenbreite 100 bis 200 mm.

Kolben von Heißdampflokomotiven sollen sich wegen ihrer Größe freischwebend im Zylinder bewegen können. Die Kolbenringe dürfen

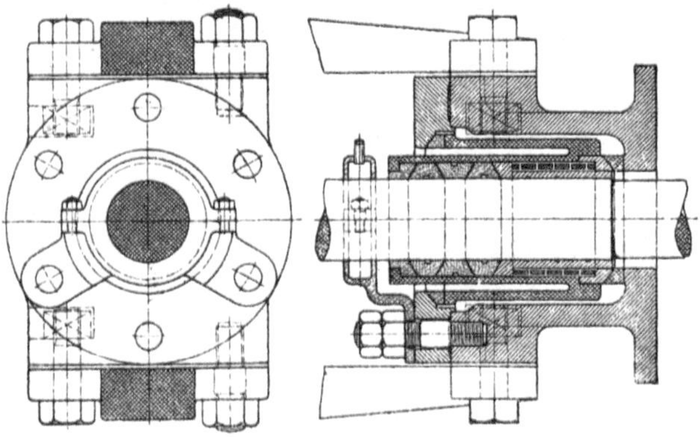

Abb. 343. Hintere Kolbenstangenstopfbüchse nach „Schmidt".

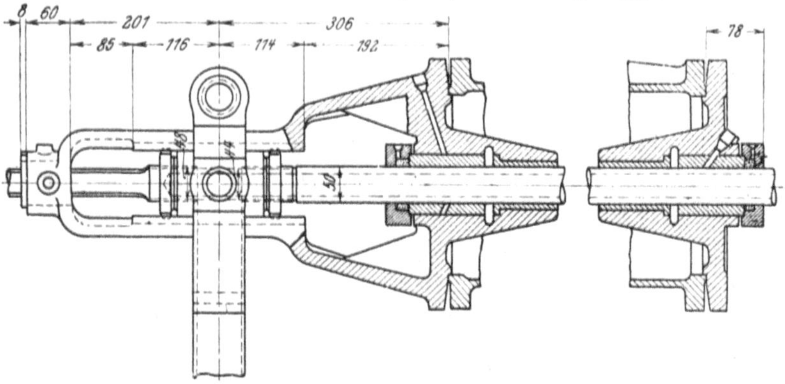

Abb. 344. Hintere Schieberstangenführung nebst Stopfbüchse.

niemals zum Tragen des Kolbenkörpers mit herangezogen werden. Die hinten durch den Kreuzkopf geführte Kolbenstange ist vorn mit einer besonderen Führung zu versehen. Zur Dichtung dienen Ringe, deren Bauart für Heißdampflokomotiven von der für Sattdampflokomotiven stark abweicht. Sattdampflokomotiven haben meist zwei 25 bis 30 mm breite, Heißdampflokomotiven drei 20 mm breite und 12 bis 16 mm starke federnde Ringe aus weichem Gußeisen. Die Ringe sind entweder schräg oder S-förmig geschlitzt und gegen Verdrehen mittels Stiftschrauben gesichert. In jedem Ring befindet sich eine 2 bis 3 mm tiefe Nut, von der aus 6 bis 8 Löcher von 3 mm Bohrung nach dem Inneren des Kolbenrings führen. Hierdurch soll ein Abklappen des Ringes vermieden werden. Während die preußische Staatsbahn und zahlreiche andere Bahnverwaltungen 3 Kolbenringe anordnen, bevorzugt beispielsweise Belgien eine Kolbenbauart mit nur 2 Ringen. Manche Bahnverwaltungen lassen, namentlich bei schweren Kolben, zur Vermeidung einseitiger Abnutzung der Ringe infolge Durchbiegung der Kolbenstange an der unteren Hälfte der Kolbenringe Messingstreifen annieten.

Die in Abb. 345 und 346 dargestellten Kolben finden bei der deutschen Reichsbahn Verwendung. Der äußere Kolbendurchmesser wird um 3 mm kleiner gehalten als der Zylinderdurchmesser. Alle äußeren Kanten sind gut abgerundet. Hierdurch wird erreicht, daß beim Aufsitzen des Kolbenkörpers auf die Zylinderwandung eine gute

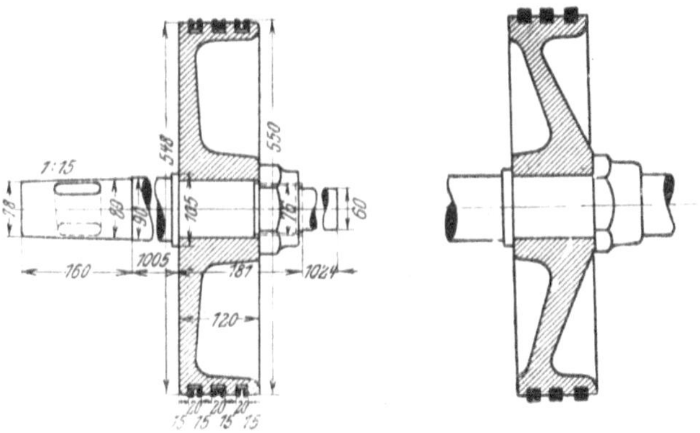

Abb. 345/346. Dampfkolben der Reichsbahn

Verteilung des Schmieröls erfolgt und der Kolben leicht hinweggleiten kann. Kegelförmige Ausbildung des Kolbenkörpers in Abb. 346 gestattet die teilweise Verlegung der Stopfbüchse in den Zylinderraum, wodurch eine Verschiebung des Kreuzkopfes nach vorn und somit Verlängerung der Triebstange bei gleichem Hub möglich ist.

Bei Kolben amerikanischer Lokomotiven hat man zweiteilige Ausführungen. Auf diese Weise kann der eigentliche Kolbenkörper weiter benutzt werden, wenn die Ringnuten des angenieteten Ringkörpers ausgeschlagen sind. In diesem Falle ist nur die Auswechslung des Ringkörpers erforderlich. Abb. 347 zeigt die Ausführung der amerik. Lok.-Ges., Abb. 348 die der Baldwin-Lok.-Werke.

Die Kolbenstange wird bei Lokomotiven von etwa 450 mm Zylinderdurchmesser ab durch den vorderen und hinteren Zylinderdeckel geführt, um besseres Tragen des Kolbens und gleichmäßigeres Abnützen der Zylinderwandungen zu erzielen. Baustoff der Stange ist bester Stahl von $k_z = 55$ bis 65 kg/qmm bei etwa 25% Dehnung. Verbindung von Stange und Kolbenkörper durch Warmaufziehen gegen einen Bund. Die Sicherung gegen Lösen erfolgt durch Versplintung oder besser durch eine vernietete Mutter. Durchmesser der Stange etwa das 0,16 fache des Zylinderdurchmessers (bei Verbundlokomotiven des Hochdruckzylinderdurchmessers). Verbindung der Kolbenstange mit dem Kreuzkopf durch Konus (etwa 1 : 5) und Keilsicherung.

IV. Leerlaufeinrichtungen.

Bei Leerlauf, d. h. bei Fahrten der Lokomotive ohne Dampf, erfolgt unmittelbar vor den Totpunkten beim Voröffnen der Schieber ein Druckwechsel im Gestänge. In diesem Augenblick findet ein Ausgleich statt zwischen der im schädlichen Raum des Zylinders zusammengepreßten Luft und Gasmenge und der in den Schieberkästen, Dampfeinström- und Überhitzerrohren befindlichen Gasmenge von ge-

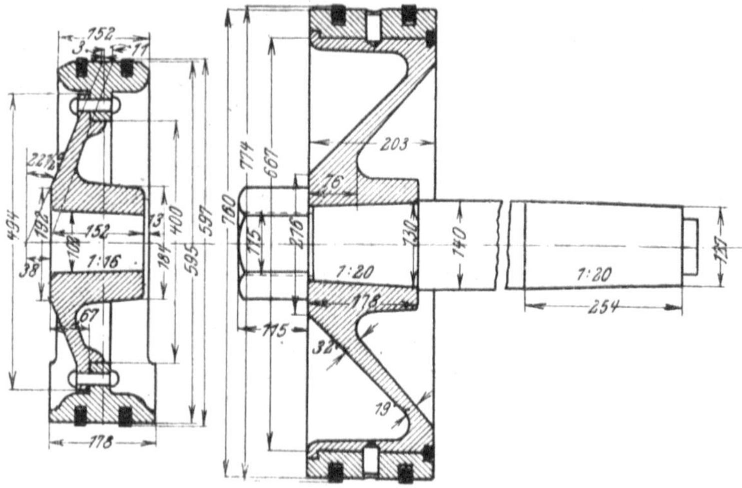

Abb. 347 348. Amerikanische Dampfkolben.

ringerer Spannung. Die Verdichtungslinie fällt plötzlich bis unter die Massendrucklinie ab. Diese Entlastung des Gestänges beim Druckwechsel ruft starke Stöße hervor, die mit fortschreitender Abnutzung der verschiedenen Lager und Gleitflächen des Triebwerks zu schädlichen Erschütterungen des Fahrzeuges führen können. Von Einfluß auf den ruhigen Gang der Heißdampflokomotiven mit stark vergrößerten Zylinderabmessungen ist die Anwendung von Leerlaufeinrichtungen, und zwar Druckausgleich- und Luftsaugevorrichtungen.

Die Druckausgleichsvorrichtungen dienen zur Verbindung beider Kolbenseiten oder Einströmkanäle (seltener Umlaufvorrichtungen zur Verbindung der Ein- und Ausströmkanäle). Sie sind bei geschlossenem Regler in Tätigkeit zu setzen, um den Druck vor und hinter den Kolben auszugleichen. Der Überdruck bedingt eine Temperaturerhöhung, der Unterdruck erzeugt eine Luftverdünnung und bewirkt Verdunstung des Schmieröles, was zur

Verkrustung der Schieberdichtungsringe und zur Undichtigkeit der Schieber führen kann.

Als Abschlußorgane dienen Drehschieber und Ventile. Sie werden mit einem Hebelzuge vom Führerstand aus, mittels Preßluft, oder in Verbindung mit der Steuerung oder dem Regler betätigt. Der freie Durchgangsquerschnitt der Leerlaufeinrichtungen soll etwa $^1/_{100}$ bis $^1/_{70}$ der Dampfkolbenfläche betragen.

Die Luftsaugeventile bewirken bei genügend großer Bemessung von $^1/_{40}$ bis $^1/_{30}$ des Kolbenquerschnitts eine wesentliche Verminderung der Luftverdünnung. Sie sitzen in den Einströmrohren oder auf den Überhitzerkästen, seltener am Zylinderdeckel, weil sie hier wegen

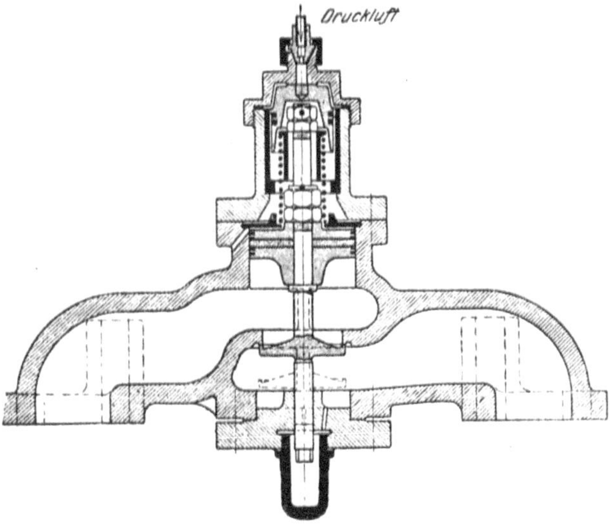

Abb. 349. Druckausgleichvorrichtung der Reichsbahn.

Platzmangels zu kleine Abmessungen erhalten. Anordnung am Kreuzrohr oder Überhitzerkasten hat den Vorteil, daß man nur ein Ventil braucht; wirkt es selbsttätig, so klappert es nicht, da während des Rückströmens gleichzeitig Ansaugen des anderen Zylinders erfolgt, so daß der Rückstrom aufgehoben wird. Auch kommen mittels Handzug oder Preßluft gesteuerte Ventile zur Anwendung.

α) Bauarten von Leerlaufeinrichtungen.

Druckausgleichvorrichtungen.

Deutsche Reichsbahn (Abb. 349). Die Vorrichtung besteht aus einem beide Zylinderseiten verbindenden Umlaufrohr. An Stelle der früher eingebauten, vom Führerstande zu betätigenden zylindrischen Drehschieber, werden neuerdings Druckausgleichventile mit Druckluftsteuerung der Bauart Knorrbremse A.-G. allgemein verwendet. Durch Druckluft wird das Ventil geöffnet, durch Federkraft und durch den auf dem unteren Ausgleichkolben ruhenden Dampfdruck geschlossen.

Schwedische Staatsbahn. Selbsttätiges Druckausgleichventil in Verbindung mit den Zylindersicherheitsventilen, die sich öffnen, wenn kein Dampfdruck in dem Umlaufrohr herrscht, das mit dem Schieberkasten in Verbindung steht.

Russische Staatsbahn. Das Druckausgleichrohr wird durch einen mittels Dampfdruck gesteuerten Kolbenschieber abgeschlossen, der nach Absperren des Dampfes durch Federkraft öffnet. Bauart Sjäblow.

Russische Maschinenfabrik Kolomna. Von der Steuerwelle aus bewegte Umlaufventile nach Meineke. Das Luftsaugeventil sitzt hierbei am Umlaufrohr.

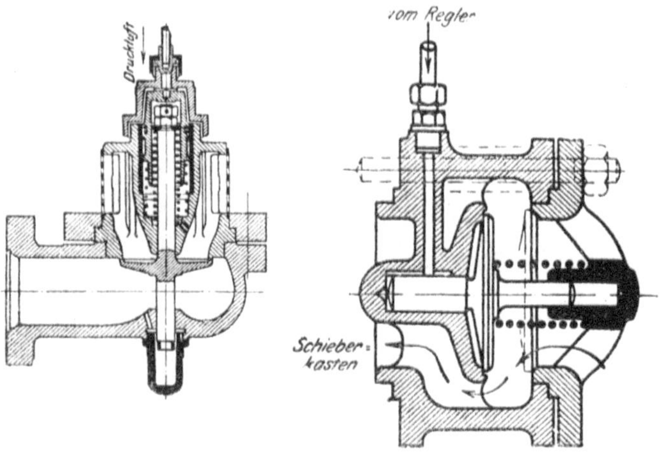

Abb. 350/351. Luftsaugeventile der „Knorrbremse A. G." und der Maschinenfabrik „Kolomna"

Amerikanische Bauarten.

a) Umlaufventil nach Baldwin.

b) Umlaufventil „bypass valve". Es ist zugleich Luftsaugeventil.

Bayerische Lokomotivfabrik Krauß. Ist von ähnlicher Wirkung, wie die amerikanische Bauart b. Es hebt sich auch bei Wasserschlag.

Luftsaugeventile.

Knorrbremse A.-G. (Abb. 350). Bei der Reichsbahn allgemein verbreitet. Man läßt Luft aus dem Hauptluftbehälter in den unteren Luftzylinder des Ventils strömen. Der Kolben wird vorgetrieben und hebt das mit ihm kraftschlüssig verbundene Ventil von seinem Sitz. Wird der Stellhahn im Führerhaus in die Abschlußstellung gelegt, so schließt sich das Ventil unter dem Druck der Wickelfeder. Eine Drosselbohrung am Luftrohranschluß dient zur Dämpfung der Ventilbewegung und damit zur Schonung der Dichtungsflächen.

Russische Maschinenfabrik Kolomna (Abb. 351). Steuerung vom Regler. Es wird durch den Steuerdampf zunächst geschlossen und in dieser Lage durch den Schieberkastendruck festgehalten. Fällt dieser Druck weg, so geht das Ventil durch Federdruck auf.

Belgische Staatsbahn. Selbsttätiges Luftsaugeventil.

Württembergische Staatsbahn und französische Nordbahn. Senkrecht angeordnetes Luftsaugeventil.

Lankashire- und Yorkshire-Bahn. Zwei verschiedene Bauarten;

a) Luftsaugeventil an den Schieberkästen,
b) Luftsauge-Kugelventil am Einströmrohr.

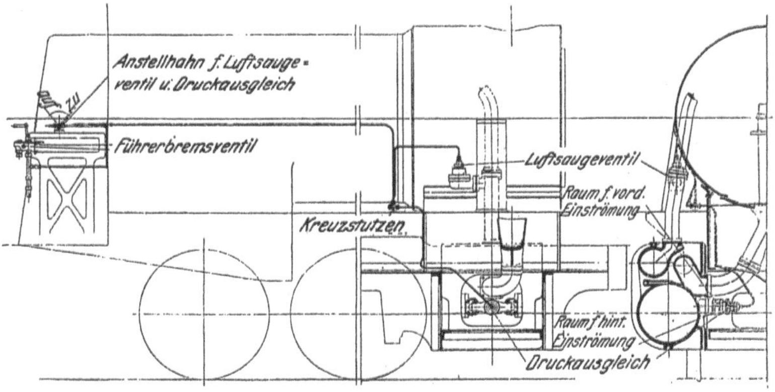

Abb. 352. Anordnung der Leerlaufeinrichtung.

V. St. v. Amerika. Luftsaugeventil der amerikanischen Lok.-Gesellschaft.

β) Betätigung der Leerlaufeinrichtung bei den Lokomotiven der Reichsbahn (Abb. 352).

Luftsauge- und Druckausgleichventile werden durch Handhabung des Anstellhahns vom Führerhaus mittels Preßluft aus der Luftbremseinrichtung gesteuert. Nach Reglerschluß ist die Steuerung auszulegen und danach der Anstellhahn zu betätigen. Erfolgt die Handhabung in umgekehrter Reihenfolge, so strömt der im Einströmrohr und Überhitzer befindliche Dampf mit Geräusch ins Freie. Auch verhindert der hohe Verdichtungsdruck im Zylinder ein Ansaugen der Luft. Bei Übergang aus der Leerfahrt zur Arbeitsfahrt wird zunächst der Anstellhahn umgelegt. Die Luft entweicht durch eine Drosselscheibe ins Freie, die mit $3^1/_2$ mm Bohrung versehen ist. Druckausgleich, sowie Luftsaugeventile werden durch Federkraft geschlossen. Hierauf wird die Steuerung eingelegt und der Regler geöffnet.

c) Trieb- und Kuppelstangen.

I. Bauarten.

Die Stangenköpfe werden im allgemeinen geschlossen hergestellt (Abb. 353). Bei offenen Köpfen (Abb. 354) dient ein durch eine Schraube gesichertes Füllstück als Verschluß. Stets haben die inneren Triebstangen am Kurbelende offene Köpfe, zuweilen die Kuppel- und äußeren Triebstangen zum leichteren Einbau der Stangen. Die Stangenköpfe umschließen zwei Lagerschalen, von

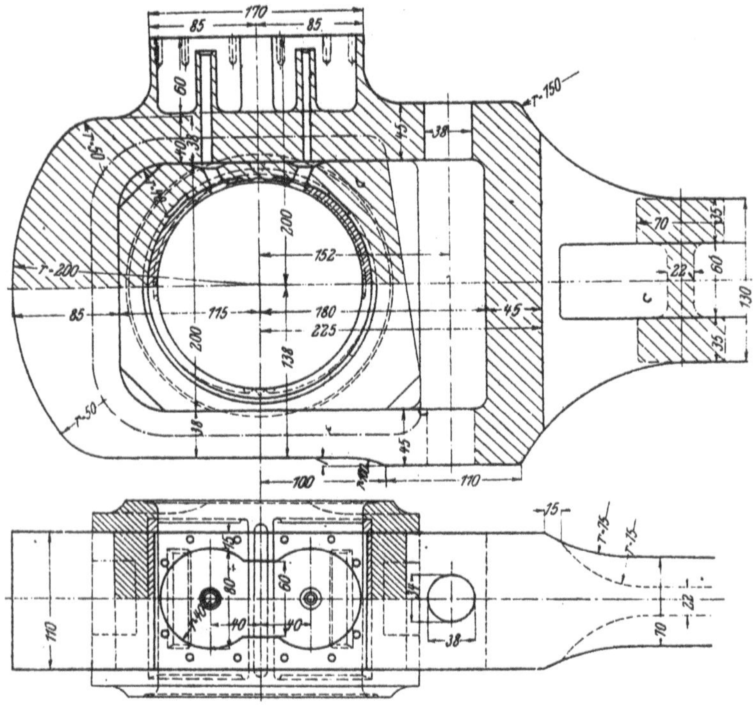

Abb. 353. Geschlossener Stangenkopf.

denen die eine mittels Keil und Schraube gegen den Zapfen gedrückt wird. Der Zapfen ist meist zylindrisch, bei verschiebbaren Endachsen auch kugelförmig. Bei kleinen Lokomotiven sind runde Stangenköpfe mit eingepreßten Rotgußbüchsen empfehlenswert.

Bei Lokomotiven mit mehreren Kuppelstangen ist der Einbau schwierig, weil sämtliche Kuppelstangen einer Seite vorher zusammengebaut und gemeinsam über die zugehörigen Kuppelzapfen geschoben werden müssen. Es ist dies eine Folge der bestehenden Gelenkbauart, bei der die hervortretenden Enden der Gelenkhälfte einer Kuppelstange teilweise um das Gelenkauge der anderen Kuppelstange herumgreifen (Abb. 355/356). Zweckmäßig werden bei den

Kuppelstangenköpfen an den Gelenkverbindungen die hervortretenden Teile der einen Kuppelstange und der Ausschnitt im Gabelende der anschließenden senkrecht durchgeführt; dadurch ist das Einschwenken der benachbarten Kuppelstangen von unten oder oben her möglich.

Schmierung der Stangen durch möglichst große Schmiergefäße, welche in die Köpfe eingefräst und mittels Deckels öldicht abgeschlossen sind. Die Stangenlager-Schmiergefäße für eine

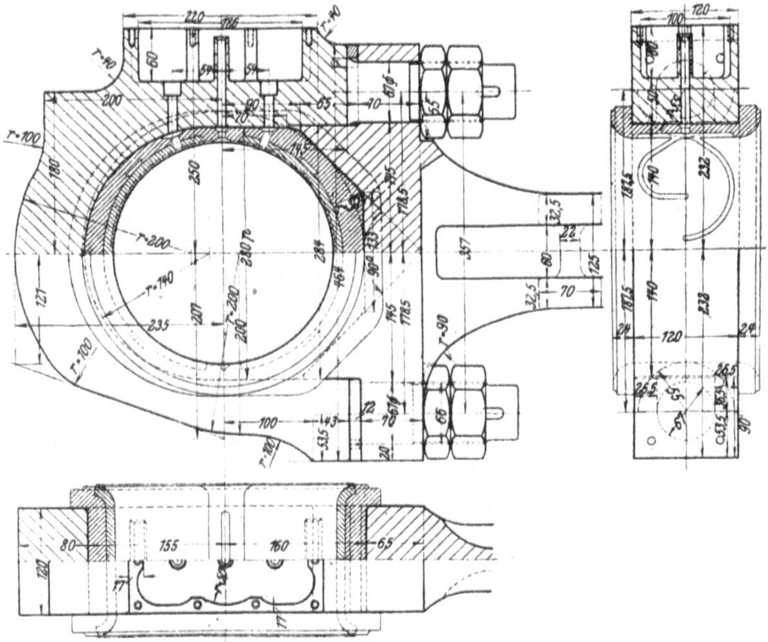

Abb. 354. Offener Stangenkopf.

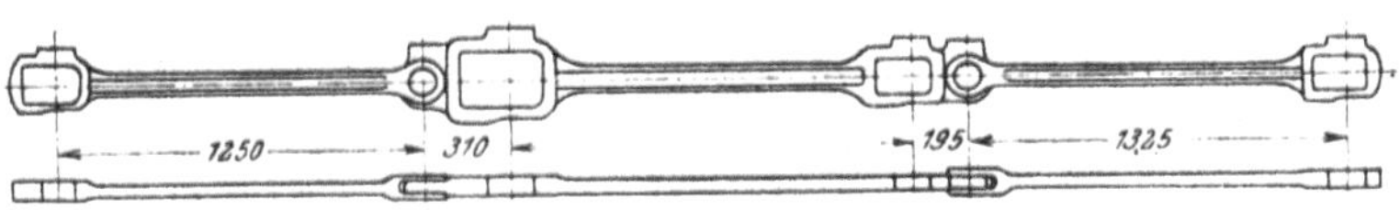

Abb. 355/356. Kuppelstange der D-G-Lokomotive Gattung G_{K} I.

Kuppelstange der Reichsbahn zeigt Abb. 357. Die Eingußöffnung wird hierbei durch einen Dichtungsschlitz mittels Federkraft abgeschlossen.

Die Formgebung der Stangenschäfte richtet sich in der Regel nach der Form der Stangenköpfe. Entweder sind die Schäfte voll und haben Rechteck-Querschnitt (leichtere Ausführungen), oder sie sind bei schweren Maschinen I-förmig ausgefräst, da solch ein Querschnitt bei gleichem Stangengewicht ein größeres Widerstandsmoment als der Rechteck-Querschnitt ergibt.

II. Beanspruchungen.

Die maßgebenden Beanspruchungen in den Stangenschäften werden folgendermaßen hervorgerufen:

1. Bei der Triebstange durch die größten Kolbenkräfte, bzw. bei der Kuppelstange durch die größten Zugkräfte an der Kurbel; bei beiden durch die Fliehkräfte der beschleunigten Stangenmassen, die eine Biegungsbeanspruchung der Stangen in senkrechter Richtung verursachen.
2. Bei der Triebstange bewirkt die größte Kolbenkraft bzw. bei der Kuppelstange die größte Druckkraft ein Ausknicken der Stangen in der wagerechten Richtung (sog. „Peitschwirkung").

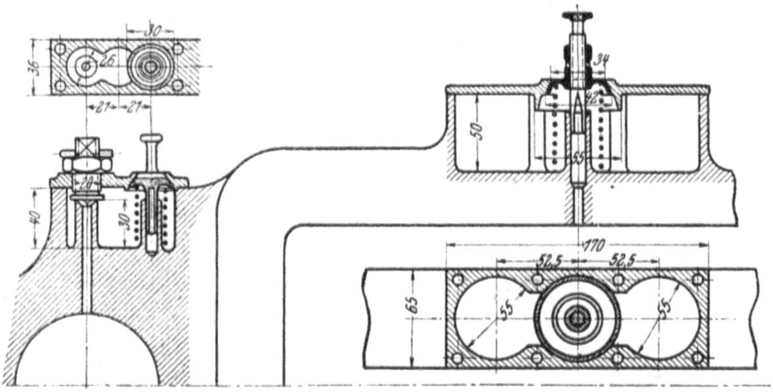

Abb. 357. Stangenlager-Schmiergefäß.

Gölsdorf[1]) empfiehlt bei Trieb- und Kuppelstangen die Einhaltung folgender Werte, die bei neueren Maschinen bereits überschritten werden:

	bei Triebstangen	bei Kuppelstangen
Zugbeanspruchung in den Stangenköpfen im vollen, ungeschwächten Querschnitt	400 bis 500 kg/qcm	
in dem durch Löcher geschwächten Querschnitt	300 „ 400 „	
Zugbeanspruchung im Schaft (durch die Stangenkraft)	400 „ 500 „	
Biegungsbeanspruchung im Schaft (durch die Fliehkraft)	1000 „ 1500 „	
Knicksicherheit des Schaftes in senkrechter Richtung	4 bis 6 fach	6 bis 8 fach
Knicksicherheit des Schaftes in wagerechter Richtung (gegen die Peitschwirkung)	2 „ 3 „	3 „ 5 „

[1]) Lotter, S. 246.

III. Berechnung der Stangenschäfte einer 2C-P-Lok. (Abb. 358 bis 368.)

Ausführungswerte	Länge der Triebstange	$l = 3000$ mm	zwischen den Zapfen
	Länge der hinteren Kuppelstange	$l = 2700$ mm	
	Länge der vorderen Kuppelstange	$l = 1880$ mm	

Größte Geschwindigkeit der Lokomotive	$V = 100$	km/st
Sekundlich zurückgelegter Weg	$v = 27{,}77$	m/sek
Triebraddurchmesser	$D = 1750$	mm
Sekundliche Umlaufzahl	$n = 5{,}05$	in d. Sek.
Kolbenhub	$s = 630$	mm
Kurbelhalbmesser $\frac{s}{2}$	$r = 315$	mm
Sekundliche Mittelgeschwindigkeit des Kurbelzapfens $s^m \cdot \pi \cdot n$	$v_k = 9{,}995$	m/sek
Sekundliche Winkelgeschwindigkeit des Kurbelzapfens . . . . . $\frac{v_k^{m/sek}}{r^m}$ . . .	$\omega = 31{,}73$	1/sek
Fliehbeschleunigung $r^m \cdot \omega^2$	$p = 317$	m/sek²
Zylinderdurchmesser	$d = 575$	mm
Zylinderquerschnittsfläche	$F_z = 2596{,}7$	qcm
Größter Kolbendruck P_k bei $p_k = 12$	$P_k = 31160$	kg

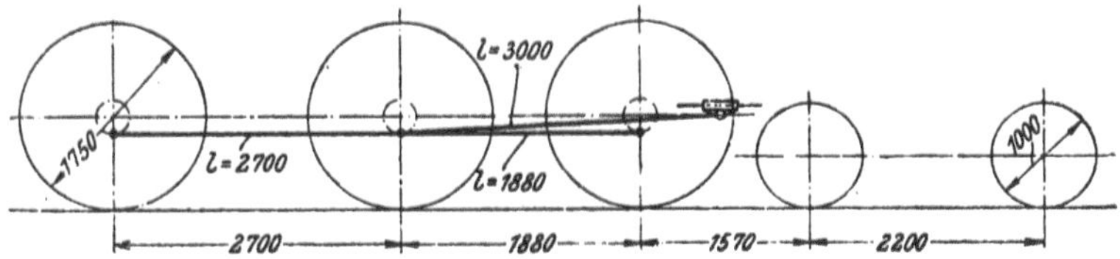

Abb. 358. Anordnung der Stangen an einer 2C-Lokomotive.

A. **Triebstange** (Querschnitte in Abb. 359 bis 361), $l = 3000$ mm.

α) Beanspruchung auf Zug und Druck.

1. im kleinsten Querschnitt am Kreuzkopfende (Abb. 359).

Querschnitt $F = 41{,}25$ qcm

Beanspruchung $k_z = \frac{P_k}{F} \cong 760$ kg/qcm

Sicherheit $\mathfrak{S} = \frac{2500^{1)}}{k_z} = 3{,}29$ fach.

2. im Querschnitt am Triebzapfenkopf (Abb. 361).

Querschnitt $F = 48{,}75$ qcm
Beanspruchung $k_z \cong 650$ kg/qcm
Sicherheit $\mathfrak{S} = 3{,}08$ fach

3. im größten Querschnitt etwa in Stangenmitte (Abb. 360).

Querschnitt $F = 71{,}25$ qcm
Beanspruchung $k_z \cong 440$ kg/qcm
Sicherheit $\mathfrak{S} = 5{,}68$ fach

---

[1]) 2500 kg/qcm ist die zulässige Beanspruchung für Flußstahl an der Elastizitätsgrenze.

β) **Beanspruchung auf Knickung.**

Zugrunde gelegt werde als gefährlicher Querschnitt der größte Querschnitt etwa in Stangenmitte (Abb. 360) von 71,25 qcm. Die Trägheitsmomente dieser Querschnittsfläche sind folgende:

$$\text{Trägheitsmoment } J_x = \frac{B \cdot H^3 - b \cdot h^3}{12}$$

$$= \frac{7{,}5 \times 14^3 - 5{,}5 \cdot 7{,}5^3}{12}$$

$$= 1521{,}6 \text{ cm}^4$$

$$\text{Trägheitsmoment } J_y = \frac{(H-h) \cdot B^3 + (B-b)^3 \cdot h}{12}$$

$$= \frac{6{,}5 \times 7{,}5^3 + 2^3 \times 7{,}5}{12}$$

$$= 233{,}5 \text{ cm}^4$$

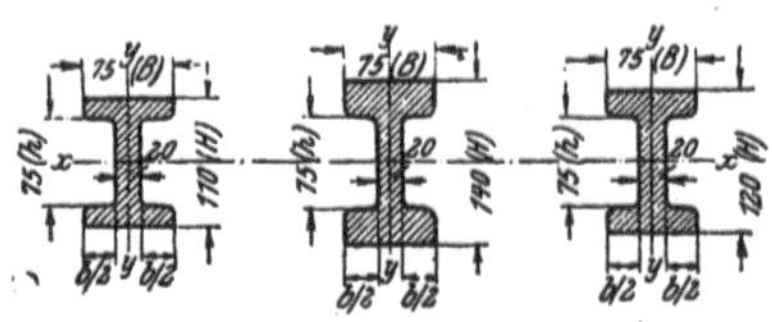

359 360 361

Abb. 359/361. Triebstangen-Querschnitte (zu Abb. 358).

Somit sind die Druckkräfte P_x und P_y unter Annahme freier Auflagerung der 3000 mm langen Triebstange:

$$P_x = \pi^2 \cdot \frac{E^{1)} \cdot J_x}{l^2} = 375\,465 \text{ kg}$$

$$P_y = \pi^2 \cdot \frac{E \cdot J_y}{l^2} = 57\,620 \text{ kg}$$

und die Knicksicherheiten $\mathfrak{S}_x$ und $\mathfrak{S}_y$ errechnet sich bei der

$$\text{Triebstangenkraft } S = \frac{P_k}{\sqrt{1-\lambda^2}}, \text{ worin } \lambda = \frac{r}{l} = \frac{0{,}315}{3{,}0} = \frac{1}{9{,}45}$$

$$\text{also } S = \frac{31\,160}{\sqrt{1 - \frac{1}{89{,}3}}} = 31\,336 \text{ kg, zu}$$

$$\mathfrak{S}_x = \frac{P_x}{S} = \frac{375\,465}{31\,336} = 11{,}98 \text{ fach}$$

$$\mathfrak{S}_y = \frac{P_y}{S} = \frac{57\,620}{31\,336} = 1{,}84 \text{ fach}$$

---

[1] E = 2 250 000 ist der Elastizitätsmodul für flußeiserne Stangen in kg/qcm.

γ) Beanspruchung auf Biegung, unter Berücksichtigung der Peitschwirkung zur Zeit des größten Ausschlages der Stange.

Die Stange wird durch die Schwungkraft ihrer Masse auf Biegung beansprucht. Zur Bestimmung der Fliehkräfte $C_1 = m \varrho \omega^2$ ist in Abb. 362 der Stangenschaft in drei Teile von 850, 500 und 1250 mm Länge durch Ebenen senkrecht zu ihrer Mittellängsachse zerlegt und die Gewichte G_1, G_2 und G_3 dieser drei einzelnen Stangenteile ermittelt. Sie sind:

$$G_1 \quad \left(\frac{45+65}{2} \times 75 + 20 \times 75\right) \cdot 850 \times 7{,}86$$
$$= 5625 \cdot 850 \times 7{,}86 = 4{,}781 \text{ dm}^3 \times 7{,}86 = 35{,}5 \text{ kg}$$
$$G_2 = (65 \times 75 + 20 \times 75) \cdot 500 \times 7{,}86$$
$$= 6375 \cdot 500 \times 7{,}86 = 3{,}1875 \text{ dm}^3 \times 7{,}86 = 25{,}0 \text{ kg}$$
$$G_3 = \left(\frac{35+65}{2} \times 75 + 20 \times 75\right) \cdot 1250 \times 7{,}86$$
$$5250 \cdot 1250 \times 7{,}86 = 6{,}5887 \text{ dm}^3 \times 7{,}86 = 51{,}5 \text{ kg}$$
$$\Sigma G = 112{,}0 \text{ kg}$$

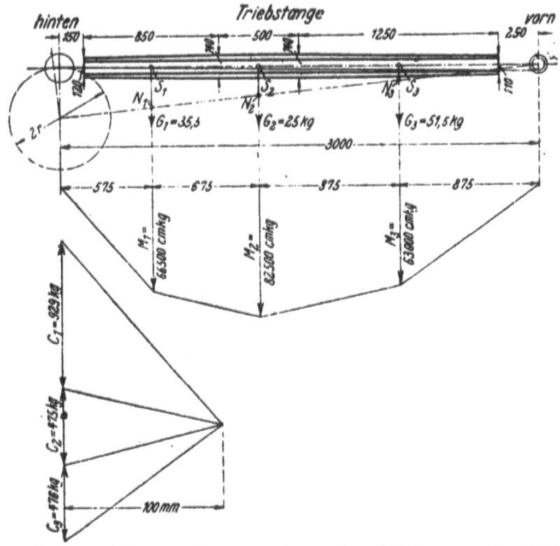

Abb. 362. Biegungsbeanspruchung der Triebstange (zu Abb. 358).

Die Massen dieser Gewichte sind, da $m = \frac{G}{g}$ und $g = 9{,}81 \text{ m/sek}^2$

$$m_1 = 3{,}62 \qquad m_2 = 2{,}55 \qquad m_3 = 5{,}25$$

Die Abstände ϱ in Meter der Schwerpunkte S_1 S_2 S_3 von der durch Kreuzkopfzapfen- und Kurbelkreismitte gehenden Verbindungslinie ergeben sich nach Abb. 362 zu $S_1 N_1$, $S_2 N_2$ und $S_3 N_3$. Die Winkelgeschwindigkeit ω war 31,73 1/sek, also $\omega^2 = 1006{,}8$. Somit sind die Fliehkräfte der drei Stangenabschnitte:

$$C_1 = m_1 \cdot \omega^2 \cdot (N_1 S_1) = 3{,}62 \cdot 1006{,}8 \cdot 0{,}255 \cong 929 \text{ kg}$$
$$C_2 = m_2 \cdot \omega^2 \cdot (N_2 S_2) = 2{,}55 \cdot 1006{,}8 \cdot 0{,}185 \cong 475 \text{ kg}$$
$$C_3 = m_3 \cdot \omega^2 \cdot (N_3 S_3) = 5{,}25 \cdot 1006{,}8 \cdot 0{,}09 \cong 476 \text{ kg}$$
$$\Sigma C = 1880 \text{ kg}$$

Aus den beiden zusammengehörigen Kraftecken in Abb. 362 ergeben sich die Biegungsmomente

$$M_1 = 100 \cdot 665 = 66\,500 \text{ cmkg}$$
$$M_2 = 100 \cdot 825 = 82\,500 \text{ cmkg}$$
$$M_3 = 100 \cdot 630 = 63\,000 \text{ cmkg}$$

und die zugehörigen Widerstandsmomente W in den Punkten S_1 S_2 S_3.

$$W_1 = \frac{1179,7}{6,5} = 181,5 \text{ cm}^3$$
$$W_2 = \frac{1521,6}{7} = 217,4 \text{ cm}^3$$
$$W_3 = \frac{1027,5}{6,25} = 164,4 \text{ cm}^3$$

Somit sind die Biegungsspannungen k_b:

$$k_{b_1} = \frac{M_1}{W_1} = 366 \text{ kg/qcm}$$
$$k_{b_2} = \frac{M_2}{W_2} = 379 \text{ kg/qcm}$$
$$k_{b_3} = \frac{M_3}{W_3} = 383 \text{ kg/qcm}$$

Zur größten Biegungsspannung k_{b_3} ist die Zugspannung k_z im betreffenden Stangenquerschnitt hinzuzuaddieren; im Punkt S_3 ist

$$k_z = \frac{31\,336}{(12,5 - 5,5) \cdot 7,5} = 597 \text{ kg/qcm}$$

so daß die größte Gesamt-Beanspruchung $383 + 597 = 980$ kg/qcm und die Sicherheit $\mathfrak{S} = \frac{2500}{980} = 2,55$ fach.

B. **Kuppelstangen.**

Die größte Belastung einer Kuppelstange ergibt sich aus der Reibung zwischen Rad und Schiene. Wenn 16,8 t der Kuppelachsdruck und $^1/_3$ die Reibungsziffer bei guter Besandung, so wird die Kuppelstangenkraft $P_{k'} = 16\,800 \times {}^1/_3 = 15\,580$ kg.

Hintere Kuppelstange (Querschnitte in Abb. 363/364), $l = 2700$ mm.

Schaftquerschnitte an den Enden gleich groß, und zwar
$30 \times 60 + 70 \times 15 = 2850$ qmm.
Schaftquerschnitt etwa in der Mitte
$= 50 \times 60 + 70 \times 15 = 4050$ qmm.

Trägheitsmoment etwa in der Mitte

$$J_x = \frac{6 \times 12^3 - 4,5 \cdot 7^3}{12} = 735,375 \text{ cm}^4$$
$$J_y = \frac{5 \times 6^3 + 7 \times 1,5^3}{12} = 91,97 \text{ cm}^4$$

α) Beanspruchung auf Zug und Druck (Abb. 364):

im kleinsten Querschnitt $F = 28,5$ qcm

ist die Beanspruchung $k_z = \frac{P_{k'}}{F} \cong 547$ kg/qcm

und die Sicherheit $\mathfrak{S} = \frac{2500}{k_z} = 4,57$ fach

β) B e a n s p r u c h u n g a u f K n i c k u n g (Abb. 363):

$J_x = 735{,}375 \text{ cm}^4$

$J_y = 91{,}97 \text{ cm}^4$

$$P_x = \pi^2 \cdot \frac{E \cdot J_x}{l^2} = 9{,}87 \cdot \frac{2\,250\,000 \cdot 735{,}375}{72\,900} = 224\,017 \text{ kg}$$

$$P_y = \pi^2 \cdot \frac{E \cdot J_y}{l^2} = 9{,}87 \cdot \frac{2\,250\,000 \cdot 91{,}97}{72\,900} = 28\,016 \text{ kg}$$

$$\mathfrak{S}_x = \frac{P_x}{P_k'} = \frac{224\,017}{15\,580} = 14{,}37 \text{ fach}$$

$$\mathfrak{S}_y = \frac{P_y}{P_k'} = \frac{28\,016}{15\,580} = 1{,}8 \text{ fach}$$

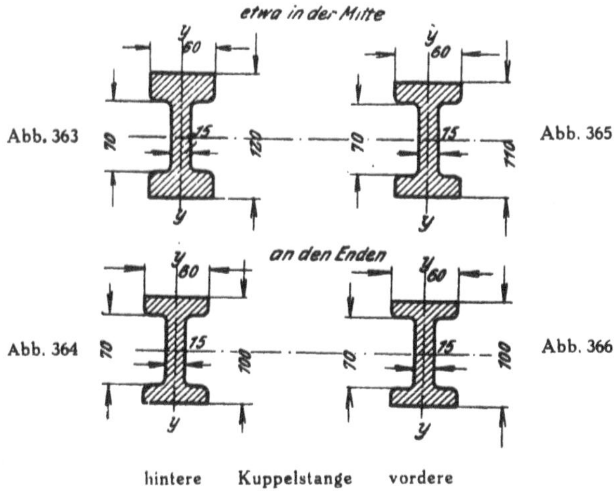

Abb. 363 366. Kuppelstangenquerschnitte (zu Abb. 358).

γ) B e a n s p r u c h u n g a u f B i e g u n g, infolge Peitschwirkung (Abb. 367).

Der Stangenschaft wird — der Form entsprechend — in drei Teile geteilt von 850, 500 und 860 mm Länge und die Gewichte G_1, G_2 und G_3 dieser drei einzelnen Teile ermittelt. Sie sind

$G_1 = 23$ kg $\qquad G_2 = 16$ kg $\qquad G_3 = 23{,}5$ kg

Die Massen dieser Gewichte sind, da $m = \frac{G}{g}$ und $g = 9{,}81$

$m_1 = 2{,}35 \qquad m_2 = 1{,}62 \qquad m_3 = 2{,}4$

Es war $\omega^2 = 1006{,}8$, so daß $r\omega^2 = 0{,}315 \times 1006{,}8 = 317$ m/sek²

Dies mit m multipliziert gibt die Kräfte auf Biegung:

$$C_1 = m_1 \cdot r\omega^2 = 745 \text{ kg}$$
$$C_2 = m_2 \cdot r\omega^2 = 514 \text{ kg}$$
$$C_3 = m_3 \cdot r\omega^2 = 760 \text{ kg}$$

Aus den beiden zusammengehörigen Kraftecken in Abb. 367 ergeben sich die Biegungsmomente

$$M_1 = 100 \cdot 590 = 59\,000 \text{ cmkg}$$
$$M_2 = 100 \cdot 835 = 83\,500 \text{ cmkg}$$
$$M_3 = 100 \cdot 740 = 74\,000 \text{ cmkg}$$

und die zugehörigen Widerstandsmomente W in den Punkten S_1 S_2 S_3

$$W_1 = \frac{536{,}875}{5{,}5} = 97{,}614 \text{ cm}^3$$
$$W_2 = \frac{735{,}375}{6} = 122{,}562 \text{ cm}^3$$
$$W_3 = \frac{536{,}875}{5{,}5} = 97{,}614 \text{ cm}^3$$

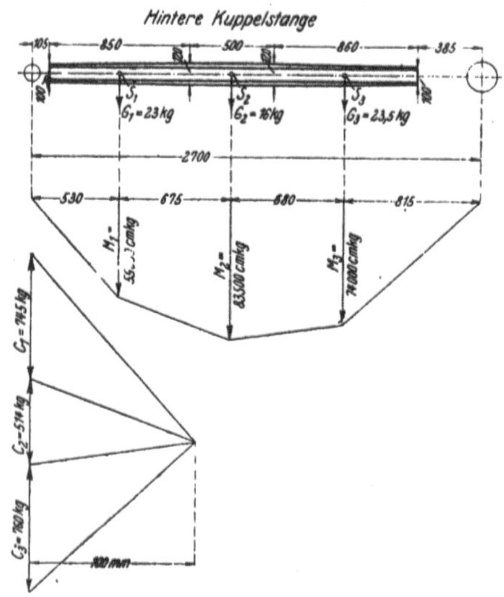

Abb. 367. Biegungsbeanspruchung der hinteren Kuppelstange (zu Abb. 358)

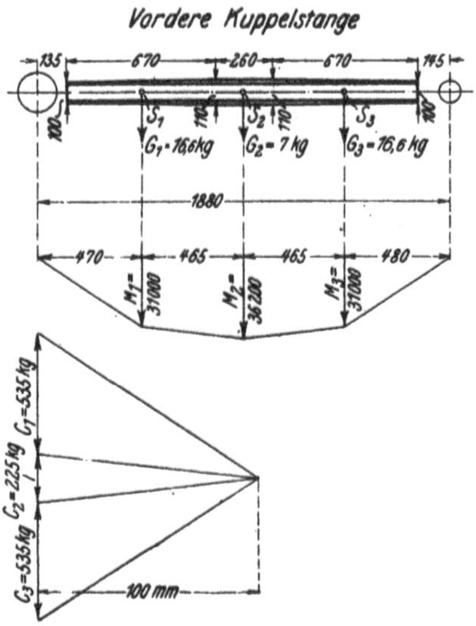

Abb. 368. Biegungsbeanspruchung der vorderen Kuppelstange (zu Abb. 358).

Somit sind die Biegungsspannungen kb:

$$kb_1 = \frac{M_1}{W_1} = 604 \text{ kg/qcm}$$
$$ka_2 = \frac{M_2}{W_2} = 681 \text{ kg/qcm}$$
$$kb_3 = \frac{M_3}{W_3} = 758 \text{ kg/qcm}$$

Zur größten Biegungsspannung kb_3 ist die Zugspannung kz im betreffenden Stangenquerschnitt hinzuzuaddieren; im Punkt S_3 ist

$$kz = \frac{15\,880}{4 \cdot 6 + 7 \cdot 1{,}5} = 451 \text{ kg/qcm}$$

so daß die größte Gesamt-Beanspruchung 758 + 451 = 1209 kg/qcm und die Sicherheit $\mathfrak{S} = \frac{2500}{1209} = 2{,}07$ fach.

Vordere Kuppelstange (Querschnitte in Abb. 365/366), $l = 1880$ mm.

Schaftsquerschnitte an den Enden = 2850 qmm

Schaftquerschnitt etwa in der Mitte = 3450 qmm

Trägheitsmoment etwa in der Mitte:

$$J_x = \frac{6 \times 11^3 - 4{,}5 \times 7^3}{12} = 536{,}875 \text{ cm}^4$$

$$J_y = \frac{4 \times 6^3 + 7 \times 1{,}5^3}{12} = 73{,}97 \text{ cm}^4$$

α) Beanspruchung auf Zug und Druck (Abb. 366);

im kleinsten Querschnitt F = 28,5 qcm

ist die Beanspruchung $k_z = \frac{P_{k'}}{F} \cong 547$ kg/qcm

und die Sicherheit $\mathfrak{S} = \frac{2500}{k_z} = 4{,}57$ fach

β) Beanspruchung auf Knickung (Abb. 365);

$J_x = 536{,}875 \text{ cm}^4$

$J_y = 73{,}97 \text{ cm}^4$

$$P_x = \pi^2 \cdot \frac{E \cdot J_x}{l^2} = 9{,}87 \cdot \frac{2\,250\,000 \cdot 536{,}875}{35\,344} = 337\,332 \text{ kg}$$

$$P_y = \pi^2 \cdot \frac{E \cdot J_y}{l^2} = 9{,}87 \cdot \frac{2\,250\,000 \cdot 73{,}97}{35\,344} = 46\,476 \text{ kg}$$

$$\mathfrak{S}_x = \frac{P_x}{P_{k'}} = \frac{337\,332}{15\,580} = 21{,}65 \text{ fach}$$

$$\mathfrak{S}_y = \frac{P_y}{P_{k'}} = \frac{46\,476}{15\,580} = 2{,}98 \text{ fach}$$

γ) Beanspruchung auf Biegung, infolge Peitschwirkung (Abb. 368).

Der Stangenschaft wird — der Form entsprechend — in drei Teile geteilt von 670, 260 und 670 mm Länge und die Gewichte G_1, G_2 und G_3 dieser drei einzelnen Teile ermittelt. Sie sind

$G_1 = 16{,}6$ kg $\quad G_2 = 7$ kg $\quad G_3 = 16{,}6$ kg

Die Massen dieser Gewichte sind, da $m = \frac{G}{g}$ und $g = 9{,}81$

$m_1 = 1{,}69 \quad m_2 = 0{,}71 \quad m_3 = 1{,}69$

Es war $\omega^2 = 1006{,}8$, so daß $r\omega^2 = 0{,}315 \times 1006{,}8 = 317$ m/sek².

Dies mit m multipliziert gibt die Kräfte auf Biegung:

$$C_1 = m_1 \cdot r\omega^2 = 535 \text{ kg}$$
$$C_2 = m_2 \cdot r\omega^2 = 225 \text{ kg}$$
$$C_3 = m_3 \cdot r\omega^2 = 535 \text{ kg}$$

Aus den beiden zusammengehörigen Kraftecken in Abb. 368 ergeben sich die Biegungsmomente:

$$M_1 = 100 \cdot 310 = 31\,000 \text{ cmkg}$$
$$M_2 = 100 \cdot 362 = 36\,200 \text{ cmkg}$$
$$M_3 = 100 \cdot 310 = 31\,000 \text{ cmkg}$$

und die zugehörigen Widerstandsmomente W in den Punkten S_1 S_2 S_3

$$W_1 = \frac{450{,}1875}{5{,}25} = 85{,}75 \text{ cm}^3$$

$$W_2 = \frac{536{,}875}{5{,}5} = 97{,}613 \text{ cm}^3$$

$$W_3 = \frac{450{,}1875}{5{,}25} = 85{,}75 \text{ cm}^3$$

Somit sind die Biegungsspannungen kb:

$$kb_1 = \frac{M_1}{W_1} = 362 \text{ kg/qcm}$$

$$kb_2 = \frac{M_2}{W_2} = 371 \text{ kg/qcm}$$

$$kb_3 = \frac{M_3}{W_3} = 362 \text{ kg/qcm}$$

Zur größten Biegungsspannung kb_2 ist die Zugspannung k_z im betreffenden Stangenquerschnitt hinzuzuaddieren; im Punkt S_2 ist

$$k_z = \frac{15\,880}{4 \cdot 6 + 7 \cdot 1{,}5} = 451 \text{ kg/qcm}$$

so daß die größte Gesamt-Beanspruchung $371 + 451 = 822$ kg/qcm und die Sicherheit $\mathfrak{S} = \frac{2500}{822} = 3{,}04$ fach.

d) Sonstige Triebwerksteile.

I. Kreuzköpfe und Gleitbahnen.

Gleitbahnen der Kreuzköpfe wurden früher mit zwei, bei Innentriebwerken auch mit vier Schienen hergestellt. Neuerdings sind einschienige Führungen mit Rücksicht auf leichtere Ausbaumöglichkeit der Kreuzköpfe und gute Zugänglichkeit zur Stopfbüchse allgemein gebräuchlich. Die Gleitbahn wird auf dem Stopfbüchsenflansch des hinteren Zylinderdeckels flach, auch ┏━┓ förmig übergreifend gelagert und hier, sowie am Gleitbahnträger verschraubt. Von dem aus Stahlformguß hergestellten Kreuzkopf wird die Gleitbahn ganz umschlossen.

Bei abgenutzten Kreuzkopfschuhen kann das Kippmoment der einseitigen Kreuzkopfmasse beim Durchgang durch die Hubenden nachteilige Biegungserscheinungen in dem kegelförmigen hinteren Ansatz der Kolbenstange auslösen und zur Lockerung des Kreuzkopfes auf der Kolbenstange oder zu Brüchen Anlaß geben. Es ist daher zweckmäßig, die Auflagefläche der Schuhe möglichst lang (500 bis 600 mm), wo dies aus baulichen Gründen nicht angängig ist, entsprechend breit (110 bis 140 mm) auszuführen und höchstens Pressungen für Rotgußgleitschuhe bis zu 5 kg/qcm zuzulassen.

Der Berechnung ist der größte Flächendruck zugrunde zu legen, und zwar bei Zwillinglokomotiven der volle Kesseldruck, bei Niederdruckzylindern der auf den Kolben wirkende Verbinderdruck. Um bei abgenutzten Gleitschuhen die Kolbenstange in der richtigen Lage zu erhalten, müssen die Backen mit Blechbeilagen versehen werden. Da bei Lokomotiven, die hauptsächlich vorwärts fahren, die Abnutzung der unteren Kreuzkopfschuhe besonders stark ist, sind z. B., um die Schwierigkeiten des Unterlegens zu umgehen, die unteren Kreuzkopfschuhe mit Nachstellvorrichtung versehen worden. Auch führt man den Kreuzkopf mit seitlich abschraubbarer Platte aus (Abb. 369), was ein Einschieben der Blechbeilagen in handlicher Weise ermöglicht.

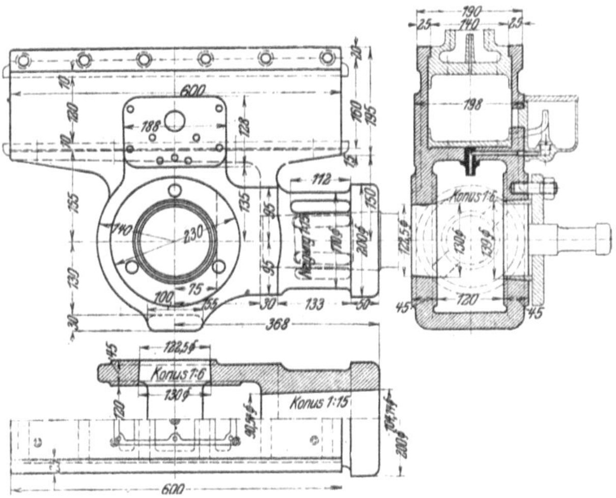

Abb. 369 Kreuzkopf.

Die Kolbenstange wird, wie bereits erwähnt, mit Kegel und Keil im Kreuzkopf befestigt. Die Bolzen werden entweder von außen eingesteckt und mit einer Druckplatte festgehalten, oder von innen eingeführt und mit Mutter und Unterlagplatte gegen einen konischen Druckring angezogen. Baustoff der Bolzen ist Siemens-Martin-Stahl von 55 bis 65 kg/qmm Zugfestigkeit bei etwa 25% Dehnung, oder Flußeisen mit durch Einsatz gehärteten Laufflächen. Der wie bei den Kreuzkopfgleitschuhen berechnete Flächendruck darf 280 bis 320 kg/qcm erreichen.

Der Mitnehmer für die Heusingersteuerung ist bei doppelseitig geführten Kreuzköpfen angeschraubt. Bei der einschienigen Ausführung besteht er mit dem Kreuzkopf aus einem Stück; auch kann die Anlenkung wie in Abb. 369 erfolgen. Die Kreuzkopfschmiergefäße sind möglichst groß zu halten; ventilartige Ölstifte gestatten, den Grad der Schmierung zu regeln.

II. Umsteuerungen.

In Europa fast stets Schraubensteuerungen. Bei Kleinbahn- und Verschiebelokomotiven, sowie allgemein in Amerika sind Hebel mit Klinken gebräuchlich. In England und Belgien vielfach Vereinigung von Hebel und Schraube mit Dampfumsteuerungsvorrichtung; letztere Art hat sich wegen ihrer Vielteiligkeit aber wenig bewährt. Hebel

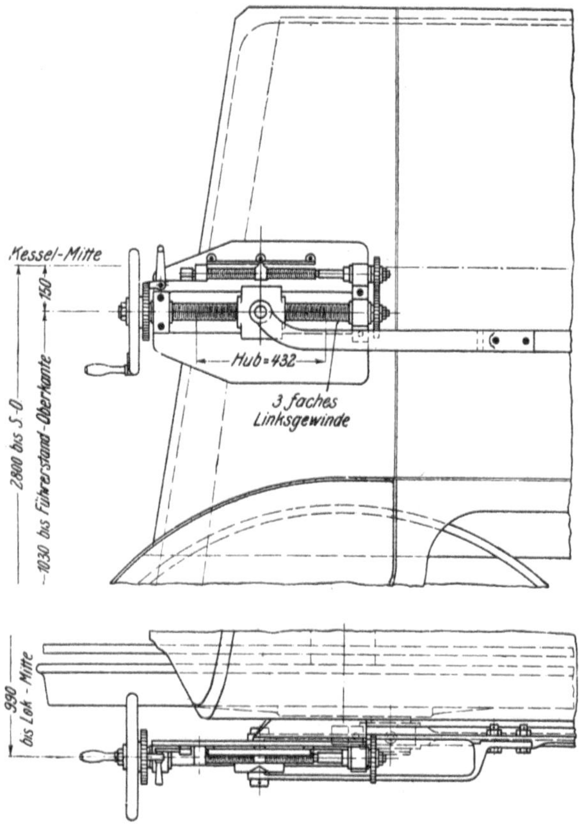

Abb. 370. Umsteuerung der preußischen 2C-Drillinglokomotive Gattung S_{10}^2.

bieten im Verschiebedienst den Vorteil rascher Umstellung, sind jedoch während der Fahrt schwer zu handhaben.

Die Steuerspindel der Reichsbahnlokomotiven besitzt steilgängiges Flachgewinde von 90 mm Ganghöhe. Sie ist in einem Kamm- und Halslager am Steuerbock gelagert, der zweckmäßig am Führerstand oder Rahmen befestigt wird. Bei dieser Befestigungsart fällt der Halter am Kessel fort, und der Steuerungshebel wird nicht mehr durch die Schlingerbewegungen des Kessels beeinflußt. Bei Lokomotiven mit breiter Feuerbüchse erfolgt die Lagerung am Stehkessel, bei Tenderlokomotiven auch seitlich am Wasserkasten. Zur Erleichterung der Umstellung ist das Gewicht der zu bewegenden Steuerungsteile durch Gegengewichte oder Feder ausgeglichen. Bei der Umsteuerung der preußischen 2C-Drillinglokomotive (Abb. 370), wo die Steuerungsschraube am Kessel gelagert ist, werden die Füllungsgrade auf der Skala bei Vorwärts- und Rückwärtsfahrt durch die gegenläufige Bewegung der Zunge zur Spindelmutter angezeigt. Hiermit hängt die Stellung des Schwingensteins zusammen, der bei meistenteils vorwärts fahrenden Lokomotiven, zur Entlastung der Schwingenlager während der Fahrt, unterhalb des Schwingendrehpunktes liegen soll.

Um Steinspringen zu vermindern, findet bei Steuerungen neuerer Bauart zur Führung der Schieberschubstange kein Hängeeisen, sondern eine Schlitzführung, die sog. Kuhn'sche Schleife Anwendung. Bei Steuerungsausführungen von Borsig ist die Steuerwelle gekröpft. Die Kröpfungen dienen zur Lagerung der Schwinge; die verlängerten Wangen der Kröpfungen führen mittels Steins die geschlitzte Schieberschubstange.

Steuerwellen werden stark auf Verdrehung beansprucht und sind zur Vermeidung von Zitterbewegungen mit möglichst großem Schaftdurchmesser auszuführen.

4. Schmierung der Zylinder und Schieber.

a) Beschaffenheit des Schmierstoffes.

Als Schmieröl für die unter Dampf, insbesondere unter Heißdampf arbeitenden Kolben und Schieber dient von Hartasphalt und Pechstoffen freies Mineralöl, dessen Entflammungspunkt nicht unter 320° C und dessen Entzündungspunkt nicht unter 370° C liegt. Durch Zusatz geringer Mengen tierischen Fettes wird die Verdampfbarkeit nicht vermindert, doch die Schmierfähigkeit erhöht. Die sich aus dem Fett abspaltende Fettsäure greift die Bauteile etwas an, so daß das Öl besser auf den Gleitflächen haftet.

Ein über 3 kg für 1000 Lok-km hinausgehender Zylinderölverbrauch für Zweizylinder-Satt- und Heißdampflokomotiven ist unwirtschaftlich und für den Unterhaltungszustand der Schieber nachteilig. Das unverarbeitete Öl sammelt sich in den Nuten der schmalen Kolbenringe an, verdickt dort und hält die schmalen Kolbenringe fest, wodurch die Federkraft beeinträchtigt wird. Die Kolben müssen dann herausgenommen, mittels Petroleum gereinigt, und die Ringe gangbar gemacht werden.

Bei Lokomotiven mit einfacher Dehnung soll sich im allgemeinen Schieber zur Zylinderschmierung verhalten wie 4 zu 3. Bei Verbundlokomotiven erhält der Hochdruckschieber 40%, der Hochdruckzylinder 25%, der Niederdruckschieber 20% und der Niederdruckzylinder 15% des Öls.

b) Schmiervorrichtungen.

Hinsichtlich der Beschaffenheit des Schmieröls und des Baues betriebssicherer Einrichtungen zur richtigen Verteilung des Schmiermittels haben sich die verschiedensten Schmiervorrichtungen herausgebildet, und zwar Schmiervasen, Sichtöler, Preßölschmierung mittels Pressen und Pumpen, sowie die Graphitzusatzschmierung.

I. Schmiervasen.

Die noch bei Kleinbahn- und Baulokomotiven gebräuchliche Zylinder- und Schieberschmierung durch unmittelbar auf den Schieberkästen angebrachte Schmiervasen (Patrick-Öler) müssen vor Beginn der Fahrt geöffnet werden, um das Schmiermittel an die Schieberfläche zu leiten. Diese mehr oder minder selbsttätige Schmiervorrichtung hat einen erheblichen Schmiermittelverbrauch.

II. Sichtöler.

Allgemein nur bei Sattdampflokomotiven im Gebrauch. Ihre Anbringung erfolgt zweckmäßig an der Stehkesselrückwand oder an einer beliebigen Stelle im Führerhaus, wobei auf gute Wartung der Schaugläser Rücksicht zu nehmen ist. Sichtöler haben den Übelstand, daß sich das Öl auf seinem Wege in den Schmierleitungen mit Wasser mischt und vom Dampf in gewissem Grade aufgelöst und zersetzt wird.

Sichtöler „De Limon Fluhme" (Abb. 371).

Meist auf der Reglerstopfbüchse angeordnet. Die Schmiervorrichtung besteht aus einem Ölbehälter 1 (Füllung durch 2, Leerung durch 3) mit aufgeschraubter Tropfkammer 5 und Überdruckrohr, in das Kesseldampf geführt wird, der sich hier zum Teil niederschlägt, zum Teil durch Dampfrohr 11 in die Ölrohrleitungen strömt, von denen die eine nach den Zylindern, die andere nach den Schieberkästen führt. Das Niederschlagwasser aus dem Druckrohr sammelt sich gleichzeitig am Boden des Ölbehälters und verdrängt vermöge der Überdrucksäule das Öl zu den beiden Regulierventilen 9. Hier steigt es tropfenweise aus Düsen 10 in den mit Wasser gefüllten Tropfkammern 5 zwischen den Schaugläsern 6 auf. Zwei oberhalb der Tropfkammern angeordnete Ventile lassen das Öl in die mit Gefälle verlegten Rohrleitungen treten, wo es von dem aus dem Druckrohr 11 kommenden Dampf aufgenommen und als gefetteter Dampf nach den Schieberkästen und Zylindern geleitet wird. Durch Anordnung einer dritten Ölabgabestelle ist die Schmierung des Dampfzylinders der Luftpumpe möglich. Für Vierzylinderlokomotiven wird der Zentraldampf-Schmierapparat mit vier voneinander unabhängigen sichtbaren Ölabgabestellen gebaut. Die Schmiervorrichtung ist mit Reinigung für Dampf und Öl versehen. Der Dampfreiniger dient zum Sammeln der sich im Dampf bewegenden Verunreinigungen und läßt nur filtriertes Wasser in die Schauglaskammern gelangen. Der durch die Rohre 11 strömende Dampf muß, bevor er zu den Zerstäuberdüsen 12 kommt, durch die Dampffilterbüchsen 7. Durch ein feines Messinggewebe werden hier die Kesselsteinteilchen aufgenommen, welche die Düsenbohrungen verstopfen könnten. Durch Einbau eines Ölreinigers wird den Tropfdüsen 10 reines filtriertes Öl zugeführt. Das im Ölbehälter befindliche Öl muß, bevor es zu den Tropfdüsen ge-

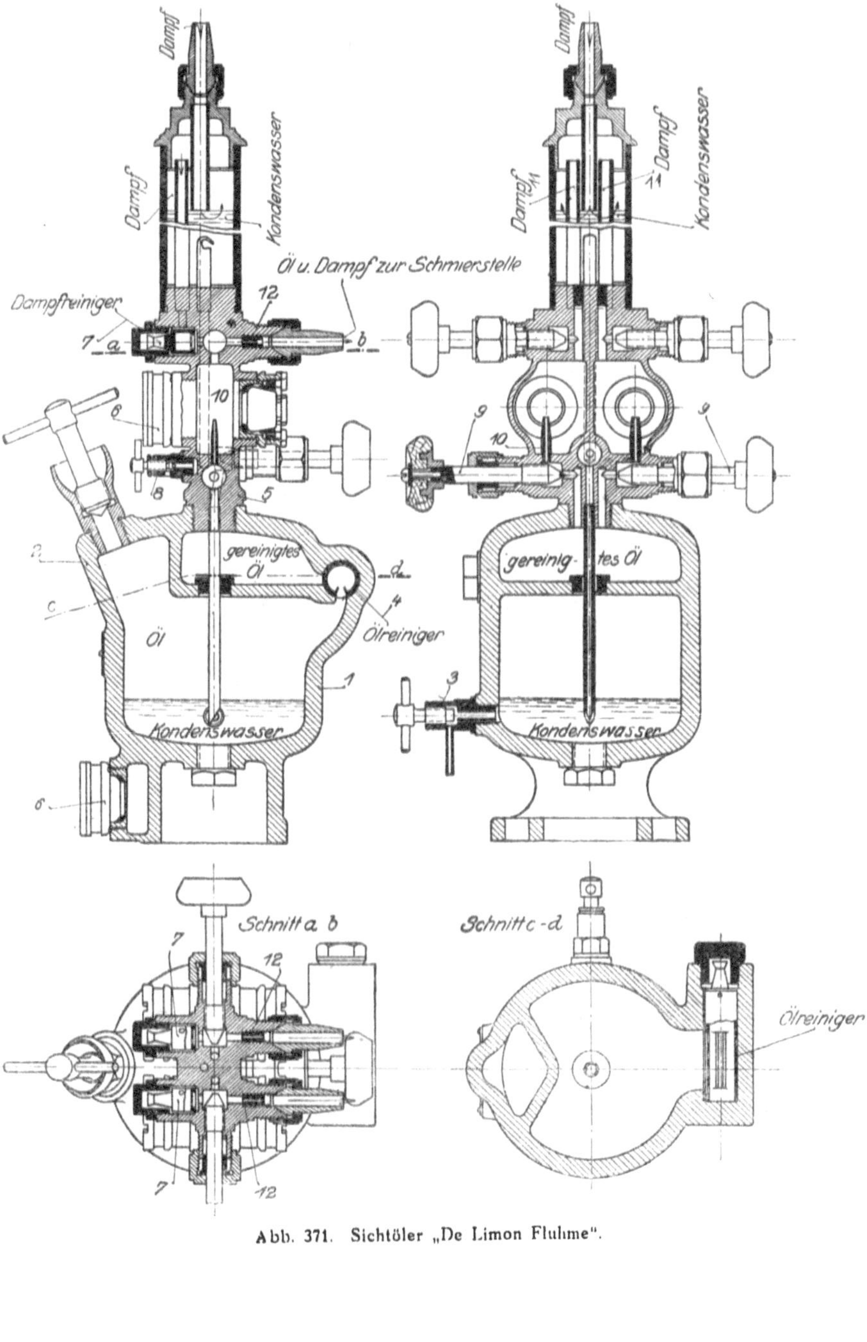

Abb. 371. Sichtöler „De Limon Fluhme".

langt, durch die Ölfilterbüchse 4 gehen. Diese ist mit feinem Messinggewebe ausgekleidet, das die im Öl enthaltenen Unreinigkeiten zurückhält und gereinigtes Öl durch die Tropfdüsen und Zerstäuberdüsen zu den Schmierstellen gelangen läßt. Beide Vorrichtungen können von außen herausgeschraubt oder gereinigt werden. 8 ist ein Ablaßventil.

Sichtöler „Galena" (Abb. 372).

Schmierung ist nicht von der Wartung der Lokomotivbediensteten abhängig. Das Gußgehäuse der Schmiervorrichtung ist in seinem unteren Teil als Ölbehälter mit mehreren (hier drei) Tropfkammern ausgebildet. Der sich verjüngende obere Teil enthält das Überdruckrohr und den Raum für das Niederschlagwasser. Bei Zweizylinder-

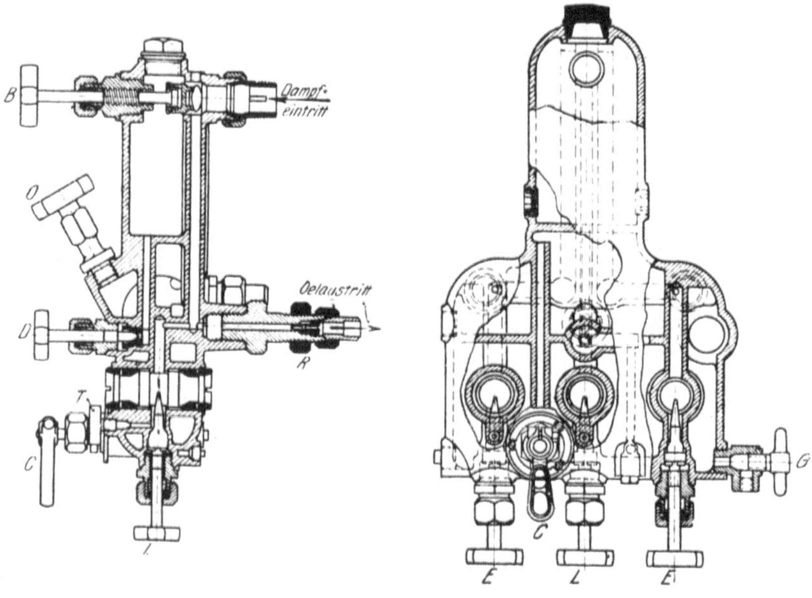

Abb. 372. Sichtöler „Galena".

lokomotiven sind zwei, bei Vierzylinderlokomotiven vier Tropfkammern für die Zylinder und Schieberschmierung vorgesehen. Eine besondere Tropfkammer ermöglicht die zentrale Schmierung des Dampfzylinders der Luftpumpe. In der Abb. 372 bedeuten B das Dampfventil, O den Füllstutzen, D das Kondensventil, L und E die Regulierspindeln, T die Reinigungsschraube, C den Ölabstellhahn und R das Rückschlagventil.

Die Wirkungsweise der Galena-Schmiervorrichtung ist die gleiche, wie die des De Limon Fluhme-Ölers. Mittels der Regulierspindeln wird die minutliche Anzahl der Öltropfen eingestellt. Der Abstellhahn C gestattet durch einfaches Umlegen eines Handgriffes die Tropfenschmierung aller Abgabestellen dem Lauf der Maschine entsprechend zu regeln bzw. an- und abzustellen, oder lediglich die Pumpenschmierung einzuschalten.

III. Preßölschmierung.

α) Allgemeines.

Da die unter Heißdampf arbeitenden Bauteile einer besonders sorgfältigen Schmierung bedürfen, ist man bei Heißdampflokomotiven zu Schmierpressen und Schmierpumpen übergegangen, wobei das Öl, ohne Minderung der Güte und unabhängig von der Wartung der Schmiervorrichtung in bestimmten, der Drehzahl der Triebräder angemessenen Mengen mit Sicherheit bis unmittelbar an

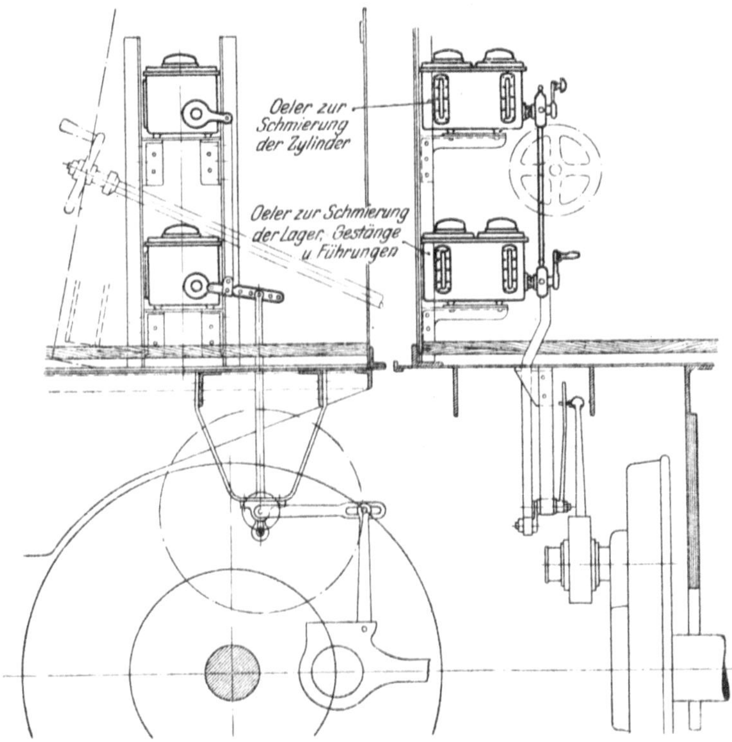

Abb. 373. Antrieb einer Preßölschmierung.

die Schmierstellen geführt wird. Schmierpumpen haben vor Schmierpressen den Vorzug, daß der Ölvorrat und -verbrauch der einzelnen Ölabgabestellen sichtbar und einstellbar, daß ferner die Bauart der Pumpen hinsichtlich ihres Gewichts leichter ist.

Schmierpressen werden im Führerhaus links unten seitlich des Stehkessels, Schmierpumpen seitlich am Stehkessel oder in Augenhöhe an der Rückwand des Kessels angeordnet. Antrieb erfolgt gewöhnlich durch Hebelübersetzung von der Kurbel der letzten Kuppelachse aus. Einfacherer Rohrführung wegen finden Schmierpumpen vielfach vorn auf dem Laufblech Aufstellung, wo sie von der Schwinge, auch von der Steuerung oder vom Kreuzkopf aus angetrieben werden. Dabei ist das Antriebgestänge so zu bemessen, daß der Schalthebelausschlag (etwa 40 bis 200 mm am Hebelende gemessen) dem erforderlichen Ölbedarf entsprechend, eingestellt werden kann.

Einen bemerkenswerten Antrieb zeigt Abb. 373; hierbei ist ein Zwischenkurbelantrieb eingeschaltet, der verhindert, daß bei der Fahrt auftretende Stöße durch die Antriebstange unmittelbar auf den Öler übertragen werden. Der Einbau mehrerer gleicher Öler zur unabhängigen Schmierung der Zylinder, Lager und Gestänge kann über- oder nebeneinander erfolgen.

Für jede Lokomotivmaschine sind drei unabhängige Schmierstellen vorzusehen, eine für den Dampfkolben, zwei für die beiden

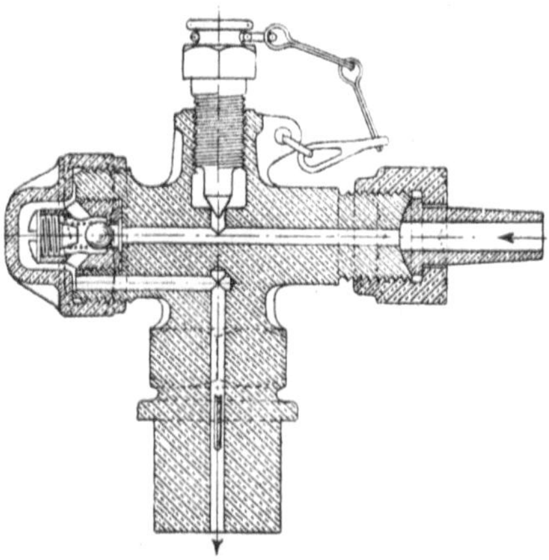

Abb. 374. Rückschlagventil „De Limon Fluhme".

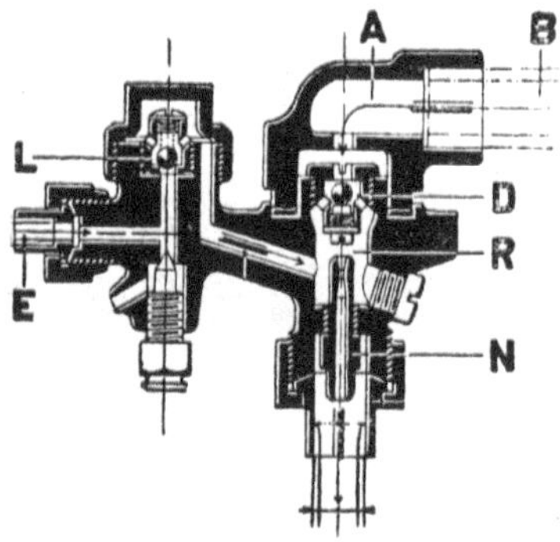

Abb. 375. Ölzerstäuber Bauart „Friedmann".

Kolbenkörper des Schiebers. Um die Ölförderung dem Einfluß des Druckwechsels an den Verbrauchstellen zu entziehen und ein Entleeren der Leitungen bei Stillstand und bei Leerfahrt zu verhüten, wird das Öl durch Rückschlagventile (auch Ölsparer genannt) an den Verbrauchstellen unter Druck gehalten. Wird die Ölleitung stark erhitzt, so kann bei eintretendem Unterdruck ein Überkochen des eingeschlossenen Öls nach der Verbrauchstelle stattfinden.

Rückschlagventil „De Limon Fluhme" (Abb. 374). Das der Erhitzung ausgesetzte Ventilgehäuse kann nur eine geringe Ölmenge aufnehmen. Bei mangelhafter Abdichtung des Ventilkörpers wirkt gleichzeitig das die engen Bohrkanäle ausfüllende Öl wie ein Kolben und dichtet so die Schmierleitungen gegen eindringenden Dampf ab. Ein Leersaugen der Schmierleitungen ist aus diesen Gründen unmöglich.

Ölzerstäuber Bauart Friedmann (Abb. 375). Er besitzt eine Dampfkammer A, an der soviel Zerstäuberelemente als nötig angeschlossen werden können. Das von der Schmierpumpe geförderte Öl tritt bei E ein, strömt durch das Rückschlagventil L und mischt sich im Raum R mit Dampf, der durch ein Rohr B dem Kessel entnommen wird. Durch die Zerstäuberdüse N gelangt das Gemisch von Öl und Dampf zur Verbrauchstelle. D ist das Rückschlagventil für den Dampf. Abb. 376 zeigt die Anbringung des Ölzerstäubers.

Beide Arten von Einmündungsstücken besitzen Kontrollschrauben bzw. Probierhähne, die erkennen lassen, ob die Rohrleitungen gefüllt sind. In Abb. 376 ist B die Dampfzuleitung, E die Ölzuleitung, S die Schmierpumpe, V das Dampfventil im Führerhaus und Z der Ölzerstäuber. Dieser hat gegenüber den Rückschlagventilen den Vorteil, daß das Öl mittels Dampf zerstäubt in die Dampfräume gelangt, was namentlich bei Leerfahrt von Bedeutung ist, um Ölablagerungen und somit Ölverkrustung zu vermeiden.

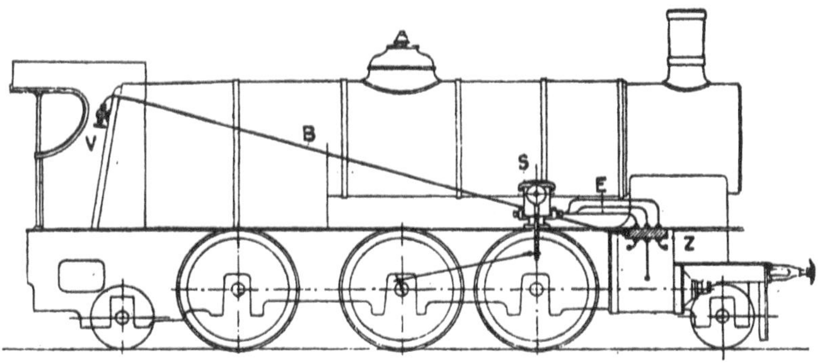

Abb. 376. Anbringung des Friedmann'schen Ölzerstäubers an einer Lokomotive.

Die Preßölschmierung hat sich wegen ihrer Vorteile auch bei Sattdampflokomotiven als geeignet erwiesen, deren große Schieber, insbesondere an den Stegen des inneren Schieberspiegels leicht zum Fressen neigen. Abb. 377 zeigt Zylinder und Schieberspiegel einer Sattdampflokomotive, die mit Preßölschmierung ausgerüstet ist. Von den sechs Abgabestellen der Presse münden zwei auf jeder Seite in die durchbohrten Schieberspiegel; die übrigen zwei Abgabestellen dienen zur Schmierung des Kolbenlaufes und münden in der Mitte der Dampfzylinder.

β) Schmierpressen.

Schmierpresse „Dicker & Werneburg" (Abb. 378).

Der im Ölbad laufende Schneckenradantrieb ist im Unterteil der Presse angeordnet, darüber eine Stirnradübersetzung. Das größere Zahnrad a trägt die Mutter b für die Schraubenspindel, das kleinere Zahnrad c ist durch Kurbel d drehbar. Antrieb durch ein Rollenschaltwerk mit Federbremse für die Rücksperrung auf der Schneckenwelle. Schneckenrad und Spindel werden hierdurch in drehende Bewegung versetzt, wobei sich der Gewindeteil der Spindel in das feststehende Zahnrad a hineinschraubt, dabei die Tauchkolben abwärts bewegt und die Ölförderung veranlaßt. Durch Niederdrücken des Handgriffes e wird die Vorrichtung eingeschaltet, durch Hochziehen desselben ausgeschaltet. In tiefster Stellung gleitet der Handgriff über sein Widerlager g hinweg und löst dadurch die Presse selbsttätig aus.

Füllen und Entleeren der Preßzylinder vermittelt ein gemeinsamer Schmierhahn mit einem den vollen Inhalt der Presse fassenden

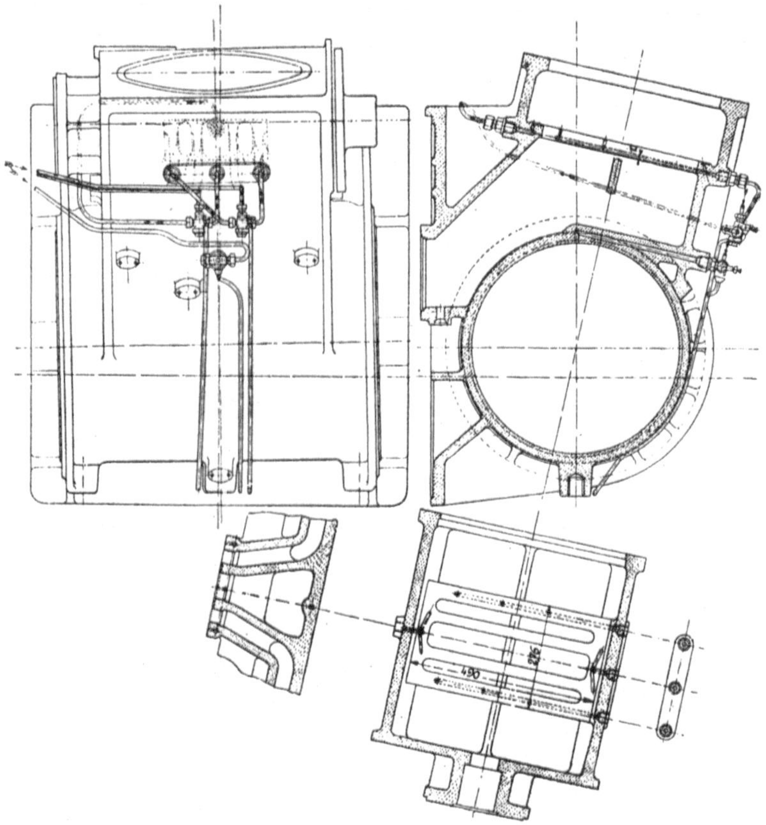

Abb. 377. Preßölschmierung an Zylinder und Schieberspiegel eines Flachschiebers.

Ölgefäß f. Die Umführungsrohre zwischen Hahn und Preßzylinder ersetzen durchstoßbare Innenbohrungen im Gußkörper. Sind die Zylinder leer, so wird der Hahn unter dem Ölgefäß f auf „Füllen" gestellt; durch Hochkurbeln der Stempel wird das Öl angesaugt. Sodann wird der Hahnküken auf „Schmierung" gestellt und Griff e heruntergedrückt, so daß er sich an der Rolle g führt. Stellung des Hahnkükens auf „Schieber" hat größere Ölförderung nach den Schiebern zur Folge.

Schmierpresse „Ritter" (Abb. 379).

Der die Schutzkappe N mit den Klinken M tragende, hin- und herschwingende Schalthebel O bewegt durch Schaltrad L die Schneckenwelle H und damit das auf Preßschraube C lose sitzende Schneckenrad D. Um zu vermeiden, daß Schaltrad L mit Schalthebel O wieder zurückschwingt, sind Bremsfedern K in den Lagerdeckel J der Schneckenwelle eingelegt. Schneckenrad D ist durch ein dem Betriebsdruck entsprechendes Aufpressen der Kupplungsfeder E mittels Flügelmutter F mit Preßschraube C verbunden. Wird die Preßschraube in Drehung versetzt, so gehen die am Stempelkopf B be-

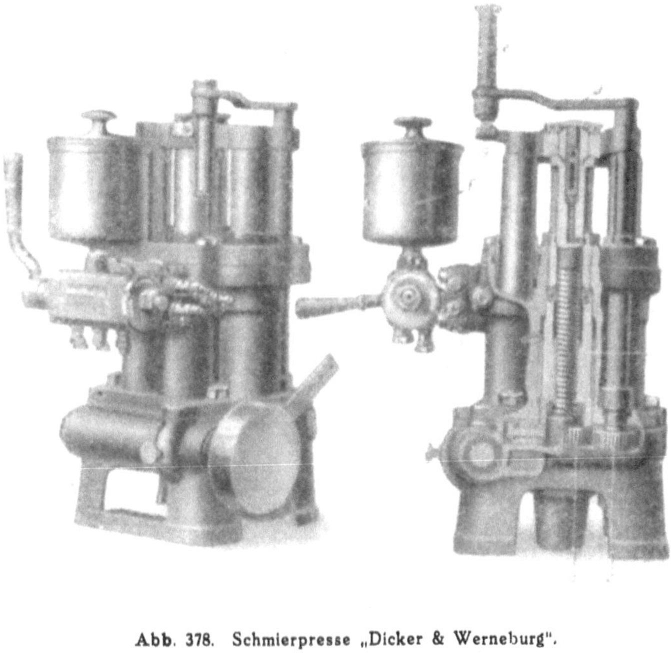

Abb. 378. Schmierpresse „Dicker & Werneburg".

festigten Preßstempel A langsam nieder. Sind die Stempel in ihrer tiefsten Stellung angelangt, ist die Presse also entleert, oder tritt infolge Verstopfung gefährlich werdender hoher Druck in der Rohrleitung auf, so bleibt Preßschraube C stehen; Feder F schleift bei weitergehendem Antrieb auf dem Schneckenrad, ohne dieses mit der Spindel zu kuppeln.

Beim Füllen der Presse wird die Kuppelfeder mit der Flügelmutter F gelöst und die Stempel durch Kurbel G nach oben geschraubt, wodurch bei nach oben stehendem Füllhebel P Öl aus dem Behälter R angesaugt wird. Nach Füllung wird Hebel P wieder nach unten gedreht, die Stempel mit Handkurbel G etwas heruntergeschraubt, und so der richtige Druck in der Schmierleitung hergestellt. Hierauf ist Flügelmutter F mit der Hand fest anzuziehen.

γ) Schmierpumpen.

Schmierpumpe der „Blanke-Werke" (Abb. 380).

Sie wird mit 2 bis 16 Schmierstellen ausgeführt. Die Anordnung einer Zwischenwand im Ölbehälter ermöglicht die Verwendung ver-

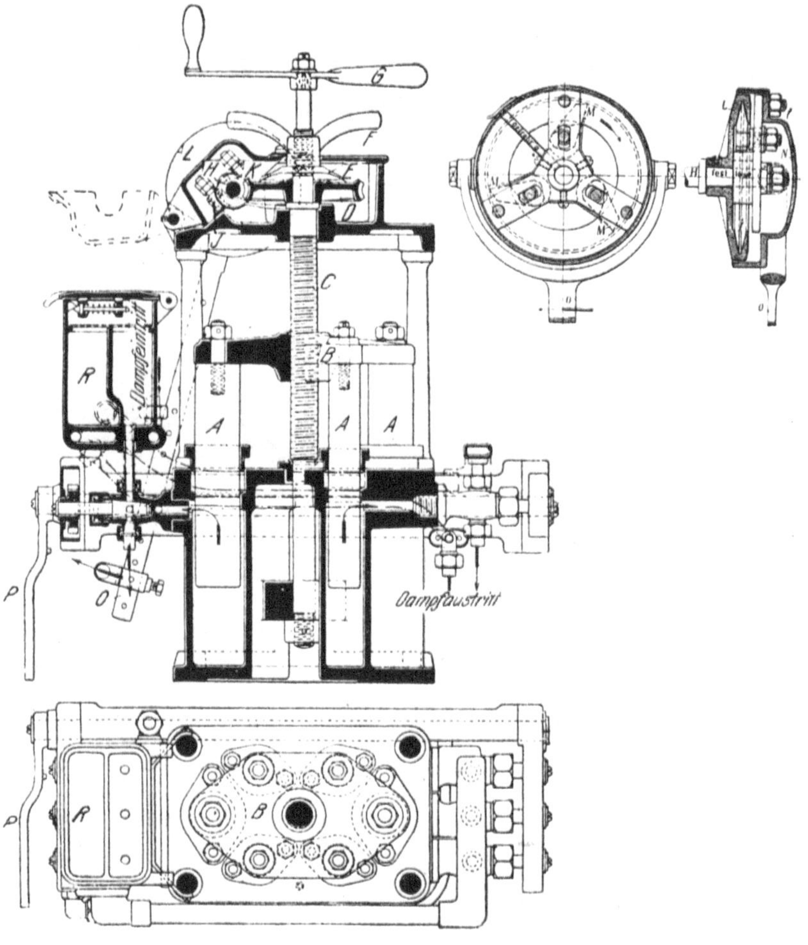

Abb. 379. Schmierpresse „Ritter".

schiedener Ölsorten für die Hälfte der Schmierstellen. Zum Antrieb dient Schwinghebel a auf der oberen Welle b. Ein Zahnradvorgelege überträgt die Drehung der Welle b auf Welle c. Die auf den Wellen sitzenden Hubscheiben bewegen Winkelhebel, von denen die oberen exzentrisch gelagert sind und durch Stellschraube s an der Vorderwand des Ölbehälters eingestellt werden können. Hierdurch ist eine weitgehende Reglung der minutlichen Tropfenzahl möglich. Die durch den Vorgelegeantrieb langsamer als die Zubringerpumpen laufenden Druckpumpen können Öldrücke bis zu 400 at erzeugen; derartige Preßdrücke kommen natürlich für den Lokomotivbetrieb nicht in Frage. Das von den Zubringerpumpen zu den Druckpumpen abtropfende Öl ist in den Schaugläsern sichtbar.

Schmierpumpe „Bosch" (Abb. 381).

Vorstehende Bauart ist eine zwangläufig wirkende Hochdruck-Zentral-Schmiervorrichtung für eine Drillinglokomotive, wie sie für Einheitslokomotiven der Reichsbahn Verwendung findet. Der mittels Heizschlange heizbare Ölbehälter enthält drei Kammern (7) von je 3,5 l Inhalt, mit je drei um eine gemeinsame Antriebswelle 1 angeordnete

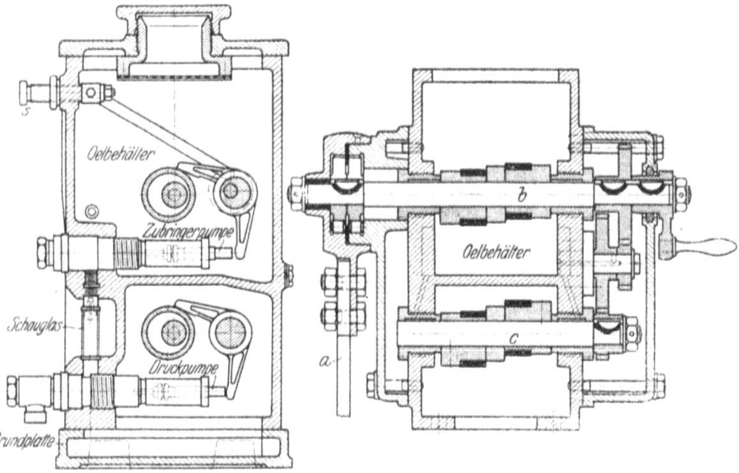

Abb. 380. Schmierpumpe der „Blanke-Werke".

Kolbenpumpen für jede Schmierstelle. Die Schwinghebelbewegung wird durch ein Rollenschaltwerk 12 auf Welle 1 und durch Schraubenräder 13 und 14 auf Pumpenwelle 2 übertragen. Bei Drehung der Pumpenwelle werden Arbeitskolben 3 und Steuerkolben 4 durch Hubräder 5 und 6 auf- und abwärts bewegt. Das so durch Arbeitskolben 3 aus dem Ölbehälter 7 angesaugte Öl wird durch Steuerkolben 4 derart gesteuert, daß es abwechselnd in die Druckleitung 8 und die Schauleitung 9 gepreßt wird. Das aus der Schauleitung im Gehäuse 10 abtropfende Öl fließt wieder in die Ölkammer zurück. Die Gesamtfördermenge des Ölers kann durch Änderung des Hebelausschlages entsprechend verkleinert oder vergrößert werden. Außerdem wird die Fördermenge jeder einzelnen Ölpumpe durch Veränderung des Rollenhubes an den Verstellschrauben geregelt. Bei größtem Hub des Arbeitskolbens beträgt die Fördermenge 0,32 ccm (ungefähr 8 Tropfen). Durch Drehen der auf der Antriebswelle angeordneten Handkurbel kann mehr Öl zu den Schmierstellen gebracht werden.. Rückschlagventile an jeder Schmierstelle verhindern bei eintretendem Unterdruck die Entleerung der Leitungen.

Schmierpumpen „Dicker & Werneburg“ (Abb. 382/383).

Auf dem Antriebsgehäuse a in Abb. 382 sitzen mit zwei Schrauben befestigt eine Reihe von Aufsätzen r und q, die eine Einzelpumpe mit Füllvase und Stellvorrichtung umfassen. Unterteil a umschließt eine

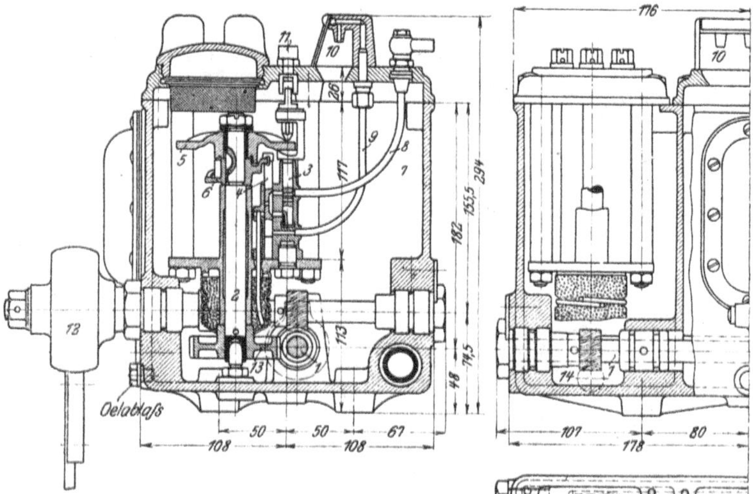

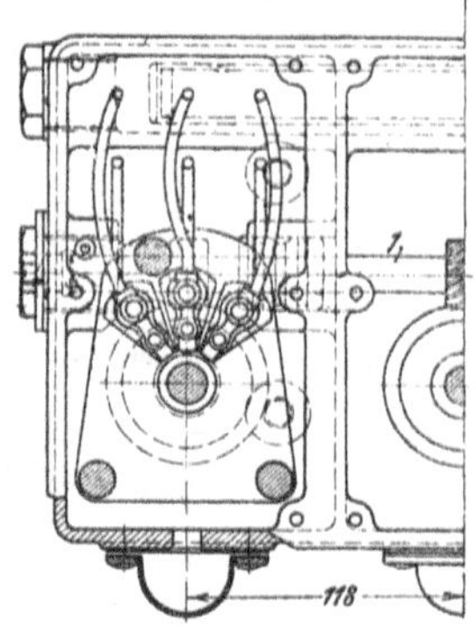

Abb. 381. Schmierpumpe „Bosch“,

der Anzahl der Einzelpumpen und Aufsätze entsprechende Zahl von Schraubenräderpaaren g und f, die durch Schaltwerk und Welle betätigt werden. Steuerkegel 2 aus gehärtetem Stahl zur Vermittlung der Saug- und Druckabschnitte und Steuerkolben 1 mit selbsttätig wirkender Stopfbüchse bilden eine Einzelpumpe. Beim Einbringen eines Aufsatzes greift das flache Ende 3 der Steuerkegelachse in Zahnrad f und teilt so die Bewegung des Rades dem Steuerkegel mit. Jede Umdrehung des Steuerkegels verursacht zwei Kolbenhübe: der Kolben schnellt plötzlich hoch, um eine kräftige Saugwirkung herbeizuführen, und drückt dann das Öl langsam nach Maßgabe seines Hubes durch die Anschlußstutzen p nach einer der zugehörigen beiden Schmierstellen. Regelung des Kolbenhubes mittels Spindel v durch Drehen des mit ihr lösbar verbundenen Deckels. Die Hubgröße wird durch Zeiger und Teilung erkenntlich gemacht.

Abb. 383 zeigt die Einheitsschmierpumpe für Lokomotiven nach den Vorschriften des Eisenbahnzentralamts, und zwar für neun Schmierstellen: sechs Anschlüsse sind oberhalb, drei an den Pumpenstutzen. Die Einzelpumpen sind wagerecht an dem gemeinsamen Antriebsgehäuse befestigt. Ihre Einrichtung und Wirkungsweise entspricht der eben beschriebenen Schmierpumpe.

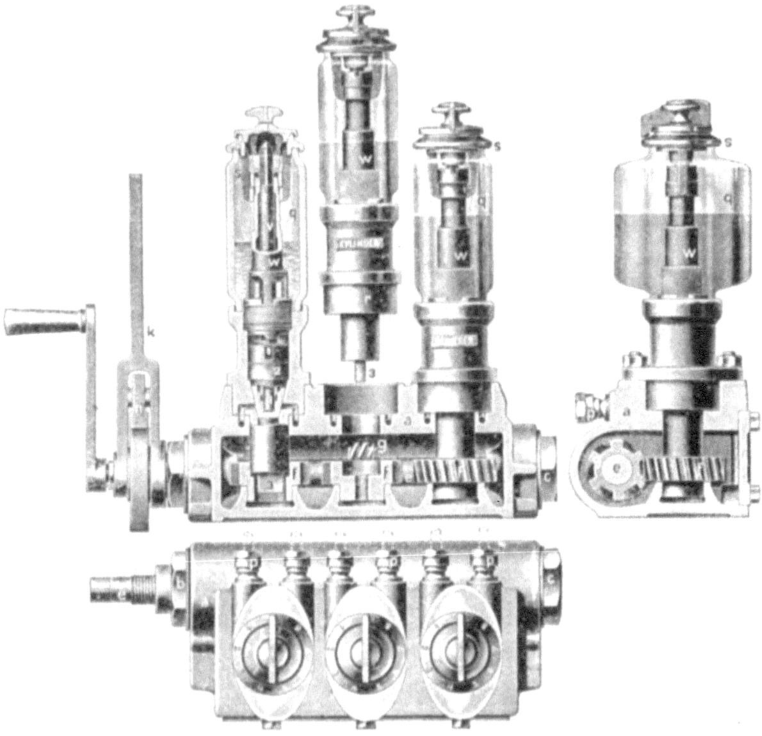

Abb. 382. Schmierpumpe „Dicker & Werneburg".

Schmierpumpen „Friedmann" (Abb. 384/385).

Gesteuerte Kolben finden Verwendung, wodurch Saug- und Druckventile entbehrlich werden. Stehen die Schmierpumpen im Freien auf dem Laufblech der Lokomotive, so sind sie heizbar; sind sie geschützt im Führerhaus angeordnet, so haben sie sichtbare Ölabgabestellen.

Klasse LF; angebracht auf dem Laufsteg der Lok. (Abb. 384).

Für jeden Auslaß ist im Gehäuse eine besondere Pumpe vorgesehen, bestehend aus Zylinder 22 mit Steuerkolben 24 und Förderkolben 23. Der Hub des Förderkolbens ist mittels Schraube 21 einzustellen. Durch ein Rollenschaltwerk 12 wird die Doppelexzenterwelle 5 angetrieben. Diese bewegt durch Vermittlung von Steuerhebel 7 und Druckhebel 6 die zwangläufig geführten Kolben. Der Ölstand wird durch Zeiger 31 angegeben. Die Reinigung des

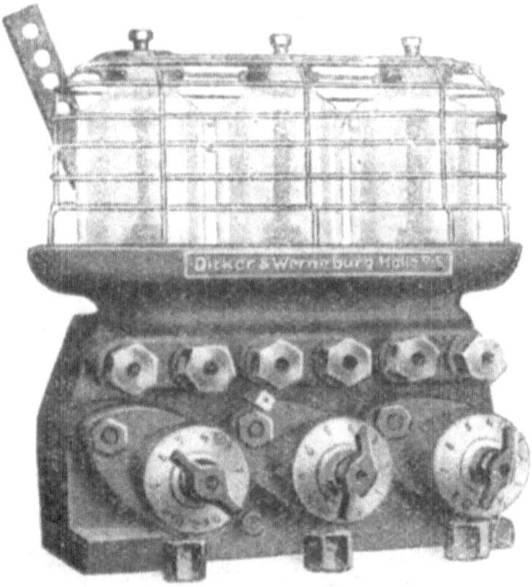

Abb. 383. Einheitsschmierpumpe „Dicker & Werneburg".

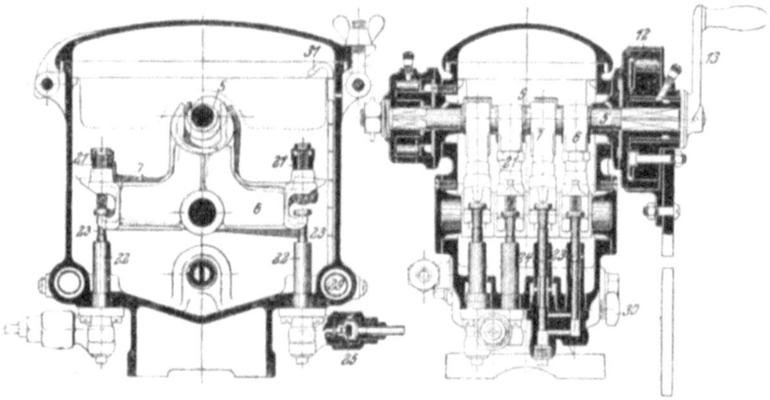

Abb. 384. Schmierpumpe „Friedmann", Klasse F.

Öles geschieht vor Eintritt in die Zylinder durch leicht herausnehmbare Siebe 29. Durch Drehen der Kurbel 13 kann die Schmierung von Hand verstärkt werden. Jeder Auslaß enthält ein Rückschlagventil 25. Im Ölgefäß angesammeltes Wasser ist durch gelegentliches Lösen der Schraube 30 abzulassen.

Klasse N; angebracht im Führerhaus der Lok. (Abb. 385).

Für jeden der vier bis acht Auslässe ist im Ölgefäß eine abgetrennte Kammer und eine besondere für sich regelbare Pumpe vorgesehen. Das Öl wird durch einen auf- und abgehenden, selbstdichten-

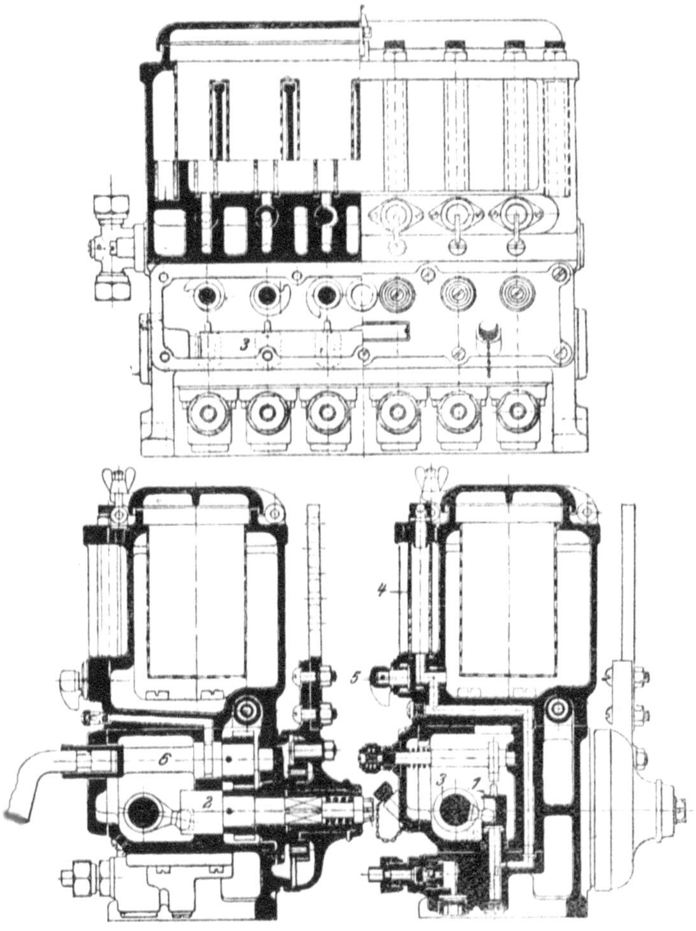

Abb. 385. Schmierpumpe „Friedmann" Klasse N.

den Kolben 1 dadurch gefördert, daß er sich gleichzeitig um seine Achse dreht. Ein eingekapseltes Klinkenschaltwerk auf der Exzenterwelle 2 treibt mittels Schwingenstange 3 die Kolben an. Jede Kammer hat ein Schauglas 4, das in der Regel Hahn 5 mit dem Gefäß und den Zylindern, oder bei Prüfstellung unter Ausschaltung der Kammer nur mit den Zylindern verbindet. Auch kann das Schauglas ganz abgeschaltet werden. Der Heizkanal ist von links oder rechts aus anzuschließen; er kann fortfallen, wenn die Pumpe unmittelbar am Kessel sitzt, oder bei Verwendung dünnflüssigen Öles. Mit Welle 6, die durch Zahnräder auf die Exzenterwelle wirkt, läßt sich die Schmiervorrichtung von Hand betätigen.

Die Reglung der einzelnen Ölabgabestellen geschieht durch Veränderung der Kolbenhübe. Überwacht wird jede Schmierstelle durch Beobachtung des Ölstandes an den Schaugläsern der einzelnen Kammern. Durch Umlegen des Dreiweghahns 5 wird die unmittelbare Verbindung des Schauglases mit der Schmierstelle hergestellt und deren Ölverbrauch durch ruckweises Sinken des Ölstandes erkenntlich. Bei Schmierung gegen Dampf ist an den Verbrauchstellen ein Rückschlagventil anzubringen.

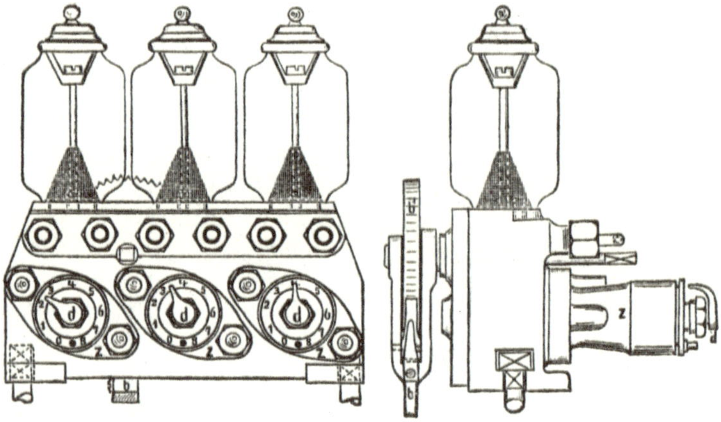

Abb. 386. Schmierpumpe „Michalk".

Schmierpumpe „Michalk" (Abb. 386).

Drei gläserne Füllvasen sitzen auf einem gußeisernen Gehäuse mit den Pumpen z, von denen jede zwei Rohrleitungen, auch bei verschiedener Druckhöhe speist. Der mittels Schalthebels b von der Radachse aus erfolgende Antrieb steuert bei jeder Schwingbewegung zwei Zähne am Sperrad bei einem Hub von 35 bis 38 mm. Die bewegten Teile der Schmiervorrichtung laufen in Öl. Beim Ingangsetzen der Pumpe sind die Zeiger d auf 8 einzustellen; alsdann ist Öl in die Vasen zu gießen, bis die Leitungen gefüllt sind. Fließt das Öl an den Prüfhähnen der Ölsparer heraus, so sind sie abzuschließen und die Gefäße voll zu füllen. Dabei kann die Ölförderung auch mittels Kurbel von Hand erfolgen. Reglung des Ölverbrauchs geschieht durch Einstellen des Zeigers d. Auf 0 ist die Ölförderung abgeschlossen, auf 8 ganz geöffnet. Zu Beginn der Fahrt stellt man die Zeiger auf 6, alsdann je nach Bedarf bis auf 4. Während der Fahrt ist das verbrauchte Öl in den Glasbehältern zu ergänzen.

Schmierpumpen „Wakefield & Co." (Abb. 387/388).

Die durch einen Schalthebel angetriebene Exzenterwelle in Abb. 387 erteilt dem Tauchkolben K und den hieran symmetrisch angeordneten Pumpenkolben eine hin- und hergehende Bewegung. Sind Kolben D und Führungshülse E in Endstellung, so fließt Öl durch Bohrung F in den Pumpenzylinder. Beim Rückgang der Kolben wird, nach Abschluß der Bohrung F, das Öl in die Leitung gedrückt.

Die Einstellung der Fördermenge jeder Pumpe geschieht mittels Stellschraube G. Ist sie ganz hineingeschraubt, so arbeitet die Pumpe mit voller Leistung; durch Hinausdrehen der Schraube wird die geförderte Ölmenge vermindert. Zu jeder Schmierstelle gehört ein besonderes Ventil mit Prüfschraube A und Rückschlagventil B. In dem Raum H vor der Zerstäuberdüse J mischt sich das Öl mit dem

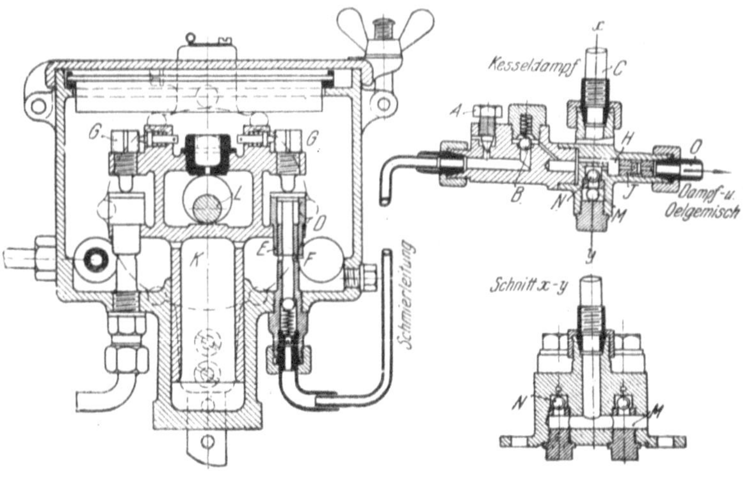

Abb. 387. Schmierpumpe „Wakefield & Co.".

durch Rohr C und Verbindungskanal M geleiteten Kesseldampf. Das Kugelventil N verhindert ein Rückströmen des Dampf-Ölgemisches, das bei O an die Schmierstelle gelangt. Die durch den Dampfstrahl herbeigeführte feine Ölverteilung verhindert Ablagerungen und Verkrustungen des Öles, das sich so gleichmäßig über alle Reibungsflächen verteilt.

Bei der Bauart in Abb. 388 ist der Ölzerstäuber mit der Schmiervorrichtung vereinigt und die Frischdampfleitung selbsttätig abstellbar. Hierdurch wird vermieden, daß durch die nach den Ölzerstäubern führende und bei Stillstand der Lokomotiven nicht abgeschlossene Dampfleitung soviel Dampf in die Zylinder strömt, daß die Lokomotive unter Umständen in Bewegung gerät.

Der von der letzten Kuppelachse abgeleitete Schalthebelantrieb der Pumpe drückt einerseits durch Bewegung der Exzenterwelle J und Pumpenkolben E das Öl in die Tropfkammer, andererseits unter den abgefederten Kolben N, hebt Kugelventil M und gibt so den zum Zerstäuber P führenden Dampfkanal frei. Bei Stillstand der Lokomotive hört die Bewegung der Pumpenkolben E auf, der in B herrschende Überdruck sinkt, die mittels Federkraft herabgedrückte Kolbenstange N gibt den Sitz des Kugelventils M frei und führt so den Dampfabschluß herbei. Die Tropfenzahl läßt sich am Schau-

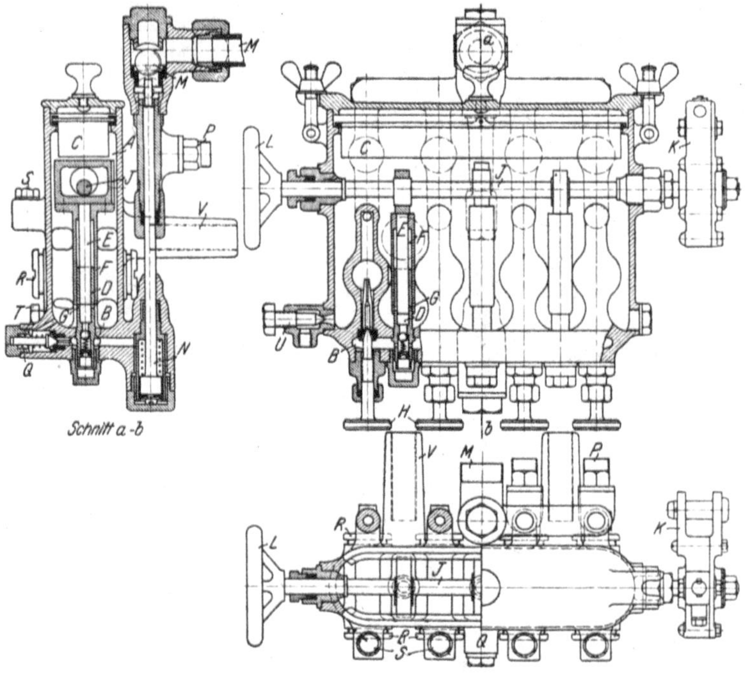

Abb. 388. Schmierpumpe „Wakefield & Co.".

glas R überwachen, die zu fördernde Ölmenge am Ventil H regeln. Überschüssiges, nicht durch die Tropfdüsen abgeführtes Öl tritt durch Ausgleichventil Q in den Ölbehälter A zurück.

δ) Graphitzusatzschmierung.

Außer den in Amerika und England allgemein verwendeten Sichtschmierern findet in Amerika zur Ölersparnis auch **Graphitzusatzschmierung** Verwendung. In besonderen, über der Schmierstelle angeordneten Vorrichtungen wird Graphit in Stückform durch einen von der Schieberstange bewegten Fräser abgefräst und, mit Öl und Dampf vermischt, der Schmierstelle zugeführt.

Die bei der vormals preußischen Staatseisenbahn angestellten Versuche mit Graphitzumischung haben einen Zylinderölverbrauch von 1,5 bis 2 kg auf 1000 Lokomotivkilometer ergeben. Dem von der Pumpe oder Presse geförderten Öl wird durch einen in der Nähe der Schmierstelle sitzenden Mischer Graphit in fein verteilter Form zugemischt. Abb. 389 zeigt solch einen Graphitzumischer, wie sie hauptsächlich von Dicker und Werneburg, sowie von Michalk gebaut werden. Um eine gleichmäßige Graphitzufuhr zu gewährleisten, sind für jede Schmierstelle besondere Mischer vor-

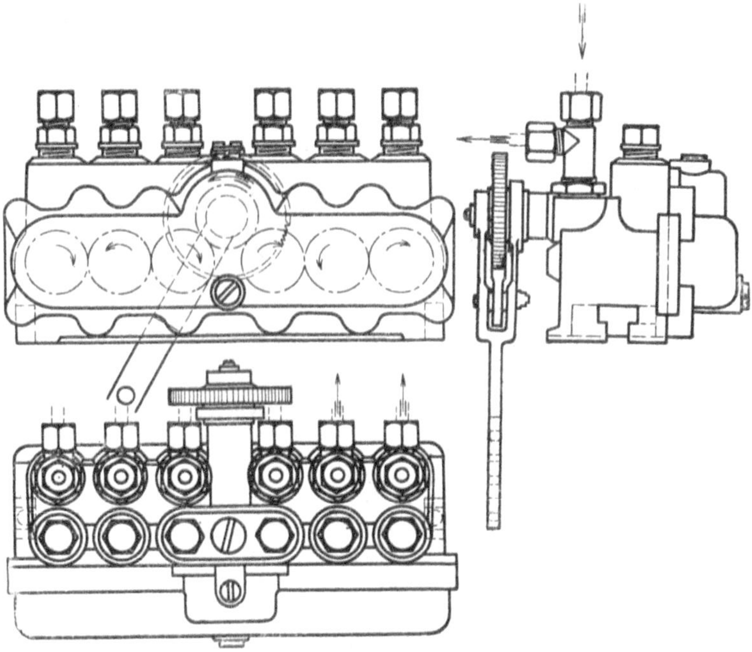

Abb. 389. Graphitzumischer.

gesehen, die untereinander durch Zahnräder verbunden sind und durch Schalthebel von der Schwinge der Lokomotive aus bewegt werden. Der Antrieb von der Schwinge aus erfolgt durch eine gerade Verbindungsstange. Dem verminderten Ölverbrauch entspricht die Ablagerung weniger Rückstände auf den Laufflächen der Schieber. Dabei schließen die geringen, mit dem Schmieröl vermischten Graphitmengen ein Verschmutzen der Schieber und Festsetzen der Kolbenringe aus.

Ausgeführte Lokomotiven und Tender.

A. Allgemeine Bestrebungen im Dampflokomotivbau.

Die Anwendung des Heißdampfes im Lokomotivbetrieb in Verbindung mit Speisewasservorwärmung und Schlammabscheidung und die damit verbundene außerordentliche Steigerung der Leistungsfähigkeit hat bei stetiger Zunahme der Achsdrücke zu einer ständigen Vergrößerung der Lokomotiven geführt. Die zweifach gekuppelte Lokomotive erhält sich nur noch in einigen Ländern mit günstigen Streckenvrhältnissen, z. B. als 2B-Bauart in England, wo sich bei Verfeuerung guter Kohle zusammen mit dem hohen Achsdruck noch hinreichende Leistungen mit diesen einfachen Maschinen erzielen lassen. Allgemein sind für Personen- und Schnellzüge drei und auf ungünstigem Gelände vier gekuppelte Achsen nötig. Bei den mehrfach gekuppelten Maschinen geht das Bestreben dahin, sie für möglichst viele Zwecke verwenden zu können, um so mehr als die Ereignisse der letzten Jahre die Wirtschaftlichkeit der Bahnen außerordentlich beeinflußt haben.

Im schweren Güterzugdienst bilden Lokomotiven der 1D- und 1E-Bauart die Regel. Bei den Tenderlokomotiven herrscht größere Vielseitigkeit, da diese besonderen Zwecken dienen sollen. Auch hier hat der Bau großer, leistungsfähiger Tenderlokomotiven bedeutende Fortschritte gemacht. Gebräuchlich sind 1C1-, 2C2-, 1D1- und neuerdings 1E1-Bauarten, d. h. meist solche mit gleicher Laufachsanordnung vorn und hinten, wodurch gleich gute Lauffähigkeit in beiden Richtungen gewährleistet ist. Trotz der Fortschritte im Bau vielfach gekuppelter Lokomotiven für krümmungsreiche Bahnstrecken finden auch Gelenklokomotiven Verwendung. Bevorzugt wird die Mallet-Bauart, die bei den großen verlangten Leistungen amerikanischer Lokomotiven die einfachste Lösung guter Krümmungsläufigkeit zuläßt.

Die zunehmende Größe und gleichzeitig geforderte Wirtschaftlichkeit bedingte natürlich eine größere Vielteiligkeit. Zur Vermeidung übergroßer Zylinder- und Triebwerksabmessungen und zur Erzielung ruhigen Laufes bei großen Geschwindigkeiten ging man in Europa vorzugsweise zum Bau von Mehrzylinderlokomotiven über.

Die hierdurch vermehrten Abkühlungs- und Drosselverluste, sowie die Möglichkeit erhöhter Dampflässigkeit der vier Dampfzylinder hatten jedoch allgemein einen gesteigerten Brennstoffverbrauch zur Folge. Auch der Übergang zu doppelter Dampfdehnung hat eine wesentliche Verbesserung der Wärmeausnutzung und Erhöhung der Leistungsfähigkeit im Vergleich zu einfacher Dampfdehnung nicht ergeben. Dies führte zum Bau von Dreizylinderlokomotiven, wobei die einfachere Kropfachse mitentscheidend gewesen sein mag, die mit größerer Einfachheit bei der Herstellung, größere Haltbarkeit im Betriebe gegenüber doppelt gekröpften Achsen der Vierzylinderlokomotiven verbindet.

Die vergrößerten Kesselabmessungen führten zum Bau immer größerer Rostflächen. Bei Anwendung breiter, bzw. trapezförmiger, über den Rahmen hinausgehender Roste bietet der Barrenrahmen, wegen geringerer Bauhöhe, gegenüber dem Blechrahmen bauliche Vorteile. Gleichzeitig ermöglicht er bessere Zugänglichkeit der innerhalb des Rahmens liegenden Triebwerksteile.

Schwere Zylindergußstücke, insbesondere bei Mehrzylinderlokomotiven, und die Erzielung besserer Führung bei höheren Geschwindigkeiten machen die Anwendung einer vorderen Laufachse erforderlich. Bei Güterzuglokomotiven sind meist in Deichselgestellen gelagerte Laufachsen, bei Personen- und Schnellzuglokomotiven Lenkachsen in Verbindung mit der ersten Kuppelachse oder zweiachsige Drehgestelle gebräuchlich. Von zu großem und zu kleinem Triebraddurchmesser ist man bei Neubauten abgegangen.

Neuerdings wird der Durchbildung wichtiger Einzelteile besondere Beachtung beigemessen, und es gewinnen die technischen und wirtschaftlichen Vorteile des „Einheitsbaues" mehr und mehr an Bedeutung. Bei der Herstellung einzelner Bauteile wird auf die Einhaltung einheitlicher Normen und Passungen besonderer Wert gelegt. Hierdurch ist es möglich, bei eiliger Ausbesserung, jeden Teil gegen einen entsprechenden Ersatzteil von einer anderen Lokomotive oder von einer anderen Firma auszutauschen.

B. Lokomotiven der deutschen Reichsbahn.

Um zum Ziel der Vereinheitlichung der Reichsbahnlokomotiven zu gelangen, um also „Einheitsbauarten" zu schaffen, war zunächst zu entscheiden, inwieweit bereits vorhandene Bauarten für den Gesamtbereich der Reichsbahnen zur Beschaffung empfohlen werden könnten. Ferner ist nachzuprüfen, ob für bestimmte Zwecke neue Bauarten erforderlich sind, die dann erst auf Grund der vorliegenden Erfahrungen nach etwa zu stellenden Forderungen entworfen werden müßten. Man will von wenigen neu aufzustellenden Bauarten als Grundformen ausgehen und daraus alle erforderlichen Lokomotivgattungen entwickeln, so daß durch entsprechende Änderung der Achszahl und Baulängen die übrigen Hauptabmessungen und wesentlichen Einzelheiten für alle abgeleiteten Bauarten die gleichen bleiben.

1. Lokomotiven mit Schlepptender.

a) Schnellzuglokomotiven (kleinster Triebraddurchm. 1800 mm).

2C-Heißd.-Vierzyl.-Verb.-S-L. Gattung $S_{10}{}^{1}$ Preußen (Henschel & Sohn 1914).

Abb. 390/391. Tafel II, Reihe 11.

Hauptabmessungen: $\frac{400}{610} \times 660/1980$ $H_w + H_ü = 161,22 + 58,5$
$R = 3,12$ $G_L = 84,2$ $G_r = 52,0$. Lok. und Tender: $G_{L+T} = 153,3$. Achsstand 17 470, über Puffer 20 910.

Allgemeines: Erstmalig geliefert 1911 von Henschel-Cassel; 1914 verstärkt, mit Vorwärmer ausgerüstet. Bei Versuchsfahrten wurden Geschwindigkeiten von 110 km/st anstandslos erreicht, und vorübergehende Höchstleistungen von 2000 PS_i mit Vorwärmer, von 1800 PS_i ohne Vorwärmer erzielt. Größte Dauerleistungen 1800 bzw. 1570 PS_i. Wirtschaftliche Durchschnittsleistungen ergaben sich zu 1280 PS_i mit, zu 1148 PS_i ohne Vorwärmer bei mittleren Rostanstrengungen von 450 kg Kohle auf 1 qm Rostfläche. Höchstgeschwindigkeit 110 km/st.

Kessel: Zylindrisch. Mitte über S. O. 2900. Rohrlänge 4900. Großrohrüberhitzer „Schmidt" vierreihig. Auflagerung: vorn Zylindersattel und Rauchkammerstreben, Mitte 2 Pendelbleche, hinten Gleitschuhe an der Feuerbüchse, Schlingerstück mit Gleitlager am Bodenring unter Stehkesselrückwand.

Langkessel: 2 Schüsse, hinterer 1599 l. W., Blechstärke 17,5, vorderer 1634 l. W., Blechstärke 18. Dom auf vorderem Schuß. Ventilregler „Sch. u. W."

Hinterkessel: Schmal zwischen den Rahmenblechen, mit geneigter Vorder- und Rückwand. Stehkessel: Seiten 15, Vorderwand 17, Rückwand 16, halbrunde Decke 22. Feuerbüchse Kupfer, Decke, Seiten, Rückwand 15, Rohrwand 27, Krebstiefe 991. Rost geneigt, dreifeldrig, 3000 × 1040.

Rauchkammer: Länge 2100, l. W. 1710, Blechstärke 15, Rohrwand 26. Blasrohr 145 l. W., Steg 8 für oberschles., 13 für westf. Kohle. Seitliche Nischen für Luft- und Wasserpumpe.

Rahmen: Vereinigter Blech- und Barrenrahmen; hinten Blechrahmen 25 stark, Lichtmaß 1260, vorn Barrenrahmen 100 stark, durch Streben mit Rauchkammer verankert. Federn der 2. und 3. Kuppelachse durch Längsausgleicher verbunden.

Räder- und Triebwerk: $K \underset{15}{\overset{\perp}{T}} t \underset{40}{\overset{\frown}{L\,L}}$. De Glehn. Zylinder in einer Ebene, Kurbeln einer Seite um 180° versetzt. H.-Z. außen wagerecht, N.-Z. innen unter 1 : 11,89 geneigt. Außen $\frac{l}{r} = \frac{3300}{330} = 10$, innen $\frac{l}{r} = \frac{2000}{330} = 6{,}06$. 2 Gußstücke. Kolbenschieber für H.-Z. 220 Durchm. mit innerer, für N.-Z. 300 Durchm. mit äußerer Einströmung. Heusingersteuerung außen mit Kuhn'scher Schleife, Übertragungswelle nach innen. Füllungs-

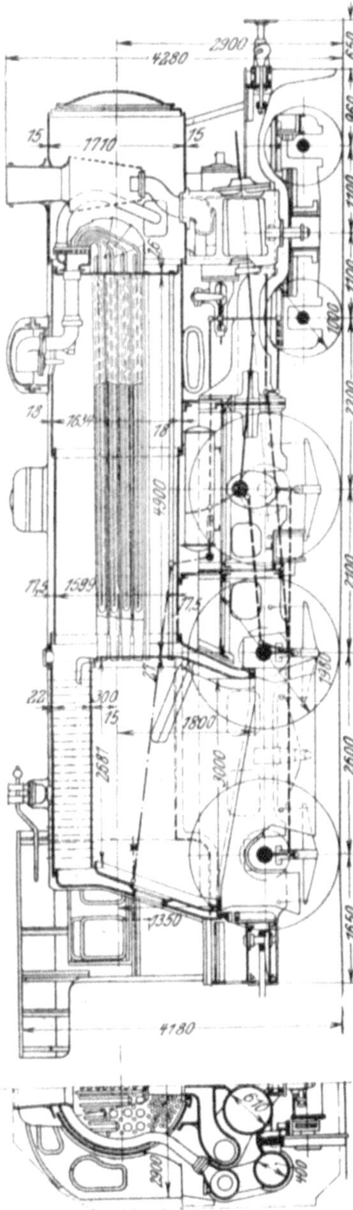

Abb. 390/391. 2C-Heißdampf-Vierzylinder-Verbund-S-Lokomotive Gattung $S_{10}{}^{1}$ (Preußen).

unterschied bei meist gebrauchten Füllungen etwa 5%. Beim Anfahren strömt durch geöffneten H.-Z.-Druckausgleich Dampf in die N.-Z.

B r e m s e: Selbsttätige Luftdruckbremse „Westinghouse" bzw. „Knorr" mit Zusatzbremse. Erste Kuppelachse von vorn, 2. u. 3. von hinten einseitig gebremst. Laufachsen einseitig von innen mit besonderem Bremszylinder gebremst. Zweistufige Knorr-Luftpumpe.

A u s r ü s t u n g: U. a. Speisewasservorwärmer „Knorr", 13,4 qm Heizfläche, Speisewasserpumpe „Knorr", 1 Dampfstrahlpumpe, Preßluftsandstreuer „Knorr", Schmierpumpe, Geschwindigkeitsmesser „Deuta", Dampfheizung, teils Pop-, teils Ramsbottomventile. Rauchminderung „Marcotty".

T e n d e r: 4 T $\frac{31,5}{7}$. 2 Drehgestelle. Kunze-Knorr- und Exter'sche Wurfhebelbremse wirkt auf alle Räder doppelseitig. Leergewicht 24,8, Dienstgewicht 64,1. Ges. Achsstand 5800.

2C-Heißd.-Drilling-S-L. Gattung S_{10}^2 **Preußen** (Vulcan 1914).

Abb. 392/393. Tafel II, Reihe 12.

H a u p t a b m e s s u n g e n: 500 × 630/1980 $H_w + H_ü = 153,09 + 61,5$ $R = 2,82$ $G_L = 80,0$ $G_r = 51,4$. Lok. und Tender: $G_{L+T} = 144,1$. Achsstand 17 470, über Puffer 20 950.

A l l g e m e i n e s: Für den Bau war der Fortfall der zweifach gekröpften Triebachse, das geringere Gewicht, und der niedrigere Herstellungspreis bestimmend. Weitere Vorteile der Dreizylinderlok.: bessere Feueranfachung, gleichmäßigeres Drehmoment bei 120° Kurbelversetzung, gutes Anfahren. Versuchsweise mit Gleichstromzylindern nach „Stumpf" ausgerüstet. Bei Versuchsfahrten mit „L. 1201 Halle" wurde ein Zug von 73 Achsen (696 t ohne L. u. Tender) mit meist über 100 km/st befördert. Durchschnittsleistung am Tenderzughaken betrug hierbei 1121 PS, was rd. 1550 PS_i entspricht. Auf den letzten 30 km betrug die Leistung sogar 1400 PS am Tenderzughaken und 1750 PS_i. Der Lauf der L. war bis zu der größten erreichten Geschwindigkeit von 116 km/st ebenso ruhig wie bei einer Vierzylinderlok. Es wurden 650 kg Kohle auf 1 qm Rostfläche stündl. verfeuert und 70,5 kg Wasser auf 1 qm Verdampfungsheizfläche stündl. verdampft. Höchstgeschwindigkeit 110 km/st.

K e s s e l: Zylindrisch. Mitte über S. O. 2800. Rohrlänge 4900. Großrohrüberhitzer „Schmidt" vierreihig. Auflagerung: vorn Zylindersattel, Mitte 2 Pendelbleche, hinten Gleitschuhe an der Feuerbüchse, Schlingerstück mit Gleitlager am Bodenring.

Langkessel: 2 Schüsse, und zwar hinterer 1600, vorderer 1568 l. W., Blechstärke 16. Dom auf hinterem Schuß. Ventilregler „Sch. u. W."

Hinterkessel: Schmal zwischen den Rahmenblechen, mit geneigter Rückwand. Stehkesselmantel: Seiten 16, halbrunde Decke 20, Feuerbüchse Kupfer, Decke, Seiten, Rückwand 16, Rohrwand 26. Rost geneigt, zweifeldrig, 2800 × 1010.

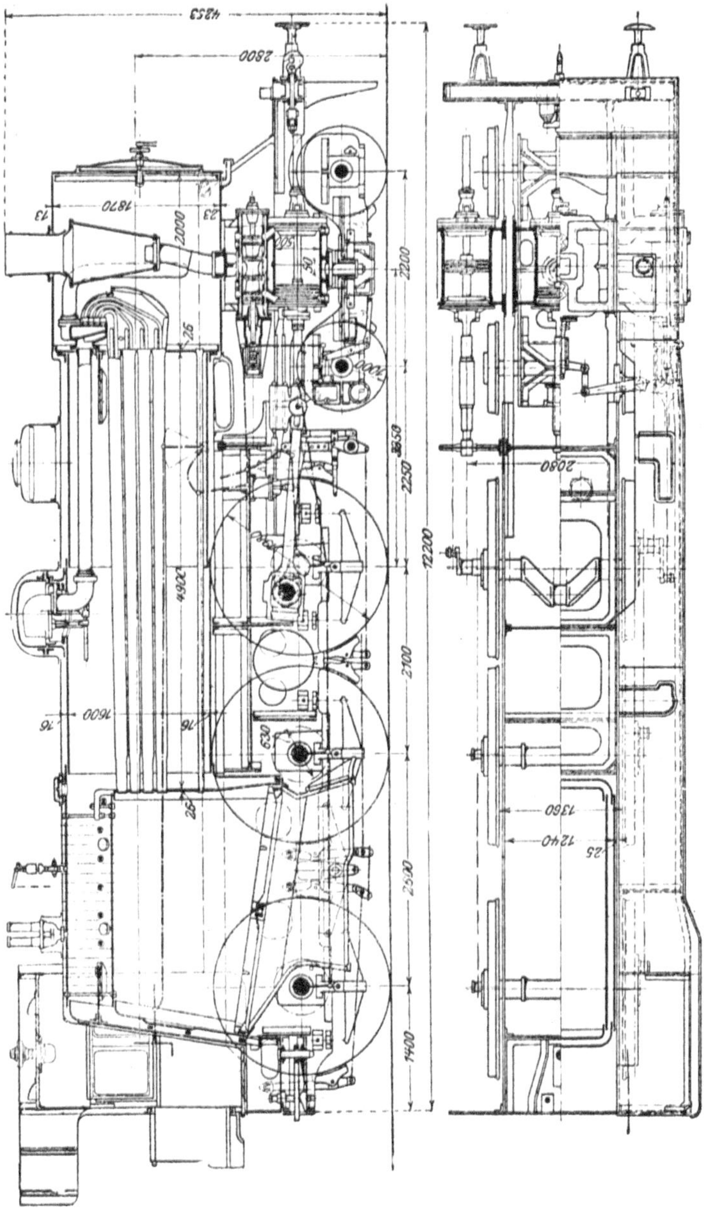

Abb. 392. 2C-Heißdampf-Drilling-S-Lokomotive Gattung S_{10}^{2} (Preußen).

Rauchkammer: Durch Winkelring mit Kessel verbunden, Länge 2000, l. W. 1870, Blechstärke oben 13, unten 23, Rohrwand 26. Blasrohr 140 l. W., dessen Oberkante 100 unter Kesselmitte.

Rahmen: Vereinigter Blech- und Barrenrahmen; hinten Blechrahmen 25 stark, Lichtmaß 1240, vorn Barrenrahmen 100 stark. Federn der 2. u. 3. Kuppelachse durch Längsausgleicher verbunden.

Räder- und Triebwerk: $K\,\overset{\perp}{\underset{15}{K}}\,T\,\overset{\frown}{L\,\underset{40}{L}}$. Zylinder in einer Ebene wagerecht, Kurbelversetzung 120°. 3 Gußstücke. Schädliche Räume vorn 10,8%, hinten 10,05%, bei 10 bzw. 15 mm Spiel zwischen Kolben und Deckel. Heusingersteuerung außen, Übertragungshebel nach innen. Kolbenschieber mit innerer Einströmung, 220 Durchm. Hin- und hergehende Triebwerksmassen mit 35% ausgeglichen. $\frac{l}{r} = \frac{2080}{315} = 6{,}6$.

Bremse: Selbsttätige Luftdruckbremse „Knorr" wirkt auf Kuppelräder zweiseitig, auf Laufräder mit besonderem Bremszylinder einseitig von innen. Zusatzbremse für Kuppelräder mit 182% des Raddruckes. Zweistufige Knorr-Luftpumpe.

Ausrüstung: U. a. Speisewasservorwärmer „Knorr", 13,6 qm Heizfläche, Speisewasserpumpe „Knorr", 1 Dampfstrahlpumpe, Preßluftsandstreuer „Knorr", Schmierpumpe, Geschwindigkeitsmesser „Deuta", Dampfheizung, Sicherheitsventile „Ramsbottom", Rauchminderung „Marcotty".

Tender: 4 T $\frac{31{,}5}{7}$. Vgl. Abschnitt „Tender".

1C1-Heißd.-Zw.-S-L. Gattung **Oldenburg** (Hanomag 1917).

Abb. 394. Tafel II, Reihe 22.

Hauptabmessungen: 580 × 630/1980 $H_w + H_ü = 145{,}6 + 41{,}0$ $R = 3{,}0$ $G_L = 72{,}0$ $G_r = 46{,}5$. Lok. und Tender: $G_{L+T} = 121{,}5$. Achsstand 17 010.

Allgemeines: Erste 1C1-L. mit 1980 mm Triebraddurchm. (gegen früher höchstens 1850 mm), für Oldenburg erste Heißdampf-L; durchläuft kleinste Krümmungen von 140 m Halbmesser bei 24 mm Spurerweiterung (Weiche 1 : 7). Höchstgeschwindigkeit 100 km/st.

Kessel: Zylindrisch. Mitte über S. O. 2850. Rohrlänge 5200. Großrohrüberhitzer „Schmidt" vierreihig. Auflagerung: vorn Rauchkammerträger, Mitte Steuerungsträger, 1 Pendelblech, hinten Gleitschuhe an der Feuerbüchse.

Langkessel: 2 Schüsse, und zwar hinterer 1540, vorderer 1571 l. W., Blechstärke 15,5. Dom auf vorderem Schuß. Flachschieberregler. Im vorderen Schuß Längsnaht auf 300 mm geschweißt.

Hinterkessel: Breit über dem Rahmen, mit allseits geneigten Wänden. Stehkesselmantel: Seiten-, Rück-, Vorderwand 16, halbrunde Decke 20. Feuerbüchse Flußeisen, Seiten, Decke,

Rückwand 11, Rohrwand 15. Stehbolzen Flußeisen, Schaftstärke 20 bei 80 Teilung. Tiefe vorn 1914. Rost geneigt, zweifeldrig, 1881 × 1610, mit flußeisernen Roststäben 90 × 15 bei 16,25 Spaltbreite.

Abb. 393. 2C-Heißdampf-Drilling-S-Lokomotive Gattung S_{10}^{2} (Preußen).

Abb. 394. 1C1-Heißdampf-Zwilling-S-Lokomotive (Oldenburg).

Rauchkammer: Länge 2050, l. W. 1630, Blechstärke oben 12, unten 15, Rohrwand 26.

Rahmen: Blechrahmen, zweiteilig, 28 stark, vor dem Hinterkessel zusammengesetzt, Lichtmaß vorn 980, im Hauptrahmen 1080, hinten 1024. Federn der 1. u. 2., sowie die der 3. bis 5. Achse durch Längsausgleicher verbunden.

Räder- und Triebwerk: $\overset{\frown}{L}\underset{60}{K}\overset{\perp}{\underset{10}{T}}\underset{80}{K}\overset{\frown}{L}$. Vorn u. hinten Adamsachse mit Rückstellung durch Blattfedern. Zylinder außen wagerecht. Heusingersteuerung mit Hubkurvenstange u. Lentz-Ventilen. Einlaßventile 165 l. W. außen, Auslaßventile 190 l. W. innen, alle durch Zylinderüberdruck auf Schließen beansprucht, gleiche Federn, nur Vorspannung für Ein- und Ausströmung verschieden.

Bremse: Selbsttätige Luftdruckbremse „Knorr" wirkt auf alle Kuppelräder einseitig von vorn mit 72% von Gr. Zweistufige Knorr-Luftpumpe.

Ausrüstung: U. a. Speisewasservorwärmer von 13,5 qm Heizfläche vorn zwischen den Laufachsfedern unter einem Trittblechaufbau, vorn seitlich an der Rauchkammer Speisewasserpumpe „Knorr", Stoßventil „Schneider" zur Verhütung des Kaltspeisens bei geschlossenem Regler, Schmierpumpe „Friedmann", Preßluftsandstreuer „Knorr", Geschwindigkeitsmesser „Haußhälter", Dampfheizung, Sicherheitsventile „Ramsbottom".

Tender: 4 T $\frac{20}{6}$. 2 Drehgestelle. Luftdruckbremse „Knorr" und Spindelbremse, Abbremsung sämtlicher Räder doppelseitig mit 70% bei allen Vorräten; mittlerer Aufbau für Kohlen nach preußischer Ausführung. Raddurchmesser 1000, Leergewicht 23,5, Dienstgewicht 49,5. Ges. Achsstand 4600.

2C1-Heißd.-Drilling-S-L. Gattung XVIII H Sachsen

(Hartmann-Chemnitz 1917).

Abb. 395 u. 397. Tafel II, Reihe 20.

Hauptabmessungen: 500 × 630/1905 $H_w + H_ü = 215{,}4 + 72{,}0$ $R = 4{,}50$ $G_L = 93{,}5$ $G_r = 50{,}5$. Lok. und Tender: $G_{L+T} = 155{,}3$. Achsstand 18 597, über Puffer 22 222.

Allgemeines: Größte Ausnutzung der Triebkraft ist 10 000 kg Zugkraft am Radumfang bei rd. 40 km/st mit etwa 30% Füllung, wobei sich etwa 1480 PS ergeben. Höchstleistung etwa 1800 PS. Höchstgeschwindigkeit 100 km/st.

Kessel: Vorn zylindrisch, hinten kegelförmig. Mitte über S. O. 2950. Rohrlänge 5500. Großrohrüberhitzer „Schmidt" vierreihig.

Langkessel: 3 Schüsse, und zwar 2 lange und 1 kurzer anschließend an die Rauchkammer; hinterer Schuß kegelförmig, und zwar 1790 größte l. W., Blechstärke 18; mittlerer zylindrischer Schuß hat 1696, vorderster 1730 l. W., beide haben Blechstärke 17. Dom auf hinterem Schuß. Ventilregler „Sch. u. W."

Hinterkessel: Breit über dem Rahmen, mit allseits geneigten Wänden. Stehkesselmantel: Seiten und halbrunde Decke 16,5. Feuerbüchse Flußeisen, Seiten, Decke, Rückwand 13, Rohrwand 16. Krebstiefe 900. Rost geneigt, dreifeldrig, 2150 × 2100, Kipprost in der Mitte.

Rauchkammer: Länge 2850, l. W. 1764, Blechstärke 15. Rohrwand 26. Blasrohr 180 l. W., dessen Oberkante 50 unter Kesselmitte.

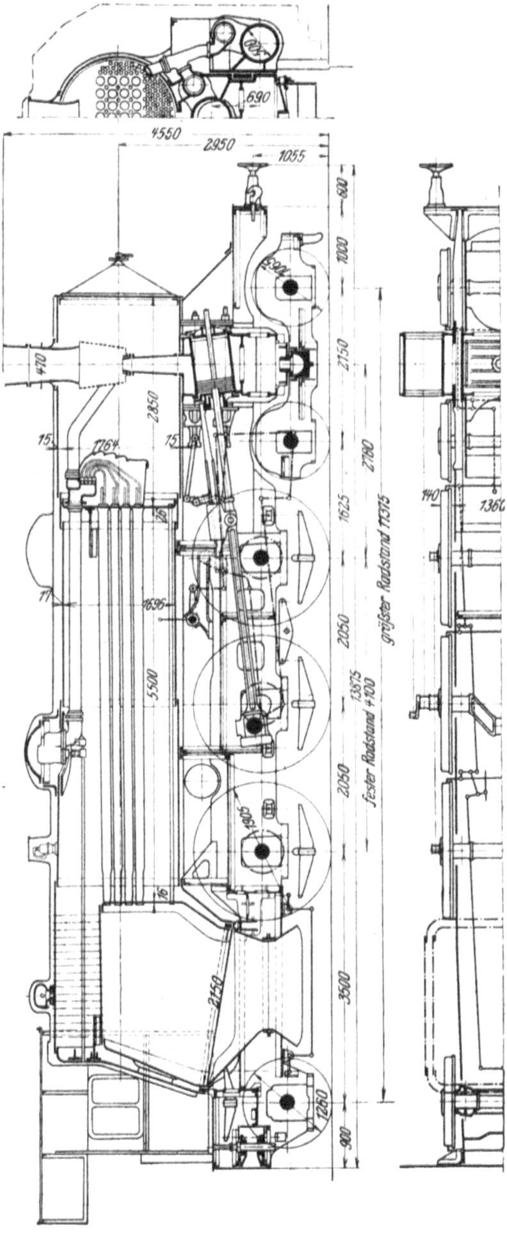

Abb. 395. 2C1-Heißdampf-Drilling-S-Lokomotive (Sachsen).

R a h m e n : Vereinigter Blech- und Barrenrahmen; hinten Blechrahmen 30 stark, Lichtmaß 1240, bei Schleppachse auf 1108 eingezogen und niedriger gehalten, vorn Barrenrahmen 120 stark, Lichtmaß 1040, mit vorn auf 40 mm Stärke ausgeschmiedeten Platten. Drehgestellrahmen 22 stark, Lichtmaß 940. Federn der 3. u. 4., sowie die der 5. u. 6. Achse durch Längsausgleicher verbunden.

R ä d e r - u n d T r i e b w e r k : $\underset{60}{\bar{L}}$ K T K $\underset{38}{\widehat{L\ L}}$. Hinten Adamsachse. Zylinder in einer Ebene, die äußeren wagerecht, der innere unter 1 : 8,33 geneigt. $\frac{1}{r} = \frac{3000}{315} = 9{,}52$. Heusingersteuerung außen mit Übertragungswelle nach innen. Kolbenschieber 250 Durchm. mit innerer Einströmung, breite Ringe nach „Fester".

B r e m s e : Selbsttätige Luftdruckbremse „Westinghouse" wirkt auf alle Räder einseitig. Drehgestell mit besonderem Bremszylinder. Zweistufige Luftpumpe.

Abb. 396. Heißdampf-Vierzylinder-Verbund-S-Lokomotive (Bayern).

A u s r ü s t u n g : U. a. Speisewasservorwärmer „Knorr", 16 qm Heizfläche, quer zum Kessel zwischen 4. u. 5. Achse, Speisewasserpumpe „Knorr", 2 Dampfstrahlpumpen „Friedmann", Hand- und Preßluftsandstreuer „Oelert", Schmierpumpe „Michalk", Geschwindigkeitsmesser „Haußhälter", Dampfheizung, 2 Popventile.

T e n d e r : 4 T $\frac{31}{7}$. Die beiden vorderen Achsen im Drehgestell, die beiden hinteren fest im Rahmen. Westinghouse- u. Handbremse wirken auf alle Räder doppelseitig. Leergewicht 24,3, Dienstgewicht 61,8. Ges. Achsstand 4700.

2C1-Heißd.-Vierzyl.-Verb.-S-L. Gattung **S $^3/_6$ Bayern** (Maffei 1908). Abb. 396. Tafel II, Reihe 13.

H a u p t a b m e s s u n g e n : $\frac{425 \times 610}{650 \times 670}/1870$ $H_w + H_ü = 218{,}4 + 50{,}0$ $R = 4{,}50$ $G_L = 86{,}5$ $G_r = 48{,}0$. Lok. und Tender: $G_{L+T} = 151{,}5$. Achsstand 18 842, über Puffer 22 095.

Allgemeines: Erstmalig 1908 von Maffei mit 1870 Triebraddurchmesser geliefert, ab 1911 in Anlehnung an die ältere Bauart mit 2000 Triebraddurchmesser ausgeführt (Reihe 14). Später wieder mit 1870 Triebraddurchmesser nachgeliefert. Schleppleistung: befördert einen 400 t-Zug in der Ebene mit 120 km/st, auf Steigung 1 : 200 mit 90 km/st und auf Steigung 1 : 100 mit 60 km/st, was einer Zylinderleistung von 2500 PS entspricht. Für kleinsten Krümmungshalbmesser von 180 m. Führerhaus und Rauchkammertür mit Windschneiden. Höchstgeschwindigkeit 120 km/st.

Abb. 397. 2C1-Heißdampf-Drilling-S-Lokomotive (Sachsen).

Kessel: Zylindrisch. Mitte über S. O. 2855. Rohrlänge 5255. Großrohrüberhitzer „Schmidt" dreireihig. Auflagerung: vorn H.-Z. Gußstück, Mitte H.-Z.-Gleitbahnträger, 2 Pendelbleche, hinten Gleitschuhe an der Feuerbüchse.

Langkessel: 3 Schüsse, hinterer und vorderer 1700, mittlerer 1664 l. W., Blechstärke 18. Dom auf vorderem Schuß. Ventilregler.

Hinterkessel: Breit über dem Rahmen, mit allseits geneigten Wänden. Krebstiefe 750. Rost geneigt, dreifeldrig, 2112 × 2130.

Rauchkammer: L. W. 1736, Blechstärke 12, Rohrwand 26.

Rahmen: Barrenrahmen, dreiteilig, 100 stark, Lichtmaß 1060, hinten eingezogen. Federn der 3. u. 4., sowie die der 5. u. 6. Achse durch Längsausgleicher verbunden.

Räder- und Triebwerk: L K T K L L. Hinten Adamsachse.
65 7 70

Zylinder in einer Ebene, dreiteiliges Gußstück, als Sattelträger für Rauchkammer ausgebildet, innen H.-Z. geneigt, mit Schieberkästen zusammengegossen, beiderseits wagerechte N.-Z. mit zugehörigen Schieberkästen. Heusingersteuerung außen mit Übertragungswelle nach innen. Kolbenschieber 290 Durchm., für H.-Z. mit innerer, für N.-Z. mit doppelter äußerer Einströmung.

Bremse: Selbsttätige Westinghouse-Luftdruckbremse wirkt auf alle Räder einseitig. Zweistufige Luftpumpe.

Ausrüstung: U. a. Speisewasservorwärmer, Speisewasserpumpe, Schmierpumpe, Geschwindigkeitsmesser „Haußhälter", Dampfheizung, Popventile.

Tender: 4 T$\frac{32}{8,5}$: Wasserkasten als Träger ausgebildet. Die beiden vorderen Achsen im Drehgestell, die beiden hinteren fest im Rahmen. Westinghouse- u. Handbremse. Raddurchmesser 1006. Leergewicht 23,5, Dienstgewicht 65,0. Achsstand: fest 1450, Drehgestell 1900, gesamt 5375.

2C1-Heißd.-Vierzyl.-Verb.-S-L. Gattung **IVh Baden** (Maffei 1919).

Abb. 398/399. Tafel II, Reihe 16.

Hauptabmessungen: $\frac{440}{680} \times 680/2100$ $H_w + H_ü = 224{,}8 + 77{,}6$ $R = 5{,}0$ $G_L = 96{,}0$ $G_r = 53{,}0$ Lok und Tender: $G_{L+T} = 158{,}97$. Achsstand 19 440, über Puffer 23 045.

Allgemeines: Soll 52 Achsen von 525 t Nutzgewicht in der Ebene bei Gegenwind von 5 bis 6 m/sek mit dauernd 100 km/st und auf einer 4 km langen Steigung von 5,38 ‰ mit 70 km/st befördern.

Kessel: Mitte über S. O. 2900. Rohrlänge 5200. Großrohrüberhitzer „Schmidt" vierreihig. Auflagerung: vorn Zylindersattel, Mitte 2 Pendelbleche, hinten Gleitschuhe an der Feuerbüchse.

Langkessel: 2 zylindrische, 1 kegelförmiger Schuß, und zwar hinten 1776 größte l. W., Blechstärke 19; mittlerer Schuß 1700, vorderer 1737 l. W., Blechstärke 18,5. Dom auf vorderem Schuß. Ventilregler.

Hinterkessel: Breit über dem Rahmen, mit allseits geneigten Wänden. Stehkessel mit halbrunder Decke, aus einem Stück mit Seitenwänden, Blechstärke 17. Feuerbüchse Flußeisen, Mantel aus einem Stück, Blechstärke 11, Rückwand 11, Rohrwand 14. Rost geneigt, dreifeldrig, 2270 × 2210, Kipprost in der Mitte.

Rauchkammer: Länge 3280, l. W. 1842, Blechstärke 14, Rohrwand 26. Verstellbares Düsenblasrohr, dessen Oberkante in Kesselmitte.

Rahmen: Barrenrahmen, dreiteilig, hinten 80 stark, Lichtmaß 900; Mitte 100 stark, Lichtmaß 1060. Federn der 3. und 4. sowie die der 5. und 6. Achse durch Längsausgleicher verbunden.

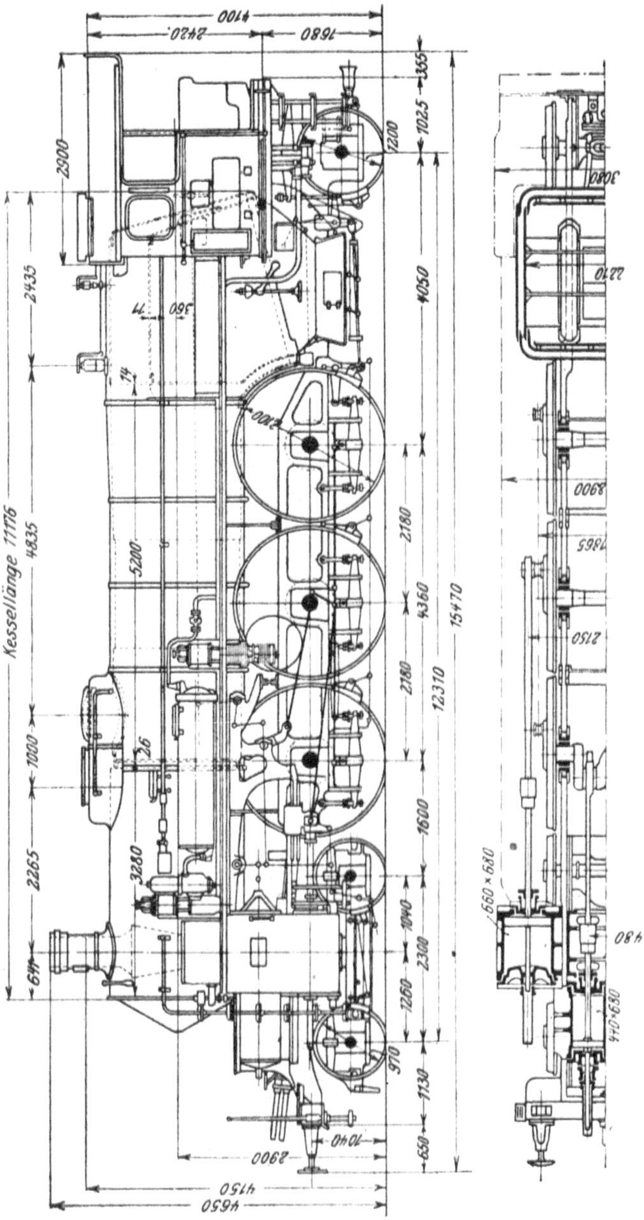

Abb. 398. 2C1-Heißdampf-Vierzylinder-Verbund-S-Lokomotive (Baden).

Räder und Triebwerk: $\overline{L}$ K $\overset{\perp}{T}$ t $\widehat{L\ L}$. Hinten seitlich verschiebbare Achse. Kuppelachsen durchbohrt. N.-Z. außen wagerecht, H.-Z. innen geneigt, H.-Z. in einem Gußstück, Mitte 60 über Kurbelachse. Entfernung der H.-Z.-Mitten 480, die der N.-Z.-Mitten 2150 voneinander. Kurbeln einer Maschinenseite um 185° 5'. 48", beide Seiten um 90° versetzt. Heusingersteuerung außen, Kolbenschieber mit einfacher Einströmung, für H.-Z. innere, für N.-Z. äußere, auf gemeinsamer Stange.

Bremse: Selbsttätige Luftdruckbremse „Knorr" wirkt auf alle Räder einseitig. Zweistufige Knorr-Luftpumpe.

Ausrüstung: U. a. Speisewasservorwärmer „Knorr", Speisewasserpumpe „Knorr", Schmierpumpe, Preßluftsandstreuer, Geschwindigkeitsmesser „Haußhälter", Dampfheizung, Popventile.

Tender: 4 T $\frac{29,6}{9}$. Die beiden vorderen Achsen im Drehgestell, die beiden hinteren fest im Rahmen. Leergewicht 24,5, Dienstgewicht 63,0. Ges. Achsstand 4850.

1D1-Heißd.-Vierzyl.-Verb.-S-L. Gattung XX HV Sachsen (Hartmann-Chemnitz 1918).

Abb. 400/401. Tafel II, Reihe 21.

Hauptabmessungen: $\frac{480}{720} \times 630/1905$ $H_w + H_ü = 226,6 + 74,0$ $R = 4,50$ $G_L = 100,0$ $G_r = 68,0$. Lok. und Tender: $G_{L+T} = 161,8$. Achsstand 19 182, über Puffer 22 632.

Allgemeines: Soll S-Züge von 430 t Wagengewicht auf langen Steigungen von 1 : 100 mit 65 km/st im Beharrungszustand und in der Ebene mit 100 km/st befördern. Höchstgeschwindigkeit 100 km/st.

Kessel: Zylindrisch. Mitte über S. O. 2950. Rohrlänge 5800. Großrohrüberhitzer „Schmidt" vierreihig. Auflagerung: vorn H.-Z.-Gußstück, Mitte H.-Z.-Gleitbahnträger, 3 Pendelbleche, hinten Gleitschuhe an der Feuerbüchse.

Langkessel: 3 Schüsse, und zwar 2 lange und 1 kurzer, anschließend an die Rauchkammer, hinterer Schuß 1790 l. W., mittlerer 1754 l. W., vorderer 1790 l. W., Blechstärke 18. Dom auf mittlerem Schuß. Ventilregler „Sch. u. W."

Hinterkessel: Breit über dem Rahmen, mit allseits geneigten Wänden. Stehkessel mit halbrunder Decke, Blechstärke 16,5. Feuerbüchse Flußeisen, Decke, Seiten, Rückwand 13, Rohrwand 16. Krebstiefe 790. Rost geneigt, dreifeldrig, 2150 × 2100, Kipprost in der Mitte.

Rauchkammer: Länge 2965, l. W. 1826, Blechstärke 15, Rohrwand 26. Blasrohr 160 l. W., dessen Oberkante in Kesselmitte.

R a h m e n : Barrenrahmen 104 stark, hinten auf 40 Stärke ausgeschmiedet, Lichtmaß durchweg 1070. Federn der Laufachsen mit denen der benachbarten Kuppelachsen durch Längsausgleicher verbunden, ebenso die der 2. und 3. Kuppelachse.

Abb. 299. 2C1-Heißdampf-Vierzylinder-Verbund-S-Lokomotive (Baden).

Abb. 400. 1D1-Heißdampf-Vierzylinder-Verbund-S-Lokomotive (Sachsen).

R ä d e r u n d T r i e b w e r k : $\underset{60}{\widehat{\text{L}}}\ \text{K}\ \text{K}\ \text{T}\ \underset{20\ 57}{\overline{\text{K}}}\ \underset{100}{\overline{\text{L}}}$. Vorn Krauß-Helmholtz-Drehgestell, hinten Adamsachse. Kropfachse mit „Frémont"-Aussparungen, Trieb-, Kuppel- und hintere Laufachse durchbohrt. Zylinder in einer Ebene, N.-Z. außen wagerecht, H.-Z. innen unter 1 : 8,61 geneigt. $\frac{1}{r} = \frac{2200}{315} = 6{,}98$. Heusingersteuerung, mit Verbesserung von „Lindner". Übertragung der Schwingenbewegung von Niederdrucksteuerung durch Welle auf die Hochdruckschieber; zur Bewegung von Deckung und Voreilung besondere Voreilhebel bei der Hoch- und Niederdrucksteuerung. An dem Voreilhebel der Hochdrucksteuerung ist der Nachfüllschieber angekuppelt. Kolbenschieber (250 Durchm. beim H.-Z. und 300 beim N.-Z.) haben einfache Ein- und Ausströmung, und zwar beim Hochdruck innen, beim Niederdruck außen. Dichtungsringe Bauart „Fester".

Bremse: Selbsttätige Westinghouse-Luftdruckbremse wirkt auf alle Räder einseitig, 2 Bremszylinder 15". Bei 4 at Bremszylinderdruck werden 64% von Gr abgebremst. Zweistufige Westinghouse-Luftpumpe.

Ausrüstung: U. a. Speisewasservorwärmer „Knorr", 16 qm Heizfläche, quer zum Kessel zwischen 3. u. 4. Kuppelachse, Speisewasserpumpe „Knorr", 1 Dampfstrahlpumpe „Friedmann", Hand- und Preßluftsandstreuer „Oelert", Schmierpumpe „Michalk", Geschwindigkeitsmesser „Haußhälter", Dampfheizung, 2 Popventile 88 l. W.

Tender: 4 T $\frac{31}{7}$. Die beiden vorderen Achsen im Drehgestell, die beiden hinteren fest im Rahmen. Westinghouse- u. Handbremse wirkt auf alle Räder doppelseitig. Leergewicht 24,3, Dienstgewicht 61,8. Ges. Achsstand 4700.

b) Personenzuglokomotiven (unter 1800 mm Triebraddurchm.).

2C-Heißd.-Zw.-P-L. Gattung P_8 **Preußen** (Schwartzkopff 1914).

Abb. 402/403. Tafel II, Reihe 2.

Hauptabmessungen: 575 × 630/1750 $H_w + H_ü = 146{,}28 + 58{,}9$ $R = 2{,}62$ $G_L = 77{,}5$ $G_r = 51{,}9$. Lok. u. Tender: meist mit 4 T $\frac{21{,}5}{7}$ $G_{L+T} = 128{,}3$. Achsstand 15 66?, über Puffer 18 692. Einige L. mit 4 T $\frac{31{,}5}{7}$; $G_{L+T} = 141{,}6$. Achsstand 16622, über Puffer 19 954.

Allgemeines: Erstmalig geliefert 1906 von Schwartzkopff mit 590 Zyl.-Durchm., später mit 575 Zyl.-Durchm., 1914 Neuentwurf von Schwartzkopff. Größte Dauerleistung nach „Strahl", 1185 PSi bei einer günstigsten Geschwindigkeit von 79 km/st. Hierbei wird Zi = 4060 kg ausgeübt, entsprechend einer Zugkraft am Tenderzughaken auf ebener gerader Strecke von etwa 2800 kg. Der Höchstgeschwindigkeit von 100 km/st entspricht Zi = 3160 kg. Dauernd entwickelt die L. Zi = 7500 kg bei etwa 35 km/st. Bei Versuchsfahrten mit „L. 2435 Halle" wurden mit 465 t Zuggewicht 1300 PSe (entsprechend 1620 PSi) erreicht. Spannungsabfall zwischen Kessel u. Schieberkasten bei 50% und mehr Füllung etwa 1,0 at, bei 20% Füllung 0,4 at. Kleinster Krümungshalbmesser 140 m bei 24 mm Spurerweiterung (Weiche 1 : 7). Höchstgeschwindigkeit 100 km/st.

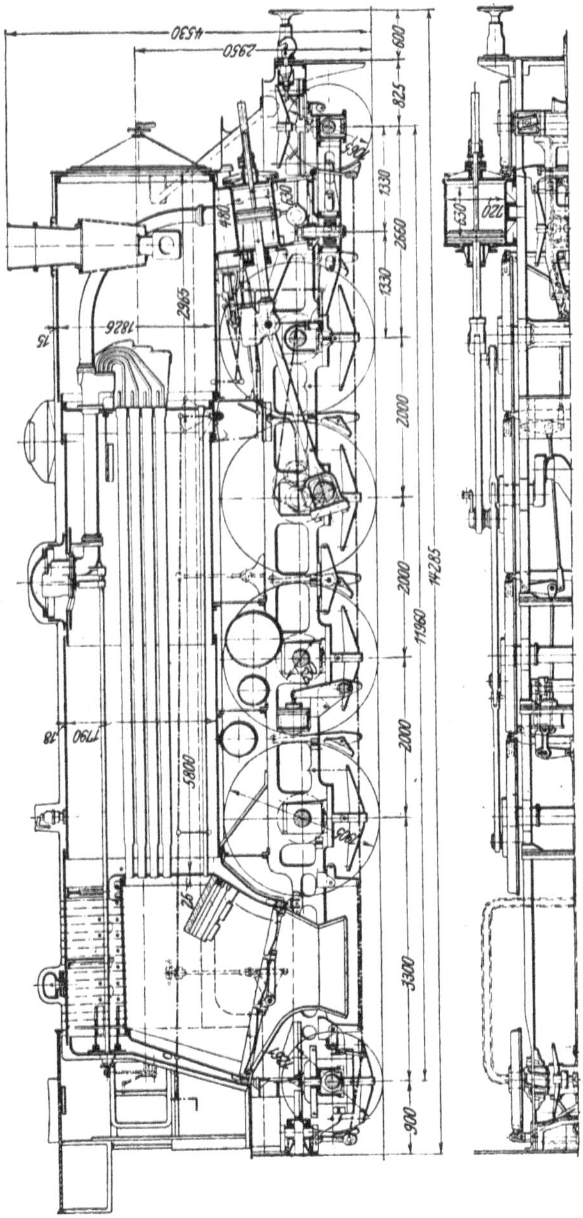

Abb. 401. 1D1-Heißdampf-Vierzylinder-Verbund-S-Lokomotive (Sachsen).

Kessel: Zylindrisch. Mitte über S. O. 2750. Rohrlänge 4700. Großrohrüberhitzer „Schmidt" vierreihig. Auflagerung: vorn Rauchkammerträger, Mitte Pendelblech, hinten 4 Gleitschuhe am Feuerbüchsmantel, Schlingerstück mit Gleitlager am Bodenring.

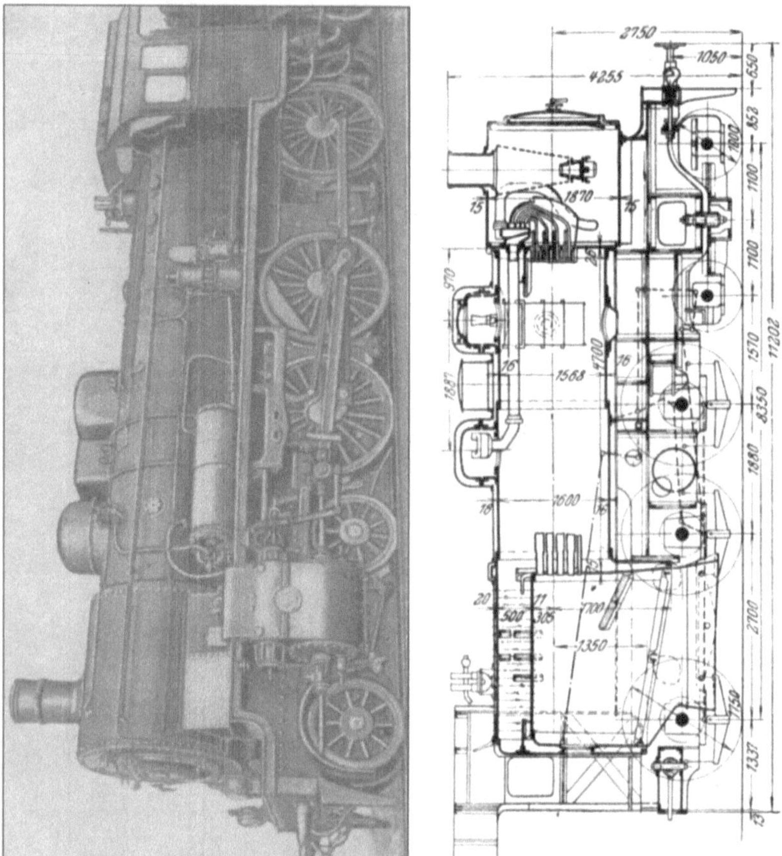

Abb. 402/403. 2C-Heißdampf-Zwilling-P-Lokomotive Gattung P_8 (Preußen).

Langkessel: 2 Schüsse, und zwar hinterer 1600, vorderer 1568 l. W., Blechstärke 16. Reglerdom auf hinterem Schuß. Ventilregler „Sch. u. W." Speisewasserreiniger im Speisedom auf vorderem Schuß.

Hinterkessel: Schmal zwischen den Rahmenblechen, mit senkrechter Vorder- und Rückwand. Stehkessel: Seiten, Vorder- und Rückwand 16, halbrunde Decke 20, Feuerbüchse Kupfer, Decke, Seiten, Rückwand 16, Rohrwand 26. Während des

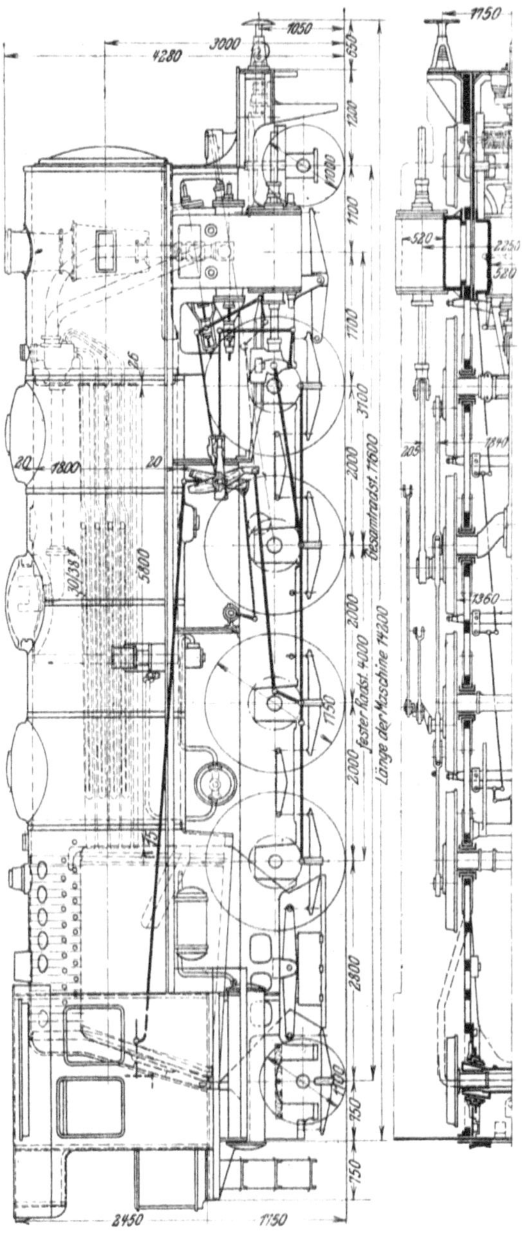

Abb. 404. 1D1-Heißdampf-Drilling-P-Lokomotive Gattung P_{10} (Preußen) (Entwurf)

Krieges Flußeisen, Decke, Seiten, Rückwand 11, Rohrwand 15. Rost geneigt, zweifeldrig, 2600 × 1010.

Rauchkammer: Durch Winkelring mit Kessel verbunden, Länge 1800, l. W. 1870, Blechstärke 15. Rohrwand 26. Blasrohr 130 l. W. (für L. ohne Vorwärmer 135 l. W.), Steg 13, Blasrohroberkante 100 unter Kesselmitte.

Rahmen: Blechrahmen 25 stark, Lichtmaß 1240. Federn der 2. und 3. Kuppelachse durch Längsausgleicher verbunden.

Räder- und Triebwerk: $\overset{\perp}{\underset{15}{K\,T}}\,K\,\underset{40}{\overset{\frown}{L\,L}}$. Zylinder außen, wagerecht, rechts und links gleiche Gußstücke. Schädliche Räume vorn 12,6%, hinten 12,82%, bei 13 bzw. 27 mm Spiel zwischen Kolben und Deckel. $\frac{1}{r} = \frac{3000}{315} = 9{,}52$. Heusingersteuerung außen, mit Kuhn'scher Schleife, größte Füllung 74%, kleinste 15%. Kolbenschieber 220 Durchm. mit einfacher innerer Einströmung. Hin- und hergehende Triebwerksmassen zu 30%, die umlaufenden zu 100% durch Gegengewichte ausgeglichen.

Bremse: Selbsttätige Luftdruckbremse „Knorr" wirkt auf alle Kuppelräder doppelseitig mit etwa 67% von Gr, auf alle Laufachsen mit besonderem Bremszylinder einseitig von innen mit 45% des Raddruckes. Zusatzbremse für Kuppelräder. Zweistufige Knorr-Luftpumpe.

Ausrüstung: U. a. Speisewasservorwärmer „Knorr", 13,4 qm Heizfläche, Speisewasserpumpe „Knorr", 1 Dampfstrahlpumpe, Preßluftsandstreuer „Knorr", Schmierpumpe, Geschwindigkeitsmesser „Deuta", Dampfheizung, Sicherheitsventile „Ramsbottom", Rauchminderung „Marcotty".

Tender: Meist $4\,T\,\frac{21{,}5}{7}$. Einige L. mit $4\,T\,\frac{31{,}5}{7}$

1D1-Heißd.-Drilling-P-L. Gattung **P_{10} Preußen** (Borsig 1922).

Abb. 404/405 u. Tafel X. Tafel II, Reihe 3.

Hauptabmessungen: 520 × 660/1750 $H_w + H_ü = 221{,}0 + 82{,}0$ $R = 4{,}0$ $G_L \cong 98{,}0$ $G_r \cong 68{,}0$. Lok. und Tender: $G_{L+T} \cong 160{,}8$. Achsstand 19 300, über Puffer 22 800.

Allgemeines: 11 000. Lok. von Borsig. Zur Beförderung von S-, P- und Eilgüterzügen. Höchstgeschwindigkeit 120 km/st.

Kessel: Zylindrisch. Mitte über S. O. 3000. Rohrlänge 5800. Großrohrüberhitzer „Schmidt" vierreihig.

Langkessel: 2 Schüsse, und zwar hinterer 1840, vorderer 1800 l. W., Blechstärke 20. Reglerdom auf hinterem Schuß. Ventilregler „Sch. u. W.", vorn Speisewasserreiniger im Speisedom, unter ihm Schlammabscheider.

Hinterkessel: Abgeänderte Bauart Belpaire, hinten breit über dem Rahmen, vorn eingezogen, mit geneigter Rückwand. Feuerbüchse Kupfer, Rohrwand 26 stark. Rost schwach geneigt, Kipprost in der Mitte.

Rauchkammer: Nicht überhöht, Länge 2915. Rohrwand 26. Blasrohr 130 l. W.

Rahmen: Barrenrahmen 100 stark. Federn der vorderen Laufachse, der 1. und 2. Kuppelachse einerseits, der 3. und 4. Kuppelachse und der hinteren Laufachse andererseits durch Längsausgleicher verbunden.

Räder- und Triebwerk:

L K K T K L.
100 25 15 30 75 125

Vorn Krauß-Drehgestell, hinten Adamsachse. Zylinder in einer Ebene, 2 außen wagerecht, 1 innen geneigt. 3 Heusingersteuerungen, Gegenkurbeln auf dritter Kuppelachse, Antrieb der mittleren Schwinge von linker Gegenkurbel durch Zwischenwelle, Schwingen in Steuerwellenkröpfung gelagert. Kolbenschieber mit einfacher innerer Einströmung.

Abb. 405. 1D1-Heißdampf-Drillings-P-Lokomotive Gattung P_{10} (Preußen).

Bremse: Selbsttätige Luftdruckbremse „Knorr" mit Zusatzbremse wirkt auf alle Kuppelräder einseitig von vorn mit 170% von Gr. Größter Bremsüberdruck 8 at. Zweistufige Knorr-Luftpumpe.

Ausrüstung: U. a. Speisewasservorwärmer „Knorr" mit geraden Röhren, oberhalb des Rahmens quer unter Kessel, Speisewasserpumpe „Knorr", 1 Dampfstrahlpumpe, Preßluftsandstreuer, thermoelektrischer Pyrometer, Fernmanometer, Geschwindigkeitsmesser „Deuta", Dampfheizung, Popventile.

Tender: 4 T $\frac{31,5}{7}$.

c) Güterzuglokomotiven.

1C-Heißd.-Zw.-G-L. Gattung **G $^{3}/_{4}$ Bayern** (Maffei 1918).

Abb. 406/407. Tafel III, Reihe 8.

Hauptabmessungen: 520 × 630/1350 $H_w + H_ü = 128,5 + 37,7$ $R = 2,64$ $G_L = 59,9$ $G_r = 48,0$. Lok. und Tender: $G_{L+T} = 103,3$. Achsstand 14 050, über Puffer 17 500.

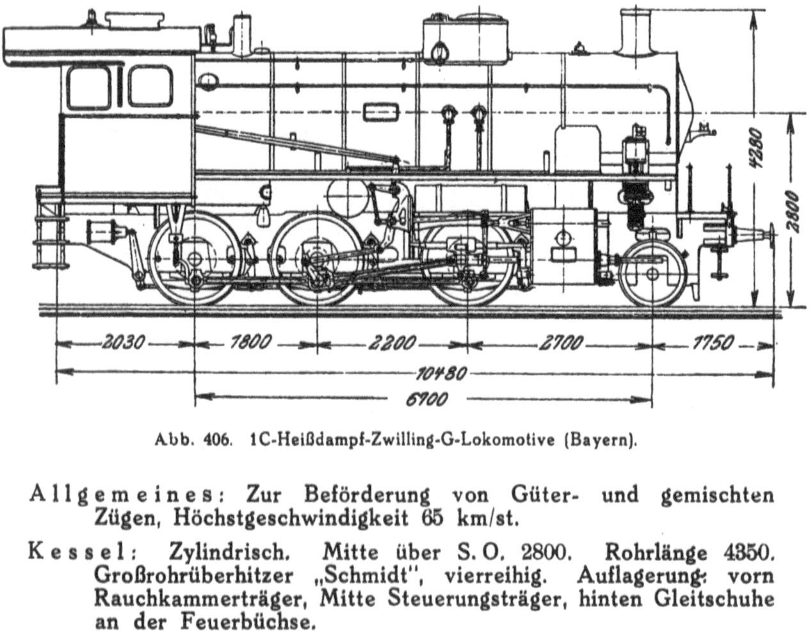

Abb. 406. 1C-Heißdampf-Zwilling-G-Lokomotive (Bayern).

Allgemeines: Zur Beförderung von Güter- und gemischten Zügen, Höchstgeschwindigkeit 65 km/st.

Kessel: Zylindrisch. Mitte über S. O. 2800. Rohrlänge 4350. Großrohrüberhitzer „Schmidt", vierreihig. Auflagerung: vorn Rauchkammerträger, Mitte Steuerungsträger, hinten Gleitschuhe an der Feuerbüchse.

Langkessel: 2 Schüsse.

Hinterkessel: Breit über dem Rahmen, mit geneigter Rückwand. Feuerbüchse zuerst Flußeisen, später Kupfer. Rost wagerecht. 1860 × 1430.

Rauchkammer: Nicht überhöht.

Rahmen: Blechrahmen 30 stark, vorn um 55 eingezogen und 25 stark. Federn der 1. und 2., sowie die der 3. und 4. Achse durch Längsausgleicher verbunden.

Räder- und Triebwerk: K T K L. Zylinder außen wagerecht. Heusingersteuerung. Kolbenschieber 250 Durchm. mit innerer Einströmung, breite federnde Ringe.

Abb. 407. 1C-Heißdampf-Zwilling-G-Lokomotive (Bayern).

Abb. 408. D-Heißdampf-Zwilling-G-Lokomotive Gattung G_8' (Preußen).

Bremse: Selbsttätige Westinghouse- mit Zusatzbremse wirkt auf alle Kuppelräder einseitig von vorn. Zweistufige Luftpumpe.

Ausrüstung: U. a. Speisewasservorwärmer, quer unter Kessel, vor 3. Achse. Speisewasserpumpe, Dampfstrahlpumpe, 2 Friedmann-Schmierpumpen, Geschwindigkeitsmesser „Haußhälter", Zugmesser für Unterdruck in der Rauchkammer.

Tender: 3 T $\frac{18,2}{6}$; L $\underset{17}{\overset{\perp}{L}}$ L. Außenrahmenbleche. Federn der 1. und 2. Achse durch Längsausgleicher verbunden. Westinghouse- und Exter'sche Wurfhebelbremse wirkt auf alle Achsen doppelseitig. Raddurchmesser 1006. Leergewicht 19,2, Dienstgewicht 43,4, Achsstand 3800.

D-Heißd.-Zw.-G-L. Gattung G_8[1] **Preußen** (Schichau 1912).
Abb. 408/409. Tafel III, Reihe 2.

Hauptabmessungen: 600 × 660/1350 $H_w + H_ü = 144{,}43 + 51{,}9$ $R = 2{,}63$ $G_L = G_r = 67{,}9$. Lok. und Tender: $G_{L+T} = 112{,}4$. Achsstand 13 155, über Puffer 18 290.

Allgemeines: Hervorgegangen aus der ursprünglichen Gattung G_8 (Vulkan 1906) durch Erhöhung des Kesseldrucks auf 14 at und Verstärkung aller Teile, sowie durch Erhöhung des Raddruckes von 7,1 t auf 8,52 t. Bei Versuchsfahrten mit „L. 4882 Posen" wurde eine größte Anzugskraft von 18 000 kg beobachtet. Dauerleistung am Tenderzughaken bei 27 km/st ohne Vorwärmer Zz = 11 000 kg, entsprechend 1100 PSz, mit Vorwärmer 12 500 kg, entsprechend 1250 PSz. Indizierte Leistung 1600 PSi bei 1009 t Zuglast auf Steigung 1 : 100. Für kleinsten Krümmungshalbmesser von 140 m, bei 24 mm Spurerweiterung (Weiche 1 : 7). Versuchsweise einige L. mit Wasserrohrkessel Bauart „Stroomann" ausgerüstet. Höchstgeschwindigkeit 55 km/st.

Kessel: Zylindrisch. Mitte über S. O. 2700. Rohrlänge 4500. Großrohrüberhitzer „Schmidt" vierreihig. Auflagerung: vorn Rauchkammerträger, Mitte 2 Pendelbleche, hinten 4 Gleitschuhe am Feuerbüchsmantel, Schlingerstück mit Gleitlager am Bodenring unter Stehkesselrückwand.

Langkessel: 2 Schüsse, und zwar hinterer 1600, vorderer 1566 l. W., Blechstärke 17. Dom auf hinterem Schuß. Ventilregler „Sch. u. W."

Hinterkessel: Schmal zwischen den Rahmenblechen, mit geneigter Rückwand. Stehkessel: Rückwand, Seiten 16, Vorderwand 18, halbrunde Decke 20, Feuerbüchse Kupfer, Decke, Seiten, Rückwand 16. Rohrwand 26. Während des Krieges Flußeisen. Decke, Seiten, Rückwand 11, Rohrwand 15. Krebstiefe 885. Rost geneigt, 2600 × 1010.

Rauchkammer: Durch Winkelring mit Kessel verbunden, Länge 1500, l. W. 1870, Blechstärke 15, Rohrwand 26. Blasrohr 130 l. W., dessen Oberkante 100 über Kesselmitte.

Rahmen: Blechrahmen 30 stark, Lichtmaß 1230. Federn der 1. und 2., sowie die der 3. und 4. Achse durch Längsausgleicher verbunden.

Räder- und Triebwerk: $\underset{3}{\overset{—}{K}}\ \underset{15}{\overset{\perp}{T}}\ \underset{15}{\overset{\perp}{K}}$ K. Zylinder außen wagerecht. Schädliche Räume vorn und hinten je 7%, bei 9 bzw. 15 mm Spiel zwischen Kolben und Deckel. $\frac{1}{r} = \frac{2750}{630} = 4{,}37$. Heusingersteuerung mit Kuhn'scher Schleife. Kolben 220 Durchmesser mit einfacher innerer Einströmung.

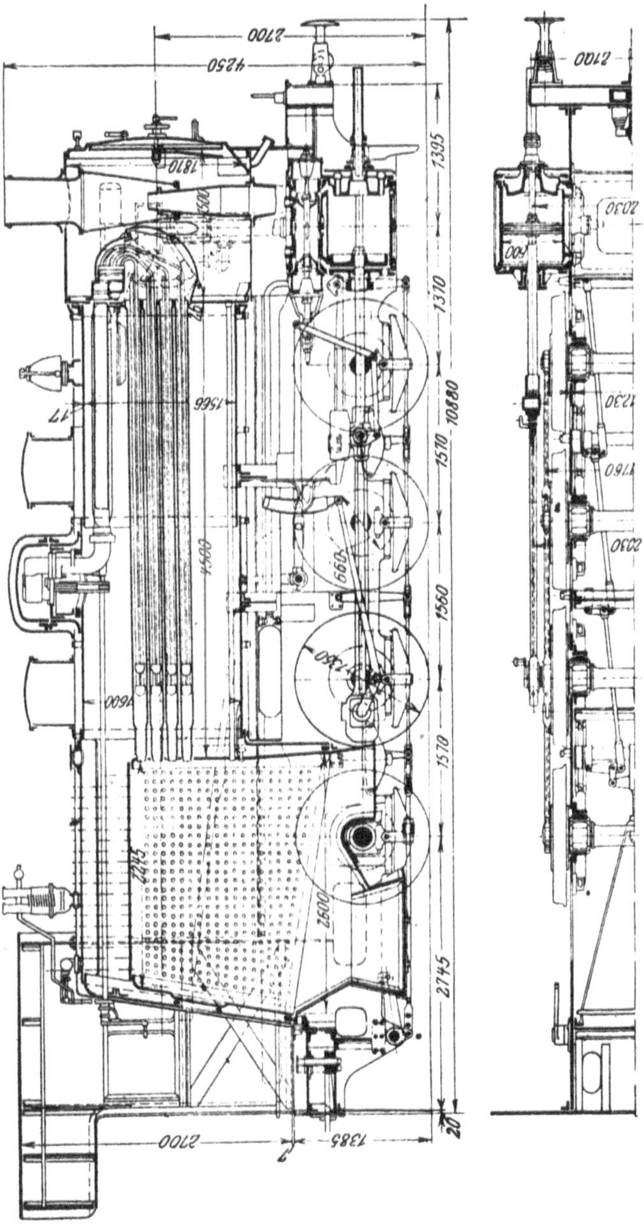

Abb. 409. D-Heißdampf-Zwilling-G-Lokomotive Gattung G_8^1 (Preußen).

Bremse: Selbsttätige Luftdruckbremse „Knorr" wirkt auf alle Kuppelräder einseitig von vorn mit rd. 65% von Gr. Zweistufige Knorr-Luftpumpe.

Ausrüstung: U. a. Speisewasservorwärmer „Knorr", 13,6 qm Heizfläche, Speisewasserpumpe „Knorr", 1 Dampfstrahlpumpe, Druckluftläutewerk „Knorr", Schmierpumpe, Preßluftsandstreuer „Knorr", Geschwindigkeitsmesser „Deuta", Dampfheizung, Rauchminderung „Marcotty", Sicherheitsventile „Ramsbottom"

Tender: 3 T $\frac{16,5}{7}$; L $\underset{8}{\text{L}}$ L. Außenrahmenbleche 20, Lichtmaß 1942. Federn der 2. und 3. Achse durch Längsausgleicher verbunden. Knorr- und Exter'sche Wurfhebelbremse wirkt auf alle Räder doppelseitig. Raddurchmesser 1000, Achsstand 4400. Leergewicht 21,4, Dienstgewicht 44,5.

1D-Heißd.-Zw.-G-L. Gattung **G_8^2 Preußen** (Henschel 1919).

Abb. 410/411. Tafel III, Reihe 3.

Hauptabmessungen: 620 × 660/1400 $H_w + H_ü = 167,05 + 53,1$ $R = 3,40$ $G_L = 81,4$ $G_r = 68,0$. Lok. und Tender: $G_{L+T} = 128,9$. Achsstand 13 875, über Puffer 16 975.

Allgemeines: In Anlehnung an die G_{12}-Einheits-Güterzuglok. erbaut, entstanden aus der G_8^3 durch Fortlassung des dritten Zyl., sonst in allen Teilen mit der G_8^3 übereinstimmend. Höchstgeschwindigkeit 65 km/st.

Kessel: Zylindrisch. Mitte über S. O. 3000. Rohrlänge 4100. Großrohrüberhitzer „Schmidt" vierreihig. Auflagerung: vorn Rauchkammerträger, Mitte 2 Pendelbleche, hinten Gleitschuhe an der Feuerbüchse.

Langkessel: 2 Schüsse, und zwar hinterer 1762 l. W., Blechstärke 19, vorderer 1800 l. W., Blechstärke 19,5. Dom auf hinterem Schuß. Ventilregler „Sch. u. W." Schlammabscheider „E.Z.A."

Hinterkessel: Abgeänderte Bauart Belpaire, breit über dem Rahmen, mit geneigter Rückwand. Stehkessel: Decke mit Seiten aus einem Stück, Blechstärke 18, Wände 16. Feuerbüchse Kupfer, Decke, Seiten, Rückwand 16, Rohrwand 27. Während des Krieges Flußeisen, Decke, Seiten, Rückwand 11, Rohrwand 15. Rost geneigt, 2200 × 1550, Kipprost in der Mitte.

Rauchkammer: Länge 1680, l. W. 1850, Blechstärke 15. Rohrwand 26.

Rahmen: Barrenrahmen 100 stark, 760 hoch, Lichtmaß 1000. Federn der 1., 2. und 3. Achse durch Längsausgleicher verbunden. Gemeinsame Feder zwischen Achse 4 und 5, Ausgleichbügel über den Achslagerkästen dieser beiden Achsen.

Räder- und Triebwerk: K $\underset{15 \cdot 25}{\overset{\perp}{\text{T}}}$ K K $\underset{80}{\overset{\frown}{\text{L}}}$. Vorn Bisselgestell. Zylinder außen, wagerecht. $\frac{1}{r} = \frac{3000}{330} = 90,9$. Heusingersteuerung mit Kuhn'scher Schleife. Kolbenschieber 220 Durchmesser mit innerer Einströmung.

B r e m s e : Selbsttätige Luftdruckbremse „Knorr" wirkt auf alle Kuppelräder einseitig von vorn. Zweistufige Knorr-Luftpumpe.

A u s r ü s t u n g : U. a. Speisewasservorwärmer „Knorr", 13,6 qm Heizfläche, Speisewasserpumpe „Knorr", 1 Dampfstrahlpumpe,

Abb. 410. 1D-Heißdampf-Zwilling-G-Lokomotive Gattung G_8^2 (Preußen).

Preßluftsandstreuer „Knorr", Schmierpumpe, Geschwindigkeitsmesser „Deuta", Dampfheizung, 2 Popventile.

T e n d e r : $3\ T\frac{20}{6}$. Federn der 2. und 3. Achse durch Längsausgleicher verbunden. Kunze-Knorr- und Exter'sche Wurfhebelbremse wirkt auf alle Räder doppelseitig. Außenrahmenbleche 20, Raddurchmesser 1000. Leergewicht 20,67, Dienstgewicht 47,5, Achsstand 3900.

1D-Heißd.-Drilling-G-L.
Gattung **G_8^3 Preußen**
(Henschel 1919).

Abb. 412. Tafel III, Reihe 4.

Hauptabmessungen: 520 × 660/1400 $H_w + H_ü$ = 167,36 + 53,1 R = 3,43 G_L = 82,5 G_r = 68,0. Lok. und Tender: G_{L+T} = 130,0. Achsstand 13 87 , über Puffer 16 97 .

Allgemeines: Entstanden aus der G_{12}-Einheitslok., unterscheidet sich von dieser durch Fortfall der 5. gekuppelten Achse und durch den von 16 auf 17 t erhöhten Achsdruck. Alle Teile in möglichster Übereinstimmung mit der G_{12}. Beschränktes Kessel- und Reibungsgewicht machen folgende Abweichungen von G_{12} erforderlich: Rohrlänge 4100 gegen 4800, Länge des Rostes 2200 gegen 2500. Höchstgeschwindigkeit 64 km/st.

Kessel: Zylindrisch. Mitte über S. O. 3000. Rohrlänge 4100. Großrohrüberhitzer „Schmidt" vierreihig. Auflagerung: vorn Zylindergußstück, Mitte 2 Pendelbleche, hinten Gleitschuhe an der Feuerbüchse.

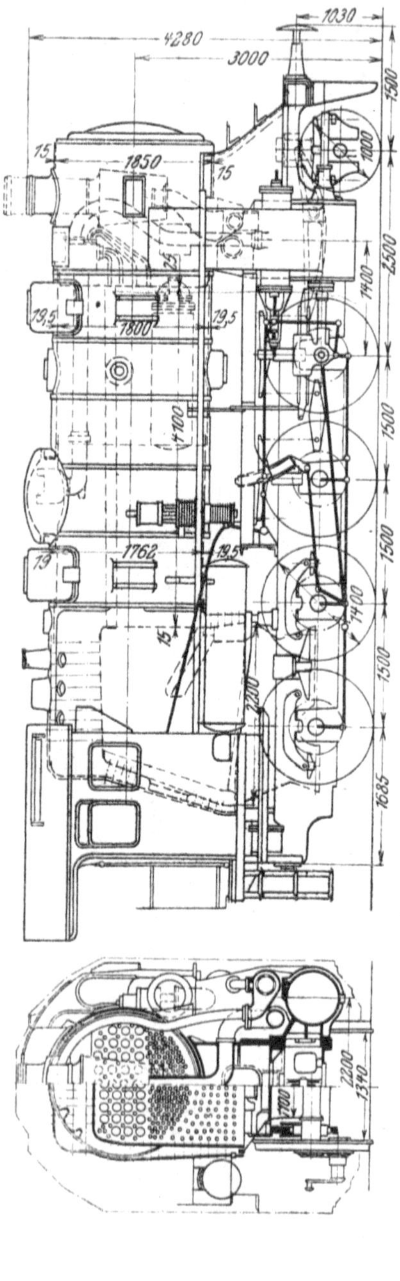

Abb. 411. 1D-Heißdampf-Zwilling-G-Lokomotive Gattung G_8^2 (Preußen).

Langkessel: 2 Schüsse, und zwar hinterer 1762 l. W., Blechstärke 19, vorderer 1800 l. W., Blechstärke 19,5. Dom auf hinterem Schuß. Ventilregler „Sch. u. W.". Kesselsteinabscheider „E.Z.A.".

Abb. 412. 1D-Heißdampf-Drilling-G-Lokomotive Gattung G_8^3 (Preußen).

Hinterkessel: Abgeänderte Bauart Belpaire, breit über dem Rahmen, mit geneigter Rückwand. Stehkessel: Decke mit Seiten aus einem Stück, Blechstärke 18, Wände 16. Feuerbüchse Kupfer, im übrigen wie bei der G_8^2.

Rauchkammer: Länge 1680, l. W. 1850, Blechstärke 15. Rohrwand 26.

Rahmen: Barrenrahmen 100 stark, 760 hoch, Lichtmaß 1000. 4. und 5. Achse gemeinsame Tragfedern, Federn der 1. bis 3. Achse durch Längsausgleicher verbunden.

Räder- und Triebwerk: $\text{K} \overset{\perp}{\underset{15}{\text{T}}} \overline{\underset{25}{\text{K}}} \text{K} \overset{\frown}{\underset{80}{\text{L}}}$. Vorn Bisselgestell. Zylinder in einer Ebene, 2 außen wagerecht, 1 innen geneigt. Heusingersteuerung mit Kuhn'scher Schleife, Übertragungswelle nach innen. Kolbenschieber 220 Durchm. mit innerer Einströmung.

Bremse: Selbsttätige Luftdruckbremse „Knorr" wirkt auf alle Kuppelräder einseitig von vorn. Zweistufige Knorr-Luftpumpe.

Ausrüstung: U. a. Speisewasservorwärmer „Knorr", 13,6 qm Heizfläche, Speisewasserpumpe „Knorr", 1 Dampfstrahlpumpe, Preßluftsandstreuer „Knorr", Schmierpumpe, Geschwindigkeitsmesser „Deuta", Dampfheizung, 2 Popventile.

Tender: 3 T $\frac{20}{5}$.

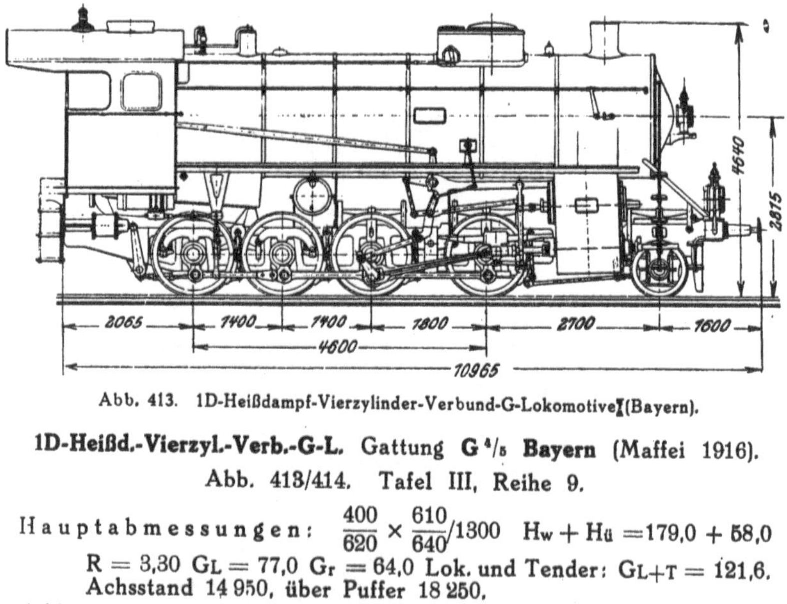

Abb. 413. 1D-Heißdampf-Vierzylinder-Verbund-G-Lokomotive (Bayern).

1D-Heißd.-Vierzyl.-Verb.-G-L. Gattung **G 4/5 Bayern** (Maffei 1916).

Abb. 413/414. Tafel III, Reihe 9.

Hauptabmessungen: $\frac{400}{620} \times \frac{610}{640}/1300$ $H_w + H_ü = 179{,}0 + 58{,}0$ $R = 3{,}30$ $G_L = 77{,}0$ $G_r = 64{,}0$ Lok. und Tender: $G_{L+T} = 121{,}6$. Achsstand 14 950, über Puffer 18 250.

Allgemeines: Zur Beförderung von Güterzügen und nach Bedarf von Personenzügen. In ihrem Aufbau sehr ähnlich der Gotthardbahnlok. Für kleinsten Krümmungshalbmesser von 160 m. Höchstgeschwindigkeit 60 km/st.

Kessel: Zylindrisch. Mitte über S. O. 2815. Rohrlänge 4450. Großrohrüberhitzer „Schmidt", vierreihig. Auflagerung: auf Dampfzylindersattel und auf 2 Blechträgern hinter 1. und 2. Kuppelachse; Feuerbüchse vorn mittels Gleitstützen getragen, hinten durch Pendelblech gegen seitliches Schlingern gehalten.

Langkessel: 2 Schüsse, hinterer 1760 l. W. Dom auf hinterem Schuß.

Hinterkessel: Breit über dem Rahmen, mit geneigter Rückwand und etwas nach außen geneigten Seitenwänden. Feuerbüchse Flußeisen, Rohrwand 14. Krebstiefe 520. Rost geneigt, 2200 × 1500.

Abb. 414. 1D-Heißdampf-Vierzylinder-Verbund-G-Lokomotive (Bayern).

Rauchkammer: Nicht überhöht. Verstellbares Klappenblasrohr.

Rahmen: Barrenrahmen, dreiteilig, Mitte 100 stark, hinten 40 starke Blechplatte. Federn der 3 vorderen Achsen durch Längsausgleicher verbunden; zwischen Achse 4 und 5 jederseits gemeinsame Feder und ferner an den äußeren Enden der sich auf die Achsbüchsen stützenden Ausgleichhebel zwei Wickelfedern.

Räder- und Triebwerk: $\underset{20}{\overline{\text{K}}}$ K T K $\underset{70}{\overset{\frown}{\text{L}}}$. Vorn Adamsachse mit Rückstellung durch Blattfeder. Zylinder in einer Ebene, innen H.-Z. unter 1 : 6,53, außen N.-Z. unter 1 : 39 geneigt. 2 in der Mitte verschraubte Gußstücke. Innen $\frac{1}{r} = \frac{1920}{305} = 6{,}29$, außen $\frac{1}{r} = \frac{1960}{320} = 6{,}12$. Heusingersteuerung außen. Gemeinsame Kolbenschieber 360 Durchm. für je eine Seite. Anfahrhähne, durch die bei 70% Füllung Frischdampf in die N.-Z. strömt.

Bremse: Selbsttätige Westinghouse-Schnellbremse wirkt mit 2 liegenden 12" Bremszylindern auf alle Kuppelräder einseitig von vorn. Zweistufige Luftpumpe.

Ausrüstung: U. a. Speisewasservorwärmer „Maffei", 16,1 qm Heizfläche, quer unter Kessel zwischen 3. und 4. Achse. Speisewasserpumpe „Maffei" für 300 l/min, 2 nichtsaugende Strahlpumpen „Friedmann", Handsandstreuer, 2 Schmierpumpen „Friedmann", Geschwindigkeitsmesser „Haußhälter", Dampfheizung, Wärmemesser für Speisewasser, Zugmesser für Luftverdünnung in der Rauchkammer, 2 Stück $3^1/_2$" Popventile.

Tender: 3 T $\frac{20,2}{6,5}$. Außenrahmenbleche. Federn der 1. und 2. Achse durch Längsausgleicher verbunden. Westinghouse- und Exter'sche Wurfhebelbremse wirkt auf alle Achsen doppelseitig. Raddurchmesser 1006, Leergewicht 19,1, Dienstgewicht 45,8. Ges. Achsstand 3800.

E-Heißd.-Zw.-G-L. Gattung G_{10} **Preußen** (Henschel 1910).

Abb. 415. Tafel III, Reihe 5.

Hauptabmessungen: 630 × 660/1400 $H_w + H_ü = 146,56 + 53,0$ $R = 2,62$ $G_L = G_r = 71,5$ Lok. und Tender: $G_{L+T} = 116,0$. Achsstand 14 050, über Puffer 18 910.

Allgemeines: Erstmalig 1910 beschafft. Wegen des Achsdruckes von 14 t hauptsächlich auf Strecken verwendet, für welche die $G_8{}^1$ mit 17 t Achsdruck zu schwer. Bei Versuchen 1910 wurde 1400 t Wagenzug auf Steigung 1 : 117 mit 12,5 km/st befördert, wobei Z_i = 18 000 kg war. Schleppleistung: annähernd 800 t auf Steigung 1 : 100 mit 20 km/st. Höchstgeschwindigkeit 60 km/st.

Kessel: Zylindrisch. Mitte über S. O. 2700. Rohrlänge 4700. Großrohrüberhitzer „Schmidt" vierreihig. Auflagerung: vorn Rauchkammerträger, Mitte Kesselträger, hinten Gleitschuhe an der Feuerbüchse und Schlingerstück unter Stehkesselrückwand.

Langkessel: 2 Schüsse, und zwar hinterer 1600, vorderer 1568 l. W., Blechstärke 16. Dom auf vorderem Schuß. Ventileregler „Sch. u. W.", neuere L. mit Schlammabscheider „E.Z.A."

Hinterkessel: Schmal zwischen den Rahmenblechen, mit senkrechter Vorder- und Rückwand. Stehkessel: Seiten, Vorder- und Rückwand 16, halbrunde Decke 20. Feuerbüchse Kupfer, Decke, Seiten, Rückwand 16, Rohrwand 26. Rost geneigt, zweifeldrig, 2600 × 1010.

Rauchkammer: Durch Winkelring mit Kessel verbunden, Länge 1800, l. W. 1870, Blechstärke oben 13, unten 20, Rohrwand 26. Blasrohr 140 l. W., dessen Oberkante 25 unter Kesselmitte.

Rahmen: Blechrahmen 30 stark, Lichtmaß 1230. Federn der 1. und 2., sowie die der 4. und 5. Kuppelachse durch Längsausgleicher verbunden.

Räder- und Triebwerk: $\underset{25}{\overline{\mathrm{K}}}\ \mathrm{K}\ \underset{5}{\overset{\perp}{\mathrm{T}}}\ \mathrm{K}\ \underset{25}{\overline{\mathrm{K}}}$. Zylinder außen, wagerecht. Schädliche Räume vorn 9,6%, hinten 9,7%, bei

12 bzw. 32 mm Spiel zwischen Kolben und Deckel. Heusingersteuerung. Kolbenschieber 220 Durchm. mit innerer Einströmung.

Abb. 415. E-Heißdampf-Zwilling-G-Lokomotive Gattung G_{10} (Preußen).

Abb. 416. 1E-Heißdampf-Drilling-G-Lokomotive Gattung G_{12} (Preußen).

B r e m s e : Selbsttätige Luftdruckbremse „Knorr" wirkt auf Räder der Achse 3 doppelseitig, auf die von Achse 2 und 4 einseitig mit 70% von Gr. Zweistufige Knorr-Luftpumpe.

A u s r ü s t u n g : U. a. Speisewasservorwärmer „Knorr", 13,6 qm Heizfläche, Speisewasserpumpe „Knorr", 1 Dampfstrahlpumpe, Preßluftsandstreuer „Knorr", Schmierpumpe, Rauchminderung

„Marcotty", Geschwindigkeitsmesser „Deuta", Dampfheizung, Sicherheitsventile „Ramsbottom".

Tender: 3 T $\frac{16,5}{7}$.

1E-Heißd.-Drilling-G-L. Gattung **G_{12} Preußen** (Henschel 1917).

Abb. 416/417. Tafel III, Reihe 6.

Hauptabmessungen: 570 × 660/1400 $H_w + H_{ü} = 194,96 + 68,4$ $R = 3,90$ $G_L = 93,1$ $G_r = 80,0$ Lok. und Tender: $G_{L+T} = 140,6$, Achsstand 15 370, über Puffer 18 425.

Allgemeines: Um die G_{12}-Bauart als Reichsbahnlok. für alle Zweigstellen einführen zu können, mußte der Achsdruck auf 16 t ermäßigt werden, gegen 17 t bei der 1915 erbauten $G_{12}{}^1$. Schleppleistung: auf Hügellandstrecken bis zu 1400 t, und zwar 600 t mit 60 km/st; auf langen Steigungen von 1 : 100 bis zu 1100 t mit 15 km/st Geschwindigkeit. Leistung bei 20 bis 40 km/st rd. 1250 PSi, bei 30 bis 40 km/st bis zu 1500 PSi. Höchstgeschwindigkeit 65 km/st.

Kessel: Zylindrisch. Mitte über S. O. 3000. Rohrlänge 4800. Großrohrüberhitzer „Schmidt" vierreihig. Auflagerung: vorn Zylindersattel, Mitte 2 Pendelbleche, hinten Gleitlager unter Stiefelknechtplatte, sowie Pendelblech unter Stehkesselrückwand.

Langkessel: 2 Schüsse, und zwar hinterer 1762, vorderer 1800 l. W., Blechstärke 19. Dom auf hinterem Schuß. Ventilregler „Sch. u. W." Schlammabscheider „E.Z.A."

Hinterkessel: Bauart Belpaire, breit über den Rädern mit geneigter Rückwand. Stehkesselmantel: aus einem Stück Seiten und Decke 18, Vorderwand 17, Rückwand 16. Feuerbüchse und Stehbolzen Flußeisen, Wände 11, Rohrwand 15. Krebstiefe 600. Rost geneigt, dreifeldrig, 2500 × 1560, Kipprost in der Mitte.

Rauchkammer: Länge 1900, l. W. 1880, Blechstärke 15, Rohrwand 26. Blasrohr 135 l. W., dessen Oberkante 220 unter Kesselmitte.

Rahmen: Barrenrahmen 100, an vorderer Pufferbohle 70 stark, Lichtmaß 100. Federn der 1. bis 3. Kuppelachse durch Längsausgleicher verbunden, zwischen Lauf- und 1. Kuppelachse Längs- und Querausgleicher, zwischen den beiden hinteren Kuppelachsen jederseits gemeinsame Feder, und ferner an den äußeren Enden der sich auf die Achsbüchsen stützenden Ausgleichbügel zwei Wickelfedern.

Räder- und Triebwerk: $\underset{25}{\overline{K}}\,\overline{K}\,\underset{15}{\overset{\perp}{T}}\,\underset{25}{\overline{K}}\,K\,\underset{80}{\overset{\frown}{L}}$. Vorn Bisselgestell. Zylinder in einer Ebene, 2 außen wagerecht, 1 innen 1 : 5,789 geneigt, 3 Gußstücke. Entfernung der Außenzyl. 2200. Mittellinie des Innenzylinders schneidet 100 über Kurbelmittellinie. Kurbelversetzung außen 120°, innen gegen rechts 132°, 7' 26". Außen $\frac{1}{r} = \frac{3000}{330} = 9,09$, innen $\frac{2100}{330} = 6,36$. Schädliche

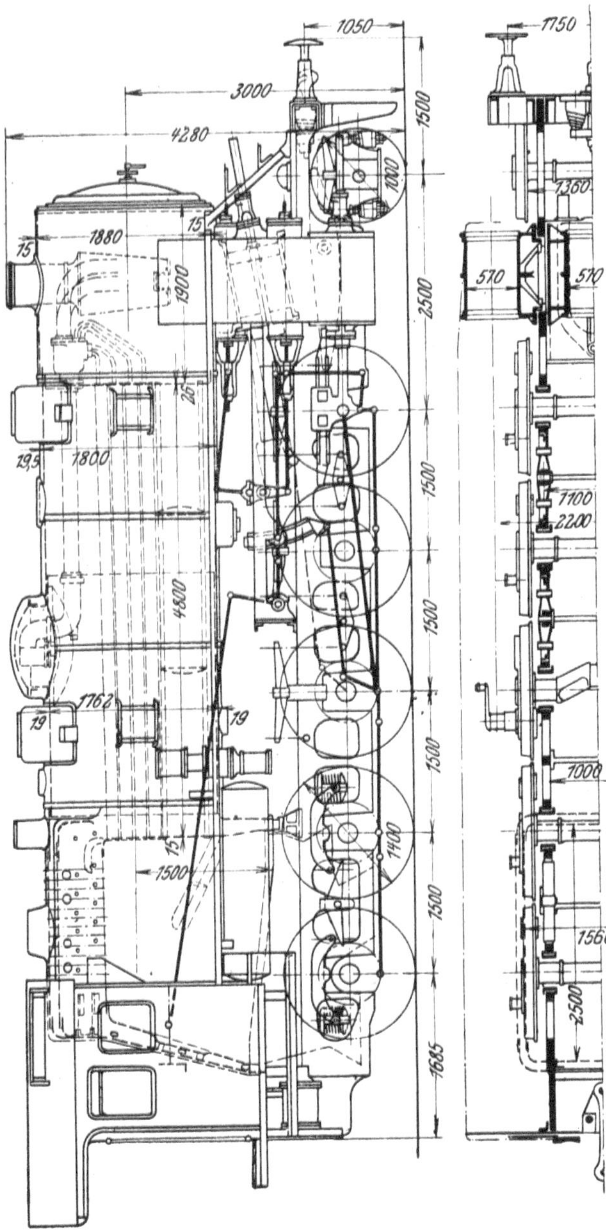

Abb. 417. 1E-Heißdampf-Drilling-G-Lokomotive Gattung G_{12} (Preußen).

Räume vorn und hinten je 11%, bei 19 bzw. 21 Spiel zwischen Kolben und Deckel. Heusingersteuerung mit Kuhn'scher Schleife außen, Übertragungswelle nach innen. Kolbenschieber 220 Durchm. mit innerer Einströmung.

Bremse: Selbsttätige Luftdruckbremse „Knorr" mit Zusatzbremse. Wirkt auf alle Kuppelräder einseitig von vorn mit 70 bis 100% von Gr, entsprechend 3,5 bis 5 at Bremszylinderdruck. Übersetzungsverhältnis 1 : 8,1. Zweistufige Knorr-Luftpumpe.

Ausrüstung: U. a. Speisewasservorwärmer „Knorr", 13,6 qm Heizfläche, Speisewasserpumpe „Knorr", 1 Dampfstrahlpumpe „Strube", Preßluftsandstreuer „Knorr", Schmierpumpe, Geschwindigkeitsmesser „Deuta", Dampfheizung, Rauchminderung „Marcotty", 2 Popventile $3^1/_2$".

Tender: 3 T $\frac{20}{7}$. Rahmenbleche 20, Boden 7, Decke 8, Wände 5. Hand- und Luftdruckbremse.

1F-Heißd.-Vierzyl.-Verb.-G-L. Gattung **K Württemberg** (Eßlingen 1918). Abb. 418/419. Tafel III, Reihe 14.

Hauptabmessungen: $\frac{510}{760} \times 650/1350$ $H_w + H_{ü} = 233,5 + 80,0$ $R = 4,20$ $G_L = 106,5$ $G_r = 93,5$. Lok. und Tender: $G_{L+T} = 153,3$, Achsstand 17 180, über Puffer 20 200.

Allgemeines: Januar 1918 wurden 3 Stück, Frühjahr 1919 12 Stück geliefert. Rechnerisch ermittelte Leistungen sind: Größte stündliche Dampferzeugung etwa 15 000 kg/st. Bei kleinstem Dampfverbrauch von etwa 6,5 kg/Psi-st ist die größte Maschinenleistung etwa 2300 PSi/qm; Zylinderzugkraft bei pmi = 3,7 km/qcm für N.-Z. ist Zi = 10 300 kg bei rd. 60 km/st. In zweijährigem Betrieb hat sich Laufwerkanordnung gut bewährt, auch Rückwärtsfahren hat keinerlei Anstände ergeben. Für kleinsten Krümmungshalbmesser von 145 m. Höchstgeschwindigkeit 60 km/st.

Kessel: Zylindrisch. Mitte über S. O. 3000. Rohrlänge 5500. Großrohrüberhitzer „Schmidt" vierreihig. Auflagerung: vorn Zylindersattel, Mitte 2 Pendelbleche, hinten 2 nebeneinander liegende Gleitlager am hinteren Stehkesselende.

Langkessel: 2 Schüsse, und zwar hinterer 1820, vorderer 1858 l. W., Blechstärke 19. Dom aus Stahlguß auf hinterem Schuß. Flachschieberregler.

Hinterkessel: Breit über dem Rahmen, mit geneigter Rückwand und halbrunder Decke. Feuerbüchse: bei ersten 3 L. Kupfer, gewöhnliches Feuergewölbe, Stehbolzen durchlochtes Rundkupfer, Schaftstärke 21, Rohrwand 25; bei späteren L. Flußeisen, nach unten gewölbter Feuerschirm, auf 4 Wasserrohren 64/70 Durchm. gelagert, Stehbolzen weiches Schweißeisen, Schaftstärke 19 mit 7 mm Bohrung, außen geschlossen. Krebstiefe 750. Rost geneigt, dreifeldrig, 2700 × 1550, Kipprost in der Mitte.

Rauchkammer: Nicht überhöht. Rohrwand 25. Verstellbares Düsenblasrohr.

Rahmen: Blechrahmen 35 stark, Lichtmaß 1176. Federn der 1. bis 3., der 4. und 5., sowie die der 6. und 7. Achse durch Längsausgleicher verbunden, außerdem über Achse 1 Querausgleicher, so daß Unterstützung in 5 Punkten.

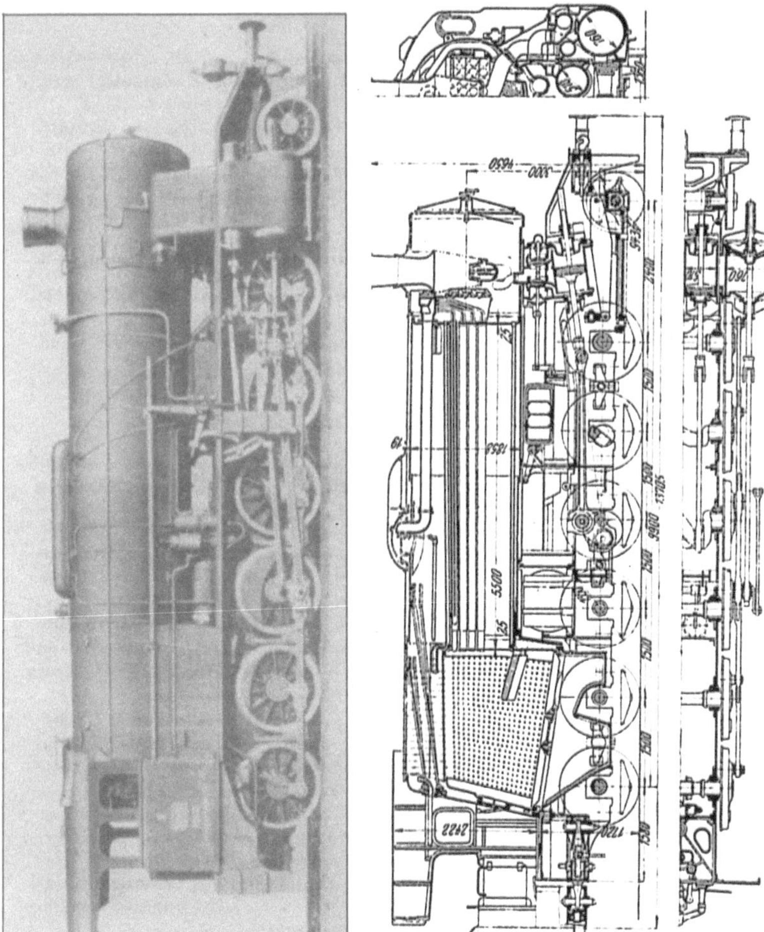

Abb. 418/419. 1F-Heißdampf-Vierzylinder-Verbund-G-Lokomotive (Württemberg).

Räder- und Triebwerk: $\underset{45}{\overline{K}}\,\overline{K}\,\underset{15}{\overset{\perp}{T}}\,\underset{15}{\overset{\perp}{t}}\,K\,\underset{20}{\overline{K}}\,\underset{95}{\overset{\frown}{L}}$. Vorn Bisselgestell. Zylinder in einer Ebene. N.-Z. außen wagerecht, $\frac{l}{r}=\frac{3650}{325}=11{,}38$, H.-Z. innen unter 1 : 7,603 geneigt, 2. Kuppelachse doppelt gekröpft, um inneren Triebstangen auszuweichen.

H.-Z. gemeinsames Gußstück. Schädliche Räume: H.-Z. vorn 12,4%, hinten 12,2%, N.-Z. 10,5 bzw. 10,1%. Heusingersteuerung außen, mit Übertragungswelle nach innen, Füllungen für alle Zylinder gleich groß. Kolbenschieber 250 Durchm. für N.-Z. mit doppelter Ein- und Ausströmung. Zur Entwicklung größter Zugkräfte und Anfahren kann Frischdampf in den Verbinderraum gegeben werden.

Bremse: Selbsttätige Luftdruckbremse mit Zusatzbremse wirkt mit rd. 71% von Gr auf 1. bis 5. Kuppelachse einseitig von hinten. Zweistufige Luftpumpe.

Ausrüstung: U. a: Speisewasservorwärmer eigener Bauart, 20,4 qm Heizfläche, Speisewasserpumpe, nichtsaugende Dampfstrahlpumpe „Friedmann", Preßluftsandstreuer „Knorr", 2 „Bosch"-Öler, Geschwindigkeitsmesser „Junghans", 2 Hochschub-Sicherheitsventile „Coale".

Tender: 4-T$\frac{20}{7}$. Im wesentlichen ähnlich dem preußischen 20 cbm Tender der Regelbauart, jedoch mit 2 seitlichen Füllöffnungen. Bremsklotzdruck 72% vom Tendergew. mit halben Vorräten. Raddurchm. 1000, Leergewicht 20,8, Dienstgewicht 46,7. Ges. Achsstand 4600.

2. Tenderlokomotiven.

Betreffs der Kohlen- und Wasserbehälter bei Tenderlokomotiven sollen folgende Bestimmungen zukünftig eingehalten werden.

Anordnung der Kohlenbehälter an der Hinterwand des Führerhauses und Ausdehnung derselben über dessen ganze Breite. Mittlerer Aufbau zwischen den Stirnwandfenstern, dessen obere Verschlußklappen ein Bekohlen mittels Kranes gestatten. Behälterboden überhöht gegenüber dem Führerhausboden, um dem Heizer das Aufheben der Kohlen zu ersparen. Raum unter dem überhöhten Behälterboden ist auszunutzen zur Unterbringung von Luftbehältern. Gasbehälter unter dem Laufbrett auf der Rückwand des Kohlenkastens.

Anordnung der Wasserbehälter möglichst beiderseits vom Kessel und Durchführung derselben nach rückwärts bis an die Führerhaus-Vorderwand. Verbindung dieser beiden Behälter im vorderen Teil durch einen weiteren Behälter quer zum Gleis, damit die Räder beim Verbrauch der Vorräte gleichmäßig entlastet werden können. Die Decke der seitlichen Wasserbehälter ist vorn niedriger auszuführen, um besseren Ausblick auf die Strecke zu gewinnen. Der Raum unter dem Fußboden des Führerhauses und unter dem Kohlenbehälter kann noch zur Unterbringung eines Wasserbehälters ausgenutzt werden, falls es die Lastverteilung gestattet.

a) für Personenzüge.

1C-Heißd.-Zw.-P-Tenderlok. Gattung T_{12} **Preußen** (Borsig 1907). Abb. 420. Tafel IV, Reihe 2.

Hauptabmessungen: 540 × 630/1500 $H_w + H_ü = 107{,}81 + 33{,}4$ R = 1,73 $G_L = 66{,}3$ $G_r = 50{,}8$. Achsstand 6350, über Puffer 11 800.

Allgemeines: Erstmalig mit Rauchkammerüberhitzer 1902 von Union, mit Rauchrohrüberhitzer 1907 von Borsig gebaut. Entstanden aus T_{11}. Hauptsächlich auf Berliner Stadt-, Ring- und Vorortbahn verwendet. Versuchsweise mit zweitem Regler auf

Abb. 420. 1C-Heißdampf-Zwilling-P-Tenderlokomotive Gattung T_{12} (Preußen).

dem Überhitzerkasten ausgerüstet, um beim Anfahren sofort Heißdampf zur Verfügung zu haben. Höchstgeschwindigkeit 80 km/st.

Kessel: Zylindrisch. Mitte über S. O. 2500. Rohrlänge 4370. Großrohrüberhitzer „Schmidt" dreireihig. Auflagerung: vorn

Rauchkammerträger, hinten Gleitschuhe am Feuerbüchsmantel und Schlingerstück unter Stehkesselrückwand.

Langkessel: 2 Schüsse, hinterer 1374, vorderer 1348 l. W., Blechstärke 13. Dom auf vorderem Schuß. Ventilregler „Sch. u. W."

Hinterkessel: Schmal zwischen den Rahmenblechen, mit senkrechter Vorder- und Rückwand. Stehkessel: Seiten, Rückwand 14, halbrunde Decke 20, Vorderwand 16. Feuerbüchse Kupfer, Seiten, Decke, Rückwand 14. Rohrwand 27, während des Krieges Flußeisen, Seiten, Decke, Rückwand 11, Rohrwand 15. Krebstiefe 680. Rost wagerecht, zweifeldrig, 1750 × 990.

Rauchkammer: Durch Winkelring mit Langkessel verbunden, Länge 1450, l. W. 1730, Blechstärke oben 13, unten 20, Rohrwand 24, Blasrohr 130 l. W., dessen Oberkante 158 über Kesselmitte.

Rahmen: Blechrahmen 15 stark, Lichtmaß 1220. Federn der 1. und 2., sowie die der 3. und 4. Achse durch Längsausgleicher verbunden, Abstützung der L. in 4 Punkten.

Räder- und Triebwerk: $K \overset{1}{\underset{15}{T}} \underset{27}{K} \underset{23}{L}$. Vorn Krauß-Helmholtz-Drehgestell, Kuppelzapfen der vorderen Kuppelachse kugelförmig mit 130 Durchm. Zylinder außen wagerecht. Schädliche Räume vorn 10,55%, hinten 10,50%, bei 10 bzw. 18 Spiel zwischen Kolben und Deckel. $\frac{1}{r} = \frac{1900}{315} = 6{,}03$. Heusingersteuerung mit Kuhn'scher Schleife, Füllungen bis zu 75% für beide Fahrtrichtungen. Kolbenschieber 220 Durchm. mit innerer Einströmung.

Bremse: Selbsttätige Knorr- und Exter'sche Wurfhebelbremse wirkt auf 3. und 4. Achse doppelseitig. Zweistufige Knorr-Luftpumpe.

Ausrüstung: U. a. Speisewasservorwärmer „Knorr", 12,0 qm Heizfläche, Speisewasserpumpe „Knorr", Dampfstrahlpumpe, Preßluftsandstreuer „Knorr", Schmierpumpe, Geschwindigkeitsmesser „Deuta", Rauchminderung „Marcotty", Sicherheitsinnerer Einströmung.

Vorratsbehälter: Wasserkästen an den Seiten und zwischen den Rahmenblechen, für 7,0 cbm. Kohlenkasten hinter dem Führerhaus, für 2,5 t.

1C1-Heißd.-Zw.-P-Tenderlok. Gattung **VIc Baden** (Karlsruhe 1914).

Abb. 421. Tafel IV, Reihe 14.

Hauptabmessungen: 540 × 640/1600 $H_w + H_ü = 109{,}74 + 32{,}0$ R = 2,06 $G_L = 74{,}5$ $G_L = 47{,}3$. Achsstand 8900, über Puffer 12 700.

Allgemeines: Entstanden aus der 1900 erstmalig gebauten 1C1-Sattdampf-Tenderl. VIb, ab 1914 als VIc mit Überhitzer gebaut. Beförderung von P.-Zügen bis zu 90 km/st. Schleppleistung: befördert auf Steigung 1 : 86 einen 330 t Wagenzug mit 30 km/st, auf Steigung 1 : 58,6 einen 200 t Wagenzug mit 35 km/st Höchstgeschwindigkeit 90 km/st.

Kessel: Zylindrisch. Mitte über S. O. 2850. Rohrlänge 4100. Großrohrüberhitzer „Schmidt".

Langkessel: 2 Schüsse, und zwar hinterer 1469 l. W., Längsnähte Doppellaschennietung, an den Enden geschweißt, vorderer Schuß 1500 l. W., oben in der Mitte geschweißt. Blechstärke 15,5; Rundnähte doppelreihig genietet. Dom auf vorderem Schuß.

Hinterkessel: Schmal zwischen den Rahmenblechen, Decke halbrund. Rost geneigt, Kipprost vorn.

Rahmen: Blechrahmen 20 stark, vorn und hinten auf 1120 Lichtmaß eingezogen. An den Kuppelachsausschnitten 20 mm Verstärkungsbleche, Federn der 1. und 2., sowie die der 4. und 5. Achse durch Längsausgleicher verbunden.

Räder- und Triebwerk: $\underset{65}{\overset{\frown}{L}}\ K\ \underset{12}{\overset{1}{T}}\ K\ \underset{65}{\overset{\frown}{L}}$. Rückstellung der Laufachsen durch Blattfedern. Zylinder außen wagerecht. Heusingersteuerung mit Kuhn'scher Schleife. Kolbenschieber 220 Durchm. mit innerer Einströmung.

Bremse: Westinghouse- bzw. Handbremse wirkt auf alle Kuppelräder einseitig von hinten. Zweistufige Knorr-Luftpumpe.

Abb. 421. 1C1-Heißdampf-Zwilling-P-Tenderlokomotive (Baden).

Ausrüstung: U. a. Speisewasservorwärmer „Knorr", 11,5 qm Heizfläche, liegt vor der Rauchkammer, Speisewasserpumpe „Knorr", Schmierpumpe, Preßluftsandsteuer „Knorr" für Vor- und Rückwärtsfahrt, Geschwindigkeitsmesser „Haußhälter", Popventile Bauart „Coale".

Vorratsbehälter: Wasserkästen an den Seiten und zwischen dem Rahmen für 10,0 cbm. Kohlenkasten hinter dem Führerhaus für 4,0 t.

1C1-Heißd.-Zw.-P-Tenderlok. Gattung **XIV HT Sachsen**
(Hartmann-Chemnitz 1918).
Abb. 422. Tafel IV, Reihe 16.

Hauptabmessungen: 550 × 600/1590 $H_w + H_ü = 122{,}37 + 35{,}2$ $R = 2{,}32$ $G_L = 82{,}2$ $G_L' = 49{,}5$. Achsstand 8700, über Puffer 12 290.

Allgemeines: Höchstgeschwindigkeit 75 km/st.

Kessel: Zylindrisch. Mitte über S. O. 2710. Rohrlänge 4000. Großrohrüberhitzer „Schmidt" dreireihig. Auflagerung: vorn Rauchkammerträger, hinten Gleitschuhe an der Feuerbüchse.

Langkessel: 2 Schüsse, und zwar hinterer 1500, vorderer 1470 l. W., Blechstärke 15. Auf jedem Schuß ein Dom, durch Rohr innerhalb des Kessels verbunden. Ventilregler „Sch. u. W." im vorderen Dom.

Hinterkessel: Bauart „Belpaire", schmal zwischen den Rahmenblechen, mit senkrechter Vorder- und Rückwand. Feuerbüchse

Abb. 422. 1C1-Heißdampf-Zwilling-P-Tenderlokomotive (Sachsen).

Flußeisen, Seiten, Decke, Rückwand 13, Rohrwand 16. Krebstiefe 565. Rost geneigt, zweifeldrig, 2203 × 1046, Kipprost vorn.

Rauchkammer: Länge 1810, l. W. 1600, Blechstärke 12, Rohrwand 24. Blasrohr 135 l. W., dessen Oberkante 50 unter Kesselmitte.

Rahmen: Blechrahmen 28 stark, Lichtmaß 1250, vorn und hinten auf 1128 Lichtmaß eingezogen. Federn der 1. und 2., sowie die der 3. bis 5. Achse durch Längsausgleicher verbunden.

Räder- und Triebwerk: $\overset{\frown}{\underset{55}{L}\,K}\;T\;\overset{\frown}{K\,\underset{55}{L}}$. Vorn und hinten Adamsachsen. Zylinder außen wagerecht. $\frac{l}{r} = \frac{2000}{300} = 6{,}67$. Heusingersteuerung mit Kuhn'scher Schleife. Kolbenschieber mit doppelter innerer Einströmung, Nachfüllschieber von Lindner.

Bremse: Selbsttätige Westinghouse- und Exter'sche Wurfhebelbremse wirkt auf alle Kuppelachsen einseitig von vorn. Zweistufige Luftpumpe.

Ausrüstung: U. a. Speisewasservorwärmer, Speisewasserpumpe „Knorr", Dampfstrahlpumpe „Friedmann", Preßluftsandstreuer, Schmierpumpe, Geschwindigkeitsmesser „Haußhälter", 2 Popventile 80 l. W.

Vorratsbehälter: Wasserkästen an den Seiten und unter dem Kessel für 9,0 cbm. Kohlenkasten hinter dem Führerhaus für 2,8 t.

1C2-Heißd.-Zw.-P-Tenderlok. Gattung **Pt $^3/_6$ Bayern** (Krauß-München 1911).

Abb. 423/424. Tafel IV, Reihe 11.

Hauptabmessungen: 530 × 560/1500 $H_w + H_ü$ = 110,94 + 35,0 R = 2,34 G_L = 92,0 . G_r = 48,0. Achsstand 9150, über Puffer 13 150.

Allgemeines: Besonders für das verkehrsreiche pfälzische Bahnnetz beschafft. Höchstgeschwindigkeit 90 km/st.

Kessel: Zylindrisch. Mitte über S. O. 2850. Rohrlänge 4000. Großrohrüberhitzer „Schmidt" dreireihig. Auflagerung: vorn Rauchkammerträger, hinten Gleitschuhe an der Feuerbüchse.

Langkessel: 2 Schüsse, und zwar hinterer 1420, vorderer 1388 l. W., Blechstärke 16. Dom auf hinterem Schuß. Ventilregler „Zara".

Hinterkessel: Über dem Rahmen, mit geneigter Rückwand, halbrunde Decke 20 stark, Feuerbüchse Kupfer, Seitenwände, Decke 16, Rohrwand 26, Krebstiefe 580. Rost hinten geneigt, vorn wagerecht, 2200 × 1066.

Rauchkammer: Durch Winkelring mit Langkessel verbunden, Länge 1460, l. W. 1630, Blechstärke 14, Rohrwand 24.

Rahmen: Blechrahmen 25 stark, Lichtmaß 1040, vor Zylindern 20 mm starker Vorderrahmen mit 1090 Lichtmaß. Drehgestellrahmen 18 stark, Lichtmaß 1290. Federn der Kuppelachsen als Längsausgleicher ausgebildet, Last durch Zugstangen und Wagebalken auf Achsbüchsen übertragen. Federn der vorderen Laufachse nebeneinander in Maschinenmitte mit gemeinsamer Kugelpfanne. Hinterachse des Drehgestells mit Querausgleicher. Volle Querbeweglichkeit der Endachsen. Mithin Lok.-Stützung in 3 Punkten.

Räder- und Triebwerk: L L T K K L. 1. und 3. Achse in
30 25 15

Krauß-Drehgestell, 2. Achse fest im Rahmen. Zylinder außen unter 1 : 10,5 geneigt. Heusingersteuerung. Feststellung der Steuerwelle durch Klemmbacken. Kolbenschieber 250 Durchmesser mit innerer einfacher Einströmung. In Druckausgleichkanälen Kolbenventil für Leerlauf.

Bremse: Selbsttätige Westinghouse- und Exter'sche Wurfhebelbremse wirkt auf Kuppelräder einseitig von vorn, mit besonderem Bremszylinder auf hintere Drehgestellachsen von innen.

Ausrüstung: U. a. Friedmann-Schmierpumpe, 2 nichtsaugende „Friedmann"-Strahlpumpen, Rauchverbrennung „Staby", Preßluftsandstreuer „Knorr", Geschwindigkeitsmesser „Haußhälter", Dampfheizung, Sicherheitsventile „Ramsbottom-Wöhler".

Vorratsbehälter: Wasserkästen für 14,0 cbm an den Seiten, zwischen dem Rahmen über 1. und 2. Kuppelachse und unter dem Kohlenkasten. Kohlenkasten hinter dem Führerhaus für [illegible]

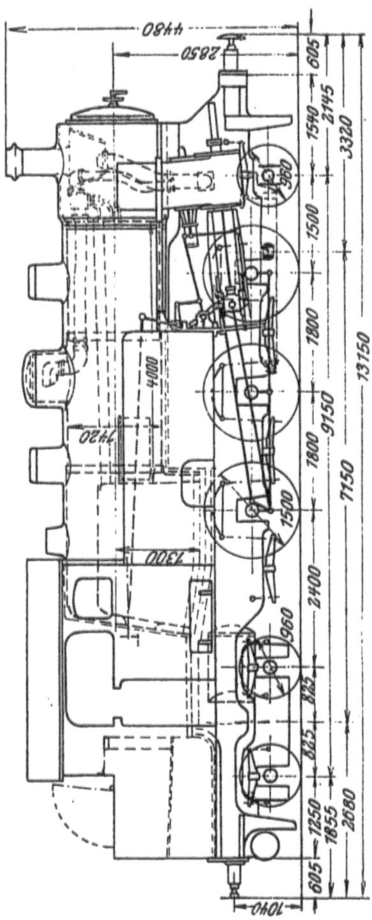

Abb. 423/424. 1C1-Heißdampf-Zwilling-P-Tenderlokomotive (Bayern).

2C2-Heißd.-Zw.-P-Tenderlok. Gattung **T_{18} Preußen** (Vulcan 1912). Abb. 425/426. Tafel IV, Reihe 6.

Hauptabmessungen: 560 × 630/1650 $H_w + H_ü$ = 138,61 + 49,2 R = 2,42 G_L = 105,0 G_r = 46,5. Achsstand 11 700, über Puffer 14 800.

Allgemeines: Erstmalig 1912 vom Vulcan für schweren Schnellzugverkehr auf der Insel Rügen gebaut. Infolge des Triebraddurchmessers von 1650 mm für Schnellzüge, Eilgüter- und Güterzüge vielseitig verwendbar. Bei Versuchsfahrten mit „L. 8401

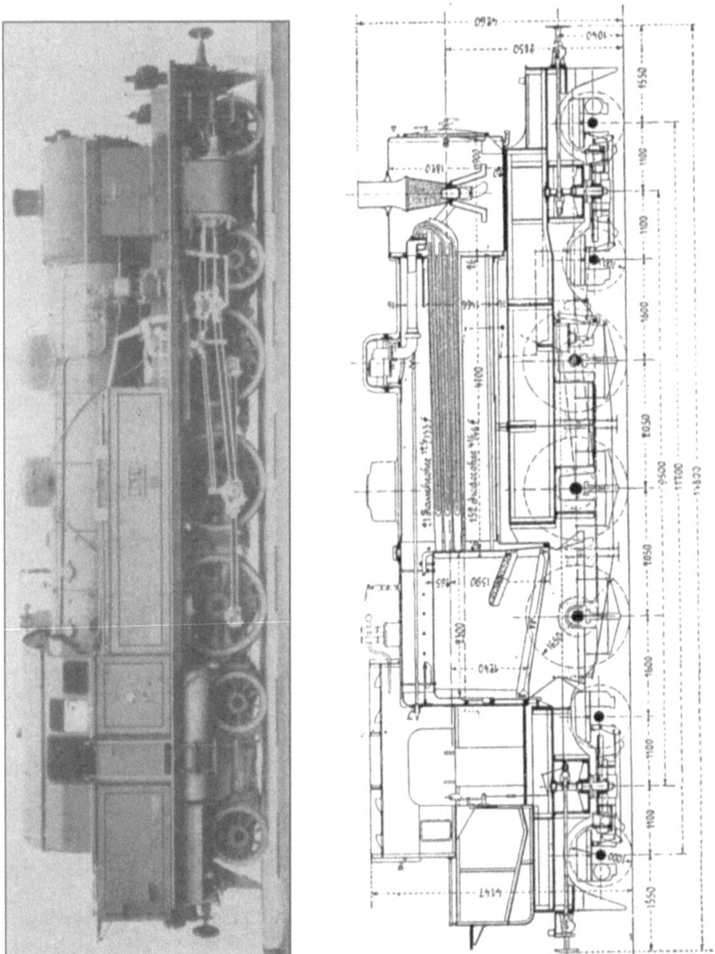

Abb. 425 426. 2C2-Heißdampf-Zwilling-P-Tenderlokomotive Gattung T_{18} (Preußen)

Mainz" im Frühjahr 1914 wurden mit einem 464 t-Zug auf Strecke Grunewald-Mansfeld am Zughaken durchschnittliche Leistungen von 554 PSz, auf der Steigung 1 : 100 Güsten-Mansfeld 879 PSz erzielt, bei einer Verdampfungsziffer von 6,9, Kohlenverbrauch von 1,675 kg/PSz-st und Wasserverbrauch von 11,55 l/PSz-st. Dauerleistung am Kolben bei 40 bis 90 km/st rd. 1100 PSi.

320 t-Zug wird auf Steigungen 1 : 100, 1 : 150, 1 : 250, 1 : 1000 mit 45, 60, 75 und 90 km/st befördert. Für kleinsten Krümmungshalbmesser von 140 m. Höchstgeschwindigkeit 90 km/st.

Kessel: Zylindrisch. Mitte über S. O. 2850. Rohrlänge 4700. Großrohrüberhitzer „Schmidt" vierreihig. Auflagerung: vorn Rauchkammerträger, ein Mittelträger, hinten Gleitschuhe am Feuerbüchsmantel und Schlingerstück unter Stehkesselrückwand.

Langkessel: 2 Schüsse, und zwar hinterer 1498, vorderer 1466 l. W., Blechstärke 16. Dom auf hinterem Schuß. Ventilregler „Sch. u. W." Schlammabscheider „E.Z.A."

Hinterkessel: Schmal zwischen den Rahmenblechen, mit senkrechter Vorder- und Rückwand. Stehkessel: Seiten, Rück- und Vorderwand 18, halbrunde Decke 18, Feuerbüchse Kupfer, Seiten, Decke, Rückwand 16, Rohrwand 26; während des Krieges Flußeisen, Seiten, Decke, Rückwand 11, Rohrwand 15. Krebstiefe 825. Rost geneigt, zweifeldrig, 2396 × 1010.

Rauchkammer: Durch Winkelring mit Langkessel verbunden. Länge 1900, l. W. 1820, Blechstärke oben 15, unten 20. Rohrwand 26. Blasrohr 125 l. W., dessen Oberkante 120 über Kesselmitte.

Rahmen: Blechrahmen 30 stark, Lichtmaß 1230, Höhe über Achsausschnitten 850. Federn der Kuppelachsen durch Längsausgleicher verbunden.

Räder- und Triebwerk:[1]) $\overbrace{\underset{40}{L\;L}}\;K\;\overset{\perp}{\underset{15}{T}}\;K\;\overbrace{\underset{40}{L\;L}}$. Zylinder außen wagerecht. $\frac{1}{r} = \frac{3000}{315} = 9{,}09$. Heusingersteuerung. Kolbenschieber 220 Durchm. mit innerer Einströmung.

Bremse: Selbsttätige Luftdruckbremse „Knorr", aus 3 getrennten Gruppen für Drehgestelle und Kuppelachsen bestehend, wirkt bei neueren L. auf alle Räder einseitig. Kuppelachsen mit 70%, Laufachsen mit 50% des Achsdrucks gebremst. Zusatzbremse wirkt unmittelbar auf die Kuppelachsen. Außerdem Exter'sche Wurfhebelbremse, nur auf Kuppelachsen wirkend. Zweistufige Knorr-Luftpumpe.

Ausrüstung: U. a. Speisewasservorwärmer „Knorr", 13,6 qm Heizfläche, liegt vor der Rauchkammer, Speisewasserpumpe „Knorr", Dampfstrahlpumpe, Preßluftsandstreuer „Knorr", Schmierpumpe, Geschwindigkeitsmesser „Deuta", Druckluftläutewerk „Knorr", Dampfheizung, Sicherheitsventile „Ramsbottom", Rauchminderung „Marcotty".

Vorratsbehälter: Niedrige Wasserkästen zu beiden Seiten und zwischen den Rahmenblechen, von Vorderkante Rauchkammer bis zur Feuerbüchse durchlaufend. Kohlenkasten hinter dem Führerhaus zum Teil in dieses hineinragend. Vorräte 12,0 cbm Wasser, 4,5 t Kohle.

---

[1]) Neuerdings Drehgestellausschlag 70 mm.

b) für Güterzüge.

1D1-Heißd.-Zw.-G-Tenderlok. Gattung T_{14}^{1} **Preußen** (Union 1919). Abb. 427/428. Tafel IV, Reihe 4.

Hauptabmessungen: 600 × 660/1350 $H_w + H_ü$ = 129,62 + 49,4 R = 2,50 G_L = 101,7 G_r = 67,9. Achsstand 9300, über Puffer 14 500.

Abb. 427. 1D1-Heißdampf-Zwilling-G-Tenderlokomotive Gattung T_{14}^{1} (Preußen).

Allgemeines: Erstmalig 1913 von Union als T_{14} mit Wasservorrat von 11 cbm und Kohlenvorrat von 4 t gebaut. 1919 als T_{14}^{1} mit Wasservorrat von 14 cbm und Kohlenvorrat von 4,5 t, sowie Achsdruck von 17 t. Gleiche Hauptabmessungen und Kennziffer C_1 wie G_8-L. Bei Versuchsfahrten mit „L. 8501 Berlin", Gattung T_{14} im Frühjahr 1914 wurde auf Strecke Grunewald-Belzig-Nedlitz bei 1100 t Wagengewicht eine mittlere Leistung am Tenderzughaken von 477 PS erzielt, bei einem Kohlenverbrauch von 1,33 kg/PS-st und einem Wasserverbrauch von 9,54 l/PS-st. L. durchläuft kleinste Krümmungen von 180 m, sogar von 140 m. Höchstgeschwindigkeit 65 km/st.

Kessel: Zylindrisch. Mitte über S. O. 2900. Rohrlänge 4700. Großrohrüberhitzer „Schmidt", vierreihig. Auflagerung: vorn Rauchkammerträger, hinten Gleitschuhe am Feuerbüchsmantel und Schlingerstück unter Stehkesselrückwand.

Langkessel: 2 Schüsse, und zwar hinterer 1500, vorderer 1469 l. W., Blechstärke 15,5. Dom auf hinterem Schuß. Ventilregler „Sch. u. W." Schlammabscheider „E.Z.A."

Hinterkessel: Schmal zwischen den Rahmenblechen, mit geneigter Rückwand. Stehkessel: Seiten, Rückwand 16, halbrunde Decke 20, Vorderwand 17. Feuerbüchse Kupfer, Seiten, Decke, Rückwand 15, Rohrwand 30; während des Krieges Flußeisen. Rost geneigt, dreifeldrig, 2600 × 980.

Rauchkammer: Durch Winkelring mit Langkessel verbunden, Länge 1654, l. W. 1820, Blechstärke oben 12, unten 15. Rohrwand 26. Blasrohr 140 l. W., dessen Oberkante 125 unter Kesselmitte.

Rahmen: Blechrahmen 25 stark, Lichtmaß 1200. Federn der vorderen 3, sowie der hinteren 3 Achsen durch Längsausgleicher verbunden. Abstützung der L. in 4 Punkten.

Räder- und Triebwerk: L K T K K L (L 30, T 15, K 15, L 30). Vorn und hinten Adamsachsen. Zylinder außen schwach geneigt. Schädliche Räume vorn und hinten je 8,8%, bei 10 bzw. 18 Spiel zwischen Kolben und Deckel. Heusingersteuerung mit Kuhn'scher Schleife. Füllungen bis 76% in beiden Richtungen. Kolbenschieber 220 Durchm. mit einfacher innerer Einströmung.

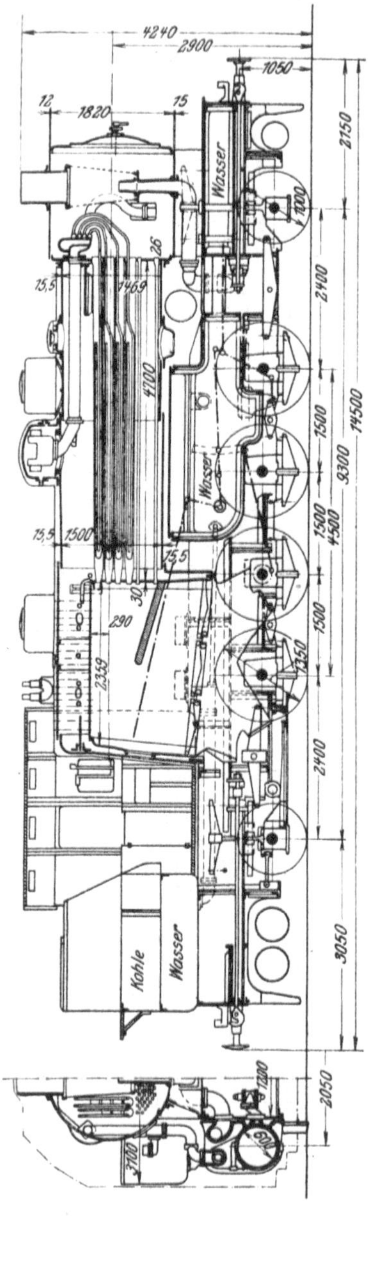

Abb. 428. 1D1-Heißdampf-Zwilling-G-Tenderlokomotive Gattung T_{14}¹ (Preußen).

Bremse: Selbsttätige Westinghouse- bzw. Knorr- und Exter'sche Wurfhebelbremse wirkt auf alle Kuppelräder einseitig von hinten. Zweistufige Knorr-Luftpumpe.

Ausrüstung: U. a. Speisewasservorwärmer „Knorr", 13,6 qm Heizfläche, liegt quer unter Kessel über Zylindern, Speisewasserpumpe „Knorr", Dampfstrahlpumpe, Preßluftsandstreuer „Knorr", Schmierpumpe, Geschwindigkeitsmesser „Deuta", Dampfheizung, Rauchminderung „Marcotty", Sicherheitsventile „Ramsbottom".

Vorratsbehälter: Wasserkästen zu beiden Seiten, sowie zwischen den Rahmenblechen über den beiden vorderen Kuppelachsen und über der vorderen Laufachse. Kohlenkasten hinter dem Führerhaus mit erhöhtem mittlerem Aufbau. Vorräte 14,0 cbm Wasser, 4,5 t Kohle.

E-Heißd.-Zw.-G-Tenderlok. Gattung T_{16} **Preußen** (Schwartzkopff 1914).

Abb. 429. Tafel IV, Reihe 5.

Hauptabmessungen: 610 × 660/1350 $H_w + H_ü$ = 131,73 + 45, R = 2,25 $G_L = G_r$ = 80,8. Achsstand 5800, über Puffer 12 660

Allgemeines: Erstmalig 1905 bis 1907 von Schwartzkopff mit Rauchkammerüberhitzer 33 Stück gebaut, bis 1910 mit Rauchrohrüberhitzer 123 Stück, davon 61 Stück mit Gölsdorf-Triebwerk $\overline{K}_{26}$ T $\overline{K}_{26}$ K $\overline{K}_{26}$, ab 1910 mit Triebwerk $\overline{K}_{26}$ K T K $\overline{K}_{26}$ gebaut. 7 t Raddruck. Ab 1913 als verstärkte Bauart mit 8,5 Raddruck ausgeführt. Bei Versuchsfahrten mit „L. 8134 Kattowitz" auf Strecke Grunewald-Nedlitz betrug die mittlere Höchstleistung mit einem 1209 t-Zug 763 PS am Zughaken. Bei Fahrten mit Vorwärmer leistete die L. auf Steigung 1 : 100 mit 1121 t-Zug durchschnittlich 716 PS am Zughaken, entsprechend etwa 1000 PSi. Als Höchstleistung wurden 1300 PSi erzielt. Größte erreichte Dauerzugkraft betrug 14 500 kg am Zughaken. Überhitzungstemperatur mehrfach über 360° C. Speisewassertemperatur im Mittel 80 bis 90° C. Beförderung eines 605 t-Zuges auf Steigung 1 : 50, sogar auf 1 : 30 bei günstiger Witterung noch möglich. Größte Zugbelastung auf Steigungen 1 : 50 bei günstiger Witterung 550 t. L. durchläuft kleinste Krümmungen bis 140 m bei 24 mm Spurerweiterung (Weiche 1 : 7). Höchstgeschwindigkeit 50 km/st.

Kessel: Zylindrisch. Mitte über S. O. 2650. Rohrlänge 4500. Großrohrüberhitzer „Schmidt" vierreihig. Auflagerung: vorn. Rauchkammerträger, Mitte 1 Pendelblech, hinten Gleitschuhe am Feuerbüchsmantel und Schlingerstück unter Stehkesselrückwand.

Langkessel: 2 Schüsse, hinterer 1500, vorderer 1470 l. W., Blechstärke 15. Dom auf vorderem Schuß. Ventilregler „Sch. u. W."

Hinterkessel: Schmal zwischen den Rahmenblechen, mit geneigter Rückwand. Stehkessel: Seiten, Vorder- und Rückwand 16, halbrunde Decke 20. Feuerbüchse Kupfer, Seiten, Decke, Rückwand 16, Rohrwand 26, während des Krieges Flußeisen, Seiten, Decke, Rückwand 11, Rohrwand 15. Krebstiefe 825. Rost geneigt, zweifeldrig, 2250 × 1000.

Abb. 429. E-Heißdampf-Zwilling-G-Tenderlokomotive Gattung T_{16} (Preußen).

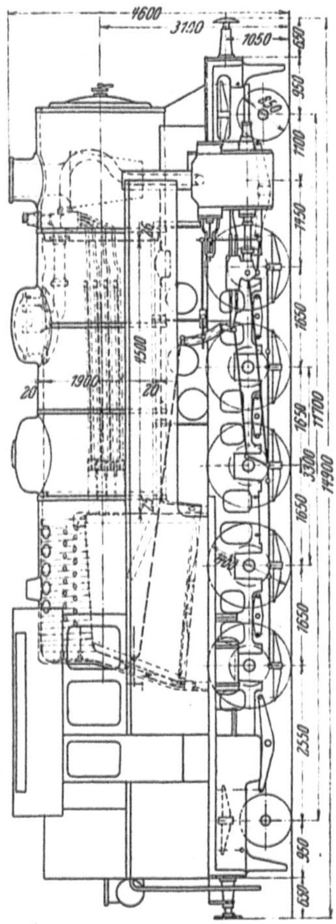

Abb. 430. 1E1-Heißdampf-Zwilling-G-Tenderlokomotive Gattung T_{20} (Preußen).

Rauchkammer: Durch Winkelring mit Langkessel verbunden, Länge 1550, l. W. 1820, Blechstärke 15, Rohrwand 26. Blasrohr 135 l. W., dessen Oberkante 125 über Kesselmitte.

Rahmen: Blechrahmen 25 stark, Lichtmaß 1230. Federn der 1. und 2., sowie der 4. und 5. Achse durch Längsausgleicher verbunden.

Räder- und Triebwerk: $\underset{26}{K} K T K \underset{26}{K}$. Zylinder außen wagerecht, reichen in abgestufte Umgrenzungslinien der B. O. Schädliche Räume vorn und hinten je 11,4%, bei 12, bzw. 32 Spiel zwischen Kolben und Deckel. $\frac{1}{r} = \frac{2475}{330} = 7{,}5$. Heusingersteuerung mit Kuhn'scher Schleife. Füllungen bis 74% in beiden Richtungen. Kolbenschieber 220 Durchm. mit innerer Einströmung.

Bremse: Selbsttätige Westinghouse- bzw. Knorr- und Exter'sche Wurfhebelbremse wirkt auf 3. Achse doppelseitig, auf 2. und 4. je einseitig von vorn bzw. hinten mit rd. 71% von Gr. Übersetzungsverhältnis 1 : 9.

Ausrüstung: U. a. Speisewasservorwärmer „Knorr", 15,2 qm Heizfläche, auf dem Langkessel, Speisewasserpumpe „Knorr", Dampfstrahlpumpe, Preßluftsandstreuer „Knorr", Schmierpumpe, Geschwindigkeitsmesser „Deuta", Dampfheizung, Rauchminderung „Marcotty", Sicherheitsventile „Ramsbottom".

Vorratsbehälter: Wasserkästen zu beiden Seiten und zwischen den Rahmenblechen für 8,0 cbm. Kohlenkasten hinter dem Führerhaus für 3,0 t.

1E1-Heißd.-Zw.-G-Tenderlok. Gattung **T_{20} Preußen** (Borsig 1922). Abb. 430. Tafel IV, Reihe 7.

Hauptabmessungen: 700 × 660/1400 $H_w + H_ü = 253{,}0 + 64{,}0$ $R = 4{,}50$ $G_L = 110{,}0$ $G_r = 80{,}0$. Achsstand 11 700, über Puffer 14 900.

Allgemeines: Vorbild war 1E1-Tenderlok. der Halberstadt-Blankenburger Bahn. Höchstgeschwindigkeit 69 km/st.

Kessel: Zylindrisch. Mitte über S. O. 3100. Rohrlänge 4500. Großrohrüberhitzer „Schmidt", vierreihig.

Langkessel: 1 Schuß, 1900 l. W., Blechstärke 20. Dom vorn. Ventilregler „Sch. u. W." Kesselsteinabscheider.

Hinterkessel: Abgeänderte Bauart Belpaire, breit über dem Rahmen, mit geneigter Rückwand. Feuerbüchse Kupfer, Rohrwand 25. Rost geneigt, dreifeldrig, Kipprost in der Mitte.

Rauchkammer: nicht überhöht. Rohrwand 26. Blasrohr 140 l. W.

Rahmen: Barrenrahmen. Federn der 1. bis 4., sowie die der 5. bis 7. Achse durch Längsausgleicher verbunden.

Räder- und Triebwerk: $\underset{125}{L}\,\underset{25}{K}\,K\,T\,K\,\underset{25}{K}\,\underset{125}{L}$. Adamsachsen vorn und hinten. Zylinder außen wagerecht. Heusingersteuerung, Schwinge in Mitte Steuerwelle aufgehängt. Kolbenschieber 220 Durchm. mit innerer Einströmung.

Bremse: Selbsttätige Knorr- und Exter'sche Wurfhebelbremse wirkt auf 1. bis 4. Kuppelachse einseitig von vorn. Zweistufige Knorr-Luftpumpe.

Ausrüstung: U. a. Speisewasservorwärmer „Knorr", quer unter Kessel zwischen 2. und 3. Kuppelachse, Speisewasserpumpe „Knorr", Dampfstrahlpumpe, Preßluftsandstreuer „Knorr", Schmierpumpe, Geschwindigkeitsmesser „Deuta", Popventile.

Vorratsbehälter: Seitliche Wasserkästen für 12,0 cbm. Kohlenkasten mit mittlerem Aufbau hinter dem Führerhaus für 4,0 t.

F-Heißd.-Zw.-G-Tenderlok. Gattung **T_{22} Preußen.**[1]) (Orenstein & Koppel 1922).

Abb. 431. Tafel IV, Reihe 8.

Hauptabmessungen: 700 × 660/1250 $H_w + H_ü = 151{,}0 + 55{,}0$ $R = 3{,}50$ $G_L = G_r = 102{,}0$. Achsstand: fest 4500, gesamt etwa 7300.

Allgemeines: Erste und letzte Achse sind mit den mittleren Kuppelachsen durch Zahnräder gekuppelt. Bauart „Luttermöller".

Kessel: Zylindrisch. Mitte über S. O. 3080. Rohrlänge 4800. Großrohrüberhitzer „Schmidt".

Langkessel: 2 Schüsse, hinterer 1598, vorderer 1564 l. W., Blechstärke 17. Dom auf hinterem Schuß. Ventilregler „Sch. u. W." Kesselsteinabscheider.

Hinterkessel: Breit über dem Rahmen, mit senkrechten Seiten und geneigter Rückwand. Feuerbüchse Kupfer, Seiten und Decke 16, Rohrwand 26. Krebstiefe 414. Rost wagerecht.

Rauchkammer: Durch Winkelring mit Langkessel verbunden, Länge 1800. Rohrwand 26.

Rahmen: Blechrahmen 40 stark, Lichtmaß 1130. Federn der 2. und 3., sowie die der 4. und 5. Achse durch Längsausgleicher verbunden.

Räder- und Triebwerk: $\widehat{K}$ K K T K $\widehat{K}$. Vorn und hinten zahngetriebene Achsen. Zylinder außen wagerecht, Mitte über Triebachsmitte. Heusingersteuerung mit Kuhn'scher Schleife außen. Kolbenschieber mit innerer Einströmung.

Bremse: Selbsttätige Knorr- und Handbremse wirkt auf 2. bis 5. Achse doppelseitig. Zweistufige Knorr-Luftpumpe.

Ausrüstung: U. a. Speisewasservorwärmer „Knorr", auf linkem Umlauf über 1. und 2. Achse. Speisewasserpumpe „Knorr", Dampfstrahlpumpe, Preßluftsandstreuer „Knorr", Schmierpumpe, Dampfheizung, Geschwindigkeitsmesser „Deuta".

Vorratsbehälter: Wasserkästen für 9,0 cbm und Kohlenkasten für 4,5 t.

C+C-Heißd.-Vierzyl.-Verb.-G-Tenderlok. Gattung **XV HTV Sachsen** (Hartmann-Chemnitz 1916).

Abb. 432. Tafel IV, Reihe 18.

Hauptabmessungen: $\frac{400}{680}$ × 630/1400 $H_w + H_ü = 127{,}2 + 40{,}9$

$R = 2{,}50$ $G_L = G_r = 92{,}2$. Achsstand 11100, über Puffer 14 660.

Allgemeines: L. ist für Vorspanndienst im Erzgebirge mit 25 ‰ größter Steigung bei 170 m kleinstem Krümmungshalbmesser bestimmt. Höchstgeschwindigkeit 70 km/st.

[1]) Entwurf.

Kessel: Zylindrisch. Mitte über S. O. 2850. Rohrlänge 4500. Großrohrüberhitzer „Schmidt" dreireihig.

Langkessel: 1450 l. W. am Krebs gemessen, 2 Dampfdome von je 800 Durchm. Ventilregler.

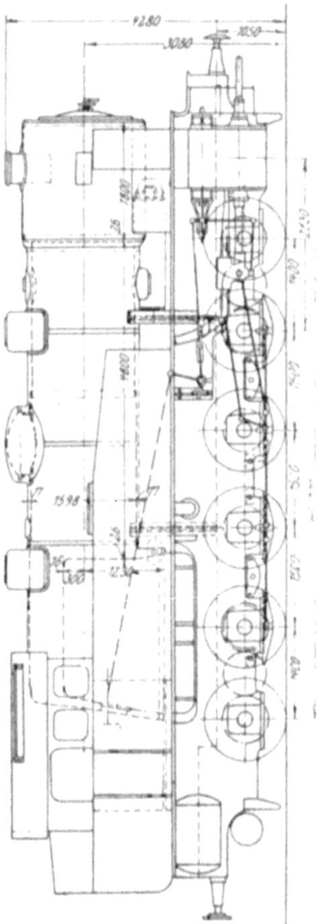

Abb. 431. F-Heißdampf-Zwilling-G-Tenderlokomotive Gattung T_{22} (Entwurf).

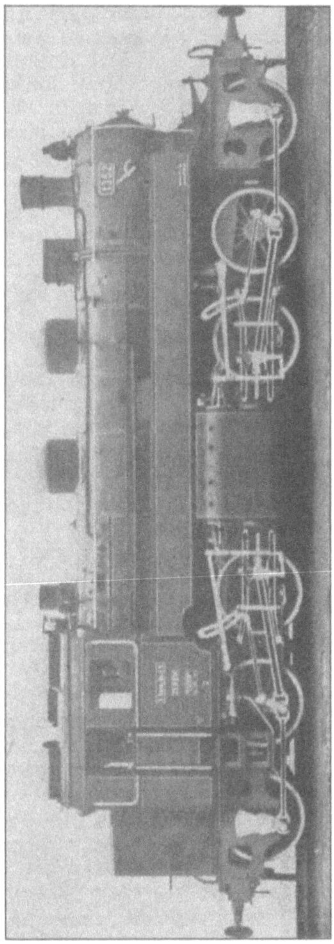

Abb. 432. C+C-Heißdampf-Vierzylinder-Verbund-G-Tenderlokomotive (Sachsen).

Hinterkessel: Feuerbüchse über Vorderachse des Hintergestells. Rost 2066 × 1204.

Rauchkammer: 1540 mm Durchm.

Rahmen: Blechrahmen 26 stark, Lichtmaß 1140. Zur Lagerung der Hohlachse an jeder Seite ein kurzer Außenrahmen 20 stark, durch Stahlgußstücke und Pufferbohle mit Hauptrahmen vereinigt. Federn der inneren Achsen durch Längsausgleicher verbunden.

R ä d e r - u n d T r i e b w e r k : $\underset{37}{\overset{\frown}{K}}\ T\ \underset{26}{K}\ \blacksquare\ \underset{26}{K}\ T\ \underset{37}{\overset{\frown}{K}}$. Vorn und hinten Klien-Lindner-Hohlachsen mit Rückstellfeder. Jederseits ein H.- u. N.-Z. unter gemeinsamer Verschalung fest am Hauptrahmen. Triebwerksausgleich durch Gegengewichte, bei den Hohlachsen auf den Kurbelscheiben. 4 Heusingersteuerungen mit Kuhn'scher Schleife außen an gemeinsamer Spindel. Kolbenschieber 250 Durchm. für H.-Z. mit einfacher innerer, für N.-Z. mit doppelter äußerer Einströmung.

B r e m s e : Selbsttätige Knorr- und Handbremse wirkt doppelseitig auf 4 Innenräder.

A u s r ü s t u n g : U. a. 2 nichtsaugende Dampfstrahlpumpen „Friedmann", Preßluftsandstreuer „Knorr", Schmierpumpe, 2 Popventile $3^1/_2$".

V o r r a t s b e h ä l t e r : Sattelförmig durchgehender Wasserkasten unter dem Kessel für 8,5 cbm, Kohlenkasten hinter dem Führerhaus für 2,2 t.

D+D-Heißd.Vierzyl.-Verb.-G-Tenderlok. Gattung **Gt** $2 \times {}^4/_4$ **Bayern** (Maffei 1914).

Abb. 433/434. Tafel IV, Reihe 12.

H a u p t a b m e s s u n g e n : $\frac{520}{800} \times 640/1216$ $H_w + H_ü = 229{,}61 + 55{,}4$ $R = 4{,}25$ $G_L = G_r = 122{,}5$. Achsstand 12 200, über Puffer 17 550.

A l l g e m e i n e s : L. kann mit 18 km/st 670 t auf Steigung 1 : 50, 540 t auf Steigung 1 : 40 schleppen. Bei größter im Betrieb vorkommender Geschwindigkeit von 33 km/st beträgt die auszuübende Zugkraft 12 500 kg bei 1530 PS. Hauptsächlich für Schiebedienst auf Strecke Laufach-Heigenbrücken und Probstzella-Steinbach, sowie Rothenkirchen-Steinbach mit Steigungen bis 1 : 40. Höchstgeschwindigkeit 50 km/st.

K e s s e l : Zylindrisch. Mitte über S. O. 2960. Rohrlänge 5075. Großrohrüberhitzer „Schmidt" dreireihig. Mit Hauptrahmen fest verbunden. Gewichtsübertragung auf Vordergestell mittels zweier Gleitpfannen und zweier lotrechter Zugstangen, Rückstellvorrichtung für Mittellage.

Langkessel: 3 Schüsse, hinterer und vorderer 1762, mittlerer 1724 l. W., Blechstärke 19. Dom auf vorderen Schuß. 6 Ankerrohre 42/50 Durchm. Ventilregler.

Hinterkessel: Breit über dem Rahmen, mit geneigter Rückwand. Stehkesseldecke halbrund. Feuerbüchse Kupfer, Seiten, Decke, Rückwand 16, Rost wagerecht, 2630 × 1620.

Rauchkammer: Länge 2900, l. W. 1600, Blechstärke 20, Rohrwand 26. Verstellbares Klappenblasrohr.

R a h m e n : Blechrahmen 30 stark für Haupt- und Dampfdrehgestellrahmen. Federn der 1. bis 3. Achse, sowie die der 6. bis 8. Achse durch Längsausgleicher verbunden.

R ä d e r - und T r i e b w e r k : $K\,T\,\underset{15}{\overline{K}}\,K$ ■ $K\,T\,\underset{15}{\overline{K}}\,K$. H.-Z. geneigt am Hauptrahmen, N.-Z. geneigt am Vordergestell, durch bewegliche Dampfleitung verbunden, Abdampfleitung ebenfalls

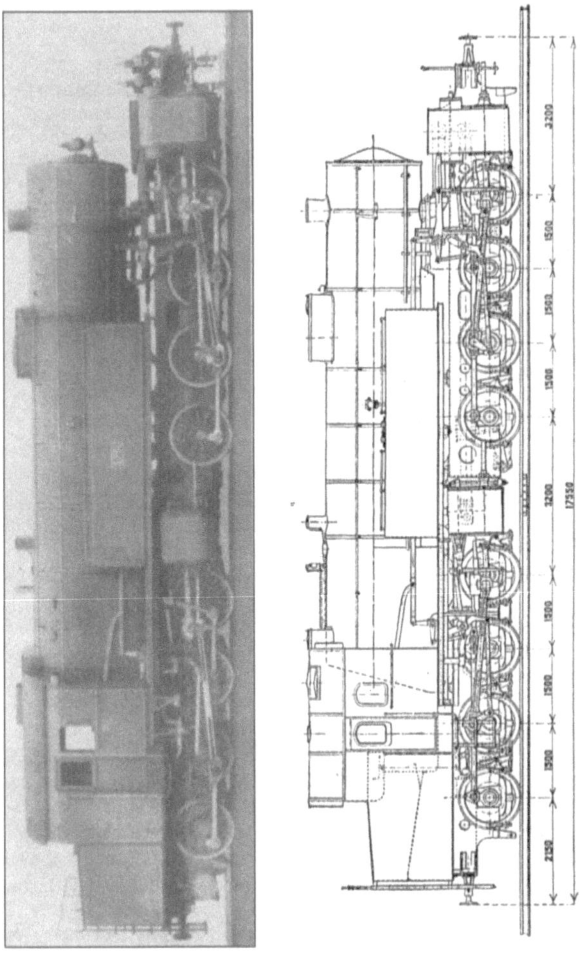

Abb. 433/434. D+D-Heißdampf-Vierzylinder-Verbund-G-Tenderlokomotive (Bayern).

beweglich. 4 Heusingersteuerungen außen an gemeinsamer Spindel. Kolbenschieber für H.-Z. mit einfacher innerer, für N.-Z. mit doppelter äußerer Einströmung.

B r e m s e : Selbsttätige Westinghouse- und nichtselbsttätige Spindelbremse wirkt auf 1., 3., 4., sowie 5., 7. und 8. Achse einseitig von vorn.

Ausrüstung: Schmierpumpe „Friedmann", Handsandstreuer, 2 nichtsaugende Dampfstrahlpumpen, Geschwindigkeitsmesser, „Haußhälter", 2 Popventile.

Vorratsbehälter: 2 seitliche Wasserkästen für 11,3 cbm, Kohlenkasten hinter dem Führerhaus für 4,5 t.

c) Verschiebelokomotiven.

Sie werden im allgemeinen als Sattdampflokomotiven gebaut. Heißdampf ist weniger geeignet, weil im Verschiebedienst häufiges Halten der Lokomotiven verlangt wird. Der Schmidt'sche Kleinrohrüberhitzer dürfte für Verschiebelokomotiven wohl geeignet sein; er findet neuerdings vereinzelt Verwendung zusammen mit einem zweiten Regler auf dem Dampfsammelkasten in der Rauchkammer.

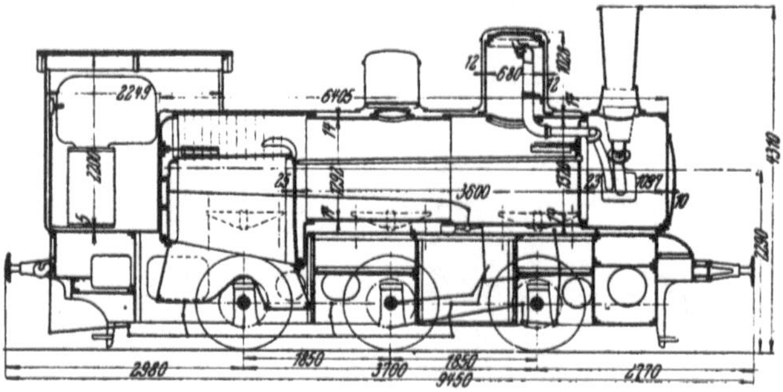

Abb. 435. C-Sattdampf-Zwilling-Verschiebe-Tenderlokomotive (Bayern).

C-Sattd.-Zw.-Verschiebe-Tenderlok. Gattung **R 3/3 Bayern** (Maffei). Abb. 435. Tafel IV, Reihe 13.

Hauptabmessungen: 420 × 610/1216 $H_w^v = 89{,}6$ $R = 1{,}60$ $G_L = G_r = 45{,}3$. Achsstand 3700, über Puffer 9450.

Allgemeines: Höchstgeschwindigkeit 45 km/st.

Kessel: Zylindrisch. Mitte über S. O. 2290. Rohrlänge 3600. Auflagerung: vorn Rauchkammerträger, hinten Gleitschuhe an der Feuerbüchse.

Langkessel: 2 Schüsse, hinterer 1292, vorderer 1320 l. W., Blechstärke 14. Dom auf vorderem Schuß. Flachschieberregler.

Hinterkessel: Schmal zwischen den Rahmenblechen, mit halbrunder Decke. Feuerbüchse Kupfer, mit nach rückwärts geneigter Decke, Rohrwand 25. Krebstiefe 540. Rost geneigt, 1640 × 980.

Rauchkammer: Länge 1079, l. W. 1348, Blechstärke 12, Rohrwand 23. Blasrohroberkante 400 über Kesselmitte.

Rahmen: Blechrahmen, Lichtmaß 1200. Federn der 1. und 2. Achse durch Längsausgleicher verbunden.

Räder- und Triebwerk: K T K. Zylinder außen wagerecht. Heusingersteuerung mit gerader Schwinge nach „Helmholtz-Krauß". Flachschieber.

Bremse: Räder aller Achsen einseitig von hinten durch Exter'sche Wurfhebelbremse gebremst.

Ausrüstung: U. a. 2 Dampfstrahlpumpen, Sicherheitsventil mit Federbelastung am Dampfdom.

Vorratsbehälter: Wasserkästen seitlich und zwischen den Rahmenblechen für 5,0 cbm. Kohlenkasten auf linker Seite vor Führerhaus für 1,2 t.

D-Sattd.-Zw.-Verschiebe-Tenderlok. Gattung **R 4/4 Bayern**
(Krauß-München 1918).
Abb. 436. Tafel IV, Reihe 19.

Hauptabmessungen: 530 × 650/1216 $H_w = 125{,}1$ $R = 2{,}0$ $G_L = G_r = 67{,}0$. Achsstand 4500, über Puffer 11 042.

Abb. 436. D-Sattdampf-Zwilling-Verschiebe-Tenderlokomotive (Bayern).

Allgemeines: Höchstgeschwindigkeit 45 km/st.

Kessel: Zylindrisch. Mitte über S. O. 2810. Rohrlänge 4000.

Langkessel: 2 Schüsse, hinterer 1418, vorderer 1450 l. W., Blechstärke 16. Dom auf hinterem Schuß. Ventilregler.

Hinterkessel: Breit über dem Rahmen mit allseits senkrechten Wänden. Stehkesselmantel mit halbrunder Decke, Blechstärke 17. Feuerbüchse Flußeisen, Seiten, Decke, Rückwand 11, Rohrwand 14,5. Rost wagerecht, 1500 × 1340.

Rauchkammer: Länge 1709, l. W. 1482, Blechstärke 14, Rohrwand 25.

Rahmen: Blechrahmen. Federn der 1. und 2., sowie die der 3. und 4. Achse durch Längsausgleicher verbunden.

Räder- und Triebwerk: $\underset{30}{\overline{K}}\ \underset{\blacktriangleright}{T}\ \underset{20}{\overline{K}}\ K$. Achsanordnung „Gölsdorf". Zylinder außen wagerecht. Heusingersteuerung. Kolbenschieber mit innerer Einströmung.

Bremse: Handbremse wirkt auf 1. bis 3. Kuppelachse einseitig von vorn.

Ausrüstung: U. a. Handsandstreuer für Vor- und Rückwärtsfahrt, Popventile, Läutewerk „Latowski".

Vorratsbehälter: T-förmiger Wasserkasten unter dem Kessel für 7,5 cbm, Kohlenkasten hinter dem Führerhaus für 1,8 t.

E-Heißd.-Zw.-Verschiebe-Tenderlok. Gattung **XI HT Sachsen** (Hartmann-Chemnitz 1918).
Abb. 437. Tafel IV, Reihe 17.

Hauptabmessungen: $620 \times 630/1260$ $H_w + H_ü = 136{,}55 + 41{,}4$ $R = 2{,}30$ $G_L = G_r = 79{,}4$. Achsstand 5600, über Puffer 12 560.

Allgemeines: Höchstgeschwindigkeit 40 km/st.

Kessel: Zylindrisch. Mitte über S. O. 2530. Rohrlänge 4500. Großrohrüberhitzer „Schmidt" dreireihig. Auflagerung: vorn Rauchkammerträger, Mitte 1 Pendelblech, hinten Gleitschuhe an der Feuerbüchse.

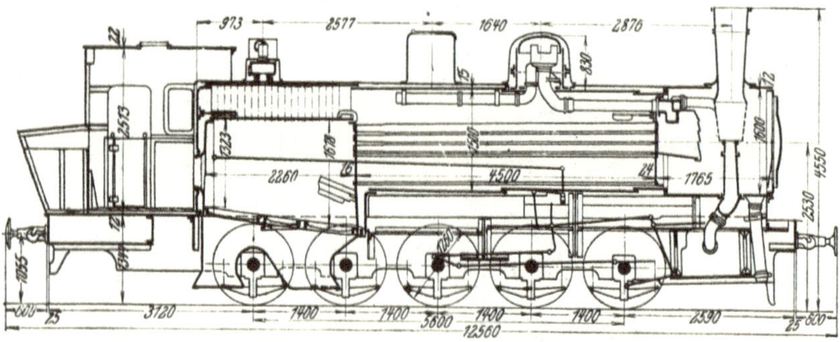

Abb. 437. E-Heißdampf-Zwilling-Verschiebe-Tenderlokomotive (Sachsen).

Langkessel: 2 Schüsse, hinterer 1500, vorderer 1470 l. W., Blechstärke 15. Dom auf vorderem Schuß. Ventilregler „Sch. u. W."

Hinterkessel: Bauart Belpaire, schmal zwischen den Rahmenblechen, mit senkrechter Vorder- und Rückwand. Stehkesselmantel: Seiten und Decke 15, aus einem Stück. Feuerbüchse Flußeisen, Seiten, Decke, Rückwand 13, Rohrwand 16. Rost geneigt, dreifeldrig, 2353×973, Kipprost in der Mitte.

Rauchkammer: Länge 1765, l. W. 1600, Blechstärke 12, Rohrwand 24. Blasrohr 135 l. W.; dessen Oberkante 100 über Kesselmitte.

Rahmen: Blechrahmen 28 stark, Lichtmaß 1176. Federn der 1. und 2., sowie die der 4. und 5. Achse durch Längsausgleicher verbunden.

Räder- und Triebwerk: $\underset{26}{\overline{K}}\ K\ T\ K\ \underset{26}{\overline{K}}$. Zylinder außen geneigt. $\frac{1}{r} = \frac{2350}{315} = 7{,}46$. Heusingersteuerung. Kolbenschieber mit doppelter innerer Einströmung.

Bremse: Selbsttätige Westinghouse- und Exter'sche Wurfhebelbremse wirkt auf alle Kuppelräder einseitig von vorn.

Ausrüstung: 2 nichtsaugende Dampfstrahlpumpen „Friedmann" für je 180 l/min, Schmierpumpe, Luftsandstreuer, Geschwindigkeitsmesser „Haußhälter", Dampfläutewerk „Latowski", 2 Popventile 80 l. W.

Vorratsbehälter: Wasserkästen an beiden Seiten für 8,5 cbm, Kohlenkasten hinter dem Führerhaus für 2,2 t.

C. Regelspurige Lokomotiven ausländischer Bahnen.

1. Lokomotiven mit Schlepptender.

a) für Personen- und Schnellzüge (kleinster Triebraddurchm. 1600 mm).

2B-Heißd.-Zw.-S-L. der holländischen Eisenbahngesellschaft (Schwartzkopff 1914).

Abb. 438/439. Tafel V, Reihe 3.

Hauptabmessungen: 530 × 660/2100 $H_w + H_ü = 120{,}8 + 40{,}0$ $R = 2{,}40$ $G_L = 59{,}3$ $G_r = 34{,}2$. Lok. und Tender: $G_{L+T} = 102{,}8$. Achsstand 14 550, über Puffer 17 725.

Allgemeines: Für die ebenen Strecken Hollands gut geeignet. Befördert Züge von 400 t (12 vierachsige Wagen) mit 90 km/st in der Ebene. Der Tender gestattet Fahrten von 200 km Länge ohne Wasser zu nehmen. Bauart lehnt sich eng an englische Vorbilder an. Kleinster Krümmungshalbmesser 100 m.

Kessel: Zylindrisch. Mitte über S. O. 2750. Rohrlänge 4200. Großrohrüberhitzer „Schmidt" dreireihig. Auflagerung: vorn Zylindersattel, hinten Gleitstücke an den Feuerbüchsseitenwänden und Schlingerstück.

Langkessel: 2 Schüsse, hinterer 1500, vorderer 1470 l. W., Blechstärke 15. Dom auf vorderem Schuß. Ventilregler „Zara".

Hinterkessel: Schmal zwischen den Rahmenblechen, mit geneigter Rückwand. Stehkessel: Seitenbleche, halbrunde Decke, Rückwand, Vorderwand 15. Feuerbüchse Kupfer, Decke, Seiten, Rückwand 16, Rohrwand 26. Krebstiefe 925. Rost geneigt, zweifeldrig, 2300 × 1030.

Rauchkammer: Länge 1400, l. W. 1730, Blechstärke 10, Rohrwand 26, Blasrohr 120 l. W., dessen Oberkante 170 über Kesselmitte.

Rahmen: Blechrahmen 32 stark, Lichtmaß 1256. Abfederung von Trieb- und Kuppelrädern nicht durch Ausgleich verbunden. Längsfeder zwischen den Drehgestellrädern einer Seite.

Räder- und Triebwerk: $K \underset{7}{\overset{1}{t}} \underset{40}{\overbrace{L\,L}}$. Zylinder innen in gemeinsamem Gußstück wagerecht. Kurbelarme mit Frémont-Ausschnitten. Heusingersteuerung mit 2 Hubscheiben innen. Kolbenschieber „Hochwald" 220 Durchm.

Bremse: Selbsttätige Westinghousebremse wirkt auf Kuppelräder einseitig von vorn. Zweistufige Luftpumpe.

Ausrüstung: U. a. 2 Dampfstrahlpumpen „Gresham", Schmierpumpe „Michaik", Dampfsandstreuer „Holt & Gresham" unter dem Trittblech, Flüssigkeits - Geschwindigkeitsmesser „Strondley", 2 Wasserstände „Dewrance", Dampfheizung, 2 Popventile 85 l. W.

Tender: $3\,T\frac{19}{6}$. Rahmenbleche 22 stark. Federn oberhalb der Achsen. Hinterer Zughaken mit Reibungsvorrichtung „Westinghouse". Westinghouse- und Handbremse wirken auf alle Räder einseitig. Ges. Achsstand 4000, Leergewicht 18,5, Dienstgewicht 43,5.

Abb. 438. 2B-Heißdampf-Zwilling-S-Lokomotive der holländischen Eisenbahngesellschaft.

2B-Heißd.-Zw.-S-L. der englischen Südost- und Chatam-Bahn
(Borsig 1914).

Abb. 440. Tafel V, Reihe 5.

Hauptabmessungen: $521 \times 660/2032$ $H_w + H_ü = 131{,}2 + 29{,}6$ $R = 2{,}09$ $G_L = 57{,}7$ $G_r = 37{,}0$. Lok. und Tender: $G_{L+T} = 98{,}7$. Achsstand 14 090, über Puffer 17 218.

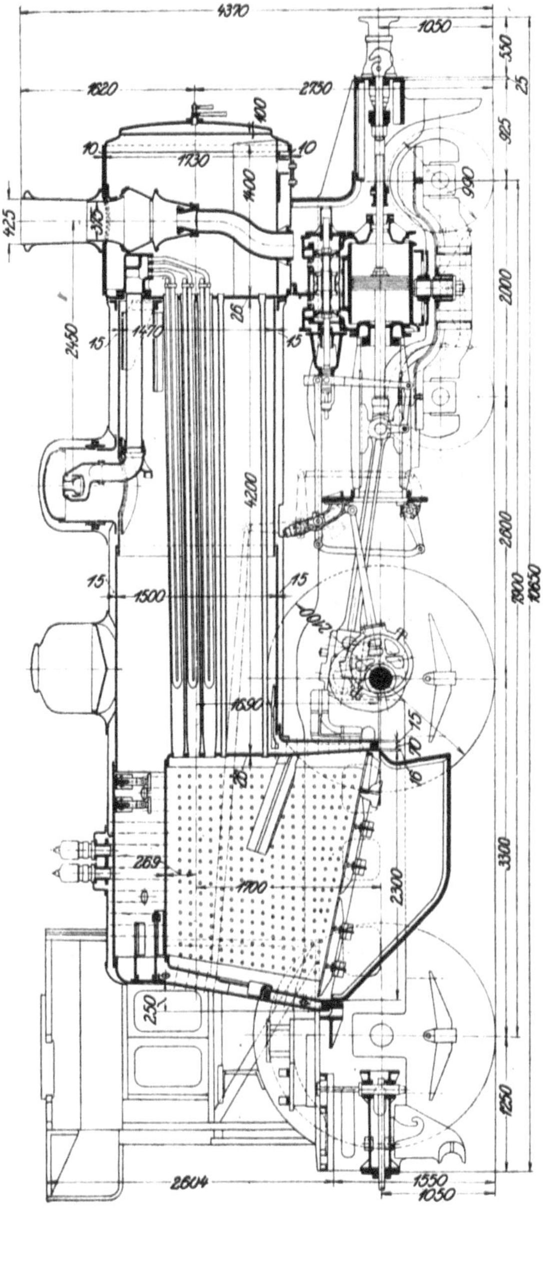

Abb. 439. 2B-Heißdampf-Zwilling-S-Lokomotive der holländischen Eisenbahngesellschaft.

Kessel: Zylindrisch. Rohrlänge 3480. Überhitzer „Schmidt" dreireihig.
Langkessel: 1524 l. W.
Hinterkessel: Bauart „Belpaire". Feuerbüchsweite 2260 × 1232.

Abb. 440. 2B-Heißdampf-Zwilling-S-Lokomotive der englischen Südost- und Chatam-Bahn.

Räder- und Triebwerk: t K $\overbrace{L\ L}$.[1]) Zylinder innen, Kolbenschieber 229 Durchm. Servomotor zur Umsteuerung.

Tender: $4T\frac{15,7}{4,1}$. Dienstgew. 41,0.

[1]) Innen angetriebene Achsen werden mit t bezeichnet.

1C-Heißd.-Zw.-P-L. der Madrid-Caceres-Portugal- und spanischen Westbahn (Hartmann-Chemnitz 1909).

Abb. 441. Tafel V, Reihe 21.

Hauptabmessungen: 540 × 610/1600 $H_w + H_ü = 124,4 + 36,0$ $R = 3,70$ $G_L = 52,0$, $G_r = 42,8$. Lok. und Tender: $G_{L+T} = 84,2$.

Allgemeines: 1676 Spur. Sehr großer Rost, weil auf der Bahn sehr leichte Kohle mit etwa 12% Asche verwendet wird. 7 Stück gebaut 1909. Achsdruck 14,4. Soll Personenzüge befördern von 150 t Wagengewicht mit 45 km/st auf 20 ‰ Steigung in Krümmungen von 250 m Halbm. Kleinster Krümmungshalbmesser in den Weichen 160 m. Dauerleistung 1000 PS, Höchstgeschwindigkeit 70 km/st.

Abb. 441. 1C-Heißdampf-Zwilling-P-Lokomotive der Madrid-Caceres-Portugal- und spanischen Westbahn.

Kessel: Zylindrisch. Mitte über S. O. 2750. Rohrlänge 4000. Großrohrüberhitzer „Schmidt", dreireihig.

Langkessel: Mittlere l. W. 1500.

Hinterkessel: Mit 1310 Breite über den Rahmenblechen stehend, hat senkrechte Wände.

Rahmen: Blechrahmen.

Räder- und Triebwerk: K T K L. Vordere Achse mit vollen Scheibenrädern in gezogenem Deichselgestell radial einstellbar. Zylinder außen wagerecht. Heusingersteuerung. Kolbenschieber 220 Durchm. mit innerer Einströmung, breite federnde Ringe.

Bremse: Luftsaugebremse wirkt einseitig auf die beiden letzten Kuppelachsen.

Ausrüstung: U. a. 2 Dampfstrahlpumpen. 2 Sandstreuer unter bzw. auf der Plattform für beide Endachsen und für Rückwärtsfahrt.

Tender: $3\,T\,\frac{11}{5}$. Ges. Achsstand 3000. Leergewicht 15,85.

1C-Heißd.-Drilling-L. f. gem. Dienst der englischen großen Nordbahn (Doncaster 1920).

Abb. 442. Tafel V, Reihe 32.

Hauptabmessungen: 470 × 660/1727 $H_w + H_ü$ = 174,8 + 37,2 R = 2,60 G_L = 71,0 G_r = 60,0 Lok. und Tender: G_{L+T} = 114,0.

Allgemeines: Für schwere P- und G-Züge bis zu 80 beladenen Güterwagen. L. beförderte den Leeds-Expreß mit 79 km/st Grundgeschwindigkeit; trotz mehrfacher Steigungen von 1 : 200 war Geschwindigkeit gleichmäßig und lag zwischen 80 und 97 km/st.

Kessel: Zylindrisch. Mitte über S. O. 2743. Rohrlänge 3655. Überhitzer „Robinson" vierreihig.

Langkessel: 1 Schuß, l. W. 1797. Blechstärke 16.

Hinterkessel: Glatte runde Decke. Krebstiefe 930. Rost 2653 × 1019.

Rauchkammer: Etwas überhöht, durch Zwischenring verlascht.

Rahmen: Blechrahmen.

Räder- und Triebwerk: K T K L. Dreiteiliges Gußstück. Außenzyl. 1 : 30, Innenzyl. 1 : 8 geneigt. Kuppelstangen aus Chromnickelstahl. Gresleysteuerung. Kolbenschieber 203 Durchm.

Bremse: Luftsaugebremse, zwei 21" Bremszylinder.

Ausrüstung: U. a. 1 Dampfstrahlpumpe „Gresham u. Craven", 1 Abdampfstrahlpumpe „Davies u. Metcalfe", Hand- und Dampfsandstreuer.

Tender: $3\,T\,\frac{13,2}{6,5}$. Dienstgewicht 43,0.

1C1-Heißd.-Zw.-S-L., Reihe 910 **der österreichischen Staatsbahn** (Floridsdorf 1916).

Abb. 443. Tafel V, Reihe 34.

Hauptabmessungen: 540 × 680/1820 $H_w + H_ü$ = 163,8 + 28,5 R = 3,0 G_L = 68,0 G_r = 42,0.

Allgemeines: Für mittelschweren Dienst auf Hügellandstrecken mit schwächerem Oberbau. Beförderung des Balkanschnellzuges auf der 458 km langen Strecke Wien-Bodenbach ohne Maschinenwechsel, Reisegeschwindigkeit 65,3 km/st bei 7 Std. Fahrzeit, Wagenzuglast 160 bis 230 t, lange Steigungen von 10 bis 11 ‰ und zahlreiche Krümmungen von R = 280 m, ungünstige Haltestellenanlagen, die mit verminderter Geschwindigkeit durchfahren werden mußten. Erste Lieferung 2 Stück 1916 mit kupferner Feuerbüchse, 20 Stück 1918 mit flußeiserner Feuerbüchse. Höchstgeschwindigkeit 90 km/st.

Kessel: Zylindrisch. Mitte über S. O. 2980. Rohrlänge 4600 Großrohrüberhitzer „Schmidt", dreireihig. Auflagerung: vorn gußeiserner Rauchkammersattel, Mitte Steuerungsträger und 1 Pendelblech, hinten Gleitstützen am Feuerbüchsmantel und

Abb. 442. 1C-Heißdampf-Drilling-Lokomotive für gemischten Dienst der englischen großen Nordbahn.

1 Pendelblech rückwärts am Mantelring. Schieberregler mit Zahnantrieb, Schieberspiegel auf dem Überhitzerkasten.

Langkessel: 3 Schüsse, hinterer 1466, mittlerer 1500, vorderer 1534 l. W., Blechstärke 17. Dom auf hinterem Schuß. 2. Lieferung mit Kesselsteinabscheider verbesserter Bauart „Pogany" auf vorderem Schuß.

Hinterkessel: Schmal über den Rahmenblechen stehend, mit geneigter Rückwand und halbrunder Decke. Feuerbüchse: bei 1. Lieferung Kupfer mit eisernen Stehbolzen, jedoch in oberster Reihe und oberen seitlichen Ecken kupferne. Rohrwand 27. Siederohre mit Kupferstutzen, Heiztüröffnung „Webo". 2. Lieferung flußeiserne Feuerbüchse, Blechstärke 10, Rohrwand 16, Siederohre nur mit kupfernen Schulterringen, schmiedeeiserner Zwischenring statt Webb'scher Heiztüröffnung. Krebstiefe 800. Rost geneigt.

Rauchkammer: Rohrwand 25. Verstellbares Blasrohr, Oberkante 20 über Kesselmitte.

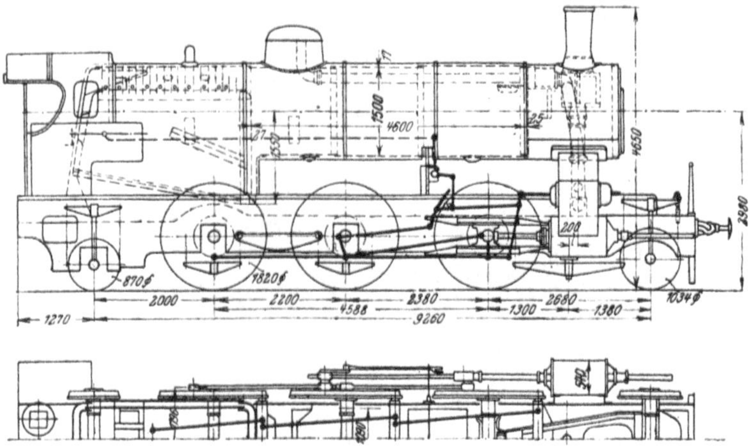

Abb. 443. 1C1-Heißdampf-Zwilling-S-Lokomotive der österreichischen Staatsbahn.

Rahmen: Blechrahmen 27 stark, Lichtmaß 1170. Federn der 1. und 2., sowie die der 3. und 4. Achse durch Längsausgleicher, die der 5. Achse durch Querausgleicher verbunden.

Räder- und Triebwerk: $\underset{50}{L}\ K\ \underset{14}{\overset{\perp}{T}}\ \underset{22}{\overline{K}}\ \underset{28}{\overset{\frown}{L}}$. Vorn Krauß-Helmholtz-Drehgestell, hinten Adamsachse ohne Rückstellfeder. Zylinder außen wagerecht. $\frac{1}{r} = \frac{2300}{340} = 6{,}78$. Heusingersteuerung, Füllungen bis 76% für Vor- und bis 77,5% für Rückwärtsfahrt. Kolbenschieber 250 Durchm. mit äußerer Einströmung. Keine Druckausgleichhähne, nur Luftsaugeventile.

Bremse: Selbsttätige Luftsaugebremse „Hardy" mit 2 Bremszylindern wirkt auf alle Kuppelräder einseitig von vorn mit 65% von Gr. Teilweise nachträglich eingebaut Westinghouse-Luftdruckbremse für Strecken Wien-Marchegg und Wien-Bruck a. d. L.

Ausrüstung: U. a. 2 nichtsaugende Dampfstrahlpumpen „Friedmann", Schmierpumpe „Friedmann", Handsandstreuer zwischen den Rahmenblechen, Geschwindigkeitsmesser „Haußhälter", Dampfheizung, Rauchverminderungseinrichtung „Langer", 2 Popventile $3^1/_2$".

Tender: $3\,T\frac{16}{8{,}5}$. Reihe 156.

1C1-Heißdampf-Zw.-S-L. der russischen Staatsbahn (Sormowo 1911).

Abb. 444/445. Tafel V, Reihe 36.

Hauptabmessungen: 550 × 700/1830 $H_w + H_ü$ = 190,0 + 60,4 R = 3,80 G_L = 75,0 G_r = 46,5.

Allgemeines: 1524 Spur. Für schwere Züge auf ungünstigen Strecken. Entwurfsgrundsätze: Wegen Donetz-Kohle möglichst große Rostfläche, 16 t Achsdruck, Triebrad-Zapfendruck höch-

Abb. 444. 1C1-Heißdampf-Zwilling-S-Lokomotive der russischen Staatsbahn.

stens 31 t. Zur Erhöhung der Anfahrkraft mit Reibungsvermehrer ausgerüstet, der bei 70% Steuerungsfüllung selbsttätig mittels Preßluftkolben das Verhältnis der Ausgleichhebel von 0,91 auf 1,44 zugunsten der Kuppelachse vergrößert, somit das Reibungsgewicht auf rund 50 t erhöht. Eine frühere Bauart erreichte mit 345 t Wagenzug 100 km/st in der Ebene, 70,4 km/st auf 6 ‰ Steigung, durchschnittlich 48 km/st mit 510 t Wagenzug auf 6 ‰ Steigung. Umlaufgitter.

Kessel: Zylindrisch. Mitte über S. O. 3050. Rohrlänge 5150. Großrohrüberhitzer „Schmidt" dreireihig, teilweise Notkin, Kulikowsky u. Neumeyer. Auflagerung: vorn Rauchkammersattel, hinten Gleitstücke an Feuerbüchsseitenwänden und Schlingerstück.

Langkessel: 3 Schüsse, hinterer und vorderer 1600, mittlerer 1568 l. W. Blechstärke 16. Dom auf vorderem Schuß. Ventilregler „Zara", Verbindung zwischen Regler und Überhitzer durch außenliegendes Rohr.

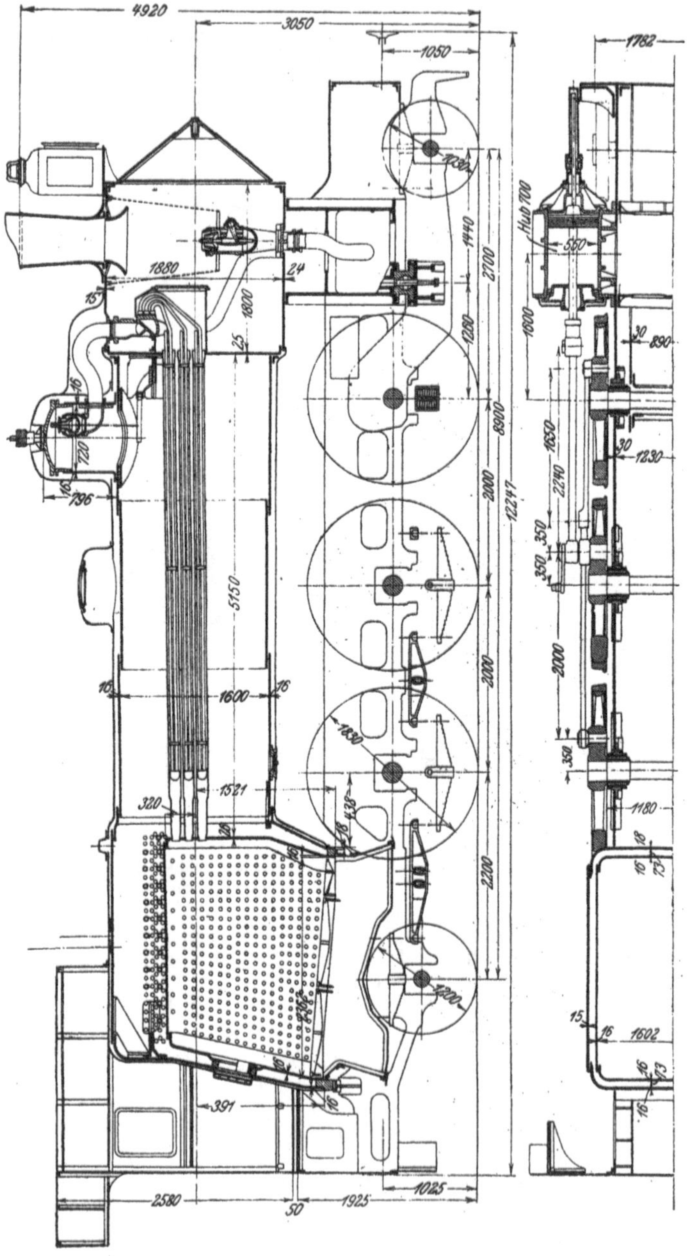

Abb. 445 1C1-Heißdampf-Zwilling-S-Lokomotive der russischen Staatsbahn.

Hinterkessel: Bauart „Belpaire" breit über den Rahmenblechen mit senkrechten Seiten- und geneigter Vorder- und Rückwand. Stehkessel: Seiten, Decke, Rückwand 16, Vorderwand 18. Feuerbüchse Kupfer, Seiten, Decke 16, Rückwand 18, Rohrwand 26. Beide vordere und hintere Deckenankerreihen beweglich. Krebstiefe 705. Rost geneigt, dreifeldrig, 2362 × 1602, Kipprost vorn.

Rauchkammer: Länge 1800, l. W. 1880, Rohrwand 25. Verstellbares Düsenblasrohr.

Rahmen: Blechrahmen 30 stark, Lichtmaß 1230. Federn der 3. bis 5. Achse durch Längsausgleicher verbunden, zwischen 4. und 5. Achse Reibungsvermehrer.

Räder- und Triebwerk: L K T K L. Vorn Zara-Krauß-
20 40 108
Drehgestell mit Spiralfederrückstellung und Wiege. Achsen mit Ausnahme der vorderen Kuppelachse mit Achsbüchsen „Zara", Achslager der Triebachse dreiteilig nach „Obergethmann". Zylinder außen wagerecht. Vordere Kuppelachse mit Schubstangenlager „Hagans", Heusingersteuerung. Kolbenschieber 250 Durchm. mit innerer Einströmung. Leerlaufvorrichtung „Sjäblow".

Bremse: Westinghousebremse wirkt auf Kuppel- und vordere Laufräder einseitig, 1 Bremszylinder.

Ausrüstung: U. a. Schmierpumpe „Friedmann", Hand- und Luftsandstreuer „Brüggemann".

Tender: 4 T $\frac{23}{5}$. Raddurchmesser 1010, Leergewicht 22,3.

1C1-Heißd.-Vierling-S-L. der serbischen Staatsbahn
(Schwartzkopff 1922).
Abb. 446. Tafel V, Reihe 38.

Hauptabmessungen: 410 × 650/1850 $H_w + H_{ü} = 126{,}6 + 38{,}6$ $R = 3{,}0$ $G_L = 67{,}0$ $G_r = 43{,}7$ Lok. und Tender: $G_{L+T} = 115{,}0$. Achsstand 17 532, über Puffer 20 582.

Allgemeines: Als erste serbische Heißdampflok. 1912 erstmalig von Schwartzkopff gebaut. Neue Lieferung 1922, nur mit der Änderung, daß die Verkleidung des Überhitzers in der Rauchkammer mit den Klappen und Klappenautomaten fortgefallen sind. Verlangt wurde die Beförderung eines 260 t-Zuges mit 33 km/st auf der 243,5 km langen Strecke Belgrad-Nisch über rd. 6 km lange Steigungen von 12,5 ‰ mit zahlreichen Krümmungen von 300 m Halbmesser; ferner mit 72 km/st auf 5 ‰ Steigung in Krümmungen von 500 m Halbmesser. Bei Abnahmefahrten ergaben sich höhere Leistungen.

Kessel: Zylindrisch. Mitte über S. O. 2850. Rohrlänge 4650. Großrohrüberhitzer „Schmidt" dreireihig.

Langkessel: 3 Schüsse, hinterer 1470, mittlerer 1500, vorderer 1470 l. W., Blechstärke 15. Dom auf vorderem Schuß. Ventilregler „Zara".

Hinterkessel: Schmal über den Rahmenblechen stehend. Stehkessel: Seiten, Vorder- und Rückwand 16, Decke 20. Feuerbüchse Kupfer, Seiten, Decke, Rückwand 16, Rohrwand 28.
Rauchkammer: Länge 1900, l. W. 1576, Blechstärke 12, Rohrwand 25.

Rahmen: Blechrahmen 25 stark, Lichtmaß 1240. Federn der 3. und 4. Achse durch Längsausgleicher verbunden.

Räder- und Triebwerk: $\underset{21}{\widehat{\text{L}}}\ \text{K}\ \text{T}\ \underset{10\ 20\ 55}{\widehat{\text{K}\ \ \text{L}}}$. Vorn Krauß-Drehgestell, hinten Adamsachse. Alle 4 Zylinder in einer Ebene, die äußeren wagerecht, die inneren geneigt. Heusingersteuerung außen, treibt die Schieber außen unmittelbar, innen mit Querwellen und Hebeln an, die an den Gegenlenkern angreifen.

Bremse: Selbsttätige Luftdruckbremse „Knorr" wirkt auf die Kuppelräder einseitig von vorn.

Abb. 446. 1C1-Heißdampf-Vierling-S-Lokomotive der serbischen Staatsbahn.

Ausrüstung: U. a. 2 Dampfstrahlpumpen „Friedmann", Einheitsschmierpumpe, Preßluftsandstreuer „Knorr", Geschwindigkeitsmesser „Deuta", Sicherheitsventile „Pop".

Tender: $4\,\text{T}\frac{20}{7}$. Tender für die Reichsbahnlok. Gattung P_8. Raddurchm. 1000, ges. Achsstand 5400, Leergewicht 20,0. Dienstgewicht 48,0.

2C-Heißd.-Zw.-P-L., Gattung **B der schwedischen Staatsbahn**
(Motala 1910, Nydquist u. Holm).
Abb. 447/448. Tafel V, Reihe 52.

Hauptabmessungen: 590 × 620/1750 $H_w + H_ü = 152,7 + 44,8$ $R = 2,60$ $G_L = 70,2$ $G_r = 47,7$. Lok. und Tender: $G_{L+T} = 114,0$. Achsstand 16 150, über Puffer 19 490.

Allgemeines: Erstmalig beschafft 1908. Anfang 1914 32 Stück in Betrieb. Führerhaus auf der Tenderseite geschlossen. Schleppleistung: Beförderung eines Wagenzuges von 360 t auf Steigung 1 : 100 mit etwa 40 km/st, 460 t mit etwa 30 km/st und 725 t mit etwa 18 km/st. Bei Probefahrt auf Strecke Stockholm-Katrineholm und zurück bei 878 t Wagengewicht 62 km/st mittlere, 110 km/st höchste Geschwindigkeit, größte Leistung 1700 PSi bei 70 km/st. Auf Steigung 1 : 100 bei 40 bis 45% Füllung 40 km/st. Rostanstrengung 500 kg/qm, mittlere Verdampfung 6,3 kg Wasser. Höchstgeschwindigkeit 105 km/st.

K e s s e l : Zylindrisch. Mitte über S. O. 2750. Rohrlänge 4600. Großrohrüberhitzer „Schmidt" dreireihig.

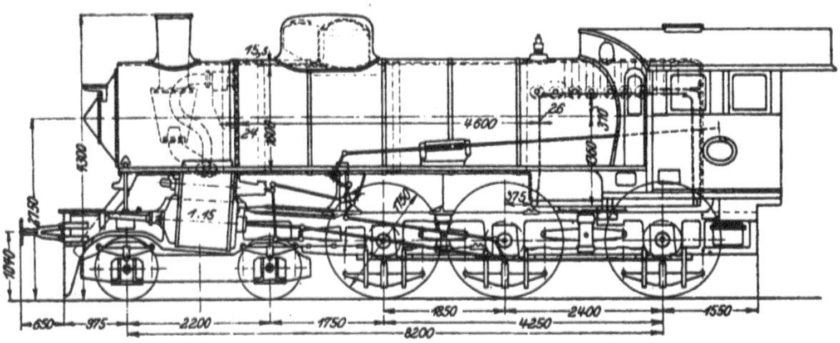

Abb. 447/448. 2C-Heißdampf-Zwilling-P-Lokomotive der schwedischen Staatsbahn.

Langkessel: 2 Schüsse, und zwar vorderer 1600 l. W. Blechstärke 15,5. Dom auf vorderem Schuß in gemeinsamer Verschalung mit dem Sandkasten.

Hinterkessel: Auf dem Rahmen mit senkrechter Vorder- und Rückwand, sowie halbrunder Decke. Stehkesselmantel 15. Feuerbüchse Kupfer, Decke und Seiten 15, Rohrwand 26. Krebstiefe 515. Rost wagerecht, 2390 × 1090.

Rauchkammer: Länge 1800, Rohrwand 24.

R a h m e n : Barrenrahmen 100 stark, Lichtmaß 1000. Drehgestell mit Außenrahmen. Federn der Kuppelachsen durch Längsausgleicher verbunden.

Räder- und Triebwerk: K T K $\overset{\frown}{L\,L}_{55}$. Zylinder außen 1 : 15 geneigt, Kuppelstangen ohne Nachstellung. Heusingersteuerung. Kolbenschieber 220 Durchm. mit doppelter Einströmung.

Bremse: Luftsaugebremse „Hardy" wirkt auf alle Räder einseitig.

Ausrüstung: U. a. bei letzten Lieferungen Speisewasservorwärmer „Knorr", Speisewasserpumpe „Knorr", Schmierpresse „Dicker u. Werneburg", Schneeschaufeln.

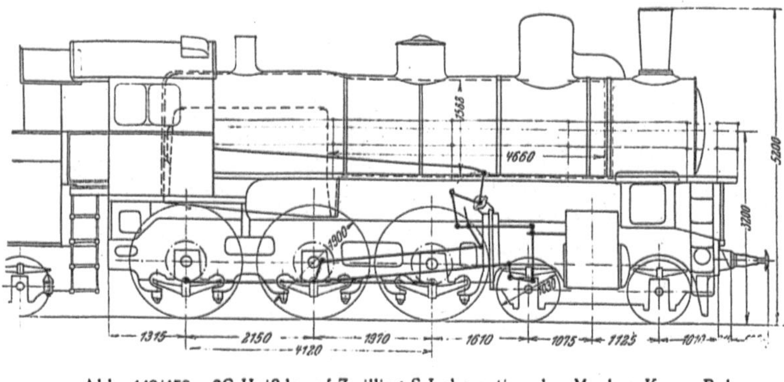

Abb. 449/450. 2C-Heißdampf-Zwilling-S-Lokomotive der Moskau-Kasan-Bahn.

Tender: $4\,T\frac{20}{6}$. 2 Drehgestelle. Raddurchm. 970, Ges. Achsstand 5400, Dienstgewicht 45,5.

2C-Heißd.-Zw.-S-L. der russischen Moskau-Kasan-Bahn (Kolomna 1914). Abb. 449/450. Tafel V, Reihe 55.

Hauptabmessungen: 575 + 650/1900 $H_w + H_ü$ = 166,4 + 47,4 R = 3,18 G_L = 73,9 G_r = 48,0. Lok. und Tender: G_{L+T} = 113,5.

Allgemeines: 1524 Spur. Die älteren Ausführungen (Abb. 449) hatten 1700 Triebraddurchm. und eine Kessellage von 3100 über S. O. Ähnliche Maschinen mit 1700 Triebraddurchm. wurden auch für die russische Staatsbahn geliefert.

Abb. 451. 2C-Heißdampf-Zwilling-S-Lokomotive der englischen großen Central-Bahn.

Kessel: Zylindrisch. Mitte über S. O. 3200. Rohrlänge 4660. Großrohrüberhitzer „Schmidt". Auflagerung: vorn auf Stahlgußsattel, hinten Feuerbüchsträger.

Langkessel: 1588 l. W. Dampfzuströmrohr vom Dampfdom zum Überhitzerkasten außerhalb des Kessels.

Hinterkessel: Auf dem Rahmen mit halbrunder Decke. Rost 2790 × 1140.

Rahmen: Blechrahmen 32 stark mit Stahlgußversteifungen. Statt Längsausgleicher an den Tragfedergehängen Wickelfedern.

Räder- und Triebwerk: K T K L L (15). Zylinder außen wagerecht. Heusingersteuerung. Kolbenschieber.

Bremse: Luftdruckbremse „New-York" (Abart der Westinghousebremse) wirkt auf alle Kuppelräder einseitig von hinten. Zwillingsluftpumpe.

Ausrüstung: U. a. 2 saugende Dampfstrahlpumpen „Friedmann", Sandstreuer „Brüggemann" und Handsandstreuer. Auch mit Naphthafeuerung ausgerüstet.

Tender: $3\,T\frac{16}{5}$. Dienstgewicht 39,6. Ges. Achsstand 3380,

oder $4\,T\frac{23}{5}$. Dienstgewicht 52,0.

2C-Heißd.-Zw.-S-L. der englischen großen Central-Bahn (Gorton 1913).

Abb. 451. Tafel V, Reihe 64.

Hauptabmessungen: 546 × 660/2057 $H_w + H_{ü}$ = 202,0 + 53,0 R = 2,41 G_L = 76,5 G_r = 57,4.

Allgemeines: In enger Anlehnung an die Bauform der englischen 2B-S-L.

Kessel: Rohrlänge 5369. Überhitzer „Robinson".
Langkessel: 3 Schüsse, äußerer Durchm. 1676.
Hinterkessel: Bauart „Belpaire".
Rauchkammer: Boden durch Schieberkästen gebildet.

Rahmen: Blechrahmen. Am Drehgestell jederseits eine gemeinsame Blattfeder für beide Laufachsen. Federn der 1. und 2. Kuppelachse als Wickelfedern, die der 3. als Blattfedern ausgebildet.

Räder- und Triebwerk: K K t L L. Zylinder innen. Stephensonsteuerung innen. Kolbenschieber 254 Durchm. mit innerer Einströmung.

Bremse: Wirkt auf alle Kuppelräder einseitig.

Ausrüstung: U. a. Schmierpumpe „Wakefield".

2C-Heißd.-Drilling-L. für gemischten Dienst der englischen Nord-Ost-Bahn (Darlington 1920).

Abb. 452. Tafel V, Reihe 67.

Hauptabmessungen: 470 × 660/1728 $H_w + H_{ü}$ = 145,5 + 49,0 R = 2,51 G_L = 78,9 G_r = 59,6.

Allgemeines: Für Eilgüterzüge mit hoher Geschwindigkeit auf hügeligem Gelände und für schwere Personenzüge.

Kessel: Mitte über S. O. 2718. Rohrlänge 4943. Großrohrüberhitzer „Schmidt".
Langkessel: 1676 l. W.

Hinterkessel: Feuerbüchslänge außen 2743, Feuerbüchsbreite außen 1194. Glatte Decke.

R a h m e n : Blechrahmen.

R ä d e r - u n d T r i e b w e r k : K K T $\overset{\frown}{L\ L}$. Alle 3 Zylinder in gegemeinsamem Gußstück, jeder 1 : 24 geneigt.

Abb. 452. 2C-Heißdampf-Drilling-Lokomotive für gemischten Dienst der englischen Nord-Ost-Bahn.

B r e m s e : Wirkt auf alle Kuppelräder einseitig.

A u s r ü s t u n g : U. a. Popventile.

T e n d e r : $3\,T\,\frac{18{,}7}{5{,}6}$. Wasserschöpfvorrichtung „Ramsbottom".

2C-Heißd.-Drilling-S-L. der dänischen Staatsbahn (Borsig 1921).

Abb. 453/454. Tafel V, Reihe 66.

Hauptabmessungen: 470 + 670/1866 $H_w + H_ü = 156{,}5 + 44{,}2$ $R = 2{,}62$ $G_L = 74{,}0$ $G_r = 50{,}1$. Lok. und Tender: $G_{L+T} = 122{,}0$. Achsstand 16 800, über Puffer 19 615.

Allgemeines: Zur Beförderung von Schnellzügen auf Jütland. Schleppleistung: L. befördert 400 t Nutzlast auf 10 °/₀₀ Steigung mit durchschnittlich 50 km/st.

Kessel: Zylindrisch. Mitte über S. O. 2850. Rohrlänge 4500. Großrohrüberhitzer „Schmidt" dreireihig.

Abb. 453. 2C-Heißdampf-Drilling-S-Lokomotive der dänischen Staatsbahn.

Langkessel: 2 Schüsse, und zwar vorderer 1700, hinterer 1670 l. W. Blechstärke 15. Dom auf vorderem Schuß mit Sandkasten in gemeinsamer Verschalung. Ventilregler „Sch. u. W."

Hinterkessel: Schmal zwischen den Rahmenblechen, mit geneigter Vorder- und Rückwand, sowie halbrunder Decke. Stehkessel: Seiten und Decke aus einem Stück, 15 stark. Feuerbüchse Kupfer mit eisernen Stehbolzen, von hinten eingebracht.

Rahmen: Blechrahmen 25 stark. Federn der Kuppelachsen durch Längsausgleicher verbunden.

Räder- und Triebwerk: K K T $\widehat{L\,L}$. Kurbeln um 120° versetzt. Zylinder wagerecht. Getrennte Heusingersteuerungen für außen und innen. Bewegung der inneren Schwinge durch doppelte Gegenkurbel auf linker Seite und Zwischenwelle. Kolbenschieber „Hochwald".

Bremse: Selbsttätige Luftsaugebremse wirkt auf alle Kuppelräder einseitig von vorn.

Ausrüstung: U. a. Speisewasservorwärmer „Knorr", Speisewasserpumpe „Knorr".

Tender: $4\,T\frac{21}{6}$. Dienstgewicht 48,0. Ges. Achsstand 4800.

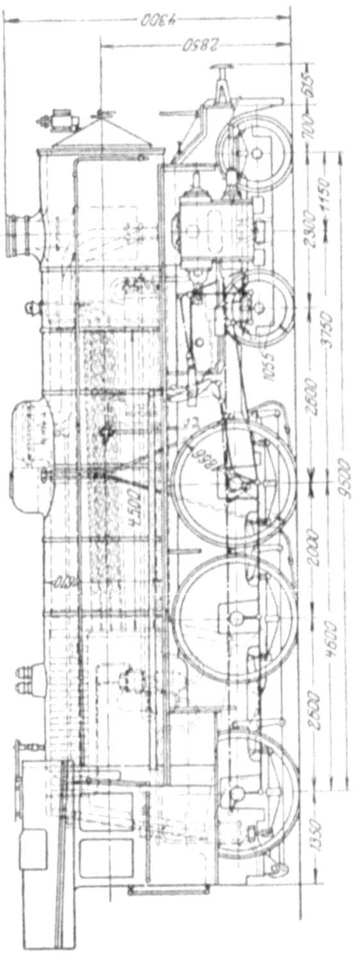

Abb. 454. 2C-Heißdampf-Drilling-S-Lokomotive der dänischen Staatsbahn.

Abb. 455. 2C-Heißdampf-Vierling-S-Lokomotive der englischen großen Central-Bahn.

2C-Heißd.-Vierl.-S-L. der englischen großen Central-Bahn
(Gorton 1918).

Abb. 455. Tafel V, Reihe 74.

Hauptabmessungen: 406 × 660/2057 $H_w + H_ü = 189{,}9 + 31{,}9$
$R = 2{,}41$ $G_L = 80{,}4$ $G_r = 58{,}0$.

Allgemeines: Für schwere S- und Eilgüterzüge auf Strecken mit Steigungen von 1 : 170 bis 1 : 100.

Kessel: Mitte über S. O. 2718. Rohrlänge 5369. Überhitzer „Robinson".

Langkessel: 3 Schüsse, äußerer Durchmesser 1676.

Hinterkessel: Bauart „Belpaire". Länge außen 2591.

Rahmen: Blechrahmen.

Räder- und Triebwerk: K T t $\overbrace{L\ L}$, 125

Zylinder in annähernd einer Ebene, alle 1 : 29 geneigt. Innenzylinder mit Schieberkasten ein Gußstück. Äußere Kolbenstangen nicht durchgehend, mit Brillenführung. Übertragungshebel hinter dem Schieberkasten zur Betätigung des inneren Schiebers. Kolbenschieber „Robinson" 203 Durchm., für Innenzylinder mit innerer, für Außenzylinder mit äußerer Einströmung.

Bremse: Vereinigte Dampf- und Luftsaugebremse wirkt auf alle Kuppelräder einseitig.

Ausrüstung: U. a. „Intensifore"- Öler. „Dreadnought"- Sauger für Luftsaugebremse, Popventile.

Tender: 3 T $\frac{18,2}{6}$ mit Schöpfeinrichtung

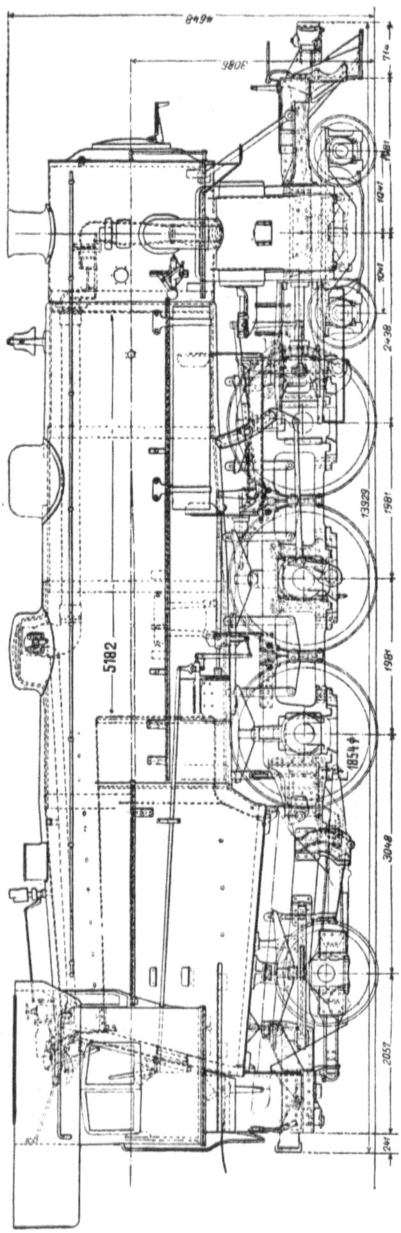

Abb. 456. 2C1-Heißdampf-Zwilling-S-Lokomotive der Delaware-Lackawanna- und Westbahn.

2C1-Heißd.-Zw.-S-L. der Delaware-Lackawanna- und Westbahn (Amerik. Lok.-Ges.).

Abb. 456. Tafel VIII, Reihe 22.

Hauptabmessungen: 686 × 711/1854 $H_w + H_ü$ = 341,87 + 70,6 R = 8,48 G_L = 188,57 G_r = 89,50. Lok. und Tender: G_{L+T} = 213,78. Achsstand 20 447.

Allgemeines: Schleppleistung: L. befördert P-Züge von 544 t (9 schwere Stahlwagen) über 25,7 km lange Strecke auf 14,7 ‰ Steigung in Krümmungen von 290 m Halbmesser mit 48,3 km/st. Größte Zugkraft bei 0,75 p_k ist 18 950 kg.

Kessel: Mitte über S. O. 3086. Rohrlänge 5182. Großrohrüberhitzer „Schmidt".

Langkessel: 3 teleskopartige Schüsse, und zwar vorderster kleinster 2019 äußerer Durchmesser. Längsnähte mit fünffacher Nietung. Dom auf 3. Schuß. Ventilregler „Woodward".

Hinterkessel: Bauart „Wootten", sehr breit über der Schleppachse, Decke nach hinten geneigt. Verbrennungskammer 1118 tief, daher geringe Krebstiefe. Feuerbüchse mit „Security"-Feuerbrücke. Rost geneigt 3204 × 2445.

Rahmen: Barrenrahmen. Federn der Kuppelachsen und der Schleppachse durch Längsausgleicher verbunden.

Räder- und Triebwerk: L K T K $\overbrace{\text{L L}}$. Hinten Deichselgestell mit Außenlagern. Trieb- und Kurbelzapfen mit 76 mm Bohrung. Zylinder außen mit Umströmventilen nach „Manchester und Riegel". Heusingersteuerung. Kraftumsteuerung „Ragonnet". Kolbenschieber.

Tender: $4\,T\frac{34,07}{9,07}$. Raddurchmesser 914.

2C1-Heißd.-Zw.-S-L. der französischen Südbahn (Belfort 1920).

Abb. 457. Tafel V, Reihe 88.

Hauptabmessungen: 630 × 650/1940 $H_w + H_ü$ = 202,5 + 73,6 R = 4,0 G_L = 89,0 G_r = 54,0. Lok. und Tender: G_{L+T} = 133,0 Achsstand 17 925, über Puffer 21 095.

Allgemeines: Auf Grund der günstigen Ergebnisse der schon früher teilweise aus Deutschland und in Anlehnung an deutsche Bauarten gelieferten Zwillingslokomotiven gebaut. Mittlerer Wasserverbrauch 13,29 kg/km bei Beförderung von S-Zügen von durchschnittlich 254 t Wagengewicht im regelmäßigen Betrieb.

Kessel: Mitte über S. O. 2850. Rohrlänge 6000. Großrohrüberhitzer „Schmidt" vierreihig.

Langkessel: 3 Schüsse, und zwar kleinster mittlerer 1660 l. W. Blechstärke 17 ½. Dom auf vorderem Schuß. Ventilregler „Zara".

Hinterkessel: Trapezförmig, hinten außen 2100, breit über dem Rahmen, vorn zwischen den Rahmenblechen eingezogen 1205 breit (außen) mit teilweise geneigter Rückwand und glatter

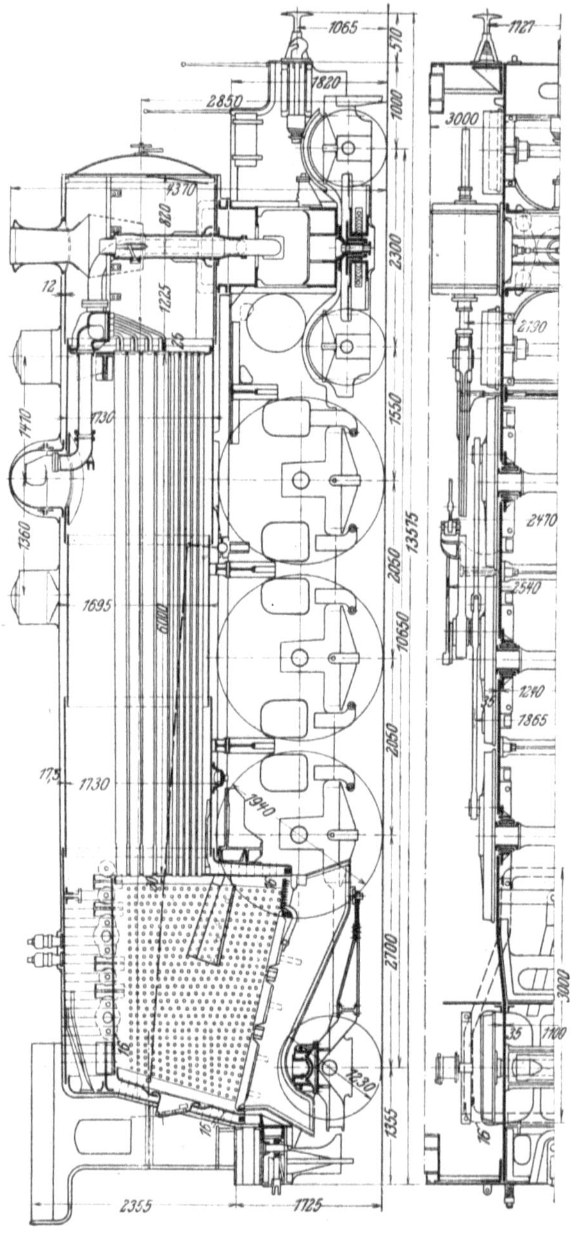

Abb. 457. 2C1-Heißdampf-Zwilling-S-Lokomotive der französischen Südbahn.

Decke. Stehkessel: Seiten 15, Decke 22, Rückwand 16, Stiefelknecht 17. Feuerbüchse Kupfer, Decke, Seiten, Rückwand 16, Rohrwand 30. Rost vierfeldrig, 2800 × 1860/965. Kipprost vorn.

Rauchkammer: Länge 2045, l. W. 1730. Blechstärke 12, Rohrwand 25. Verstellbares Düsenblasrohr.

Rahmen: Blechrahmen 35 stark, Lichtmaß 1240, hinten auf 1100 eingezogen. Schleppachse in Stahlgußrahmen mit äußeren Achslagern, Rückstellung durch Pendel, Belastung durch Kugelzapfen in Achsmitte. Keine Ausgleichhebel bei den Federn. Abstützung durch Kugelzapfen beiderseits des mittleren verschiebbaren Drehzapfens, Rückstellung durch Blattfedern.

Räder- und Triebwerk: L K T K L L. Zylinder wagerecht,
50 50
Heusingersteuerung. Kolbenschieber 340 Durchm. mit innerer Einströmung.

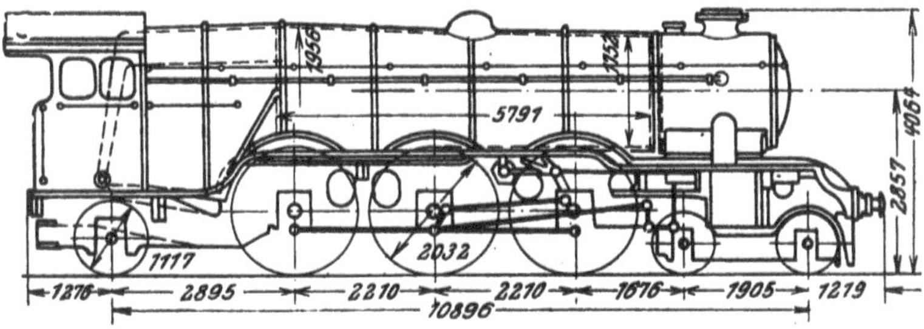

Abb. 458. 2C1-Heißdampf-Drilling-S-Lokomotive der englischen großen Nordbahn.

Bremse: Luftdruckbremse „Westinghouse" wirkt auf alle Kuppelräder und Drehgestellräder einseitig. Gegendampfbremse „Chatelier".

Ausrüstung: U. a. Dampfstrahlpumpen „Friedmann", Geschwindigkeitsmesser „Haußhälter", „Détroit"-Öler, Sicherheitsventile „Coale".

Tender: 3 T. Raddurchmesser 1230. Ges. Achsstand 4600. Dienstgewicht 44,0.

2C1-Heißd.-Drilling-S-L. der englischen großen Nordbahn

(Doncaster 1922).

Abb. 458. Tafel V, Reihe 89.

Hauptabmessungen: 508 × 660/2032 $H_w + H_ü$ = 272,2 + 48,8 R = 3,85 G_L = 92,0 G_r = 60,0. Lok. u. Tender: G_{L+T} = 148,0. Achsstand 18 558, über Puffer 21 466.

Allgemeines: Schwerste S. L. Englands. Zugkraft bei 85% Kesseldruck rd. 13 530 kg.

Kessel: Vorn zylindrisch, hinten kegelförmig. Mitte über S. O. 2857. Rohrlänge 5791. Überhitzer „Robinson".

Langkessel: 1 zylindrischer, 1 kegelförmiger Schuß; größter Kesseldurchm. außen 1956 im hinteren Schuß, kleinster außen 1752 im vorderen Schuß; Blechstärken hinten 17, vorn 16. Dom auf vorderem Schuß.

Hinterkessel: Breit über dem Rahmen, mit allseits geneigten Wänden. Stehkessel: gewölbte, nach vorn kegelförmig erweiterte Decke. Feuerbüchse ragt weit in den hinteren Kesselschuß hinein, Rohrwand in ihrem vorderen Teil zylindrisch ausgebördelt; Baustoff Kupfer, Decke, Seiten, Rückwand 14, Rohrwand 25. Verbrennungskammer. Rost 2127 × 1802.

Rauchkammer: Länge 1803, äußerer Durchm. 1829.

R a h m e n : Blechrahmen 28,5 stark, Lichtmaß 1257, hinten erweitert. Einzelfedern, und zwar nur Triebachse mit Wickelfedern, sonst Blattfedern.

R ä d e r - u n d T r i e b w e r k : $\underset{64}{\overset{\frown}{L}}\ K\ T\ \overset{\frown}{L\ L}$. Innenzylinder etwas hinter den Außenzylindern, Innenzylinder um 1 : 8 geneigt. Alle Schieberkästen in einer wagerechten Ebene. Gresleysteuerung. Antrieb des inneren Schiebers durch Übertragungshebel in wagerechter Ebene. Kolbenschieber mit innerer Einströmung, 203 Durchm., Kolbenstange durchbohrt.

A u s r ü s t u n g : U. a. „Wakefield"-Öler, Popventile 4".

T e n d e r : 4 T $\frac{22,7}{8}$. 4 Einzelachsen, die zwei Mittelachsen seitlich verschiebbar. Raddurchm. 1270. Wasserschöpfvorrichtung „Ramsbottom". Dienstgewicht 56,0. Ges. Achsstand 4877.

1D-Heißd.-Zw.-P- u. G-L., Bauart 745 **der italienischen Staatsbahn** (Breda 1913).

Abb. 459. Tafel V, Reihe 128.

H a u p t a b m e s s u n g e n : 580 × 720/1630 $H_w + H_ü$ = 191,8 + 50,5 R = 3,50 G_L = 70,0 G_r = 58,0. Lok. und Tender: G_{L+T} = 119,6.

A l l g e m e i n e s : Für schwere und schnelle P- und Eilgüterzüge auf der Küstenstrecke Sizilien-Reggio-Neapel, zur Beförderung von 400 t-Zügen mit 75 km/st.

K e s s e l : Zylindrisch. Mitte über S. O. 2950. Rohrlänge 5800. Großrohrüberhitzer „Schmidt" dreireihig. Auflagerung: vorn Zylindersattel, Mitte 2 Pendelbleche, hinten Gleitschuhe am Feuerbüchsmantel.

Langkessel: 3 Schüsse, hinterer 1526, mittlerer 1558, vorderer 1590 l. W., Blechstärke 16, im unteren Teil auf 40% des Umfanges 2 mm starker Kupferbelag, um Anfressungen zu verhüten. Dom auf mittlerem Schuß. Ventilregler „Zara". Heizrohre SM-Stahl.

Hinterkessel: Breit über den Rahmenblechen, mit allseits geneigten Wänden. Stehkessel: Seiten, Rückwand 15, halbrunde Decke 20. Feuerbüchse Arsenkupfer, Seiten, Decke, Rückwand 15, Rohrwand 25. Stehbolzen reines Kupfer. Krebstiefe 721. Rost hinten wagerecht, vorn stark geneigt, dreifeldrig 2189 × 1600.

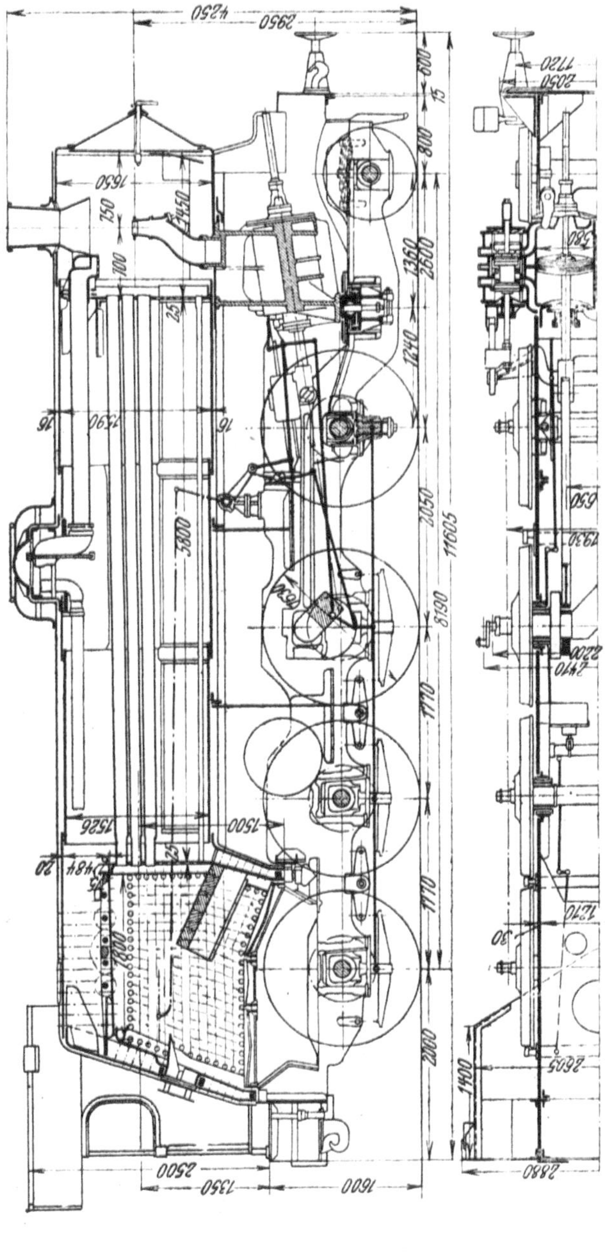

Abb. 459. 1D-Heißdampf-Zwilling-P- und G-Lokomotive der italienischen Staatsbahn.

Rauchkammer: Länge 1450, l. W. 1650, Blechstärke 10, Rohrwand 25. Keine Überhitzerklappen.

Rahmen: Blechrahmen 30 stark, Lichtmaß 1210, vorn eingezogen. Federn der 3. bis 5. Achse durch Längsausgleicher verbunden.

Räder- und Triebwerk: K K t K͡ L. Vorn Drehgestell „Zara". Zyl. innen, stark geneigt, mit äußeren Schieberkästen ein einziges Gußstück. $\frac{1}{r} = \frac{2400}{360} = 6{,}67$. Kurbelachse aus Nickelstahl (5% Ni) und Aussparungen nach „Frémont". Heusingersteuerung. Kolbenschieber nach „Fester". Luftsaugeventile „Schmidt" auf den Schieberkästen.

Bremse: Selbsttätige Westinghouse-Schnellbremse bzw. nichtselbsttätige Henry-Bremse wirkt einseitig auf alle Kuppelräder. Zweistufige Druckluftpumpe. 2 Druckluftbremszylinder.

Ausrüstung: U. a. 2 selbstanziehende Dampfstrahlpumpen „Friedmann", Hand- und Preßluftsandstreuer „Leach", Schmierpumpe „Michalk", Dampfheizung „Haag", Geschwindigkeitsmesser „Hasler", 2 Sicherheitsventile „Coale".

Tender: $4\,T\frac{22}{6}$. Raddurchmesser 1095. 2 Diamond-Drehgestelle. Achsstand fest 1700, gesamt 6200. Leergewicht 21,6.

1D1-Heißd.-Zw.-P-L. der französischen Staatsbahn (Grafenstaden 1921). Abb. 460. Tafel V, Reihe 158.

Hauptabmessungen: 620 × 700 1650 $H_w + H_ü = 207{,}4 + 48{,}0$ R = 3,80.

Allgemeines: Lehnt sich an die 2C1- und 1D1-Bauarten der franz. Paris-Orléans-Bahn an. Zur Beförderung schwerer P- und S-Züge auf Hügellandstrecken.

Kessel: Zylindrisch. Mitte über S. O. 2850. Rohrlänge 5800.

Langkessel: 3 Schüsse, kleinster hinterer 1650 l. W. Blechstärke 17,5. Dom auf mittlerem Schuß. Flachschieberregler.

Hinterkessel: Trapezförmig, hinten 1900 breit (außen) über dem Rahmen, vorn zwischen den Rahmenblechen eingezogen 1195 breit (außen), mit geneigter Rückwand, Länge 3100 (außen). Stehkessel: Decke und Seiten 15, Rückwand 16, Stiefelknecht 17. Feuerbüchse: Kupfer, Blechstärke 16, Rohrwand 30. Schüttelrost. Vorn Kipprost.

Rauchkammer: Länge 2300, l. W. 1755, Blechstärke 13, Rohrwand 25. Verstellbares Düsenblasrohr.

Rahmen: Blechrahmen 30 stark, Lichtmaß 1230, hinten auf 1056 eingezogen. Führende Laufachse ohne besondere Federung durch Ausgleichhebel mit der 1. Kuppelachse verbunden. Federn der 2., 3. und 4. Kuppelachse, sowie die der Schleppachse durch Längsausgleicher verbunden.

Räder- und Triebwerk: L͡ K K T K L͡. Vorn Bisselachse mit Innenlagern, Rückstellung durch Pendel, hinten Deichselgestell in Stahlgußrahmen mit Außenlagern.

Bremse: Luftdruckbremse „Westinghouse" wirkt auf alle Kuppelräder einseitig.

Ausrüstung: U. a. Sicherheitsventile „Coale".

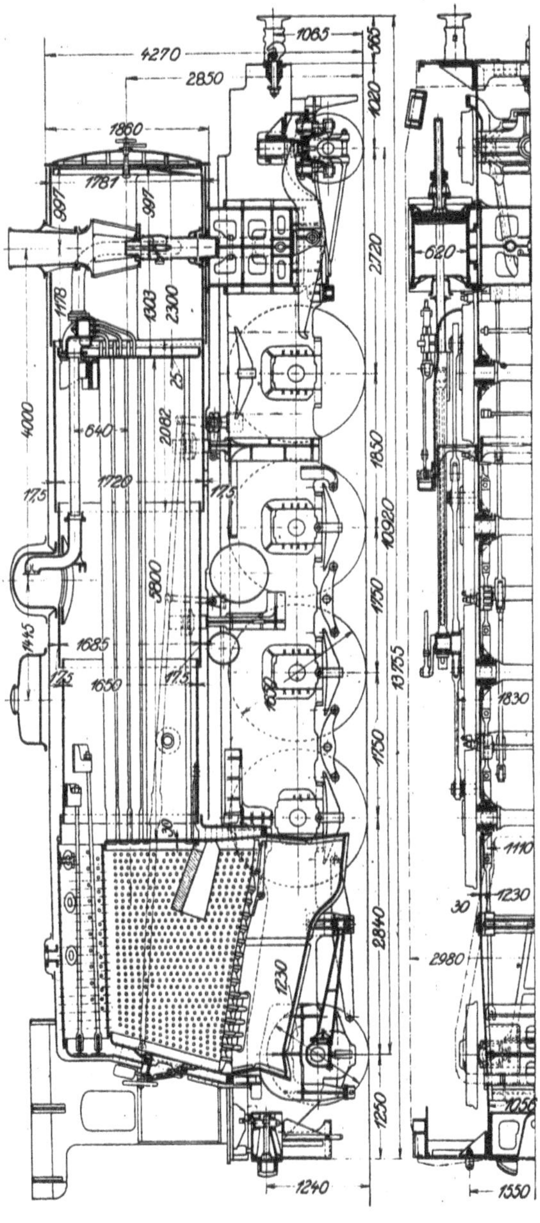

Abb. 460. 1D1-Heißdampf-Zwilling-P-Lokomotive der französischen Staatsbahn.

1D1-Heißd.-Vierzyl.-Verb.-S-L., Reihe 470 **der österreichischen Staatsbahn** (Floridsdorf 1914).

Abb. 461. Tafel V, Reihe 160.

Hauptabmessungen: $\frac{450}{690} \times 680/1614$ $H_w + H_ü = 191{,}1 + 49{,}4$ $R = 4{,}60$ $G_L = 86{,}7$ $G_r = 58{,}0$. Lok. und Tender: $G_{L+T} = 139{,}25$. Achsstand 17 436, über Puffer 20 638.

Allgemeines: Erste vierfach gekuppelte S-L. im Gebiete des V. D. E. V., erstmalig beschafft 1914 2 Stück, 2. Lieferung 1918 10 Stück, nachbestellt 15 Stück. Kesselleistungen bis 2000 PS bei verhältnismäßig geringem Gewicht und günstigster Länge. Kessel nahezu gleich dem der österr. 1E-Lok. Reihe 380. L. 47 001 verbrauchte bei Probefahrt auf Strecke Wien-Amstetten (124,5 km) mit 460 t Belastung bei Hin und 450 t bei Rückfahrt 18,6 bzw. 17,0 kg Kohle auf 1 km, wobei eine Kohle von 6500 bis 7000 W. E. verfeuert wurde. Während der Kriegszeit besorgte L. bei herabgesetzten Anforderungen den Personenverkehr auf Strecke Amstetten-Villach, wo Steigungen von 1 : 70 und Gleisbögen bis R = 280 m vorhanden sind, bei 360 t Belastung mit 65 km/st. Höchstgeschwindigkeit 80 km/st.

Kessel: Kegelförmig. Mitte über S. O. vorn 3060, hinten 3130, Rohrlänge 4700. Großrohrüberhitzer „Schmidt" dreireihig. Auflagerung: vorn Zylindersattel, Mitte Gleitstütze am Kreuzkopfführungsträger, hinten Pendelblech an der Krebswand und Pendelblech an der Feuerbüchsrückwand. Reglerschieber mit Zahnantrieb, Reglergehäuse aus einem Stück mit Überhitzer gegossen.

Langkessel: 3 Schüsse, hinterer zylindrisch 1757 l. W., Blechstärke 21,5, mittlerer kegelförmig, vorderer zylindrisch 1624 l. W. Blechstärke 18. Dom auf hinterem Schuß. 2. Lieferung mit Kesselsteinabscheider verbesserter Bauart „Pogany" in einem zweiten Dom auf mittlerem Schuß.

Hinterkessel: Breit über den Rahmenblechen, mit geneigter Rückwand. Stehkesselmantel mit halbrunder Decke 21,5. Feuerbüchse: bei 1. Lieferung Kupfer, Blechstärke 17, Rohrwand 28. Heiztür „Webb"; bei 2. Lieferung weiches bas. Martinflußeisen, Blechstärke 10, Rohrwand 16, schmiedeiserner Ring statt Webb'scher Heiztür. Krebstiefe 550. Rost geneigt, zweifeldrig 2820 × 1630.

Rauchkammer: Länge 1800, Rohrwand 26. 1. Lieferung mit verstellbarem Blasrohr, später alle Maschinen mit festem Blasrohr-Oberkante 100 unter Kesselmitte, mit Möglichkeit zum Tiefersetzen um 100. Verstellbares Lenkblech zur Führung der Rauchgase.

Rahmen: Blechrahmen 30 stark, Lichtmaß 1180. Federn der 1. und 2., sowie die der 3. bis 5. Achse durch Längsausgleicher, die der 6. durch Querausgleicher verbunden.

Räder und Triebwerk: $\underset{35}{L}\ K\ \overset{\circ}{T}\ \underset{26}{\overline{K}}\ K\ \underset{53}{\overset{\frown}{L}}$. Adamsachsen vorn und hinten. Zylinder in einer Ebene. 2 H.-Z. unter 1 : 7,24 geneigt, ohne Schieberkästen in gemeinsamem Gußstück innen,

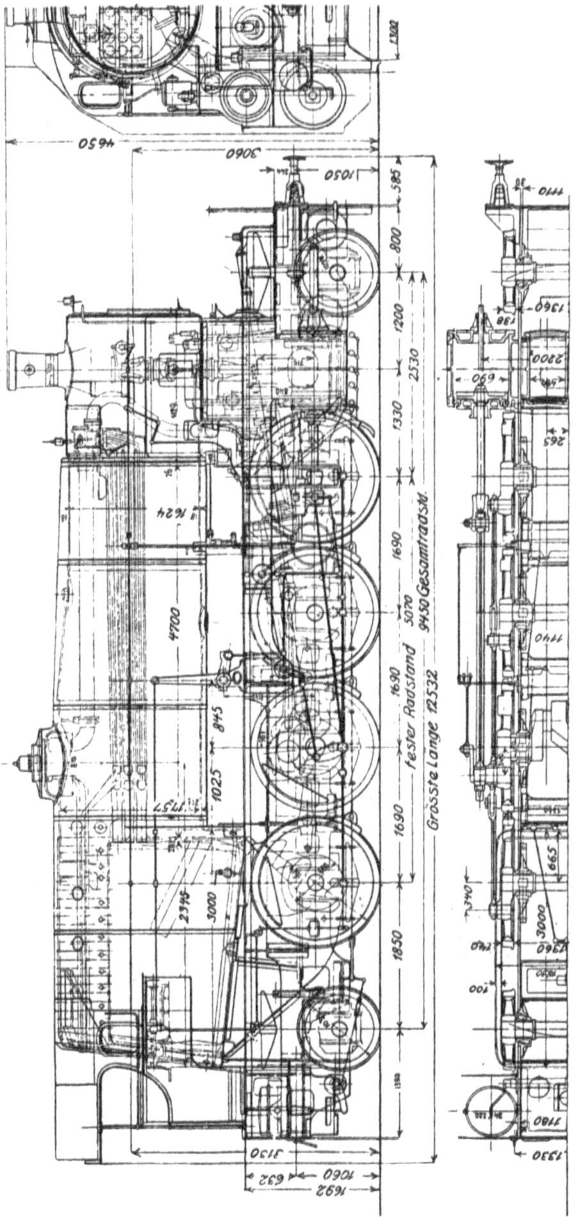

Abb 461. 1D1-Heißdampf-Vierzylinder-Verbund-S-Lokomotive der österreichischen Staatsbahn.

Neigungslinie trifft Achsmittelebene 466 hinter Triebachsmitte. $\frac{1}{r} = \frac{1950}{340} = 5{,}74$. 2. N.-Z. außen wagerecht $\frac{1}{r} = \frac{3140}{340} = 9{,}24$. Heusingersteuerung außen. Schiebergehäuse von 460 Bohrung. Kolbenschieber mit äußerer Einströmung, die einer Seite auf gemeinsamer Stange, für H.-Zyl. geteilt an den beiden Enden, für N.-Zyl. dazwischen. Lineares Voreilen: am H.-Z. 7 1/4, bei 31 äußerer und 12 negativer innerer Überdeckung; am N.-Z. 8 1/4, bei 30 äußerer und 0 innerer Überdeckung. Keine Druckausgleichhähne, nur Luftsaugeventile. Zum Anfahren auf jedem Schieberkasten Schlitz in Hochdruck-Schieberbüchse mit Ricour-Sicherheitsventilen für 8 at.

Bremse: Selbsttätige Luftsaugeschnellbremse wirkt mit 2 Bremszylindern und 9,6 facher Übersetzung bei 34,6 t Bremsdruck, entsprechend 59% von G_r auf alle Kuppelräder einseitig von vorn.

Ausrüstung: U. a. 2 saugende Dampfstrahlpumpen „Friedmann", 2 Schmierpumpen „Friedmann", Sandkasten vorn zwischen dem Rahmen. Geschwindigkeitsmesser „Haußhälter", Dampfheizung, 2 Popventile, bei 1. Lieferung 4" auf Dampfdom, bei 2. Lieferung 3 1/2" auf Stehkesseldecke.

Tender: 4 T $\frac{21}{10{,}9}$. Raddurchm. 1034, ges. Achsstand 5300. Dienstgewicht 52,6.

1D1-Heißd.-Vierzll.-Verb.-P-L. der Paris-Lyon-Mittelmeerbahn
(Winterthur 1918).

Abb. 462/463. Tafel V, Reihe 162.

Hauptabmessungen: $\frac{510}{720} \times \frac{650}{700}/1660$ $H_w + H_ü = 220{,}3 + 70{,}6$

$R = 4{,}25$ $G_L = 94{,}6$ $G_r = 71{,}0$. Lok. und Tender: $G_{L+T} = 146{,}0$.

Allgemeines: In Anlehnung an die 1913 erstmalig von Cail gelieferte Bauart. Geeignet für P- und S-Züge auf Hügellandstrecken. Schleppleistung: 1300 t Zuggewicht auf 18 ‰ Steigung mit 45 km/st. Höchstgeschwindigkeit 80 km/st.

Kessel: Zylindrisch. Mitte über S. O. 2905 (gegen 2900 bei der älteren Bauart). Rohrlänge 5990 (gegen 6000). Großrohrüberhitzer „Schmidt".

Langkessel: 3 Schüsse, kleinster mittlerer 1642 l. W. Blechstärke 19. Dom auf mittlerem Schuß.

Hinterkessel: Breit über dem Rahmen, mit geneigter Vorder- und Rückwand, sowie halbrunder Decke.

Rauchkammer: Länge 2325, l. W. 1718. Verstellbares Düsenblasrohr.

Rahmen: Blechrahmen.

Räder und Triebwerk: L K T t K L. Vorn und hinten Bisselachsen mit Keilrückstellung. Alle 4 Zylinder in einer Querebene, die inneren unter 8° geneigt. H.-Z. innen, N.-Z. außen. Heusingersteuerung außen, Kolbenschieber mit innerer Einströmung.

Bremse: Luftdruckbremse „Westinghouse" wirkt auf alle Kuppelräder einseitig. Gegendampfbremse „Chatelier".

Ausrüstung: U. a. Dampfsandstreuer „Gresham", Tropföler.

Tender: $3\,T\,\frac{23}{6,5}$. 1. Achse 35 mm Seitenspiel. Ges. Achsstand 4200. Raddurchm. 1200. Dienstgewicht 51,5.

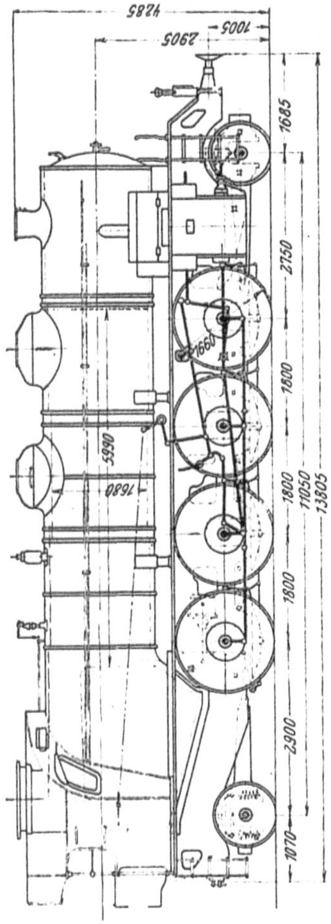

Abb. 462 463 1D1-Heißdampf-Vierzylinder-Verbund-P-Lokomotive der Paris-Lyon-Mittelmeerbahn.

1D1-Heißd.-Vierzyl.-Verb.-S-L. der italienischen Staatsbahn
(Breda 1921).

Abb. 464. Tafel V, Reihe 161.

Hauptabmessungen: $\frac{490}{720} \times 680/1880$ $H_w + H_ü = 237,0 + 67,0$
$R = 4,30$ $G_L = 93,0$ $G_r = 66,0$. Lok. u. Tender: $G_{L+T} = 142,6$.
Achsstand 20 160, über Puffer 22 785.

Allgemeines: Für schweren Personenzugverkehr auf steigungsreichen Strecken.
Kessel: Mitte über S. O. 2900. Rohrlänge 5800. Großrohrüberhitzer „Schmidt".
Langkessel: l. W. 1740.
Hinterkessel: Breit ausladend.
Rahmen: Blechrahmen.

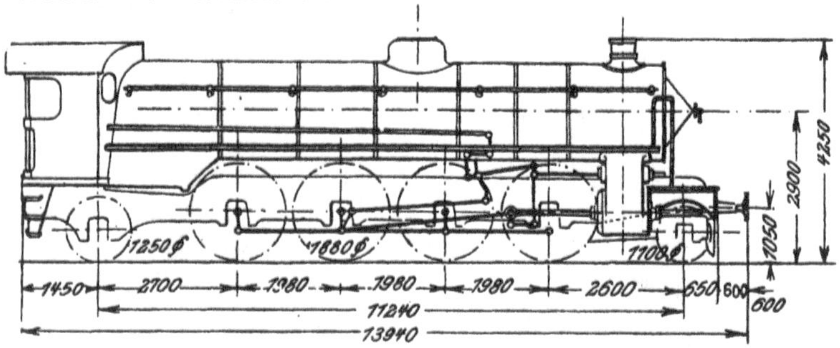

Abb. 464. 1D1-Heißdampf-Vierzylinder-Verbund-S-Lokomotive der italienischen Staatsbahn.

Abb. 465. 2D-Heißdampf-Zwilling-P-Lokomotive der Spanisch-Andalusischen-Bahn.

Räder- und Triebwerk: L K T K K L. Vorn und hinten Drehgestell „Zara".
Tender: 4 T. Diamond-Drehgestelle. Raddurchm. 1025. Dienstgewicht 49,6, ges. Achsstand 6250.

2D-Heißd.-Zw.-P-L. der Spanisch-Andalusischen Bahn
(Schwartzkopff 1921).
Abb. 465. Tafel V, Reihe 163.

Hauptabmessungen: 560 × 660/1620 $H_w + H_ü = 154{,}7 + 45{,}0$ $R = 3{,}50$ $G_L = 66{,}8$ $G_r = 49{,}8$. Lok. und Tender: Achsstand 17 515, über Puffer 20 330.

Allgemeines: Spur 1676. Achsdruck sollte 13 t nicht überschreiten.

Kessel: Zylindrisch. Mitte über S. O. 2595. Rohrlänge 4750. Großrohrüberhitzer „Schmidt" dreireihig.

Abb. 466. 2D-Heißdampf-Vierzylinder-Verbund-S-Lokomotive der Madrid-Zaragossa-Alicante-Bahn.

Langkessel: 3 Schüsse, l. W. 1449. Blechstärke 13,7. Flachschieberregler.

Hinterkessel: Schmal, zwischen den Rahmenblechen, mit geneigter Rückwand. Stehkessel: Seiten und Rückwand 13,7, Stiefelknecht 15. Feuerbüchse: Blechstärke 14, Rohrwand 25. Krebstiefe 727. Rost 2846 × 1230. Kipprost vorn.

Rauchkammer: Länge 1600, l. W. 1690. Blechstärke 10, Rohrwand 23. Verstellbares Düsenblasrohr.

R a h m e n : Blechrahmen 26 stark, Lichtmaß 1450. Drehgestell jederseits 2 Einzelfedern. Federn der 1. und 2., sowie die der 3. und 4. durch Längsausgleicher verbunden.

R ä d e r - u n d T r i e b w e r k : $\underset{25}{\mathring{K}}\ K\ T\ K\ \widehat{\overline{L\ L}}$.

B r e m s e : Luftsaugebremse „Hardy" wirkt auf alle Kuppelräder einseitig.

A u s r ü s t u n g : U. a. 2 saugende Dampfstrahlpumpen „Friedmann", Schmierpumpe „Friedmann", Sandstreuer „Lambert", Geschwindigkeitsmesser „Flaman".

T e n d e r : Vierachsig. Seitenverschiebung eines Drehgestells jederseits 60 mm. Wasserinhalt 15,0 cbm.

2D-Heißd.-Vierzyl.-Verb.-S-L. der Madrid-Zaragossa-Alicante-Bahn
(Hanomag 1914).
Abb. 466/467. Tafel V, Reihe 173.

H a u p t a b m e s s u n g e n : $\frac{420}{640} \times 650/1600$ $H_w + H_ü = 201{,}2 + 57{,}0$
$R = 4{,}10$ $G_L = 88{,}0$ $G_r = 60{,}0$ Lok. und Tender: $G_{L+T} = 144{,}0$.

A l l g e m e i n e s : 1676 Spur. Entwurfsbedingungen: Achsdruck nicht erheblich über 15 t. Kleinster Krümmungshalbmesser 180 m ohne Spurerweiterung. Heizwert der verwendeten Kohle 7000 W. E. Geforderte Schleppleistungen:

280 t mit 50 km/st auf 15 ‰ in 1100 m Krümmungen
310 t „ 60 km/st „ 10 ‰ „ 1100 „ „
340 t „ 100 km/st „ 0 ‰ „ 700 „ „

Weitmöglichste Auswechselbarkeit der Einzelteile mit den 2D-Heißd.-Zw.-G-L. derselben Bahn. Bei Versuchsfahrten auf der Strecke Zaragossa-Madrid Leistungen von über 2000 PS bei 55 km/st. Höchstgeschwindigkeit 100 km/st.

K e s s e l : Zylindrisch. Mitte über S. O. 3000. Rohrlänge 5250. Großrohrüberhitzer „Schmidt" dreireihig. Auflagerung: vorn Zylindersattel, Mitte Kreuzkopfgleitbahnträger, 1 Pendelblech, hinten Gleitschuhe an der Feuerbüchse.

Langkessel: 2 Schüsse, hinterer 1680, vorderer 1642 l. W., Blechstärke 19. Dom auf vorderem Schuß. Ventilregler „Zara".

Hinterkessel: Breit über den Rahmenblechen, mit geneigter Vorder- und Rückwand. Stehkesselmantel mit halbrunder Decke 17 stark, Rückwand 16. Feuerbüchse: Kupfer, Blechstärke 16, Rohrwand 30. Krebstiefe 766. Rost hinten wagerecht, vorn geneigt, dreifeldrig 2100 × 1900, Kipprost in der Mitte.

Rauchkammer: Länge 2200, l. W. 1790, Blechstärke 10, Rohrwand 26. Verstellbares Düsenblasrohr.

R a h m e n : Blechrahmen 28 stark, Lichtmaß 1450, vorn Barrenrahmen 100 stark, Lichtmaß 1400. Federn der 3. und 4., sowie die der 5. und 6. Achse durch Längsausgleicher verbunden.

R ä d e r - u n d T r i e b w e r k : $\underset{20}{\bar{K}}\ K\ \overset{\perp}{T}\ t\ \underset{60}{\widehat{\overline{L\ L}}}$. Vorderes Drehgestell mit Kugelzapfen und Wiegenaufhängung. Zylinder in einer

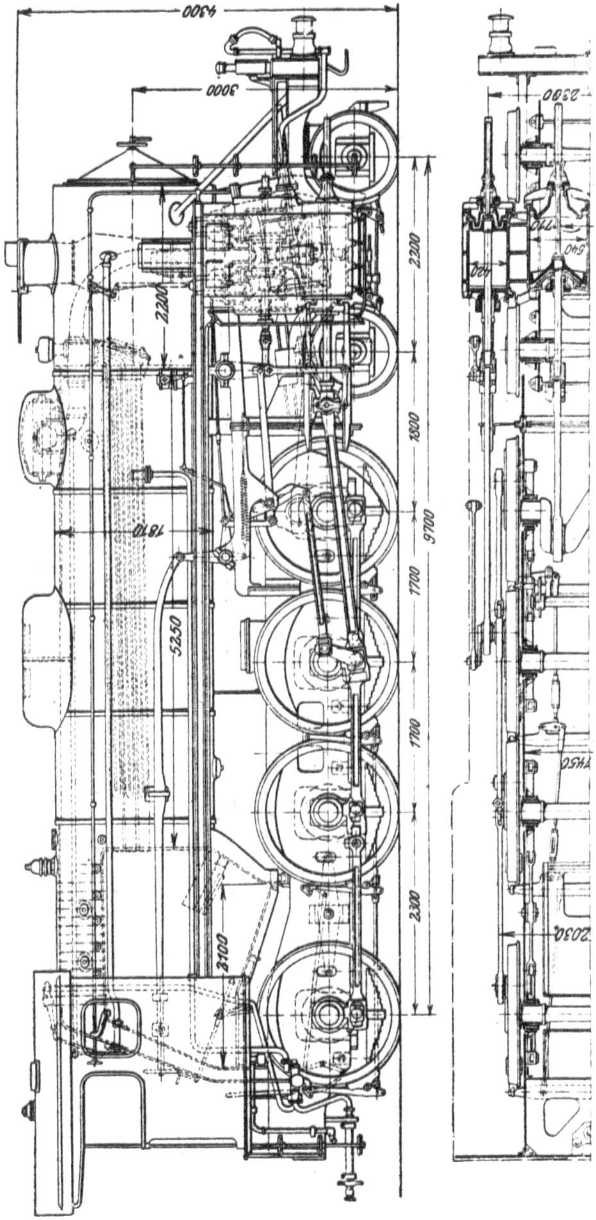

Abb. 467. 2D-Heißdampf-Vierzylinder-Verbund-S-Lokomotive der Madrid-Zaragossa-Alicante-Bahn.

Ebene. 2 Gußstücke, in der Mitte verschraubt, innen 2 N.-Z. unter 1 : 8,31 geneigt, Kreuzköpfe eingleisig, $\frac{l}{r} = \frac{1675}{325} = 5{,}15$. außen 2 H.-Z. wagerecht, Kreuzköpfe zweigleisig, $\frac{l}{r} = \frac{2900}{325} = 8{,}94$. Schädliche Räume 20% für H.-Z., 14% für N.-Z. Heusingersteuerung außen. Kolbenschieber auf gemeinsamer Stange. Für N.-Z. 440 Durchm. geteilt an beiden Enden, äußere Einströmung, dazwischen für H.-Z. 320 Durchm. mit innerer Einströmung. Beim Anfahren erhalten N.-Z. bei voll ausgelegter Steuerung Frischdampf. Für Leerfahrt doppelter Druckausgleich.

Bremse: Luftsaugebremse wirkt bei 28 840 kg Bremsdruck mit 48% von Gr auf alle Kuppelräder einseitig von hinten, sowie bei 10 600 kg mit 41% der Drehgestellast auf die Laufräder einseitig von innen. Außerdem Gegendampfbremse „Chatelier".

Ausrüstung: U. a. 2 Dampfstrahlpumpen „Friedmann", Schmierpumpe „Friedmann", Handsandstreuer, Wassersandstreuer „Lambert", Geschwindigkeitsmesser „Haußhälter", 2 Popventile der „Coale Muffler and Safety Valve Co."

Tender: $4\,T\frac{25}{6}$.

2D1-Heißd.-Zw.-S-L. der Chicago-Rock Island- und Pacific-Bahn (Amerik. Lok.-Ges. 1920).

Abb. 468/469. Tafel VIII, Reihe 55.

Hauptabmessungen: 711 × 711/1880 $H_w + H_ü$ = 435,6 + 115,8 R = 5,85 G_L = 167,4 G_r = 114,8. Lok. und Tender: G_{L+T} = 253,5 Achsstand 24 120.

Allgemeines: Die ersten 2D1-Schnellzug-L. mit 1752 Triebraddurchm. wurden 1914 beschafft, da die 2C1-L. mit einer Zugkraft von 18 000 kg für die steigungsreichen Strecken des Colorado-Abschnitts nicht mehr genügten. 1920 wurden 10 Stück 2D1-L. mit 1880 Triebraddurchm. beschafft, die eine Zylinderleistung von 2785 PS und eine Zugkraft von 22 680 kg besitzen. Schleppleistung: Lok. befördert Zuggewichte von 830 bis 1200 t (12 bis 16 Stahlwagen) mit 72,4 km/st. Bei Beförderung von 13 Stahlwagen mit 62,7 km/st auf einer Länge von 291,2 km betrug der Kohlenverbrauch 29,6 kg/km. Durchschnittlicher Brennstoffverbrauch 2121 kg/st, mithin Rostanstrengung 366 kg/qm-st, ein verhältnismäßig niedriger Wert für bituminöse Kohle; daher geringe Verluste durch Funkenflug, niedrige Abgastemperaturen, hoher Kesselwirkungsgrad. Kohlenverbrauch 28,8 bis 29,3 kg/Zugkm, im Schnellzugdienst 30,5 kg/Lokkm. Durchschnittliche Leistung jeder L. 6040 km im Monat. Kesselleistung 2815 PS, entsprechend einem Gewicht der L. für 1 PS von 59,5 kg; ohne die Längssieder würde die Kesselleistung nur 2515 PS betragen, entsprechend 66,5 kg/PS.

Kessel: Kegelförmig. Mitte über S. O. 3112. Rohrlänge 6833. Großrohrüberhitzer „Schmidt".

Langkessel: 3 Schüsse, hinterer zylindrisch 2388 äußerer Durchm., mittlerer kegelförmig, vorderer zylindrisch 2032 innerer Durchm. Dom auf hinterem Schuß. Ventilregler.

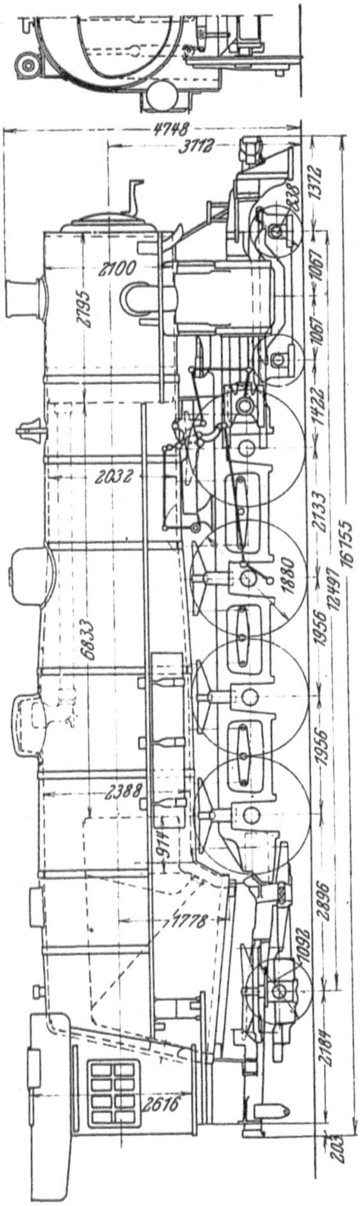

Abb. 468/469. 2D1-Heißdampf-Zwilling-S-Lokomotive der Chicago-Rock-Island- und Pacific-Bahn.

Hinterkessel: Breit über dem Rahmen mit allseits geneigten Wänden und nach hinten abfallender, halbrunder Decke. Feuerbüchse mit 914 langer Verbrennungskammer. „Alco"-Stehbolzen. Längssieder Bauart „Nicolson" mit 16,81 qm Heizfläche

Abb. 470. C-Heißdampf-Zwilling-G-Lokomotive der englischen großen Ostbahn.

dienen gleichzeitig zur Unterstützung der Feuerbrücke. Ausrüstungsstutzen, sowie alle Rohre mit Kesseldruck außerhalb des Führerhauses. Rost geneigt 2742 × 2133. Schüttelrost „Franklin". Selbsttätiger Rostbeschicker kann nachträglich eingebaut werden.

Rauchkammer: Länge 2795, äußerer Durchm. 2100. Rohrwand weit in den vorderen Kesselschuß zurückgeschoben.
Rahmen: Barrenrahmen 152,4 stark, aus Vanadiumstahlguß. Lichtmaß 914. Federn der 3. bis 7. Achse durch Längsausgleicher verbunden.
Räder und Triebwerk: L K K T K L L. Hinten Bisselachse, vorn „Woodward"-Drehgestell. Vordere Kuppelachsbüchse verschiebbar. Triebachsbüchsschuhe und -keile nachstellbar, sowie nachstellbare Nabenplatten, um Seitenspiel auszugleichen, ohne die Achsen ausbauen zu müssen. Hauptkurbelzapfen durchbohrt mit Fettschmierung. Zylinder außen wagerecht. Bakersteuerung außen mit Kraftumsteuerung „Alco". Kolbenschieber.
Bremse: Luftdruckbremse „Westinghouse" wirkt auf Kuppel- und Laufräder einseitig von hinten.
Ausrüstung: U. a. Dampfstrahlpumpen außerhalb des Führerhauses, Schmierpumpen, „Galena"-Öler, elektrische Stirnlampe mit Turbogenerator auf dem Hinterkessel vor dem Führerhaus.
Tender: 4 T $\frac{45,5}{14,5}$. Bauart „Franklin", „Commonwealth"-Stahlgußrahmen. Schwerpunkt niedrig. Abgerundeter Boden und Ecken, um die Nietnähte besser zugänglich zu machen.

b) für Güterzüge.

C-Heißd.-Zw.-G-L. der englischen großen Ostbahn (Stratford 1920).
Abb. 470. Tafel V, Reihe 17.

Hauptabmessungen: 508 × 711/1499 $H_w + H_ü$ = 117,7 + 34,0 R = 2,46 $G_L = G_r \cong 60$.
Allgemeines: Infolge des hohen Raddrucks war es möglich, den gleichen Kessel wie bei der auf der Bahn verwendeten 2C-S-L. unterzubringen, wodurch eine äußerst einfache und leistungsfähige L. geschaffen wurde, die infolge ihres Raddurchm. auch für Personenzüge geeignet ist.
Kessel: Rohrlänge 3912. Überhitzer „Robinson".
Langkessel: 2 Schüsse von 1495 bzw. 1524 l. W.
Hinterkessel: Bauart „Belpaire". Rost 2381 × 1022.
Rahmen: Blechrahmen,
Räder- und Triebwerk: K t K. Zylinder innen, gleichzeitig den Rauchkammerboden bildend. Stephensonsteuerung. Fester Achsstand 5740 ausnahmsweise groß.
Bremse: Vereinigte Luftsauge- und Dampfbremse.
Ausrüstung: U. a. 4 Sandkästen, je 2 auf jeder Seite auf dem Umlauf angeordnet. Popventile.

C-Heißd.-Zw.-G-L. der niederländischen Eisenbahngesellschaft (Schwartzkopff 1920).
Abb. 471/472. Tafel V, Reihe 16.

Hauptabmessungen: 500 × 610/1524 $H_w + H_ü$ = 98,0 + 33,0 R = 2,2 $G_L = G_r$ = 52,8. Lok. und Tender: G_{L+T} = 95,8. Achsstand 12 305, über Puffer 16 765.
Allgemeines: Nach englischer Bauart. Für Flachlandstrecken geeignet.

Kessel: Zylindrisch. Mitte über S. O. 2750. Rohrlänge Großrohrüberhitzer „Schmidt" dreireihig.

Langkessel: 2 Schüsse, größter hinterer 1500 l. W. Blechst 15. Dom auf hinterem Schuß. Ventilregler.

Hinterkessel: Schmal zwischen den Rahmenblechen, mit teilweise geneigter Rückwand. Stehkessel: Blechstärke 15, Feuerbüchse: Blechstärke 16, Rohrwand 25. Krebstiefe 835. Rost geneigt, dreifeldrig 2130 × 1030. Kipprost vorn.

Rauchkammer: Länge 1680, l. W. 1730, Blechstärke 10.

Rahmen: Blechrahmen 32 stark. Lichtmaß 1256. Federn der 2. und 3. Achse durch Längsausgleicher verbunden.

Räder- und Triebwerk: K t K. Keine Achsverschiebung. Zylinder innen, geneigt. Stephensonsteuerung mit Übertragungswelle, Kolbenschieber mit innerer Einströmung.

Bremse: Wirkt auf alle Räder einseitig von vorn.

Ausrüstung: U. a. Popventile.

Tender: 3 T $\frac{17}{6}$. Blechrahmen außen, 22 stark, Lichtmaß 1790. Raddurchm. 1105. Ges. Achsstand 4000.

Abb. 471. C-Heißdampf-Zwilling-G-Lokomotive der niederländischen Eisenbahngesellschaft.

D-Heißd.-Zw.-Verschiebelok. der Louisville- und Nashville-Bal
(Bahnwerkstatt Süd-Louisville 1915).

Abb. 473. Tafel VIII, Reihe 25.

Hauptabmessungen: 597 × 762/1295 $H_w + H_ü = 221{,}0 +$ $R = 4{,}92$ $G_L = G_r = 99{,}3$. Lok. und Tender: $G_{L+T} = 1$ Achsstand 16 561.

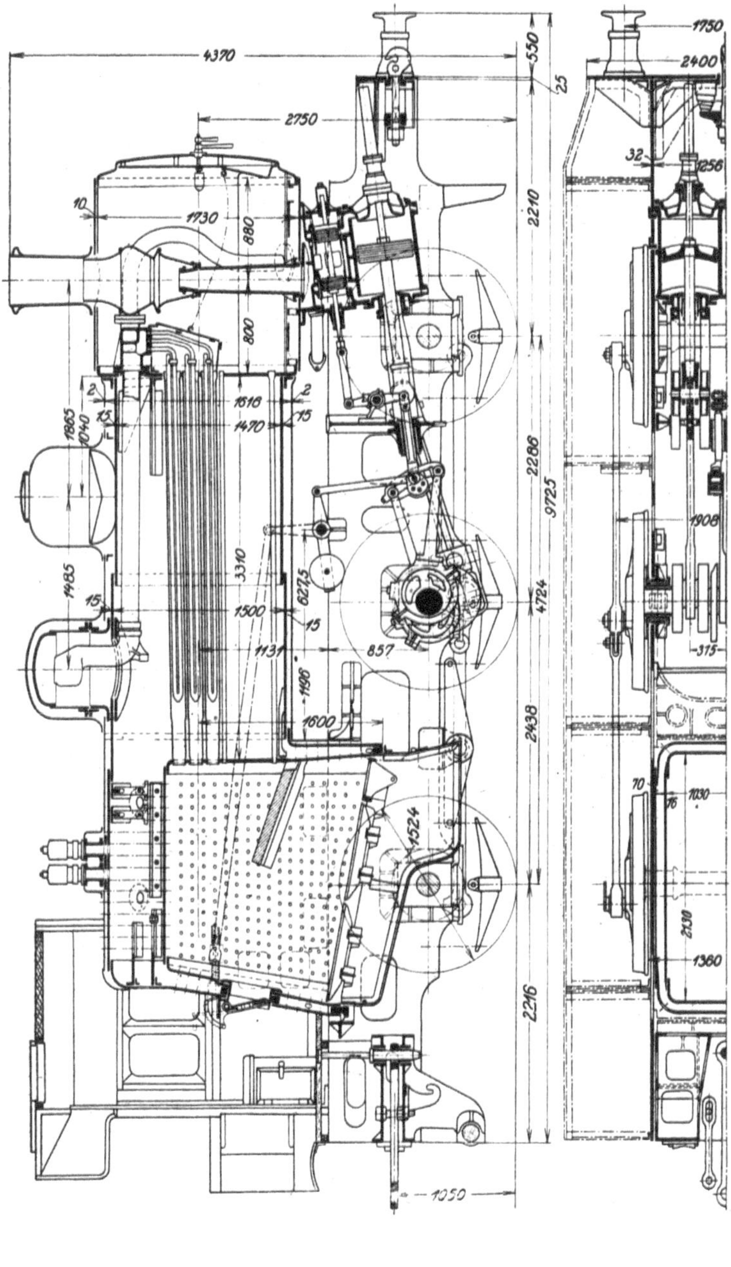

Abb. 472. C-Heißdampf-Zwilling-G-Lokomotive der niederländischen Eisenbahngesellschaft.

A l l g e m e i n e s : Erste Heißdampf-Verschiebelok. dieser Bahn. Bei $\mu = \frac{1}{5,5}$ darf die größte Zugkraft rd. 18 000 kg betragen.

K e s s e l : Mitte über S. O. 2972. Rohrlänge 4470. Großrohrüberhitzer „Schmidt".

Langkessel: 2 Schüsse, vorderer außen 2032 Durchm. Dom auf hinterem Schuß.

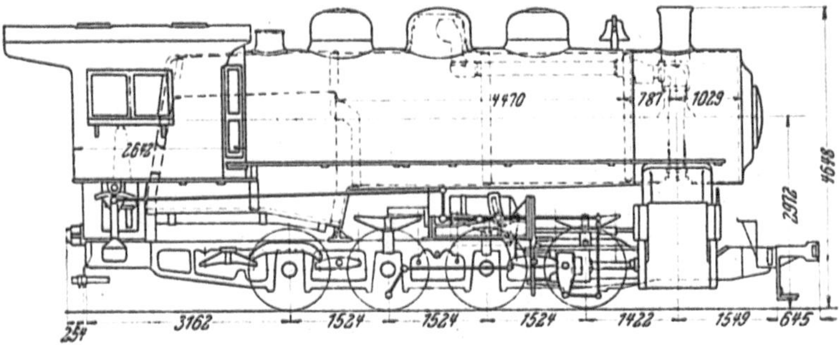

Abb. 473. D-Heißdampf-Zwilling-Verschiebelokomotive der Louisville- und Nashville-Bahn.

Abb. 474. D-Heißdampf-Drilling-G-Lokomotive der englischen Nordost-Bahn.

Hinterkessel: Breit über dem Rahmen, mit geneigter Vorder- und Rückwand. Rost 2683 × 1835.

Rauchkammer: Länge 1816.

R a h m e n : Barrenrahmen 127 stark, an den Achslagerführungen 178 stark. Federn der 1. und 2., sowie die der 3. und 4. Achse durch Längsausgleicher verbunden.

R ä d e r - u n d T r i e b w e r k : K T K K Heusingersteuerung mit Kraftumsteuerung „Cox". Kolbenschieber 356 Durchm.

T e n d e r : 3 T $\frac{26,5}{10,9}$. Ges. Achsstand 4572.

D-Heißd.-Drilling-G-L. der englischen Nordost-Bahn
(Darlington 1919).

Abb. 474/475. Tafel V, Reihe 119.

Hauptabmessungen: 470 × 660/1403 $H_w + H_ü$ = 146,1 + 49,2 R = 2,51 $G_L = G_r$ = 72,7. Lok. und Tender: G_{L+T} = 117,5

Allgemeines: Zur Beförderung von 1400 t Zuggewicht auf Steigungen 1 : 200.

Kessel: Zylindrisch. Mitte über S. O. 2718. Rohrlänge 4944. Großrohrüberhitzer „Schmidt" dreireihig.

Langkessel: 3 Schüsse gleichen Durchm., stumpf gegeneinandergestoßen und außen gelascht. Äußerer Durchm. 1676. Dom auf mittlerem Schuß.

Hinterkessel: Schmal zwischen den Rahmenblechen, mit halbrunder Decke. Stehkessel außen 2742 × 1194. Feuerbüchse von hinten eingebracht. Rost zweifeldrig.

Rauchkammer: Länge 1219.

Rahmen: Blechrahmen 29 stark, Lichtmaß 1219. Einzelabfederung ohne Ausgleichhebel.

Räder- und Triebwerk: K K T K. Zylinder geneigt, bilden 3 Gußstücke, Schieberkästen in einem gemeinsamen Gußstück. Die zu den äußeren Zylindern gehörigen Schieber sind zu beiden Seiten des Innenzylinders, der mittlere oberhalb desselben angeordnet. 3 gesonderte Stephensonsteuerungen mit Kraftumsteuerung. Kolbenschieber 222,6 mm Durchm. mit äußerer Einströmung.

Bremse: Wirkt einseitig auf 1. bis 3. Kuppelachse.

Ausrüstung: U. a. Popventile.

Tender: $3\,T\,\frac{18,7}{5,5}$. Schöpfeinrichtung „Ramsbottom". Dienstgewicht 44,81.

1D-Heißd.-Zw.-G-L. der norwegischen Hoved-Bahn (Borsig 1910).

Abb. 476. Tafel V, Reihe 126.

Hauptabmessungen: 560 × 640/1250 $H_w + H_ü$ = 146,8 + 40,2 R = 2,62 G_L = 67,2 G_r = 57,2. Lok. und Tender: G_{L+T} = 99,0. Achsstand 13 220, über Puffer 16 560.

Allgemeines: Wird vorübergehend auch für schwere P.-Züge herangezogen. Bei V = 15 km/st und 40% Füllung ist Leistung von 636 PS zu erreichen, mit guter englischer Kohle bis zu 1000 PS bei 20 bis 25 km/st und 40% Füllung. Kleinster Krümmungshalbmesser 125 m. Höchstgeschwindigkeit 60 km/st.

Kessel: Zylindrisch. Mitte über S. O. 2800. Rohrlänge 3800. Großrohrüberhitzer „Schmidt" dreireihig. Auflagerung: vorn Rauchkammersattel, hinten Feuerbüchse auf Gleitstützen.

Langkessel: l. W. 1700.

Hinterkessel: Glatte runde Decke. Krebstiefe 532. Rost 1954 × 1350.

Rauchkammer: Reicht bis zwischen die Rahmenbleche herab. Schornstein tief nach innen verlängert, Oberkante 4100 über S. O.

Rahmen: Blechrahmen 35 stark. Federn der 1. und 2., sowie die der 3. und 5. Achse durch Längsausgleicher verbunden.

Räder- und Triebwerk: $\underset{18}{\overline{K}}\;T\;\underset{18}{\overline{K}}\;K\;\underset{52}{\widehat{L}}$. Vorn Adamsachse. Achsanordnung nach Helmholtz-Gölsdorf. Zyl. 1 : 40 geneigt. Heusingersteuerung. Kolbenschieber „Hochwald" 200 Durchm. mit innerer Einströmung.

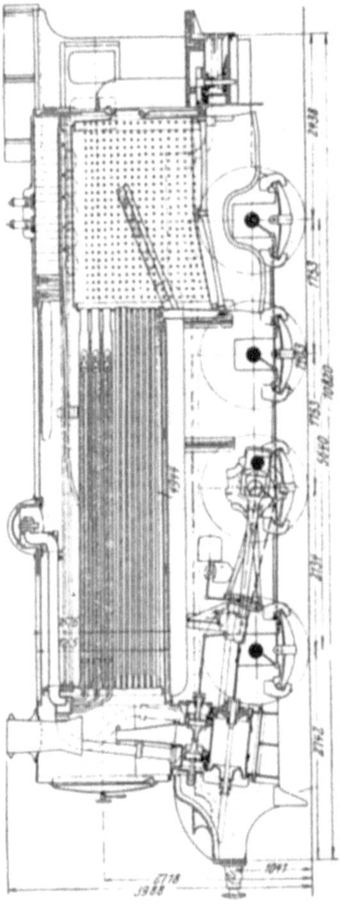

Abb. 475. D-Heißdampf-Drilling-G-Lokomotive der englischen Nordost-Bahn.

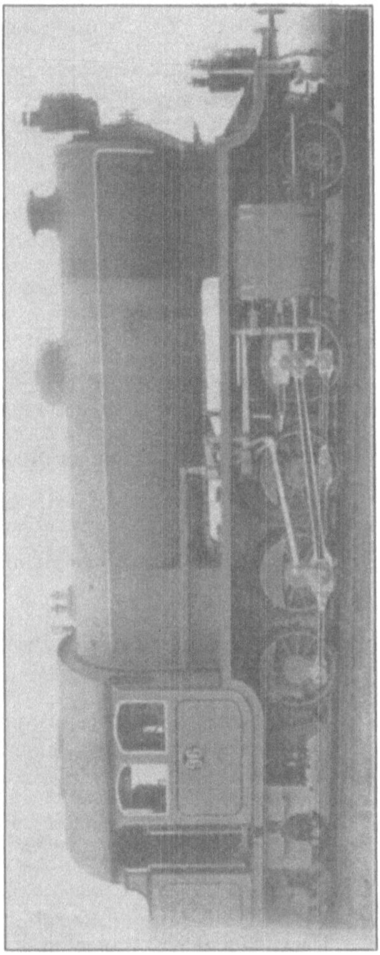

Abb. 476. 1D-Heißdampf-Zwilling-G-Lokomotive der norwegischen Hoved-Bahn.

Bremse: Dampf- und Spindelbremse. Wagerechter Bremszyl. von 250 Durchm. wirkt auf alle Kuppelräder einseitig mit 61% von Gr.

Ausrüstung: U. a. 2 Sicherheitsventile „Borsig", 1 Dreiklangdampfpfeife, 2 nichtsaugende Strahlpumpen, Schmierpumpe „Dicker u. Werneburg", Geschwindigkeitsmesser.

Tender: 3 T $\frac{13}{3,5}$. Schutzwand zum Abschluß des Führerhauses nach hinten. Raddurchm. 988. Ges. Achsstand 3000. Dienstgewicht 31,8.

1D-Heißd.-Zw.-G-L. der tschecho-slowakischen Bahn (Wintherthur 1918).

Abb. 477. Tafel V, Reihe 133.

Hauptabmessungen: 533 × 640/1380 $H_w + H_{\ddot{u}} = 159{,}4 + 28{,}6$. $R = 2{,}52$ $G_L = 72{,}5$ $G_r = 61{,}0$. Lok. und Tender: $G_{L+T} = 115{,}17$ Achsstand 15 050, über Puffer 18 249.

Allgemeines: Vom englischen Kriegsministerium bestellt, nach Waffenstillstand an Tschechoslowakei verkauft. L. befördert unter üblichen Verhältnissen 660 t mit 64 km/st.

Kessel: Zylindrisch. Mitte über S. O. 2675. Rohrlänge 4690. Überhitzer „Robinson". Wasserinhalt 6,98 cbm.

Abb. 477. 1D-Heißdampf-Zwilling-G-Lokomotive der tschecho-slowakischen Bahn.

Langkessel: 2 Schüsse, vorderer 1562 l. W., Blechstärke 19. Dom auf vorderem Schuß.

Hinterkessel: Schmal zwischen den Rahmenblechen, mit geneigter Vorder- und Rückwand. Stehkesselmantel: halbrunde Decke und Seiten aus einem Stück, 17 stark. Feuerbüchse: Flußeisen 10 stark, Rohrwand 15. Krebstiefe 864. Rost geneigt, Schüttelrost.

Rauchkammer: Länge 1680, l. W. 1740, Blechstärke 17, Rohrwand 21.

Rahmen: Blechrahmen 30 stark, Lichtmaß 1200.

Räder- und Triebwerk: $\underset{20}{K}\,T\,\underset{20}{K}\,K\,\underset{105}{\overset{\frown}{L}}$. Zyl. schwach geneigt $\frac{1}{r} = \frac{3080}{320} = 9{,}6$. Heusingersteuerung. Kolbenschieber 254 Durchm. mit innerer Einströmung.

Bremse: Westinghousebremse wirkt auf alle Kuppelräder einseitig.

Ausrüstung: U. a. Dampfstrahlpumpen „Gresham und Craven", Schmierpumpe „Wakefield", Preßluftsandstreuer.

Tender: 3 T $\frac{18,16}{7,11}$. Raddurchm. 1062. Dienstgewicht 42,67.

1D-Heißd.-Zw.-G-L. der Nordbrabant-Deutschen Eisenbahn
(Hohenzollern 1919).
Abb. 479. Tafel V, Reihe 124.

Hauptabmessungen: 520 × 660/1400 $H_w + H_ü = 141,8 + 36,2$. $R = 2,7$ $G_L = 67,0$ $G_r = 56,8$. Lok. und Tender: $G_{L+T} = 118,0$ Achsstand 16 525, über Puffer 19 595.

Allgemeines: Erstmalig 1914 gebaut. Zur Beförderung schwerer Kohlenzüge von 1800 t (120 Achsen) aus dem Kohlengebiet nach den Niederlanden und für gemischten Dienst bis 60 km/st. Es lassen sich Leistungen bis 1200 PS erzielen. Für kleinsten Krümmungshalbmesser von 140 m.

Kessel: Zylindrisch. Mitte über S. O. 2800. Rohrlänge 4080. Großrohrüberhitzer „Schmidt" dreireihig.

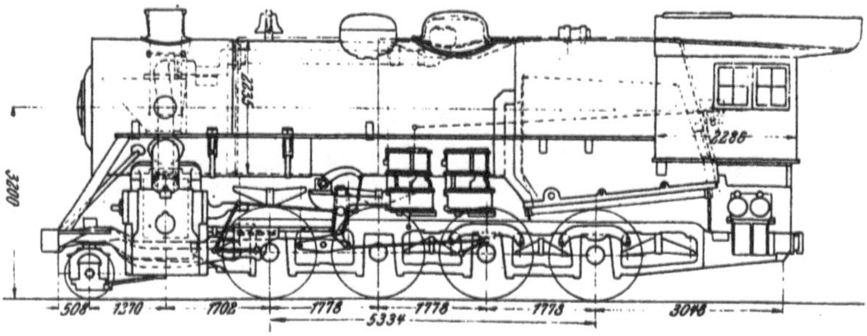

Abb. 478. 1D-Heißdampf-Zwilling-G-Lokomotive der West-Maryland-Bahn.

Langkessel: 2 Schüsse, größte l. W. 1502, Blechstärke 15. Dom auf hinterem Schuß. Ventilregler „Sch. u. W."

Hinterkessel: Bauart „Belpaire", schmal zwischen den Rahmenblechen. Stehkessel: Mantel und Rückwand 15, Vorderwand 16. Feuerbüchse: Mantel und Rückwand 15, Rohrwand 23. Rost dreifeldrig, 2700 × 990, Kipprost vorn.

Rauchkammer Länge 1300, l. W. etwa 1765, Blechstärke 10, Rohrwand 25.

Rahmen: Blechrahmen 25 stark, Lichtmaß 1250. Federn der 1. und 2., sowie die der 4. und 5. Achse durch Längsausgleicher verbunden.

Räder- und Triebwerk: K T K K L. (10 10 80) Vorn Bisselgestell. Heusingersteuerung.

Bremse: Luftdruckbremse „Westinghouse" wirkt auf alle Kuppelräder einseitig von vorn.

Ausrüstung: U. a. Schmierpresse „Friedmann", Sandstreuer „Gresham".

Tender: 4 T $\frac{20}{10,5}$. 2 Drehgestelle. Raddurchm. 1219. Achsstand 5700. Dienstgewicht 51,0.

1D-Heißd.-Zw.-G-L. der West-Maryland-Bahn (Baldwin 1920).
Abb. 478. Tafel VIII, Reihe 31.

Hauptabmessungen: 686 × 813/1549 $H_w + H_ü = 324{,}9 + 87{,}5$ $R = 6{,}95$ $G_L = 133{,}8$ $G_r = 121{,}8$. Lok. und Tender: $G_{L+T} = 256{,}3$ Achsstand 22 587, über Puffer 24 504.

Allgemeines: Große Zugkraft bei beschränktem Achsstand. Auf Strecken mit Schienen von 44,6 kg/m Gewicht, in Steigungen bis 35 ‰ und Bogen von 180 m Halbmesser. Schleppleistung auf 5 ‰ Steigung bei V = 30 km/st rd. 2500 t.

Kessel: Mitte über S. O. 3200. Rohrlänge 4648.

Langkessel: 2 Schüsse, vorderer außen 2235 Durchm.

Hinterkessel: Breit über dem Rahmen, mit geneigter Vorder- und Rückwand, sowie flacher, nicht überhöhter Decke. Stehkessel: Länge 2845, Breite 2445. Feuerschirm auf Wasserröhren ruhend. Krebstiefe 504. Schüttelrost. Rostbeschicker „Standard".

Rahmen: Gegossener Barrenrahmen 152 stark. Federn der 1. bis 3., sowie der 4. und 5. Achse durch Längsausgleicher verbunden.

Abb. 479. 1D-Heißdampf-Zwilling-G-Lokomotive der Nordbrabant-Deutschen Eisenbahn.

Räder- und Triebwerk: K T K K L. Vorn Laufachse Bauart „Economy". Heusingersteuerung mit Kraftumsteuerung „Pittsburg". Kolbenschieber 356 Durchm.

Ausrüstung: U. a. Dampfstrahlpumpen. Triebmaschine für elektr. Stirnlampe rechts vor dem Führerhaus.

Tender: 6 T $\frac{56,8}{14,5}$. 2 dreiachsige Drehgestelle, Rahmen Bauart „Commonwealth"-Stahlgesellschaft.

1D-Heißd.-Zw.-G-L. der belgischen Staatsbahn (Armstrong 1920, Amerik. Lok.-Ges. u. Baldwin 1919).

Abb. 480. Tafel V, Reihe 143 u. 146.

Hauptabmessungen: Englische Bauart: 610 × 711/1520 $H_w + H_ü$ = 194,3 + 44,5 R = 3,26 G_L = 82,0 G_r = 70,0. Amerik. Bauart: 610 × 711/1520 $H_w + H_ü$ = 133,4 + 45,0 R = 3,70 G_L = 85,3 G = 75,7. Lok. und Tender: G_{L+T} = 138,62. Achsstand 16 344.

Allgemeines: Die L. in 480/481 ist von Armstrong in einer Anzahl von 200 Stück geliefert. Sie stellt eine vielseitig verwendbare Bauart dar, wie sie die belgischen Staatsbahnen zum schnellen Wiederaufbau ihres Verkehrs benötigen. Bei der hier dargestellten L. ist das englische Vorbild unverkennbar, während sich die andere Bauart ganz an amerikanische Vorbilder anlehnt; nur Führerhaus, Zug- und Stoßvorrichtung, sowie Tender sind nach belgischen Normen.

Kessel: Engl. Bauart: Zylindrisch. Mitte über S. O. 2850. Rohrlänge 4500. Teils Robinson-Überhitzer, teils von der Marne-Lok.-Überhitzer-Ges., vierreihig.

Amerik. Bauart: Zylindrisch. Mitte über S. O. 2972. Überhitzer der Amerik. Lok.-Ges.

Langkessel: Engl. Bauart: 3 Schüsse, und zwar kleinste l. W. 1612. Blechstärke 19. Dom auf mittlerem Schuß.

Amerik. Bauart: 2 Schüsse, und zwar vorderster kleinster l. W. 1694. Dom auf mittlerem Schuß.

Hinterkessel: Engl. Bauart: Bauart Belpaire mit geneigter Rückwand. Rohrwand 30. Rost mit besonders engen Spalten für Briketts, sechsfeldrig.

Amerik. Bauart: Feuerbrücke durch Wasserrohre gestützt, Decke nach hinten abfallend. Kipprost vorn.

Rauchkammer: Engl. Bauart: Länge 2187, l. W. 1788. Rohrwand 25.

Amerik. Bauart: Länge 1985, l. W. 1750.

Rahmen: Engl. Bauart: Blechrahmen durchlaufend 30 stark, Lichtmaß 1250, hinten auf 1210 eingezogen. Federn der 1. bis 3., sowie die der 4. u. 5. Achse durch Längsausgleicher verbunden.

Amerik. Bauart: Barrenrahmen. Federn der 1. bis 3. Achse durch Längsausgleicher verbunden. Beide hintere Achsen nach amerikanischer Weise unter Vertauschung von Feder und Ausgleichhebel verbunden.

Räder- und Triebwerk: Engl. Bauart: $\underset{30}{\text{K}}$ T K K $\overset{\frown}{\text{L}}$. Vorn Adamsachse. Heusingersteuerung. Kolbenschieber 305 Durchm. mit innerer Einströmung.

Bremse: Engl. und amerik. Bauart: Luftdruckbremse „Westinghouse" wirkt auf alle Kuppelräder einseitig.

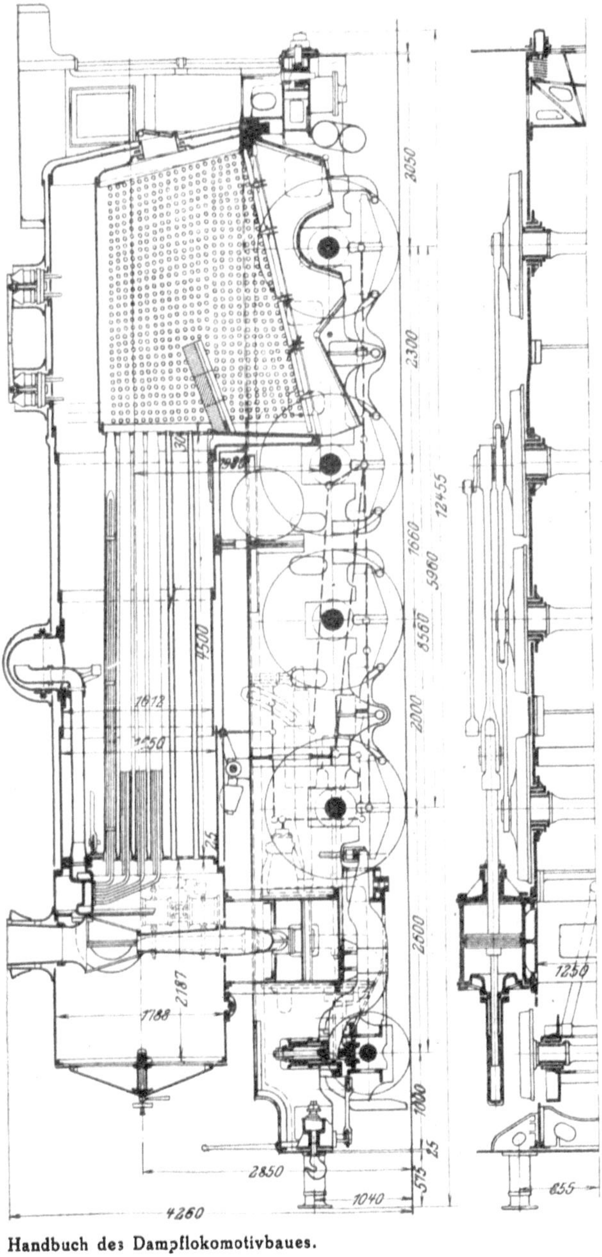

Abb. 480. 1D-Heißdampf-Zwilling-G-Lokomotive der belgischen Staatsbahn.

Ausrüstung: Engl. Bauart: U. a. Detroit-Öler.
Amerik. Bauart: U. a. 5 Lok. mit Speisewasservorwärmer „Worthington".

Tender: Engl. Bauart: $3\ T\ \frac{24}{6,8}$ Raddurchm. 1067. Achsstand 3960.
Amerik. Bauart: $3\ T\ \frac{24}{7}$. Raddurchm. 1067.

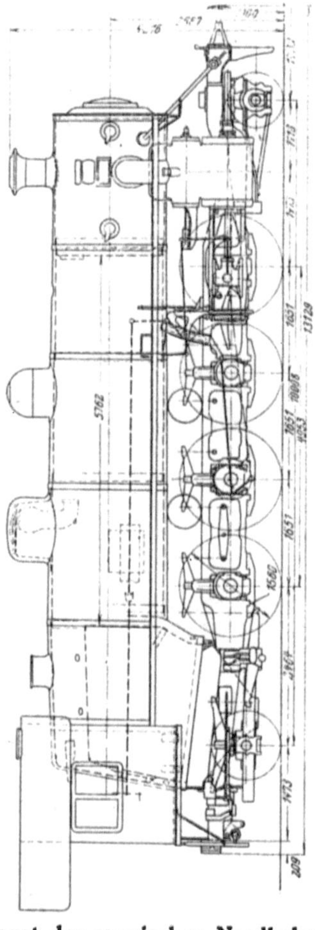

Abb. 481/482. 1D1-Heißdampf-Zwilling-Lokomotive für gemischten Dienst der spanischen Nordbahn.

1D1-Heißd.-Zw.-L. für gem. Dienst der spanischen Nordbahn
(Amerik. Lok.-Ges. 1917).
Abb. 481/482. Tafel V, Reihe 156.

Hauptabmessungen: 584 × 641/1560 $H_w + H_ü = 220,7 + 59,4$ $R = 4,10$ $G_L = 85,3$ $G_r = 59,2$. Lok. und Tender: 132,0. Achsstand 18113, über Puffer 21 543.

Allgemeines: 1676 Spur. Zur Beförderung von 300 t-Wagenzug mit 40 km/st auf 30 km langen Steigungen von 15 ‰.

Kessel: Mitte über S. O. 2667. Rohrlänge 5762. Großrohrüberhitzer „Schmidt".

Langkessel: 3 Schüsse. Dom auf hinterem Schuß. Ventilregler.

Hinterkessel: Breit über der Schleppachse, mit geneigter Vorder- und Rückwand. Eiserne Feuerbüchse.

Rahmen: Barrenrahmen. Zwischen 1. und 2. Kuppelachse sind an Stelle der Längsausgleicher Federn angeordnet, die durch Bügel die 1. Kuppelachse belasten; am vorderen Ende der Bügel greifen die Längsausgleicher zur vorderen Laufachse an. Federn der 3. und 4. Kuppelachse, sowie die der Schleppachse durch Längsausgleicher verbunden.

Räder- und Triebwerk: $\widehat{LK}\,T\,K\,\widehat{KL}$. Vorn und hinten Bisselachsen, hintere mit Außenlagern. Heusingersteuerung mit Dampfumsteuerung.

Bremse: Luftsaugebremse wirkt auf alle Kuppelräder, außerdem Gegendampfbremse.

Ausrüstung: U. a. Sicherheitsventile „Coale".

Tender: $4\,T\,\frac{19,31}{7}$. Dienstgewicht 46,7.

2D-Heißd.-Zw.-G-L. der Madrid-Zaragossa-Alicante-Bahn
(Henschel 1913).

Abb. 483/485. Tafel V, Reihe 165.

Hauptabmessungen: 580 × 660/1400 $H_w + H_ü$ = 217,6 + 60,6 R = 3,90 G_L = 78,6 G_r = 58,3, Lok. und Tender: G_{L+T} = 114,9.

Allgemeines: 1676 Spur. Verlangte Schleppleistung: Beförderung von 350 t Wagenzug auf 15 ‰ Steigung mit 30 km/st. Bei Versuchsfahrten wurden befördert auf 59 km langer Strecke mit fast andauernden Steigungen von 14,7 ‰ und zahlreichen Krümmungen von 500 bis 600 m 498 t (30 Wagen) im Mittel mit 30 km/st.

Kessel: Zylindrisch. Mitte über S. O. 2900. Rohrlänge 5000. Großrohrüberhitzer „Schmidt" dreireihig. Auflagerung: vorn Rauchkammerträger, Mitte 1 Pendelblech, hinten mit der Feuerbüchse mittels je zweier Gleitplatten auf vorderem und hinterem Stahlgußträger.

Langkessel: 2 Schüsse, hinterer 1800, vorderer 1762 l. W. Blechstärke 19. Dom auf vorderem Schuß. Flachschieberregler.

Hinterkessel: Breit über dem Rahmen, mit geneigter Rückwand, sowie halbrunder Decke. Stehkessel: Seiten, Decke, Rückwand 16. Feuerbüchse: Kupfer, Seiten, Decke, Rückwand 16, Rohrwand 30. Rost geneigt, dreifeldrig 2400 × 1626. Kipprost in der Mitte.

Rauchkammer: Länge 2200, l. W. 1900. Rohrwand 26. Verstellbares Düsenblasrohr.

Rahmen: Blechrahmen 32 stark, Lichtmaß 1450. Federn der 1. und 2., sowie die der 3. und 4. Kuppelachse durch Längsausgleicher verbunden.

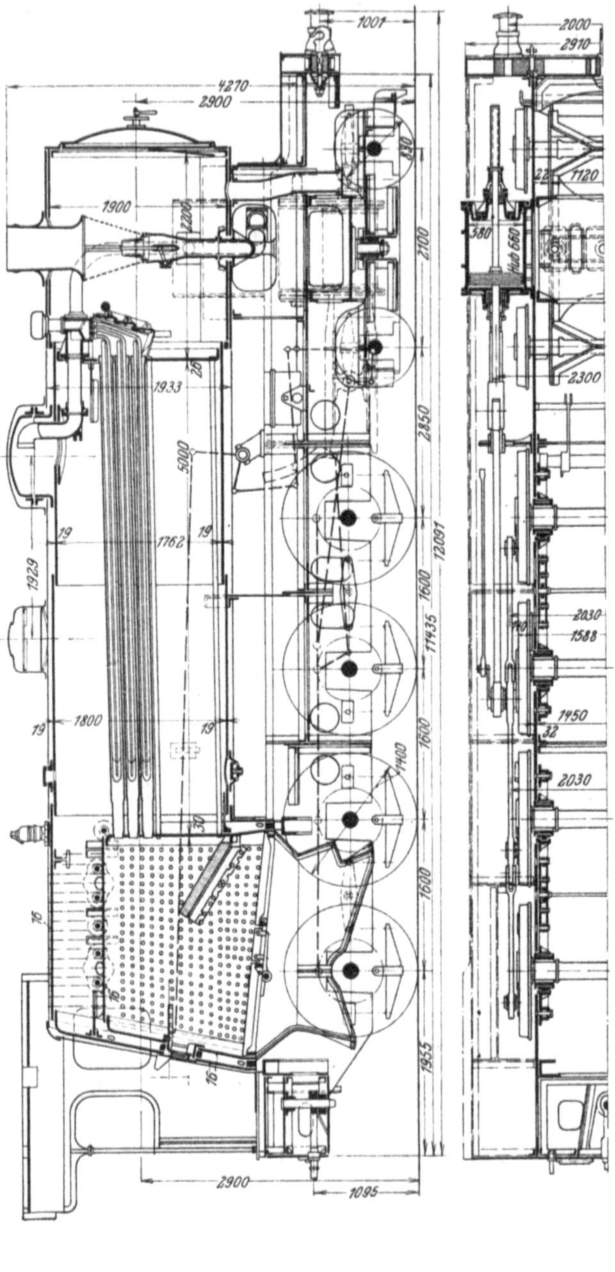

Abb. 483. 2D-Heißdampf-Zwilling-G-Lokomotive der Madrid-Zaragossa-Alicante-Bahn.

Räder- und Triebwerk: $\underset{15}{\bar{K}}$ K T K $\underset{40}{\overbrace{L\ L}}$. Zylinder wagerecht. Heusingersteuerung. Kolbenschieber mit doppelter innerer Einströmung.

Bremse: Luftsaugebremse wirkt auf alle Kuppelräder einseitig von hinten, außerdem Gegendampfbremse.

Ausrüstung: U. a. 2 nichtsaugende Dampfstrahlpumpen „Friedmann", Dampfsichtschmierapparat, Dampfsandstreuer „Gresham", Dampfheizung „Heintz", Luftsaugeventil auf dem Überhitzerkasten für Leerfahrt, 2 Sicherheitsventile „Coale" $3^1/_2$".

Tender: 3 T $\frac{14}{4}$. Luftsaugebremse wirkt auf alle Räder doppelseitig. Dienstgewicht 36,3.

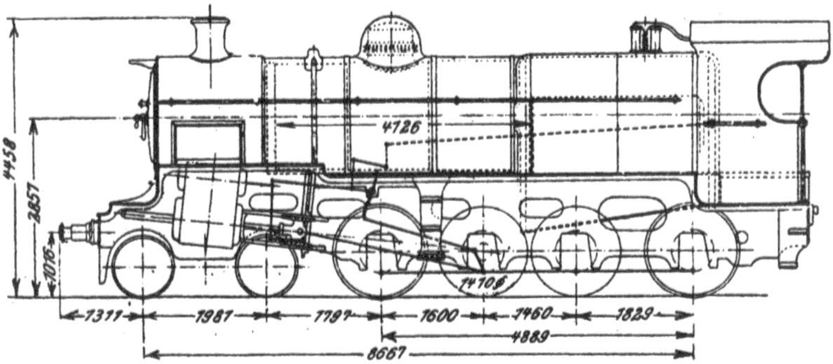

Abb. 484. 2D-Heißdampf-Verbund-G-Lokomotive der argentinischen Central-Bahn.

2D-Heißd.-Verb.-G-L. der argentinischen Central-Bahn
(Nord-Britische Lok.-Ges. 1920)
Abb. 484. Tafel V, Reihe 169.

Hauptabmessungen: $\frac{533}{762} \times 660/1410$ $H_w + H_ü = 186{,}1 + 22{,}9$
$R = 3{,}02$ $G_L = 80{,}1$ $G_r = 60{,}8$.

Allgemeines: 1676 Spur. Infolge des geräumigen Profils war die Unterbringung eines großen N.-Zylinders möglich, daher einfache, sparsame Maschine, ohne die Nachteile eines vierzylindrigen Triebwerks. Verhältnismäßig niedriger Kesseldruck von 12,66 at.

Kessel: Zylindrisch. Mitte über S. O. 2857. Rohrlänge 4126.

Langkessel: 2 Schüsse, größerer hinterer 1759 l. W.

Hinterkessel: Bauart „Belpaire", schmal zwischen den Rahmenblechen. Ölfeuerung.

Rahmen: Blechrahmen.

Räder- und Triebwerk: Zylinder stark geneigt. Anfahrvorrichtung gestattet Frischdampfzuführung zum N.-Z. Kolbenschieber mit innerer Einströmung.

Bremse: Luftsaugebremse wirkt einseitig auf alle Kuppelräder.
Ausrüstung: U. a. Dampfstrahlpumpen „Gresham u. Craven", „Wakefield"-Schmierpumpe, Sicherheitsventile „Ramsbottom".
Tender: $4\,T\,\frac{27}{7}$. Raddurchm. 965.

Abb. 485. 2D-Heißdampf-Zwilling-G-Lokomotive der Madrid-Zaragossa-Alicante-Bahn.

Abb. 486. E-Heißdampf-Zwilling-G-Lokomotive der luxemburgischen Prinz-Heinrich-Bahn.

E-Heißd.-Zw.-G-L. der luxemburgischen Prinz-Heinrich-Bahn
(Schwartzkopff 1913).

Abb. 486. Tafel V, Reihe 177.

Hauptabmessungen: 630 × 650/1320 $H_w + H_ü = 182{,}8 + 50{,}0$ $R = 3{,}50$ $[G_L = G_r = 74{,}6$. Lok. und Tender: $G_{L+T} = 110{,}6$.

Allgemeines: Für schwere Erz- und Kohlentransporte in den Bergwerks- und Hüttenbezirken an der deutsch-belgisch-französischen Grenze. Feuerung mit leichter belgischer Staubkohle von rd. 7390 WE. Zugelassen als größte Achsbelastung 15 t. Mit 1:5,5 Reibungsziffer ergibt sich während der Fahrt 13 700 kg Zugkraft. Die Zylinder wurden daher so bemessen, daß Anfahrzugkraft rd. 16 500 kg, entsprechend 1 : 4,5 Reibungsziffer, da häufig schwere G-Züge auf Steigungen bis zu 16 ‰ mit scharfen Krümmungen angefahren werden müssen. Bei Versuchsfahrten wurde 700 t-Zug auf 16 ‰ Steigung mit 20 km/st befördert, wobei Überhitzung 250 bis 345° betrug. Da infolge der kurzen Strecken und des Verschiebedienstes kein Beharrungszustand eintritt, ist Überhitzer nur vorübergehend wirksam; bei flotter Fahrt ergaben sich mehr als 350° Überhitzung. Für kleinsten Krümmungshalbmesser von 150 m.

Abb. 487. E-Heißdampf-Zwilling-G-Lokomotive für russische Eisenbahnen.

Kessel: Zylindrisch. Mitte über S.O. 2850. Rohrlänge 4600, Großrohrüberhitzer „Schmidt" dreireihig. Wasserinhalt 7,4 cbm, Dampfinhalt 3,0 cbm, Auflagerung: vorn breite Stützbleche an der Rauchkammer, Mitte 1 Langkesselträger, hinten seitlich an den Ecken der Feuerkiste 2 Gleitschuhe.

Langkessel: 2 Schüsse, hinterer 1720, vorderer 1686 l. W. Blechstärke 17, Dom auf vorderem Schuß, Ventilregler „Sch. u. W."

Hinterkessel: Breit über dem Rahmen, mit senkrechter Vorder- und Rückwand, sowie halbrunder Decke. Stehkessel: Seiten, Stiefelknecht und Rückwand 17, Decke 24. Zweiteilige Schiebetür. Feuerbüchse: Kupfer, Seiten, Decke, Rückwand 16, Rohrwand 30. Krebstiefe 523. Rost wagerecht 2630 × 1330, Kipprost hinten. Roststäbe nach besonderem Modell der Bahn gegossen.

Rauchkammer: Länge 2103, l. W. 1836. Blechstärke 12, Rohrwand 25.

Rahmen: Blechrahmen 30 stark, Lichtmaß 1220. Federn der 1. und 2., sowie die der 4. und 5. Achse durch Längsausgleicher verbunden.

Räder- und Triebwerk: $\underset{26}{\overline{K}}$ K T K $\underset{26}{\overline{K}}$. Zylinder wagerecht. Kolben und Stopfbüchsen „Schmidt". $\frac{1}{r} = \frac{2800}{325} = 8{,}62$ Heusingersteuerung, lineares Voreilen 3,5 mm. Kolbenschieber „Schichau" 260 Durchm. mit doppelter innerer Einströmung.

Bremse: Dampfbremse wirkt auf 2. und 4. Achse einseitig, auf 3. zweiseitig. 1 Bremszylinder links unter dem Führerhaus.

Ausrüstung: U. a. 2 nichtsaugende Strahlpumpen „Friedmann", 1 Schmierpresse „Friedmann", Handsandstreuer, 2 Popventile $3^1/_2$".

Tender: 3 T $\frac{14{,}7}{6}$. An das Führerhaus anschließendes Tenderschutzdach und Schutzwand wegen häufigen Rückwärtsfahrens. Federn der beiden letzten Achsen durch Längsausgleicher verbunden. Dampf- und Spindelhandbremse wirkt auf alle Räder zweiseitig. Raddurchm. 1040. Achsstand 3700. Leergewicht 15,3, Dienstgewicht 36,0.

E-Heißd.-Zw.-G-L. für russische Eisenbahnen (19 deutsche und 1 schwedische Fabrik 1921).

Abb. 487/488. Tafel V, Reihe 179.

Hauptabmessungen: 650 × 700/1320 $H_w + H_ü = 188{,}8 + 47{,}7$ $R = 4{,}46$ $G_L = G_r = 81{,}5$ $G_{L+T} = 133{,}1$. Lok. und Tender: Achsstand 15 822, über Puffer 20 473.

Allgemeines: 1524 Spur. Für schwere Erz- und Kohlenzüge. 1000 Stück geliefert durch Nydquist & Holm, 700 Stück in Deutschland bei 19 verschiedenen Fabriken bestellt. Jeder Teil kann gegen einen entsprechenden Ersatzteil auch aus einer anderen Fabrik ausgetauscht werden. Als Richtlinien und Vorschriften für die Austauschbarkeit dient der „Normenausschuß der deutschen Industrie". Für Holzfeuerung eingerichtet. Zugkraft (aus $0{,}5\ p\frac{d^2 s}{D}$ berechnet) 16 130 kg. Die Lokomotive befördert Züge von rd. 1350 t auf Steigung 6 ‰, 1100 t auf 8 ‰, 900 t auf 10 ‰. Größte Geschwindigkeit 50 km/st.

Kessel: Zylindrisch. Mitte über S. O. 3100. Rohrlänge 4660. Großrohrüberhitzer „Schmidt" dreireihig. Auflagerung: vorn

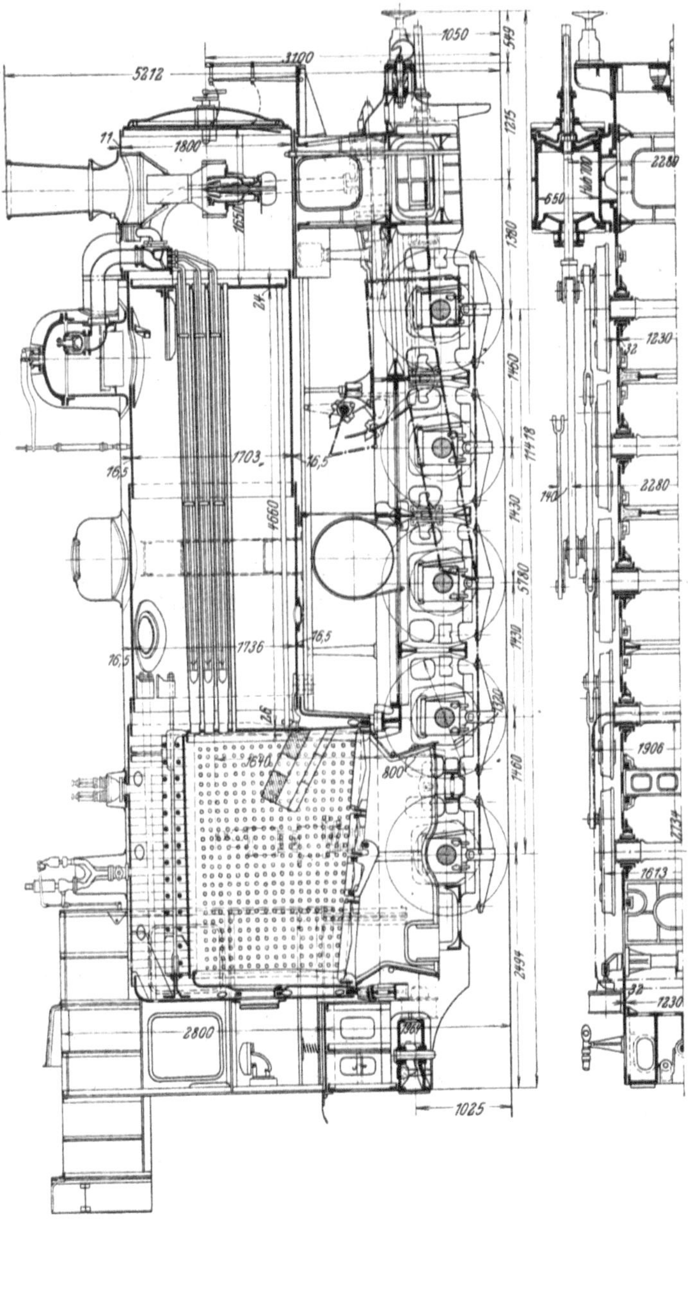

Abb. 488. E-Heißdampf-Zwilling-G-Lokomotive für russische Eisenbahnen.

Rauchkammerträger, Mitte 1 Pendelblech, hinten Gleitschuhe an der Feuerbüchse.

Langkessel: 2 Schüsse, hinterer 1736, vorderer 1703 l. W., Blechstärke 16,5. Dom auf vorderem Schuß. Ventilregler „Zara", Verbindung zwischen Regler und Überhitzer durch außenliegendes Rohr.

Hinterkessel: Bauart „Belpaire", breit über dem Rahmen, mit allseits senkrechten Wänden. Stehkessel: Seitenbleche, Decke, Rückwand 16, Vorderwand 18. Feuerbüchse: bei einem Teil der L. Decke, Seiten, Rückwand aus Flußeisen, Rohrwand aus Kupfer; bei größtem Teil der Lieferung ganz aus Kupfer, Decke, Seiten, Rückwand 16, Rohrwand 26. Krebstiefe 755,5. Rost geneigt, vierfeldrig 2734 × 1613, Kipprost in der Mitte.

Rauchkammer: Länge 1650, l. W. 1800, Blechstärke oben 11, unten 17. Rohrwand 24. Verstellbares Düsenblasrohr. Keine Überhitzerklappen. Schornsteinoberkante 5212 über S. O.

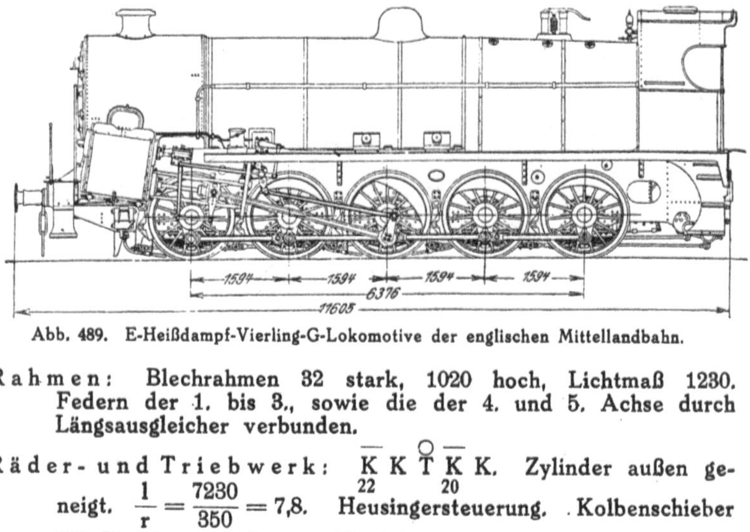

Abb. 489. E-Heißdampf-Vierling-G-Lokomotive der englischen Mittellandbahn.

Rahmen: Blechrahmen 32 stark, 1020 hoch, Lichtmaß 1230. Federn der 1. bis 3., sowie die der 4. und 5. Achse durch Längsausgleicher verbunden.

Räder- und Triebwerk: $\underset{22}{\overline{K}}\,K\,\overset{\circ}{T}\,\underset{20}{\overline{K}}\,K$. Zylinder außen geneigt. $\frac{1}{r} = \frac{7230}{350} = 7{,}8$. Heusingersteuerung. Kolbenschieber 250 Durchm. mit innerer Einströmung.

Bremse: Westinghousebremse wirkt auf alle Räder einseitig von vorn. 2 Bremszylinder. Zweistufige Knorr-Luftpumpe.

Ausrüstung: U. a. 2 Dampfstrahlpumpen „Friedmann", Hand- und Luftsandstreuer „Brüggemann", Schmierpumpen, 2 Sicherheitsventile „Pop" auf dem Stehkessel, 1 Sicherheitsventil als Federwage auf dem Dampfdom, 2 Dampfpfeifen, 1 große Stirnlaterne (nach amerikanischem Muster).

Tender: $4\,T\,\frac{23}{6}$. 2 Drehgestelle, Blechrahmen 22, Luftdruck- und Spindelhandbremse wirkt auf alle Räder einseitig von außen. An das Führerhaus anschließendes Schutzdach, Aufbau für Holzfeuerung. Ges. Achsstand 6040. Dienstgewicht 51,6.

E-Heißd.-Vierling-G-L. der englischen Mittellandbahn (Derby 1920). Abb. 489/490. Tafel V, Reihe 181.

Hauptabmessungen: 426 × 711/1410 $H_w + H_ü = 159{,}6 + 41{,}3$ $R = 2{,}93$ $G_L = G_r = 74{,}8$. Lok. und Tender: $G_{L+T} = 106{,}88$ Achsstand 14 116, über Puffer 18 609.

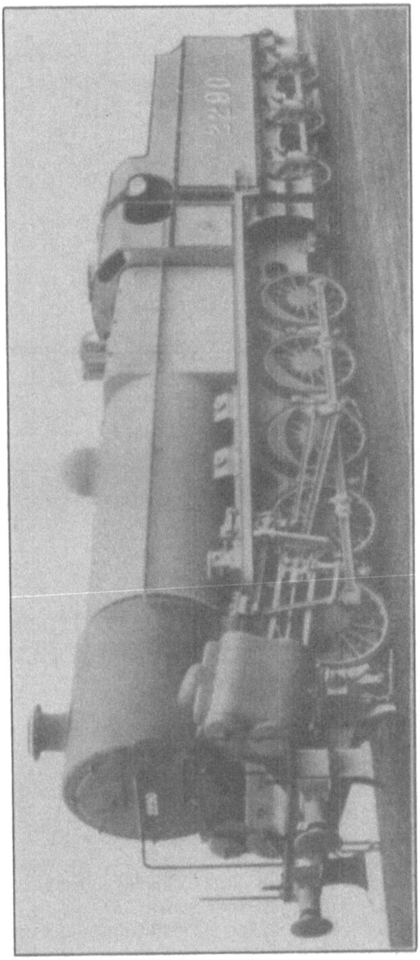

Abb. 490. E-Heißdampf-Vierling-G-Lokomotive der englischen Mittellandbahn.

Allgemeines: Abgesehen von einer Versuchsbauart erste englische E-L. Zum Nachschieben auf der Lickey-Rampe 1 : 37,7 verwendet.

Kessel: Zylindrisch. Mitte über S.O. 2692. Rohrlänge 4388. Überhitzer Bauart „Mittellandbahn". Langkessel: 2 Schüsse, vorderer außen 1600 Durchm. Dom auf vorderem Schuß. Hinterkessel: Bauart „Belpaire", mit geneigter Rückwand. Stehkessel außen 3048 × 1235.

Rahmen: Blechrahmen. Federn der 1. und 2., sowie die der 4. und 5. Achse durch Längsausgleicher verbunden.

Räder- und Triebwerk: KKTKK. Alle 4 Zylinder 1 : 7 geneigt in einer Ebene, je 2 mit gemeinsamem außenliegendem Kolbenschieber in einem Gußstück. Heusingersteuerung außen mit Kraftantrieb durch Servomotor. Kolbenschieber 254 Durchm. mit äußerer Einströmung. Vorderer Schieberkörper steuert die vordere Einströmung des Außenzylinders, sowie die hintere Einströmung des Innenzylinders

Bremse: Hand- und Dampfbremse wirkt auf alle Räder einseitig. 2 unabhängige Bremszylinder, der eine bremst die drei ersten, der zweite die beiden letzten Achsen.

Ausrüstung: 2 Dampfstrahlpumpen „Davies u. Metcalfe", Speisewasservorwärmer, Schmierung nach Bauart der Mittellandbahn. 4 Sicherheitsventile.

Tender: $3\,T\,\frac{9{,}31}{4{,}06}$. Tender mit Schutzdach. Raddurchm. 1245. Dienstgewicht 32,08.

1E-Heißd.-Zw.-G-L., Reihe 81 **der österreichischen Staatsbahn** (Wiener Neustadt 1920).

Abb. 491. Tafel V, Reihe 184.

Hauptabmessungen: 590 × 632/1300 $H_w + H_ü = 188{,}0 + 50{,}2$ $R = 4{,}46$ $G_L = 81{,}0$ $G_r = 71{,}0$. Lok. und Tender: $G_{L+T} = 121{,}0$. Achsstand ≌ 14 881, über Puffer 18 081.

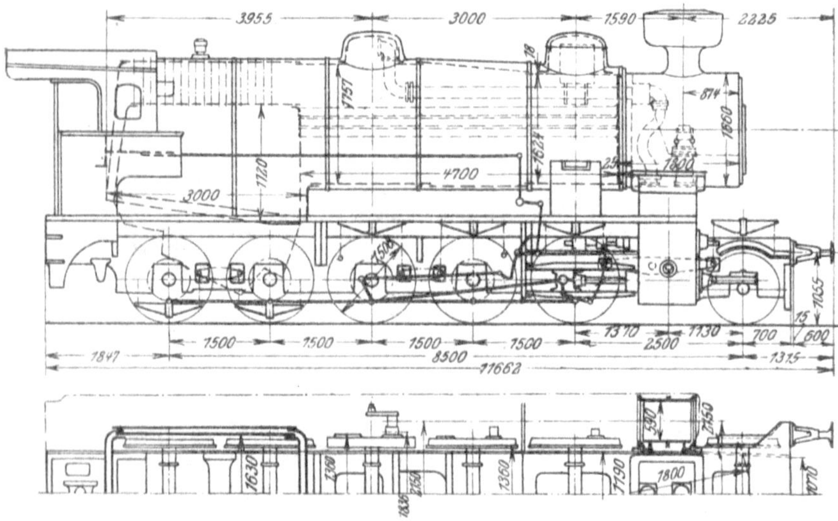

Abb. 491. 1E-Heißdampf-Zwilling-G-Lokomotive der österreichischen Staatsbahn.

Allgemeines: L. hat auf Strecke mit 10,2 ‰ Höchststeigung und nicht ausgeglichenen Krümmungen von R = 470 m Güterzüge von etwa 600 t (37 Wagen) mit 38,5 km/st und einen Versuchszug von 1000 t mit bis zu 17 km/st befördert. Die entsprechenden Leistungen dabei waren etwa 1440 bzw. 1050 PS_i. Auf Strecke mit 27,8 ‰ Höchststeigung und ausgeglichenen Krümmungen wurde ein 300 t-Zug (17 Wagen) mit bis zu 28 km/st befördert, entsprechend einer Leistung von etwa 1375 PS und einer indizierten Zugkraft von 13 250 kg. Höchstgeschwindigkeit 60 km/st.

Kessel: Kegelförmig. Mitte über S. O. 2890. Rohrlänge 4700. Großrohrüberhitzer „Schmidt" dreireihig.

Langkessel: 3 Schüsse, hinterer 1757, mittlerer kegelförmig, vorderer 1624 l. W., Blechstärke 18. 2 Dome, im vorderen Kesselsteinabscheider „Pogany".

Hinterkessel: Breit über dem Rahmen. Rost geneigt, zweifeldrig, 3000 × 1486, Kipprost hinten.

Rauchkammer: Länge 1800, l. W. 1660, Rohrwand 25. Verstellbares Blasrohr. Keine Überhitzerklappen.

Rahmen: Blechrahmen 28 stark, Lichtmaß 1190, vorn auf 1070 eingezogen. Federn der 1. und 2., der 3. und 4., der 5. und 6. Achse durch Längsausgleicher verbunden.

Räder- und Triebwerk: $\underset{26}{\overset{-}{K}}\,\overset{+}{K}\,\overset{\frown}{T}\,\underset{26}{\overset{-}{K}}\,\overset{+}{K}\,\underset{65}{L}$. Vorn Adamsachse. Zyl. außen wagerecht. Heusingersteuerung. Kolbenschieber „Schmidt" 250 Durchm., breite federnde Ringe, äußere Einströmung.

Bremse: Selbsttätige Luftsaugebremse wirkt auf die 1., 3. und 4. Kuppelachse mit 40,6% von Gr, bzw. mit 79% des Achsdrucks der gebremsten Achsen. 2 Bremszylinder mit je 220 mm Hub.

Abb. 492. 1E-Heißdampf-Zwilling-G-Lokomotive der russischen Staatsbahn.

Ausrüstung: U. a. 2 Dampfstrahlpumpen „Friedmann", Speisewasservorwärmer zwischen den Rahmenblechen senkrecht angeordnet, Speisewasserpumpe „Knorr", Schmierpumpe „Friedmann". 2 Popventile Bauart „Coale" 4" l. W., auf Satt- und Heißdampfkammer je 1 Pyrometer und 1 Manometer, Manometer am rechten Schieberkasten und am Blasrohrkopf, 2 Wasserstände „Klinger", Rauchminderung nach „Marek".

Tender: 3 T $\frac{16,6}{7,5}$. Raddurchmesser 1034. Ges. Achsstand 3200.

1E-Heißd.-Zw.-G-L. der russischen Staatsbahn (Amerik. Lok.-Ges. und Baldwin 1915).

Abb. 492. Tafel V, Reihe 185.

Hauptabmessungen: 635 × 711/1321 $H_w + H_ü = 241,6 + 52,3$ $R = 5,99$ $G_L = 88,9$ $G_r = 79,4$. Lok. und Tender: $G_{L+T} = 148,8$. Achsstand 18 326.

Allgemeines: 1524 Spur. 1915 wurden bestellt 250 Stück bei Baldwin, 100 bei der Amerik. Lok.-Ges. und 50 in Canada. Sie befördern auf 8 ‰ Steigung 1000 t mit 13 bis 16 km/st ohne besonders große Füllung. Für kleinste Krümmungen von 106,7 m Halbmesser.

Kessel: Rohrlänge 5182. Großrohrüberhitzer „Schmidt".

Langkessel: Äußerer Durchm. vorn 1778. Bei den von der Amerik. Lok.-Ges. gelieferten L. sitzen Sicherheitsventile und Dampfpfeife am Dom, bei denen von Baldwin auf auf besonderem Hilfsdom.

Hinterkessel: Breit über dem Rahmen. Feuerbüchse und Stehbolzen aus Kupfer. Feuerbrücke durch Wasserrohre gestützt. Schüttelrost 2740 × 2184.

Rahmen: Barrenrahmen.

Räder- und Triebwerk:

K K T K K L. Gewalzte, stählerne Kolbenkörper mit gußeisernen Ringen. Kolbenschieber 305 Durchmesser. Umsteuerung bei Lieferung von Baldwin durch Servo-

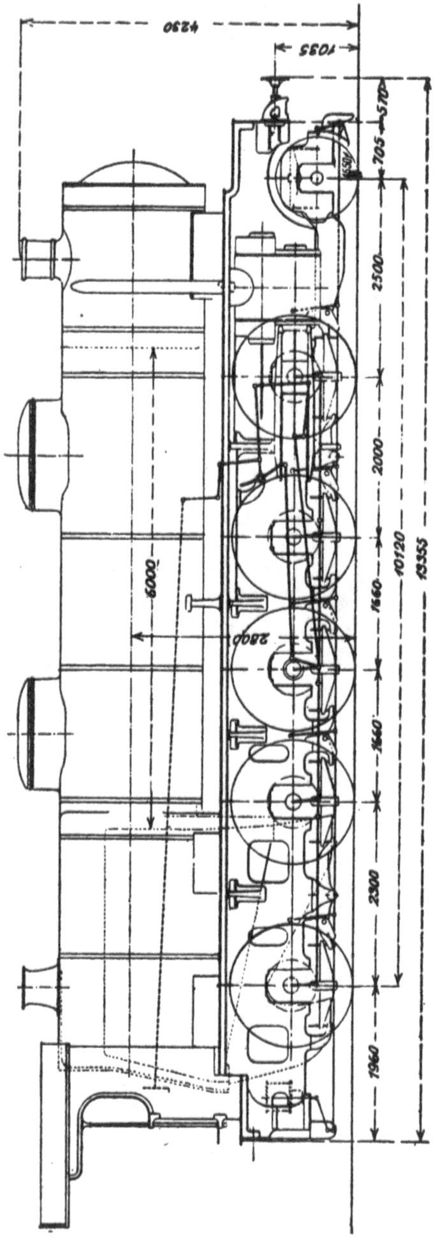

Abb. 493. 1E-Heißdampf-Vierzylinder-Verbund-G-Lokomotive der französischen Nordbahn.

motor Bauart „Rushton", bei Lieferung von der Amerik. Lok.-Ges. durch Spindel allein. Beidemal mit Preßluft betrieben.

Bremse: Selbsttätige Westinghousebremse.

Tender: 4 T $\frac{28}{8}$. Dienstgewicht 59,9.

1E-Heißd.-Vierzyl.-Verb.-G-L. der französischen Nordbahn
(Grafenstaden 1920).
Abb. 493. Tafel V, Reihe 195.

Hauptabmessungen: $\frac{490}{640} \times \frac{680}{700}/1550$ $H_w + H_ü = 228,5 + 95,8$
$R = 3,22$ $G_L = 99,1$ $G_r = 88,4$. Lok. und Tender: $G_{L+T} = 137,6$. Achsstand 16 400, über Puffer 18 988.

Allgemeines: Nach Entwürfen der Bahn erstmalig 1913 gebaut. Zur Beförderung schwerer Erzzüge von 950 t auf 15 ‰ Steigung mit 15 bis 20 km/st.

Kessel: Zylindrisch. Mitte über S. O. 2800. Rohrlänge 6000. Kleinrohrüberhitzer „Schmidt" mit seitlichen Sammelkästen.

Langkessel: 2 Schüsse, mittlere l. W. 1637, Blechstärke 20. Dom auf vorderem Schuß. Serve-Rohre.

Hinterkessel: Bauart „Belpaire"; schmal zwischen den Rahmenblechen, mit geneigter Rückwand. Stehkesselmantel 15, Rückwand 17, Stiefelknecht 18. Feuerbüchse: Kupfer, Seiten und Decke 16, Rohrwand 30. Krebstiefe 950. Rost geneigt 3430 × 996, Schüttelrost, Kipprost vorn.

Rauchkammer: Länge 2010, l. W. 1677. Blechstärke 15, Rohrwand 25. Verstellbares Düsenblasrohr.

Rahmen: Blechrahmen 30 stark. Lichtmaß 1250. Vorn an den Zylindern ausgeschnitten und mit 26 starker Stahlgußkappe versteift. Federn der 1. und 2., sowie die der 4. und 5. Kuppelachse durch Längsausgleicher verbunden.

Räder- und Triebwerk: $\underset{20}{K}\,K\,T\,t\,K\,\underset{65}{\widehat{L}}$. Vorn Bisselgestell durch Kugel und Pfanne belastet, Rückstellung durch Wickelfedern. Triebwerk „de Glehn", H.-Z. außen wagerecht, N.-Z. innen 125 ‰ geneigt, 4 Heusingersteuerungen. Kolbenschieber 206 Durchm. für H.-Z., Flachschieber 520 breit für N.-Z.

Bremse: Selbsttätige Luftdruckbremse „Westinghouse" wirkt auf alle Räder einseitig von vorn.

Tender: 3 T $\frac{17}{4}$. Mittlere Achse mit 5 mm Seitenspiel. Achsstand 3100. Dienstgewicht 38,6.

1E1-Heißd.-Zw.-G-L. der Denver- und Rio Grande-Bahn
(Amerik. Lok.-Ges. 1917).
Abb. 495. Tafel VIII, Reihe 62.

Hauptabmessungen: 787×813/1600 $H_w + H_ü = 448,90 + 123,46$
$R = 8,18$ $G_L = 194,37$ $G_r = 153,09$.

Allgemeines: Zur Beförderung von G-Zügen auf größten Steigungen von 14,2 ‰ mit Krümmungen von 291 m Halbmesser, sowie zum Schiebedienst auf 30 ‰ Steigung mit Krümmungen von 110 m Halbmesser.

Kessel: Mitte über S. O. 3226. Rohrlänge 7010. Großrohrüberhitzer „Schmidt".

Langkessel: 3 Schüsse. Dom auf letztem Schuß. Regler nach „Chambers".

Hinterkessel: Breit über dem Rahmen mit 1270 tiefer Verbrennungskammer und „Security"-Feuerbrücke. Rost 3356 × 2445. Selbsttätiger Rostbeschicker „Street".

Rauchkammer: Länge 2375.

Rahmen: Barrenrahmen.

Räder- und Triebwerk: $\underset{121}{\overset{\frown}{L}}$ K K T K $\overline{K}$ $\underset{165}{\overset{\frown}{L}}$. Erste Kuppelachse mit seitlicher Verschiebbarkeit der Achslagerkästen nach „Woodward". Schleppachse mit Außenlagern nach „Cole".

Abb. 494. 1C+C-Heißdampf-Vierzylinder-Verbund-G-Lokomotive der ungarischen Staatsbahn.

Ausrüstung: U. a. Dampfstrahlpumpen „Nathan", „Chicago"-Öler.

Tender: $4\,T\,\frac{37,85}{19,05}$. Dienstgewicht 89,09.

1C+C-Heißd.-Vierzyl.-Verb.-G-L. Gattung 601 **der ungarischen Staatsbahn** (Budapest 1914).

Abb. 494. Tafel VII, Reihe 3.

Hauptabmessungen: $\frac{520}{850} \times 660/1440$ $H_w + H_ü = 271,2 + 79,7$ $R = 5,09$ $G_L = 109,4$ $G_r = 97,0$. Lok. und Tender: $G_{L+T} = 166,4$. Achsstand 19 188, über Puffer 22 576.

Allgemeines: Zur Beförderung bis zu 460 t schwerer G-Züge in krümmungsreichen Strecken an der adriatischen Küste auf 25 ‰ Steigung. Höchstgeschwindigkeit 60 km/st.

Kessel: Brotankessel. Mitte über S. O. 3120. Rohrlänge 5600. Großrohrüberhitzer „Schmidt" vierreihig. Auflagerung: letzter Kesselschuß vernietet mit Rahmenverbindung der Zylinder des hinteren Gestells, dahinter vorderes und hinteres Gleitstück

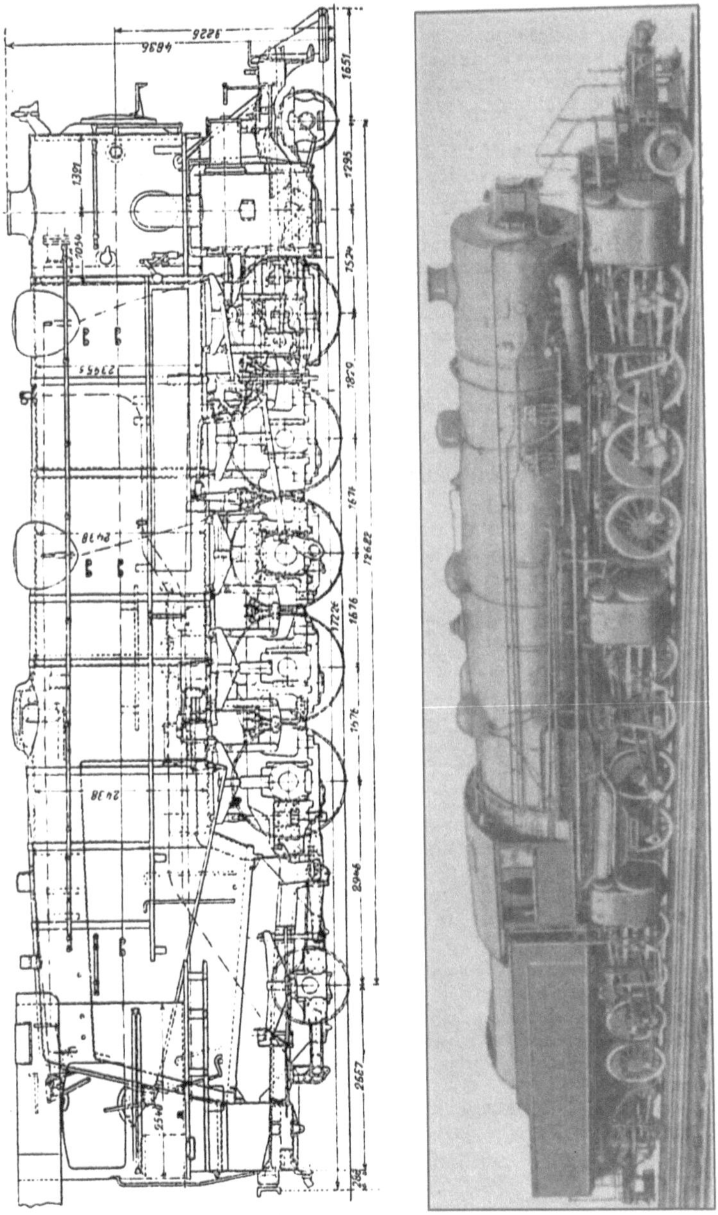

Abb. 496. 1D+D+D1-Heißdampf-Sechszylinder-Verbund-Gelenklokomotive der Erie-Bahn.

des Grundrahmens auf der Rahmenverbindung, vorn ist etwa in Mitte des Vordergestells ein Stahlgußträger mit Gleitstützen mit dem Kessel vernietet. 2 Schlammabscheider „Pecz-Retjö". Doppelschieberregler im Dom. (Vgl. bzgl. des Kessels S. 156.)

Rahmen: 2 Gestelle, Blechrahmen 28 stark, Lichtmaß 1100, Höhe über Achslagermitte 680. Rückstellung des Vordergestells durch Blattfedern. Federn der Kuppelachsen jedes Gestells durch Längsausgleicher verbunden.

Räder- und Triebwerk: $\text{T K }\underset{125}{\text{K}}\blacksquare\text{T K K}\underset{42}{\text{L}}$. Vorn Adamsachse. N.-Z. am Vordergestell, H.-Z. am Hauptrahmen. Heusingersteuerung. Kolbenschieber Bauart „ungar. St. B.". 250 Durchm. für H.-Z., 340 Durchm. für N.-Z.

Bremse: Selbsttätige Luftdruckbremse „Westinghouse" und nicht selbsttätige „Henry"-Bremse wirkt auf alle Kuppelräder einseitig von vorn mit 69,6% von Gr. 2 senkrechte Bremszylinder 10" an jedem Gestell.

Ausrüstung: U. a. nichtsaugende Dampfstrahlpumpe „Friedmann", 2 Schmierpumpen „Friedmann", Fernwärmermesser nach „Rautenkranz" von „Siemens & Halske", Preßluftsandstreuer, 2 Sandkästen, Geschwindigkeitsmesser „Haußhälter", nachstellbare Schraubenkupplung zwischen Lok. und Tender für 21 t Zugkraft.

Tender: 4 T $\frac{26}{8}$. Bremse wie L. Dienstgewicht 57,0.

1E+E1-Heißd.-Vierzyl.-Verb.-Gelenklok. der virginischen Eisenbahn
(Amerik. Lok.-Ges. 1918).

Abb. 497. Tafel VIII, Reihe 80.

Hauptabmessungen: $\frac{762}{1220} \times 813/1422$ $H_w + H_{ü} = 800{,}4 + 197{,}2$ $R = 10{,}1$ $G_L = 310{,}5$ $G_r = 280{,}1$. Lok. und Tender: $G_{L+T} = 407{,}3$. Achsstand 29 565.

Allgemeines: Zur Beförderung von 5850 t Wagengewicht (78 vierachsige Güterwagen von je 75 t Bruttogewicht) auf einer 18 km langen Steigung von 20,7 ‰ mit kleinsten Krümmungen von 145 m Halbmesser im Schiebedienst, wobei eine 1D+D1-L. als Zugmaschine und zwei 1E+1E-L. als Druckmaschinen vorgesehen sind. Zugkraft bei Verbundwirkung 66 830 kg, bei Vierlingswirkung 80 180 kg, Reibungsziffer 1 : 4,19.

Kessel: Mitte über S. O. 3327. Rohrlänge 7620. Großrohrüberhitzer „Schmidt".

Langkessel: 5 teleskopartige Schüsse, und zwar kleinster äußerer Durchm. vorn 2680, größter äußerer Durchm. an der hinteren Rohrwand 3010. Dom auf vorletztem, stark kegelförmigem Schuß.

Hinterkessel: Breit über dem Rahmen, mit allseits geneigten Wänden und nach hinten abfallender Decke. Stehkesselmantel dreiteilig. Feuerbüchsdecke nach hinten abfallend mit gewölbtem Querschnitt. Geringe Krebstiefe, dafür 914 lange Verbrennungskammer. Feuerbrücke auf Wasserrohren ruhend. Rost 4599 × 2750. Selbsttätiger Rostbeschicker.

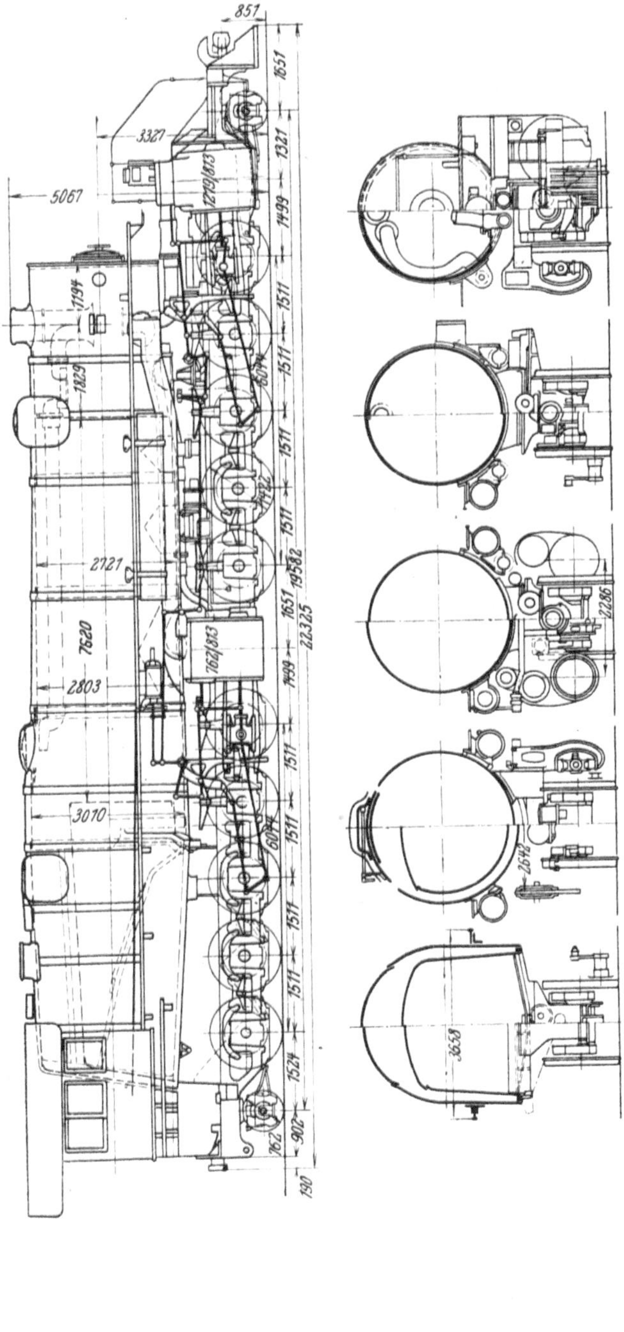

Abb. 497. 1E+E1-Heißdampf-Vierzylinder-Verbund-Gelenklokomotive der virginischen Eisenbahn.

Rauchkammer: Länge 3023. Rohrwand weit in den vordersten Langkesselschuß zurückgeschoben.

Rahmen: Barrenrahmen 165 stark, Lichtmaß 876. Abfederung des vorderen Triebgestells: Federn der Räder aller Achsen durch Längsausgleicher und quergelagerte Feder an der führenden Laufachse miteinander verbunden; Abfederung des hinteren Triebgestells: Federn jeder Seite unter sich verbunden, somit Dreipunktaufhängung. Lage der Federn teilweise mit den Längsausgleichern vertauscht.

Räder- und Triebwerk: H.-Z. wagerecht am hinteren, N.-Z. 1 : 24 geneigt am vorderen Triebgestell. Kraftumsteuerung. Kolbenschieber 403 Durchm.

Bremse: Luftdruckbremse „Westinghouse".

Ausrüstung: U. a. 4 Sandkästen.

Tender: $4\,T\,\frac{60}{12}$. 2 Drehgestelle. Dienstgewicht 96,9.

1D+D+D1-Heißd.-Sechszyl.-Verb.-Gelenklok. der Erie-Bahn (Baldwin 1914).

Abb. 496 u. 498. Tafel VIII, Reihe 81.

Hauptabmessungen: 914×813 1600 $H_w + H_ü = 639{,}71 + 147{,}15$ $R = 8{,}37$ $G_r = 345{,}0$ $G_L = 386{,}6$. Lok. und Tender: $G_{L+T} = 386{,}6$. Achsstand 27 432, über Puffer 31 509.

Allgemeines: Zum Schiebedienst auf einer etwa 13 km langen Steigung von 10,6 ‰. Bei Probefahrten hat die L. einen Zug von 19 000 t (250 eiserne Kohlenwagen) mit 24 km/st befördert. Der Tender ist zur Ausnutzung der Reibungszugkraft mit herangezogen. Für kleinsten Krümmungshalbmesser von 109 m.

Bei Nachbestellungen wurden einige Änderungen an dem Entwurf vorgenommen. Der Rost wurde auf 4120 Länge gebracht und nimmt die ganze Länge der Feuerbüchse ein, was vorher nicht der Fall war, so daß die Rostfläche 11,3 qm beträgt. Grund hierzu war nicht genügende Dampfbildung.

Ähnliche, aber 1D + D + D2-Maschinen besitzt die virginische Eisenbahn. Der Kessel mit „Belpaire"-Stehkessel hat 2794 Durchm. und ist etwa 4800 lang. In ihrem Aufbau entsprechen diese Maschinen den vorgehend dargelegten Grundzügen.

Kessel: Mitte über S. O. 3226. Rohrlänge 7310. Großrohrüberhitzer „Schmidt" fünfreihig.

Langkessel: 3 Schüsse, und zwar vorderer etwa 2388 l. W., mittlerer kegelförmig, größter Durchm. 2590. Dom auf hinterem Schuß. Längsnähte sechsfach, Quernähte dreifach genietet.

Hinterkessel: Breit über dem Rahmen, mit geneigter Rückwand; wegen des großen Kesseldurchmessers liegt der Bodenring in derselben Höhe wie die untere Kessellinie. Feuerbüchse: Flußeisen 10. Verbrennungskammer vor dem Rost 1730 lang. Rost 3050×2743, nach vorn durch eine mit Zusatzluftzuführung nach Gaines versehene Feuerbrücke abgegrenzt, die auf 6 Wasserrohren von 89 Durchm. liegt. Rostbeschicker „Street".

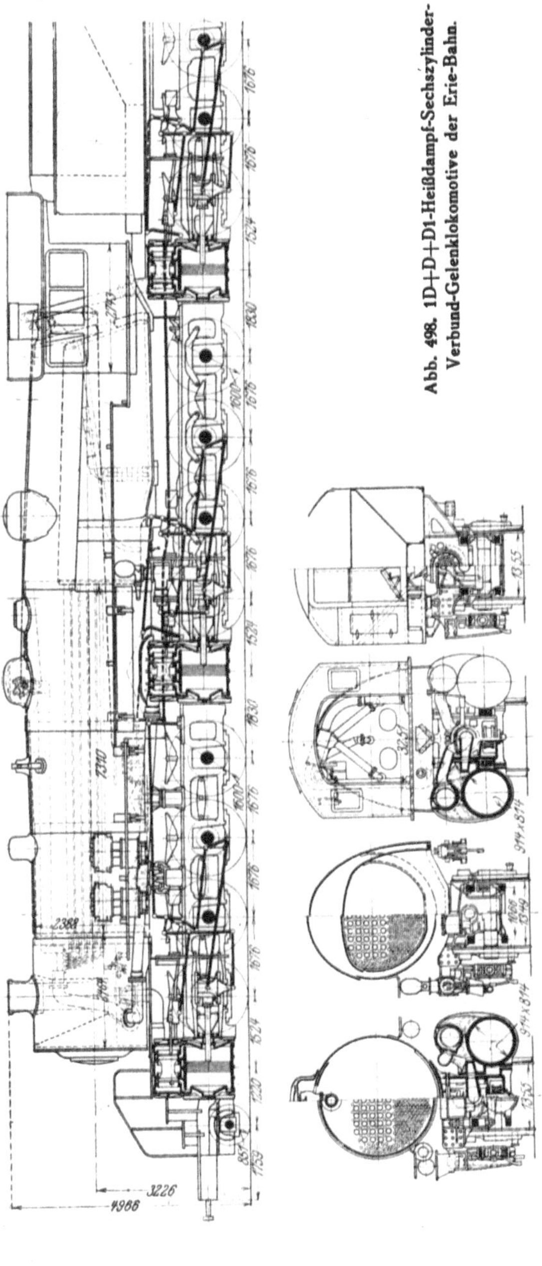

Abb. 498. 1D+D+D1-Heißdampf-Sechszylinder-Verbund-Gelenklokomotive der Erie-Bahn.

Rauchkammer: Länge 2464. Dampfzuführung zu den mittleren Zylindern durch außen liegende Rohre. Verstellbares Klappenblasrohr.

Rahmen: Barrenrahmen 152 stark aus Vanadiumstahlguß. Lichtmaß 914. Beide vordere Rahmen aus je einem Stück, Tenderrahmen aus 2 Stücken. Gelenke zwischen den einzelnen Achsgruppen lassen senkrechte und wagerechte Bewegung zu. Federn der vorderen und mittleren Achsgruppe jede für sich durch Längsausgleicher verbunden; in der hinteren Achsgruppe sind die ersten beiden Kuppelachsen unter sich und die 3. und 4. mit der Schleppachse verbunden.

Abb. 499. 2B2-Heißdampf-Zwilling-P-Tenderlokomotive der englischen Metropolitan-Bahn.

Räder- und Triebwerk: Alle 6 Zylinder gleich groß und gleiche Gußstücke. Die Hochdruckzylinder treiben die mittlere fest mit dem Kessel verbundene Achsgruppe an, je ein Niederdruckzylinderpaar die vordere bzw. hintere Achsgruppe, wobei erstere den Abdampf des linken, letztere den des rechten H.-Z. erhält. Verbindungsrohre mit Kugelgelenken. Bakersteuerung außen mit Kraftumsteuerung „Ragonnet".

Ausrüstung: U. a. zwei Dampfstrahlpumpen von je 472 l/min, Speisewasservorwärmer unter dem Tender, wird vom Abdampf der hinteren Zylinder durchströmt, Hilfsschornstein auf dem Tender. 2 Kolbenwasserpumpen, 2 Sichtöler, Tropföler für die N.-Druck-Schieber. 4 Preßluftsandstreuer: zwei domförmige Sandkästen seitlich über dem Hinterkessel, zwei Sandkästen im vorderen Zylindersattel und um das hintere Auspuffrohr angeordnet.

Tender: $5\,\mathrm{T}\frac{37{,}85}{16}$. Dampftender. Raddurchm. der 4 Triebachsen 1600, der Laufachse 1067.

2. Tenderlokomotiven.

1B-Heißd.-Zw. Tenderlok. der niederländischen Eisenbahn
(Werkspoor 1920).

Abb. 500. Tafel VI, Reihe 1.

Hauptabmessungen: 360 × 500/1350 $H_w + H_ü = 51,0 + 27,0$ $R = 1,16$ $G_L = 42,5$ $G_r = 80,9$.

Allgemeines: Für die Nebenstrecken im Harlemer Moor. Höchstgeschwindigkeit 75 km/st.

Kessel: Mitte über S. O. 2200. Rohrlänge 3200. Kleinrohrüberhitzer „Schmidt".

Langkessel: 2 Schüsse, 1176 l. W. Dom auf erstem Schuß, Ventilregler „Zara".

Hinterkessel: Schmal, zwischen den beiden Kuppelachsen mit runder glatter Decke.

Abb. 500. 1B-Heißdampf-Zwilling-Tenderlokomotive der niederländischen Eisenbahn.

Rahmen: Blechrahmen.

Räder- und Triebwerk: K t $\underset{55}{\overset{\frown}{L}}$. Vorn Adamsachse. Zylinder innen, Heusingersteuerung innen.

Bremse: Luftdruckbremse „Westinghouse" wirkt auf alle Kuppelräder einseitig von vorn.

Ausrüstung: U. a. Speisewasservorwärmer „Knorr", Dampfstrahlpumpe „Gresham u. Craven", Öler „Michalk", Pyrometer „Siemens u. Halske".

Vorratsbehälter: W = 4,1 cbm, K = 2,0 t.

2B2-Heißd.-Zw.-P-Tenderlok. der englischen Metropolitan-Bahn
(Kerr, Stuart 1920).

Abb. 499 u. 501. Tafel VI, Reihe 3.

Hauptabmessungen: 483 × 660/1753 $H_w + H_ü = 109,5 + 24,9$ $R = 1,99$ $G_L = 78,2$ $G_r = 39,6$. Über Puffer 12 763.

Allgemeines: Zur Beförderung von 250 t Wagengewicht im Vorortschnellverkehr. Für kleinsten Krümmungshalbmesser von 90,5 m.

Kessel: Mitte über S. O. 2718. Rohrlänge 3353. Überhitzer „Robinson".

Langkessel: 2 Schüsse, und zwar größter Durchm. außen 1524. Blechstärke 14,3.

Hinterkessel: Bauart „Belpaire". Bei Stehkessel und Feuerbüchse Decke und Seitenwände aus einem Stück.

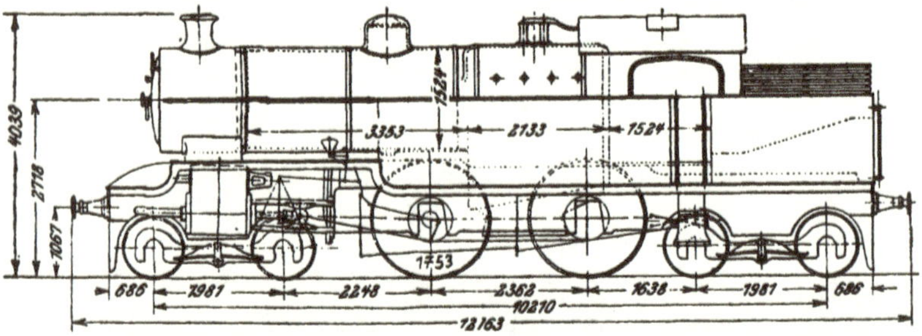

Abb. 501. 2B2-Heißdampf-Zwilling-P-Tenderlokomotive der englischen Metropolitan-Bahn.

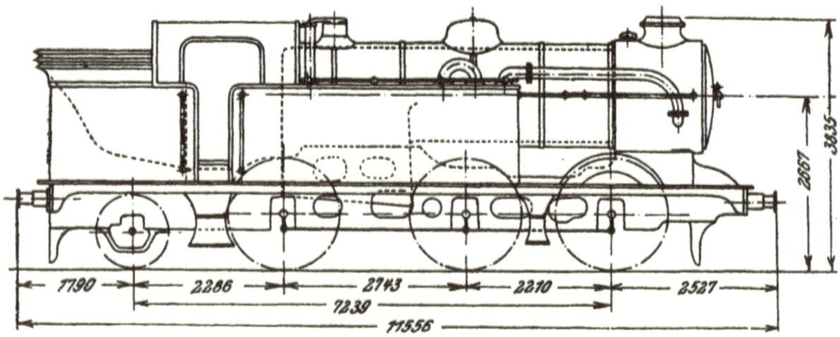

Abb. 502. C1-Heißdampf-Zwilling-P-Tenderlokomotive der englischen Großen Nordbahn.

Rahmen: Blechrahmen.

Räder- und Triebwerk: L L K T L L. Drehgestelle vorn und hinten gleich. Zylinder leicht geneigt. Kolbenschieber 254 Durchm. mit innerer Einströmung.

Bremse: Hand- und Luftsaugebremse wirkt auf alle Kuppelräder. „Dreadnought"-Sauger.

Ausrüstung: U. a. Dampfstrahlpumpe „Gresham" und „Craven". Schmierpumpe „Wakefield", Dampfsandstreuer, Sicherheitsventile „Ramsbottom".

Vorratsbehälter: Wasserkästen an den Seiten und hinter dem Führerstand. W = 9,1 cbm, K = 4,5 t.

C1-Heißd.-Zw.-P-Tenderlok. der englischen Großen Nordbahn (Doncaster 1921).

Abb. 502. Tafel VI, Reihe 11.

Hauptabmessungen: 483 × 660/1727 $H_w + H_ü = 92{,}4 + 19{,}2$ $R = 1{,}76$ $G_L = 70{,}8$ $G_r = 52{,}5$. Über Puffer 11 556.

Allgemeines: Für Stadtbahnbetrieb. Kurze, gedrungene Bauart.

Kessel: Zylindrisch. Mitte über S. O. 2667. Rohrlänge 3073. Überhitzer „Gresley".
Langkessel: 1 Schuß. Außendurchm. 1422.
Hinterkessel: Schmal, halbrunde Decke.

Rahmen: Blechrahmen.

Räder- und Triebwerk: L K t K. Hinten Adamsachse. Zylinder und Steuerung innen.

Ausrüstung: U. a. 1 Speisewasserpumpe. Kondensation des Auspuffs für Tunnelbetrieb.

Vorratsbehälter: W = 7,6 cbm, K = 4,0 t.

Abb. 503. 1C2-Heißdampf-Vierling-P-Tenderlokomotive der Bern-Neuenburg-Bahn.

1C2-Heißd.-Vierling-P-Tenderlok. Gattung E a 3/6 **der Bern-Neuenburg-Bahn** (Winterthur 1913).

Abb. 503/504. Tafel VI, Reihe 27.

Hauptabmessungen: 425 × 640/1600 $H_w + H_ü = 166{,}9 + 42{,}4$ $R = 3{,}0$ $G_L = 87{,}9$ $G_r = 52{,}8$. Über Puffer 14 050.

Allgemeines: Erstmalig geliefert 1913, Nachbestellung 1915. Schleppleistung: Beförderung eines 300 t-Zuges auf 18 ‰ Steigung mit 40 km/st, in der Wagerechten mit bis zu 90 km/st. Bei Probefahrten wurden 105 km/st erreicht. Höchstgeschwindigkeit 90 km/st.

Kessel: Zylindrisch. Mitte über S. O. 2900. Rohrlänge 4500. Großrohrüberhitzer „Schmidt", dreireihig.
Langkessel: 3 Schüsse. Größte l. W. 1600. Blechstärke 16. Dom auf vorderem Schuß. Flachschieberregler.
Hinterkessel: Breit über dem Rahmen, mit geneigter Vorder- und Rückwand, sowie halbrunder Decke. Stehkesselmantel 16. Feuerbüchse: Decke und Seiten 15, Rohrwand 28. Rost 1600 × 1700. Kipprost hinten.

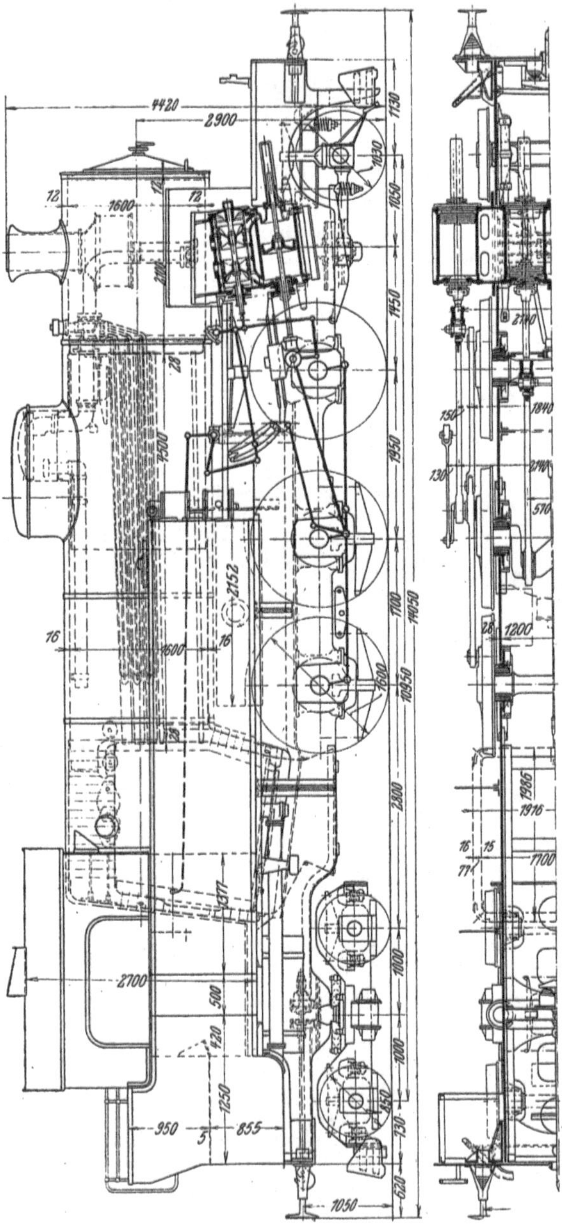

Abb. 504. 1C2-Heißdampf-Vierling-P-Tenderlokomotive der Bern-Neuenburg-Bahn.

Rauchkammer: Länge 2100, l. W. 1600. Blechstärke 12, Rohrwand 28.

Rahmen: Blechrahmen 28 stark, Lichtmaß 1200. Federn der 2. und 3. Kuppelachse durch Längsausgleicher verbunden.

Räder- und Triebwerk: L L K T K L. Vorn Krauß-Helmholtz-Drehgestell Bauart „Winterthur" mit Seitenspiel und Rückstellfedern. Alle Zylinder 1 : 8 geneigt. Heusingersteuerung außen mit Übertragungswelle, da Schieber nicht in derselben lotrechten Ebene liegen. Für jede Seite je ein gemeinsamer Kolbenschieber 200 Durchm.

Bremse: Selbsttätige Luftdruckbremse „Westinghouse" wirkt auf alle Kuppel- und Drehgestellräder einseitig, außerdem Spindelbremse nur auf Kuppelräder.

Ausrüstung: U. a. 2 saugende Dampfstrahlpumpen, 2 Schmierpumpen „Friedmann", Hand- und Preßluftsandstreuer, Geschwindigkeitsmesser „Hasler", 2 Popventile $3^1/_2$".

Vorratsbehälter: W = 8,8 cbm, K = 2,5 t.

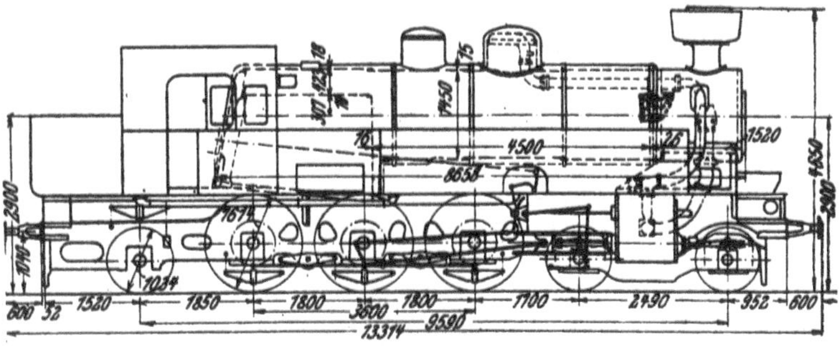

Abb. 505. 2C1-Heißdampf-Zwilling-P-Tenderlokomotive der österreichischen Staatsbahn.

2C1-Heißd.-Zw.-P-Tenderlok. Reihe 629 **der österreichischen Staatsbahn** (Staatseisenbahnges. Wien 1917).

Abb. 505. Taf. VI, Reihe 29.

Hauptabmessungen: 475 × 720/1614 $H_w + H_ü$ = 142,7 + 36,8 R = 2,70 G_L = 80,2 G_r = 43,2. Über Puffer 13 314.

Allgemeines: Erstmalig 1912 von der Österr. Südbahn gebaut. Meist zur Verfeuerung von Braunkohle. Bei Probefahren wurden 110 km/st erreicht. Für die österr. Staatsbahn wurden geliefert 15 Stück Ende 1917, 10 Stück Ende 1918, 30 Stück 1919 in Auftrag gegeben. L. befördert schwere P-Züge von 430 t auf Steigung bis 3 ‰ mit 60 km/st, 360 t mit 80 km/st; auf anhaltender Steigung von 7,7 ‰ 380 t mit 60 km/st und 300 t mit 80 km/st. Dauerleistungen von 1150 bis 1200 PS wurden im Beharrungszustand festgestellt. Oft auch für Eilgüterzüge verwendet. Höchstgeschwindigkeit 85 km/st.

Kessel: Zylindrisch. Mitte über S. O. 2900. Rohrlänge 4500. Großrohrüberhitzer „Schmidt", dreireihig. Kugelventil am Überhitzer.

Langkessel: 3 Schüsse. Größte l. W. 1450. Blechstärke 15. Dom auf mittlerem kleinstem Schuß. Flachschieberregler.
Hinterkessel: Über dem Rahmen, zwischen den Rädern, mit geneigter Rückwand.
Stehkessel: Blechstärke 18, Feuerbüchse Flußeisen, Blechstärke 10, Rohrwand 16, Krebstiefe 650, Rost geneigt.
Rauchkammer: Länge 1520, Rohrwand 26. Funkenfänger „Rihosek" im Schornstein.

Rahmen: Blechrahmen 26 stark, Lichtmaß 1170. Federn der Kuppelachsen durch Längsausgleicher verbunden, Querausgleicher im vorderen Schleppachsfedergehänge. Drehgestellachsen einzeln abgefedert.

Räder- und Triebwerk:

L K T K L L.
45 35

Hinten Adamsachse. Zylinder außen wagerecht. $\frac{1}{r} = 8,1$. Heusingersteuerung. Kolbenschieber 280 Durchm. mit innerer Einströmung.

Bremse: Selbsttätige Luftsaugebremse „Hardy" wirkt mit 71,2% von Gr bei halben Vorräten einseitig von vorn auf alle Kuppelräder, außerdem Spindelbremse.

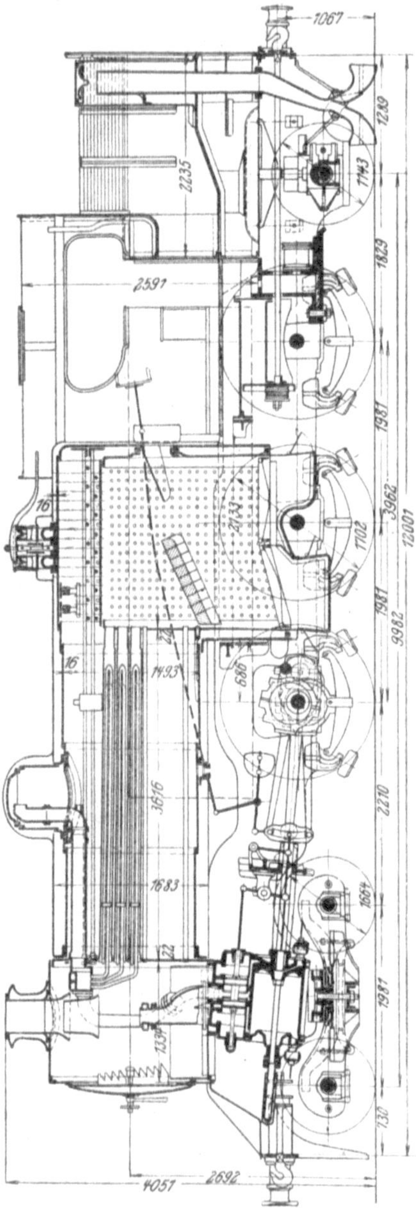

Abb. 506. 2C1-Heißdampf-Zwilling-P-Tenderlokomotive der englischen großen Central-Bahn.

Ausrüstung: U. a. Nichtsaugende Dampfstrahlpumpen „Friedmann", Schmierpumpe „Friedmann", Geschwindigkeitsmesser „Haußhälter", Dampfheizung, zwei $3^1/_2$" Popventile, Fernpyrometer „Rautenkrantz" oder „Fournier".

Vorratsbehälter: W = 10,5 cbm, K = 4,0 t.

2C1-Heißd.-Zw.-P-Tenderlok. der englischen großen Central-Bahn
(Gorton 1913).

Abb. 506. Tafel VI, Reihe 31.

Hauptabmessungen: 508 × 660/1702 $H_w + H_{ü}$ = 116,7 + 34,2 R = 1,95 G_L = 87,3 G_r = 54,9. Über Puffer 13 095.

Allgemeines: 2C1-Tenderbauart in England viel verbreitet. Zur Beförderung von S- und P-Zügen, sowie für schweren Vorortverkehr.

Kessel: Zylindrisch. Mitte über S. O. 2692. Rohrlänge 3616. Überhitzer „Robinson", dreireihig.

Langkessel: 3 Schüsse, und zwar vorderer kleinster 1429 l. W. Blechstärke 16. Dom auf mittlerem Schuß. Flachschieberregler.

Hinterkessel: Schmal zwischen den Rahmenblechen, mit großer Krebstiefe. Verbindung mit dem Langkessel durch einteiligen Stiefelknecht, als Zwischenring ausgebildet, am Kesselschuß 19 stark. Mantelbleche 16, Rückwand 17, Rohrwand 22. Rost zweifeldrig.

Rauchkammer: Länge 1334. Boden durch Zylindergußstück gebildet. Rohrwand 22.

Rahmen: Blechrahmen. Schlepp- und Kuppelachsen mit unabhängigen Blattfedern, Drehgestellachsen jederseits mit gemeinsamer Blattfeder.

Räder- und Triebwerk: $\frown{L}$ K K t $\overset{\frown}{L\,L}$. Zylinder innen 1 : 13 geneigt. Stephensonsteuerung und Übertragungswelle innen. Kolbenschieber 254 Durchm. über den Zylindern.

Bremse: Vereinigte Luftsauge- und Dampfbremse wirkt auf Kuppelräder einseitig von vorn.

Ausrüstung: U. a. Schmierpresse „Wakefield", Wasserschöpfeinrichtung „Ramsbottom".

Vorratsbehälter: Wasserkästen an den Seiten, unter dem Führerhaus, sowie unter dem Kohlenkasten. W = 10,3 cbm, K = 4,2 t.

2C1-Heißd.-Zw.-P-Tenderlok. der kaledonischen Eisenbahn
(Nord. Britisch Lok.-Ges., Glasgow, 1918).

Abb. 507. Tafel VI, Reihe 33.

Hauptabmessungen: 495 × 660/1752 $H_w + H_{ü}$ = 140,8 + 18,6 R = 2,0 G_L = 92,6 G_r = 55,7.

Allgemeines: Für schweren, durchgehenden Küstenverkehr von Glasgow aus.

K e s s e l : Mitte über S. O. 2515. Rohrlänge 4420. Überhitzer „Robinson", dreireihig.

Langkessel: 3 Schüsse, äußerer Durchm. vorn 1454. Dom auf mittlerem Schuß.

Hinterkessel: Breit, mit glatter runder Decke. Feuerbüchse 2134 × 2235. Seitenwände 16. Rostlänge 1943.

Rauchkammer: Überhöht, l. W. 1616.

R a h m e n : Blechrahmen, Lichtmaß 1251, vorn auf 1156 und auch hinten eingezogen. Drehgestell mit gemeinsamer Tragfeder auf jeder Seite. Federn ohne Ausgleichhebel.

R ä d e r - u n d T r i e b w e r k : $\overset{\frown}{L}\,\underset{127}{K}\,T\,K\,\overset{\frown}{L\,\underset{89}{L}}$. Adamsachse hinten. Zylinder außen, stark geneigt. Stephensonsteuerung innen mit Dampfzylinderumsteuerung. Kolbenschieber 229 Durchm. mit innerer Einströmung.

Abb. 507. 2C1-Heißdampf-Zwilling-P-Tenderlokomotive der kaledonischen Eisenbahn.

B r e m s e : Westinghousebremse wirkt auf alle Kuppelräder einseitig von vorn, außerdem Handbremse.

A u s r ü s t u n g : U. a. Schmierpumpe „Wakefield", 2 Popsicherheitsventile, Dampfsandstreuer.

V o r r a t s b e h ä l t e r : Wasserkästen an den Seiten und hinter dem Führerstand. W = 8,2 cbm, K = 3,2 t.

2C2-Heißd.-Zw.-P-Tenderlok. der niederländischen Staatsbahn

(Beyer, Peacock 1913).

Abb. 508. Tafel VI, Reihe 35.

H a u p t a b m e s s u n g e n : 508 × 660/1850 $H_w + H_ü = 121{,}7 + 37{,}3$ $R = 2{,}40$ $G_L = 89{,}0$ $G_r = 45{,}0$. Über Puffer 14 625.

A l l g e m e i n e s : Geeignet für hohe Geschwindigkeit und scharfe Krümmungen.

K e s s e l : Zylindrisch. Mitte über S. O. 2780. Rohrlänge 4040. Großrohrüberhitzer „Schmidt", dreireihig.

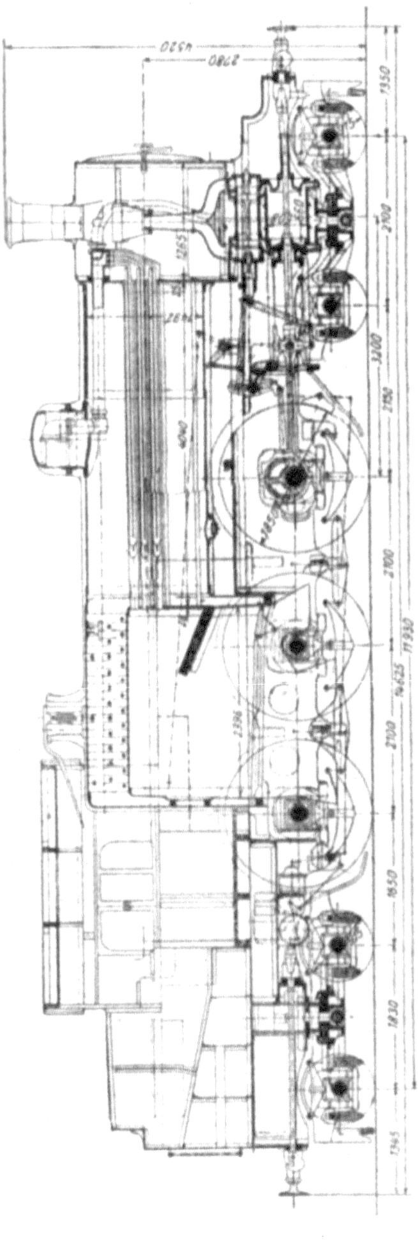

Abb. 508. 2C2-Heißdampf-Zwilling-P-Tenderlokomotive der niederländischen Staatsbahn.

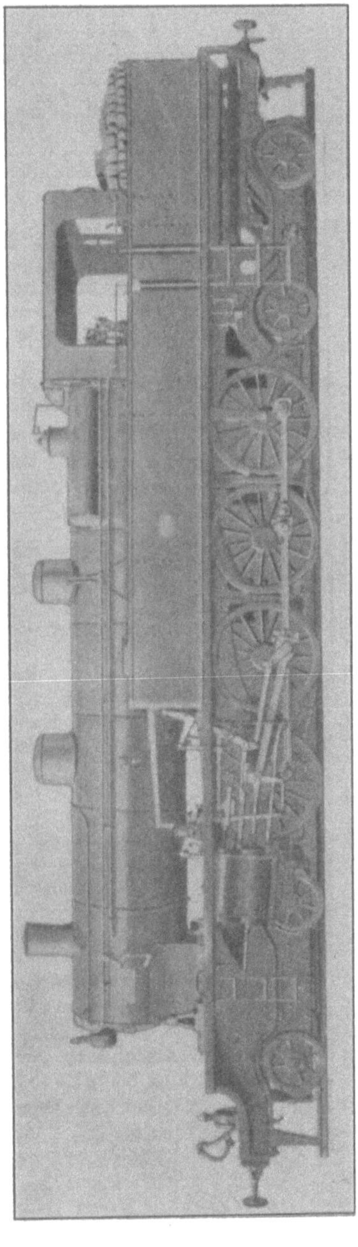

Abb. 509. 2D2-Heißdampf-Vierzylinder-Verbund-S-Tenderlokomotive der spanischen Nordbahn.

Langkessel: 2 Schüsse, vorderer kleiner 1492 l. W. Dom auf hinterem Schuß. Flachschieberregler.

Hinterkessel: Bauart „Belpaire", schmal zwischen den Rahmenblechen. Feuerbüchsrohrwand 28. Rost schwach geneigt, dreifeldrig 2396 × 1000. Kipprost vorn.

Rauchkammer: Länge 1265. Rohrwand 25.

R a h m e n : Blechrahmen. Federn der 3 Kuppelachsen durch Längsausgleicher verbunden. Laufachsen durch je 2 Wickelfedern belastet.

R ä d e r - u n d T r i e b w e r k : L L K K t L L. Zylinder innen, leicht geneigt. Heusingersteuerung innen. Kolbenschieber mit innerer Einströmung, 251 Durchm.

B r e m s e : Westinghouse-Luftdruck- und Spindelbremse wirkt auf alle Kuppelräder einseitig von vorn.

V o r r a t s b e h ä l t e r : Wasserkästen an den Seiten und unter dem Kohlenkasten hinter dem Führerhaus. W = 8,2 cbm, K = 3,0 t.

1D1-Heißd.-Zw.-G-Tenderlok. der niederländischen Staatsbahn (Hohenzollern 1913).

Abb. 510. Tafel VI, Reihe 51.

H a u p t a b m e s s u n g e n : 520 × 660/1400 $H_w + H_ü = 131,4 + 38,2$ $R = 2,33$ $G_L = 88,0$ $G_J = 60,0$. Über Puffer 13 090.

A l l g e m e i n e s : Zur Beförderung schwerer G-Züge im Kohlengebiet von Limburg:

Wagenzug von 835 t auf 14,3 bis 16,2 ‰ Steigung
„ „ 1320 t „ 5 ‰ „

Brennstoffverbrauch für 1 Lokkm. 17,1 kg, für 1 Achskm. 0,44 kg. Kleinster Krümmungshalbmesser 150 m. Höchstgeschwindigkeit 60 km/st.

K e s s e l : Zylindrisch. Rohrlänge 4200. Großrohrüberhitzer „Schmidt", dreireihig.

Langkessel: 2 Schüsse, hinterer 1500 l. W., Blechstärke 16. Dom auf hinterem Schuß. Ventilregler „Sch. u. W.".

Hinterkessel: Bauart „Belpaire", schmal zwischen den Rahmenblechen. Rost 2560 × 990, Kipprost vorn.

Rauchkammer: Überhöht.

R a h m e n : Blechrahmen 25 stark. Keine Keilnachstellung an den Achsbuchsen, sondern Weißmetallführungen. Federn der 1. und 2., der 3. und 4., sowie die der 5. und 6. Achse durch Längsausgleicher verbunden.

R ä d e r - u n d T r i e b w e r k : L K T K K L. (80 10 10 80) Bisselgestelle mit Blattfederrückstellung vorn und hinten. Zylinder außen wagerecht. Heusingersteuerung. Kolbenschieber 250 Durchm. mit innerer Einströmung.

B r e m s e : Westinghouse- und Spindelbremse wirkt einseitig von vorn auf alle Kuppelachsen.

A u s r ü s t u n g : U. a. Dampfstrahlpumpen „Gresham", Schmierpumpe „Friedmann", 2 Sicherheitsventile „Ramsbottom", 1 Popventil, Dampfläutewerk.

V o r r a t s b e h ä l t e r : Wasserkästen an den Seiten und unter dem Kohlenkasten hinter dem Führerhaus. W = 8,0 cbm, K = 2,5 t.

2D-Sattd.-Zw.-Verschiebe-Tenderlok. der irischen großen Südwest-Bahn (Inchicore 1915).

Abb. 512. Tafel VI, Reihe 55.

Hauptabmessungen: 496×660 / 1385 H_w = 145,3 R = 2,30 G_L = 82,6 G_r = 66,4.

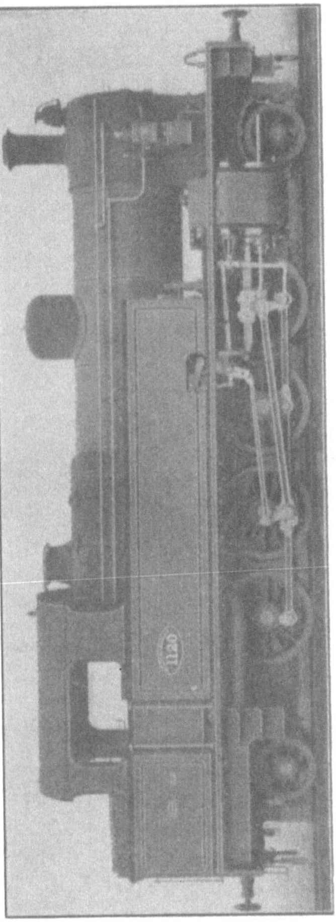

Abb. 510. 1D1-Heißdampf-Zwilling-G-Tenderlokomotive der niederländischen Staatsbahn.

Allgemeines: Für Verschiebedienst auf Strecken mit starken Krümmungen und Steigungen 1 : 90 bis 1 : 80 bei Zuggewichten von 800 bis 1000 t.

Kessel: Zylindrisch. Mitte über S. O. 2720. Rohrlänge 3538.

Langkessel: Mittlere l. W. 1500.

Hinterkessel: Bauart „Belpaire", reicht etwa von Mitte zwischen 1. und 2. bis zur 3. Kuppelachse.

Räder- und Triebwerk:

K K K t L L. Letzte Kuppelachse liegt unter dem Kohlenkasten. Schmierung der Achslager durch auf dem Umlaufblech angeordnete Sichtöler. Zylinder innen, stark geneigt. Stephensonsteuerung innen mit obenliegenden entlasteten Flachschiebern.

Bremse: Selbsttätige Luftsaugebremse wirkt auf alle Kuppelräder einseitig von vorn.

Ausrüstung: U. a. Popsicherheitsventile.

Vorratsbehälter: W = 6,8 cbm, K = 3,6 t.

2D2-Heißd.-Vierzyl.-Verb.-S-Tenderlok. der spanischen Nordbahn (Grafenstaden 1913).

Abb. 509 u. 511. Tafel VI, Reihe 58.

Hauptabmessungen: $\frac{400}{620}$ × 640/1560 $H_w + H_ü$ = 150,9 + 48,3 R = 3,17 G_L = 99,2 G_r = 63,5. Über Puffer 16 550.

Allgemeines: Spur 1676. Für S- und Eilgüterzüge auf steigungs- und krümmungsreichen Strecken in den baskischen Provinzen und in der Umgebung von Madrid. Verlangt wurde die Beförderung von 250 t auf Steigung von 10 ‰ mit mindestens 50 km/st, erreicht wurden 60 km/st. Kleinster Krümmungshalbmesser 150 m. Höchstgeschwindigkeit 75 km/st.

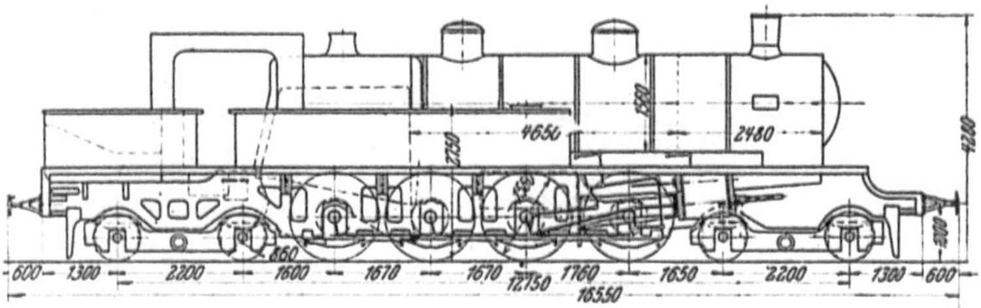

Abb. 511 2D2-Heißdampf-Vierzylinder-Verbund-S-Tenderlokomotive der spanischen Nordbahn.

Abb. 512. 2D-Sattdampf-Zwilling-Verschiebe-Tenderlokomotive der irischen großen Südwest-Bahn.

Kessel: Zylindrisch. Mitte über S. O. 2750. Rohrlänge 4650. Großrohrüberhitzer „Schmidt".
Langkessel: Mittlere l. W. 1560.
Hinterkessel: Bauart „Belpaire", schmal mit geneigter Rückwand.
Rauchkammer: Länge 2480.

Rahmen: Blechrahmen. Federn der Kuppelachsen untereinander durch Längsausgleicher verbunden.

Räder- und Triebwerk: $\overline{L\,L}_{45}$ K K T t $\overline{L\,L}_{45}$. Bauart „de Glehn". H.-Z. außen, N.-Z. innen geneigt. 4 Heusingersteuerungen.

Bremse: Luftsaugebremse „Hardy" wirkt auf alle Räder einseitig.

Vorratsbehälter: Wasserkästen an den Seiten und unter dem Kohlenkasten hinter dem Führerhaus. W = 10,0 cbm, K = 3,5 t.

1E-Heißd.-Zw.-G-Tenderlok. der Gewerkschaft Altenberg (Borsig 1913).

Abb. 513. Tafel VI, Reihe 60.

Hauptabmessungen: 640 × 640/1250 $H_w + H_ü$ = 182,0 + 52,0 R = 3,25 G_L = 97,0 G_r = 85,0.

Allgemeines: Mittelkuffer Bauart „van der Zypen u. Charlier". Zur Beförderung von G-Zügen aus 20 dreiachsigen Selbstentladern zu je 56 t auf Sandversatzbahn in Steigungen von 1 : 130 mit 24 km/st Geschwindigkeit. Kleinster Krümmungshalbmesser 200 m. Höchstgeschwindigkeit 50 km/st.

Kessel: Zylindrisch. Mitte über S. O. 2800. Rohrlänge 4800. Großrohrüberhitzer „Schmidt", dreireihig.

Langkessel: 2 Schüsse, hinterer 1700, vorderer 1664 l. W., Blechstärke 18. Dom auf vorderem Schuß. Ventilregler.

Hinterkessel: Breit über Rahmen und Rädern, mit allseits senkrechten Wänden und halbrunder Decke. Feuerbüchse Kupfer, Mantel 15, Rohrwand 25. Rost wagerecht.

Rauchkammer: Länge 1600, l. W. 1700, Blechstärke 12, Rohrwand 25.

Rahmen: Blechrahmen 35 stark, Lichtmaß 1110. Federn der 2. und 3., sowie die der 4. und 5. Kuppelachse durch Längsausgleicher verbunden. Rahmenlänge 11 700.

Räder- und Triebwerk: $\underset{20}{\bar{K}}\ K\ T\ K\ \overline{K\ L}$. Vorn Krauß-Drehgestell. Zylinder geneigt. Heusingersteuerung. Kolbenschieber „Hochwald".

Bremse: Druckluft- und Handbremse wirken auf alle Kuppelräder einseitig von vorn.

Vorratsbehälter: Wasserkästen an den Seiten und zwischen den Rahmenblechen, Kohlenkasten hinter dem Führerhaus. W = 12,0 cbm, K = 3,0 t.

1E1-Heißd.-Zw.-Tenderlok. der Halberstadt-Blankenburger Eisenbahngesellschaft (Borsig 1920).

Abb. 514/515. Tafel VI, Reihe 62.

Hauptabmessungen: 700 × 550/1100 $H_w + H_ü$ = 180,8 + 54,1 R = 3,96 G_L = 100,0 G_r = 75,0. Über Puffer 12 450.

Allgemeines: L. soll auf der Bergstrecke Blankenburg-Tanne und den übrigen von Blankenburg ausgehenden Flachlandstrecken die Zahnradlok. ersetzen und 200 t Zuggewicht auf 60 ‰ Steigung mit 12 bis 15 km/st befördern. Kleinster zu durchfahrender Krümmungshalbmesser 140 m. Bei Versuchsfahrten wurden befördert: auf Steigung von 60 ‰ rd. 260 t mit 12,25 km/st bei 70% Füllung, wobei die gößte Zugkraft am Zughaken 17 000 kg war, sowie 200 t mit 18 bis 25 km/st. Bei

56% Füllung und 11 km/st ergab sich eine Zylinderzugkraft von 24900 kg. Bremsversuche zeigten, daß L. mit Gegendruckbremse ein Zuggewicht von 130 t abbremsen kann. Es wurden Züge von 224, 296 ja sogar bis 629 t sicher gefahren. Kohlenverbrauch zwischen Blankenburg und Hüttenrode 0,45 kg/tkm.

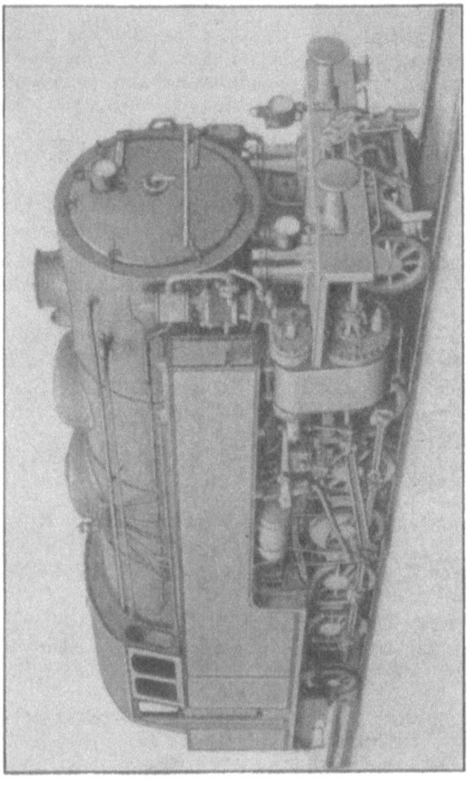

Abb. 513. 1E-Heißdampf-Zwilling-Tenderlokomotive der Gewerkschaft „Altenberg".

Überhitzung bis zu 320°. Abdampfwärme im Mittel 120° Wärme in der Rauchkammer 300 bis 350°.

Kessel: Zylindrisch. Mitte über S. O. 2800. Rohrlänge 3700. Großrohrüberhitzer „Schmidt", vierreihig. Wasserrauminhalt 7,69 cbm, Dampfrauminhalt 3,9 cbm, Verdampfungsoberfläche

10,0 qm. Auflagerung: vorn Sattelstück, hinten Feuerkistenträger.

Langkessel: 1 Schuß, l. W. 2000, Blechstärke 20. Dom vorn. Ventilregler „Sch. u. W."

Hinterkessel: Breit über Rahmen und Rädern, mit geneigter Rückwand und halbrunder Decke. Stehkessel: Mantel 20, Vorder- und Rückwand 18. Feuerbüchse Kupfer, Mantel und Rückwand 14. Rohrwand 25. Rost geneigt, zweifeldrig.

Rauchkammer: Länge 2170, l. W. 2040. Rohrwand 25. Blasrohr durch Schieber abzuschließen, um bei Betätigung der Gegendruckbremse ein Ansaugen von Lösche zu vermeiden.

Abb. 514. 1E1-Heißdampf-Zwilling-Tenderlokomotive der Halberstadt-Blankenburger Eisenb.-Ges.

Rahmen: Barrenrahmen 100 stark, Lichtmaß 900. Federn der 1. und 2., sowie die der 4. und 5. Kuppelachse durch Längsausgleicher verbunden. Laufachsen haben einzelne Wickelfedern, durch deren Nachspannung das Reibungsgewicht entsprechend 15 bzw. 17 t Achsdruck geregelt werden kann.

Räder- und Triebwerk: $\underset{80}{\overset{\frown}{L}}\ \underset{30}{K}\ \overset{\perp}{K}\ T\ \underset{20}{K}\ \overset{\perp}{K}\ \underset{80}{\overset{\frown}{L}}$. Vorn und hinten Bisselachsen. Zylinder geneigt. Heusingersteuerung mit Kuhn'scher Schleife. Kolbenschieber „Hochwald" 300 Durchm. mit innerer Einströmung.

Bremse: Selbsttätige Einkammer-Luftdruckbremse „Kunze-Knorr" mit Zusatzbremse und Wurfhebelbremse wirkt auf alle 5 Kuppelachsen einseitig von vorn. Gegendruckbremse „Riggenbach". Doppelluftsauger für Luftsaugebremse.

Ausrüstung: U. a. Speisewasservorwärmer „Knorr", quer unter dem Langkessel, Speisewasserpumpe „Knorr", Dampfstrahlpumpe. Preßluftsandstreuer „Borsig", Schmierpresse „Bosch", Dampfheizung, 2 Dampfpfeifen, 2 Sicherheitsventile „Borsig".

Vorratsbehälter: Wasserkästen an den Seiten und unter dem Führerhausboden, Kohlenkasten mit Mittelaufbau. W = 8,8 cbm, K = 3,0 t.

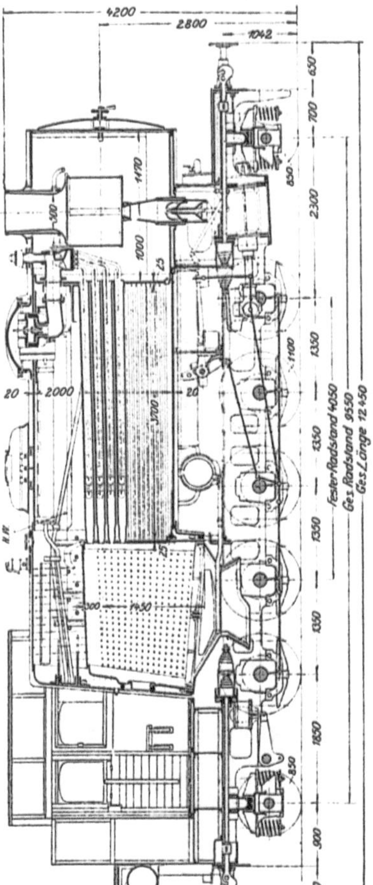

Abb. 515. 1E1-Heißdampf-Zwilling-Tenderlokomotive der Halberstadt-Blankenburger Eisenbahn-Gesellschaft.

Abb. 516. F-Sattdampf-Zweizylinder-Verbund-G-Tenderlokomotive der bulgarischen Staatsbahn.

F-Sattd.-Verb.-G-Tenderlok. der bulgarischen Staatsbahn
(Hanomag 1922).

Abb. 516. Tafel VI, Reihe 64.

Hauptabmessungen: $\frac{620}{900} \times 700/1340$ $H_w = 252{,}5$ $R = 4{,}60$ $G_L = G_r = 101{,}0$. Über Puffer 14 400.

Allgemeines: 10 000 te Lok. der Hanomag. Ganze Lieferung 10 Stück. Nach den Bedingungen der bulgarischen Staatsbahn von Hanomag entworfen. Für Hilfsnachschub und zur Beförderung von 300 t-Zügen mit 15 bis 20 km/st Geschwindigkeit auf Strecken mit bis zu 10 km langen Steigungen 28 ‰ bei gleichzeitigen Krümmungen von 220 m Halbmesser. Versuchsfahrten wurden Mitte Juli 1922 auf Strecke Erkrath-Hochdahl vorgenommen. Für kleinsten Krümmungshalbmesser von 120 m. Höchstgeschwindigkeit 45 km/st.

Kessel: Zylindrisch. Mitte über S. O. 3000. Rohrlänge 4875. Auflagerung: vorn Rauchkammerträger, hinten vier Ansätze am Bodenring.

Langkessel: 2 Schüsse, und zwar vorderer 1716, hinterer 1680 l. W. Blechstärke des vorderen Schusses 18,5, des hinteren 18. Dom auf hinterem Schuß. Ventilregler „Sch. u. W."

Hinterkessel: Breit über dem Rahmen, mit geneigten Wänden. Stehkessel: Bleche 16, Decke gewölbt, unmittelbar an den Langkessel anschließend. Feuerbüchse: Kupfer, Rohrwand 32, die übrigen Bleche 18. Rost vorn geneigt, vierfeldrig, 2625 × 1750, Kipprost in der Mitte.

Rauchkammer: Länge 1800, l. W. 1814. Blechstärke 10, Rohrwand 25.

Rahmen: Blechrahmen 30 stark, Lichtmaß 1180. Vorderer Rahmenteil (von Zylinderverstrebung bis zum vorderen Feuerbüchsträger) als Wasserbehälter ausgebildet. Puffer für 12 000 kg Druckkraft, Zughaken für 40 000 kg Zugkraft. Federn der drei ersten, sowie die der drei letzten Kuppelachsen durch Längsausgleicher verbunden.

Räder- und Triebwerk: K K T K K K. Zylinderneigung
28 15 28
1 : 42,5. Heusingersteuerung. Anfahrvorrichtung „Göhlsdorf". Kolbenschieber 350 Durchm. N.-Z.-Kolbenschieber mit doppelter Ausströmung.

Bremse: Luftdruckbremse „Knorr" wirkt auf alle Räder einseitig, und zwar auf die drei ersten von vorn, auf die drei letzten von hinten. Außerdem Zusatzbremse und Handhebelbremse. 2 Bremszylinder 355 Durchm.

Ausrüstung: U. a. 2 Dampfstrahlpumpen „Friedmann", Geschwindigkeitsmesser „Haußhälter", Schmierpumpe „Friedmann", Preßluftsandstreuer, Druckausgleich u. Luftsaugeventil „Knorr", Dampfheizung, Hochhubsicherheitsventile.

Vorratsbehälter: Wasserkästen zwischen den Rahmenblechen und an den Seiten für 12,0 cbm. Kohlenkasten hinter dem Führerhaus mit erhöhtem mittleren Aufbau für 5,0 t.

D. Hauptbahnähnliche Schmalspurlokomotiven.

1. Lokomotiven mit Schlepptender.

1C-Heißd.-Zw.-Stütztender-P-L. für Spanien (Krauß-München 1914).

Abb. 517/518. Tafel IX, Reihe 12.

Hauptabmessungen: 450 × 600/1300. $H_w + H_{\ddot{u}}$ = 103,6 + 32,5 R = 2,0 G_L = 45,0 G_r = 37,0. Lok. und Tender: G_{L+T} = 67,0. Achsstand 9760, über Puffer 13 085.

Abb. 517. 1C-Heißdampf-Zwilling-Stütztender-P-Lokomotive für Spanien.

Allgemeines: 1000 Spur. Mittelpuffer. Für Personenverkehr auf krümmungsreichen Strecken. Die Maschine soll auf 26 ‰ Steigung in Krümmungen von 100 m Halbmesser Wagenzüge von 130 t mit 30 km/st befördern.

Kessel: Zylindrisch. Mitte über S. O. 2200. Rohrlänge 4200. Großrohrüberhitzer „Schmidt".

Langkessel: 2 Schüsse, vorderer 1450 l. W., Blechstärke 15. Dom auf hinterem Schuß. Ventilregler.

Hinterkessel: Breit, nach hinten überhängend, nach L.-Mittelachse zu geneigt, Übergewicht wird durch Stütztender aufgenommen. Vorder- und Rückwand geneigt. Feuerbüchse Kupfer, Blechstärke 14, Rohrwand 25.

Rauchkammer: Länge 1550, l. W. 1514, Blechstärke 18, Rohrwand 26.

Rahmen: Blechrahmen 24 stark, Lichtmaß 780.

Räder- und Triebwerk: T K K L. Laufachse bildet mit mittlerer Kuppelachse Krauß-Drehgestell. Zylinder über den Laufrädern. Heusingersteuerung.

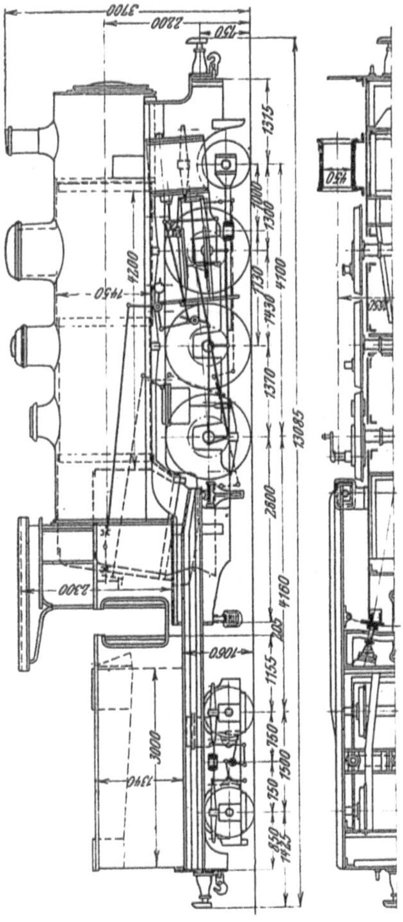

Abb. 518. 1C-Heißdampf-Zwilling-Stütztender-P-Lokomotive für Spanien.

Abb. 519. 2C1-Heißdampf-Zwilling-S-Lokomotive der Bône Guelma-Eisenbahn.

Bremse: Luftsaugebremse „Hardy".

Ausrüstung: U. a. Schmierpumpe „Friedmann", Dampfheizung, Sicherheitsventile „Pop".

Tender: 2 T$\frac{6}{4}$. Stütztender.

2C-Heißd.-Zw.-S-L. der japanischen Staatsbahn (Borsig 1911).
Abb. 520. Tafel IX, Reihe 25.

Hauptabmessungen: 470 × 610/1600 $H_w + H_ü = 110{,}6 + 28{,}9$ $R = 1{,}85$ $G_L = 55{,}2$ $G_r = 38{,}6$.

Allgemeines: 1067 Spur. 12 Stück wurden in 66 Arbeitstagen vollendet. Kleinster Krümmungshalbmesser 120 m. Normalgeschwindigkeit 80 km/st, Höchstgeschwindigkeit 90 km/st.

Abb. 520. 2C-Heißdampf-Zwilling-S-Lokomotive der japanischen Staatsbahn.

Kessel: Zylindrisch. Rohrlänge 4575. Großrohrüberhitzer „Schmidt", zweireihig.

Langkessel: 2 Schüsse, l. W. 1400. Dom auf vorderem Schuß. Teils Ventilregler „Sch u. W.", teils amerikanischer Doppelventilregler.

Hinterkessel: Schmal zwischen den Rahmenblechen. Feuerbüchse Flußeisen, Blechstärke 10, Rohrwand 16. Schüttelrost 2600 × 710.

Rahmen: Barrenrahmen 88 stark (fertig bearbeitet), aus 100 mm starken Flußeisenblechen autogen ausgeschnitten.

Räder- und Triebwerk: K K T L L. Zyl. außen, Heusingersteuerung. Kolbenschieber „Hochwald".

Bremse: Luftsauge- und Spindelbremse wirkt einseitig auf alle Kuppelräder.

Ausrüstung: U. a. 2 Dampfstrahlpumpen „Friedmann", Schmierpumpe „Friedmann", Geschwindigkeitsmesser, Popventile.

Tender: In Japan gebaut.

2C1-Heißd.-Zw.-S-L. der Bône-Guelma-Eisenbahn in Tunis (Grafenstaden 1914).

Abb. 519 u. 521. Tafel IX, Reihe 30.

H a u p t a b m e s s u n g e n: 460 × 610/1500 $H_w + H_ü = 136,3 + 37,1$ $R = 2,20$ $G_L = 57,0$ $G_r = 36,0$.

A l l g e m e i n e s: 1000 Spur. 70 km/st können dauernd eingehalten werden.

K e s s e l: Mitte über S. O. 2250. Rohrlänge 5000. Großrohrüberhitzer „Schmidt".

Langkessel: Mittlere l. W. 1480. Siederohre aus Messing mit Kupferstutzen.

Hinterkessel: Breite Feuerbüchse. Feuertür nach innen aufschlagend, nach Vorschrift für französische Heißdampflokomotiven.

Rauchkammer: Schornstein mit Drehklappe verschließbar.

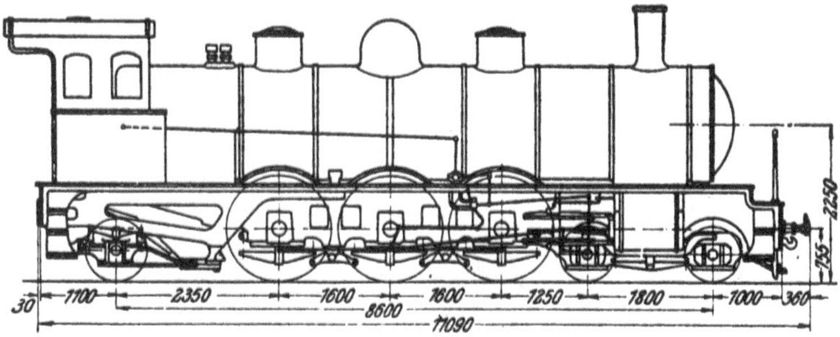

Abb. 521. 2C1-Heißdampf Zwilling-S-Lokomotive der Bône-Guelma Eisenbahn.

R a h m e n: Blechrahmen. Zur Unterbringung der breiten Feuerbüchse ist der Hauptrahmen hinter der letzten Kuppelachse abgebrochen und dafür ein zweiter Rahmen angeordnet, der die Feuerbüchse umfaßt. Federn der Kuppelachsen durch Längsausgleicher miteinander verbunden.

R ä d e r - und T r i e b w e r k: L K T K L L. Schleppachse im Deichselgestell.

A u s r ü s t u n g: U. a. 2 Sandkästen.

2C1-Heißd.-Vierzyl.-Verb.-S-L. der holländischen Staatsbahn auf Java (Werkspoor 1917).

Abb. 522/523. Tafel IX, Reihe 33.

H a u p t a b m e s s u n g e n: $\frac{340}{520}$ × 580/1600 $H_w + H_ü = 126,2 + 43,0$

$R = 2,70$ $G_L = 65,3$ $G_r = 36,7$ $G_{L+T} = 109,1$. Lok. und Tender: Achsstand 17 962, über Puffer 20 792.

A l l g e m e i n e s: 1067 Spur. Für Schnellzugdienst auf Java. Verlangte Leistung: Beförderung eines Zuges von 22 Wagen (300 t) auf 1 : ∞ mit V = 100 km/st, 28 Wagen (400 t) auf 1 : ∞ mit V = 90 km/st, 22 Wagen (300 t) auf Steigung 5 ‰ mit

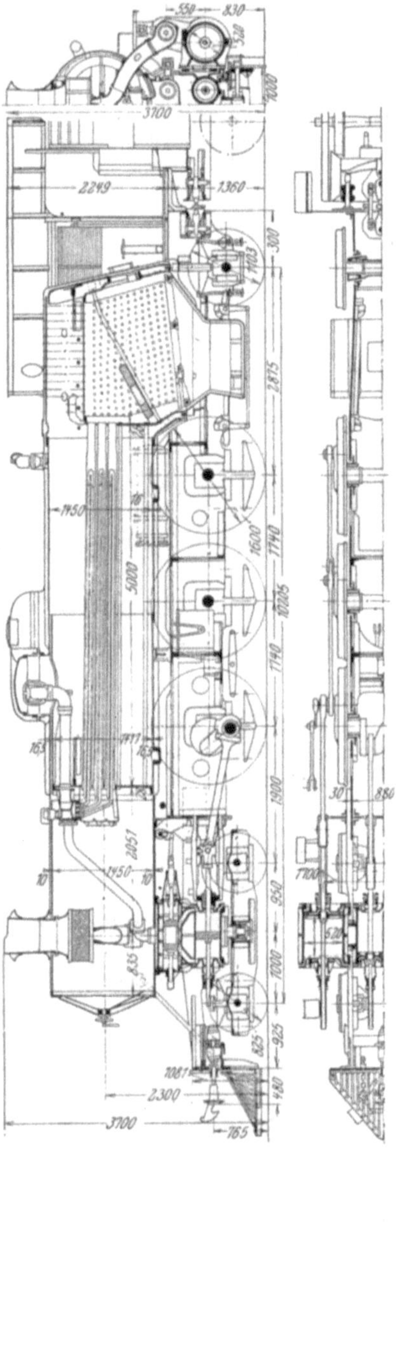

Abb. 522 523. 2C1-Heißdampf-Vierzylinder-Verbund-S-Lokomotive der holländischen Staatsbahn auf Java.

V = 75 km/st, bei höchstens 12 t Achsdruck. Zugkraft $1{,}25 \cdot p \frac{d^2 s}{D} = 8805$ kg. Verhältnis von Reibung zur größten Anfahr-Zugkraft 1 : 4,9. Triebraddurchmesser 1600 wurde für 100 km/st (entsprechend 330 Umdrehungen in der Minute) gewählt. Bei Probefahrten wurden bis 400 Umdrehungen erreicht, entsprechend 120 km/st. Führerhaus und Rauchkammertür mit Windschneiden. Mittelpufferkupplung.

Kessel: Zylindrisch. Mitte über S. O. 2300. Rohrlänge 5000. Großrohrüberhitzer „Schmidt", dreireihig.

Langkessel: 2 Schüsse, hinterer 1450, vorderer 1417 l. W., Blechstärke 16,5. Dom auf vorderem Schuß. Ventilregler „Zara".

Hinterkessel: Breit über dem Rahmen, mit geneigter Vorder- und Rückwand, halbrunde Decke. Rohrwand 26. Feuerschirm auf 4 Wasserrohren. Krebstiefe 463,5. Rost geneigt, dreifeldrig, Kipprost vorn.

Rauchkammer: Länge 2886, l. W. 1450, Blechstärke 10, Rohrwand 28. Blasrohr 125 l. W., dessen Oberkante 150 über Kesselmitte. Kegelförmiger Gitterfunkenfänger. Prüßmann-Schornstein.

Rahmen: Blechrahmen 30 stark, Lichtmaß 880, hinten eingezogen; vorn Barrenrahmen 60 stark, Lichtmaß 880. Federn der 3. u. 4., sowie die der 5. u. 6. Achse durch Längsausgleicher verbunden, außerdem Wickelfedern an den Blattfederauflagern der Schleppachse.

Räder- und Triebwerk: $\underset{80}{\overset{\frown}{L}}\ K\ K\ T\ \underset{90}{\overset{\frown}{L\ L}}$. Hinten Adamsachse, vorn Drehgestell mit Rückstellung durch Blattfedern. Kropfachse nach „Worsdell" mit Frémont-Aussparungen und durchbohrten Zapfen. Umlaufende Massen vollständig, hin- und hergehende zu 40% ausgeglichen. Alle Zylinder in einer Ebene wagerecht. H.-Z. innen mit zugehörigen Schieberkästen und Rauchkammersattel aus einem Gußstück; N.-Z. außen, $\frac{l}{r} = \frac{1720}{290} = 5{,}93$. Schädliche Räume bei H.-Z. 20,8%, bei N.-Z. 12%. Heusingersteuerung außen mit Übertragungswelle nach innen. Kolbenschieber 200 Durchm. Für H.-Z. innere, für N.-Z. äußere dopelte Einströmung. Druckausgleich wird zum Anfahren benutzt.

Bremse: Selbsttätige Luftsaugebremse „Hardy" und Dampfbremse wirkt auf alle Kuppelräder einseitig von hinten mit 7300 kg Bremsdruck, entsprechend 60% von Gr. 21" Bremszylnder.

Ausrüstung: U. a. 2 Speisewasservorwärmer „Knorr" von je 7 qm Heizfläche, Speisewasserpumpe „Knorr", Dampfsandstreuer „Gresham u. Craven", 2 Schmierpumpen „Friedmann", 2 Wasserstände „Klinger", Geschwindigkeitsmesser „Hasler", 2 Popventile 3".

Tender: 4 T $\frac{19{,}5}{5}$. 2 Drehgestelle von je 1900 Achsstand, Drehzapfenentfernung 3850, Raddurchm. 904; Gesamtradstand 5750. Leergewicht 18,3, Dienstgewicht 42,8. Wasserbehälter mit rundem Boden, beiderseits hohe Gitter für Brennstofflagerung. Stirnwand mit 2 Fenstern als Abschluß des Führerhauses. Luftsaugebremse mit 21" Bremszylinder und Spindelbremse, wirkt auf alle Räder einseitig.

Abb. 524. 1D-Heißdampf-Zwilling-G-Lokomotive der holländischen Staatsbahn auf Java.

1D-Heißd.-Zw.-G-L. der holländischen Staatsbahn auf Java
(Hanomag 1913).

Abb. 524. Tafel IX, Reihe 41.

Hauptabmessungen: 485 × 510/1106 $H_w + H_ü = 93{,}2 + 30{,}4$ $R = 2{,}25$ $G_L = 47{,}3$ $G_r = 39{,}8$. Lok. und Tender: $G_{L+T} = 82{,}6$. Achsstand 14 620, über Puffer 17 500.

Allgemeines: 1067 Spur. Entwurfsbedingungen: Achsdruck 10,2 t, für letzte Kuppelachse 9,2, für vordere Laufachse 7,2 t. L. soll Züge von 550 t bei 40% Füllung mit 30 km/st auf Steigungen 1 : 250 und in Krümmungen von 150 m Halbmesser bei 20 mm Spurerweiterung befördern, auf wagerechter Strecke und in Krümmungen von 250 m Halbmesser mit 50 km/st. Kleinster zu befahrender Krümmungshalbmesser 120 m bei 30 mm Spurerweiterung. Mittelpufferkupplung. Höchstgeschwindigkeit 50 km/st.

Kessel: Zylindrisch. Mitte über S. O. 2500. Rohrlänge 4450. Großrohrüberhitzer „Schmidt". Kesselstütze unter Langkesselmitte am Gleitbahnträger.

Langkessel: Größte l. W. 1404.

Hinterkessel: Breit über dem Rahmen, mit allseits geneigten Wänden und halbrunder Decke. Krebstiefe 534. Rost geneigt, 1300 × 1730, Kipprost vorn.

Rahmen: Blechrahmen. Federn durch Längsausgleicher zu 2 Gruppen verbunden.

Räder- und Triebwerk: $\overline{K}_{30}\;K\;T\;K\;\overset{\frown}{L}_{70}$, Vorn Adamsachse. Zylinder außen 1 : 20 geneigt. $\frac{1}{r}=\frac{1650}{235}=6,1$. Heusingersteuerung. Kolbenschieber mit innerer Einströmung.

Bremse: Selbsttätige Luftsaugebremse wirkt einseitig auf 1. bis 3. Kuppelachse.

Ausrüstung: U. a. nichtsaugende Dampfstrahlpumpen „Friedmann", 1 Schmierpumpe „Friedmann", Handsandstreuer, Rauchminderung „Marcotty", 3" Popventile, besondere Signaleinrichtung.

Tender: 4 T $\frac{16}{5}$. 2 Diamond-Drehgestelle, seitliche Füllklappen. Raddurchm. 770, Achsstand 5120. Leergewicht 14,2, Dienstgewicht 35,3.

F-Heißd.-Zw.-G-L.; Entwurf für Südamerika (Orenstein & Koppel). Abb. 525. Tafel IX, Reihe 60.

Hauptabmessungen: 600 × 550/1000 $H_w + H_ü = 142,0 + 51,0$ $R = 2,70$ $G_L = G_r = 70,0$. Lok. und Tender. $G_{L+T} = 108,5$ Achsstand 13 500.

Allgemeines: 900 Spur. Zur Beförderung von 350 t Zuggewicht einschl. L. auf 15 ‰ Steigung. Infolge des hohen Reibungsgewichts als Ersatz für Zahnradlok. auf starken Steigungen geeignet. Für kleinsten Krümmungshalbmesser von 150 m.

Kessel: Mitte über S. O. 2550. Rohrlänge 4500. Großrohrüberhitzer „Schmidt", vierreihig. Zwei Auflagerungen unter dem Langkessel.

Langkessel: 2 Schüsse, und zwar kleiner hinterer 1598 l. W. Blechstärke 17. Dom auf hinterem Schuß.

Hinterkessel: Breit über dem Rahmen, mit allseits ebenen, senkrechten Wänden. Stehkessel: Mantel und Rückwand 16, Vorderwand 18. Feuerbüchse: Blechstärke 16, Rohrwand 26. Krebstiefe 401, obgleich der Hinterkessel über dem Rahmen seitwärts ausladet. Rost 1850 × 1460.

Rauchkammer: Länge 1900.

Rahmen: Blechrahmen 40 stark, Lichtmaß 500. Federn der 4 mittleren Kuppelachsen durch Längsausgleicher verbunden, beide Endachsen durch je 2 am Zahnradgehäuse angebrachte Wickelfedern belastet.

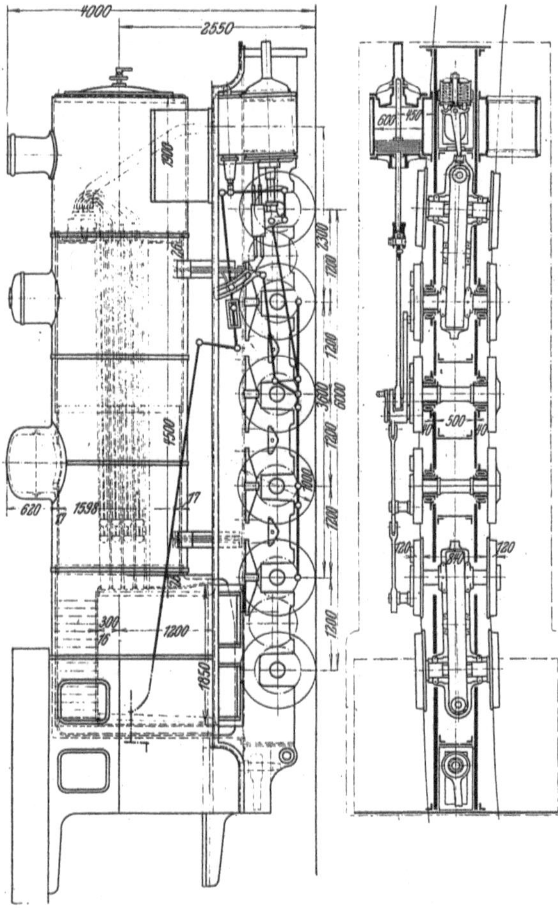

Abb. 525. F-Heißdampf-Zwilling-G-Lokomotive, Entwurf für Südamerika.

Räder- und Triebwerk: K K T K K. Die Endachsen sind nach „Luttermöller" durch Zahnräder gekuppelt. Rückstellung erfolgt durch T-förmigen Hebel, der mit seinem Querstück auf je eine Wickelfeder drückt und dessen Schenkel kugelig im Luttermöller-Gehäuse angreift. Der Drehpunkt liegt im Schnittpunkt des Schenkels mit dem Querstück. Die Kolbenkraft wird durch einen besonders ausgebildeten, gelenkigen Triebstangenkopf übertragen, an dem die Kuppelstangen unmittelbar angreifen.

Infolgedessen Vermeidung allzu hoher Flächendrücke am Triebstangenzapfen.

T e n d e r : $4\ T\ \frac{16}{8}$. Raddurchm. 800, Achsstand der Drehgestelle 1300, ges. Achsstand 4100. Dienstgewicht 38,5.

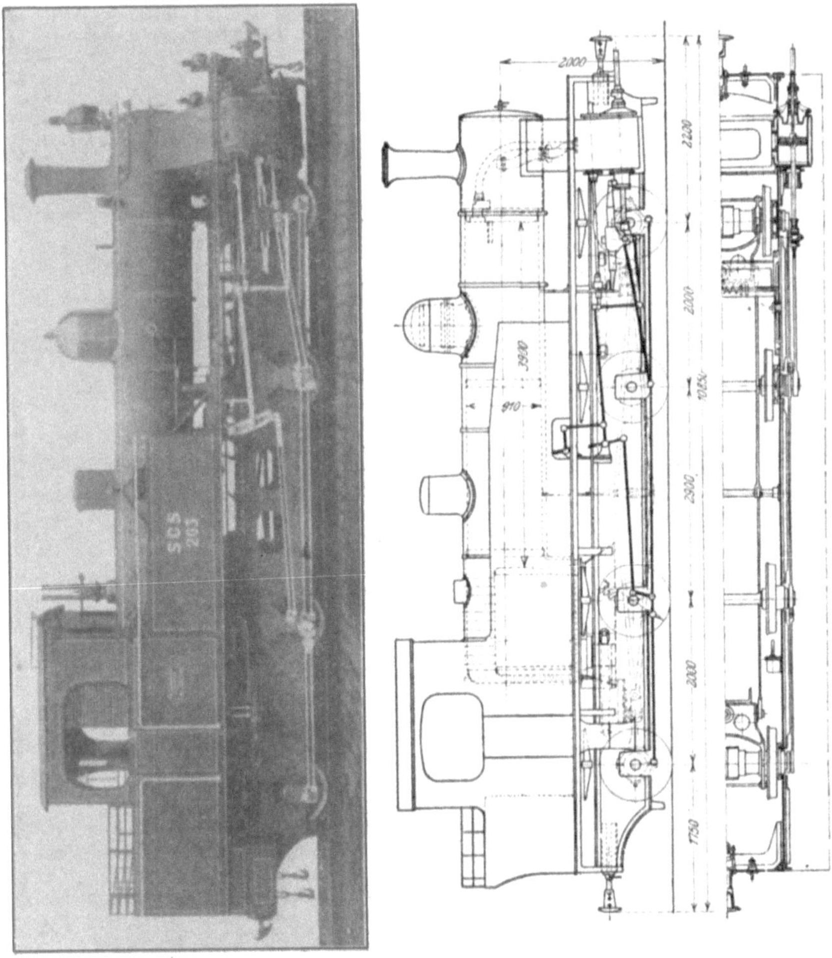

Abb. 526/527. D-Heißdampf-Zwilling-Tenderlokomotive der Samarang-Joana-Bahn auf Sumatra.

D-Heißd.-Zw.-Tenderlok. der Samarang-Joana-Bahn auf Sumatra
(Hartmann-Chemnitz 1912).

Abb. 526/527. Tafel IX, Reihe 86.

H a u p t a b m e s s u n g e n : 380 × 400/850 $H_w + H_ü$ = 42,7 + 13,3 R = 1,20 $G_L = G_r$ = 30,0. Achsstand 6900, über Puffer 10 850.

Allgemeines: 1067 Spur. Große Baulänge. Für Holzfeuerung. Haltestellen zur Erneuerung der Vorräte höchstens 37 km voneinander entfernt. 23 Stück wurden beschafft: 6 Stück 1912. 6 Stück 1913, 10 Stück 1914, 1 Stück 1915. Schleppleistung: 90 t-Zug auf 15 bis 20 ‰ Steigung in Krümmungen von 150 bis 500 m Halbmesser mit 16 bis 20 km/st, in der Ebene mit 25 km/st. Für kleinsten Krümmungshalbmesser von 100 m bei 33 mm Spurerweiterung. Mittelpufferkupplung. Höchstgeschwindigkeit 30 km/st.

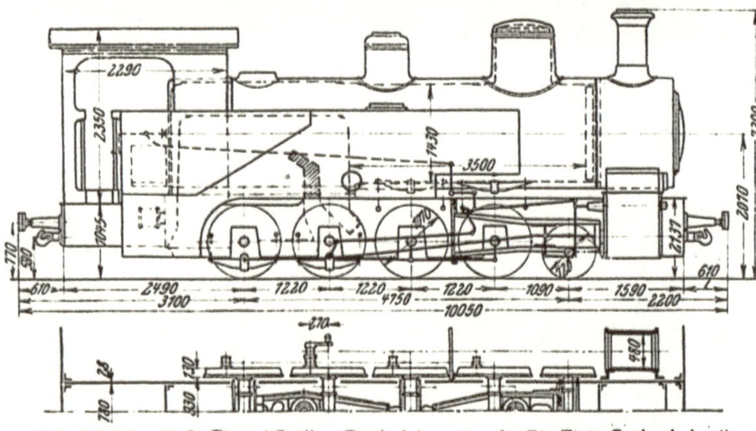

Abb. 528/529. 1D-Sattdampf-Zwilling-Tenderlokomotive der Rio-Tinto-Grubenbahn, Spanien.

Kessel: Zylindrisch. Mitte über S. O. 2000. Rohrlänge 3900. Großrohrüberhitzer „Schmidt".
Langkessel: 2 Schüsse, und zwar hinterer 910 l. W.
Hinterkessel: Tiefe lange Feuerbüchse auf Rollen gelagert.

Rahmen: Blechrahmen außen.

Räder- und Triebwerk: $\underset{25}{\overset{\frown}{K}}\ \overset{\perp}{T}\ K\ \underset{25}{\overset{\frown}{K}}$. Vorn und hinten Hohlachsen „Klien-Lindner", zwangläufig miteinander verbunden. Federrückstellung mit 615 kg Spannkraft, bzw. 800 kg beim größten Ausschlag. Zylinder außen 1 : 18 geneigt. Heusingersteuerung. Wegen des Profils Gegenkurbel auf der 3. Achse, daher Voreilhebel nach rückwärts, Schieberstange mit besonderer Verlängerung.

Bremse: Hand- und Dampfbremse wirkt auf 2. und 3. Achse.

Ausrüstung: U. a. Schmierpresse „Friedmann".

Vorratsbehälter: Seitliche Wasserkästen; Brennstoffbehälter hinter dem Führerhaus mit Aufbau für Holz. 3,2 cbm Wasser, 2,5 cbm Holz.

1D-Sattd.-Zw.-Tenderlok. der Rio-Tinto-Grubenbahn, Spanien (Krauß 1913).

Abb. 528/529. Tafel IX, Reihe 95.

Hauptabmessungen: 480 × 540/1070 H = 138,2 R = 2,36 GL = 56,0 Gr = 49,4. Achsstand 4750, über Puffer 10 050.

Allgemeines: 1000 Spur. L. befördert Züge von 240 t Bruttolast auf anhaltenden Steigungen von 20 ‰ bei zahlreichen Krümmungen von 120 m Halbmesser mit 20 km/st. Bei 65% von pk ist die Zugkraft 9065 kg. Mittelpufferkupplung. Kleinster Krümmungshalbmesser 90 m.

Kessel: Zylindrisch. Mitte über S. O. 2070. Rohrlänge 3500.

Langkessel: 2 Schüsse, und zwar hinterer 1430 l. W. Dom auf vorderem Schuß. Ventilregler.

Hinterkessel: Bauart „Belpaire", mit gerader Decke. Breite Feuerbüchse von geringer Höhe. Verbrennungskammer vor dem Rost.

Rauchkammer: Länge 1206, l. W. 1510, durch Zwischenring mit Langkessel verbunden.

Rahmen: Blechrahmen 28 stark, Lichtmaß 780.

Räder- und Triebwerk: K T K K L. 1. und 3. Achse zum Krauß-Helmholtz-Drehgestell, 3. und 5. Achse durch Beugniot-Deichsel vereinigt. 2. und 4. Achse fest. Heusingersteuerung. Kolbenschieber.

Bremse: Luftdruckbremse „Westinghouse" und Spindelhandbremse wirkt einseitig auf 2., 4. und 5. Achse.

Ausrüstung: U. a. Sandstreuer „Lambert".

Vorratsbehälter: Seitliche Wasser- und Kohlenkästen sind unterhalb des Führerhauses noch unter die Achsmitte heruntergezogen. 5,0 cbm Wasser, 1,5 t Holz.

1D2-Heißd.-Zw.-P-Tenderlok. der argentinischen Staatsbahn (Borsig 1910).

Abb. 530. Tafel IX, Reihe 97.

Hauptabmessungen: 520 × 600/1200 $H_w + H_ü$ = 120,7 + 36,0 R = 2,80 GL = 80,0 Gr = 52,0. Achsstand 9700.

Allgemeines: 1000 Spur. Mittelpufferkupplung. Kleinster Krümmungshalbmesser 120 m.

Kessel: Zylindrisch. Mitte über S. O. 2200. Rohrlänge 3800. Großrohrüberhitzer „Schmidt", dreireihig.

Langkessel: 2 Schüsse, kleinste l. W. 1468, Blechstärke 16. Dom auf hinterem Schuß.

Hinterkessel: Breit über dem Rahmen, mit senkrechten Wänden. Feuerschirm bis auf den Rost hinabgeführt, um Verbrennungskammer zu erzielen, da Krebstiefe sehr gering. Rost nach der Längsachse zu beiderseits geneigt, zweifeldrig, Längsachse wagerecht 2150 × 1300.

Rauchkammer: Länge 1600, l. W. 1500, Rohrwand 25.

Rahmen: Blechrahmen 30 stark, Lichtmaß 790. Federn der 1. und 2., sowie die der 3. bis 5. Achse durch Längsausgleicher verbunden. Drehgestell: Barrenrahmen mit Schwanenhals und außenliegenden Achsbüchsen.

Räder- und Triebwerk: L L K T K K L. Bisselachse vorn.
12,5 12,5 12,5
Zyl. außen wagerecht. Heusingersteuerung. Kolbenschieber „Hochwald", 200 Durchm.

Bremse: Luftdruckbremse „Westinghouse" wirkt einseitig von vorn auf alle Kuppelräder.

Ausrüstung: U. a. nichtsaugende Dampfstrahlpumpen. 2 Popventile.

Vorratsbehälter: Wasserkästen seitlich und unter dem Kohlenkasten. 10,0 cbm Wasser, 3,0 t Kohle.

1F1-Heißd.-Zw.-Tenderlok. der holländischen Staatsbahn auf Java (Hanomag 1912).

Abb. 531/532. Tafel IX, Reihe 104.

Hauptabmessungen: 540 × 510/1102 $H_w + H_ü = 131{,}5 + 40{,}8$ R = 2,60 $G_L = 75{,}0$ $G_r = 57{,}0$. Achsstand 10 250.

Allgemeines: 1067 Spur. Kleinster Krümmungshalbmesser 150 m. Mittelpufferkupplung. Lieferung 1920 mit Knorr-Vorwärmer und -Speisewasserpumpe, sowie Kesselsteinabscheider in besonderem Dom.

Kessel: Zylindrisch. Mitte über S. O. 2450. Rohrlänge 4950. Großrohrüberhitzer „Schmidt", dreireihig.

Langkessel: 2 Schüsse, hinterer 1404, vorderer 1376 l. W. Blechstärke 14. Dom mit Wasserabscheider und Ventilregler auf hinterem Schuß.

Hinterkessel: Breit über dem Rahmen, mit geneigter Vorder- und Rückwand. Stehkesselmantel: Seiten und halbrunde Decke aus einem Stück, 16 stark, Rückwand 16. An äußeren Deckenankerreihen Verstärkungslasche von 150 Breite, 10 stark, über ganze Länge des Mantels. Feuerbüchse: Kupfer, Seiten, Rückwand 16, Rohrwand 26. Krebstiefe 534. Feuerschirm durch Wasserrohre gestützt. Rost geneigt, zweifeldrig, 2000 × 1300.

Rauchkammer: Länge 1650, l. W. 1404, Blechstärke 10, Rohrwand 26. Verstellbares Düsenblasrohr.

Rahmen: Blechrahmen 23 stark, Lichtmaß 840, hinten auf 680 eingezogen. Für vordere Laufachse Ausschnitt durch 23 mm starkes Kümpelblech geschlossen. Federn der 1. und 2., der 3. und 4., der 5. und 6., sowie die der 7. und 8. Achse durch Längsausgleicher verbunden. Rahmenlänge 13 080.

R ä d e r - u n d T r i e b w e r k : $\overset{\frown}{\underset{100}{\mathrm{L}}}\,\overset{-}{\underset{30}{\mathrm{K}}}\,\mathrm{K}\,\mathrm{K}\,\mathrm{T}\,\mathrm{K}\,\overset{-}{\underset{30}{\mathrm{K}}}\,\overset{\frown}{\underset{100}{\mathrm{L}}}$. Vorn und hinten Adamsachse mit Federrückstellung. Kuppelstangen für 1. und 6. Kuppelachse mit Hagansgelenken. Zyl. außen geneigt. Heusingersteuerung. Kolbenschieber 200 Durchm.

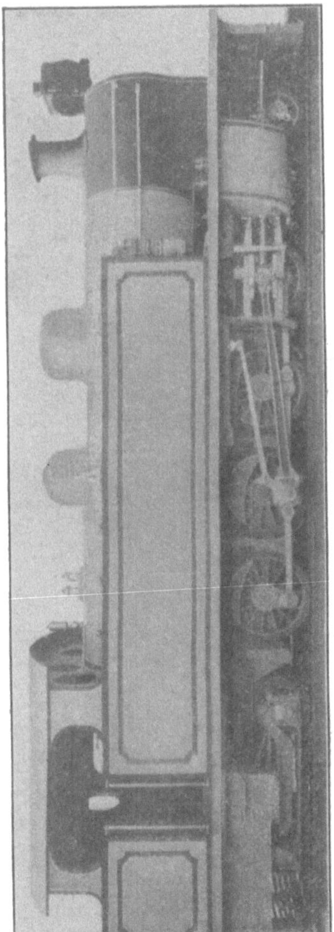

Abb. 530. 1D2-Heißdampf-Zwilling-P-Tenderlokomotive der argentinischen Staatsbahn.

Abb. 531 1F1-Heißdampf-Zwilling-Tenderlokomotive der holländischen Staatsbahn auf Java.

B r e m s e : Selbsttätige Luftsaugebremse wirkt mit 4050 kg bzw. 59% von Gr auf 4. und 6. Achse zweiseitig. Zwei 21" Bremszylinder.

A u s r ü s t u n g : Signallaternen und -scheiben nach besonderer Vorschrift. Geschwindigkeitsmesser „Haußhälter".

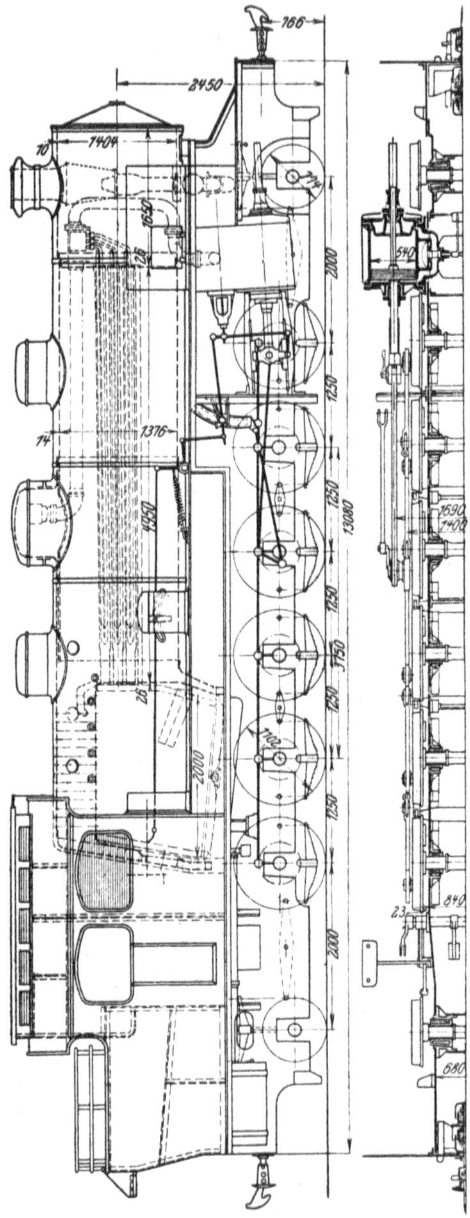

Abb. 532. 1F1-Heißdampf-Zwilling-Tenderlokomotive der holländischen Staatsbahn auf Java.

Vorratsbehälter: T-förmiger Wasserkasten, angeordnet quer zum Kessel, flach über dem Rahmen und innerhalb desselben; außerdem Wasserbehälter unter Führerstand und Kohlenkasten. 8,5 cbm Wasser, 2,5 t Kohle.

C+C-Sattd.-Vierzyl.-Verb.-Gelenklok. der Machacamarca-Unica-Bahn, Bolivien (Orenstein & Koppel 1913).

Abb. 533. Tafel IX, Reihe 113.

Hauptabmessungen: $\frac{380}{600} \times 500/1000$ H = 123,0 R = 1,90 GL = Gr = 54,0.

Allgemeines: 1000 Spur. Bauart „Mallet". Für Strecken von meist 10 ‰ und höchstens 38 ‰ Steigung bei Krümmungen von 60 m Halbmesser. Im regelmäßigen Dienst befördert L. 120 t auf Steigung 1 : 30. Mittlerer Kohlenverbrauch nach Probefahrten 1,5 kg/PS-st, Wasserverbrauch 0,011 cbm/PS-st; Verbrauch für 1 Zug-km rd. 35 kg Kohle und 254 l Wasser. Leistung 600 PS. Mittelpufferkupplung.

Abb. 533. C+C-Sattdampf-Vierzylinder-Verbund-Gelenklokomotive der Machacamarca-Unica-Bahn, Bolivien.

Kessel: Mitte über S. O. 2173. Rohrlänge 4500.

Langkessel: 2 Schüsse, und zwar hinterer 1300 l. W. Blechstärke 14. Dom auf hinterem Schuß.

Hinterkessel: Rohrwand 27.

Rauchkammer: 1402 l. W., Blechstärke oben 10, unten 12. Rohrwand 25. Funkenfänger „Stollertz".

Rahmen: Blechrahmen 25 stark, für Vordergestell als Innenrahmen, Lichtmaß 780, für Hintergestell als Außenrahmen, Lichtmaß 1340. Federn der Achsen jedes Gestells durch Längsausgleicher untereinander verbunden.

Räder- und Triebwerk: T K K■T K K. Zwischen Vorder- und Hintergestell Ölbremse eingeschaltet, beide Gestelle können eine Winkelstellung von 3° 10' gegeneinander einnehmen. Heusingersteuerung.

Bremse: Selbsttätige Luftsaugebremse „Körting" wirkt einseitig auf 1. und 3. Achse von hinten, sowie auf 4. und 6. von vorn. Außerdem „Riggenbach-" und Handbremse.

Ausrüstung: U. a. Ölzusatzfeuerung, Preßluftsandstreuer „Müller", Läutewerk.

Vorratsbehälter: 6,0 cbm Wasser, 1,5 t Kohle.

E. Tender.

1. Allgemeines.

Der Tender dient zum Mitführen der während der Fahrt benötigten Vorräte an Wasser und Brennstoff. Außerdem hat er Kästen für Werkzeuge, Ölkannen, Signalgeräte und für die Kleidung der Lokomotivmannschaft. Infolge der Vorratsabnahme auf dem Tender schwankt dessen Achsdruck bedeutend. Entsprechend den vorzusehenden Vorräten und dem zulässigen größten Achsdruck ist es notwendig, die Zahl der Tenderachsen zu bestimmen. Je nach Anordnung des Untergestells unterscheidet man Tender mit festen oder mit beweglichen Achsen. Die Tender erhalten im allgemeinen 2 bis 4 Einzelachsen, 2 Drehgestelle, oder 1 Drehgestell und Einzelachsen.

Der Fassungsraum der Betriebsstoffbehälter ist abhängig vom Verbrauch der Lokomotive an Wasser und Brennstoff, sowie von der Länge der ohne Erneuerung der Vorräte zu durchfahrenden Strecke, d. h. von dem Abstand der vorhandenen Wasser- und Kohlenstationen. Etwa 2 cbm Wasser müssen stets noch im Tender zurückbleiben. 20 bis 30 km soll die Entfernung benachbarter Wasserstationen auf Flach- und Hügellandstrecken, 15 bis 20 km auf Gebirgsstrecken betragen.[1]) Brennstoffeinnahme hat möglichst auf der Heimatstation zu erfolgen.

Wasserbehälter. Er ist entweder hufeisenförmig, prismatisch mit nach vorn abgeschrägter Decke, oder auch zylindrisch (Vanderbilt-Tender). Die Behälterhöhe muß ein Beobachten der Gleisstrecke auch bei Rückwärtsfahrt ermöglichen. Fassungsraum etwa 10 bis 32 cbm Wasser in Europa; bis rd. 50 cbm in den V. St. v. Amerika. Blechstärke 5 bis 8 mm; Decke der prismatischen und Boden der hufeisenförmigen Wasserbehälter 6 bis 10 mm stark. Speisewasserzuführung für jede Speisepumpe durch eine besondere Leitung, die durch Sieb und Ventil gegen den Wasserbehälter abgeschlossen ist. Höhe des Wassereinlaufes höchstens 2,75 m über S. O. (B. O. § 36,7; T. V. § 111). Meist querliegende, etwa 1 bis 1 $^{1}/_{2}$ m lange, mit Deckel verschlossene Füllöffnung, oder lange, vom Führerstand aus zu bewegende Seitenklappen (Gölsdorf). Um Strecken ohne Aufenthalt durchfahren zu können, wenn Auffüllen von Wasser im Tender notwendig, wird von einigen englischen und amerikanischen Bahnen eine Füllvorrichtung nach Bauart „Ramsbottom" im Tender angebracht. Es ist dies ein Fangrohr mit beweglichem Mundstück,

[1]) Gl. Ann. 1914, Bd. 75, S. 60.

das während der Fahrt zwecks Wasseraufnahme vom Tender herabgelassen wird und beim Eintauchen in flache, mit Wasser gefüllte Rinnen zwischen den Schienen aus diesen das Wasser in den Tender emporhebt.

Brennstoffbehälter. Kohlenbehälter fassen 4,0 bis 8,5 t in Europa, in den V. St. v. Amerika bis 15 t Steinkohle. Beim hufeisenförmigen Wasserkasten liegt der Kohlenbehälter zwischen den Schenkeln des Hufeisens. Sonst wird er als besonderer Behälter mit Neigung nach vorn ausgebildet, damit Nachrutschen von Kohle möglich. Bei Holzfeuerung sind Lattenaufsätze anzubringen. Bei Torffeuerung verwendet man geschlossene Behälter; bei reiner Ölfeuerung statt des Kohlenbehälters Ölbehälter, die mit Wärmeschlangen zur Ölvorwärmung ausgerüstet sind. Der dickflüssige Brennstoff wird durch Erwärmung mittels dampfdurchflossener Heizschlangen dünnflüssig, so daß er mit Hilfe eines Dampfstrahlgebläses durch die in der Feuerbüchse angeordneten Ölbrenner eingestreut werden kann. Bei Zusatzölfeuerung muß außerdem auch ein Kohlenbehälter vorhanden sein.

Das Untergestell besteht bei festen Achsen aus flußeisernen Blechplatten, oder aus hochkantstehenden U-Trägern. In der Regel liegt der Rahmen außerhalb der Räder. Beim Vorhandensein von Drehgestellen ist der Rahmen gewöhnlich zusammengesetzt aus zwei durch Verstrebung miteinander verbundenen hochkantstehenden U-Eisen. Tender haben — unterschiedlich von Lokomotiven — meist Drehgestelle mit Außenrahmen und keine Mittelzapfenverschiebung. Aus Gründen der Gewichtsersparnis finden an Stelle des Drehgestell-Blechrahmens Fachwerkrahmen (Diamond-Drehgestelle) aus Flacheisen und Stahlformgußverbindungen Verwendung. Auf diese Art werden die Teile unter dem Tender (z. B. die Bremse) leicht zugänglich.

Vielfach hat der Tender in nördlichen und tropischen Ländern eine Schutzwand und ein nach vorn gerichtetes Dach, so daß Führer und Heizer in einem fast von allen Seiten geschlossenen Raum tätig sind. Hierdurch werden sie vor übergroßer Kälte, sowie auch vor Sonnenglut und starkem Regen geschützt.

Jeder Tender muß, unbeschadet etwaiger anderer Bremsvorrichtungen eine Handbremse haben, die auch bei losgekuppeltem Tender benutzbar sein soll. Die Bremsung sämtlicher Räder ist anzustreben. Beim Vorhandensein einer selbsttätigen Bremsvorrichtung auf der Lokomotive muß möglichst auch der Tender eine gleiche Bremseinrichtung haben.

An sonstigen Ausrüstungsteilen können u. a. vorhanden sein: durchgehende Rohrleitung für Dampfheizung mit Kupplung und Absperrhähnen, falls Dampfheizungseinrichtung an der Lokomotive; Probierhähne und Schwimmer mit Skala zur Erkennung des Wasserstandes; Behälter für Gasbeleuchtung.

Das Bestreben bei der Reichsbahn geht im Tenderbau dahin, möglichst wenige, einheitliche Bauarten zu schaffen, damit sich Lokomotiven und Tender auch verschiedener Gattungen miteinander verbinden lassen. Zwecks Auswechselbarkeit der Tender für die „Einheitslokomotiven" ist darauf zu achten, daß die Kupplung zwischen den beiden Fahrzeugen einheitlich ausgebildet wird, und zwar soll Mitte Kuppeleisen 1040 mm über S. O. liegen.

Zusammenstellung 38. **Tender deutscher Eisenbahnen.**

Lfd. Nummer	Zweigstelle	Achszahl	Fassungsraum Wasser	Fassungsraum Kohle	Raddurchmesser	Achsstand fest	Achsstand gesamt	Gewicht Leer-	Gewicht Dienst-	Größter Raddruck	Leergewicht in % des Dienstgew.	Leergewicht in % der Vorräte
			cbm	t	mm	mm	mm	t	t	t	%	%
1	Preußen	3	16,5	7,0	1000	4400	4400	21,0	44,5	7,42	47,2	89 4
2	"	3	20,0	7,0	1000	3900	3900	20,67	47,51	7,92	43,5	67,5
3	Bayern	3	20,2	6,5	1006	3800	3800	18,9	45,6	7,60	41,5	71,4
4	Sachsen	3	21,0	6,0	1000	3900	3900	19,5	45,5	7,58	42,9	72,2
5	Baden	4	15,0	5,0	1006	1800	5000	19,5	40,25	5,03	48,5	97,5
6	Oldenburg	4	20,0	6,0	1000		4600	23,5	49,5	6,19	47,5	90,4
7	Bayern	4	20,0	6,5	1006	1750	5000	21,0	47,3	5,92	44,4	79,3
8	Württemberg	4	20,0	6,5	1000	1550	4600	21,0	47,5	5,94	44,2	79,3
9	Sachsen	4	21,0	5,0	1017	1600	5100	19,0	46,7	5,84	40,7	73,1
10	Preußen	4	21,5	7,0	1000	1700	4750	21,31	50,77	6,35	42,0	74,8
11	Bayern	4	21,6	8,0	1006	1600	5100	23,8	53,4	6,68	44,6	80,4
12	"	4	26,0	7,5	1006	1750	5300	20,5	54,0	6,76	38,0	61,2
13	"	4	26,4	7,5	1006	1500	5175	22,5	56,4	7,05	39,9	66,4
14	Baden	4	29,6	9,0	1006	1450	4850	24,46	62,97	7,87	38,8	63,4
15	Sachsen	4	31,0	7,0	1000	1600	4700	24,3	61,8	7,23	39,3	64,0
16	Preußen	4	31,5	7,0	1000	1800	5800	24,83	64,14	8,02	38,7	64,5
17	Bayern	4	32,0	8,5	1006	1450	5375	23,5	65,0	8,13	36,2	58,0

Anm.: Reichsbahntender mit 4 Achsen haben teils 2 zweiachsige Drehgestelle (Nr. 5 bis 10, 12 und 16), teils 1 zweiachsiges Drehgestell und 2 Einzelachsen (Nr. 11, 13 bis 15 und 17). Bei letzteren ist „fester Achsstand" die Entfernung der Einzelachsen.

2. Schlepptender mit Einzelachsen.

a) **Zweiachsiger Tender** der Staatsbahn von **Neu-Südwales** (Abb. 534/535).

Tender für beide Fahrtrichtungen, um jede hierfür brauchbare Lokomotive als Tenderlokomotive mit freiem Ausblick nach beiden Fahrtrichtungen verwenden zu können. Tenderhöhe: 1830 mm über dem Rahmen, rd. 3050 mm über S. O. Äußere Tenderbreite 2600 mm. Der 1220 mm breite Wasserbehälter steht in der Mitte; er faßt 8,0 cbm. Die Kohlenbehälter liegen an beiden Seiten. Ihre Höhe über dem Rahmen ist vorn 1220 mm; nach hinten fallen sie schräg ab, so daß der Lokomotivführer freien Ausblick bei Rückwärts-

Abb. 534. Zweiachsiger Tender der Staatsbahn von Neu-Südwales.

fahrt behält. Breite der Kohlenbehälter 690 mm; Fassungsvermögen beider Kohlenbehälter zusammen 2,5 t. Raddurchmesser 1105 mm, Achsstand 2134 mm. Abbremsung aller Räder doppelseitig.

b) **Dreiachsiger Tender** der **Reichsbahn (Preußen)**; 16,5 cbm Wasser, 7,0 t Kohle. Zus. 38, Reihe 1. (Abb. 537.)

Das Untergestell besteht aus zwei durchlaufenden, 20 mm starken Blechrahmen außerhalb der Räder. Erstere sind vorn durch den Kuppelkasten, hinten durch die Pufferbohle und zwischen den Achsen durch zwei senkrechte Querverbindungen aus Blech miteinander verbunden. Die Pufferbohle entspricht in ihrem Aufbau derjenigen der Lokomotive. Der Kuppelkasten ist als ein durch Winkel versteifter, in sich geschlossener Kasten ausgebildet. Innerhalb der Rahmenbleche sind hochkantstehende U-förmige Längsträger in Höhe der

Zugvorrichtung angeordnet. Sie sind mit den beiden Deckplatten verbunden und dienen zur Aufnahme der Zugkräfte; hinten laufen sie auseinander, um als Querverstrebungen die Pufferstöße mit aufzunehmen. Die beiden hintersten Achsen sind beiderseits durch Längsausgleicher verbunden. Die Mittelachse hat 16 mm Seitenspiel.

Um freien Ausblick nach hinten zu bekommen, hat der Kohlenkasten nicht die ganze Wasserkastenbreite von 3000 mm, sondern ist nur 2100 mm breit. Beiderseits des Kohlenkastens werden die Schür-

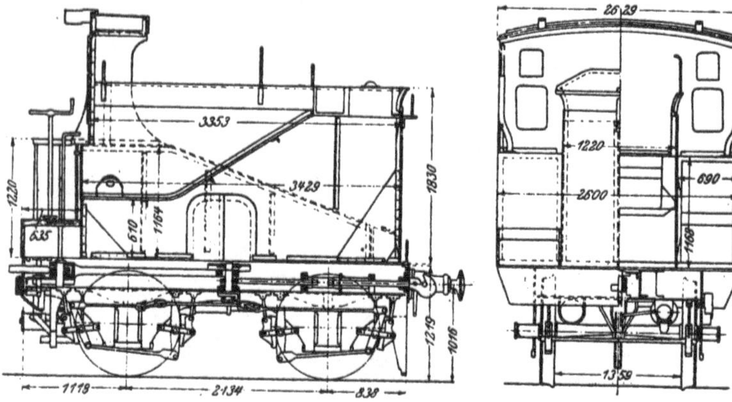

Abb. 535. Zweiachsiger Tender der Staatsbahn von Neu-Südwales.

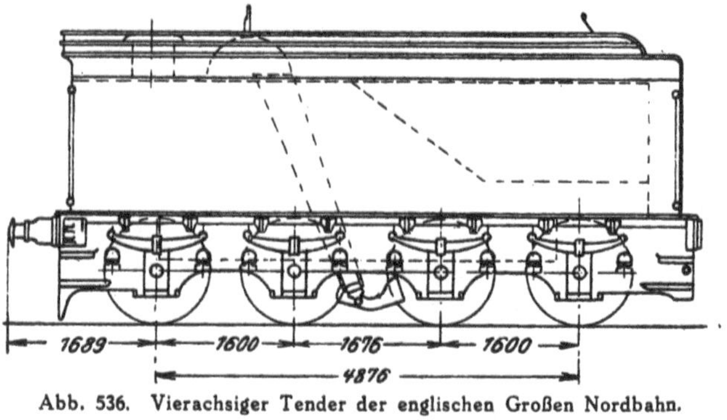

Abb. 536. Vierachsiger Tender der englischen Großen Nordbahn.

geräte untergebracht. Der Wasserkasten besteht aus 6 mm starken Seiten- und Rückwänden, 8 mm starkem Boden, sowie 9 mm starker Vorderwand und Decke; letztere ist teilweise nach vorn geneigt. In etwa gleichem Abstand sind im Innern Kreuzstreben auf Winkeleisen und Querverstrebungen aus Blech angeordnet. Die Blechwände dienen gleichzeitig als Schwallbleche. Hinter dem Kohlenkasten befindet sich ein länglicher Wassereinlauf mit aufklappbarem Deckel. Beim Füllen überfließendes Wasser kann nach hinten durch die ausgesparte Rückwand abfließen. Hinter dem Wasserkasten auf der Pufferbohle und beiderseits unterhalb desselben sind Kästen für Werkzeuge, Signallaternen- und Scheiben untergebracht. Beiderseits des Kohlenkastens befinden sich Schränke für die Ölkannen und sonstige Ausrüstungsteile.

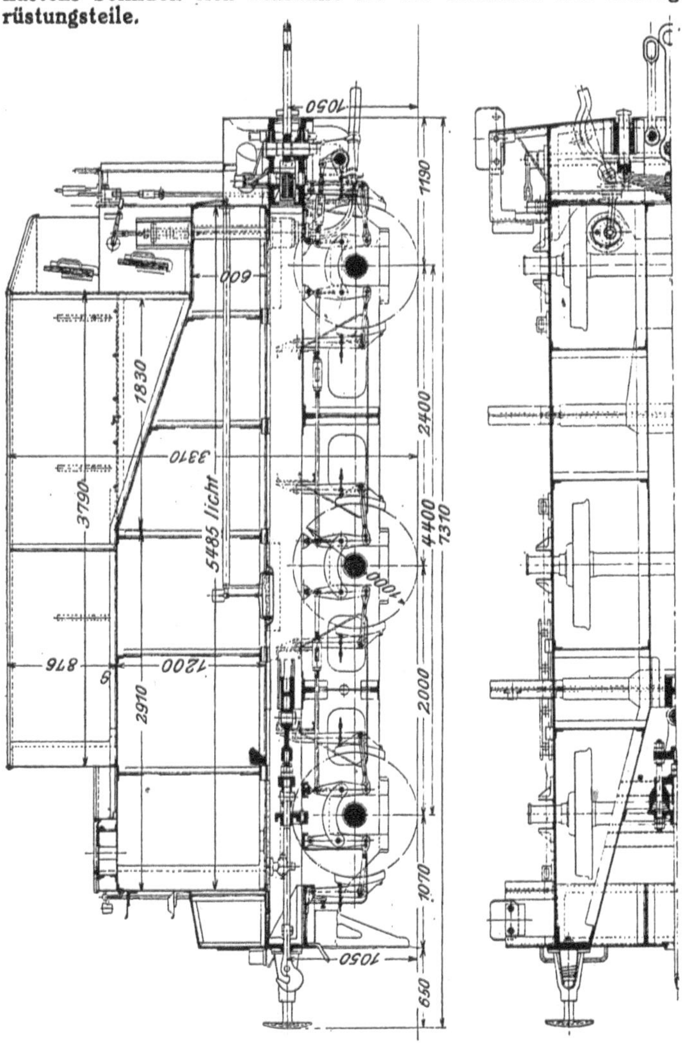

Abb. 537. Dreiachsiger Tender der Reichsbahn (Preußen).

Hauptabmessungen und Gewichte:

Größte Tenderlänge	7310	mm
Größte Tenderbreite	3012	mm
Größte Tenderhöhe	3310	mm

Raddurchmesser	1000 mm
Gesamter Achsstand	4400 mm
Wasserkasteninhalt	16,5 cbm
Fassungsvermögen des Kohlenbehälters	7,0 t
Leergewicht	21,0 t
Dienstgewicht	44,5 t
Größter Raddruck	7,42 t
Leergewicht in Prozent des Dienstgewichtes	47,2 %
Leergewicht in Prozent der gesamten Vorräte	89,4 %

c) **Vierachsiger Tender** (vier Einzelachsen) der **englischen Großen Nordbahn** (Abb. 536).

Alle Achsen sind im Rahmen gelagert. Die beiden Endachsen sind fest, die Räder der beiden Innenachsen haben je 12 mm Seitenspiel. Die oben liegenden, als Blattfedern ausgebildeten Tragfedern sind nicht untereinander durch Ausgleicher verbunden. Zum Wassernachfüllen während der Fahrt ist eine Füllvorrichtung nach „Ramsbottom" angebracht. Raddurchmesser 1270 mm, gesamter Achsstand 4876 mm. Die Vorratsbehälter fassen 22,7 cbm Wasser und 7,2 t Kohle. Der Tender ist einfacher und leichter, und soll in der Instandhaltung billiger sein als der Drehgestelltender.

3. Schlepptender mit Drehgestellen.

a) **Vierachsiger Tender** (1 Drehgestell, 2 Einzelachsen) der **Reichsbahn (Baden)**; 29,6 cbm Wasser, 9,0 t Kohle.

Zus. 38, Reihe 14. Abb. 538/539.

Der Wasserkasten von 6657 mm innerer Länge, 3050 mm innerer Breite und 5 mm starken Wänden hat hinten beiderseits mit Klappdeckel verschließbare Einlauföffnungen. Der Aufbau des Kohlenbehälters ist schmaler als der Wasserbehälter zwecks freier Streckenübersicht.

In dem als Blechrahmen ausgebildeten Hauptrahmen sitzen hinten zwei Einzelachsen; der vordere Teil trägt den Drehzapfen für das zweiachsige Drehgestell. Diese Anordnung verspricht einen ruhigen Gang bei hohen Fahrgeschwindigkeiten. Die Drehgestellachsen haben Einzelabfederung, die Federn der Einzelachsen sind durch Ausgleicher miteinander verbunden. Um kleinste Krümmungen in Weichen von 1 : 7 noch zwanglos durchfahren zu können, sind die Spurkränze der Räder der vorletzten Achse schwächer gedreht.

Abbremsung des Drehgestells mittels Klotzbremse einseitig von innen, die der Einzelachsen einseitig von außen. Ohne Vorräte ruhen auf jeder Drehgestellachse rd. $6\,^3/_4$, auf jeder Einzelachse rd. $5\,^1/_2$ t, mit Vorräten auf jeder Achse rd. $15\,^3/_4$ t. Demzufolge beträgt im belasteten Zustand die Entfernung von Mitte Stoßpuffer bis S. O. vorn 1185, hinten 1015 mm.

Hauptabmessungen und Gewichte:

Größte Tenderlänge	8205 mm
Größte Tenderbreite	3060 mm

Raddurchmesser	1006 mm
Drehgestell-Achsstand	1900 mm
Abstand der Einzelachsen	1450 mm
Gesamter Achsstand	4850 mm
Wasserkasteninhalt	29,6 cbm
Fassungsvermögen des Kohlenbehälters . . .	9,0 t
Leergewicht	24,46 t
Dienstgewicht	62,97 t
Größter Raddruck	7,87 t
Leergewicht in Prozent des Dienstgewichtes	38,8 %
Leergewicht in Prozent der gesamten Vorräte	63,4 %

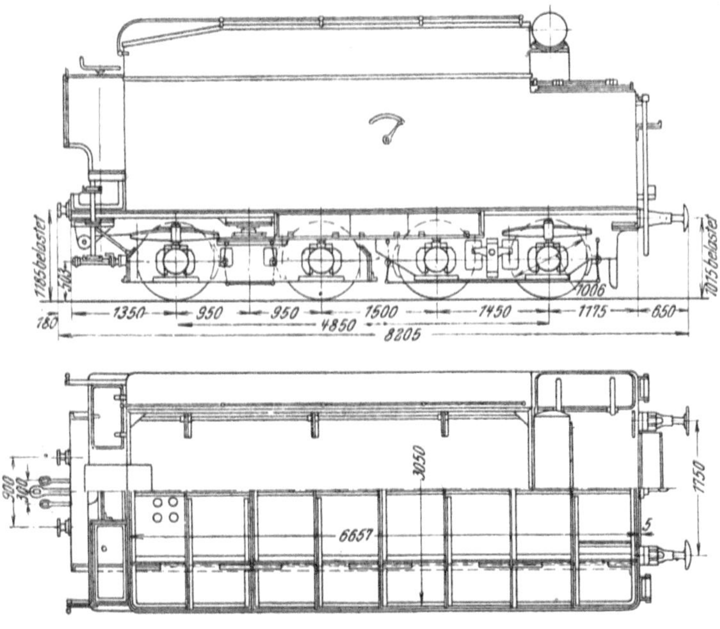

Abb. 538/539. Vierachsiger Tender der Reichsbahn (Baden).

b) **Vierachsiger Drehgestelltender,** Reihe 88 der **österreichischen Staatsbahn** (Abb. 540).

Gebaut für 14,5 t Achsdruck. Obgleich der Inhalt des Wasserkastens 30,0 cbm, ist er bei dem beschränkten Achsdruck nur bis 27,0 cbm ausnützbar. Die Drehgestelle bestehen aus 24 mm starken Rahmenplatten in 960 mm lichter Entfernung. Zur Gewichtsersparnis sind die Drehgestelle mit Innenrahmen ausgeführt. Sie tragen die gut versteiften Drehzapfen und stützen sich mit seitlichen Kugelpfannen auf den Drehgestellrahmen ab. Außerdem ist im hinteren Drehgestell ein Querausgleichhebel eingebaut. Der Hauptrahmen besteht aus zwei hochkantstehenden U-Eisen von 300 mm Höhe und 100 mm Breite in 1950 mm Abstand.

Der Wasserkasten ist durch Längs- und Querwände, sowie durch die Schwallbleche gut versteift. Die 450 mm breiten Füllkästen an den Seiten sind auf die ganze Länge des Kohlenkastens von 5450 mm durchgeführt. Das Fassungsvermögen des Kohlenkastens beträgt 10,0 cbm; sein Boden ist in der Mitte stark geneigt. An Werkzeugkästen befinden sich auf dem Tender: je einer vorn links und rechts, ein geräumiger hinter der Kohlenkastenwand links, ein langer auf der hinteren Pufferbrust und ein oben offener Kasten für Holz rechts an der Hinterwand des Kohlenkastens.

An der hinteren Querwand liegen zwei Bremszylinder für die Luftsaugebremse des Tenders. Das Bremsgestänge ist außerhalb des Drehgestells angeordnet. 70% des Tender-Dienstgewichtes (mit halben Vorräten) werden abgebremst. Außerdem ist eine Handspindelbremse vorgesehen.

Abb. 540. Vierachsiger Drehgestelltender der österreichischen Staatsbahn.

Hauptabmessungen und Gewichte:

Größte Tenderlänge	8920	mm
Größte Tenderbreite	3072	mm
Größte Tenderhöhe	3602	mm
Raddurchmesser	1034	mm
Drehgestell-Achsstand	1900	mm
Gesamter Achsstand	5800	mm
Drehzapfenentfernung	3900	mm
Wasserkasteninhalt	30,0	cbm
Fassungsvermögen des Kohlenbehälters	10,0	cbm
Leergewicht	23,5	t
Dienstgewicht	58,0	t
Größter Raddruck	7,25	t
Leergewicht in Prozent des Dienstgewichtes	40,5	%
Leergewicht in Prozent der gesamten Vorräte (für 27,0 cbm Wasser)	63,5	%

c) **Vierachsiger Drehgestelltender der Reichsbahn (Preußen);**

31,5 cbm Wasser, 7,0 t Kohle.

Zus. 38, Reihe 16.
Abb. 541/542.

Mittels vier seitlich verschiebbarer Kugelzapfen ruht das Tenderuntergestell auf zwei Fachwerkdrehgestellen. Die höchstzulässige Zugkraft von 40 000 kg wird durch die mittlere Längsverbindung des Untergestells vom vorderen Zugkasten zum Angriffspunkt der Zugvorrichtung am hinteren Drehzapfen übertragen. Der in 1019 mm über S. O. gelagerte Zughaken kann nach jeder Seite ausschlagen. Alle Gurtungen und Streben des Drehgestellrahmens sind aus Flacheisen. Ein an den Achsbüchsen befestigter Stahlgußkasten hält alle diese Flacheisen zusammen. Bei den Achsbüchsen sind die Drehgestelle mit den Längsträgern des Hauptrahmens durch Ketten verbunden, wodurch verhindert wird, daß bei Entgleisungen sich das Drehgestell quer zur Tender - Längsrichtung stellt. Auf den Drehgestellfedern liegt ein Tragbalken aus Z-Eisen mit den Gleitplatten für die Kugelpfannen und dem Drehzapfen.

2,75 m über S. O. befindet sich die Wassereinlauföffnung am hinteren Teil der Wasserkastendecke in der Mitte. Der Wasserkasten besteht aus 6 mm starken Seiten- und Rückwänden, 7 mm starkem Boden, 8 mm starker Vorderwand und 9 mm starker Decke.

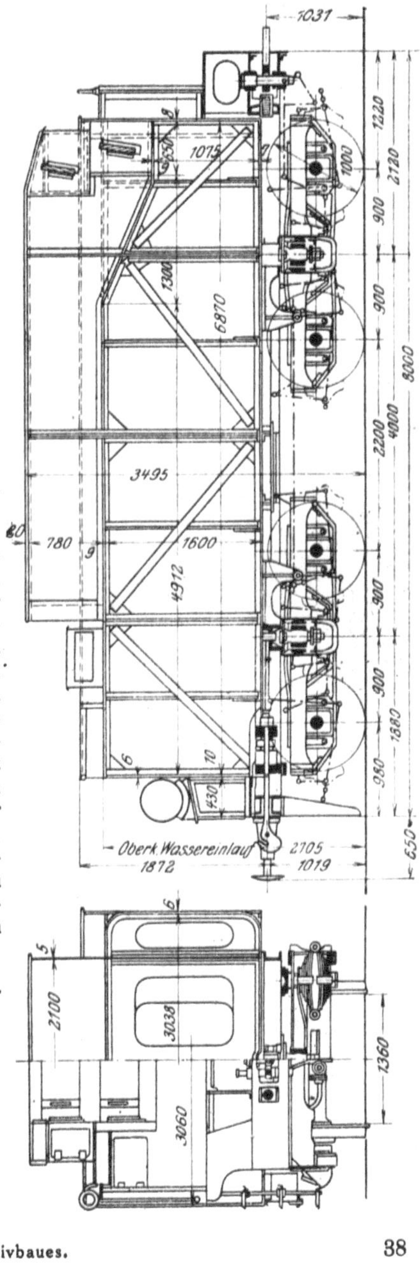

Abb 541. Vierachsiger Drehgestelltender der Reichsbahn (Preußen).

Bremsklotzanordnung ist doppelseitig. Bei dem vorhandenen Übersetzungsverhältnis von 1 : 8,55 beträgt der gesamte Klotzdruck 33,8 t. Somit sind etwa 70,5% des Gesamtgewichtes mit halben Vorräten abgebremst.

Hauptabmessungen und Gewichte:

Größte Tenderlänge	8650 mm
Größte Tenderbreite	3050 mm
Größte Tenderhöhe	3495 mm
Raddurchmesser	1000 mm
Drehgestell-Achsstand	1800 mm
Gesamter Achsstand	5800 mm
Drehzapfenentfernung	4000 mm
Wasserkasteninhalt	31,5 cbm
Fassungsvermögen des Kohlenbehälters . .	7,0 t

Abb. 542. Vierachsiger Drehgestelltender der Reichsbahn (Preußen).

Leergewicht	24,83 t
Dienstgewicht	64,14 t
Größter Raddruck	8,02 t
Leergewicht in Prozent des Dienstgewichtes	38,7 %
Leergewicht in Prozent der gesamten Vorräte	64,5 %

d) **Vierachsiger Drehgestelltender** Bauart **Vanderbilt.**

Er wird vielfach in Amerika verwendet und unterscheidet sich von den bisher beschriebenen Bauarten durch die zylinderförmige Ausbildung des Wasserbehälters. Der vordere Teil ist abgeflacht, so daß darauf die Unterbringung des verbreiterten Kohlenbehälters möglich wird. Der Wasserbehälter ruht auf 2 Längsträgern, deren Enden die Kuppelkästen für die Zug- und Stoßvorrichtung tragen.

Abb. 543 stellt einen Tender obiger Bauart der ungarischen Staatsbahn dar. Hierbei befinden sich auf jeder Seite des Wasserbehälters 2 Füllöffnungen hinter dem Kohlenbehälter; sie dienen zugleich als Mannlöcher. Die Drehgestelle sind als Fachwerk-Drehgestelle (Bauart „Diamond") ausgebildet und mit U-förmigen

Querträgern verbunden. Die Drehgestell-Drehzapfen und die auf den Drehgestellen lastenden Stützen sind am Unterteil des Wasserbehälters und an den Längsträgern befestigt. Auf dem Querträger jedes Drehgestells ruht der aus Stahlguß bestehende obere Teil von H-förmigem Querschnitt. Er hat in dem Querträger seine Führung und überträgt das Tendergewicht durch Federn. Das auf dem oberen Teil des Drehgestells ruhende Gewicht wird durch Doppelfedern auf den unteren Teil des Drehgestells übertragen. Zwischen dem Ober- und Unterteil des Drehgestells sind rechts und links vom Drehzapfen je zwei Doppelfedern angeordnet, so daß in jedem Drehgestell vier Doppelfedern liegen.

Hauptabmessungen und Gewichte:

Größte Tenderlänge	8327	mm
Größte Tenderbreite	3100	mm
Größte Tenderhöhe	3350	mm
Raddurchmesser	875	mm

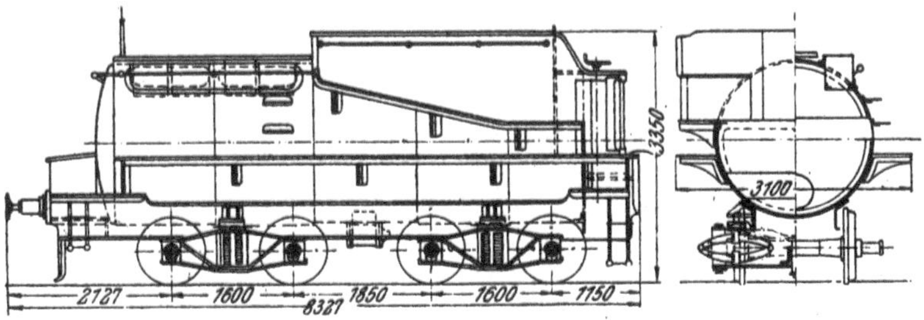

Abb. 543. Vierachsiger Drehgestelltender Bauart „Vanderbilt".

Drehgestell-Achsstand	1600	mm
Gesamter Achsstand	5050	mm
Drehzapfenentfernung	3450	mm
Wasserkasteninhalt	18,0	cbm
Fassungsvermögen des Kohlenbehälters	8,0	cbm
Leergewicht	21,43	t
Dienstgewicht	47,43	t
Größter Raddruck	5,93	t
Leergewicht in Prozent des Dienstgewichtes	45,18	%
Leergewicht in Prozent der gesamten Vorräte	82,42	%

e) **Vierachsiger Drehgestelltender,** Bauart **Franklin** (Abb. 544).

Der Tender stellt eine amerikanische Bauart dar und findet beispielsweise bei der Rock Island-Bahn Verwendung. Der Wasserkasten hat rechteckigen Querschnitt; der Boden ist an den Seitenkanten abgerundet, um die Nietnähte besser zugänglich zu machen. Im vorderen oberen Teil liegt der Aufbau zur Unterbringung der Kohlen. Das Ganze ruht auf „Commonwealth"-Stahlgußrahmen, der sich auf 2 Diamond-Drehgestellen abstützt.

Wasserkasteninhalt	45,5 cbm
Fassungsvermögen des Kohlenbehälters	14,5 t
Leergewicht	26,1 t
Dienstgewicht	86,1 t

f) **Vierachsiger Drehgestelltender** (1067 Spur) der **holländischen Staatsbahn** (Abb. 545).

Er hat 2 Diamond-Drehgestelle. Das Untergestell liegt außerhalb der Räder und besteht aus zwei 300 mm hohen U-Eisen von 1450 mm Lichtmaß. Die U-Eisen sind — außer durch den Kuppelkasten vorn und die Pufferbohle hinten — durch die die Drehgestelle abstützenden Querversteifungen zwischen den Innenrädern miteinander verbunden.

Der Wasserbehälter hat runden Bode., ähnlich einem Schiffsrumpf. Blechstärken des Wasserbehälters sind: Decke 7 mm, im

Abb. 544. Vierachsiger Drehgestelltender Bauart „Franklin".

übrigen 5 mm. Jederseits des mit hohem Gitter eingefaßten Kohlenbehälters liegen zwei langgestreckte Öffnungen für den Wassereinlauf; ihre Klappen lassen sich vom Führerstand aus bedienen. Eine Wand mit zwei Fenstern schließt den Führerstand zusammen mit dem weit den Tender überragenden Dache nach hinten ab, zum Schutz der Bedienungsmannschaft gegen Tropenregen.

Abbremsung aller Räder einseitig, und zwar die der 1. und 3. Achse von hinten, die der 2. und 4. von vorn durch Hand- und Luftsaugebremse. Bremszylinder von 533 mm Durchm. seitlich zwischen den Drehgestellen.

Hauptabmessungen und Gewichte:

Größte Tenderlänge	8242	mm
Größte Tenderbreite	2880	mm
Größte Tenderhöhe	2410	mm
Drehgestell-Achsstand	1900	mm
Gesamter Achsstand	5750	mm
Drehzapfenentfernung	3850	mm

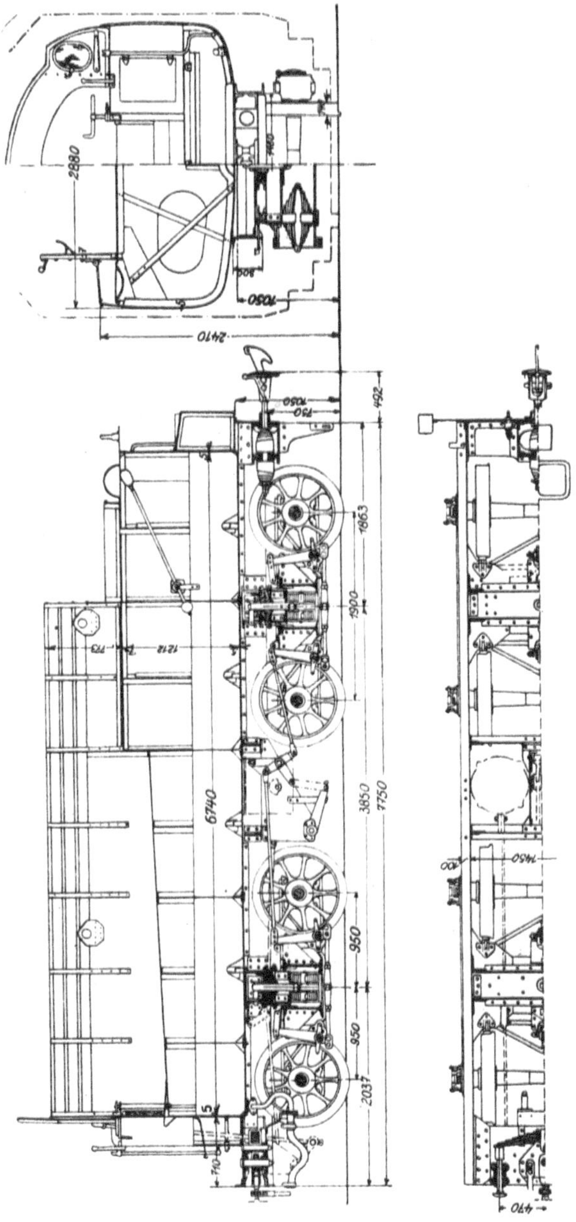

Abb. 545. Vierachsiger Drehgestelltender (1067 Spur) der holländischen Staatsbahn.

Wasserkasteninhalt	19,5 cbm
Fassungsvermögen des Kohlenbehälters . .	5,0 t
Leergewicht	18,3 t
Dienstgewicht	42,8 t
Größter Raddruck	5,35 t
Leergewicht in Prozent des Dienstgewichtes	42,76%
Leergewicht in Prozent der gesamten Vorräte	74,69%

4. Stütztender.

Er ist nicht „freizügig", wie der Schlepptender, da er mit der Maschine ein zusammenhängendes Fahrzeug bildet. Die Anordnung

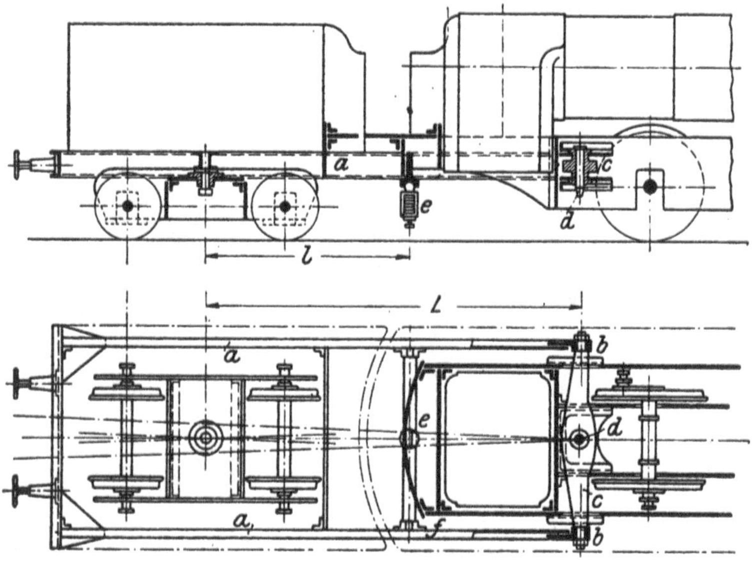

Abb. 546/547. Stütztender Bauart „Klose".

ist so getroffen, daß ein Teil des überhängenden Lokomotivgewichtes auf die Tenderachsen übertragen wird. Infolgedessen ist die Lastverteilung auf die Tenderachsen weniger veränderlich. Die Verwendung des Stütztenders dürfte zur guten Führung der Maschine im Gleis beitragen.

a) Bauart **Klose** (Abb. 546/547).

Die vorderen Enden der Tenderlängsträger a greifen in senkrechter Ebene drehbar an den Endzapfen b eines Querbalkens an. Dieser ist in wagerechter Ebene um den am Maschinengestell befestigten Bolzen d drehbar. Schrägstellung der beiden Fahrzeuge gegeneinander in wagerechtem Sinne (in den Bahnkrümmungen) geschieht durch Drehung um d, in senkrechtem Sinne (infolge Unebenheiten des Gleises) durch Drehung um die Zapfen b. Das hintere

Maschinenende wird durch die Querfeder e abgestützt, die in ihrem Mittelpunkt den Maschinenrahmen trägt, während sie an den Enden mittels der Gelenke f an den Tenderlängsträgern derart aufgehängt ist, daß sie kein Hindernis für Seitenverschiebung bildet. Durch entsprechende Anspannung von Feder e läßt sich jede gewünschte Lastverteilung auf die Lokomotivachsen herstellen. Hierbei tritt eine Mehrbelastung des Querbalkens c ein; da diese jedoch im Verhältnis $l : L$ kleiner ist als die Federspannung, und da c näher am Maschinenschwerpunkt als e, so wird das hintere Maschinenende entlastet, unter Übertragung eines Teiles des Maschinengewichtes auf die Tenderachsen.

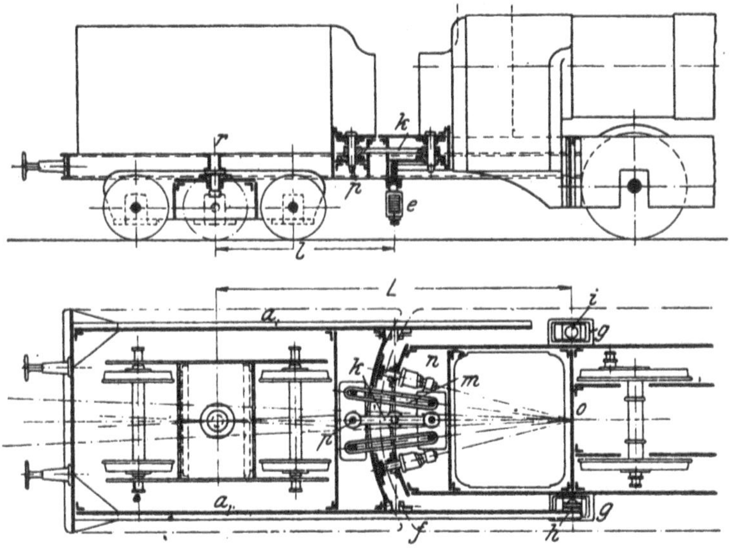

Abb. 548/549 Stütztender Bauart „Krauß".

b) Bauart **Krauß** (Abb. 548/549).

Die Querfeder e ist mittels Gelenken f an den Tenderlängsträgern a aufgehängt. Seitlich am Maschinengestell sind Auflager g befestigt, auf denen die Vorderenden der Längsträger a mittels Kugelzapfen h und Gleitpfannen i ruhen. Eine geometrisch bestimmte Verbindung zwischen Maschine und Tender wird durch diese Teile einmal in seitlicher Richtung hergestellt, zwecks Seitenführung des vorderen Tenderendes. In senkrechter Richtung werden die in h wirkenden Belastungen auf das Maschinengestell übertragen; jedoch nicht in der Längsrichtung, da die Gleitpfannen i in den Auflagern g nach vorn und hinten Spiel haben, somit Längskräfte nicht übertragen können. Hierzu dient die gewöhnliche Zug- und Stoßvorrichtung, die in der Hauptsache durch das Kuppeleisen k gebildet wird. Der theoretische Punkt, um den bei dieser Verbindung die beiden Fahrzeuge sich gegenseitig verdrehen, ist gegeben durch den

Schnittpunkt o der Querverbindungslinie der Kugelzapfen h mit der Linie, in der das Kuppeleisen k liegt. Infolge der Drehung um Punkt o sind die übrigen Teile der Tenderkupplung, wie die Notschleifen m und die Spannpuffer n strahlenförmig auf o zu gerichtet. Die Auflager g, welche eigentlich nach Kreisbögen um o gekrümmt sein sollten, können ohne merklichen Fehler geradlinig hergestellt werden, wenn man den Gleitpfannen i geringen seitlichen Spielraum läßt oder die Längsträger a in wagerechtem Sinne etwas nachgiebig herstellt.

Das Tendergestell kann auf einer oder mehreren festen Achsen laufen, oder auf einem um Punkt r schwingenden zwei- oder mehrachsigen Drehgestell.

5. Dampftender amerik. Lokomotiven.

a) Dampftender der Süd-Pacific-Bahn

Sie sind aus alten 1C- bzw. 2D-Zwillinglokomotiven entstanden, von denen die Kessel und alle über dem Rahmen liegenden Teile entfernt und an deren Stelle ein gewöhnlicher Tender-, Wasser- und Kohlenbehälter aufgebracht wurde. Die vorhandenen Zylinder der Lokomotive und des Dampftenders wurden aufgebüchst und ihr Durch-

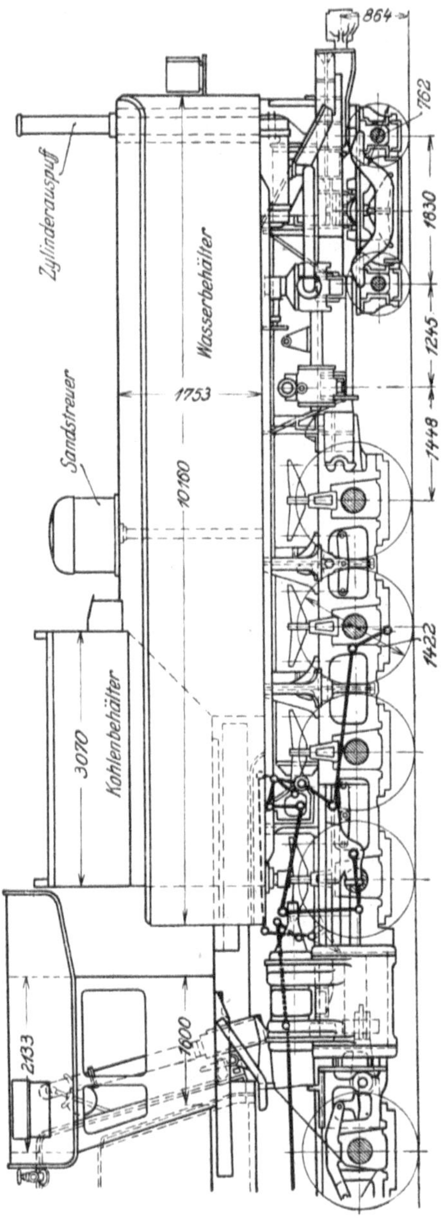

Abb. 550. Dampftender der virginischen Eisenbahn.

messer um 25,4 mm verkleinert. Das Dampfrohr zum Dampftender von etwa 75 mm Durchm. tritt aus dem Überhitzerkasten aus und läuft längs des Kessels nach hinten unter den Führerstand, wo es durch gelenkige Verbindungen in dem Schieberkasten des Dampftenders mündet. Der Auspuff geht durch ein Rohr von rd. 125 mm Durchm. hinten am Wasserkasten hoch. Regler und Steuerungswellen für den Tender werden vom Führerstand aus betätigt. Es kamen C1- und D1-Bauarten zur Ausführung.

Bauart C1: Zyl.-Durchm. 483 mm, Hub 610 mm, Triebraddurchm. 1372 mm, Dienstgewicht 75 t, Wasserinhalt 30 cbm, Zugkraft 10 800 kg.

Bauart D1: Zyl.-Durchm. 508 mm, Hub 610 mm, Triebraddurchm. 1270 mm, Dienstgewicht 87 t, Wasserinhalt 30 cbm, Zugkraft 12 900 kg.

b) Dampftender der **virginischen Eisenbahn** (Abb. 550).

Ausgeführt als Bauart D2; zugehörig zu 1D+D-Malletlokomotiven, so daß eine 1D+D+D2 - Sechszylinder - Verbund - Gelenklokomotive entsteht. Die zwei Tenderzylinder haben die gleichen Abmessungen, wie die 4 Lokomotivzylinder. Von den 6 Zylindern der Lokomotive arbeitet ein Zylinderpaar in der Mitte mit Hochdruckdampf, die beiden an den Enden mit Niederdruckdampf. Die Zylinder aus Vanadiumguß haben 864 mm Durchm. und 813 mm Hub. Der Abdampf der Zylinder am Tender strömt in einen Speisewasservorwärmer, der unter dem Tender-Wasserbehälter angebracht ist. Der Auspuffdampf gelangt durch den Vorwärmer in einen schmalen Schornstein am Hinterende des Tenders. Der Rahmen ist vorn über den Wasserkasten hinaus verlängert, so daß die Tenderzylinder unter dem Führerhaus liegen. Zum Sandstreuen für die Tenderradgruppe dient ein Sandkasten auf dem Tender. Der Wasserbehälter ist 10 160 mm lang, 3365 mm breit und 1753 mm tief. Er faßt 50 cbm Wasser, der Kohlenbehälter 12 t Kohle. Durchm. der Triebräder ist 1442 mm, der Drehgestellräder 762 mm, Dienstgewicht rd. 160 t (30 t für jede Kuppel- und 20 t für jede Laufachse).

Abkürzungen der Quellenangaben zu den Tafeln.

R. A. G. = Railway Age Gazette
R. A. = Railway Age
R. Mag. = Railway Magazine
Loc. Mag. = The Locomotive Magazine
Loc. Souvenir = Locomotive Souvenir, London
Eng. = The Engineer
Engg. = Engineering
Engg. N. = Engineering News
Gén. civ. = Le Génie civil
Rev. gén. = Revue général des Chemins de fer et des Tramways
Z. V. D. I. = Zeitschrift des Vereines Deutscher Ingenieure
Gl. Ann. = Glasers Annalen für Gewerbe und Bauwesen
Org. = Organ für die Fortschritte des Eisenbahnwesens
D. Str. u. Klb. Z. = Deutsche Straßen- und Kleinbahn-Zeitung
Eisbb. = Der Eisenbahnbau
Han. N. = Hanomag Nachrichten
Lok. = Die Lokomotive, Wien
Schw. B. Z. = Schweizerische Bauzeitung
Jb. d. Gleisfahrzeugtechn. = Jahrbuch der Gleisfahrzeugtechnik, 1922
Hammer 1912 = Hammer, Die Entwicklung des Lokomotivparkes bei den preuß.-hess. Staatseisenbahnen
Hammer 1916 = Hammer, Neuerungen an Lokomotiven der preuß.-hess. Staatseisenbahnen
Garbe = Garbe, Die Dampflokomotiven der Gegenwart, 2. Aufl. 1920
Brückm. = Brückmann, Die Heißdampflokomotiven mit einfacher Dehnung des Dampfes, 1920
Höjer = Höjer, Lokomotivlära, Stockholm, 1921
Handb. = Igel, Handbuch des Dampflokomotivbaues, 1923

Quellenangabe zu den Tafeln II bis IV.

Zu Tafel II.

Reihe 1, P_6	Lok. 1920, S. 158; ZVDI. 1903, S. 297; Gl. Ann. Bd. 70, 1912, S. 12; Hammer 1912, S. 39; Brückm. S. 1052.
„ 2, P_8	Lok. 1910, S. 123; 1913, S. 162; 1915, S. 88; ZVDI. 1906, S. 156; 1910, S. 846, 923; 1915, S. 277; Han. N. 1922, S. 243; Hammer 1912, S. 40; Garbe S. 407; Brückm. S. 1053; Handb. S. 438.
„ 3, P_{10}	ZVDI. 1922, S. 904; Gl. Ann. Bd. 90, 1922, S. 167; Bd. 91, 1922, S. 137; Org. 1922, S. 147; Handb. S. 442.
„ 5, IV g	Lok. 1913, S. 73; Org. 1914, S. 49.
„ 6, XII H_2	Lok. 1913, S. 252; ZVDI. 1911, S. 366.
„ 8, S_4	Lok. 1906, S. 196; 1911, S. 9; ZVDI. 1902, S. 189; Gl. Ann. Bd. 60, 1907, S. 244; Hammer 1912, S. 30; Brückm. S. 1048.
„ 9, S_6	Lok. 1906, S. 149; 1911, S. 8, 149; 1915, S. 87; ZVDI. 1911, S. 978; Gl. Ann. Bd. 60, 1907, S. 242; Hammer 1912, S. 31; Garbe S. 388; Brückm. S. 1050.
„ 10, S_{10}	Lok. 1912, S. 62; 1915, S. 109, 133, 148; ZVDI. 1911, S. 465, 976; Gl. Ann. Bd. 70, 1912, S. 5; Bd. 73, 1913, S. 136; Hammer 1912, S. 36; Hammer 1916, S. 9; Garbe S. 391; Brückm. S. 1054; D. Str. u. Klb. Z. 1918, S. 357.
„ 11, S_{10}^1	Lok. 1912, S. 63; 1915, S. 150; Gl. Ann. Bd. 70, 1912, S. 10; Bd. 74, 1914, S. 86; D. Str. u. Klb. Z. 1918, S. 357; Hammer 1912, S. 41; Hammer 1916, S. 14; Garbe S. 393; Handb. S. 424.
„ 12, S_{10}^2	Lok. 1915, S. 152; ZVDI. 1915, S. 274; D. Str. u. Klb. Z. 1918, S. 365; Hammer 1916, S. 19; Garbe S. 400; Brückm. S. 1055; Haedb. S. 426.
„ 13, S $^3/_6$	Lok. 1908, S. 181; ZVDI. 1908, S. 2058; 1909, S. 25; Org. 1912, S. 22; Handb. S. 432.
„ 14, S $^3/_6$	Lok. 1914, S. 1.
„ 15, IV f	Lok. 1908, S. 21; ZVDI. 1907, S. 1542; 1908, S. 567; Org. 1908, S. 141.
„ 16, IV h	Han. N. 1920, S. 87; Handb. S. 434.
„ 17, C	Lok. 1911, S. 145; ZVDI. 1909, S. 2069; 1911, S. 976; Eisbb. 1919, S. 102.
„ 18, XII H_1	Lok. 1913, S. 250; Brückm. S. 1070.

Reihe 19, XII HV	Lok. 1913, S. 244; ZVDI. 1911, S. 977; Org. 1912, S. 218.
„ 20, XVIII H	Lok. 1921, S. 109; Gl. Ann. Bd. 87, 1920, S. 33; Org. 1921, S. 9; Han. N. 1920, S. 86; Brückm. S. 1172; Handb. S. 430.
„ 21, XX HV	Lok. 1919, S. 17; ZVDI. 1921, S. 217; Org. 1919, S. 190; 1921, S. 9; Gl. Ann. Bd. 87, 1920, S.33; Eisbb. 1919, S. 105; Han. N. 1919, S. 76; 1920, S. 87; D. Str. u. Klb. Z. 1920, S. 1; Handb. S. 436.
„ 22, 1C1-Oldb.	Gl. Ann. Bd. 80, 1917, S. 106; Org. 1917, S. 300; Hann. N. 1917, S. 33; Brückm. S. 1172; Handb. S. 428.

Zu Tafel III.

Reihe 1, G_8	Lok. 1906, S. 223; 1910, S. 145; 1911, S. 106, 178; 1914, S. 244, 246; 1915, S. 213; ZVDI. 1911, S. 795, 979; Gl. Ann. Bd. 70, 1912, S. 65; Org. 1910, S. 335, 355; 1911, S. 19; Hann. N. 1914, H. 8, S. 13; Hammer 1912, S. 50.
„ 2, G_8^1	Lok. 1911, S. 11; 1915, S. 252; 1916, S. 1, 185; ZVDI. 1915, S. 278; Gl. Ann. Bd. 75, 1915, S. 13, 49; Han. N. 1915, S. 65; 1919, S. 145; Hammer 1916, S. 28; Garbe S. 414; Brückm. S. 1056; Handb. S. 446.
„ 3, G_8^2	ZVDI. 1919, S. 1041; Han. N. 1921, S. 226; 1922, S. 147, 157; Brückm. 1171; Handb. S. 448.
„ 4, G_8^3	ZVDI. 1919, S. 1041; Eassb. 1920, S. 50; Handb. S. 450.
„ 5, G_{10}	Lok. 1910, S. 219; 1920, S. 126; ZVDI. 1914, S. 512 Gl. Ann. Bd. 70, 1912, S. 68; Bd. 72, 1913, S. 26; Bd. 74, 1914, S. 76; Bd. 75, 1915, S. 53; Han. N. 1922, S. 59; Hammer 1912, S. 54; Hammer 1916, S. 36; Garbe S. 417; Brückm. S. 1058; Handb. S. 454.
„ 6, G_{12}	Lok. 1919, S. 150; Gl. Ann. Bd. 87, 1920, S. 57; ZVDI. 1921, S. 219; Org. 1919, S. 153; Han. N. 1919, S. 109; 1922, S. 62; D. Str. u. Klb. Z. 1919, S. 539; Garbe S. 421; Handb. S. 456.
„ 7, G_{12}^1	Lok. 1916, S. 205; Gl. Ann. Bd. 78, 1916, S. 203; Org. 1916, S. 285; Hammer 1916, S. 38; Brückm. S. 1058.
„ 8, $G^3/_4$	Org. 1920, S. 239; Handb. S. 444.
„ 9, $^4/_5$	Lok. 1919, S. 45; Org. 1917, S. 329; Handb. S. 452.
„ 10, $G^5/_5$	Lok. 1911, S. 224; ZVDI. 1911, S. 978.
„ 12, VIII e	Lok. 1909, S. 25.
„ 13, H h	Brückm. S. 1072.
„ 14, K	Lok. 1919, S. 1; ZVDI. 1920, S. 829; Gl. Ann. Bd. 89, 1921, S. 140; Org. 1918, S. 124; Handb. S. 458.
„ 16, XI HV	Lok. 1913, S. 185.
„ 17, XIII H	Lok. 1921, S. 125; Gl. Ann. Bd. 87, 1920, S. 33.

Zu Tafel IV.

Reihe 1, T_{10}	Lok. 1909, S. 126; ZVDI. 1911, S. 1070; Gl. Ann. Bd. 70, 1912, S. 175; Bd. 72, 1913, S. 51; Bd. 76, 1915, S. 153; Hammer 1912, S.65; Hammer 1916, S. 48; Brückm. S. 1062.
„ 2, T_{12}	Lok. 1921, S. 177; Gl. Ann. Bd. 70, 1912, S. 175; Bd. 76, 1915, S. 151; Hammer 1912, S. 65; Hammer 1916, S. 45; Garbe S. 426; Brückm. S. 1059; Handb. S. 460.
„ 3, T_{14}	Lok. 1922, S. 47; Gl. Ann. Bd. 76, 1915, S. 148; Org. 1916, S. 411; Hann. N. 1921, S. 57; 1922, S. 30; Hammer 1916, S. 43; Garbe S. 432; Brückm. S. 1064.
„ 4, T_{14}^{1}	Handb. S. 469.
„ 5, T_{16}	Lok. 1907, S. 206, 212; 1915, S. 208; ZVDI. 1907, S. 1783; 1909, S. 1869; 1915, S. 314; Gl. Ann. Bd. 70, 1912, S. 187, Bd. 76, 1915, S. 150; Han. N. 1922, S. 75; Hammer 1912, S. 69; Hammer 1916, S. 45; Garbe S. 436; Brückm. S. 1065; Handb. S. 471.
„ 6, T_{18}	Lok. 1920, S. 173; Gl. Ann. Bd. 76, 1915, S. 153; D. Str. u. Klb. Z. 1918, S. 366; Hammer 1916, S. 48; Garbe 1920, S. 441; Brückm. S. 1063; Handb. S. 466.
„ 7, T_{20}	Handb. S. 473.
„ 8, T_{22}	Handb. S. 474.
„ 9, T_{13}	Lok. 1922, S. 21; ZVDI. 1912, S. 697; Org. 1912, S. 404; Gl. Ann. Bd. 76, 1915, S. 148; Han. N. 1922, S. 30, 162; Hammer 1912, S. 67; Hammer 1916, S. 43.
„ 10, Pt $^{2}/_{3}$	Lok. 1919, S. 53; Org. 1919, S. 324; Brückm. S. 1068.
„ 11, Pt $^{3}/_{6}$	Lok. 1921, S. 78; ZVDI. 1911, S. 1015; Org. 1912, S. 235; Brückm. S. 1068; Handb. S. 465.
„ 12, Gt $2 \times {}^{4}/_{4}$	Lok. 1914, S. 117; ZVDI. 1914, S. 398; Gl. Ann. Bd. 74, 1914, S. 190; Org. 1914, S. 366; Handb. S. 476.
„ 13, R $^{3}/_{3}$	Handb. S. 478.
„ 14, VI c	Lok. 1918, S. 143; Org. 1914, S. 49; Brückm. S. 1067. Handb. S. 462.
„ 15, T_{5}	Lok. 1911, S. 37; Brückm. S. 1072.
„ 16, XIV HT	Lok. 1913, S. 256; Org. 1914, S. 237; Brückm. S. 1071; Handb. S. 464.
„ 17, XI HT	Lok. 1913, S. 186; Org. 1913, S. 357; Brückm. S. 1071; Handb. S. 480.
„ 18, XV HTV	Lok. 1919, S. 62; ZVDI. 1921, S. 220; Org. 1918, S. 269; Handb. S. 474.
„ 19, R $^{4}/_{4}$	Handb. S. 479.

Anmerkungen zu den Tafeln V bis IX.

1. Mit Innenzylindern
2. 1524 Spur
3. 1600 Spur
4. 1676 Spur
5. Als fester Achsstand ist die geführte Länge angegeben
6. Mit Kleinrohrüberhitzer
7. Mit Verloop-Überhitzer
8. Mit Robinson-Überhitzer
9. Mit Holzfeuerung (cbm)
10. Mit Ölfeuerung
11. Halbtenderlok.; führt 3,5 cbm Naphta auf der Lok. mit
12. 9,1 cbm Öl
13. Außerdem 2,7 cbm Holz
14. Tenderlok. mit 13,3 cbm Wasser und 4,5 t Kohle
15. Mit Ventilsteuerung „Lentz"
16. Mit Gleichstromzylindern nach „Stumpf"
17. Mit Stütztender
18. Dienstgewicht mit Vorwärmer 75,6 t
19. Achsantrieb nach „Luttermöller"
20. Bauart „Garrat"
21. Mit Brotanfeuerbüchse
22. Mit eingeschalteter Tragachse

Bezugsquellen-Anhang.

Branchenregister.

RABOMA
RADIAL-BOHRMASCHINEN
für Hochleistungen in einfachen, zweckmässigen Sonderausführungen für alle Interessentenkreise
RABOMA MASCHINENFABRIK • HERMANN SCHOENING • BLN.-BORSIGWALDE

MARCYAN
DENSERIT
DENSERIT
HOCHDRUCK-
DICHTUNGSPLATTEN
RINGE U. FASSONS
sichern besten Erfolg
bei höchsten Ansprüchen
DENSERITWERKE GMBH
BERLIN SW 29, AM TEMPELHOFER BERG 7-8
TELEGR.-ADR.: DENSERITWERKE BERLIN

1-E-1
HEISSDAMPF-TENDER-
LOKOMOTIVEN
FÜR GEBIRGSBETRIEB
LOKOMOTIVEN
ALLER ART
A·BORSIG GMBH
BERLIN-TEGEL
LOKOMOTIVEN VON 600-1435 m/m SPURWEITE
UND 40-400PS. VOM LAGER LIEFERBAR

DER LOKOMOTIV-INDIKATOR

FERNSCHREIB-INDIKATOR DEUTSCHES REICHS-PATENT

INDIKATOR mit elektromagnetischer Fernbetätigung, Originalkonstruktion nach LEHMANN.

Der LOKOMOTIV-INDIKATOR, Originalkonstruktion Patent Lehmann, in Verbindung mit dem Leistungszähler D. R. P. nach Professor Gümpel hat sich bei Dauerversuchen vorzüglich bewährt.

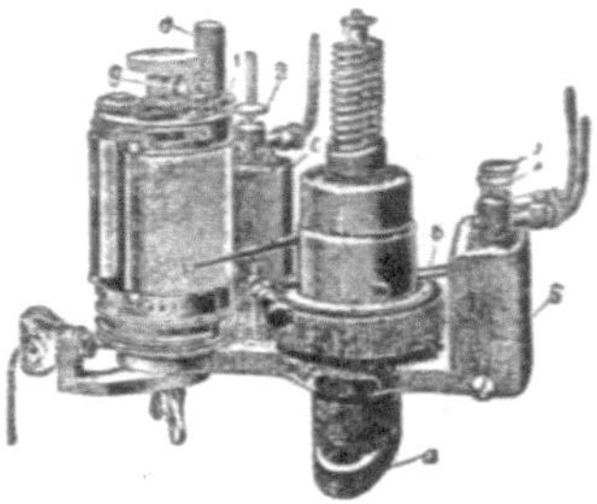

Der Lehmann-Indikator (D. R. P.) ist wegen seiner unabstreitbaren Vorzüge, nach den Urteilen der ersten Fachautoritäten des In- und Auslandes, das bestgeeignete Instrument für Dieselmotoren, Heißdampfmaschinen, Gasmotoren, Kompressoren usw.

Die vorstehend veranschaulichten Diagramme sind mit dieser Einrichtung aufgenommen.

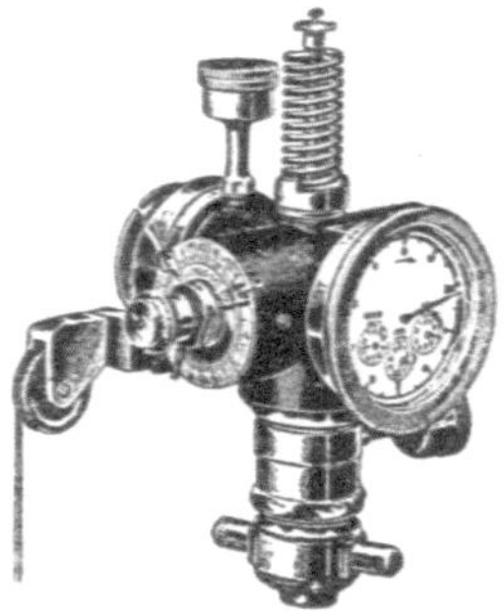

Viele Anerkennungen von ersten Fachleuten, Theoretikern und Praktikern.

ERSTE SPEZIALFABRIK FÜR TECHN. MESSINSTRUMENTE U. QUALITÄTSARMATUREN

LEHMANN & MICHELS
HAMBURG-WANDSBEK

FERNSPREGHER: VULKAN Nr. 4488

TELEGRAMM-ADR.: INDIKATORMANN

C. A. Callm, Halle (Saale)

Armaturen

für

Lokomotiven, Waggons und Kesselwagen.

Modern eingerichtete

Metall-Gießerei

Anfertigung aller zum Lokomotivbau benötigten Abgüsse, wie Lagerschalen, Achsbüchsen, Gleit- sowie Schieberplatten etc., in vorgeschriebener Legierung.

Reichhaltiges Modellager, deshalb kürzeste Lieferzeit.

Eigene chemische Versuchsanstalt.

Buchdruckerei Gebr. Unger, Berlin SW., Bernburger Straße 30.

Übersicht verschiedener Widerstandsformeln.

1	2	3	4	5	6	7	8	9
	Formeln gültig für	Wagen (Wagenzüge) Bauart	Zahl	Einzel-Gewicht t	Gesamt-Gewicht t	Formeln	Gültig für Geschwindigkeiten von — bis km/st	Bemerkungen
win	Lok. od. Wagen od. Züge	—	—	—	—	$w = 1{,}5 + 0{,}05 \cdot V = 1{,}5 + \frac{V}{20}$	—	Nach dieser Formel rechnen die Baldwin-Lok.-Werke in Philadelphia
k	Züge	—	—	—	—	$w = 2{,}4 + 0{,}001 \cdot V^2 = 2{,}4 + \frac{V^2}{1000}$	—	Von der bayerischen Staatsbahn aufgestellt
	„					$w = 2{,}4 + 0{,}0007 \cdot V^2 = 2{,}4 + \frac{V^2}{1300}$		Erfurter Formel (Versuche der Pr. St.-B.)
l, v. 1880	Lok.	—	—	—	—	$W_e = 0{,}005 + 0{,}0000002 t \cdot V^2 = 0{,}005 + \frac{V^2}{4763000}$	—	Versuche auf der bayerischen Staatsbahn
riette 82/83	Wagen	beladene Kohlenwagen	—	Eigengewicht 6—8 t Ladegewicht 8 t	400 bis 600	$w_z = 1{,}45 + 0{,}008 \cdot V^2 = 1{,}45 + \frac{V^2}{1250}$ oder vereinfacht $w_z = 0{,}07 \cdot V = \frac{V}{14{,}3}$	—	Versuche auf der franz. Nordbahn
ier, 97	Lok.					$w_i = 3{,}8 + 0{,}9 \cdot V \cdot \left(\frac{V+30}{1000}\right) = 3{,}8 + 0{,}027 \cdot V + 0{,}0009 \cdot V^2$		Versuche mit 2B-Sattd.-Vierzyl.-Verb.-S.-Lok. Bauart De Glehn
91/95	Wagen	Zweiachsige Personenwagen	etwa 15	10—11	160	$w_z = 1{,}6 + 0{,}46 \cdot V \cdot \left(\frac{V+50}{1000}\right) = 1{,}6 + 0{,}023 \cdot V + 0{,}00046 \cdot V^2$	60 bis 115	Sämtliche Versuche auf der franz. Nordbahn
91/95	„	vierachsige Drehgestell-Pers.-Wag.	etwa 7	30	200	$w_z = 1{,}6 + 0{,}456 \cdot V \cdot \left(\frac{V+10}{1000}\right) = 1{,}6 + 0{,}00456 \cdot V + 0{,}000456 \cdot V^2$	60 „ 115	
	Züge					$w = 2{,}36 + 0{,}0245 \cdot V + 0{,}000613 \cdot V^2$		
l, 1902	Lok.					$w_i = 3{,}8 + 0{,}7 \cdot V \cdot \left(\frac{V+70}{1000}\right) = 3{,}8 + 0{,}049 \cdot V + 0{,}0007 \cdot V^2$	—	Versuche mit 1B1-Sattd.-Zw.-S.-Lok. der franz. Staatsbahn
02	Wagen	8 m Radstand	—	19	—	$w = 1{,}5 + 0{,}25 \cdot V \cdot \left(\frac{V+85}{1000}\right) = 1{,}5 + 0{,}02125 \cdot V + 0{,}00025 \cdot V^2$		Sämtliche Versuche auf der franz. Staatsbahn
louits 02	Wagen	3,75 m Radst.	—	10 t Leergewicht	—	$w_z = 1{,}6 + 0{,}30 \cdot V \cdot \left(\frac{V+90}{1000}\right) = 1{,}6 + 0{,}027 \cdot V + 0{,}0003 \cdot V^2$	—	Versuche auf der franz. Staatsbahn
	„	Drehgestellwagen		28		$w_z = 1{,}4 + 0{,}20 \cdot V \cdot \left(\frac{V+80}{1000}\right) = 1{,}4 + 0{,}016 \cdot V + 0{,}0002 \cdot V^2$		
orries 02	Lok.	—	—	—	—	$w_i = 4 + 0{,}027 \cdot V + \frac{0{,}064 V^2}{G_L} = 4 + \frac{V}{37{,}0} + \frac{V^2}{15{,}6 \cdot G_L}$	—	Versuche mit 2B-Sattd.-S.-Lok. der Pr. St.-B., q = Wageneinzelgewicht
	Wagen					$w = 1{,}5 + 0{,}012 \cdot V + \left(\frac{0{,}3}{q} + 0{,}2\right) \cdot \frac{V^2}{1000}$		
mann 08	Lok.					$w_i = 2{,}4 + \frac{V}{26} + \frac{V^2}{1450} = 2{,}4 + 0{,}0385 \cdot V + 0{,}00069 \cdot V^2$		Lok. betriebsfähig — Versuche mit 2B-Sattd.-S.-Lok. der Pr. St.-B. in Direktion Erfurt
	„					$w_i = 2{,}7 + \frac{V}{22} + \frac{V^2}{2600} = 2{,}7 + 0{,}0454 \cdot V + 0{,}000385 \cdot V^2$		
	„					$w_i = 3{,}0 + \frac{V}{21} + \frac{V^2}{4500} = 3{,}0 + 0{,}0476 \cdot V + 0{,}000222 \cdot V^2$		
	„					$w_e = 1{,}4 + \frac{V}{36} + \frac{V^2}{2760} = 1{,}4 + 0{,}028 \cdot V + 0{,}000375 \cdot V^2$		Lok. ohne Kolben, Schieber und Schubstangen
	„					$w_e = 1{,}7 + \frac{V}{38} + \frac{V^2}{2462} = 1{,}7 + 0{,}0263 \cdot V + 0{,}000406 \cdot V^2$		
04	„					$w_i = 3{,}5 + \frac{V}{44} + \frac{V^2}{1602} = 3{,}5 + 0{,}0227 \cdot V + 0{,}000469 \cdot V^2$		Versuche mit 2B1-Sattd.-Lok. der Pr. St.-B. in Direktion Hannover
	Wagen	zweiachsige Wagen	20	12		$w = 1{,}3 + \frac{V}{247} + \frac{V^2}{1470} = 1{,}3 + 0{,}00405 \cdot V + 0{,}00068 \cdot V^2$	50 bis 90	
	„	vierachsige Abteilwagen		30		$w = 1{,}2 + \frac{V}{150} + \frac{V^2}{2200} = 1{,}2 + 0{,}00667 \cdot V + 0{,}00015 \cdot V^2$	50 „ 90	
ain	Lok.	—	—	—	—	$W_i^{kg} = 0{,}006 \cdot F \cdot V^2 + L_1^t\,(1{,}8 + 0{,}015 \cdot V) + L_2^t \left(a + \frac{0{,}1075}{D_m} \cdot V\right)$	—	Versuche mit C-G-Lok. der Österr. St.-B. L_1 = Gewicht a. d. Lok.- u. Tenderlaufachsen L_2 = Gewicht auf den gekuppelten Achsen; a = 5,5 für B-Lok. a = 8,0 für D-Lok. a = 7,0 „ C- „ a = 8,8 „ E- „
hl	Lok.	—	—	—	—	$w_i = 2{,}5 + 0{,}067 \cdot \left(\frac{V}{10}\right)^2 + \left(a + 0{,}116 \cdot \frac{V}{D}\right) \cdot \left(\frac{G_r}{G_L}\right)^4$	—	Formel nur gültig für Dauerleistungen bei Anstrengung bis zur Grenze der Verdampfungsfähigkeit; a = 2,5 für B-Lok. a = 5,5 für D-Lok. a = 4,0 für C-Lok. a = 7,0 für E-Lok.
lienge-llschaft, 04	Lok.					$w = 4 + 0{,}027 \cdot V + \frac{0{,}0052 \cdot V^2 \cdot F}{G_L}$	—	F = 10 qm für Lok. mit Tender; F = 7,5 qm für Lok. mit Tender mit zugespitzter Vorderfläche; Σf = Summe aller Wagenäquivalentflächen; f = 1 (nur für Anhängewagen in D-Zügen)
	Wagen	D-Wagen	—	—	—	$w = 1{,}3 + 0{,}0067 \cdot V + \frac{0{,}0052 \cdot V^2 \cdot \Sigma f}{G_w}$		
01	Züge					$W^{kg} = G_L^t\,(4 + 0{,}027 \cdot V) + 0{,}0052 \cdot V^2 \cdot F + G_w^t\,(1{,}3 + 0{,}0067 \cdot V) + 0{,}0052 \cdot V^2 \cdot \Sigma f$		
k 1879/1908	Lok.					$W_e^{kg} = G_L^t \left[2{,}5 + 0{,}0142 \left(\frac{V}{10}\right)^2\right] + 0{,}54 \cdot 1{,}1 \cdot F_L \left(\frac{V}{0}\right)$		F_L = 10 qm; Versuche mit 1C-S.-Lok. der Pr. St.-B. Leerlaufwiderstand bei herausgenommenem Schieber
	„					$w_e = 2{,}5 + 0{,}067 \left(\frac{V}{10}\right)^2 = 2{,}5 + \frac{V^2}{1492}$		
01	„					$w_i = 4{,}0 + 0{,}085 \left(\frac{V}{10}\right)^2 = 4{,}0 + \frac{V^2}{1176}$		Versuche mit 2B-Sattd.-Lok. in der Direktion Hannover
79/08	Wagen					$W = G_w^t \left[2{,}5 + 0{,}0142 \left(\frac{V}{10}\right)^2\right] + 0{,}54\,(2 + n f_w) \cdot \left(\frac{V}{10}\right)^2$		
	„	Personenwagen		12	mittlere Zugstärken	$w = 2{,}5 + 0{,}044 \left(\frac{V}{10}\right)^2 = 2{,}5 + \frac{V^2}{2270}$		vereinfachte Formeln; f_w = 0,56 für jeden Pers.-W. und gedeckten G.-W.
	„	„		15		$w = 2{,}5 + 0{,}04 \left(\frac{V}{10}\right)^2 = 2{,}5 + \frac{V^2}{2500}$		f_w = 0,32 für jeden beladenen offenen G.-W.
	„	„		30		$w = 2{,}5 + 0{,}03 \left(\frac{V}{10}\right)^2 = 2{,}5 + \frac{V^2}{3330}$		f_w = 1,62 für jeden leeren offenen G.-W.
	„	bedeckte Güterwagen	etwa 50 und 1 Gepäckwagen	12		$w = 2{,}5 + 0{,}041 \left(\frac{V}{10}\right)^2 = 2{,}5 + \frac{V^2}{2440}$		f_w = 2,0 für die ersten der Lok. folgenden Wagen bzw. für den Gepäckwagen
	„	beladene offene Güterwagen		15		$w = 2{,}5 + 0{,}032 \left(\frac{V}{10}\right)^2 = 2{,}5 + \frac{V^2}{3125}$		f_w = 0,76 Mittelwert, wenn n/2 gedeckte, n/4 offene beladene, n/4 offene leere G-Wagen
	„	leere offene Güterwagen		5		$w = 2{,}5 + 0{,}187 \left(\frac{V}{10}\right)^2 = 2{,}5 + \frac{V^2}{535}$		
	„	1/2 gedeckte Güterw., 1/4 offene beladene „, 1/4 offene leere „		11		$w = 2{,}5 + 0{,}053 \left(\frac{V}{10}\right)^2 = 2{,}5 + \frac{V^2}{1887}$		
879	Züge					$W^{kg} = (G_L^t + G_w^t) \cdot \left[2{,}5 + 0{,}0142 \left(\frac{V}{10}\right)^2\right] + 0{,}54\,(1{,}1 F_L + 2 + n \cdot f_w) \cdot \left(\frac{V}{10}\right)^2$		
te üpt an Frank" an	Wagen	D-Wagen od. vierachsige Abteilwagen			300 bis 500	$w = 2{,}5 + \frac{V^2}{4000} = 2{,}5 + 0{,}00025 \cdot V^2$		Personenwagenzüge einschl. Gepäckwagen
	„	zwei- od. dreiachsige Abteilwagen			300 bis 400	$w = 2{,}5 + \frac{V^2}{3000} = 2{,}5 + 0{,}00033 \cdot V^2$		
	„	vollbeladene offene Güterwagen	Kohlenzüge		800 bis 1300	$w = 2{,}5 + \frac{V^2}{4400} = 2{,}5 + 0{,}000227 \cdot V^2$		Güterwagenzüge einschl. Gepäckwagen
	„	halbbeladene bedeckte Güterwagen	Eilgutzüge			$w = 2{,}5 + \frac{V^2}{3000} = 2{,}5 + 0{,}00033 \cdot V^2$		
	„	1/2 bedeckt od. offen, 1/2 beladen od. leer			800 bis 1000	$w = 2{,}5 + \frac{V^2}{2000} = 2{,}5 + 0{,}0005 \cdot V^2$		
	„	leere Wagen: 1/2 bedeckt, 1/2 offen			400 bis 600	$w = 2{,}5 + \frac{V^2}{1000} = 2{,}5 + 0{,}001 \cdot V^2$		
	„	leere Güterwag.	Kohlenzüge		300 bis 500	$w = 2{,}5 + \frac{V^2}{700} = 2{,}5 + 0{,}00148 \cdot V^2$		

Wagen bzw. **Zügen** ist der durch Ablauf oder Auslauf gefundene Widerstand w in kg/t bzw. W in kg
„ „ „ „ „ „ Dynamometer hinter d. Lok. „ „ w_z „ „ „ W_z „ „
Lokomotiven „ „ aus den Dampfdiagrammen „ „ w_i „ „ „ W_i „ „
„ „ wenn dieselbe ohne Dampf lief, der „ „ w_e „ „ „ W_e „ „

Was w_e bei **Lokomotiven** anbetrifft, so ist in den Abhandlungen nicht immer klar ersichtlich, welche Art von Widerstand damit gemeint ist. w_e würde eigentlich bedeuten: Widerstand der Lok. als Wagen, d. h. Laufwiderstand ohne Kolben, Schieber und Triebstangen. Es sind aber hier mit w_e auch Ergebnisse aus Versuchen bezeichnet, bei denen nur die Schieber herausgenommen wurden, oder bei denen das ganze Triebwerk, aber ohne Dampf, mitgeht.

gel. Handbuch des Dampflokomotivbaues.

Tafel II

Heissdampf- Personen- und

Nr.	Verwaltung	Bauart	Gattung	Lieferung: Erbauer	Lieferung: Jahr	zuläss. Geschw. km/st	Zylinder: Durchm. mm	Zylinder: Hub mm	Durchmesser: Triebrad mm	Laufrad vorn mm	Laufrad hint. mm	Kennziffer C_1	Kennziffer C_2	Dampfdruck at
												Person…		
1	Preussen	1C	P6	Schwartzk.	1906	90	540	630	1600	1000	-	1150	25,2	12
2	"	2C	P8	"	1914	100	575	630	1750	1000	-	1190	23,0	12
3	"	1D1	P10	Borsig	1922	120	3x520	660	1750	1000	1100	1530	22,5	14
4	Bayern	2C	P3/5	Maffei	1922	90	2x360/590	640	1640	850	-	1358	28,9	15
5	Baden	1C1	IVg	Karlsruhe	1912	90	2x360/590	640	1700	990	1200	1310	28,4	16
6	Sachsen	2C	XII H2	Hartmann	1910	80	550	600	1570	1045	-	1155	24,8	12
7	"	2C	XII H2	"	1918	80	550	600	1590	1065	-	1142	24,2	13
												Schne…		
8	Preussen	2B	S4	Henschel	1907	100	540	600	1980	1000	-	801	25,0	12
9	"	2B	S6	Breslau	1906	110	550	630	2100	1000	-	908	26,3	12
10	"	2C	S10	Schwartzk.	1910	110	4x430	630	1980	1000	-	1177	22,7	14
11	"	2C	$S10^{1}$	Henschel	1914	110	2x400/610	660	1980	1000	-	1240	23,8	15
12	"	2C	$S10^{2}$	Vulcan	1914	110	3x500	630	1980	1000	-	1193	22,6	14
13	Bayern	2C1	S3/6	Maffei	1908	120	2x425/650	610/670	1870	950	1206	1346	28,0	15
14	"	2C1	S3/6	"	1912	120	2x425/650	670	2000	950	1206	1415	28,9	15
15	Baden	2C1	IVf	Maffei	1907	100	2x425/650	610/670	1800	990	1200	1514	30,6	16
16	"	2C1	IVh	"	1919	100	2x440/680	680	2100	970	1200	1497	28,2	15
17	Württembg.	2C1	C	Esslingen	1908	110	2x420/620	612	1800	1000	1250	1305	27,9	15
18	Sachsen	2C	XII H1	Hartmann	1909	100	610	630	1885	1045	-	1244	26,2	12
19	"	2C	XII HV	"	1908	100	2x430/680	630	1885	1045	-	1546	32,2	15
20	"	2C1	XVIII H	"	1917	100	3x500	630	1905	1065	1260	1242	24,5	14
21	"	1D1	XX HV	"	1918	100	2x480/720	630	1905	1065	1261	1710	25,2	15
22	Oldenburg	1C1	-	Hanomag	1917	100	580	630	1980	1100	1100	1070	23,0	14

Tafel III

Heissdampf- Güterz

Nr.	Verwaltung	Bauart	Gattung	Lieferung: Erbauer	Lieferung: Jahr	zuläss. Geschw. km/st	Zylinder: Durchm. mm	Zylinder: Hub mm	Durchmesser: Triebrad mm	Laufrad vorn mm	Laufrad hint. mm	Kennziffer C_1	Kennziffer C_2	Dampfdruck at
1	Preussen	D	G8	Vulcan	1906	55	600	660	1350	-	-	1760	30,7	12
2	"	D	$G8^{1}$	Schichau	1912	55	600	660	1350	-	-	1760	25,9	14
3	"	1D	$G8^{2}$	Henschel	1919	65	620	660	1400	1000	-	1820	27,1	14
4	"	1D	$G8^{3}$	"	1919	65	3x520	660	1400	1000	-	1900	28,0	14
5	"	E	G10	"	1910	60	630	660	1400	-	-	1870	26,2	12
6	"	1E	G12	"	1917	65	3x570	660	1400	1000	-	2300	28,8	14
7	"	1E	$G12^{1}$	"	1915	60	3x560	660	1400	1000	-	2220	26,2	14
8	Bayern	1C	G3/4	Maffei	1918	65	520	630	1350	950	-	1260	26,3	13
9	"	1D	G4/5	"	1916	60	2x400/620	610/640	1300	880	-	1890	29,6	16
10	"	E	G5/5	"	1911	60	2x426/650	610/640	1270	-	-	1065	27,5	16
11	"	E	G5/5	"	1920	60	2x450/690	610/640	1270	-	-	2400	29,1	16
12	Baden	1D	VIIIe	Maffei	1908	55	2x395/635	640	1350	850	-	1910	28,3	16
13	Württembg.	E	Hh	Esslingen	1909	60	620	612	1250	-	-	1880	25,6	12
14	"	1F	K	"	1918	60	2x510/760	650	1350	943	-	2781	29,7	15
15	Sachsen	1D	IX HV	Hartmann	1906	55	530/770	630	1240	1045	-	1525	25,1	15
16	"	E	XI HV	"	1905	45	590/860	630	1261	-	-	1960	25,1	13
17	"	1E	XIII H	"	1919	65	3x570	660	1400	1000	-	2298	27,7	14

er Deutschen Reichsbahn

. l	Überhitz.-heizfl. qm	Heizrohre Zahl	Heizrohre Durchmesser mm	Rauchrohre Z.	Rauchrohre Durchmesser mm	Rohrlänge mm	Wass.-inh. im Kessel cbm	Dampfraum im Kessel cbm	Verd.-obfl. im Kessel qm	Kesselm. über S.O. mm	Achsstand fest mm	Achsstand ganz mm	Lokomotivgewichte Leer- t	Lokomotivgewichte Dienst- t	Lokomotivgewichte Reib- t	gr. Raddruck t
iven																
2	41,9	150	41/46	21	125/133	4500	5,44	1,78	8,20	2550	4000	6450	53,6	59,7	45,7	7,60
8	58,9	123	45/50	26	125/133	4700	6,50	2,65	9,50	2750	4580	8350	70,8	77,5	51,9	8,65
0	82,0	144	50/55	34	125/133	5800	9,60	4,00	12,20	3000	4000	11600	87,0	98,0	68,0	8,50
0	35,9	152	45/50	20	125/133	4350	6,25	1,94	8,10	2725	3800	8150	64,8	72,0	47,1	7,85
0	43,0	274	48/52	M-Clench		4720				2850	3700	9400	65,0	72,7	46,2	7,70
0	43,2	180	45/50	24	124/133	4200				2670	3500	7200	62,4	69,9	46,7	7,79
6	43,2	180	45/50	24	124/133	4200				2680	3500	7200	68,6	78,5	47,2	7,87
iven																
5	33,9	115	41/46	18	125/133	4300	4,33	1,98	7,44	2500	2600	7600	50,2	55,2	32,0	8,00
8	40,3	152	41/46	21	125/133	4500	5,68	2,56	7,60	2750	3000	8000	55,7	60,7	34,5	8,60
9	61,5	129	45/50	26	125/133	4900	7,10	3,18	8,71	2800	4700	9100	73,3	79,6	51,7	8,60
2	58,5	141	45/50	26	125/133	4900	7,15	2,11	10,22	2900	4700	9100	75,2	84,2	52,0	8,70
9	61,5	129	45/50	26	125/133	4900	7,10	3,18	8,71	2800	4700	9150	73,8	80,0	51,4	8,57
0	50,0	180	52/56	25	129/138	5255	7,85	2,62	10,20	2855	4020	11365	78,5	86,5	48,0	8,00
0	50,0	180	52/56	25	129/138	5255	7,85	2,62	10,20	2920	4160	11420	80,5	88,5	49,0	8,17
0	50,0	175	50/55	25	129/138	5100				2820	3880	11210	81,2	88,3	49,5	8,25
0	77,6	170	50/55	34	125/133	5200				2900	4360	12310	87,5	96,0	53,0	8,83
0	53,0	174	47/52	24	125/133	5500				2900	3800	11040	75,9	85,0	47,6	7,93
0	47,1	180	45/50	24	125/133	4550				2800	4100	8650	64,9	72,7	47,7	7,95
0	41,0	144	45/50	24	119/127	4550				2700	4100	8450	67,7	74,5	48,1	8,01
0	72,0	156	52/57	28	124/133	5500				2950	4100	11375	84,3	93,5	50,5	8,42
0	74,0	156	52/57	28	124/133	5800				2950	4000	11960	90,0	100,0	68,0	8,50
0	41,0	122	49/54	18	125/133	5200				2850	4250	10425	64,5	72,0	46,5	7,75

chen Reichsbahn

. l	Überhitz.-heizfl. qm	Heizrohre Zahl	Heizrohre Durchmesser mm	Rauchrohre Z.	Rauchrohre Durchmesser mm	Rohrlänge mm	Wass.-inh. im Kessel cbm	Dampfraum im Kessel cbm	Verd.-obfl. im Kessel qm	Kesselm. über S.O. mm	Achsstand fest mm	Achsstand ganz mm	Lokomotivgewichte Leer- t	Lokomotivgewichte Dienst t	Lokomotivgewichte Reib- t	gr. Raddruck t
5	40,4	152	41/46	21	125/133	4500	5,67	2,07	8,50	2550	2960	4500	51,7	57,3	57,3	7,16
3	51,9	139	45/50	24	125/133	4500	6,29	2,15	8,82	2700	3130	4700	61,4	67,9	67,9	8,49
5	53,1	189	41/46	34	125/133	4100	6,90	2,67	9,40	3000	4500	7000	74,1	81,4	68,0	8,50
6	53,1	189	41/46	34	125/133	4100	6,90	2,67	9,40	3000	4500	7000	76,9	82,5	68,0	8,50
6	53,0	131	45/50	26	125/133	4700	6,10	2,40	8,90	2700	4500	6000	65,3	71,5	71,5	7,15
6	68,4	189	41/46	34	125/133	4800	8,43	3,19	10,90	3000	4500	8500	85,6	93,1	80,0	8,00
3	77,7	206	41/46	32	125/133	5000	9,41	3,84	11,70	2920	4500	9000	89,9	98,8	85,0	8,50
0	37,7	138	45/50	20	125/133	4350	6,06	1,89	7,56	2800	4000	6700	55,3	59,9	48,0	8,00
0	58,0	174	48/52	30	126/135	4450	7,37	2,23	8,50	2815	3200	7300	69,0	77,0	64,0	8,00
0	47,0	219	48/52	24	126/135	4600				2750	3200	6000	69,5	77,5	77,5	7,75
6	55,4	189	47/52	28	125/133	4600	7,60	2,30	9,41	2750	3200	6000	77,0	82,5	82,5	8,25
0	50,0	332	38/50	M.-Clench		4675	5,80	4,45		2750	3300	7450	71,0	78,2	67,7	8,46
0	50,1	156	47/52	25	125/133	4400				2600	2800	5600	66,8	73,5	73,5	7,35
0	80,0	183	47/52	32	125/133	5500				3000	4500	9900	95,6	106,5	93,5	7,79
0	42,2	156	45/50	24	119/127	4600				2400	2860	7760	64,3	72,0	60,8	7,60
2	49,0	172	45/50	24	119/127	4700				2660	2800	5600	65,5	73,5	73,5	7,35
0	68,4	189	40/45	34	125/133	4800				3000	4500	8500	86,8	96,6	82,8	8,28

Photolith. v. Bogdan Gisevius, Berlin W. Bülowstr. 66.

Tafel IV

Heissdampf- Te

Nr.	Verwaltung	Bauart	Gattung	Lieferung Erbauer	Lieferung Jahr	zuläss. Geschw. km/st	Zylinder Durchm. mm	Zylinder Hub mm	Durchmesser Triebrad mm	Laufrad vorn mm	Laufrad hint. mm	Kennziffer C_1	Kennziffer C_2	Dampfdruck at	Rostfl. qm
1	Preussen	2C	T10	Borsig	1908	100	575	630	1750	1000	-	1190	24,5	12	1,85
2	"	1C	T12	"	1907	80	540	630	1500	1000	-	1225	24,1	12	1,73
3	"	1D1	T14	Union	1913	65	600	660	1350	1000	1000	1760	27,9	12	2,50
4	"	1D1	T14^{1}	"	1919	65	600	660	1350	1000	1000	1760	25,9	12	2,50
5	"	E	T16	Schwartzk.	1914	50	610	660	1350	-	-	1820	22,5	12	2,25
6	"	2C2	T18	Vulcan	1912	90	560	630	1650	1000	1000	1200	26,4	12	2,42
7	"	1E1	T20	Borsig	1922	60	700	660	1400	850	850	2310	28,9	14	4,50
8	"	F	T22	Orenstein	1922	45	700	660	1250	-	-	2587	25,4	14	3,50
9	"	D	T13	Union	1910	45	500	600	1250	-	-	1200	19,1	12	1,73
10	Bayern	1B	Pt2/3	Krauss			375	500	1250	850	-	513	18,2	12	1,22
11	"	1C2	Pt3/6	"	1911	90	530	560	1500	960	960	1049	22,1	13	2,34
12	"	D+D	Gt2x4/4	Maffei	1914	50	2x520/800	640	1216	-	-	3365	27,5	15	4,25
13	"	C	R3/3	"		45	420	610	1216	-	-	884	19,5	12	1,60
14	Baden	1C1	VIc	Karlsruhe	1914	90	540	640	1600	990	990	1166	24,7	12	2,06
15	Württembg.	1C1	T5	Esslingen	1910	70	500	612	1450	943	943	1055	23,5	12	1,93
16	Sachsen	1C1	XIV HT	Hartmann	1918	75	550	600	1590	1065	1065	1141	23,1	12	2,32
17	"	E	XI HT	"	1918	40	620	630	1260	-	-	1923	24,2	12	2,30
18	"	C+C	XV HTV	"	1916	70	2x440/680	630	1400	-	-	2082	22,6	15	2,50
19	Bayern	D	R4/4	Krauss		45	530	650	1216	-	-	1500	22,5	12	2,00

Tafel V

Neuere P-, S-

Nr.	Bahnverwaltung	Lieferung Erbauer	Lieferung Jahr	Zylinder Durchm. HD/ND mm	Zylinder Hub mm	Triebrad Ø mm	Dampfdruck at	Heizfläche wv. Feuerb. qm	Heizfläche wv. Rohre qm	Heizfläche wv. Kessel qm	Üb hi he f q
								2 B - L o k o m o t			
1	Arg.Rosario-P.Belgrano B.	Schwartzkopff	1908	500	650	1850	12,00	12,0	101,9	113,8	34
2	Engl.Hochland B.	Hawthorn	1916	508	660	1905	11,25	11,5	94,4	105,9	16
3	Holländ.Eisenb.Ges.	Schwartzkopff	1914	530	660	2100	12,40	12,0	108,8	120,8	40
4	Irische Grosse Nord B.	Beyer,Peacock	1913	483	660	2007	11,60	13,1	90,5	103,6	28
5	Engl.Südost u.Chatam B.	Borsig	1914	521	660	2032	11,25	14,9	116,3	131,2	29
6	Engl.Mittelland B.	Derby	1913	521	660	2057	12,30	13,1	91,0	104,1	33
7	Brasilian.Paulista B.	Borsig	1912	560	640	1676	12,00	15,8	149,1	164,9	50
8	Engl.Grosse Zentral B.	Gorton	1920	508	660	2057	12,66	14,4	144,9	159,3	19
9	Engl.Nordost B.	Darlington	1913	483	660	2083	11,25	14,7	83,8	98,5	36
								2 B 1 - L o k o m o			
10	Aegyptische Staats B.	Schwartzkopff	1913	508	660	1981	12,65	14,9	127,9	142,8	37
11	Engl.Grosse Nord B.	Doncaster	1910	508	660	2032	12,00	13,3	143,6	156,9	52
12	London,Brighton u.Südk.B.	Brighton	1911	533	660	2109	11,60	12,6	158,5	171,1	54
13	Engl.Nordost B.	N.Brit.Lok.G.	1911	3x419	660	2083	11,25	16,7	167,0	183,7	49
								C - L o k o m o t i			
14	Engl.Mittelland B.	Derby	1911	508	660	1600	11,25	11,6	97,1	108,7	29
15	Indische Nord-West B.	Vulcan Foundry		508	660	1562	11,25	11,9	89,0	100,9	21
16	Niederländ.Eisenb.Ges.	Schwartzkopff	1920	500	610	1524	12,40	11,8	86,2	98,0	33
17	Engl.Grosse Ost B.	Stratford	1920	508	711	1499	12,66	13,3	104,4	117,7	34

Igel, Handbuch des Dampflokomotivbaues.(Verlag M. Krayn, Berlin W.)

sehen Reichsbahn

Heizrohre Zahl	Heizrohre Durchmesser mm	Rauchrohre Z.	Rauchrohre Durchmesser mm	Rohrlänge mm	Wass. inh. (im Kessel) cbm	Dampfraum (im Kessel) cbm	Verd. obfl. (im Kessel) qm	Kesselm. über S.O. mm	Achsstand fest mm	Achsstand ganz mm	Lokomotivgewichte Leer- t	Lokomotivgewichte Dienst t	Lokomotivgewichte Reib- t	gr. Raddruck t	Vorräte Wasser cbm	Vorräte Kohle t
152	41/46	21	125/133	4450	4,04	2,15	8,40	2750	4230	8000	60,6	76,0	48,7	8,12	7,5	3,0
120	41/46	18	125/133	4370	4,52	1,52	6,80	2500	2000	6350	52,0	66,3	50,8	8,47	7,0	2,5
112	41/46	26	125/133	4700	5,55	2,83	9,53	2900	4500	9300	73,1	94,4	63,0	7,88	11,0	4,0
111	41/46	26	125/133	4700	5,55	2,83	9,53	2900	4500	9300	77,2	101,7	67,9	8,49	14,0	4,5
141	41/46	22	125/133	4500	5,32	1,78	8,00	2650	2900	5800	63,8	80,8	80,8	8,08	8,0	3,0
134	41/46	24	125/133	4700	5,85	2,87	8,51	2850	4100	11700	83,2	105,0	46,5	7,75	12,0	4,5
178	45/50	34	125/133	4500				3100	3300	11700	90,0	110,0	80,0	8,00	12,0	4,0
162	41/46	34	125/133	4800	6,90	2,67	9,40	3080	4500	7300	82,0	102,0	102,0	8,50	9,0	4,5
209	41/46	-	-	4000	4,40	1,60	6,15	2450	3650	5275	48,5	62,7	62,7	7,84	7,0	2,5
83	40/45	12	124/133	3500				2200	4000	5450	29,0	39,5	28,2	7,05	6,0	1,2
135	40/45	21	124/133	4000	4,43	1,57	7,05	2850	3600	9150	67,5	91,0	48,0	7,90	14,0	4,5
219	49/53	24	126/135	5075	8,34	2,46	10,00	2960	4500	12200	97,5	122,5	122,5	7,75	11,0	5,3
184	40/45	-	-	3600	3,37	1,77	6,15	2290	3700	3700	37,5	45,3	45,3	7,55	5,0	1,2
115	47/52	19	125/133	4100				2850	4000	8900	54,1	74,5	47,3	7,89	10,0	4,0
135	40/45	21	119/127	4100				2500	4000	8700	54,3	70,6	45,0	7,50	10,0	3,5
132	45/50	24	119/127	4000				2710	3800	8700	64,2	82,2	49,5	8,25	9,0	2,8
132	45/50	24	119/127	4500				2530	2800	5600	61,7	79,4	79,4	7,94	8,5	2,2
124	45/50	22	119/127	4500				2850	7500	11100	74,6	92,2	92,2	7,68	8,5	2,2
232	40/45	-	-	4000	4,50	2,20	7,00	2810	4500	4500	50,0	66,9	66,9	8,36	7,6	1,6

ändischer Bahnen

…ohre …ch-messer …m	Rohrlänge mm	Achsstand fest mm	Achsstand ganz mm	Lokgewichte Leer t	Lokgewichte Dienst t	Lokgewichte Reib- t	gr. Raddruck t	Kennziffer C_1	Kennziffer C_2	Quellenangabe	Anmerkung
/133	4000	2700	7300	45,0	49,8	32,0	8,00	878	27,4	Brückm.S.1150	1,4
/127	3476	2667	6998	50,5	54,5	34,2	8,55	890	26,1	Loc.Mag.20,S.263	
/133	4200	3300	7900	53,6	59,3	34,2	8,55	882	25,8	Garbe,2Aufl.S.462; Handb.S.481	1
/133	3467	2895	7033	49,4	52,9	34,5	8,62	767	22,2	Loc.Mag.1[illegible],S.96	1,3
/138	3599	3048	7404	52,2	57,7	37,0	9,25	884	23,9	RAG.14,S.129;Org.14,S.392;Handb.S.482	1
/130	3473	2895	8750	53,2	57,3	37,2	9,30	871	23,4	Lok.14,S.111	1
/133	3500	2600	7500	56,4	64,4	38,4	9,60	1195	31,2	Garbe,2.Aufl.,S.458	3
/133		3048	7696		62,1	40,4	10,04	828	20,5	Loc.Mag.20,S.74	
/133	3432	2895	7739	53,1	60,4	41,5	10,37	739	17.8		1
/133	4056	2082	9421	66,0	74,2	33,5	8,38	857	25,7	Loc.Mag.14,S.6;21,S.313	
/133	4877	2083	8033	64,4	70,5	36,7	9,18	840	21,1	Eng.17,S.518;Org.18,S.139	
/140	4877	2083	8026	65,5	70,9	38,4	9,60	889	23,2	Brückm.S.1079	
/133	4943	2312	8991	70,3	78,2	40,4	10,08	832	20,6	Loc.Mag.13,S.12	
/130	3369	5028	5028	46,1	49,9	49,9	8,32	1065	21,3	Lok.14,S.113;Org.12,S.361	1
		4726	4726		50,5	50,5	8,41	1090	21,6	Loc.Souvenir Nr.26	4
/133	3310	4724	4724	48,3	52,8	52,8	8,80	1000	19,2	Handb.S.519	1
/133	3912	5740	5740		60,0	60,0	10,00	1225	20,4	Loc.Mag.20,S.93;Handb.S. 519	1

Photolith. v. Bogdan Gisevius, Berlin W. Bülowstr. 66.

Nr.	Bahnverwaltung	Lieferung		Zylinder		Triebrad-Ø	Dampfdruck	Heizfläche wv.			Überhitzheizfl.	Ro[st]fl.
		Erbauer	Jahr	Durchm. HD/ND mm	Hub mm	mm	at	Feuerb. qm	Rohre qm	Kessel qm	qm	qm
								1 C - Lokomotive				
18	Bagdad B.	Hanomag	1911	540	630	1500	12,00	11,5	118,8	130,3	38,0	2,
19	Oesterr.Staats B.	Floridsdorf	1907	520	650	1560	11,50			151,7	33,5	2,
20	Buenos Aires-Süd B.	Beyer, Peacock	1912	483	660	1727	10,66	10,7	89,5	100,2	27,3	2,
21	Madrid-Caceres, Portugal	Hartmann-Ch.	1909	540	610	1600	12,00	12,2	112,2	124,4	36,0	3,
22	Schweiz.Bundes B.	Winterthur	1807	540	600	1520	12,00	12,3	99,6	111,9	28,6	2,
23	Engl.Kaledonische B.	St.Rollox	1912	495	660	1524	11,25	11,0	89,7	100,7	27,3	1,
24	Rumänische Staats B.	Henschel	1910	520	650	1350	12,00	12,6	113,5	126,1	34,8	2,
25	Lübeck-Büchener B.	Linke-Hofmann	1918	530	630	1400	12,00	11,7	123,7	135,4	43,1	2,
26	Rumänische Staats B.	Schwartzkopff	1916	520	650	1665	12,00	14,5	113,5	128,0	34,8	2,
27	Engl.Südost u.Chatam B.	Ashford	1917	483	711	1676	14,10	11,3	116,3	127,6	18,9	2,
28	Aegyptische Staats B.	Henschel	1913	508	660	1543	12,65	14,9	127,9	142,8	37,3	2,
29	Engl.Grosse West B.	Swindon		470	762	1727	14,00			125,0	20,1	1,
30	London, Brighton u.Südk.B.	Brighton	1914	533	660	1676	12,00	11,9	107,3	119,2	25,9	2,
31	Oesterr.Staats B.	Wiener Neust.	1909	520/740	632	1300	14,00	10,0	96,7	106,7	27,5	2,
32	Engl.Grosse Nord B.	Doncaster	1920	3x470	660	1727	1[illegible],66	16,7	158,1	174,8	37,2	2,
								1 C 1 - Lokomotiv				
33	Orientalische Eisenb.	Hanomag	1912	500	630	1640	13,00	10,0	118,0	128,0	39,0	2,
34	Oesterr.Staats B.	Floridsdorf	1916	540	680	1820	14,00	14,3	149,6	163,8	28,5	3,
35	Ungarische Staats B.	Budapest	1914	510	650	1440	12,00	11,0	164,1	175,1	37,3	3,
36	Russische Staats B.	Sormowo	1911	550	700	1830	13,00	15,0	175,0	190,0	60,4	3,
37	Brasilian.Zentral B.	Maffei	1916	600	660	1575	12,75	13,0	169,0	182,0	48,0	3,
38	Serbische Staats B.	Schwartzkopff	1922	4x410	650	1850	12,00	15,1	111,5	126,6	38,6	3,
39	Italienische Staats B.	Breda	1912	4x420	650	1850	12,00	12,2	178,2	190,4	52,4	3,
								1 C 2 - Lokomotiv				
40	Oesterr.Staats B.	Floridsdorf	1911	2x390/660	720	2140	15,00	15,1	173,0	188,1	43,4	4,
41	" "	"	1918	2x390/660	720	2140	16,00	16,4	182,4	198,8	43,4	4,
								2 C - Lokomotive				
42	Finnische Staats B.	Schwartzkopff	1919	510	600	1750	12,00	10,4	99,2	109,6	30,7	1,
43	Berglagernas B.	Nydqu.u.Holm	1912	520	610	1720	12,00	12,4	105,2	117,6	39,7	2,
44	Schantung B.	Schwartzkopff	1912	480	630	1750	12,00	13,1	118,6	131,7	39,3	2,
45	Ungarische Staats B.	Henschel	1918	570	650	1826	12,00	14,6	134,8	149,4	50,1	3,
46	Nordbrabant D.Eisenb.Ges.	Hohenzollern	1914	510	660	1981	13,40	13,5	104,7	118,2	36,5	2,
47	Oesterr.Südb.Ges.	St.Eisenb.Ges.	1910	550	650	1740	13,00	12,0	173,2	185,2	51,9	3,
48	Ungarische Staats B.	Budapest	1913	550	650	1826	12,00	13,4	139,4	152,8	34,0	3,
49	Engl.Grosse Ost B.	Stratford	1912	508	711	1981	12,65	13,3	125,0	138,3	34,6	2,
50	Portugiesische Staats B.	Henschel	1913	540	680	1700	12,00	13,1	120,2	133,3	39,8	3,
51	Französische Staats B.	Belfort	1912	550	640	1750	12,00	14,8	121,3	136,1	41,5	2,
52	Schwedische Staats B.	Motala, N.u.H.	1910	590	620	1750	12,00	12,7	140,0	152,7	44,8	2,
53	Tientsin-Pukow B.	Henschel	1913	570	630	1750	12,00	13,8	137,0	150,8	46,4	2,
54	Dänische Staats B.	Borsig	1912	570	670	1866	12,00	17,5	139,8	157,3	44,2	2,
55	Russ.Moskau-Kasan B.	Kolomna	1914	575	650	1900	13,00	15,4	151,0	166,4	47,4	3,
56	Norwegische Trunk B.	Baldwin	1917	560	994	1600	11,95	13,1	118,8	131,9	31,9	2,
57	Neu Südwales B.	Eveleigh		533	660	1753	11,25	14,4	187,6	202,0	-	2,
58	Indische Bengal-Napur B.	Stephenson	1920	546	660	1867	11,25	15,1	101,9	117,0	23,2	2,
59	Indische Halbinsel B.	Vulcan Foundry	1913	521	660	1860	11,25	14,6	123,8	138,4	45,4	2,
60	Kanton-Hankow B.	Baldwin	1915	533	660	1676	11,25	17,2	148,3	165,5	37,5	2,
61	Französische Süd B.	Schwartzkopff	1912	590	640	1750	12,00	13,8	147,0	160,8	49,3	2,
62	Austral.Victoria-St.B.	Newport	1916	559	660	1854	13,00	17,1	191,2	208,3	34,8	2,
63	London u.Südwest B.	Eastleigh	1919	533	711	1702	12,60	14,9	159,5	174,4	28,6	2,

Igel, Handbuch des Dampflokomotivbaues. (Verlag M. Krayn, Berlin W.)

Rohr-länge	Achsstand fest	Achsstand ganz	Lokgewichte Leer	Lokgewichte Dienst-	Lokgewichte Reib-	gr. Rad-druck	Kennziffer C_1	Kennziffer C_2	Quellenangabe	Anmerkung
mm	mm	mm	t	t	t	t				
4400	1650	7250	52,9	58,9	40,5	6,75	1225	31,3	Han.N.14,S.2	22
4500	3500	6200	47,8	53,6	42,0	7,00	1126	26,8	Lok.08,S.90	
3353	3962	6680	48,0	53,0	42,5	7,08	891	21,0	Loc.Mag.12,S.143	4
4000	3800	6280	47,2	52,0	42,8	7,13	1110	25,9	Lok.12,S.227;Handb.S.485	4
3800	3900	6400	50,7	56,1	46,1	7,68	1151	25,0	W.Schmidt,13,Tafel 2	
3226	5080	7315	51,7	55,0	47,8	7,97	1061	22,2	Loc.Mag.13,S.181	1
4000	2425	7085	52,7	58,4	48,0	8,00	1300	27,1	Brückm.S.1111	
4500	1900	6200	54,9	60,5	48,0	8,00	1262	26,4		
4000	2425	7150	57,4	62,9	49,1	8,18	1055	21,5	Han.N.18,S.15	
2933	4724	7417		60,4	51,7	8,46	988	19,1	Eng.17,II,S.287;Org.18,S.162	
4056	4850	7365	56,2	62,8	52,4	8,55	1104	21,1	Brückm.S.1147;Loc.Mag.21,S.314	
	4595	7163		63,0	53,5	8,91	975	18,2	R.Mag.22,S.156	
	4724	7239		64,6	55,5	9,25	1119	20,2	Eng.14,S.18,120;Org.14,S.306	
3900	2900	5500	47,1	52,1	41,9	6,98	1328	31,7	Lok.12,S.30	
3655	4953	7670		71,0	60,0	10,00	1266	21,1	Loc.Mag.20,S.73;Org.20,S.187;Handb.S.486	
4600	3500	8900	54,8	60,8	37,8	6,30	960	25,4	Org.16,S.350;Han.N.17,S.65	
4600	2200	9260	61,8	68,0	42,0	7,00	1089	25,9	Lok.17,S.57;19,S.85;Org.17,S.318;Handb.S.486	
5000	3500	8310	54,1	60,1	42,3	7,04	1175	27,8	Lok.15,S.255	
5150	4000	8900	67,5	75,0	46,5	7,75	1159	24,9	ZVDI.12,S.497;Org.13,S.204;Handb.S.489	2
	1700	8500	60,5	69,0	54,0	9,00	1510	27,9	ZVDI.17,S.286;Org.17,S.251	3
4650	2500	9350	61,0	67,0	43,7	7,28	1180	27,0	Brückm.S.1126;Handb.S.491	
5150	3950	8450	66,2	72,7	46,5	7,75	1240	26,6	Lok.16,S.233;Org.14,S.16	
5150	4440	10450	79,8	86,1	44,0	7,34	1468	33,4	Lok.13,S.288; Lok.19,S.120	
5150	2220	10450	77,3	84,8	44,6	7,43	1468	33,3	Lok.19,S.122;Han.N.20,S.81	
3810	4000	7600	51,1	56,2	37,3	6,22	890	23,9	Brückm.S.1174	
4200	4100	8450	53,8	60,0	39,0	6,50	957	24,5	Höjer,S.87	1
4200	4100	7700	54,7	60,6	41,4	6,90	828	20,2	Brückm.S.1136	
5000	4141	7940	63,2	68,9	42,9	7,15	1157	27,4		
4080	4242	8153	56,1	61,6	43,0	7,17	866	20,1	ZVDI.20,S.773;Lok.16,S.95	1
4900	4150	8190	59,6	66,9	43,2	7,20	1130	26,2	Lok.11,S.2;16,S.209	
4500	3920	8460	58,0	64,0	43,3	7,22	1077	24,9	Lok.13,S.217	
3911	4267	8686	58,4	64,0	44,1	7,35	925	21,0	Loc.Mag.12,S.30	1
4500	3900	8050	58,0	64,6	45,0	7,50	1165	25,9	Brückm.S.1107	4
1300	4700	8500	62,6	68,1	47,1	7,85	1106	23,5	Loc.Mag.13,S.30	
4600	4250	8200	63,5	70,2	47,7	7,95	1234	25,9	Lok.15,S.164;Handb.S.492	
4250	4300	8100	64,0	71,0	48,0	8,00	1167	24,3	Brückm.S.1136	
4500	4600	9050	62,0	69,0	48,0	8,00	1170	24,3	Lok.13,S.49;Org.14,S.49;19,S.31; Eisbb.19,S.104	
4660	4120	7930	66,5	73,9	48,0	8,00	1130	23,5	Lok.20,S.141;Handb.S.494	2
3810	3810	7544		58,4	48,5	8,08	1946	40,2	Engg.20,S.448;Org.21,S.172	
4385	4267	8014	61,1	68,5	49,7	8,28	1069	21,5	Engg.11,S.313;Org.12,S.124	
	4216	8077	62,1	68,4	49,8	8,30	1058	21,1	Loc.Mag.20,S.261	4
3962	4354	8316	64,0	70,6	50,9	8,48	953	18,7	Loc.Mag.13,S.3;21,S.169	4
4763	4496	8534		72,4	51,7	8,61	1116	21,6	RAG.16,S.406;Org.17,S.136	
1900	4700	9100	71,8	76,3	54,0	9,00	1272	23,6	Engg.14,II,S.50	3
	4064	8000		74,2	54,9	9,15	1070	19,5	Loc.Mag.20,S.219	
4191	4191	8115	71,0	77,0	55,2	9,20	1187	21,5	Eng.20,S.458;Org.20,S.230	

Photolith. v. Bogdan Gisevius, Berlin W. Bülowstr. 66

Nr.	Bahnverwaltung	Lieferung		Zylinder		Triebrad	Dampfdruck	Heizfläche wv.			Überhitzheizfl.	R
		Erbauer	Jahr	Durchm. HD/ND mm	Hub mm	Ø mm	at	Feuerb. qm	Rohre qm	Kessel. qm	qm	
								2 C - Lokomotiv				
64	Engl.Grosse Zentral B.	Gorton	1913	546	660	2057	12,65	15,5	186,5	202,0	53,0	2
65	Schweiz.Bundes B.	Winterthur	1907	3x470	660	1780	12,00	14,3	110,8	125,1	37,6	2
66	Dänische Staats B.	Borsig	1921	3x470	670	1866	12,00	17,0	139,5	156,5	44,2	2
67	Engl.Nordost B.	Darlington	1920	3x470	660	1728	12,66	15,4	130,1	145,5	49,0	2
68	Engl.Kaledonische B.	St.Rollox	1921	3x470	660	1854	12,66	15,8	183,0	198,8	46,5	2
69	Norwegische Staats B.	Thune	1913	4x390	600	1600	12,00	9,5	115,5	125,0	37,0	2
70	Niederländ.Staats B.	Beyer,Peacock	1910	4x400	660	1850	12,00	15,4	129,5	144,9	43,3	2
71	Lübeck Büchener B.	Henschel	1918	4x430	630	1980	14,00	14,1	127,0	141,1	53,0	2
72	Niederländ.Zentral B.	Maffei	1913	4x400	640	1900	12,25	16,5	145,7	162,2	46,5	3
73	Französische Staats B.	Belfort	1912	4x430	640	2000	12,00	14,8	121,3	136,1	43,0	2
74	Engl.Grosse Zentral B.	Gorton	1918	4x406	660	2057	12,66	15,1	174,8	189,9	31,9	2
75	" " "	"	1921	4x533	660	1727	12,66	15,1	174,7	189,8	31,9	2
76	London u.Nordwest B.	Crewe	1913	4x407	660	2057	12,25	15,7	135,9	151,6	38,5	2
77	Lankashire u.Yorkshire B.	Horwich	1920	4x419	660	1905	12,70	16,3	140,4	156,7	51,3	2
78	Upsala-Gävlä B.	Nydqu.u.Holm	1913	2x386/590	660	1850	14,00	12,6	125,2	137,8	36,5	2
79	Schweiz.Bundes B.	Winterthur	1912	2x425/630	660	1780	14,00	15,5	161,6	177,1	40,7	2
80	Französische Nord B.	Hellemes	1912	2x380/550	640	1750	16,00	15,7	148,5	164,2	40,0	2
81	Französische Ost B.	Epernay	1912	2x390/590	680	2090	16,00	16,2	142,6	158,8	37,3	3
								2 C 1 - Lokomoti				
82	Span.Madrid-Zarag.Alic.B.	Amer.Lok.Ges.	1920	584	660	1750	12,37	14,8	220,7	235,5	59,7	4
83	Peking-Mukden B.	Baldwin	1917	508	660	1676	11,95	13,6	217,6	231,2	51,9	3
84	Argentinische Zentral B.	N.Brit.Lok.G.	1912	508	660	1727	11,25	17,7	130,5	148,2	42,0	3
85	Havanna B.	Baldwin	1920	508	660	1575	12,70	14,7	189,7	204,4	45,2	3
86	Brasilian.Zentral B.	Amer.Lok.Ges.	1911	584	711	1727	12,30	13,8	217,5	231,3	38,1	4
87	Französ.Paris-Orléans B.	"	1920	619	640	1950	12,00	15,3	227,4	242,7	59,0	4
88	Französische Süd B.	Belfort	1920	630	650	1940	13,00	15,9	186,6	202,5	73,6	4
89	Engl.Grosse Nord B.	Doncaster	1922	3x508	660	2032	12,70	20,0	252,2	272,2	48,8	3
90	Engl.Nordost B.	Darlington	1922	3x483	660	2032	14,10	19,6	227,6	247,2	64,7	3
91	Alger.Bône-Guelma B.	Belfort		4x410	600	1750	12,00	16,1	128,3	144,4	41,1	2
92	Ungarische Staats B.	Budapest	1911	4x430	660	1826	12,00	16,8	224,1	240,9	67,5	4
93	Rumänische Staats B.	Maffei	1915	4x420	650	1855	13,00	18,0	236,4	254.4	60,6	4
94	Russ.Wladikawkas B.	Putilow	1916	4x460	650	1840	12,00	17,3	234,4	251,7	85,5	4
95	Italienische Staats B.	Breda	1911	4x450	680	2030	12,00	15,7	194,3	210,0	67,0	3
96	Paris-Lyon-Mittelmeer B.	Henschel	1911	4x480	650	2000	12,00	15,9	200,9	216,8	70,6	4
97	Belgische Staats B.	Zimmermann	1912	4x500	660	1980	14,00	20,0	220,0	240,0	62,0	4
98	Engl.Grosse West B.	Swindon	1908	4x381	660	2045	15,80	14,6	219,0	233,6	57,6	3
99	Spanische Nord B.	Grafenstaden	1911	2x370/570	640	1750	16,00	15,5	169,8	185,3	56,0	4
100	Schwedische Staats B.	Nydqu.u.Holm	1914	2x420/630	660	1880	13,00	12,3	178,0	190,3	56,7	3
101	Ungarische Staats B.	Budapest	1911	2x410/650	660	1826	16,00	16,8	245,1	261,9	53,3	4
102	Span.Madrid-Zarag.Alic.B.	Maffei	1915	2x400/620	650	1750	16,00	15,7	179,8	195,5	53,5	4
103	Russ.Rjäsan-Uralsk B.	Charkow	1907	2x380/590	600	1700	14,00			134,0	25,0	2
104	Französische Nord B.	Belfort	1912	2x410/600	660	2040	16,00	17,0	150,8	167,8	45,0	3
105	Französ.Paris-Orléans B.	Fives-Lille	1910	2x420/640	650	1950	16,00	15,4	195,7	211,1	63,5	4
106	" " "	Cail	1909	2x420/640	650	1850	16,00	15,4	195,7	211,1	62,6	4
107	Paris-Lyon-Mittelmeer B.	Creusot	1913	2x440/650	650	2000	16,00	15,9	183,7	199,6	64,5	4,
108	Französische Staats B.	N.Brit.Lok.G.	1916	2x420/640	650	1940	16,00	16,4	195,5	211,9	63,5	4,
								2 C 2 - Lokomoti				
109		Entwurf "Wolff"		3x560	630	2100	15,00	20,0	218,5	238,5	82,0	5,
110	Französische Nord B.	Hellemes	1911	2x440/620	640/730	2040	16,00	19,1	296,6	315,7	70,0	4,

Igel, Handbuch des Dampflokomotivbaues. (Verlag M. Krayn, Berlin W.)

Rohrlänge	Achsstand fest	Achsstand ganz	Lokgewichte Leer	Lokgewichte Dienst	Lokgewichte Reib	gr. Raddruck	Kennziffer C_1	Kennziffer C_2	Quellenangabe	Anmerkung
mm	mm	mm	t	t	t	t				
5369	4724	8788	68,8	76,5	57,4	9,57	956	16,7	Org.13,S.442;Handb.S.496	1
4200	4150	8450	60,5	66,8	45,4	7,57	1229	27,0	Schw.B.Z.09,S.45;Lok.08,S.51	
4500	2000	9500	66,3	74,0	50,1	8,35	1188	23,7	Handb.S.498	
4943	4116	8432		78,9	59,6	9,93	1268	21,6	Org.20,S.230;Loc.Mag.20,S.119;Handb.S.496	
4877	4572	8737		82,3	61,0	10,17	1179	19,3	Loc.Mag.22,S.157;21,S.184	
4000	3600	7750	46,7	61,0	42,0	7,00	1141	27,2	Brückm.Nr.244	
4242	4200	8650	63,5	69,7	47,7	7,95	1140	23,9	Loc.Mag.13,S.227;Brückm.S.1176	
4700	4450	8850	68,8	75,6	50,7	8,45	1178	23,4		
4300	4500	8900	64,9	69,9	46,4	8,07	1078	22,3	Brückm.Nr.224;Lok.14,S.103	7
4300	4810	8700	66,0	72,5	52,0	8,58	1183	22,8	Gén.civ.12,S.333;Org.13,S.150;Lok.14,S.277	
5369	4724	8788		80,4	58,0	9,66	1058	18,3	Eng.21,S.660;Org.21,S.252;Handb.S.499	
5375	4394	8610		80,3	59,4	9,90	2170	36,5	Loc.Mag.21,S.197	
4534	4647	8837	72,9	79,0	60,0	10,00	1089	18,3	Loc.Mag.13,S.51;161;Org.14,S.66;Lok.14,S.146	
4470	4140	7798		80,3	60,3	10,05	1216	20,2	Engg.21,S.410;Org.21,S.172	
4400	4150	7925		70,6	47,2	7,86	1240	26,3	Loc.Mag.14,S.69	
4500	4350	8650	65,6	73,1	48,0	8,00	1470	30,6	Schw.B.Z.12,S.7;Org.12,S.230	
4300	4300	8450	65,1	70,8	51,0	8,50	1108	21,7	Lok.14,S.271	
4400	4950	8890	71,6	78,0	53,1	8,85	1130	21,2	Lok.14,S.270	
5791	3658	9880		86,6	43,0	7,17	1285	29,9	Loc.Mag.20,S.213	4
5791	3556	9677		77,8	43,8	7,30	1015	23,2	Engg.20,S.448;Org.21,S.173	
4127	4140	9537	71,4	78,8	47,1	7,85	985	20,9	Loc.Mag.13,S.5	4
5639	3353	9144		80,1	47,4	7,90	1081	22,8	RA.21,S.897;Org.21,S.205	
6096	3810	9855	82,2	90,7	52,6	8,77	1403	26,7	Brückm.Nr.456	3
6096	4064	11168		91,2	52,8	8,80	1258	23,8	Loc.Mag.22,S.1	
6000	4100	10650	79,5	89,0	54,0	9,00	1328	24,6	Rev.gén.21,S.291;Gl.Ann.22,S.147;Handb.S.501	
5791	4420	10900		92,0	60,0	10,00	1257	21,0	Loc.Mag.22,S.124;Handb.S.503	
6401		11328					1136		Loc.Mag.22,S.177	
4200	3800	9300	67,4	73,6	45,3	7,55	1150	25,7		
5500	3880	11340	77,4	86,0	48,0	8,00	1340	27,9	Lok.13,S.123;Org.13,S.19	
5370	3900	11170	80,0	89,0	48,0	8,00	1235	25,7	Loc.Mag.13,S.253;Org.14,S.201;Han.N.20,S.79	
5350	3960	11505	87,8	96,6	51,9	8,65	1495	28,8	Han.N.21,S.128	2
5800	4300	10050	78,9	87,2	54,0	9,00	1352	25,1	Lok.11,S.124;Org.12,S.125	
6000	4200	11230	83,2	93,1	55,5	9,25	1498	27,0	Engg.11,S.317;14,II,S.46;Han.N.18,S.101	
5000	4100	11425	88,0	98,0	57,0	9,50	1670	29,3	Lok.18,S.58;ZVDI.11,S.549;Gl.Ann.11,S.239	
6705	4267	10515	88,6	98,8	61,0	10,17	935	15,3	Eng.12,S.459;Lok.08,S.114	
5300	3800	10050	68,5	76,5	47,0	7,83	1189	25,2	Lok.15,S.7;Org.15,S.383	4
5300	3950	11100	79,3	87,8	48,0	8,00	1391	29,0	Lok.15,S.57;15,S.166	
5500	3880	11340	79,6	88,4	48,0	8,00	1525	31,8	Lok.13,S.122	
4850	3800	11100	76,0	84,5	48,0	8,00	1425	29,8	Org.15,S.384	4
4495	3700	10670	82,0	91,5	48,0	8,00	1228	25,6	Han.N.21,S.127	11,2
4500	4300	10350	78,2	85,6	49,2	8,20	1164	23,7	Engg.14,II,S.49;Loc.Mag.12,S.184	
5900	4100	10700	83,5	92,8	52,9	8,82	1368	25,4	Engg.14,II,S.49	
5900	3900	10500	82,9	91,5	53,1	8,85	1440	27,1	Rev.gén.09,S.191;Gl.Ann.11,S.163	
5500	4200	11230	82,6	91,2	55,0	9,17	1373	25,0	Engg.14,II,S.48	
5000	4100	10900		96,5	57,6	9,60	1322	23,8	Eng.16,II,S.96	
5500	4360	11660	91,0	101,0	52,5	8,75	1420	26,8	Han.N.20,S.89;	
6000	4300	12600	92,0	102,0	54,0	9,00	1376	25,5	Eng.11,II S.241,670	

Photolith. v. Bogdan Gisevius, Berlin W. Bülowstr. 66

Nr.	Bahnverwaltung	Lieferung		Zylinder		Triebrad	Dampfdruck	Heizfläche wv.			Überhitzheizfl.	R
		Erbauer	Jahr	Durchm. HD/ND mm	Hub mm	Ø mm	at	Feuerb. qm	Rohre qm	Kessel qm	qm	
								D-Lokomotiv				
111	Madrid-Caceres B.	Hartmann-Ch.	1914	500	610	1300	12,00	9,9	112,1	122,0	36,0	3
112	London u.Nordwest B.	Crewe	1912	521	610	1359	11,25	13,4	133,9	147,4	42,9	2
113	Orientalische B.	Henschel	1910	600	660	1400	12,00	11,1	142,0	153,1	44,4	3
114	Moskau-Kiew-Woronesch B.	Brjänsk	1912	580	600	1230	12,00	14,6	140,4	155,0	42,5	2
115	Engl.Nordost B.	Darlington	1913	508	660	1403	11,25	13,4	113,8	127,2	50,6	2
116	Schwedische Staats B.	Nydqu.u.Holm	1916	600	660	1380	14,00	13,9	130,9	144,8	48,5	2
117	Lancashire u.Yorkshire B.	Horwich	1913	546	660	1371	12,65	18,1	145,6	163,7	45,0	2
118	Grängesberg-Oxelösund B.	Nydqu.u.Holm	1913	3x450	660	1295	11,00	11,2	106,4	117,6	35,9	2
119	Engl.Nordost B.	Darlington	1919	3x470	660	1403	12,65	15,4	130,7	146,1	49,2	2
								1 D-Lokomotiv				
120	Smyrna-Kassaba B.	Maffei	1912	530	660	1400	12,00	12,3	128,8	141,1	33,0	2
121	Niederländ.Indische B.	Hartmann-Ch.	1912	500	650	1445	12,65	13,4	153,0	166,4	39,1	2
122	Portugiesische Staats B.	Schwartzkopff	1913	560	630	1330	12,00	13,1	132,8	145,9	45,8	2
123	Serbische Staats B.	Linke-Hofmann	1914	560	630	1330	12,00	14,0	140,0	154,0	51,0	3
124	Nordbrabant D.Eisenb.Ges.	Hohenzollern	1919	520	660	1400	12,00	15,3	126,5	141,8	36,2	2
125	Engl.Mittelland B.	Derby	1913	533	711	1410	13,40	14,0	108,7	122,7	33,4	2
126	Norwegische Hoved B.	Borsig	1910	560	640	1250	12,00	12,4	134,4	146,8	40,2	2
127	Oesterr.Staats B.	Prag	1916	570	632	1300	13,00	13,9	169,8	183,7	48,4	3
128	Italienische Staats B.	Breda	1913	580	720	1630	12,00	12,0	179,8	191,8	50,5	3
129	" "	Amer.Lok.Ges.	1916	540	699	1370						
130	Schweiz.Bundes B.	Winterthur	1908	570	640	1330	12,00	14,2	126,8	141,0	37,6	2
131	Indische Bengal-Napur B.	N.Brit.Lok.G.	1920	546	660	1422	11,25	14,5	110,6	125,1	30,2	2
132	Russ.Wladikawkas B.	Baldwin	1912	540	650	1270	12,00	11,4	109,6	121,0	36,0	2
133	Tschecho-Slovakische B.	Winterthur	1918	533	640	1380	13,00	14,8	144,6	159,4	28,6	2
134	Spanische Nord B.	St.Léonard	1909	610	650	1560	12,00	15,0	185,5	200,5	52,6	3
135	Französische Staats B.	Creusot	1913	590	650	1440	12,00	16,9	153,1	170,0	47,0	3
136	Kanton-Hankow B.	Baldwin	1916	559	660	1295	11,25	14,6	156,3	170,9	39,0	3
137	Rumänische Staats B.	Henschel	1910	600	660	1350	13,00	17,8	177,6	195,4	47,7	2
138	Engl.Grosse Zentral B.	Gorton	1917	533	660	1422	12,65	14,2	124,0	138,2	45,3	2
139	Rumänische Staats B.	Baldwin	1920	533	711	1422	13,50	16,7	109,8	126,5	46,5	3
140	Engl.Grosse Nord B.	Doncaster	1913	533	711	1422	12,00	15,0	178,0	193,0	53,0	2
141	Engl.Grosse West B.	Swindon	1919	483	762	1727	15,80	14,4	156,7	171,1	30,7	2
142	Havanna B.	Baldwin	1921	533	711	1422	13,40	16,8	156,2	173,0	39,0	3
143	Belgische Staats B.	Armstrong	1920	610	711	1520	14,00	18,6	175,7	194,3	44,5	3
144	Buenos Aires u.Pacific B.	Henschel	1912	533	660	1473	10,60	14,5	120,3	134,8	36,6	2
145	Victoria B.	Newport	1918	559	711	1524	14,06	16,1	174,6	190,7	34,3	2
146	Belgische Staats B.	Baldwin	1919	610	711	1520	14,00	14,1	119,3	133,4	45,0	3
147	Französische Bahnen	Amerika	1917	533	711	1422	13,40	15,1	140,5	155,6	39,0	3
148	Mexikanische Staats B.	Baldwin	1921	559	711	1295	13,40	16,6	208,7	225,3	47,5	4
149	Buenos Aires u.West B,	Beyer,Peacock	1922	483/699	660	1384	14,10	12,7	99,1	111,8	23,0	2
150	Schwed.Halmstad-Nässjö B.	Hanomag	1921	3x440	610	1407	12,00			127,9	35,5	2
151	Engl.Grosse Nord B.	N.Brit.Lok.G.	1918	3x470	660	1422	12,60	14,9	173,8	188,7	40,9	2
152	Paris-Lyon-Mittelmeer B.	Humboldt	1913	4x460	650	1500	12,00	16,0	160,7	176,7	41,4	3
153	" " "	Batignolles	1913	2x400/580	650	1500	16,00	15,5	134,3	149,8	33,6	2
154	Französische Nord B.	"	1912	2x420/570	640/703	1550	16,00	17,4	195,6	213,0	45,0	3

Igel, Handbuch des Dampflokomotivbaues.(Verlag M. Krayn, Berlin W.)

Rohr-länge	Achsstand		Lokgewichte			gr. Rad-druck	Kenn-ziffer		Quellenangabe	Anmerkung
	fest	ganz	Leer	Dienst	Reib		C_1	C_2		
mm	mm	mm	t	t	t	t				
4000	2800	4570	46,7	52,0	52,0	6,50	1173	22,6	Brückm.S.1129	4
4534	5258	5258	55,3	61,3	61,3	7,66	1218	19,9	Loc.Mag.12,S.96	
4500	3000	4500	56,4	63,5	63,5	7,94	1697	26,7	Brückm.S.1130	
4373	4600	7800	59,2	64,0	64,0	8,00	1640	25,6		2
4677	5233	5233	40,2	67,0	67,0	8,38	1214	18,1	Loc.Mag.13,S.52	
4500	3130	4700		67,6	67,6	8,45	1760	26,0	Höjer,S.80	
4470	4979	4979	58,6	67,6	67,6	8,45	1435	21,2	Loc.Mag.13,S.182	1
4200	2800	4850	51,6	56,6	56,6	7,07	1032	18,2	Loc.Mag.14,S.5	
4944	5639	5639		72,7	72,7	9,09	1558	21,4	Eng.20,I S.19;II S.202;Org.20,S.219;Handb.S.523	
4500	3230	7700	56,3	63,1	51,5	6,88	1324	25,7	Garbe,2.Aufl.S.481	
4450	3200	7280	59,5	66,0	54,0	6,75	1125	20,8	Brückm.S.1140	
4500	3200	7300	58,6	64,7	55,7	6,96	1485	26,6	Brückm.S.1109;Garbe,2.Aufl.S.478	4
4800	2400	9800	60,5	68,0	56,0	7,00	1485	26,6	Brückm.S.1127	
4080	4650	7100	61,3	67,0	56,8	7,10	1275	19,0	Lok.19,S.166;ZVDI.20,S.774;Handbuch S.526	
3753	5334	9500		65,8	56,9	7,11	1431	23,9	Eng.14,S.448;Org.14,S.443	
3800	2825	6650	60,8	67,2	57,2	7,15	1600	28,0	Lok.12,S.116;Handb.S.523	
4500	2800	6800	61,2	68,0	57,3	7,16	1580	27,6	Lok.18,S.77;Org.19,S.46	
3800	3540	8190	63,3	70,0	58,0	7,25	1485	25,6	Org.13,S.442;Handb.S.504	1
				66,2	58,1	7,26	1488	25,6	RA.19,S.1219;Org.20,S.32	
4200	3050	7650	60,9	67,7	58,2	7,28	1561	26,8	Schw.B.Z.11,S.149;Org.12,S.125	16
	4877	7366		70,0	58,4	7,30	1384	23,7	Lok.Souvenir Nr.26	4
4098	4089	6502	58,9	66,7	58,7	7,34	1491	25,4		2
4690	3400	7600	66,5	72,5	61,0	7,63	1318	21,6	Eng.20,S.176;Org.21,S.40;Handb.S.525	
5000	3500	7850	67,5	75,0	62,0	7,75	1549	25,0	Lok.12,S.150;Han.N.21,S.224	4
4500	5100	7600	66,0	74,0	64,0	8,00	1571	24,6	Eng.16,II,S.96	
4369	4877	7391		72,4	65,1	8,14	1591	24,5	RAG.16,S.406;Org.17,S.117	
4750	1650	7940	68,6	76,1	55,5	8,19	1760	26,9	Lok.11,S.151;Org.12,S.236	
4683	5206	7746	68,8	74,3	67,2	8,80	1318	19,6	Loc.Mag.19,S.105	
4194	4724	7214		75,8	67,3	8,42	1420	21,1	RA.20,S.567;Org.21,S.114	
4875	5638	8025		77,5	68,5	8,56	1420	20,7	Lok.17,S.72	
4632	4115	8915	73,3	78,9	69,1	8,64	1029	14,9	Eng.20,S.582;Org.20,S.242;Loc.Mag.21,S.253	
4194	4724	7214		76,8	69,2	8,65	1420	20,6	RA.21,S.897;Org.21,S.205	
4500	3660	8560	75,0	82,0	70,0	8,75	1740	22,9	ZVDI.20,S.1085;Engg.20,II,S.733;Handb.S.528	
4216	5258	7671	72,6	80,3	72,0	9,00	1273	17,7	Brückm.S.1151	4
	5182	7849	73,2	82,8	74,2	9,28	1458	19,7	Eng.18,S.15;Org.19,S.206;Loc.Mag.18,S.129	3,8
4124	5941	8532		85,3	75,7	9,46	1741	23,0	Loc.Mag.20,S.96;Handb.S.528	
4191	4724	7214		84,3	76,2	9,52	1420	18,6	Eng.17,S.458;Org.18,S.99	
4216	4343	7112		87,0	76,7	9,59	1715	22,4	RA.21,S.937;Org.21,S.120	
	4889	7328	65,5	70,0	61,9	7,74	1165	18,8	Loc.Mag.22,S.155	4,10
4200	3050	7360	53,5	59,4	51,2	6,40	1259	24,6	Han.N.21,S.228	
4874	5639	8280	69,5	77,0	68,5	8,56	1536	22,4	Loc.Mag.21,S.137;Gl.Ann.21,II S.25	
4250	4250	8730	64,3	70,6	61,7	7,71	1835	29,7	Brückm.S.1087	
4000	3530	6130	64,9	70,7	61,2	7,65	1456	23,8	Lok.14,S.272;Org.14,S.33	
4500	5960	8460	74,7	82,4	72,3	8,04	1501	20,8	Lok.14,S.276;Rev.gén.13,I,S.210	

Photolith. v. Bogdan Gisevius, Berlin W. Bülowstr. 66

Nr.	Bahnverwaltung	Lieferung: Erbauer	Lieferung: Jahr	Zylinder: Durchm. HD/ND mm	Zylinder: Hub mm	Triebrad Ø mm	Dampfdruck at	Heizfläche wv.: Feuerb. qm	Heizfläche wv.: Rohre qm	Heizfläche wv.: Kessel qm	Überhitz-heizfl. qm	Rostfl. qm
								1 D 1 - Lokomotive				
155	Argentinische Staats B.	Baldwin	1920	457	560	1067	12,70	10,2	137,9	148,1	40,6	2,55
156	Spanische Nord B.	Amer.Lok.Ges.	1917	584	641	1560	12,70	15,3	205,4	220,7	59,4	4,10
157	Griechenland	" " "	1915	584	660	1524	12,00	13,9	174,7	188,6	42,6	3,22
158	Französische Staats B.	Grafenstaden	1921	620	700	1650	12,00	15,1	192,3	207,4	48,0	3,80
159	Mexikanische Zentral B.	Baldwin	1921	635	762	1448	13,40	21,2	305,6	316,8	77,0	6,19
160	Oesterr.Staats B.	Floridsdorf	1914	2x450/690	680	1614	15,00	15,5	175,6	191,1	49,4	4,60
161	Italienische Staats B.	Breda	1921	2x490/720	680	1880	14,00	17,0	220,0	237,0	67,0	4,30
162	Paris-Lyon-Mittelmeer B.	Winterthur	1918	2x510/720	650/700	1660	16,00	15,7	204,6	220,3	70,6	4,25
								2 D - Lokomotiven				
163	Span.Andalusische B.	Schwartzkopff	1921	560	660	1620	13,00	14,1	140,6	154,7	45,0	3,50
164	Jamaika St.B.	Montreal	1920	483	660	1168	13,40	13,6	152,5	166,1	36,2	3,12
165	Span.Madrid-Zarag.Alic.B.	Henschel	1913	580	660	1400	12,00	14,1	203,5	217,6	60,6	3,90
166	Kaschau-Oderberg B.	St.Eisenb.Ges	1918	610	650	1740	14,00	16,1	201,8	217,9	75,4	4,47
167	Argentinische Zentral B.	N.Brit.Lok.G.		533	660	1410	11,25	17,6	144,6	162,2	33,9	3,09
168	Span.Madrid-Zarag.Alic.B	Maquinista	1920	620	660	1600	14,00	16,4	202,4	218,8	58,5	4,56
169	Argentinische Zentral B.	N.Brit.Lok.G.	1920	533/762	660	1410	12,66	16,9	169,2	186,1	22,9	3,02
170	Spanische Probelok.	Yorkshire	1922	3x520	660	1560	13,00	18,4	207,0	225,4	58,4	4,65
171	Norwegische Staats B.	Winterthur	1910	4x380	600	1330	12,00	9,7	126,6	136,3	37,8	2,70
172	" "	Nydqu.u.Holm		2x390/585	600	1350	13,00			149,1	39,7	2,70
173	Span.Madrid-Zarag.Alic.B.	Hanomag	1914	2x420/640	650	1600	16,00	14,7	186,5	201,2	57,0	4,10
174	Spanische Nord B.	Grafenstaden	1913	2x400/620	640	1560	16,00	14,9	169,8	184,7	56,0	4,10
								E - Lokomotiven				
175	Siamesicche Staats B.	Hanomag	1913	530	600	1200	12,00			101,4	25,0	2,10
176	Oesterr.Staats B.	Wiener-Neust.	1921	590	632	1300	14,00	12,0	142,1	154,1	67,1	3,42
177	Luxemb.Prinz Heinrich B.	Schwartzkopff	1913	630	650	1320	12,00	15,0	167,8	182,8	50,0	3,50
178	Norwegische Staats B.	Hamar	1913	650	640	1250	12,00	13,3	164,6	177,9	55,2	3,32
179	Russische Eisenbahnen	Dtschl.,Schwed.	1921	650	700	1320	12,00	17,5	171,3	188,8	47,7	4,46
180	Schwedische Staats B.	Motala	1908	700	640	1300	12,00	13,0	183,0	196,0	58,9	3,15
181	Engl.Mittelland B.	Derby	1920	4x426	711	1410	12,66	14,7	144,9	159,6	41,3	2,93
								1 E - Lokomotiven				
182	Alger.Bône-Guelma B.	Belfort	1911	620	650	1400	12,00	15,8	128,3	144,1	41,1	2,76
183	Oesterr.Südb.Ges.	St.Eisenb.Ges.	1911	610	720	1450	14,00	16,0	175,2	191,2	58,3	4,47
184	Oesterr.Staats B.	Wiener-Neust.	1920	590	632	1300	15,00	14,0	174,0	188,0	50,2	4,46
185	Russische Staats B.	Baldwin	1915	635	711	1321	12,70	19,3	222,3	241,6	52,3	5,99
186	Ottomanische B.	Henschel	1916	3x560	600	1250	13,00	16,1	225,2	241,3	80,9	4,50
187	Schweiz.Bundes B.	Winterthur	1913	4x470	640	1330	13,00	13,7	207,5	221,2	57,5	3,70
188	Belgische Staats B.	Franco-Belge	1909	4x500	660	1450	14,00	19,0	220,0	239,0	62,0	5,10
189	Französische Nord B.	Hellemes	1913	2x[illegible]	640/700	1550	12,00	17,4	234,3	251,7	62,2	3,22
190	Indische Halbinsel B.	N.Brit.Lok.G.	1920	4x508	660	1435	11,25	21,4	254,3	275,7	48,1	4,18
191	Oesterr.Staats B.	St.Eisenb.Ges.	1911	2x390/630	720	1410	16,00	15,5	160,5	176,0	60,3	4,60
192	Bulgarische Staats B.	Hanomag	1913	2x430/660	720	1450	15,00	13,8	188,1	201,9	50,0	4,50
193	Schweiz.Bundes B.	Winterthur	1913	2x470/710	640	1330	15,00	13,7	197,6	211,3	54,5	3,70
194	Französ.Paris-Orléans B.	Belfort	1910	2x460/660	620/650	1400	16,00	15,1	186,0	201,1	55,4	3,80
195	Französische Nord B.	Grafenstaden	1920	2x490/680	640/700	1550	16,00	17,4	211,0	228,4	95,8	3,22
								1 F - Lokomotiven				
196	Oesterr.Staats B.	Floridsdorf	1911	2x450/760	680	1450	16,00	17,4	211,3	228,7	47,0	5,00

Igel, Handbuch des Dampflokomotivbaues.(Verlag M. Krayn, Berlin W.)

Achsstand		Lokgewichte			gr. Rad-druck	Kennziffer		Quellenangabe	Anmerkung
fest	ganz	Leer	Dienst-	Reib-		C_1	C_2		
mm	mm	t	t	t	t				
3600	7975		59,6	45,5	5,69	1095	24,1	R.A.21,S.722;Org.21,S.357	4
5953	10007	76,2	85,3	59,2	7,40	1398	23,6	Loc.Mag.22,S.1 Handb.S.530	4
			85,1	59,8	7,48	1480	24,8	RAG.15,S.1009;Org.16,S.271	
4350	10920					1630		Handb.S.506	
4572	10236		122,5	95,3	11,91	2274	23,9	RA.21,S.937;Org.22,S.120	
5070	9450	79,5	86,7	58,0	7,25	2000	34,5	Lok.14,S.237;Org.15,S.328;Handb.S.508	
3960	11240		93,0	66,0	8,25	1875	28,4	Loc.Mag.21,S.171;Gl.Ann.21,S.70;Handb.S.511	
5400	11050	85,2	94,6	71,0	8,88	2186	30,8	Schw.B.Z.19,S.9;Handb.S.510	
3900	9600	60,6	66,8	49,8	6,23	1278	25,7	Handb.S.512	4
3885	7010		67,2	54,0	6,00	1318	24,4	Loc.Mag.21,S.142;Gl.Ann.21,II,S.24	
3200	8700	69,9	78,6	58,3	7,29	1585	27,1	Garbe,2.Aufl.S.483;Handb.S.531	4
3700	9540	78,0	86,2	60,0	7,50	1390	23,2	Lok.18,S.203;Org.19,S.95	
4890	8668		80,2	60,6	7,58	1330	21,9	Loc.Souvenir Nr.26	4
		79,0	87,5	64,0	8,00	1588	28,8	Loc.Mag.21,S.25	4
4889	8667	73,3	80,1	60,8	7,60	1359	22,4	Loc.Mag.20,S.165;Handb.S.533	4
3700	9700	59,5	88,0	62,0	7,25	1715	27,7	Loc.Mag.22,S.61	4
3400	8450	58,2	64,4	47,5	5,94	1302	27,4	Brückm.S.1098;Lok.10,S.275	
3400	8450		68,0	47,5	5,94	1521	32,0	Nydquist-Katalog	
3400	9700	79,0	88,0	60,0	7,50	1665	27,8	Han.N.15,S.1;Eisbb.19,S.105;Org.15,S.296;Handb.S.514.	4
4800	8950	70,7	78,7	61,0	7,63	1575	25,8	Lok.15,S.8	4
2600	5200	47,1	52,5	52,5	5,25	1404	26,8	Han.N.22,S.56	6
2800	5600	61,5	68,0	68,0	6,80	1692	24,9	Lok.21,S.93,141;Org.21,S.257;22,S.59	
3000	6000	65,3	74,6	74,6	7,46	1952	26,2	Lok.14,S.17;Org.14,S.346;Handb.S.534	
2990	5800	73,1	80,0	80,0	8,00	2163	27,0	Brückm.Nr.247	
4320	5780	72,4	81,5	81,5	8,15	2240	27,5	Engg.21,S.695;Handb.S.536	
2900	5800	75,5	83,5	83,5	8,35	2412	28,9	Lok.13,S.276;Han.N.19,S.79	
6376	6376		74,8	74,8	7,48	1830	24,5	Loc.Mag.20,S.69;Org.21,S.67;Handb.S.539	
4575	8275	66,0	73,3	65,5	6,55	1785	27,2	Lok.16,S.126;Org.14,S.84	
4590	8520	73,6	82,2	70,1	7,01	1848	26,4	Lok.12,S.242	
4500	8500	72,0	81,0	71,0	7,10	1692	23,8	Lok.21,S.13;ZVDI.21,S.984;Handb.S.540	
5690	8484	80,3	88,9	79,4	7,94	2170	27,3	Org.16,S.172;RAG.15,S.474;Handb.S.541	2
4500	8500	82,6	91,3	78,6	7,86	2168	27,3	ZVDI.18,S.781;Org.19,S.109	
2900	8800	73,6	83,8	74,8	7,48	2126	28,4	Org.14,S.417	18
3700	10115	93,9	104,2	87,8	8,78	2280	26,0	Gl.Ann.13,S.46;ZVDI.11,S.930	
5320	10120	89,2	98,3	88,1	8,81	2517	28,6	Brückm.S.1083	
6725	9544	97,3	108,0	94,5	9,45	2395	25,3	Loc.Mag.21,S.2,46	4
5010	8670	73,0	81,1	70,0	7,00	2027	28,9	Lok.11,S.201	
5000	8650	76,7	83,8	70,6	7,06	2163	20,6	Org.16,S.323;Han.N.20,S.83;22,S.61	
2900	6800	76,0	85,8	76,1	7,61	2425	31,9	Loc.Mag.14,S.72;Org.14,S.417	
4800	8650	76,7	85,2	77,7	7,77	1825	23,3	Gl.Ann.13,S.50;ZVDI.11,S.932	
5320	10120	89,9	99,1	88,4	8,84	2088	23,6	Handb.S.543	
4590	10100	88,3	95,8	82,2	6,85	2708	32,9	Lok.11,S.241;ZVDI.11,S.1783;Org.12,S.230	

Photolith. v. Bogdan Gisevius, Berlin W. Bülowstr. 66.

Tafel VI

Nr.	Bauart	Bahnverwaltung	Lieferung: Erbauer	Lieferung: Jahr	Zylinder: Durchm. mm	Zylinder: Hub mm	Triebrad Ø mm	Dampfdruck at	Heizfläche wv.: Feuerb. qm	Heizfläche wv.: Rohre qm	Heizfläche wv.: Kessel qm	Überhitz-heizfl. qm	Rostfl. qm
1	1B	Niederländ. Eisenbahn	Werkspoor	1920	360	500	1350	12,00	6,0	45,0	51,0	27,0	1,16
2	2B1	Nord-Staffordshire B.	Stoke	1911	508	660	1829	11,36	12,4	85,7	98,1	20,1	1,95
3	2B2	Engl. Metropolitan B.	Kerr, Stuart	1920	483	660	1753	11,25	12,3	97,2	109,5	24,9	1,99
4	2B2	Engl. Nordost B.	Darlington	1913	3x419	660	1753	11,25	11,5	86,9	98,4	25,4	2,14
5	C	Voldagsen-Duingen Klb.	Borsig	1921	450	500	1100	12,00			65,0	16,0	1,48
6	C	Stubbeköpping-Nykob. B.	Maffei	1910	400	550	1100	12,00	5,4	52,7	58,1	25,8	1,15
7	C	Dänische Staats B.	Winterthur	1917	406	610	1251	12,00	5,6	44,3	49,9	26,2	1,33
8	1C	Italien. Staats B.	Ansaldo	1914	450	580	1510	12,00	6,4	73,2	79,6	29,0	1,53
9	C1	Reinickendorf-Liebenw.	Borsig	1916	480	600	1350	12,00			77,0	28,0	1,70
10	C1	Engl. Grosse Ost B.	Stratford	1914	457	610	1473	12,65	10,5	100,0	110,5		1,64
11	C1	Engl. Grosse Nord B.	Doncaster	1921	483	660	1727	12,00	11,0	81,4	92,4	19,2	1,76
12	C2	Dänische Staats B.	Winterthur		406	610	1251	12,00	5,6	44,3	49,9	26,2	1,33
13	C2	Engl. Metropolitan B.	Yorkshire		520	660	1752	11,25	12,3	97,1	109,4	16,7	1,90
14	1C1	Norwegische Staats B.	Hamar	1912	432	610	1410	12,00	6,9	56,5	63,4	16,3	1,26
15	1C1	" "	Baldwin		524	600	1600	12,00	8,5	84,4	92,9	22,6	1,79
16	1C1	Ungarische Staats B.	Budapest	1908	500	650	1606	13,00	11,8	100,0	121,8	51,2	2,34
17	1C1	Lux. Prinz Heinrich B.	La Meuse	1913	450	630	1500	12,00	10,8	100,6	111,4		2,54
18	1C1	Bodensee-Toggenburg B.	Maffei		540	600	1540		10,5	118,5	129,0	32,0	2,40
19	1C1	Schweiz. Bundes B.	Winterthur	1911	520	600	1520	12,00	11,4	108,8	120,2	33,1	2,30
20	1C1	Tientsin-Pukow B.	Hanomag	1914	500	630	1500	13,00	9,5	101,1	110,6	33,0	2,20
21	1C1	Indische Halbinsel B.	Vulcan Foundry		533	660	1676	11,25	13,4	105,2	118,6	24,2	2,50
22	1C1	Oesterr. Staats B.	Prag	1912	450/650	720	1575	14,00	9,7	78,7	88,4	22,8	3,00
23	1C2	Schwedische Staats B.			540	620	1750	12,00			104,7	32,7	2,08
24	1C2	Ostindische B.	Nasmyth		470	660	1562	12,70	13,9	116,1	130,0	-	2,50
25	1C2	Portugies. Eisenb. Ges.	Winterthur	1916	520	640	1520	12,00	12,0	110,8	123,4	46,7	2,55
26	1C2	Südost u. Chatam B.	Ashford	1917	483	711	1829	14,10	11,3	116,3	127,6	18,9	2,32
27	1C2	Bern-Neuenburg B.	Winterthur	1913	4x425	640	1600	12,00	12,8	154,1	166,9	42,4	3,00
28	2C1	Oesterr. Südb. Ges.	St. Eisenb. Ges.	1913	475	720	1614	13,00	12,2	128,6	140,8	36,7	2,70
29	2C1	Oesterr. Staats B.	"	1917	475	720	1614	13,00	12,2	130,5	142,7	36,8	2,70
30	2C1	London u. Nordwest B.	Crewe	1911	508	660	1740	12,30	12,8	88,0	100,8	23,1	2,22
31	2C1	Engl. Gr. Zentral B.	Gorton	1913	508	660	1702	12,65	13,1	103,6	116,7	34,2	1,95
32	2C1	Lond. Brighton, Südk. B.	Brighton	1912	533	660	2019	11,60	11,2	122,5	133,7	42,5	2,34
33	2C1	Engl. Kaledonische B.	N. Brit. Lok. G.	1918	495	660	1752	11,95	11,2	129,6	140,8	18,6	2,00
34	2C1	London u. Südwest B.	Eastleigh	1921	533	711	1702	12,66	12,9	117,7	130,6	21,5	2,51
35	2C2	Niederländ. Staats B.	Beyer, Peacock	1913	508	660	1850	12,00	13,5	108,2	121,7	37,3	2,40
36	2C2	Französische Nord B.	Cail	1909	540	600	1664	12,00	10,0	121,5	131,5	30,7	2,20
37	2C2	Argentinische West B.	N. Brit. Lok. G.		533	660	1549	12,30	11,1	98,4	109,5	26,5	2,23
38	2C2	Engl. Mittelland B.	Beyer, Peacock	1912	508	660	1905	11,25	11,4	96,2	107,6	36,5	2,31
39	2C2	Glasgow u. Südwest B.	N. Brit. Lok. G.		559	660	1829	12,65	14,5	146,3	160,8	23,7	2,78
40	2C2	Engl. Furness B.	Kitson	1921	495	616	1727	11,95	14,2	171,9	186,1	-	2,41
41	2C2	Lond. Brighton, Südk. B.	Brighton	1914	559	711	2057	12,00	14,1	142,6	156,7	35,7	2,48
42	2C2	Belgische Staats B.	Tubize	1913	4x420	640	1800	13,00	16,0	123,6	139,6	30,2	3,15
43	2C2	Paris-Lyon-Mittelm. B.	La Loire	1914	2x355/565	650	1650	16,00	12,5	167,1	179,6	-	2,48
44	D	Schweiz. Bundes B.	Winterthur	1915	470	600	1230	13,00	7,3	75,9	83,2	39,5	1,50
45	D	Havanna B.	Baldwin	1921	508	610	1168	12,70	11,0	95,5	106,5	22,0	2,32
46	D	Nord-Mailand B.	Henschel	1912	550	600	1322	12,00	11,2	112,4	123,6	31,8	2,36
47	1D	Engl. Grosse West B.	Swindon	1910	470	762	1410	14,00	11,8	113,3	125,1	23,5	1,81
48	1D1	Ungarische Staats B.	Budapest	1917	570	650	1606	12,00	16,2	132,1	148,3	63,7	2,77
49	1D1	Französische Ost B.	Epernay	1912	550	660	1580	14,00	11,9	115,3	127,2	36,5	2,40
50	1D1	Tunersee B.	Winterthur	1908	570	640	1330	12,00	12,3	128,8	141,1	41,0	2,25
51	1D1	Niederländ. Staats B.	Hohenzollern	1913	520	660	1400	12,00	13,5	117,9	131,4	38,2	2,33
52	1D1	Portugies. Eisenb. Ges.	Schwartzkopff	1914	580	640	1520	12,00	11,9	128,0	139,9	48,5	2,80
53	1D1	Franz. Paris-Orléans B.	Winterthur	1911	600	650	1400	12,00			200,7	37,1	2,73
54	1D2	Palästina B.	Kitson	1919	521	610	1219	12,66	14,9	127,1	142,0	27,1	2,60
55	2D	Irische Gr. Südwest B.	Inchicore	1915	496	660	1385	12,25			145,3	-	2,30
56	2D	Französische Süd B.	Belfort	1912	630	640	1600	12,00	15,7	147,5	163,2	44,6	3,10
57	2D	London u. Südwest B.	Eastleigh	1921	559	711	1549	12,66	12,9	117,7	130,6	21,5	2,51
58	2D2	Spanische Nord B.	Grafenstaden	1913	2x400/620	640	1560	16,00	14,4	136,5	150,9	48,3	3,17
59	E	Niederländ. Staats B.	Hohenzollern		600	660	1400	12,00	11,7	98,8	110,5	51,0	2,00
60	1E	Gewerksch. Altenberg	Borsig	1913	640	640	1250	12,00	14,0	168,0	182,0	52,0	3,25
61	1E1	Buschterader B.	Prag	1918	570	632	1300	13,00	14,7	212,7	227,4	-	3,87
62	1E1	Halberst-Blankenburg	Borsig	1920	700	550	1100	14,00	13,6	167,2	180,8	54,1	3,96
63	1E1	Französische Ost B.	Epernay	1913	630	660	1350	14,00	16,8	152,9	169,7	65,6	3,08
64	F	Bulgarische Staats B.	Hanomag	1922	620/900	700	1340	15,00			252,5	-	4,60

…r Bahnen

…chsstand		Lokgewichte			gr. Rad-druck	Kennziffer		Vorräte		Quellenangabe	Anmerkung
…est mm	ganz mm	Leer- t	Dienst- t	Reibg. t	t	C_1	C_2	Wasser cbm	Kohle t		
720	5500	33,0	42,5	30,9	7,73	480	15,5	4,1	2,0	Handb.S.551	1,6
895	9512	57,9	71,2	38,3	9,58	932	24,3	9,1	3,5	Eng.12,S.306;Org.12,S.427	1
362	10110		78,2	39,6	9,90	878	22,2	9,1	4,5	Loc.Mag.20,S.167;Org.21,S.155;Handb.S.551	
438	10515		86,0	40,4	10,10	992	24,5	9,1	4,1	Loc.Mag.13,S.271,134	
000	3000	29,0	33,0	33,0	5,50	921	27,9	4,0	1,1	D.Str.u.Klb.Z.21,S.287	
200	3200	28,1	36,3	36,3	6,05	800	22,0	4,5	1,0	Lok.18,S.192	6
800	3900	30,8	38,1	38,1	6,35	801	21,1	3,5	1,5	Schw.B.Z.18,S.52;Org.19,S.31	
200	6200	40,2	50,9	39,1	6,52	778	19,9	6,0	1,7	Brückm.S.1095	6
300	5500	41,0	52,0	43,0	7,17	1024	23,8	6,0	2,0	D.Str.u.Klb.Z.21,S.284	
953	7010		62,6	50,0	8,33	864	17,3	7,3	3,3	Loc.Mag.21,S.223	1
953	7239		70,8	52,5	8,75	852	17,0	7,6	4,0	Loc.Mag.21,S.4;Gl.Ann.21,S.91;Handb.S.553	1
900	3900	30,8	38,1	38,1	6,35	803	21,1	3,5	1,5	Schw.B.Z.18,S.52;Org.19,S.31	
953	8763		72,2	52,4	8,73	1018	19,4	9,0	4,6	Loc.Souvenir,Nr.26	1
352	8051	41,2	53,2	34,1	5,68	808	23,7	7,0	2,0	Brückm.Nr.248	
			66,0			1029		7,3	2,3	R.Mag.22,S.166	
000	9640	55,0	72,0	43,2	7,20	1010	23,4	9,6	4,4	Lok.18,S.43;Org.18,S.385	6,21
600	3600	51,5	72,5	45,0	7,50	850	18,9	10,0	5,0	Brückm.Nr.240	
800	8700	55,3	74,3			1136		10,0	3,0		
050	8900	58,5	74,9	48,4	8,06	1135	21,8	7,7	2,5	Schw.B.Z.11,S.333;Org.12,S.323	
700	8700	55,0	74,0	51,0	8,50	1050	20,6	9,0	3,0	Brückm.Nr.404	
267	9448		87,4	61,0	10,16	1119	18,3	10,0	3,1	Loc.Mag.20,S.170	4
			69,0	43,2	7,20	965	22,3			Lok.13,S.169	
			80,0	43,2	7,20	1033	23,9	10,0	3,6	Höjer,S.82	
962	10493	63,9	81,2	47,0	7,83	933	19,9	9,1	3,1	RAG.14,II,S.97;Org.15,S.56	1,4
425	10430	62,2	82,5	49,4	8,23	1139	23,1	10,0	4,0	Schw.B.Z.20,S.214;Lok.21,S.81	4
572	10922		83,1	53,6	8,93	908	16,9	9,1	2,1	Eng.17,II,S.287;Org.18,S.162	
650	10950	69,3	87,9	52,8	8,80	1445	27,7	8,8	2,5	Schw.B.Z.13,S.250;Lok.21,S.80;Handb.S.553	
600	9590	61,5	80,2	43,2	7,20	1006	23,3	10,4	3,2	Lok.15,S.66;	
600	9590	63,3	80,2	43,2	7,20	1006	23,3	10,5	4,0	Lok.18,S.97;Org.18,S.305;Handb.S.555	
267	10287	66,0	78,2	44,7	7,45	979	21,9	7,7	3,1	Eng.11,S.654;Org.12,S.210	
962	9982	67,6	87,3	54,9	9,15	1000	18,2	10,3	4,2	Loc.Mag.13,S.51;Brückm.S.1081;Handb.S.557	1
420	10745	73,4	90,4	55,6	9,27	929	16,7	10,4	3,1	Lok.12,S.251	
040	10056		92,6	55,7	9,28	922	16,6	8,2	3,2	Lok.21,S.45;Org.18,S.242;Handb.S.557	
572	11125	79,1	97,9	59,9	10,00	1186	19,8	9,1	3,5	Loc.Mag.21,S.54;22,S.6	
4200	11930	72,0	89,0	45,0	7,50	920	20,4	8,2	3,0	Loc.Mag.13,S.272;Handb.S.558	1
3800	11000	69,0	86,1	48,0	8,00	1052	22,0	9,0	3,0	Lok.13,S.163	
4064	11481		97,3	49,8	8,30	1210	24,3	9,1	5,1	Loc.Souvenir,Nr.26	4
4216	11849	77,3	96,1	54,6	7,43	894	16,4	10,0	3,0	Loc.Mag.13,S.97	
4015	12180		100,7	54,9	9,15	1127	20,5	10,9	3,6	Eng.22,S.660	
4039	12420		94,7	55,8	9,30	873	15,7	10,0	4,4	Loc.Mag.21,S.81;Org.21,S.271	1
4496	12192		99,6	57,4	9,57	1080	18,8	12,3	3,6	Loc.Mag.14,S.144	
3900	12710	92,2	119,2	57,0	9,50	1255	22,0	14,0	5,0	Lok.18,S.71	
4080	12130	77,2	94,1	49,5	8,25	1258	25,4	9,4	3,0	Loc.Mag.14,S.187	
3000	4650	42,9	55,7	55,7	6,96	900	16,2	6,1	2,5	Schw.B.Z.18,S.173;Org.18,S.225	6
3594	3594		64,5	64,5	8,06	1347	20,9	7,6	9,1	RA.21,I,S.897;Org.21,S.205	
2940	4500	54,6	65,0	65,0	8,12	1370	21,1	6,5	1,5	Lok.18,S.104	
3962	8763	67,7	82,9	73,2	9,15	1164	16,3	8,5	3,0	Brückm.Nr.107	
1800	10700	67,3	86,0	57,8	7,22	1310	22,7	12,0	5,0	Lok.18,S.137;Org.19,S.158	6
5100	9840	70,5	87,6	58,6	7,32	1261	21,6	7,9	3,5	Lok.14,S.274	
1500	9300	64,0	82,0	60,0	7,50	1561	26,1	8,0	2,5	Schw.B.Z.11,S.257;Org.12,S.178	
4650	9300	72,0	88,0	60,0	7,50	1272	21,2	8,0	2,5	Lok.14,S.79;Handb.S.560	
1750	10250	70,8	88,4	66,0	8,25	1416	21,5	8,0	3,0	Brückm.S.1109	4
1500	9700	72,5	92,7	70,0	8,75	1670	23,9	10,0	4,0	Schw.B.Z.12,S.82;Org.12,S.361	
4039	12192	77,1	103,6	65,1	8,14	1359	20,9	14,1	4,1	Loc.Mag.22,S.99,137	
4650	8771		82,6	66,4	8,30	1172	17,2	6,8	3,6	Lok.20,S.157;Handb.S.561	
3800	9350	75,0	95,7	72,0	9,00	1589	22,1	10,0	4,0	Lok.14,S.275	
5486	9753		96,0			1435		9,1	3,5	Loc.Mag.21,S.54,193	
5100	12750	79,3	99,2	63,5	7,94	1579	24,9	10,0	3,5	Lok.15,S.9;Gén.civ.13,S.153;Handb.S.561	4
3100	6200	67,7	82,0	82,0	8,20	1697	20,8	6,0	3,0	Jb.d.Gleisfahrzeugtechn.22,S.46	6
2800	8000	76,5	97,0	85,0	8,50	2098	24,7	12,0	3,0	Garbe,2.Aufl.S.488;Handb.S.563	
4140	10160	70,0	93,0	70,0	7,00	1580	22,6	12,5	4,5	Lok.18,S.154	6
4050	9550	80,0	100,0	75,0	7,50	2447	32,6	8,8	3,0	Gl.Ann.22,S.192;Handb.S.563	
6000	12000	91,3	118,2	89,6	8,96	1940	21,6	12,9	5,0	Lok.17,S.37;Org.17,S.266	
4335	7225	76,5	101,0	101,0	8,42	2108	21,0	12,0	5,0	Han.N.22,S.97;Handb.S.566	

Photolith. v. Bogdan Gisevius, Berlin W. Bülowstr. 66

Tafel VII

Gelenk

Nr.	Bauart	Bahnverwaltung	Lieferung		Zylinder		Triebrad Ø	Dampfdruck	Heizfläche wv.			Überhitzheizfl.	Rostfl.
			Erbauer	Jahr	Durchm. HD/ND mm	Hub mm	mm	at	Feuerb. qm	Rohre qm	Kessel qm	qm	qm
1	C+C	Span. Arragon. Zentr.	Henschel	1912	2x400/600	600	1200	13,00	11,6	101,4	113,0	37,8	2,9
2	C+C	Russ. Moskau-Kasan B.	Putilow	1908	2x510/710	650	1220	12,00	14,8	149,0	163,8	47,4	3,5
3	1C+C	Ungarische Staats B.	Budapest	1914	2x520/850	660	1440	15,00	23,0	248,2	271,2	79,7	5,0
4	1D+D	Peking-Suiyan B.	Am. Lok. Ges.	1922	2x610/965	711	1270	15,47	29,0	485,2	514,2	133,1	8,8
5	1D+D1	Peking-Kalgan B.	Am. Lok. Ges.	1915	2x508/813	660	1295	14,62	25,4	218,6	244,0	52,5	5,6

Tafel VIII

Amerikani

Nr.	Bauart	Bahnverwaltung	Zylinder		Triebrad-Ø	Dampfdruck	Heizfläche wv.			Überhitzheizfl.	Rostfl.
			Durchm. HD/ND mm	Hub mm	mm	at	Feuerb. qm	Rohre qm	Kessel qm	qm	qm
1	2B	Philadelphia & Reading B.	533	610	1740	14,80	16,5	120,5	137,0	23,9	7,99
2	2B1	Buffalo, Rochester & Pittsburg B.	521	660	1829	14,00	20,6	200,4	221,0	44,5	5,05
3	2B1	Philadelphia & Reading B.	600	660	2030	15,20	27,0	290,0	317,0	54,0	10,00
4	2B1	Pennsylvania B.	597	660	2032	14,40	18,2	247,2	265,4	67,0	5,10
5	C	Grand Trunk B.	559	660	1259	12,30	18,0	162,7	180,7	37,9	4,70
6	C	New York-Zentral B.	533	711	1448	12,25				35,3	3,04
7	C	Chicago, West-Pullmann & Süd B.	584	711	1285	12,16	14,7	187,7	202,4	51,3	3,93
8	1C	Chicago & West-Indian B.	584	711	1600	12,70			210,0	47,0	4,80
9	2C	St. Louis & Südwest B.	559	711	1755	14,10			230,0	49,3	4,60
10	2C	Zentralbahn von New Yersey B.	584	711	1753	15,47	19,6	194,6	214,2	44,3	8,49
11	2C1	Atchison, Topeka & Santa Fé B.	2x445/737	711	1854	14,80	20,7	286,9	307,6	74,9	5,30
12	2C1	Union Pacific B.	635	711	1956	14,06	21,8	346,6	368,4	75,7	6,54
13	2C1	Chicago, Burlington & Quincy B.	686	711	1880	12,70	27,1	285,4	312,5	69,8	5,45
14	2C1	Atchison. Topeka & Santa Fé B.	660	660	1855	14,10	21,6	391,2	412,8	91,0	6,20
15	2C1	Carolina, Clinchfield & Ohio B.	635	762	1753	14,00	22,1	347,8	369,9	88,7	5,00
16	2C1	Philadelphia & Reading B.	635	711	2032	14,06	26,2	245,6	271,8	60,6	8,78
17	2C1	New York-Zentral B.	600	660	2009	14,20	21,0	235,0	256,0	77,0	5,20
18	2C1	Richmond, Frederiksborg & Potmai B.	660	711	1727	14,00	21,6	366,2	387,8	90,6	6,20
19	2C1	Chesapeake & Ohio B.	686	711	1753	13,00	26,3	389,8	396,1	92,1	7,70
20	2C1	Delaware & Hudson B.	610	711	1753	14,40	29,5	332,5	362,0	74,0	9,22
21	2C1	Erie B.	686	711	2007	14,06				82,4	6,58
22	2C1	Delaware, Lakawanna & West B.	686	711	1854	14,00	34,3	307,6	341,9	70,6	8,48
23	2C1	Pennsylvania B.	686	711	2032	14,40	26,8	348,1	374,9	107,2	6,50
24	2C2	Grand Trunk B.	533	660	1600	14,10	16,1	149,0	165,1	32,2	4,37
25	D	Louisville & Nashville B.	597	762	1295	11,95	18,8	202,2	221,5	48,8	4,92
26	D	Cambria B.	686	762	1422	15,00	22,1	252,0	274,1	69,8	5,30
27	1D	Carolina, Clinchfield & Ohio B.	686	762	1600	13,40				96,2	7,25
28	1D	Lake Superior & Iskpening B.	660	762	1448	13,00	20,1	315,7	335,8	78,4	5,36
29	1D	Pennsylvania & Reading B.	635	813	1410	14,06	27,5	219,2	246,7	53,4	8,82
30	1D	Delaware & Hudson B.	686	813	1600	13,70			353,0	73,0	9,30
31	1D	West-Maryland B.	686	813	1549	15,35	24,4	300,5	324,9	87,5	6,95
32	1D1	Missouri Pacific B.	686	762	1600	12,00	23,6	242,8	266,4	51,8	5,00
33	1D1	Nashville, Chattanooga & St. Louis B.			1473	12,70	20,8	340,0	360,8	78,0	6,19
34	1D1	Illinois Zentral B.	686	762	1600	12,30	21,8	356,1	377,9	101,5	6,50
35	1D1	Atchison, Topeka & Santa Fé B.	686	813	1600	17,58	24,7	403,9	428,6	100,9	6,22

Igel, Handbuch des Dampflokomotivbaues. (Verlag M. Krayn, Berlin W.)

…hr… …ge …n	Achsstand fest mm	Achsstand ganz mm	Lokgewichte Leer- t	Lokgewichte Dienst- t	Lokgewichte Reibg. t	gr. Raddruck t	Kennziffer C_1	Kennziffer C_2	Quellenangabe	Anmerkung
…00	2700	7650	67,4	73,1	73,1	6,09	1800	24,6	Rev.gén.13,S.249	4
…60	2700	8270	81,0	89,0	89,0	7,42	2686	30,2	Han.N.20,S.130	2
…00	3400	11900	100,0	109,4	97,0	8,08	3311	34,1	Lok.17,S.100;Org.17,S.388;Handb.S. 544	
…15	4496	16434		201,2	172,0	10,75	5215	30,3	Loc.Mag.22,S.59	
…96	4115	15922		131,0	108,1	6,83	3370	31,2	RA.19,S.335;Org.20,S.113;Rev.gén.20,S.178	

…chsstand …est …m	Achsstand ganz mm	Lokgewichte Dienst t	Lokgewichte Reib- t	gr. Raddruck t	Kennziffer C_1	Kennziffer C_2	Quellenangabe	Anmerkung
…743		78,7	54,7	13,17	995	18,2	Engg.N.14,S.355;RAG.14,S.842;Org.14,S.466	
		83,0	51,5	12,87	980	19,1	Lok.13,S.273	
		105,0	59,0	14,80	1170	19,9	Lok.20,S.163	
…261	9030	108,9	60,4	15,10	1160	19,2	RAG.Bd.56,14,S.356;Org.14,S.416	
…505	3505	75,3	75,3	12,55	1639	21,8	Org.20,S.85	
…505	3505	77,5	77,5	12,90	1399	18,1	Lok.20,S.217	
…353	3353	80,8	80,8	13,46	1885	23,3	RA.20,S.798	
…495	7265	87,6	75,3	12,55	1518	20,1	Org.19,S.48;Schw.B.Z.18,S.221	
…570	7975	95,0	75,0	12,50	1265	16,9	Org.19,S.48;Schw.B.Z.18,S.233	
		102,3	77,5	12,90	1383	17,9	Eng.18,II,S.232;Org.20,S.183	
…166	10693	125,4	73,0	12,16	2081	28,5	Org,14,S.16	
…064	10871	124,1	75,2	12,54	1468	19,5	RAG.Bd.58,15,S.781;Org.17,S.18	
…962	10274	120,8	77,0	12,83	1780	23,2	RAG.3d.59,15,S.275;Org.16,S.53	
…166	10744	131,0	78,3	13,05	1550	19,8	RAG.Bd.58,15,S.793;Org.17,S.236;19,S.48;Schw.B.Z.18,S.221	
…962	10516	127,1	80,2	13,36	1738	21,7	RAG.14,S.1005;Org.17,S.68	
…216	10846	124,1	80,2	13,37	1415	17,7	RAG.Bd.61,16,S.147;Org.17,S.32	
	11124	127,0	82,0	13,70	1181	14,4	Lok.20,S.163	
…962	10388	132,9	85,3	14,21	1799	21,1	RAG.Bd.59;15,S.1129;Org.16,S.238	
…962	10592	133,1	86,6	14,20	1910	22,1	RAG.14,S.1185;Org.17,S.168;Lok.16,S.165	
…962	10616	141,8	86,8	14,46	1508	17,4	RAG.14,S.1185;Org.17,S.282	
…267		138,8	89,4	14,69	1669	18,7	RAG.19,S.591;Org.20,S.17	
…962	10490	138,6	89,5	14,90	1805	20,2	RAG.Bd.59,15,S.1185;Org.17,S.183;Handb.S.501	
…216	11024	138,3	90,7	15,10	1650	11,9	Org,14,S.441	
…775	12002	118,8	66,2	11,03	1171	17,7	RAG.Bd.58,15,S.629;Org.15,S.280	14
…572	4572	99,3	99,3	12,42	1360	13,7	RAG.Bd.61,16,S.998;Org.17,S.252;Handb.S.520	
…877	4877	122,4	122,4	15,30	2519	20,6	RA.20,S.798	
	10871	141,3	104,3	13,00	2240	21,5	RAG.19,S.317;Org.20,S.207	
…877	7925	121,6	108,0	13,48	2295	21,3	RAG.Bd.60,16,S.1327;Org.17,S.32	
…182	8230	127,5	113,8	14,23	2308	20,3	RAG.19,S.761;Org.20,S.196	
…335	8105	132,9	121,3	15,20	2390	19,7	Org.19,S.48;Schw.B.Z.18,S.221	
…333	8300	133,8	121,8	15,24	2468	20,3	RA.21,S.1120;Org.21,S.270;Han.N.21,S.233;Handb.S.527	
…029	10592	124,7	95,0	11,88	2240	23,6	RAG.12,S.55;Org.12,S.362	
…801	10465	123,7	97,9	12,24			Eng.18,II,S.232;Org.20,S.183	
…029	10719	128,8	99,0	12,38	2240	22,6	Org.12,S.250	
…029	10693	137,9	101,6	12,69	2390	23,6	Eng.18,S.458;Org.18,S.368	

Photolith. v. Boydan Gisevius, Berlin W. Bülowstr. 66.

Nr.	Bauart	Bahnverwaltung	Zylinder Durchm. HD/ND mm	Zylinder Hub mm	Triebrad-Ø mm	Dampfdruck at	Heizfläche wv. Feuerb. qm	Heizfläche wv. Rohre qm	Heizfläche wv. Kessel qm	Überhitzheizfl. qm	Rostfl. qm	Hei… roh… Z.
36	1D1	Carolina, Clinchfield & Ohio B.	686	762	1600	13,40	26,3	357,2	383,5	96,2	7,25	209
37	1D1	Chicago, Burlington & Quincy B.	711	813	1626	12,65	23,6	406,3	429,9	89,3	7,25	275
38	1D1	Delaware, Lakawanna & West B.	711	762	1600	12,70			395,0	102,0	5,85	303
39	1D1	Pennsylvania B.	686	762	1575	14,40	26,8	348,1	374,9	107,2	6,50	237
40	1D1	Chesapeake & Ohio B.	737	711	1422	11,95	26,3	347,4	373,7	77,3	6,20	238
41	1D1	Nord-Pacific B.	711	762	1600	12,70	30,2	303,4	333,6	78,6	6,54	212
42	1D1	Seeufer & Michigan Süd B.	686	762	1600	13,40	22,9	417,5	440,4	98,9	5,54	295
43	2D1	Kanadische Pacific B.	597	813	1778	14,06	24,6	316,1	340,7	70,6	5,54	210
44	2D1	Süd B.	686	711	1755	13,40			341,0	87,5	6,20	183
45	2D1	Seabord Aire Line	686	711	1753	13,40	29,6	315,5	345,1	80,4	5,25	193
46	2D1	Grosse Nord B.	711	813	1575	12,70	31,6	390,2	421,8	99,9	7,25	283
47	2D1	New York, New Haven & Hartford B.	686	711	1750	14,62	32,4	350,7	383,1	93,8	6,54	216
48	2D1	Chicago, Rock Island & Perusia B.	711	711	1752	13,00	26,3	354,0	380,3	87,8	5,81	207
49	2D1	New York, New Haven & Hartford B.	686	762	1753	14,06				89,6	6,53	
50	2D1	Atchison, Topeka & Santa Fé B.	711	711	1750	14,20	35,0	410,0	445,0	101,0	6,60	
51	2D1	Union Pacific B.	737	711	1854	14,06	35,5	426,6	462,1	115,4	7,80	239
52	2D1	New York-Zentral B.	711	711	1750	13,00	20,0	282,0	302,0	113,0	6,20	
53	2D1	Chesapeake & Ohio B.	737	711	1574	12,65	28,8	355,0	383,8	78,5	6,20	243
54	2D1	Chesapeake & Ohio B.	710	760	1750	14,20	35,0	398,0	433,0	101,0	7,10	
55	2D1	Chicago, Rock Island & Pacific B.	711	711	1880	14,06	37,7	397,9	435,6	115,8	5,85	216
56	1E	Pennsylvania B.	775	813	1575	17,60	27,0	375,7	402,7	137,4	6,50	244
57	1E1	Atchison, Topeka & Santa Fé B.	711	813	1448	12,00	17,9	587,8	605,7	84,5	5,44	251
58	1E1	New York, Ontario & West B.	711	813	1448	13,36	30,2	387,7	417,9	93,6	7,45	337
59	1E1	Chicago, Burlington & Quincy B.	762	813	1542	12,25	35,6	461,3	496,9	90,0	8,16	264
60	1E1	Erie B.	787	813	1600	14,06	31,7	429,0	460,7	118,4	8,81	317
61	1E1	Baltimore & Ohio B.	762	813	1475	14,06			517,0	124,0	8,20	269
62	1E1	Denver & Rio Grande B.	787	813	1600	13,71	30,8	418,1	448,9	123,5	8,18	252
63	1E1	Pennsylvania B.	762	813	1575	14,41	39,3	399,7	439,0	150,3	7,34	196
64	1E1	Süd Pacific B.	749	813	1613	14,00	37,1	438,7	475,8	112,2	7,66	261
65	1C+C1	Boston & Albany B.	2x557/984	813	1448	14,00				89,5	5,20	
66	1C+C1	Chesapeake & Ohio B.	2x584/889	813	1448	15,82	38,6	467,0	505,6	120,0	7,09	247
67	D+D	Delaware & Hudson B.	2x660/1041	711	1295	15,50	32,8	487,3	520,1	92,9	9,29	270
68	D+D	Seeküsten & Michigan Süd P.	2x660/1016	711	1295	15,50	28,9	457,4	486,3	114,7	7,52	255
69	1D+D	Grosse Nord B.	2x711/1067	813	1600	14,80	30,3	568,6	598,9	127,1	7,28	332
70	1D+D	Baltimore & Ohio B.	2x660/1041	813	1473	14,76	31,7	505,7	537,4	131,5	8,19	269
71	1D+D	Pennsylvania B.	4x775	813	1575	14,40	49,3	569,0	618,3	291,3	10,40	284
72	1D+D1	Süd B.	2x635/990	760	1400	15,00				117,0	7,70	
73	1D+D1	Nord Pacific B.	2x660/1016	762	1448	14,00	34,2	480,3	514,5	116,0	7,83	262
74	1D+D1	Nashville, Chattanooga & St. Louis	2x686/1041	762	1422	14,80	36,1	468,6	504,7	117,2	7,90	253
75	1D+D1	Philadelphia & Reading B.	2x660/1016	813	1410	14,06	38,3	500,7	539,0	133,4	10,00	277
76	1D+D1	Pennsylvania B.	4x686	711	1422	11,25			568,7	117,4		282
77	1D+D1	Carolina, Clinchfield & Ohio B.	2x711/1067	813	1448	14,06	40,9	528,1	569,0	140,3	8,92	274
78	1D+D1	Virginische B.	2x711/1118	813	1422	13,00			628,0	121,7	9,30	344
79	1E+E1	Atchison, Topeka & Santa Fé B.	2x711/965	813	1448	15,80	27,4	336,0	363,4	216,0	7,60	377
80	1E+E1	Virginische B.	2x762/1220	813	1422	15,00	48,0	752,4	800,4	197,2	10,10	381
81	1D+D+D1	Erie B.	6x914	813	1600	14,70	35,3	604,4	639,7	147,2	8,37	326
82	1D+D+D2	Virginische B.	6x864	813	1422	15,10			679,5	190,0	10,00	365

Igel. Handbuch des Dampflokomotivbaues. (Verlag M. Krayn, Berlin W.)

and anz mm	Lokgewichte Dienst t	Reib- t	gr. Rad-druck t	Kenn-ziffer C_1	C_2	Quellenangabe	Anmerkung
0871	141,3	104,3	13,04	2240	21,5	RAG.19,S.317;Org.20,S.207	
0897	137,6	104,8	13,09	2528	24,2	RAG.12,S.1045;Org.13,S.382	
0720	142,0	107,0	13,38	2409	22,5	Org.19,S.48;Lok.'4,S.66	
1087	142,9	108,0	13,50	2280	21,1	RAG.Bd.57,14,S.12;Org.14,S.441	
0617	141,8	109,0	13,62	2720	19,0	Org.12,S.450 Lok.14,S.68	
0744	145,2	109,1	13,64	2409	21,1	RAG.13,S.377 Org.14,S.182	
0998	176,0	111,0	13,88	2240	20,2	RAG.13,S.987;Org.14,S.66;Lok.14,S.66	
2039	129,7	87,1	10,89	1172	13,5	RAG.15,S.862;Org.17,S.187	
1862	142,6	95,2	11,90	1710	18,0	Org.19,S.48;Schw.B.Z.18,S.235	
1862	143,3	95,5	11,93	1930	19,5	RAG.15,S.87;Org.17,S.152	
1590	147,9	98,9	12,36	2610	26,4	RAG.14,S.1047;Org.17,S.151	
2192	148,9	99,3	12,41	1910	19,3	RA.20,S.609	
1862	151,0	101,5	12,69	2082	20,6	Lok.15,S.45	
2192	148,3	101,8	12,73	2040	20,0	RAG.19,S.1193;RA.?1,S.608;Org.20,S.207	
	160,0	103,0	12,90	2040	19,8	Lok.20,S.163	
2572	156,5	104,3	13,04	2082	20,0	RA.Bd.72,22,S.1325;Org.22,S.229	
	156,0	106,0	13,20	2040	19,3	Lok.20,S.163	
11405	149,7	108,4	13,55	2490	22,6	Org.19,S.48;Lok.14,S.59;Schw.B.Z.18,S.235	
	160,0	110,0	13,80	2215	20,1	Lok.20,S.163	
12497	167,4	114,8	14,35	1910	16,7	RA.Bd.70,21,S.447;Bd.71,21,S.1185;Handb.S.516	
9804	154,9	168,4	16,84	3095	18,4	Org.21,S.250	
10922	134,2	113,3	11,33	2805	24,8	Eng.13,II,S.167;Org.14,S.123	
11201	159,9	135,4	13,54	2805	20,7	RAG.16,S.887;Org.17,S.253	
12217	171,0	136,0	13,60	3058	22,5	RAG.Bd.57,14,S.387;Org.16,S.286;Lok.14,S.32	
12268	181,9	152,2	15,22	3142	20,6	RAG.17,S.887;Org.17,S.374	
12270	184,2	152,8	15,28	3200	21,0	RAG.Bd.57,14,S.242;Org.19,S.48;Schw.B.Z.18,S.221	
12622	194,4	153,1	15,31	3142	20,5	Eng.18,S.82;Org.18,S.163;Handb.S.543	
12789	197,5	159,4	15,94	2991	18,8	Org.20,S.124	
12903	134,9	175,0	17,50	2859	16,2	Org.19,S.323;21,S.253	
14248	160,0	136,0	11,33	5440	40,0	Lok.14,S.71	
15164	203,2	162,4	13,03	4435	27,3	RAG.19,S.291;Org.20,S.149	
12251	207,0	207,0	12,93	5960	28,9	Org.12,S.56;Lok.14,S.71	
12281	211,3	211,3	13,21	5700	27,1	RAG.14,S.1335;Org.14,S.442	
16002	204,1	190,5	11,90	5775	30,3	Org.13,S.442	
15372	219,5	208,4	13,02	4510	21,6	RAG.Bd.61,16,S.145;Eng.18,II,S.232;Org.20,S.197	
16675	260,8	244,9	15,30	6190	25,6	RAG.19,S.1675;Org.20,S.182	
17130	194,0	170,2	10,62	5310	31,2	Gén.civ.19,S.422;Org.20,S.31	
16815	209,6	181,9	12,36	5430	29,9	RAG.13,S.377;Org.14,S.141	
16967	212,9	195,2	12,19	5800	29,7	RAG.16,S.985;Org.17,S.52	
17018	217,7	197,3	12,33	5941	30,1	Rev.gén.21,S.177	
17501	218,9	198,5	12,40	4700	23,7	RAG.12,S.377;Org.12,S.384	
17475	237,5	211,8	13,23	6390	30,2	RAG.19,S.317;Org.20,S.219	
17202	244,0	216,0	13,50	7130	29,2	Org.13,S.299;Lok.14,S.70	
20300	279,0	249,0	12,50	5230	18,7	Lok.15,S.240	
19583	310,5	280,1	14,01	8500	30,3	Eng.20,I,S.381;Handb.S.546	
27430	386,6	345,0	14,40	16960	49,2	Org.15,S.124;Lok.14,S.213;20,S.84;Gl.Ann.Bd.81,17,S.39;Handb.S.548	
27837	382,0	329,5	13,72	17100	51,9	Engg.N.17,S.417;Eng. 17,I,S.244;ZVDI.17,S.501;Org.17,S.282;Lok.20,S.84	

Photolith. v. Bogdan Gisevius, Berlin W. Bülowstr. 66

Tafel IX

Ha

Nr	Bauart	Bahnverwaltung	Lieferung: Erbauer	Lieferung: Jahr	Spur mm	Zylinder: Durchm. HD/ND mm	Zylinder: Hub mm	Triebrad-Ø mm	Dampfdruck at	He… Feu- erb… qm
1	2B	Ind.Tespur-Balipura	Bagnall	1920	762	279	381	991	12,87	4,
2	2B	Araraquara B.	Hanomag	1911	1000	300	500	1150	12,00	
3	2B	Holländ.St.B.a.Java	Hartmann-Ch.	1912	1067	380	600	1500	12,00	7,
4	2B	Japanische Staats B.	Kasawaki	1915	1067	470	610	1600	12,65	10,
5	1C	Norwegische Staats B.	Thune	1912	1067	375	460	1150	12,00	4,
6	1C	Kalmar-Berga B.	Henschel	1920	891	370	500	1200	12,00	4,
7	1C	Malayische B.B.	Baldwin	1920	1000	356	457	940	11,25	8,
8	1C	Obere Kongo B.	Tubize	1913	1000	360	460	1050	13,00	6,
9	1C	Pamplona.Andoain B.	Maffei	1913	1000	400	600	1300	12,00	6,
10	1C	Chilenische Staats B	Orenstein	1910	1000	410	560	1105	12,00	11,
11	1C	Japanische Staats B.	Kisha-Seizo	1914	1067	470	610	1600	12,65	10,
12	1C	Spanien	Krauss-Münch.	1914	1000	450	600	1300	12,00	6,
13	1C1	Stockholm-Roslagens	Henschel	1919	891	420	600	1300	13,00	6,
14	1C1	Santander-Bilbao B.	Krauss-Münch.	1921	1000	450	600	1300	12,00	6,
15	2C	Västergötland-Göteb.	Nydqu.& Holm	1912	891	370	500	1300	12,00	6,
16	2C	" "	Henschel	1922	891	370	500	1300	12,00	6,
17	2C	Span.Araraquara B.	Maffei	1911	1000	410	480	1187	12,70	9,
18	2C	" "	Hanomag	1912	1000	350	550	1100	12,00	
19	2C	Ind.Jodhpur-Bikauer	Hanomag	1914	1000	394	559	1448	12,60	10,
20	2C	Ind.Moroi Staats B.	Hanomag	1913	1000	350	550	1100	12,00	6,
21	2C	Ind.Assam-Bengal B.	Hanomag	1914	1000	381	559	1219	12,70	12,
22	2C	Ind.Jodhpur-Bikauer	Kerr Stuart	1920	1000	419	559	1449	11,25	9,
23	2C	Algerische Staats B.	Grafenstaden		1000	420	600	1300	10,00	8,
24	2C	Nigerische Staats B.	Nasmyth	1920	1067	457	559	1372	11,25	11,
25	2C	Japanische Staats B.	Borsig	1911	1067	470	610	1600	12,50	11,
26	2C1	Otavi B.	Henschel	1914	600	360	450	1000	12,00	6,
27	2C1	Malayische B.B.	Baldwin	1919	1000	432	610	1372	11,95	9,
28	2C1	Argentinische St.B.	Maffei	1911	1000	420	550	1380	12,00	9,
29	2C1	Reid-Neufundland Ges.	Baldwin	1920	1067	432	610	1321	12,00	8,
30	2C1	Bône-Guelma B.	Grafenstaden	1914	1000	460	610	1500	12,00	9,
31	2C1	Japanische Staats B.	Am.Lok.Ges.	1912	1067	470	610	1600	12,70	8,
32	2C1	Südafrikan.Staats B.	Beyer,Peacock	1913	1067	508	711	1575	12,65	12,
33	2C1	Holländ.St.B.a.Java	Werkspoor	1917	1067	2x340/520	580	1600	14,00	11,
34	D	Kamerun-Mittelland B.	Borsig	1911	1000	450	600	1200	12,00	8,
35	D	Robla-Bilbao B.	Krauss-Münch.	1921	1000	480	540	1070	12,00	6,
36	1D	Usambara B.	Orenstein	1912	1000	370	500	1000	12,00	8,
37	1D	Bleckinge-Kustbanor	Henschel	1919	1067	410	500	1050	12,00	8,
38	1D	Chilenische Staats B.	Hanomag	1913	1000	450	560	1015	12,30	
39	1D	Piräus-Athen B.	Borsig	1912	1000	470	550	1020	12,00	8,
40	1D	Ostafrikan.Eisenb.G.	Hanomag	1911	1000	430	540	1000	12,00	9,
41	1D	Holländ.St.B.a.Java	Hanomag	1913	1067	485	510	1106	12,00	8,
42	1D	Mexikan.National B.	Baldwin	1921	914	457	559	1041	12,66	7,
43	1D	Japanische Staats B.	Kasawaki	1914	1067	508	610	1245	12,65	10,
44	1D1	Argentin.St.B.	Henschel	1922	750	300	440	800	12,00	5,
45	1D1	Otavi B.	Henschel	1911	600	400	450	860	12,00	7,
46	1D1	Santander-Bilbao B.	Krauss-Münch.	1913	1000	460	540	1070	13,00	8,
47	1D1	Argentinische St.B.	Baldwin	1920	1000	557	560	1067	12,70	10,
48	1D1	Sudan Staats B.	N.Brit.Lok.G.	1920	1067	533	689	1372	11,25	14,
49	2D	Austr.Mittelland-W.B.	Baldwin	1920	1067	457	584	1143	11,25	11,
50	2D	Nigerische Staats B.	Beardmore	1921	1067	457	584	1086	11,25	10,
51	2D	Katanga B.	St.Léonard	1917	1067	432	584	1086	11,50	10,
52	2D	Afrikan.Benguella B.	Baldwin	1920	1067	508	610	1219	11,25	12,

purlokomotiven

Heizrohre Zahl	Heizrohre Durchmesser mm	Rauchrohre Z.	Rauchrohre Durchmesser mm	Rohrlänge mm	Kesselm über S.O. mm	Achsstand fest mm	Achsstand ganz mm	Lokgewichte Leer- t	Lokgewichte Dienst t	Lokgewichte Reib t	gr. Raddruck t	Kennziffer C_1	Kennziffer C_2	Anmerkung
tender														
101	40/45	-	-			1905	4750					219		
150	41/46	-	-	3060	1950	2800	5800	26,3	28,8	18,6	4,65	391	21,0	
135	37/41	12	127/133	3650		2400	6190	31,1	34,6	20,0	5,00	577	28,9	
91	40/45	18	119/127	3960	2438	2692	7112	41,2	45,5	27,5	6,88	842	30,6	
68	41/45	10	119/127	2520		3350	5200	21,5	23,7	19,4	3,27	562	29,0	
71	41/46	12	125/133	3200	2150	3100	5050	25,2	27,5	21,6	3,62	570	26,4	
	46/51	-	-			2946	4851		28,2	23,6	3,83	616	26,1	
165	40/45	-	-	3200	2050	2600	4500	26,2	28,5	24,1	4,02	559	23,6	
168	46/51	-	-	4200	2200	2800	4100	37,6	41,2	32,0	5,33	738	23,1	
184	44/52	-	-	3480	2015	3657	6096	36,0	40,0	34,2	5,70	852	24,9	
91	40/45	18	119/127	3960	2438	4190	7010	41,1	45,2	37,0	6,17	842	22,8	
111	46/51	18	124/133	4200	2200	3100	4100	42,3	45,0	37,0	6,17	934	25,3	17,5
96	41/46	16	125/133	4100	2100	2900	6930	36,6	40,5	27,6	4,60	814	29,5	
111	46/51	18	124/133	4350	2200	3250	6100	41,5	46,0	33,0	5,50	935	28,3	5
83	39/44	12	106/114	3500		2696	5860	28,2	30,6	20,9	3,58	526	25,2	
77	39/44	12	119/127	3550	2000	3300	6300	29,1	32,5	21,6	3,60	526	24,4	
188	40/45	-	-	3235	2200	2850	5800	32,8	36,7	26,3	4,48	680	25,9	
152	43/48	-	-	3559	1900	3100	5850	30,0	33,6	26,4	4,40	612	23,2	
158	39/44	-	-	3588	2045	3658	6439	31,3	35,0	26,5	4,42	588	22,2	
152	42/48	-	-	3542	1900	3100	5850	30,3	34,4	26,9	4,49	612	22,8	
147	39/44	-	-	3585	2020	3658	6426	32,2	35,0	27,0	4,50	666	24,7	
90	40/45	12	125/133		2046	3658	6440	31,8	36,8	28,4	4,76	678	23,9	
-	-	88	64/70	4200	2400	1300	6550	37,6	42,0	31,0	5,16	814	26,7	
134	40/45	18	125/133		2210	3353	6883	43,6	48,4	31,5	5,25	850	27,0	
88	52/57	14	125/133	4575		3660	7930	49,9	55,2	38,6	6,44	842	21,8	
96	39/44	12	112/120	4000	1700	2220	5750	29,0	32,7	18,0	3,00	583	32,4	
	46/51	-	-			2896	8229		52,1	30,6	5,10	829	27,1	
196	45/50	-	-	4700	2200	2970	8880	45,0	49,5	33,0	5,50	703	21,3	
111	46/51	18	129/137			3048	8306		52,2	35,4	5,90	862	24,4	
132	40/45	18	112/120	5000	2250	3200	8600	50,8	57,0	36,0	6,00	861	23,9	
99	52/57	16	125/133	4954		3353	8550	57,0	62,4	39,0	6,50	842	21,6	
95	52/57	18	125/133	5530			9195	68,6	75,6	46,5	7,75	1115	25,0	
110	45/50	19	125/133	5000	2300	3480	10205		65,3	36,7	6,12	963	26,2	
201	41/46	-	-	3900	2300	2700	4050	36,0	40,0	40,0	5,00	1013	25,3	
95	46/51	18	124/133	4300	2200	3025	3600	41,7	45,0	45,0	5,62	1164	25,8	17,5
187	40/45	-	-	3200	2300	2400	5400	29,5	33,0	28,0	3,50	684	24,4	
70	41/46	15	125/133	3550	2100	2600	6400	31,6	35,0	29,0	3,63	801	27,6	
196	46/51	-	-	3480	2300	3750	6085	38,0	43,0	38,0	4,75	1116	29,4	
75	40/45	12	113/121	3430	2200	3900	5930	40,8	46,0	38,0	4,75	1190	31,3	
228	40/45	-	-	4150	2200	2400	6100	40,5	46,2	39,1	4,89	998	25,5	
92	45/50	15	125/133	4450	2500	3500	6850	42,6	47,3	39,8	4,98	1085	27,3	
180	52/57	-	-	4572		3505	5766		51,5	46,8	5,85	1120	23,9	
134	45/51	21	125/133	4040	2590	3048	7010	54,7	61,0	54,1	6,78	1264	23,4	
129	45/50	-	-	3350	1700	2000	6000	23,5	26,0	20,0	2,50	495	24,8	
111	41/46	14	112/120	4000	1750	1970	5200	30,0	33,7	26,0	3,25	818	31,5	
222	46/51	-	-	4350	2200	3880	6400	49,5	55,0	44,0	5,50	1068	24,3	5
140	46/51	21	129/137	4300		3600	7975		59,6	45,5	5,69	1626	35,8	
				4737	2248	4470	9157		76,2			1426		
128	40/45	19	125/133			3886	6718		49,0	36,3	4,54	1065	29,4	
112	42/48	12	125/133	3277	2038	3658	6489		51,0	38,6	4,83	1122	29,1	
185	42/48	-	-	3277	2038	3658	6489	45,5	50,0	39,0	4,88	1004	25,7	
127	46/51	21	129/137			4115	7112		62,2	48,5	6,06	1290	26,6	

Photolith. v. Bogdan Gisevius, Berlin W. Bülowstr. 66

Nr.	Bauart	Bahnverwaltung	Lieferung		Spur	Zylinder		Triebrad-Ø	Dampfdruck	Hei
			Erbauer	Jahr		Durchm. HD/ND	Hub			Feuerb.
					mm	mm	mm	mm	at	qm
53	2D1	Rhodesische B.	Montreal	1920	1067	559	610	1219	12,66	12,7
54	2D1	Manila B.	Am.Lok.Ges.	1920	1067	508	711	1524	12,66	16,4
55	2D1	Natal B.	Am.Lok.Ges.	1913	1067	610	610	1156	11,25	13,8
56	2D1	Südafrikan.Eisenb.G.	Stephenson	1913	1067	559	660	1219	13,00	13,8
57	2D2	Rhodesische B.	N.Brit.Lok.G.		1067	508	660	1372	12,66	14,2
58	1E	Tunes.Sfax-Gafsa B.	Winterthur	1908	1000	540	580	1100	12,00	9,1
59	1E1	Manila B.	Am.Lok.Ges.	1920	1067	508	711	1219	12,66	16,4
60	F	Entwurf	Orenstein		900	600	550	1000	12,00	
61	C+C	Uganda B.	N.Brit.Lok.G.	1914		2x394/622	508	991	12,66	10,7
62	C+C	Jaroslaw-Archangelsk	Baldwin	1915	1067	2x350/457	559	1118	12,66	11,3
63	C+C	Japanische Staats B.	Henschel	1912	1067	2x420/650	610	1245	14,00	12,3
64	1C+C	Madrid-Aragon B.	H.-St.Pierre	1914	1000	2x400/600	560	1100	14,00	10,0
65	1C+C	Südafrikan.Eisenb.G.	Maffei	1914	1067	2x419/660	610	1080	14,00	12,0
66	1C+C1	Serbische Staats B.	Am.Lok.Ges.	1915	760	2x335/521	508	914	14,62	8,8
67	1C+C1	Rio Grande do Sul B.	Henschel	1913	1000	2x432/660	560	1140	14,00	10,2
68	1C+C1	Südafrikan.Eisenb.G.	N.Brit.Lok.G.	1912	1067	4x381	584	1073	12,00	10,7
69	1B	Japanische Staats B.	Schwartzkopff	1922	1067	305	458	1067	12,00	4,5
70	1B1	Mindener Kreisbahn	Jung	1914	1000	320	450	1100	12,00	3,9
71	C	Malayische B.B.	Baldwin	1920	1000	406	508	1067	11,25	5,5
72	C1	Lingen-Quakenbrück B.	Hanomag	1922	750	290	340	720	13,00	3,7
73	1C	Tessalische B.	Maffei	1912	1000	400	560	1300	12,00	6,1
74	1C	Nebenb.zu Alicante	Hanomag	1913	1000	380	500	1060	12,00	6,8
75	1C1	Södra-Oelands B.	Henschel	1920	891	300	450	900	12,00	3,8
76	1C1	Halmstadt-Bolmens B.	Henschel	1920	1067	370	500	1200	12,00	4,2
77	1C1	Katanga B.	H.-St.Pierre	1913	1067	400	430	900	12,00	7,2
78	1C1	Span.Asturische Klb.	Krauss-Münch.	1911	1000	400	600	1200	12,00	5,3
79	1C1	Minas del Rif	Henschel	1921	1000	420	540	1060	12,00	5,8
80	1C2	Deli B.	Hartmann-Ch.	1913	1067	390	550	1300	12,00	7,4
81	1C2	Buenos Aires M.B.	Hunslet	1913	1000	432	610	1371	10,60	10,8
82	2C2	Holländ.St.B.a.Java	Winterthur	1917	1067	450	550	1350	12,00	7,7
83	2C2	" " " "	Henschel	1919	1067	485	600	1500	12,00	13,6
84	D	Rügen'sche Kleinb.	Vulcan	1913	750	350	400	850	12,00	3,5
85	D	Ostdeutsche Eisenb.G.	Jung	1919	750	330	360	800	12,00	3,7
86	D	Samarang-Joana B.	Hartmann-Ch.	1912	1067	380	400	850	12,00	5,0
87	D	Bielefelder Kleinb.	Borsig	1920	1000	360	400	850	12,00	5,8
88	D	Tunes.Sfax-Gafsa B.	Winterthur	1913	1000	410	500	1015	12,00	6,0
89	D	Preussische Staatb.	Orenstein	1919	785	400	400	820	13,00	4,2
90	D	Gera-Meuselwitz B.	Borsig	1922	1000	400	400	850	12,00	7,3
91	D	Italienische St.B.	Schwartzkopff	1908	950	410	520	1115	14,00	5,6
92	D1	Oesterr.Staats B.	Krauss-Linz	1911	760	330	400	880	13,00	4,1
93	D1	Span.Kantabrische B.	Krauss-Münch.	1911	1000	430	508	1000	12,00	5,8
94	1D	Schwed.Slite-Boma B.	Henschel	1920	891	390	400	950	12,00	4,3
95	1D	Rio-Tinto Grubenb.	Krauss-Münch.	1913	1000	480	540	1070	12,00	9,0
96	1D1	Holländ.St.B.a.Java	Hanomag	1921	1067	485	600	1106	12,00	9,4
97	1D2	Argentinische St.B.	Borsig	1910	1000	520	600	1200	12,00	
98	E	Mossamedes B.	Hanomag	1920	600	340	360	800	13,00	4,9
99	E	Greiffenberger Klb.	Vulcan	1912	1000	350	550	1000	12,00	4,
100	E	Preussische Staats B.	Orenstein	1920	785	450	450	820	13,00	4,
101	E	Sächsische Staats B.	Henschel	1919	750	430	400	800	14,00	5,8
102	E	Japanische Staats B.	Maffei	1912	1067	533	609	1245	12,70	12,6
103	E	" "	Kasawaki	1914	1067	533	610	1245	12,65	8,9
104	1F1	Holländ.St.B.a.Java	Hanomag	1912	1067	540	510	1102	12,00	9,9
105	B+B	Bröhlthaler Eisenb.	Jung	1914	785	2x250/380	400	800	12,00	3,7
106	B+B	Sardinische Nebenb.G.	Schwartzkopff	1910	954	2x260/395	440	900	14,00	4,5
107	B+B	Erithräa B.	Maffei	1907	1067	2x300/490	530	1000	12,00	5,3
108	B+B	Japanische Nippon B.	Maffei	1902	1067	2x300/490	530	1000	12,00	6,9

Igel, Handbuch des Dampflokomotivbaues.(Verlag M. Krayn, Berlin W.)

Heizrohre Zahl	Heizrohre Durchmesser mm	Rauchrohre Z.	Rauchrohre Durchmesser mm	Rohrlänge mm	Kesselm. über S.O. mm	Achsstand fest mm	Achsstand ganz mm	Lokgewichte Leer- t	Lokgewichte Dienst t	Lokgewichte Reib- t	gr. Raddruck t	Kennziffer C_1	Kennziffer C_2	Vorräte Wasser cbm	Vorräte Kohle t	Anmerkung
129	52/57	26	132/140	5715	2318	3886	9322		77,1	52,9	6,61	1563	29,6			
130	46/51	22	129/137	5639		4801	10541		83,0	54,0	6,72	1240	22,3			
172	52/57	25	125/133	5715		3886	6858	71,2	78,0	57,5	7,19	1952	34,0			
	45/51	32	132/140	5791	2318	2592	9318	79,9	90,9	65,4	8,18	1692	25,9			
87	52/57	18	130/138	5486		2921	9652		76,8	52,0	6,50	1241	23,9			
124	46/50	18	125/133	4500	2150	3750	7600	50,5	56,0	48,8	4,88	1537	31,5			
130	46/51	22	129/137	5639		4115	10465		85,3	67,4	6,74	1505	22,3			
142		24		4500	2550	3600	6000	64,0	70,0	70,0	5,84	1980	28,3			19
		-	-			2515	7391		61,0	61,0	5,08	1984	32,5			
142	52/57	-	-	4877		2616	7620					1043				
100	52/57	16	132/140	4950	2337	2744	8080	61,2	67,9	67,9	5,66	2070	30,6			
115-72	50/54-27/34	18			2300	2500	9000	60,5	66,0	60,0	5,00	1631	30,5			
151		18		5200		2540	9962	79,0	86,5			2460				
157	46/51	-	-	4610			10515		57,2	46,8	3,90	1508	32,3			
200	46/51	-	-	5182	2032	2438	10973		89,0	75,0	6,25	2140	28,5			
90	52/57	14	125/133	5689		2591	11658	67,2	73,3	60,4	5,03	1580	26,2			
152	40/45	-	-	2350	2200	1676	3505	19,0	24,0	18,5	4,63	399	21,6	2,3	0,8	
113	41/46	-	-	3100	1950	1500	5200	22,0	29,0	18,0	4,50	419	23,3	4,0	1,4	
	46/51	-	-			3048	3048		35,4	35,4	5,90	748	22,1			
96	41/46	-	-	2700	1850	1800	3450	17,3	22,6	18,9	3,15	398	21,0			
75	40/45	12	113/121	3430		2780	4980	28,8	35,5	28,0	4,67	615	22,0	3,5	1,0	
88	40/45	12	125/133	3500	2200	2800	4900	28,8	36,0	30,0	5,00	681	22,7			
25	41/46	45	54/60	2400	2000	2200	5200	21,9	28,0	18,4	3,07	450	13,6	3,5	0,9	
71	41/46	12	125/133	3200	2150	3100	7050	28,9	35,9	22,5	3,75	570	25,4	3,2	1,6	
171	43/48	-	-	3275	2050	2800	6800	36,0	47,0	29,0	4,92	765	26,4	5,0	1,5	13
132	46/51	-	-	4200	2200	3850	6200	34,5	43,0	31,0	5,17	750	24,2	4,0	1,3	5
132	46/50	-	-	4200	2050	1380	7000	36,5	49,0	39,0	6,50	898	23,0	7,0	2,7	
84	45/50	10	125/133	4500	2380	3000	9350	35,8	48,3	25,7	4,28	644	25,1	5,5	4,9	9
97	39/45	15	125/133	3251		3353	9144	44,0	57,9	37,9	6,32	830	21,9	7,3	2,0	
					2450	3000	9950	49,6	63,1	33,5	5,58	825	24,6	9,0	3,0	
110	45/50	21	125/133	4900	2400	3500	11100	58,3	78,2	36,2	6,03	942	26,0	10,0	3,0	
125	40/45	-	-	2750	1900	3400	3400	19,0	24,0	24,0	3,00	576	24,0	2,2	0,8	
104	40/45	-	-	3200	1700	1100	3850	20,6	25,8	25,8	3,23	491	19,0	2,5	0,9	
48	42/47	10	107/114	3900	2000	2900	6900	24,0	30,0	30,0	3,75	678	22,6	3,2	2,5	9
264	34/38	-	-	2300	2025	2175	3250	24,0	32,0	32,0	4,00	610	19,1	3,5	1,2	
		-	-				3450	30,0	38,0	38,0	4,75	801	21,0	3,0	0,8	
19	41/46	48	64/70	2900	1900	1600	3800	26,0	32,0	32,0	4,00	781	24,4	3,5	1,5	
146	35/40	24	100/108	2400	2175	2200	3300	27,0	35,0	35,0	4,38	753	21,5	3,5	1,2	
205	41/45	-	-	3550	2150	2500	3750	37,3	48,2	48,2	6,03	784	16,3	5,5	1,8	
50	46/51	12	112/120	3700	1765	3000	4700	28,9	36,5	29,7	3,71	495	16,7	3,0	2,0	
134	46/51	-	-	4300	2100	3280	5300	37,5	46,5	40,8	5,10	939	23,0	4,0	2,0	5
69	41/46	12	125/133	2900	2100	2750	5600	26,5	32,8	26,6	3,33	641	24,1	3,0	1,0	9
248	43/48	-	-	3500	2070	3060	1750	45,0	56,0	49,4	6,18	1161	23,5	5,0	1,5	5
109	45/50	18	125/133	4300	2400	3500	9000	52,1	68,7	52,6	6,58	1275	24,3			
128	46/51	21	125/133	3800	2200	2825	9700	61,5	80,0	52,0	6,50	1350	26,0	10,0	3,0	
150	41/46	-	-	2300	1550	2820	4620	20,5	25,7	25,7	2,57	521	20,3			
125	40/45	-	-	3300	2050	4450	4450	22,5	28,8	28,8	2,88	674	23,4	3,0	1,0	
12	41/46	56	64/70	3500	2000	2200	4144	32,0	40,0	40,0	4,00	1112	27,8	4,5	1,8	19
29-6	41/46-38/46	18	125/133	3240	2050	1860	3720	31,0	40,6	40,6	4,06	925	22,8	4,5	2,5	
164	40/44	22	119/127	3200	2286	2895	5788	48,5	62,0	62,0	6,20	1389	22,4	6,4	1,8	
136	40/45	21	119/127	3960	2565	2895	5788	50,3	65,0	65,0	6,50	1391	21,4	7,3	1,8	
109	45/50	18	125/133	4950	2450	3750	10250	59,0	75,0	57,0	4,75	1350	23,7	8,5	2,5	
104	40/45	-	-	3200	1700	1100	3850	20,6	25,8	25,8	3,22	722	28,0	2,5	0,9	
114	41/46	-	-	2500	1950	1150	4200	24,8	31,4	31,4	3,93	762	24,3	3,0	1,0	
		-	-			1400	4700	27,7	34,3	34,3	4,29	1272	37,1	3,0	1,0	
		-	-			1600	5200	32,5	42,5	42,5	5,32	1272	29,9	4,7	1,3	

Photolith. v. Bogdan Gisevius, Berlin W. Bülowstr. 66.

Nr.	Bauart	Bahnverwaltung	Lieferung		Spur	Zylinder		Triebrad-Ø	Dampfdruck	Hei[...]
			Erbauer	Jahr		Durchm. HD/ND	Hub			Feuerb.
					mm	mm	mm	mm	at	qm
109	B+B1	Holländ.St.B.a.Java	Schwartzkopff	1907	1067	2x300/460	510	1102	12,00	7,7
110	1B+B1	Harzquer B.	Borsig	1922	1000	2x360/560	400	850	12,00	9,1
111	C+C	Verktechn.Prüf.Komm.	Henschel	1917	1000	2x400/620	450	900	14,00	7,0
112	C+C	Harzquer B.	Orenstein	1910	1000	2x380/600	500	1000	12,00	
113	C+C	Machacamarca-Uncia B.	Orenstein	1913	1000	2x380/600	500	1000	12,00	
114	C+C	Bône-Guelma B.	Schwartzkopff	1909	1000	2x380/580	560	1100	15,00	9,8
115	C+C	Utrillas B.	Baldwin	1920		2x406/635	559	1041	14,06	9,4
116	1C+C	Serbische Staats B.	Borsig	1913	760	2x330/520	400	800	13,00	6,4
117	1C+C	Holländ.St.B.a.Java	Schwartzkopff	1908	1067	2x340/520	510	1102	12,00	9,3
118	1C+C1	Südafrikan.Eisenb.G.	Beyer, Peacock	1919	610	4x267	406	762	12,66	7,4
119	1C+C1	" "	Beyer, Peacock	1920	1067	4x457	660	1219	12,66	19,6

Für[...]

Nr.	Bauart	Bahnverwaltung	Lieferung		Zylinder		Triebrad Ø	Dampfdruck	Heizfläche wv.			Überhitzheizfl.	Ros[...] fl[...]
			Erbauer	Jahr	Durchm.	Hub			Feuerb.	Rohre	Kessel		
					mm	mm	mm	at	qm	qm	qm	qm	qm

Igel, Handbuch des Dampflokomotivbaues.(Verlag M. Krayn, Berlin W.)

.zrohre	Rauchrohre		Rohrlänge	Kesselm. über S.O.	Achsstand		Lokgewichte			gr. Raddruck	Kennziffer		Vorräte		Anmerkung
Durchmesser mm	Z.	Durchmesser mm	mm	mm	fest mm	ganz mm	Leer t	Dienst t	Reib t	t	C_1	C_2	Wasser cbm	Kohle t	
37/41	.-	-	3600	1900	1400	6000	33,4	42,9	34,7	4,34	979	28,2	4,0	1,5	
35/40	24	100/108	2900	2400	1300	7800	38,0	51,0	38,0	4,75	1475	38,8	6,5	2,5	
41/46	18	125/133	4200	2200	2500	7000	45,0	54,0	54,0	4,50	1924	35,6	4,5	1,8	
	-	-	4500	2173	2200	6200	42,0	54,0	54,0	4,50	1800	33,4	6,0	1,5	
	-	-	4500	2173				54,0	54,0	4,50	1800	33,4			
40/45	-	-	4000	2030	2440	6900	48,6	60,9	60,9	5,08	1713	28,2	6,5	1,8	
52/57	-	-	4724		2438	7163		75,0	75,0	6,25	2165	28,9	8,2	1,8	
40/45	-	-	4000	1900	2000	7800	40,0	51,0	45,0	3,75	1350	30,0	5,5	2,5	
45/50	-	-	4635	2300	2600	9400	46,1	59,7	52,8	4,40	1250	23,7	6,0	2,0	
40/45	-	-	2743	1600	1143	11887	33,9	45,4	34,9	3,91	760	21,8	6,1	2,4	20
46/51	40	125/133		2362	2743	17246	117,7	135,9	106,3	8,86	2261	21,3	20,9	9,1	20

hr-ge	Achsstand		Lokgewichte			gr. Raddruck	Kennziffer		Vorräte		Quellenangabe	Anmerkung
m	fest mm	ganz mm	Leer- t	Dienst t	Reibg- t	t	C_1	C_2	Wasser cbm	Kohle t		

Photolith. v. Bogdan Gisevius, Berlin W Bülowstr. 66

1 D 1 - Heißdampf - Drilling -

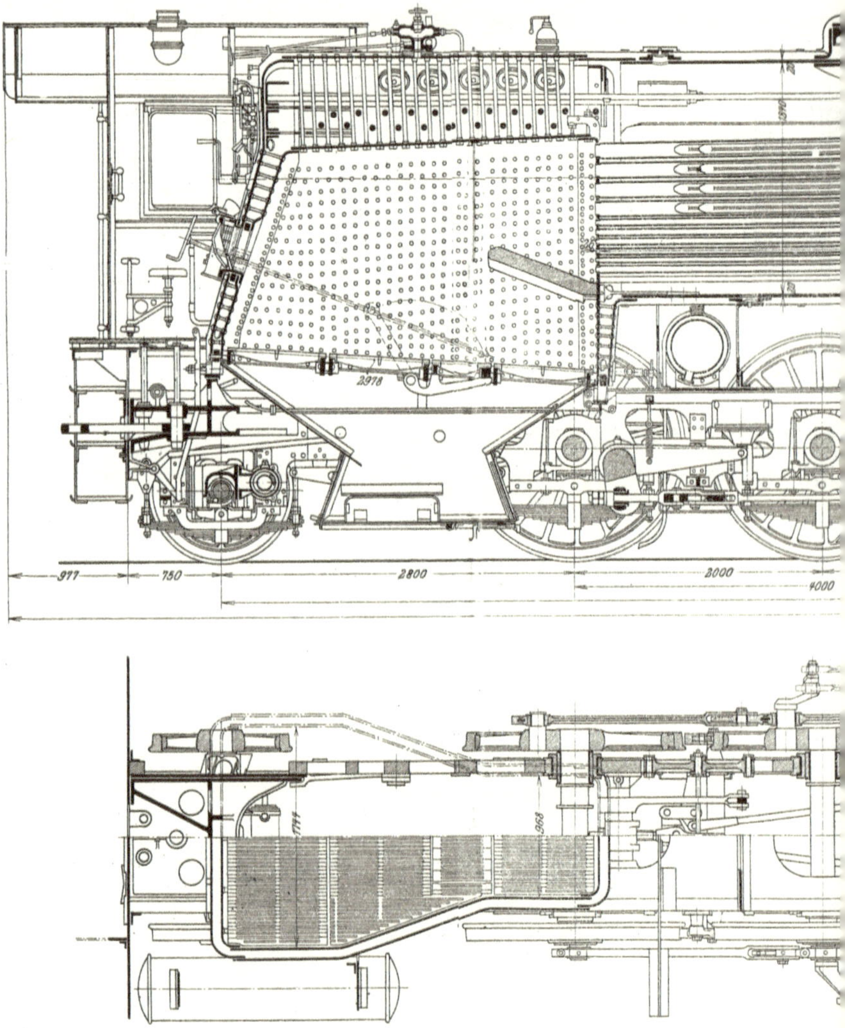

Igel, Handbuch des Dampflokomotivbaues (Verlag M. Krayn, Berlin W.)

:ive Gattung P_{10} der Reichsbahn.

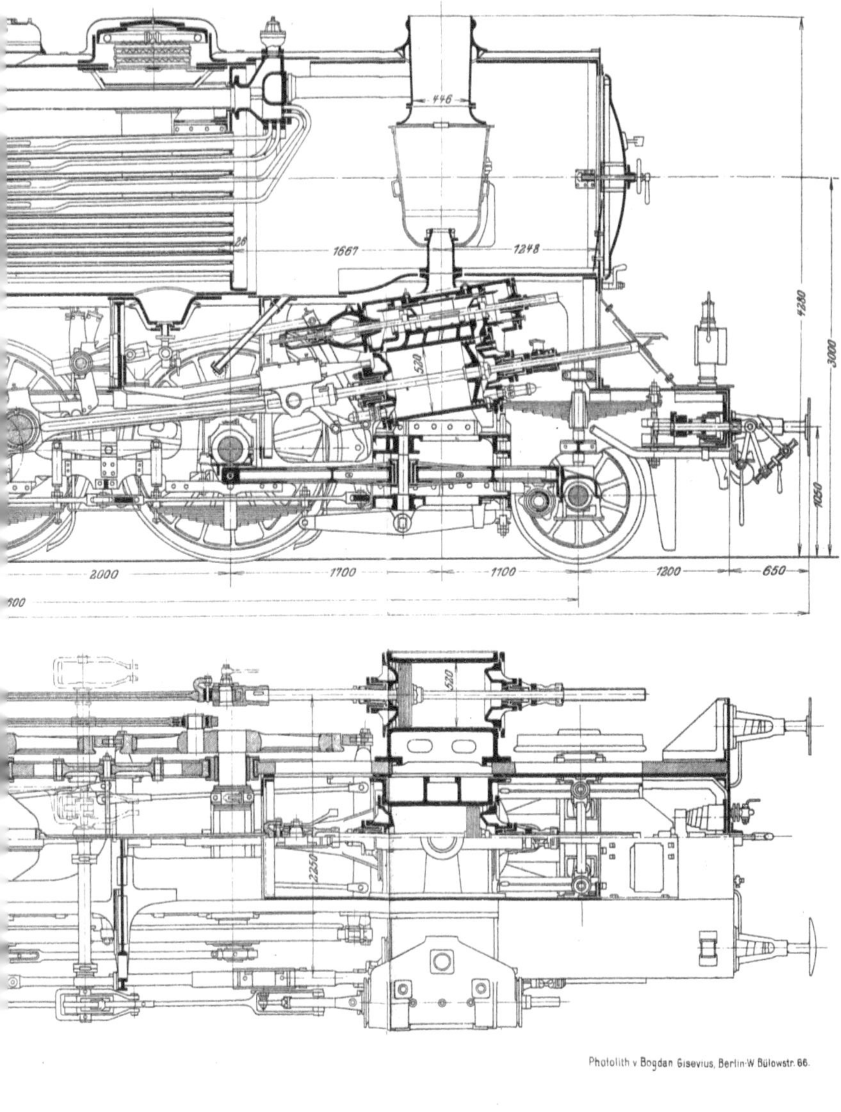

Photolith v Bogdan Gisevius, Berlin-W Bülowstr. 66.

www.ingramcontent.com/pod-product-compliance
Lightning Source LLC
LaVergne TN
LVHW092122300926
849161LV00002B/200